한식조리 산업기사 · 조리기능장 필기

한권으로 끝내기

시대에듀

한식조리산업기사 · 조리기능장
필기 한권으로 끝내기

Always with you

사람이 길에서 우연하게 만나거나 함께 살아가는 것만이 인연은 아니라고 생각합니다.
책을 펴내는 출판사와 그 책을 읽는 독자의 만남도 소중한 인연입니다.
시대에듀는 항상 독자의 마음을 헤아리기 위해 노력하고 있습니다.
늘 독자와 함께하겠습니다.

머리말

급속한 경제 성장과 국민 소득의 증대로 국민들의 생활은 풍족해진 반면, 바쁜 일과와 식생활 형태의 변화 등으로 오히려 국민 건강은 위협받고 있는 실정이다. 그러므로 풍요롭고 안락한 사회가 보장되려면 먼저 국민 전체의 건강이 보장되어야 한다. 한 나라의 문화 수준은 그 나라 국민들의 식생활에서 비교되는 만큼, 식생활과 관련하여 위생적이고 균형 있는 영양관리가 절실히 요구되며, 건강한 식생활 문화를 이끌어 갈 조리 전문가의 사회적 요구도 증가하고 있다.

21세기 유망직종의 하나인 조리 전문가가 되기 위해서는 국가기술자격법에 의한 조리기능사 자격을 획득한 후, 자격 요건에 맞춰 조리산업기사나 조리기능장을 취득해야 한다. 이에, 조리 전문가를 꿈꾸는 수험생들이 한국산업인력공단에서 실시하는 한식조리산업기사·조리기능장 자격시험에 효과적으로 대비할 수 있도록 본서를 출간하게 되었다.

본서의 특징은 다음과 같다.

❶ NCS 기반 최신 출제기준에 맞추어 이론을 정리하였으며, 과목별로 적중예상문제를 수록하여 학습한 내용을 바로 점검해 볼 수 있도록 하였다.
❷ 과년도 + 최근 기출복원문제 풀이를 통해 최근 출제경향을 파악할 수 있도록 하였다. 부족한 부분은 상세한 해설을 통해 보충학습할 수 있다.
❸ 시험 직전 중요 개념들의 키워드만 빠르게 확인할 수 있도록 빨리보는 간단한 키워드를 수록하였다.

본서가 한식조리산업기사 · 조리기능장을 준비하는 수험생들에게 합격의 안내자로서 많은 도움이 될 것을 확신하면서 공부한 수험생 모두에게 합격의 영광이 함께하기를 기원하는 바이다.

편저자 일동

시험안내

개 요

한식조리산업기사

❶ 외식산업이 점점 대형화 · 전문화되면서 조리업무 전반에 대한 기술 · 인력 · 경영관리를 담당할 전문인력의 필요성이 커지고 있다. 이에 따라 정부는 기존의 기능만을 평가하는 조리기능사 자격으로는 외식산업 발전에 한계가 있다고 보고 조리산업 중간관리자의 기술과 관리능력을 평가하는 조리산업기사 자격을 신설하였다.

❷ 한식조리산업기사는 외식업체 등 조리산업 관련 기관에서 조리업무가 효율적으로 이뤄질 수 있도록 관리하는 역할을 맡는다. 한식조리 부문에 배속되어 제공될 음식에 대한 계획을 세우고 조리할 재료를 선정, 구입, 검수하고 선정된 재료를 적정한 조리기구를 사용하여 조리업무를 수행한다. 또한 음식을 제공하는 장소에서 조리시설 및 기구를 위생적으로 관리 · 유지하고, 필요한 각종 재료를 구입, 위생학 · 영양학적으로 저장 관리하면서 제공될 음식을 조리하여 제공하는 직종이다.

조리기능장

조리에 관한 최상급 숙련기능을 가지고 산업현장에서 작업관리, 소속 기능인력의 지도 및 감독, 현장훈련, 경영계층과 생산계층을 유기적으로 연계시켜 주는 현장관리 등의 업무를 수행할 수 있는 인력양성을 목적으로 자격제도를 제정하였다.

수행직무

한식조리산업기사

메뉴 계획에 따라 식재료를 선정, 구매, 검수, 보관 및 저장하며, 맛과 영양을 고려하여 안전하고 위생적으로 음식을 조리한다. 또한 조리기구와 시설관리 및 급식 · 외식경영 등을 수행한다.

조리기능장

한식, 양식, 일식, 중식, 복어조리 부문의 책임자로서 제공될 음식에 대한 개발 및 계획을 세우고 조리할 재료를 선정, 구입, 검수, 보관 및 저장하며 적절한 조리기구를 선택하여 맛과 영양, 위생적인 음식을 제공 · 관리한다. 또한 조리시설, 기구, 조리장과 급식 및 외식 등을 총괄하는 직무를 수행한다.

진로 및 전망

❶ 식품접객업 및 집단급식소 등에서 조리사로 근무하거나 운영이 가능하다.

❷ 업체 · 지역 간의 이동이 많은 편이고 고용과 임금에 있어서 안정적이지는 못한 편이지만, 조리에 대한 전문가로 인정받게 되면 높은 수익과 직업적 안정성을 보장받게 된다.

시험일정

한식조리산업기사

구 분	필기원서접수 (인터넷)	필기시험	필기합격 (예정자)발표	실기원서접수	실기시험	최종 합격자 발표일
제1회	1월 하순	2월 중순	3월 중순	3월 하순	4월 하순	5월 하순
제3회	6월 중순	7월 초순	8월 초순	9월 초순	10월 중순	11월 중순

조리기능장

구 분	필기원서접수 (인터넷)	필기시험	필기합격 (예정자)발표	실기원서접수	실기시험	최종 합격자 발표일
제77회	1월 초순	1월 하순	1월 하순	2월 초순	3월 중순	4월 초순
제78회	5월 하순	6월 중순	6월 하순	7월 중순	8월 중순	9월 중순

※ 한식조리산업기사와 조리기능장의 시험일정은 시행처의 사정에 따라 변경될 수 있으니, www.q-net.or.kr에서 확인하시기 바랍니다.

시험요강

구 분		한식조리산업기사	조리기능장
시행처		한국산업인력공단	
시험과목	필 기	위생 및 안전관리, 식재료관리 및 외식경영, 한식조리	공중보건, 식품위생 및 관련 법규, 식품학, 조리이론 및 급식관리
	실 기	한식조리 실무	조리 작업
검정방법	필 기	객관식 4지 택일형, 과목당 20문항(90분)	객관식 4지 택일형, 60문항(60분)
	실 기	작업형(2시간 정도)	작업형(5시간 정도)
합격기준	필 기	100점을 만점으로 하여 과목당 40점 이상 (전 과목 평균 60점 이상, 과락 있음)	100점을 만점으로 하여 60점 이상
	실 기	100점을 만점으로 하여 60점 이상	

시험안내

한식조리산업기사 출제기준

필기 과목명	주요항목	세부항목	
위생 및 안전관리	위생관리	• 개인 위생관리 • 작업장 위생관리 • 식품위생 관계 법규	• 식품 위생관리 • 식중독 관리
	안전관리	• 개인 안전관리 • 작업환경 안전관리	• 장비 · 도구 안전작업
	공중보건	• 공중보건의 개념 • 산업보건 관리 • 보건관리	• 환경위생 및 환경오염 • 역학 및 질병관리
식재료관리 및 외식경영	재료관리	• 저장관리 • 식재료의 성분	• 재고관리 • 식품과 영양
	조리외식 경영	• 조리외식의 이해 • 조리외식 창업	• 조리외식 경영
한식조리	메뉴관리	• 메뉴관리 계획 • 메뉴원가 계산	• 메뉴 개발
	구매관리	• 시장조사 • 검수관리	• 구매관리
	재료 준비	• 재료 준비 • 식생활 문화	• 재료의 조리 원리
	한식 면류 조리	• 면류 조리	• 면류 담기
	한식 찜 · 선 조리	• 찜 · 선 조리	• 찜 · 선 담기
	한식 구이 조리	• 구이 조리	• 구이 담기
	김치 조리	• 김치 양념 배합 • 김치 담기	• 김치 조리
	한식 전골 조리	• 전골 조리	• 전골 담기
	한식 볶음 조리	• 볶음 조리	• 볶음 담기
	한식 튀김 조리	• 튀김 조리	• 튀김 담기
	한식 숙채 조리	• 숙채 조리하기	• 숙채 담기
	한과 조리	• 한과 재료 배합 • 한과 담기	• 한과 조리
	음청류 조리	• 음청류 조리	• 음청류 담기
	한식 국 · 탕 조리	• 국 · 탕 조리	• 국 · 탕 담기
	한식 전 · 적 조리	• 전 · 적 조리	• 전 · 적 담기

조리기능장 출제기준

필기 과목명	주요항목	세부항목
공중보건, 식품위생 및 관련 법규, 식품학, 조리이론 및 급식관리	공중보건	• 공중보건의 개념 • 환경위생 및 환경오염 • 산업보건 • 역학 및 질병관리 • 보건관리
	식품위생	• 식품위생의 개념 • 식품과 미생물 • 식중독 관리 • 살균 및 소독 • 식품첨가물 • 유해물질 • 식품안전관리인증기준(HACCP) • 안전관리
	식품위생 관계 법규	• 식품위생법령 • 농수산물의 원산지 표시에 관한 법령 • 식품 등의 표시 · 광고에 관한 법령
	식품학	• 식품과 영양 • 식품의 성분
	조리이론	• 조리의 정의와 목적 • 조리과학 • 식생활 문화(한식, 양식, 중식, 일식, 복어) • 식재료의 조리 및 가공 · 저장
	급식 및 외식경영 관리	• 급식관리 • 메뉴관리 • 원가관리 • 식재료 구매 및 검수관리 • 주방관리

목 차

CONTENTS

빨리보는 간단한 키워드

빨리보는 간단한 키워드

#합격비법 핵심 요약집 #최다 빈출키워드 #시험장 필수 아이템

PART

01 위생 및 안전관리

■ **위생관리**

음료수 처리, 쓰레기, 분뇨, 하수와 폐기물 처리, 공중위생, 접객업소와 공중이용시설 및 위생용품의 위생관리, 조리, 식품 및 식품첨가물과 이에 관련된 기구, 용기 및 포장의 제조와 가공에 관한 위생 관련 업무를 말한다.

■ **경구감염병**

• 감염성 병원 미생물이 입, 호흡기, 피부 등을 통해 인체에 침입하는 감염병 중 음식물이나 음료수, 손, 식기, 완구류 등을 매개체로 입을 통하여 감염되는 것

• 분 류

 – 세균에 의한 것 : 세균성 이질, 장티푸스, 파라티푸스, 콜레라, 성홍열, 디프테리아

 – 바이러스에 의한 것 : 감염성 설사증, 급성 회백수염

 – 원생동물에 의한 것 : 아메바성 이질

■ **인수공통감염병**

사람과 동물이 같은 병원체에 의하여 발생하는 질병 또는 감염 상태로, 특히 동물이 사람에게 옮기는 감염병

■ **미생물의 크기**

곰팡이 > 효모 > 스피로헤타 > 세균 > 리케차 > 바이러스

■ **식품과 기생충 질환**

어패류에서 감염되는 기생충	수육에서 감염되는 기생충
• 간디스토마(간흡충) : 왜(쇠)우렁이(제1중간숙주) – 민물고기(제2중간숙주) • 폐디스토마(폐흡충) : 다슬기(제1중간숙주) – 게, 가재(제2중간숙주) • 광절열두조충(긴촌충) : 물벼룩(제1중간숙주) – 민물고기(제2중간숙주) • 아니사키스 : 바다갑각류(제1중간숙주) – 바닷물고기(제2중간숙주)	• 무구조충(민촌충) : 소 • 유구조충(갈고리촌충) : 돼지 • 선모충 : 돼지 • 톡소플라스마 : 돼지, 개, 고양이

■ 살균 관련 용어

- 살균 : 비교적 약한 살균력을 작용시켜 병원미생물의 생활력을 파괴하여 감염의 위험성을 제거하는 것(병원미생물의 사멸)
- 멸균 : 살균과 달리 강한 살균력을 작용시켜 병원균, 아포 등 미생물을 완전히 죽여 처리하는 것
- 소독 : 살균과 멸균을 의미(병원미생물의 생육 저지 및 사멸)
- 방부 : 미생물의 성장을 억제하여 식품의 부패와 발효를 억제하는 것

■ 식품첨가물

- 식품을 제조 · 가공 · 조리 또는 보존하는 과정에서 감미, 착색, 표백 또는 산화방지 등을 목적으로 식품에 사용되는 물질을 말한다.
- 감미료, 거품제거제, 밀가루계량제, 발색제, 보존료, 산화방지제, 습윤제, 안정제, 영양강화제, 유화제, 이형제, 응고제, 착색료, 표백제, 피막제 등

■ 식품안전관리인증기준(HACCP)

- HACCP은 Hazard Analysis and Critical Control Point의 약자로, 위해요소 분석(HA)과 중요관리점(CCP)으로 구성되어 있다.
  - HA : 위해가능성이 있는 요소를 찾아 분석 · 평가
  - CCP : 해당 위해요소를 방지 · 제거하고 안전성을 확보하기 위하여 중점적으로 다루어야 할 관리점
- 12절차와 7원칙

단계	절 차	설 명	비 고
1	HACCP팀 구성	HACCP을 진행할 팀을 설정하고, 수행 업무와 담당을 기재한다.	준비단계
2	제품설명서 작성	제품설명서에는 제품명, 제품유형 성상, 품목제조보고 연월일, 작성연월일, 제품용도 기타 필요한 사항이 포함되어야 한다.	
3	용도 확인	해당 식품의 의도된 사용방법 및 소비자를 파악한다.	
4	공정흐름도 작성	공정단계를 파악하고 공정흐름도를 작성한다.	
5	공정흐름도 현장 확인	작성된 공정흐름도와 평면도가 현장과 일치하는지 검증한다.	
6	위해요소(HA) 분석	HACCP팀이 수행하며, 이는 제품설명서에서 원 · 부재료별로, 그리고 공정흐름도에서 공정 · 단계별로 구분하여 실시한다.	원칙 1
7	중요관리점(CCP) 결정	해당 제품의 원료나 공정에 존재하는 잠재적인 위해요소를 관리하기 위한 중점 관리요소를 결정한다.	원칙 2
8	중요관리점 한계기준(CL) 설정	한계기준은 CCP에서 관리되어야 할 위해요소를 방지 · 제거하는, 허용 가능한 안전한 수준까지 감소시킬 수 있는 최대치, 최소치를 말한다.	원칙 3
9	중요관리점 모니터링 체계 확립	중점 관리요소를 효율적으로 관리하기 위한 모니터링 체계를 수립한다.	원칙 4
10	개선조치(CA) 및 방법 수립	모니터링 결과 CCP가 관리상태의 위반 시 개선조치를 설정한다.	원칙 5
11	검증 절차 및 방법 수립	HACCP이 효과적으로 시행되는지를 검증하는 방법을 설정한다.	원칙 6
12	문서화 및 기록 유지	이들 원칙 및 그 적용에 대한 문서화와 기록 유지방법을 설정한다.	원칙 7

■ 식중독의 종류

대분류	중분류	소분류	원인균 및 물질
미생물	세균성	독소형	황색포도상구균, 클로스트리듐 보툴리눔, 클로스트리듐 퍼프린젠스, 바실러스 세레우스 등
		감염형	살모넬라, 장염비브리오균, 병원성대장균, 캄필로박터, 여시니아, 리스테리아 모노사이토제네스
	바이러스성	공기, 접촉, 물 등의 경로로 전염	노로바이러스, 로타바이러스, 아스트로바이러스, 장관아데노바이러스, A형간염 바이러스 등
자연독		동물성 자연독에 의한 중독	복어독, 시가테라독
		식물성 자연독에 의한 중독	감자독, 버섯독
		곰팡이 독소에 의한 중독	황변미독, 맥각독, 아플라톡신 등
화학물질 (인공화합물)		고의 또는 오용으로 첨가되는 유해물질	식품첨가물
		본의 아니게 잔류, 혼입되는 유해물질	잔류농약, 유해성 금속화합물
		제조, 가공, 저장 중에 생성되는 유해물질	지질의 산화생성물, 나이트로소아민
		기타 물질에 의한 중독	메탄올 등
		조리기구, 포장에 의한 중독	녹청(구리), 납, 비소 등

■ 식품위생법의 목적(법 제1조)

식품으로 인하여 생기는 위생상의 위해를 방지하고 식품영양의 질적 향상을 도모하며 식품에 관한 올바른 정보를 제공함으로써 국민 건강의 보호·증진에 이바지함을 목적으로 한다.

■ 영업신고를 하여야 하는 업종(식품위생법 시행령 제25조)

- 즉석판매제조·가공업
- 식품운반업
- 식품소분·판매업
- 식품냉동·냉장업
- 용기·포장류제조업(자신의 제품을 포장하기 위하여 용기·포장류를 제조하는 경우는 제외)
- 휴게음식점영업, 일반음식점영업, 위탁급식영업 및 제과점영업

■ 영업허가를 받아야 하는 영업 및 허가관청(식품위생법 시행령 제23조)

- 식품조사처리업 : 식품의약품안전처장
- 단란주점영업과 유흥주점영업 : 특별자치시장·특별자치도지사 또는 시장·군수·구청장

■ 영업에 종사하지 못하는 질병의 종류(식품위생법 시행규칙 제50조)

- 결핵(비감염성인 경우는 제외)
- 콜레라, 장티푸스, 파라티푸스, 세균성 이질, 장출혈성대장균감염증, A형간염
- 피부병 또는 그 밖의 고름형성(화농성) 질환
- 후천성면역결핍증(성매개감염병에 관한 건강진단을 받아야 하는 영업에 종사하는 사람만 해당)

■ 조리사 면허의 결격사유(식품위생법 제54조)

- 정신질환자. 다만, 전문의가 조리사로 서 적합하다고 인정하는 자는 그러하지 아니하다.
- 감염병 환자. 다만, B형간염 환자는 제외한다.
- 마약류 관리에 관한 법률에 따른 마약이나 그 밖의 약물 중독자
- 조리사 면허의 취소처분을 받고 그 취소된 날부터 1년이 지나지 아니한 자

■ 조리사의 행정처분기준(식품위생법 시행규칙 [별표 23])

위반사항	행정처분기준		
	1차 위반	2차 위반	3차 위반
조리사 면허의 결격사유의 어느 하나에 해당하게 된 경우	면허취소		
식품위생법 제56조에 따른 교육을 받지 아니한 경우	시정명령	업무정지 15일	업무정지 1개월
식중독이나 그 밖에 위생과 관련한 중대한 사고 발생에 직무상의 책임이 있는 경우	업무정지 1개월	업무정지 2개월	면허취소
면허를 타인에게 대여하여 사용하게 한 경우	업무정지 2개월	업무정지 3개월	면허취소
업무정지기간 중에 조리사의 업무를 한 경우	면허취소		

■ 직업병의 종류

- 이상고온(열중증) : 열허탈증, 열경련증, 열사병, 열쇠약증
- 이상저온 : 동상, 참호족염, 동창 등
- 고기압 : 잠함병
- 저기압 : 고산병, 항공병
- 불량조명 : 안정피로, 근시, 안구진탕증 등

■ 감염병

• 감염병 발생의 3대 요인 : 감염원(병원소), 감염경로(환경), 숙주의 감수성

• 법정감염병의 특성과 종류(감염병의 예방 및 관리에 관한 법률 제2조)

구 분	제1급 감염병(17종)	제2급 감염병(21종)	제3급 감염병(27종)	제4급 감염병(22종)
특 성	생물테러감염병 또는 치명률이 높거나 집단 발생의 우려가 커서 발생 또는 유행 즉시 신고, 음압격리와 같은 높은 수준의 격리가 필요한 감염병	전파가능성을 고려하여 발생 또는 유행 시 24시간 이내에 신고, 격리가 필요한 감염병	발생을 계속 감시할 필요가 있어 발생 또는 유행 시 24시간 이내에 신고하여야 하는 감염병	제1급 감염병부터 제3급 감염병까지의 감염병 외에 유행 여부를 조사하기 위하여 표본감시 활동이 필요한 감염병
종 류	에볼라바이러스병, 마버그열, 라싸열, 크리미안콩고출혈열, 남아메리카출혈열, 리프트밸리열, 두창, 페스트, 탄저, 보툴리눔독소증, 야토병, 신종감염병증후군, 중증급성호흡기증후군(SARS), 중동호흡기증후군(MERS), 동물인플루엔자 인체감염증, 신종인플루엔자, 디프테리아	결핵, 수두, 홍역, 콜레라, 장티푸스, 파라티푸스, 세균성 이질, 장출혈성대장균감염증, A형간염, 백일해, 유행성이하선염, 풍진, 폴리오, 수막구균 감염증, b형헤모필루스인플루엔자, 폐렴구균 감염증, 한센병, 성홍열, 반코마이신내성황색포도알균(VRSA) 감염증, 카바페넴내성장내세균목(CRE) 감염증, E형간염	파상풍, B형간염, 일본뇌염, C형간염, 말라리아, 레지오넬라증, 비브리오패혈증, 발진티푸스, 발진열, 쯔쯔가무시증, 렙토스피라증, 브루셀라증, 공수병, 신증후군출혈열, 후천성면역결핍증(AIDS), 크로이츠펠트-야콥병(CJD) 및 변종크로이츠펠트-야콥병(vCJD), 황열, 뎅기열, 큐열, 웨스트나일열, 라임병, 진드기매개뇌염, 유비저, 치쿤구니야열, 중증열성혈소판감소증후군(SFTS), 지카바이러스 감염증, 매독	인플루엔자, 회충증, 편충증, 요충증, 간흡충증, 폐흡충증, 장흡충증, 수족구병, 임질, 클라미디아감염증, 연성하감, 성기단순포진, 첨규콘딜롬, 반코마이신내성장알균(VRE) 감염증, 메티실린내성황색포도알균(MRSA)감염증, 다제내성녹농균(MRPA) 감염증, 다제내성아시네토박터바우마니균(MRAB) 감염증, 장관감염증, 급성호흡기감염증, 해외유입기생충감염증, 엔테로바이러스감염증, 사람유두종바이러스 감염증
신고 시기	즉시	24시간 이내	24시간 이내	7일 이내

PART

02 식재료관리 및 외식경영

■ 저장관리의 원칙

- 안전성(Safety) : 품질이 변화되기 쉬운 식품이 안전하게 출고될 수 있도록 시설에 대한 안전관리를 철저히 하여야 한다.
- 위생성(Sanitation) : 저장고의 위생성은 청결, 정리, 정돈의 상태가 잘 유지되어야 하고, 구충·구서시설과 미생물의 오염 방지를 위해 온도와 습도관리가 잘 이루어져야 한다.
- 자각성(Perception) : 저장고의 효율적인 운영관리를 위해서 물품별로 구획배치를 하고 입고 순서에 의해 적재하거나 사용 빈도에 따라 분리하여 저장해야 한다.

■ 재고회전율

재고의 평균 회전속도로, 일정 기간 재고가 제로 베이스(Zero-based)에 몇 번이나 도달되었다가 채워졌는가를 측정하는 것이다.

- 평균재고액 = (초기재고액 + 마감재고액) ÷ 2
- 재고회전율 = 총출고액 ÷ 평균재고액
- 재고회전기간 = 수요검토기간 ÷ 재고회전율

■ 자유수(유리수)와 결합수

자유수(유리수)	결합수
• 식품을 건조시키면 쉽게 증발한다. • 압력을 가하여 압착하면 제거된다. • 0℃ 이하에서는 동결된다. • 용질에 대해 용매로 작용한다. • 미생물의 생육과 번식에 이용된다. • 식품의 변질에 영향을 준다.	• 식품을 건조해도 증발되지 않는다. • 압력을 가하여 압착해도 쉽게 제거되지 않는다. • 0℃ 이하에서도 동결되지 않는다. • 용질에 대해 용매로 작용하지 못한다. • 미생물의 생육과 번식에 이용되지 못한다. • 보통의 물보다 밀도가 크다.

■ 탄수화물

- 에너지 공급원(1g당 4kcal)으로 체내 소화 흡수율이 높으며, 단백질의 절약작용을 한다.
- 탄수화물의 분류
  - 단당류 : 포도당(Glucose), 과당(Fructose), 갈락토스(Galactose), 만노스(Mannose)
  - 이당류 : 자당(설탕, 서당 ; Sucrose), 맥아당(엿당 ; Maltose), 젖당(유당 ; Lactose)
  - 다당류 : 전분, 글리코겐, 섬유소, 펙틴, 키틴, 이눌린, 아가(Agar ; 한천), 알긴산

■ 전분의 호화(α화)

전분에 있는 분자가 파괴된 후, 수분이 들어가서 팽윤상태가 되고, 열을 가하면 소화가 잘되면서 맛있는 전분상태로 되는 현상이다.

■ 전분의 노화(β화)

호화된 전분을 상온에 둘 경우, β-전분에 가까운 상태로 되는 현상을 말한다.

■ 지질(지방)

- 에너지 공급원(1g당 9kcal)으로, 체구성 성분(뇌와 신경조직의 구성성분)이다.
- 지방산의 분류
  - 포화지방산 : 이중 결합이 없고 상온에서 고체로 존재한다. 융점이 높고 물에 녹기 어렵다.
    예 스테아르산, 팔미트산, 버터, 소기름, 돼지기름, 난유 등
  - 불포화지방산 : 상온에서 액체로 존재하며 이중 결합이 있는 지방산이다.
    예 올레인산(Oleic Acid), 리놀레산(Linoleic Acid), 리놀렌산(Linolenic Acid), 아라키돈산(Arachidonic Acid), EPA, DHA 등

■ 단백질

- 에너지 공급원(1g당 4kcal)으로 체조직(근육, 머리카락, 혈구, 혈장 단백질 등)을 구성한다.
- 필수아미노산의 종류
  - 성인(9가지) : 페닐알라닌, 트립토판, 발린, 류신, 아이소류신, 메티오닌, 트레오닌, 라이신, 히스티딘
    ※ 8가지로 보는 경우 히스티딘은 제외된다.
  - 영아(10가지) : 성인 9가지 + 아르기닌(아르지닌)

■ 식물성 식품의 색소

- 플라보노이드(Flavonoid)계 색소
  - 산에는 안정하고 알칼리에서는 불안정하여 밀가루에 탄산수소나트륨($NaHCO_3$)을 섞은 빵은 황색, 짙은 갈색이 된다.
  - 감자, 고구마, 양파, 양배추, 쌀을 경수에서 가열 조리하면 황색이 된다.
  - 금속과 반응하여 독특한 색을 가진 불용성 복합체를 만들고, 녹색, 청갈색, 암청색이 된다.
- 안토시안(Anthocyan)계 색소
  - 과실, 꽃, 뿌리에 있는 적색, 자색, 청색의 색소이다.
  - 산성에서는 적색, 중성에서는 자색, 알칼리에서는 청색을 띤다.
- 클로로필(Chlorophyll) 색소
  - 녹색 채소의 대표적인 색소로, 산을 가하면 갈색으로 변색(페오피틴 생성)된다.
  - 김치 등 녹색 채소류가 갈색으로 변하는 것은 발효로 인하여 생성된 초산 또는 젖산이 엽록소와 작용하기 때문이다.
  - 알칼리에서는 초록색을 유지한다.

• 카로티노이드(Carotinoid) 색소
  - 엽록소 같이 식물계에 널리 분포되어 있으며, 동물성 식품에도 일부 분포하고 있다.
  - 황색, 주황색, 적색의 색소로 당근, 토마토, 고추, 감 등에 있는 색소이다.

■ **동물성 식품의 색소**

• 마이오글로빈(Myoglobin)
  - 붉은색을 띠며, 육류 및 가공품에 있어 중요한 색소로 철(Fe)을 함유하고 있다.
  - 공기에 닿으면 선명한 적색, 가열에 의해 갈색 또는 회색이 된다.
• 헤모글로빈(Hemoglobin)
  - 붉은색이며 철(Fe)을 함유하고 있다.
  - 가열 또는 공기 중에 방치하면 산화되어 암갈색으로 변색된다.
• 헤모시아닌(Hemocyanin) : 문어, 오징어 등의 연체류에 포함되어 있는 파란색의 색소로 익히면 적자색으로 변한다.
• 아스타잔틴(Astaxanthin) : 피조개의 붉은 살, 새우, 게, 가재 등에 포함되어 있는 흑색, 청록색의 색소로 가열 및 부패에 의해 아스타신(Astacin)의 붉은색으로 변한다.

■ **효소적 갈변**

• 폴리페놀옥시데이스(Polyphenol Oxidase, 폴리페놀옥시다제)에 의한 갈변 : 사과, 배, 가지 등
• 타이로시네이스(Tyrosinase, 티로시나제)에 의한 갈변 : 감자, 고구마 등

■ **효소에 의한 갈변 방지**

• 열처리 : 데치기와 같이 식품을 고온에서 열처리하여 효소를 불활성화한다.
• 산을 이용 : 수소이온농도(pH)를 3 이하로 낮추어 산의 효소작용을 억제한다.
• 산소의 제거 : 밀폐용기에 식품을 넣고 공기를 제거하거나 공기 대신 이산화탄소나 질소가스를 주입한다.
• 당 또는 염류 첨가 : 껍질을 벗긴 배나 사과를 설탕이나 소금물에 담근다.
• 효소의 작용 억제 : 온도를 -10℃ 이하로 낮춘다.
• 구리 또는 철로 된 용기나 기구의 사용을 피한다.

■ **비효소적 갈변**

• 마이야르(Maillard) 반응(메일라드 반응, 아미노-카보닐 반응, 멜라노이드 반응)
  - 외부 에너지의 공급 없이도 자연 발생적으로 일어나는 반응이다. → 분유, 간장, 된장, 오렌지 주스 등
  - 온도가 높을수록 반응속도가 빨라지고, pH가 높아질수록 갈변이 잘 일어난다.
• 캐러멜(Caramel)화 반응
  - 당류를 고온(180~200℃)으로 가열하였을 때 산화 및 분해산물에 의한 중합·축합반응으로 생성되는 갈색물질에 의해 착색되는 갈변현상이다.
  - 간장, 소스, 합성청주, 약식 및 기타 식품 가공에 이용된다.

• 아스코브산(Ascorbic Acid) 반응
- 오렌지 주스나 농축물 등에서 일어나는 갈변반응으로 과채류의 가공식품에 이용된다.
- 아스코브산의 갈변은 pH가 낮을수록(pH 2.0~3.5) 현저히 증가한다.

■ **맛의 대비현상(강화현상)**

• 맛을 내는 물질에 다른 물질이 섞임으로써 미각이 증가되는 현상을 말한다.
• 설탕에 소금을 소량 가하면 단맛이 증가하고, 짠맛 성분에 소량의 신맛 성분(유기산, 젖산, 식초산, 주석산 등)을 가하면 짠맛이 증가한다.

■ **식물성 독성분**

• 고시폴(Gossypol) : 목화씨, 면실유
• 무스카린(Muscarin) : 무당버섯, 파리버섯, 땀버섯
• 리신(Ricin), 리시닌(Ricinin) : 피마자
• 시큐톡신(Cicutoxin) : 독미나리
• 솔라닌(Solanin) : 감자의 싹과 녹색 부위
• 아마니타톡신(Amanitatoxin) : 흰알광대버섯, 독우산광대버섯
• 아미그달린(Amygdalin) : 복숭아, 살구, 청매 종자의 사이안배당체

■ **동물성 독성분**

• 테트로도톡신(Tetrodotoxin) : 복어독
• 삭시톡신(Saxitoxin) : 섭조개(홍합), 대합조개 등
• 베네루핀(Venerupin) : 모시조개, 바지락, 굴 등

■ **곰팡이 독성분**

• 아플라톡신(Aflatoxin) : *Aspergillus flavus, Aspergillus parasiticus*에 의하여 생성되는 형광성 물질로 간장독을 유발하며 특히 사람에게 발암률이 높다.
• 맥각독 : 라이맥 또는 화본과 식물의 꽃(씨방의 주변)에 기생하는 맥각균이 생성하는 에르고타민(Ergotamine), 에르고톡신(Ergotoxine) 등에 의해 일어난다.

■ **대치식품량 계산**

$$\text{대치식품량} = \frac{\text{원래 식품의 양} \times \text{원래 식품의 식품분석표상의 해당 성분수치}}{\text{대치하고자 하는 식품의 식품분석표상의 해당 성분수치}}$$

PART

03 한식조리

■ **식품구성자전거**

식품구성자전거는 매일 신선한 채소, 과일과 함께 곡류, 고기·생선·달걀·콩류, 우유·유제품류 식품을 필요한 만큼 균형 있게 섭취하고, 충분한 물 섭취와 규칙적인 운동을 통해 건강체중을 유지할 수 있다는 것을 표현하고 있다.

■ **총열량 권장량 비율**

탄수화물 55~65%, 지방 15~30%, 단백질 7~20%

■ **원가의 종류**

			이 익
		판매관리비	
	제조간접비		
직접재료비 직접노무비 직접경비	직접원가	제조원가	총원가
직접원가	제조원가	총원가	판매원가

■ **식품의 감별**

- 쌀 : 불순물이 섞이지 않고 알맹이가 고르며, 광택이 있고 투명하여 앞니로 씹을 때 경도가 높은 것이 좋다.
- 일반 육류 : 육류 특유의 색과 윤기를 가지고 있으며, 이상한 냄새가 없고 투명감이 있으며, 손으로 눌렀을 때 탄력성이 있는 것이 좋다.
- 생선류 : 눈이 투명하고, 아가미가 선홍색이며 비린내가 나지 않는 것이 좋다.
- 무 : 알이 차고 무거우며, 색깔과 모양이 좋아야 한다.
- 오이 : 색이 좋고, 굵기는 고르며, 만졌을 때 가시가 있고, 끝에 꽃 마른 것이 달렸으며, 무거운 느낌이 드는 것이 좋다.
- 달걀 : 껍질은 꺼칠꺼칠하고 광택이 없어야 하며, 흔들었을 때 소리가 나지 않아야 한다.

■ **열의 전달속도**

복사 > 대류 > 전도

■ **습열에 의한 조리**

- 끓이기(Boiling) : 100℃의 액체에서 식품을 가열하는 방법으로 재료가 연해지고 조직이 연화되어 맛이 증가한다.
- 찜(Steaming) : 수증기의 잠열을 이용하여 식품을 가열하는 방법으로, 요리에 따라 10℃의 수증기나 85~90℃의 열로 찐다.
- 삶기(Poaching)와 데치기(Blanching) : 식품 재료를 끓는 물에서 끓이는 것으로, 식품 조직을 부드럽게 하고 좋지 않은 맛을 없애 준다.
  ※ 데치기는 삶기보다는 훨씬 단시간에 익혀낸다.

■ **건열에 의한 조리**

- 굽기(구이) : 식품에 수분 없이 열을 가하여 굽는 것으로 식품 중의 전분은 호화되고, 단백질은 응고하며, 세포는 열을 받아 익으므로 식품이 연화된다.
- 튀기기 : 튀김은 160~180℃의 높은 온도의 기름 속에서 식품을 가열하는 방법으로 단시간에 처리하기 때문에 영양소 손실이 가장 적은 조리법으로 식품의 유지미가 부가된다.
- 볶기 : 구이와 튀김의 중간 조리법으로, 기름을 충분히 가열한 다음 재료를 뒤적이면서 타지 않게 볶는다.

■ **전자레인지 조리**

- 마그네트론으로부터 발사되는 마이크로파에 의하여 식품을 가열하므로 발열하는 것은 식품 자체이다.
- 조리 시간이 짧고 물을 사용하지 않아 비타민의 손실이 적다.
- 식품을 통째로 가열할 수 있어서 요리나 음료를 데울 때 편리하다.

■ **두부의 제조**

- 제조 원리 : 콩단백질(글리시닌) + 무기염류(응고제, 간수) → 응고
- 응고제 : 염화마그네슘($MgCl_2$), 염화칼슘($CaCl_2$), 황산마그네슘($MgSO_4$), 황산칼슘($CaSO_4$) 등

■ **잼과 젤리의 응고**

- 잼과 젤리는 펙틴의 응고성을 이용하여 만든 것이다.
- 펙틴, 산, 당분이 일정한 비율로 들어 있을 때 젤리화가 일어난다.
- 비율 : 펙틴 1.0~1.5%, 산 0.27~0.5%, 당분 60~65%, 수소이온농도(pH) 3.2~3.5

■ **육류의 사후경직과 숙성**

- 사후경직 : 동물을 도살하여 방치하면 산소 공급이 중단되고 혐기적 해당작용에 의하여 근육 내 젖산이 증가되어 근육이 단단해지는 현상을 말한다.
- 숙성 : 도살 후 일정 시간 숙성시키면 근육 자체의 효소에 의해 자기소화(숙성)가 일어나 연해진다.

조미료

- 지미료(맛난맛) : 멸치, 다시마, 화학조미료
- 감미료(단맛) : 설탕, 엿, 인공감미료
- 함미료(짠맛) : 소금, 간장, 된장, 고추장
- 산미료(신맛) : 양조식초, 빙초산
- 고미료(쓴맛) : 호프(Hop)
- 신미료(매운맛) : 고추, 후추, 겨자
- 아린맛(떫은맛과 쓴맛의 혼합) : 토란, 죽순, 가지

매운맛 성분

- 생강 : 진저론(Zingerone), 쇼가올(Shogaols), 진저롤(Gingerol)
- 겨자 : 시니그린(Sinigrin)
- 고추 : 캡사이신(Capsaicin)
- 후추 : 차비신(Chavicine)
- 마늘 : 마알리신(Allicin)

밀가루의 종류

종 류	강력분	중력분	박력분
글루텐 함량	11~13%	9~11%	9% 이하
특 징	• 색상이 좋고 수분흡수율이 뛰어나다. • 빵이 잘 부풀고 탄력성이 좋다.	• 경질밀과 연질밀의 혼합분 • 강력분과 중력분을 모두 대체하여 사용 가능하다.	• 연질밀 • 점탄성이 약하고 물과의 흡착력이 약하다.
용 도	제빵용	다목적	케이크, 쿠키, 튀김옷

반죽의 원리

반죽에 글루텐이 많이 형성되어 끊어지지 않고 쉽게 밀 수 있어야 질이 좋은 국수라고 할 수 있다. 이러한 반죽은 글루텐 사이에 전분 입자들을 흡착시키고 있어서 국수를 삶았을 때 전분 입자가 용출되지 않으며, 밀가루의 전분 입자들이 파괴되지 않은 온전한 것이라야 반죽에 힘이 있고 국수의 표면이 매끄럽다.

고명의 종류

- 달걀 : 달걀지단, 알쌈
- 고기 : 고기완자, 고기 고명
- 버섯 : 표고버섯 고명, 석이버섯 고명
- 견과류 : 은행, 잣 고명
- 기타 고명 : 미나리초대, 청·홍고추

■ 면 삶기 시 고려사항

- 국수의 양 : 국수 무게의 6~7배의 물에서 국수를 삶는 것이 국수가 서로 붙지 않고 빨리 끓어 좋다.
- 불 조절 : 국수를 넣은 후 물이 다시 끓기 시작하여 국수가 떠오르면 불을 줄여준다.
- 면 식히기 : 국수가 다 익으면 많은 양의 냉수에서 국수를 단시간 내에 냉각시켜 국수의 탄력을 유지해야 한다.
- 삶는 시간 : 국수별 익히는 시간은 가루 배합, 수분 농도, 면의 굵기, 익반죽 상태에 따라 각각 다르다.

■ 찜 · 선의 정의

- 찜 : 재료를 큼직하게 썰어 양념하여 물을 붓고 뭉근히 끓이거나 쪄내는 음식으로, 식품의 수용성 성분의 손실이 적고 식품의 고유 풍미를 비교적 잘 유지할 수 있는 조리법이다.
- 선 : 선(膳)이라는 단어에는 특별한 조리적 의미는 없고 좋은 음식을 뜻하는데, 찜과 같은 방법으로 조리하되 주로 주재료로 식물성 식품을 이용한다.

■ 찜 담기

- 국물이 있는 찜
  - 갈비찜, 닭찜, 사태찜 등 국물이 있게 조리한 찜은 오목한 그릇에 담고 국물을 자박하게 담는다.
  - 주재료와 부재료의 덩어리가 큰 찜 요리에는 달걀지단을 완자형(마름모꼴)으로 썰어 얹는 것이 좋으나 채 썰어 올려도 무방하다.
- 국물이 없는 찜
  - 도미찜, 대합찜, 대하찜 등 국물 없이 조리한 찜은 접시나 약간 오목한 그릇에 담아도 좋다.
  - 도미찜에는 황백의 달걀지단, 홍고추, 청고추, 석이버섯 등 오색의 고명을 채 썰어 얹고, 대합찜은 달걀을 삶아 황백으로 나누어 체에 내려 곱게 한 후 얹는다.

■ 선 담기

- 국물이 있는 선
  - 호박선, 가지선 등과 같이 국물이 있게 조리한 선은 오목한 그릇에 담고 국물을 자박하게 담는다.
  - 주재료의 크기와 조화롭게 황백 지단, 석이채, 실고추 등을 얹는다.
- 국물이 없는 선
  - 어선, 오이선 등과 같이 국물 없이 조리한 선은 접시나 오목한 그릇에 담는다. 오이선에 단촛물을 끼얹을 경우에는 오목한 그릇이나 턱이 있는 접시를 이용한다.
  - 주재료의 크기와 조화롭게 황백 지단, 석이채, 실고추 등을 얹는다.

■ 구이 조리법

- 직접 구이-브로일링(Broiling)
  - 석쇠나 브로일러를 사용하여 직접 불에 올려 굽는 방법이다.
  - 석쇠나 철망은 뜨겁게 달구어야 재료가 달라붙지 않는다.
- 간접 구이-그릴링(Grilling)
  - 지방이 많은 육류나 어류처럼 직접구이를 하면 지방의 손실이 많은 것 또는 곡류처럼 직접 구울 수 없는 것에 사용된다.
  - 프라이팬, 철판구이, 전기 프라이팬, 오븐구이 등과 같이 석쇠 아래에 열원이 위치하여 전도열로 구이를 진행하는 조리방법이다.

■ 구이 주재료의 전처리

- 너비아니 구이 : 소고기는 적당한 크기로 자른 후 앞뒤로 두드려 부드럽게 만든다.
- 생선구이 : 생선은 비늘, 지느러미, 내장 등을 제거한 후 옆면에 칼집을 넣는다.
- 제육구이 : 돼지고기는 적당한 크기로 자른 후 앞뒤로 잔 칼집을 넣는다.
- 오징어구이 : 오징어는 먹물이 터지지 않도록 내장을 제거하고, 몸통과 다리의 껍질을 벗겨 깨끗하게 씻은 후 용도에 맞게 칼집을 넣는다.
- 북어구이 : 북어포는 물에 불려 머리, 꼬리, 지느러미를 제거하고 물기를 짠 다음 뼈를 발라내 자른다.

■ 김치의 효능

항균작용, 중화작용, 다이어트 효과, 항암작용, 항산화·항노화 작용, 동맥경화·혈전증 예방작용

■ 김치의 산패 원인

- 재료가 청결하지 않은 경우
- 저장온도가 높거나 소금농도가 낮은 경우
- 김치 발효 마지막에 곰팡이나 효모에 의해 오염된 경우

■ 젓갈의 성분과 효능

- 멸치젓은 에너지와 지방, 아미노산의 함량이 높고, 새우젓은 칼슘 함량이 높고 지방 함량이 적어 담백한 맛을 내며 숙성하는 동안 비타민의 함량이 증가한다.
- 젓갈은 소금의 농도가 13~18% 정도인 고염도 식품으로 김치에 첨가할 때는 젓갈의 염도를 고려하여 소금의 양을 0.2~0.4% 줄여야 한다.

■ 전골의 특징과 종류

- 전골은 육류와 채소를 밑간하여 전골틀에 담아 화로 위에 올려 즉석에서 끓여 먹는 음식이다.
- 종 류
  - 소고기전골 : 소고기와 무, 표고 등 여러 가지 채소를 넣고 끓인 전골
  - 버섯전골 : 버섯이 많이 나는 가을철에 알맞은 요리로, 여러 가지 버섯을 소고기와 한데 어울려서 만든 전골
  - 두부전골 : 두부를 기름에 지져 두 장 사이에 양념한 고기를 채워서 채소와 함께 끓이는 전골

■ 재료에 따른 전골 육수의 맛

- 소고기 육수 : 전골의 기본 맛
- 닭고기 육수 : 깔끔한 맛
- 멸치-다시다 육수 : 감칠맛
- 조개류 육수 : 시원한 맛

■ 신선로

- 상 위에 올려놓고 열구자탕을 끓이는 우리나라 조리기구로 그릇의 가운데에 숯불을 피우고 가열하면서 먹을 수 있는 가열기구이다.
- 화로이면서 그릇으로 여러 가지 재료를 넣어 끓일 때는 신선로를 선택한다.

■ 화력 조절

- 센 불 : 구이, 볶음, 찜처럼 처음에 재료를 익히거나 국물을 팔팔 끓일 때 사용한다.
- 중간 불 : 국물 요리에서 한 번 끓어오른 뒤 부글부글 끓는 상태를 유지할 때 사용한다.
- 약한 불 : 오랫동안 끓이는 조림 요리나 뭉근히 끓이는 국물 요리에 사용한다. 그러나 조림의 경우 처음에는 센 불, 중불, 약불 순으로 사용한다.

■ 볶음 조리도구

작은 냄비보다는 큰 냄비를 사용한다. 바닥에 닿는 면이 넓어야 재료가 균일하게 익으며 양념장이 골고루 배어들어 볶음의 맛이 좋아지기 때문이다. 또한 팬은 얇은 것보다 두꺼운 것이 좋다.

■ 튀김 기름

- 튀김 기름은 색이 없거나 엷고 냄새가 없으며, 안정도와 발연점이 높고 발포성이 적은 것이 좋다. 발연점이 낮은 기름은 음식에 불쾌한 냄새와 맛을 갖게 하므로 좋지 않다.
- 발연점이 높은 기름 : 옥수수유, 대두유, 포도씨유, 카놀라유 등

튀김 조리 시 주의사항

- 한꺼번에 많은 재료를 넣으면 온도 상승이 늦어져 흡유량이 많아진다.
- 수분이 많은 식품은 미리 수분을 어느 정도 제거하여 튀긴다.
- 튀긴 후에는 기름 흡수 종이를 사용하여 여분의 기름을 제거한다.

생채 · 숙채 · 회 조리별 분류

분 류	조 리
생채류	무생채, 도라지생채, 오이생채, 더덕생채, 해파리냉채, 파래무침, 실파무침, 상추생채
숙채류	고사리나물, 도라지나물, 애호박나물, 시금치나물, 숙주나물, 비름나물, 취나물, 무나물, 냉이나물, 콩나물, 시래기, 탕평채, 죽순채
회 류	• 생것(생회) : 육회, 생선회 • 익힌 것(숙회) : 문어숙회, 오징어숙회, 낙지숙회, 새우숙회, 미나리강회, 파강회, 어채, 두릅회
기타 채류	잡채, 원산잡채, 겨자채, 월과채, 대하잣즙채, 콩나물잡채, 구절판

숙채 조리법의 특징

- 끓이기와 삶기(습열 조리)
- 데치기(습열 조리)
- 찌기(습열 조리)
- 볶기(건열 조리)

한과의 종류

유밀과, 유과, 다식, 정과, 엿강정, 숙실과, 과편, 엿

발색 재료

- 붉은색을 내는 재료 : 지초(지치, 자초, 자근), 백년초, 오미자 등
- 노란색을 내는 재료 : 치자, 송홧가루, 단호박가루 등
- 푸른색을 내는 재료 : 쑥, 승검초가루, 파래가루, 녹차가루 등
- 검은색을 내는 재료 : 석이버섯, 흑임자 등

음청류

- 찬 음청류 : 화채, 수정과, 장, 갈수, 식혜, 미수(미시), 밀수, 수단
- 더운 음청류 : 숙수
- 음청류의 고명 : 잣, 꽃, 대추채, 대추꽃, 곶감, 곶감쌈 등

국 · 탕 종류에 따른 국물 양

- 국은 국물이 주로 들어 있는 음식으로서 국물과 건더기의 비율이 6 : 4 또는 7 : 3 정도이며, 탕은 건더기를 국물의 1/2 정도로 담아낸다.
- 찌개는 국보다 건더기가 많고, 국물과 건더기의 비율이 4 : 6 정도이다.

전 · 적의 조리

- 전(煎) : 육류, 가금류, 어패류, 채소류 등을 지지기 좋은 크기로 하여 얇게 저미거나 채 썰기 또는 다져서 소금과 후추로 조미한 다음, 밀가루와 달걀 물을 입혀서 번철이나 프라이팬에 기름을 두르고 부쳐 낸다.
- 적(炙) : 육류, 채소, 버섯 등을 꼬치에 꿰어서 불에 구워 조리하는 것으로, 석쇠에 굽는 직화구이와 번철에 굽는 간접구이로 구분한다. 이때 꼬치에 꿰인 처음 재료와 마지막 재료가 같아야 한다.
- 적의 특징과 종류

구 분	특 징	종 류
산 적	날 재료를 양념하여 꼬챙이에 꿰어 굽거나, 살코기 편이나 섭산적처럼 다진 고기를 반대기지어 석쇠로 굽는 것	소고기산적, 섭산적, 장산적, 닭산적, 생치산적, 어산적, 해물산적, 두릅산적, 떡산적 등
누름적	재료를 꿰어서 굽지 않고 밀가루, 달걀 물을 입혀 번철에 지져 익히는 것	김치적, 두릅적, 잡누름적, 지짐누름적 등
	재료를 썰어서 번철에서 기름을 누르고 익혀 꿴 것	화양적

전 반죽 시 재료 선택

- 밀가루, 멥쌀가루, 찹쌀가루 : 반죽이 너무 묽어서 전의 모양이 형성되지 않고 뒤집을 때 어려움이 있을 때 달걀을 줄이고 밀가루나 쌀가루를 추가로 사용
- 달걀흰자와 전분 : 전을 도톰하게 만들 때 딱딱하지 않고 부드럽게 하고자 할 경우 또는 흰색을 유지하고자 할 때
- 달걀과 밀가루, 멥쌀가루, 찹쌀가루 혼합 : 전의 모양을 형성하기도 하고 점성을 높이고자 할 때
- 속 재료 : 속 재료가 부족하여 전이 넓게 쳐지게 될 경우 밀가루나 달걀을 추가하면 점성은 높여주나 전이 딱딱해지므로, 속 재료를 추가하여 사용

음식의 종류와 담는 양

- 국, 찜 · 선, 생채, 나물, 조림 · 초, 전유어, 구이 · 적, 편육 · 족편, 튀각 · 부각, 포, 김치
  → 식기의 70%
- 탕 · 찌개, 전골 · 볶음 → 식기의 70~80%
- 장아찌, 젓갈 → 식기의 50%

음식 담기 시 유의사항

- 접시의 내원을 벗어나지 않게 담는다.
- 고객의 편리성에 초점을 두어 담는다.
- 재료별 특성을 이해하고 일정한 공간을 두어 담는다.
- 획일적이지 않은 일정한 질서와 간격을 두어 담는다.
- 불필요한 고명은 피하고 간단하면서도 깔끔하게 담는다.
- 소스 사용으로 음식의 색상이나 모양이 망가지지 않게 유의해서 담는다.

PART

01

위생 및 안전관리

CHAPTER

01 | 위생관리

01 개인 위생관리

1. 위생관리 기준

(1) 위생관리의 의의와 필요성

① 위생관리의 의의 : 위생관리란 음료수 처리, 쓰레기, 분뇨, 하수와 폐기물 처리, 공중위생, 접객업소와 공중이용시설 및 위생용품의 위생관리, 조리, 식품 및 식품첨가물과 이에 관련된 기구, 용기 및 포장의 제조와 가공에 관한 위생 관련 업무를 말한다.

② 위생관리의 필요성

㉠ 식중독 위생사고 예방

㉡ 식품위생법 및 행정처분 강화

㉢ 상품의 가치 상승(안전한 먹거리)

㉣ 점포의 이미지 개선(청결한 이미지)

㉤ 고객 만족(매출 증진)

㉥ 대외적 브랜드 이미지 관리

③ 손 위생관리

㉠ 개인위생의 출발은 올바른 손 씻기에서 시작된다.

㉡ 용변 후, 조리 전, 식품취급 전에는 반드시 올바른 손 씻기 방법에 따라 손을 씻어야 한다.

㉢ 올바른 손 씻기 방법

- 손 씻기 전에 손톱을 짧게 깎고 시계, 반지 등을 뺀다.
- 흐르는 따뜻한 물에 손과 팔뚝을 적신다.
- 손을 씻기 위해 충분한 양의 비누를 바른다.
- 팔에서 팔꿈치까지 깨끗이 골고루 씻는다.
- 왼손 손바닥으로 오른손 손등을 닦고 오른손 손바닥으로 왼손 손등을 씻는다.
- 손깍지를 끼고 손바닥을 서로 비비면서 양 손바닥을 닦는다.
- 손톱 밑을 문지르면서 손가락 사이를 씻는다.
- 비눗기를 완전히 씻어낸다.
- 핸드 타월이나 자동 손건조기를 사용하는 것이 바람직하다.

더 알아보기 | 손 씻기의 주의사항과 손 소독

- 손에 로션을 바르지 않는다(로션은 세균에 필요한 수분과 양분을 공급하여 세균의 번식을 도움).
- 작업 전 손을 오염시키지 않도록 한다(화장실 문을 열 때는 손을 말린 종이타월을 이용).
- 손 소독 : 70~75% 에틸알코올 또는 동등한 살균 소독제를 용법, 용량에 맞게 사용한다.

(2) 개인 위생관리 기준

① 상처 및 질병

㉠ 식품을 취급하고 조리하는 사람은 자신의 건강상태를 확인하고 개인위생에 주의를 기울인다.

㉡ 조리작업에 참여하면 안 되는 경우

- 음식물을 통해 전염될 수 있는 병원균을 보유하고 있는 경우
- 설사, 구토, 황달, 기침, 콧물, 가래, 오한, 발열 등의 증상이 있는 경우
- 위장염 증상, 부상으로 인한 화농성 질환, 피부병, 베인 부위가 있는 경우
- 전염성 질환을 보유하고 있는 작업자와 보균자

② 개인 위생수칙

㉠ 작업장에 입실 전에 지정된 보호구(모자, 작업복, 앞치마, 신발, 장갑, 마스크 등)를 착용한다.

㉡ 모든 종업원은 작업 전에 손(장갑), 신발을 세척하고 소독한다.

㉢ 남자 종업원은 수염을 기르지 말고, 매일 면도를 한다.

㉣ 손톱은 짧게 깎고, 매니큐어 및 짙은 화장은 금한다.

㉤ 작업장 내에는 음식물, 담배, 장신구 및 기타 불필요한 개인용품의 반입을 금한다.

㉥ 작업장 내에서는 흡연행위, 껌 씹기, 음식물 먹기 등의 행위를 금한다.

㉦ 작업장 내에서는 지정된 이동경로를 따라서 이동한다.

㉧ 출입은 반드시 지정된 출입구를 이용하며, 허가 받지 않은 인원은 출입할 수 없다.

㉨ 작업장에서 사용하는 모든 설비 및 도구는 항상 청결한 상태로 정리, 정돈한다.

㉩ 모든 종업원은 작업장 내에서의 교차오염 또는 이차오염의 발생을 방지하여야 한다.

③ 개인 복장 착용 기준

구 분	내 용
두 발	항상 단정하게 묶어 뒤로 넘기고 두건 안으로 넣는다.
화 장	화장은 진하게 하지 않으며 향이 강한 향수는 사용하지 않는다.
유니폼	세탁된 청결한 유니폼을 착용하고, 바지는 줄을 세워 입는다.
명 찰	왼쪽 가슴 정중앙에 부착한다.
장신구	화려한 귀걸이, 목걸이, 손목시계, 반지 등을 착용하지 않는다.
앞치마	리본으로 묶어 주며, 더러워지면 바로 교체한다.
손 톱	손톱은 짧고 항상 청결하게 유지하고, 상처가 있으면 밴드로 붙인다.
안전화	지정된 조리사 신발을 신고, 항상 깨끗하게 관리한다.
위생모	근무 중에는 반드시 깊이 정확하게 착용한다.

(3) 건강진단

① 건강진단 대상자(식품위생법 시행규칙 제49조)

㉠ 건강진단을 받아야 하는 사람은 식품 또는 식품첨가물(화학적 합성품 또는 기구 등의 살균・소독제는 제외)을 채취・제조・가공・조리・저장・운반 또는 판매하는 일에 직접 종사하는 영업자 및 종업원으로 한다.

㉡ 완전 포장된 식품 또는 식품첨가물을 운반하거나 판매하는 일에 종사하는 사람은 제외한다.

② 건강진단을 받아야 하는 영업자 및 그 종업원은 영업 시작 전 또는 영업에 종사하기 전에 미리 건강진단을 받아야 한다.

③ 건강진단 항목 등(식품위생 분야 종사자의 건강진단 규칙 제2조)

㉠ 건강진단 항목 : 장티푸스, 파라티푸스, 폐결핵

㉡ 식품위생법 제40조제1항 본문 및 같은 법 시행규칙 제49조제1항 본문에 따른 영업자 및 그 종업원은 매 1년마다 건강진단을 받아야 한다.

㉢ 건강진단의 유효기간은 1년으로 하며, 직전 건강진단의 유효기간이 만료되는 날의 다음 날부터 기산한다.

㉣ 건강진단은 건강진단의 유효기간 만료일 전후 각각 30일 이내에 실시해야 한다. 다만, 식품의약품안전처장 또는 특별자치시장·특별자치도지사·시장·군수·구청장은 천재지변, 사고, 질병 등의 사유로 건강진단 대상자가 건강진단 실시기간 이내에 건강진단을 받을 수 없다고 인정하는 경우에는 1회에 한하여 1개월 이내의 범위에서 그 기한을 연장할 수 있다.

㉤ ㉣에도 불구하고 식품의약품안전처장이 감염병의 유행으로 인하여 실시기관에서 정상적으로 건강진단을 받을 수 없다고 인정하는 경우에는 해당 사유가 해소될 때까지 건강진단을 유예할 수 있다.

㉥ 건강진단의 유예기간 및 방법 등에 관하여 필요한 사항은 식품의약품안전처장이 정하여 공고한다.

2. 식품위생에 관련된 질병

(1) 경구감염병

① **정의** : 감염성 병원 미생물이 입, 호흡기, 피부 등을 통해 인체에 침입하는 감염병 중 음식물이나 음료수, 손, 식기, 완구류 등을 매개체로 입을 통하여 감염되는 것을 말한다.

② **경구감염병의 조건**

㉠ 병원소 : 환자·보균자와 접촉한 사람, 매개물, 토양, 오염된 음식

㉡ 전파양식 : 거의 모든 식품이 전파제 역할을 담당

㉢ 숙주의 감수성 : 개개인의 면역에 대한 저항력 유무에 따라 발병 여부 좌우

③ **경구감염병의 분류**

㉠ 세균에 의한 것 : 세균성 이질, 장티푸스, 파라티푸스, 콜레라, 성홍열, 디프테리아

㉡ 바이러스(Virus)에 의한 것 : 감염성 설사증, 급성 회백수염

㉢ 원생동물에 의한 것 : 아메바성 이질

④ **경구감염병의 예방**

㉠ 병원체의 제거 : 환자의 분비물과 환자가 사용한 물품을 철저히 소독·살균한다. 음료수의 소독을 철저히 하고, 생식은 가능하면 삼간다.

㉡ 병원체 전파의 차단 : 환자와 보균자의 조기발견, 쥐·파리·바퀴 등의 매개체 구제 및 식품과 음료수의 철저한 위생관리가 중요하다.

㉢ 인체의 저항력 증강 : 예방접종, 충분한 영양섭취와 휴식이 필요하다.

㉣ 작업장, 작업자의 위생관리 및 유지

⑤ 주요 경구감염병

병 명	특 징
장티푸스	• 병원체 : 장티푸스균(*Salmonella typhi*)에 의해 발생된다. 이 균은 열에 약하며 발육 최적 온도는 37℃ 정도이고 최적 pH는 7.0이다. • 감염경로 : 환자나 보균자의 배설물, 타액, 유즙이 감염원이 되며, 오염된 물이나 음식물, 파리, 생과일, 채소 등의 매개물로써 환자나 보균자와의 접촉에 의해서 감염된다. • 잠복기 : 1~3주 • 증상 : 오한과 고열(40℃ 전후, 1~2주간), 장미진(피부발진) 등이 나타난다. • 예방법 : 보균자는 격리하고 물·음식물을 철저히 관리하며, 예방접종을 받는다.
콜레라	• 병원체 : 비브리오 콜레라균(*Vibrio cholerae*)은 가열(56℃에서 15분)에 의해 사멸되나, 저온에서는 저항력이 있어 20~27℃에서 40~60일 정도 생존한다. • 감염경로 : 환자의 대변과 구토물을 통하여 균이 배출되어 물을 오염시킴으로써 경구 감염되며, 환자나 보균자의 손 그리고 파리 등에 의해 간접 감염되기도 한다. • 잠복기 : 수 시간~5일 • 증상 : 심한 위장장애, 쌀뜨물 같은 설사를 하루에 10~30회 정도 하며, 구토, 급속한 탈수, 피부 건조, 체온 저하 등이 나타난다. • 예방법 : 검역을 철저하게 하고, 콜레라 발생지역에 출입하는 것을 금지한다.
세균성 이질	• 병원체 : 이질균(*Shigella*)은 열에 약하여 60℃에서 10분간 가열로 사멸하지만 저온에서는 강하다. • 감염경로 : 환자와 보균자의 분변이나 파리 등의 매개체를 통하여 감염된다. • 잠복기 : 2~7일 • 증상 : 잦은 설사(점액·혈액 수반), 권태감, 식욕부진, 발열, 복통 등이 나타난다. • 예방법 : 식사 전에 오염된 손과 식기류의 소독을 철저히 하고 식품의 가열을 충분히 한다.
소아마비 (폴리오)	• 병원체 : 폴리오 바이러스 • 감염경로 : 바이러스가 입을 통하여 침입하여 인후 점막에서 증식하다가 전신으로 퍼진다. • 잠복기 : 7~12일 정도이며, 특히 5~10세의 어린아이들이 잘 감염된다. • 증상 : 감기와 같은 증상으로 시작하여 2~3일 후에는 열이 내려가면서 근육통, 피부 지각이상 등의 신경증상이 일어나고 갑자기 사지마비 증세가 나타난다. • 예방법 : 세이빈 백신(Sabin Vaccine : 생백신) 접종을 받는다.
파라티푸스	• 병원체 : *Salmonella paratyphi A·B·C*균 • 잠복기 : 5일 정도 • 증상 : 장티푸스와 유사한 급성 감염병이지만 경증이며 경과기간도 짧다.
A형간염	• 병원체 : A형간염 바이러스 • 감염경로 : '분변-경구' 경로로 직접 전파 또는 환자의 분변에 오염된 물이나 음식물 섭취를 통한 간접 전파, 주사기를 통한 감염, 혈액제재를 통한 감염 등이 있다. • 잠복기 : 15~50일(평균 28일) • 증상 : 발열, 두통, 위장장애 등을 거쳐 황달이나 간경변증으로 발전한다.
성홍열	• 병원체 : 발적 독소를 생성하는 용혈성 연쇄상구균 • 감염경로 : 비말감염과 인후 분비물의 식품오염을 통해서 전파된다. • 잠복기 : 1~7일(평균 3일) • 증상 : 인후통에 동반되는 갑작스런 발열, 두통, 붉은 발진이 온몸에 나타난다.
디프테리아	• 병원체 : 독소형 디프테리아균(*Corynebacterium diphtheriae*) • 감염경로 : 주로 환자의 코와 인후 분비물, 기침 등을 통하여 전파된다. • 잠복기 : 3~5일 • 증상 : 발열, 피로, 인후통의 초기 증상 발생 이후에 코, 인두, 편도, 후두 등의 상기도 침범범위에 위막을 형성하고 호흡기 폐색을 유발한다.

(2) 인수공통감염병

① 정의 : 사람과 동물이 같은 병원체에 의하여 발생하는 질병 또는 감염 상태로, 특히 동물이 사람에게 옮기는 감염병을 말한다.

② 인수공통감염병의 종류 : 장출혈성대장균감염증, 일본뇌염, 브루셀라증, 탄저, 공수병, 동물인플루엔자 인체감염증, 중증급성호흡기증후군(SARS), 변종크로이츠펠트-야콥병(vCJD), 큐열, 결핵, 중증열성혈소판감소증후군(SFTS) 등

③ 인수공통감염병의 예방

㉠ 병에 걸린 동물의 조기발견과 격리치료 및 예방접종을 철저히 하여 감염병 유행을 예방한다.

㉡ 병에 걸린 동물의 사체와 배설물의 소독을 철저하게 하고, 탄저병일 경우에는 고압살균이나 소각처리를 실시한다.

㉢ 우유의 살균처리(브루셀라증, 결핵, 큐열의 예방)를 실시한다.

㉣ 병에 걸린 가축의 고기, 뼈, 내장, 혈액의 식용을 삼간다.

㉤ 수입가축이나 고기·유제품의 검역 및 감시를 철저히 한다.

④ 주요 인수공통감염병

병 명	특 징
탄 저	• 탄저균(*Bacillus anthracis*) 감염에 의한 인수공통감염병 • 감염동물의 양모, 가죽, 털 등 동물제품을 다루면서 노출되거나 작업 도중 공기에 있는 탄저균 아포를 흡입하여 흡입탄저가 발생하기도 하며, 작업자의 상처 또는 찰과상에 다포가 들어가 피부탄저가 발생하기도 한다. • 잠복기 : 피부 노출 시는 1~12일, 섭취 시는 1~6일, 흡입 시는 1~43일 • 증 상 – 피부탄저 : 작은 물집 또는 발진으로 인한 가려움, 피부 상처 주위의 부종과 종기 형성 – 위장관탄저 : 발열과 오한, 두통, 홍조 등과 메스꺼움, 구토, 복통, 복부팽창, 설사 또는 혈변 – 흡입탄저 : 발열과 오한, 땀, 구토, 복통, 현기증, 극도의 피로감, 호흡곤란, 기침, x-RAY상 종격동 확장 또는 흉수 확인
브루셀라증 (파상열)	• 브루셀라균에 감염된 동물로부터 사람이 감염되는 인수공통감염병 • 전파경로 : 감염된 가축의 분비물이나 태반 등에 의하여 피부 상처나 결막이 노출되어 감염되고, 저온 살균되지 않은 유제품이나 감염 가축 섭취를 통해 감염 • 증 상 – 소, 돼지, 양, 염소 등에는 감염성 유산 – 사람에는 불현성 감염이 많고 간이나 비장이 붓고 패혈증 – 불규칙한 발열이 계속되며(파상열), 발한, 근육통, 불면, 관절통, 두통 등 • 잠복기 : 14~30일 정도
결 핵	• 병원체인 *Mycobacterium tuberculosis*가 사람, 소, 조류에 감염되어 결핵을 일으킨다. • 예방법 – 정기적으로 투베르쿨린(Tuberculin) 검사를 실시하여 결핵 감염 여부를 조기에 발견 – 오염된 식육과 우유의 식용을 금지 – 결핵 예방을 위해 BCG가 경구적으로 쓰임
중증급성호흡기 증후군(SARS)	• 병원체 : 사스 코로나바이러스(SARS-associated coronavirus) • 전파경로 : 비말 또는 오염된 매개물을 통해 점막의 직접 또는 간접접촉에 의해 전파 • 증상 : 발열, 오한, 근육통, 두통, 기침, 호흡곤란 등

병 명	특 징
동물인플루엔자 인체감염증	• 병원체 : 조류인플루엔자 바이러스(AI ; Avian Influenza)에 의한 급성호흡기감염병 • 전파경로 : 조류인플루엔자 바이러스에 감염된 닭, 오리, 칠면조 등의 가금류와 접촉하거나 감염된 조류의 배설물과의 접촉을 통해 감염 • 증상 : 결막염, 발열, 기침, 근육통, 안구감염, 폐렴, 급성호흡기부전 등
장출혈성대장균 감염증	• 병원체 : 장출혈성대장균 • 병원소 : 소가 가장 중요한 병원소이며, 양, 염소, 돼지, 개, 닭 등에서도 발견 • 전파경로 : 물과 음식물을 통해 전파 • 잠복기 : 2~10일(평균 3~4일) • 증상 : 발열, 오심, 구토, 심한 경련성 복통, 설사 등
큐 열	• 병원체 : 리케차 속에 속하는 큐열균(*Coxiella burneti*)에 의해 감염되는 인수공통감염병 • 전파경로 : 소, 양, 염소 등의 양수 및 태반 물질을 통해 감염되고, 멸균 처리되지 않은 유제품, 오염된 음식의 섭취를 통해서도 감염될 수 있다. • 증상 : 고열, 두통, 근육통, 혼미, 인후통, 오한, 가래 없는 기침, 구토, 설사, 복통, 흉통 등

(3) 영업에 종사하지 못하는 질병(식품위생법 시행규칙 제50조)

① 감염병의 예방 및 관리에 관한 법률에 따른 결핵(비감염성인 경우 제외)

② 콜레라, 장티푸스, 파라티푸스, 세균성 이질, 장출혈성대장균감염증, A형감염

③ 피부병 또는 그 밖의 고름형성(화농성) 질환

④ 후천성면역결핍증(감염병의 예방 및 관리에 관한 법률에 따라 성매개감염병에 관한 건강진단을 받아야 하는 영업에 종사하는 사람만 해당)

02 식품 위생관리

1. 미생물

(1) 미생물의 종류와 특성

종 류	특 성
바이러스 (Virus)	• 형태와 크기가 일정하지 않다. • 살아 있는 세포(생체세포)에만 증식하며 순수배양이 불가능하다. • 미생물 중에서 크기가 가장 작으며 세균여과기를 통과하는 여과성 미생물이다. • 경구감염병의 원인이 되기도 한다.

종 류	특 성
세균 (Bacteria)	• 형태별로 구균(구형 : Coccus), 간균(막대형 : Bacillus), 나선균(나선형 : Spirillum)으로 구분한다. • 세포벽의 염색성을 따라 그람 양성균과 그람 음성균으로 구분된다. • 분열증식으로 대수적인 증식을 한다(대장균의 세대시간은 20분). • 중성 pH에서 잘 자라고 산성에서는 억제된다. • 균사와 외생포자를 만드는 종류도 있다(방선균). • 편모라고 하는 운동기관을 가진 것도 있다. • 내열성과 내건성이 높은 휴면상태의 포자(아포)를 형성하는 것도 있다. • 산소를 필요로 하는 호기성균과 산소를 필요로 하지 않는 혐기성균이 있다. • 요구르트, 김치, 청국장, 식초 등의 발효식품 제조에 이용되는 것도 있다. • 수분이 많은 식품을 잘 변질시키며, 식중독을 유발하는 것도 있다.
리케차 (Rickettsia)	• 세균과 바이러스의 중간에 속한다. • 형태는 막대 모양 또는 다양한 원형과 타원형이다. • 2분법으로 증식하고, 이나 진드기 등에 기생하며, 살아 있는 세포 속에서만 증식한다. • 운동성이 없다. • 대표적인 질병에는 발진티푸스, 발진열, Q열 등이 있다.
곰팡이 (Mold)	• 진균류 중에서 균사체를 발육기관으로 하는 것을 사상균 또는 곰팡이라고 한다. • 균사를 만들고 그 끝에 포자를 형성하며, 증식은 균사 또는 포자에 의한다. • 세균보다 생육속도가 느리다. • 공기를 좋아하는 호기성으로 약산성 pH에서 가장 잘 자라고 내산성이 높다. • 장류, 주류, 치즈 등의 발효식품 제조에 이용되는 것도 있다. • 건조식품을 잘 변질시킨다. • 곰팡이 독을 생성하는 것도 있다.
효모(Yeast)	• 형태는 구형, 달걀형, 타원형, 소시지형 등이다. • 출아법으로 증식하며 균사를 만들지 않는다. • 김치, 포도주, 메주 등의 발효식품과 제빵에 관여한다. • 공기의 존재와 무관하게 자란다(통성 혐기성). • 약산성 pH에서 잘 증식하고 내산성이 높다. • 술, 빵 등의 발효식품 제조에 이용되는 것도 있으나, 버터, 치즈, 요구르트, 김치 등의 발효식품을 변질시킬 수 있다. • 세균과 곰팡이의 중간 크기로, 발육 최적온도는 25~30℃이며 40℃ 이상이면 사멸한다.
스피로헤타 (Spirochaetales)	• 형태는 나선형이다. • 단세포 생물과 다세포 생물의 중간이다. • 운동성이 있다. • 매독의 병원체가 된다.

더 알아보기 미생물의 크기

곰팡이 > 효모 > 스피로헤타 > 세균 > 리케차 > 바이러스

(2) 식품과 미생물

① 미생물 발육에 필요한 조건

㉠ 영양소 : 탄소원(당질), 질소원(아미노산, 무기질소), 무기물, 비타민

㉡ 수 분

- 미생물 몸체의 주성분이며 생리기능을 조절하는 데 필요하다.
- 각 미생물의 종류에 따라 요구 수분량은 다르나 일반적으로 세균의 발육을 위해서는 약 40%의 수분이 필요하다. 15% 이상에서는 곰팡이가 잘 번식하고, 수분함량을 13% 이하로 하면 세균과 곰팡이의 발육을 억제할 수 있다.
- 건조한 환경에서의 발육 능력은 곰팡이가 가장 강하고, 효모, 세균의 순이다.
- 세균 중에서도 간균이 구균보다 건조한 환경에서 더 억제된다.
- 소금물과 당액에서는 요구 수분량의 부족으로 미생물 생육이 억제된다.

㉢ 온도 : 미생물은 온도에 따라 저온균, 중온균, 고온균으로 나눌 수 있으며, 0℃ 이하 및 70℃ 이상에서는 생육할 수 없다.

더 알아보기 온도에 따른 미생물의 분류

미생물	최적온도(℃)	발육가능온도(℃)
저온균	15~20	0~25
중온균	25~37	15~55
고온균	50~60	40~70

㉣ 산소 요구량

- 호기성 미생물 : 반드시 산소가 있어야 발육한다.
- 혐기성 미생물 : 발육에 산소를 요구하지 않으며, 산소가 있더라도 이용하지 않는 통성 혐기성균과 산소를 절대적으로 기피하는 편성 혐기성균 등이 있다.

㉤ 수소이온농도(pH) : 곰팡이와 효모는 pH 4~6의 약산성 상태에서 가장 잘 발육하며, 세균은 pH 6.5~7.5의 중성 또는 약알칼리성 상태에서 가장 잘 발육한다.

② 식품위생검사의 지표 미생물

㉠ 대장균군 : 젖당을 발효시켜 가스를 형성하는 그람 양성, 비포자형성 간균으로 *Citrobacter*, *Enterobacter*, *Escherichia*, *Klebsiella* 등이 이에 속한다. 이들은 대체로 동물과 사람의 분변에서 검출되며 식품위생의 지표 미생물로 취급하고 있다. *Enterobacter*, *Klebsiella*는 분변과는 관계없으나 검출방법이 간편하여 대표적인 지표 미생물로 삼고 있다.

㉡ 대장균 : 대장균군 중 분변성 대장균의 가장 대표적인 것으로, *Escherichia coli*를 말한다. 식품의 동결 시 사멸되며, 검사 시 대장균군의 다른 세균들과의 구별이 쉽지 않다는 점이 지표 미생물로서의 결점이다.

㉢ 장구균 : 대장에서 서식하는 *Enterococcus*를 말하며, 동결에 대하여 저항성이 강하다. 그러나 이 균의 오염이 분변과 직결되지 않는다는 점에서 잠재적인 지표 미생물로 취급하고 있다.

③ 미생물에 의한 감염

㉠ 오염원별 주요 미생물

- 공기 : *Bacillus*, *Micrococcus*, 방선균, 곰팡이, 효모
- 물 : *Achromobacter*, *Alcaligenes*, *Flavobacterium*, *Pseudomonas*, *Vibrio*
- 토양 : *Bacillus*, *Clostridium*, *Micrococcus*, 방선균
- 분변 : *Clostridium*, *Enterococcus*, *Escherichia*, *Proteus*, *Salmonella*
- 동물 표피 : *Micrococcus*, *Staphylococcus*, *Streptococcus*
- 식물 : *Erwinia*, *Lactobacillus*, *Leuconostoc*

㉡ 식품위생상 중요한 미생물

Bacillus	• 유기물이 많은 토양의 표층에서 서식하여 자연에 가장 많이 분포되어 있다. • 가열식품의 주요 부패균이며, 식중독의 원인이 되는 것도 있다.
Micrococcus	• 동물의 표피와 토양에 분포하며, *Bacillus* 다음으로 많이 분포되어 있다. • 육류 및 어패류와 이들 가공품의 주요 부패균이다.
Pseudomonas	• 물을 중심으로 자연에 널리 분포되어 있고, 저온에서 잘 자란다. • 어패류의 대표적인 부패균이다.
Vibrio	물에서 서식하며 식중독을 일으키는 것도 있고, 콜레라를 일으키는 것도 있다.
Staphylococcus	• 사람을 포함한 동물의 표피에서 서식하며, 식중독의 원인이 되는 것도 있다. • 포도상구균(*Staphylococcus*)의 원인 독소인 엔테로톡신은 열에 강하여 일반조리법으로 파괴하기 어렵다.
Escherichia	동물의 대장 내에 서식(대장균)하며, 분변을 통하여 토양, 물, 식품 등을 오염시키므로 식품위생의 지표로 삼고 있다.
Clostridium	유기물이 많은 토양 심층과 동물 대장에 서식하며, 식중독의 원인이 되는 것도 있다.
Salmonella	가축, 가금류, 쥐 등의 장내에 서식하며, 식중독을 일으키는 것도 있고, 장티푸스를 일으키는 것도 있다.
Aspergillus	누룩과 메주 등 발효식품의 제조에 이용되는 것도 있으나, 건조식품을 변패시키고 독소를 만드는 것도 있다.
Fusarium	식물의 병원균으로 곡물에 번식하여 독소를 생성한다.
Penicillium	치즈 발효에 이용되는 것도 있으나, 과일과 건조식품을 변패시키고 독소를 만드는 것도 있다.

2. 식품과 기생충 질환

(1) 식품과 기생충

① 채소류에서 감염되는 기생충

㉠ 중간숙주가 없으며 채소류는 매개체가 된다.

㉡ 회충 : 경구감염으로, 우리나라에서는 가장 감염률이 높다.

㉢ 구충(십이지장충) : 경피감염된다.

㉣ 요충 : 경구감염, 집단감염, 항문 주위에 산란한다.

㉤ 편충 : 경구감염된다.

② 어패류에서 감염되는 기생충

㉠ 간디스토마(간흡충) : 왜(쇠)우렁이(제1중간숙주) - 민물고기(제2중간숙주)

㉡ 폐디스토마(폐흡충) : 다슬기(제1중간숙주) - 게, 가재(제2중간숙주)

㉢ 요코가와흡충 : 다슬기(제1중간숙주) - 민물고기(제2중간숙주)

㉣ 광절열두조충(긴촌충) : 물벼룩(제1중간숙주) - 민물고기(제2중간숙주)

㉤ 유극악구충 : 물벼룩(제1중간숙주) - 민물고기(제2중간숙주)

㉥ 아니사키스 : 바다갑각류(제1중간숙주) - 바닷물고기(제2중간숙주)

③ 수육에서 감염되는 기생충

㉠ 무구조충(민촌충) : 소

㉡ 유구조충(갈고리촌충) : 돼지

㉢ 선모충 : 돼지

㉣ 톡소플라스마 : 돼지, 개, 고양이

(2) 기생충 감염과 예방법

① 선충류에 의한 감염과 예방법

㉠ 회충증

병원체	*Ascaris lumbricoides*
특 징	• 전세계적으로 가장 많이 분포되어 있으며, 우리나라에서 가장 높은 감염률을 나타낸다. • 한랭한 지방보다 따뜻하고 습한 지방과 생활양식이 비위생적인 지역에 많다. • 성인보다는 소아에게 많다.
감염경로	• 분변으로 나온 회충 수정란이 발육하여 유충 포장란이 된다. • 오염된 채소, 불결한 손, 파리의 매개 등으로 경구침입한다. • 위에서 부화하여 심장, 폐포, 기관지, 식도를 거쳐 소장에 정착한다. • 잠복기는 평균 70일 정도이다.
증 상	권태, 미열, 소화장애, 식욕이상, 구토, 변비, 복통, 빈뇨, 두드러기증, 충양돌기염(충수염), 췌장염 등
예방법	70℃에서 몇 초 사이에 사멸(식품 열처리), 청정채소 장려, 환경 개선 및 철저한 개인위생(파리 구제), 위생적인 식생활, 철저한 분변관리(분뇨는 완전히 부숙한 후 사용), 집단구충 실시

㉡ 구충증(십이지장충)

병원체	*Ancylostoma duodenale*
특 징	• 온대와 아열대 지방인 우리나라, 일본, 중국, 북부 아프리카 및 남부 유럽에 널리 분포한다. • 검변에 의한 충란의 검출로 진단한다. • 기생 부위는 십이지장이다.
감염경로	• 사람의 분변과 함께 나온 충란이 자연환경에서 부화하여 감염형의 피낭자충이 된다. • 피낭자충으로 오염된 식품 또는 물을 섭취하거나 피낭자충이 피부를 뚫고 침입함으로써 감염된다. • 밭에서 맨발로 작업할 때 감염되기도 한다.
증 상	• 침입 부위에는 소양감이 있으며, 침입 초기에는 구토, 기침, 구역 등을 일으킨다(채독증). • 소장의 윗부분에 붙어서 빈혈 및 소화기 장애 등의 증상을 일으킨다. • 어린아이의 경우 신체와 지능의 발육을 더디게 한다.
예방법	• 회충의 예방과 동일하다. • 분변 중에서는 75일간 생존하나 직사광선에서는 단시간 내에 사멸한다. • 70℃에서 1초 만에 사멸한다. • 특히 경피침입하므로 인분을 사용한 밭에서는 맨발로 작업하지 않는다.

㉢ 요충증

병원체	*Enterobius vermicularis*
특 징	• 침식을 같이 하는 사람들 중 한 사람이라도 감염되면 전원이 집단으로 감염될 수 있다. • 성충은 장에서 나와 항문 주위에 산란하는데, 주로 밤에 활동한다(항문소양증 발생). • 가려운 부위를 긁으면 습진과 염증이 생겨서 2차적인 세균감염이 유발될 수 있다. • 주로 어린이에게 감염률이 높다.
감염경로	• 인분에 의한 경구적 감염 : 성숙한 충란이 불결한 손이나 음식물을 통하여 감염된다. • 항문 주위에서 산란 : 알이 내의를 거쳐 손에 의한 접촉감염이 된다.
증 상	항문 주위에 산란하므로 항문소양감이 생겨 어린이에게는 수면장애, 야뇨증, 체중감소, 주의력 산만 등의 증상을 일으킨다.
예방법	• 회충의 예방법과 동일하다. • 집단감염 기생충이므로 비위생적인 집단생활을 피한다. • 식사 전에는 손끝을 깨끗이 씻는다. • 집단적 구충 실시와 침실의 청결, 내의와 손의 청결이 요구된다.

㉣ 아니사키스증(고래회충증)

병원체	*Anisakis* spp.
특 징	• 해산 포유류인 고래, 돌고래에 기생하는 기생충으로 아니사키스(*Anisakis*) 속 고래회충이다. • 제1중간숙주 : 잔새우류 • 제2중간숙주 : 사람, 오징어, 명태, 대구 등
감염경로	• 사람이 생선을 생식하면 감염되어 인후, 위벽, 대장벽, 장간막, 췌장 등에 파고들어 육아종을 만든다. • 잔새우류 등 본충에 감염된 연안 어류를 섭취할 때 감염된다.
증 상	복통, 메스꺼움, 구토, 식중독, 알레르기, 장내출혈과 그 합병증 등
예방법	• 해산 어류의 생식을 금지한다. • 유충은 70℃ 이상에서 가열하거나 −20℃로 냉각한다.

② 흡충류에 의한 감염과 예방법

㉠ 간흡충증(간디스토마)

병원체	*Clonorchis sinensis*
특 징	• 제1중간숙주 : 왜우렁이 → 왜우렁이 속에서 부화하여 애벌레가 된다. • 제2중간숙주 : 붕어, 잉어 등의 민물고기 → 근육 속에 피낭유충으로 존재한다. • 종말숙주 : 사람, 개, 고양이 등 → 담도에 기생한다.
예방법	• 민물고기의 생식을 금한다. • 인분관리를 철저히 한다. • 개, 고양이 등의 보충(감염된)동물을 치료・관리한다.

㉡ 폐흡충증(폐디스토마)

병원체	*Paragonimus westermani*
특 징	• 제1중간숙주 : 다슬기 • 제2중간숙주 : 가재, 게 → 내장, 아가미, 근육 등에 분포・기생한다. • 종말숙주 : 사람, 개, 고양이, 호랑이, 돼지 등
예방법	• 게와 가재의 생식을 금지한다. • 이환동물을 관리한다.

③ 조충류에 의한 감염과 예방법

㉠ 광절열두조충(긴촌충)증

병원체	*Diphyllobothrium latum*
특 징	• 제1중간숙주 : 물벼룩 • 제2중간숙주 : 송어, 연어 • 소장 상부에서 장벽에 부착하여 성장하며, 6~20년간 생존한다.
예방법	송어나 연어의 생식을 금지한다.

㉡ 유구조충(갈고리촌충)증

병원체	*Taenia solium*
감염경로	돼지고기 생식에 의한 충란 섭취로 뇌, 안구, 근육, 장벽, 심장, 폐 등에 낭충증 감염
증 상	불쾌감, 상복부 동통, 식욕부진, 소화불량 등
예방법	돼지고기 생식을 금지하고, 돼지 사료의 분변오염을 방지한다.

㉢ 무구조충(민촌충)증

병원체	*Taenia saginata*
숙 주	소 → 소의 근육 속에서 낭충이 된다.
증 상	불쾌감, 상복부 둔통, 식욕부진, 소화불량 등
예방법	소고기 생식을 금지한다.

3. 살균 및 소독의 종류와 방법

(1) 용어의 정의

① 살균 : 비교적 약한 살균력을 작용시켜 병원 미생물의 생활력을 파괴하여 감염의 위험성을 제거하는 것이다(병원미생물의 사멸).

② 멸균 : 살균과 달리 강한 살균력을 작용시켜 병원균, 아포 등 미생물을 완전히 죽여 처리하는 것이다.

③ 소독 : 살균과 멸균을 의미한다(병원미생물의 생육 저지 및 사멸).

④ 방부 : 미생물의 성장을 억제하여 식품의 부패와 발효를 억제하는 것이다.

(2) 물리적 소독방법

① 열처리법

㉠ 건열멸균법

- 화염멸균법 : 물체를 불꽃 속에서 20초 이상 접촉시키는 방법(금속류, 유리봉, 도자기류 등)
- 소각법 : 재생하여 사용할 가치가 없는 물건을 태워버리는 것(붕대, 구토물, 분비물 등)

㉡ 습열멸균법

- 자비소독법 : 약 100℃의 끓는 물에서 15~20분간 삶는 방법(식기류, 행주, 의류 등)
- 고압증기멸균법 : 고압 솥을 이용하여 121℃에서 15~20분간 소독(고무제품, 유리기구, 의류, 시약, 배지 등) → 아포를 포함한 모든 균 사멸

- 저온살균법 : 62~65℃에서 30분간 가열한 후 급랭(우유, 술, 주스 등)
- 간헐멸균법 : 100℃의 유통증기에서 15~30분씩 가열 멸균하는 것을 하루에 한 번 3일간 반복하는 방법
- 초고온순간살균법 : 130~150℃에서 2초간 가열한 후 급랭(우유, 과즙 등)

② 무가열멸균법

자외선멸균법	• 공기, 물, 식품, 기구, 용기 등을 살균하는 데 이용되며 2,600~2,800Å에서 가장 살균작용이 강하다. • 장 점 – 모든 균종에 효과가 있다. – 살균효과가 크고 균에 내성이 생기지 않는다. • 단 점 – 살균효과가 표면에 한정되어 있다. – 단백질이 많은 식품은 살균력이 떨어진다. – 지방류는 산패한다.
일광소독	장티푸스균, 결핵균, 페스트균은 단시간 내에 사멸
세균여과법	음료수나 액체식품 등을 세균 여과기로 걸러서 균을 제거시키는 방법(바이러스는 걸러지지 않음)
방사선살균법	^{60}Co, ^{137}Cs 사용(주로 감자싹 방지를 위한 방법)
초음파멸균법	• 초음파를 세균부유액에 작용하여 세균을 파괴하는 방법 • 수술 전 손 세척, 수술기구, 연구기자재 등 세정

(3) 화학적 소독방법

① 소독약품의 구비조건

㉠ 살균력이 강할 것
㉡ 사용이 간편하고 가격이 저렴할 것
㉢ 인축에 대한 독성이 적을 것
㉣ 소독 대상물에 부식성과 표백성이 없을 것
㉤ 용해성이 높으며 안전성이 있을 것

② 소독작용에 미치는 영향

㉠ 농도가 짙을수록, 접촉시간이 길수록 효과가 크다.
㉡ 온도가 증가될수록 효과가 크다.
㉢ 유기물이 있을 때는 효과가 감소된다.
㉣ 같은 균이라도 균주에 따라 균의 감수성이 다르다.

③ 소독약품의 종류

석탄산	• 사용농도 : 3% 수용액 • 소독 : 기구, 용기, 의류 및 오물 • 각종 소독약의 소독력을 나타내는 기준이 된다. • 장점 : 살균력이 안전하고 유기물의 존재 시에도 소독력이 약화되지 않는다. • 단점 : 피부점막의 자극성과 금속 부식성이 있으며 취기와 독성이 있다.
크레졸	• 사용농도 : 3% 수용액 • 소독 : 손, 오물 • 석탄산에 비해 2배 정도 소독력이 강하다.

역성비누(양성비누)	• 사용농도 : 원액(10%)을 200~400배 희석하여 사용한다. • 소독 : 식품 및 식기, 조리자의 손(무색, 무취, 무자극성, 무독성) • 살균력이 강한 양성비누이므로 보통 비누와 동시에 사용하거나, 유기물이 존재하면 살균효과가 떨어지므로 세제로 씻은 후 사용하는 것이 좋다.
알코올	• 사용농도 : 70% 에탄올(70%일 때 살균력이 강함) • 소독 : 손, 피부, 기구
승 홍	• 사용농도 : 0.1% 수용액 • 소독 : 피부, 무균실 • 살균력이 강하고 금속 부식성이 있어 주의를 요하며, 단백질 존재 시 소독력이 떨어진다.
과산화수소	• 사용농도 : 2.5~3.5% 수용액 • 소독 : 구내염, 인두염, 입 안 세척, 상처
머큐로크롬	• 사용농도 : 3% 수용액 • 소독 : 피부상처, 점막, 피부
생석회	• 공기에 노출되면 살균력이 떨어진다. • 소독 : 변소, 하수, 오물, 토사물
염 소	• 수돗물의 잔류 염소량 : 0.2ppm • 소독 : 상수도, 수영장, 식기류
차아염소산나트륨	• 락스의 주성분으로 유효염소가 4% 정도이며, 소독·표백·탈취의 목적으로 널리 사용된다. • 채소, 식기, 과일, 음료수 등의 소독에 사용한다.
폼알데하이드	• 사용농도 : 포르말린 1~1.5% 수용액(방부효과가 좋고 살균력이 강해서 적은 농도 사용) • 소독 : 고무, 가죽, 나무 또는 창고, 건물 등의 실내소독
표백분	실내소독, 감염병 예방소독, 우물 소독 등에 사용한다.
중성세제	세정력이 강하여 세정에 의해 소독되나 자체 살균력은 없다.
약용비누	• 비누의 기제에 각종 살균제를 첨가하여 만든 것이다. • 세척효과와 살균제에 의한 소독효과가 있다. • 소독 : 손, 피부

④ 소독 대상물과 소독법

소독 대상물	화학적 방법	물리적 방법
음료수	표백분, 염소, 차아염소산나트륨	자비소독, 자외선소독
조리기구	역성비누, 차아염소산나트륨	자비소독, 증기소독, 일광소독
채소, 과일	역성비누, 차아염소산나트륨, 표백분	–
수건, 식기	역성비누, 염소	자비소독, 증기소독, 일광소독
감염병 환자가 사용한 것	석탄산, 크레졸, 승홍수, 포르말린수	–
변소, 하수구	석탄산, 크레졸, 생석회	일광소독, 증기소독, 소각법
조리장, 식품창고	역성비누, 차아염소산나트륨, 표백분, 오존	–
대소변, 배설물, 토사물	석탄산수, 크레졸수, 생석회 분말	–
의복, 침구류, 모직물	크레졸수, 석탄산수	증기소독, 자외선소독
초자기구, 목죽제품, 도자기류	석탄산수, 크레졸수, 승홍수, 포르말린수	–
병 실	석탄산수, 크레졸수, 포르말린수	–
환자 및 환자와 접촉한 자의 손	석탄산수, 크레졸수, 승홍수, 역성비누	–

4. 식품의 위생적 취급기준

(1) 식품 표시

① 소비기한 : 식품 등(식품, 축산물, 식품첨가물, 기구 또는 용기·포장을 말함)에 표시된 보관방법을 준수할 경우 섭취하여도 안전에 이상이 없는 기한을 말한다.

※ 소비기한 영문명 및 약자 예시 : Use by date, Expiration date, EXP, E

② 품질유지기한 : 식품의 특성에 맞는 적절한 보존방법이나 기준에 따라 보관할 경우 해당 식품 고유의 품질이 유지될 수 있는 기한을 말한다.

※ 품질유지기한 영문명 및 약자 예시 : Best before date, Date of Minimum Durability, Best before, BBE, BE

③ 소비기한 표시(식품 등의 표시기준 [별지 1])

㉠ '○○년○○월○○일까지', '○○.○○.○○까지', '○○○○년○○월○○일까지', '○○○○.○○.○○까지' 또는 '소비기한 : ○○○○년○○월○○일'로 표시하여야 한다. 다만, 축산물의 경우 제품의 소비기한이 3월 이내인 경우에는 소비기한의 '년' 표시를 생략할 수 있다.

㉡ 제조일을 사용하여 소비기한을 표시하는 경우에는 '제조일로부터 ○○일까지', '제조일로부터 ○○월까지' 또는 '제조일로부터 ○○년까지', '소비기한 : 제조일로부터 ○○일'로 표시할 수 있다.

㉢ 제품의 제조·가공과 포장과정이 자동화 설비로 일괄 처리되어 제조시간까지 자동 표시할 수 있는 경우에는 '○○월○○일○○시까지' 또는 '○○.○○.○○ 00:00까지'로 표시할 수 있다.

> 2023년 1월 1일부터 '소비기한 표시제'가 적용되어 식품에 '유통기한' 대신 '소비기한'이 표기되고 있다. 다만, 우유류의 경우 시행 시점을 2031년으로 한다.

④ 품질유지기한 표시(식품 등의 표시기준 [별지 1])

㉠ '○○년○○월○○일', '○○.○○.○○', '○○○○년○○월○○일' 또는 '○○○○.○○.○○'로 표시하여야 한다.

㉡ 제조일을 사용하여 품질유지기한을 표시하는 경우에는 '제조일로부터 ○○일', '제조일로부터 ○○월' 또는 '제조일로부터 ○○년'으로 표시할 수 있다.

더 알아보기 **소비기한 또는 품질유지기한의 표시**

- 소비기한 또는 품질유지기한을 주표시면 또는 정보표시면에 표시하기가 곤란한 경우에는 해당 위치에 소비기한 또는 품질유지기한의 표시 위치를 명시하여야 한다.
- 소비기한 또는 품질유지기한의 표시는 사용 또는 보존에 특별한 조건이 필요한 경우 이를 함께 표시하여야 한다. 이 경우 냉동 또는 냉장 보관·유통하여야 하는 제품은 『냉동 보관』 및 냉동 온도 또는 『냉장 보관』 및 냉장 온도를 표시하여야 한다(냉동 및 냉장온도는 축산물에 한함).
- 소비기한이나 품질유지기한이 서로 다른 각각의 여러 가지 제품을 함께 포장하였을 경우에는 그중 가장 짧은 소비기한 또는 품질유지기한을 표시하여야 한다. 다만 소비기한 또는 품질유지기한이 표시된 개별 제품을 함께 포장한 경우에는 가장 짧은 소비기한만을 표시할 수 있다.

(2) 위생적인 식품보관 및 선택

야채류	• 야채류는 쉽게 상하고 칼이 닿는 경우 더 쉽게 상하므로 관리를 철저히 해야 한다. • 선입선출(FIFO : First In, First Out) 방식으로 사용한다. • 남은 경우 랩이나 위생팩으로 포장하거나 신문지를 사용하여 신선도를 유지한다.
냉동식품류	• 냉동 보관이 원칙이고, 녹인 것은 다시 얼리지 않도록 한다. • 냉동식품도 소비기한을 확인하여 잘 지키도록 한다.
냉장식품류	• 냉동식품에 비해 소비기한이 짧으므로, 일정 온도를 유지한다. • 개봉한 제품은 당일 소비하고, 보관할 경우 랩이나 위생팩으로 포장, 보관한다.
과일류	• 바구니 등을 이용하여 과일류는 따로 보관하는 것이 좋다. • 사과 등 갈변하는 과일은 껍질을 벗기거나 남은 경우 레몬을 설탕물에 담가 방지한다. • 바나나는 상온에 보관하고 수박이나 멜론 등은 랩을 사용하여 표면이 마르지 않도록 하며, 딸기 등은 쉽게 뭉그러지고 상하기 쉬우므로 눌리지 않게 보관한다.
건어물류	• 냉동 보관을 원칙으로 한다. • 메뉴별 사용량에 따라 위생팩으로 개별 포장, 사용하는 것이 편리하고 위생상으로도 좋다.
양념류	• 플라스틱 용기에 보관, 사용하고 습기로 인해 딱딱하게 굳거나 이물질이 섞이지 않도록 뚜껑을 잘 덮어서 보관한다. • 물이 묻은 용기의 사용은 피한다.
소스류	• 적정 재고량을 보유하고 소비기한을 수시로 확인한다. • 사용에 편리하도록 물기를 제거한 플라스틱 용기에 적정량의 소스를 담는 것이 좋다.
캔 류	개봉한 캔은 바로 사용하는 것이 원칙이며, 밀폐용기 보관 시 소비기한을 표시한다.

(3) 식자재 검수 및 검사

① 검수방법

㉠ 공급업체가 납품한 식자재의 품질, 선도, 위생상태, 수량 등을 확인한다.

㉡ 검수하는 동안 방심하여 교차오염이 될 수도 있으므로 가능한 빠르고 정확하게 검수하여야 한다.

㉢ 검수가 끝나면 품질기준에 적합한 식자재를 보관창고로 즉시 이동하여 보관한다.

② 검수 시 준수사항

㉠ 도착한 식자재를 즉시 검수한다.

㉡ 운반차량의 내부 온도가 규정 온도를 유지하였는지 자동온도 기록지(타코메타)를 통해서 확인한다.
- 냉장차량 0~10℃, 냉동차량 영하 18℃ 이하

㉢ 포장상태를 확인한다.

㉣ 검수품의 품질 변화를 방지하기 위하여 냉동식품, 냉장식품, 채소류, 공산품의 순서로 한다.

㉤ 육류, 어류, 알류 등의 식품은 냉장 및 냉동상태로 운송되었는지 확인한다.

㉥ 가열하지 않은 육류, 가금류, 해산물 등 신선 축산물은 입고검수 시 품질을 최대한 유지할 수 있도록 다른 완제품과 입고시간을 달리하여 검수한다.

㉦ 입고된 식자재는 청결한 장소에서 외포장지를 제거한 후 조리장과 사용 장소를 반입한다.

㉧ 입고 시 제거한 외포장지 라벨은 버리지 말고 해당 식자재를 모두 사용할 때까지 별도의 보관함에 보관하여 내용물과 표시사항이 일치하는지 추적이 가능하도록 하여야 한다.

㉨ 냉동식품은 녹은 흔적이 있는지 또는 얼렸다 녹였다를 반복했는지 주의 깊게 확인한다.

ⓩ 소비기한, 제조일자 등을 확인한다.

ⓚ 제조처나 원산지 표시가 없는 품목은 반품 조치한다.

(4) 식재료 세척과 소독

① 세척제 선택

㉠ 세척제는 사용 용도에 따라 1종, 2종, 3종으로 구분할 수 있다.

- 1종 : 야채용 또는 과실용 세척제
- 2종 : 식기류용 세척제
- 3종 : 식품의 가공기구용, 조리기구용 세척제

㉡ 세제의 종류와 용도

세 제	용 도
알칼리성 세제	• 산성의 오염물을 중화시켜 제거하는 세제로, 일반적인 산성오염물에 적합하다. • 알칼리성 세제에 각각의 오염물에 맞는 세제 촉진제를 넣은 것이 유리창용 세제, 가정용 왁스세제, 기름때 전용세제, 얼룩제거 세제, 탄화 전용세제, 만능세제 등이다.
중성세제	• 가정용 식기세제나 욕조 전용세제 등이 이 부류에 속한다. • 오염물을 녹이면서 없애기 때문에 씻어낸 것의 표면에 흠집이 나지 않는다. • 약알칼리 세제를 희석한 것도 중성세제라 불리는 경우도 있다.
산성세제	• 인간의 배설물뿐 아니라 모든 인간에게서 나온 오염물은 거의 알칼리성이다. 이 오염물을 분해시키고 없애는 것이 산성세제로, 화장실 전용세제가 대표적이다. • 화장실용 세제는 손때 등으로 더러워진 것을 닦는 데도 적합하다.
표백제	• 염소계 세제, 살균제가 들어간 것이 많다. • 누런 때를 제거하는 화장실용 세제도 염소계이다. • 산성의 화장실 전용세제와 혼합하면 유독가스가 발생하므로 취급에 주의한다.
살균제	• 도마 등 조리용구의 살균에 사용하는 알코올이 주성분인 세제이다. • 살균하고 싶은 것의 표면에 물기가 남아 있으면 천연효과가 없어지므로 주의한다.
왁 스	• 바닥 표면에 엷고 투명한 수지막을 만든다. • 광택을 낼 뿐만 아니라 막으로 오염을 막기 때문에 왁스를 칠해 두면 특히 더러워진 부분만을 매일 청소하면 되므로 전체를 닦을 필요가 없다.

더 알아보기 세척제 사용 시 준수사항

- 제조업체의 사용설명서를 확인한다.
- 서로 다른 세척제를 임의로 섞을 경우 화학반응을 일으켜 세척제의 기능을 상실하거나 유해가스가 생성되는 등 위험할 수 있다.
- 용도가 명시되지 않은 세척제를 다른 세척제 대용으로 사용하지 않는다.
- 물질안전 보건자료(MSDS ; Material Safety Data Sheet)를 비치한다.
- 유해성분이 함유된 물질은 모두 목록화하고 라벨링을 부착한다.
- 세척제는 주방에 보관하지 말고 별도의 구분된 세척제 전용 보관장소에 보관한다.

② 소독방법

㉠ 소독작업은 세척을 완료한 후에 수행한다.

㉡ 이동이 불가능해 분해 세척이 필요한 주방기구들은 제작업체의 사용설명서를 확인한다.

㉢ 냉장·냉동시설을 제외하고 전원이 연결된 기구는 감전의 위험을 방지하기 위해서 플러그를 빼놓는다.

㉣ 음식물이나 식자재는 세척하기 전에 치워 둔다.

㉤ 칼날, 뚜껑 등 분리가 가능한 부품은 따로 세척·살균한다.

㉥ 세척·살균된 기구의 부품은 재조립한 후에도 다시 살균처리한다.

㉦ 이동이 어렵고 무거운 기구의 살균은 분무기를 이용하는 것이 좋은 방법이 될 수 있다.

㉧ 분무는 살균제가 충분히 뿌려지도록 2~3분 동안 분무한다.

③ 소독제 사용법 및 유의사항

㉠ 목적에 맞는 소독제를 선택한다.

㉡ 사용방법을 숙지하고 적절한 농도, 침지시간을 결정한다.

㉢ 소독액은 사용 전에 제조하고 시험지로 농도를 확인한 후 사용한다.

㉣ 염소소독을 할 경우 사용하는 유효염소의 함량(%)을 확인한다.

㉤ 염소로 식품을 소독할 경우 식품첨가물이라고 표시된 제품을 사용한다.

㉥ 염소소독제와 식기세척제를 함께 사용할 경우 효력이 저하되므로 함께 사용하지 않는다.

5. 식품첨가물과 유해물질 혼입

(1) 식품첨가물의 개요

① 식품첨가물의 정의(식품위생법 제2조제2호)

㉠ 식품을 제조·가공·조리 또는 보존하는 과정에서 감미, 착색, 표백 또는 산화방지 등을 목적으로 식품에 사용되는 물질을 말한다.

㉡ 이 경우 기구·용기·포장을 살균·소독하는 데에 사용되어 간접적으로 식품으로 옮아갈 수 있는 물질을 포함한다.

② 식품첨가물의 구비조건

㉠ 사용방법이 간편하고 미량으로도 충분한 효과가 있어야 한다.

㉡ 독성이 적거나 없으며 인체에 유해한 영향을 미치지 않아야 한다.

㉢ 물리적·화학적 변화에 안정해야 한다.

㉣ 값이 저렴해야 한다.

③ 식품첨가물의 안전성 평가

㉠ 급성독성시험 : 실험대상 동물에게 대상 물질을 1회만 투여하여 단기간에 독성의 영향 및 급성 중독증상 등을 관찰하는 방법이다.

- 반수치사량(Lethal Dose 50%, LD_{50}) : 급성독성의 강도를 나타내는 것으로 독성시험에 사용된 실험동물의 반수(50%)를 치사에 이르게 할 수 있는 화학물질의 양(mg)을 그 동물의 체중 1kg당으로 표시하는 수치로, LD_{50}의 수치가 낮을수록 치사독성이 강하다는 것을 나타낸다.

• LD(Lethal Dose : 치사량) : 약물을 투여하였을 때 동물 및 인간이 죽을 수 있는 최소의 양

㉡ 아급성독성시험 : 실험대상 동물 수명의 10분의 1 정도의 기간에 걸쳐 치사량 이하의 여러 용량으로 연속 경구투여하여 사망률 및 중독증상을 관찰하는 방법이다.

㉢ 만성독성시험 : 식품첨가물의 독성 평가를 위해 가장 많이 사용하고 있으며, 대상 물질을 장기간 투여했을 때 어떤 장해나 중독이 일어나는가를 알아보는 시험이다. 만성독성시험은 식품첨가물이 실험대상 동물에게 어떤 영향도 주지 않는 최대의 투여량인 최대무작용량(最大無作用量)을 구하는 데 목적이 있다.

(2) 식품첨가물의 기준 및 규격(식품의약품안전처고시 제2023-82호)

① 용어의 정의

㉠ 가공보조제 : 식품의 제조과정에서 기술적 목적을 달성하기 위하여 의도적으로 사용되고 최종 제품 완성 전 분해, 제거되어 잔류하지 않거나 비의도적으로 미량 잔류할 수 있는 식품첨가물을 말한다. 식품첨가물의 용도 중 살균제, 여과보조제, 이형제, 제조용제, 청관제, 추출용제, 효소제가 가공보조제에 해당한다.

㉡ 식품첨가물의 용도 : 식품의 제조·가공 시 식품에 발휘되는 식품첨가물의 기술적 효과를 말한다.

• 감미료 : 식품에 단맛을 부여하는 식품첨가물
• 고결방지제 : 식품의 입자 등이 서로 부착되어 고형화되는 것을 감소시키는 식품첨가물
• 거품제거제 : 식품의 거품 생성을 방지하거나 감소시키는 식품첨가물
• 껌기초제 : 적당한 점성과 탄력성을 갖는 비영양성의 씹는 물질로서 껌 제조의 기초 원료가 되는 식품첨가물
• 밀가루개량제 : 밀가루나 반죽에 첨가되어 제빵 품질이나 색을 증진시키는 식품첨가물
• 발색제 : 식품의 색을 안정화시키거나, 유지 또는 강화시키는 식품첨가물
• 보존료 : 미생물에 의한 품질 저하를 방지하여 식품의 보존기간을 연장시키는 식품첨가물
• 분사제 : 용기에서 식품을 방출시키는 가스 식품첨가물
• 산도조절제 : 식품의 산도 또는 알칼리도를 조절하는 식품첨가물
• 산화방지제 : 산화에 의한 식품의 품질 저하를 방지하는 식품첨가물
• 살균제 : 식품 표면의 미생물을 단시간 내에 사멸시키는 작용을 하는 식품첨가물
• 습윤제 : 식품이 건조되는 것을 방지하는 식품첨가물
• 안정제 : 두 가지 또는 그 이상의 성분을 일정한 분산 형태로 유지시키는 식품첨가물
• 여과보조제 : 불순물 또는 미세한 입자를 흡착하여 제거하기 위해 사용되는 식품첨가물
• 영양강화제 : 식품의 영양학적 품질을 유지하기 위해 제조공정 중 손실된 영양소를 복원하거나, 영양소를 강화시키는 식품첨가물
• 유화제 : 물과 기름 등 섞이지 않는 두 가지 또는 그 이상의 상(Phases)을 균질하게 섞어주거나 유지시키는 식품첨가물
• 이형제 : 식품의 형태를 유지하기 위해 원료가 용기에 붙는 것을 방지하여 분리하기 쉽도록 하는 식품첨가물

- 응고제 : 식품 성분을 결착 또는 응고시키거나, 과일 및 채소류의 조직을 단단하거나 바삭하게 유지시키는 식품첨가물
- 제조용제 : 식품의 제조·가공 시 촉매, 침전, 분해, 청징 등의 역할을 하는 보조제 식품첨가물
- 젤형성제 : 젤을 형성하여 식품에 물성을 부여하는 식품첨가물
- 증점제 : 식품의 점도를 증가시키는 식품첨가물
- 착색료 : 식품에 색을 부여하거나 복원시키는 식품첨가물
- 청관제 : 식품에 직접 접촉하는 스팀을 생산하는 보일러 내부의 결석, 물때 형성, 부식 등을 방지하기 위하여 투입하는 식품첨가물
- 추출용제 : 유용한 성분 등을 추출하거나 용해시키는 식품첨가물
- 충전제 : 산화나 부패로부터 식품을 보호하기 위해 식품의 제조 시 포장 용기에 의도적으로 주입시키는 가스 식품첨가물
- 팽창제 : 가스를 방출하여 반죽의 부피를 증가시키는 식품첨가물
- 표백제 : 식품의 색을 제거하기 위해 사용되는 식품첨가물
- 표면처리제 : 식품의 표면을 매끄럽게 하거나 정돈하기 위해 사용되는 식품첨가물
- 피막제 : 식품의 표면에 광택을 내거나 보호막을 형성하는 식품첨가물
- 향미증진제 : 식품의 맛 또는 향미를 증진시키는 식품첨가물
- 향료 : 식품에 특유한 향을 부여하거나 제조공정 중 손실된 식품 본래의 향을 보강시키는 식품첨가물
- 효소제 : 특정한 생화학 반응의 촉매 작용을 하는 식품첨가물

② 식품첨가물 제조기준

㉠ 식품첨가물은 식품원료와 동일한 방법으로 취급되어야 하며, 제조된 식품첨가물은 개별 품목별 성분규격에 적합하여야 한다.

㉡ 식품첨가물을 제조 또는 가공할 때에는, 그 제조 또는 가공에 필요불가결한 경우 이외에는 산성백토, 백도토, 벤토나이트, 탤크, 모래, 규조토, 탄산마그네슘 또는 이와 유사한 불용성의 광물성 물질을 사용하여서는 아니 된다.

㉢ 식품첨가물의 제조 또는 가공할 때에 사용하는 용수는 먹는물 관리법에 따른 먹는물 수질기준에 적합한 것이어야 한다.

㉣ 향료는 식품에 사용되기에 적합한 순도로 제조되어야 한다. 다만, 불가피하게 존재하는 불순물이 최종 식품에서 건강상 위해를 나타내는 수준으로 잔류하여서는 아니 된다.

③ 일반 사용기준

㉠ 식품 중에 첨가되는 식품첨가물의 양은 물리적, 영양학적 또는 기타 기술적 효과를 달성하는 데 필요한 최소량으로 사용하여야 한다.

㉡ 식품첨가물은 식품 제조·가공과정 중 결함 있는 원재료나 비위생적인 제조방법을 은폐하기 위하여 사용되어서는 아니 된다.

㉢ 식품 중에 첨가되는 영양강화제는 식품의 영양학적 품질을 유지하거나 개선시키는 데 사용되어야 하며, 영양소의 과잉 섭취 또는 불균형한 섭취를 유발해서는 아니 된다.

㉣ 식품첨가물은 식품을 제조・가공・조리 또는 보존하는 과정에 사용하여야 하며, 그 자체로 직접 섭취하는 목적으로 사용하여서는 아니 된다.

㉤ 식용을 목적으로 하는 미생물 등의 배양에 사용하는 식품첨가물은 이 고시에서 정하고 있는 품목 또는 국제식품규격위원회(Codex Alimentarius Commission)에서 미생물 영양원으로 등재된 것으로 최종식품에 잔류하여서는 아니 된다. 다만, 불가피하게 잔류할 경우에는 품목별 사용기준에 적합하여야 한다.

㉥ 품목별로 정하여진 주용도 이외에 국제적으로 다른 용도로서 기술적 효과가 입증되어 사용의 정당성이 인정되는 경우, 해당 용도로 사용할 수 있다.

㉦ 대외무역관리규정에 따른 외화획득용 원료 및 제품(주식회사 한국관광용품센터에서 수입하는 식품 제외), 관세법에 따라 세관장의 허가를 받아 외국으로 왕래하는 선박 또는 항공기 안에서 소비되는 식품 및 선천성대사이상질환자용 식품을 제조・가공・수입함에 있어 사용되는 식품첨가물은 식품위생법 및 이 기준・규격의 적용을 받지 아니할 수 있다.

㉧ 살균제의 용도로 사용되는 식품첨가물은 품목별 사용기준에 별도로 정하고 있지 않는 한 침지하는 방법으로 사용하여야 하며, 세척제나 다른 살균제 등과 혼합하여 사용하여서는 아니 된다.

더 알아보기 **식용색소의 병용 기준**

식용색소녹색제3호 및 그 알루미늄레이크, 식용색소적색제2호 및 그 알루미늄레이크, 식용색소적색제3호, 식용색소적색제40호 및 그 알루미늄레이크, 식용색소적색제102호, 식용색소청색제1호 및 그 알루미늄레이크, 식용색소청색제2호 및 그 알루미늄레이크, 식용색소황색제4호 및 그 알루미늄레이크, 식용색소황색제5호 및 그 알루미늄레이크를 2종 이상 병용할 경우, 각각의 식용색소에서 정한 사용량 범위 내에서 사용하여야 하고 병용한 식용색소의 합계는 다음 표의 식품유형별 사용량 이하여야 한다.

식품 유형	사용량
빙과	0.15g/kg
두류가공품, 서류가공품	0.2g/kg
과자, 추잉껌, 빵류, 떡류, 아이스크림류, 아이스크림믹스류, 과・채음료, 탄산음료, 탄산수, 혼합음료, 음료베이스, 청주(주정을 첨가한 제품에 한함), 맥주, 과실주, 위스키, 브랜디, 일반증류주, 리큐르, 기타주류, 소시지류, 즉석섭취식품	0.3g/kg
캔디류, 기타잼	0.4g/kg
기타 코코아가공품	0.45g/kg
기타설탕, 당시럽류, 기타엿, 당류가공품, 식물성크림, 기타식용유지가공품, 소스, 향신료조제품(고추냉이가공품 및 겨자가공품에 한함), 절임식품(밀봉 및 가열살균 또는 멸균처리한 제품에 한함. 다만, 단무지는 제외), 당절임(밀봉 및 가열살균 또는 멸균처리한 제품에 한함), 전분가공품, 곡류가공품, 유함유가공품, 어육소시지, 젓갈류(명란젓에 한함), 기타수산물가공품, 만두, 기타가공품	0.5g/kg
초콜릿류, 건강기능식품(정제의 제피 또는 캡슐에 한함), 캡슐류	0.6g/kg

(3) 식품첨가물의 종류

① 보존료(방부제)

㉠ 특 징

- 식품 저장 중 미생물의 증식에 의해 일어나는 부패나 변질을 방지하기 위해 사용되는 방부제로서, 살균작용보다는 부패 미생물에 대하여 정균작용 및 효소의 발효 억제작용을 한다.
- 부패 미생물의 증식 억제효과가 커야 하며, 식품에 나쁜 영향을 주지 않아야 한다.
- 독성이 없거나 낮아야 하며, 사용법이 간편하고 값이 저렴해야 한다.
- 무미, 무취이고 자극성이 없어야 하며 소량으로도 효과가 커야 한다.
- 공기, 빛, 열에 안정하고 pH에 의한 영향을 받지 않아야 한다.

㉡ 종 류

종류	특징
디하이드로초산(DHA) 및 디하이드로초산나트륨(DHA-S)	• 허용된 보존료 중에서 독성이 가장 높다. • 해리가 잘 되지 않으므로 중성 부근에서도 효력이 높다. • 곰팡이나 효모의 발육 억제작용이 강하다. • 치즈류, 버터류, 마가린 0.5g/kg 이하
소브산 및 소브산칼륨	• 미생물 발육 억제작용이 강하지 않다. • 체내에서 대사되므로 안전성이 매우 높다. • 세균, 효모, 곰팡이에 모두 유효하지만 젖산균과 *Clostridium* 속의 세균에는 효과가 없다. • 치즈류 3g/kg 이하, 식육가공품·기타 동물성 가공식품·어육가공품류 2g/kg 이하, 농축과일즙, 과·채주스 1g/kg 이하, 발효음료류 0.05g/kg 이하, 과실주·탁주·약주 0.2g/kg 이하
안식향산 및 안식향산나트륨	• 섭취하여도 오줌을 통하여 체외로 배출되므로 안전성이 높다. • pH 4 이하에서 효력이 높게 나타나지만, 중성 부근에서는 효력이 없다. • 살균작용과 발육저지 작용이 있으며, 온수에 녹여서 사용해야 하고 흡습성이 있으므로 밀폐 용기에 보존해야 한다. • 간장, 인삼음료 0.6g/kg 이하, 알로에 겔 건강기능식품 0.5g/kg 이하
파라옥시안식향산에틸 및 파라옥시안식향산메틸	• 모든 미생물에 대하여 유효하게 작용한다. • 식초 0.1g/L 이하, 잼류 1g/kg 이하, 간장 0.25g/kg 이하, 소스 0.2g/kg 이하, 인삼 및 홍삼음료 0.1g/kg 이하, 과일 및 채소의 표피 0.012g/kg 이하
프로피온산칼슘 및 프로피온산나트륨	• 체내에서 대사되므로 안전성이 높다. • 효모에는 효력이 거의 없으나 세균에는 유효하다. • 빵류 2.5g/kg 이하, 치즈류 3.0g/kg 이하

② 살균제

㉠ 특 징

- 식품의 부패 미생물 및 감염병 등의 병원균을 사멸하기 위해 사용되는 첨가물로서, 부패 원인균 또는 병원균에 대한 살균작용이 주가 되며 정균력도 있다.
- 음료수, 식기류, 손 등의 소독에 사용한다.

㉡ 종 류

표백분, 차아염소산나트륨	음료수, 식기구, 식품 소독
과산화수소(H_2O_2)	최종 제품 완성 전에 분해·제거해야 한다.
이염화이소시아뉼산나트륨	참깨에는 사용할 수 없다.
에틸렌옥사이드	잔존량 50ppm 이하

③ 산화방지제

㉠ 특 징

- 유지의 산패 및 식품의 산화방지, 식품의 변색이나 퇴색을 방지하기 위해 사용하는 첨가물로서 항산화제라고도 한다.
- 수용성인 것은 주로 색소의 산화방지제로, 지용성인 것은 유지를 다량 함유한 식품의 산화방지제에 사용된다.

㉡ 종 류

BHT(다이뷰틸하이드록시톨루엔)	유지의 항산화제로서 유지나 버터에 첨가하여 사용하고, 버터의 포장지에 도포하여 사용하기도 한다(0.2g/kg 이하).
토코페롤(비타민 E)	비타민의 일종으로 영양강화제의 목적으로도 사용하고, 유지의 산화방지제로서 사용된다.
아스코브산(비타민 C)	산화방지제로서 식육제품의 변색 방지, 과일 통조림의 갈변 방지, 기타 식품의 풍미 유지에 사용한다.
에리토브산(Erythorbic Acid)	산화방지의 목적 외에는 사용을 금지한다.
기 타	BHA(뷰틸하이드록시아니솔), 몰식자산프로필

④ 조미료

㉠ 특 징

- 식품의 가공·조리 시에 식품 본래의 맛을 한층 돋우거나 기호에 맞게 조절하여 맛과 풍미를 좋게 하기 위하여 첨가하는 것으로 맛의 종류에 따라 감미료, 산미료, 염미료, 신미료 등으로 구분한다.
- 조미료는 사용 기준이 규정되지 않아 대상 식품이나 사용량에 제한을 받지 않는다.

㉡ 종류 : 구연산나트륨, 사과산나트륨, 주석산나트륨, 알라닌, 호박산, 글라이신 등

⑤ 산미료

㉠ 특 징

- 식품에 적합한 신맛을 부여하고 미각에 청량감과 상쾌한 자극을 주기 위하여 사용된다.
- 식품에 신맛을 부여할 뿐 아니라 향미료, pH 조절을 위한 완충제, 산성에 의한 식품보존제, 항산화제나 갈변 방지에 있어서의 시너지스트(Synergist : 상승제), 제과·제빵에서의 점도조절제 등의 목적으로도 사용되고 있으며 사용 제한은 없다.

㉡ 종 류

구연산	청량음료, 치즈, 잼, 젤리 등 염기성의 산이며 무색·무취의 결정체
빙초산	피클, 케첩, 사과시럽, 치즈, 케이크 등
기 타	아디프산, 사과산, 주석산, 젖산, 초산, 인산 등

⑥ 감미료

㉠ 특 징

- 식품에 단맛(감미)을 주고 식욕을 돋우기 위하여 사용되는 첨가물이다.
- 용량에 따라서는 인체에 해로운 것도 있어 사용기준이 정해져 있으며 설탕은 가장 널리 쓰이는 천연 감미료이다.
- 감미도는 설탕을 1로 했을 때 사카린나트륨 500, 글리실리진산이나트륨 200, D-소비톨 0.7, 아스파탐 180~200배 정도지만 감미의 질이 설탕보다 떨어진다.

㉡ 종 류

사카린나트륨	건빵, 생과자, 청량음료 외 식빵, 이유식, 벌꿀, 알사탕, 물엿, 포도당, 설탕 등에는 사용이 금지된다.
글리실리진산이나트륨	된장, 간장 외의 식품에는 사용이 금지된다.
기 타	D-소비톨, 아스파탐, 글라이신 등

⑦ 착색료

㉠ 특 징

- 식품의 가공 공정에서 퇴색되는 색을 복원하거나 외관을 보기 좋게 하기 위하여 착색한다.
- 인공적으로 착색하여 천연색을 보완·미화하며, 식품의 매력을 높여 소비자의 기호성을 충족시켜 식품의 가치를 향상시키기 위하여 첨가하는 물질이다.

㉡ 종 류

- 타르(Tar)색소 : 식용 타르색소는 모두 수용성이므로 물에 용해시켜 착색시키는 것으로, 착색료 중에서 사용하는 빈도가 가장 높다.
- β-카로틴 : 카로티노이드(Carotenoid)계의 대표적인 색소로서 비타민 A의 효력을 갖고 있으며 색소의 일정화 면에서 우수하다. 당근에 많이 포함되어 있으며 쉽게 산화하는 성질이 있다. 베타 카로티노이드(β-carotenoid)는 치즈, 버터, 마가린, 라드, 아이스크림 등에 착색료로 쓰인다.
- 황산구리 : 과채류 저장품
- 구리클로로필린나트륨 : 과채류 저장품, 다시마, 껌, 완두콩

⑧ 착향료

㉠ 특 징

- 식품 자체의 냄새를 없애거나 변화시키거나 강화하기 위해 사용되는 첨가물로, 상온에서의 휘발성으로 특유한 방향을 느끼게 함으로써 식욕을 증진할 목적으로 첨가되는 향료를 말한다.
- 향료의 대부분은 휘발성이므로 식품을 냉각시킨 후 첨가해야 하며, 식품 중의 알칼리성 성분이나 공기, 금속, 항산화제 등에 의하여 쉽게 변질되므로 주의해야 한다.

㉡ 종 류

- 천연향료 : 레몬 오일, 오렌지 오일, 천연과즙 등
- 합성향료 : 지방산, 알코올 에스터(Ester, 에스테르), 계피알데하이드, 바닐린 등

⑨ 발색제(색소고정제)

㉠ 특징 : 발색제 자체에는 색이 없으나 식품 중의 색소 단백질과 반응하여 식품 자체의 색을 고정(안정화)시키고, 선명하게 하거나 발색되게 하는 물질이다.

㉡ 종 류

- 육제품 발색제 : 아질산나트륨, 질산나트륨, 아질산칼륨, 질산칼륨, 나이트로소마이오글로빈
- 식물성 식품의 발색제 : 황산제1철, 황산제2철

⑩ 표백제

㉠ 특징 : 식품 본래의 색을 없애거나 퇴색, 변색 또는 잘못 착색된 식품에 대하여 화학 분해로 무색이나 백색으로 만들기 위하여 사용하는 첨가물이다.

㉡ 종 류

- 환원표백제 : 메타중아황산칼륨, 무수아황산, 아황산나트륨, 산성아황산나트륨, 차아황산나트륨
- 산화표백제 : 과산화수소

⑪ 밀가루(소맥분)개량제

㉠ 특 징

- 제분된 밀가루를 표백하며 숙성 기간을 단축시키고 제빵 효과의 저해 물질을 파괴시켜 분질(粉質)을 개량할 목적으로 첨가하는 것이다.
- 밀가루 개량제의 효과는 산화작용에 의한 표백작용과 숙성작용이지만, 표백작용은 없고 숙성작용만 갖는 것도 있다.

㉡ 종류 : 과산화벤조일, 과황산암모늄, 브로민산칼륨, 이산화염소, 스테아릴젖산칼슘 등

⑫ 품질개량제(결착제)

㉠ 특징 : 식품의 결착성을 높여서 씹을 때 식욕 향상, 변색 및 변질 방지, 맛의 조화, 풍미 향상, 조직의 개량 등을 위하여 사용하는 첨가물이다.

㉡ 종류 : 피로인산염, 폴리인산염, 메타인산염, 제1인산염, 제2인산염, 제3인산칼륨 등

⑬ 호료(증점제)

㉠ 특징 : 식품의 점착성 증가, 유화 안정성 향상, 가열이나 보존 중 선도 유지, 형체 보존 및 미각에 대해 점활성을 주어 촉감을 부드럽게 하기 위한 첨가 물질이다.

- 호료는 식품에 사용하면 증점제로서의 역할을 하며 분산안정제(아이스크림, 유산균 음료, 마요네즈), 결착보수제(햄, 소시지), 피복제 등으로도 이용되고 있다. 천연 호료로는 우유의 카세인, 밀가루의 글루텐, 찹쌀의 아밀로펙틴 등을 들 수 있다.

㉡ 종류 : 카복시메틸셀룰로스, 알긴산나트륨, 알긴산프로필렌글리콜, 폴리아크릴산나트륨, 카세인, 잔탄검 등

⑭ 유화제

㉠ 특 징

- 서로 잘 혼합되지 않는 두 종류의 액체를 분리되지 않게 하기 위하여 즉, 분산된 액체가 재응집하지 않도록 안정화시키는 역할을 하는 것이 유화제 또는 계면활성제이다.
- 유화제는 적절한 배합으로 친수성과 친유성을 알맞게 조정하면 상승효과가 있고 유연성 지속 및 노화방지 등의 목적으로 식품 가공에 널리 쓰인다.
- 유화제는 마가린·아이스크림·껌·초콜릿 등에는 유화 목적으로, 빵이나 케이크 등에는 노화방지 목적으로, 커피·분말차·우유 등에는 분산촉진제로서 이용한다.

㉡ 종류 : 글리세린지방산에스터, 솔비탄지방산에스터, 자당지방산에스터, 프로필렌글리콜지방산에스터, 대두레시틴(대두 인지질) 등

⑮ **이형제** : 이형제는 빵의 제조과정 중에서 반죽이 분할기로부터 잘 분리되고, 구울 때 빵틀로부터 빵의 형태를 유지하면서 분리되도록 사용되는 것으로 유동파라핀만 허용되어 있다.

⑯ **용제** : 각종 첨가물을 식품에 균일하게 혼합시키기 위하여 사용하는 첨가물로서, 물과 잘 혼합되거나 유지에 잘 녹는 성질이 있어야 한다. 물, 알코올 등을 사용하고 있으나 현재 허용되고 있는 용제는 글리세린(Glycerin)과 프로필렌글리콜(Propylene Glycol)이 있다.

⑰ **영양강화제** : 영양강화제는 식품의 영양을 강화하는 데 사용되는 첨가물이다. 비타민류와 필수 아미노산을 위주로 한 아미노산류, 칼슘제, 철제 등의 무기염류가 강화제로서 첨가된다. 종류로는 구연산철, 구연산칼슘 등이 있다.

⑱ **팽창제** : 빵, 과자 등을 만드는 과정에서 CO_2, NH_3 등의 가스를 발생시켜 부풀게 함으로써 연하고 맛을 좋게 하는 동시에 소화되기 쉬운 상태가 되게 하려고 사용하는 첨가물이다. 팽창제로는 이스트(효모)와 같은 천연품과 베이킹 파우더(탄산수소나트륨), 암모늄염 등의 화학적 합성품이 있다.

⑲ **소포제** : 식품의 제조 공정에서 생기는 거품이 품질이나 작업에 지장을 주는 경우에 거품을 소멸 또는 억제시키기 위해 사용되는 첨가물로서, 규소수지(Silicone Resin)만이 허용되어 있다.

⑳ **추출제** : 추출제는 천연 식물에서 특정한 성분을 용해·추출하기 위해 사용되는 일종의 용매이며 n-헥산만 허용되고 있다. 식용 유지를 제조할 때 유지를 추출하는 데 사용된다.

㉑ **껌기초제** : 껌이 적당한 점성과 탄력성을 유지하는 데 중요한 역할을 하는 것으로, 화학적 합성품인 에스터검, 폴리부텐, 폴리아이소뷰틸렌, 초산비닐수지 등의 합성수지가 많이 사용되고 있다.

㉒ **피막제** : 과일이나 채소류의 선도를 오랫동안 유지하기 위해 표면에 피막을 만들어 호흡작용과 증산작용을 억제시키는 것으로, 몰포린지방산염(과일, 과채류)과 초산비닐수지(과일, 과채류) 두 종류가 허용된다.

(4) 유해물질

① 자연에서 생성되는 유해물질

㉠ 공장 폐수

- 공장 등에서 나오는 부패성 유기물, 폐수, 산·알칼리 등의 오염물이 하천과 바닷물에 혼입되어 해산물을 오염시키거나 유독화한다.
- 종 류

유기수은(Hg)	공장 폐수 중에 함유된 유기수은화합물에 의하여 오염된 어패류의 섭취로 미나마타병이 발생하였다. 증상으로 손의 지각이상, 사지마비, 보행곤란 등이 나타난다.
카드뮴(Cd)	광업소에서 배출된 폐수에 함유된 카드뮴에 의하여 농작물이 오염되고 사람에게 만성 축적되어 이타이이타이병을 발생시켰다.

㉡ 농약 : 농약(유기염소제, 유기인제 등)은 농작물의 수확 전 일정 기간에는 사용을 금지하여 잔류되지 않도록 방지하거나, 잔류 허용량을 정하여 최종 수확물에 대한 농약 잔류량이 이에 적합하도록 노력한다.

㉢ 방사성 물질 : 방사성 물질은 그 발생원을 격리하거나 오염의 감시를 철저히 해야 한다. 반감기가 긴 ^{90}Sr과 ^{137}Cs이 특히 문제가 된다.

㉣ 합성세제 : 합성세제는 경성(ABS)인 것의 사용을 금지하고, 분해가 되기 쉬운 연성세제(LAS)를 사용하도록 한다.

② 조리 및 가공에서 생성되는 유해물질

㉠ 메탄올(Methanol) : 과실주 및 정제가 불충분한 증류주에 미량 함유되어 두통, 현기증, 구토가 생기고, 심할 경우 정신이상, 시신경 염증, 실명 등의 증세가 나타나고 사망에 이르기도 한다.

㉡ 나이트로소(Nitroso) 화합물 : 햄, 소시지 등의 제조 시에 발색제로 사용되는 아질산염과 식품 중의 제2급 아민이 반응하여 생성되기도 하고, 체내의 위에서 생성되기도 한다. 발암물질인 나이트로소아민(Nitrosoamine)이 문제이다.

㉢ 다환방향족 탄화수소(PAH) : 석탄・석유・목재 등을 태울 때 불완전한 연소로 생성되거나, 식물・미생물에 의해서도 합성되며, 태운 식품이나 훈제품에 함량이 높다. 벤조피렌 등이 문제시된다.

㉣ 헤테로사이클릭아민(Heterocyclic Amine)류 : 아미노산이나 단백질의 열분해에 의하여 여러 종류가 생성된다. 볶은 콩류와 곡류, 구운 생선과 육류 등에서 다량 발견되며, 발암성이 문제이다.

㉤ 지질의 산화생성물 : 지질의 과산화물(Hydroperoxide)류는 급성 중독증으로 구토・설사를 일으키고, 만성 중독 시에는 동맥경화, 간장장애, 노화를 일으킨다. 또 산화생성물인 말론알데하이드(Malonaldehyde)는 발암성 물질로서 장기간 지나치게 가열을 받은 유지에서 다량 검출된다.

㉥ 음식물용 기구・용기 포장 : 구리, 비소, 카드뮴, 아연, 납 등의 합금 또는 이들로 도금한 기구・용기・포장 등을 사용할 경우 유해성 금속이 용출되어 체내에 흡수・축적될 수 있으며, 합성수지 제품에서는 포르말린 등이 용출될 수 있다.

03 작업장 위생관리

1. 작업장 위생 및 위해요소

(1) 식품취급 시의 위생관리

① 식품은 청결하고 위생적으로 취급하여 병원미생물, 먼지, 유해물질 등에 의하여 오염되지 않도록 한다.

② 조리된 식품은 보관 시 손[手], 파리, 바퀴, 쥐, 먼지 등에 의하여 오염되는 일이 없도록 해야 한다.

③ 살충제, 살균제, 기타 유독약품류는 보관을 철저히 하여 식품첨가물로 오용하는 일이 없도록 주의한다.

(2) 작업장의 위생관리

① 바닥은 배수의 흐름으로 인한 교차오염이 없어야 하고, 파손되거나 구멍, 침하된 곳이 없어야 한다.

② 내벽 부분은 파손, 구멍, 물이 새지 않고 배관, 환기구 등의 연결 부위가 밀폐되어 있어야 한다.

③ 가동장치와 벽 사이의 복도 또는 작업장소는 작업자들이 원활하게 작업하고 오염되지 않도록 적당한 폭을 유지하여야 한다.

④ 문·창문 부분은 창문 틈, 유리의 파손 및 금이 간 곳이 없어야 하며, 유리 파손에 의한 오염을 방지하기 위한 코팅 처리를 하여야 한다.
⑤ 조명 부분은 형광등 파손에 의한 유리조각의 비산을 막기 위하여 보호커버가 설치되어 있어야 한다.
⑥ 작업실 조도는 정해진 기준 이상으로 유지되도록 하여야 한다.
⑦ 환기 부분은 구역별 공기 흐름 상태가 적합해야 하고 급·배기시설의 관리상태가 양호해야 한다.
⑧ 작업장 배관 부분은 배관이 용도별로 구분되어야 하며, 배관 및 패킹 재질이 적절하고, 파손으로 인한 제품오염 발생 가능성이 없어야 한다.

(3) 작업장 위생관리 수칙

① 작업장이 15℃ 이하의 온도로 유지되고 있는지 수시로 확인한다.
※ 양념작업장은 작업 시 식육작업장과 구획조치 후 작업을 하여야 한다.
② 원료육의 적정 여부를 확인한다(보관온도, 관능검사 실시 여부).
③ 원료육의 위생적인 전처리 실시 여부를 확인한다(해동, 비가식 부분 제거 등).
④ 식육의 낙하 시 신속한 폐기나 소독을 실시한다.
⑤ 기계의 정상적인 작동 여부와 원료 및 제품포장재의 적절한 관리 여부를 확인하여 제품에 이물이나 오염물질의 혼입을 방지한다.
⑥ 완제품은 신속히 저장창고 등으로 이동하여 작업장에 체류하는 시간을 최소화한다.
⑦ 제품의 운반은 바닥, 벽, 기타 기계 등에 접촉되지 않도록 하고 적정 온도로 보관 또는 운반한다.

더 알아보기 **작업 종료 후 작업장 위생관리 수칙**

- 제조시설은 청결히 관리하고 기구류는 작업 후 열탕 또는 약품을 이용하여 필히 소독한다.
- 작업장(가공실, 원료처리실, 포장실), 냉장·냉동고는 작업 종료 후 청소를 실시하여 청결 상태를 유지하고 가능한 한 바닥의 물기를 제거한다.
- 작업 중 발생되는 폐기물은 가능한 한 작업장 외부에 관리하며 신속히 처리한다.

2. 해썹(HACCP) 관리기준

(1) 식품안전관리인증기준(HACCP)의 개요

① HACCP의 정의
㉠ HACCP은 Hazard Analysis and Critical Control Point의 약자로, 위해요소 분석(HA)과 중요관리점(CCP)으로 구성되어 있다.
- HA : 위해가능성이 있는 요소를 찾아 분석·평가
- CCP : 위해요소를 방지·제거하고 안전성을 확보하기 위해 중점적으로 다루어야 할 관리점

㉡ HACCP이란 식품의 원재료 생산에서부터 제조·가공·보존·유통단계를 거쳐 최종 소비자가 섭취하기 전까지의 각 단계에서 발생할 우려가 있는 위해요소를 규명하고, 이를 중점적으로 관리하기 위한 중요관리점을 결정하여 자주적·체계적·효율적인 관리로 식품의 안전성(Safety)을 확보하기 위한 과학적인 위생관리체계라 할 수 있다.

② HACCP의 필요성

㉠ 대규모화된 식중독사고 발생에 대한 위해미생물과 화학물질 등의 제어에 대한 중요성 대두
㉡ 새로운 위해미생물의 출현 및 환경오염에 의한 원료의 이화학적 · 미생물학적 오염 증대
㉢ 새로운 기술에 의해 제조되는 식품의 안전성 미확보
㉣ 국제화에 대응한 식품의 안전대책 강화 요구(규제기준 조화)
㉤ 규제완화에 의한 사후관리 강화
㉥ 정부의 효율적 식품위생 감시 및 자율관리체제 구축에 의한 안전식품 공급
㉦ 식품의 회수제도, 제조물배상제도 등 소비자 보호정책에 적극적인 대처
㉧ 제조공정에서 위해 예방과 관련되는 중요관리점을 실시간 감시하는 시스템으로 발전

③ HACCP 도입 효과

식품업체 측면	소비자 측면
• 자주적 위생관리 체계의 구축 • 위생적이고 안전한 식품의 제조 • 위생관리 집중화 및 효율성 도모 • 경제적 이익 도모 • 회사의 이미지 제고와 신뢰성 향상	• 안전한 식품을 소비자에게 제공 • 식품 선택의 기회 제공

(2) HACCP 적용방법

HACCP은 국제식품규격위원회(CODEX)에 규정된 12절차와 7원칙으로 현장에 적용되고 있다.

단계	절차	설명	비고
1	HACCP팀 구성	HACCP을 진행할 팀을 설정하고, 수행 업무와 담당을 기재한다.	준비단계
2	제품설명서 작성	제품설명서에는 제품명, 제품유형 성상, 품목제조보고 연월일, 작성연월일, 제품용도 기타 필요한 사항이 포함되어야 한다.	
3	용도 확인	해당 식품의 의도된 사용방법 및 소비자를 파악한다.	
4	공정흐름도 작성	공정단계를 파악하고 공정흐름도를 작성한다.	
5	공정흐름도 현장 확인	작성된 공정흐름도와 평면도가 현장과 일치하는지 검증한다.	
6	위해요소(HA) 분석	HACCP팀이 수행하며, 이는 제품설명서에서 원 · 부재료별로, 그리고 공정흐름도에서 공정 · 단계별로 구분하여 실시한다.	원칙 1
7	중요관리점(CCP) 결정	해당 제품의 원료나 공정에 존재하는 잠재적인 위해요소를 관리하기 위한 중점 관리요소를 결정한다.	원칙 2
8	중요관리점 한계기준(CL) 설정	한계기준은 CCP에서 관리되어야 할 위해요소를 방지 · 제거하는, 허용 가능한 안전한 수준까지 감소시킬 수 있는 최대치, 최소치를 말한다.	원칙 3
9	중요관리점 모니터링 체계 확립	중점 관리요소를 효율적으로 관리하기 위한 모니터링 체계를 수립한다.	원칙 4
10	개선조치(CA) 및 방법 수립	모니터링 결과 CCP가 관리상태의 위반 시 개선조치를 설정한다.	원칙 5
11	검증 절차 및 방법 수립	HACCP이 효과적으로 시행되는지를 검증하는 방법을 설정한다.	원칙 6
12	문서화 및 기록 유지	이들 원칙 및 그 적용에 대한 문서화와 기록 유지방법을 설정한다.	원칙 7

3. 작업장 교차오염 발생요소

(1) 작업장 교차오염

① 주방 내 교차오염의 원인 파악

㉠ 나무 재질 도마, 주방 바닥, 트렌치, 생선과 채소, 과일 준비 코너에서 교차오염이 발생한다.

㉡ 교차오염 방지를 위해서는 행주, 바닥, 생선 취급 코너에 집중적인 위생관리가 필요하다.

② 교차오염의 원인에 따른 개선방안 수립

㉠ 많은 양의 식품을 원재료 상태로 들여와 준비하는 과정에서 교차오염 발생 가능성이 높아진다.

㉡ 식재료의 전처리 과정에서 더욱 세심한 청결상태의 유지와 식재료의 관리가 필요하다.

(2) 주방 내 시설물 위생관리

구분	내용
냉동·냉장시설	• 식자재와 음식물의 출입이 빈번하여 세균침투와 교차오염이 우려되는 공간이다. • 냉장·냉동고는 최대한 자주 세척 및 살균한다. • 식자재와 음식물이 직접 닿는 랙(Rack)이나 내부 표면, 용기는 매일 세척·살균한다.
상온창고	• 적재용 깔판, 팰릿, 선반, 환풍기, 창문방충망, 온습도계 등을 관리한다. • 진공청소기로 바닥의 먼지를 제거한다. • 대걸레로 바닥을 청소한 후 자연 건조한다(바닥은 항상 건조상태를 유지). • 선입선출(FIFO) 원칙을 준수한다. • 3정 5S 원칙에 따라 소모품은 각각 제 위치에 정리정돈한다.
화장실	• 화장실의 세면대는 손 씻는 목적만이 아니라 용모와 복장을 확인한다거나 여성의 경우 화장을 고치는 다목적 공간으로 활용된다. • 변기에 더러운 찌꺼기가 끼어서는 안 된다. • 바닥 타일에 균열이 가거나 떨어진 것은 없어야 한다. • 유리창, 벽면, 천장, 섀시, 조명등, 환기팬 등에 먼지 등이 부착되어서는 안 된다. • 방향제, 변기 세척제 등을 구비한다.
청소도구	• 청소용 빗자루, 걸레 등은 사용 후에는 깨끗이 세척하고 건조하여 지정된 장소에 보이지 않도록 보관한다. • 불결하고 비위생적인 청소도구는 효과적인 세척이 어렵다.
배수로	• 배수로는 하부에 부착된 찌꺼기까지 청소를 철저히 하지 않으면 하수구에서 악취를 유발하거나 하루살이 등 해충이 발생하고 심지어 쥐의 이동통로가 되므로 주기적으로 확인한다. • 배수로 설계 및 설치가 잘못된 경우 무거운 중량물을 옮길 때 대차하중에 의해서 파손되는 경우가 많다.
배기후드	• 청소하기 전에 배기후드 하부 조리장비에 먼지나 이물이 떨어지지 않도록 비닐로 덮는다. • 배기후드 내의 거름망을 분리한다. • 거름망을 세척제에 불린 후 세척하고 헹군다. • 부드러운 수세미에 세척제를 묻혀 배기후드의 내부와 외부를 닦는다. • 세척제를 잘 제거한 후 마른 수건으로 닦고 건조한다.

(3) 위생문제 발생 시 조치

식중독 발생 시	• 상급자에게 즉각 보고한다. • 식품의약품안전처에 신속히 보고한다. • 매장 이용고객수, 증상, 경과시간을 파악한다. • 원인 식품을 추정해서 육하원칙에 따라 조리방법 및 관리상태를 파악한다. • 3일 전까지의 식자재 및 섭취음식을 파악한다. • 종업원 전체 검변, 질병 유무를 확인한다.
판매된 음식에 이상 발생 시	• 상급자에게 즉각 보고한다. • 최초로 발생된 증상과 시간을 파악한다. • 고객 중에 식중독 증세를 나타낸 환자수를 파악한다. • 당일부터 2일 전까지 추적하여 식사한 내용을 확인한다. • 상급자에게 현재까지 파악된 내용과 조치사항을 보고한다.

4. 식품 위해요소 취급규칙

(1) 식품 조리기구 관리

① 장비, 용기 및 도구의 재질은 표면이 비독성이고, 소독약품 등에 잘 견뎌야 하며 녹슬지 않아야 한다.

② 주방장 또는 주방의 위생관리 담당자는 주방에서 사용하는 조리설비, 용기 및 도구를 구매할 때나 부품을 교환할 때 구매 전에 구매하고자 하는 물건이 구매사양과 일치하는지 확인한다.

③ 작업종료 후 지정한 인원은 매일 작업시작 전에 작업장의 모든 장비, 용기, 바닥을 물로 청소하고 식품 접촉 표면은 염소계 소독제 200ppm을 사용하여 살균한 후 습기를 제거한다.

④ 주방 용기 및 도구는 세척 매뉴얼에 따라야 한다.

(2) 주방시설의 항목별 위생관리

항 목	위생관리
남은 야채 처리	• 남은 야채는 매일 폐기 • 야채용 플라스틱 용기는 매일 세척
조리대와 작업대 청소	매일 세제를 묻혀 세척한 뒤 건조
바닥 청소	• 바닥은 건조상태 유지 • 습기가 많으면 세균이 번식할 우려가 있으므로 물을 뿌려 세제로 1일 2회 청소 • 기름때가 있을 경우 수산화나트륨(가성소다)을 묻혀 1시간 후 솔로 닦고 헹굼
칼	• 업무 종료 후 매일 갈고 전용 행주로 물기를 닦아 건조 보관 • 일하는 중에는 칼을 갈지 않음(쇠 냄새가 나기 때문)
도 마	• 도마는 매일 물로 세척하여 사용 • 매일 사용 후 중성세제로 씻고, 살균 소독하여 보관 • 영업 중에는 조리할 때마다 물로 씻어 사용 • 특히 환절기에는 열탕소독 필수 • 사용 후 지정된 장소에 세워 보관
식 기	• 세정은 중성세제로 함 • 세정 후 쓰레기, 먼지, 곤충으로부터 오염을 막기 위해 지정 장소에 수납

항 목	위생관리
행주와 쓰레기통	• 행주는 사용 후 세제 세척을 하고, 삶은 후 건조하여 사용 • 더러움이 심한 쓰레기통은 수산화나트륨(가성소다)으로 씻어 건조시키고, 일반적으로는 세제 청소 후 락스로 헹굼하여 건조
가스레인지와 주변	• 가스레인지 위는 항상 청결을 유지 • 매일 가스레인지 표면은 전문세제 등을 사용하여 금속수세미로 세척
식기 선반	• 월 2회 식기를 놓는 선반을 세제로 세정하고 행주로 닦은 뒤 건조하여 사용 • 선반에 깔려 있는 행주 등도 꺼내서 주 1회 정도 새 것으로 교환
닥트와 환기팬	• 월 2회 수산화나트륨을 이용하여 기름때 청소 • 닥트에서 기름 등이 떨어져 요리에 들어가는 것을 예방 • 필터 세정은 싱크에 따뜻한 물을 담고 180cc 정도의 수산화나트륨을 넣고 1일 담근 뒤 중성세제로 세정
식 품	• 입고된 식품은 신선도, 품질, 양 확인 • 바닥에는 잡균이 있기 때문에 바닥에 직접 놓는 것은 금물
음식 보관	• 뚜껑을 덮거나 랩으로 씌어 냉장보관 • 소비기한을 확인하여 스티커 부착

5. 위생적인 식품조리

(1) 식재료의 위생적 취급

① 식재료는 소비기한이 경과된 것, 보존상태가 나쁜 것은 저렴해도 구입하지 않는다.

② 냉장식품은 비냉장 상태인지, 냉동식품은 해동 흔적이 있는지 확인한다.

③ 통조림은 찌그러짐이나 팽창이 있어서는 안 된다.

④ 식재료는 반드시 재고수량을 파악한 후 적정량을 구입한다.

⑤ 보존한 식품은 선입선출 방식으로 사용하고, 판매 유효기간이 지난 상품은 반드시 버리며, 판매 유효기간 내에 있더라도 신선도가 떨어지는 것은 세균 증식이 진행될 우려가 있으므로 폐기한다.

더 알아보기 반품 판단의 기준

- 진공포장이 풀린 경우 : 훈제류
- 곰팡이가 생기거나 변색이 된 경우 : 소비기한 이내(단, 매장관리 부주의 제외)
- 봉지가 부풀어 팽창한 경우(소스류) : 적정 온도에 보관하지 않은 제품 제외
- 소비기한이 지난 경우 : 매장관리 부주의 제외
- 캔류가 파괴되거나 내용물이 흐를 경우 : 제품불량 및 배송직원 부주의 시(당일 반품)

(2) 조리기구의 위생 점검 주기

① 매장의 위생관리 담당자는 매 분기마다 1회씩 조리기구, 식기, 찬기 및 도구의 표면의 세균검사를 실시하고 그 결과를 주방장에게 보고하여야 한다.

② 매장의 위생관리 담당자는 장비 및 용기에 대한 점검을 실시하여 그 결과를 위생점검일지에 기록하여 관리하여야 한다.

(3) 주방 쓰레기 관리

① 쓰레기통은 흡수성이 없으며 단단하고 내구성이 있는 것을 구입하여 사용한다.
② 쓰레기통은 충분한 수량을 비치하여 일반용, 주방용, 음식물 쓰레기 등으로 분리하여 사용한다.
③ 모든 쓰레기통은 반드시 뚜껑을 사용하며, 더러운 냄새가 나거나 액체가 새지 않도록 관리한다.
④ 쓰레기통을 세척하거나 소독 시 주방 내부나 용기 등에 튀지 않도록 유의한다.
⑤ 각 쓰레기통은 지정된 장소에 보관하며 80% 이상 채우지 않고 자주 치운다.
⑥ 일반 및 음식물 쓰레기 수거를 용이하게 하기 위해 전용 운반도구를 갖추는 것이 편리하다.
⑦ 쓰레기 처리장소는 식품 저장장소와 분리하고, 환기가 잘 되고 세척 및 소독이 용이하여야 한다.
⑧ 음식물의 잔반처리는 내부 고객뿐만 아니라 이면도로의 행인에게 보이지 않게 주의한다.
⑨ 일반 및 음식물 쓰레기 처리집하장소는 쥐나 곤충, 해충의 침입을 막을 수 있도록 설계한다. 쓰레기 처리장소는 청소를 자주 실시하고, 정기적으로 방역, 방충작업을 실시한다.

04 식중독 관리

1. 식중독의 개요

(1) 식중독의 종류

식중독은 미생물(세균성, 바이러스성, 원충성) 식중독과 자연 산물에 의한 자연독 식중독, 기타 유해물질에 의한 화학적 식중독이 있다.

대분류	중분류	소분류	원인균 및 물질
미생물	세균성	독소형	황색포도상구균, 클로스트리듐 보툴리눔, 클로스트리듐 퍼프린젠스, 바실러스 세레우스 등
		감염형	살모넬라, 장염비브리오균, 병원성대장균, 캄필로박터, 여시니아, 리스테리아 모노사이토제네스
	바이러스성	공기, 접촉, 물 등의 경로로 전염	노로바이러스, 로타바이러스, 아스트로바이러스, 장관아데노바이러스, A형간염 바이러스 등
자연독		동물성 자연독에 의한 중독	복어독, 시가테라독
		식물성 자연독에 의한 중독	감자독, 버섯독
		곰팡이 독소에 의한 중독	황변미독, 맥각독, 아플라톡신 등
화학물질(인공화합물)		고의 또는 오용으로 첨가되는 유해물질	식품첨가물
		본의 아니게 잔류, 혼입되는 유해물질	잔류농약, 유해성 금속화합물
		제조, 가공, 저장 중에 생성되는 유해물질	지질의 산화생성물, 나이트로소아민
		기타 물질에 의한 중독	메탄올 등
		조리기구, 포장에 의한 중독	녹청(구리), 납, 비소 등

(2) 식중독 증상

① 식중독은 감염 후 잠복기 후에 증상이 나타난다.

② 구토와 복통, 설사가 가장 흔한 증상이며, 그 외에 발열, 두드러기, 근육통, 의식장애 등이 발생할 수 있다.

③ 원인 물질에 따라 증상의 정도가 다르게 나타난다.

④ 어린이는 성인보다 면역력이 약하기 때문에 증상의 정도가 더 심할 수 있어 주의해야 한다.

더 알아보기 감염병과 식중독

우리나라의 경우 질병관리청에서는 「감염병의 예방 및 관리에 관한 법률」에 따라 수인성, 식품매개질환에 대하여 관리하고 있으며, 식중독의 경우에는 식품의약품안전처에서 「식품위생법」에 따라 식품 섭취로 인한 질병을 관리하고 있다.

2. 세균성 및 바이러스성 식중독

(1) 세균성 식중독

① 감염형 식중독의 종류와 예방법

㉠ 감염형 식중독의 종류

병원체	감염경로	원인 식품	잠복기	증 상
장출혈성대장균 (EHEC)	환자나 가축의 분변	우유가 주원인, 햄버거, 샐러드, 소고기 등	2~10일	수양성 설사(혈변), 복통, 두통, 급성위장염
살모넬라균	쥐, 파리, 바퀴벌레, 닭, 돼지, 고양이 등의 장내에서 장내 세균으로 서식	육류 및 그 가공품, 우유 및 유제품, 채소, 샐러드, 닭고기, 알 등	식후 12~36시간	설사, 발열, 구토, 급성 위장염
장염비브리오균	어패류의 생식, 어패류를 손질한 도마(조리기구)나 손을 통한 2차 감염	어패류(주로 하절기)	식후 4~30시간	구토, 복통, 설사(혈변), 약간의 발열

㉡ 감염형 식중독 예방법

- 장출혈성대장균(EHEC) : 환자와 가축을 잘 관리하여 식품과 물이 오염되지 않도록 주의, 식품과 음료수의 살균처리 철저, 분변의 비료화 억제 및 주위 환경 청결 유지
- 살모넬라균 : 방충 및 방서시설, 식품의 저온보존, 철저한 위생관리, 균은 열에 약하므로 음식물은 62~65℃에서 약 30분간 가열하여 섭취
- 장염비브리오균 : 여름철에 어패류의 생식을 금하며, 이 균(호염성 균)은 저온에서 번식하지 못하므로 담수에 세척 후 냉장 보관

② 독소형 식중독의 종류와 예방법

병원체	원인 식품	잠복기	증 상	예방법
포도상구균	유가공품(우유, 크림, 버터, 치즈), 조리식품(떡, 콩가루, 김밥, 도시락)	1~6시간 (평균 3시간)	구토, 복통, 설사, 급성위장염	식품 및 조리기구의 멸균, 식품의 저온보관과 오염방지, 조리실의 청결 유지, 화농성 질환자의 식품취급 금지, 조리된 식품의 신속 섭취
보툴리누스균	불충분하게 가열살균 후 밀봉 저장한 식품(통조림, 소시지, 병조림, 햄 등)	12~36시간	신경계의 마비증상(세균성 식중독 중 치명률이 가장 높음)	음식물의 충분한 가열·살균처리, 통조림·소시지 등의 위생적 보관과 위생적 가공, 토양(흙)에 의한 식품의 오염방지
세레우스균	수프, 바닐라, 소스, 푸딩, 밥, 떡 등	8~16시간(설사형), 1~5시간(구토형)	복통, 설사, 메스꺼움, 구토	조리 음식 장시간 실온방치 금지, 냉장보관

③ 기타 세균성 식중독

병원체	원인균	원인 식품	잠복기	증 상
웰치균 (*Clostridium perfringens*)	• 토양과 사람 및 동물의 장관에 상주하며 독소 생성 • 발육 최적온도 : 37~45℃ • A형과 F형이 식중독의 원인균	육류·어패류의 가공품, 가열 조리 후 실온에서 5시간 경과한 단백질성 식품	8~20시간	구토, 복통, 설사
아리조나균 (*Salmonella arizona*)	• 가금류와 파충류의 정상적인 장내 세균 • 살모넬라 식중독균과 비슷	가금류, 난류와 그 가공품	18~24시간	메스꺼움, 설사, 구토, 발열
장구균 (*Enterococcus faecalis*)	사람과 동물의 정상적인 장내 세균	유제품(치즈, 우유), 육류(소시지, 햄), 곡류	5~10시간	설사, 복통, 구토
모르가니균 (*Proteus morganii*)	• 사람이나 동물의 장내에 상주 • 알레르기를 일으키는 히스타민을 만듦	붉은살생선(꽁치, 고등어, 정어리, 참치 등)	30분 전후	안면홍조, 발진(두드러기)

더 알아보기 세균성 식중독과 경구감염병의 비교

구 분	세균성 식중독	경구감염병
발병 원인	대량 증식된 균, 독소	미량의 병원체, 소량의 균
발병 경로	식중독균에 오염된 식품 섭취	감염병균에 오염된 물 또는 식품 섭취
2차 감염	살모넬라, 장염비브리오 외에는 2차 감염이 안 된다.	2차 감염이 된다.
잠복기	짧다.	비교적 길다.
면 역	안 된다.	된다.

(2) 바이러스성 식중독

① 바이러스는 동물, 식물, 세균 등 살아 있는 세포에 기생하는 미생물로, 크기가 매우 작아 일반 광학현미경으로 관찰할 수 없고, 세균 여과기에 제거되지 않으며 일부 바이러스는 식중독을 유발할 수 있다.

② 식중독을 유발하는 대표적인 바이러스

노로바이러스	• 사람 장관에서만 증식하며, 자연환경에서 장기간 생존 가능하다. • 물을 통해 전염되고 2차 감염이 흔하기 때문에 집단적인 발병 양상을 보인다.
로타바이러스	영유아에게 겨울철 설사 질환을 일으키며 과거에는 가성 콜레라로 알려졌다.

③ 주요 바이러스성 식중독의 잠복기와 증상

병원체	잠복기	증 상	
		구 토	열
아스트로바이러스	1~4일	가끔	가끔
장관아데노바이러스	7~8일	통상적	통상적
노로바이러스	24~48시간	통상적	드물거나 미약
로타바이러스 A군	1~3일	통상적	통상적

3. 자연독 식중독

(1) 동물성 식중독

① 복어독

㉠ 독성물질 : 테트로도톡신(Tetrodotoxin)

• 복어의 알과 생식선(난소, 고환), 간, 내장, 피부 등에 있다.

• 독성이 강하고 물에 녹지 않으며 열에 안정하여 끓여도 파괴되지 않는다.

㉡ 중독 증상

• 식후 30분~5시간 만에 발병하며, 중독증상이 단계적으로 진행되어 사망에 이른다.

• 진행속도가 빠르고 해독제가 없어 치사율이 60%로 높다.

㉢ 예방대책

• 전문조리사만이 요리하도록 한다.

• 난소, 간, 내장 부위는 먹지 않으며, 독이 가장 많은 산란 직전(5~6월)에는 특히 주의한다.

㉣ 응급처치 방법

• 중독 시 최대한 빨리 유독물을 구토하게 한다.

• 물, 미온수, 식염수 등을 다량으로 마시게 한 후 위 내용물을 전부 토하게 하는 위세척을 한다.

② 조개류 독

구 분	베네루핀(Venerupin)	삭시톡신(Saxitoxin)
조개류	모시조개, 바지락, 굴 등	섭조개(홍합), 굴, 바지락 등
독 소	열에 안정한 간독소	열에 안정한 신경마비성 독소
치사율	50%	10%
유독시기	5~9월	2~4월
중독증상	출혈반점, 간기능 저하, 토혈, 혈변, 혼수	혀・입술의 마비, 호흡곤란

③ 권패류 독 : 소라・고둥(타액선에 테트라민 함유), 수랑(마비성 독, Neosurugatoxin, Prosurugatoxin), 전복류(광과민성의 Pheophorbide, Pyropheophorbide) 등에 함유

(2) 식물성 식중독

① 독버섯

㉠ 독버섯의 종류 : 무당버섯, 광대버섯, 알광대버섯, 화경버섯, 미치광이버섯, 외대버섯, 웃음버섯, 땀버섯, 끈적버섯, 마귀버섯, 깔때기버섯 등

㉡ 독버섯의 독성분 : 무스카린(Muscarine)에 의한 경우가 많고, 그 밖에 무스카리딘(Muscaridine), 팔린(Phallin), 아마니타톡신(Amanitatoxin), 콜린(Choline), 뉴린(Neurine) 등이 있음

㉢ 독버섯의 중독증상

- 위장염 증상(구토, 설사, 복통) : 무당버섯, 화경버섯, 붉은젖버섯
- 콜레라 증상(경련, 헛소리, 탈진, 혼수상태) : 알광대버섯, 마귀곰보버섯
- 뇌 및 중추신경 장애(광증, 침흘리기, 땀내기, 근육경련, 혼수상태) : 미치광이버섯, 광대버섯, 파리버섯

② 감 자

㉠ 독성물질 : 솔라닌(Solanine)으로 감자의 발아 부위와 녹색 부위에 많이 함유되어 있다. 가열에 안정하며, 콜린에스테레이스(Cholinesterase, 콜린에스테라제)의 작용을 억제하여 독작용을 나타낸다. 부패된 감자의 독성은 셉신(Sepsin)이다.

㉡ 중독증상 : 식후 2~12시간 경과하면 구토, 설사, 복통, 두통, 발열(38~39℃), 팔다리 저림, 언어장애 등이 나타난다.

③ 기타 식물성 자연독

식 물	독 소	식 물	독 소
목화씨	고시폴(Gossypol)	청 매	아미그달린(Amygdalin)
피마자	리신(Ricin)	맥 각	에르고톡신(Ergotoxin)
수 수	듀린(Dhurrin)	벌 꿀	안드로메도톡신(Andromedotoxin)
미치광이풀, 가지독말풀	히오시아민(Hyoscyamine), 아트로핀(Atropine)	독맥(독보리)	테물린(Temuline)
오 디	아코니틴(Aconitine)	독미나리	시큐톡신(Cicutoxin)

4. 화학적 식중독

(1) 유해성 금속물질에 의한 식중독

① 수은(Hg)

㉠ 중독경로

- 콩나물 재배 시의 소독제(유기수은제) 사용
- 수은을 포함한 공장폐수로 인한 어패류의 오염

㉡ 중독증상 : 중추신경장애 증상(미나마타병 : 지각이상, 언어장애, 보행곤란)

② 납(Pb)

㉠ 중독경로

- 통조림의 땜납, 도자기나 법랑용기의 안료
- 납 성분이 함유된 수도관, 납 함유 연료의 배기가스 등

㉡ 중독증상

- 헤모글로빈 합성장애에 의한 빈혈
- 구토, 구역질, 복통, 사지마비(급성)
- 피로, 소화기장애, 지각상실, 시력장애, 체중감소 등

③ 카드뮴(Cd)

㉠ 중독경로

- 법랑 용기나 도자기 안료 성분의 용출
- 도금 공장, 광산 폐수에 의한 어패류와 농작물의 오염

㉡ 중독증상 : 신장 세뇨관의 기능장애 유발(이타이이타이병 : 신장장애, 폐기종, 골연화증, 단백뇨 등)

④ 비소(As)

㉠ 중독경로

- 순도가 낮은 식품첨가물 중 불순물로 혼입
- 도자기, 법랑용기의 안료로 식품에 오염
- 비소제 농약을 밀가루로 오용하는 경우

㉡ 중독증상

- 급성 중독 : 위장장애(설사)
- 만성 중독 : 피부이상 및 신경장애

⑤ 구리 : 구리로 만든 식기(놋그릇), 주전자, 냄비 등의 부식(녹청)과 채소류 가공품에 엽록소 발색제로 사용하는 황산구리를 남용할 때

⑥ 아연 : 아연 도금한 조리기구나 통조림으로 산성 식품을 취급할 때

⑦ 주석 : 산성 과일제품을 주석 도금한 통조림 통에 담을 때

⑧ 6가크로뮴 : 도금공장 폐수나 광산 폐수에 오염된 물을 음용할 때

⑨ 안티몬 : 도자기, 법랑용기 안료로 사용하는 때

(2) 농약에 의한 식중독

① 유기인제

㉠ 파라티온, 말라티온, 다이아지논, 텝(TEPP) 등이 있다.

㉡ 중독증상 : 신경증상, 혈압 상승, 근력 감퇴, 전신경련 등

② 유기염소제

㉠ DDT, BHC 등의 살충제와 2,4-디클로로페녹시아세트산, PCP 등의 제초제가 있다.

㉡ 중독증상 : 신경계의 이상 증상, 복통, 설사, 구토, 두통, 시력 감퇴, 전신 권태, 손발의 경련·마비 등

③ 비소제

㉠ 산성 비산납, 비산칼륨 등의 농약이 있다.

㉡ 중독증상 : 목구멍과 식도의 수축, 위통, 구토, 설사, 혈변, 소변량 감소, 갈증 등

④ 유기수은제 : 종자소독용 농약 등이 있으며, 중독증상으로 중추신경장애 증상인 경련, 시야 축소, 언어장애 등을 보인다.

⑤ 유기플루오린(불소)제

㉠ 쥐약, 깍지벌레, 진딧물의 살충제가 있다.

㉡ 중독증상 : 구연산 체내 축적에 따른 심장장애와 중추신경 이상 증상

⑥ 카바메이트(Carbamate)제

㉠ 살충제 및 제초제, 농약 유기염소제 대체용으로 사용된다.

㉡ 중독증상

- 콜린에스테레이스의 작용 억제에 따른 신경자극의 비정상 작용을 보인다.
- 유기인제 농약보다 독성이 낮고 체내 분해가 쉬워 중독 시 회복이 빠르다.

(3) 유해성 식품첨가물에 의한 식중독

① 유해성 착색료 : 아우라민(Auramine : 신장장애, 랑게르한스섬), 로다민 B(Rhodamine-B), 파라나이트로아닐린(P-nitroaniline : 혈액독, 신경독, 두통, 혼수, 맥박감퇴, 황색뇨 배설), 실크 스칼릿(Silk Scarlet)

② 유해성 감미료 : 둘신(Dulcin : 중추신경계 자극, 간종양, 혈액독), 사이클라메이트(Cyclamate : 발암성), 에틸렌글리콜(Ethylene Glycol)

③ 유해성 표백제 : 론갈리트(Rongalite : 발암성, 신장자극), 삼염화질소(색소뇨 배설), 형광표백제

④ 유해성 보존료 : 플루오린화합물, 승홍, 붕산(소화불량, 체중감소), 폼알데하이드(Formaldehyde : 현기증, 호흡곤란, 두통, 소화억제)

(4) 기 타

① 메틸알코올(메탄올) : 과실주 및 정제가 불충분한 에탄올이나 증류주에 함유되어 있으며 심할 경우 시신경에 염증을 일으켜 실명이나 사망에 이르게 된다.

② 벤조(α)피렌[Benzo-(α)-pyrene] : 석유, 석탄, 목재, 식품, 담배 등을 태울 때 불완전한 연소로 생성되며, 발암성이 매우 강한 물질이다.

③ 지질 과산화물 : 유지 중의 불포화지방산의 산패로 생성된다.

5. 곰팡이 독소

(1) 아플라톡신 중독

① 아스페르길루스 플라버스(*Aspergillus flavus*) 곰팡이가 쌀, 보리 등의 탄수화물이 풍부한 곡류와 땅콩 등의 콩류에 침입하여 아플라톡신 독소를 생성하여 독을 일으킨다.

② 수분 16% 이상, 습도 80% 이상, 온도 25~30℃인 환경일 때 전분질성 곡류에서 이 독소가 잘 생산되며, 인체에 간장독(간암)을 일으킨다.

③ 된장, 간장을 담글 때 발생할 수 있으며, 가열 조리해도 파괴되지 않는다.

(2) 황변미 중독

① 페니실륨(*Penicillium*) 속 푸른곰팡이가 저장 중인 쌀에 번식하여 시트리닌(Citrinin : 신장독), 시트레오비리딘(Citreoviridin : 신경독), 아이슬랜디톡신(Islanditoxin : 간장독) 등의 독소를 생성한다.

② 쌀 저장 시 습기가 차면 황변미독이 생성될 수 있다.

(3) 맥각 중독

① 맥각균(*Claviceps purpurea*)이 보리, 밀, 호밀 등에 기생하여 에르고톡신(Ergotoxin), 에르고타민(Ergotamine) 등의 독소를 생성하여 인체에 간장독을 일으킨다.

② 다량 섭취할 경우 구토, 복통, 설사를 유발하고 임신부에게는 유산, 조산을 일으킨다.

05 식품위생 관계 법규

1. 식품위생법

1) 총 칙

(1) 목적(법 제1조)

식품으로 인하여 생기는 위생상의 위해를 방지하고 식품영양의 질적 향상을 도모하며 식품에 관한 올바른 정보를 제공함으로써 국민 건강의 보호・증진에 이바지함을 목적으로 한다.

(2) 정의(법 제2조)

① 식품 : 모든 음식물(의약으로 섭취하는 것은 제외)을 말한다.

② 식품첨가물 : 식품을 제조・가공・조리 또는 보존하는 과정에서 감미, 착색, 표백 또는 산화방지 등을 목적으로 식품에 사용되는 물질을 말한다. 이 경우 기구・용기・포장을 살균・소독하는 데에 사용되어 간접적으로 식품으로 옮아갈 수 있는 물질을 포함한다.

③ 화학적 합성품 : 화학적 수단으로 원소 또는 화합물에 분해반응 외의 화학반응을 일으켜서 얻은 물질을 말한다.

④ **기구** : 다음의 어느 하나에 해당하는 것으로서 식품 또는 식품첨가물에 직접 닿는 기계·기구나 그 밖의 물건(농업과 수산업에서 식품을 채취하는 데에 쓰는 기계·기구나 그 밖의 물건 및 위생용품관리법에 따른 위생용품은 제외)을 말한다.

㉠ 음식을 먹을 때 사용하거나 담는 것

㉡ 식품 또는 식품첨가물을 채취·제조·가공·조리·저장·소분(완제품을 나누어 유통을 목적으로 재포장하는 것)·운반·진열할 때 사용하는 것

⑤ **용기·포장** : 식품 또는 식품첨가물을 넣거나 싸는 것으로서 식품 또는 식품첨가물을 주고받을 때 함께 건네는 물품을 말한다.

⑥ **공유주방** : 식품의 제조·가공·조리·저장·소분·운반에 필요한 시설 또는 기계·기구 등을 여러 영업자가 함께 사용하거나, 동일한 영업자가 여러 종류의 영업에 사용할 수 있는 시설 또는 기계·기구 등이 갖춰진 장소를 말한다.

⑦ **위해** : 식품, 식품첨가물, 기구 또는 용기·포장에 존재하는 위험요소로서 인체의 건강을 해치거나 해칠 우려가 있는 것을 말한다.

⑧ **영업** : 식품 또는 식품첨가물을 채취·제조·가공·조리·저장·소분·운반 또는 판매하거나 기구 또는 용기·포장을 제조·운반·판매하는 업(농업과 수산업에 속하는 식품채취업은 제외)을 말한다. 이 경우 공유주방을 운영하는 업과 공유주방에서 식품제조업 등을 영위하는 업을 포함한다.

⑨ **영업자** : 영업허가를 받은 자나 영업신고를 한 자 또는 영업등록을 한 자를 말한다.

⑩ **식품위생** : 식품, 식품첨가물, 기구 또는 용기·포장을 대상으로 하는 음식에 관한 위생을 말한다.

⑪ **집단급식소** : 영리를 목적으로 하지 아니하면서 특정 다수인에게 계속하여 음식물을 공급하는 기숙사, 학교, 유치원, 어린이집, 병원, 사회복지시설, 산업체, 국가·지방자치단체 및 공공기관, 그 밖의 후생기관 등의 급식시설로서 대통령령으로 정하는 시설을 말한다.

더 알아보기 **집단급식소의 범위(영 제2조)**

집단급식소는 1회 50명 이상에게 식사를 제공하는 급식소를 말한다.

⑫ **식품이력추적관리** : 식품을 제조·가공단계부터 판매단계까지 각 단계별로 정보를 기록·관리하여 그 식품의 안전성 등에 문제가 발생할 경우 그 식품을 추적하여 원인을 규명하고 필요한 조치를 할 수 있도록 관리하는 것을 말한다.

⑬ **식중독** : 식품 섭취로 인하여 인체에 유해한 미생물 또는 유독물질에 의하여 발생하였거나 발생한 것으로 판단되는 감염성 질환 또는 독소형 질환을 말한다.

⑭ **집단급식소에서의 식단** : 급식대상 집단의 영양섭취기준에 따라 음식명, 식재료, 영양성분, 조리방법, 조리인력 등을 고려하여 작성한 급식계획서를 말한다.

(3) 식품 등의 취급(법 제3조)

① 누구든지 판매(판매 외의 불특정 다수인에 대한 제공을 포함)를 목적으로 식품 또는 식품첨가물을 채취·제조·가공·사용·조리·저장·소분·운반 또는 진열을 할 때에는 깨끗하고 위생적으로 하여야 한다.

② 영업에 사용하는 기구 및 용기·포장은 깨끗하고 위생적으로 다루어야 한다.
③ 식품, 식품첨가물, 기구 또는 용기·포장(이하 식품 등)의 위생적인 취급에 관한 기준은 총리령으로 정한다.

2) 식품과 식품첨가물

(1) 위해식품 등의 판매 등 금지(법 제4조)

누구든지 다음의 어느 하나에 해당하는 식품 등을 판매하거나 판매할 목적으로 채취·제조·수입·가공·사용·조리·저장·소분·운반 또는 진열하여서는 아니 된다.

① 썩거나 상하거나 설익어서 인체의 건강을 해칠 우려가 있는 것
② 유독·유해물질이 들어 있거나 묻어 있는 것 또는 그러할 염려가 있는 것. 다만, 식품의약품안전처장이 인체의 건강을 해칠 우려가 없다고 인정하는 것은 제외한다.
③ 병을 일으키는 미생물에 오염되었거나 그러할 염려가 있어 인체의 건강을 해칠 우려가 있는 것
④ 불결하거나 다른 물질이 섞이거나 첨가된 것 또는 그 밖의 사유로 인체의 건강을 해칠 우려가 있는 것
⑤ 안전성 심사 대상인 농·축·수산물 등 가운데 안전성 심사를 받지 아니하였거나 안전성 심사에서 식용으로 부적합하다고 인정된 것
⑥ 수입이 금지된 것 또는 수입신고를 하지 아니하고 수입한 것
⑦ 영업자가 아닌 자가 제조·가공·소분한 것

(2) 병든 동물 고기 등의 판매 등 금지(법 제5조)

누구든지 총리령으로 정하는 질병에 걸렸거나 걸렸을 염려가 있는 동물이나 그 질병에 걸려 죽은 동물의 고기·뼈·젖·장기 또는 혈액을 식품으로 판매하거나 판매할 목적으로 채취·수입·가공·사용·조리·저장·소분 또는 운반하거나 진열하여서는 아니 된다.

더 알아보기 **판매 등이 금지되는 병든 동물 고기 등(규칙 제4조)**

법 제5조에서 "총리령으로 정하는 질병"이란 다음의 질병을 말한다.
• 축산물 위생관리법 시행규칙에 따라 도축이 금지되는 가축전염병
• 리스테리아병, 살모넬라병, 파스튜렐라병 및 선모충증

(3) 기준·규격이 정하여지지 아니한 화학적 합성품 등의 판매 등 금지(법 제6조)

누구든지 다음의 어느 하나에 해당하는 행위를 하여서는 아니 된다. 다만, 식품의약품안전처장이 식품위생심의위원회(이하 심의위원회)의 심의를 거쳐 인체의 건강을 해칠 우려가 없다고 인정하는 경우에는 그러하지 아니하다.

① 기준·규격이 정하여지지 아니한 화학적 합성품인 첨가물과 이를 함유한 물질을 식품첨가물로 사용하는 행위
② 식품첨가물이 함유된 식품을 판매하거나 판매할 목적으로 제조·수입·가공·사용·조리·저장·소분·운반 또는 진열하는 행위

(4) 식품 또는 식품첨가물에 관한 기준 및 규격(법 제7조제1항)

식품의약품안전처장은 국민 건강을 보호·증진하기 위하여 필요하면 판매를 목적으로 하는 식품 또는 식품첨가물에 관한 다음의 사항을 정하여 고시한다.

㉠ 제조·가공·사용·조리·보존 방법에 관한 기준

㉡ 성분에 관한 규격

3) 기구와 용기·포장

(1) 유독기구 등의 판매·사용 금지(법 제8조)

유독·유해물질이 들어 있거나 묻어 있어 인체의 건강을 해칠 우려가 있는 기구 및 용기·포장과 식품 또는 식품첨가물에 직접 닿으면 해로운 영향을 끼쳐 인체의 건강을 해칠 우려가 있는 기구 및 용기·포장을 판매하거나 판매할 목적으로 제조·수입·저장·운반·진열하거나 영업에 사용하여서는 아니 된다.

(2) 기구 및 용기·포장에 관한 기준 및 규격(법 제9조)

① 식품의약품안전처장은 국민보건을 위하여 필요한 경우에는 판매하거나 영업에 사용하는 기구 및 용기·포장에 관하여 다음의 사항을 정하여 고시한다.

㉠ 제조 방법에 관한 기준

㉡ 기구 및 용기·포장과 그 원재료에 관한 규격

② 식품의약품안전처장은 ①에 따라 기준과 규격이 고시되지 아니한 기구 및 용기·포장의 기준과 규격을 인정받으려는 자에게 ①의 각 사항을 제출하게 하여 식품의약품안전처장이 지정한 식품전문 시험·검사기관 또는 총리령으로 정하는 시험·검사기관의 검토를 거쳐 ①에 따라 기준과 규격이 고시될 때까지 해당 기구 및 용기·포장의 기준과 규격으로 인정할 수 있다.

③ 수출할 기구 및 용기·포장과 그 원재료에 관한 기준과 규격은 ① 및 ②에도 불구하고 수입자가 요구하는 기준과 규격을 따를 수 있다.

④ ① 및 ②에 따라 기준과 규격이 정하여진 기구 및 용기·포장은 그 기준에 따라 제조하여야 하며, 그 기준과 규격에 맞지 아니한 기구 및 용기·포장은 판매하거나 판매할 목적으로 제조·수입·저장·운반·진열하거나 영업에 사용하여서는 아니 된다.

⑤ 식품의약품안전처장은 거짓이나 그 밖의 부정한 방법으로 ②에 따른 기준 및 규격의 인정을 받은 자에 대하여 그 인정을 취소하여야 한다.

4) 식품 등의 공전 및 검사 등

(1) 식품 등의 공전(법 제14조)

식품의약품안전처장은 다음의 기준 등을 실은 식품 등의 공전을 작성·보급하여야 한다.

① 식품 또는 식품첨가물의 기준과 규격

② 기구 및 용기·포장의 기준과 규격

(2) 식품위생감시원(법 제32조)

① 관계 공무원의 직무와 그 밖에 식품위생에 관한 지도 등을 하기 위하여 식품의약품안전처, 특별시・광역시・특별자치시・도・특별자치도(이하 시・도) 또는 시・군・구(자치구를 말함)에 식품위생감시원을 둔다.

② ①에 따른 식품위생감시원의 자격・임명・직무범위, 그 밖에 필요한 사항은 대통령령으로 정한다.

더 알아보기 식품위생감시원의 직무(영 제17조)

- 식품 등의 위생적인 취급에 관한 기준의 이행 지도
- 수입・판매 또는 사용 등이 금지된 식품 등의 취급 여부에 관한 단속
- 식품 등의 표시・광고에 관한 법률 제4조부터 제8조까지의 규정에 따른 표시 또는 광고기준의 위반 여부에 관한 단속
- 출입・검사 및 검사에 필요한 식품 등의 수거
- 시설기준의 적합 여부의 확인・검사
- 영업자 및 종업원의 건강진단 및 위생교육의 이행 여부의 확인・지도
- 조리사 및 영양사의 법령 준수사항 이행 여부의 확인・지도
- 행정처분의 이행 여부 확인
- 식품 등의 압류・폐기 등
- 영업소의 폐쇄를 위한 간판 제거 등의 조치
- 그 밖에 영업자의 법령 이행 여부에 관한 확인・지도

5) 영 업

(1) 시설기준(법 제36조)

① 다음의 영업을 하려는 자는 총리령으로 정하는 시설기준에 맞는 시설을 갖추어야 한다.

㉠ 식품 또는 식품첨가물의 제조업, 가공업, 운반업, 판매업 및 보존업

㉡ 기구 또는 용기・포장의 제조업

㉢ 식품접객업

㉣ 공유주방 운영업(여러 영업자가 함께 사용하는 공유주방을 운영하는 경우로 한정)

② ①에 따른 시설은 영업을 하려는 자별로 구분되어야 한다. 다만, 공유주방을 운영하는 경우에는 그러하지 아니하다.

③ ①에 따른 영업의 세부 종류와 그 범위는 대통령령으로 정한다.

(2) 영업의 종류(영 제21조)

① 식품제조・가공업 : 식품을 제조・가공하는 영업

② 즉석판매제조・가공업 : 총리령으로 정하는 식품을 제조・가공업소에서 직접 최종소비자에게 판매하는 영업

③ 식품첨가물제조업

㉠ 감미료・착색료・표백제 등의 화학적 합성품을 제조・가공하는 영업

㉡ 천연물질로부터 유용한 성분을 추출하는 등의 방법으로 얻은 물질을 제조・가공하는 영업

㉢ 식품첨가물의 혼합제재를 제조 · 가공하는 영업

㉣ 기구 및 용기 · 포장을 살균 · 소독할 목적으로 사용되어 간접적으로 식품에 이행될 수 있는 물질을 제조 · 가공하는 영업

④ **식품운반업** : 직접 마실 수 있는 유산균음료(살균유산균음료를 포함)나 어류 · 조개류 및 그 가공품 등 부패 · 변질되기 쉬운 식품을 전문적으로 운반하는 영업. 다만, 해당 영업자의 영업소에서 판매할 목적으로 식품을 운반하는 경우와 해당 영업자가 제조 · 가공한 식품을 운반하는 경우는 제외한다.

⑤ **식품소분 · 판매업**

㉠ 식품소분업 : 총리령으로 정하는 식품 또는 식품첨가물의 완제품을 나누어 유통할 목적으로 재포장 · 판매하는 영업

더 알아보기　식품소분업의 신고대상(규칙 제38조)

영 제21조제5호에서 "총리령으로 정하는 식품 또는 식품첨가물"이란 식품제조 · 가공업 및 식품첨가물제조업에 따른 영업의 대상이 되는 식품 또는 식품첨가물(수입되는 식품 또는 식품첨가물을 포함)과 벌꿀(영업자가 자가채취하여 직접 소분 · 포장하는 경우를 제외)을 말한다. 다만, 다음의 어느 하나에 해당하는 경우에는 소분 · 판매해서는 안 된다.

- 어육제품
- 특수용도식품(체중조절용 조제식품은 제외)
- 통 · 병조림 제품
- 레토르트 식품
- 전분
- 장류 및 식초(제품의 내용물이 외부에 노출되지 않도록 개별 포장되어 있어 위해가 발생할 우려가 없는 경우는 제외)

㉡ 식품판매업 : 식용얼음판매업, 식품자동판매기영업, 유통전문판매업, 집단급식소 식품판매업, 기타 식품판매업

⑥ **식품보존업**

㉠ 식품조사처리업 : 방사선을 쬐어 식품의 보존성을 물리적으로 높이는 것을 업(業)으로 하는 영업

㉡ 식품냉동 · 냉장업 : 식품을 얼리거나 차게 하여 보존하는 영업. 다만, 수산물의 냉동 · 냉장은 제외한다.

⑦ **용기 · 포장류제조업** : 용기 · 포장지제조업, 옹기류제조업

⑧ **식품접객업**

㉠ 휴게음식점영업 : 주로 다류(茶類), 아이스크림류 등을 조리 · 판매하거나 패스트푸드점, 분식점 형태의 영업 등 음식류를 조리 · 판매하는 영업으로서 음주행위가 허용되지 아니하는 영업. 다만, 편의점, 슈퍼마켓, 휴게소, 그 밖에 음식류를 판매하는 장소(만화가게 및 인터넷컴퓨터게임시설제공업을 하는 영업소 등 음식류를 부수적으로 판매하는 장소를 포함)에서 컵라면, 일회용 다류 또는 그 밖의 음식류에 물을 부어 주는 경우는 제외한다.

㉡ 일반음식점영업 : 음식류를 조리 · 판매하는 영업으로서 식사와 함께 부수적으로 음주행위가 허용되는 영업

㉢ 단란주점영업 : 주로 주류를 조리·판매하는 영업으로서 손님이 노래를 부르는 행위가 허용되는 영업

㉣ 유흥주점영업 : 주로 주류를 조리·판매하는 영업으로서 유흥종사자를 두거나 유흥시설을 설치할 수 있고 손님이 노래를 부르거나 춤을 추는 행위가 허용되는 영업

㉤ 위탁급식영업 : 집단급식소를 설치·운영하는 자와의 계약에 따라 그 집단급식소에서 음식류를 조리하여 제공하는 영업

㉥ 제과점영업 : 주로 빵, 떡, 과자 등을 제조·판매하는 영업으로서 음주행위가 허용되지 아니하는 영업

⑨ **공유주방 운영업** : 여러 영업자가 함께 사용하는 공유주방을 운영하는 영업

(3) 영업허가 등(법 제37조)

① 영업 중 대통령령으로 정하는 영업을 하려는 자는 대통령령으로 정하는 바에 따라 영업 종류별 또는 영업소별로 식품의약품안전처장 또는 특별자치시장·특별자치도지사·시장·군수·구청장의 허가를 받아야 한다. 허가받은 사항 중 대통령령으로 정하는 중요한 사항을 변경할 때에도 또한 같다.

더 알아보기 영업허가 관련 사항

- 허가를 받아야 하는 영업 및 허가관청(영 제23조)
  - 식품조사처리업 : 식품의약품안전처장
  - 단란주점영업과 유흥주점영업 : 특별자치시장·특별자치도지사 또는 시장·군수·구청장
- 허가를 받아야 하는 변경사항(영 제24조) : 영업소 소재지

② 식품의약품안전처장 또는 특별자치시장·특별자치도지사·시장·군수·구청장은 ①에 따른 영업허가를 하는 때에는 필요한 조건을 붙일 수 있다.

③ ①에 따라 영업허가를 받은 자가 폐업하거나 허가받은 사항 중 ① 후단의 중요한 사항을 제외한 경미한 사항을 변경할 때에는 식품의약품안전처장 또는 특별자치시장·특별자치도지사·시장·군수·구청장에게 신고하여야 한다.

④ 영업 중 대통령령으로 정하는 영업을 하려는 자는 대통령령으로 정하는 바에 따라 영업 종류별 또는 영업소별로 식품의약품안전처장 또는 특별자치시장·특별자치도지사·시장·군수·구청장에게 신고하여야 한다. 신고한 사항 중 대통령령으로 정하는 중요한 사항을 변경하거나 폐업할 때에도 또한 같다.

⑤ **영업신고를 하여야 하는 업종(영 제25조제1항)**

㉠ 즉석판매제조·가공업

㉡ 식품운반업

㉢ 식품소분·판매업

㉣ 식품냉동·냉장업

㉤ 용기·포장류제조업(자신의 제품을 포장하기 위하여 용기·포장류를 제조하는 경우는 제외)

㉥ 휴게음식점영업, 일반음식점영업, 위탁급식영업 및 제과점영업

⑥ 영업신고를 하지 아니하는 업종(영 제25조제2항)

㉠ 양곡가공업 중 도정업을 하는 경우

㉡ 수산물가공업의 신고를 하고 해당 영업을 하는 경우

㉢ 축산물가공업의 허가를 받아 해당 영업을 하거나 식육즉석판매가공업 신고를 하고 해당 영업을 하는 경우

㉣ 건강기능식품제조업 및 건강기능식품판매업의 영업허가를 받거나 영업신고를 하고 해당 영업을 하는 경우

㉤ 식품첨가물이나 다른 원료를 사용하지 아니하고 농산물·임산물·수산물을 단순히 자르거나, 껍질을 벗기거나, 말리거나, 소금에 절이거나, 숙성하거나, 가열하는 등의 가공과정 중 위생상 위해가 발생할 우려가 없고 식품의 상태를 관능검사로 확인할 수 있도록 가공하는 경우. 다만, 다음의 어느 하나에 해당하는 경우는 제외한다.

- 집단급식소에 식품을 판매하기 위하여 가공하는 경우
- 식품의약품안전처장이 기준과 규격을 정하여 고시한 신선편의식품(과일, 채소, 새싹 등을 식품첨가물이나 다른 원료를 사용하지 아니하고 단순히 자르거나, 껍질을 벗기거나, 말리거나, 소금에 절이거나, 숙성하거나, 가열하는 등의 가공과정을 거친 상태에서 따로 씻는 등의 과정 없이 그대로 먹을 수 있게 만든 식품을 말함)을 판매하기 위하여 가공하는 경우

㉥ 농업인과 어업인 및 영농조합법인과 영어조합법인이 생산한 농산물·임산물·수산물을 집단급식소에 판매하는 경우. 다만, 다른 사람으로 하여금 생산하거나 판매하게 하는 경우는 제외한다.

(4) 건강진단(법 제40조)

① 총리령으로 정하는 영업자 및 그 종업원은 건강진단을 받아야 한다. 다만, 다른 법령에 따라 같은 내용의 건강진단을 받는 경우에는 이 법에 따른 건강진단을 받은 것으로 본다.

② ①에 따라 건강진단을 받은 결과 타인에게 위해를 끼칠 우려가 있는 질병이 있다고 인정된 자는 그 영업에 종사하지 못한다.

③ 영업자는 ①을 위반하여 건강진단을 받지 아니한 자나 ②에 따른 건강진단 결과 타인에게 위해를 끼칠 우려가 있는 질병이 있는 자를 그 영업에 종사시키지 못한다.

④ ①에 따른 건강진단의 실시방법 등과 ② 및 ③에 따른 타인에게 위해를 끼칠 우려가 있는 질병의 종류는 총리령으로 정한다.

더 알아보기 **영업에 종사하지 못하는 질병의 종류(규칙 제50조)**

- 결핵(비감염성인 경우는 제외)
- 감염병의 예방 및 관리에 관한 법률 시행규칙 제33조제1항 각 호의 어느 하나에 해당하는 감염병
  - 콜레라, 장티푸스, 파라티푸스, 세균성 이질, 장출혈성대장균감염증, A형간염
- 피부병 또는 그 밖의 고름형성(화농성) 질환
- 후천성면역결핍증(성매개감염병에 관한 건강진단을 받아야 하는 영업에 종사하는 사람만 해당)

(5) 식품위생교육(법 제41조)

① 대통령령으로 정하는 영업자 및 유흥종사자를 둘 수 있는 식품접객업 영업자의 종업원은 매년 식품위생에 관한 교육을 받아야 한다.

더 알아보기 식품위생교육의 대상(영 제27조)

- 식품제조 · 가공업자
- 즉석판매제조 · 가공업자
- 식품첨가물제조업자
- 식품운반업자
- 식품소분 · 판매업자(식용얼음판매업자 및 식품자동판매기영업자는 제외)
- 식품보존업자
- 용기 · 포장류제조업자
- 식품접객업자
- 공유주방 운영업자

② 영업을 하려는 자는 미리 식품위생교육을 받아야 한다. 다만, 부득이한 사유로 미리 식품위생교육을 받을 수 없는 경우에는 영업을 시작한 뒤에 식품의약품안전처장이 정하는 바에 따라 식품위생교육을 받을 수 있다.

③ ① 및 ②에 따라 교육을 받아야 하는 자가 영업에 직접 종사하지 아니하거나 두 곳 이상의 장소에서 영업을 하는 경우에는 종업원 중에서 식품위생에 관한 책임자를 지정하여 영업자 대신 교육을 받게 할 수 있다. 다만, 집단급식소에 종사하는 조리사 및 영양사가 식품위생에 관한 책임자로 지정되어 교육을 받은 경우에는 ① 및 ②에 따른 해당 연도의 식품위생교육을 받은 것으로 본다.

④ 조리사, 영양사, 위생사 중 어느 하나에 해당하는 면허를 받은 자가 식품접객업을 하려는 경우에는 식품위생교육을 받지 아니하여도 된다.

⑤ 영업자는 특별한 사유가 없는 한 식품위생교육을 받지 아니한 자를 그 영업에 종사하게 하여서는 아니 된다.

⑥ 식품위생교육은 집합교육 또는 정보통신매체를 이용한 원격교육으로 실시한다. 다만, ②에 따라 영업을 하려는 자가 미리 받아야 하는 식품위생교육은 집합교육으로 실시한다.

⑦ ⑥에도 불구하고 식품위생교육을 받기 어려운 도서 · 벽지 등의 영업자 및 종업원인 경우 또는 식품의약품안전처장이 감염병이 유행하여 국민건강을 해칠 우려가 있다고 인정하는 경우 등 불가피한 사유가 있는 경우에는 총리령으로 정하는 바에 따라 식품위생교육을 실시할 수 있다.

⑧ ① 및 ②에 따른 교육의 내용, 교육비 및 교육 실시기관 등에 관하여 필요한 사항은 총리령으로 정한다.

(6) 식품위생교육 시간(규칙 제52조제2항)

영업을 하려는 자가 받아야 하는 식품위생교육 시간은 다음과 같다.

① 식품제조 · 가공업, 식품첨가물제조업 및 공유주방 운영업을 하려는 자 : 8시간

② 식품운반업, 식품소분 · 판매업, 식품보존업, 용기 · 포장류제조업을 하려는 자 : 4시간

③ 즉석판매제조·가공업 및 식품접객업을 하려는 자 : 6시간
④ 집단급식소를 설치·운영하려는 자 : 6시간

(7) 영업자 등의 준수사항(법 제44조)

영업을 하는 자 중 대통령령으로 정하는 영업자와 그 종업원은 영업의 위생관리와 질서유지, 국민의 보건위생 증진을 위하여 영업의 종류에 따라 다음에 해당하는 사항을 지켜야 한다.

① 축산물 위생관리법 제12조에 따른 검사를 받지 아니한 축산물 또는 실험 등의 용도로 사용한 동물은 운반·보관·진열·판매하거나 식품의 제조·가공에 사용하지 말 것
② 야생생물 보호 및 관리에 관한 법률을 위반하여 포획·채취한 야생생물은 이를 식품의 제조·가공에 사용하거나 판매하지 말 것
③ 소비기한이 경과된 제품·식품 또는 그 원재료를 제조·가공·조리·판매의 목적으로 소분·운반·진열·보관하거나 이를 판매 또는 식품의 제조·가공·조리에 사용하지 말 것
④ 수돗물이 아닌 지하수 등을 먹는 물 또는 식품의 조리·세척 등에 사용하는 경우에는 먹는물관리법 제43조에 따른 먹는물 수질검사기관에서 총리령으로 정하는 바에 따라 검사를 받아 마시기에 적합하다고 인정된 물을 사용할 것. 다만, 둘 이상의 업소가 같은 건물에서 같은 수원(水源)을 사용하는 경우에는 하나의 업소에 대한 시험결과로 나머지 업소에 대한 검사를 갈음할 수 있다.
⑤ 위해평가가 완료되기 전까지 일시적으로 금지된 식품 등을 제조·가공·판매·수입·사용 및 운반하지 말 것
⑥ 식중독 발생 시 보관 또는 사용 중인 식품은 역학조사가 완료될 때까지 폐기하거나 소독 등으로 현장을 훼손하여서는 아니 되고 원상태로 보존하여야 하며, 식중독 원인규명을 위한 행위를 방해하지 말 것
⑦ 손님을 꾀어서 끌어들이는 행위를 하지 말 것
⑧ 그 밖에 영업의 원료관리, 제조공정 및 위생관리와 질서유지, 국민의 보건위생 증진 등을 위하여 총리령으로 정하는 사항

(8) 모범업소의 지정 등(법 제47조)

① 특별자치시장·특별자치도지사·시장·군수·구청장은 총리령으로 정하는 위생등급 기준에 따라 위생관리 상태 등이 우수한 식품접객업소(공유주방에서 조리·판매하는 업소를 포함) 또는 집단급식소를 모범업소로 지정할 수 있다.
② 시·도지사 또는 시장·군수·구청장은 ①에 따라 지정한 모범업소에 대하여 관계 공무원으로 하여금 총리령으로 정하는 일정 기간 동안 출입·검사·수거 등을 하지 아니하게 할 수 있으며, 영업자의 위생관리시설 및 위생설비시설 개선을 위한 융자 사업과 음식문화 개선과 좋은 식단 실천을 위한 사업에 대하여 우선 지원 등을 할 수 있다.
③ 특별자치시장·특별자치도지사·시장·군수·구청장은 모범업소로 지정된 업소가 그 지정기준에 미치지 못하거나 영업정지 이상의 행정처분을 받게 되면 지체 없이 그 지정을 취소하여야 한다.
④ ① 및 ③에 따른 모범업소의 지정 및 그 취소에 관한 사항은 총리령으로 정한다.

(9) 식품안전관리인증기준 대상 식품(규칙 제62조)

① 수산가공식품류의 어육가공품류 중 어묵・어육소시지
② 기타수산물가공품 중 냉동 어류・연체류・조미가공품
③ 냉동식품 중 피자류・만두류・면류
④ 과자류, 빵류 또는 떡류 중 과자・캔디류・빵류・떡류
⑤ 빙과류 중 빙과
⑥ 음료류(다류 및 커피류는 제외)
⑦ 레토르트 식품
⑧ 절임류 또는 조림류의 김치류 중 김치(배추를 주원료로 하여 절임, 양념혼합과정 등을 거쳐 이를 발효시킨 것이거나 발효시키지 아니한 것 또는 이를 가공한 것에 한함)
⑨ 코코아가공품 또는 초콜릿류 중 초콜릿류
⑩ 면류 중 유탕면 또는 곡분, 전분, 전분질원료 등을 주원료로 반죽하여 손이나 기계 따위로 면을 뽑아내거나 자른 국수로서 생면・숙면・건면
⑪ 특수용도식품
⑫ 즉석섭취・편의식품류 중 즉석섭취식품
⑬ 즉석섭취・편의식품류의 즉석조리식품 중 순대
⑭ 식품제조・가공업의 영업소 중 전년도 총 매출액이 100억원 이상인 영업소에서 제조・가공하는 식품

6) 조리사

(1) 조리사(법 제51조)

① 집단급식소 운영자와 대통령령으로 정하는 식품접객업자는 조리사(調理士)를 두어야 한다. 다만, 다음의 어느 하나에 해당하는 경우에는 조리사를 두지 아니하여도 된다.
㉠ 집단급식소 운영자 또는 식품접객영업자 자신이 조리사로서 직접 음식물을 조리하는 경우
㉡ 1회 급식인원 100명 미만의 산업체인 경우
㉢ 영양사가 조리사의 면허를 받은 경우(총리령으로 정하는 규모 이하의 집단급식소에 한정)

더 알아보기 **조리사를 두어야 하는 식품접객업자(영 제36조)**

법 제51조제1항 본문에서 조리사를 두어야 하는 "대통령령으로 정하는 식품접객업자"란 식품접객업 중 복어독 제거가 필요한 복어를 조리・판매하는 영업을 하는 자를 말한다. 이 경우 해당 식품접객업자는 국가기술자격법에 따른 복어 조리 자격을 취득한 조리사를 두어야 한다.

② 집단급식소에 근무하는 조리사는 다음의 직무를 수행한다.
㉠ 집단급식소에서의 식단에 따른 조리업무(식재료의 전처리에서부터 조리, 배식 등의 전 과정을 말함)
㉡ 구매식품의 검수 지원
㉢ 급식설비 및 기구의 위생・안전 실무
㉣ 그 밖에 조리실무에 관한 사항

(2) 조리사의 면허(법 제53조, 규칙 제80조)

① 조리사가 되려는 자는 국가기술자격법에 따라 해당 기능분야의 자격을 얻은 후 특별자치시장・특별자치도지사・시장・군수・구청장의 면허를 받아야 한다.

② ①에 따른 조리사의 면허 등에 관하여 필요한 사항은 총리령으로 정한다.

③ **조리사의 면허신청 등** : 조리사의 면허를 받으려는 자는 조리사 면허증 발급・재발급 신청서에 다음의 서류를 첨부하여 특별자치시장・특별자치도지사・시장・군수・구청장에게 제출해야 한다. 이 경우 특별자치시장・특별자치도지사・시장・군수・구청장은 전자정부법에 따른 행정정보의 공동이용을 통하여 조리사 국가기술자격증을 확인해야 하며, 신청인이 그 확인에 동의하지 않는 경우에는 국가기술자격증 사본을 첨부하도록 해야 한다.

㉠ 사진(최근 6개월 이내에 모자를 쓰지 않고 정면 상반신을 찍은 가로 3cm, 세로 4cm의 사진을 말하며, 전자적 파일 형태의 사진을 포함) 1장

㉡ (3)의 ①에 해당하는 사람이 아님을 증명하는 최근 6개월 이내의 의사의 진단서 또는 (3)의 ① 단서에 해당하는 사람임을 증명하는 최근 6개월 이내의 전문의의 진단서

㉢ (3)의 ② 및 ③에 해당하는 사람이 아님을 증명하는 최근 6개월 이내의 의사의 진단서

(3) 결격사유(법 제54조)

다음의 어느 하나에 해당하는 자는 조리사 면허를 받을 수 없다.

① 정신건강증진 및 정신질환자 복지서비스 지원에 관한 법률에 따른 정신질환자. 다만, 전문의가 조리사로서 적합하다고 인정하는 자는 그러하지 아니하다.

② 감염병의 예방 및 관리에 관한 법률에 따른 감염병 환자. 다만, B형간염 환자는 제외한다.

③ 마약류 관리에 관한 법률에 따른 마약이나 그 밖의 약물 중독자

④ 조리사 면허의 취소처분을 받고 그 취소된 날부터 1년이 지나지 아니한 자

(4) 교육(법 제56조)

① 식품의약품안전처장은 식품위생 수준 및 자질의 향상을 위하여 필요한 경우 조리사와 영양사에게 교육(조리사의 경우 보수교육을 포함)을 받을 것을 명할 수 있다. 다만, 집단급식소에 종사하는 조리사와 영양사는 1년마다 교육을 받아야 한다.

② ①에 따른 교육의 대상자・실시기관・내용 및 방법 등에 관하여 필요한 사항은 총리령으로 정한다.

③ 식품의약품안전처장은 ①에 따른 교육 등 업무의 일부를 대통령령으로 정하는 바에 따라 관계 전문기관이나 단체에 위탁할 수 있다.

(5) 조리사의 행정처분기준(식품위생법 시행규칙 [별표 23])

위반사항	행정처분기준		
	1차 위반	2차 위반	3차 위반
조리사 면허의 결격사유의 어느 하나에 해당하게 된 경우	면허취소		
식품위생법 제56조에 따른 교육을 받지 아니한 경우	시정명령	업무정지 15일	업무정지 1개월
식중독이나 그 밖에 위생과 관련한 중대한 사고 발생에 직무상의 책임이 있는 경우	업무정지 1개월	업무정지 2개월	면허취소
면허를 타인에게 대여하여 사용하게 한 경우	업무정지 2개월	업무정지 3개월	면허취소
업무정지기간 중에 조리사의 업무를 한 경우	면허취소		

7) 보 칙

(1) 식중독에 관한 조사 보고(법 제86조)

① 다음의 어느 하나에 해당하는 자는 지체 없이 관할 특별자치시장·시장(제주특별자치도 설치 및 국제자유도시 조성을 위한 특별법에 따른 행정시장을 포함)·군수·구청장에게 보고하여야 한다. 이 경우 의사나 한의사는 대통령령으로 정하는 바에 따라 식중독 환자나 식중독이 의심되는 자의 혈액 또는 배설물을 보관하는 데에 필요한 조치를 하여야 한다.

㉠ 식중독 환자나 식중독이 의심되는 자를 진단하였거나 그 사체를 검안한 의사 또는 한의사

㉡ 집단급식소에서 제공한 식품 등으로 인하여 식중독 환자나 식중독으로 의심되는 증세를 보이는 자를 발견한 집단급식소의 설치·운영자

② 특별자치시장·시장·군수·구청장은 ①에 따른 보고를 받은 때에는 지체 없이 그 사실을 식품의약품안전처장 및 시·도지사(특별자치시장은 제외)에게 보고하고, 대통령령으로 정하는 바에 따라 원인을 조사하여 그 결과를 보고하여야 한다.

③ 식품의약품안전처장은 ②에 따른 보고의 내용이 국민건강상 중대하다고 인정하는 경우에는 해당 시·도지사 또는 시장·군수·구청장과 합동으로 원인을 조사할 수 있다.

④ 식품의약품안전처장은 식중독 발생의 원인을 규명하기 위하여 식중독 의심환자가 발생한 원인시설 등에 대한 조사절차와 시험·검사 등에 필요한 사항을 정할 수 있다.

(2) 식중독 원인의 조사(영 제59조)

① 식중독 환자나 식중독이 의심되는 자를 진단한 의사나 한의사는 다음의 어느 하나에 해당하는 경우 해당 식중독 환자나 식중독이 의심되는 자의 혈액 또는 배설물을 채취하여 특별자치시장·시장·군수·구청장이 조사하기 위하여 인수할 때까지 변질되거나 오염되지 아니하도록 보관하여야 한다. 이 경우 보관용기에는 채취일, 식중독 환자나 식중독이 의심되는 자의 성명 및 채취자의 성명을 표시하여야 한다.

㉠ 구토·설사 등의 식중독 증세를 보여 의사 또는 한의사가 혈액 또는 배설물의 보관이 필요하다고 인정한 경우

㉡ 식중독 환자나 식중독이 의심되는 자 또는 그 보호자가 혈액 또는 배설물의 보관을 요청한 경우

② 특별자치시장·시장·군수·구청장이 하여야 할 조사는 다음과 같다.

㉠ 식중독의 원인이 된 식품 등과 환자 간의 연관성을 확인하기 위해 실시하는 설문조사, 섭취음식 위험도 조사 및 역학적 조사

㉡ 식중독 환자나 식중독이 의심되는 자의 혈액·배설물 또는 식중독의 원인이라고 생각되는 식품 등에 대한 미생물학적 또는 이화학적 시험에 의한 조사

㉢ 식중독의 원인이 된 식품 등의 오염경로를 찾기 위하여 실시하는 환경조사

③ 특별자치시장·시장·군수·구청장은 미생물학적 또는 이화학적 시험에 의한 조사를 할 때에는 식품·의약품분야 시험·검사 등에 관한 법률 제6조제4항 단서에 따라 총리령으로 정하는 시험·검사 기관에 협조를 요청할 수 있다.

2. 제조물책임법

(1) 용어의 정의(법 제2조)

① 제조물 : 제조되거나 가공된 동산(다른 동산이나 부동산의 일부를 구성하는 경우를 포함)을 말한다.

② 결함 : 해당 제조물에 다음의 어느 하나에 해당하는 제조상·설계상 또는 표시상의 결함이 있거나 그 밖에 통상적으로 기대할 수 있는 안전성이 결여되어 있는 것을 말한다.

㉠ 제조상의 결함 : 제조업자가 제조물에 대하여 제조상·가공상의 주의의무를 이행하였는지에 관계없이 제조물이 원래 의도한 설계와 다르게 제조·가공됨으로써 안전하지 못하게 된 경우를 말한다.

㉡ 설계상의 결함 : 제조업자가 합리적인 대체설계를 채용하였더라면 피해나 위험을 줄이거나 피할 수 있었음에도 대체설계를 채용하지 아니하여 해당 제조물이 안전하지 못하게 된 경우를 말한다.

㉢ 표시상의 결함 : 제조업자가 합리적인 설명·지시·경고 또는 그 밖의 표시를 하였더라면 해당 제조물에 의하여 발생할 수 있는 피해나 위험을 줄이거나 피할 수 있었음에도 이를 하지 아니한 경우를 말한다.

③ 제조업자

㉠ 제조물의 제조·가공 또는 수입을 업으로 하는 자

㉡ 제조물에 성명·상호·상표 또는 그 밖에 식별 가능한 기호 등을 사용하여 자신을 ㉠의 자로 표시한 자 또는 ㉠의 자로 오인하게 할 수 있는 표시를 한 자

(2) 제조물 책임(법 제3조)

① 제조업자는 제조물의 결함으로 생명·신체 또는 재산에 손해(그 제조물에 대하여만 발생한 손해는 제외)를 입은 자에게 그 손해를 배상하여야 한다.

② 제조업자가 제조물의 결함을 알면서도 그 결함에 대하여 필요한 조치를 취하지 아니한 결과로 생명 또는 신체에 중대한 손해를 입은 자가 있는 경우에는 그 자에게 발생한 손해의 3배를 넘지 아니하는 범위에서 배상책임을 진다. 이 경우 법원은 배상액을 정할 때 다음의 사항을 고려하여야 한다.

㉠ 고의성의 정도

㉡ 해당 제조물의 결함으로 인하여 발생한 손해의 정도

㉢ 해당 제조물의 공급으로 인하여 제조업자가 취득한 경제적 이익

㉣ 해당 제조물의 결함으로 인하여 제조업자가 형사처벌 또는 행정처분을 받은 경우 그 형사처벌 또는 행정처분의 정도

㉤ 해당 제조물의 공급이 지속된 기간 및 공급 규모

㉥ 제조업자의 재산상태

㉦ 제조업자가 피해구제를 위하여 노력한 정도

(3) 결함 등의 추정(법 제3조의2)

피해자가 다음의 사실을 증명한 경우에는 제조물을 공급할 당시 해당 제조물에 결함이 있었고 그 제조물의 결함으로 인하여 손해가 발생한 것으로 추정한다. 다만, 제조업자가 제조물의 결함이 아닌 다른 원인으로 인하여 그 손해가 발생한 사실을 증명한 경우에는 그러하지 아니하다.

① 해당 제조물이 정상적으로 사용되는 상태에서 피해자의 손해가 발생하였다는 사실

② ①의 손해가 제조업자의 실질적인 지배영역에 속한 원인으로부터 초래되었다는 사실

③ ①의 손해가 해당 제조물의 결함 없이는 통상적으로 발생하지 아니한다는 사실

3. 농수산물의 원산지 표시 등에 관한 법률

(1) 목적(법 제1조)

이 법은 농산물·수산물과 그 가공품 등에 대하여 적정하고 합리적인 원산지 표시와 유통이력 관리를 하도록 함으로써 공정한 거래를 유도하고 소비자의 알권리를 보장하여 생산자와 소비자를 보호하는 것을 목적으로 한다.

(2) 정의(법 제2조)

① **농산물** : 농업활동으로 생산되는 산물로서 대통령령으로 정하는 농산물을 말한다.

② **수산물** : 어업(수산동식물을 포획·채취하는 산업, 염전에서 바닷물을 자연 증발시켜 소금을 생산하는 산업) 활동 및 양식업(수산동식물을 양식하는 산업) 활동으로부터 생산되는 산물을 말한다.

③ **농수산물** : 농산물과 수산물을 말한다.

④ **원산지** : 농산물이나 수산물이 생산·채취·포획된 국가·지역이나 해역을 말한다.

⑤ **유통이력** : 수입 농산물 및 농산물 가공품에 대한 수입 이후부터 소비자 판매 이전까지의 유통단계별 거래명세를 말하며, 그 구체적인 범위는 농림축산식품부령으로 정한다.

⑥ **식품접객업** : 식품위생법에 따라 총리령으로 정하는 시설기준에 맞는 시설을 갖춘 식품접객업을 말한다.

⑦ **집단급식소** : 영리를 목적으로 하지 아니하면서 특정 다수인에게 계속하여 음식물을 공급하는 급식시설(기숙사, 학교·유치원·어린이집, 병원, 사회복지시설, 산업체, 국가, 지방자치단체 및 공공기관, 그 밖의 후생기관 등)로서 대통령령으로 정하는 시설을 말한다.

⑧ **통신판매** : 통신판매[우편·전기통신, 그 밖에 총리령으로 정하는 방법으로 재화 또는 용역(일정한 시설을 이용하거나 용역을 제공받을 수 있는 권리를 포함)의 판매에 관한 정보를 제공하고 소비자의 청약을 받아 재화 또는 용역을 판매하는 것으로, 전자상거래로 판매되는 경우를 포함] 중 대통령령으로 정하는 판매를 말한다.

⑨ 이 법에서 사용하는 용어의 뜻은 이 법에 특별한 규정이 있는 것을 제외하고는 농수산물 품질관리법, 식품위생법, 대외무역법이나 축산물 위생관리법에서 정하는 바에 따른다.

(3) 원산지 표시대상별 표시방법(규칙 [별표 4])

① **축산물의 원산지 표시방법** : 축산물의 원산지는 국내산(국산)과 외국산으로 구분하고, 다음의 구분에 따라 표시한다.

㉠ 쇠고기

• 국내산(국산)의 경우 "국산"이나 "국내산"으로 표시하고, 식육의 종류를 한우, 젖소, 육우로 구분하여 표시한다. 다만, 수입한 소를 국내에서 6개월 이상 사육한 후 국내산(국산)으로 유통하는 경우에는 "국산"이나 "국내산"으로 표시하되, 괄호 안에 식육의 종류 및 출생국가명을 함께 표시한다.

> [예시] 소갈비(쇠고기: 국내산 한우), 등심(쇠고기: 국내산 육우), 소갈비(쇠고기: 국내산 육우(출생국: 호주))

• 외국산의 경우에는 해당 국가명을 표시한다.

> [예시] 소갈비(쇠고기: 미국산)

㉡ 돼지고기, 닭고기, 오리고기 및 양고기(염소 등 산양 포함)

• 국내산(국산)의 경우 "국산"이나 "국내산"으로 표시한다. 다만, 수입한 돼지 또는 양을 국내에서 2개월 이상 사육한 후 국내산(국산)으로 유통하거나, 수입한 닭 또는 오리를 국내에서 1개월 이상 사육한 후 국내산(국산)으로 유통하는 경우에는 "국산"이나 "국내산"으로 표시하되, 괄호 안에 출생국가명을 함께 표시한다.

> [예시] 삼겹살(돼지고기: 국내산), 삼계탕(닭고기: 국내산), 훈제오리(오리고기: 국내산), 삼겹살(돼지고기: 국내산(출생국: 덴마크)), 삼계탕(닭고기: 국내산(출생국: 프랑스)), 훈제오리(오리고기: 국내산(출생국: 중국))

• 외국산의 경우 해당 국가명을 표시한다.

> [예시] 삼겹살(돼지고기: 덴마크산), 염소탕(염소고기: 호주산), 삼계탕(닭고기: 중국산), 훈제오리(오리고기: 중국산)

② **쌀(찹쌀, 현미, 찐쌀을 포함) 또는 그 가공품의 원산지 표시방법** : 쌀 또는 그 가공품의 원산지는 국내산(국산)과 외국산으로 구분하고, 다음의 구분에 따라 표시한다.

㉠ 국내산(국산)의 경우 "밥(쌀: 국내산)", "누룽지(쌀: 국내산)"로 표시한다.

㉡ 외국산의 경우 쌀을 생산한 해당 국가명을 표시한다.

[예시] 밥(쌀: 미국산), 죽(쌀: 중국산)

③ **배추김치의 원산지 표시방법**

㉠ 국내에서 배추김치를 조리하여 판매·제공하는 경우에는 "배추김치"로 표시하고, 그 옆에 괄호로 배추김치의 원료인 배추(절인 배추를 포함)의 원산지를 표시한다. 이 경우 고춧가루를 사용한 배추김치의 경우에는 고춧가루의 원산지를 함께 표시한다.

[예시] • 배추김치(배추: 국내산, 고춧가루: 중국산), 배추김치(배추: 중국산, 고춧가루: 국내산) • 고춧가루를 사용하지 않은 배추김치 : 배추김치(배추: 국내산)

㉡ 외국에서 제조·가공한 배추김치를 수입하여 조리하여 판매·제공하는 경우에는 배추김치를 제조·가공한 해당 국가명을 표시한다.

[예시] 배추김치(중국산)

④ **콩(콩 또는 그 가공품을 원료로 사용한 두부류·콩비지·콩국수)의 원산지 표시방법** : 두부류, 콩비지, 콩국수의 원료로 사용한 콩에 대하여 국내산(국산)과 외국산으로 구분하여 다음의 구분에 따라 표시한다.

㉠ 국내산(국산) 콩 또는 그 가공품을 원료로 사용한 경우 "국산"이나 "국내산"으로 표시한다.

[예시] 두부(콩: 국내산), 콩국수(콩: 국내산)

㉡ 외국산 콩 또는 그 가공품을 원료로 사용한 경우 해당 국가명을 표시한다.

[예시] 두부(콩: 중국산), 콩국수(콩: 미국산)

⑤ **넙치, 조피볼락, 참돔, 미꾸라지, 뱀장어, 낙지, 명태, 고등어, 갈치, 오징어, 꽃게, 참조기, 다랑어, 아귀 및 주꾸미의 원산지 표시방법** : 원산지는 국내산(국산), 원양산 및 외국산으로 구분하고, 다음의 구분에 따라 표시한다.

㉠ 국내산(국산)의 경우 "국산"이나 "국내산" 또는 "연근해산"으로 표시한다.

[예시] 넙치회(넙치: 국내산), 참돔회(참돔: 연근해산)

㉡ 원양산의 경우 "원양산" 또는 "원양산, 해역명"으로 한다.

[예시] 참돔구이(참돔: 원양산), 넙치매운탕(넙치: 원양산, 태평양산)

㉢ 외국산의 경우 해당 국가명을 표시한다.

[예시] 참돔회(참돔: 일본산), 뱀장어구이(뱀장어: 영국산)

4. 식품 등의 표시·광고에 관한 법률

(1) 목적(법 제1조)

이 법은 식품 등에 대하여 올바른 표시·광고를 하도록 하여 소비자의 알 권리를 보장하고 건전한 거래질서를 확립함으로써 소비자 보호에 이바지함을 목적으로 한다.

(2) 정의(제2조)

① **식품** : 식품위생법 제2조제1호에 따른 식품(해외에서 국내로 수입되는 식품을 포함)을 말한다.
② **식품첨가물** : 식품위생법 제2조제2호에 따른 식품첨가물(해외에서 국내로 수입되는 식품첨가물을 포함)을 말한다.
③ **기구** : 식품위생법 제2조제4호에 따른 기구(해외에서 국내로 수입되는 기구를 포함)를 말한다.
④ **용기·포장** : 식품위생법 제2조제5호에 따른 용기·포장(해외에서 국내로 수입되는 용기·포장을 포함)을 말한다.
⑤ **건강기능식품** : 건강기능식품에 관한 법률 제3조제1호에 따른 건강기능식품(해외에서 국내로 수입되는 건강기능식품을 포함)을 말한다.
⑥ **축산물** : 축산물 위생관리법 제2조제2호에 따른 축산물(해외에서 국내로 수입되는 축산물을 포함)을 말한다.
⑦ **표시** : 식품, 식품첨가물, 기구, 용기·포장, 건강기능식품, 축산물(이하 식품 등) 및 이를 넣거나 싸는 것(그 안에 첨부되는 종이 등을 포함)에 적는 문자·숫자 또는 도형을 말한다.
⑧ **영양표시** : 식품, 식품첨가물, 건강기능식품, 축산물에 들어있는 영양성분의 양 등 영양에 관한 정보를 표시하는 것을 말한다.
⑨ **나트륨 함량 비교 표시** : 식품의 나트륨 함량을 동일하거나 유사한 유형의 식품의 나트륨 함량과 비교하여 소비자가 알아보기 쉽게 색상과 모양을 이용하여 표시하는 것을 말한다.
⑩ **광고** : 라디오·텔레비전·신문·잡지·인터넷·인쇄물·간판 또는 그 밖의 매체를 통하여 음성·음향·영상 등의 방법으로 식품 등에 관한 정보를 나타내거나 알리는 행위를 말한다.
⑪ **영업자** : 다음의 어느 하나에 해당하는 자를 말한다.
㉠ 건강기능식품에 관한 법률 제5조에 따라 허가를 받은 자 또는 같은 법 제6조에 따라 신고를 한 자
㉡ 식품위생법 제37조제1항에 따라 허가를 받은 자 또는 같은 조 제4항에 따라 신고하거나 같은 조 제5항에 따라 등록을 한 자
㉢ 축산물 위생관리법 제22조에 따라 허가를 받은 자 또는 같은 법 제24조에 따라 신고를 한 자
㉣ 수입식품안전관리 특별법 제15조제1항에 따라 영업등록을 한 자
⑫ **소비기한** : 식품 등에 표시된 보관방법을 준수할 경우 섭취하여도 안전에 이상이 없는 기한을 말한다.

(3) 표시의 기준(법 제4조)

① 식품 등에는 다음의 구분에 따른 사항을 표시하여야 한다. 다만, 총리령으로 정하는 경우에는 그 일부만을 표시할 수 있다.
㉠ 식품, 식품첨가물 또는 축산물
• 제품명, 내용량 및 원재료명

- 영업소 명칭 및 소재지
- 소비자 안전을 위한 주의사항
- 제조연월일, 소비기한 또는 품질유지기한
- 그 밖에 소비자에게 해당 식품, 식품첨가물 또는 축산물에 관한 정보를 제공하기 위하여 필요한 사항으로서 총리령으로 정하는 사항

㉡ 기구 또는 용기·포장
- 재질
- 영업소 명칭 및 소재지
- 소비자 안전을 위한 주의사항
- 그 밖에 소비자에게 해당 기구 또는 용기·포장에 관한 정보를 제공하기 위하여 필요한 사항으로서 총리령으로 정하는 사항

㉢ 건강기능식품
- 제품명, 내용량 및 원료명
- 영업소 명칭 및 소재지
- 소비기한 및 보관방법
- 섭취량, 섭취방법 및 섭취 시 주의사항
- 건강기능식품이라는 문자 또는 건강기능식품임을 나타내는 도안
- 질병의 예방 및 치료를 위한 의약품이 아니라는 내용의 표현
- 건강기능식품에 관한 법률 제3조제2호에 따른 기능성에 관한 정보 및 원료 중에 해당 기능성을 나타내는 성분 등의 함유량
- 그 밖에 소비자에게 해당 건강기능식품에 관한 정보를 제공하기 위하여 필요한 사항으로서 총리령으로 정하는 사항

② ①에 따른 표시의무자, 표시사항 및 글씨크기·표시장소 등 표시방법에 관하여는 총리령으로 정한다.

③ ①에 따른 표시가 없거나 ②에 따른 표시방법을 위반한 식품 등은 판매하거나 판매할 목적으로 제조·가공·소분·수입·포장·보관·진열 또는 운반하거나 영업에 사용해서는 아니 된다.

CHAPTER

02 | 안전관리

01 개인 안전관리

1. 개인 안전관리 점검표

(1) 안전사고 예방을 위한 개인 안전관리 대책

① 위험도 경감의 원칙은 사고발생 예방과 피해 심각도의 억제에 있다.

② 위험도 경감 전략의 핵심요소는 위험요인 제거, 위험발생 경감, 사고피해 경감이다.

③ 위험도 경감은 사람, 절차 및 장비의 3가지 시스템 구성요소를 고려하여 다양한 위험도 경감 접근법을 검토한다.

(2) 안전사고 예방과정

① 위험요인 제거 : 위험요인의 근원을 없앤다.

② 위험요인 차단 : 위험요인을 차단하기 위한 안전방벽을 설치한다.

③ 오류 예방 : 위험사건을 초래할 수 있는 인적·기술적·조직적 오류를 예방한다.

④ 오류 교정 : 위험사건을 초래할 수 있는 인적·기술적·조직적 오류를 교정한다.

⑤ 심각도 제한 : 위험사건 발생 이후 재발 방지를 위하여 대응 및 개선 조치를 취한다.

2. 안전관리 점검표 작성

(1) 개인 안전관리 점검표 작성

① 개인별 안전관리 점검 내용

구 분	점검 내용
인간(Man)	• 심리적 원인 : 망각, 걱정거리, 무의식 행동, 위험감각, 지름길 반응, 생략행위, 억측판단, 착오 등 • 생리적 원인 : 피로, 수면부족, 신체기능, 알코올, 질병, 노화 등 • 직장적 원인 : 직장 내 인간관계, 리더십, 팀워크, 커뮤니케이션 등
기계(Machine)	• 기계·설비의 설계상의 결함 • 위험방호의 불량 • 안전의식의 부족(인간공학적 배려에 대한 이해 부족) • 표준화의 부족 • 점검정비의 부족
매체(Media)	• 작업정보의 부적절 • 작업자세, 작업동작의 결함 • 작업방법의 부적절 • 작업공간 및 작업환경 조건의 불량

구 분	점검 내용
관리(Management)	• 관리조직의 결함 • 규정 · 매뉴얼의 불충분 • 안전관리 계획의 불량 • 교육 · 훈련 부족 • 부하에 대한 지도 · 감독 부족 및 적성배치의 불충분 • 건강관리의 불량 등

② 용도별 개인 안전보호장비 착용

구 분	세부 내용
머리 보호구	안전모
눈 및 안면 보호구	보안경, 보안면
방음 보호구	귀마개, 귀덮개
호흡용 보호구	방진마스크, 방독마스크, 송기마스크, 공기호흡기
손 보호구	방열장갑
신체 보호구	방열복, 방열두건
발 보호구	안전화, 절연화, 정전화

(2) 시설물 안전 및 유지 관리를 위한 안전관리 점검표 작성

① 전기시설물 안전점검 체크리스트

구 분	예방 보전	조치 결과 예 / 아니오
인입선로	• 케이블 헤드의 이상 유무 • 칼과 칼받이의 접촉, 과열, 변색 여부 • 이물질 부착 여부	
차단기	• 외부 접촉의 과열, 변색 여부 • 진동의 이상 유무	
콘덴서	• 외부 접촉의 변형 상태 • 누전의 시상 유무	
충전기	• 외부 접촉부 및 청소상태 • 충 · 방전 상태	
발전기	• 연료, 윤활유, 냉각수의 이상상태 • 운전상태의 이상 유무 • 진동, 과열, 가동상태 • 표시등 점등상태	
분전반	• 과열변색, 이완상태 • 청소, 전압 조정기 안전상태 • 잠금장치 및 보완상태	

② 가스시설물 안전점검 체크리스트

구 분	예방 보전	조치 결과 예 / 아니오
가스 계량기	• 가스계량기가 변형되거나 가스가 새는 곳은 없는가? • 계량기 주위에 화기는 없는가?	
가스배관	• 배관이나 호스가 손상된 곳은 없는가? • 배관, 호스의 연결부위가 가스에 누출되는 곳은 없는가?	
밸 브	• 중간밸브는 견고하고 고정되어 있으며, 작동은 잘 되는가?	
보일러실	• 보일러실 내부에 가연성 또는 인화성 물질은 없는가? • 보일러의 배기통은 막히지 않고 잘 연결되어 있는가? • 보일러실 급기구나 환기구는 막히지 않았는가?	

③ 냉·난방시설물 안전점검 체크리스트

구 분	예방 보전	조치 결과 예 / 아니오
냉·난방기	• 팬의 소음은 없는가? • 필터 청소는 잘 되어 있는가? • 조작 스위치는 변형, 손상이 없고, 정상으로 작동되고 있는가? • 배수는 정상적으로 잘 되고 있는가? • 실외기에는 이상이 없는가? • 실외기 주위에 장애물은 없는가? • 보냉재가 손상된 곳은 없는가?	

④ 가열 및 급배기 시설물 안전점검 체크리스트

구 분	예방 보전	조치 결과 예 / 아니오
환기 및 배기	• 변형, 손상의 유무 • 고정상태의 적부 • 인화방지망의 손상 유무 • 인화방지망의 막힘 유무 • 방화댐퍼의 손상 유무 • 방화댐퍼 기능의 적부 • 팬의 작동상황의 적부 • 이상소음은 발생하지 않는가? • 팬의 손상, 부식은 없는가? • 축이음이 느슨하지는 않은가? • 팬벨트의 손상은 없는가? • 덕트의 연결부위에 공기가 새는 곳은 없는가? • 후드 필터는 청소가 잘 되어 있는가? • 가연성 증기 경보장치는 정상으로 작동되고 있는가?	

3. 주방 내 안전관리

(1) 주방 내 안전사고 요인

① 인적 요인

㉠ 개인의 정서적 요인 : 선천적·후천적 소질 요인(과격한 기질, 신경질, 시력 또는 청력의 결함, 근골박약, 지식 및 기능의 부족, 중독증, 각종 질환 등)

㉡ 개인의 행동적 요인 : 개인의 부주의 또는 무모한 행동에서 오는 요인(독단적 행동, 불완전한 동작과 자세, 미숙한 작업방법, 안전장치 등의 점검 소홀, 결함이 있는 기계·기구의 사용 등)

㉢ 개인의 생리적 요인 : 사람이 피로하게 되면 심적 태도가 교란되고 동작을 세밀하게 제어하지 못하므로 실수를 유발하게 되어 사고의 원인이 된다.

② 물적 요인

㉠ 각종 기계, 장비 또는 시설물에서 오는 요인

㉡ 자재의 불량이나 결함, 안전장치 또는 시설의 미비, 각종 시설물의 노후화에 의한 붕괴, 화재 등

③ 환경적 요인

㉠ 주방의 환경적 요인

- 피부질환은 조리실의 고온, 다습한 환경조건에서 조리 시 발생하는 고열과 복합적으로 작용하여 땀띠 등 피부질환을 유발시킨다.
- 조리 종사원들은 발목에서 20cm 정도 오는 장화를 착용하기 때문에 무좀이나 검은 발톱, 아킬레스 건염 등의 질병이 발생할 수 있다.

㉡ 주방의 물리적 요인

- 조리작업장의 바닥은 물을 사용하기 때문에 미끄러울 뿐만 아니라 다습한 환경으로 인해 항상 물기가 있어 낙상사고의 원인이 된다.
- 조리 종사원들은 바닥이 젖은 상태, 기름이 있는 바닥, 시야가 차단된 경우, 낮은 조도로 인해 어두운 경우, 매트가 주름진 경우 등에 넘어지기 쉽다.

㉢ 주방의 시설요인

- 조리실 바닥의 청소와 소독 시에 호스로 물을 사용하기 때문에 전기누전의 위험이 있다.
- 대부분의 감전사고는 전기설비의 고장으로 발생한다.

(2) 주방 내 안전사고 유형

① 절단, 찔림과 베임(주방에서 가장 많이 발생하는 사고)

② 화상과 데임

③ 미끄러짐

④ 끼임

⑤ 전기감전 및 누전

⑥ 유해화합물로 인한 피부질환

(3) 칼의 안전관리

개인이 사용하는 칼에 대하여 사용안전, 이동안전, 보관안전을 실행한다.

칼에 대한 사용안전	• 칼을 사용할 때는 정신을 집중하고 안정된 자세로 작업에 임한다. • 칼로 캔을 따거나 기타 본래 목적 이외에 사용하지 않는다. • 칼을 떨어뜨렸을 때 잡으려 하지 않고, 한 걸음 물러서서 피한다.
칼에 대한 이동안전	주방에서 칼을 들고 다른 장소로 옮겨갈 때는 칼끝을 정면으로 두지 않으며 지면을 향하게 하고 칼날을 뒤로 가게 한다.
칼에 대한 보관안전	• 칼을 보이지 않는 곳에 두거나 물이 든 싱크대 등에 담가 놓지 않는다. • 칼을 사용하지 않을 때에는 안전함에 넣어서 보관한다.

4. 개인 안전사고 예방 및 응급조치

(1) 재해 발생의 원인

① 사고의 원인이 되는 물적 결함 상태를 조사한다.

㉠ 불안전한 상태 : 사고의 직접원인으로 기계설비의 불안전한 상태

㉡ 불안전한 상태는 일반적으로 물적 결함으로 나타나게 된다.

㉢ 안전사고 요인이 될 수 있는 기계설비, 시설 및 환경의 불안전한 상태를 조사한다.

② 개인의 불안전한 행동을 조사한다.

㉠ 불안전한 행동 : 사고의 직접원인으로 인적 요인에 의해 나타난다.

㉡ 불안전한 행동의 분류

구 분	세부 내용
기계·기구 잘못 사용	• 기계·기구의 잘못 사용 • 필요기구 미사용 • 미비된 기구의 사용
운전 중인 기계장치 손실	• 운전 중인 기계장치의 주유, 수리, 용접 점검 및 청소 • 통전 중인 전기장치의 주유, 수리 및 청소 등 • 가압, 가열, 위험물과 관련되는 용기 또는 물의 수리 및 청소
불안전한 속도 조작	• 기계장치의 과속 또는 저속 • 기타 불필요한 조작
유해·위험물 취급 부주의	화기, 가연물, 폭발물, 압력용기, 중량물 등 취급 시 안전조치 미비
불안전한 상태 방치	• 기계장치 등의 운전 중 방치 • 기계장치 등의 불안전한 상태 방치 • 적재, 청소 등 정리정돈 불량
불안전한 자세 동작	• 불안전한 자세(달림, 뜀, 던짐, 뛰어내림, 뛰어오름 등) • 불필요한 동작(장난, 잡담, 잔소리, 싸움 등) • 무리한 힘으로 중량물 운반
감독 및 연락 불충분	• 감독 없음 • 작업지시 불철저 • 경보 오인 • 연락 미비

(2) 안전수칙 교육

① 관리자의 역할로 현장을 자주 방문하고 모범적인 행동을 해야 하며 부하직원과 진실된 신뢰관계를 형성해야 한다.

② 부하직원으로 하여금 안전보건 관련 계획, 의사결정에 참여하게 하고 부하직원에게 안전보건 교육에 대한 권한 위임을 통해 안전성과에 대한 책임감을 갖도록 유도해야 하며, 안전에 대한 적극적인 태도를 유지하는 것이 중요하다.

(3) 응급처치

① 응급상황 발생 시 행동 수칙

㉠ 행동하기 전에 마음을 평안하게 하고 내가 할 수 있는 것과 도울 수 있는 행동계획을 세운다.

㉡ 응급상황이 발생하면 현장상황이 먼저 안전한가를 확인한다.

㉢ 무엇을 해야 하고 무엇을 하지 말아야 할 것인지 인지한다.

㉣ 현장상황을 파악한 후 전문 의료기관(119)에 전화로 응급상황을 알린다.

㉤ 신고 후 응급환자에게 필요로 하는 응급처치를 시행하고 전문 의료원이 도착할 때까지 환자를 지속적으로 돌본다.

② 응급처치 시 꼭 지켜야 할 확인사항

㉠ 응급처치 현장에서의 자신의 안전을 확인한다.

㉡ 환자에게 자신의 신분을 밝힌다.

㉢ 최초로 응급환자를 발견하고 응급처치를 시행하기 전 환자의 생사 유무를 판정하지 않는다.

㉣ 응급환자를 처치할 때 원칙적으로 의약품을 사용하지 않는다.

㉤ 응급환자에 대한 처치는 어디까지나 응급처치로 그치고 전문 의료요원의 처치에 맡긴다.

③ 응급상황 시 행동 단계

구 분	세부 내용
현장조사(Check)	• 현장은 안전한가? • 무슨 일이 일어났는가? • 얼마나 많은 사람이 다쳤는가? • 환자 주위에 긴박한 위험이 존재하는가? • 우리를 도울 수 있는 다른 사람이 있는가? • 환자의 문제점은 무엇인가?
119 신고(Call)	• 전화 거는 사람의 이름은 무엇인지? • 무슨 일이 일어났는지? • 얼마나 많은 사람이 다쳤는지? • 환자의 부상상태는 어떠한지? • 응급상황이 발생한 정확한 장소는 어디인지?
처치 및 도움(Care)	• 신분을 밝히고 동의를 구한다. • 환자를 안심시킨다. • 편안한 자세를 취하게 한다. • 환자의 호흡과 의식을 확인한다. • 2차 손상을 주의한다.

5. 산업안전보건법

(1) 목적(법 제1조)

이 법은 산업 안전 및 보건에 관한 기준을 확립하고 그 책임의 소재를 명확하게 하여 산업재해를 예방하고 쾌적한 작업환경을 조성함으로써 노무를 제공하는 사람의 안전 및 보건을 유지·증진함을 목적으로 한다.

(2) 정의(법 제2조)

① **산업재해** : 노무를 제공하는 사람이 업무에 관계되는 건설물·설비·원재료·가스·증기·분진 등에 의하거나 작업 또는 그 밖의 업무로 인하여 사망 또는 부상하거나 질병에 걸리는 것을 말한다.
② **중대재해** : 산업재해 중 사망 등 재해 정도가 심하거나 다수의 재해자가 발생한 경우로서 고용노동부령으로 정하는 재해를 말한다.
③ **근로자** : 직업의 종류와 관계없이 임금을 목적으로 사업이나 사업장에 근로를 제공하는 사람을 말한다.
④ **사업주** : 근로자를 사용하여 사업을 하는 자를 말한다.
⑤ **근로자대표** : 근로자의 과반수로 조직된 노동조합이 있는 경우에는 그 노동조합을, 근로자의 과반수로 조직된 노동조합이 없는 경우에는 근로자의 과반수를 대표하는 자를 말한다.
⑥ **안전보건진단** : 산업재해를 예방하기 위하여 잠재적 위험성을 발견하고 그 개선대책을 수립할 목적으로 조사·평가하는 것을 말한다.
⑦ **작업환경 측정** : 작업환경 실태를 파악하기 위하여 해당 근로자 또는 작업장에 대하여 사업주가 유해인자에 대한 측정계획을 수립한 후 시료를 채취하고 분석·평가하는 것을 말한다.

(3) 근로자에 대한 안전보건교육(법 제29조)

① 사업주는 소속 근로자에게 고용노동부령으로 정하는 바에 따라 정기적으로 안전보건교육을 하여야 한다.
② 사업주는 근로자를 채용할 때와 작업내용을 변경할 때에는 그 근로자에게 고용노동부령으로 정하는 바에 따라 해당 작업에 필요한 안전보건교육을 하여야 한다. 다만, 건설업 기초 안전보건교육을 이수한 건설 일용근로자를 채용하는 경우에는 그러하지 아니하다.
③ 사업주는 근로자를 유해하거나 위험한 작업에 채용하거나 그 작업으로 작업내용을 변경할 때에는 ②에 따른 안전보건교육 외에 고용노동부령으로 정하는 바에 따라 유해하거나 위험한 작업에 필요한 안전보건교육을 추가로 하여야 한다.
④ 사업주는 안전보건교육을 고용노동부장관에게 등록한 안전보건교육기관에 위탁할 수 있다.

더 알아보기 **근로자 안전보건교육 과정(규칙 [별표4])**

- 정기교육
- 채용 시 교육
- 작업내용 변경 시 교육
- 특별교육

(4) 일반건강진단(법 제129조)

① 사업주는 상시 사용하는 근로자의 건강관리를 위하여 건강진단(이하 일반건강진단)을 실시하여야 한다. 다만, 사업주가 고용노동부령으로 정하는 건강진단을 실시한 경우에는 그 건강진단을 받은 근로자에 대하여 일반건강진단을 실시한 것으로 본다.
② 사업주는 특수건강진단기관 또는 건강검진기본법에 따른 건강검진기관(이하 건강진단기관)에서 일반건강진단을 실시하여야 한다.
③ 일반건강진단의 주기·항목·방법 및 비용, 그 밖에 필요한 사항은 고용노동부령으로 정한다.

(5) 건강진단에 관한 사업주의 의무(법 제132조)

① 사업주는 규정에 따른 건강진단을 실시하는 경우 근로자대표가 요구하면 근로자대표를 참석시켜야 한다.
② 사업주는 산업안전보건위원회 또는 근로자대표가 요구할 때에는 직접 또는 규정에 따른 건강진단을 한 건강진단기관에 건강진단 결과에 대하여 설명하도록 하여야 한다. 다만, 개별 근로자의 건강진단 결과는 본인의 동의 없이 공개해서는 아니 된다.
③ 사업주는 규정에 따른 건강진단의 결과를 근로자의 건강 보호 및 유지 외의 목적으로 사용해서는 아니 된다.
④ 사업주는 규정 또는 다른 법령에 따른 건강진단의 결과 근로자의 건강을 유지하기 위하여 필요하다고 인정할 때에는 작업장소 변경, 작업 전환, 근로시간 단축, 야간근로(오후 10시부터 다음 날 오전 6시까지 사이의 근로를 말함)의 제한, 작업환경 측정 또는 시설·설비의 설치·개선 등 고용노동부령으로 정하는 바에 따라 적절한 조치를 하여야 한다.
⑤ ④에 따라 적절한 조치를 하여야 하는 사업주로서 고용노동부령으로 정하는 사업주는 그 조치 결과를 고용노동부령으로 정하는 바에 따라 고용노동부장관에게 제출하여야 한다.

(6) 건강진단에 관한 근로자의 의무(법 제133조)

근로자는 규정에 따라 사업주가 실시하는 건강진단을 받아야 한다. 다만, 사업주가 지정한 건강진단기관이 아닌 건강진단기관으로부터 이에 상응하는 건강진단을 받아 그 결과를 증명하는 서류를 사업주에게 제출하는 경우에는 사업주가 실시하는 건강진단을 받은 것으로 본다.

(7) 건강진단기관 등의 결과보고 의무(법 제134조)

① 건강진단기관은 건강진단을 실시한 때에는 고용노동부령으로 정하는 바에 따라 그 결과를 근로자 및 사업주에게 통보하고 고용노동부장관에게 보고하여야 한다.
② 건강진단을 실시한 기관은 사업주가 근로자의 건강보호를 위하여 그 결과를 요청하는 경우 고용노동부령으로 정하는 바에 따라 그 결과를 사업주에게 통보하여야 한다.

02 장비 · 도구 안전작업

(1) 조리도구의 종류

구 분	용 도	용 품
조리도구	준비도구 : 재료손질과 조리준비	앞치마, 머릿수건, 양수바구니, 야채바구니, 가위 등
	조리기구 : 준비된 재료의 조리과정에 필요	솥, 냄비, 팬 등
	보조도구 : 준비된 재료의 조리과정에 필요	주걱, 국자, 뒤집개, 집게 등
식사도구	식탁에 올려서 먹기 위해 사용	그릇, 용기, 쟁반류, 상류, 수저 등
정리도구	도구를 세척하고 보관하기 위해 사용	수세미, 행주, 식기건조대, 세제 등

(2) 조리장비 · 도구의 관리 원칙

① 모든 장비와 도구는 사용방법과 기능을 충분히 숙지하고 전문가의 지시에 따라 사용해야 한다.

② 장비의 사용용도 이외 사용을 금해야 한다.

③ 장비나 도구에 이상이 있을 경우엔 즉시 사용을 중지하고 적절한 조치를 취해야 한다.

④ 전기를 사용하는 장비나 도구의 경우 전기사용량과 사용법을 확인한 다음 사용해야 하며, 특히 수분의 접촉 여부에 신경을 써야 한다.

⑤ 사용 도중 모터에 물이나 이물질 등이 들어가지 않도록 항상 주의하고 청결하게 유지해야 한다.

(3) 조리장비 · 도구의 선택 및 사용

① **필요성** : 장비의 필수적 또는 기본적 기능과 활용성, 사용 가능성 등을 고려한다.

② **성능** : 기본적 기능을 갖추어야 하며, 내구성, 조작의 용이성, 청소의 용이성 등을 고려한다.

③ **안전성과 위생** : 안전성과 위생에 대한 위험성, 오염으로부터 보호할 수 있는 정도를 고려한다.

(4) 안전장비류의 취급관리

① **일상점검** : 주방관리자가 매일 조리기구 및 장비를 사용하기 전에 육안으로 이상 여부와 보호구의 관리실태 등을 점검하고 그 결과를 기록 · 유지한다.

② **정기점검** : 안전관리책임자는 매년 1회 이상 정기적으로 이상 여부와 보호구의 성능유지 여부 등을 점검하고 그 결과를 기록 · 유지한다.

③ **긴급점검** : 관리주체가 필요하다고 판단될 때 실시하는 정밀점검 수준의 안전점검

㉠ 손상점검 : 재해나 사고에 의해 비롯된 구조적 손상 등에 대하여 긴급히 시행하는 점검

㉡ 특별점검 : 결함이 의심되는 경우나 사용제한 중인 시설물의 사용 여부 등을 판단하기 위해 실시하는 점검

(5) 조리장비 · 도구별 이상 유무 점검

장비명	용 도	점검방법
음식절단기	각종 식재료를 필요한 형태로 얇게 썰 수 있는 장비	• 전원 차단 후 기계를 분해하여 중성세제와 미온수로 세척하였는지 확인 • 건조시킨 후 원상태로 조립하고 안전장치 작동에서 이상이 없는지 확인
튀김기	튀김요리에 이용	• 사용한 기름이 식으면 다른 용기에 기름을 받아내고 오븐클리너로 골고루 세척했는지 확인 • 기름때가 심한 경우 온수로 깨끗이 씻어 내고 마른 걸레로 물기를 완전히 제거하였는지 확인 • 받아둔 기름을 다시 유조에 붓고 전원을 넣어 사용
육절기	재료를 혼합하여 갈아내는 기계	• 전원을 끄고 칼날과 회전봉을 분해하여 중성세제와 미온수로 세척하였는지 확인 • 물기 제거 후 원상태로 조립 후 전원을 넣고 사용
제빙기	얼음을 만들어 내는 기계	• 전원을 차단하고 기계를 정지시킨 후 뜨거운 물로 제빙기의 내부를 구석구석 녹였는지 확인 • 중성세제로 깨끗하게 세척하였는지 확인 • 마른 걸레로 깨끗하게 닦은 후 20분 정도 지난 후 작동
식기세척기	각종 기물을 짧은 시간에 대량 세척	• 탱크의 물을 빼고 세척제를 사용하여 브러시로 깨끗하게 세척했는지 확인 • 모든 내부 표면, 배수로, 여과기, 필터를 주기적으로 세척하고 있는지 확인
그리들	철판으로 만들어진 면철로 대량으로 구울 때 사용	• 그리들 상판온도가 80℃가 되었을 때 오븐클리너를 분사하고 밤솔 브러시로 깨끗하게 닦았는지 확인 • 뜨거운 물로 오븐클리너를 완전하게 씻어내고 다시 비눗물을 사용해서 세척하고 뜨거운 물로 깨끗이 헹구어 냈는지 확인 • 세척이 끝난 면철판 위에 기름칠을 하였는지 확인

03 작업환경 안전관리

1. 작업장 환경관리

(1) 작업장 주변 정리정돈 점검

① 작업장 주위의 통로나 작업장은 항상 청소한 후 작업한다.
② 사용한 장비 · 도구는 적합한 보관장소에 정리해 두어야 한다.
③ 굴러다니기 쉬운 것은 받침대를 사용하고 가능한 묶어서 적재 또는 보관한다.
④ 적재물은 사용 시기, 용도별로 구분하여 정리하고, 먼저 사용할 것은 하부에 보관한다.
⑤ 부식 및 발화 가연제 또는 위험물질은 별도로 구분하여 보관한다.

(2) 작업장의 온도 · 습도관리

① 일반적으로 작업장 온도는 겨울엔 18.3~21.1℃ 사이, 여름엔 20.6~22.8℃ 사이를 유지한다.
② 오븐 근처의 냄비, 튀김기 등 고열이 발생하는 기계 근처의 온도관리를 철저히 한다.

③ 뜨거운 표면에 계속적으로 노출되면 몸과 피부의 온도 증가로 불편을 느끼게 되며, 차가운 표면에 지속적인 노출은 몸의 열을 빼앗아 추위를 느끼게 된다.

④ 적정한 상대습도는 40~60% 정도이며, 높은 습도에서는 불쾌지수를 경험하고, 낮은 습도에서는 피부와 코의 건조를 일으킨다.

(3) 작업장 내 조명관리

① 조리작업장의 권장 조도는 143~161lx이다.

② 작업장은 백열등이나 색이 향상된 형광등이 사용된다. 일반적인 흰색 형광등은 색감각을 둔화시켜 음식에 영향을 주고, 직접적 눈부심과 반사된 눈부심으로 인해 조리사들의 작업에 방해와 불편함을 주므로 관리를 철저히 한다.

③ 작업장 내 직접적인 눈부심은 주위에 위치한 발광체, 광원에서 발생하는데, 주로 스테인리스 작업 테이블 및 기계 등이 원인이다.

④ 칼, 가위 등 날카로운 조리기구들은 미끄럼 사고로 인해 심각한 재해를 초래할 수 있으므로, 주방 공간 설정 시 가장 유념해서 시공해야 한다.

2. 작업장 안전관리

(1) 작업환경 안전관리 지침서 작성

① 재해 방지를 위한 대책은 직접적인 대책과 간접적인 대책으로 구분된다.

② 직접적인 대책은 작업환경의 개선, 기계・설비의 개선, 작업방법의 개선 등이 있다.

③ 간접적인 대책은 조직・관리기준의 개선, 교육의 실시, 건강의 유지 증진 등이 있다.

(2) 개인 안전보호구 선택과 착용

① 개인 안전보호구 선택 원칙

㉠ 사용 목적에 맞는 보호구를 갖추고 작업 시 반드시 착용한다.

㉡ 항상 사용할 수 있도록 하고 청결하게 보존・유지한다.

㉢ 개인 전용으로 사용하도록 한다.

㉣ 작업자는 보호구의 착용을 생활화하여야 한다.

② 개인 안전보호구 착용

안전화	물체의 낙하, 충격 또는 날카로운 물체로 인한 위험으로부터 발, 발등을 보호하거나 감전 또는 정전기의 대전을 방지하기 위한 보호구로 착용한다.
위생장갑	작업자의 손을 보호함과 동시에 조리위생을 개선하기 위한 보호구로 착용한다.
안전마스크	고객과의 대화 시 침 등이 튀지 않도록 고객의 위생을 보호함과 동시에 조리위생을 개선하기 위한 보호구로 착용한다.
위생모자	조리 작업 시 음식에 머리카락이 들어가지 않도록 예방하는 보호구로 조리위생을 개선하기 위하여 착용한다.

3. 화재 예방과 유해물질 관리 및 대처

(1) 화재 원인 점검

① 화재 원인 점검과 화재진압기 배치

㉠ 인화성 물질 적정 보관 여부를 점검한다.

㉡ 소화기구의 화재안전기준에 따른 소화전함, 소화기 비치 및 관리, 소화전함 관리상태를 점검한다.

② 화재 발생 시 대피 방안 확보

㉠ 출입구 및 복도, 통로 등에 적재물 비치 여부를 점검한다.

㉡ 비상통로 확보상태, 비상조명등 예비 전원 작동상태를 점검한다.

㉢ 자동 확산 소화용구 설치의 적합성 등에 대해 점검한다.

(2) 화재 발생 시 대처 요령

① 화재 시 경보를 울리고, 큰 소리로 주위에 알린다.

② 화재의 원인을 제거한다.

③ 소화기나 소화전을 사용하여 불을 끈다.

더 알아보기 **소화기의 종류**

- 일반화재용(백색 바탕에 A 표시) : 종이, 섬유, 나무 등 가연성 물질로 인한 화재 시 사용
- 유류화재용(황색 바탕에 B 표시) : 페인트, 알코올, 휘발유 등 가연성 액체나 기체로 인한 화재 시 사용
- 전기화재용(청색 바탕에 C 표시) : 전선, 전기기구 등에 인한 화재 시 사용

(3) 유해·위험·화학물질 관리

① 화학물질

㉠ 화학물질 : 원소·화학물 및 그에 인위적인 반응을 일으켜 얻어진 물질과 자연상태에서 존재하는 물질을 화학적으로 변형시키거나 추출 또는 정제한 것

㉡ 유해화학물질 : 유독물질, 허가물질, 제한물질 또는 금지물질, 사고대비물질, 그 밖에 유해성 또는 위해성이 있거나 그러할 우려가 있는 화학물질

② 유해·위험·화학물질 관리

㉠ 물질안전보건 자료를 비치하고 취급방법에 대하여 교육한다.

㉡ 경고표지를 부착(물질명 및 주의사항, 조제일자, 조제자명)한다.

㉢ 보관 중 넘어지지 않도록 전도방지 조치를 취한다.

㉣ 보관상태(밀폐, 보관위치 등)를 수시로 점검 및 진단한다.

4. 정기적 안전교육 실시

(1) 안전교육의 필요성

① 안전사고에는 물체에 대한 사람들의 비정상적인 접촉에 의한 것이 많은 부분을 차지하고 있다.

② 기계・기구・설비와 생산기술의 진보 및 변화는 이루어졌으나, 인적 요인에 의한 안전문화는 교육을 통하여만 실현될 수 있다.

③ 사업장의 위험성이나 유해성에 관한 지식, 기능 및 태도 등은 확실하게 습관화되기까지 반복하여 교육훈련을 받지 않으면 이해, 납득, 습득, 이행이 되지 않는다.

(2) 정기적 안전교육 실시

안전교육 과정에는 정기교육, 채용 시 교육, 작업내용 변경 시 교육, 특별교육 등 4가지가 있으며, 교육대상 및 교육시간은 다음과 같다.

[근로자 안전보건교육(산업안전보건법 시행규칙 [별표 4])]

교육과정	교육대상		교육시간
정기교육	사무직 종사 근로자		매 반기 6시간 이상
	그 밖의 근로자	판매업무에 직접 종사하는 근로자	매 반기 6시간 이상
		판매업무에 직접 종사하는 근로자 외의 근로자	매 반기 12시간 이상
채용 시 교육	일용근로자 및 근로계약기간이 1주일 이하인 기간제근로자		1시간 이상
	근로계약기간이 1주일 초과 1개월 이하인 기간제근로자		4시간 이상
	그 밖의 근로자		8시간 이상
작업내용 변경 시 교육	일용근로자 및 근로계약기간이 1주일 이하인 기간제근로자		1시간 이상
	그 밖의 근로자		2시간 이상
특별교육	일용근로자 및 근로계약기간이 1주일 이하인 기간제근로자 : 특별교육 대상 작업(타워크레인 신호업무는 제외)에 종사하는 근로자에 한정한다.		2시간 이상
	일용근로자 및 근로계약기간이 1주일 이하인 기간제근로자 : 타워크레인 신호업무에 해당하는 작업에 종사하는 근로자에 한정한다.		8시간 이상
	일용근로자 및 근로계약기간이 1주일 이하인 기간제근로자를 제외한 근로자 : 특별교육 대상 작업에 종사하는 근로자에 한정한다.		• 16시간 이상(최초 작업에 종사하기 전 4시간 이상 실시하고 12시간은 3개월 이내에서 분할하여 실시 가능) • 단기간 작업 또는 간헐적 작업인 경우에는 2시간 이상

CHAPTER

03 | 공중보건

01 공중보건의 의의

1. 공중보건의 개념

(1) 건강의 정의

① 세계보건기구(WHO)의 건강의 정의 : 건강이란 신체적·정신적 및 사회적 안녕의 완전상태이며 단지 질병이나 허약의 부재상태만을 뜻하는 것이 아니다.

② 건강의 3요소 : 환경, 유전, 개인의 행동 및 습관

(2) 공중보건의 정의

① 세계보건기구(WHO)의 공중보건의 정의 : 공중보건이란 질병을 예방하고 건강을 유지·증진하며 육체적·정신적 능력을 충분히 발휘할 수 있게 하기 위한 과학이며, 그 지식을 사회의 조직적 노력에 의해서 사람들에게 적용하는 기술이다.

② 윈슬로(C.E.A. Winslow)의 공중보건학의 정의 : 공중보건학이란 조직적인 지역사회의 노력을 통하여 질병을 예방하고, 생명을 연장시키며 신체적·정신적 효율을 증진시키는 기술이며 과학이다.

③ 공중보건학의 3대 요소(목적) : 질병 예방, 생명 연장, 신체적·정신적 효율의 증진이다. 이것을 달성하기 위한 수단은 조직적인 지역사회의 노력을 통해서 이루어지는 것이다. 즉, 공중보건의 대상은 개인이 아니고 지역사회 전체의 주민이 된다.

(3) 공중보건학의 내용

분 야	학문영역
기초분야	환경위생학, 식품위생학, 영양학, 역학, 보건, 감염병 관리, 기생충 질환 관리, 소독, 정신보건, 위생학, 인구학, 보건통계학, 보건행정학, 사회보장, 보건교육, 국민의료보험 등
임상분야	모자보건학, 학교보건학, 성인보건학, 가족계획, 비만관리 등
응용분야	도시 및 농어촌보건, 환경오염 및 공해, 산업보건 등

2. 보건수준의 평가지표

(1) 한 국가 또는 지역주민의 건강수준지표

조사망률(보통사망률), 영아사망률, 모성사망률, 평균수명, 비례사망률(PMI) 등이 있는데, 이 중 보건수준을 나타내는 대표적인 지표로 영아사망률을 사용하고 있다(영아는 생후 1년 미만의 아이를 말함).

- 영아사망률 $= \dfrac{\text{1년간 생후 1년 미만의 사망아수}}{\text{그해의 출생아수}} \times 1,000$
- 조사망률 $= \dfrac{\text{연간 총사망자수}}{\text{연간 인구}} \times 1,000$

※ 비례사망지수 : 전체 사망자에 대한 50세 이상의 사망자수를 백분율로 표시한 지수이다. 수치가 높을수록 조기 사망의 비율이 낮은 것이므로 보건 수준이 높다는 것을 의미한다.

(2) 국가 간의 건강수준지표

① 세계보건기구(WHO)는 다른 나라와 비교할 수 있는 종합적인 건강지표로서 평균수명, 영아사망률, 조사망률, 비례사망률 등을 사용한다.

② 세계보건기구(WHO)

㉠ 발족 : 1948년 4월 7일 UN의 보건전문기관으로 발족(한국은 1949년에 가입)

㉡ 본부와 조직 : 본부는 스위스의 제네바 → 한국은 서태평양 지역 소속

[지역사무소]

지 역	본 부	지 역	본 부
동지중해 지역	카이로(이집트)	유럽 지역	코펜하겐(덴마크)
동남아시아 지역	뉴델리(인도)	아프리카 지역	브라자빌(콩고)
아메리카 지역	워싱턴(미국)	서태평양 지역	마닐라(필리핀)

㉢ 기 능

- 국제보건사업 지도 및 조정
- 회원국 정부의 요청이 있을 경우, 요청국의 보건부문 발전을 위한 원조 제공
- 평상시 및 긴급사태 발생 시 각국 정부에 대한 기술원조 제공
- 전염병, 풍토병 및 기타 질병 퇴치사업 수행
- 필요시 타 전문기구와의 긴밀한 협조하에 영양, 주택, 위생, 오락, 근로조건 및 환경위생 증진
- 보건관계 과학 혹은 전문적 단체 간의 협력관계 증진
- 산모 및 아동의 건강 및 복지증진 노력
- 정신질환 퇴치활동
- 보건, 의료 관련 분야에 있어서의 교육수준 및 훈련방법 향상
- 필요시 타 전문기구와 협조, 병원시설과 사회보장제도를 포함한 공공보건 및 의료분야에 관한 행정적, 사회적 기능을 연구, 보고
- 보건분야에 관한 책임있는 여론 조성
- 국제적 보건문제에 관한 협약 등 제안, 권고 및 의무 이행

02 환경위생 및 환경오염

1. 일광(Sunlight)

(1) 가시광선(Visible Light)

① 가시광선은 눈의 망막을 자극하여 명암과 색깔을 구별하게 하는 파장을 말하며, 약 3,900~7,700Å 범위이다.

② 5,500Å의 빛에서 가장 강하게 느낀다.

③ 가시광선 중 적색 광선은 온감, 청색 광선은 냉감을 준다.

(2) 적외선(Infrared Rays)

① 적외선은 열작용을 나타내므로 열선이라고도 부른다. 파장 범위는 7,800Å 이상이다.

② 적외선은 태양광선 외에도 전기로, 난로 등의 발광체에서도 방사된다.

③ 자외선, 가시광선에 비해서 파장이 길다.

④ 적외선은 피부에 흡수되어서 피부 온도를 상승시키고 혈관 확장, 홍반 등의 영향을 미친다.

⑤ 장시간 쬐면 두통, 현기증, 열경련, 열사병, 백내장의 원인이 된다.

(3) 자외선(Ultraviolet Rays)

① 특 징

㉠ 일광(자외선, 가시광선, 적외선) 중 파장이 가장 짧으며, 인체에 유익하므로 건강선이라고도 한다.

㉡ 2,600~2,800Å에서 살균작용이 가장 강하다.

㉢ 피부에 적당한 자외선은 비타민 D의 형성을 촉진하여 구루병을 예방하고, 피부결핵 및 관절염 치료에 효과가 있다.

㉣ 신진대사 촉진, 적혈구 생성 촉진, 혈압 강하 작용이 있다.

㉤ 피부에 홍반, 색소침착, 부종, 수포, 피부 박리, 피부암 등이 나타날 수 있다.

㉥ 눈에 결막염, 설안염, 백내장 등을 발생시킬 수 있다.

② 자외선의 파장에 따른 작용

㉠ 2,000~3,100Å : 살균작용이 있어 미생물을 3~4시간 내에 사멸시킨다.

㉡ 2,800Å : 비타민 D를 형성, 구루병을 예방한다.

㉢ 2,900~3,200Å

- 건강선(Dorno-ray)이라고 하며, 피부의 모세혈관을 확장시켜 홍반을 일으킨다.
- 표피의 기저 세포층에 존재하는 멜라닌(Melanin) 색소를 증대시켜 색소침착을 가져온다.
- 피부암, 일시적인 시력 장애를 유발하고, 강한 자외선에 조사되면 설맹, 설안염, 각막염, 결막염을 일으킨다.

㉣ 3,300Å : 혈액의 재생기능을 촉진, 신진대사를 항진시킨다.

㉤ 3,000~4,000Å : 광화학적 반응으로 스모그(Smog)를 발생시켜 대기오염을 발생시킨다.

(4) 채광 및 조명

① 채광 : 태양광선을 이용하는 것(자연조명)

㉠ 창의 방향 : 일조시간이 긴 남향이 좋다.

㉡ 창의 면적 : 거실 면적의 1/10 이상, 방바닥 면적의 1/7~1/5, 벽 면적의 70%가 적당하다.

㉢ 개각과 입사각

- 창의 개각 : 보통 4~5°가 좋고, 개각이 클수록 실내는 밝다.
- 창의 입사각 : 보통 28° 이상이 좋고, 입사각이 클수록 실내는 밝다.

㉣ 창의 높이 : 높을수록 밝으며 천장인 경우에는 보통 창의 3배 정도 밝은 효과를 얻을 수 있다.

㉤ 거실 안쪽의 길이 : 창틀 윗부분까지 높이의 1.5배 이하인 것이 좋다.

② 조명 : 인공광을 이용한 것(인공조명)

㉠ 직접조명

- 장점 : 조명 효율이 크고 경제적이다.
- 단점 : 눈부심을 일으키며, 강한 음영 때문에 불쾌감을 준다.

㉡ 간접조명 : 빛의 전부를 천장이나 벽면에 투사하여 그 반사광으로 조명하는 방법이다.

- 장점 : 온화한 조명을 얻을 수 있고 음영이나 눈부심도 생기지 않는다.
- 단점 : 설비비가 많이 들고, 조명효율이 낮아 비경제적이다.

㉢ 반간접조명 : 반사량과 직사량을 병행해서 비치는 조명이다.

더 알아보기 | 인공조명 시 고려해야 할 점

- 조도는 작업상 충분히 할 것
- 광색은 태양빛(주광색)에 가까울 것
- 취급이 간편하고 경제적일 것
- 폭발 및 발화의 위험이 없고 유해가스가 발생하지 않을 것
- 조도가 균등할 것(최고·최저의 조도차는 30% 이내)
- 가급적 간접조명을 사용할 것(조리실 내는 반간접 조명이 좋음)
- 광원은 좌상방에 위치할 것

2. 공기 및 대기오염

(1) 공 기

① 공기의 조성 : 질소 78%, 산소 21%, 아르곤 0.94%, 이산화탄소 0.03%, 기타 네온, 헬륨, 메탄, 크립톤 등 미량 원소가 함유되어 있다.

㉠ 산소(O_2)

- 대기 중의 약 21%이다.
- 산소의 양이 10% 이하가 되면 호흡곤란, 7% 이하가 되면 질식사한다.

㉡ 이산화탄소(CO_2)

- 대기 중의 약 0.03%이다.
- 실내 공기오염(오탁)의 지표로 위생학적 허용기준은 0.1%(1,000ppm)이다.

㉢ 일산화탄소(CO)

- 물체의 불완전 연소 시에 발생하는 무색, 무취, 무미, 무자극성 기체로 맹독성이 있다.
- 주배출원은 자동차 배기가스이다.

㉣ 질소(N_2)

- 대기 중의 약 78%이다.
- 정상 기압에서는 인체에 해가 없지만 이상 기압 시에 영향을 받는다.

㉤ 아황산가스(SO_2)

- 대기오염의 주원인이며 중유 연소과정에서 자극성 가스가 다량으로 생성된다.
- 호흡곤란, 식물의 황사 및 고사현상, 금속 부식 등에 영향을 준다.

② 공기의 자정작용

㉠ 공기 자체의 희석작용

㉡ 강우, 강설 등에 의한 용해성 가스 및 부유 분진의 세정작용

㉢ 산소(O_2), 오존(O_3), 과산화수소(H_2O_2) 등의 산화작용

㉣ 자외선의 살균작용

㉤ 탄소동화작용에 의한 CO_2와 O_2의 교환작용

③ 군집독

㉠ 다수인이 밀집해 있는 곳의 실내 공기는 화학적 조성이나 물리적 조성의 변화로 불쾌감, 권태, 두통, 현기증, 식욕저하, 구토 등의 이상현상이 발생하는데, 이를 군집독이라 한다.

㉡ 원인 : 고온, 고습, 무기류 상태에서 유해가스 및 취기 등에 의해 복합적으로 발생한다.

(2) 온열조건

① 기온(온도)

㉠ 지상 1.5m에서의 건구온도

㉡ 실내의 쾌감온도 : 18±2℃

더 알아보기 기온역전현상

상부 기온이 하부 기온보다 높아지는 현상이다. 기온역전현상이 발생하면 대기오염 물질의 확산이 이루어지지 못하게 되므로 대기오염의 피해를 가중시키게 된다.

② 기류(공기의 흐름)

㉠ 쾌적 기류 : 일반적으로 1m/sec 전후의 기류가 있는 것이 좋으며, 무풍인 상태에서 고온·고습하면 체열 발산이 이루어지지 않아 견디기 힘든 불쾌감을 느낀다.

㉡ 불감 기류 : 주로 0.2~0.5m/sec 정도의 피부로 느낄 수 없는 기류로서 신진대사, 특히 생식선 발육을 촉진시키며 한랭에 대한 저항력을 강화시킨다.

③ 기습(습도)

㉠ 일정 온도의 공기 중에 포함되어 있는 수증기의 상태이다.

㉡ 쾌적한 습도는 40~70% 정도로, 습하면 피부질환, 건조하면 호흡기 질환, 온도와 습도가 높으면 불쾌감을 느낀다.

④ 복사열 : 발열체로부터 직접적으로 발산되는 열이다.

더 알아보기 온열지수

- 기온(온도), 기습(습도), 기류의 3인자가 종합적으로 인체에 주는 온감을 나타내기 위한 지수이다.
- 불쾌지수(DI ; Discomfort Index) : 습도와 온도의 영향에 의해 인체가 느끼는 불쾌감을 지수화한 것으로, 불쾌지수 70 이상에서 불쾌감을 느끼기 시작하여 불쾌지수 80 이상이면 모든 사람이 불쾌감을 느낀다.
  - DI = [건구 온도(℃) + 습구 온도(℃)] × 0.72 + 40.6
  - DI = [건구 온도(°F) + 습구 온도(°F)] × 0.4 + 15

  ※ 3대 감각온도(기후의 3대 요소) : 기온, 기습, 기류

  ※ 4대 온열인자 : 기온, 기습, 기류, 복사열

(3) 대기오염

① 대기오염의 정의(WHO) : 대기 중에 인공적으로 오염물질이 혼입되어 그 양, 질, 농도, 지속시간이 상호작용하여 다수의 지역주민에게 불쾌감을 일으키거나 공중위생상 위해를 끼치며, 인간이나 동·식물의 생활에 해를 주어 도시민의 생활과 재산을 향유할 정당한 권리를 방해받는 상태를 말한다.

② 대기오염 물질

㉠ 1차 오염물질

- 입자상 물질(부유입자, Aerosol) : 먼지(Dust), 매연(Smoke), 훈연(Fume), 미스트(Mist), 안개(Fog), 연무(Haze), 분진(Particulate) 등
- 가스상 물질 : 아황산가스(SO_2), 황화수소(H_2S), 질소산화물(NOx), 일산화탄소(CO), 이산화탄소(CO_2), 암모니아(NH_3), 플루오린화(불화)수소(HF) 등

㉡ 2차 오염물질(광화학 산화물) : 배출된 오염물질이 대기 중에서 자외선의 영향을 받아 광화학 반응 등을 일으켜 생성된 오염물질[PAN(Peroxy Acetyl Nitrate), 알데하이드(Aldehyde), 옥시던트(Oxidant), 오존(O_3) 등]

더 알아보기 광화학 스모그(Smog)의 3대 요소

질소산화물(NOx), 탄화수소(HC), 자외선 또는 가시광선

※ 스모그 : 주요 원인 물질은 아황산가스이며, 매연과 안개가 결합하여 생긴다.

③ 피해 및 질병

㉠ 피해 : 생활환경의 악화, 인체·동식물에 대한 피해, 재산 및 경제적인 손실 등

㉡ 질병 : 만성 기관지염, 천식성 기관지염, 폐기종, 인후두염, 호흡기계 질병 등

④ 방지 대책 : 양질의 연료 사용과 완전 연소의 지향, 집진시설의 개선, 대기오염 방지시설의 정비 및 환경오염방지법 강화 등

(4) 환 기

① 자연환기

㉠ 자연환기의 원인 : 실내외의 온도차, 기체의 확산, 외기의 풍력

㉡ 중력환기 : 온도차에 의한 환기(온도차로 공기의 밀도차가 생기고 이로 인해 압력차가 생겨나서 일어나는 현상)

㉢ 중성대 : 들어오는 공기는 하부로, 나가는 공기는 상부로 이루어지는데, 그 중앙에 압력이 0인 면이 생기는 부분을 중성대라 한다.

- 중성대가 천장 가까이 형성되면 환기량이 많고, 낮게 형성되면 환기량이 적다.
- 중성대가 천장 근처에서 형성되면 자연환기가 가장 잘 이루어진다.

② 인공환기

㉠ 환풍기나 후드 장치 등 기계를 이용하여 환기하는 방법

㉡ 인공환기 시 고려해야 할 점

- 탁한 공기를 신속히 제거해야 한다.
- 쾌적한 온도와 습도가 유지되도록 한다.
- 실내의 환기는 고르게 확산되도록 한다.
- 유입되는 공기는 신선하고 깨끗해야 한다.
- 조리실에서 가장 효율이 좋은 후드(Hood)의 형태는 사방 개방형이다.

3. 상하수도, 오물처리 및 수질오염

(1) 물

① 물의 기능

㉠ 인체의 주요 구성 성분으로 체중의 약 60~70%(2/3)를 구성한다.

㉡ 1일 1인당 필요한 물의 양은 2.0~2.5L이다.

㉢ 인체 내 물의 10%를 상실하면 신체기능에 이상이 오고, 20%를 상실하면 생명이 위험하다.

㉣ 인체 내에서 영양소와 노폐물을 운반하고 체온을 조절하며, 외부의 자극에 대해서 내장기관을 보호한다.

㉤ 인체 내 화학반응의 촉매역할을 하고 삼투압을 조절한다.

② 물의 자정작용

㉠ 물리적 작용 : 희석, 확산, 혼합, 여과, 침전, 흡착작용

㉡ 화학적 작용 : 중화, 응집, 산화, 환원작용

㉢ 생물학적 작용 : 호기성 미생물에 의한 유기물질 분해작용

③ 수인성 감염병

㉠ 발생 : 물은 수인성 질병의 감염원 역할을 한다. 즉, 세균이 수중에서는 증가하지 않고 감소하지만 완전히 사멸하기까지는 감염력을 가짐으로써 발생된다.

㉡ 질 환

• 병원체 질환 : 장티푸스, 파라티푸스, 세균성 이질, 콜레라, 소아마비 등
• 기생충 질환 : 폐디스토마, 간디스토마, 긴촌충, 회충, 편충, 구충 등

㉢ 수인성 감염병의 특징

• 유행 지역과 음료수 사용 지역이 일치한다.
• 환자가 폭발적으로 발생한다.
• 치명률, 발병률이 낮다.
• 2차 감염률이 낮다.
• 모든 계층과 연령에서 발생한다.
• 동일 음료수 사용을 금지 또는 개선함으로써 피해를 줄일 수 있다.

(2) 상하수도

① 상수도

㉠ 수원 : 천수(비, 눈, 우박 등 강우), 지표수(하천, 호수), 지하수(천층수, 심층수, 복류수, 용천수)

㉡ 상수도의 정수과정 : 취수 → 침전(보통침전법, 약품침전법) → 여과(완속사여과법, 급속사여과법) → 소독 → 급수

㉢ 상수 소독 : 일반적으로 염소소독법을 사용한다.

㉣ 염소소독의 장단점

• 장점 : 강한 살균력과 잔류효과, 조작의 간편성, 경제성
• 단점 : 강한 냄새, Trihalomethane(THM) 생성에 의한 독성(잔류 염소량은 0.2ppm 유지)

더 알아보기 먹는물의 수질기준(먹는물 수질기준 및 검사 등에 관한 규칙 [별표 1])

1. 미생물에 관한 기준

• 일반세균은 1mL 중 100CFU(Colony Forming Unit)를 넘지 아니할 것. 다만, 샘물 및 염지하수의 경우에는 저온일반세균은 20CFU/mL, 중온일반세균은 5CFU/mL를 넘지 아니하여야 하며, 먹는샘물, 먹는염지하수 및 먹는해양심층수의 경우에는 병에 넣은 후 4℃를 유지한 상태에서 12시간 이내에 검사하여 저온일반세균은 100CFU/mL, 중온일반세균은 20CFU/mL를 넘지 아니할 것
• 총 대장균군은 100mL(샘물 · 먹는샘물, 염지하수 · 먹는염지하수 및 먹는해양심층수의 경우에는 250mL)에서 검출되지 아니할 것. 다만, 제4조제1항제1호나목 및 다목에 따라 매월 또는 매 분기 실시하는 총 대장균군의 수질검사 시료 수가 20개 이상인 정수시설의 경우에는 검출된 시료 수가 5%를 초과하지 아니하여야 한다.
• 대장균 · 분원성 대장균군은 100mL에서 검출되지 아니할 것. 다만, 샘물 · 먹는샘물, 염지하수 · 먹는염지하수 및 먹는해양심층수의 경우에는 적용하지 아니한다.
• 분원성 연쇄상구균 · 녹농균 · 살모넬라 및 시겔라는 250mL에서 검출되지 아니할 것(샘물 · 먹는샘물, 염지하수 · 먹는염지하수 및 먹는해양심층수의 경우에만 적용)
• 아황산환원혐기성포자형성균은 50mL에서 검출되지 아니할 것(샘물 · 먹는샘물, 염지하수 · 먹는염지하수 및 먹는해양심층수의 경우에만 적용)
• 여시니아균은 2L에서 검출되지 아니할 것(먹는물공동시설의 물의 경우에만 적용)

2. 건강상 유해영향 무기물질에 관한 기준
- 납은 0.01mg/L를 넘지 아니할 것
- 플루오린(불소)은 1.5mg/L(샘물·먹는샘물 및 염지하수·먹는염지하수의 경우에는 2.0mg/L)를 넘지 아니할 것
- 비소는 0.01mg/L(샘물·염지하수의 경우에는 0.05mg/L)를 넘지 아니할 것
- 셀레늄은 0.01mg/L(염지하수의 경우에는 0.05mg/L)를 넘지 아니할 것
- 수은은 0.001mg/L를 넘지 아니할 것
- 시안은 0.01mg/L를 넘지 아니할 것
- 크로뮴(크롬)은 0.05mg/L를 넘지 아니할 것
- 암모니아성 질소는 0.5mg/L를 넘지 아니할 것
- 질산성 질소는 10mg/L를 넘지 아니할 것
- 카드뮴은 0.005mg/L를 넘지 아니할 것
- 붕소는 1.0mg/L를 넘지 아니할 것(염지하수의 경우에는 적용하지 아니함)
- 브로민산염은 0.01mg/L를 넘지 아니할 것(수돗물, 먹는샘물, 염지하수·먹는염지하수, 먹는해양심층수 및 오존으로 살균·소독 또는 세척 등을 하여 먹는물로 이용하는 지하수만 적용)
- 스트론튬은 4mg/L를 넘지 아니할 것(먹는염지하수 및 먹는해양심층수의 경우에만 적용)
- 우라늄은 30μg/L를 넘지 않을 것[수돗물(지하수를 원수로 사용하는 수돗물을 말함), 샘물, 먹는샘물, 먹는염지하수 및 먹는물공동시설의 물의 경우에만 적용)]

3. 건강상 유해영향 유기물질에 관한 기준
- 페놀은 0.005mg/L를 넘지 아니할 것
- 다이아지논은 0.02mg/L를 넘지 아니할 것
- 파라티온은 0.06mg/L를 넘지 아니할 것
- 페니트로티온은 0.04mg/L를 넘지 아니할 것
- 카바릴은 0.07mg/L를 넘지 아니할 것
- 1,1,1-트리클로로에탄은 0.1mg/L를 넘지 아니할 것
- 테트라클로로에틸렌은 0.01mg/L를 넘지 아니할 것
- 트리클로로에틸렌은 0.03mg/L를 넘지 아니할 것
- 디클로로메탄은 0.02mg/L를 넘지 아니할 것
- 벤젠은 0.01mg/L를 넘지 아니할 것
- 톨루엔은 0.7mg/L를 넘지 아니할 것
- 에틸벤젠은 0.3mg/L를 넘지 아니할 것
- 크실렌은 0.5mg/L를 넘지 아니할 것
- 1,1-디클로로에틸렌은 0.03mg/L를 넘지 아니할 것
- 사염화탄소는 0.002mg/L를 넘지 아니할 것
- 1,2-디브로모-3-클로로프로판은 0.003mg/L를 넘지 아니할 것
- 1,4-다이옥산은 0.05mg/L를 넘지 아니할 것

4. 소독제 및 소독부산물질에 관한 기준(샘물·먹는샘물·염지하수·먹는염지하수·먹는해양심층수 및 먹는물공동시설의 물의 경우에는 적용하지 아니함)
- 잔류염소(유리잔류염소를 말함)는 4.0mg/L를 넘지 아니할 것
- 총트리할로메탄은 0.1mg/L를 넘지 아니할 것
- 클로로폼(클로로포름)은 0.08mg/L를 넘지 아니할 것
- 브로모디클로로메탄은 0.03mg/L를 넘지 아니할 것
- 디브로모클로로메탄은 0.1mg/L를 넘지 아니할 것

- 클로랄하이드레이트는 0.03mg/L를 넘지 아니할 것
- 디브로모아세토니트릴은 0.1mg/L를 넘지 아니할 것
- 디클로로아세토니트릴은 0.09mg/L를 넘지 아니할 것
- 트리클로로아세토니트릴은 0.004mg/L를 넘지 아니할 것
- 할로아세틱에시드(디클로로아세틱에시드, 트리클로로아세틱에시드 및 디브로모아세틱에시드의 합으로 함)는 0.1mg/L를 넘지 아니할 것
- 폼알데하이드는 0.5mg/L를 넘지 아니할 것

② 하수도

㉠ 하수도의 종류 : 합류식, 분류식, 혼합식

㉡ 하수처리 과정 : 예비처리 → 본처리 → 오니처리

- 예비처리 : 하수 중의 부유물과 고형물을 제거하고 토사 등을 침전시킨다(스크린 설치, 보통침전법, 약품침전법).
- 본처리 : 미생물을 이용한 생물학적인 처리과정으로 호기성 처리와 혐기성 처리가 있다.
  - 호기성 분해처리 : 살수여상법, 활성오니법, 회전원판법, 산화지법
  - 혐기성 분해처리 : 메탄발효법, 부패조, 임호프조
- 오니처리 : 하수처리의 마지막 과정으로 본처리 과정에서 발생한 슬러지를 탈수 및 소각하는 과정을 말한다(육상투기법, 해상투기법, 소각법, 퇴비화법, 소화법, 사상건조법).

더 알아보기 혐기성 처리와 호기성 처리

- 혐기성 처리
  - 혐기성 소화(메탄발효법) : 유기물 농도가 높은 폐·하수를 혐기성 분해 처리 시 사용한다.
  - 부패조 : 과거 공공하수도가 없는 학교 및 주택 등에서 이용되었으며, 지금은 거의 사용하지 않는다.
  - 임호프조 : 현재 많이 이용되고 있으며, 부패조의 결점을 수정하여 침전실과 오니 소화실로 구분하여 처리한다.
- 호기성 처리
  - 활성오니법(활성슬러지법) : 산업폐수를 처리하는 데 이용되고 생물학적 처리방법 중 가장 발달된 방법이다.
  - 통성 혐기성 처리(살수여상법) : 도시의 하수 처리에 주로 이용된다.
  - 산화지법 : 소도시에서 주로 사용되고, 물의 생물학적, 화학적, 물리적 자정작용에 이용된다.

㉢ 하수의 위생검사

- 생물학적 산소요구량(BOD)
  - 하수 중의 유기물이 미생물에 의해 분해되는 데 필요한 용존산소의 소비량을 측정하여 하수의 오염도를 알아내는 방법이다.
  - BOD는 물속의 유기물질을 20℃에서 5일 동안 분해·산화하는 데 필요한 산소의 양이다.
  - BOD의 수치가 높은 것은 하수의 오염도가 높다는 의미이다.

• 용존산소량(DO)
  - 수중에서 미생물이 생존하기 위해서는 용존산소가 필요하므로 용존산소의 양으로 하수의 오염도를 알 수 있다.
  - DO 수치가 높게 나오면 깨끗한 물이다.

더 알아보기 대장균

대장균이 수질오염의 지표로 중요시되는 이유는 대장균의 검출로 다른 미생물이나 분변오염을 추측할 수 있고 검출방법이 간편하고 정확하기 때문이다.

(3) 오물처리

① 분뇨처리

㉠ 분뇨처리의 목표 : 소화기계의 감염병 관리, 기생충 질병관리, 세균성 감염관리, 하수의 오염방지

㉡ 분뇨처리법 : 소화처리법, 화학처리법, 습식산화법

② 진개(쓰레기)처리

㉠ 소각법 : 세균을 사멸시킬 수 있는 가장 위생적인 방법이나, 건설비용 및 소각경비가 많이 들고 소각 시 발생하는 매연으로 인한 대기오염이 단점이다.

㉡ 비료화법 : 농촌 또는 농촌 주변의 도시에서 진개를 4~5개월 발효시켜 퇴비로 이용하는 방법이다.

㉢ 매립법 : 저지대, 웅덩이, 산골짜기 등에 쓰레기를 버린 후 복토하는 방법이다.
- 매립 시 파리, 쥐의 서식이 없도록 하고 화재 발생이나 수질오염이 없어야 한다.
- 진개의 두께는 1~2m가 적당하고(3m 이상이면 통기가 불량) 매립 후 최종 복토는 0.6~1m가 적당하다.

㉣ 투기법(노천폐기법) : 비위생적인 방법으로 바다나 지면에 그대로 투기하는 방법이다.

③ 오물(진개)의 종류

㉠ 주개(제1류) : 주방에서 나오는 동·식물성 쓰레기

㉡ 가연성 진개(제2류) : 종이, 나무, 고무

㉢ 불연성 진개(제3류) : 금속, 도기, 식기, 토사류

㉣ 재활용성 진개(제4류) : 플라스틱류, 병류 등

(4) 수질오염

① 정의 : 도시하수, 생활용수, 공장폐수 등에 의한 이화학적 오탁이나 생물학적 오염으로 물의 자정능력이 상실되거나 생물체에 유해작용을 할 수 있는 상태를 말한다.

② 수질오염 물질 : 생활하수, 산업폐수, 농경하수(화학 비료, 농약), 축산폐수, 광산폐수 등

③ 피해 및 질병

㉠ 피해 : 자연환경 악화, 농작물 고사 및 곡물 오염, 어패류 사멸, 수도원수 및 공업용수의 오염 등

㉡ 질병 : 미나마타병(공장폐수에 함유된 유기수은), 이타이이타이병(카드뮴이 함유된 폐수), 가네미유증(PCB 중독) 등

④ **방지 대책** : 하수시설 정비와 하수처리장의 확충, 하수처리 기술의 개발, 산업폐수 처리시설의 확충, 법적 규제 강화 등

4. 소음 및 진동

(1) 소 음

① **소음의 개념**

㉠ 소음·진동관리법에서는 소음을 '기계·기구·시설, 그 밖의 물체의 사용 또는 공동주택 등 환경부령으로 정하는 장소에서 사람의 활동으로 인하여 발생하는 강한 소리'라고 정의하고 있다.

㉡ 공장, 건설장, 교통기관, 상가 등의 소음이 있으며, 선택적이라는 데에 특징이 있다.

② **소음에 의한 장애** : 수면 방해, 불안, 두통, 작업 방해, 식욕감퇴, 불쾌, 긴장 등을 일으킨다.

③ **방지 대책** : 소음원의 규제, 소음 확산 방지, 도시 계획의 합리화, 법적 규제 등

(2) 진 동

① **진동의 개념** : 소음·진동관리법에서는 진동을 '기계·기구·시설, 그 밖의 물체의 사용으로 인하여 발생하는 강한 흔들림'이라고 정의하고 있으며, 물체의 위치, 전류의 세기, 전기장, 자기장, 기체의 밀도 등이 어떤 일정한 값 부근에서 주기적으로 변하는 것을 말한다.

② **진동의 영향** : 교통 진동, 공장 진동, 건설 진동 등의 진동오염이 나타난다.

③ **방지 대책** : 진동원에서 발생하는 진동을 작게 하고, 진동이 전달되지 않도록 장애물을 설치한다.

5. 구충·구서

(1) 구충·구서의 일반적 원칙

① 구제 대상 동물의 발생원 및 서식처를 제거한다.

② 구충·구서는 발생 초기에 실시하여야 한다.

③ 대상 동물의 생태 습성에 따라서 가장 적절한 방법으로 실시하여야 한다.

④ 구충·구서는 광범위하게 동시에 실시하여야 한다.

(2) 위생해충의 일반적 구제법

① **환경적 방법** : 발생원 및 서식처 제거

② **물리적 방법** : 유문등 사용, 각종 트랩, 끈끈이 테이프 사용

③ **화학적 방법** : 속효성 및 잔효성 살충제 분무

④ **생물학적 방법** : 천적 이용, 불임충 방사법

(3) 위생해충의 질병 및 구제방법

구 분	전파 감염병	구제방법
파 리	• 호흡기계 감염병 : 결핵, 디프테리아 등 • 소화기계 감염병 : 장티푸스, 콜레라, 파라티푸스 등 • 기생충 질환 : 편충, 요충, 회충 등	• 서식처 제거 • 유충구제법 : 살충제 사용 • 성충구제법 : 파리채, 끈끈이 테이프법 사용
모 기	• 중국얼룩날개모기, 한국얼룩날개모기 : 말라리아 • 작은빨간집모기 : 일본뇌염 • 토고숲모기 : 말레이사상충 • 이집트숲모기 : 뎅기열, 황열	• 유충구제법 : 발생 원인 제거, 유류에 의한 구제, 살충제 살포, 천적 이용 • 성충구제법 : 공간살포법(속효성 살충제인 경우), 잔류분무법(DDT)
바퀴벌레	• 소화기계 감염병 : 세균성 이질, 장티푸스, 콜레라, 유행성 간염, 소아마비 • 호흡기계 감염병 : 결핵, 디프테리아 • 기생충 질환 : 회충, 구충, 요충, 편충	• 트랩(Trap) 이용 : 유인제 + 접착제 • 살충제 사용
쥐	• 세균성 : 페스트, 렙토스피라증, 서교증, 살모넬라 등 • 리케차성 : 발진열, 양충병(쯔쯔가무시병) 등 • 바이러스성 : 유행성 출혈열 등 • 기생충성 : 아메바성 이질 등	• 환경 개선 : 방서용기 사용, 서식처 · 은신처의 제거, 출입구 봉쇄 등 • 고양이, 족제비, 개, 오소리 등 천적 이용 • 쥐틀과 쥐덫 등 트랩(Trap) 및 살서제 이용

03 산업보건 관리

1. 산업보건의 개념

(1) 산업보건의 정의 및 목표

① 산업보건이란 근로자의 건강과 행복을 전제로 하여 근로자들이 건강한 심신으로 높은 작업 능률을 유지하면서 오랜 시간 동안 일을 할 수 있고, 생산성을 높이기 위하여 근로 방법과 생활 조건을 어떻게 정비해 나갈 것인가를 연구하는 과학이자 기술이며, 이를 실천하는 데 그 목적이 있다.

② 산업보건의 목표

㉠ 근로자가 정신적으로나 육체적으로 또는 사회적으로 건전해야 한다.

㉡ 산업장 환경관리를 철저히 하여 유해요인에 의한 손상을 예방한다.

㉢ 합리적인 노동 조건을 설정하여 건강을 유지한다.

㉣ 정신적 · 육체적 적성에 맞는 직종에 종사하게 하여 사고를 예방하고 작업 능률을 최대로 높인다.

(2) 산업재해

① 정의 : 산업장에 있어서 예기치 않았던 돌발적인 사고의 발생으로서, 인명 피해와 막대한 경제적 손실을 가져올 뿐만 아니라 생산 능률을 감소시킨다.

② 산업재해의 원인

㉠ 환경 요인 : 시설물의 미비와 불량, 부적절한 공구, 조명 불량, 고온, 저온, 소음, 진동, 유해가스 등

㉡ 인적 요인 : 작업 미숙, 불량한 복장, 허약한 체력 등

(3) 산업피로

① 정의 : 수면이나 휴식을 취하지 못하여 과로 등이 회복되지 않고 누적됨에 따라 작업을 계속할 시 정신기능 및 작업수행 능력이 저하되는 것을 말한다.

② 원 인

㉠ 작업적 요인 : 작업 환경 불량, 근로 시간 연장, 휴식 시간 부족, 작업 방법 및 작업 조건의 불합리 등

㉡ 신체적 요인 : 신체적으로 부적합한 노동이나 수면 부족, 과음 등으로 인한 체력 저하, 불건강 등

㉢ 심리적 요인 : 작업에 대한 불안, 작업 의욕 상실, 인간관계의 마찰이나 가정불화 등

③ 산업피로의 예방 대책

㉠ 정신적, 신체적 특성에 따른 적정 배치

㉡ 충분한 수면과 휴식으로 건강 유지

㉢ 작업 환경의 안정화, 작업 방법의 합리화

㉣ 작업 강도와 시간 조절의 적정 분배

㉤ 음주와 약제의 남용 억제

2. 직업병 관리

(1) 직업병의 정의

직업병이란 특정한 직업에 종사하는 사람에게 불량한 환경조건과 부적당한 근로조건이 복합적으로 작용하여 특정한 질병이 나타나는 것을 말한다.

(2) 직업병의 종류

① 이상고온(열중증)

㉠ 열허탈증 : 말초신경의 이상으로 혈액순환계가 정상기능을 발휘하지 못하여 혈관신경의 부조절, 심박출량의 감소, 피부혈관의 확장, 탈수 등이 일어난다.

㉡ 열경련증 : 과다한 발한으로 인한 체내의 수분과 염분의 손실로 생긴다.

㉢ 열사병 : 체온조절의 부조화로 일어나며, 체온이 상승한다.

㉣ 열쇠약증 : 고온 작업 시 비타민 B_1의 결핍으로 발생하는 만성적인 열 소모로 발생된다.

② 이상저온 : 동상, 참호족염, 동창 등

③ 이상기압

㉠ 고기압 : 잠함병 → 이상 고압 환경에서의 작업으로 질소 성분이 체외로 배출되지 않고 체내에 용류하여 질소 기포를 형성, 신체 각 부위에 공기 색전증을 일으킨다.

㉡ 저기압 : 고산병, 항공병

④ 불량조명 : 안정피로, 근시, 안구진탕증 등

⑤ 자외선 및 적외선 : 피부 및 눈의 장애

⑥ 방사선 : 조혈기능 장애, 피부점막의 궤양과 암 형성, 생식기능 장애, 백내장 등

⑦ 소음 : 난청, 스트레스

⑧ 분진 : 진폐증(탄광부), 규폐증(땅을 파고 돌을 깨는 사람), 석면폐증(조선소, 건축관계근로자)

⑨ 중금속 중독

㉠ 납(Pb) 중독 : 무기연의 경우 안면 창백 현상, 사지의 신경 마비 등이며, 유기연의 경우 빈혈, 불면증, 체온 저하, 혈압 저하 등을 일으킨다.

㉡ 수은(Hg) 중독 : 미나마타병의 원인 물질로 언어장애, 지각이상, 보행곤란 등을 일으킨다.

㉢ 크로뮴(Cr) 중독 : 비염, 기관지염, 인두염, 비중격천공증의 증세가 있다.

㉣ 카드뮴(Cd) 중독 : 이타이이타이병의 원인 물질로 폐기종, 신장장애, 골연화, 단백뇨 등의 4대 증세가 있다.

㉤ 비소(As) 중독 : 흑피증을 일으킨다.

(3) 직업병 예방대책

① 환경관리 : 작업환경을 철저하게 관리하여 유해물질이 발생하는 것을 방지한다.

② 작업조건 : 작업조건이 근로자에게 적정한지 조사하고 부적당한 점이 있으면 이를 시정 개선한다.

③ 근로자의 권리 : 근로자의 채용 시 신체검사 및 정기건강진단을 실시하고, 유해업무에는 반드시 보호구를 사용하게 함으로써 위험에 직접 노출되는 일이 없도록 한다.

04 역학 및 질병관리

1. 역학 일반

(1) 역학의 정의

① 인간집단에서 발생·존재하는 질병의 분포 및 유행경향을 밝히고 그 원인을 규명함으로써 그 질병의 관리와 예방을 강구할 수 있도록 하는 데 목적을 둔 학문이다.

② J. E. Gordon : 유행병을 연구하는 학문이며, 의학적 생태학으로서 보건학적 진단학이다.

③ G. W. Anderson : 질병 발생을 연구하는 과학이다.

④ Major Greenwood : 모든 질병을 집단현상으로 연구하는 학문이다.

(2) 역학의 기능

① 질병 발생의 원인을 규명한다.

② 지역사회의 질병 양상을 파악할 수 있다.

③ 예방대책을 수립하여 행정적인 뒷받침을 할 수 있다.

④ 질병의 자연사를 연구할 수 있다.

⑤ 질병을 진단하고 치료하는 임상연구에서 활용할 수 있다.

(3) 역학의 영역

① **기술역학** : 인간집단에서 발생되는 질병에 대하여 그 발생에서 종결까지의 그대로의 생활을 파악하여 기술하는 제1단계 역학이다. 기술역학에서 집단의 특성은 다음과 같다.

㉠ 인적 특성 : 연령, 성별, 인종, 결혼이나 경제적 상태, 교육정도, 직업이나 가족 상태 등

㉡ 지역적 특성 : 국가나 지역사회의 특성

㉢ 시간적 특성 : 토착성, 유행성, 추세변화, 주기변화, 계절적 변화 및 불규칙 유행 등

② **분석역학** : 제1단계 역학을 토대로 질병의 발생 원인을 규명하는 방법, 즉 질병요인에 대한 가설을 설정하고 실제 관측・분석하여 그 해답을 구하는 제2단계 역학이다. 가설을 검정하기 위한 역학적 연구방법에는 단면조사 연구, 환자－대조군 연구, 코호트 연구(Cohort Study) 등이 있다.

㉠ 단면조사 연구 : 일정한 인구집단을 대상으로 특정한 시점이나 기간 내에 어떤 질병 또는 상태의 유무를 조사하고 그 인구집단의 구성요인이 갖고 있는 속성과 연구하려는 질병과의 상관관계를 규명하는 연구조사법이다.

㉡ 환자－대조군 연구 : 어떤 질병에 이환된 집단과 이환되지 않은 건강한 대조군을 선정하여, 질병의 원인이 된다고 보는 속성이나 요인이 질병과 어떤 인과관계를 가지고 있는지를 규명하는 방법이다(희귀 질병의 조사).

㉢ 코호트 연구(Cohort Study) : 질병 발생의 원인과 관련 있다고 생각하는 특정 Cohort 인구집단과 관련이 없는 인구집단 간의 질병발생률을 비교・분석하는 방법으로, Cohort는 동일한 특성을 가진 인구집단이란 뜻이다.

- 전향성 조사 : 현재의 원인에 의하여 앞으로 어떤 결과를 나타낼지 조사하는 것
- 후향성 조사 : 과거 어떤 요인이 현재의 결과로 작용했는지를 규명하고자 하는 것

③ **실험역학** : 같은 조건하에서 인위적으로 두 군(실험군과 대조군)으로 나누어 실험군에는 가설을 검증하기 위한 요인을 작용시키고, 이와 비교하는 대조군을 비교・관찰하는 역학이다. 그러나 윤리적인 견지에서 거의 제한되며, 새로운 치료약의 치료효과 판단이나 예방접종 등 제한된 임상실험에만 활용되고 있어 임상역학이라고도 한다.

④ **이론역학** : 질병 발생 양상에 관한 모델을 설정하고 그에 따른 수학적 분석을 토대로 유행하는 법칙을 비교하여 타당성 있게 상호관계를 규명하는 역학이다. 주로 급성 감염증을 대상으로 한다.

⑤ **작전역학** : 옴랜(Omran)이 개발한 것으로, 보건서비스를 포함하는 지역사회서비스의 운영에 관한 계통적 연구를 통하여 이 서비스의 향상을 목적으로 한다.

(4) 역학의 4대 특징

① 시간적 특성

㉠ 추세변화 : 장기간을 주기로 반복 유행하는 현상을 가리키며, 장티푸스는 20~30년, 디프테리아는 10~24년, 성홍열은 10년 전후, 유행성 감기(Influenza)는 30년의 주기를 두고 유행을 반복한다.

㉡ 순환변화(단기적 변화) : 추세변화 사이의 단기간을 순환적으로 반복 유행하는 주기적 변화로, 백일해, 홍역은 2~4년, 유행성 뇌염은 3~4년의 주기로 유행한다.

㉢ 계절변화 : 1년을 주기로 계절적으로 반복 변화하는 현상, 즉 소화기계 감염병은 여름에, 호흡기계 감염병은 겨울에 유행한다.

㉣ 불규칙 변화 : 돌발적으로 발생하는 유행으로 수인성 감염병, 환경오염성 질병, 외래감염병 등이 있다.

② 지역적 특성

㉠ 지방적 유행 : 어떤 특정한 지역에서 계속적으로 발생하는 유행
예 간디스토마나 폐디스토마(하천지역 중심)

㉡ 범발생적 유행 : 여러 국가 또는 범세계적으로 전파・발생되는 유행 예 유행성 감기

㉢ 산발적 유행 : 개별적으로 발생되는 유행

③ 사회적 특성

㉠ 인구밀도가 높은 도시에는 성홍열과 같은 호흡기계의 감염병이 많다.

㉡ 위생환경이 나쁜 농어촌과 빈민촌에는 소화기계의 감염병이 많다.

㉢ 가난한 사람들에게는 결핵이 많고, 부유한 사람들에게는 당뇨병이 많다.

④ 생물학적 특성

㉠ 연령 : 소아기에는 디프테리아, 백일해, 홍역 등이, 노인층에는 노인병(고혈압, 뇌졸중, 심장질환, 암 등)이 많이 발생한다.

㉡ 성별 : 남자에게는 발진티푸스・장티푸스, 여자에게는 백일해 등이 많이 발생한다.

㉢ 인종 : 결핵은 백인에 비해 흑인에게 많고, 성홍열은 유색 인종에 비해 백인에게 많이 발생한다.

(5) 역학의 기본 요인

① 병 인

㉠ 영양소적 병인 : 영양소의 결핍이나 과잉으로 영양결핍증 또는 비만증, 당뇨병 등을 일으키게 됨

㉡ 물리적 병인 : 기계적 힘에 의한 외상, 열에 의한 화상이나 동상, 기압의 변화에 의한 고산병 및 잠함병, 방사선에 의한 암 또는 백혈병, 그리고 소음・진동 등에 의한 질환 등

㉢ 화학적 병인 : 일산화탄소, 청산가스 등의 유독가스, 피부나 점막을 상하게 하는 강산이나 강알칼리, 심장 및 폐나 뇌, 조혈장기에 장애를 유발하는 각종 항생물질과 중금속 등

㉣ 생물학적 병인 : 질병이나 각종 감염병의 병원체인 박테리아, 바이러스, 곰팡이, 원생동물 등

㉤ 정신적 병인 : 신경성 두통, 기능성 소화불량, 정신질환, 고혈압, 위궤양, 불면증 등

㉥ 사회환경적 병인 : 환경오염에 의한 공해, 산업재해에 의한 직업병, 식품에 의한 중독증, 의료행위 및 부작용에 의한 외인성 질환, 사회적 스트레스에 의한 신경성 정신질환 등

② 숙 주

㉠ 숙주로서의 주체적 특성은 병인에 대한 감수성이나 저항력이 다양한 변수로 작용한다.

㉡ 질병 발생과 관련된 인간숙주의 요소

- 생물학적 요인 : 성별, 연령별 특성 등
- 신체적 요인 : 선천적 인자, 사춘기, 임신, 영양 상태와 면역성 등
- 사회적 요인 및 형태적 요인 : 종족, 직업, 결혼 및 가족상태, 사회경제적 계급 등
- 정신적 요인 : 오한, 임신, 스트레스 등

③ 환 경

㉠ 물리적 환경 : 계절의 변화 기후, 실내외의 환경, 지질, 지형 등

㉡ 생물학적 환경 : 식물의 꽃가루, 옻나무, 병원소, 활성 전파체인 매개곤충, 기생충의 중간숙주 등 질병의 전파 또는 발생과 관계가 있는 인간 주위의 모든 동식물

㉢ 사회적 환경 : 인구의 밀도 및 분포, 직업, 사회풍습, 경제생활의 형태 및 수준, 문화 및 과학의 발달 등

2. 급 · 만성감염병 관리

(1) 감염병 발생의 3대 요인

① 감염원(병원소)

㉠ 종국적인 감염원으로 병원체가 생활 · 증식하면서 다른 숙주에 전파될 수 있는 상태로 저장되는 장소이다.

㉡ 환자, 보균자, 접촉자, 매개동물이나 곤충, 토양, 오염식품, 오염식기구, 생활용구 등

② 감염경로(환경) : 감염원으로부터 병원체가 전파되는 과정으로 직접적으로 영향을 미치는 경우보다는 간접적으로 영향을 미치는 경우가 많다.

③ 숙주의 감수성 : 감염병이 전파되었어도 병원체에 대한 저항력이나 면역성이 있으므로 개개인의 감염에는 차이가 있다.

(2) 감염병의 발생과정

감염병 발생의 6단계
병원체 → 병원소 → 병원소로부터 병원체의 탈출 → 전파 → 새로운 숙주로의 침입 → 감수성 숙주의 감염

① 병원체

㉠ 세균(Bacteria) : 콜레라, 장티푸스, 디프테리아, 결핵, 한센병, 백일해 등

㉡ 바이러스(Virus) : 소아마비, 홍역, 유행성 이하선염, 일본뇌염, 광견병, 후천성 면역결핍증 등

㉢ 리케차(Rickettsia) : 발진티푸스, 발진열, 양충병(쯔쯔가무시병) 등

㉣ 기생충 : 회충, 구충, 간디스토마, 유구조충, 말라리아, 사상충증 등

② 병원소

㉠ 인간병원소

- 환자 : 병원체에 감염되어 자각적 · 타각적으로 임상증상이 있는 모든 사람을 말한다.
- 무증상 감염자 : 병원체에 감염되었거나 임상증상이 아주 미약하여 본인이나 타인이 환자임을 간과하기 쉬운 환자로 행동이 자유롭고 행동영역도 제한이 없어 감염병 관리상 중요 관리대상이다.
- 보균자 : 자각적 · 타각적으로 증상이 없으나 병원체를 배출함으로써 다른 사람에게 병을 전파할 수 있는 사람을 말한다.

더 알아보기 보균자

- 회복기 보균자(병후 보균자) : 감염성 질환에 이환된 후 그 임상증상이 소실된 후에도 병원체를 배출하는 자
  예 장티푸스, 세균성 이질, 디프테리아
- 잠복기 보균자 : 감염성 질환의 잠복기간 중에 병원체를 배출하는 감염자
  예 디프테리아, 홍역, 백일해, 유행성 이하선염, 수막구균성 수막염
- 건강보균자 : 감염에 의한 증상이 전혀 없고 건강자와 다름없지만 병원체를 보유하는 보균자로, 공중보건상 감염병 관리 면에서 가장 중요하고 어려운 자
  예 디프테리아, 폴리오, 일본뇌염

ⓛ 동물병원소 : 소, 돼지, 쥐, 양, 개, 말, 고양이 등

ⓒ 토양병원소 : 히스토플라스마증, 분아균증과 파상풍균의 병원소로서 작용한다.

③ 병원소로부터 병원체의 탈출

㉠ 호흡기 탈출 : 대화, 기침, 재채기 등에 의함(홍역, 디프테리아, 백일해 등) → 예방접종 실시

ⓛ 소화기 탈출 : 분변, 토물 등에 의함(콜레라, 장티푸스, 파라티푸스 등) → 환경위생 철저

ⓒ 비뇨기 탈출 : 요(尿) 분비물에 의함

㉣ 개방병소 탈출 : 상처, 농창 등에 의함

㉤ 기계적 탈출 : 흡혈성 곤충, 주사기 및 감염된 육류 등에 의함

④ 전 파

㉠ 직접 전파
- 직접 접촉 : 접촉, 성교 등에 의한 전파 → 피부병, 매독, 풍진 등
- 직접 비말접촉 : 재채기, 기침, 대화로 배출되는 비말이 직접 코, 입, 결막 등의 점막에 닿아 전파 → 결핵, 백일해, 인플루엔자 등
- 병원체 접촉 : 신체의 일부가 직접 토양, 퇴비 등에 생존하는 병원체에 접촉되어 전파 → 파상풍, 탄저, 렙토스피라증, 구충증 등

ⓛ 간접 전파 : 환자로부터 탈출된 전파체가 어떤 매개체를 통하여 전파됨으로써 감염되는 것이다.
- 활성 전파체 : 절족동물(파리, 모기, 이, 빈대, 벼룩)이나 무척추 동물에 의해 병원체가 운반된다.
- 비활성 전파체 : 식품, 물, 생활용구, 수술기구 등 무생물을 통한 전파를 말한다.

ⓒ 공기 전파 : 공중에 부유되는 미세한 입자에 의해서 병원체가 기도 점막 같은 데에 운반되어 일어나는 감염이다.

㉣ 생물학적 전파 : 곤충이 병원체를 받아들인 후 증식, 발육을 거쳐 사람의 몸으로 삽입하는 것이다.
- 증식형 : 병원체가 곤충의 몸속에 들어와서 증식하여 옮겨주는 것으로 흑사병, 뇌염, 황열, 발진티푸스, 유행성 재귀열, 발진열, 뎅기열 등이 여기에 속한다.
- 발육형 : 곤충이 병원균 감염 시에 수가 증가하는 것이 아니라, 발육만 해서 옮겨주는 것으로 사상충증 등이 있다.
- 발육증식형 : 곤충이 병원균 감염 시에 발육과 증식을 함께 하는 것으로 수면병, 말라리아 등이 있다.

- 배설형 : 곤충이 병원균을 배설하여 전파하는 것을 말하며 발진티푸스, 발진열, 페스트 등이 있다.
- 경란형 : 곤충모체의 유전에 의한 것을 말하며 로키산 홍반열, 양충병(쯔쯔가무시병), 진드기 매개질병 등이 있다.

⑤ 병원체의 침입(새로운 숙주로의 침입)

㉠ 오염된 음식물 섭취 : 소화기계 감염병

㉡ 병원소로부터 탈출하는 비말이나 비말핵 호흡기계 감염병

㉢ 점막, 태반 및 경피 침입

⑥ 감수성 숙주의 감염

㉠ 체내에 병원체가 침입하더라도 병원체에 대한 저항력이나 면역이 있을 때는 감염되지 않는다.

㉡ 감수성이 있을 때 감염된다.

※ 감수성 : 침입한 병원체에 대하여 감염이나 발병을 저지할 수 없는 상태

(3) 법정감염병과 검역감염병

① 법정감염병의 특성과 종류(감염병의 예방 및 관리에 관한 법률 제2조)

구 분	제1급 감염병(17종)	제2급 감염병(21종)	제3급 감염병(27종)	제4급 감염병(22종)
특 성	생물테러감염병 또는 치명률이 높거나 집단 발생의 우려가 커서 발생 또는 유행 즉시 신고, 음압격리와 같은 높은 수준의 격리가 필요한 감염병	전파가능성을 고려하여 발생 또는 유행 시 24시간 이내에 신고, 격리가 필요한 감염병	발생을 계속 감시할 필요가 있어 발생 또는 유행 시 24시간 이내에 신고하여야 하는 감염병	제1급 감염병부터 제3급 감염병까지의 감염병 외에 유행 여부를 조사하기 위하여 표본감시 활동이 필요한 감염병
종 류	에볼라바이러스병, 마버그열, 라싸열, 크리미안콩고출혈열, 남아메리카출혈열, 리프트밸리열, 두창, 페스트, 탄저, 보툴리눔독소증, 야토병, 신종감염병증후군, 중증급성호흡기증후군(SARS), 중동호흡기증후군(MERS), 동물인플루엔자 인체감염증, 신종인플루엔자, 디프테리아	결핵, 수두, 홍역, 콜레라, 장티푸스, 파라티푸스, 세균성 이질, 장출혈성대장균감염증, A형간염, 백일해, 유행성이하선염, 풍진, 폴리오, 수막구균 감염증, b형헤모필루스인플루엔자, 폐렴구균 감염증, 한센병, 성홍열, 반코마이신내성황색포도알균(VRSA) 감염증, 카바페넴내성장내세균목(CRE) 감염증, E형간염	파상풍, B형간염, 일본뇌염, C형간염, 말라리아, 레지오넬라증, 비브리오패혈증, 발진티푸스, 발진열, 쯔쯔가무시증, 렙토스피라증, 브루셀라증, 공수병, 신증후군출혈열, 후천성면역결핍증(AIDS), 크로이츠펠트-야콥병(CJD) 및 변종크로이츠펠트-야콥병(vCJD), 황열, 뎅기열, 큐열, 웨스트나일열, 라임병, 진드기매개뇌염, 유비저, 치쿤구니야열, 중증열성혈소판감소증후군(SFTS), 지카바이러스 감염증, 매독	인플루엔자, 회충증, 편충증, 요충증, 간흡충증, 폐흡충증, 장흡충증, 수족구병, 임질, 클라미디아감염증, 연성하감, 성기단순포진, 첨규콘딜롬, 반코마이신내성장알균(VRE) 감염증, 메티실린내성황색포도알균(MRSA)감염증, 다제내성녹농균(MRPA) 감염증, 다제내성아시네토박터바우마니균(MRAB) 감염증, 장관감염증, 급성호흡기감염증, 해외유입기생충감염증, 엔테로바이러스감염증, 사람유두종바이러스 감염증
신고 시기	즉시	24시간 이내	24시간 이내	7일 이내

② 검역감염병

㉠ 검역법의 목적 : 우리나라로 들어오거나 외국으로 나가는 사람, 운송수단 및 화물을 검역하는 절차와 감염병을 예방하기 위한 조치에 관한 사항을 규정하여 국내외로 감염병이 번지는 것을 방지함으로써 국민의 건강을 유지·보호하는 것을 목적으로 한다(검역법 제1조).

㉡ 검역감염병 : 콜레라, 페스트, 황열, 중증급성호흡기증후군(SARS), 동물인플루엔자 인체감염증, 신종인플루엔자, 중동호흡기증후군(MERS), 에볼라바이러스병, 그 외의 감염병으로서 외국에서 발생하여 국내로 들어올 우려가 있거나 우리나라에서 발생하여 외국으로 번질 우려가 있어 질병관리청장이 긴급 검역조치가 필요하다고 인정하여 고시하는 감염병(검역법 제2조제1호)

> **질병관리청장이 긴급검역조치가 필요하다고 인정하는 감염병 고시(질병관리청고시 제2023-20호)**
> - 급성출혈열증상, 급성호흡기증상, 급성설사증상, 급성황달증상 또는 급성신경증상을 나타내는 신종감염병증후군
> - 세계보건기구가 공중보건위기관리 대상으로 선포한 감염병
> - 위 내용에 준하는 감염병으로 질병관리청장이 개별적으로 지정한 감염병

③ 예방접종 감염병

㉠ 필수예방접종 : 특별자치시장·특별자치도지사 또는 시장·군수·구청장은 다음 질병에 대하여 관할 보건소를 통하여 필수예방접종을 실시하여야 한다(감염병예방법 제24조제1항).

> 디프테리아, 폴리오, 백일해, 홍역, 파상풍, 결핵, B형간염, 유행성이하선염, 풍진, 수두, 일본뇌염, b형헤모필루스인플루엔자, 폐렴구균, 인플루엔자, A형간염, 사람유두종바이러스 감염증, 그룹 A형 로타바이러스 감염증, 그 밖에 질병관리청장이 감염병의 예방을 위하여 필요하다고 인정하여 지정하는 감염병(장티푸스, 신증후군출혈열)

㉡ 임시예방접종 : 특별자치시장·특별자치도지사 또는 시장·군수·구청장은 다음의 어느 하나에 해당하면 관할 보건소를 통하여 임시예방접종을 하여야 한다(감염병예방법 제25조제1항).

- 질병관리청장이 감염병 예방을 위하여 특별자치시장·특별자치도지사 또는 시장·군수·구청장에게 예방접종을 실시할 것을 요청한 경우
- 특별자치시장·특별자치도지사 또는 시장·군수·구청장이 감염병 예방을 위하여 예방접종이 필요하다고 인정하는 경우

(4) 감염병 관리 대책

① 감염원 대책

㉠ 병인에 대한 대책

- 신고와 조사
- 병리검사
- 격 리
  - 격리가 필요한 감염병 : 한센병, 결핵, 페스트, 콜레라, 디프테리아, 장티푸스, 세균성 이질 등
  - 격리를 하지 않아도 되는 감염병 : 파상풍, 유행성 일본뇌염, 파상열, 발진티푸스, 양충병 등
- 검역 : 외래 감염병의 국내 침입 방지 → 콜레라, 페스트, 황열

ⓒ 환경에 대한 대책

- 호흡기 계통 대책 : 공기의 소독이나 환기
- 소화기 계통 대책 : 위생적인 식생활에 대한 교육
- 피부 · 점막에 대한 대책 : 개인적인 위생 도구의 사용
- 동물 및 곤충에 대한 대책 : 발병된 동물은 조기 박멸, 위생 해충에 물리지 않도록 보건교육 실시
- 소독

② 감염경로별 원인과 대책

구 분	원 인	대 책
호흡기 계통	환자와의 직접 접촉 (대화, 기침, 재채기 등에 의해 감염)	예방접종 실시
소화기 계통	환자와의 간접 접촉 (환자의 분변이나 토물에 의해 감염)	환경위생 철저
비뇨기 계통	환자의 비뇨 분비물에 의해 감염	하수도를 완비하고 위생적인 변소로 개량
매개동물에 의한 전파	기계적 전파, 생물학적 전파	매개체인 쥐, 파리, 바퀴벌레 등을 구제
개방 병소	환자의 상처 또는 농창에 의한 감염	소독 철저, 청결 유지

③ 감수성 대책

ⓐ 감수성 : 숙주에 침입한 병원체에 대항하여 감염이나 발병을 저지할 수 없는 상태

ⓑ 감수성지수(접촉감염지수) : 미감염자에게 병원체가 침입하였을 때 발병하는 비율

질 병	지수(%)	질 병	지수(%)
천연두(두창)	95	백일해	60~80
성홍열	40	디프테리아	10
폴리오(소아마비)	0.1	홍 역	95

ⓒ 대 책

- 숙주가 건강관리를 철저히 한다.
- 식생활 개선으로 병에 대한 저항력을 증가시킨다.
- 감염병 유행 시에는 인공면역과 저항력을 길러주기 위해서 예방접종을 실시한다.

④ 면 역

ⓐ 선천면역 : 태생기의 태반 혈행을 통하여 모체의 면역체가 태아에 들어오므로 생기는 면역, 즉 비특이성 저항력을 토대로 하는 면역(종속면역, 인종면역, 개인의 특이성)

ⓑ 후천면역

- 능동면역 : 병원체 또는 독소에 의하여 생체의 세포가 스스로 활동하여 생기는 면역으로서, 어떤 항원의 자극에 의해 항체가 형성되는 상태
  - 자연능동면역 : 과거에의 현성 또는 불현성 감염에 의하여 획득한 면역
  - 인공능동면역 : 사균 또는 약독화한 병원체나 병원체의 분획 또는 산생물의 접종에 의하여 획득한 면역

• 수동면역 : 이미 면역을 보유하고 있는 개체가 가지고 있는 항체를 다른 개체가 받아서 면역력을 지니게 되는 상태
  - 자연수동면역 : 모체의 태반 또는 모유에 의하여 면역항체를 받는 상태
  - 인공수동면역 : 동물의 면역 혈청, 회복기 환자의 면역 혈청 등 인공 제제를 접종하여 획득한 면역

㉢ 백 신

• 생균백신 : 홍역, 결핵, 황열, 폴리오, 탄저, 두창 등
• 사균백신 : 파라티푸스, 장티푸스, 콜레라, 백일해, 일본뇌염, 폴리오 등
• 순화독소(Toxoid) : 세균의 체외 독소를 변질시켜 독성을 약하게 한 것. 디프테리아, 파상풍 등

더 알아보기 면역과 질병

• 영구면역이 잘되는 질병 : 홍역, 수두, 풍진, 유행성 이하선염, 백일해, 폴리오, 황열, 천연두 등
• 약한 면역만 형성되는 질병 : 인플루엔자, 세균성 이질, 디프테리아 등
• 면역이 형성되지 않는 질병(감염면역) : 매독, 말라리아 등

3. 생활습관병 및 만성질환

(1) 만성질환의 개요

① 만성질환의 정의

㉠ 장기간의 의료처치나 관리를 필요로 하는 상태나 질병으로 비전염성 질환을 의미한다.

㉡ 만성질환은 만성비전염성질환 또는 만성퇴행성질환이라고도 한다.

② 만성질환의 종류 : 고혈압, 골다공증, 뇌졸중, 당뇨병, 비만, 심혈관 질환, 류마티스성 질환, 동맥경화, 암, 결핵, 한센병(나병), 성병, 트라코마, 후천성면역결핍증(AIDS), B형간염 등

③ 특 징

㉠ 만성병, 만성퇴행성 질병이 과거 감염병의 자리를 차지하고 있다.

㉡ 식생활과 문화수준의 향상으로 결핍성 질병이 감소하였다.

㉢ 보건수준의 향상과 의학 발달 및 환경위생의 향상으로 감염병 발생이 감소되었다.

㉣ 자각증상 없이 진행되어 조기발견이 어렵다.

㉤ 최근에는 중년층과 노년층의 성인병 발생 빈도가 증가하고 있다.

㉥ 노동력과 생산성의 상실로 연결되어 국가나 사회 손실을 초래한다.

(2) 만성질환의 예방과 관리

① 만성질환의 예방 : 식사조절, 정기적인 건강검진, 적당한 운동과 휴식, 무리한 육체노동과 자극의 감소, 여가생활, 성인병의 예방과 치료에 관심 필요

② 만성질환의 관리원칙 : 정기건강검진, 조기발견, 만성화 예방

(3) 만성질환의 관리

① 비감염성 질환(비특이성 질환)

㉠ 유전적인 소인, 물리·화학적 요인 등 개인 특이적 만성질환

㉡ 다인적인 경우 대부분 만성퇴행성, 신생물성, 대사성, 잠복성 특징으로 생활습관병이다.

㉢ 종류 : 고혈압, 당뇨병, 뇌졸중, 허혈성 심장질환, 류마티스성 질환, 동맥경화, 암 등

㉣ 질환별 발생 원인과 예방대책

병 명	발생 원인	예방대책
고혈압	• 본태성 고혈압 : 다른 병과 관계없이 생기며 전체 고혈압의 85~90%를 차지 • 속발성 고혈압 : 원인 질환에 의해 고혈압이 발생되는 경우	• 혈압강하제를 지속적으로 투여 • 금주, 금연 • 긴장 및 흥분을 피하고, 충분한 휴식과 수면을 취함 • 풍부한 영양 섭취
당뇨병	• 유전적 요인 : 양친이 모두 당뇨병일 경우 당뇨병에 걸릴 가능성 50% 이상 • 후천적 요인 : 과식, 비만, 운동부족, 스트레스, 외상이나 수술 후, 임신, 약물남용 등 • 다른 질환에 의함 : 췌장염이나 췌장암 환자에게 발병되는 경우	• 체중조절, 식생활 개선, 조기발견과 조기치료 • 제1형 당뇨 치료 : 식이요법, 운동요법, 인슐린요법 • 제2형 당뇨 치료 : 식이요법, 운동요법, 경구용 혈당강하제 혹은 인슐린 요법
뇌졸중	• 뇌혈관질환으로 뇌로 공급되는 혈액량이 현저히 감소되거나 완전히 두절된 경우 • 동맥경화증과 고혈압증의 합병증으로 주로 발생	• 정기적인 건강진단으로 고혈압치료 • 뇌졸중의 결과로 불구방지, 재활치료
허혈성 심장질환 (관상동맥질환)	• 고혈압, 당뇨병, 비만, 운동부족, 연령 • 유전 등의 요인	• 고콜레스테롤 및 고지방 식품 섭취 제한 • 적당한 운동, 금주, 금연 • 당뇨병과 고혈압 등에 대한 정기검진
암(악성신생물)	• 흡연, 음주, 유독물질의 섭식 • 바이러스, 곰팡이류의 감염 등	• 위험요인의 식품 섭취 제한 • 금연, 바이러스 감염 등의 예방 • 환경오염 물질에 대한 접촉금지 또는 관리 • 조기진단 및 조기치료를 위한 정기건강진단 실시

② 감염성 질환(특이성 질환)

병 명	발생 원인	예방대책
결 핵	• 성인의 85~90%, 소아의 65~75%는 폐결핵으로 발병 • 결핵은 폐결핵환자의 결핵균이 포함된 비말에 의해 감염됨	• 감염원 제거, 감염경로 차단 • 면역 증강
B형간염	주로 환자의 혈액, 침, 정액, 질 분비물 등에 오염된 주사기나 면도날, 성접촉 등으로 전파	• 예방접종으로 면역력 획득 • 항원 항체검사 후 예방접종, 조기치료 실시 • 산모의 경우 출산 전 항원(HBsAg) 양성반응 확인조사, 개인위생 철저
후천성면역결핍증	• 우리나라의 경우 외국 선원, 해외 거주자, 수혈받은 감염자뿐만 아니라 성접촉, 마약주사 공동 사용, 수혈 혈액제제로 전파 • 주로 환자와 감염자의 혈액, 타액, 정액, 눈물, 모유, 소변 등으로 전파	• 건전한 성생활 등 보건교육 강화 • 수혈 혈액에 관한 철저한 검사 • 환자와 감염자의 관리 필요, 환자의 혈액 및 분비물에 대한 소독 요구

05 보건관리

1. 보건행정 및 보건통계

(1) 보건행정

① 보건행정의 정의 : 공중보건의 목적인 국민의 질병예방, 생명연장, 육체적·정신적 효율 증진 등의 사업을 효과적으로 보급·발달시키는 적극적인 활동이다.

② 보건행정의 특성

㉠ 공공성과 사회성 : 지역사회 전체 집단의 건강을 추구

㉡ 봉사성 : 국민에게 적극적으로 서비스를 제공

㉢ 조장성과 교육성 : 지역사회 주민의 자발적인 참여 없이는 성과를 기대하기 어려우므로 조장 및 교육을 실시하여 목적을 달성

㉣ 과학성과 기술성 : 과학행정인 동시에 기술행정

③ 보건행정의 분야

분 류	대 상	구 분
일반보건행정	일반 주민	공중위생행정을 중심으로 예방보건행정, 위생행정, 모자보건행정, 의무행정, 약무행정으로 분류
산업보건행정	근로자	작업환경의 질적 향상, 산업재해 예방, 근로자의 건강 유지와 증진, 근로자 복지시설 관리와 안전교육 문제 담당
학교보건행정	학생과 교직원	학교보건사업, 학교급식, 건강교육, 학교체육 등 학교보건법에 근거하여 제반 문제를 담당

④ 보건행정조직

㉠ 중앙보건행정조직 : 보건복지부, 질병관리청

㉡ 지방보건행정(보건소)

지역보건법 제11조에 따른 보건소의 기능 및 업무는 다음과 같다.

- 건강 친화적인 지역사회 여건의 조성
- 지역보건의료정책의 기획, 조사·연구 및 평가
- 보건의료인 및 보건의료기관 등에 대한 지도·관리·육성과 국민보건 향상을 위한 지도·관리
- 보건의료 관련 기관·단체, 학교, 직장 등과의 협력체계 구축
- 지역주민의 건강증진 및 질병예방·관리를 위한 다음의 지역보건의료서비스의 제공
  - 국민건강증진·구강건강·영양관리사업 및 보건교육
  - 감염병의 예방 및 관리
  - 모성과 영유아의 건강유지·증진
  - 여성·노인·장애인 등 보건의료 취약계층의 건강유지·증진
  - 정신건강증진 및 생명존중에 관한 사항
  - 지역주민에 대한 진료, 건강검진 및 만성질환 등의 질병관리에 관한 사항
  - 가정 및 사회복지시설 등을 방문하여 행하는 보건의료 및 건강관리사업
  - 난임의 예방 및 관리

(2) 보건통계

① 보건통계의 정의

㉠ 통계학 : 집단의 개연적 특성을 파악·인식하고 표현하는 방법에 관한 지식체계

㉡ 보건통계(목적) : 출생, 사망, 질병, 인구변동 등 인구의 특성을 연구하는 일과 보건에 관한 여러 가지 현상 및 대상물을 다량 관측 또는 계측하여 얻은 숫자를 집계·정리·분석하여 결론을 구하는 것

② 공중보건에서의 보건통계의 활용

㉠ 지역사회나 국가의 보건상태 평가에 이용

㉡ 보건사업의 필요성을 결정(사업의 평가, 진행, 결과 평가에 이용)

㉢ 보건사업에 대한 공공지원을 촉구

㉣ 보건사업의 우선순위를 결정(보건사업 수행상 지휘, 관제와 보건사업의 기술 발전에 기여)

㉤ 보건사업의 행정활동에 지침이 됨

㉥ 보건사업의 성패를 결정하는 자료(보건사업의 기초자료)

③ 보건지표

㉠ 출산통계

- 조출생률 : 사산을 포함하지 않음
  - $\frac{\text{연간출생수}}{\text{연앙인구}} \times 1,000$
- 일반출산율 : 출생과 사산을 포함
  - $\frac{\text{해당 연도 총출생아수}}{\text{해당 연도의 15~49세 여자 연앙인구}} \times 1,000$

㉡ 사망통계

- 조사망률(보통사망률) : $\frac{\text{연간 총사망자수}}{\text{연앙인구}} \times 1,000$
- 영아사망률 : $\frac{\text{연간 영아사망수}}{\text{연간 출생아수}} \times 1,000$
- 신생아사망률 : $\frac{\text{연간 신생아사망수}}{\text{연간 출생아수}} \times 1,000$

㉢ 질병통계

- 발생률 : $\frac{\text{일정 기간 내 환자 발생건수}}{\text{일정 기간 인구}} \times 1,000$
- 유병률 : $\frac{\text{그 당시(기간)의 환자수}}{\text{조사 시 인구(시점인구)}} \times 1,000$
- 발병률 : $\frac{\text{새로운 환자수}}{\text{위험에 폭로된 전체 인구}} \times 100$
- 이환율 : $\frac{\text{어느 기간의 이환(발생) 건수}}{\text{그 기간의 평균 인구}} \times 1,000$

2. 인구와 보건

(1) 인구의 구성

① 인구란 '일정한 기간에 일정한 지역에 거주하는 인구집단'을 의미한다. 인구에 영향을 미치는 영향요인으로 출생, 사망, 이동 등이 있다.

② **남녀 성비** : 여자 100명당 남자의 수를 나타내는 것으로, 인구의 성별 구조를 나타내는 지표이다.

㉠ 성비 = $\frac{\text{남자 인구}}{\text{여자 인구}} \times 100$

㉡ 출생성비 = $\frac{\text{남자 출생아}}{\text{여자 출생아}} \times 100$

③ 연령별 인구

㉠ 유소년인구(1~14세) : 유아인구, 학령전기인구, 학령기인구로 구분

㉡ 생산가능인구(15~64세) : 청년인구, 중년인구, 장년인구로 구분

㉢ 고령인구(65세 이상)

(2) 인구구조 유형과 인구 증가

① 인구구조 유형

유 형	특 징
피라미드형	• 후진국형 • 인구증가형 : 출생률은 높고 사망률은 낮음 • 인구 증가 잠재력 : 14세 이하 인구가 65세 이상 인구의 2배 이상
종 형	• 가장 이상적인 상태 • 인구정지형 : 출생률과 사망률이 모두 낮음 • 14세 이하 인구가 50세 이상 인구의 2배 이상
항아리형	• 선진국형 • 인구감퇴형 : 출생률이 사망률보다 낮음 • 14세 이하 인구가 65세 이상 인구의 2배가 되지 않음
별 형	• 도시형 : 생산연령 인구가 많이 유입되는 도시지역형 • 15~49세의 생산층 인구가 전체 인구의 1/2 이상 • 생산층 인구가 증가
표주박형	• 농촌형 : 생산층 인구가 유출 • 별형과 반대 개념 • 생산층 인구가 전체 인구의 1/2 미만 • 생산층 인구가 감소

② 인구 증가

- 자연증가 = 출생인구 − 사망인구
- 사회증가 = 유입인구 − 유출인구
- 인구증가 = 자연증가 + 사회증가

(3) 인구 문제

인구 문제	결 과
인구 증가	• 3P 문제 : 인구(Population), 빈곤(Poverty), 공해(Pollution) • 3M 문제 : 기아(Malnutrition), 질병(Morbidity), 사망(Mortality)
저출산	• 여성 교육수준 향상과 사회진출 확대 • 결혼연령이 높아짐 • 이혼율 증가 • 보육시설 부족 • 출산 기피현상 : 양육비, 교육비 부담증가 등
고령화 사회	• 소득 보장의 어려움 • 노인성 질병 • 노인의 소외
인구의 도시 집중	• 도시 : 인구과밀에 의한 환경위생 악화, 사회악 유발, 인구 역도태 현상 등 발생 • 농어촌 : 인구과소화로 노동력 부족, 노령인구만이 존재하는 인구구조 등 문제 발생

3. 보건영양

(1) 보건영양의 목표

① 영양소 결핍으로 인한 질병 예방
② 임산부, 조산아 및 영유아 영양관리
③ 영양소 과잉 및 불균형으로 인한 비만증과 과소체중 관리
④ 성인병 관리
⑤ 노인의 영양관리 등

(2) 영양소

① 영양소 : 생물의 성장과 생활을 계속 영위할 수 있도록 하는 물질로 생리학적으로 우리가 섭취하는 식품은 에너지 생성, 조직 형성과 대치 및 수많은 조절물질을 획득하거나 생산하는 데 이용되며 크게 열량소와 조절소로 구분할 수 있다.
㉠ 열량소 : 에너지원이 되는 탄수화물, 지방, 단백질
㉡ 조절소 : 무기질, 비타민, 물
㉢ 구성소 : 단백질, 무기질, 물
※ 5대 영양소 : 단백질, 탄수화물, 지방, 무기질, 비타민

② 영양소의 3대 기능
㉠ 신체의 열량공급 작용
㉡ 신체조직의 구성
㉢ 신체의 생리기능 조절 작용

4. 모자보건, 성인 및 노인보건

(1) 모자보건

① 모자보건의 목적 : 모자보건은 모체와 영유아에게 보건의료서비스를 제공하여 모성 및 영유아의 사망률을 저하시키고, 신체적 또는 정신적 건강과 정서적 발달을 유지·증진시키며, 유전적 잠재력을 최대로 발휘하여 국민보건의 발전에 기여하는 데 그 목적이 있다.

② 모자보건의 대상
- ㉠ 모성보건 : 임신·분만·수유하는 기간의 여성을 대상으로 한다.
- ㉡ 영유아보건 : 학교에 입학하기 전인 6세까지의 영유아를 대상으로 한다.

③ 모성보건의 내용
- ㉠ 산전관리 : 임신 시작과 함께 분만 전까지 산모의 진찰과 진단을 통한 이상임신 및 임신합병증의 조기진단, 임신 시 영양 등을 관리한다.
- ㉡ 분만관리 : 산모와 태아의 안전분만 및 건강을 위한 관리가 필요하다.
- ㉢ 산후관리 : 분만 후의 신생아와 산모의 건강을 위해 수유, 섭생 등의 관리가 필요하다.

④ 모성사망
- ㉠ 임신, 분만, 산욕에 관계되는 특수한 질병 또는 이상으로 일어나는 사망에 국한되며 임신 중 각종 감염병, 만성질병 또는 사고 등에 의한 사망은 포함되지 않는다.
- ㉡ 모성사망의 주요 발생요인 : 임신중독증, 출산 전후의 출혈, 자궁 외 임신 및 유산, 산욕열 등

더 알아보기 | 임신중독증

- 단백질 부족, 비타민 B_1 부족, 빈혈 등에 의해 임신 중(주로 임신 8개월 이후)에 생기는 독소가 체내에 역류되어 중독증상을 나타내는 것이다.
- 주요 증상으로는 부종, 단백뇨, 고혈압, 두통 및 구토 등이 있다.

⑤ 모자보건지표
- ㉠ 모성사망률 : 임신, 분만과 산욕기 질병으로 사망한 것만을 말함

$$모성사망률 = \frac{연간\ 모성사망자수}{연간\ 출생아수} \times 1,000$$

- ㉡ 모성사산율 : 출산(분만) 총수에 대한 사산의 비율

$$모성사산율 = \frac{연간\ 사산수}{연간\ 출산수(출생수 + 사산수)} \times 1,000$$

- ㉢ 영아사망률 : 생후 1년 미만의 영아사망률

$$영아사망률 = \frac{1년간\ 생후\ 1년\ 미만의\ 사망아수}{그\ 해의\ 출생아수} \times 1,000$$

(2) 성인보건

① 성인병과 만성질환

㉠ 성인병 : 성인에게 발생되는 비감염적 만성 질병을 총칭한다.

㉡ 만성질환 : 성인병과 만성 감염병을 합친 것이다.

㉢ 성인의 10대 사망 원인(2022년 기준) : 악성신생물(암), 심장질환, 코로나19, 폐렴, 뇌혈관질환, 고의적 자해(자살), 알츠하이머병, 당뇨병, 고혈압성 질환, 간질환

② 성인병의 증가 원인

㉠ 흡연 및 음주

㉡ 잘못된 식습관

㉢ 스트레스 축적

㉣ 각종 유해환경에 반복적 노출

㉤ 내분비 계통의 이상

㉥ 면역학적 기전의 변화

㉦ 노령화

③ 성인병 예방대책 : 식생활 개선, 규칙적인 운동, 충분한 수면과 휴식, 절주와 금연 등

(3) 노인보건

① 노인문제

㉠ 경제적 빈곤 문제

㉡ 건강의 악화로 인한 질병과 장애 문제

㉢ 역할 상실로 인한 고독과 소외 문제

② 노화현상

㉠ 노화현상은 전신에 걸쳐 나타나며 전신위축, 색소침착, 혈관의 탄력성 감퇴 등이 뚜렷하게 나타난다.

㉡ 순환기능, 호흡기능, 소화기능, 내분비기능, 신경기능, 감각기능 등에서도 감퇴현상이 나타난다.

③ 노인의 주요 질환

㉠ 소화기계 질환 : 위염, 위궤양, 설사, 변비, 위암, 대장암

㉡ 호흡기계 질환 : 만성기관지염, 폐렴, 천식, 폐결핵

㉢ 순환기계 질환 : 고혈압, 동맥경화증, 심부전

㉣ 근골격계 질환 : 퇴행성 관절염, 골다공증, 고관절골절

㉤ 생식 및 비뇨기계 질환 : 요실금, 전립선비대증, 난소암

㉥ 피부계 질환 : 욕창, 건조증, 대상포진

㉦ 신경계 질환 : 뇌졸중, 파킨슨질환

㉧ 감각기계 질환 : 녹내장, 백내장, 노인성 난청

㉨ 내분비계 질환 : 당뇨병

㉩ 신경정신 질환 : 우울증, 노인성 치매, 섬망

④ 노인의 건강관리

㉠ 정기적 건강진단

㉡ 식사조절

㉢ 강한 육체노동과 감정적 자극의 감소

㉣ 적당한 운동, 취미생활, 여행, 휴식 등의 활동 필요

5. 학교보건

(1) 학교보건의 개념

① **학교보건의 정의** : 학교보건이란 학생과 교직원의 최적의 건강유지와 증진으로 교내생활의 안녕을 도모하고 학교교육의 능률 향상을 위한 보조 작용으로서 학교에서 이루어지는 보건사업을 말한다.

② **학교보건의 대상** : 학생, 교직원, 가족, 지역사회

③ **학교보건의 목적**

㉠ 학교 교육의 능률 향상(궁극적 목적)

㉡ 학생과 교직원의 건강관리

㉢ 건강지식의 보급으로 태도 변화와 실천을 통해 건강생활 영위

㉣ 감염성 질환의 예방, 환경관리, 문제아 관리 등으로 심신안정 도모

㉤ 학습능률의 향상

(2) 학교보건의 중요성

① 학교는 지역사회의 중심체 역할을 한다.

② 학교인구는 보건교육 대상자로 가장 효과적이다.

③ 학생들에게 보건교육을 실시함으로서 학부모에게까지 건강지식, 건강정보를 전달한다.

④ 학교보건사업은 지역사회보건사업 추진상 큰 역할을 한다.

PART

01 | 적중예상문제

CHAPTER 01 | 위생관리

01 **식품위생 분야 종사자의 건강진단 규칙에 의해 조리사들이 받아야 할 건강진단 항목과 그 횟수가 맞게 연결된 것은?**

① 장티푸스 - 1년마다 1회
② 폐결핵 - 2년마다 1회
③ 감염성 피부질환 - 6개월마다 1회
④ 장티푸스 - 18개월마다 1회

해설 **건강진단 항목 등(식품위생 분야 종사자의 건강진단 규칙 제2조)**
- 건강진단 항목 : 장티푸스, 파라티푸스, 폐결핵
- 식품위생법에 따라 건강진단을 받아야 하는 영업자 및 그 종업원은 매 1년마다 건강진단을 받아야 한다.
- 건강진단의 유효기간은 1년으로 하며, 직전 건강진단의 유효기간이 만료되는 날의 다음 날부터 기산한다.

02 **인수공통감염병과 관계있는 것으로 바르게 짝지어진 것은?**

① 일본뇌염, 탄저
② 세균성 이질, 살모넬라증
③ 장티푸스, 홍역
④ 파상풍, 세균성 이질

해설 ① 일본뇌염과 탄저는 사람과 소의 공통감염병이다.
인수공통감염병
사람과 동물이 같은 병원체에 의하여 발생하는 질병 또는 감염 상태로, 특히 동물이 사람에게 옮기는 감염병을 말한다. 장출혈성대장균감염증, 일본뇌염, 브루셀라증, 탄저, 공수병, 동물인플루엔자 인체감염증, 중증급성호흡기증후군(SARS), 변종크로이츠펠트-야콥병(vCJD), 큐열, 결핵, 중증열성혈소판감소증후군(SFTS) 등이 있다.

정답 1 ① 2 ①

03 집단감염이 잘되고 맹장 부위에 기생하며 항문 주위에 산란하므로 스카치테이프로 검사할 수 있는 기생충은?

① 회 충
② 십이지장충
③ 요 충
④ 무구조충

해설 요 충
- 성충은 장에서 나와 항문 주위에 산란하는데, 주로 밤에 활동한다(항문소양증 발생).
- 침식을 같이 하는 사람들 중 한 사람이라도 감염되면 전원이 집단으로 감염될 수 있다.
- 예방법으로 집단적 구충 실시와 침실의 청결, 내의와 손의 청결이 요구된다.

04 돼지고기를 생식할 때 충란 섭취로 뇌, 안구, 근육 등에 낭미충증을 일으키는 기생충은?

① 유극악구충
② 무구조충
③ 광절열두조충
④ 유구조충

해설 돼지고기 생식으로 유구조충란을 섭취하면 뇌, 안구, 근육, 장벽, 심장, 폐 등에 낭미충증을 일으킨다.

05 폴리오(소아마비)에 대한 설명 중 틀린 것은?

① 법정감염병이다.
② 병원체는 세균이다.
③ 호흡기계 분비물, 분변 등을 통해 감염된다.
④ 중추신경계의 마비가 특징이다.

해설 폴리오는 급성 회백수염이라고도 하며, 병원체는 폴리오 바이러스이다. 주로 소아에게 영구적인 사지마비를 일으키는 급성 감염병이다.

06 경구감염병의 특징과 거리가 먼 것은?

① 2차 감염이 거의 발생하지 않는다.
② 미량의 균량이라도 감염을 일으킨다.
③ 잠복기가 비교적 길다.
④ 집단적으로 발생한다.

해설 경구감염병은 병원체가 오염된 식품, 그 이외에 오염된 손, 물, 곤충, 식기류 등으로부터 경구적으로 감염을 일으키는 소화기계 감염병으로 2차 감염이 빈번하다.

3 ③ 4 ④ 5 ② 6 ① 정답

07 병원소는 주로 돼지이며 일본뇌염을 매개하는 모기는?

① 토고숲모기
② 작은빨간집모기
③ 얼룩날개모기
④ 중국얼룩날개모기

해설 ② 작은빨간집모기는 일본뇌염을 매개한다.
① 말레이사상충 매개
③, ④ 말라리아 매개

08 채소의 생식과 관계 없는 기생충은?

① 요 충
② 광절열두조충
③ 편 충
④ 동양모양선충

해설 ①, ③, ④ 외에 회충, 구충 등이 채소를 매개로 감염되는 기생충이다.

09 병원체가 세균(Bacteria)이 아닌 것은?

① 콜레라, 한센병
② 성병, 결핵
③ 디프테리아, 백일해
④ 홍역, 광견병

해설 ④ 홍역, 광견병의 병원체는 바이러스(Virus)이다.

10 중간숙주를 필요로 하지 않고 인체에 감염을 일으키는 기생충은?

① 무구조충
② 간흡충
③ 선모충
④ 십이지장충

해설 **십이지장충**
사람의 분변과 함께 나온 충란이 자연환경에서 부화하여 감염형의 피낭자충이 된다. 피낭자충으로 오염된 식품 또는 물을 섭취하거나 피낭자충이 피부를 뚫고 침입함으로써 감염된다.

정답 7 ② 8 ② 9 ④ 10 ④

11 우렁이가 제1중간숙주인 기생충 질환은?

① 광절열두조충증
② 유구조충증
③ 간흡충증
④ 폐흡충증

해설 간흡충증(간디스토마)
- 제1중간숙주 : 왜우렁이(쇠우렁이)
- 제2중간숙주 : 잉어, 붕어 등의 민물고기

12 바다 생선회를 먹을 때 감염될 수 있는 기생충 질환은?

① 아니사키스증
② 선모충증
③ 트리코모나스
④ 동양모양선충증

해설 아니사키스증은 해산 어류 섭취 시 감염된다. 동양모양선충은 과일·채소류 섭취 시 감염되는 기생충 질환이고, 선모충은 돼지고기 섭취 시 감염되는 기생충이다.

13 채소류를 통하여 감염되는 기생충이 아닌 것은?

① 회 충
② 톡소플라스마
③ 구 충
④ 동양모양선충

해설 ② 톡소플라스마 질환은 고양이의 대변으로 포낭이 배출되어 고양이와 접촉하거나 고양이 서식지에서 일하는 사람들에게 감염된다. 또는 포낭에 오염된 사료를 먹은 동물의 고기를 설익은 채로 섭취해도 감염될 수 있다.

14 열을 이용한 물리적 살균 소독법과 그 대상이 잘못 연결된 것은?

① 고압증기멸균법 – 통조림
② 화염살균법 – 감염병 사체
③ 열탕(자비)소독법 – 행주
④ 건열살균법 – 식기

해설 ④ 건열살균법은 유리기구(초자기구), 주사침 등의 멸균에 이용되고, 식기류 소독은 자비소독에 해당한다.

11 ③ 12 ① 13 ② 14 ④ 정답

15 **내열성 세균의 아포(포자)까지 멸균시키기 어려운 가열살균법은?**

① 건열살균법
② 간헐살균법
③ 고압증기살균법
④ 상압증기살균법

해설 상압증기멸균법은 증기멸균기(Steam Sterilizer)를 이용해 100℃의 증기로 멸균한다. 내열성이 있는 포자는 1회의 상압증기멸균법을 버티고 하루 뒤 다시 영양세포로 성장한다.

16 **법정감염병으로 죽은 가축이나 감염병으로 인해 오염된 물품의 살균소독법으로 가장 적절한 것은?**

① 증기소독법
② 방사선살균법
③ 염소소독법
④ 소각법

해설 소각법은 소독법 중에서 가장 완전한 방법이며, 재활용이 필요 없는 1회용 오염물체들을 처리하는 데 효과적이다.

17 **열에 감수성이 큰 식품인 우유나 파괴되기 쉬운 식품에 포함된 미생물을 제거하는 데 사용하는 방법으로 60℃에서 30분 정도 실시하는 살균법은?**

① 일광소독법 ② 자비살균법
③ 증기소독법 ④ 저온살균법

해설 저온살균법은 파스퇴르(Louis Pasteur)가 포도주의 부패방지를 위해서 개발한 가열살균법으로 보통 약 62~65℃에서 30분 가열한다. 주로 우유, 맥주 등 가열에 의해 풍미가 쉽게 변하는 식품에 사용된다.

18 **다음 중 소독의 지표가 되는 소독제는?**

① 석탄산 ② 크레졸
③ 과산화수소 ④ 포르말린

해설 석탄산은 기구, 용기, 의류 및 오물을 소독하는 데 3%의 수용액을 사용하며, 비교적 안정적이고 유기물에도 소독력이 약화되지 않으므로 각종 소독약의 소독력을 나타내는 기준이 된다.

정답 15 ④ 16 ④ 17 ④ 18 ①

19 자외선 살균의 특징이 아닌 것은?

① 가장 유효한 살균 대상은 공기와 물이다.
② 약품과 같은 잔류효과는 없다.
③ 사용방법이 간단하다.
④ 물체투과력이 강하다.

해설 **자외선 살균법의 장단점**

장 점	단 점
• 모든 균종에 효과가 있다. • 살균효과가 크고 균에 내성이 생기지 않는다.	• 물체투과력이 약해서 살균효과가 표면에 한정되어 있다. • 단백질이 많은 식품은 살균력이 떨어진다. • 지방류는 산패한다.

20 병실이나 오물통의 소독에 가장 적합한 것은?

① 석탄산수, 크레졸수
② 크레졸수, 자비소독
③ 크레졸수, 증기소독
④ 승홍수, 일광소독

해설 자비소독, 증기소독, 일광소독에 적당한 것은 의복, 침구류 등이다.

21 소독약품의 구비조건 중에서 잘못된 것은?

① 표백성이 없어야 한다.
② 살균력이 강해야 한다.
③ 인수에 대한 독성이 없어야 한다.
④ 석탄산계수가 낮아야 한다.

해설 **소독약품의 구비조건**
- 석탄산계수가 높고 살균력이 강할 것
- 사용이 간편하고 가격이 저렴할 것
- 인축에 대한 독성이 적을 것
- 소독 대상물에 부식성과 표백성이 없을 것
- 용해성이 높으며 안전성이 있을 것

19 ④ 20 ① 21 ④ 정답

22 식품위생의 목적과 거리가 먼 것은?

① 식품영양의 질적 향상 도모
② 식품으로 인한 위생상의 위해 방지
③ 국민 건강의 증진
④ 식품의 판매 촉진

해설 식품위생법은 식품으로 인하여 생기는 위생상의 위해를 방지하고 식품영양의 질적 향상을 도모하며 식품에 관한 올바른 정보를 제공함으로써 국민 건강의 보호·증진에 이바지함을 목적으로 한다(식품위생법 제1조).

23 호기성 세균에 의하여 단백질이 분해되는 것을 무엇이라 하는가?

① 부패(Putrefaction)
② 후란(Decay)
③ 변패(Deterioration)
④ 산패(Rancidity)

해설
- 부패 : 단백질 식품이 혐기성 미생물에 의해 분해되어 변질되는 현상
- 후란 : 단백질 식품이 호기성 미생물에 의해 분해되어 변질되는 현상
- 변패 : 단백질 이외의 당질·지질 식품이 미생물 및 기타의 영향으로 변질되는 현상
- 산패 : 유지가 산화되어 불결한 냄새가 나고 변색·풍미 등의 노화현상을 일으키는 경우
- 발효 : 당질이 미생물에 의해 알코올 또는 각종 유기산을 생성하는 경우로 생성물을 식용으로 유용하게 사용하기 때문에 식품의 변질과는 구분

24 식품 등의 위생적 취급에 관한 기준으로 틀린 것은?

① 어류와 육류를 취급하는 칼, 도마는 구분하지 않아도 된다.
② 소비기한이 경과된 식품 등을 판매하거나 판매의 목적으로 진열·보관하여서는 아니 된다.
③ 식품원료 중 부패, 변질되기 쉬운 것은 냉동·냉장시설에 보관·관리하여야 한다.
④ 식품의 조리에 직접 사용되는 기구는 사용 후에 세척, 살균하는 등 항상 청결하게 유지·관리하여야 한다.

해설 채소류 등을 준비하면서 육류, 어패류, 가금류 요리에 사용한 칼이나 도마를 그대로 사용하는 경우에는 칼, 도마에 묻어 있는 세균이나 바이러스에 의한 교차오염이 발생할 수 있으므로 취급 품목 또는 유형별로 칼, 도마 등을 구분하여 사용해야 한다.

정답 22 ④ 23 ② 24 ①

25 식품첨가물의 사용 목적이 아닌 것은?

① 보존성 향상
② 기호성 향상
③ 식품의 품질 개량
④ 유해물질의 해독작용

해설 **식품첨가물의 사용 목적**
- 식품의 변질, 변패를 방지하기 위해 사용
- 관능을 만족시키기 위해 사용
- 식품의 품질을 유지하기 위해 사용
- 식품 제조에 사용
- 식품의 영양 강화를 위해 사용

26 식품첨가물 중 관능을 만족시키는 첨가물이 아닌 것은?

① 조미료　② 보존료
③ 산미료　④ 발색제

해설 ② 보존료는 식품의 변질·변패를 방지하는 첨가물이다.

27 부패 미생물의 발육을 저지하는 정균작용 및 살균작용에 연관된 효소작용을 억제하는 물질은?

① 방부제　② 소포제
③ 살균제　④ 유화제

해설 ① 방부제는 식품 저장 중 미생물의 증식에 의해 일어나는 부패나 변질을 방지하기 위하여 사용되는 첨가물이다.

28 식품첨가물과 이용 식품을 연결한 것 중 관련이 없는 것은?

① 소브산 - 어육연제품
② 프로피온산칼슘 - 빵
③ 안티트립신 - 당근
④ 황산칼슘 - 두부

해설 안티트립신은 날콩에 들어 있는 소화를 방해하는 효소로, 콩을 날로 먹으면 소화력이 떨어진다.

25 ④　26 ②　27 ①　28 ③ **정답**

29 착색료인 베타카로틴(β-carotene)에 대한 설명 중 잘못된 것은?

① 치즈, 버터, 마가린 등에 많이 사용된다.
② 산이나 광선에 의하여 분해되기 쉽다.
③ 산화되지 않는다.
④ 자연계에 널리 존재하고 합성에 의해서도 얻는다.

해설 베타카로틴(β-carotene)은 당근 속에 풍부하며 쉽게 산화한다.

30 참기름이 다른 유지류보다 산패에 대하여 비교적 안정성이 큰 이유는 무엇 때문인가?

① 레시틴(Lecithin) ② 고시폴(Gossypol)
③ 인지질(Phospholipid) ④ 세사몰(Sesamol)

해설 참기름에는 천연 항산화 물질인 세사몰이 들어 있어 쉽게 변질되지 않고 비교적 안정적이다. 세사몰은 동맥경화의 원인이 되는 나쁜 콜레스테롤 생성을 막아준다. 좋은 참기름은 맑은 갈색을 띠는데, 색이 너무 진하면 깨를 오래 볶았다는 증거이다. 고시폴은 목화씨에 들어 있는 독소이고, 레시틴은 유화제이다.

31 다음 중 식육, 정육 및 어육 등 제품의 육색을 안정되게 유지하기 위하여 사용하는 식품첨가물은?

① 아황산나트륨
② 질산나트륨
③ 브로민산칼륨
④ 이산화염소

해설 ② 질산나트륨은 식품 중에 첨가했을 때 그 자체가 색을 내는 것이 아니고, 식품 중의 유색성분과 반응하여 색을 안정화시키는 육류발색제이다.
① 환원표백제
③, ④ 밀가루개량제

32 소고기 가공 시 발색제를 넣었을 때 나타나는 선홍색 물질은?

① 옥시마이오글로빈 ② 나이트로소마이오글로빈
③ 마이오글로빈 ④ 메트마이오글로빈

해설 발색제는 수육의 색소 마이오글로빈과 결합하여 나이트로소마이오글로빈이 되기 때문에 선명한 분홍색을 띤다.

정답 29 ③ 30 ④ 31 ② 32 ②

33 껌 기초제로 사용되며 피막제로도 사용되는 식품첨가물은?

① 초산비닐수지
② 에스터검(에스테르검)
③ 폴리아이소뷰틸렌
④ 폴리소르베이트

해설 초산비닐수지는 초산비닐이라고도 하며 추잉 껌(Chewing Gum) 기초제, 피막제로 사용된다.

34 다음 중 향신료와 그 성분이 잘못 연결된 것은?

① 후추 - 차비신
② 생강 - 진저론
③ 마늘 - 알리신
④ 겨자 - 캡사이신

해설 캡사이신은 고추의 매운맛 성분이며, 겨자의 매운맛 성분은 시니그린이다.

35 해조류에서 추출한 성분으로 식품에 점성을 주고 안정제, 유화제로서 널리 이용되는 것은?

① 알긴산
② 펙 틴
③ 젤라틴
④ 이눌린

해설 알긴산은 미역, 다시마, 켈프 등 갈조류에서 추출되며, 정제품은 하얀 가루 상태이다. 식품을 유화시키기 위해 식품첨가물로 사용하며, 유화를 안정화시키는 효과가 있어 유화안정제라고 부른다.

36 일본에서 공해병으로 공식 발표되었으며 만성중독으로 신장장해, 골연화증, 단백뇨 등의 증상을 나타내는 이타이이타이병을 일으키는 중금속은?

① 납(Pb)
② 비소(As)
③ 수은(Hg)
④ 카드뮴(Cd)

해설 이타이이타이병은 카드뮴(Cd) 중독증이며, 카드뮴이 체내에 들어오면 혈류를 타고 간과 신장으로 확산되며 골연화증을 일으킨다.

33 ① 34 ④ 35 ① 36 ④ 정답

37 도자기를 용기로 사용할 때 문제가 될 수 있는 중금속은?

① 철(Fe) ② 납(Pb)
③ 구리(Cu) ④ 수은(Hg)

해설 **식품 용기에서 용출될 수 있는 중금속**
- 도자기 : 납
- 놋그릇 : 구리
- 법랑 : 카드뮴

38 황변미의 원인균인 *Penicillium citrinum*이 생성하는 것으로 신장의 물질 재흡수 능력을 저하시키고, 신장괴저를 일으키는 유독물질은?

① Citrinin ② Luteoskyrin
③ Islanditoxin ④ Citreoviridin

해설 Citrinin은 변미의 원인균인 *Penicillium citrinum*에 의해 생성되는 독소로, 신장에서 수분 재흡수를 저해함으로써 급・만성 신장증을 일으키는 신장독이다.

39 오염물질과 그것으로 인한 질환과의 관계가 잘못 연결된 것은?

① 수은(Hg) – 미나마타병
② 카드뮴(Cd) – 이타이이타이병
③ BHC – 혈액독
④ 피시비(PCB) – 미강유 중독(유증)

해설 BHC는 유기염소제로 토양 중에 오래 잔류하며, 지용성이기 때문에 인체의 지방조직에 축적되어 신경중독을 발생시킨다.

40 독성시험 중 반수치사량(LD_{50})을 구하는 시험은?

① 만성독성시험 ② 아만성독성시험
③ 급성독성시험 ④ 최기형성시험

해설 **반수치사량(Lethal Dose 50%, LD_{50})** : 급성독성의 강도를 나타내는 것으로 독성시험에 사용된 동물의 반수(50%)를 치사에 이르게 할 수 있는 화학물질의 양(mg)을 그 동물의 체중 1kg당으로 표시하는 수치로, LD_{50}의 수치가 낮을수록 치사독성이 강하다는 것을 나타낸다.

정답 37 ② 38 ① 39 ③ 40 ③

41 주방에서 식기류 등의 소독제로 사용하기에 적절한 것은?

① 승 홍
② 생석회
③ 포르말린
④ 표백분

해설 ① 피부 소독 등에 사용된다.
② 구제방역용으로 사용된다.
③ 소독제, 살균제, 방부제로 사용되나 발암성 물질로 엄격한 관리가 요구된다.

42 실내의 마룻바닥이나 오물 소독에 많이 사용되는 소독약제는?

① 석탄산
② 과산화수소
③ 역성비누
④ 승 홍

해설 석탄산(Phenol)
- 살균작용 : 단백질의 응고 및 용해작용, 효소의 저지작용
- 소독액의 농도 : 3% 수용액
- 용도 : 의류, 용기, 실험대, 배설물 등의 소독

43 다음 중 식품안전관리인증기준(HACCP)을 수행하는 단계에 있어서 가장 먼저 실시하는 것은?

① 중요관리점 규명
② 관리기준 설정
③ 기록유지 방법 설정
④ 식품의 위해요소 분석

해설 HACCP(Hazard Analysis and Critical Control Point) 수행 단계
위해요소 분석(HA ; Hazard Analysis) → 중요관리점(CCP ; Critical Control Point) 규명 → 한계기준 설정 → 모니터링 → 개선조치 설정 → 검증 → 문서화 및 기록유지 방법 설정

41 ④ 42 ① 43 ④ 정답

44 HACCP의 7가지 원칙에 해당하지 않는 것은?

① 중요관리점 결정
② 모니터링 체계 확립
③ 문서화 및 기록 유지
④ 회수명령의 기준 설정

해설 **식품안전관리인증기준(HACCP)의 7가지 원칙**

- 1원칙 : 위해요소 분석
- 2원칙 : 중요관리점 결정
- 3원칙 : 한계기준 설정
- 4원칙 : 모니터링 체계 확립
- 5원칙 : 개선조치 방법 수립
- 6원칙 : 검증 절차 및 방법 수립
- 7원칙 : 문서화 및 기록 유지

45 식중독에 대한 설명으로 가장 적절한 것은?

① 물로 인해서 발생하는 콜레라 등을 말한다.
② 유해물질이 음식물과 함께 섭취되어 일어나는 장해나 질병이다.
③ 일반 감염병과 중독증상의 통칭이다.
④ 유독물질에 의한 화학적 장해만을 말한다.

해설 "식중독"이란 식품 섭취로 인하여 인체에 유해한 미생물 또는 유독물질에 의하여 발생하였거나 발생한 것으로 판단되는 감염성 질환 또는 독소형 질환을 말한다(식품위생법 제2조제14호).

46 다음에서 설명하는 식중독 원인 세균은?

- 3~15%의 산소를 필요로 하는 미호기성 세균이다.
- 집단급식과 관련되어 발생하는 경우가 많고 잠복기는 비교적 길다.
- 그람 음성의 나선상 간균으로 아포를 만들지 않는다.
- 복통은 하복부에서 일어나며, 발열은 38℃ 정도이나 39~40℃의 고열을 보이는 경우도 있다.

① *Salmonella enteritidis*
② *Staphylococcus aureus*
③ *Campylobacter jejuni*
④ *Vibrio parahaemolyticus*

해설 캄필로박터(*Campylobacter*)는 나선형의 미호기성 세균으로, 모양은 나선형 또는 S자형을 나타내며 양 끝에 편모가 있다. 캄필로박터 중에서 C. *jejuni*가 가장 흔한데, 오염된 육류나 물을 섭취할 때 하장관에서 주로 발견되며, 설사, 복통 및 발열을 증상으로 하는 급성 장염과 식중독을 일으킨다.
① *Salmonella enteritidis*는 주로 익히지 않은 달걀에서 감염된다.
② *Staphylococcus aureus*는 그람 양성 구균이다.
④ *Vibrio parahaemolyticus*는 그람 음성 간균이다.

정답 44 ④ 45 ② 46 ③

47 **곰팡이의 유독대사산물이 아닌 것은?**

① 시트리닌
② 파툴린
③ 아플라톡신
④ 삭시톡신

해설 ④ 삭시톡신(Saxitoxin)은 대합, 홍합, 섭조개 등 조개류의 독성성분이다.

48 **포도상구균 식중독을 예방하기 위한 대책으로 보기 어려운 것은?**

① 조리된 식품은 빨리 먹는다.
② 식품취급자는 손을 깨끗이 씻는다.
③ 조리된 식품을 보관하고자 할 때에는 상온(10℃ 이상)에서 보관한다.
④ 식품취급자가 화농성 질환이 있으면 식품취급에 종사하지 않는다.

해설 ③ 조리식품을 보관하여야 할 경우 5℃ 이하의 저온에 보관하여 포도상구균의 증식을 억제하여야 한다.

49 **주요 증상이 구토와 심한 발열(38~40℃)을 일으키는 식중독으로, 감염경로가 쥐나 고양이인 것은?**

① 살모넬라 식중독
② 장염비브리오 식중독
③ 장구균 식중독
④ 보툴리누스 식중독

해설 **살모넬라 식중독**
- 감염경로 : 닭, 쥐, 개, 고양이 등의 장내에서 장내 세균으로 서식
- 잠복기 : 섭취 후 12~36시간이며, 발병률은 75% 이상이지만 사망률은 낮음
- 증상 : 복통, 설사, 전신권태, 두통, 식욕감퇴, 구토, 급격한 발열(38~40℃)과 오한, 전율 등

47 ④ 48 ③ 49 ① 정답

50 장염비브리오균에 의한 식중독의 특성으로 잘못된 것은?

① 원인 세균은 *Vibrio parahaemolyticus*이며 그람 음성의 통성혐기성 간균으로 호염성 세균이다.
② 독소형 식중독이므로 섭취 전 재가열로 충분한 예방이 어렵기 때문에 균이 오염되지 않도록 하는 것이 중요하다.
③ 생선을 날로 섭취하는 우리나라와 일본에서 많이 발생되는 식중독이다.
④ 오염된 식품과 접촉된 행주, 도마 등으로부터 유래되는 2차 오염도 중요한 오염경로이다.

해설 ② 장염비브리오는 감염형 식중독균으로 2~3회 세척 후 충분히 가열 조리하면 예방할 수 있다.

51 세균성 식중독의 예방대책으로 적절하지 않은 것은?

① 도마·식기류는 항상 청결하게 하며 사용 후 열탕 소독한다.
② 식중독 미생물은 식품을 냉동하면 사멸시킬 수 있다.
③ 조리 전후의 식품은 반드시 따로 취급해야 한다.
④ 식품을 장시간에 걸쳐 실온에 방치하지 않는다.

해설 ② 식품을 냉동하면 미생물의 번식이 정지되어 식품의 부패나 변질을 억제할 수 있으나, 식중독 미생물을 사멸시킬 수는 없다.

52 화농성 상처가 있는 사람이 조리한 음식으로부터 발생할 가능성이 가장 큰 식중독 원인균은?

① 살모넬라균 ② 포도상구균
③ 병원성대장균 ④ 장염비브리오균

해설 황색포도상구균은 화농성 질환의 대표적인 원인균으로, 사람이나 동물의 화농소, 건강인의 콧구멍, 목구멍, 손가락, 피부, 모발에 존재한다. 내염성균으로 보통 식품의 염분 농도에서 잘 발육하며, 장독소인 엔테로톡신(Enterotoxin)은 중독, 구역질, 구토를 일으킨다.

53 독소형 식중독의 원인균으로 분류되는 것은?

① *Salmonella enterica*
② *Vibrio parahaemolyticus*
③ *Campylobacter jejuni*
④ *Staphylococcus aureus*

해설 독소형 식중독의 대표적인 균으로 보툴리누스균(*Clostridium botulinum*), 황색포도상구균(*Staphylococcus aureus*) 등이 있다.
① 살모넬라균, ② 장염비브리오균, ③ 캄필로박터 감염증은 감염형 식중독에 해당한다.

정답 50 ② 51 ② 52 ② 53 ④

54 살균이 불충분한 통조림 식품에서 발생되며 치사율이 40% 내외로 상당히 높은 치사율을 보이는 독소형 식중독은?

① 살모넬라 식중독　　② 보툴리누스 식중독

③ 대장균 식중독　　④ 장염비브리오 식중독

해설 **보툴리누스 식중독**

원인균인 *Clostridium botulinum*은 편성혐기성균이며, 아포를 형성하고 내열성이 있다. 보툴리누스균은 증식할 때 강력한 독소를 생성하며 이 독소에 의하여 식중독이 일어난다.

55 복어 중독사고가 발생했을 때 응급처치 방법으로 잘못된 것은?

① 쌀뜨물이나 물을 다량 마시게 한다.

② 이뇨작용이 있는 녹차를 다량으로 마시게 한다.

③ 마비가 시작되면 끊임없이 걷게 한다.

④ 손가락을 목구멍 깊이 넣어 토하게 한다.

해설 복어 중독 시 최대한 빨리 유독물을 구토하게 해야 한다. 손가락으로 인두를 자극하여 구토를 하게 하거나 물, 미온수, 식염수 등을 다량으로 마시게 해 위 안의 내용물을 전부 토해내게 한 다음 위를 씻어 내야 한다.

56 조개류 중독의 원인이 되는 성분은?

① 베네루핀(Venerupin)　　② 사포게닌(Sapogenin)

③ 아트로핀(Atropine)　　④ 무스카린(Muscarine)

해설 베네루핀(Venerupin)은 모시조개, 굴, 바지락 등에서 발견되는 신경성 패독이다.

② 참마, ③ 미치광이풀, 가지독말풀, ④ 독버섯

57 식품과 독성분이 맞게 연결된 것은?

① 독미나리 – 베네루핀(Venerupin)

② 섭조개 – 삭시톡신(Saxitoxin)

③ 청매 – 시큐톡신(Cicutoxin)

④ 감자 – 아미그달린(Amygdalin)

해설 ① 독미나리 : 시큐톡신(Cicutoxin)

③ 청매 : 아미그달린(Amygdalin)

④ 감자 : 솔라닌(Solanine)

54 ② 55 ③ 56 ① 57 ② **정답**

58 **감자의 발아 부분과 녹색 부위에 주로 존재하는 독성물질은?**

① 아미그달린(Amygdalin)
② 무스카린(Muscarine)
③ 테트로도톡신(Tetrodotoxin)
④ 솔라닌(Solanine)

해설 솔라닌(Solanine)은 알칼로이드 배당체로 가지 속(屬) 식물의 줄기나 잎에 함유되어 있으며, 보통 감자가 발아할 때 새눈에 많이 생성되는 독성분이다.

59 **황색포도상구균에 의한 식중독의 예방방법과 관련된 내용으로 잘못된 것은?**

① 화농성 질환을 앓고 있는 사람이 음식을 다루지 않도록 해야 한다.
② 엔테로톡신이 열에 쉽게 파괴되기 때문에 섭취 전 가열 원칙을 잘 지킨다.
③ 식품취급자의 개인위생이 특히 중요하다.
④ 식품은 저온에서 보관하고 조리 후에는 가능한 한 빨리 섭취하도록 한다.

해설 ② 포도상구균의 원인 독소인 엔테로톡신(Enterotoxin)은 열에 강하여 일반조리법으로 파괴하기 어렵다.

60 **다음 중 화학적 식중독의 원인이 아닌 것은?**

① 금속화합물
② 메탄올
③ 식품첨가물
④ 히스타민(Histamine) 중독

해설 세균에 의해서 생성된 히스티딘이 탈탄산 작용에 의해 히스타민으로 되어 어육 중에 축적되면 알레르기성 식중독을 일으킨다.

61 **복어의 독성분인 것은?**

① 테트로도톡신(Tetrodotoxin)
② 삭시톡신(Saxitoxin)
③ 베네루핀(Venerupin)
④ 아플라톡신(Aflatoxin)

해설 ② 섭조개, ③ 바지락, ④ 견과류(땅콩)

정답 58 ④ 59 ② 60 ④ 61 ①

62 버섯으로 인해 식중독을 일으키는 독성분은?

① 아마니타톡신(Amanitatoxin)
② 아트로핀(Atropin)
③ 솔라닌(Solanine)
④ 엔테로톡신(Enterotoxin)

해설 아마니타톡신(Amanitatoxin)은 알광대버섯, 흰알광대버섯, 독우산광대버섯의 유독성분으로 섭취 후 6~12시간이 지나면 구토, 설사, 간장장애, 신장장애, 경련, 혼수 등을 일으킨다.

63 다음 식품에서 발생하는 곰팡이 독에 대한 설명으로 옳은 것은?

① 저장 곡류, 두류, 땅콩류 등은 곰팡이가 살기 어려운 농산물에 속한다.
② 마이코톡신은 곰팡이의 2차 대사산물로 생산되어 생물에 대하여 독성을 나타내는 물질을 총칭하는 것으로 곰팡이 독을 지칭한다.
③ 아플라톡신은 페니실륨(*Penicillium*) 속의 곰팡이가 생산하는 독소의 대표적인 이름이다.
④ 곰팡이 번식의 가장 기본적인 영향 요인은 온도와 습도이며, 아플라톡신 오염은 특히 한랭지에서 생산 수확된 농산물에서 문제가 된다.

해설 ① 곰팡이는 탄수화물이 풍부한 저장 곡류, 두류, 땅콩류 등에 서식한다.
③ 아플라톡신은 아스페르길루스(*Aspergillus*) 속의 곰팡이가 생산하는 독소의 이름이다.
④ 아플라톡신은 온도가 25~30℃, 수분이 16% 이상일 때 특정 곰팡이에 의해 생성되는 2차 대사산물이다.

64 조리사를 꼭 두어야 하는 경우는?

① 영양사가 조리사의 면허를 받은 경우
② 1회 급식인원 100명 미만의 산업체인 경우
③ 복어독 제거가 필요한 복어를 조리·판매하는 영업을 하는 경우
④ 식품접객영업자 자신이 조리사로서 직접 음식물을 조리하는 경우

해설 **조리사를 두어야 하는 식품접객업자(식품위생법 시행령 제36조)**
식품위생법 제51조에서 말하는 "대통령령으로 정하는 식품접객업자"란 식품접객업 중 복어독 제거가 필요한 복어를 조리·판매하는 영업을 하는 자를 말한다. 이 경우 해당 식품접객업자는 국가기술자격법에 따른 복어 조리 자격을 취득한 조리사를 두어야 한다.

62 ① 63 ② 64 ③ 정답

65 조리사가 면허를 타인에게 대여하여 사용하게 한 때 1차 위반 시 행정처분기준은?

① 업무정지 1개월
② 업무정지 2개월
③ 업무정지 3개월
④ 면허취소

해설 **행정처분기준(식품위생법 시행규칙 [별표 23])**
조리사가 면허를 타인에게 대여하여 사용하게 한 경우
- 1차 위반 : 업무정지 2개월
- 2차 위반 : 업무정지 3개월
- 3차 위반 : 면허취소

66 조리사가 면허증을 잃어버렸거나 헐어 못쓰게 된 때에는 재발급에 필요한 서류를 누구에게 제출해야 하는가?

① 시·도지사
② 보건복지부장관
③ 특별자치시장·특별자치도지사·시장·군수·구청장
④ 식품의약품안전처장

해설 **면허증의 재발급 등(식품위생법 시행규칙 제81조제1항)**
조리사는 면허증을 잃어버렸거나 헐어 못 쓰게 된 경우에는 조리사 면허증 발급·재발급 신청서에 사진 1장과 면허증(헐어 못 쓰게 된 경우만 해당)을 첨부하여 특별자치시장·특별자치도지사·시장·군수·구청장에게 제출해야 한다.

67 조리사의 면허취소 사유에 해당되지 않는 것은?

① 면허를 타인에게 대여하여 사용하게 한 경우
② 업무정지기간 중에 조리사의 업무를 하는 경우
③ 위생과 관련한 중대한 사고 발생에 직무상의 책임이 있는 경우
④ 조리한 식품이 변질되었을 경우

해설 **면허취소 등(식품위생법 제80조제1항)**
식품의약품안전처장 또는 특별자치시장·특별자치도지사·시장·군수·구청장은 조리사가 다음의 어느 하나에 해당하면 그 면허를 취소하거나 6개월 이내의 기간을 정하여 업무정지를 명할 수 있다. 다만, 조리사가 결격사유의 어느 하나에 해당하거나 업무정지기간 중에 조리사의 업무를 하는 경우에 해당할 경우 면허를 취소하여야 한다.
- 결격사유의 어느 하나에 해당하게 된 경우
- 교육을 받지 아니한 경우
- 식중독이나 그 밖에 위생과 관련한 중대한 사고 발생에 직무상의 책임이 있는 경우
- 면허를 타인에게 대여하여 사용하게 한 경우
- 업무정지기간 중에 조리사의 업무를 하는 경우

정답 65 ② 66 ③ 67 ④

68 **총리령으로 정하는 위생등급 기준에 따라 위생관리 상태 등이 우수한 일반음식점에 부여할 수 있는 위생등급업소는?**

① 우량업소
② 일반업소
③ 모범업소
④ 위생업소

해설 **모범업소의 지정 등(식품위생법 제47조제1항)**
특별자치시장・특별자치도지사・시장・군수・구청장은 총리령으로 정하는 위생등급 기준에 따라 위생관리 상태 등이 우수한 식품접객업소(공유주방에서 조리・판매하는 업소를 포함) 또는 집단급식소를 모범업소로 지정할 수 있다.

69 **농수산물의 원산지 표시 등에 관한 법률상 농수산물의 원산지 표시를 심의하는 주체는?**

① 특별자치시장
② 시장・군수・구청장
③ 농수산물 명예감시회
④ 농수산물품질관리심의회

해설 **농수산물의 원산지 표시의 심의(농수산물의 원산지 표시 등에 관한 법률 제4조)**
농산물・수산물 및 그 가공품 또는 조리하여 판매하는 쌀・김치류, 축산물 및 수산물 등의 원산지 표시 등에 관한 사항은 농수산물 품질관리법에 따른 농수산물품질관리심의회에서 심의한다.

70 **농수산물의 원산지 표시 등에 관한 법률상 원산지 표시 등의 위반에 대한 처분을 하는 주체가 아닌 것은?**

① 식품의약품안전처장
② 해양수산부장관
③ 관세청장
④ 시장・군수・구청장

해설 **원산지 표시 등의 위반에 대한 처분 등(농수산물의 원산지 표시 등에 관한 법률 제9조제1항)**
농림축산식품부장관, 해양수산부장관, 관세청장, 시・도지사 또는 시장・군수・구청장은 제5조(원산지 표시)나 제6조(거짓 표시 등의 금지)를 위반한 자에 대하여 표시의 이행・변경・삭제 등 시정명령, 위반 농수산물이나 그 가공품의 판매 등 거래행위 금지의 처분을 할 수 있다.

68 ③ 69 ④ 70 ① **정답**

01 **다음 작업환경 안전관리 지침 중에서 직접적인 대책의 안전관리 지침이 아닌 것은?**

① 기계・설비를 정기 점검한다.
② 정기적으로 안전교육을 시행한다.
③ 작업순서에 따라 정확한 작업이 이루어지도록 한다.
④ 작업자가 넘어지거나 미끄러지는 등의 위험이 없도록 작업장 바닥을 청결한 상태로 유지한다.

해설 ② 정기적인 안전교육 시행은 간접적인 대책의 안전관리 지침에 해당한다.

02 **작업장 안전관리 시 작업장 주변 정리정돈에 관한 설명이 아닌 것은?**

① 사용한 장비・도구는 적합한 보관장소에 정리해 두어야 한다.
② 굴러다니기 쉬운 것은 받침대를 사용하고 가능한 묶어서 적재 또는 보관한다.
③ 부식 및 발화 가연제 또는 위험물질은 별도로 구분하여 보관한다.
④ 적재물은 사용 시기, 용도별로 구분하여 정리하고, 먼저 사용할 것은 상부에 보관한다.

해설 ④ 적재물은 사용 시기, 용도별로 구분하여 정리하고, 먼저 사용할 것은 하부에 보관한다.

03 **작업장 내 온・습도관리 및 조명 유지에 대한 내용으로 틀린 것은?**

① 조리작업장의 권장 조도는 143~161lx이다.
② 작업장은 백열등이나 색깔이 향상된 형광등을 사용한다.
③ 상대습도는 20~40% 정도가 매우 적당하다.
④ 작업장 온도는 겨울엔 18.3~21.1℃ 사이, 여름엔 20.6~22.8℃ 사이를 유지한다.

해설 ③ 상대습도는 40~60% 정도가 매우 적당한데, 높은 습도에서는 불쾌지수를 경험하고, 낮은 습도에서는 피부와 코의 건조를 일으킨다.

정답 1 ② 2 ④ 3 ③

04 개인 안전보호구 선택 원칙이 아닌 것은?

① 깨끗하게 세탁하면 공동으로 사용해도 된다.
② 사용 목적에 맞는 보호구를 갖추고 작업 시 반드시 착용한다.
③ 항상 사용할 수 있도록 하고 청결하게 보존·유지한다.
④ 작업자는 보호구의 착용을 생활화하여야 한다.

해설 ① 안전보호구는 개인 전용으로 사용하도록 한다.

05 법정 안전교육에 대한 설명 중 옳지 않은 것은?

① 사무직 종사 근로자는 매 반기 6시간 이상 정기교육을 받아야 한다.
② 일용근로자는 채용 시에 8시간 이상 안전교육을 받아야 한다.
③ 작업내용 변경 시 일용근로자는 1시간 이상 안전교육을 받아야 한다.
④ 안전교육 과정은 정기교육, 채용 시 교육, 작업내용 변경 시 교육, 특별교육 등이 있다.

해설 ② 일용근로자는 채용 시에 1시간 이상 안전교육을 받아야 한다.
※ 산업안전보건법 시행규칙 [별표 4] 참고

06 다음은 무엇에 대한 내용인가?

- 인화성 물질 적정 보관 여부를 점검한다.
- 출입구 및 복도, 통로 등에 적재물 비치 여부를 점검한다.
- 비상통로 확보상태, 비상조명등 예비 전원 작동상태를 점검한다.

① 작업장 위생관리 ② 개인 안전관리
③ 화재 예방 ④ 안전용품 관리

해설 **화재 예방 지침**
- 화재의 원인이 될 수 있는 곳을 점검하고 화재진압기를 배치, 사용한다.
- 인화성 물질 적정 보관 여부를 점검한다.
- 소화기구의 화재안전기준에 따른 소화전함, 소화기 비치 및 관리, 소화전함 관리상태를 점검한다.
- 출입구 및 복도, 통로 등에 적재물 비치 여부를 점검한다.
- 비상통로 확보상태, 비상조명등 예비 전원 작동상태를 점검한다.
- 자동 확산 소화용구 설치의 적합성 등에 대해 점검한다.

4 ① 5 ② 6 ③ 정답

07 다음은 무엇에 대한 설명인가?

다른 장소로 옮겨갈 때는 칼끝을 정면으로 두지 않고, 지면을 향하게 한다.

① 칼의 유지보수
② 칼의 사용안전
③ 칼의 이동안전
④ 칼의 보관안전

해설 **칼의 안전관리**

칼의 사용안전	• 칼을 사용할 때는 정신을 집중하고 안정된 자세로 작업에 임한다. • 칼로 캔을 따거나 기타 본래 목적 이외에 사용하지 않는다.
칼의 이동안전	칼을 들고 다른 장소로 이동할 때는 칼끝을 지면을 향하게 하고 칼날을 뒤로 가게 한다.
칼의 보관안전	• 칼을 보이지 않는 곳에 두거나 물이 든 싱크대 등에 담가 놓지 않는다. • 칼을 사용하지 않을 때에는 안전함에 넣어서 보관한다.

08 재해 발생 원인에 대한 설명으로 적절하지 않은 것은?

① 불안전한 상태는 사고의 간접원인으로 기계설비의 불안전한 상태를 말한다.
② 불안전한 행동은 인적 요인에 의해 나타난다.
③ 매장 내 사고는 불안전한 상태 및 행동에 의해서 발생된다.
④ 불안전한 상태는 일반적으로 물적 결함으로 나타나게 된다.

해설 **사고의 원인이 되는 물적 결함 상태**

- 불안전한 상태는 사고의 직접원인으로 기계설비의 불안전한 상태로 정의한다.
- 불안전한 상태는 일반적으로 물적 결함으로 나타나게 된다.
- 안전사고 요인이 될 수 있는 기계설비, 시설 및 환경의 불안전한 상태를 조사한다.

09 다음 중 나머지 셋과 성격이 다른 것은?

① 기계・기구 잘못 사용
② 불안전한 속도 조작
③ 감독 및 연락 불충분
④ 기계설비의 불안전한 상태

해설 ④는 사고의 원인 중 불안전한 상태의 직접적인 원인인 물적 결함에 대한 설명이다. ①, ②, ③은 불안전한 행동(인적 요인)에 대한 설명이다.

정답 7 ③ 8 ① 9 ④

10 응급처치 시 지켜야 할 원칙으로 적절하지 않은 것은?

① 환자에게 자신의 신분을 밝힌다.
② 응급처치 현장에서의 자신의 안전을 확인한다.
③ 응급환자를 처치할 때 원칙적으로 의약품을 사용하지 않는다.
④ 최초로 응급환자를 발견하고 응급처치를 시행하기 전 환자의 생사 유무를 판정한다.

해설 **응급처치 시 꼭 지켜야 할 확인사항**
- 응급처치 현장에서의 자신의 안전을 확인한다.
- 환자에게 자신의 신분을 밝힌다.
- 최초로 응급환자를 발견하고 응급처치를 시행하기 전 환자의 생사 유무를 판정하지 않는다.
- 응급환자를 처치할 때 원칙적으로 의약품을 사용하지 않는다.
- 응급환자에 대한 처치는 어디까지나 응급처치로 그치고 전문 의료요원의 처치에 맡긴다.

CHAPTER 03 | 공중보건

01 Winslow에 의한 공중보건학의 정의에 관한 내용으로 맞는 것은?

① 질병예방, 생명연장, 신체적·정신적 효율 증진
② 육체적 효율증진, 질병치료, 생명연장
③ 질병치료, 생명연장, 육체적·정신적 효율 증진
④ 질병예방, 질병치료, 생명연장

해설 **공중보건의 정의(Winslow)**
공중보건학이란 조직적인 지역사회의 노력을 통하여 질병을 예방하고, 생명을 연장시키며 신체적·정신적 효율을 증진시키는 기술이며 과학이다.

10 ④ / 1 ① 정답

02 자외선에 대한 설명으로 틀린 것은?

① 가시광선보다 짧은 파장이다.
② 피부의 홍반 및 색소침착을 일으킨다.
③ 인체 내 비타민 D를 형성하게 하여 구루병을 예방한다.
④ 고열물체의 복사열을 운반하므로 열선이라고도 하며, 피부 온도를 상승시킨다.

해설 ④는 적외선에 대한 설명이다.

03 Vitamin D 합성과 관계있는 것은?

① 적외선
② 감마선
③ 자외선
④ 우주선

해설 피부에서 에르고스테롤은 자외선에 의해 비타민 D로 전환된다.

04 망막을 자극하여 명암과 색채를 식별하게 하는 광선은?

① 자외선
② 가시광선
③ 적외선
④ 중적외선

해설 ② 가시광선은 눈의 망막을 자극하여 명암과 색깔을 구별하게 하며 5,500Å의 빛에서 가장 강하게 느낀다.

05 오존층 파괴로 인하여 생길 수 있는 가장 심각한 질병은?

① 위장염
② 관절염
③ 피부암
④ 폐 렴

해설 환경오염으로 오존층이 파괴된다면 자외선의 투과량을 증가시켜 인체의 면역기능을 약화시키고 피부암의 발생을 증가시킬 수 있다.

정답 2 ④ 3 ③ 4 ② 5 ③

06 4대 온열요소가 아닌 것은?

① 기 온 ② 기 습
③ 기 류 ④ 기 압

해설 4대 온열요소 : 기온, 기습, 기류, 복사열

07 감각온도의 3요소가 아닌 것은?

① 온 도 ② 습 도
③ 기 류 ④ 기 압

해설 감각온도는 기온(온도), 기습(습도), 기류의 3요소가 종합작용에 의하여 인체에 주는 온감을 말한다.

08 사람에게 가장 쾌적감을 주는 습도의 범위는?

① 10~20% ② 20~40%
③ 40~70% ④ 70~90%

해설 습도는 공기 중의 수분량에 의해 결정되며, 쾌적 조건을 만족하려면 40~70% 범위 내에서 상대습도가 유지되어야 한다.

09 인공조명 중 눈의 건강에 가장 바람직한 조명방법은?

① 직접조명 ② 일반조명
③ 반직접조명 ④ 간접조명

해설 ④ 간접조명은 직접조명보다 부드러운 느낌을 주고, 명암의 차이가 적어 시력을 보호한다.

6 ④ 7 ④ 8 ③ 9 ④ 정답

10 자연환기가 잘되기 위한 중성대의 위치는?

① 방바닥 가까이 형성될 때
② 천장 가까이 형성될 때
③ 방바닥과 천장의 중간대에 형성될 때
④ 방바닥과 천장의 중간대에서 약간 밑으로 형성될 때

해설 중성대(Neutral Zone)가 천장 가까이에 형성될 때 환기량이 크며, 방바닥 가까이 있으면 환기량은 적어진다.

11 동물이나 식물에게 가장 큰 피해를 주는 오염물질은?

① 아황산가스 ② 이산화질소
③ 산 소 ④ 이산화탄소

해설 ① 아황산가스(SO_2)는 대기오염의 지표물질로 동물의 호흡기 질환과 식물의 성장에 영향을 준다.

12 공기의 자정작용(自淨作用) 현상이 아닌 것은?

① 기온역전작용 ② 희석작용
③ 세정작용 ④ 산화작용

해설 **공기의 자정작용**
- 공기 자체의 희석작용
- 중력에 의한 침강작용
- 강우, 강설에 대한 세정작용
- 산소, 오존, 과산화수소의 산화작용
- 자외선에 의한 살균 정화작용
- 식물의 이산화탄소 흡수, 산소 배출에 의한 탄소동화작용

13 대기오염으로 인하여 가장 많은 문제를 일으키는 질환은?

① 소화기계 질환 ② 호흡기계 질환
③ 순환기계 질환 ④ 비뇨기계 질환

해설 대기오염 물질은 일반적으로 눈이나 호흡기에 손상을 주며, 점액의 과다 분비, 섬모 운동의 약화, 허파꽈리의 팽창, 기관지 경련 등을 일으킨다. 또한 대기 중 분진의 성분에 따라 규폐증, 진폐증, 탄폐증, 석면 침착증 등의 폐질환을 일으킨다.

정답 10 ② 11 ① 12 ① 13 ②

14 기온역전현상과 관련된 것은?

① 상층의 기온이 하층보다 낮을 때
② 상층의 기온이 하층보다 높을 때
③ 상층과 하층부의 공기가 뒤바뀔 때
④ 상층의 기온과 하층의 기온이 같을 때

해설 **기온역전현상**
기온역전이란 기온의 수직 분포에서 상층으로 갈수록 기온이 올라가는 상태를 말하며 일교차가 큰 봄이나 춥고 긴 겨울밤, 분지, 골짜기, 하천, 댐, 해안 등지에서 잘 발생한다.

15 성층권의 오존층 파괴와 관계가 큰 냉매 물질에 속하는 것은?

① SO_2
② NO_2
③ CFC
④ CO

해설 CFC(Chloro Fluoro Carbon)는 냉매, 발포제, 분사제 등에 쓰이며 일반적으로 프레온 가스라고도 한다. 그러나 지구온난화의 원인 물질이자 오존층을 파괴하는 주범으로 밝혀져 몬트리올 의정서에서 이의 사용을 규제하고 있다.

16 2차 오염물질에 해당하는 것은?

① 황산화물
② 일산화탄소
③ 질소산화물
④ 광화학적 산화물

해설 • 1차 오염물질 : 대기 중으로 직접 배출되는 대기오염 물질(①, ②, ③)
• 2차 오염물질 : 대기 중의 1차 오염물질이 물리·화학반응에 의해 전혀 다른 물질로 생성된 것(④)

17 하천수의 BOD(생물학적 산소요구량)가 높다는 것은?

① 하수의 오염도가 높다.
② 하수의 오염도가 낮다.
③ 어류 서식에 적합하다.
④ 분해 가능한 유기물질이 적게 함유되어 있다.

해설 BOD(생물학적 산소요구량)는 수중 유기물이 호기성 미생물에 의해 분해될 때 소비되는 산소량으로, 20℃의 수온에서 5일 동안 물속의 유기물질을 분해·산화하는 데 필요한 산소의 양으로 정의된다. 그 수치가 클수록 오염도가 높음을 뜻한다.

14 ② 15 ③ 16 ④ 17 ① 정답

18 하수의 혐기성 처리법에 속하는 것은?

① 임호프 탱크법
② 활성슬러지법
③ 살수여상법
④ 안정지법

해설 혐기성 처리법은 산소가 없는 상태에서 유기물을 환원적으로 분해하여 소화하는 방법이다. 종류로 혐기성 소화법, 임호프 탱크법(Imhoff Tank), 부패조 등이 있다.

19 하수처리에서 살수여상법에 대한 설명으로 틀린 것은?(단, 활성슬러지법과 비교)

① 살수여상법은 나비, 파리들이 발생한다.
② 살수여상법은 악취 발생가능성이 높다.
③ 살수여상법은 수량이 급변해도 대처하기 용이하다.
④ 살수여상법은 처리면적이 작아 경제적이다.

해설 **살수여상법의 장단점**

장 점	단 점
• 건설 및 유지관리비가 적다. • 유지관리가 용이하다. • 슬러지 발생량이 작다. • 부하변동 및 독성물질의 유입에 강하다. • 자연적인 통풍이 가능할 경우 에너지 절약효과가 있다.	• 처리효율이 낮다. • 소요부지 면적이 크다. • 처리공정의 손실수두가 크다. • 매체폐쇄현상이 일어날 수 있다. • 산소결핍, 냄새문제 등이 발생하기 쉽다. • 발생슬러지는 쉽게 안정화되지 않는다.

20 일반폐기물의 처리방법 중 지하수 오염의 가능성이 있는 것은?

① 소각처리
② 매립처리
③ 마쇄법
④ 재활용법

해설 매립법은 쓰레기 처리가 간편하고 처리비용이 저렴하지만 쓰레기에서 발생하는 침출 오수가 토양 및 지하수를 오염시킬 수 있다.

정답 18 ① 19 ④ 20 ②

21 수인성 감염병에 속하는 것은?

① 장티푸스
② 홍 역
③ 결 핵
④ 파상풍

해설 **수인성 감염병의 종류** : 장티푸스, 파라티푸스, 세균성 이질, 콜레라, A형간염 등

22 음식점의 주방에서 발생하는 쓰레기는 어디에 해당하는가?

① 주 개
② 가연성 진개
③ 불연성 진개
④ 재활용성 진개

해설 **오물(진개)의 종류**
- 주개(제1류) : 주방에서 나오는 동·식물성 쓰레기
- 가연성 진개(제2류) : 종이, 나무, 고무
- 불연성 진개(제3류) : 금속, 도기, 식기, 토사류
- 재활용성 진개(제4류) : 플라스틱류, 병류 등

23 쓰레기 처리방법 중 매립법의 문제점과 가장 거리가 먼 것은?

① 해충이나 쥐의 발생이 우려된다.
② 수질오염이 우려된다.
③ 화재 발생이 우려된다.
④ 소음·진동 발생의 민원이 우려된다.

해설 **매립법의 장단점**

장 점	단 점
• 전처리가 간단(압축 또는 파쇄 후 매립) • 악취제거 및 폐기물의 비산억제 • 매립지의 사후 활용(택지 및 공원)	• 해충이나 쥐의 발생 우려 • 침출수에 의한 지하수 오염 우려 • 가스 발생으로 인한 문제(화재) • 지반 침하의 우려

21 ① 22 ① 23 ④ **정답**

24 진개처리법과 가장 거리가 먼 것은?

① 위생적 매립법
② 소각법
③ 비료화법
④ 활성슬러지법

해설 ④ 활성슬러지법은 하수처리 방법에 속한다.

25 다음 중 쓰레기 매립지에서 혐기성 분해로 발생하는 대표적인 기체와 가장 관계가 먼 것은?

① 메탄가스
② 이산화탄소
③ 탄산가스
④ 황화수소

해설 쓰레기가 혐기적 상태에서 분해할 때 발생하는 가스는 메탄가스, 이산화탄소, 황화수소, 암모니아 가스이다.

26 구충·구서의 일반적인 원칙이라 할 수 없는 것은?

① 발생 초기에 구제
② 성충이 된 후 해충 구제
③ 발생원 및 서식처 제거
④ 광범위하게 동시에 구제

해설 **구충·구서의 일반적인 원칙**
- 발생원 및 서식처를 제거한다.
- 발생 초기에 실시한다.
- 구제 대상 동물의 생태 습성에 맞추어 실시한다.
- 구충·구서는 광범위하게 동시에 실시한다.

정답 24 ④ 25 ③ 26 ②

27 매개곤충과 감염병의 연결이 틀린 것은?

① 이 – 발진티푸스, 재귀열
② 바퀴 – 콜레라, 회충
③ 파리 – 결핵, 페스트, 발진열
④ 모기 – 일본뇌염, 황열, 말라리아

해설 ③ 페스트, 발진열은 벼룩에 의해 매개된다.

28 생물학적 산소요구량(BOD) 측정 시 온도와 측정기간은?

① 10℃에서 5일간
② 10℃에서 7일간
③ 20℃에서 5일간
④ 20℃에서 7일간

해설 생물학적 산소요구량(BOD)은 유기물질을 20℃에서 5일간 안정화시키는 데 소비되는 산소량으로, 수치가 높게 나오면 하수오염도가 높다는 뜻이다.

29 쥐에 의한 질병의 대상이 아닌 것은?

① 페스트
② 발진티푸스
③ 발진열
④ 렙토스피라증

해설 ② 발진티푸스는 이가 매개하는 감염병이다.

30 접촉감염지수가 가장 높은 질병은 무엇인가?

① 홍 역
② 성홍열
③ 백일해
④ 디프테리아

해설 감수성지수(접촉감염지수)는 미감염자에게 병원체가 침입하였을 때 발병하는 비율을 말한다. 홍역, 천연두(두창)는 95%, 백일해는 60~80%, 성홍열은 40%, 디프테리아는 10%, 소아마비(폴리오)는 0.1%이다.

27 ③ 28 ③ 29 ② 30 ① 정답

31 **다음 중 매개곤충이 없어도 전파되는 질병은?**

① 장티푸스 ② 발진티푸스
③ 말라리아 ④ 페스트

해설 ① 장티푸스는 오염된 음료수와 비위생적이거나 불결한 음식과 생활을 통해 감염된다.

32 **음료수 및 식품에 오염되어 콩팥(신장)장애의 이상을 유발하는 유독물질은 무엇인가?**

① 크로뮴 ② 구 리
③ 시안화합물 ④ 카드뮴

해설 카드뮴 중독은 호흡곤란, 흉부압박감, 식욕부진, 심폐기능부전을 일으키며 심폐기능부전이 심할 경우 사망까지 이르게 한다. 또 식물과 물을 통해 인체에 유입되면 구토와 설사, 복통, 위염, 두통, 근육통을 일으키며, 만성독성에 걸리면 비염과 불면, 빈혈, 간장 및 신장장해, 골격변화 등이 발생한다.

33 **다음 중 수질검사에서 과망가니즈산칼륨(과망간산칼륨)의 소비량을 측정하는 이유는?**

① 경도 및 탁도의 측정
② 일반 세균균의 측정
③ 유기물의 양 추정
④ 대장균군의 추정

해설 ③ 과망가니즈산칼륨(과망간산칼륨)의 소비량으로 수중의 유기물 함량을 추정할 수 있다.

34 **다음 중 채독증을 일으키는 기생충은?**

① 구 충 ② 간흡충
③ 회 충 ④ 말레이사상충

해설 ① 구충(십이장충)에 감염되었을 때 발생되는 증상을 채독증이라고 한다. 목구멍이 가렵고 기침을 하며 얼굴이 붓고, 급성위장염 증상이 나타난다.

정답 31 ① 32 ④ 33 ③ 34 ①

35 다음 일광 중 열작용이 강하여 열사병의 원인이 되는 것은?

① 자외선　　② 적외선
③ 가시광선　　④ 감마선

해설 ② 적외선에 장시간 노출되면 두통, 현기증, 열경련, 열사병과 백내장이 발생되기도 한다.

36 만성카드뮴 중독의 3대 증상으로 볼 수 없는 것은?

① 빈 혈　　② 폐기종
③ 신장기능장애　　④ 단백뇨

해설 0.1~1mg/m^3 정도의 산화카드뮴 증기에 수년간 폭로되면 폐기종, 신장기능장애, 단백뇨의 만성카드뮴 중독의 3대 증상이 생긴다.

37 잠함병의 주요 원인이 되는 공기의 성분은?

① 질 소
② 산 소
③ 일산화탄소
④ 이산화탄소

해설 잠함병은 감압병이라고도 하며 고기압 상태에서 정상기압 상태로 급히 복귀할 때 혈액에 녹아 있던 질소 성분이 체외로 배출되지 않고 체내에 용류하여 질소 기포를 형성, 신체 각 부위에 공기 색전증을 일으킨다.

38 불량조명에 의해 발생되는 직업병은?

① 안정피로　　② 규폐증
③ 잠함병　　④ 열경련

해설 ① 안정피로는 불량조명이나 현휘가 과도한 업무에서 장시간 눈을 사용할 때 발생한다.
※ 현휘 : 어둠에 적응된 상태에서 밝은 광선이 들어왔을 때 생기는 눈의 불쾌감이나 시력 저하 상태

35 ② 36 ① 37 ① 38 ① 정답

39 **밀폐된 실내에 다수인이 밀집되어 있을 때, 군집독(Crowd Poisoning)이 일어나기 쉽다. 가장 중요시되는 예방책은?**

① 환 기 ② 호흡조절
③ 체온보호 ④ 수분공급

해설 군집독(Crowd Poisoning)은 다수인이 밀폐된 실내에 장시간 있을 때 실내 공기의 물리·화학적 변화로 불쾌감, 두통, 오심, 권태, 메스꺼움, 구토, 식욕부진 등의 증상이 나타나는 현상이다.

40 **고온 환경에서 지나친 발한으로 인한 수분과 염분 손실이 원인이 되는 열중증은?**

① 열경련 ② 열허탈
③ 열사병 ④ 열성발진

해설 **고온 환경에서 발생될 수 있는 질병**

- 열중증 : 높은 기온과 습한 환경에서 장시간 노출될 때 나타나는 여러 가지 신체장애를 말한다.
- 열경련 : 과도한 발한에 의한 탈수와 염분 손실로 인해 두통과 근육 경련 등이 나타나는 것을 말한다. 주로 땀을 많이 흘림으로써 발생되는 질환이다.
- 열허탈 : 장기간 고열 노출 시 심박수 증가가 표준 한도를 넘을 때 발생되는 순환장애이다.

41 **직업병의 예방대책이라 할 수 없는 것은?**

① 작업환경의 개선
② 예방접종의 실시
③ 근로시간의 적정화
④ 보호구의 착용

해설 **직업병 예방대책**

- 작업환경을 철저하게 관리하여 유해물질이 발생하는 것을 방지한다.
- 작업조건이 근로자에게 적정한지 조사하고 부적당한 점이 있으면 이를 시정 개선한다.
- 근로자의 채용 시 신체검사 및 정기건강진단을 실시하고, 유해업무에는 반드시 보호구를 사용하게 함으로써 위험에 직접 노출되는 일이 없도록 한다.

42 **다음 중 저기압 상태에서 올 수 있는 질병은?**

① 잠함병 ② 고산병
③ 신경통 ④ 저혈압

해설 고산병, 항공병은 저기압 환경에서 발생되는 질병이다.

정답 39 ① 40 ① 41 ② 42 ②

43 다음 중 작업환경 조건과 질병과의 연결이 바르게 된 것은?

① 조리장 - 열쇠약증 ② 채석장 - 위장장애
③ 고기압 - 고산병 ④ 저기압 - 잠함병

해설 ② 채석장 : 진폐증
③ 고기압 : 잠함병
④ 저기압 : 고산병

44 고온작업 근로자들이 주로 섭취해야 할 영양소는?

① 비타민 A ② 비타민 E
③ 설 탕 ④ 비타민 F

해설 고온작업 근로자들은 비타민 A, B_1, C, 소금 등을 섭취하는 것이 좋다. 중노동 근로자들은 비타민 식품과 칼슘 강화식품(된장, 우유, 간장, 강화미 등)을 섭취하는 것이 좋다.

45 역학의 목적에 해당하지 않는 것은?

① 질병 발생의 요인 규명
② 임상치료기술의 개발
③ 보건의료 기획을 위한 자료 제공
④ 질병 유행의 감시 역할

해설 **역학의 목적**
- 질병의 자연사에 대한 기술적 역할
- 질병 발생의 원인 규명
- 질병 발생의 유행 여부 및 감시의 역할
- 보건사업의 기획과 평가자료의 제공
- 임상연구에의 활용(치료방법에 따른 효과 측정 등)

46 타 연구에 비하여 시간과 비용이 적게 들고 특히 희귀질병의 조사에 적합한 것은?

① 임상 연구 ② 코호트 연구
③ 단면조사 연구 ④ 환자-대조군 연구

해설 환자-대조군 연구는 연구하고자 하는 질병이 있는 집단(환자군)과 없는 집단(대조군)을 선정하여 질병의 발생과 관련되어 있으리라 생각하는 잠정적 위험요인에 대한 두 집단의 과거 노출률을 비교하는 방법으로, 분석역학 중에서 초기단계에 가장 널리 사용된다.

43 ① 44 ① 45 ② 46 ④ 정답

47 감염병 유행의 3대 요인으로 바르게 짝지어진 것은?

① 감염원, 감염경로, 감수성 숙주
② 병원체, 병원소, 전파
③ 병원체, 병원소, 병원체 침입
④ 전파, 병원체 침입, 숙주

해설 **감염병 유행의 3대 요인**
- 감염원 : 병원체를 내포하는 모든 것
- 감염경로 : 병원체 전파수단이 되는 모든 환경요인
- 감수성 숙주 : 침입한 병원체에 대하여 감염이나 발병을 저지할 수 없는 상태

48 급성 감염병이 발생했을 때 가장 우선적으로 실시해야 할 역학조사는?

① 감염원 확인
② 전파관리 방법
③ 감염병 치료법
④ 환자의 인적사항

해설 ① 급성 감염병이 발생했을 때 가장 우선적으로 실시해야 할 역학조사는 감염원 확인이다.

49 질병의 시간적 특성에 의한 발생 양상 중 수십 년의 기간을 두고 유행을 하는 것은?

① 불규칙 변화
② 계절적 변화
③ 단기적 변화
④ 추세변화

해설 ① 불규칙 변화 : 돌발적으로 발생하는 유행으로 수인성 감염병, 환경오염성 질병, 외래감염병 등이 속한다.
② 계절적 변화 : 1년 주기로 계절적으로 반복 변화하는 현상으로, 소화기계 감염병은 여름에, 호흡기계 감염병은 겨울에 유행한다.
③ 단기적 변화(순환변화) : 단기간을 순환적으로 반복 유행하는 주기적 변화로, 백일해 · 홍역은 2~4년, 유행성 뇌염은 3~4년의 주기로 유행한다.

정답 47 ① 48 ① 49 ④

50 홍역에 관한 설명 중 옳은 것은?

① 세균에 의한 감염병이다.
② 일반적으로 성인이 많이 걸리는 감염병이다.
③ 열과 발진이 생기는 호흡기계 감염병이다.
④ 자연능동면역으로 일시 면역된다.

해설 ③ 홍역은 홍역 바이러스 감염에 의한 급성 발열성 발진성 질환으로, 호흡기 분비물 등의 비말 또는 공기감염을 통해 전파된다.
① 바이러스에 의한 감염병이다.
② 일반적으로 소아가 많이 걸리는 감염병이다.
④ 한번 걸린 후 회복되면 영구면역이 된다.

51 병원체가 매개곤충 내에서 일정 기간 발육 또는 증식 등의 변화를 거쳐 전파되는 방식은?

① 직접 전파
② 기계적 전파
③ 화학적 전파
④ 생물학적 전파

해설 생물학적 전파는 곤충이 병원체를 받아들인 후 증식, 발육을 거쳐 사람의 몸으로 삽입하는 것으로, 증식형(흑사병, 뇌염, 황열, 발진티푸스, 유행성 재귀열, 발진열, 뎅기열 등), 발육형(사상충증 등), 발육증식형(말라리아 등), 배설형(발진티푸스, 발진열, 페스트 등), 경란형(로키산 홍반열, 양충병, 진드기 매개질병 등)으로 구분할 수 있다.

52 침입경로에 따른 질병의 분류 중 호흡기계 감염병에 속하는 것은?

① 폴리오
② 백일해
③ 트라코마
④ 파상풍

해설 **호흡기계 감염병** : 디프테리아, 유행성 감기, 백일해, 홍역, 천연두(두창), 성홍열, 풍진, 유행성 이하선염 등

53 먹는 물이나 음식물을 통하여 전파되는 소화기계 감염병이 아닌 것은?

① 폴리오
② 장티푸스
③ 콜레라
④ 렙토스피라증

해설 렙토스피라증은 렙토스피라균 감염에 의한 인수공통질환으로, 감염된 동물(개, 돼지, 들쥐, 집쥐 등)은 만성적으로 보균상태를 유지하면서 렙토스피라균을 소변으로 배설하여 흙, 지하수, 개울, 강물 등을 오염시키며 사람과 동물은 오염된 소변에 직접 접촉하거나 오염된 물이나 환경에 간접적으로 노출되어 감염(경피감염)된다.

50 ③ 51 ④ 52 ② 53 ④ 정답

54 감염병의 예방을 위하여 생균백신을 이용하는 질병으로 바르게 짝지어진 것은?

① 장티푸스, 디프테리아　　② 백일해, 폴리오
③ 파상풍, 세균성 이질　　④ 홍역, 결핵

해설 **백 신**
- 생균백신 : 홍역, 결핵, 황열, 폴리오, 탄저, 두창
- 사균백신 : 파라티푸스, 장티푸스, 콜레라, 백일해, 일본뇌염, 폴리오 등
- 순화독소(Toxoid) : 디프테리아, 파상풍 등

55 다음 중 회복기 보균자에 대한 설명으로 옳은 것은?

① 병원체에 감염되어 있지만 임상 증상이 아직 나타나지 않은 상태의 사람
② 병원체를 몸에 지니고 있으나 겉으로는 증상이 나타나지 않는 건강한 사람
③ 질병의 임상 증상이 회복되는 시기에도 여전히 병원체를 지닌 사람
④ 몸에 세균 등 병원체를 오랫동안 보유하고 있으면서 자신은 병의 증상을 나타내지 아니하고 다른 사람에게 옮기는 사람

해설 ③ 회복기에 있거나 완전히 회복한 후에도 체내의 일부에 병원체가 남아 있어서 보균자가 되는 경우도 있다. 이런 경우를 회복기 보균자라고 한다.

56 잠복기 보균자를 가장 잘 설명한 것은?

① 감염성 질환의 잠복기간 중 병원체를 배출하는 감염자
② 감염에 의한 임상증상이 전혀 없으면서 병원체를 보유하는 감염자
③ 감염성 질환의 증상이 완전히 소실되었는데도 병원체를 배출하는 보균자
④ 병원체가 지속적으로 배출되는 보균자

해설 ① 잠복기 보균자는 감염성 질환의 잠복기간 중에 병원체를 배출하는 감염자이다.

57 만성감염병의 특성에 대한 설명으로 옳은 것은?

① 발생률이 낮고 유병률은 높다.
② 발생률이 높고 유병률은 낮다.
③ 발생률 및 유병률 모두 높다.
④ 발생률 및 유병률 모두 낮다.

해설 급성감염병은 발생률이 높고 유병률이 낮은 반면, 만성감염병은 발생률이 낮고 유병률이 높은 특성이 있다.
※ 유병률 : 어떤 지역에서 어떤 시점에 조사한 환자의 수를 그 지역 인구수에 대하여 나타낸 비율을 뜻한다.

정답 54 ④ 55 ③ 56 ① 57 ①

58 **공중보건상 감염병 관리 측면에서 가장 문제가 되는 것은?**

① 동물 병원소　　② 환 자
③ 토양과 물　　④ 건강보균자

해설 ④ 건강보균자는 증상이 전혀 나타나지 않으면서 병원체를 배출하는 자로 공중보건상 감염병 관리 면에서 가장 중요하고 어려운 자이다.

59 **치명률이 높거나 집단 발생의 우려가 커서 발생 또는 유행 즉시 신고하여야 하는 감염병은?**

① 인플루엔자　　② 신종인플루엔자
③ 수족구병　　④ 폐흡충증

해설 제1급 감염병은 생물테러감염병 또는 치명률이 높거나 집단 발생의 우려가 커서 발생 또는 유행 즉시 신고하여야 하고, 음압격리와 같은 높은 수준의 격리가 필요한 감염병이다(감염병의 예방 및 관리에 관한 법률 제2조제2호). ①, ③, ④는 제4급 감염병으로 제1급 감염병부터 제3급 감염병까지의 감염병 외에 유행 여부를 조사하기 위하여 표본감시 활동이 필요한 감염병이다.

60 **우리나라 필수예방접종 질병이 아닌 것은?**

① 백일해　　② 홍 역
③ 장티푸스　　④ 폴리오

해설 **필수예방접종(감염병의 예방 및 관리에 관한 법률 제24조)** : 디프테리아, 폴리오, 백일해, 홍역, 파상풍, 결핵, B형간염, 유행성이하선염, 풍진, 수두, 일본뇌염, b형헤모필루스인플루엔자, 폐렴구균, 인플루엔자, A형간염, 사람유두종바이러스 감염증, 그룹 A형 로타바이러스 감염증, 그 밖에 질병관리청장이 감염병의 예방을 위하여 필요하다고 인정하여 지정하는 감염병

61 **제1급 감염병에 해당하는 것은?**

① 세균성 이질　　② 보툴리눔독소증
③ 웨스트나일열　　④ 렙토스피라증

해설 **제1급 감염병(17종)** : 에볼라바이러스병, 마버그열, 라싸열, 크리미안콩고출혈열, 남아메리카출혈열, 리프트밸리열, 두창, 페스트, 탄저, 보툴리눔독소증, 야토병, 신종감염병증후군, 중증급성호흡기증후군(SARS), 중동호흡기증후군(MERS), 동물인플루엔자 인체감염증, 신종인플루엔자, 디프테리아

58 ④ 59 ② 60 ③ 61 ② 정답

62 바퀴벌레의 습성이 아닌 것은?

① 군거성　　② 잡식성
③ 질주성　　④ 주간활동성

해설 ④ 바퀴벌레는 야간활동성이다.

63 모체로부터 태반이나 수유를 통해 받는 면역은?

① 자연능동면역　　② 인공능동면역
③ 자연수동면역　　④ 인공수동면역

해설 ① 자연능동면역 : 질병을 앓고 난 후 획득되는 것으로, 이물질에 대한 기억을 통해 발생하며 재발하지 않는다. 수두, 홍역, 볼거리의 경우이다.
② 인공능동면역 : 예방접종을 통해 심한 질병을 피하게 하는 것으로, 소아마비, 홍역, 풍진, 결핵, 장티푸스, 콜레라 등의 경우이다.
④ 인공수동면역 : 다른 사람이나 동물에 의해 이미 만들어진 항체를 주입하는 것으로, 그 효과는 일시적이다. 광견병, 파상풍, 독사를 물린 경우 등이다.

64 감염병 관리상 환자의 격리를 요하지 않는 감염병은?

① 콜레라　　② 장티푸스
③ 파상풍　　④ 디프테리아

해설 ③ 파상풍은 감염성이 없어 격리가 필요 없는 질병이고, 주로 상처를 통하여 경피감염을 일으킨다.
디프테리아는 제1급 감염병, 콜레라, 장티푸스는 제2급 감염병으로, 격리가 필요한 감염병이다.

65 BCG 예방접종은 다음 중 어느 면역에 해당하는가?

① 인공능동면역
② 자연능동면역
③ 자연수동면역
④ 인공수동면역

해설 ① 인공능동면역은 예방접종을 통해 심한 질병을 피하게 하는 것이다.

정답 62 ④ 63 ③ 64 ③ 65 ①

66 호흡기계 감염병의 예방대책에 속하는 것은?

① 식사 전 손 세척
② 음료수의 소독
③ 파리, 바퀴의 구제
④ 환자의 격리

해설 호흡기계 감염병 예방을 위해서는 손 씻기, 기침예절 등 개인 위생수칙을 준수하고, 사람이 많이 모이는 장소는 가급적 피하며, 호흡기계 감염병에 대한 예방접종을 받아야 한다.

호흡기 감염병 예방을 위한 개인 위생수칙

- 올바른 손씻기의 생활화
- 기침예절 실천
- 씻지 않은 손으로 눈, 코, 입 만지지 않기

67 감염병예방법에 따른 제3급 감염병에 대한 설명으로 적절한 것은?

① 전파가능성을 고려하여 발생 또는 유행 시 24시간 이내에 신고하여야 하고, 격리가 필요한 감염병
② 생물테러감염병 또는 치명률이 높거나 집단 발생의 우려가 커서 발생 또는 유행 즉시 신고하여야 하고, 음압격리와 같은 높은 수준의 격리가 필요한 감염병
③ 동물과 사람 간에 서로 전파되는 병원체에 의하여 발생되는 감염병
④ 발생을 계속 감시할 필요가 있어 발생 또는 유행 시 24시간 이내에 신고하여야 하는 감염병

해설 ① 제2급 감염병, ② 제1급 감염병, ③ 인수공통감염병

68 국가사회나 지역사회의 보건수준을 나타내는 가장 대표적인 지표는?

① 영아사망률
② 모성사망률
③ 발병률
④ 유병률

해설 ① 한 국가 또는 지역주민의 보건수준 지표로서 조사망률, 영아사망률, 모성사망률, 평균여명, 비례사망률(PMI) 등이 있는데, 대표적인 지표로는 영아사망률을 사용하고 있다.

66 ① 67 ④ 68 ① 정답

69 세계보건기구에서 한 나라의 보건수준을 표시하여 다른 나라와 비교하는 데 사용하는 지표는?

① 비례사망지수, 유병률, 모성사망률
② 조출생률, 유병률, 신생아사망률
③ 조출생률, 평균수명, 조사망률
④ 평균수명, 조사망률, 비례사망지수

해설 세계보건기구(WHO)는 다른 나라와 비교할 수 있는 종합적인 건강지표로서 평균수명, 영아사망률, 조사망률, 비례사망률 등을 사용한다.

70 우리나라의 보건정책 방향과 거리가 먼 것은?

① 출산 및 자녀양육을 위한 사회적 기반 조성
② 국민건강증진을 위한 사후적 보건서비스 강화
③ 아동, 장애인 등 취약계층 지원 강화
④ 미래사회 변화에 대응한 사회투자적 서비스 확대

해설 **보건정책의 기본 방향**

- 인적·사회적 자본 등 사회투자 서비스에 대한 지원 강화
- 건강증진을 위한 사전 예방적 건강투자 확대
- 사회안전망 내실화 및 복지 사각지대 완화
- 저출산·고령사회에 대비한 선제적 대응
- 미래 성장잠재력 확보기반 구축
- 통합적 가족서비스 지원시스템 구축

정답 69 ④ 70 ②

교육은 우리 자신의 무지를 점차 발견해 가는 과정이다.

- 윌 듀란트 -

PART

02

식재료관리 및 외식경영

CHAPTER

01 | 재료관리

01 저장관리

1. 식재료 냉동 저장관리

(1) 식재료의 냉동 저장

① 냉동 저장의 원리

㉠ 냉동 원리 : 암모니아 또는 프레온과 같은 냉매(Refrigerant)가 냉동장치를 순회하면서 열을 운반하여 냉동이 이루어진다.

㉡ 빙결점(Freezing Point) : 식품의 내부에서 빙결정이 생성되기 시작하는 온도로, 얼기 시작하는 온도이다. 순수한 물의 빙결점은 0℃이고, 식품은 0℃ 이하이다. 식품의 빙결점은 염류나 당류의 함량에 따라 결정되는데 함량이 높을수록 낮은 온도를 나타내고, 어류의 경우에는 담수어가 -0.5℃로 가장 높게 나타나고, 해수어가 -2.0℃로 낮다.

[식품의 빙결점]

식 품	빙결점(℃)	식 품	빙결점(℃)	식 품	빙결점(℃)
쇠고기	-0.6	감 자	-1.7	사 과	-2.0
어 육	-0.6	고구마	-1.9	포 도	-2.2
우 유	-0.5	양 파	-1.1	감	-2.1
난 황	-0.7	토마토	-0.9	레 몬	-2.2
난 백	-0.5	밤	-4.5	바나나	-3.4

② 냉동방법의 분류 : 자연현상을 이용한 자연냉동법과 에너지를 인위적으로 공급하여 인공적으로 냉동하는 기계적 냉동법이 있는데, 기계적 냉동을 많이 이용한다.

(2) 식품군별 냉동 보관기간

식품을 장기간 보관하기 위해 냉동을 하며, 식품군별로 냉동 보관기간이 다르다.

① 육류의 냉동 보관기간

식품명	냉동 온도(-23.3~-17.7℃)
쇠고기(로스트, 스테이크)	6개월
쇠고기(갈은 것, 국거리)	3~4개월
돼지고기(로스트, 스테이크)	4~8개월
돼지고기(갈은 것)	1~3개월
양고기(로스트, 스테이크)	6~8개월
양고기(갈은 것)	3~5개월
송아지고기	8~12개월

식품명	냉동 온도(-23.3~-17.7℃)
소간과 혀	3~4개월
조리된 육수 남은 것	2~3개월
쇠고기 육수	2~3개월
고기를 넣은 샌드위치	1~2개월

② 가금류의 냉동 보관기간

식품명	냉동온도(-23.3~-17.7℃)
생닭, 오리, 칠면조, 거위	12개월
가금류 내장	3개월
조리된 가금류	4개월

③ 어패류의 냉동 보관기간

식품명	냉동온도(-23.3~-17.7℃)
고지방 생선(연어, 고등어)	3개월
저지방 생선	6개월
패 류	3~4개월

(3) 냉동 저장관리

① 발주서에 따라 입고된 식재료의 품질규격 및 특성을 확인한다.
② 냉동고의 온도관리는 특히 중요하므로 -20℃ 이하를 일정하게 유지할 수 있도록 한다.
③ 냉동식품을 저장할 수 있는 공간과 시설이 충분히 확보되어 있어야 한다.
④ 냉동 저장고의 온도를 매일 3~4회 기록하여 관리한다.

2. 식재료 냉장 저장관리

(1) 식재료의 냉장 저장

① 냉장은 일정한 공간이나 물체의 온도를 주위의 온도보다 인위적으로 낮춰주는 열 제거 조작으로, 얼지 않은 범위에서 공기라는 매체를 이용하여 온도를 낮추는 냉각(Cooling) 조작이다.
② 냉장고의 종류 : 단열재로 주위가 싸여 있는 가정용 냉장고, 소비자가 식품을 보면서 선택할 수 있는 개방형(Open Type) 쇼케이스, 유리문이 부착된 반개방형(Semi-open) 쇼케이스, 유리문을 좌우 또는 앞뒤로 열 수 있는 밀폐형(Closed) 쇼케이스와 창고의 개념으로 대량 보관했다가 주문량에 맞춰 공급할 수 있는 영업용 대형 냉장고 등이 있다.

(2) 식품군별 냉장 보관기간

식품을 단기간 보관하기 위해 냉장(0~10℃)을 하며, 식품군별로 냉장 보관온도와 기간이 다르다.

[식품군별 냉장 보관온도 및 기간]

식품군	식품명	저장온도(℃)	저장습도(%)	저장기간
육 류	로스트, 스테이크	0~2.2	70~75	3~5일
	국거리, 같은 것			1~2일
	베이컨			7일
	기타 육류			1~2일
가금류	거위, 오리, 닭	0~2.2	70~75	1~2일
	가금류 내장			1~2일
어 류	고지방 생선 및 냉장보관 생선	−1.1~1.1	80~95	1~2일
패 류	각종 조개류	−1.1~1.1	80~95	1~2일
난 류	달걀, 가공된 달걀	4.4~7.2	75~85	7일
	달걀 조리식품	0~2.2		1일 미만
채소류	고구마, 호박, 양파	15.6	80~90	7~14일
	감자	7.2~10		30일
	양배추, 근채류	4.4~7.2		14일
	기타 모든 채소류	4.4~7.2		5일
과일류	사과	4.4~7.2	80~90	14일
	딸기, 포도, 배 등			3~5일
유제품류	시판우유	3.3~4.4	75~85	제조일로부터 5~7일
	농축우유, 탈지우유			밀폐된 상태로 1년
	고형치즈			6개월

(3) 냉장 저장관리

① 발주서에 따라 입고된 식재료의 품질규격 및 특성을 확인한다.
② 냉장고의 온도관리는 특히 중요하므로 0~7℃를 일정하게 유지할 수 있도록 한다.
③ 냉장식품을 저장할 수 있는 공간과 시설이 충분히 확보되어 있어야 한다.
④ 냉장 저장고의 온도를 매일 3~4회 기록하여 관리한다.
⑤ 식재료 중 채소와 가공식품은 위 칸에 저장하고, 어류와 육류는 아래 칸에 분리 저장한다.
⑥ 식재료 중 김치처럼 냄새가 강한 식품은 분리 저장한다.

3. 식재료 창고 저장관리

(1) 식재료의 창고 저장

① 창고는 실온에서 보관 가능한 곡류, 근채류, 건조식품류와 통조림 캔류 등을 저장한다.
② 보관 시 직사광선이 없고 통풍이 잘 유지되어야 하며, 온도와 습도(50~60%) 관리가 매우 중요하다.
③ 창고 저장의 경우 통풍이 잘되지 않으면 곰팡이가 생기므로 원활한 공기의 흐름을 위해 벽 상단과 창고 하단에 환기구를 설치해야 한다. 따라서 물품을 적재하는 선반의 경우에도 통풍이 잘되는 그물형의 선반을 사용하는 것이 좋다.

(2) 식품군별 창고 보관기간

창고에 보관할 수 있는 식품군으로는 실온(20±5℃)에서 보관이 가능한 건조식품류, 캔류, 유제품류, 유지류, 조미료류, 음료 등이 있다.

[식품군별 창고 보관기간]

식품군	식품명	저장기간	저장습도
건조식품류	전분가루	2~3개월	40~50%
	향신료	무한정	
	허브	24개월 이상	
	베이킹 소다	8~12개월	
	베이킹 파우더	8~12개월	
	이스트	18개월	
	도넛 가루	6개월	
	건과일	6~8개월	
	말린 콩	1~2년	
	인스턴트 커피	8~12개월	
	인스턴트 차	8~12개월	
	엽차	8~12개월	
캔 류	과일 통조림	6~12개월	50~60%
	과일 주스	6~9개월	
	채소 통조림	12개월	
	수프	12개월	
	해산물	12개월	
	초절임 생선	4개월	
유제품류	파우더 크림	4개월	50~60%
	농축밀크	12개월	
	증류밀크	12개월	
유지류	마요네즈	2개월	50~60%
	샐러드 드레싱	2개월	

식품군	식품명	저장기간	저장습도
조미료류	가공소금	12개월	40~50%
	일반소금	무한정	
	식초	24개월	
	화학조미료	무한정	
	겨자	2~6개월	
	고춧가루	12개월	
	간장	24개월	
	정제설탕	무한정	
	꿀 또는 시럽	12개월	
음 료	일반커피	14일	50~60%
	진공포장 커피	7~12개월	

(3) 창고 저장관리

① 발주서에 따라 입고된 식재료의 품질규격 및 특성을 확인한다.

② 식품의 보관에 있어서 저장 창고의 경우에는 온도, 습도와 함께 통풍관리가 잘 되어야 한다.

③ 저장 창고의 온도와 습도를 매일 1회 기록하여 관리한다.

④ 식재료와 소모품은 분리 보관한다.

⑤ 보관 창고의 온도는 15~21℃(곡류 : 15℃ 이하), 습도는 50~60%를 유지·관리한다.

⑥ 보관 선반은 바닥으로부터 15cm 이상의 공간을 띄워 청소가 용이하도록 한다.

더 알아보기 식품 저장 시 유의사항

- 저장 시 물품별로 구입일자를 표시하여 저장 기간이 오래되지 않도록 한다.
- 재고 조사를 수시로 실시하여 필요 이상의 물품을 구매하여 보관하는 일이 없도록 한다.
- 식품 저장고에는 식품 이외의 청소도구, 소독약품 등의 물품은 보관하지 않도록 한다.

4. 저장관리의 원칙

(1) 안전성(Safety)

품질이 변화되기 쉬운 식품이 안전하게 출고될 수 있도록 물품의 적재방법, 선반, 설비, 사다리, 냉동 및 냉장시설 내부에 설치된 개폐장치 및 소화기의 배치 등 시설에 대한 안전관리를 철저히 하여야 한다.

(2) 위생성(Sanitation)

저장고의 위생성은 청결, 정리, 정돈의 상태가 잘 유지되어야 하고, 쥐, 바퀴벌레, 곤충, 세균, 곰팡이 등 구충·구서시설과 미생물의 오염 방지를 위해 온도와 습도관리가 잘 이루어져야 한다.

(3) 자각성(Perception)

저장고의 효율적인 운영관리를 위해서 물품별로 구획배치를 하고 입고 순서에 의해 적재하거나 사용빈도에 따라 분리하여 저장을 하는 관리운영이 필요하다.

02 재고관리

1. 재료 재고관리

(1) 재고관리

① 재고관리의 목적

㉠ 물품 부족으로 인한 생산계획의 차질을 없게 하기 위해서이다.

㉡ 최소의 가격으로 좋은 품질의 필요한 물품을 구매하기 위해서이다.

㉢ 물품의 도난 및 손실 방지를 위해서이다.

㉣ 보유하고 있는 재고량을 파악하기 위해서이다.

㉤ 재고상 최소한의 투자가 유지되도록 하기 위해서이다.

㉥ 식품 구매 시 필요량 결정을 하기 위해서이다.

㉦ 노동생산성의 향상을 위해서이다.

② **재고 수준** : 사용할 수요를 미리 예측하여 재고로 보유해야 할 자재의 수량이다. 수요의 변동, 수송방법, 가용자금, 저장시설이나 회전율을 감안하여 과부족이 없도록 하는 것이다.

③ **적정 재고** : 수요를 가장 적절하게 경제적으로 충족시킬 수 있는 최소한의 재고량이다.

더 알아보기 **적정 재고 수준을 맞추기 위한 고려사항**

- 일정 기간 동안 사용된 평균 수요량이 산정되어야 한다.
- 품목에 따라 발주 및 배송기간 등 유동적인 부분을 고려해야 한다.
- 저장시설의 용량, 재고회전율과 재고의 균형을 유지한다.

④ **재고회전율** : 재고의 평균 회전속도로, 일정 기간 재고가 제로 베이스(Zero-based)에 몇 번이나 도달되었다가 채워졌는가를 측정하는 것이다.

- 평균재고액 = (초기재고액 + 마감재고액) ÷ 2
- 재고회전율 = 총출고액 ÷ 평균재고액
- 재고회전기간 = 수요검토기간 ÷ 재고회전율

㉠ 재고량이 많으면 재고량이 0이 될 때까지의 기간이 길어지므로 일정 기간 회전빈도는 낮아지고, 재고량이 적으면 그 기간이 짧아지므로 회전빈도는 높아진다.

㉡ 회전율이 높으면 재고 고갈의 위험성이 있기 때문에 주의해야 하고, 회전율이 너무 낮은 경우에는 불필요한 재고를 보유함으로써 보관비용의 증대를 가져온다.

- 재고회전율이 설정한 표준치보다 낮을 때 : 재고가 과잉 수준이다.
- 재고회전율이 설정한 표준치보다 높을 때 : 재고 수준이 너무 낮다.

(2) 재고관리의 유형

① 영구재고 시스템(재고계속기록법)

㉠ 구매하여 입고되는 물품에 대하여 출고 및 입고 시에 물품의 수량을 계속해서 기록으로 남겨 현재 저장고에 남아 있는 물품의 품목과 수량을 수시로 파악할 수 있다.

㉡ 적절한 재고량을 유지하는 데 필요한 재고량과 재고자산 정보를 언제든지 파악할 수 있어 재고량을 합리적으로 통제할 수 있다.

② 실사재고 시스템

㉠ 저장고에 보유하고 있는 물품의 품목과 수량에 대해 주기적으로 확인하여 기록하는 방법으로, 영구재고 시스템의 부정확성을 보완하기 위한 것이다.

㉡ 일반적으로 두 명(재고관리 담당자, 경리 또는 원가회계 담당자)이 필요한데, 한 사람은 각 품목의 실제 수량을 세고, 또 한 사람은 재고기록카드에 그 정보를 기록한다.

㉢ 보유하고 있는 재고의 총 자산가치를 정확하게 알려주어 생산에 사용된 식자재의 원가 산출에 필요한 정보를 제공해 주고 재고자산과 생산원가 수익률을 파악할 수도 있다.

㉣ 실사 주기는 한 달에 1회, 2회 또는 수시로 할 수 있는데 시간과 노동력이 많이 들고 조사원에 의한 실수가 생길 수 있다는 단점이 있다.

㉤ 실사재고 시스템의 재고가치 계산

> 전월 재고액/량 + 실사기간 내의 구매액/량
> = 실사기간 내의 총 재고액/량 − 현 재고액/량
> = 실사기간 내의 총 사용량

2. 재료의 보관기간 관리

(1) 식재료 품질관리

① 저장 식품의 품질 변화

㉠ 식품은 저장 중에 자기노후, 미생물 증식, 물리적・화학적인 반응에 의해 품질의 저하가 일어나고 이에 따라 소비기한이 짧아진다.

자기노후	모든 생물체는 가지고 있는 효소 및 생화학적 작용에 의하여 숙성, 과숙, 부패의 과정을 거치게 된다.
미생물에 의한 품질저하	미생물 증식은 온도, pH, 산소, 습도 등의 외부 환경적인 영향으로 일어난다.

물리적인 품질저하	• 물리적 변화 중 가장 큰 원인은 식품이 가지고 있는 수분함량이다. • 수분은 온도와 습도 변화에 의해 흡습이나 탈습을 하게 되고 결국 식품의 품질저하를 일으킨다. • 저장식품을 보관할 때 수분함량의 변화가 일어나지 않도록 식품별 저장방법에 주의한다.
화학적인 품질저하	• 식품이 가지고 있는 효소에 의한 품질저하로 색, 향미, 조직감 등이 저하된다. • 효소의 작용은 저장온도, 수분함량, 산소, pH, 빛, 촉매 등의 환경적인 영향에도 작용을 받아 지방 산화나 비타민 감소, 색소의 변화 등의 화학적인 반응에 의해서도 품질저하가 일어난다.

㉡ 각 식품별 저장방법에 따라 철저하게 분류하여 저장함으로써 품질의 저하를 최대한 줄여야 한다.

② 식재료 품질관리의 수행

㉠ 조리된 재료의 제조일자에 따라 이름표를 붙인다.

㉡ 조리된 순서에 따라 선후로 적재한다.

㉢ 조리된 재료의 신선상태와 숙성상태를 관리한다.

㉣ 조리된 식재료에 따라 온도 기준을 준수한다.

- 냉장식품은 10℃ 이하(5℃ 이하를 권장)에서 보관한다.
- 냉동식품은 얼어 있는 상태를 유지하고 녹은 흔적이 없어야 한다.
- 조리된 채소는 10℃ 이하를 유지한다.
- 일반 채소는 상온에서 보관하며 신선도를 확인한다.
- 곡류, 식용유, 통조림 등 상온에서 보관 가능한 것을 제외한 육류, 어패류, 채소류 등의 신선식품은 당일 구입하여 당일 사용하는 것을 원칙으로 한다.

㉤ 식재료의 보관상태별로 색을 달리하여 표시함으로써 식재료의 품질관리가 용이하도록 한다.

③ 재료별 품질관리

㉠ 쌀의 품질

- 품종 고유의 모양으로 미강층을 완전히 제거한다.
- 쌀 낱알의 윤기가 뛰어나고 충실한 것이 좋다.
- 곰팡이 및 묵은 냄새가 없어야 한다.

㉡ 보리의 품질

- 미강층을 완전히 제거한다.
- 품종 고유의 모양을 갖추어야 한다.
- 곰팡이 및 묵은 냄새가 없어야 한다.

㉢ 콩의 품질

- 품종 고유의 모양과 색택을 갖추고 있어야 한다.
- 낱알이 충실하고 고른 것이어야 한다.

㉣ 소고기의 품질

- 육색이 선홍색을 띠며, 조직이 치밀하고 단단하다.
- 썰었을 때 육즙이 나오지 않는 것이 좋다.
- 지방의 색은 흰색이나 연한 크림색으로 광택이 있는 것을 선택한다.

(2) 선입선출 관리

① 선입선출법(First-in, First-out)

㉠ 출고관리 방법 중의 하나로 먼저 입고되었던 식재료부터 순서대로 출고하는 방법이다.

㉡ 구매과정에서부터 출고되기 전까지 생산날짜, 구입일이 빠른 식재료부터 선별하여 출고하는 방법이다. 대부분의 식재료 출고방법은 선입선출법을 많이 사용한다.

② 자재분류

㉠ 일정한 기준과 방법에 따라 입고된 식재료에 품목별 식별코드 번호나 부호를 부여하는 것이다.

㉡ 자재관리를 기계화, 전산화하여 효율적인 관리를 할 수 있다.

㉢ 자재분류의 원칙

- 데이터 코드화 : 품목별 식별 코드번호에 자릿수 여유를 두어 자재량이 많을 경우를 미리 대비한다.
- 분류집계의 체계화 : 모든 식자재가 포함될 수 있도록 미리 예상하여 계획한다.
- 해독성과 편이성 : 품목별 식별 코드번호를 보고 부여된 코드의 의미를 이해하기 쉽게 한다.
- 전산처리화 : 품목별 식별분류 작업이 전산처리될 수 있도록 미리 확인하고, 한 개의 품목이 분류항목 한 개가 될 수 있도록 확인한다.

㉣ 식별의 원칙 : 입고된 모든 재료들을 식별하기 위해 품목별 분류번호나 부호를 부여하여 다른 품목과 구별하여야 한다.

더 알아보기 바코드에 의한 분류방법

- 바코드는 우리나라에서 1984년부터 사용하기 시작해 1988년에 국제상품코드에 가입하였다.
- 현재 대부분의 품목에 사용되고 있으며, 제품의 가격, 종류와 제조회사를 알 수 있고, 제조업체나 유통회사에서는 판매량과 재고량까지도 확인할 수 있다.
- 13자리 수로 맨 앞에 880은 우리나라 고유의 국가코드이다. 다음의 4자리는 제조업체코드, 다음의 5자리는 제품의 가격과 종류를 나타내는 제품코드, 마지막 한 자리는 바코드의 이상 유무를 확인하는 검증코드이다.

3. 재료 유실방지 및 보안관리

(1) 재료 보안관리

① 저장고(냉장, 냉동, 창고)의 출입고 대장을 확인하여 품목별 현재 재고를 파악한다.

② 저장고의 현재 재고량과 식품 수불부(입출고 내역을 정리한 서식)의 현재고 기록이 일치하는지 확인한다.

③ 재고수량을 파악하여 유실품을 확인한다.

④ 입출고 업무절차도와 출입 통제, 열쇠관리 및 관리자의 권한과 책임이 체계화되어 있는지 확인한다.

㉠ 식재료 입고 시 입고 검사일지 및 제품 운송차량의 위생 점검일지에 차량의 잠금장치 및 차량상태 등을 점검하여 기록한다.

㉡ 식품 취급 및 보관 구역의 모든 입구는 잠금장치 시설이 되어 있고 접근이 제한되어야 한다.

㉢ 저장고 시설의 내부 및 외부에 제품을 구별하여 입·출고 및 재고관리를 할 수 있도록 적절한 조명을 유지 관리한다.

⑤ 재고 보안관리를 철저히 한다.

⑥ 보안점검표와 보안관리 업무일지를 작성하여 보안구역의 출입내역을 확인하고 전체적인 보안상태를 재점검한다.

(2) 보안관리의 원칙

① 저장고별로 잠금장치를 설치한다.

② 열쇠관리는 담당 책임자를 지정하여 철저히 한다.

③ 저장고의 출입을 담당 관리자나 책임자로 제한하여 관리한다.

④ 입고 및 출고시간을 정해서 절차를 정례화한다.

⑤ 저장고의 책임자를 지정하여 권한과 책임을 명확하게 한다.

03 식재료의 성분

1. 수 분

(1) 수분의 특징 및 기능

① 물은 사람 체중의 약 2/3를 차지하며, 10% 이상 손실되면 발열, 경련, 혈액순환 장애가 생기고 20% 이상 상실하면 생명이 위험하다.

② 수분은 체내에서 영양소를 운반하고 노폐물을 제거·배설한다.

③ 수분은 체온을 일정하게 유지하고, 건조상태의 것을 원상태로 회복한다.

(2) 식품 중의 수분

① 수분함량 : 채소·과일 90%, 육류 50~65%, 곡류 8~15%

② 식품 중에 함유된 물의 종류

㉠ 자유수(유리수) : 식품 중에 유리상태로 존재하고 있는 보통의 수분으로 자유롭게 이동할 수 있는 물

㉡ 결합수 : 탄수화물이나 단백질 등의 유기물과 결합되어 있는 수분으로 조직과 든든하게 결합한 물(자유수와 정반대)

자유수(유리수)	결합수
• 식품을 건조시키면 쉽게 증발한다. • 압력을 가하여 압착하면 제거된다. • 0℃ 이하에서는 동결된다. • 용질에 대해 용매로 작용한다. • 미생물의 생육과 번식에 이용된다. • 식품의 변질에 영향을 준다.	• 식품을 건조해도 증발되지 않는다. • 압력을 가하여 압착해도 쉽게 제거되지 않는다. • 0℃ 이하에서도 동결되지 않는다. • 용질에 대해 용매로 작용하지 못한다. • 미생물의 생육과 번식에 이용되지 못한다. • 보통의 물보다 밀도가 크다.

(3) 수분활성도(Aw)

① **정의** : 어떤 임의의 온도에서 식품이 나타내는 수증기압(P)을 그 온도에서 순수한 물의 최대 수증기압(P_0)으로 나눈 값이다.

㉠ $\text{수분활성도(Aw)} = \dfrac{\text{식품이 나타내는 수증기압}(P)}{\text{순수한 물의 최대 수증기압}(P_0)}$

㉡ 물의 수분활성도는 1이다.

㉢ 일반 식품의 수분활성도는 항상 1보다 작다.

㉣ 미생물은 수분활성도가 낮으면 생육이 억제된다.

② **수분활성도** : 물 1, 어류・채소・과일 0.98~0.99, 쌀・콩 0.60~0.64, 육류 0.92~0.97

③ **미생물의 생육 최적 수분활성도** : 세균 0.94~0.99, 효모 0.88, 곰팡이 0.80

(4) 등온흡습곡선

① **정의** : 식품이 수분을 흡수할 때 대기의 상대습도와 평형수분함량 사이의 관계를 S자형으로 나타낸 곡선이다.

② **A영역** : 식품 중 수분이 식품의 조직성분과 단단히 결합하는 단분자층을 이루고, 물의 결합상태가 이온결합(극성결합)을 하고 있는 영역으로 1분자층을 이루고 있으며 식품의 수분함량이 너무 낮아 안정성이나 저장성이 떨어진다.

③ **B영역** : 물의 결합상태가 수소결합(비극성 결합)을 하고 있다. 상대습도가 증가함에 따라 수분함량이 급격히 증가한 다분자층이고 결합수의 형태로 존재한다. 식품의 저장성, 안정성이 최적인 영역이다.

④ **C영역** : 물의 결합이 없는 비결합 상태로 식품 속의 물 분자들이 자유수의 형태로 존재하며, 이 영역에서 물은 A와 B의 물에 대기 중 수분을 흡수한 것으로 이동성이 강하며 식품 성분들에 대해 용매로 작용하며 미생물 증식에 사용된다.

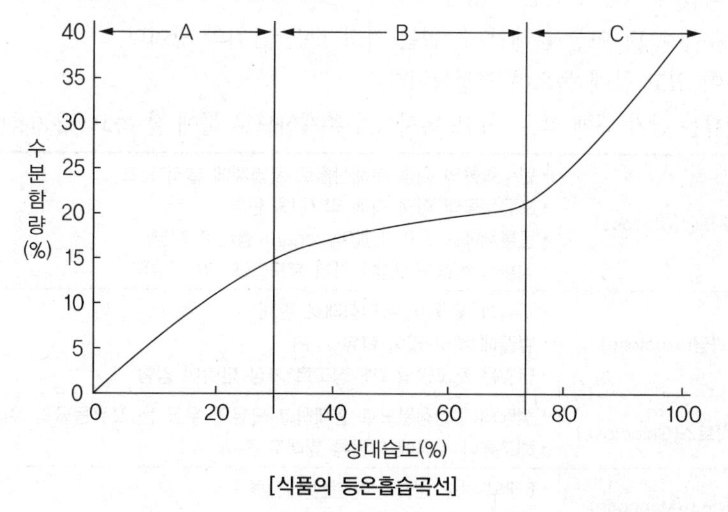

[식품의 등온흡습곡선]

2. 탄수화물

(1) 탄수화물의 특성

① 탄소(C), 수소(H), 산소(O)로 구성된다.

② 탄수화물은 크게 소화되는 당질과 소화되지 않는 섬유소로 나눈다.

③ 섭취량 하루 총 열량의 65%가 적당하다. 다량 섭취 시, 간과 근육에 글리코겐으로 저장된다.

④ 과잉 섭취 시

㉠ 에너지를 내고 남은 탄수화물은 지방으로 전환되어 체내에 축적된다.

㉡ 비만증, 당뇨, 위확대증, 위하수증, 비타민·무기질 부족증 등에 걸리기 쉽다.

⑤ 결핍 시 : 체중 감소, 발육 불량 등이 나타난다.

(2) 탄수화물의 기능

① 에너지의 공급원(1g당 4kcal)으로 체내 소화 흡수율이 높다(98%).

② 단백질의 절약작용을 한다.

③ 지질대사의 조절작용을 한다.

④ 혈당을 유지(0.1%)한다.

⑤ 감미료의 기능을 한다.

⑥ 섬유소를 공급한다.

(3) 탄수화물의 분류

① 단당류

㉠ 체내에서 소화가 되면 단당류 형태로 흡수된다.

㉡ 탄수화물의 가장 간단한 구성단위이다.

㉢ 가수분해로 더 이상 분해할 수 없는 가장 작은 단위의 당이다.

㉣ 단맛이 있고 물에 녹으며 결정형이다.

㉤ 단당류는 분자 내에 많은 하이드록시기가 존재하므로 물에 잘 녹고, 유기용매에는 녹지 않는다.

구분	내용
포도당(Glucose)	• 탄수화물의 최종 분해산물로 자연계에 널리 분포 • 포유동물의 혈액 속에 약 0.1% 함유 • 동물체에는 글리코겐(Glycogen) 형태로 저장 • 식물성 식품에 광범위하게 분포(포도 및 과실)
과당(Fructose)	• 과실과 꽃 등에 유리상태로 존재 • 벌꿀에 특히 많이 함유 • 단맛은 포도당의 2배 정도로 가장 단맛이 강함
갈락토스(Galactose)	• 젖당의 구성성분으로 존재하고 모유와 우유 등 포유동물의 유즙에 존재 • 해조류나 두류에 다당류 형태로 존재
만노스(Mannose)	• 6개의 탄소 원자가 포함된 단당류 • 곤약, 감자, 백합 뿌리 등에 존재

② 이당류

㉠ 두 개의 단당류를 탈수반응에 의해 합성한 화합물이다.

㉡ 단맛이 있고 물에 녹으며 결정형이다.

자당(설탕, 서당 ; Sucrose)	• 포도당과 과당이 결합된 당 • 160℃ 전후에서 녹기 시작해 200℃에서 캐러멜화됨 • 단맛이 강한 표준 감미료(기준 100) • 사탕수수나 사탕무에 함유
맥아당(엿당 ; Maltose)	• 포도당 두 분자가 결합된 당 • 엿기름에 많고 소화·흡수가 빠름
젖당(유당 ; Lactose)	• 포도당과 갈락토스가 결합된 당 • 동물의 유즙에 함유 • 당류 중 단맛이 가장 약함 • 유산균, 젖산균의 살균작용과 정장작용에 도움을 줌 • 칼슘과 인의 흡수를 도움

③ 소당류

㉠ 단당류가 3개 이상 10개 미만이다.

㉡ 신체 내 소화효소가 존재하지 않아 소화되지 않는다.

㉢ 충치 예방효과가 있고 장내 유익한 비피더스균을 증식시킨다.

라피노스(Raffinose)	• Galactose, Glucose와 Fructose로 이루어진 삼당류 • 비환원성이며 콩, 사탕무 등에 존재
스타키오스(Stachyose)	• Galactose 2분자, Glucose와 Fructose로 이루어진 사당류 • 인체 내에서 소화되기 어려우며, 장내 세균에 의해 가스 생성요인이 됨 • 목화씨와 콩에 많이 들어 있음

④ 다당류

㉠ 가수분해되어 수많은 단당류를 형성하는 분자량이 매우 큰 물질의 탄수화물이다.

㉡ 단맛이 없으며 물에 녹지 않는다.

전분(녹말 ; Starch)	• 식물의 저장 탄수화물로 다수의 포도당이 결합된 다당류 • 냉수에는 잘 녹지 않고, 열탕에 의해 팽윤·용해되어 풀처럼 됨 • 단맛은 거의 없고, 식물의 뿌리, 줄기, 잎 등에 존재
글리코겐(Glycogen)	• 동물체의 저장 탄수화물로 간, 근육, 조개류에 많이 함유 • 굴과 효모에도 존재
섬유소(Cellulose)	• 식물 세포막의 구성성분(과일과 채소에 주로 함유되어 있음) • 체내에는 소화효소가 없지만 장의 연동작용을 자극하여 배설작용을 촉진
펙틴(Pectin)	• 세포벽 또는 세포 사이의 중층에 존재하는 다당류 • 과실류와 감귤류의 껍질에 많이 함유 • 잼이나 젤리를 만드는 데 이용
키틴(Chitin)	새우, 게 껍질에 함유
이눌린(Inulin)	과당의 결합체로 우엉, 돼지감자에 다량 함유
아가(Agar ; 한천)	우뭇가사리와 같은 홍조류의 세포성분으로 양갱이나 젤리 등에 이용
알긴산(Alginic Acid)	미역과 같은 갈조류의 세포막 성분으로 아이스크림이나 냉동과자의 안정제로 쓰임

더 알아보기 당질의 감미도

• 과당 : 100~170	• 전화당 : 90~130
• 설탕 : 100	• 포도당 : 50~74
• 맥아당(엿당) : 35~60	• 갈락토스 : 33
• 유당(젖당) : 16~28	

ⓒ 전분의 호화(Gelatinization, α화)

- 전분에 있는 분자가 파괴된 후, 수분이 들어가서 팽윤상태가 되고, 열을 가하면 소화가 잘되면서 맛있는 전분상태로 되는 현상이다.
- 생전분(β-전분)을 열을 가해서 끓이면 약 60℃에서 전분 알맹이는 깨어지고, 아밀로스(Amylose)는 물에 용출되고, 아밀로펙틴(Amylopectin)은 흡수되어 풀어지는 현상을 말한다.
- 전분의 호화에 영향을 주는 요인
  - 전분의 입자가 작을수록 호화가 빨라진다.
  - 수분 함량이 많을수록 호화에 이롭다.
  - 온도가 높을수록 호화가 촉진된다.
  - 설탕의 농도가 높을수록 호화가 억제된다.
  - 알칼리성에서는 전분의 팽윤과 호화가 촉진된다.
  - 침수시간이 길수록 호화가 잘된다.
  - 많이 저을수록 호화가 잘된다.

ⓔ 전분의 노화(Retrogradation, β화)

- 호화된 전분(α화)을 상온에 둘 경우, β-전분에 가까운 상태로 되는 현상을 말한다.
- 호화된 전분을 상온에 방치할 경우, 전분입자는 서서히 평행으로 모이면서 인접한 전분분자끼리 수소결합을 하여 부분적으로 재결정 구조를 형성하여 β-전분 형태로 되는 현상이다(원래의 생전분 형태는 아님).
- 전분의 노화에 영향을 주는 요인
  - 쌀, 밀, 옥수수 등의 입자가 작은 곡류전분은 노화되기 쉽다. 감자, 고구마 등은 노화 속도가 느리다.
    ※ 아밀로펙틴(Amylopectin) 함량이 많을수록 가지가 많아 입체 장애 현상을 일으키고, 또한 분자량이 많기 때문에 아밀로펙틴의 가지구조가 분자 간 수소결합을 입체적으로 방해하여 노화가 지연된다.
  - 수분 함량이 30~60%일 때 가장 빨리 노화가 일어나고, 15% 이하일 때는 노화가 잘 일어나지 않으며 10% 이하일 때는 노화가 거의 일어나지 않는다.
  - 전분의 노화는 0~4℃의 냉장온도에서 가장 쉽게 일어나며, 60℃ 이상과 -20℃ 이하에서는 노화가 억제된다.
  - 알칼리성에서는 노화가 매우 지연되며, 강한 산성에서는 노화가 현저히 촉진된다.
  - 설탕을 첨가하면 노화가 억제된다.
  - 식품첨가물인 모노글리세라이드(Monoglyceride)를 첨가하면 노화가 지연된다.
  - 황산마그네슘은 노화를 촉진하나, 무기염류는 노화를 지연시키는 경향이 있다.

- 전분의 콜로이드 용액의 안정성을 증가시켜 주므로 노화가 억제된다.

ⓜ 전분의 호정화(덱스트린화) : 전분을 160~170℃에서 수분 없이 건열로 가열했을 때 여러 차례 단계의 가용성 전분을 거쳐 덱스트린(호정)으로 분해되는 것을 말하며, 호화에 비해 호정화는 물에 잘 녹고 소화가 용이하며, 용해성은 높아지고 점성은 낮아지는 경향을 보인다.

3. 지 질

(1) 지질의 특성

① 탄소(C), 수소(H), 산소(O)로 구성된다.

② 지방산(3분자)과 글리세롤(1분자)의 에스터(Ester) 결합이다.

③ 물에 녹지 않고 유기용매(에터, 벤젠 등)에 녹는 물질이다.

(2) 지질의 기능

① 에너지 공급원(1g당 9kcal)이다.

② 체구성 성분(뇌와 신경조직의 구성성분)이다.

③ 주요 장기를 보호하고 체온을 유지한다.

④ 지용성 비타민(비타민 A, D, E, K)의 인체 내 흡수를 도와준다.

⑤ 비타민 B_1의 절약작용을 한다.

⑥ 콜레스테롤은 담즙산과 호르몬의 전구체이다.

(3) 지질의 섭취량 및 대사

① 섭취량

㉠ 하루 열량 필요량의 20% 정도(필수지방산 2%) 섭취

㉡ 과잉 섭취 : 비만증, 동맥경화증, 고혈압, 심장병 등 유발

㉢ 결핍 : 성장 부진, 신체 쇠약

㉣ 식물성 기름 중 식용유는 거의 100% 순도(95% 이상 소화·흡수)

② 대 사

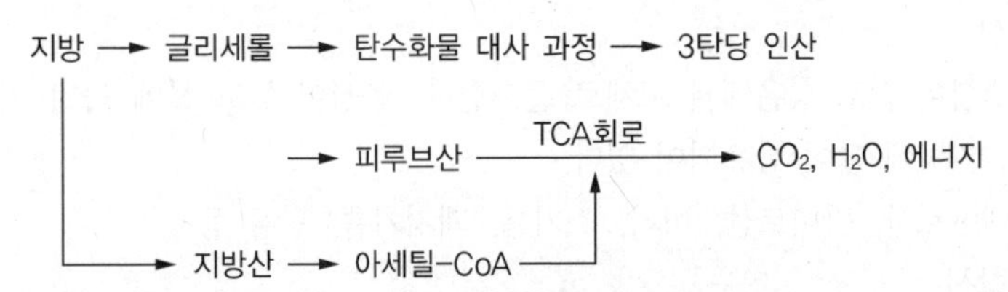

※ TG(Triglyceride ; 중성지방) : 3가 알코올인 글리세롤이 함유한 3개의 수산기에 지방산 3분자가 에스터 결합한 것을 말한다.

(4) 지질의 분류

① 단순지질

㉠ 중성지방 : 지방산과 글리세롤이 결합한 에스터(예 유지, 왁스)이다.

㉡ 유지 : 상온에서 액체인 것은 유(油 ; Oil), 고체인 것은 지(脂 ; Fat)라고 한다.

㉢ 왁스 : 습윤이나 건조 방지 등의 광택작용을 하며 영양학적 의의는 없다.

② 복합지질 : 단순지질에 다른 화합물이 더 결합된 지질이다.

예 인지질 = 단순지질 + 인, 당지질 = 단순지질 + 당

㉠ 인지질

- 레시틴 : 세포막의 구성 성분이며, 뇌와 신경 등에 많이 함유되어 있고, 유화력이 좋아서 식품가공이나 제과 등의 유화제로 사용된다. 난황, 대두에 많이 함유되어 있다.
- 세팔린 : 뇌, 척추, 신경조직, 난황에 존재하며, 유화력은 레시틴보다 낮다.
- 글리세롤과 2개의 지방산에 염기가 결합된 형태이다.
- 핵, 미토콘드리아 등의 세포성분의 구성요소, 뇌조직, 신경조직에 다량으로 함유되어 있다.

㉡ 당지질

- 지방산, 당질 및 질소화합물에 함유(인산, 글리세롤은 함유하지 않음)되어 있다.
- 뇌, 신경조직에 다량으로 함유되어 있다.

㉢ 지단백질(혈장 단백질) : 단백질 + 지방으로 구성되어 있다.

③ 유도지질 : 단순지질과 복합지질의 가수분해로 생성되는 물질이다.

㉠ 콜레스테롤

- 동물성 식품에만 존재하며, 뇌, 신경조직, 간 등에 많이 들어 있고, 물에 녹지 않는다.
- 성 호르몬, 부신피질 호르몬, 담즙산, 비타민 D 등의 전구체이다.
- 간에서 분해되어 담즙산을 생성하며, 지질의 유화와 흡수에 관여한다.

㉡ 에르고스테롤

- 효모나 표고버섯에 많다.
- 비타민 D의 전구체로 자외선과 반응하여 비타민 D_2를 생성한다.

(5) 지방산의 분류

① 포화지방산

㉠ 이중 결합이 없고 상온에서 고체로 존재한다. 융점이 높고 물에 녹기 어렵다.

㉡ 동물성 지방에 많이 함유되어 있다.

예 스테아르산, 팔미트산, 버터, 소기름, 돼지기름, 난유 등

② 불포화지방산

㉠ 상온에서 액체로 존재하며 이중 결합이 있는 지방산이다.

㉡ 식물성 유지 또는 어류에 많이 함유되어 있다.

예 올레인산(Oleic Acid), 리놀레산(Linoleic Acid), 리놀렌산(Linolenic Acid), 아라키돈산(Arachidonic Acid), EPA, DHA 등

더 알아보기 필수지방산

- 불포화지방산 중 체내에서 합성되지 못하여 식품으로 섭취해야 하는 지방산으로 식물성 기름, 콩기름에 많이 함유되어 있다.
- 호르몬의 전구체, 세포막 구성 등 동물의 성장에 필수적이다.
- 피부의 건강유지, 혈액 중 콜레스테롤의 축적을 방지한다.
- 종류 : 리놀레산, 리놀렌산, 아라키돈산 등
- 결핍증 : 피부염, 성장지연 등

(6) 지질의 기능적 성질

① **유화(에멀션화 ; Emulsification)** : 다른 물질과 기름이 잘 섞이게 하는 작용으로 수중유적형(O/W)과 유중수적형(W/O)이 있다.

㉠ 수중유적형(O/W) : 물 중에 기름이 분산되어 있는 형태(우유, 마요네즈, 아이스크림 등)

㉡ 유중수적형(W/O) : 기름 중에 물이 분산되어 있는 형태(버터, 마가린, 쇼트닝 등)

② **수소화(경화, 가공유지 ; Hardening of Oil)** : 액체 상태의 기름에 H_2(수소)를 첨가하고 Ni(니켈), Pt(백금)을 넣어 고체형의 기름으로 만든 것을 말한다(마가린, 쇼트닝 등).

③ **연화작용(Shortening)** : 밀가루 반죽에 유지를 첨가하면 반죽 내에서 지방을 형성하여 전분과 글루텐과의 결합을 방해한다.

④ **가소성(Plasticity)** : 외부 조건에 의하여 변형된 유지의 상태가 외부 조건을 원상태로 복구해도 변형상태 그대로 유지되는 성질을 의미한다.

⑤ **검화(비누화 ; Saponification)** : 지방이 NaOH(수산화나트륨)에 의하여 가수분해되어 지방산의 Na염(비누)을 생성하는 현상을 말한다. 저급 지방산이 많을수록 비누화가 잘된다.

⑥ **아이오딘(요오드)가(불포화도)** : 유지 100g 중의 불포화 결합에 첨가되는 아이오딘(요오드)의 g수로서, 아이오딘가가 높다는 것은 불포화도가 높다는 것이다.

(7) 지질의 변화

① **가수분해에 의한 산패** : 트라이글리세라이드는 물, 산, 알칼리, 가수분해효소 등에 의해 글리세롤과 유리지방산으로 가수분해된다.

② **자동산화에 의한 산패** : 공기 중 산소에 의해 서서히 발생되고, 산화속도는 불포화도가 클수록 빠르며, 악취의 원인은 알데하이드, 케톤산물 등이다.

③ **가열에 의한 산패** : 유지를 장시간 높은 온도에서 가열하면 중합, 열분해 반응이 발생하며, 이중결합이 많을수록, 불포화도가 높을수록 산패가 발생한다. 산패도가 높을수록 향미와 소화율이 떨어진다.

④ **산패에 영향을 주는 요인** : 온도가 높을수록, 불포화지방산이 많을수록, 광선에 노출이 많을수록 산화되기 쉽고, 지질가수분해효소에 의해 산화가 촉진된다.

⑤ **항산화제** : 식물성 유지 등의 토코페롤, 참기름(세사몰), 콩의 레시틴, 목화씨의 고시폴, 플라보노이드 화합물 등이 있다.

4. 단백질

(1) 단백질의 특성

① 탄소, 수소, 산소, 질소의 원소로 구성되어 있고, 그 밖에 황, 인 등도 함유하고 있다.
② 모든 생물의 몸을 구성하는 고분자 유기물로, 수많은 아미노산의 펩타이드 결합(CO-NH)으로 이루어져 있다.
③ 질소함량은 평균 16%이며, 식품 중의 질소계수 6.25를 곱하면 단백질의 양을 구할 수 있다.
④ 산이나 효소로 가수분해되어 각종 아미노산의 혼합물을 생성(20여 종의 아미노산이 결합된 고분자 화합물)한다.
⑤ 열, 산, 염에 의해 응고된다.
⑥ 고유한 등전점을 가지고 있다.
⑦ 용해도, 삼투압, 점도는 가장 낮고 흡착성과 기포성은 크다.
⑧ 권장량은 총 섭취열량의 15% 정도로, 과잉 증상으로는 혈압 상승, 불면증 등이 나타나고 결핍 증상으로는 빈혈, 지방간, 콰시오커(Kwashiorkor) 등이 나타난다.

(2) 단백질의 기능

① 에너지의 공급원(1g당 4kcal)이다.
② 체조직(근육, 머리카락, 혈구, 혈장 단백질 등)을 구성한다.
③ 효소, 호르몬, 항체를 구성한다.
④ 삼투압의 조절과 체액의 pH를 일정하게 유지한다.
⑤ 물렁뼈 조직을 형성하고 뼈의 기초를 만든다.

(3) 단백질의 구성에 의한 분류

① 단순단백질
㉠ 아미노산만으로 구성된 단백질이다.
㉡ 종류 : 알부민(Albumin), 글로불린(Globulin), 글루테닌(Glutelin), 프롤라민(Prolamin), 알부미노이드(Albuminoid), 히스톤(Histone), 프로타민(Protamine) 등

② 복합단백질
㉠ 단백질과 비단백질 성분으로 구성된 복합형 단백질이다.
㉡ 종류 : 인단백질, 당단백질, 지단백질, 핵단백질, 색소단백질, 금속단백질 등

③ 유도단백질 : 단백질이 열, 산, 알칼리 등의 작용으로 변성되거나 분해된 단백질이다.
㉠ 제1차 유도단백질(변성단백질, 응고단백질) : 열·자외선(물리적), 묽은 산, 알칼리, 알코올(화학적), 효소적 작용으로 변화하여 응고된 것이다(예 Protein, Metaprotein, Gelatin).
㉡ 제2차 유도단백질(분해단백질) : 제1차 유도단백질이 가수분해되어 아미노산이 되기까지 중간산물이다(예 Proteose, Peptone, Peptide).

(4) 아미노산의 종류 및 성질

① 아미노산의 종류 : 천연 단백질을 구성하고 있는 아미노산은 20개로서 주로 α-아미노산이고, L형이다.

㉠ 지방족 아미노산
- 중성아미노산 : Glycine, Alanine, Valine, Leucine, Isoleucine
- 옥시아미노산 : Serine, Threonine
- 함황아미노산 : Cysteine, Cystine, Methionine
- 방향족 아미노산 : Phenylalanine, Tyrosine
- 헤테로고리 아미노산 : Tryptophan, Proline, Hydroxyproline

㉡ 산성아미노산 : Aspartic Acid, Glutamic Acid

㉢ 염기성아미노산 : Lysine, Arginine, Histidine

㉣ 필수아미노산
- 체내에서 합성되지 않거나 합성되더라도 그 양이 생리기능을 달성하기에 불충분하여 반드시 식사(음식)로부터 공급되어야 하는 아미노산을 말한다.
- 필수아미노산의 종류
  - 성인(9가지) : 페닐알라닌, 트립토판, 발린, 류신, 아이소류신, 메티오닌, 트레오닌, 라이신, 히스티딘
  - 영아(10가지) : 성인 9가지 + 아르기닌(아르지닌)

> • 히스티딘은 성인에게 과거 비필수아미노산이었지만, 최근 필수아미노산으로 취급되고 있다.
> • 영아에게는 히스티딘과 아르기닌이 필수아미노산으로서 특히 중요하다.

② 아미노산의 성질

㉠ 용해성 : 물과 같은 극성 용매에는 잘 녹으나(Leucine, Tyrosine, Cystine은 예외), 클로로폼, 아세톤 등 비극성 유기용매에는 잘 녹지 않는다(Proline은 예외). 또 열에 안정적이며 융점이 높다.

㉡ 전기적 성질(양성물질) : 아미노산은 염기성기(Amino기)와 산성기(Carboxyl기)를 가지고 있어, 분자 내에서 염을 형성한다.

㉢ 등전점 : 양전하와 음전하의 이온수가 같을 때 용액의 pH를 말한다.

㉣ 탈탄산 반응 : 아미노산이 CO_2의 형태로 카복실기를 잃어버리고 아민을 생성하는 반응으로 동물조직에서는 간, 신장, 뇌에서 일어난다(단백의 부패취, 악취, 독성의 원인이 됨).

㉤ 아미노산의 맛
- 단맛 : Alanine, Serine, Valine(약)
- 지미 : Glutamic Acid, Aspartic Acid
- 고미 : Leucine, Isoleucine, Methionine, Phenylalanine, Tryptophane, Histidine

(5) 단백질의 변성

① 열변성에 영향을 미치는 인자

㉠ 온도 : 60~70℃에서 변성이 일어난다.

㉡ 수분 : 수분이 많으면 낮은 온도에서도 변성이 일어난다.

㉢ 전해질 : 변성온도가 낮아지고 변성속도가 빨라진다.

㉣ pH : 산성 쪽이 변성속도가 빠르다.

㉤ 설탕 : 당이 응고된 단백질을 용해시킨다. → 응고온도가 상승한다.

② 산에 의한 변성

㉠ 젖산발효에 의하여 두부와 같이 응고되는 것은 카세인(Casein)의 변성에 의한 것으로, 요구르트(Yoghurt)는 이런 원리를 이용한다.

㉡ 치즈도 우유를 젖산발효시켜 pH를 카세인의 등전점이 4.6 정도가 되게 하여 카세인을 모아서 다시 발효 숙성시킨 것이다.

③ **효소에 의한 변성** : 레닌(Rennin)은 카세인을 변성시켜서 파라카세인(Paracasein)으로 만들고 Ca^{2+}과 결합하여 응고되어 소화효소 작용을 쉽게 받는다.

④ 단백질의 자가소화

㉠ 동물이 죽으면 글리코겐(Glycogen)이 분해되고 젖산이 생성되어 경직현상이 일어난다.

㉡ 산성 중에서 활성을 가진 프로테이스(프로테아제)에 의해 단백질이 분해되어 가용성 단백질, 아미노산, 펩타이드, 수용성 질소화합물이 증가되어 맛이 좋아진다.

⑤ **단백질의 광분해** : 아미노산이나 단백질 중에도 광분해를 받는 것이 있다. 트립토판은 아미노산 중에서 광선에 대하여 가장 예민하여 용액에 광선을 쬐면 분해되어 갈색으로 변한다(갈변현상의 원인).

⑥ 변성단백질의 성질

㉠ 생물학적 기능 상실

㉡ 용해도 감소

㉢ 반응성 증가

㉣ 분해효소에 의한 분해 용이

㉤ 결정성의 상실

㉥ 이화학적 성질 변화

5. 무기질

(1) 무기질의 특성

① 체중의 4%가 무기질로 구성되어 있다.

② 칼슘과 인이 4분의 3을 차지, 4분의 1은 칼륨, 황, 나트륨, 염소, 구리, 철, 마그네슘, 망간, 아이오딘, 아연 등으로 미량 존재한다.

③ 다량 원소(칼슘, 칼륨, 인, 황, 나트륨 등)는 1일 100mg 이상 필요하다.

④ 알칼리성 식품과 산성 식품

㉠ 알칼리성 식품 : 나트륨, 칼슘, 칼륨, 마그네슘을 함유한 식품(채소, 과일, 우유, 기름, 굴 등)

㉡ 산성 식품 : 인, 황, 염소를 함유한 식품(곡류, 육류, 어패류, 달걀류 등)

(2) 무기질의 체내 분포

① 다량원소(Macromineral) : 1일 필요량이 100mg 이상이고 체중의 0.005% 이상 존재하는 무기질

예 Ca, Mg, P, S, Na, K, Cl 등

② 미량원소(Micromineral) : 1일 필요량이 100mg 이하이고 체중의 0.005% 미만으로 존재하는 무기질

예 Fe, Cu, Mn, I, Co, Se, Zn, F, Mo 등

(3) 무기질의 기능

① 체액의 pH 및 삼투압 조절, 산알칼리의 평형 및 수분 균형을 유지하는 체내 생리기능의 조절과 효소 작용의 촉매작용을 한다.

② 신경자극의 전달과 근육의 탄력을 유지한다.

③ 소화액 및 체내 분비액의 산과 알칼리를 조절한다.

④ 뼈, 치아의 구성성분으로 골격조직과 치아의 경조직을 구성하며 근육, 장기, 혈액, 피부, 신경, 연조직과 호르몬, 효소 등 체조직의 구성성분이다.

⑤ 혈액응고에 관여한다.

(4) 무기질의 종류

종 류	특징 및 기능	결핍증	함유 식품
칼슘(Ca)	• 인체에 무기질 중 가장 많이 존재 • 99%는 골격과 치아를 형성, 1%는 체액에 존재 • 혈액 응고, 근육에 탄력을 줌 • 심장, 근육의 수축과 이완을 조절 • 외부 자극을 뇌에 전달	• 구루병 • 골연화증 • 내출혈	우유, 녹색 채소, 뼈째 먹는 생선, 콩, 고구마 등
인(P)	• 칼슘, 마그네슘과 결합하여 골격을 형성 • 근육, 뇌, 신경 세포 안에 각종 화합물로 존재 • 세포의 핵과 핵산, 핵단백질의 구성성분 • 체액의 중성 유지와 에너지 발생 촉진	• 성장부진 • 곱추병 • 골연화증 • 골격과 치아 부진	우유, 치즈, 육류, 콩류, 알류 등
철(Fe)	• 체내에 미량 존재 • 헤모글로빈의 주성분으로 산소를 운반 • 근육세포 내의 산화·환원작용을 돕는 사이토크로뮴의 구성성분 • 흡수율이 매우 낮음 • 간장, 근육, 골수에 존재	• 빈혈 • 피로 • 유아발육 부진 • 손·발톱의 편평	동물의 간, 난황, 살코기, 콩류, 녹색 채소 등
나트륨(Na)	• 염소와 결합하여 염화나트륨(NaCl)의 형태로 체액에 존재 • 신경 흥분의 전달 • 삼투압과 pH 평형 유지	• 식욕 부진 • 과잉 : 부종, 고혈압, 심장병	소금, 육류, 우유, 당근, 시금치 등

종 류	특징 및 기능	결핍증	함유 식품
아이오딘(I)	• 갑상선 호르몬인 티록신의 구성성분 • 에너지 대사 조절 • 지능 발달과 유즙 분비에 관여	• 갑상선종, 대사율 저하, 성장 부진, 지능발달 미숙 • 과잉 : 바세도우씨병	다시마, 미역, 김, 생선, 조개류 등
구리(Cu)	• 헤모글로빈 형성의 촉매 작용 • 체내 철의 이용 도움	• 적혈구 감소 • 빈혈	소의 내장, 새우, 게, 견과류
칼륨(K)	• 삼투압 유지 및 pH의 조절 • 신경전달과 근육의 수축 • 글리코겐 형성과 단백질 합성에 관여	• 근육의 이완 • 구토, 설사 • 발육 부진 • 체액의 이동	곡류, 채소, 과일
아연(Zn)	• 사춘기의 성장 및 성적 성장을 도움 • 인슐린, 적혈구의 구성성분	• 발육장애 • 탈모증상	굴, 육류, 해산물, 치즈, 땅콩
플루오린(F)	뼈와 치아를 단단하게 하여 충치 예방	과잉 : 반상치아, 심근장애	해산물(특히 해조류)
코발트(Co)	• 비타민 B_{12}의 구성성분 • 간접적으로 적혈구 구성에 관계	• 비타민 B_{12}의 결핍 • 악성 빈혈	동물의 간 · 이자, 콩, 해조류
염소(Cl)	• 위액의 산도 조절, 소화를 도움 • 염화나트륨으로 존재	• 식욕부진 • 소화불량	소금, 육류, 달걀
마그네슘(Mg)	• 골격과 치아 형성 • 당질대사 효소의 구성성분 • 신경과 근육의 흥분 억제	• 혈관의 확장, 경련 • 과잉 : 골연화, Ca의 배설 촉진	곡류, 감자, 육류

6. 비타민

(1) 비타민의 특성

① 생명현상(생명 유지, 성장, 건강 유지 등)의 유지 및 번식 등 대사활동에 필수적인 영양소이다.
② 체내에서 합성되지 않기 때문에 음식이나 다른 공급원으로부터 반드시 공급받아야 한다.
③ 다른 영양소와는 달리 아주 소량이 필요한 물질이다.

(2) 비타민의 기능

① 체내에 소량 함유된 영양소로 생리작용을 조절하여 성장 · 건강을 유지시킨다.
② 조효소의 구성성분으로 탄수화물 대사 및 에너지 대사에 관여한다.
③ 여러 영양소의 효율적인 이용에 관여한다.
④ 피부병, 빈혈, 신경증 등의 질병을 예방한다.
⑤ 일부는 항산화제로 이용된다.

(3) 비타민의 분류

① 지용성 비타민 : 알코올과 유지에 녹고, 지방과 함께 흡수되며, 축적 시 과잉 장애가 일어날 수 있다.

종 류	주요 기능	결핍증	함유 식품
비타민 A (Retinol) 항안성	• 피부 점막의 건강 유지 • 성장 촉진 • 어두운 곳에서 시력 조절 • 질병에 대한 저항력	• 야맹증 • 모낭각화증 • 안구 건조증	간, 버터, 녹황색 채소, 난황
비타민 D (Calciferol) 항구루성	• 칼슘과 인의 흡수 촉진 • 뼈의 정상적인 발육 촉진 • 영아는 합성이 잘 안 되므로 식품으로 섭취	• 구루병 • 골연화증 • 골다공증	대구 간, 효모, 말린 버섯
비타민 E (Tocopherol) 항산화성	• 항산화제(비타민 A · C, 불포화지방산의 산화 방지) • 체내 지방의 산화 방지(노화 방지) • 동물의 생식기능 도움 • 동맥경화, 성인병 예방	• 불임증 • 근육마비	곡식의 배아, 식물성 기름
비타민 K 응혈성	• 혈액 응고 촉진(프로트롬빈 형성에 관여) • 장내 세균에 의해 합성 • 열 산소에 안정	• 혈액 응고 지연 • 신생아 출혈	녹황색 채소, 동물의 간, 양배추

② 수용성 비타민 : 물에 녹고 축적이 적으므로, 매일 일정량을 섭취해야 결핍 증세가 나타나지 않는다.

종 류	주요 기능	결핍증	함유 식품
비타민 B_1 (Thiamine) 항각기성	• 탄수화물의 대사에 관여(탈탄산 작용) • 신경 안정과 식욕 향상	• 각기병 • 식욕부진 • 피로 • 권태감	곡류의 배아, 돼지고기, 콩류
비타민 B_2 (Riboflavin) 성장촉진성	• 성장 촉진, 피부 보호 • 포도당의 연소를 도움 • 수소 운반 작용	• 구순구각염 • 안질 • 설염	우유, 간, 육류, 달걀, 셀러리
나이아신 (Niacin) 항펠라그라성	• 탈수소 효소의 성분으로 산화할 때 수소 운반 • 펠라그라, 피부염 예방	• 펠라그라 • 체중 감소 • 빈혈	효모, 육어류, 동물의 간
비타민 B_6 (Pyridoxine) 항피부성	아미노산 대사의 조효소로 비필수 아미노산의 합성에 관여	• 피부병 • 저혈소성 빈혈	미강, 효모, 동물의 간, 난황
비타민 B_{12} (Cyanocobal-amine) 항악성빈혈성	• 체내에서 조효소로 전환되어 적혈구 합성에 관여 • 젖산균의 발육 촉진효과	악성빈혈	동물의 간, 조개류, 치즈, 육류
비타민 C (Ascorbic Acid) 항괴혈성	• 환원작용 • 세포 간의 결합조직 강화(콜라겐 형성에 관여) • 철과 칼슘 흡수를 돕고 모세관 벽을 튼튼히 함 • 세균에 저항력을 줌 • 세포의 호흡작용에 관여 • 치아, 뼈의 발육을 도움 • 탄수화물, 지방, 단백질 대사에 관여	• 괴혈병 • 피하출혈 • 체중 감소 • 저항력 감소	채소, 과일, 감자

(4) 지용성 비타민과 수용성 비타민의 비교

성 질	지용성 비타민	수용성 비타민
용해도	지용성(기름, 유기용매에 녹음)으로 물에는 불용이다.	수용성(물에 녹음)으로 지방에는 불용이다.
흡수와 이송	지방과 흡수되며, 임파계를 통하여 이송된다.	당질, 아미노산과 함께 소화되고 문맥으로 흡수된다.
저 장	여분의 양은 간 또는 지방조직에 저장된다.	초과량은 배설하고 저장되지 않는다.
공 급	필요량을 매일 절대적으로 공급할 필요성은 없다.	필요량을 매일 절대적으로 공급하여야 한다.
전구체	존재한다.	존재하지 않는다(Niacin은 예외).
조리 시 손실	산화를 통하여 약간 손실이 일어날 수 있다.	조리 시 손실이 크다.
결 핍	결핍증세가 서서히 나타난다.	결핍증세가 빠르게 일어난다.

7. 식품의 색

(1) 식물성 식품의 색소

① 수용성 색소

㉠ 플라보노이드(Flavonoid)계 색소

- 식물계에 흔히 있는 황색 색소이다.
- 산에는 안정하고 알칼리에서는 불안정하여 밀가루에 탄산수소나트륨($NaHCO_3$)을 섞은 빵은 황색, 짙은 갈색이 된다.
- 감자, 고구마, 양파, 양배추, 쌀을 경수에서 가열 조리하면 황색이 된다.
- 금속과 반응하여 독특한 색을 가진 불용성 복합체를 만들고, 녹색, 청갈색, 암청색이 된다.

㉡ 안토시안(Anthocyan)계 색소

- 과실, 꽃, 뿌리에 있는 적색, 자색, 청색의 색소이다.
- 배당체인 안토시안(Anthocyan)과 아글리콘(Aglycone)인 안토시아니딘(Anthocyanidin)과 당류로 분리된다.
- 산성에서는 적색, 중성에서는 자색, 알칼리에서는 청색을 띤다.
- 가지의 보라색은 안토시안 색소이므로 백반을 넣어 삶으면 안정된 청자색을 유지할 수 있다.

㉢ 타닌(Tannin, 탄닌)

- 식물의 줄기, 잎, 뿌리, 덜 익은 과실과 식물종자 등에서 떫은맛과 쓴맛을 내는 물질이다.
- 타닌 그 자체는 원래 색이 없으나 그의 산화생성물은 갈색, 흑색, 홍색을 나타낸다.
- 폴리페놀옥시데이스(Polyphenol Oxidase, 폴리페놀옥시다제)에 의한 산화로 갈변한다.
- 타닌은 뜨거운 물, 때로는 냉수에서 교질성 입자를 형성한다.

② 지용성 색소

㉠ 클로로필(Chlorophyll) 색소 : 엽록소

- 녹색 채소의 대표적인 색소이다.
- 광합성 작용에 중요한 역할을 하며 마그네슘을 함유하고 있다.
- 산을 가하면 갈색으로 변색(페오피틴 생성)된다. 김치 등 녹색 채소류가 갈색으로 변하는 것은 발효로 인하여 생성된 초산 또는 젖산이 엽록소와 작용하기 때문이다.

• 알칼리에서는 초록색을 유지한다. 채소를 삶을 때 소량의 탄산수소나트륨 또는 초목회를 넣으면 선명한 녹색을 얻을 수 있으나 알칼리 처리를 하면 비타민 C의 손실이 많다.

㉡ 카로티노이드(Carotinoid) 색소

• 엽록소 같이 식물계에 널리 분포되어 있으며, 동물성 식품에도 일부 분포하고 있다.
• 비타민 A의 기능도 있다.
• 황색, 주황색, 적색의 색소로 당근, 토마토, 고추, 감 등에 있는 색소이다.
• 카로티노이드 색소는 카로틴(당근의 붉은색)과 잔토필로 대별할 수 있다.

(2) 동물성 식품의 색소

① 마이오글로빈(Myoglobin)

㉠ 근육색소로 Heme 1분자에 Globin 1분자가 결합한 복합단백질이다.
㉡ 붉은색을 띠며, 육류 및 가공품에 있어 중요한 색소로 철(Fe)을 함유하고 있다.
㉢ 공기에 닿으면 선명한 적색, 가열에 의해 갈색 또는 회색이 된다.

② 헤모글로빈(Hemoglobin)

㉠ 혈색소로 Globin 1분자와 Heme 4분자가 결합한 구조이다.
㉡ 붉은색이며 철(Fe)을 함유하고 있다.
㉢ 가열 또는 공기 중에 방치하면 산화되어 암갈색으로 변색된다.
㉣ 수육가공 시 질산칼륨이나 아질산칼륨을 첨가하면 선홍색을 유지시킬 수 있다.

③ 헤모시아닌(Hemocyanin) : 문어, 오징어 등의 연체류에 포함되어 있는 파란색의 색소로 익히면 적자색으로 변한다.

④ 아스타잔틴(Astaxanthin) : 피조개의 붉은 살, 새우, 게, 가재 등에 포함되어 있는 흑색, 청록색의 색소로 가열 및 부패에 의해 아스타신(Astacin)의 붉은색으로 변한다.

8. 식품의 갈변

(1) 정 의

① 식품의 갈변이란 식품을 조리하거나 가공·저장하는 동안 갈색으로 변색되거나 식품의 본색이 짙어지는 현상을 말한다.

② 식품의 갈변은 식품의 외관이나 풍미를 나쁘게 하는 단점도 있으나(과일주스의 갈변 등), 차, 커피, 간장, 빵과 같이 갈변이 품질을 향상시키는 장점도 있다.

③ 식품의 갈변반응은 크게 효소에 의한 효소적 갈변반응과 비효소적 갈변반응으로 나눈다.

(2) 효소적 갈변

① 정의 : 과실과 채소류 등을 파쇄하거나 껍질을 벗길 때 일어나는 현상이다.

② 원인 : 과실과 채소류의 상처받은 조직이 공기 중에 노출되면 페놀화합물이 갈색 색소인 멜라닌으로 전환하기 때문이다.

③ 효소적 갈변반응

㉠ 폴리페놀옥시데이스(폴리페놀옥시다제)에 의한 갈변 : 사과, 배, 가지 → 소금에 의해 불활성화 된다.

㉡ 타이로시네이스(티로시나제)에 의한 갈변 : 감자, 고구마 → 이 효소는 수용성이므로 깎은 감자를 물에 담가두면 갈변이 일어나지 않는다.

더 알아보기 효소에 의한 갈변 방지

- 열처리 : 데치기와 같이 식품을 고온에서 열처리하여 효소를 불활성화한다.
- 산을 이용 : 수소이온농도(pH)를 3 이하로 낮추어 산의 효소작용을 억제한다.
- 산소의 제거 : 밀폐용기에 식품을 넣고 공기를 제거하거나 공기 대신 이산화탄소나 질소가스를 주입한다.
- 당 또는 염류 첨가 : 껍질을 벗긴 배나 사과를 설탕이나 소금물에 담근다.
- 효소의 작용 억제 : 온도를 -10℃ 이하로 낮춘다.
- 구리 또는 철로 된 용기나 기구의 사용을 피한다.

(3) 비효소적 갈변

① 마이야르(Maillard) 반응(메일라드 반응, 아미노-카보닐 반응, 멜라노이드 반응)

㉠ 외부 에너지의 공급 없이도 자연 발생적으로 일어나는 반응이다. → 분유, 간장, 된장, 오렌지 주스 등의 반응

㉡ 온도가 높을수록 반응속도가 빨라지고, pH가 높아질수록 갈변이 잘 일어난다.

② 캐러멜(Caramel)화 반응

㉠ 당류를 고온(180~200℃)으로 가열하였을 때 산화 및 분해산물에 의한 중합·축합반응으로 생성되는 갈색물질에 의해 착색되는 갈변현상이다.

㉡ 간장, 소스, 합성청주, 약식 및 기타 식품 가공에 이용된다.

㉢ 캐러멜화 반응은 pH 2.3~3.0일 때 가장 일어나기 어렵다.

③ 아스코브산(Ascorbic Acid) 반응

㉠ 오렌지 주스나 농축물 등에서 일어나는 갈변반응으로 과채류의 가공식품에 이용된다.

㉡ 아스코브산의 갈변은 pH가 낮을수록(pH 2.0~3.5) 현저히 증가한다.

9. 식품의 맛과 냄새

(1) 식품의 맛

① 기본맛과 보조맛

㉠ 기본맛 : 단맛, 신맛, 쓴맛, 짠맛

㉡ 보조맛 : 매운맛, 감칠맛, 떫은맛, 썩은맛, 아린맛

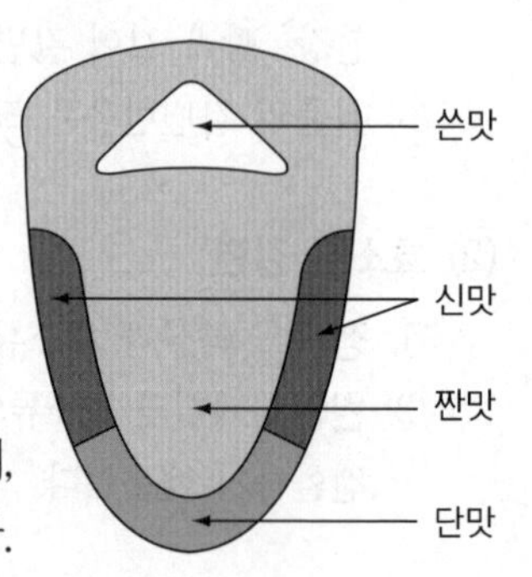

② 미각분포도 : 일반적으로 단맛은 혀의 앞부분(끝부분), 짠맛은 혀의 전체, 신맛은 혀의 양쪽 둘레, 쓴맛은 혀의 안쪽 부분에서 예민하게 느낀다.

③ 맛과 온도 : 일반적으로 혀의 미각은 10~40℃에서 잘 느낀다. 특히 30℃에서 가장 예민하게 느끼는데, 온도가 낮아질수록 둔해진다. 온도가 상승함에 따라서 단맛은 증가하고 짠맛과 신맛은 감소한다.

㉠ 맛을 느끼는 최적온도

종 류	온도(℃)	종 류	온도(℃)
쓴 맛	40~50	단 맛	20~50
짠 맛	30~40	신 맛	5~25
매운맛	50~60		

㉡ 음식에 알맞은 온도

종 류	온도(℃)	종 류	온도(℃)
맥 주	8~12	홍 차	70~80
전 골	95	밥	40~45
된장국	62~68	사이다	15
커 피	70~80	국	70

④ 맛의 변화

㉠ 대비현상(강화현상)

- 맛을 내는 물질에 다른 물질이 섞임으로써 미각이 증가되는 현상을 말한다.
- 설탕에 소금을 소량 가하면 단맛이 증가하고, 짠맛 성분에 소량의 신맛 성분(유기산, 젖산, 식초산, 주석산 등)을 가하면 짠맛이 증가한다.

㉡ 변조현상 : 한 가지 맛을 느낀 직후 다른 맛 성분을 정상적으로 느끼지 못하는 현상을 말한다(단 것을 먹은 후 사과를 먹었을 때 신맛을 느끼는 경우).

㉢ 상쇄현상 : 서로 다른 맛을 내는 물질 2종류를 적당한 농도로 섞어주면 각각의 고유한 맛이 느껴지지 않고 조화된 맛으로 느껴지는 현상(소멸현상)을 말한다.

㉣ 상승현상 : 같은 종류의 맛을 가진 2가지 물질을 혼합하였을 경우 각각의 맛보다 훨씬 강하게 느껴지는 현상을 말한다.

㉤ 피로현상 : 같은 맛을 계속 봤을 때 미각이 둔해져 맛을 알 수 없게 되거나 그 맛이 변하는 현상이다.

㉥ 미맹 : 색깔을 정상적으로 인식하지 못하는 색맹이 있는 것과 같이 맛 자체를 전혀 느끼지 못하는 것을 미맹이라고 한다.

⑤ 맛의 종류

㉠ 단 맛

- 상대적 감미도 : 10% 설탕용액의 단맛을 100으로 기준하여 단맛의 정도를 비교한 값이다.
- 당류 : 페릴라틴 > 사카린 > 과당 > 전화당 > 설탕 > 포도당 > 엿당 > 갈락토스 > 젖당
- 아미노산 : L-Leucinic Acid, Aspartame, Glycine, Alanine, Proline, Leucine 등
- 당알코올 : Sorbitol, Mannitol, Xylitol
- 방향족화합물 : Glycyrrhizin, Phyllodulcin, Peryllartin
- 항질소화합물 : Betain, TMAO, Theanine

ⓛ 짠 맛

- 짠맛의 성분은 대부분 염류이고 대표적인 것이 소금(NaCl)이다.
- 조리에 있어서 가장 기본적인 맛으로, 가장 기분 좋은 짠맛은 소금 농도가 1%일 때이다.
- 짠맛에 신맛이 섞이면 짠맛이 강화된다.
- 단맛에 0.1%의 소금이 들어가면 단맛이 강화된다.

ⓒ 신 맛

- 대부분 신맛은 수소이온(H^+) 맛이다(강도는 수소이온농도에 비례).
- 식용이 되는 산은 대부분 유기산이다[예 식초산(식초), 젖산(김치, 유제품), 구연산(과실, 채소류), 사과산(과실), 주석산(포도), 호박산(청주, 조개류)].

ⓔ 쓴 맛

- 쓴맛의 표준물질 : Quinine
- Alkaloids : 차・커피(Caffeine), 코코아・초콜릿(Theobromine)
- 배당체 : 감귤류 껍질(Naringin), 오이 꼭지부(Cucurbitacin), 양파 껍질(Quercetin)
- Ketone류 : Hop 암꽃(맥주의 쓴맛, Humulone, Lupulone), 고구마 흑반병(이포메아마론)
- 무기염류 및 기타 : 간수($MgCl_2$, $CaCl_2$), 쑥(Thujone), 아미노산, 펩타이드

ⓜ 매운맛

- 생리적인 통각으로 식욕 증진과 살균・살충작용을 돕는다.
- 대표적인 매운맛 : Allicin(마늘), Capsaicin(고추), Allyisothiocyanate(흑겨자, 고추냉이, 무), Cinnamic Aldehyde(계피), Zingerone, Shogaol, Gingerol(생강)

ⓑ 떫은맛

- 혀의 단백질을 응고시킴으로써 미각 신경이 마비되어 일어나는 감각이다.
- 대표적인 성분 : 타닌(Tannin)류
  - 타닌 성분 : 갈산(Gallic Acid), 카테킨(Catechin), 시부올(Shibuol) 등
  - 차의 떫은맛 : 갈산(Gallic Acid), 카테킨(Catechin)

ⓢ 감칠맛

- 여러 맛의 성분이 혼합되어 조화된 맛이다.
- 호박산, 이노신산, 글루탐산 소다

ⓞ 아린맛

- 떫은맛과 쓴맛이 혼합된 것과 같은 불쾌감을 주는 맛이다.
- 죽순, 고사리, 가지, 우엉, 토란 등에서 느끼는 맛이다.

ⓩ 기 타

- 알칼리맛 : OH^- 이온맛이다(나무의 재 등).
- 금속맛 : Fe, Ag, Sn 등의 금속이온 맛이다(수저나 식기).
- 교질맛 : 호화전분, Amylopectin, Pectin(과실), Gluten(밀), 다당류(해조류), 식물성 Gum 질, 동물성 식품(Mucin, Mucoid, Casein, Albumin, Gelatin 등)

(2) 식품의 냄새

① 정의 : 식품의 냄새는 색과 함께 식품의 품질을 좌우하는 중요한 요소로서 식품의 맛과 냄새를 합쳐 풍미(Flavor)라고 한다. 바람직하지 않은 냄새로는 부패취(Odor), 어류의 비린내 등이 있다.

② 식물성 식품의 냄새

㉠ 에스터(Ester)류 : Ethylformate(복숭아), Amylformate(사과, 배), Isoamylformate(배), Ethylacetate(배, 사과), Isoamylvalerate(바나나) 등

㉡ 알코올(Alcohol) 및 알데하이드(Aldehyde)류 : Ethanol(주류), Propanol(양파), Pentanol(감자), 3-Hexenol(엽채류), 2,6-Nonadienal(오이), Furfuryl Alcohol(커피), Eugenol(계피)

㉢ 테르펜(Terpene)류 : Geraniolne(녹차, 레몬), α-Phellandrene(후추), Zingiberene(생강), Menthol(박하), Humulene(홉), Thujone(쑥)

㉣ 황화합물 : Methylemercaptane(무, 파, 마늘), Dially Disulfide(파, 마늘, 양파), Propylmercaptance(양파), Allicine(마늘)

③ 동물성 식품의 냄새

㉠ 생선 : 휘발성 염기태 질소, 휘발성 황화합물

- 해산어류의 비린내 : TMA(Trimethylamine)
- 민물어류의 비린내 : 피페리딘(Piperidine)

㉡ 수육 : 가열할 때 Aldehyde류, Ketone류, 유기산, 황화합물, 암모니아 혼합취 → 지방산화, 캐러멜화 반응, 마이야르 반응

㉢ 우유 및 유제품

- 카보닐화합물(Acetone, Acetaldehyde), 저급지방산(Butyric Acid), 황화합물(Methyl Sulfide) 주체
- 장기간 보관할 때 낡은 고무취(δ-Aminoacetophenone)
- 일광취 : 비타민 C, B_{12}의 손실, 품질 저하

더 알아보기 **자연식품의 냄새**

- 어류의 비린내 : 트라이메틸아민
- 과실류 : 에스터
- 채소류 : 황화합물
- 고기 구울 때 식욕을 돋우는 냄새 : 카보닐 화합물

10. 식품의 물성

(1) 물성의 정의

흐름을 포함한 물질의 변형으로 외부에서 힘이 가해졌을 때 물질이 반응하는 성질을 말한다.

(2) 물성의 종류

① 기포성 : 액체(분산매)에 공기와 같은 기체가(분산질) 분산된 것이다.

② 점성(粘性, Viscosity) : 액체가 흐르기 쉬운지 어려운지를 나타내는 성질, 즉 흐름에 대한 저항감을 말한다.

③ 탄성(彈性, Elasticity) : 외부의 힘에 의한 변형으로부터 본래의 상태로 되돌아가려는 성질이다(젤리 등).

④ 가소성(Plasticity) : 원래의 상태로 돌아가지 않는 성질이다(버터, 마가린, 생크림 등).

⑤ 점탄성(Viscoelasticity) : 점성+탄성의 상태이다(추잉 껌, 밀가루 반죽 등).

11. 식품의 유독성분

(1) 자연식품의 독성분

① 식물성 식품

㉠ 독버섯

- Muscarine : 붉은광대버섯
- Phaline, Amanitatoxin : 알광대버섯
- 기타 독성분 : Muscaridine, Choline, Neurine, Pilztoxin 등

㉡ 감자독

- 독성분 : Solanine
- 중독증상 : 복통, 설사, 구토, 현기증, 졸음, 위장장애를 일으키고 신경증상으로 가벼운 의식장애, 경련 등

㉢ Cyan 배당체 함유 식품

- 미숙한 매실, 살구씨 등 : Amygdalin이라는 Cyan 배당체
- 오색두(버마콩) : Phaseolunatin
- 수수 : Dhurrin
- 강낭콩 : Linamarin

㉣ 독미나리

- 독성분 : Cicutoxin
- 중독증상 : 상복부의 동통, 구토, 현기증, 경련, 중증일 때는 호흡마비로 사망

㉤ 피마자 : Ricinine, Ricin, Allergen

② 동물성 식품

㉠ 복어독 중독

- 복어독 : Tetrodotoxin
- 중독증상 : 주로 신경계 마비를 일으키며 지각이상, 운동장애, 호흡장애, 혈행장애, 위장장애 등

㉡ 조개류 중독

- 마비성 패중독(Saxitoxin 중독) : 검은 조개, 섭조개(홍합), 대합조개 등
- Venerupin 중독 : 모시조개(바지락), 굴, 고둥 등

(2) 주요 곰팡이 독성분

① 아플라톡신(Aflatoxin) : *Aspergillus flavus, Aspergillus parasiticus*에 의하여 생성되는 형광성 물질로 간장독을 유발하며 특히 사람에게 발암률이 높다.

② 황변미 중독

㉠ 저장 곡류가 *Penicillium islandicum*에 오염되면 적홍색 또는 황색의 색소가 생성되고 황변미를 만든다.

㉡ 원인 물질 : 루테오스키린(Luteoskyrin), 아이슬랜디톡신(Islanditoxin) 등

③ 맥각독 : 라이맥 또는 화본과 식물의 꽃(씨방의 주변)에 기생하는 맥각균이 생성하는 에르고타민(Ergotamine), 에르고톡신(Ergotoxine) 등에 의해 일어난다.

(3) 잔류농약

① 유기인제

㉠ 종류 : Parathion, Methyl Parathion, Malathion, Diazinon 등

㉡ 중독증상 : 신경독에 의한 것이다. 부교감신경 증상으로 구역질, 구토, Cyanosis 등이 일어나고 교감신경 증상과 근력감퇴, 전신경련 등이 나타난다.

② 유기염소제

㉠ 종류 : DDT, DDD, Methoxychlor, γ-BHC 등

㉡ 중독증상 : 중추신경 증상이 나타난다.

③ 비소화합물 : 살충제, 쥐약 등으로 사용하는 비소화합물은 밀가루 등으로 오인하여 중독되는 예가 많다.

④ 수은제(Hg) : 미나마타병의 원인 물질이다.

12. 효 소

(1) 효소의 정의

① 체내에서 발생하는 화학반응을 효율적으로 일어나게 하는 작용(촉매작용)을 하며, 생체가 생산하는 단백질을 말한다.

② 단백질이기 때문에 단백질을 변성시키는 열, 강산, 강염기, 유기용매 등에 의해 활성을 상실하면 촉매작용을 하지 못한다.

③ 가수분해효소와 같이 단순단백질에 속하는 것과 산화환원효소 등과 같이 단백질 부분과 비단백질 부분(보결분자단)으로 된 복합단백질에 속하는 것이 있다.

(2) 효소반응에 영향을 주는 인자

① 온 도

㉠ 온도가 상승하면 효소활성은 증가하는데, 온도가 10℃ 증가함에 따라 반응속도는 약 2배 정도 증가한다.

㉡ 효소반응은 생체온도에서 작용하므로 30~40℃에서 최대 활성을 보이며, 효소가 최대 활성을 유지하는 온도를 효소의 최적온도라고 한다.

㉢ 온도가 낮아지면 효소 반응속도는 느려지고, 최적온도 이상이 되면 단백질의 변성에 의해 반응속도는 떨어지게 된다.

② pH

㉠ 효소작용은 반응이 일어나고 있는 용액의 pH에 영향을 받는다.

㉡ 효소는 대체로 중성 pH에서 최대 활성을 보이는데, 이때의 pH를 그 효소의 최적 pH라고 한다.

㉢ 강산성이나 강알칼리성 pH에서 단백질은 변성이 되는 동시에 효소작용은 완전히 상실된다.

③ 효소농도와 기질농도

㉠ 효소의 농도가 일정하고 기질의 농도가 낮을 때의 반응속도는 기질의 농도에 비례하여 증가한다.

㉡ 기질의 농도를 증가시키면 처음에는 반응속도가 커지지만, 일정 농도를 넘으면 반응속도는 거의 일정하게 된다.

④ 효소활성 저해제

㉠ 효소작용을 억제하는 물질을 저해제(Inhibitor)라 부르며, 이 현상을 저해작용이라 한다.

㉡ 기질과 구조가 유사한 화합물은 효소의 활성중심과 경합하여 효소작용을 억제한다. 이러한 물질을 경쟁적 저해제라고 하고, 이에 의해 효소반응이 저해되는 현상을 경쟁적 저해라고 한다.

(3) 효소의 분류

종 류	작 용	효 소
가수분해효소	물의 도움을 받아 기질을 분해(소화효소가 많음)	아밀레이스(아밀라제), 말테이스(말타제), 아르지네이스(아르기나제), 유레이스(우레아제)
산화환원효소	물질의 산화환원을 촉진	옥시데이스(옥시다제), 탈수소효소
전이효소	기질의 원자단을 다른 기질에 옮김	크레아틴키네이스(크레아틴키나제), 트랜스아미네이스(트랜스아미나제)
제거(분해)효소	기질을 분해	카탈레이스(카탈라제), 카복실레이스(카복실라제)
이성화효소	기질 내의 원자 배열을 변경	6탄당 인산, 이소머레이스(이소머라제)
합성효소	ATP를 써서 합성반응을 진행	시트르산 합성효소, 글루탐산 합성효소

04 식품과 영양

1. 영양소의 기능

(1) 영양과 영양소

① 영양 : 생물체가 외부로부터 물질을 섭취하여 체성분을 만들고, 체내에서 에너지를 발생시켜 생명현상을 유지하는 일을 말한다.

② 영양소 : 외부로부터 섭취하는 영양에 관여하는 물질을 말한다.

㉠ 열량소 : 탄수화물, 지방, 단백질은 체내에서 화학반응을 거쳐 에너지를 발생하기 때문에 열량소라고 한다(3대 영양소).

㉡ 조절소 : 신체의 기능을 조절하는 영양소로 비타민, 무기질, 물이 있다.

㉢ 구성소 : 단백질, 무기질, 물은 체구성 성분으로서 새로운 조직형성이나 보수에 관여하고, 몸을 구성한다.

더 알아보기 영양소

- 5대 영양소 : 탄수화물, 단백질, 지방, 무기질, 비타민
- 6대 영양소 : 5대 영양소 + 물

(2) 식품 영양가 계산

① 영양소의 단위

㉠ 식품의 영양가를 산출하는 데는 식품 분석표가 사용되며, 식품 분석표는 식품 100g에 들어 있는 성분량을 g 또는 %로 표시한다.

㉡ 영양소의 단위 중 당질, 단백질, 지방은 g, 칼슘과 비타민 B_1, B_2, C는 mg, 비타민 A는 국제단위인 IU 또는 μg, 열량은 kcal로 표시한다.

㉢ 1kcal(cal)는 1kg의 물을 1℃ 올리는 데 필요한 열량으로, 보통 1kcal라고 표시한다.

② **식품열량 계산** : 식품의 열량은 식품에 함유되어 있는 3대 영양소(탄수화물, 단백질, 지방) 함량에 따라 다르며, 탄수화물 1g은 4kcal, 지방 1g은 9kcal, 단백질 1g은 4kcal의 열량으로 계산한다.

※ 알코올 : 7kcal/g, 유기산 : 3kcal/g

③ **식품영양가 계산** : 해당 식품의 양 × (식품분석표상의 해당 성분수치 / 100)

(3) 대치식품량 계산

대치식품은 식품이 함유하고 있는 주영양소가 같아야 한다. 주지방질 급원식품은 지방질 식품끼리만, 단백질 급원식품은 단백질 식품끼리만 대치식품이 된다.

$$\text{대치식품량} = \frac{\text{원래 식품의 양} \times \text{원래 식품의 식품분석표상의 해당 성분수치}}{\text{대치하고자 하는 식품의 식품분석표상의 해당 성분수치}}$$

[대치식품표]

군 별	종류별	식 품
곡 류	원곡가공	백미, 칠분도미, 찹쌀, 누른 보리, 겉보리, 쌀보리, 밀, 옥수수, 수수, 조, 밀빵, 건빵, 소면, 메밀국수, 마카로니, 소맥분, 라면
감자류	원 품	감자, 고구마, 토란
	가공품	녹말, 말린 고구마, 당면, 포도당
두 류	콩	대두, 대두분
	기타 두류	팥, 녹두, 완두, 강낭콩, 땅콩, 동부콩
	두류제품	두부, 튀김두부, 콩조림, 된장, 고추장, 간장, 청국장, 콩비지
채소류	녹황색 채소	시금치, 배추, 양배추, 미나리, 상추, 무청, 당근, 호박, 풋고추, 근대, 부추, 셀러리, 피망, 껍질콩, 깻잎
	기타 채소	가지, 무, 콩나물, 숙주나물, 도라지, 고비, 양파, 우엉, 연근
	건조 채소	호박고지, 무말랭이, 무잎, 고춧잎, 버섯류
	김치류	통김치(배추), 무청김치, 열무김치, 오이김치, 오이지, 단무지
	과 실	감, 곶감, 귤, 사과, 수박, 포도, 복숭아, 토마토, 밤, 딸기, 자두
	해 조	김, 미역, 다시마, 파래
어패류	신선 어패	건갱이, 가자미, 꽁치, 정어리, 조기, 숭어, 상어, 연어, 갈치, 삼치, 오징어, 대구, 방어, 도미, 청어, 조개, 큰새우, 민어, 동태
	기타 어패	염갈치, 염고등어, 염꽁치, 염청어, 염전갱이, 말린 조기, 북어
	가 공	어류통조림, 생선튀김, 새우젓, 멸치젓, 굴젓
	난 류	명란젓, 대구알젓, 기타 어란
수조육류	수 육	소고기, 돼지고기, 토끼고기, 양고기
	조 육	닭, 꿩, 칠면조
	난 류	달걀, 오리알, 메추리알
	우 유	우유, 분유, 연유, 농축유
유지류	식 유	참기름, 콩기름, 샐러드기름, 면실유
	지 류	버터, 강화 마가린, 라드

군 별	종류별	식 품
조미료 및 향신료	조미료	식염, 깨소금, 간장, 파, 마늘, 양파, 설탕
	향신료	말린 고추, 고춧가루, 생강, 겨자, 카레가루, 후춧가루, 계피가루
기호품	당 류	설탕, 캐러멜, 엿류, 얼음사탕, 드롭스
	기 타	생강차, 커피, 홍차, 주류(정종, 맥주, 소주, 약주, 위스키)

2. 영양소 섭취기준

(1) 영양섭취기준

① **평균필요량**(EAR ; Estimated Average Requirements) : 대상 집단을 구성하는 건강한 사람들의 절반에 해당하는 사람들의 일일 필요량을 충족시키는 값으로서 대상 집단의 필요량 분포치 중앙값으로부터 산출한 수치이다.

② **권장섭취량**(RNI ; Recommended Nutrition Intake) : 성별, 연령군별 거의 모든(97~98%) 건강한 인구집단의 영양소 필요량을 충족시키는 섭취량 추정치로서 평균필요량에 표준편차의 2배를 더하여 정한다[권장섭취량(RNI) = 평균필요량(EAR) + 표준편차의 2배(2SD)].

③ **충분섭취량**(AI ; Adequate Intake) : 영양소 필요량에 대한 정확한 자료가 부족하거나 필요량의 중앙값과 표준편차를 구하기가 어려워 권장섭취량을 산출할 수 없는 경우에 제시한다. 주로 역학조사에서 관찰된 건강한 사람들의 영양소 섭취량의 중앙값을 기준으로 정하게 된다.

④ **상한섭취량**(UL ; Tolerable Upper Intake Level) : 인체 건강에 유해영향이 나타나지 않는 최대 영양소 섭취수준을 나타낸다. 과량 섭취 시 건강에 악영향의 위험이 있다는 자료가 있는 경우에 설정이 가능하다.

⑤ **에너지 적정 비율** : 각 영양소를 통해 섭취하는 에너지의 양이 전체 에너지 섭취량에서 차지하는 비율의 적정 범위이다. 각 다량 영양소의 에너지 섭취비율이 제시된 범위를 벗어나는 것은 건강문제가 발생할 위험이 높아진다는 것을 의미한다.

⑥ **만성질환위험감소섭취량**(CDRR ; Chronic Disease Risk Reduction intake) : 건강한 인구집단에서 만성질환의 위험을 감소시킬 수 있는 영양소의 최저 수준의 섭취량이다.

더 알아보기 **한국인 영양소 섭취기준의 기준**

- 연령 구분 : 생리적 발달단계를 고려하여 영아기, 성장기, 성인기, 노인기로 나눈다.
- 체위 기준 : 영양소의 필요량은 생애주기에 따른 생리적 변화 및 신체 크기에 영향을 받으므로, 체위 기준이 함께 고려되어야 한다. 신체 크기는 개인별로 차이가 크기 때문에, 성별, 연령별 집단의 표준 체위기준치를 설정한 후, 그 기준치에 맞추어 영양소 섭취기준을 설정한다.

(2) 한국인 영양소 섭취기준 요약표(보건복지부, 2020)

① 한국인 영양소 섭취기준 – 에너지 적정 비율

성 별	연 령	에너지 적정 비율(%)				
		탄수화물	단백질	지 질[1]		
				지 방	포화지방산	트랜스지방산
영 아	0~5(개월)	–	–	–	–	–
	6~11	–	–	–	–	–
유 아	1~2(세)	55~65	7~20	20~35	–	–
	3~5	55~65	7~20	15~30	8 미만	1 미만
남 자	6~8(세)	55~65	7~20	15~30	8 미만	1 미만
	9~11	55~65	7~20	15~30	8 미만	1 미만
	12~14	55~65	7~20	15~30	8 미만	1 미만
	15~18	55~65	7~20	15~30	8 미만	1 미만
	19~29	55~65	7~20	15~30	7 미만	1 미만
	30~49	55~65	7~20	15~30	7 미만	1 미만
	50~64	55~65	7~20	15~30	7 미만	1 미만
	65~74	55~65	7~20	15~30	7 미만	1 미만
	75 이상	55~65	7~20	15~30	7 미만	1 미만
여 자	6~8(세)	55~65	7~20	15~30	8 미만	1 미만
	9~11	55~65	7~20	15~30	8 미만	1 미만
	12~14	55~65	7~20	15~30	8 미만	1 미만
	15~18	55~65	7~20	15~30	8 미만	1 미만
	19~29	55~65	7~20	15~30	7 미만	1 미만
	30~49	55~65	7~20	15~30	7 미만	1 미만
	50~64	55~65	7~20	15~30	7 미만	1 미만
	65~74	55~65	7~20	15~30	7 미만	1 미만
	75 이상	55~65	7~20	15~30	7 미만	1 미만
임신부		55~65	7~20	15~30	–	–
수유부		55~65	7~20	15~30	–	–

1) 콜레스테롤 : 19세 이상 300mg/일 미만 권고

② 한국인 영양소 섭취기준 – 당류

총당류 섭취량을 총 에너지섭취량의 10~20%로 제한하고, 특히 식품의 조리 및 가공 시 첨가되는 첨가당은 총 에너지 섭취량의 10% 이내로 섭취하도록 한다. 첨가당의 주요 급원으로는 설탕, 액상과당, 물엿, 당밀, 꿀, 시럽, 농축과일주스 등이 있다.

③ 한국인 영양소 섭취기준 – 에너지와 다량 영양소

성 별	연 령	에너지 (kcal/일)	탄수화물 (g/일)				식이섬유 (g/일)
		필요추정량	평균필요량	권장섭취량	충분섭취량	상한섭취량	충분섭취량
영 아	0~5(개월)	500	–	–	60	–	–
	6~11	600	–	–	90	–	–
유 아	1~2(세)	900	100	130	–	–	15
	3~5	1,400	100	130	–	–	20
남 자	6~8(세)	1,700	100	130	–	–	25
	9~11	2,000	100	130	–	–	25
	12~14	2,500	100	130	–	–	30
	15~18	2,700	100	130	–	–	30
	19~29	2,600	100	130	–	–	30
	30~49	2,500	100	130	–	–	30
	50~64	2,200	100	130	–	–	30
	65~74	2,000	100	130	–	–	25
	75 이상	1,900	100	130	–	–	25
여 자	6~8(세)	1,500	100	130	–	–	20
	9~11	1,800	100	130	–	–	25
	12~14	2,000	100	130	–	–	25
	15~18	2,000	100	130	–	–	25
	19~29	2,000	100	130	–	–	20
	30~49	1,900	100	130	–	–	20
	50~64	1,700	100	130	–	–	20
	65~74	1,600	100	130	–	–	20
	75 이상	1,500	100	130	–	–	20
임신부		–	+35	+45	–	–	+5
수유부		–	+60	+80	–	–	+5

(3) 영양소의 소화 및 흡수

① 음식의 소화

㉠ 소화 : 음식의 탄수화물, 단백질, 지방이 소화효소에 의해 우리 몸에 흡수될 수 있도록 단당류, 지방산, 글리세롤, 아미노산으로 분해되는 과정을 말한다.

㉡ 영양소의 체내 경로

소화기관	소화액	소화효소	분해과정	산도(pH)
입	침(타액)	아밀레이스(아밀라제)	녹말 → 덱스트린, 엿당	약염기
위	위액	펩신	단백질 → 펩톤, 프로테오스	산 성
		라이페이스(리파제)	지방 → 유화 지방	
십이지장	이자액	아밀레이스	녹말 → 엿당	약염기
		트립신	단백질, 프로테오스, 펩톤 → 폴리펩타이드, 아미노산	
		라이페이스	지방 → 지방산, 글리세롤	
소 장	소장액	수크레이스(수크라제)	설탕 → 포도당, 과당	약염기
		말테이스(말타제)	엿당 → 포도당 2분자	
		락테이스(락타제)	젖당 → 포도당, 갈락토스	
대 장	–	–	장내 세균에 의해 섬유소 분해	–

더 알아보기 입에서의 소화

- 물리적 소화작용 : 음식을 씹어서 잘게 부순다.
- 뮤신 : 당단백질로 점성이 있다.
- 레닌 : 위액에 있으며, 효소는 아니지만 유즙을 응고시켜 소화를 도와준다.
- 담즙 : 지방을 유화시켜 라이페이스의 작용을 돕는다.

② 음식의 흡수

㉠ 흡수 : 섭취한 음식물의 소화·흡수는 약 2시간 후 시작된다.

- 당류, 비타민, 무기질은 소장 점막에 그대로 흡수된다.
- 소화된 단당류, 아미노산, 수용성 비타민, 무기염류는 융털 모세혈관을 통해 간에서 흡수된다.
- 지방산, 글리세롤, 지용성 비타민은 융털의 상피세포 → 지방으로 재합성 → 암죽관 → 가슴관 → 정맥 → 각 기관에서 흡수된다.
- 수분은 대장에서 흡수되며, 흡수되지 않은 것은 변으로 배설된다.

㉡ 소화·흡수에 영향을 주는 조건

- 신경 상태 : 신경적 압박, 긴장, 감상, 흥분 등은 소화액 분비를 감소시키고 소화 기관의 근육운동을 억제시킨다.
- 영양소의 불균형 : 타이아민, 리보플라빈 부족은 식욕을 저하시키고 소화에 간접적인 영향을 준다. 과식이나 덜 익은 음식은 소화에 나쁘다.

CHAPTER

02 | 조리외식 경영

01 조리외식의 이해

1. 조리외식 산업의 개념

(1) 내식과 외식의 이해

구분	내용
내식(Eat-in)	• 내식은 가정 내에서 가족이나 초대된 손님들을 위해 직접 메뉴를 구상하고, 식재료를 구매, 조리하여 제공하는 것으로 비영리인 것이 특징이다. • 내식의 종류에는 식사의 모든 과정이 가정 내에서 이루어지는 내식적 내식과 외부에서 반가공 조리된 식품 또는 완전히 조리된 음식물을 구매하여 가정 내에서 그대로 먹거나 부분적인 조리 과정을 거쳐 식사를 하는 외식적 내식이 있다.
외식(Eat-out)	• 외식은 일정한 장소에서 식사와 관련된 유·무형의 물·인적 서비스를 제공받고 그에 상응하는 대가를 지불하는 것이다. • 외식의 종류에는 내식으로 먹던 음식들을 구매하여 가정에서 먹는 내식적 외식, 외식 전문점인 식당이나 레스토랑 등을 방문하여 식사를 하는 외식적 외식으로 구분한다.

더 알아보기 내식 및 외식, 중식의 개념과 범위

- 내식 : 신선한 재료 또는 반가공된 식재료를 구매하여 전처리 과정을 거쳐 가정에서 직접 조리해서 식사하는 개념이다.
- 외식 : 집 밖의 일정한 공간과 장소에서 전문 조리사 또는 타인이 만들어 제공하는 음식에 일정한 값을 지불하고 이루어지는 식사 활동이다.
- 중식 : 내식과 외식의 융합 개념으로 외부에서 만들어진 음식물 등을 구입하거나 주문하여 가정에서 식사가 이루어지는 형태를 말한다.

(2) 외식산업의 개요

① 사회 구성원들의 다양한 욕구와 사회·경제적 활동 여건의 변화에 따라 가정에서의 식사를 바탕으로 한 내식에서 외부에서 식사를 하는 외식으로의 변화로 이어져 오고 있다.

② 앞으로도 고객의 욕구에 맞게 다양하게 세분화되어 지속적으로 발전 가능한 사업 영역이 될 것이다.

③ 외식에서 가장 중요한 요소이자 핵심 단어인 레스토랑은 18세기 프랑스의 한 식당에서부터 기원되었다고 하며, 지속적인 발전 과정을 거쳐 현대에는 외식을 대표하는 보편적인 장소로 인식되고 있다.

(3) 외식산업의 특성

① **동시성** : 생산과 판매, 소비가 동시에 이루어진다.
② **무형성** : 인적 서비스가 중심인 접객의 무형성이 있다.
③ **이질성** : 기계화되고 정형화되기 힘든 인적 자원 중심의 서비스가 주가 되어 서비스의 동질화를 꾀하기 어렵다.
④ **소멸성** : 서비스의 시작과 함께 사라져 버리는 소멸성의 특성이 있다.
⑤ **모방성** : 외식산업은 노동 집약적이고 생산과 판매가 동시에 이루어지며, 여러 가지 음식을 소량으로 판매하며, 식재료 원가가 저렴하여 누구나 원하면 경영에 도전할 수 있는 모방적 특징도 갖추고 있다.

2. 조리외식 산업의 분류

(1) 우리나라의 외식산업 형태 분류

① 한국표준산업분류상 음식점업(분류코드 56)

대분류	중분류	소분류	분류명	세분류 및 코드
숙박 및 음식점업 (55~56)	음식점 및 주점업 (56)	음식점업 (561)	한식 음식점업 (5611)	한식 일반음식점업(56111) 한식 면 요리 전문점(56112) 한식 육류 요리 전문점(56113) 한식 해산물 요리 전문점(56114)
			외국식 음식점업 (5612)	중식 음식점업(56121) 일식 음식점업(56122) 서양식 음식점업(56123) 기타 외국식 음식점업(56129)
			기관 구내식당업 (5613)	기관 구내식당업(56130)
			출장 및 이동 음식점업(5614)	출장 음식 서비스업(56141) 이동 음식점업(56142)
			제과점업(5615)	제과점업(56150)
			피자, 햄버거 및 치킨 전문점(5616)	피자, 햄버거, 샌드위치 및 유사 음식점업(56161) 치킨 전문점(56162)
			김밥 및 기타 간이 음식점업(5619)	김밥 및 기타 간이 음식점업(56191) 간이 음식 포장 판매 전문점(56199)
		주점 및 비알코올 음료점업 (562)	주점업 (5621)	일반 유흥주점업(56211) 무도 유흥주점업(56212) 생맥주 전문점(56213) 기타 주점업(56219)
			비알코올 음료점업 (5622)	커피 전문점(56221) 기타 비알코올 음료점업(56229)

② **식품위생법상 식품접객업** : 식품접객업에는 휴게음식점영업, 일반음식점영업, 단란주점영업, 유흥주점영업, 위탁급식영업, 제과점영업 등이 있다(식품위생법 시행령 제21조).

(2) 미국의 외식산업 형태 분류

① 미국의 외식산업은 서부 개척시대를 지나면서 말과 역마차를 이용하는 사람들이 잠자리와 식사 등의 편의를 제공받았던 인(Inn)에서부터 태동하여 철도교통의 발달과 더불어 등장한 모텔(Motel)과 호텔의 발달이 다양한 외식산업 형태의 태동이 되었다.

② 1930년대 이후 산업의 급속한 발전은 외식산업이 산업 형태로 형성되어 발전해 가는 계기가 되었고, 1950년대 경제 수준이 높아지면서 외식업은 여가생활의 한 부분으로 자리 잡았다.

③ 1960년대에 들어 버거킹(Burger King), 케이에프씨(KFC), 피자헛(Pizza Hut) 등이 프랜차이즈(Franchise) 기업 형태로 발전하면서 미국의 외식산업이 크게 번창하였다.

④ 그 후로도 경제적 발전과 국민 소득의 증가가 지속적으로 이루어지면서 외식산업은 다양한 특색을 지닌 형태로 발전하고 세분화되었다.

더 알아보기 외식산업의 전망

4차 산업혁명 시대의 도래를 통해 첨단 과학 문물의 등장과 SNS를 통한 정보의 공유는 외식 서비스 산업의 위기이자 또 다른 성장 원동력이 되고 있다. 앞으로 기업 간, 개인 사업자 간의 치열한 레드오션(Red Ocean), 퍼플오션(Purple Ocean), 블루오션(Blue Ocean)의 경쟁과 상생 속에서 서비스 문화의 다변화와 대체, 건강과 즐거움, 슬로우 푸드(Slow Food), 에스닉 푸드(Ethnic Food), 전통 음식(Traditional Food) 등 다양한 내식, 외식 문화와 산업 발전이 이루어질 것으로 보인다.

02 조리외식 경영

1. 서비스 경영

(1) 경영학적 서비스의 정의

① **활동론적 정의** : 서비스는 판매 목적으로 제공되거나 상품 판매와 연계해서 제공되는 제 활동, 편익, 만족을 말하며, 타인에게 제공하는 무형적인 활동이나 편익으로 소유권 이전을 수반하지 않는 것으로서 한 측이 다른 측에게 제공하는 성과와 활동으로 어떤 것도 소유가 되지 않는 것이라 정의한다(Kotler, 2009).

② **속성론적 정의** : 서비스의 속성을 중심으로 시장에서 판매되는 무형의 상품을 말한다(Stanton, 1981).

③ **봉사론적 정의** : 서비스는 인간에 대한 봉사이다.

④ **인간 상호관계적 정의** : 서비스는 무형적 성격을 지니는 일련의 활동으로 고객과 서비스 제공자의 상호관계에서부터 발생하며, 고객의 문제를 해결해 주는 것이라고 본다.

(2) 인적 서비스의 중요성

① 서비스는 사람에 의하여 전달된다. 따라서 인적 구성요소가 중요한 부분을 차지하며, 인건비율이 높은 특성을 갖는다.

② 서비스는 생산, 전달, 소비과정에 다양한 요소들을 내재하고 있기 때문에 통일성을 기하기가 어렵다. 전달하는 사람의 상태나 시간에 따라 달라질 수 있으며, 받는 소비자의 입장에서는 서비스가 고객의 욕구를 충족시키기 위하여 잘 설계되었다 하더라도 구체화된 서비스가 제대로 전달되지 않을 경우에는 고객의 기대와 만족 사이에는 엄청난 차이가 존재할 수 있다.

③ 외식 서비스를 제공하는 기업에 있어서 고용 직원은 훌륭한 서비스를 제공하고 경쟁적인 이익을 얻어내기 위한 중요한 요소이다.

④ 고객의 입장에서 서비스 제공자는 서비스 제공업체를 대표하며, 그들에 의해 제공되는 서비스 수준이나 서비스 방법은 서비스의 질을 차별화할 수 있는 중요한 자원이 된다. 따라서 서비스 제공자의 역할에 초점을 맞추어 효과적으로 고객 지향적인 서비스를 제공할 수 있는 시스템을 개발해 나가야 한다.

2. 서비스 매뉴얼 관리

(1) 매장의 고객 응대 서비스 순서 결정

① 서비스의 흐름을 점검한다.

② 서비스 흐름은 고객들이 신속하고 안정감 있는 서비스를 받을 수 있도록 한다.

③ 서비스 흐름도를 작성한다.

(2) 서비스 응대 기준표의 작성

① 응대 기준표는 감성적 서비스 내용 중심으로 작성한다.

② 감성적 서비스의 내용

㉠ 태도 : 다른 사람들에게 직접적인 영향을 미치므로 양질의 서비스를 제공하기 위하여 서비스 제공자는 긍정적인 태도를 지녀야 한다.

㉡ 몸짓 대화 : 서비스 제공자의 얼굴 표정, 눈인사, 미소, 다듬어진 몸동작이 고객과의 의사소통의 2/3를 차지할 정도로 중요하다.

㉢ 어조 : 진실한 의사소통이라는 면에서 전달하는 말의 내용보다도 중요할 수 있으므로 서비스 품질을 높이기 위해서는 항상 개방적이고 우호적인 어조 유지를 강조한다.

㉣ 재치 : 예외적인 상황이 발생한 경우 등에서 고객들에게 부담을 주지 않고 재치 있게 일 처리하는 것을 의미한다.

㉤ 호칭 : 고객 호명은 고객에 대한 특별한 관심을 전달하는 것으로 고객들에게 서비스 만족 수준을 높이는 기회라고 할 수 있다.

㉥ 주의력 : 서비스 제공자가 고객의 욕구를 잘 충족시킬 수 있으며, 손님을 음식 판매의 대상으로 보는 것이 아니라 하나의 인격체로 대우하는 것을 의미하므로 중요하다.

ⓢ 안내 : 고객들의 의사결정을 돕기 위한 정보를 제공해야 하며, 이를 위해서는 제공하는 제품과 서비스에 대하여 완벽한 이해가 있어야 한다.

ⓞ 판매 제안 : 서비스 제공자가 고객들에게 유용한 제품이나 서비스를 인식할 수 있도록 하는 상품을 소개할 필요가 있다.

ⓩ 문제 해결 : 서비스 제공자가 고객에게 발생한 문제나 불평을 조용하고, 부드럽고, 호의적으로 해결하는 것을 의미한다.

(3) 응대 서비스의 실행

① 출입구에서 고객을 맞이한다.

㉠ 고객을 맞이하기 위해 가장 우선적으로 해야 할 사항이 출입구 안내자의 설정이다.

㉡ 안내 담당자는 고객이 들어오는 출입구를 떠나 있어서는 안 된다.

㉢ 고객을 맞이할 때에는 부드러운 미소로 인사한다.

㉣ 인사말을 할 때에는 상냥하게 한다.

㉤ 인사는 입으로만 하는 것이 아니고, 눈, 표정, 태도, 동작 등 모두를 동원한다.

㉥ 고객을 맞이하는 동료의 인사 소리를 들으면 모두가 그쪽으로 신경을 쓰도록 한다.

② 예약 대장을 확인한다.

㉠ 예약 대장에는 예약 시간, 예약 인원, 예약자 성명, 연락처를 반드시 기록한다.

㉡ 예약 시간보다 10분 이상 경과되면 예약이 취소될 수 있다는 점을 말씀드리고, 변경사항이 발생될 경우 사전 연락을 부탁드린다.

㉢ 예약 시간이 10분 이상 경과되었을 경우에는 반드시 전화로 확인하고, 대기석에 고객이 많을 경우에는 예약 시간이 경과된 빈 좌석으로 대기 손님을 안내한다.

③ 고객을 테이블로 안내하고 물, 메뉴판, 기본 세팅물을 제공한다.

④ 메뉴를 주문 받으면 주문 내용을 확인 후 메뉴판을 수거한다.

⑤ 메뉴를 서빙한다.

더 알아보기 메뉴의 서빙 순서

- 손님 접대의 경우 : 모시고 온 손님부터 먼저 서빙(VIP 최우선)
- 직장 동료의 경우 : 상사부터 먼저 서빙(직위 최우선)
- 남, 여 손님의 경우 : 여성 고객부터 먼저 서빙(여성 최우선)
- 가족 손님의 경우 : 어린이 고객 → 어머니 → 아버지 순으로 서빙
- 다양한 손님의 경우 : 연장자부터 서빙(연장자 최우선)

⑥ 식사 종료 후 테이블 및 집기류를 치운다.

⑦ 계산을 한 후 고객을 배웅한다.

3. 외식 소비자 관리

(1) 어린이 고객의 특징 및 응대 서비스 지침

구분	내용
특 징	• 단순하고 호기심이 강하다. • 새로운 것을 찾는다. • 비판력이 약하다. • 온순하고 순종적이다.
응대 서비스 지침	• 수준에 맞는 대화를 한다. • 눈높이 자세를 갖춘다(카운터 내에서도 어린이 키에 맞추어 기존보다 숙이는 자세가 필요). • 친근감을 나타낸다(눈빛, 어투, 행동). • 선호하는 상품을 홍보한다. • 판촉물을 적극 활용한다. • 어떤 질문에도 상세하고 친절하게 응대한다. • 사소한 것까지 도와준다. • 지나친 장난 시에는 조용히 타이른다(어린이에게도 경우에 따라서는 경어를 사용함이 원칙).

(2) 청소년 고객의 특징 및 응대 서비스 지침

구분	내용
특 징	• 감수성이 예민하다. • 반응이 빠르다. • 쉽게 이야기하고 전파한다. • 자기 주장과 개성이 강하다. • 사물을 직선적으로 보는 경향이 있다. • 매우 현실적이고 타협적이다. • 또래 집단으로 무리를 지어 다닌다.
응대 서비스 지침	• 사소한 부분에도 민감할 수 있고, 서비스에 대한 파급 효과가 강한 계층이므로 더욱 관심을 갖고 응대한다. • 비슷한 연령대라고 해서 절대 반말하지 않는다(경어 사용, 접객 멘트상 차별화된 응대감을 느끼지 않도록). • 어색하지 않은 언어 사용으로 친근감을 보인다(적절한 존칭 사용). • 선호하는 취향, 기호에 맞추어 분위기를 유지한다.

(3) 중 · 장년층 고객의 특징 및 응대 서비스 지침

구분	내용
특 징	• 합리적이고 냉철하다. • 실질적이고 소비 성향이 강하다. • 실천적이고 행동적이다. • 자신의 기호가 분명하다.
응대 서비스 지침	• 보다 예의 바른 공손한 자세를 갖춘다. • 특정 메뉴나 지정 메뉴의 합리적인 권유 판매(권장 판매)를 활성화한다. • 구매 의욕이 강하므로 친근하게 설득하는 것에 주력한다. • 고객의 직업, 고객이 처한 상황, 출근 시각 등을 판단하여 적절한 상품을 추천한다.

(4) 노인 고객의 특징 및 응대 서비스 지침

특 징	• 급격한 변화를 싫어하고 보수적이다. • 소극적이고 우유부단한 편이다. • 인내심이 강하고 감정 표출을 자제한다. • 지나친 간섭을 싫어한다. • 욕구에 대한 집착이 뚜렷하다.
응대 서비스 지침	• 항상 예의 바르게 세심한 배려를 해야 한다. • 노인의 상태를 파악하여 응대한다. • 음악 볼륨 등 분위기 유지에도 노력한다.

(5) 외국인 · 장애인 고객의 응대 서비스 지침

외국인 고객	• 동행자가 있는지 살펴본다. • 외국어를 모른다고 해서 당황하지 않는다. • 간단한 제스처나 표시로 대화를 이끌어 간다. • 어학 가능자가 있으면 맨투맨 응대 조치를 취한다.
장애인 고객	• 동행인, 보조원이 있는지 살펴본다. • 동행인이 없을 경우 플로어 근무자가 내점 시 불편함을 판단하여 도와준다. • 주문 시 불편한 것으로 생각되면 자리에 모신 후 직접 주문을 받아 서빙한다. • 고객이 편안함을 갖도록 다른 고객보다 더 관심을 집중한다. • 청각장애가 있는 고객의 경우 손 동작을 사용한다. • 시각장애 고객은 환한 장소에 안내하며, 메뉴를 잘 볼 수 있도록 펜라이트를 준비한다.

(6) 시간대별 고객 응대 서비스 지침

피크 타임 시 이용 고객	• 바쁘더라도 한 고객이라도 소홀함이 없도록 한다. • 다소 빠르고 정확한 어조로 고객과 대화한다. • 적절한 상품 유도로 카운터 혼잡을 예방한다. • 민첩한 움직임으로 고객으로 하여금 지루함을 느끼지 않도록 유의한다. • 상품에 착오가 없도록 주문 상품을 정확히 확인한다. • 청결 유지에도 공백이 없도록 수시 확인한다. • 플로어 담당자는 자리 유도, 서빙 등을 신속하고 정확하게 하여 혼잡을 방지한다. • 근무자 상호간 불필요한 대화를 금지한다.
아이들 타임 시 이용 고객	• 여유가 있는 만큼 고객이 편안함을 느낄 수 있도록 안정감 있게 대화한다. • 작고 사소한 부분에도 고객을 배려한다. • 다정한 인사말과 대화 유도로 친근감을 유발한다. • 모든 근무자가 동시적으로 생동감 있는 서비스를 연출한다. • 기본적인 서비스 외 MOT(결정적인 순간) 상황별 부가적인 서비스에도 관심을 갖는다(서빙 등). • 청결 유지에 관심을 갖는다. • 서비스 기본이나 고객 응대 요건에 대한 수시 교육 체계를 마련해 실천한다.

03 조리외식 창업

1. 창업의 개념 및 창업 절차

(1) 외식 창업의 정의

① 외식 상품이나 서비스를 생산, 판매하기 위하여 새로운 기업 조직을 설립하는 행위를 말한다.

② 상품과 서비스의 생산, 판매를 위해 자본을 투자하고 시설 및 설비 등을 건물에 갖추고 거기에 필요한 인적 자원을 선발 배치하는 등의 행위를 일컫는다.

③ 외식 창업의 구성요소

㉠ 창업자 : 사업의 주체로서 창업 아이디어의 확보, 사업성 분석, 사업 계획 수립 및 실행을 수행하기 위하여 창업에 필요한 인적, 물적 자원을 동원하고, 이들을 적절히 결합한다.

㉡ 창업 아이디어 : 무엇을 생산할 것인가와 무엇을 가지고 창업할 것인가를 의미한다.

㉢ 창업 자본 : 금전적인 자원뿐만 아니라 자본을 이용하여 동원할 수 있는 토지, 기계, 기술자 등을 포괄적으로 의미한다.

(2) 외식 창업의 단계

<table>
<tr><th>창업 순서</th><th colspan="2">내 용</th></tr>
<tr><td>업종의 선택</td><td colspan="2">본인의 경험 및 취향, 자금 규모에 적합한 성장기의 유망 업종 선정</td></tr>
<tr><td>창업 전략 결정</td><td colspan="2">독립 점포, 체인점 가맹, 회원점 공동 브랜드, 창업회의 장단점 비교</td></tr>
<tr><td>자금 조달계획 결정</td><td colspan="2">자기 자본, 대출, 차입금 등 자금 조달계획 점검</td></tr>
<tr><td>입지 선정, 점포 결정</td><td colspan="2">업종과 자금 규모에 맞는 최적의 입지 및 점포 탐색, 관련 서류 확인, 점포주 확인</td></tr>
<tr><td>시장조사 및 메뉴 선정</td><td colspan="2">입지에 따른 주력 메뉴, 부가 메뉴, 경쟁 점포 분석, 시장조사에 따른 경쟁전략 수립</td></tr>
<tr><td>판매계획 수립</td><td colspan="2">판매전략 및 형태, 가격전략 수립</td></tr>
<tr><td rowspan="4">개업계획 수립</td><td>인테리어 시설</td><td>인테리어의 설계, 견적, 시공, 감리, 간판, 전기, 전화, 가스, 화장실 등 완공일자 결정</td></tr>
<tr><td>주방설비 및 전기</td><td>주방 설계 및 견적, 가스 공급 계약 체크, 집기, 비품 선정 및 견적 시설 감리 및 점검</td></tr>
<tr><td>업무 계획</td><td>위생교육, 인·허가사항 점검, 사업자 등록증 신청, 카드 가맹점 신청</td></tr>
<tr><td>홍보 및 채용 계획</td><td>홍보, 판촉물 기획 및 견적, 직원 아르바이트 채용 계획, 오픈 이벤트 직원 채용</td></tr>
<tr><td>식자재 확인 및 구매처 확정</td><td colspan="2">두 곳 이상의 협력 식자재 거래처 확보</td></tr>
<tr><td>개업 최종 점검</td><td colspan="2">직원, 아르바이트, 원부자재 확보</td></tr>
<tr><td>오픈 리허설</td><td colspan="2">문제점 보완 및 역할 분담</td></tr>
<tr><td>홍보 전단 배포</td><td colspan="2">당일 오픈 이벤트, 전단지 배포</td></tr>
<tr><td>오픈 이벤트 및 그랜드 오픈</td><td colspan="2">고객에게 푸짐한 음식 제공 및 친절한 서비스 마인드 유지</td></tr>
<tr><td>개업 후 판촉 및 고객관리</td><td colspan="2">고객 이름 외우기 및 단골 고객 확보, 스타 메뉴 보유</td></tr>
</table>

2. 외식 창업 경영이론

(1) 외식 창업의 목적

① 부의 축적
② 독립성 달성
③ 가족 부양
④ 자신만의 상품 제공 및 서비스 제공
⑤ 사회적 목적
⑥ 삶의 공간 창조

(2) 창업의 종류

① 개인 중심 창업과 팀 중심 창업

구분	내용
개인 중심 창업	• 혼자 창업을 주도하여 메뉴를 결정하고, 자금 조달, 경영 등을 주도하는 경우이다. • 책임과 권한의 소재가 분명하고, 이해관계로 인한 불화 없이 의사결정이 신속하다는 장점이 있지만, 자본과 경영기술 등에 있어 개인에게 의존함으로써 전문성이 떨어져 위험 부담의 한계점이 있다.
팀 중심 창업	• 2명 이상의 사람이 창업하여 공동으로 운영하는 경우이다. • 구성원들의 견해 차가 생길 때 이로 인해 의사결정 속도가 느리고 책임 소재가 애매하게 되는 단점이 있지만, 신중성, 전문화 등의 시너지 효과를 볼 수 있는 장점이 있다.

② 혁신적 창업

㉠ 기술, 경영, 메뉴에 있어서 기존의 사업 아이템과 다른 형태의 창업을 의미한다.
㉡ 메뉴의 혁신뿐만 아니라 경영 방식과 시스템의 혁신을 의미한다.

③ 모방 창업

㉠ 기존의 외식업체들과 거의 비슷하거나 매우 유사한 형태의 기업이 창업되는 것으로 실제로 외식 창업은 모방에서 출발하여 시간이 지날수록 혁신적인 시스템과 경영 방식을 혼합하는 경우가 많다.
㉡ 기존의 음식점과 같은 메뉴를 제공하는 식당으로 보여도, 조리법, 맛, 분위기, 가격, 서비스 방법 등의 차별화를 주는 것은 기존 식당에 비해 혁신성이 강한 모방 창업이라고 할 수 있다.

④ 독립 사업과 프랜차이즈 가맹 사업

㉠ 독립 사업
- 음식을 제공하는 개별 점포마다 독자적인 상호를 사용한다.
- 원자재 구입, 제공하는 음식과 서비스의 종류에 있어서 독립적인 의사결정을 수용한다.

㉡ 프랜차이즈 가맹 사업
- 프랜차이즈 본부(Franchisor)로부터 상품, 경영 등에 대한 지원을 받는다.
- 대신 사업 경영에 있어서 체결한 계약에 따라 제약을 받게 되고, 일정 부분의 가맹비(Royalty)를 제공한다.

[프랜차이즈의 장단점]

장 점	단 점
• 인지도가 높고 쉽게 창업 가능 • 시장 변화에 과학적으로 대처 가능	• 지나친 과열과 부실 업체 양산 • 창업비용이 과할 수 있음 • 주기적인 인테리어 변경, 비싼 자재 구매 • 자신의 의사대로 운영하기 어려움 • 독점 영업권 보장이 불가

(3) 외식 창업의 아이템과 업종 선정

① 아이템(Item)

㉠ 업종이나 판매할 상품 또는 서비스를 총칭하는 말이다.

㉡ 업종 및 아이템의 선정은 창업 성공의 열쇠라고 할 수 있으며, 이것의 결정은 사업의 규모와 기업의 경쟁력 등 핵심 요소와 연관되어 사업 구상이 이루어지도록 하고, 창업의 형태에 관한 고려사항도 이 구상단계에서 구체화된다.

② 창업 아이템 선정

㉠ 전직의 경험에 의한 창업

㉡ 자기 체험에 의한 창업

㉢ 사회적인 만남에 의한 창업

㉣ 심사숙고에 의한 창업

㉤ 취미에 의한 창업

③ 업종 선택의 원칙

㉠ 자신의 사업 조건에 맞는 업종을 선택한다.

㉡ 자신의 적성에 맞는 업종과 사업 규모를 선택한다.

㉢ 성장성이 있는 업종을 선택한다.

㉣ 경쟁업체보다 유리한 업종을 선택한다.

더 알아보기 업종 선택 시 고려사항

- 선택한 업종이 사회적 흐름이나 소비자의 요구와 일치하는지, 잠재 소비시장이 광범위한지, 업종의 성장곡선(PLC ; Product Life Cycle)에서 어디에 위치하는지 파악한다.
- 실패할 경우 자금 회수율을 고려하여 시설투자가 과도하지 않은지, 재고 부담이 크지 않은지, 임차 비용이 많이 드는지(권리금, 보증금)를 확인하고, 주방기기와 기구 등은 다른 중고품 등과 가격을 비교·확인하여 현 실정에 맞게 선택한다.
- 총투자 비용 대비 월 수익을 검토하고, 이윤이 높은지, 박리다매인지 등 수익성을 검토한다.
- 자금 회전이 6개월 이내로 원활한지에 대하여 검토한다.
- 선택한 업종이 외식업에서 신규 참여가 쉬운지, 과도한 상태의 경쟁 상황은 아닌지를 검토한다.

(4) 상권 및 입지 분석

① 상권의 유형

㉠ 내점 고객에 따른 상권 특성 : 고객의 분포 및 내점 빈도에 따라 상권은 다음과 같이 세 가지로 구분하는데, 이를 상권의 수준이라고 한다.

1차 상권	전체 매출의 60~70%를 차지하는 지역으로 점포에서 가장 가까우며, 고객 밀도가 가장 높다.
2차 상권	전체 매출의 20~25%를 차지하는 지역으로 1차 상권의 외부에 위치하며, 고객들은 다소 분산되어 있다.
3차 상권	1차 및 2차 상권에 포함되지 않는 고객을 포함하는 상권으로 주변 상권이라고 한다.

㉡ 상권 지도의 작성

- 상권 지도 작성의 목적 : 상권으로 설정된 범위의 지리적 조건을 파악하고 고객이 유입되는 지역을 알기 위함이다.
- 상권 지도 작성 시 조사내용 : 거주 인구 및 세대수, 사무실 및 종업원수, 각종 시설 및 기관의 위치, 경쟁업체, 점포 앞의 통행량, 상권 내 구매력의 금액 등

㉢ 우수점포 입지 선정을 위한 고려사항

- 상권의 세력
- 유동 인구의 특징
- 점포의 접근성
- 경쟁업체
- 창업 능력에 맞는 점포 선정
- 상권의 장기성
- 입지 선정과 업종 선정

② 입지 선정의 의의

㉠ 외식산업에서 입지는 외식업체의 중요한 성공 요인이자 경영 전략의 한 수단이다. 통계에 따르면, 입지 선정은 사업 성패의 70~80%를 좌우한다고 한다.

㉡ 입지 선정하기

- 입지 선정의 전제 조건을 파악한다.
  - 업종과 입지와의 관계에 대한 현실적 파악, 외식사업의 장기적인 비전(Vision)의 고려, 주변 여건의 분석, 접근성의 고려, 경쟁업체 조사 등
- 입지 선정의 기초 자료를 조사한다.
  - 목표 고객 및 기존 고객의 동향, 접근의 용의성, 홍보 가능성, 주변 지역의 특성, 임대료와 수익 관계, 교통 및 통행량, 각종 정보와 법령 조사 등
- 현장 조사를 실시한다.
  - 면적, 방향, 출입구, 창문, 천장, 환기, 주차공간 등 외적 요인들을 파악하고, 업종 및 업태의 형태에 따른 면적을 확보하여 적정한 규모를 갖출 수 있는 경제 여건 등을 판단하여 규모를 결정하고, 고객의 입장에서 목표 고객의 취향에 맞추어 결정한다.

(5) 사업계획서 작성

① 사업계획서 작성의 의의

㉠ 창업 기간을 단축하고, 계획 사업의 성취에도 많은 효과를 가져다준다.

㉡ 창업에 도움을 줄 제3자, 즉 동업자, 출자자, 금융기관, 매입처, 더 나아가 일반 고객에 이르기까지 투자의 관심 유도와 설득 자료로 활용도가 매우 높다.

㉢ 미처 착안하지 못했던 사항들을 보완하여 시행착오를 줄여 주고, 창업 초기에 업무 추진 일정표와 같은 사업의 지침서로 활용되거나 유능한 인재를 영입하기 위한 회사의 비전을 제시하는 근거 자료가 된다.

㉣ 부차적으로 정책자금 조달, 사업의 승인, 벤처기업 확인, 각종 정부 인·허가용 등 외부 기관에 제출하기 위한 자료로 활용된다.

② 사업계획서의 용도 : 자금 조달, 기술평가, 인·허가용

(6) 사업의 타당성 및 수익성, 성장요소 분석

① 경쟁력 창출을 위한 요소

㉠ 창업자의 역량

㉡ 창의력

㉢ 인적·물적 자원의 적절한 투입

② 수익성 및 성장요소 분석

㉠ 잠재 시장의 성장률과 필요 자본의 양 파악

㉡ 공정과 기술의 복잡성 파악

㉢ 브랜드 이미지의 확보

㉣ 손익분기점 도달 시기 파악

(7) 인·허가 관리 및 투자 계획서 작성

① 인·허가 관리

㉠ 일반음식점의 영업 허가

- 식품접객업은 음식류 또는 주류를 조리하여 업소 내에서 손님에게 판매하는 영업을 말하며, 이 경우 손님의 요구에 의한 인근의 가정 또는 일정한 장소에 배달·판매하는 행위는 서비스 차원에서 제한적으로 허용한다.
- 영업 허가를 받기 위해서는 법령에 규정된 업종별 시설 기준에 적합해야 한다.

㉡ 사업자 등록 및 창업 세무

- 사업자 등록 : 해당 사업자는 사업 개시일 전 또는 개시 후 20일 이내에 관할 세무서에 등록해야 한다.
- 확정 일자 신청
  - 확정 일자란 건물 소재지 관할 세무서장이 임대차 계약서의 존재 사실을 인정하여 임대차 계약서에 기입한 날짜를 말한다.

– 임차인이 보호를 받기 위해서는 사업자 등록을 반드시 하여야 하고, 보증금을 우선 변제 받으려면 확정 일자를 받아두어야 한다.

• 부가가치세

– 메뉴 상품의 거래나 서비스의 제공과정에서 얻어지는 부가가치(이윤)에 대하여 과세하는 세금이다. 사업자가 납부하는 부가가치세는 매출세액에서 매입세액을 차감하여 계산한다.

– 부가가치세는 물건값에 포함되기 때문에 실제로 세금은 최종 소비자가 부담한다. 하지만 직접 세무서에 부가가치세를 납부하는 사람은 사업자이다.

• 의제 매입세액 공제

– 식재료(농·축·수·임산물) 구입 시 구입 대금의 일정 비율을 의제 매입세액으로 공제받을 수 있다. 따라서 음식의 원재료 구입 시 반드시 계산서(영수증) 등을 받아야 한다.

• 소득세

– 종합소득이 있는 모든 사람은 다음해 5월 1일부터 5월 31일까지 종합소득세를 신고·납부하여야 한다.

– 신고를 하지 않은 경우 소득 공제를 받을 수 없고, 각종 세액 공제 및 감면을 받을 수 없다. 또한 무거운 가산세를 추가 부담하게 된다.

② 투자(창업자본 조달)

㉠ 창업 소요 자금의 종류

창업 준비금	• 창업 계획 시 드는 돈으로, 업종과 입지를 정하고 본격적으로 사업을 개시하기 전까지의 자금이다. • 사업 개시 전까지 드는 사업계획서 작성, 자문, 분석 비용 등도 포함된다. • 점포 소개비, 개점 행사비, 선전물 준비비 등
시설 자금	• 사업장을 확보하는 비용과 필요한 비품을 구입하는 비용이다. • 점포 임대비, 신축비, 구입비 등
운영 자금	• 사업을 개시한 후 물건을 팔아서 회사에 현금이 들어올 때까지 회사 운영에 필요한 재료비, 인건비, 경비 등에 사용되는 금액이다. • 월 임대료, 종업원 인건비, 재고 부담, 광고비, 각종 공과금 등

㉡ 창업 자금의 조달 요인

• 창업 자금의 조달은 업종, 규모, 생산방법, 사업자 위치 등이 결정되었을 때 장기적인 계획하에서 준비되어야 한다.

• 조달방법에는 창업자 스스로 보유한 자기 자금으로 충당하는 것과 대외적인 신용을 바탕으로 외부로부터 조달하는 타인 자금이 있다.

• 창업이 실제로 어떠한 과정을 거치면서 진행되는가에 따라 자금의 수요는 달라지며, 같은 사업을 창업한다고 해도 창업자의 의사결정이 어떠한가에 따라 필요 자금의 규모가 달라진다.

PART

02 | 적중예상문제

CHAPTER 01 | 재료관리

01 식품의 냉동에 대한 설명으로 틀린 것은?

① 냉동을 할 때에는 급속냉동을 해야 식품 중의 물이 작은 크기의 얼음 결정을 형성하여 조직의 파괴가 적다.

② 얼음 결정의 성장은 빙점 이하에서는 온도가 높을수록 빠르므로 냉동된 식품은 저온에서 보관하는 것이 좋다.

③ 냉동은 식품을 동결함으로써 미생물의 번식을 억제하고 식품 중의 여러 가지 효소의 작용을 억제하여 품질을 보존시킨다.

④ 어육을 동결하게 되면 해동을 해도 식품의 질감이 달라지는데 이는 지방의 변성에 의한 것이다.

해설 냉동식품을 해동시키면 그동안 활동이 억제되었던 미생물과 효소가 작용하여 식품에 화학적・물리적인 변화가 일어난다. 식품의 질감이 달라지는 것은 단백질의 변성에 의한 것이다.

02 냉동식품의 해동에 관한 내용으로 잘못된 것은?

① 비닐봉지에 넣어 물속에서 해동시킬 수 있으며 그때 물의 온도는 30℃ 이상 되게 하는 것이 좋다.

② 과일, 생선의 냉동품은 반 정도 해동하여 조리하는 것이 안전하다.

③ 냉동식품 중 바로 가열할 수 있는 것은 그렇게 함으로써 효소나 미생물에 의한 변질의 염려가 없다.

④ 일단 해동된 식품은 더 쉽게 변질되므로 필요한 양만큼만 해동한다.

해설 **냉동식품의 해동**
저온에서 자연해동할 수 있도록 서서히 하는 것이 가장 좋은 방법이다. 냉장상태 또는 0℃에 가까운 물속에서 해동하는 것이 바람직하다.

03 다음 중 냉장고에 보관하기에 적절하지 않은 식품은?

① 우 유　　② 소고기
③ 생 선　　④ 바나나

해설 바나나는 냉장고에 보관하면 껍질이 검게 변하고 품질이 떨어지므로 상온에 보관하도록 한다.

1 ④ 2 ① 3 ④ 정답

04 식품별 저장방법에 대한 연결이 바르게 된 것은?

① 마요네즈 - 상온보관
② 곡물 - 냉장보관
③ 마가린 - 상온보관
④ 육가공품 - 냉장보관

해설 ① 마요네즈 : 냉장보관
② 곡물 : 15℃ 이하의 저장
③ 마가린 : 냉장보관

05 창고의 물품 진열 시 고려하지 않아도 되는 것은?

① 재고회전
② 물품의 포장
③ 진열 위치
④ 사용 빈도

해설 물품의 포장은 창고에서 출고할 때 한다.

06 항상 일정량의 식품 재료를 보관해 두는 것을 무엇이라고 하는가?

① 표준재고량
② 보존재고량
③ 긴급재고량
④ 상시재고량

해설 항상 일정한 양의 식품 재료를 보관해 두는 것은 표준재고량이라 한다.

07 재고회전율 및 재고회전기간의 산출방법으로 옳은 것은?

① 재고회전율 = 총 출고액 ÷ 마감재고액
② 재고회전율 = 총 출고액 ÷ 초기재고액
③ 재고회전기간 = 수요검토기간 ÷ 재고회전율
④ 재고회전기간 = 재고회전율 ÷ 수요검토기간

해설 재고회전율 = 총 출고액 ÷ 평균재고액

정답 4 ④ 5 ② 6 ① 7 ③

08 선입선출법에 대한 설명으로 옳지 않은 것은?

① 먼저 입고되었던 순서에 따라 출고하는 방법이다.
② 구매과정에서부터 출고되기 전까지의 생산 날짜, 구입일이 빠른 식재료를 선별하여 출고하는 방법이다.
③ 대부분의 식재료 출고방법은 아니나, 사용방법과 업장의 특별행사로 인해 진행될 수 있는 출고방법이다.
④ 식재료 부패, 소비기한 초과를 방지할 수 있다.

해설 대부분의 식재료 출고방법은 선입선출법을 사용하며, 식재료의 사용방법과 업장의 특별행사로 인해 진행될 수 있는 출고로서 가능한 것은 후입선출법이다.

09 재고회전율이 표준보다 높을 때 나타나는 현상은?

① 현금이 동결되므로 이익이 줄어든다.
② 재고가 과잉 수준이므로 낭비되는 양이 증가할 수 있다.
③ 고가로 물품을 긴급히 구매해야 한다.
④ 종업원의 사기와 고객만족도를 증가시킬 수 있다.

해설 ③ 재고회전율이 높으면 재고식품의 고갈위험성이 있어서 고가로 물품을 긴급히 구매해야 하는 경우가 발생할 수 있다.
① 투입된 자금의 회수율도 알 수 있으며 이익은 증가한다.
② 재고는 과소 수준이다.
④ 비용 증가로 종업원의 사기와 고객만족도가 저하될 수 있다.

10 식품 수불부의 기장법 중 최근에 구입한 식품부터 불출한 것처럼 기록하는 방법은?

① 선입선출법　　② 후입선출법
③ 이동평균법　　④ 총평균법

해설 ① 먼저 구입한 식품부터 출고하는 방법
③ 구입단가가 다른 재료를 구입할 때마다 재고량과의 가중 평균가를 산출하여 계산하는 방법
④ 일정 기간 매입분을 평균내어 원가를 계산하는 방법

8 ③ 9 ③ 10 ② 정답

11 **재무실사 재고조사에서 전월 재고액이 3,000원이고, 회기기간 동안 식품구입액이 9,000원이며, 금월 재고액이 2,225원이라면 금월에 실제 식품비로 사용한 금액은 얼마인가?**

① 9,000원　② 9,550원
③ 9,775원　④ 12,000원

해설 실제 식품비 = 전월 재고액 + 식품구입액 − 재고액
= 3,000원 + 9,000원 − 2,225원
= 9,775원

12 **우리 몸속에서 수분의 작용에 대한 설명으로 틀린 것은?**

① 체내 대사작용에 관여한다.
② 체온조절에 관여한다.
③ 영양소를 운반한다.
④ 5대 영양소 중 하나이다.

해설 • 5대 영양소는 탄수화물, 단백질, 지방, 무기질, 비타민이다.
• 수분은 6대 영양소에 포함된다.

13 **자유수와 결합수의 설명으로 맞는 것은?**

① 결합수는 용매로서 작용한다.
② 자유수는 4℃에서 비중이 제일 크다.
③ 자유수는 표면장력과 점성이 작다.
④ 결합수는 자유수보다 밀도가 작다.

해설 ① 결합수는 용질에 대해 용매로 작용하지 못한다.
③ 자유수는 비열, 표면장력, 점성이 크다.
④ 결합수는 자유수보다 밀도가 크다.

14 **수분활성도에 관한 설명 중 잘못된 것은?**

① 수분활성도란 식품의 수분함량과 동일한 것이다.
② 식품의 수분활성도에 따라 미생물의 생육이 달라진다.
③ 식품의 수분활성도는 1보다 작다.
④ 곰팡이의 생육 및 번식이 가능한 수분활성도는 0.70~0.95 정도이다.

해설 • 수분활성도는 식품 중의 수분함량이 아니라, 어떤 임의의 온도에서 식품이 나타내는 수증기압을 그 온도에서 순수한 물의 최대 수증기압으로 나눈 값이다.
• 미생물의 생육 최적 수분활성도 : 세균 0.94~0.99, 효모 0.88, 곰팡이 0.80

정답 11 ③ 12 ④ 13 ② 14 ①

15 40%의 글루코스(분자량 180) 용액의 Aw는?(H_2O의 분자량 = 18)

① 약 0.65　　② 약 0.75
③ 약 0.80　　④ 약 0.94

해설 수분활성도(Aw) = $\frac{60}{18} \div \left(\frac{60}{18} + \frac{40}{180}\right) \fallingdotseq 0.94$

16 다음 탄수화물 중 환원당인 것은?

① 말토스(Maltose)　　② 라피노스(Raffinose)
③ 수크로스(Sucrose)　　④ 스타키오스(Stachyose)

해설 ① 말토스(Maltose)는 녹말을 가수분해하여 얻을 수 있는 이당류이며, 환원당이다.
환원당이란 펠링 용액(황산구리의 알칼리 용액)을 환원하여 이산화구리를 만드는 당을 말한다. 포도당, 과당, 말토스(맥아당) 등이 포함되며, 설탕을 제외한 단당류, 이당류는 모두 환원당이다.

17 전분의 노화를 억제하는 방법이 아닌 것은?

① 수분함량 조절　　② 설탕 첨가
③ 냉동건조　　④ 항산화제 첨가

해설 **전분의 노화를 억제하는 방법**
- 수분함량 조절 : 수분함량을 10~15% 이하로 조절
- 설탕 첨가 : 탈수제로 작용
- 냉동건조 : 0℃ 이하에서 급속 냉동
- 유화제 사용 : 교질용액의 안정성 증가

18 25%의 수분과 10%의 설탕을 함유하고 있는 식품의 수분활성도는?(물의 분자량은 18이고, 설탕의 분자량은 342이다)

① 0.98　　② 0.93
③ 0.88　　④ 0.83

해설 수분활성도 = $\frac{25}{18} \div \left(\frac{25}{18} + \frac{10}{342}\right) \fallingdotseq 0.98$

정답 15 ④　16 ①　17 ④　18 ①

19 **다음 가공식품 중 원료가 다른 식품은?**

① 두 부　　② 전 분
③ 물 엿　　④ 당 면

해설 ① 단백질
②, ③, ④ 탄수화물

20 **단백질의 함량이 가장 높은 것은?**

① 치 즈　　② 연 유
③ 발효유　　④ 버 터

해설 ① 30% 내외로 단백질의 함량이 가장 높다(치즈 > 연유 > 발효유 > 버터).

21 **식품과 단백질의 연결이 적당한 것은?**

① 쌀 – 아비딘(Avidin)
② 콩 – 카세인(Casein)
③ 밀 – 글루테닌(Glutenin)
④ 우유 – 글리시닌(Glycinin)

해설 ① 달걀 : 아비딘(Avidin)
② 콩 : 글리시닌(Glycinin)
④ 우유 : 카세인(Casein)

22 **분자 내에 S–S 결합을 갖는 아미노산은?**

① 시스테인(Cysteine)
② 시스틴(Cystine)
③ 라이신(Lysine)
④ 메티오닌(Methionine)

해설 시스틴(Cystine)은 두 개의 시스테인(Cysteine)이 황(S–S) 결합을 통해 결합한 것으로 머리카락의 대표적인 구조이다.

정답 19 ① 20 ① 21 ③ 22 ②

23 단백질의 등전점에 대한 설명으로 적당한 것은?

① 분자 내 양전하와 음전하가 상쇄되어 실제 전하가 0이 될 때의 용해도
② 분자 내 양전하와 음전하가 상쇄되어 실제 전하가 0이 될 때의 삼투압
③ 분자 내 양전하와 음전하가 상쇄되어 실제 전하가 0이 될 때의 점도
④ 분자 내 양전하와 음전하가 상쇄되어 실제 전하가 0이 될 때의 pH

해설 보통 단백질의 Net Charge는 pH에 따라 달라지는데, 단백질의 Net Charge가 0이 되는 pH를 그 단백질의 등전점(Isoelectric Point)이라고 한다.

24 가열하였을 때 일어나는 단백질 변성의 특징으로 적당하지 않은 것은?

① 효소작용을 하는 단백질은 효소작용을 상실한다.
② 단백질의 용해도가 증가한다.
③ 단백질의 구조에 변화가 생긴다.
④ 효소작용에 대한 감수성이 증가하여 소화가 잘된다.

해설 단백질은 변성되면 대부분 용해도가 감소한다. 즉 변성에 의해 구조가 풀리면 소수성기가 단백질 표면에 나타나기 때문에 친수성이 감소하여 결국 용해도가 감소하게 된다.

25 육류의 단백질을 연화시키는 효소가 들어 있지 않은 것은?

① 파파야 ② 마 늘
③ 무화과 ④ 생 강

해설 육류의 단백질을 연화시키기 위한 방법으로 파파야, 파인애플, 무화과, 배, 생강 등에 들어 있는 단백질 분해효소의 성질을 이용한다.

26 팬케이크를 구울 때 우유를 사용하면 아름다운 빛깔이 나오는 것은 우유 단백질의 성분과 어느 성분이 반응해서인가?

① 첨가한 식염 ② 우유의 칼슘
③ 첨가한 당 ④ 밀가루 중의 글루텐

해설 굽기과정 중 일어나는 마이야르 반응(Maillard Reaction)은 첨가되는 당의 종류에 따라서 갈색화 속도가 달라진다.

23 ④ 24 ② 25 ② 26 ③ 정답

27 마요네즈를 만들 때 난황의 유화성을 나타내는 대표적인 성분은?

① Ovalbumin ② Lipovitellin
③ Ovomucoid ④ Lecithin

해설 마요네즈를 만들 때 난황의 레시틴(Lecithin)은 친수기와 친유기를 갖고 있기 때문에 유화를 촉진한다.

28 거품을 낸 달걀흰자를 셔벗(Sherbet)이나 캔디를 만들 때 섞어 주면 결정체 형성을 방해하여 미세하게 만든다. 이것은 달걀의 어떤 성질 때문인가?

① 유화제 ② 농후제
③ 간섭제 ④ 팽창제

해설 ① 마요네즈, 케이크, 아이스크림 만들 때 난황에 함유된 레시틴이 유화제 역할을 한다.
② 알찜, 소스, 커스터드를 만들 때 달걀의 응고되는 성질을 이용한다.
④ 스펀지 케이크, 엔젤 케이크를 만들 때 난백의 거품성을 이용한다.

29 우유를 응고시키는 요소는?

① 설 탕 ② 산
③ 식용유 ④ 냉 장

해설 우유에 산을 가하거나 젖산생성 박테리아가 성장하여 pH가 서서히 낮아지면, pH가 케이신의 등전점에 이르게 되어 산성 응고물을 형성하게 된다. 산에 의한 우유의 응고현상은 요구르트와 같은 발효유 제품을 제조하는 원리가 된다.

30 두부의 제조와 관계있는 단백질은?

① 알부민(Albumin) ② 글리시닌(Glycinin)
③ 카세인(Casein) ④ 아비딘(Avidin)

해설 콩 단백질의 주성분인 글리시닌(Glycinin)은 묽은 염류용액에 녹는 성질이 있는데 콩을 갈게 되면 콩에 들어 있는 인산칼륨과 같은 가용성 염류에 의해 글리시닌이 녹게 된다. 이것을 70℃ 이상으로 가열한 다음 염화칼슘($CaCl_2$), 염화마그네슘($MgCl_2$), 황산칼슘($CaSO_4$)과 같은 염류를 넣으면 글리시닌이 응고되어 두부가 된다.

정답 27 ④ 28 ③ 29 ② 30 ②

31 메밀에 대한 설명 중 틀린 것은?

① 메밀의 단백질에는 알부민(Albumin)과 글루텔린(Gluteliin)이 약 40% 정도씩 함유되어 있다.
② 메밀의 단백질에는 프롤라민(Prolamine)이 적어 점성이 거의 없다.
③ 다른 곡류에 비하여 라이신(Lysine)과 트립토판(Tryptophan)이 적게 들어 있다.
④ 메밀에 들어 있는 루틴(Rutin)은 뇌출혈을 방지하는 효과가 있다.

해설 메밀은 단백질이 10~12% 함유되어 있으며, 라이신(Lysine), 트립토판(Tryptophan) 같은 필수아미노산과 비타민 B_1, 비타민 B_2 함량이 높다.

32 식용유지의 특성으로 옳지 않은 것은?

① 유리지방산의 함량이 많은 것이 좋다.
② 발연점에 따라 용도가 다르다.
③ 점도가 낮은 것이 좋다.
④ 과산화물가는 낮은 것이 좋다.

해설 유리지방산의 함량이 높으면 식용유지의 맛이 나빠지므로 적은 것이 좋다.

33 지방을 과도하게 가열하면 자극성 가스가 발생하는 원인은?

① 공기 중 산소에 의해 산화되어 저급의 불포화 알데하이드(Aldehyde)가 생성되어서
② 지방의 분해 시 생성된 글리세롤(Glycerol)의 계속적 분해로 아크롤레인(Acrolein)이 생성되어서
③ 열에 의해 지방산이 분해되어서
④ 발연점이 저하되기 때문에

해설 아크롤레인(Acrolein)은 자극적인 냄새가 나는 무색을 띠는 휘발성 액체로 지방을 과도하게 가열할 때 생기는 발암물질이다.

34 유지의 자동산화에서 생성되는 물질이 아닌 것은?

① 알데하이드(Aldehyde)
② 케톤(Ketone)
③ 하이드로퍼옥사이드(Hydroperoxide)
④ 시너지스트(Synergist)

해설 유지는 공기와 접촉하는 경우 자연발생적으로 산소를 흡수하고, 흡수된 산소는 유지를 산화시켜 산화 생성물(Aldehyde, Ketone, Hydroperoxide)을 형성함으로써 산패된다.

31 ③ 32 ① 33 ② 34 ④ 정답

35 동유처리의 과정을 설명한 것으로 옳은 것은?

① 폐유의 순화과정
② 튀김기름의 발연점을 높이는 처리과정
③ 저온에 일정 기간 저장하는 과정
④ 항산화제를 첨가하는 과정

해설 **동유처리**
기름 속에 왁스와 같은 물질이 있으면 낮은 온도에서 결정이 생기므로 미리 원료유를 1~6℃에서 18시간 정도 두어 석출된 결정을 여과 또는 원심분리로 제거하는 방법이다.

36 난황 중에 함유되어 있는 인지질로 유화력이 있는 것은?

① 레시틴 ② 알리신
③ 콜레스테롤 ④ 카페인

해설 레시틴은 난황에 다량 존재하는 복합지질로, 특히 지방구의 피막이나 지질단백질을 이룬다. 1844년 프랑스의 M. Gobbley는 질소와 인을 함유한 지방을 달걀의 노른자에서 분리하여 그리스어로 달걀노른자를 의미하는 Lekithos라고 명명하였는데, 이것이 바로 레시틴이다. 비록 난황에서 처음 발견되었으나 현재는 대두가 가장 대표적인 원재료로 사용되고 있다.

37 지방의 가공처리 방법이 아닌 것은?

① 동유처리방법(Winterization)
② 수소첨가반응(Hydrogenation)
③ 에스터교환방법(Esterification)
④ 중합반응방법(Polymerization)

해설 **중합반응(Polymerization)**
가열에 의해 생성된 비휘발성 물질은 중합체를 형성하는데 이러한 중합체는 유지의 점도를 증가시키고 식품의 맛, 질감, 외양에도 영향을 미친다.

38 다음 비타민 중 조리 시 가장 파괴율이 큰 것은?

① 비타민 A ② 비타민 B_6
③ 비타민 D ④ 비타민 C

해설 비타민 C는 수용성이고 열에 약하기 때문에 삶거나 데칠 때 쉽게 파괴된다.

정답 35 ③ 36 ① 37 ④ 38 ④

39 비타민에 대한 설명이 올바르게 연결된 것은?

① 비타민 A – 항불임인자로 간유에 다량 함유되어 있다.
② 엽산 – 항펠라그라인자로 간, 육류, 소맥배아에 다량 함유되어 있다.
③ 비타민 D – 항구루병인자로 우유, 간유에 다량 함유되어 있다.
④ 비타민 B_2 – 항각기성인자로 효모, 소간, 버섯 등에 다량 함유되어 있다.

해설 ① 항불임인자는 비타민 E이다.
② 항펠라그라인자는 나이아신이다.
④ 항각기성인자는 비타민 B_1이다.

40 비타민 B_2의 성질이 아닌 것은?

① 열에 비교적 안정하다.
② 빛에 대단히 안정하다.
③ 비타민 C에 의하여 광분해가 억제된다.
④ 알칼리에 비교적 불안정하다.

해설 비타민 B_2(리보플라빈)은 우유에서 처음으로 분리되었으며 열에는 비교적 안정하지만 자외선을 쬐면 파괴된다.

41 다음과 같은 특징을 가지는 영양소는?

- 유기물을 완전히 연소시키고 난 후 남아 있는 회분의 구성성분이다.
- 특정 호르몬의 구성성분이다.
- 채소, 과일류, 해조류와 육류 등에도 존재한다.

① 비타민 ② 단백질
③ 무기질 ④ 섬유소

해설 무기질은 인체의 구성성분 중 체중의 약 4%를 차지하며, 소량이지만 신체의 성장과 유지 및 생식에 필수적인 영양소이다. 무기질의 종류에는 칼슘(Ca), 인(P), 나트륨(Na), 염소(Cl), 칼륨(K), 마그네슘(Mg), 황(S), 철(Fe), 아이오딘(I), 망간(Mn), 구리(Cu), 아연(Zn), 코발트(Co), 플루오린(F) 등이 있다.

42 버섯에 함유된 비타민 D의 전구체 물질은?

① 콜레스테롤(Cholesterol) ② 만니톨(Mannitol)
③ 에르고스테롤(Ergosterol) ④ 알칼로이드(Alkaloid)

해설 에르고스테롤(Ergosterol)은 버섯류에 들어 있는 스테로이드로, 햇빛에 노출시키면 자외선의 작용으로 비타민 D가 되므로 프로비타민 D(Provitamin D)라고도 한다.

39 ③ 40 ② 41 ③ 42 ③ 정답

43 **다음 식품의 색소에 관한 설명 중 옳은 것은?**

① 클로로필은 마그네슘을 중원자로 하고 산에 의해 클로로피린이라는 갈색 물질이 된다.
② 카로티노이드 색소는 카로틴과 잔토필로 대별할 수 있다.
③ 플라보노이드 색소는 산성 → 중성 → 알칼리성으로 변함에 따라 적색 → 자색 → 청색으로 된다.
④ 동물성 색소 중 근육색소는 헤모글로빈이고, 혈색소는 마이오글로빈이다.

해설 ① 산을 가하면 페오피틴이 생성되어 갈색으로 변색된다. 알칼리에서는 선명한 녹색이 유지된다.
③ 안토시안 색소에 대한 설명이다.
④ 근육색소는 마이오글로빈, 혈색소는 헤모글로빈이다.

44 **다음과 같은 성질의 색소는?**

- 고등식품 중 잎·줄기의 초록색이다.
- 산에 의한 갈색화, 페오피틴이 생성된다.
- 알칼리에 의해 선명한 녹색이 된다.

① 안토시안
② 카로티노이드
③ 클로로필
④ 타 닌

해설 **클로로필(엽록소)**
- 녹색 채소의 색이다.
- 광합성 작용에 중요한 역할을 하며 마그네슘을 함유하고 있다.
- 산을 가하면 갈색으로 변색(페오피틴 생성)된다.
- 알칼리에서는 초록색으로 유지된다.

45 **양배추, 컬리 플라워, 양파 등의 백색 채소를 조리할 때 그 색을 선명하게 하고자 한다. 어느 것을 사용해야 하는가?**

① 식 초 ② 설 탕
③ 간 장 ④ 중탄산나트륨

해설 백색 채소는 안토잔틴 색소(좁은 의미의 플라보노이드 색소)를 함유하고 있어서 산성에는 안정하나 알칼리성에는 갈색으로 변한다. 따라서 조리 시에는 소량의 조리수에 소량의 소금이나 식초를 첨가하면 백색을 더욱 선명하게 유지할 수 있다.

정답 43 ② 44 ③ 45 ①

46 제빵 시 이스트의 발효에 의해 생성되는 성분으로 빵의 향에 관련이 있는 물질은?

① 알데하이드 ② 케 톤
③ 에틸알코올 ④ 에스터

해설 효모는 포도당으로부터 최종적으로 이산화탄소(탄산가스)와 에틸알코올을 생산한다.

47 양파를 썰 때 눈물이 나게 하는 성분은?

① 디알릴디설파이드(Diallyl Disulfide)
② 알리신(Allicin)
③ 알릴이소티오시아네이트(Allyl Isothiocyanate)
④ 싸이오프로판알옥사이드(Thiopropanal-S-oxide)

해설 양파를 썰면 알리네이스(Allinase) 효소가 아미노산 황산화물을 분해하여 설펜산을 만들고 이는 즉시 재배열하여 싸이오프로판알 산화물을 만든다.

48 사과 껍질을 벗겨 놓으면 누렇게 변한다. 이 현상에 관한 내용 중 옳은 것은?

① 타이로시네이스(Tyrosinase)에 의한 비효소적 갈변현상이다.
② 폴리페놀옥시데이스(Polyphenol Oxidase)에 의한 효소적 갈변현상이다.
③ 마이야르(Maillard) 반응에 의한 효소적 갈변반응이다.
④ 캐러멜(Caramel)화에 의한 비효소적 갈변반응이다.

해설 폴리페놀을 함유한 신선한 과실(사과, 배, 복숭아 등)이나 채소류 등을 껍질을 벗기거나 절단하여 공기에 노출시키면 효소가 공기 중의 산소와 결합하여 수분을 발생시키고 갈색(멜라닌 색소)으로 전환된다.

49 황변이나 갈변현상에 대하여 바르게 설명하지 않은 것은?

① 갈변현상을 방지하기 위해서 산처리를 하였다.
② 물에 담그고 효소를 침출시켜 불활성화시켜서 갈변현상을 방지하였다.
③ 소금이나 설탕을 첨가해서 갈변현상을 방지하였다.
④ 황산구리 용액에 담가서 갈변현상을 방지하였다.

해설 ④ 황산구리 용액에 담그면 갈변현상이 쉽게 일어난다.

46 ③ 47 ④ 48 ② 49 ④ 정답

50 처음 담글 때 초록색 오이김치가 익으면서 점차 갈색으로 변하는 주원인은?

① 고춧가루
② 마 늘
③ 발효로 형성된 산
④ 파

해설 오이김치의 녹색 색소가 갈색으로 되는 이유는 발효로 형성된 산에 의해 Chlorophyll의 Mg가 H^+로 치환되었기 때문이다.

51 우엉의 갈변을 억제시키기 위한 방법이 아닌 것은?

① 비타민 C 첨가
② 아황산염 첨가
③ 구연산 첨가
④ 산소 첨가

해설 우엉 안에 함유된 폴리페놀 산화효소(Polyphenol Oxidase)가 공기 중의 산소와 반응하면 멜라닌 색소를 만드는 갈변 현상이 일어난다.

52 샐러드 제조 시 녹색 채소가 산에 의해 누렇게 변색되는 이유는?

① 안토시안의 산화
② 플라본 색소의 개환(Chalcone화)
③ 클로로필의 페오피틴화(Pheophytin화)
④ 카로티노이드의 산화

해설 녹색 채소가 누렇게 변색되는 이유는 발효로 인하여 생성된 산이 클로로필과 작용하여 페오피틴을 생성하기 때문이다.

53 효소에 의한 갈변(Browning)은 어느 것인가?

① 캐러멜화 반응
② 간장, 된장의 착색 갈변
③ 과일 주스의 갈변
④ 감자의 갈변

해설 ①, ②, ③ 비효소적 갈변반응

효소적 갈변

- 폴리페놀옥시데이스에 의한 갈변 : 사과, 배, 가지
- 타이로시네이스에 의한 갈변 : 감자, 고구마

정답 50 ③ 51 ④ 52 ③ 53 ④

54 아미노 카보닐(Amino-Carbonyl) 반응에 대한 설명 중 틀린 것은?

① 초기단계에서는 질소배당체가 형성되며 무색을 나타낸다.
② 중간단계에서는 Osone, HMF 등이 생성된다.
③ 온도가 높아질수록 반응속도는 급속도로 증가한다.
④ pH가 높을수록 갈변속도가 느리다.

해설 마이야르 반응(Maillard Reaction)이라고도 하며, 비효소적 갈변반응이다. pH가 높을수록 갈변속도가 빠르다.

55 식품에 점성을 주는 검류 중 해조류에서 얻을 수 없는 것은?

① 한천(Agar)
② 알긴(Algin)
③ 카라기난(Carrageenan)
④ 구아 검(Guar Gum)

해설 구아 검(Guar Gum)은 식물의 씨앗에서 발견되는 다당류이다.

56 곶감 제조 시 과육 내 타닌 물질이 갈변하는 현상을 막기 위해 하는 공정은?

① 훈 증
② 건 조
③ 포 장
④ 박 피

해설 곶감(반건시)은 생감을 박피한 후 건조과정에서 과피의 갈변현상이 일어나기 때문에 갈변이나 곰팡이 등의 미생물 생육을 억제하기 위해 유황훈증을 주로 실시하고 있다.

57 양파를 알칼리 용액으로 조리하면 색이 노랗게 변하는 것은 무슨 색소 때문인가?

① 엽록소
② 플라본 색소
③ 안토시안 색소
④ 카로틴 색소

해설 플라본 색소는 산에는 안정하지만 알칼리에는 불안정하다. 삶은 양파, 양배추 등이 노랗게 변하는 것도 알칼리에 불안정하기 때문이다.

54 ④ 55 ④ 56 ① 57 ② 정답

58 식품의 맛에 대한 설명 중 옳은 것은?

① 생리적인 미각의 이상으로 맛을 느끼지 못하는 사람을 미각과민이라 한다.
② 맛은 단맛, 신맛, 짠맛, 매운맛의 4가지를 기본으로 한다.
③ 단맛은 혀 끝, 쓴맛은 혀 양쪽, 신맛은 혀 뿌리, 짠맛은 혀 끝과 양쪽에서 강하게 느껴진다.
④ 같은 맛을 계속해서 보면 미각이 둔해져 맛을 알 수 없게 된다.

해설 ④ 맛의 피로현상은 같은 맛을 계속 봤을 때 미각이 둔해져 맛을 알 수 없게 되거나 그 맛이 변하는 현상이다.
① 맛을 느끼지 못하는 사람을 미맹이라 한다.
② 맛은 단맛, 신맛, 짠맛, 쓴맛의 4가지를 기본으로 한다.
③ 단맛은 혀 끝, 쓴맛은 혀 안쪽, 신맛은 혀 양쪽 둘레, 짠맛은 혀 전체에서 느낀다.

59 다음 중 구수한 맛(감칠맛) 성분과 관계가 먼 것은?

① ATP ② GMP
③ IMP ④ MSG

해설 맛(감칠맛) 성분은 단맛, 짠맛, 신맛, 쓴맛이 조화된 맛으로 대표적인 물질은 MSG(Monosodium Glutamate)이다. 기타 감칠맛 성분으로는 아미노산, 이노신산(IMP), 핵산, 구아닐산(GMP), ATP에서 분해되어 나온 아데닐산(AMP) 등이 있다.

60 향신료의 성분을 바르게 나타낸 것은?

① 후추의 매운맛 성분은 캡사이신이다.
② 겨자의 매운맛 성분은 마이로시네이스이다.
③ 생강의 매운맛 성분은 진저론이다.
④ 고추의 매운맛 성분은 차비신이다.

해설 ① 후추의 매운맛 성분은 차비신이다.
② 겨자의 매운맛 성분은 시니그린이다.
④ 고추의 매운맛 성분은 캡사이신이다.

61 떫은맛의 원인이 되는 타닌류에 속하지 않는 것은?

① 시부올(Shibuol)
② 갈락탄(Galactan)
③ 클로로겐산(Chlorogenic Acid)
④ 카테킨류(Catechins)

해설 갈락탄(Galactan)은 갈락토스를 주성분으로 하는 다당류이다.

정답 58 ④ 59 ① 60 ③ 61 ②

62 다음 정미성분 중 잘못 짝지어진 것은?

① 고추 – Capsaicin
② 생강 – Gingerol
③ 파 – Diallyl Sulfide
④ 계피 – Sanshool

해설 계피의 주성분은 계피유라고 하는 정유(Essential Oil)로 Cinnamic Aldehyde, Camphene, Cineol, Linalool, Eugenol 등이다. Sanshool는 산초의 성분이다.

63 식품과 유기산의 연결이 적당한 것은?

① 귤 - 구연산
② 콜라 – 구연산
③ 포도 - 젖산
④ 사과 - 젖산

해설 귤의 맛은 당분과 구연산 때문이며, 당분과 구연산의 함량은 귤의 성숙도에 따라 달라진다.

64 간장의 성분에 관한 연결이 틀린 것은?

① 간장의 향 – 메티오놀
② 간장의 구수한 맛 – 지미성분
③ 간장의 색 – MSG
④ 간장의 pH – 약산성

해설 ③ 간장의 색 성분 : 아미노산의 분해물인 멜라닌과 멜라노이딘

65 마조람보다 더욱 강한 맛을 지닌 민트과에 속하는 조그마한 식물로, 피자와 파스타 등에는 건조시킨 잎이나 곱게 간 파우더를 이용하고, 신선한 것은 소스나 드레싱의 장식용 등 주로 멕시칸과 이탈리아 요리에 사용되는 허브(Herbs)는?

① 오레가노(Oregano)
② 파슬리(Parsley)
③ 커리앤더(Coriander)
④ 로즈마리(Rosemary)

해설 오레가노(Oregano)는 토마토와 잘 어울리는 허브 향신료로 이탈리아와 멕시코 요리에 이용되며 살균, 소독, 해독, 소화촉진, 위 보호에 좋다.

62 ④ 63 ① 64 ③ 65 ① 정답

66 육 엑스분(Meat Extract)에 대한 설명 중 틀린 것은?

① 육류를 물과 함께 가열할 때 용출되는 성분으로 약 2%에 달한다.
② 유기산으로 소량의 Succinic Acid도 함유한다.
③ 육 엑스분(Meat Extract) 성분은 모두 단백질이 분해된 물질들이다.
④ Inosinic Acid, Glutamic Acid가 주된 맛 성분이다.

해설 엑스분은 고기 속에 약 2% 들어 있는데, 주성분은 비단백태 질소화합물이다. 유기물 중의 질소화합물에는 크레아틴, 크레아티닌, 푸린염기, 카노신, 요소, 이노신산 등이 있고, 무질소 유기물에는 젖산, 글루코스, 글리코겐 등이 들어 있다.

67 토마토 가공품 중 고형분량이 25% 정도이며 조미하지 않은 것은?

① 토마토 주스
② 토마토 퓨레
③ 토마토 소스
④ 토마토 페이스트

해설 토마토 페이스트는 토마토 퓨레를 농축한 것으로 고형분량이 25% 정도이다.

68 효소에 대한 일반적인 설명으로 틀린 것은?

① 기질 특이성이 있다.
② 최적온도는 30~40℃ 정도이다.
③ 100℃에서도 활성은 그대로 유지된다.
④ 최적 pH는 효소마다 다르다.

해설 효소는 50℃ 이상에서 열에 의한 불활성화가 신속히 일어난다.

69 과일의 숙성에 대한 설명으로 잘못된 것은?

① 과일류의 호흡에 따른 변화를 되도록 촉진시켜 빠른 시간 내에 과일을 숙성시키는 방법으로 가스저장법(CA)이 이용된다.
② 과일류 중 일부는 수확 후에 호흡작용이 특이하게 상승되는 현상을 보인다.
③ 호흡상승작용을 보이는 과일류는 적당한 방법으로 호흡을 조절하여 저장기간을 조절하면서 후숙시킬 수 있다.
④ 호흡상승현상을 보이지 않는 과일류는 수확하여 저장하여도 품질이 향상되지 않으므로 적당한 시기에 수확하여 곧 식용 또는 가공하여야 한다.

해설 ① 가스저장법(CA)은 과일이나 채소를 가스저장하여 호흡을 억제하기 위한 저장법이다.

정답 66 ③ 67 ④ 68 ③ 69 ①

70 아밀레이스(Amylase)를 주로 이용한 것이 아닌 것은?

① 물 엿　② 제 빵
③ 포도당　④ 간 장

해설 아밀레이스는 전분(Starch)의 가수분해에 사용되며, *A. niger*나 *B. subtilis*를 포함한 여러 종류의 미생물로부터 생산된다. 된장, 간장 등 장류 제조에는 누룩곰팡이균에서 생산된 단백질 분해효소가 관여한다.

71 등전점에서의 아미노산의 특징이 아닌 것은?

① 침전이 쉽다.
② 용해가 어렵다.
③ 삼투압이 최소가 된다.
④ 기포성이 최소가 된다.

해설 등전점에서의 아미노산은 용해도, 점도 및 삼투압은 최소가 되고 흡착성과 기포성은 최대가 된다.

72 식품의 분류에 대한 설명으로 틀린 것은?

① 식품은 수분과 고형물로 나눌 수 있다.
② 고형물은 유기질과 무기질로 나뉜다.
③ 유기질은 조단백질, 조지방, 탄수화물, 비타민으로 나뉜다.
④ 조단백질은 조섬유와 당질로 나뉜다.

해설 ④ 탄수화물은 조섬유와 당질로 나뉜다.

73 다음 식품 중 3대 영양소가 가장 고르게 함유된 식품은?

① 소고기　② 흰 밥
③ 우 유　④ 달 걀

해설 3대 영양소는 단백질, 탄수화물, 지방이다. 우유에는 3대 영양소 외에도 칼슘, 마그네슘을 비롯한 각종 비타민이 풍부하다.

70 ④ 71 ④ 72 ④ 73 ③ 정답

74 다음 영양소 중 열량원이 아닌 것은?

① 감 자　　② 쌀
③ 풋고추　　④ 아이스크림

해설 ③ 풋고추는 무기질 및 비타민이 많이 함유되어 있는 식품군이다.
열량원 : 탄수화물, 지방, 단백질은 체내에서 화학반응을 거쳐 에너지를 발생하기 때문에 열량원 또는 열량소라고 한다.

75 채소류와 가식부위와의 연결이 바르게 된 것은?

① 연근 – 꽃눈
② 양배추 – 구상줄기
③ 죽순 – 어린 줄기, 싹
④ 곤약 - 잎

해설 ① 연근 : 덩이줄기(뿌리)
② 양배추 : 잎줄기
④ 곤약 : 땅속줄기

76 발효를 이용하여 만든 떡은?

① 시루떡　　② 인절미
③ 백설기　　④ 증 편

해설 증편은 쌀가루에 술을 넣고 발효시켜 찐 떡으로 술떡, 기증병, 기주떡, 기지떡, 벙거지떡이라고도 한다.

77 전분의 호화를 이용한 것은?

① 달걀 반숙　　② 두 부
③ 떡　　④ 아이스크림

해설 **전분의 호화(Gelatinization)**
전분이 물과 함께 55~65℃ 이상의 온도에서 가열된 후 반투명의 콜로이드(Colloid) 상태로 변하는 것을 뜻한다.
예 쌀 → 떡

정답 74 ③ 75 ③ 76 ④ 77 ③

78 다음 중 전분 당화식품은?

① 식 혜
② 우 유
③ 요구르트
④ 국 수

해설 식혜는 밥, 즉 전분에 엿기름 성분인 말테이스가 당화작용을 하여 포도당으로 분해시킨 식품이다.

79 다음 식품에 대한 설명이 잘못된 것은?

① 한천 – 다시마를 삶아서 그 액을 냉각시켜 젤리 모양으로 응고시킨 후 건조하여 제조한다.
② 겨자유(Mustard Oil) – 흑겨자 분말에 효소를 처리하여 가수분해시킨 상징액을 증류하여 제조한다.
③ 고추냉이 가루 – 고추냉이 무를 엷게 썰어 60℃ 이하에서 건조·분말로 하여 전분, 색소, 향료, 겨잣가루를 첨가하여 제조한다.
④ 곤약 – 토란과 식물인 곤약의 뿌리를 건조시켜 분쇄한 가루에 물을 넣고 삶은 후 석회유를 넣어 젤화시켜 제조한다.

해설 한천은 우뭇가사리의 열수추출액 응고물인 우무를 얼려서 말린 해조 가공품이다.

80 차에 대한 설명 중 틀린 것은?

① 찻잎에는 Vitamin C가 많이 함유되어 있으나, 녹차는 홍차보다 상당량이 파괴된다.
② 차의 맛은 Caffeine, Tannin 등에 의한다.
③ 녹차는 발효시키지 않고 건조시킨 제품이다.
④ 차의 색은 Chlorophyll, Flavonoid, Carotenoid 등에 의한다.

해설 ① 찻잎에는 비타민 B_2와 비타민 C가 있으나 비타민 C는 홍차를 만드는 과정에서 파괴된다.

81 표면장력을 가장 크게 증가시키는 물질은?

① 전 분
② 설 탕
③ 지 방
④ 산

해설 표면장력은 액체 내 분자들 사이의 인력에 의해 액체 표면을 가능한 한 작게 하려는 힘을 말한다. 표면장력을 증가시키는 물질로는 설탕이 있으며, 감소시키는 물질에는 지방산, 지방, 알코올, 단백질 등이 있다.

78 ① 79 ① 80 ① 81 ② 정답

82 **다음 중 아이오딘을 많이 함유하고 있는 식품은?**

① 우 유 ② 소고기
③ 미 역 ④ 시금치

해설 해조류, 특히 갈조류의 미역, 다시마 등은 아이오딘 함유량이 많다.

83 **해조류의 설명으로 옳은 것은?**

① 김은 녹조류에 속한다.
② 다시마는 일년생의 얇고 부드러운 것이 좋다.
③ 미역에는 아이오딘과 당질은 풍부하나, 단백질의 함량은 거의 없다.
④ 한천(Agar)과 캐러기난(Carrageenan)은 홍조류에서 얻어지고 알긴산염(Alginate)은 갈조류에서 얻어진다.

해설 ① 김은 홍조류에 속한다.
② 다시마는 두툼하고 부드러운 것이 좋다.
③ 미역에는 아이오딘과 당질뿐만 아니라 단백질도 풍부하게 들어 있다.

84 **식물성유를 아이오딘가로 분류한 내용 중 옳은 것은?**

① 건성유 - 올리브유, 우유 유지, 땅콩기름
② 반건성유 - 참기름, 대두유, 면실유
③ 경화유 - 미강유, 야자유, 옥수수유
④ 불건성유 - 아마인유, 해바라기유, 종유

해설 ① 건성유 : 아이오딘값이 130 이상으로 아마인유, 오동나무기름, 들깨기름 등이 있다.
③ 경화유 : 액상 기름에 수소를 첨가하여 만드는 백색고형의 인조지방, 어유나 콩기름 등을 말한다.
④ 불건성유 : 아이오딘값이 100 이하로, 동백기름, 올리브유, 피마자유 등이 있다.

85 **해산동물의 일종으로 두꺼운 한천질로 된 우산부위를 석회와 백반으로 처리하고 수분을 제거하여 보존식품 형태로도 판매되며, 냉채 등에 이용되는 식재료는?**

① 한 천 ② 패 주
③ 해파리 ④ 죽 생

해설 식용 해파리의 원료는 일반적으로 포획한 생해파리를 갓과 다리 부분으로 절단하여 오물인 유기물들을 깨끗이 제거한 후 소금과 명반을 뿌려 탈수, 방부, 응고시킨 다음 자연 건조하여 만든다.

정답 82 ③ 83 ④ 84 ② 85 ③

86 하루 섭취 열량이 2,700kcal 필요하다. 이 중 탄수화물 65%, 지방 20%, 단백질 15%를 섭취해야 된다면 탄수화물, 지방, 단백질 각각의 섭취량은?

① 439g, 60g, 101g
② 410g, 90g, 50g
③ 389g, 90g, 60g
④ 439g, 90g, 50g

해설 열량소 1g당 탄수화물 4kcal, 지방 9kcal, 단백질 4kcal의 열량을 내므로
탄수화물 : 2,700 × 0.65 ÷ 4 = 438.75g
지방 : 2,700 × 0.2 ÷ 9 = 60g
단백질 : 2,700 × 0.15 ÷ 4 = 101.25g

87 우리나라 25세의 성인 남자가 총 에너지(2,500kcal)의 60%를 주식으로 섭취하고자 한다. 하루 동안 섭취할 주식의 열량과 쌀의 양은 얼마인가?(단, 쌀 100g의 열량은 356kcal이다)

① 열량 – 2,000kcal, 쌀의 양 – 약 500g
② 열량 – 2,000kcal, 쌀의 양 – 약 561g
③ 열량 – 1,500kcal, 쌀의 양 – 약 375g
④ 열량 – 1,500kcal, 쌀의 양 – 약 421g

해설 25세의 성인 남자의 하루 총열량은 2,500kcal이므로
하루 동안 섭취할 주식의 열량 = 2,500kcal × 0.6 = 1,500kcal
쌀의 양은 100g : 356kcal = x : 1,500kcal
x ≒ 421g

88 펙틴(Pectin)을 이용한 가공식품이 아닌 것은?

① 주스(Juice)
② 잼(Jam)
③ 젤리(Jelly)
④ 마멀레이드(Marmalade)

해설 펙틴(Pectin)을 함유한 과일에 설탕, 산을 넣고 졸이면 젤(Gel)의 성질로 잼이나 젤리를 만들 수 있다.

89 다음 중 염분을 제한해야 할 고혈압 환자에게 알맞은 식품은?

① 오 이
② 김
③ 버 터
④ 새우 말린 것

해설 염분은 물과 친한 성질을 가지므로 고혈압 환자의 경우는 염분 섭취를 제한하는 것이 중요하다. ②, ③, ④의 경우 식품 자체 내에 염분이 함유되어 있으므로 조심해야 하는 음식이다.

86 ① 87 ④ 88 ① 89 ① 정답

90 영양섭취기준 중 권장섭취량을 구하는 식은?

① 평균필요량 + 표준편차 × 2
② 평균필요량 + 표준편차
③ 평균필요량 + 충분섭취량 × 2
④ 평균필요량 + 충분섭취량

해설 **영양섭취기준**
- 평균필요량 : 건강한 사람들의 일일 영양필요량의 평균값
- 권장섭취량 : 평균필요량에 표준편차의 2배를 더하여 정한 값
- 충분섭취량 : 평균필요량에 대한 정보가 부족한 경우 건강인의 영양섭취량을 토대로 설정한 값
- 상한섭취량 : 인체 건강에 유해영향이 나타나지 않는 최대 영양소 섭취수준

CHAPTER 02 | 조리외식 경영

01 조리외식 산업을 내식과 외식으로 구분할 때, 외식에 대한 설명으로 틀린 것은?

① 비영리적이다.
② 밖에서 음식을 사 먹는 것을 의미한다.
③ 고객의 요청에 의한 유·무형의 물·인적 서비스를 제공한다.
④ 일정한 값을 지불하고 이루어지는 식사 활동이다.

해설 ① 비영리적인 것은 내식의 특징이다.

02 외식산업의 특징으로 틀린 것은?

① 생산과 판매, 소비가 동시에 이루어진다.
② 인적 서비스가 중심인 접객의 유형성이 있다.
③ 음식과 서비스에 대한 표준화, 시스템화가 어렵다.
④ 누구나 원하면 경영에 도전할 수 있는 모방적 특징이 있다.

해설 ② 인적 서비스가 중심인 접객의 무형성이 있다.

정답 90 ① / 1 ① 2 ②

03 다음에서 설명하는 외식산업의 특징은?

> 기계화되고 정형화되기 힘든 인적 자원 중심의 서비스가 주가 되어 서비스의 동질화를 꾀하기 어렵다.

① 동시성(Simultaneous)
② 무형성(Intangibility)
③ 이질성(Heterogeneity)
④ 소멸성(Perishability)

해설 ① 동시성 : 생산과 판매, 소비가 동시에 이루어진다.
② 무형성 : 인적 서비스가 중심인 접객의 무형성이 있다.
④ 소멸성 : 서비스의 시작과 함께 사라져 버리는 소멸성의 특성이 있다.

04 한국표준산업분류상 음식점업에 속하는 것이 아닌 것은?

① 한식 음식점업
② 외국식 음식점업
③ 기관 구내식당업
④ 커피 전문점

해설 ④ 커피 전문점은 한국표준산업분류상 '주점 및 비알코올 음료점업'에서 비알코올 음료점업에 해당한다.

05 다음에서 설명하는 경영학적 차원에서 서비스의 정의는?

> 서비스는 무형적 성격을 지니는 일련의 활동으로 고객과 서비스 제공자의 상호관계에서부터 발생하며, 고객의 문제를 해결해 주는 것이라고 본다.

① 활동론적 정의 ② 속성론적 정의
③ 봉사론적 정의 ④ 인간 상호관계적 정의

해설 **경영학적 서비스의 정의**

- 활동론적 정의 : 서비스는 판매 목적으로 제공되거나 상품 판매와 연계해서 제공되는 제 활동, 편익, 만족을 말하며, 타인에게 제공하는 무형적인 활동이나 편익으로 소유권 이전을 수반하지 않는 것으로서 한 측이 다른 측에게 제공하는 성과와 활동으로 어떤 것도 소유가 되지 않는 것이라 정의한다(Kotler, 2009).
- 속성론적 정의 : 서비스의 속성을 중심으로 시장에서 판매되는 무형의 상품을 말한다(Stanton, 1981).
- 봉사론적 정의 : 서비스는 인간에 대한 봉사이다.
- 인간 상호관계적 정의 : 서비스는 무형적 성격을 지니는 일련의 활동으로 고객과 서비스 제공자의 상호관계에서부터 발생하며, 고객의 문제를 해결해 주는 것이라고 본다.

3 ③ 4 ④ 5 ④ **정답**

06 조리외식 경영 차원에서 고객과의 서비스 접점에 대한 내용으로 옳지 않은 것은?

① 서비스 제공자들의 예의 바른 서비스
② 고객에 대한 인간적인 관심과 도움
③ 제공될 서비스에 대한 전문지식의 보유
④ 서비스 제공자별 서비스의 다양화

해설 ④ 서비스의 일관성이 유지되어야 한다.

07 메뉴의 서빙 순서로 옳은 것은?

① 남, 여 손님의 경우 남성 고객부터 먼저 서빙한다.
② 직장 동료의 경우 어린 직원부터 먼저 서빙한다.
③ 손님 접대의 경우 모시고 온 손님부터 먼저 서빙한다.
④ 가족 손님의 경우 아버지 → 어머니 → 어린이 고객 순으로 서빙한다.

해설 **메뉴의 서빙 순서**

- 손님 접대의 경우 : 모시고 온 손님부터 먼저 서빙(VIP 최우선)
- 직장 동료의 경우 : 상사부터 먼저 서빙(직위 최우선)
- 남, 여 손님의 경우 : 여성 고객부터 먼저 서빙(여성 최우선)
- 가족 손님의 경우 : 어린이 고객 → 어머니 → 아버지 순으로 서빙
- 다양한 손님의 경우 : 연장자부터 서빙(연장자 최우선)

08 응대 서비스의 실행 순서로 옳은 것은?

가. 고객을 테이블로 안내한다.
나. 출입구에서 고객을 맞이한다.
다. 예약 대장을 확인한다.
라. 메뉴 주문 내용을 확인 후 메뉴판을 수거한다.
마. 메뉴를 서빙한다.

① 가 – 나 – 다 – 라 – 마
② 나 – 가 – 다 – 라 – 마
③ 나 – 다 – 가 – 라 – 마
④ 다 – 나 – 가 – 마 – 라

정답 6 ④ 7 ③ 8 ③

09 다음 응대 서비스 중 잘못된 것은?

① 인사는 입으로만 하는 것이 아니고, 눈, 표정, 태도, 동작 등 모두를 동원한다.
② 손님이 자리에 앉으면 곧바로 물을 제공하도록 한다.
③ 보통 물컵은 손님의 왼손 앞에 놓는다.
④ 식기를 치울 때는 큰 소리가 나지 않도록 주의한다.

해설 ③ 식탁이 비좁아 부득이 한 경우를 제외하고는 손님의 오른손 앞에 물컵을 놓는다.

10 다음과 같은 응대 서비스를 해야 할 고객 계층으로 가장 적절한 것은?

- 사소한 부분에도 민감할 수 있고, 서비스에 대한 파급 효과가 강한 계층이므로 더욱 관심을 갖고 응대한다.
- 비슷한 연령대라고 해서 절대 반말하지 않는다.
- 어색하지 않은 언어 사용으로 친근감을 보인다.
- 선호하는 취향, 기호에 맞추어 분위기를 유지한다.

① 어린이 고객층 ② 청소년 고객층
③ 중·장년 고객층 ④ 주부 고객층

해설 청소년 고객층은 감수성이 예민하며, 또래 집단으로 무리를 지어 다니고, 쉽게 이야기를 전파한다. 즉, 서비스에 대한 파급 효과가 강한 계층이므로 더욱 관심을 갖고 응대한다.

11 장애인 고객에 대한 응대 서비스로 가장 적절하지 않은 것은?

① 동행인이 없을 경우 플로어 근무자가 불편함을 판단하여 도와준다.
② 주문 시 불편한 것으로 생각되면 자리에 모신 후 직접 주문을 받아 서빙한다.
③ 고객이 편안함을 갖도록 다른 고객보다 더 관심을 집중한다.
④ 특정 메뉴의 권유 판매를 활성화한다.

해설 장애인 고객 응대 시 우선 동행인, 보조원이 있는지 살펴본 후, 없을 경우 플로어 근무자가 내점 시 불편함을 판단하여 도와준다. 고객이 편안함을 갖도록 다른 고객보다 더 관심을 집중하며, 어렵고 불편한 사람을 돕는 것이 진정 고객 만족을 유도하는 서비스임을 명심한다.

9 ③ 10 ② 11 ④ 정답

12 외식 창업 단계의 순서로 옳은 것은?

가. 업종의 선택
나. 홍보 전단 배포
다. 판매계획 수립
라. 판촉 및 고객관리
마. 자금 조달계획 결정

① 가 – 다 – 마 – 나 – 라
② 가 – 마 – 나 – 다 – 라
③ 가 – 마 – 다 – 나 – 라
④ 마 – 가 – 나 – 다 – 라

해설 **외식 창업의 단계(절차)**
1. 업종의 선택 – 2. 창업 전략 결정 – 3. 자금 조달계획 결정 – 4. 입지 선정, 점포 결정 – 5. 시장조사 및 메뉴 선정 – 6. 판매계획 수립 – 7. 개업계획 수립 – 8. 식자재 확인 및 구매처 확정 – 9. 개업 최종 점검 – 10. 오픈 리허설 – 11. 홍보 전단 배포 – 12. 오픈 이벤트 및 그랜드 오픈 – 13. 개업 후 판촉 및 고객관리

13 업종 선택의 원칙으로 가장 적절하지 않은 것은?

① 자신의 사업 조건에 맞는 업종을 선택한다.
② 자신의 취미와 어울리는 업종을 최우선으로 선택한다.
③ 성장성이 있는 업종을 선택한다.
④ 경쟁업체보다 유리한 업종을 선택한다.

해설 ② 단순히 자신의 취미와 어울리는지에 따라 선택하기보다는 자신의 적성에 맞는 업종과 사업 규모를 선택한다.

14 프랜차이즈 창업의 장점으로 적절한 것은?

① 인지도가 높고 쉽게 창업이 가능하다.
② 독립적인 의사결정이 가능하다.
③ 저렴한 자재로 주기적으로 인테리어를 변경할 수 있다.
④ 독점 영업권이 보장된다.

해설 **프랜차이즈 창업의 장단점**

장 점	단 점
• 인지도가 높고 쉽게 창업 가능 • 시장 변화에 과학적으로 대처 가능	• 지나친 과열과 부실 업체 양산 • 창업비용이 과할 수 있음 • 주기적인 인테리어 변경, 비싼 자재 구매 • 자신의 의사대로 운영하기 어려움 • 독점 영업권 보장이 불가

정답 12 ③ 13 ② 14 ①

15 우수점포 입지 선정을 위한 고려사항으로 옳지 않은 것은?

① 상권의 세력 조사
② 유동 인구의 특징 조사
③ 점포의 접근성 조사
④ 상권의 단기성 고려

해설 ④ 상권의 장기성을 고려하는 것이 옳다.

16 다음에서 설명하는 용어로 옳은 것은?

- 업종이나 판매할 상품 또는 서비스를 총칭하는 말이다.
- 이것의 결정은 사업의 규모와 기업의 경쟁력 등 핵심 요소와 연관되어 사업 구상이 이루어지도록 하고, 창업의 형태에 관한 고려사항도 이 구상단계에서 구체화된다.

① 아이템　　② 상 권
③ 입 지　　④ 개 업

해설 업종이나 판매할 상품 또는 서비스를 총칭하는 말은 아이템(Item)으로, 아이템의 선정 여부에 따라 사업의 성패가 달라진다고 할 수 있다.

17 창업 소요 자금의 종류 중 운영 자금이 아닌 것은?

① 월 임대료
② 종업원 인건비
③ 각종 공과금
④ 개점 행사비

해설 **창업 소요 자금의 종류**
- 창업 준비금 : 점포 소개비, 개점 행사비, 선전물 준비비 등
- 시설 자금 : 점포 임대비, 신축비, 구입비 등
- 운영 자금 : 월 임대료, 종업원 인건비, 재고 부담, 광고비, 각종 공과금 등

15 ④ 16 ① 17 ④ 정답

PART

03

한식조리

CHAPTER

01 | 메뉴관리

01 메뉴관리 계획 및 메뉴 개발

1. 단체급식

(1) 단체급식의 개요

① 단체급식의 정의 : 단체급식이란 학교, 병원, 기숙사, 사회복지시설, 산업체, 공공기관, 후생기관 등 집단으로 생활하는 특정의 여러 사람들을 대상으로 1회 50인 이상에게 계속적으로 식사를 공급하는 비영리 시설의 급식방법이다.

② 단체급식별 목적

㉠ 학교급식의 목적

- 합리적인 영양 섭취로 편식 교정 및 올바른 식습관 형성
- 도덕교육의 실습장 및 지역사회의 식생활 개선에 기여
- 급식을 통한 영양교육에 기여
- 정부의 식량정책에 기여

㉡ 병원급식의 목적

- 영양적 필요량에 맞는 식사 공급으로 환자의 건강을 빨리 회복시킴으로써 개인과 사회에 기여하도록 하는 데 있다.
- 환자에 따라 적정한 식사를 제공하여 질병의 치유 또는 질병의 회복 촉진을 도모하기 위함이다.

㉢ 사업체 급식의 목적

- 적절한 영양 공급으로 근로자의 영양관리 및 건강유지
- 적절한 영양교육을 통한 질병의 예방
- 합리적인 식품소비 유도 및 국가 식량정책과 식생활 개선에 이바지
- 급식을 통해 작업의 능률과 생산성을 향상시켜 기업의 이윤증대에 기여
- 같은 장소에서 같은 식사를 함으로써 동료, 상급자와의 원만한 인간관계를 유지

③ 단체급식의 특성

㉠ 영양사라는 관리자가 운영한다.

㉡ 규모가 크며, 짧은 시간에 다량의 식사를 공급하기 위해 모든 작업이 체계적으로 진행된다.

㉢ 주로 셀프서비스가 많으며, 단시간에 집중식사가 이루어진다.

㉣ 기호에 맞고 영양적인 조리를 해야 한다.

㉤ 대규모 식중독 발생의 위험이 있으므로 위생상의 안전을 고려한다.

(2) 단체급식의 문제점 및 개선 방안

① 단체급식의 문제점

㉠ 영양문제 : 영양가 산출을 잘못하거나 기초조사가 불충분할 경우, 영양 저하현상이 생길 수 있다.

㉡ 위생문제 : 대규모 급식이므로 종업원 위생교육과 시설 및 기기 등의 위생관리가 잘못된 경우 위생사고가 발생하기 쉽다.

㉢ 비용문제 : 급식비를 줄이기 위해 인건비, 시설비를 줄일 때 급식의 질이 저하될 수 있다.

㉣ 심리문제 : 가정식에 대한 향수로 급식에 적응을 못하거나 개인의 기호 성향을 무시한 채 실시되는 획일적인 단일 식단이 문제가 된다.

② 단체급식의 개선 방안

㉠ 경비 절감 : 여건을 고려한 대량 구매, 계절식품의 이용, 작업 분석을 통한 인건비 절감 등

㉡ 위생적인 급식관리 : HACCP 적용

㉢ 기호도 충족 : 식단선택제 도입, 메뉴 개발 등

㉣ 가정식과 같은 분위기 연출 : 시설의 쾌적성 유지

더 알아보기 단체급식 시 고려해야 할 사항

- 급식 대상자의 영양량을 산출한다.
- 지역적인 식습관을 고려한다.
- 새로운 식단을 개발하도록 노력한다.
- 피급식자의 생활시간 조사에 따른 3식의 영양량을 배분한다.
- 가정과 같은 분위기가 조성되도록 노력한다.

2. 메뉴 구성

(1) 식품군 및 식사구성안

① 식품군(6가지)

곡 류	쌀, 보리쌀, 찹쌀, 현미, 메밀국수, 찹쌀떡, 식빵, 감자, 고구마 등
고기·생선·달걀·콩류	소고기, 돼지고기, 닭고기, 갈치, 꽁치, 고등어, 오징어, 낙지, 새우, 달걀, 검정콩, 대두, 땅콩, 호두, 잣, 아몬드 등
채소류	고사리, 시금치, 풋고추, 호박, 두릅, 오이, 콩나물, 배추, 양파, 가지, 당근, 다시마, 미역, 느타리, 양송이, 토마토, 김 등
과일류	딸기, 수박, 참외, 귤, 감, 바나나, 망고, 키위, 사과, 배, 복숭아, 오렌지, 포도, 파인애플 등
우유·유제품류	우유, 치즈, 요구르트(호상), 요구르트(액상), 아이스크림 등
유지·당류	버터, 마요네즈, 참기름, 콩기름, 들기름, 옥수수기름, 커피믹스, 꿀, 설탕 등

② 식사구성안 : 일반인에게 영양섭취기준에 만족할 만한 식사를 제공할 수 있도록 식품군별 대표 식품과 섭취 횟수를 이용하여 식사의 기본 구성 개념을 설명한 것이다.

③ 식품구성자전거

㉠ 식품구성자전거는 매일 신선한 채소, 과일과 함께 곡류, 고기·생선·달걀·콩류, 우유·유제품류 식품을 필요한 만큼 균형 있게 섭취하고, 충분한 물 섭취와 규칙적인 운동을 통해 건강체중을 유지할 수 있다는 것을 표현하고 있다.

㉡ 식품군별 대표 식품의 1인 1회 분량을 기준으로 섭취 횟수를 활용하여 개인별 권장섭취패턴을 계획하거나 평가할 수 있다.

[식품구성자전거]

④ 식품군별 대표 식품의 1인 1회 분량

식품군	1인 1회 분량
곡 류	쌀밥(210g), 보리(90g), 백미(90g), 현미(90g), 수수(90g), 팥(90g), 가래떡(150g), 백설기(150g), 국수 말린 것(90g), 라면사리(120g), 고구마(70g)*, 감자(140g)*, 옥수수(70g)*, 밤(60g)*, 묵(200g)*, 시리얼(30g)*, 당면(30g)*, 식빵(35g)*, 과자(30g)*, 밀가루(30g)*, 우동 생면(200g)
고기·생선·달걀·콩류	소고기(60g), 돼지고기(60g), 닭고기(60g), 오리고기(60g), 소시지(30g), 고등어(70g), 명태(70g), 참치(70g), 오징어(80g), 바지락(80g), 새우(80g), 어묵(30g), 멸치자건품(15g), 명태 말린 것(15g), 오징어 말린 것(15g), 달걀(60g), 두부(80g), 녹두(20g), 렌틸콩(20g), 대두(20g), 잣(10g)*, 땅콩(10g)*, 은행(10g)*, 캐슈넛(10g)*
채소류	양파(70g), 파(70g), 당근(70g), 무(70g), 애호박(70g), 오이(70g), 콩나물(70g), 시금치(70g), 상추(70g), 배추(70g), 양배추(70g), 깻잎(70g), 배추김치(40g), 깍두기(40g), 단무지(40g), 열무김치(40g), 총각김치(40g), 오이소박이(40g), 우엉(40g), 연근(40g), 도라지(40g), 토란대(40g), 마늘(10g), 생강(10g), 미역 마른 것(10g), 다시마 마른 것(10g), 김(2g), 느타리버섯(30g), 표고버섯(30g), 양송이버섯(30g), 팽이버섯(30g), 새송이버섯(30g)
과일류	수박(150g), 참외(150g), 딸기(150g), 사과(100g), 귤(100g), 배(100g), 바나나(100g), 감(100g), 포도(100g), 복숭아(100g), 오렌지(100g), 키위(100g), 파인애플(100g), 블루베리(100g), 자두(100g), 대추 말린 것(15g)
우유·유제품류	우유(200mL), 호상요구르트(100g), 액상요구르트(150mL), 아이스크림/셔벗(100g), 치즈(20g/0.5회)
유지·당류	깨(5g), 콩기름(5g), 올리브유(5g), 해바라기유(5g), 참기름(5g), 들기름(5g), 들깨(5g), 커피크림(5g), 버터(5g), 마가린(5g), 설탕(10g), 물엿(10g), 꿀(10g), 커피믹스(12g)

* 표시는 0.3회

(2) 메뉴 구성 절차

① 균형 잡힌 식단구성 방식을 감안하여 메뉴를 구성한다.

㉠ 영양소 섭취실태를 파악한다.

㉡ 권장식사 패턴을 작성한다.

㉢ 각 식품군별 다소비 식품을 선정한다.

㉣ 최종 구매식품을 결정한다.

② 원가, 식재료, 시설용량, 경제성을 감안하여 메뉴를 구성한다.

㉠ 원가 및 식재료의 경제성을 감안하여 메뉴를 구성한다.

- 계획된 식자재로 메뉴 레시피를 작성한다.
- 각각의 실정에 맞는 표준원가를 설정한다.
- 식음료 구매 시 원가를 고려하여 구매하는 노력을 한다.
- 실제 발생된 원가를 표준원가와 비교할 수 있도록 계산 관리한다.

㉡ 시설용량을 감안하여 메뉴를 구성한다.

(3) 메뉴 구성안의 조정

① 메뉴 구성안의 조정 목표는 크게 적절한 섭취와 섭취의 절제로 구분된다.

② 열량, 단백질, 비타민과 무기질, 식이섬유는 적절한 섭취를 목표로 하고 있다.

열 량	100%의 평균필요량을 채우는 것이 목표
단백질	100% 권장섭취량을 목표로, 총 열량의 15% 정도를 공급하는 것이 목표
비타민과 무기질	100%의 권장섭취량을 채우고 상한섭취량 미만으로 섭취하는 것이 목표
식이섬유	100% 충분섭취량을 섭취하는 것이 목표

(4) 레시피(Recipe) 작성

① 식단 작성의 의의 : 식단이란 가정이나 집단의 장기적인 식사계획표로서 식품과 영양에 관한 기초 지식 조리법, 식품위생 등의 지식을 바탕으로 필요한 영양을 균형적으로 보급하고 기호를 충족시킬 수 있도록 음식의 분류와 분량을 정하는 데 의의가 있다.

② 식단 작성의 목적

㉠ 시간과 노력의 절약

㉡ 영양과 기호의 충족

㉢ 식품비의 조절 또는 절약

㉣ 합리적인 식습관의 형성

③ 식단 작성의 필요 조건

영 양	우리나라 식사구성안의 식품군을 고루 이용하고 단백질, 칼슘의 섭취가 충분하도록 성인 환산치를 이용한 영양 필요량에 알맞은 식품과 양을 택해야 한다.
경제성	신선하고 값이 저렴한 식품 또는 제철식품을 이용하고 각 가정의 경제 사정을 참작한다.
기호성	편식을 피하기 위해 광범위한 식품 또는 요리를 선택하고 적당한 조미료를 사용한다.

지역성	지역 실정에 맞추어 그 지역에서 생산되는 재료를 충분히 활용하고 식생활과 조화될 수 있는 식단을 연구한다.
능률성	음식의 종류와 조리법을 주방의 구조 및 설비, 조리기구 등을 고려해서 선택하고 인스턴트 식품이나 가공식품을 효율적으로 이용한다.

④ 식단 작성의 순서

㉠ 영양 기준량 산출 : 한국인 영양권장량을 기준으로 성별, 연령별, 노동 정도를 고려한다.

㉡ 식품 섭취량 산출 : 식품군별, 식품별로 섭취량을 산출한다.

㉢ 3식의 배분 결정 : 주식(1 : 1 : 1)과 부식(1 : 1.5 : 1.5)으로 나누어 3식을 배분한다.

㉣ 음식수 및 요리명 결정

㉤ 식단 작성주기 결정 : 5일(학교급식), 1주일, 10일, 1개월 중에서 하나를 택하여 결정하고 그 주기 내의 식사 횟수를 결정한다.

㉥ 식량 배분계획 : 성인 남자 1일분의 식량 구성량에 평균 성인 환산치와 날짜를 곱해 계산한다.

㉦ 식단표 작성 : 식단표에는 통상 작성자명, 실시예정일, 식단명, 식품(재료)명, 1인당 재료의 사용량, 식품의 손실률, 영양가, 대치식품, 가격, 조리법 등을 기입한다.

㉧ 식단평가 : 계획된 식사가 잘되었는지 검토하여 다음의 식사계획에 도움이 되도록 하기 위한 것으로 영양, 조리, 경제, 능률, 뒷정리 등을 평가한다.

⑤ 식단의 표기 : 주식 → 국 → 구이 · 조림 · 튀김류 → 나물 → 김치류 → 후식 · 음료 순서로 표시

⑥ 식품 구성의 기준(2020 한국인 영양소 섭취기준)

㉠ 열 량

- 표준 성인의 1일 열량 권장량 : 남성 2,600kcal, 여성 2,000kcal
- 총열량 권장량 비율 : 탄수화물 55~65%, 지방 15~30%, 단백질 7~20%

㉡ 단백질 : 필수아미노산의 섭취를 위해 1/3 이상을 양질의 동물성 단백질 및 콩제품에서 얻는다.

㉢ 무기질 및 비타민 : 뼈째 먹는 생선, 우유 및 유제품, 녹황색 채소, 과일, 기타 채소를 권장한다.

⑦ 표준 레시피(Standard Recipe)

㉠ 정의 : 급식의 질을 계속 유지하기 위해서 그 급식소 나름대로 이행하고 있는 음식별 재료의 분량, 조리방법을 표준화시킨 것으로 적정구매량, 배식량을 결정하는 기준이 된다.

㉡ 표준 레시피 구성요소

- 식재료 이름과 재료량
  - 식재료량 : 무게, 부피단위 기재, AP, EP 고려
  - 전처리 식재료 : 써는 모양, 크기 명시
- 조리법
  - 명확하고 구체적으로 기술
  - 재료절단 크기, 조리기기별 조리 시간/온도, 유의점 기록
- 총생산량 및 1인 분량(Portion Size)
  - 조리인력, 조리기기 여건 고려
  - 총생산량, 제공 인원수와 함께 1인 분량도 제시
- 배식방법 및 기타 사항
  - 배식도구, 식기 종류, 식기에 담는 방법 및 장식 기재
  - 1인 분량에 대한 영양가 및 원가를 첨가하기도 함

3. 메뉴의 용어와 명칭

(1) 메뉴의 개념과 기능

① 메뉴의 개념

㉠ 우리말로는 '차림표' 또는 '식단'이라고 부르며, '판매상품의 이름과 가격 그리고 상품을 구입하는 데 필요한 조건과 정보를 기록한 표'로서 정의된다.

㉡ 메뉴는 단순한 음식의 가격과 종류에 대한 품목 리스트를 넘어서서, 고객과의 커뮤니케이션에 사용되는 고객접점 첫 만남의 순간이고, 고객에게는 외식업체에서 제공하는 상품과 서비스에 대한 첫인상이기도 한 중요한 마케팅 도구이다.

㉢ 메뉴에는 상품명, 상품의 양, 상품의 품질, 가격, 메뉴상품의 재료, 식재료의 원산지 및 보관방법(냉동/냉장 등), 상품 사진 등이 포함된다.

② 메뉴의 기능

㉠ 상품 및 외식업체의 정보 제공 기능

㉡ 관리 및 통제 기능

㉢ 외식업체의 이미지 형성 및 비즈니스 콘셉트 제공 기능

㉣ 외식업체의 중요한 마케팅 도구 기능

㉤ 고객과의 커뮤니케이션 도구로서의 기능

(2) 메뉴의 구분 및 형태

① 메뉴의 구분

㉠ 식사내용에 따른 구분 : 정식메뉴, 일품요리, 뷔페, 특별요리 등

㉡ 식사시간에 의한 구분 : 조식, 중식, 석식, 기타 메뉴 등

㉢ 메뉴를 제공하는 서비스 형태로 구분 : 배달형, 포장판매형 등

㉣ 메뉴의 구성 방법에 의한 구분 : 고정메뉴, 사이클(순환) 메뉴, 변동메뉴, 선택메뉴

② 메뉴의 형태별 특징

㉠ 정찬코스(테이블 서비스) : 서양음식(양식 코스 – 3코스, 5코스, 7코스), 궁중음식(한정식 코스), 중국식 코스, 일본식 회석요리

㉡ 뷔페(애피타이저 – 찬 음식, 더운 음식, 디저트 순) : 스탠딩 뷔페, 칵테일 리셉션, 바비큐 파티 등

㉢ 일품요리 : 고객의 기호에 맞는 음식을 선택할 수 있도록 만들어진 메뉴이다(선택한 음식에 따라 가격을 지불함).

㉣ 스낵 : 스낵메뉴의 음식수는 제한되어 있으며, 쇼트 오더(Short-order) 메뉴에 속한다.

㉤ 연회 : 연회 목적에 따라 약간의 차이가 있으며, 전반적인 메뉴의 틀은 사전에 결정되어 있고, 정찬코스와 뷔페 메뉴로 구분된다.

㉥ 고정메뉴(Static Menu)

- 거의 변하지 않는 고정식 메뉴이며, 패스트푸드 업체, 스테이크 하우스, 슈퍼클럽 또는 디너하우스 업체에서 주로 이용된다.

• 고정메뉴의 장단점

장 점	단 점
• 노동력 감소 • 재고 감소 • 효율적인 통제 용이 • 훈련의 감소 • 각 메뉴 품목의 양질 섭취 • 잔여 음식 감소 • 원가 감소	• 교체 주기가 긴 경우에는 메뉴에 대한 저항감과 권태 발생 • 많은 수의 메뉴 항목이 재고에 포함 • 고도의 숙련된 인력 필요 • 환경과 고객 변화에 민첩한 대처 미흡

㉦ 순환메뉴(Cycle Menu)

• 특정 기간을 위해 만들어진 메뉴이며, 대개 1주일(7일), 3주일(21일)이다. 때로는 4개월인 계절주기를 바탕으로 만들어지며, 학교, 병원, 기타 기관이나 산업체에서 가장 보편적으로 이용된다.

• 순환메뉴의 장단점

장 점	단 점
• 순환 고정메뉴 계획 후 메뉴 개발에 많은 시간을 투자할 필요가 없음 • 고정적으로 사이클 메뉴를 이용하면 식음료 준비과정이 표준화되기 쉬움 • 메뉴에 따라 종업원 및 주방기기의 계획표를 작성할 수 있음 • 구매가 쉬움 • 식음료 재고자산 통제가 용이함	• 메뉴 순환빈도가 높을수록 고객의 짜증과 싫증을 유발 • 식자재의 재고 로스율이 높은 편임 • 숙련된 조리사 필요

(3) 메뉴의 조건

① 경영자 측면

㉠ 메뉴에는 외식업체의 경영목표와 목적(비즈니스 콘셉트) 등이 반영되어야 한다.

㉡ 식재료 원가 등 외식업체 기업경영의 예산이 반영되어야 한다.

㉢ 식재료 납품시장 상황, 즉 계절적 변동 및 원재료의 수요와 공급의 측면 등이 고려되어야 한다.

㉣ 외식업체의 물리적 시설과 장비 등의 크기와 수용력 등이 고려되어야 한다.

㉤ 종사원의 능력과 직원의 수를 고려해야 한다.

㉥ 음식조리와 서비스의 하부시스템 유형(서브시간, 서비스 형태)을 고려해야 한다.

㉦ 고객이 지불할 가격을 고려해야 한다.

㉧ 기업의 관리자는 메뉴상품의 외적 요인(입지 및 상권, 음식상품을 소비하게 될 고객의 상황적 조건, 식사시간과 계절 등)을 확인해야 한다.

㉨ 메뉴계획 및 관리 시 고려사항 : 비즈니스 콘셉트, 서비스 방법, 예상 방문고객수, 좌석회전율, 객단가, 분위기, 레스토랑 레이아웃, 손실률(원가관리), 장비 및 기물, 주방 크기 등

② 소비자 측면

㉠ 해당 고객의 식생활 습관과 음식 서비스 선호도 등을 고려해야 한다.

㉡ 해당 고객의 개인적 요소(가족 구성, 연령, 성, 건강 지향 정도, 교육수준, 소득 측면, 이용 목적 등)를 고려해야 한다.

㉢ 고객이 속한 사회적 요인과 경제적 요인 그리고 문화와 종교적 요인을 고려해야 한다.
㉣ 해당 레스토랑의 이용고객이 추구하는 가치가 무엇인지 확인해야 한다.

③ **음식상품의 본연적 측면** : 외식업체 기업의 관리자는 메뉴 상품의 내적 요인(음식상품의 모양, 색깔, 냄새, 질감, 온도, 맛, 제공되는 방법 등)을 확인해야 한다.

4. 메뉴 조절, 관리

(1) 메뉴가격의 결정 및 메뉴관리

① 메뉴가격의 결정
㉠ 메뉴가격 : 고객이 자신의 필요와 욕구를 충족하기 위해 제품 구매 시 지불하는 대가(교환가치)
㉡ 메뉴가격 결정요소
- 외식업체 기업의 목표
- 원가(고정원가, 준변동원가, 변동원가)
- 경쟁사 가격
- 고객의 수요와 가격탄력성

② 메뉴관리
㉠ 필요성 : 상권의 변화, 경쟁업체의 등장, 고객욕구 변화, 식재료 가격의 변화, 기타 사회문화적 변화 등 내외부적 요소들의 변화로 인해 기존 메뉴품목의 변화 필요
㉡ 외부적 요인 : 상권 및 고객욕구의 변화, 경제적 요인, 경쟁상황, 식재료의 수요와 공급, 외식산업 변화추세 등
㉢ 내부적 요인 : 테마(Theme), 운영방침의 변경, 메뉴품목 판매 동향 등
㉣ 메뉴의 변화시기 : 6개월 간격이 이상적

(2) 메뉴 엔지니어링(Menu Engineering)

① 음식점의 경영자가 현재 또는 미래의 메뉴를 평가하는 데 활용될 수 있도록 단계적으로 체계화시킨 평가의 절차로, 협의로는 메뉴가격 결정을 위한 새로운 접근 방법을 말한다.

② 메뉴 엔지니어링은 매니저가 메뉴를 변경하거나 가격을 결정하는 데 도움을 준다.
㉠ Contribution Margin(CM ; 공헌이익)
㉡ Menu Mix(특정 메뉴 판매수량 vs. 전체 메뉴 판매수량)
- Star : 인기와 수익성 모두 높은 상품 → 유지
- Cash Cow(Plow Horse) : 수익성은 낮으나, 인기가 높은 상품 → 가격 조정
- Puzzle : 인기는 낮으나, 수익성이 높은 상품 → 위치 변경
- Dogs : 인기와 수익성이 모두 낮은 상품 → 제거

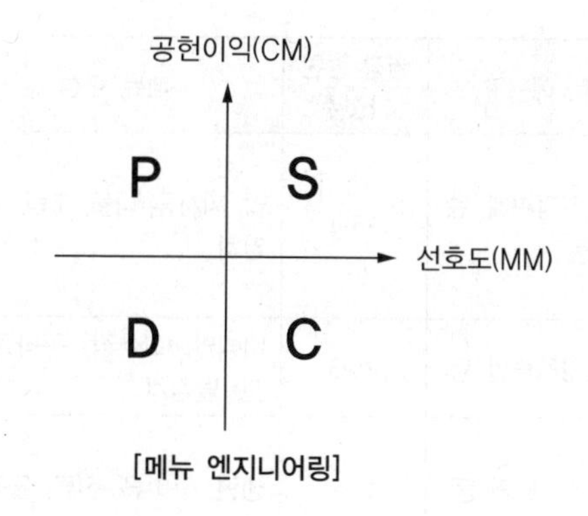

[메뉴 엔지니어링]

5. 메뉴의 개발

(1) 메뉴 개발의 기법

① 업소 분위기와 고객 성향을 파악하여 메뉴를 개발해야 한다.
② 메뉴 디자인은 고급스러우면서도 저렴해야 한다.
③ 다른 음식점과 구별되는 특별한 식재료, 향토 식재료 등을 찾아서 활용한다.
④ 남은 식자재를 활용하여 메뉴를 개발하면 식자재의 생산수율 증가와 로스관리 측면에서 긍정적이다.

(2) 메뉴 개발의 순서도

고객의 욕구 및 외식 취향 파악 → 현재, 과거, 미래의 유망아이템 조사 → 표준 조리표 작성 → 계절 음식목록/최우선 구매목록/재고자산 목록 → 표준 1인분 원가계산 → 과거 판매 및 생산된 기록 파악

(3) 메뉴 개발 시 고려사항

원가, 인기도, 설비와 공간, 메뉴 제조상의 곤란도, 메뉴 제품의 기록유지

(4) 한식 메뉴의 구성

① 주 메뉴와 찬품류를 조리법과 식재료에 따라 구성한다.
② 원가, 식재료, 시설 용량, 경제성을 감안하여 메뉴 구성을 조정할 수 있다.
③ 한식 메뉴의 구성 예시

음식 유형	음식 예	권장 반찬 가짓수	메뉴 구성	반찬 예
곰탕류	곰탕, 갈비탕, 설렁탕 등	2~3	밥, 탕, 장아찌, 깍두기, 배추김치	양파장아찌, 고추장아찌, 무장아찌
장국류	대구탕, 추어탕	2~3	밥, 장국, 전, 나물, 장아찌, 깍두기	• 장아찌 : 양파, 무, 버섯 • 나물 : 생채류(부추무침, 오이/무생채)

음식 유형	음식 예	권장 반찬 가짓수	메뉴 구성	반찬 예
찌개류	김치찌개, 된장찌개, 순두부찌개 등	3~4	밥, 찌개류, 나물, 조림, 배추김치	• 나물 : 숙채류(숙주, 콩나물, 시금치, 버섯) • 조림 : 감자, 콩, 고추 • 마른 반찬 : 멸치볶음
밥 류	비빔밥, 영양돌솥밥 등	2~3	비빔밥, 고추장, 콩나물국, 전, 물김치	전 : 부추, 해물파전, 애호박, 생선
면 류	국수, 칼국수, 냉면 등	1~2	냉면, 구이류, 전류, 물김치	• 구이 : 갈비, 불고기, 너비아니 • 전 : 부추, 해물파전, 애호박, 녹두빈대떡
떡국류	만둣국, 떡국 등	1~2	만둣국, 전, 간장, 배추김치, 물김치	전 : 부추, 해물파전, 애호박, 녹두빈대떡
전골류	두부전골, 해물전골, 버섯전골	3~4	밥, 전골, 나물, 전, 배추김치	• 나물 : 무/오이생채, 미역초/오징어초무침, 참나물 • 전 : 부추, 애호박, 버섯
구이류	불고기, 생선구이, 갈비	4~5	밥, 불고기, 콩나물국, 냉채, 쌈, 배추김치, 물김치	• 냉채 : 겨자채, 해물/수삼냉채, 대하무침 • 쌈 : 상추, 모듬쌈, 무쌈
			밥, 무국, 생선구이, 나물, 배추김치, 물김치	나물 : 취, 참나물, 가지, 시금치
찜 류	닭찜, 갈비찜	3~4	밥, 갈비찜, 전, 냉채, 배추김치, 물김치	냉채 : 겨자채, 해물/수삼냉채, 대하무침

출처 : 농림수산식품부 · 한식재단(2010). 한식 상차림 가이드.

02 메뉴원가 계산

1. 원가의 개념 및 종류

(1) 원가의 개념

① 원가의 정의 : 원가란 특정한 제품의 제조, 판매, 서비스의 제공을 위하여 소비된 경제가치를 말한다. 즉, 기업이 제품을 생산하는 데 소비한 경제가치를 화폐액수로 표시한 것이다.

② 원가계산의 목적

㉠ 가격결정의 목적 : 생산된 제품의 판매가격을 결정하기 위함이다. 일반적으로 제품의 판매가격은 제품을 생산하는 데 실제로 소비된 원가에 일정한 이윤을 가산하여 결정한다.

㉡ 원가관리의 목적 : 원가관리의 기초자료를 제공하여 원가를 절감하기 위함이다.

㉢ 예산편성의 목적 : 제품의 제조, 판매 및 유통 등에 대한 예산을 편성하는 데 따른 기초자료 제공에 이용한다.

㉣ 재무제표 작성의 목적 : 경영활동의 결과를 재무제표로 작성하여 기업의 외부 이해 관계자에게 보고할 때 기초자료로 제공한다.

③ 원가계산의 기간 : 원가계산은 보통 1개월에 한 번씩 실시하는 것을 원칙으로 하고 있으나, 경우에 따라서는 3개월 또는 1년에 한 번씩 실시하기도 한다.

(2) 원가의 종류

① 원가의 3요소

㉠ 재료비 : 제품 제조를 위하여 소요되는 물품의 원가를 말한다(예 급식 재료비).

㉡ 노무비 : 제품 제조를 위하여 소비되는 노동의 가치를 말한다(예 임금, 잡급, 상여금).

㉢ 경비 : 제품 제조를 위하여 소비되는 재료비, 노무비 이외의 가치를 말한다(예 수도비, 광열비, 전력비, 보험료, 감가상각비, 전화사용료, 여비, 교통비 등).

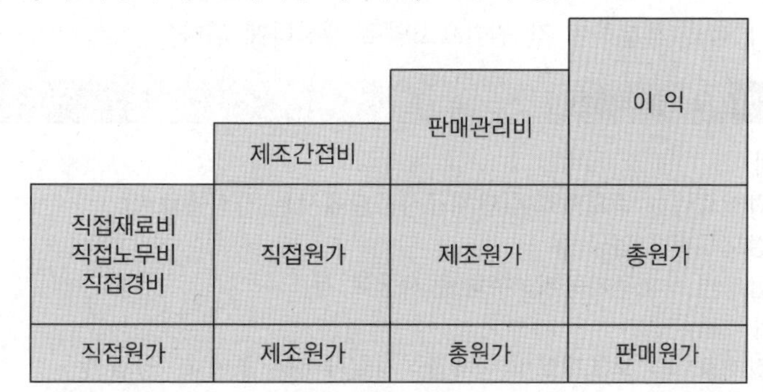

[원가의 종류]

② 원가의 종류

㉠ 직접원가 : 특정 제품에 직접 부담시킬 수 있는 원가(직접재료비 + 직접노무비 + 직접경비)

㉡ 제조원가 : 직접원가에 제조간접비를 추가한 원가(직접원가 + 제조간접비)

㉢ 총원가 : 제품의 제조원가에 판매관리비를 추가한 원가(제조원가 + 판매관리비)

㉣ 판매원가 : 총원가에 이익을 추가한 원가로 판매가격이 되는 원가(총원가 + 이익)

③ 원가계산 시점에 따른 원가의 분류

㉠ 실제원가(확정원가, 현실원가) : 제품을 제조한 후에 실제로 소비된 원가를 산출한 원가

㉡ 예정원가(사전원가, 추정원가) : 제품 제조에 소비될 것으로 예상되는 원가를 산출한 것

㉢ 표준원가 : 과학적·통계적 방법에 의하여 미리 표준이 되는 원가를 산출한 것

2. 원가 분석 및 계산

(1) 원가계산의 원칙

① 진실성의 원칙 : 제품의 제조, 판매 및 서비스 제공에 소비된 원가를 정확하게 계산하여 진실하게 표현해야 된다는 원칙이다.

② 발생기준의 원칙 : 모든 비용과 수익의 계산은 그 발생시점을 기준으로 해야 한다는 원칙이다(현금의 수지에 관계없이 원가 발생 사실이 있으면 원가로 인정).

③ 계산경제성의 원칙(중요성의 원칙) : 원가계산에 있어서 경제성을 고려해야 한다는 원칙이다.

④ 확실성의 원칙 : 원가계산에 있어서는 가장 확실성이 높은 방법을 선택해야 한다는 원칙이다.

⑤ **정상성의 원칙** : 정상적으로 발생한 원가만을 계산하고, 비정상적으로 발생한 원가는 계산하지 않는다는 원칙이다.

⑥ **비교성의 원칙** : 원가계산이 다른 부분의 원가 또는 다른 일정 기간의 원가를 비교할 수 있도록 실행되어야 한다는 원칙이다.

⑦ **상호관리의 원칙** : 원가계산은 일반회계, 각 요소별 계산, 부문별 계산, 제품별 계산 간에 유기적 관계를 이루어 상호관리가 가능해야 한다는 원칙이다.

(2) 원가계산의 구조 : 요소별 원가계산 → 부문별 원가계산 → 제품별 원가계산

① **요소별 원가계산(제1단계)** : 제품의 원가는 먼저 재료비, 노무비, 경비의 3가지 원가요소를 몇 가지의 분류방법에 따라 세분하여 각 원가요소별로 계산하게 된다.

더 알아보기 요소별 제조원가

- 직접비
  - 직접재료비 : 주요재료비(단체급식시설에서는 급식재료비)
  - 직접노무비 : 임금 등
  - 직접경비 : 외주가공비, 특허권 사용료 등
- 간접비
  - 간접재료비 : 보조재료비(단체급식시설에서는 조미료, 양념 등)
  - 간접노무비 : 급료, 급여수당 등
  - 간접경비 : 감가상각비, 보험료, 수선비, 여비, 교통비, 전력비, 가스비, 수도광열비, 통신비 등

② **부문별 원가계산(제2단계)** : 전 단계에서 파악된 원가요소를 분류 집계하는 계산절차를 말한다.

③ **제품별 원가계산(제3단계)** : 요소별 원가계산에서 이루어진 직접비는 제품별로 직접 집계하고, 부문별 원가계산에서 파악된 직접비는 일정한 기준에 따라 제품별로 배분하여 최종적으로 각 제품의 제조원가를 계산하는 절차를 가리킨다.

(3) 재료비의 계산

① **재료비의 개념** : 제품의 제조과정에서 실제로 소비되는 재료의 가치를 화폐액수로 표시한 금액을 재료비라 한다. 소비한 재료의 수당에 단가를 곱하여 일정한 기간에 소비된 재료의 금액을 계산하는 것이다.

② **재료 소비량의 계산**

㉠ 계속기록법 : 재료의 구입, 불출량 및 재고량 등을 계속적으로 기록하여 재료의 소비된 양을 파악하는 방법이다. 소비량을 정확히 계산할 수 있고 재료의 소비처를 알 수 있는 가장 좋은 방법이다.

㉡ 재고조사법 : 전기의 재료 이월량과 당기의 재료 구입량의 합계에서 기말 재고량을 차감함으로써 재료의 소비된 양을 파악하는 방법이다.

- 당기 소비량 = (전기 이월량 + 당기 구입량) − 기말 재고량
- 월중 소비액 = (월초 재고액 + 월중 매입액) − 월말 재고액

㉢ 역계산법 : 일정 단위를 생산하는 데 소요되는 재료의 표준소비량을 정하고, 그것에 제품의 수량을 곱하여 총재료소비량을 산출하는 방법이다.

③ 재료 소비가격의 계산

개별법	재료의 구입단가별로 가격표를 붙여서 그 가격표에 표시된 구입단가를 재료의 표시가격으로 하는 방법이다.
선입선출법	재료의 구입순서에 따라 먼저 구입한 재료를 먼저 소비한다는 가정 아래 재료의 소비가격을 계산하는 방법이다.
후입선출법	나중에 구입한 재료를 먼저 사용하는 것으로 계산하는 방법이다.
단순평균법	일정 기간의 구입단가를 구입 횟수로 나눈 평균을 재료 소비단가로 하는 방법이다.
이동평균법	구입단가가 다른 재료를 구입할 때마다 재고량과의 가중 평균가를 산출하여 이를 소비재료의 가격으로 하는 방법이다.

3. 원가관리 및 손익 분석

(1) 원가관리

① 원가관리의 정의

㉠ 원가의 통제를 위하여 가능한 한 원가를 합리적으로 절감하려는 경영기법이라 할 수 있다.

㉡ 일반적으로 표준원가 계산방법을 이용한다.

② 표준원가계산의 정의

㉠ 과학적 · 통계적 방법에 의하여 미리 표준이 되는 원가를 설정하고, 이를 실제원가와 비교 · 분석하기 위하여 실시하는 원가계산의 한 방법이다.

㉡ 실제원가를 통제하는 기능을 가진다.

③ 표준원가의 설정

㉠ 미리 표준이 되는 원가(원가 요소별로 직접재료비 표준, 직접노무비 표준, 제조간접비 표준)를 구분하여 설정한다.

㉡ 표준원가가 설정되면 실제원가와 비교하여 표준과 실제의 차이를 분석할 수 있게 된다.

④ 표준원가의 차이 분석

㉠ 표준원가와 실제원가와의 차액을 말한다.

㉡ 직접재료비 차이, 직접노무비 차이, 제조간접비 차이를 구분하여 실시한다.

(2) 손익분석

① 손익분석의 정의

㉠ 손익분석은 원가, 조업도, 이익의 상호관계를 조사 · 분석하여 이로부터 경영계획을 수립하는 데 유용한 정보를 얻기 위한 경영기법의 하나이다.

㉡ 일정 기간의 총수익의 합계로부터 총비용의 합계를 차감한 것을 손익분석이라 하고, 손익분기점은 수익과 총비용(고정비 + 변동비)이 일치하는 점을 말하므로 이 점에서는 이익도 손실도 발생하지 않는다. 수익(매상고 등)이 그 이상으로 증대되면 이익이 발생하고, 반대로 그 이하로 감소되면 손실이 발생하게 된다.

② **고정비** : 제품의 제조·판매 수량의 증감에 관계없이 고정적으로 발생하는 비용으로 감가상각비, 고정급 등이 속한다.

③ **변동비** : 제품의 제조·판매 수량의 증감에 따라 비례적으로 증감하는 비용으로 주요재료비, 임금 등이 있다.

(3) 감가상각

① 감가상각의 개념

㉠ 기업의 자산은 고정자산(토지, 건물, 기계 등), 유동자산(현금, 예금, 원재료 등), 기타 자산으로 구분된다. 고정자산은 대부분 그 사용과 시일의 경과에 따라 그 가치가 감가된다.

㉡ 감가상각이란 고정자산의 감가를 일정한 내용연수에 일정한 비율로 할당하여 비용으로 계산하는 것으로 이때 감가된 비용을 감가상각비라 한다.

② 감가상각 계산 요소

$$\text{감가상각비} = \frac{\text{기초가격} - \text{잔존가격}}{\text{내용연수}}$$

㉠ 기초가격 : 구입가격(취득원가)

㉡ 내용연수 : 취득한 고정자산이 유효하게 사용될 수 있는 추산기간

㉢ 잔존가격 : 고정자산이 내용연수에 도달했을 때 매각하여 얻을 수 있는 추정가격(구입가격의 10%)

③ 감가상각의 계산방법

㉠ 정액법 : 고정자산의 감가총액을 내용연수에 균등하게 할당하는 방법이다.

㉡ 정률법 : 기초가격에서 감가상각비 누계를 차감한 미상각액에 대하여 매년 일정률을 곱하여 산출한 금액을 상각하는 방법이다. 따라서 초년도의 상각액이 가장 크며 연수가 경과함에 따라 상각액은 점점 줄어든다.

CHAPTER

02 | 구매관리

01 시장조사 및 구매관리

1. 재료 구매계획 수립

(1) 재료 구매계획 수립 절차

① 재료 구매계획 수립을 위한 기초조사를 한다.

㉠ 구매물품의 가격조사, 납품업체 조사, 거래조건, 물가동향 등에 대한 시장조사를 한다.

㉡ 구매 관련 내·외부 정보 및 자료에 대한 조사를 한다.

㉢ 조직 내 설비, 장치, 장소, 저장능력의 활용도를 검토한다.

㉣ 구매물품의 재고현황, 생산계획, 판매계획을 수립한다.

㉤ 수송 수단, 유통구조, 비용을 조사한다.

㉥ 구매물품 및 거래처의 과거 보유기록과 자료를 조사한다.

② 구매계획을 수립한다.

㉠ 방침계획 수립 : 기업의 경영계획과 관련된 기본 방침으로, 정책의 구체적인 실행을 위한 규정이다.

㉡ 구매계획 수립 : 소요량을 파악하고 구매내용에 따라 발주하고 입고와 검수, 저장관리를 계획한다.

㉢ 생산 및 판매계획 수립 : 구매계획의 기본이 되며 식품 관련 업체에서 생산되는 식품은 소비자에게 판매·소비된다.

(2) 식품의 구입계획을 위한 기초 지식

① **물가 파악을 위한 자료장비** : 전년도 사용식품의 단가일람표 등

② **식품의 출회표와 가격 상황** : 어패류, 과일류, 채소류 등에서는 각 지역마다의 특수성이 있으므로 출하시기와 사용식품과 가격을 조사·연구하여 참고한다.

③ **식품의 유통기구와 가격** : 가격과 선도를 판정하는 기준으로 식품마다 소비자에게 입수될 때까지 모든 과정을 파악하는 것이 중요하다.

④ **폐기율과 가식부** : 일반적으로 폐기율은 식품의 품질, 계절, 신선도, 구입방법, 조리법, 기계화의 정도, 조리기술의 능력에 따라 다르다. 특히 사용빈도가 높은 식품에 대해서는 실제로 측정하여 특유의 표준폐기율을 산출해야 한다.

⑤ **사용계획** : 저장허용량, 저장수량과 저장기간의 관계를 고려하여 예산과 대조, 식품에 따라 사용계획을 세워야 한다.

⑥ **재료의 종류와 품질판정법** : 각 식재료 종류에 따라 품목별로 구분하여 원산지와 특성을 잘 살펴보고 우수한 품질의 것을 선택하여 구매하도록 한다.

(3) 시장조사

① 시장조사의 목적

㉠ 구매예정가격의 결정 : 원가계산가격과 시장가격을 기초로 이루어진다.

㉡ 합리적인 구매계획의 수립 : 구매 예상품목의 품질, 구매거래처, 구매시기, 구매수량 등에 관한 계획을 수립한다.

㉢ 신제품의 설계 : 상품의 종류와 경제성, 구입 용이성, 구입시기 등을 조사한다.

㉣ 제품개량 : 기존 상품의 새로운 판로개척이나 원가절감을 목적으로 조사한다.

② 시장조사의 내용

구분	내용
품 목	• 무엇을 구매해야 하는가 • 제조회사, 대체품 고려
품 질	• 어떠한 품질과 가격의 물품을 구매할 것인가 • 가치=품질/가격으로 보았을 때 물품가치를 고려
수 량	• 어느 정도의 양을 구매할 것인가 • 예비구매량, 대량구매에 따른 원가절감, 보존성 고려
가 격	• 어느 정도의 가격에 구매할 것인가 • 물품의 가치와 거래조건 변경 등에 의한 가격인하 고려 여부
시 기	• 언제 구매할 것인가 • 구매가격, 사용시기와 시장시세
구매거래처	• 어디서 구매할 것인가를 위해서는 최소한 두 곳 이상의 업체로부터 견적을 받은 후 검토해야 한다. • 식품의 경우 수급량 및 기후조건에 의한 가격 변동이 심하고 저장성이 떨어지므로 한 군데와 거래하는 경우 구매자는 정기적인 시장가격조사를 통해 가격을 확인해야 한다.
거래조건	• 어떠한 조건으로 구매할 것인가 • 인수, 지불 조건

③ 시장조사의 종류

㉠ 일반 기본 시장조사 : 구매정책을 결정하기 위해서 시행하는 것으로 전반적인 경제계와 관련 업계의 동향, 기초자재의 시가, 관련 업체의 수급 변동상황, 구입처의 대금결제 조건 등을 조사한다.

㉡ 품목별 시장조사 : 현재 구매하고 있는 물품의 수급 및 가격 변동에 대한 조사로 구매물품의 가격산정을 위한 기초자료와 구매수량 결정을 위한 자료로 활용된다.

㉢ 구매거래처의 업태조사 : 안정적인 거래를 유지하기 위해서 주거래 업체의 개괄적 상황, 기업의 특색, 금융상황, 판매상황, 노무상황, 생산상황, 품질관리, 제조원가 등의 업무조사를 실시한다.

㉣ 유통경로의 조사 : 구매가격에 직접적인 영향을 미치는 유통경로를 조사한다.

④ 시장조사의 원칙

㉠ 비용 경제성의 원칙 : 시장조사에 사용된 비용이 조사로부터 얻을 수 있는 이익을 초과해서는 안 되므로 소요비용이 최소가 되도록 하여 조사비용과 효용성 간에 조화가 이루어지도록 한다.

㉡ 조사 적시성의 원칙 : 시장조사의 목적은 조사 자체에 있는 것이 아니므로 구매업무를 수행하는 소정의 기간 내에 끝내야 한다.

㉢ 조사 탄력성의 원칙 : 시장 수급상황이나 가격변동과 같은 시장상황 변동에 탄력적으로 대응할 수 있는 조사가 되어야 한다.

㉣ 조사 계획성의 원칙 : 시장조사는 그 내용이 정확해야 하므로 사전에 계획을 철저히 세워야 한다.
㉤ 조사 정확성의 원칙 : 조사하는 내용이 정확해야 한다.

2. 공급처의 선정 및 대체

(1) 공급처의 선정

① 물량의 회전이 잘 안 되는 경우 소비기한이 임박한 식재료 또는 신선도가 낮은 식재료가 배송될 수 있으므로 한 달에 한 번 이상은 직접 매장에 나가서 식재료의 보관방법, 보관상태, 매장의 청결상태 등을 반드시 확인한다.
② 식재료 구매 시 되도록 식재료 품질을 확인할 수 있는 제품을 취급하고 있는 업체를 이용하여 구매하고, 구매절차는 모두 문서로 남기며, 무표시 또는 무허가 제품, 소비기한 지난 제품은 구매하지 않도록 한다.
③ 공급업체를 선정함에 있어 위생관리 능력, 운영능력 및 위생상태 등의 기준을 마련하면 보다 신선하고 질이 좋으며 위생적으로 안전한 식재료를 제공할 수 있는 공급업체의 선정이 가능하다.

(2) 공급처를 대체하여 계약을 해제해야 하는 경우

① 납품업자 측이 납기계약 내용을 불완전하게 이행하거나 납기, 계약 내용을 이행할 수 없을 경우에 계약을 해제한다.
② 구매자 측의 사정으로 인해 계획을 변경하거나 납품업자에게 해제 요구를 할 때는 납품업자와 상의해서 해약보상금을 지불하도록 한다.

3. 식품의 구매 관리

(1) 식품의 구매

① 구매의 정의 : 구매자가 물품을 구입하기 위하여 계약을 체결하고, 그 계약에 따라 물품을 인도받고 지불하는 과정을 말한다.
② 구매의 목적
㉠ 양질의 식품을 저렴한 가격으로 구입하고 안전하게 보관·관리하여 식생활을 경제적으로 안정하게 발전시키기 위함이다.
㉡ 적절한 품질과 수량의 자재를 제시간에 알맞은 가격으로 적당한 공급원으로부터 구입하여 적정한 장소에 납품하기 위함이다.
③ 구매의 절차

품목의 종류 및 수량 결정 → 급식소의 용도에 맞는 제품 선택 → 식품명세서 작성 → 공급자 선정 및 가격 설정 → 발주 → 납품 → 검수 → 대금지불 및 물품입고 → 보관

④ 식품 구매 시 유의사항

㉠ 식품 구입 계획 시 식품의 가격과 출회표에 유의한다.

㉡ 소고기(육류) 구입 시 중량과 부위에 유의한다.

㉢ 사과, 배 등 과일 구입 시 산지, 상자당 개수, 품종 등에 유의한다.

㉣ 육류 및 어패류, 채소류는 매일 구입하고, 건물류와 조미료 등 장기간 보관이 가능한 식품은 한달에 한 번 정도 구입한다.

㉤ 식품을 구입할 때는 불가식부 및 폐기율을 고려하여 필요량을 구매해야 한다.

⑤ 구매계약의 종류

㉠ 일반경쟁입찰 : 신문 또는 게시와 같은 방법으로 입찰 및 계약에 관한 사항을 일정 기간 동안 널리 공고하여 응찰자를 모집하고, 입찰에 있어서 상호경쟁을 시켜 가장 타당성 있는 입찰가격을 제시한 사람을 낙찰자로 정하는 방법이다.

㉡ 지명경쟁입찰 : 특정한 자격을 구비한 몇 개의 업자만 지명해서 경쟁입찰을 시키는 방법이다.

㉢ 수의계약(단일견적계약) : 계약내용을 경쟁에 붙이지 않고 계약을 이행할 수 있는 자격을 가진 특정 업체를 선택하여 계약을 체결하는 방법이다.

⑥ 식품의 발주

㉠ 발주량 결정 시 고려사항 : 재고량, 식품 재료의 형태 및 포장 상태, 창고의 저장능력, 계절적 요인, 가격의 변화, 수량 할인율 등

㉡ 발주량 산출방법 : $\frac{\text{정미중량} \times 100}{100 - \text{폐기율}} \times \text{인원수}$

㉢ 필요비용 : 필요량$\times \frac{100}{\text{가식부율}} \times$1kg당의 단가

※ 가식부율 : 음식 중 섭취할 수 있는 부분의 전체에 대한 비율(가식부율 = 100 − 폐기율)

㉣ 발주시기

- 저장식품 : 2~6개월에 한 번
- 비저장식품 : 사용일로부터 1주일 전 또는 3일 전

(2) 구매관리 관련 서식

① 구매명세서의 내용

특 징	내 용
물품명	• 구매하고자 하는 품목에 대한 정확한 명칭을 기재 • 시장에 통용되는 용어도 함께 기록하면 정확한 물품에 대한 이해에 도움이 됨 예 올리브/검은 올리브, 오이/다대기 오이
용 도	• 구매하고자 하는 품목의 용도를 정확히 기재 • 축산물의 경우 부위명을 기재하기도 함 예 상추(쌈용/겉절이용), 감자(샐러드용/구이용), 쇠고기(장조림용, 홍두깨살)
상표명 (브랜드)	• 구매자가 선호하는 상표(브랜드)가 있다면 명시 • 구매명세서에 상표를 명시할 때 상표명 바로 뒤에 '이와 유사한 업체'란 말을 첨가하면 경쟁입찰 시 여러 공급업체들이 경쟁 가능한 것을 의미, 구매명세서에 특정 업체명을 기재하게 되면 이는 한 개의 공급업체와만 거래하는 것을 의미 예 고추장(대상, 샘표식품, 순창, 진미식품, 오복식품 등)

특 징	내 용
품질 및 등급	구매명세서에 원하는 등급 명시 또는 '혹은 이와 동등한 품질' 명기 예 쇠고기(육질등급 2등급 이상), 달걀(품질등급 1등급 이상)
크 기	• 음식이 제공되는 그릇의 크기를 고려하여 원하는 크기 및 중량을 정확히 기재(국립농산물품질관리원에서 농산물 표준규격을 제정하여 실시) • 전처리 식재료 주문 시 전처리 형태 혹은 크기를 정확히 명시 예 고등어(조림용 1조각 60g), 감자(중/개당 250g 내외), 영계(마리당 500g 내외)
형 태	가공품 구매 시 원하는 형태에 대하여 제시 예 덩어리 치즈/슬라이스 치즈
숙성 정도	• 농산물, 김치나 육류의 구입 시 숙성 정도를 기입 • 김치의 경우 어린이 급식소 내에 김치용 냉장고가 있어 숙성시킨 후 제공할 경우에는 '숙성하지 않은 김치'라고 명시하며, 김치용 냉장고가 없는 경우에는 '숙성한 김치'로 명기
산지명	• 원산지 표시제 실시에 따라 생산국가 또는 지역을 제시하도록 함 • 산지에 따라 상품의 재질, 향미가 달라지고 가격 차이가 나므로 정확하게 제시해야 함 예 마늘종(국내산/중국산)
전처리 및 가공 정도	식재료의 전처리 및 가공 정도를 명시 예 대파(흙대파, 깐대파), 당근(잡채용), 마늘(통마늘, 다진마늘)
보관 온도	냉장식품이나 냉동식품의 경우 동일 품목이라도 냉장과 냉동에 따라 품질 및 가격 차이가 있으므로 배송되는 동안 및 배송 시점에서의 온도 기준을 함께 제시 예 닭(냉장/냉동), 돈가스(냉동)
폐기율	정확한 폐기율 미기재 시 공급업체에서는 전체 중량만을 기준으로 납품하여 남거나 모자랄 수 있으므로 식품의 폐기율 범위 또는 최소한의 가식 부위 중량비율 기재 예 깻잎순(폐기율 45% 이내), 달래(폐기율 40% 이내)

② 구매명세서 작성 시 유의사항

㉠ 구매자와 공급업체 모두가 쉽게 이해할 수 있도록 명확하고 구체적이어야 한다.

㉡ 등급, 무게 기준, 당도, 크기 등의 내용을 상세히 기재한다.

㉢ 현재 시장에서 유통되는 제품명과 등급을 사용한다.

㉣ 반품 여부를 결정할 수 있는 객관적이고 현실적인 품질기준을 제시한다.

㉤ 공급업체와 구매자 모두에게 타당하고 공정한 기준을 제시하여야 한다.

02 검수관리

1. 식재료 선별 및 검수

(1) 검수관리

① 정의 : 납품된 물품의 품질, 선도, 위생 상태, 수량, 규격이 발주서와 동일한지를 현품과 대조・점검하여 수령 여부를 판단하는 과정을 말한다.

② 검수 절차

㉠ 배달된 물품과 구매명세서의 대조

㉡ 배달물품과 거래명세서(납품서)의 대조

㉢ 물품의 인수 또는 반품

㉣ 꼬리표 부착(육류품목인 경우 반드시 꼬리표 부착)

㉤ 창고 입고 및 생산부서로 이동

㉥ 검수에 관한 기록 및 문서관리

③ 검수방법

㉠ 전수검사법 : 납품된 물품을 전부 검사하는 방법이다.

㉡ 발췌검사법 : 납품된 물품 중에서 일부의 시료를 뽑아서 검사하는 방법이다.

④ 검수 담당자의 업무

㉠ 납품된 물품이 주문서의 내용과 일치하는지 확인한다.

㉡ 납품된 물품의 수량, 중량 및 선도를 확인하고 검사한다.

㉢ 구매명세서의 품질 규격사항과 일치하는 물품이 납품되었는지 확인한다.

㉣ 검수보고서를 작성한다.

㉤ 물품 수령 완료 후 검수인을 찍거나 서명한다.

㉥ 미납품 또는 반품 현황을 해당 부서와 구매부로 전달한다.

㉦ 납품된 업체의 물품청구서를 검수·확인하여 대금 지불에 이상이 없도록 한다.

⑤ 물품 검수 시 주의사항

㉠ 물품을 과대 포장하여 납품하는지 확인한다.

㉡ 실제 물품에 비해 포장재 중량이 더 무거운지 확인한다.

㉢ 양질의 상품만을 맨 위에 올려놓은 것은 아닌지 확인해 본다.

㉣ 물품의 등급을 표시하지 않고 특정 등급만 납품하는지를 점검한다.

㉤ 뼈나 지방 등 불가식 부분(폐기율)이 많은지 확인한다.

㉥ 검수부서를 거치지 않고 직접 생산부서로 납품하는지 확인한다.

㉦ 박스포장이 대량일 경우에는 단위포장별로 분해하여 상황에 따라서는 시식(시음)해야 한다.

(2) 식품의 감별(선별)

① 식품 감별의 목적

㉠ 부정 식품이나 불량 식품의 적발

㉡ 위생상 위해한 성분을 검출하여 식중독 등의 사고를 미연에 방지

㉢ 식품위생상 위해도 판정

② 식품의 감별방법

㉠ 관능검사 : 색, 맛, 향기, 광택, 촉감 등 외관적 관찰에 의한 방법으로 경험이 풍부한 사람이 실시하여야 한다.

㉡ 이화학적 방법

- 검경적 방법 : 식품의 세포나 조직의 모양, 협잡물, 미생물의 존재를 판정한다.
- 화학적 방법 : 영양소 분석, 첨가물, 이물질, 유해성분 등을 검출한다.
- 물리학적 방법 : 중량, 부피, 크기, 비중, 경도, 점도, 응고 온도, 빙점, 융점 등을 측정한다.
- 생화학적 방법 : 효소반응, 효소활성도, 수소이온농도 등을 측정한다.
- 세균학적(미생물학적) 방법 : 균수 검사, 유해 병원균의 유무 등을 측정한다.

③ 주요 식품의 감별

㉠ 곡 류

- 쌀 : 불순물이 섞이지 않고 알맹이가 고르며, 광택이 있고 투명하여 앞니로 씹을 때 경도가 높은 것이 좋다.
- 밀가루 : 건조 상태가 좋고 덩어리가 없으며, 이상한 냄새나 맛이 없는 것이 좋다.
- 빵 : 외부가 균일하고, 표면은 잘 구워진 노란색을 띠며, 썰었을 때 단면의 기공이 균일한 것이 좋다.

㉡ 서 류

- 감자·고구마 : 상처가 없고 발아가 안 된 것으로 크기가 고르며 겉껍질이 단단한 것, 특히 고구마는 밝은 껍질의 것이 좋다.
- 토란 : 원형에 가까운 모양의 것으로 껍질을 벗겼을 때 살이 흰색이고, 자른 단면이 단단하고 끈적끈적한 감이 강한 것이 좋다.

㉢ 두 류

- 대두 및 기타 두류 : 각각 특유의 두류 색깔을 띠고 알이 고르며 충해가 없는 것이 좋다.
- 두부 : 겉면이 곱고 모양이 정리되어 있으며 부서지지 않고 쉰 냄새가 없어야 한다.

㉣ 육 류

- 일반 육류 : 육류 특유의 색과 윤기를 가지고 있으며, 이상한 냄새가 없고 투명감이 있으며, 손으로 눌렀을 때 탄력성이 있는 것이 좋다. 냉동된 것은 -18℃를, 생 것은 5℃ 이하인지를 확인하고 얼룩이나 반점이 없어야 좋다. 소고기는 밝은 빨간색, 돼지고기는 비계가 하얗고 탄력이 있으며 살코기는 엷은 분홍색이 좋다.
- 육가공품 : 잘랐을 때 단면의 색깔이 좋고, 탄력이 풍부하며, 갈라진 것이 없고, 특유한 향기와 냄새가 나는 것이 좋다.

㉤ 생선류와 건어물

- 생선류 : 눈이 투명하고, 아가미가 선홍색이며 비린내가 나지 않는 것이 좋다.
- 건어물 : 건조도가 좋고 이상한 냄새가 없으며, 불순물이 붙지 않은 것이 좋다.

㉥ 채소류

- 당근 : 둥글고 살찐 것으로 마디가 없고, 잘랐을 때 단단한 심이 없으며 전체가 같은 색을 띠는 것이 좋다.
- 무 : 알이 차고 무거우며, 색깔과 모양이 좋아야 한다.
- 우엉 : 길게 쭉 뻗은 모양으로, 살집이 좋고 외피가 부드러운 것을 선택한다.
- 시금치 : 줄기나 잎이 잘 자라서 진한 녹색을 띠는 것이 좋다.

- 양배추 : 잎이 두껍고 잘 결구되어 무거우며, 신선하고 광택이 나는 것이 좋다.
- 배추 : 연백색으로 감미가 풍부하고 잎이 두껍지 않으며 굵은 섬유질이 없는 것이 좋다.
- 파 : 부드러우며 굵기는 고르고 건조되지 않은 것으로, 뿌리에 가까운 부분의 흰색이 길고 잎이 싱싱해야 한다.
- 양파 : 충분히 건조되어 중심부를 눌렀을 때 연하지 않아야 한다.
- 오이 : 색이 좋고, 굵기는 고르며, 만졌을 때 가시가 있고, 끝에 꽃 마른 것이 달렸으며, 무거운 느낌이 드는 것이 좋다.

㉦ 난 류
- 껍질은 꺼칠꺼칠하고 광택이 없어야 한다.
- 흔들었을 때 소리가 나지 않아야 한다.
- 흰자와 노른자가 탄력이 있으며 흘러내리지 않아야 한다.

㉧ 우유 및 유제품
- 일반 우유 : 유백색으로 독특한 향기가 나고, 물컵 속에 떨어뜨렸을 때 구름과 같이 퍼지면서 내려가는 것이 좋다.
- 유제품 : 입 안에서의 감촉이 좋고, 풍미가 양호하며 불쾌한 냄새가 나지 않아야 한다.

㉨ 통조림, 병조림
- 통조림 : 겉이 찌그러지지 않고 녹슬지 않았으며, 뚜껑이 돌출되거나 들어가 있지 않고 두드렸을 때 맑은 소리가 나는 것이 좋다.
- 병조림 : 밀착 부분이 안전한 것이 좋다.

더 알아보기 **냉동식품의 감별 항목**

- 모양 : 동결상태에서 제품이 부서지거나 손상이 없어야 한다.
- 색과 광택 : 특유의 색이 보이는 것이 좋다. 서리가 많이 부착된 것은 좋지 않다.
- 향미 : 특유의 향미를 가지며 냄새가 없어야 한다.
- 육질 또는 조직 : 얼음결정이 크고 균일한지 점검한다. 얼음결정의 수가 많은 것은 피한다.
- 균일성 : 조직 배합이 균일하게 되어 있는지 점검한다. 잡티, 이물질이 없는 것이 좋다.
- 기타 : 포장, 표시, 중량, 빵가루의 비율, 품질의 온도 등을 고려한다.

2. 검수관리 관련 서식

(1) 검수일지(예시안)

납품일자 : 년 월 일

검수시간

결 재	담 당	관리자	부서장

품 명	납품업체명	단 위	수 량	단 가	금 액	물품신선도			비 고
						상	중	하	

상기와 같이 검수하였음

년 월 일

검수자 : ○○○(인)

(2) 검수대장(예시안)

결 재	담 당	관리자	부서장

월 일	검수번호	품 명	수 량	금 액	판정결과 (적/부)	납품처	검수자

CHAPTER

03 | 재료 준비

01 재료 준비

1. 재료의 선별 및 종류

(1) 제철 식재료

구 분	제철식품	김 치	장아찌	젓 갈
1월	• 우엉, 연근, 당근 • 굴, 문어, 대구, 명태, 도미, 옥돔, 아귀, 개조개, 가자미 • 귤, 레몬	봄동, 청각, 톳	다시마, 호두	명란, 창란, 어리굴
2월	• 쑥갓, 시금치, 고비, 봄동, 참취, 순무, 양파, 달래 • 청각, 다시마, 파래, 전복, 굴, 꼬막, 홍어, 홍합 • 사과, 귤, 레몬	굴깍두기, 양파/부추겉절이, 순무, 전복	두부, 파래, 달래, 무말랭이	멍게
3월	• 봄동, 돌미나리, 달래, 냉이, 씀바귀, 고들빼기, 쑥, 땅두릅, 원추리, 고사리 • 물미역, 톳, 굴, 바지락, 대합, 모시조개, 피조개, 도미, 꼬막 • 딸기, 금귤	쪽파, 돌나물물김치, 죽순, 두릅	죽순, 쪽파, 굴비고추장장아찌	조기, 오징어, 꼴뚜기, 뱅어
4월	• 양상추, 껍질콩, 머위, 죽순, 취, 쑥, 상추, 봄동, 두릅 • 도미, 조기, 뱅어포, 병어, 키조개, 갈치, 고등어, 꽃게, 주꾸미 • 딸기	상추겉절이, 고구마순, 더덕	더덕, 고구마, 마늘종, 풋마늘대	멸치, 꼴뚜기, 황석어, 조개, 대합, 홍합
5월	• 양배추, 고구마순, 완두, 미나리, 참취, 도라지, 상추, 양파, 마늘, 더덕 • 멍게, 참치, 고등어, 홍어, 넙치, 오징어, 잔새우, 멸치, 준치 • 딸기, 앵두	열무, 부추	마늘, 마늘종	멸치, 조기, 소라
6월	• 셀러리, 껍질콩, 오이, 청둥호박, 양파, 근대, 부추 • 흑돔, 전복, 민어, 병어, 준치, 삼치, 전갱이, 오징어, 바닷가재 • 토마토	얼갈이, 갓, 오이소박이	고추, 매실, 참외	갈치, 새우
7월	• 부추, 양상추, 가지, 피망, 애호박, 노각, 열무 • 장어, 홍어, 농어, 갑오징어, 병어 • 수박, 딸기, 참외, 산딸기, 자두, 아보카도	열무, 풋고추	고추, 깻잎, 오이지, 노각	토하, 곤쟁이
8월	• 오이, 풋고추, 열무, 양배추, 감자, 고구마순, 옥수수 • 전복, 성게, 잉어, 장어, 전갱이 • 멜론, 복숭아, 포도, 수박	백김치, 호박	참외, 수박껍질, 오이, 고추	오징어, 대합

구 분	제철식품	김 치	장아찌	젓 갈
9월	• 고구마, 풋콩, 토란, 느타리버섯, 당근, 붉은고추, 감자, 표고 • 해파리 • 배, 사과, 포도, 국화, 인삼	갓, 고춧잎	토란, 도라지, 무말랭이, 통마늘	–
10월	• 송이, 고추, 팥, 무, 느타리버섯, 양송이, 고들빼기 • 꽁치, 고등어, 청어, 갈치, 연어, 대하, 홍합 • 사과, 감, 밤, 대추, 유자, 오미자, 모과	도라지, 고들빼기, 동치미	고추잎절임, 버섯, 무, 단무지	오징어, 대구모, 게
11월	• 브로콜리, 배추, 무, 연근, 당근, 우엉, 파, 늙은 호박 • 옥돔, 방어, 연어, 참치, 참돔, 대구, 성게, 오징어 • 배, 사과, 귤, 키위, 은행, 유자	고들빼기	죽순, 쪽파, 굴비, 고추장	조기, 오징어, 꼴뚜기
12월	• 콜리플라워, 산마 • 굴, 게, 방어, 넙치, 복어, 문어, 맛살조개, 가자미, 낙지, 미역, 주꾸미, 가오리, 꼬막 • 딸기	미역, 파래	시래기, 겨울배추, 무	굴

(2) 육류 및 가금류

① 육 류

㉠ 소고기 : 색이 선홍색이고 윤택이 나며 수분이 충분하게 함유된 것이 좋다.

㉡ 돼지고기 : 기름지고 윤기가 있으며 살이 두껍고 담홍색인 것이 좋다.

② 부위별 특징 및 조리 용도

㉠ 소고기

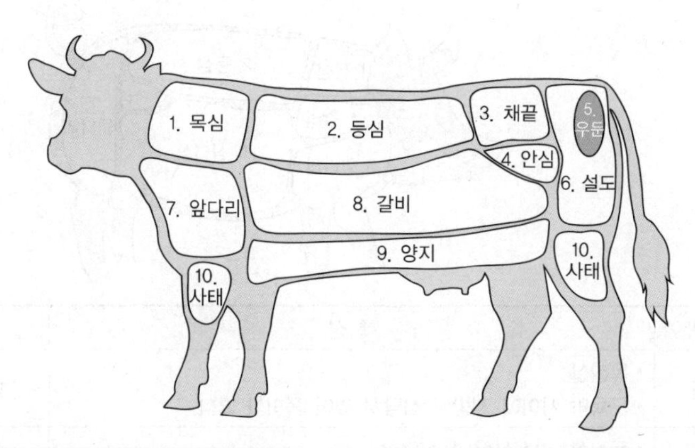

부 위	특 징	용 도
1. 목심	• 목심살 • 지방이 적고 결합조직이 많다. • 육질이 질기며 젤라틴이 풍부하다.	구이, 불고기
2. 등심	• 위아래등심살, 꽃등심살, 살치살 • 육질이 곱고 연하며, 지방이 적당히 섞여 있다. • 결 조직이 그물망으로 되어 있어 풍미가 좋다.	스테이크, 불고기, 주물럭
3. 채끝	• 채끝살 • 육질이 연하고 지방이 적당히 섞여 있다.	구이, 샤브샤브, 불고기

부 위	특 징	용 도
4. 안심	• 안심살 • 가장 연하며, 지방이 적어 담백하다.	스테이크, 로스구이
5. 우둔	• 우둔살, 홍두깨살 • 지방이 적고 살코기이다. • 살결이 거칠고 약간 질기다. • 젤라틴이 풍부하다.	산적, 장조림, 육포, 육회, 불고기
6. 설도	• 보섭살, 설깃살, 도가니살, 삼각살 • 앞다리나 사태와 비슷하여 질기다.	육회, 산적, 장조림, 육포
7. 앞다리	• 꾸리살, 갈비덧살, 부채살, 앞다리살, 부채 덮개살 • 결합조직이 많아 약간 질기나, 구이로도 먹을 수 있다. • 설도, 사태와 비슷한 특징이 있다.	육회, 탕, 스튜, 장조림, 불고기
8. 갈비	• 갈비, 마구리, 토시살, 안창살, 제비추리, 불갈비, 꽃갈비, 갈비살 • 갈비 안쪽에 붙은 고기로 육질이 부드럽고, 연하다.	구이, 찜, 탕
9. 양지	• 양지머리, 업진살, 차돌박이, 치맛살, 치마양지 • 육질이 질기고 근막이 형성되어 있다. • 오랜 시간 끓여야 맛이 좋다.	국거리, 찜, 탕, 장조림, 분쇄육
10. 사태	• 아롱사태, 앞사태, 뒷사태, 상박살 • 결합조직이 많아 질기다. • 콜라겐이 가열하면 젤라틴이 되어 부드럽다. • 기름기가 없어 담백하다.	육회, 탕, 찜, 수육, 장조림

㉡ 돼지고기

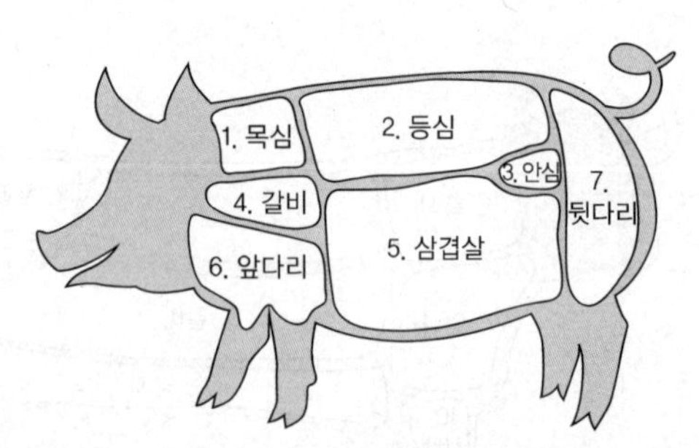

부 위	특 징	용 도
1. 목심	• 목심살 • 근육막 사이에 지방이 적당히 있어 풍미가 좋다.	구이, 주물럭, 보쌈
2. 등심	• 등심살, 알등심살, 등심덧살 • 표피 쪽에 두터운 지방층이 덮인 기다란 근육으로 지방이 거의 없다. • 향이나 진한 맛이 없고 담백하다.	돈까스, 잡채, 탕수육, 스테이크
3. 안심	• 안심살 • 약간의 지방과 밑변의 근막이 형성되어 육질이 부드럽고 연하다.	로스구이, 스테이크, 주물럭
4. 갈비	• 옆구리 늑골의 첫 번째부터 다섯 번째 늑골 부위이다. • 근육 내에 지방이 있어 풍미가 좋다.	구이, 찜
5. 삼겹살	• 삼겹살, 갈매기살 • 갈비를 제거한 부분에서 복부까지 넓고 납작한 부위이다.	구이, 베이컨, 수육

부 위	특 징	용 도
6. 앞다리	• 앞다리살, 사태살, 항정살 • 어깨 부위의 고기로 근막과 힘줄 등과 같은 결체조직이 잘 발달되어 있다.	찌개, 수육, 불고기
7. 뒷다리	• 볼기살, 설깃살, 도가니살, 사태살 • 볼기 부위의 고기로 살집이 많고 지방이 적다.	돈가스, 탕수육

ⓒ 닭고기

부 위	특 징	용 도
가슴살	• 지방이 매우 적어 맛이 담백하고, 근육섬유로만 되어 있어 칼로리는 낮고 단백질 함량이 높다. • 오래 가열하면 단단하고 퍽퍽한 질감이 되므로 소스나 수분이 많은 채소와 함께 섭취하면 좋다.	냉채, 튀김, 샐러드, 카레
날갯살	• 살은 적으나 지방과 콜라겐이 많아 부드럽고 맛이 좋아 조림이나 튀김 요리에 많이 활용되고 있다. • 날개 위쪽인 닭봉과 아래쪽인 날개채가 있다.	조림, 구이, 튀김
안심	가슴살 안쪽의 고기로 담백하고 지방이 거의 없다.	튀김, 샐러드, 카레
다릿살	운동을 많이 하는 부위로 탄력이 있고 육질이 쫄깃하며 근육의 색이 갈색으로 짙다.	구이, 튀김, 조림, 닭갈비, 훈제

2. 조리과학 및 기본 조리조작

(1) 조리의 정의와 목적

① 조리의 정의 : 일반적으로 데치기, 삶기, 찌기, 굽기, 오븐구이, 볶음, 튀김 등의 행위를 말한다.

② 조리의 목적

㉠ 기호성 : 향미와 외관 등을 좋게 하여 기호성을 높인다.

㉡ 안전성 : 유독성분 등의 위해물을 제거하여 위생상 안전하게 한다.

㉢ 영양성 : 소화를 용이하게 하여 영양효율을 높인다.

㉣ 저장성 : 음식의 저장성을 높인다.

(2) 조리과학의 기초 지식

① 열의 전달

㉠ 전도(Conduction)

- 열에너지가 높은 온도에서 낮은 온도로 이동하는 것, 즉 열이 물체를 따라 이동하는 것이다.
- 열의 전달방법 중 가장 속도가 느리다.
- 용기의 열전도율(열이 전해지는 속도)에 따라 전달속도가 달라진다.
  - 열전도율이 큰 금속(은, 구리, 알루미늄 등)은 빨리 데워지고 빨리 식는다.
  - 열전도율이 작은 재질(유리, 도자기류 등)은 서서히 데워지고 쉽게 식지 않는다.

㉡ 대류(Convection)

- 공기와 같은 기체나 물, 기름 등 액체를 통해서 열이 전달되는 것이다.

- 유체를 아래에서 가열하면 가열된 부분의 부피가 팽창하여 밀도가 낮아지고 가벼워져 위로 올라가고, 윗부분의 찬 기체나 액체는 무거워 아래로 내려온다. 즉, 이러한 밀도차에 의해 기체나 액체가 이동하면서 열을 전달한다.
- 물 같은 액체를 끓이거나 식힐 때, 튀길 때, 오븐에서 구울 때 일어나는 현상이다.

㉢ 복사(Radiation)

- 열원으로부터 중간 매체 없이 열이 직접 식품에 전달되어 가열되는 방법이다.
- 열전달 속도가 가장 빠르다.
- 조리기구의 표면이 검고 거칠수록 희고 매끄러운 것보다 열을 잘 흡수하여 온도를 빨리 올려준다.
- 전기 오븐이나 가스 오븐, 석쇠를 이용해 숯불 등에서 식품을 굽는 것이다.

열의 전달속도 : 복사 > 대류 > 전도

② **점성** : 식품이 액체상태에서 가지고 있는 끈끈한 정도로, 온도가 낮아지면 점성이 높아지고 온도가 높아지면 점성이 낮아진다.

③ **콜로이드** : 0.001~0.1μm가량의 미립자가 어떤 물질에 분산되어 현탁액이나 젤리상의 형태를 이루는 것이다.

④ **표면장력** : 액체 내 분자들이 서로 끌어주는 힘으로 온도의 상승에 따라 감소한다. 설탕은 표면장력을 증가시키는 물질이다.

⑤ **거품** : 온도가 올라갈수록 액체의 표면장력이 저하되기 때문에 거품이 오래가지 못한다.

⑥ **pH(수소이온농도)** : pH = 7은 중성, pH < 7은 산성, pH > 7은 알칼리성이다.

⑦ **용해도** : 어떤 온도에서 용매 100g 속에 녹을 수 있는 용질의 g수로 용해속도는 온도가 올라가면 증가하고 용질의 상태, 결정의 크기, 삼투, 교반에 의해 영향을 받는다.

⑧ **삼투압** : 농도가 낮은 쪽에서 농도가 높은 쪽으로 수분이 이동하는 현상이다.

⑨ **산화와 환원** : 어떤 물질이 산소와 결합하거나 전자 혹은 수소를 잃어버리는 현상을 산화라고 하며, 산소를 잃거나 전자 혹은 수소와 결합하는 것을 환원이라고 한다.

⑩ **팽윤** : 물질이 용매를 흡수하여 몇 배로 불어나는 현상을 말한다.

⑪ **용출** : 재료의 성분이 용매 속으로 녹아 나오는 현상이다.

⑫ **유화액** : 물과 기름처럼 서로 섞이지 않는 두 액상이 서로 골고루 섞여 있는 상태를 말한다.

(3) 일반적인 조리조작

① 기계적 조리조작

㉠ 기본적인 조작 : 계량, 씻기, 담그기, 썰기, 갈기, 으깨기, 섞기, 식히기, 치대기

㉡ 주된 조리조작 : 가열하기, 무치기, 굳히기

② 계 량

㉠ 계량은 재료와 조미료의 무게(중량), 부피(체적)를 계량하는 것으로, 고체는 무게로 하고 액체는 부피로 한다. 부피는 계량컵과 계량스푼을 이용한다.

㉡ 조리에 사용되는 계량기기

- 저울 : 중량(무게)을 측정하는 기구로 g, kg으로 나타낸다. 저울을 사용할 때는 평평한 곳에 수평으로 놓고 바늘은 '0'에 고정되어 있어야 한다.
- 계량컵 : 미국 등에서는 1컵을 240mL로 하고 있으나 우리나라의 경우 1컵을 200mL로 사용한다.
- 계량스푼 : 큰술(Ts ; Table spoon), 작은술(ts ; tea spoon) 두 종류가 있다.

더 알아보기 계량단위

- 1컵 = 1Cup = 1C = 약 13큰술 + 1작은술 = 물 200mL = 물 200g
- 1큰술 = 1Table spoon = 1Ts = 3작은술 = 물 15mL = 물 15g
- 1작은술 = 1tea spoon = 1ts = 물 5mL = 물 5g

㉢ 계량법

구분	계량법
가루 상태의 식품	• 밀가루 : 덩어리가 없는 상태에서 누르지 말고 수북이 담아 편편한 것으로 고르게 밀어 표면이 평면이 되도록 깎아서 계량한다. • 흰설탕 : 계량 용기에 수북이 담아 수평으로 평면을 깎아 계량한다. • 흑설탕 : 흑설탕은 설탕입자의 표면이 끈끈하여 서로 붙어 있으므로, 꼭꼭 눌러 담은 후 수평으로 깎아 계량한다.
액체 식품	• 기름, 간장, 물, 식초 등 : 투명한 용기를 사용하며, 표면장력이 있으므로 계량컵이나 계량스푼에 가득 채워서 계량하거나 정확성을 기하기 위해 계량컵의 눈금과 액체의 메니스커스(Meniscus)의 밑 선이 일치하는 지점을 읽는다. • 점성이 높은 액체 : 조청, 꿀, 시럽 등 점성이 높은 액체는 분할된 컵을 이용하고, 계량컵에 가득 채운 다음 볼록하게 올라온 부분을 평평하게 깎아서 계량한다.
고체 식품	• 고추장, 된장이나 다진 고기 등 : 계량컵이나 계량스푼에 빈 공간이 없도록 채워서 표면을 평평하게 깎아서 계량한다. • 지방 : 버터, 마가린, 쇼트닝, 라드 등의 고형 지방은 실온에 두어 부드러워졌을 때 계량용구에 꼭꼭 눌러 담은 후 위를 수평으로 깎아 계량한다.
알갱이 상태의 식품	쌀, 팥, 통후추, 깨 등의 알갱이 상태의 식품은 계량컵이나 계량스푼에 가득 담아 살짝 흔들어서 표면을 평면이 되도록 깎아서 계량한다.

③ 씻기(세척)

㉠ 씻기는 유해물 및 불미성분의 제거 등의 위생적인 면에서 이루어지지만 수용성 비타민과 단백질, 무기질 등의 영양손실이 문제가 된다.

㉡ 조직을 끊어서 씻으면 영양손실이 크므로 가능하면 통째로 씻는 것이 좋다.

④ 담그기

㉠ 곡류, 두류, 건물류 등은 침수시켜 두었다가 조리에 사용하면 조리 시간이 단축되고 조미료의 침투 등에 좋다.

㉡ 담그기는 식품의 수분함유량을 증가시키고 조직을 연화하며, 식품의 쓴맛, 떫은맛, 아린맛, 불쾌한 냄새와 색 등을 용출시켜 맛을 좋게 하고 소화가 잘 되게 한다.

⑤ 썰기(자르기)

㉠ 채소를 썰 때 형태를 보존하기 위해서는 결을 경사지게 자른다.

㉡ 섬유가 단단한 식품은 섬유와 직각 또는 비스듬히 잘게 자른다.

㉢ 고기의 단맛을 그대로 남기고 영양소의 유출을 방지하려면 크게 절단하는 것이 좋고, 단시간에 고기의 단맛을 국물에 침출하고자 할 때는 고기를 얇고 잘게 썰어서 표면적을 크게 하는 것이 좋다.

⑥ **혼합 및 교반** : 재료와 열전도의 균질화, 조미료의 침투 및 거품내기, 점탄성의 증가 등을 위해 필요하다.

⑦ **가열 조리**

㉠ 식품의 조직과 성분의 변화를 일으킨다(전분의 호화, 단백질의 열변성, 지방의 용해, 결합조직과 지방조직의 연화 등).

㉡ 소화·흡수를 도와준다.

㉢ 살균·살충으로 안전한 식품으로 만든다.

㉣ 맛이 증가하고 불미성분을 제거할 수 있다.

㉤ 조미료와 향신료의 침투, 식품 감촉의 변화 등이 일어난다.

㉥ 가열 조리는 물을 열전달 매체로 하여 가열하는 습열 조리(끓이기, 찌기, 조리기, 삶기, 데치기 등)와 기름이나 복사열에 의해 가열하는 건열 조리(구이, 튀김, 볶음 및 전 등)가 있다.

⑧ **화학적 조리조작** : 분해, 발효, 탈수, 응고 등 재료에 특수한 화학적 변화를 일으키는 조리를 말한다.

(4) 비가열 조리 및 가열 조리, 전자레인지 조리

① 비가열(생식품) 조리의 특징

㉠ 조리가 간편하고 시간이 절약된다.

㉡ 식품 고유의 색과 풍미를 살릴 수 있다.

㉢ 신선한 어패류와 육류, 채소나 과일을 이용한다.

㉣ 식품 그대로의 감촉과 맛을 느끼기 위한 것으로 생채, 회, 냉국, 샐러드 등이 이에 속한다.

㉤ 생식품 조리는 식품의 조직과 섬유가 부드러워야 하고 신선해야 한다.

㉥ 위생적으로 취급하지 않으면 기생충 등의 감염이 일어난다.

㉦ 성분의 손실이 적어 수용성·열분해성 비타민, 무기질 등의 이용률이 높다.

② 습열 조리

㉠ 끓이기(Boiling)

특 징	100℃의 액체에서 식품을 가열하는 방법으로 재료가 연해지고 조직이 연화되어 맛이 증가한다.
방 법	• 밥 : 수분을 충분히 흡수시키기 위해 처음에는 중간불로 끓이고, 도중에 불을 강하게 하여 끓기 시작하면 그 비등을 유지할 정도로 화력을 유지한다. • 육수 : 높은 온도에서 빨리 끓여야 맑은 국물을 얻을 수 있다. • 어류 : 끓는 물에 넣어 표면 단백질을 응고시켜 단시간에 끓이는 것이 영양 손실이 적고 모양이 흐트러지지 않는다. • 두류 : 1%의 소금을 넣고 약한 불로 끓이면 빨리 연화되고 모양이 쭈글쭈글해지지 않는다. • 다시마 : 찬물에 넣고 끓기 전 60℃ 정도에서 건져내는 것이 맛이 좋다. • 조미료 : 분자량이 적은 것이 먼저 침투하기 때문에 설탕, 소금, 식초 순으로 사용해야 식품을 연하고 맛있게 조리할 수 있다.
장 점	• 조미하는 데 편리하며 다량의 음식을 한번에 만들 수 있다. • 식품을 부드럽게 할 수 있고, 끓이는 동안 국물이 우러나 영양 손실을 방지할 수 있다.
단 점	양이 많을 경우에는 아래에 있는 음식이 눌리기 때문에 모양이 좋지 않다.

㉡ 찜(Steaming)

특 징	수증기의 잠열로 식품을 가열하는 방법으로, 요리에 따라 10℃의 수증기나 85~90℃의 열로 찐다.
방 법	• 찹쌀 : 2시간 정도 물에 담가두었다가 찜통에 보를 깔고 뚜껑에서 증기가 새어나올 때까지 강한 불로 물을 한두 번 뿌려가면서 찐다. • 어류 : 소금을 살짝 뿌려 살이 단단해지도록 한 후 접시에 담아 생선의 탄력이 없어질 때까지 찐다. • 달걀찜 : 용기에 담아 끓는 찜통에 넣고 90℃ 정도의 약한 불에서 13~15분간 찐다. 강한 불로 가열하면 표면에 구멍이 생기고 곱지 않으므로 약한 불에서 찐다.
장 점	• 영양소 손실이 적고, 온도의 분포가 골고루 이루어진다. • 모양이 흐트러지지 않으며, 식품이 탈 염려가 없다.

㉢ 조 림

특 징	재료와 재료 사이에 양념장을 넣어 국물의 맛이 식품 자체에 배도록 조리하는 것이며, 북어조림, 장조림, 감자조림, 생선조림, 닭조림, 두부조림 등이 있다.
방 법	• 강한 불에서 끓기 시작하면 불을 약간 줄여 계속 끓이다가 재료가 다 익으면 불을 아주 약하게 하여 눌어붙지 않도록 해야 한다. • 생선은 국물을 끓이다가 생선을 넣고 조리는 것이 영양 손실도 적고 생선살이 부서지지 않는다.

㉣ 삶기(Poaching)와 데치기(Blanching)

특 징	• 맛이 없는 성분을 제거하고 식품조직을 연하게 한다. • 부피를 축소시켜 탈기하고, 효소를 제거하며 소독을 할 수 있는 조리방법이다.
방 법	• 가장 이상적인 조리방법은 고압증기솥을 이용하는 것이며, 녹색 또는 강한 맛이 있는 채소는 끓는 물에 뚜껑을 덮지 않고 익혀야 한다. • 순한 맛을 지닌 녹색이 아닌 채소는 수증기를 이용한 찜통 증기에 익히는 것이 가장 좋다. • 물에 넣어 익힐 때는 물의 양을 적게 잡고 물이 끓은 후에 채소를 넣는다. • 조리하는 시간을 가능한 짧게 하여 부드럽게 익었으면서도 씹히는 맛이 있고, 색이나 식감, 맛, 영양을 고려한 요리가 되도록 한다. • 채소는 으깨지지 않도록 주의하며 신선하게 조리되는 채소는 몇 번에 나누어 낸다. • 엽록소는 Mg 이온을 가지고 있어 산성에서는 퇴색하고 알칼리성에서는 안정화하여 아름다운 녹색을 나타낸다. 따라서 탄산수소나트륨(중조) 또는 식염을 넣고 삶으면 선명한 녹색을 얻을 수 있다. 단, 탄산수소나트륨으로 처리하면 비타민의 손실이 크다. • 죽순이나 우엉에 쌀뜨물을 잠길 정도로 붓고 삶으면 쌀뜨물에 있는 효소의 작용으로 연화되며 색이 희고 깨끗하게 삶아진다. • 쑥갓이나 시금치를 데칠 때에는 1%의 식염을 넣어서 뚜껑을 열고 살짝 데치는 것이 좋다.

③ 건열 조리

㉠ 굽기(구이)

특 징	• 식품에 수분 없이 열을 가하여 굽는 것으로 식품 중의 전분은 호화되고, 단백질은 응고하며, 세포는 열을 받아 익으므로 식품이 연화된다. • 지방의 분해나 당질의 캐러멜화로 맛있는 향기를 낸다. • 소화가 쉬워지고 식욕을 돋우며 식품의 살균효과도 있다.
방 법	• 석쇠 등을 이용한 직접구이 방법과 철판, 오븐 등을 이용한 간접구이 방법이 있다. • 석쇠는 달구어 고기를 얹어 굽고, 처음에는 화력을 강하게 하여 표면 단백질이 응고된 후 약한 불에서 굽는 것이 지미(맛난맛) 성분이 용출되지 않아 맛있게 구워진다. • 소고기의 경우 단백질의 응고점 부근에서 구워질 때가 가장 맛있다.
장 점	고온 가열로 식품의 수용성 성분 용출이 적고, 표면의 수분이 감소되어 식품 본래의 맛을 지닌다.
단 점	다른 조리방법에 비하여 열효율이 나쁘고, 온도 조절이 어렵다.

㉡ 튀 김

특 징	• 튀김은 160~180℃의 높은 온도의 기름 속에서 식품을 가열하는 방법으로 단시간에 처리하기 때문에 영양소 손실이 가장 적은 조리법으로 식품의 유지미가 부가된다. • 튀김 기름은 콩기름, 채종유, 면실유, 올리브기름, 낙화생기름 등의 식물성 기름이 좋다.
방 법	• 튀김용 기름은 향미가 좋고 산도가 높지 않으며, 점조성이 없는 새것으로 식물성이 좋다. • 튀김그릇은 철로 만들어진 두껍고 밑면적이 넓은 냄비가 좋은데, 열용량이 큰 재질이면서 넓은 면적에서 골고루 열을 받는 것이 좋다. • 튀김옷은 글루텐 함량이 적은 박력분이 적당하고, 찬물로 반죽하여야 하며, 많이 젓지 않아야 한다. • 튀김의 적온을 알려면 온도계를 사용하는 것이 가장 좋으나, 튀김기름에 튀김옷을 소량 넣었을 때 튀김옷의 상태에 따라 판단할 수도 있다. • 사용한 기름은 걸러서 불순물을 없애고 산화를 막기 위하여 입구가 좁은 용기에 담아 밀봉하여 보관한다. • 튀김옷에 달걀을 넣으면 질감이 좋아 맛이 있고, 0.2%의 탄산수소나트륨을 넣으면 수분이 증발하여 가볍게 튀겨진다. • 한꺼번에 너무 많은 식품을 넣지 않는다. 온도의 상승이 늦어져서 흡유량이 늘어난다. • 수분이 많은 식품은 미리 어느 정도 수분을 제거한다.

㉢ 볶 기

특 징	• 구이와 튀김의 중간 조리법으로, 기름을 충분히 가열한 다음 재료를 뒤적이면서 타지 않게 볶는다. • 대부분의 식품에 쓰는 조리법으로 조작이 간편하고, 단시간에 고열로 조리하므로 영양성분의 손실이 적으며, 지용성 비타민의 흡수도 좋아진다.
방 법	• 불이 균일하게 작용하도록 균등한 모양의 재료를 준비한다. • 단단한 것은 미리 약간 익히고 연한 것은 뒤에 넣는다. • 수분이 많은 식품은 강한 불로 단시간에 볶는다. • 재료 자체를 변화시키는 양파나 밀가루 등은 약한 불로 천천히 볶는다. • 볶음에 사용하는 기름의 양은 채소 및 육류·알류는 3~5% 정도, 밥은 10% 정도가 적당하다.
식품의 변화	• 식물성 식품은 연화되고, 동물성 식품은 단단해진다. • 수분이 감소한다. • 푸른 채소는 단시간 가열로 색이 아름다워진다. • 당분은 캐러멜화하며, 감미는 증가한다.

더 알아보기 기름 흡수에 영향을 주는 조건

- 기름의 온도와 가열 시간 : 튀김시간이 길어질수록 흡유량이 증가한다.
- 재료의 표면적 : 튀기는 식품의 표면적이 클수록 흡유량이 증가한다.
- 재료의 성분과 성질 : 재료 중에 당과 지방의 함량이 많을 때, 레시틴의 함량이 많을 때, 수분함량이 많을 때 흡유량이 증가한다.

④ 전자레인지 조리

㉠ 마그네트론으로부터 발사되는 마이크로파(2,450MHz)에 의하여 식품을 가열하므로 발열하는 것은 식품 자체이다.

㉡ 조리 시간이 짧고 물을 사용하지 않아 비타민의 손실이 적다.

㉢ 식품을 통째로 가열할 수 있어서 요리나 음료를 데울 때 편리하다.

㉣ 식품은 모든 면에서 마이크로파를 받으므로 잘 조리되며 갈변현상이 일어나지 않는다.

㉤ 재료의 종류, 크기에 따라 조리 시간이 다르며, 다량의 식품을 조리할 수 없다.

㉥ 금속제 용기나 알루미늄 포일은 마이크로파를 반사하기 때문에 사용하면 안 된다.

㉦ 전자레인지용 용기

- 전자레인지에 사용할 수 있는 용기 : 파이렉스, 도자기, 내열성 플라스틱 등
- 전자레인지에 사용하지 못하는 용기 : 알루미늄 제품, 캔, 법랑, 쇠꼬챙이, 석쇠, 칠기, 도금한 식기, 크리스털 제품, 금테 등이 새겨진 도자기 등 금속성분이 있는 것

3. 조리도구의 종류와 용도

(1) 가스레인지

① 조리 온도는 음식의 품질을 좌우하는 중요한 요소이다. 따라서 조리법에 따라 음식의 맛을 가장 좋게 하는 불 조절이 필요하다.

② 불의 세기에 따른 물 끓는 시간

물 양 / 불의 세기	500g	1kg	2kg	비 고
센 불	3분	5분	9분	• 25℃ 물 기준 • 20cm 냄비 사용
중 불	6분	10분	15분	
약 불	30분	45분	60분	

③ 불 조절

구 분	설 명	적용 예
센 불	가스레인지의 레버를 전부 열어 놓은 상태로 불꽃이 냄비 바닥 전체에 닿는 정도의 불 세기이다.	• 볶음, 구이, 찜 등의 요리에서 처음에 재료를 익힐 때, 국물 음식을 팔팔 끓일 때 • 국물이 생기지 않고 재료 본래의 식감이 남아 있는 볶음 등
중 불	• 가스레인지의 레버가 꺼짐과 열림의 중간 위치이다. • 불꽃의 끝과 냄비 바닥 사이에 약간의 틈이 있는 정도의 불 세기이다.	국물 요리에서 한 번 끓어오른 다음 부글부글 끓는 상태를 유지할 때의 불의 세기
약 불	가스레인지의 레버를 꺼지지 않을 정도까지 최소한으로 줄인 상태로, 중불보다 절반 이상 약한 불의 세기이다.	비교적 장시간 지글지글 끓이는 조림 요리나 뭉근히 끓이는 국물 요리

(2) 온도계

① 일반적으로 주방용 온도계는 비접촉식으로 표면온도를 잴 수 있는 적외선 온도계를 사용하며, 기름이나 당액 같은 액체의 온도를 잴 때는 200~300℃의 봉상 액체온도계를 사용한다.

② 육류는 탐침하여 육류의 내부 온도를 측정할 수 있는 육류용 온도계를 사용한다.

(3) 조리용 시계

조리시간을 특정할 때는 스톱워치(Stop Watch)나 타이머(Timer)를 사용한다.

4. 작업장의 동선 및 설비관리

(1) 작업장의 동선관리

① 조리장의 기본 요소 : 조리장을 신축 또는 증·개축할 때는 위생, 능률, 경제의 3요소를 기본으로 한다.

② 조리장의 위치

㉠ 통풍, 채광 및 급수와 배수가 용이한 곳이 좋다.

㉡ 소음, 악취, 가스, 분진 등이 없는 곳이어야 한다.

㉢ 변소 및 오물처리장 등에서 오염될 염려가 없을 정도의 거리에 떨어져 있는 곳이 좋다.

㉣ 물건 구입 및 반출이 용이한 곳이 좋다.

㉤ 종업원의 출입이 편리한 곳으로 작업에 불편하지 않은 곳이어야 한다.

③ 조리장의 형태 : 주방의 평면형에서 폭과 길이의 비율은 폭 1.0, 길이 2.0~2.5의 비율이 능률적이고, 정사각형이나 원형은 동선의 교체가 증가되어 비능률적이다.

④ 작업공간

㉠ 싱크대 위의 선반 높이 : 최소 80cm 이상, 통로의 폭 1.0~1.5m

㉡ 선반과 벽의 간격 : 최소 80cm(저장고에서 물품을 들었을 때)

㉢ 식당의 배식공간 : 식사할 사람 뒤에 있는 준비자들이 움직일 수 있는 간격을 고려한다.

㉣ 저장고 : 길이는 60cm, 최고 높이는 자신의 키에 따라 조절, 넓이는 저장물품 양에 따라 결정한다.

⑤ 작업대

㉠ 작업대의 배치순서 : 예비작업대 → 개수대 → 주조리작업대 → 가열작업대 → 배식대

㉡ 작업대의 종류

- ㄷ자형 : 면적이 같을 경우 가장 동선이 짧으며 넓은 조리장에 사용된다.
- ㄴ자형 : 동선이 짧으며 좁은 조리장에 사용된다.
- 병렬형 : 180° 회전을 요하므로 피로가 빨리 온다.
- 일렬형 : 작업동선이 길어 비능률적이지만 조리장이 굽은 경우 사용된다.

⑥ 식당의 면적

㉠ 식당의 면적은 취식자 1인당 1.0m^{2}를 필요로 하는데, 여기에 식기 회수공간을 10%를 더하여 구한다.

예 1회 200명을 수용하는 식당은 $1.0 \times 200 = 200m^2$의 면적을 필요로 하고, 여기에 식기 회수공간 10%를 더하여 계산하면 $200m^2 \times 1.1 = 220m^2$이다.

㉡ 식탁의 높이는 바닥으로부터 70cm 내외이다.

⑦ 이동동선 관리

㉠ 다른 제조 작업자의 이동은 교차오염의 주원인이 되므로 시간적인 제한을 두거나 또는 분리하여 이동하여야 한다.

㉡ 식자재의 반입부터 배식 또는 출하에 이르는 전 과정에서의 교차오염 방지를 위하여 물류 및 출입자의 이동동선을 설정하고 이를 준수하여야 한다.

㉢ 조리장은 작업과정에서 교차오염이 발생되지 않도록 전처리실, 조리실 및 식기구 세척실 등을 벽과 문으로 구획하여 일반작업 구역과 청결작업 구역으로 분리한다.

[일반작업 구역과 청결작업 구역]

일반작업 구역	청결작업 구역
• 검수구역 • 전처리 구역 • 식재료 저장구역 • 세정구역	• 조리구역(비가열 처리작업) • 정량 및 배선구역 • 식기보관 구역 • 식품절단 구역 • 가열처리 구역

(2) 설비 및 조리기기 관리

① 조리장의 시설기준(식품위생법 시행규칙 [별표 14])

㉠ 조리장은 손님이 그 내부를 볼 수 있는 구조로 되어 있어야 한다. 다만, 제과점영업소로서 같은 건물 안에 조리장을 설치하는 경우와 관광호텔업 및 관광공연장업의 조리장의 경우, 영업장의 손님이 조리장 내부를 실시간으로 볼 수 있도록 폐쇄회로 텔레비전(CCTV) 등 영상시스템이 설치되어 있는 경우에는 그러하지 아니하다.

㉡ 조리장 바닥에 배수구가 있는 경우에는 덮개를 설치하여야 한다.

㉢ 조리장 안에는 취급하는 음식을 위생적으로 조리하기 위하여 필요한 조리시설, 세척시설, 폐기물용기 및 손 씻는 시설을 각각 설치하여야 하고, 폐기물용기는 오물, 악취 등이 누출되지 아니하도록 뚜껑이 있고 내수성 재질로 된 것이어야 한다.

㉣ 1명의 영업자가 하나의 조리장을 둘 이상의 영업에 공동으로 사용할 수 있는 경우는 다음과 같다.

- 같은 건물 내에서 휴게음식점, 제과점, 일반음식점 및 즉석판매제조·가공업의 영업 중 둘 이상의 영업을 하려는 경우
- 전문휴양업, 종합휴양업 및 유원시설업 시설 안의 같은 장소에서 휴게음식점·제과점영업 또는 일반음식점영업 중 둘 이상의 영업을 하려는 경우
- 제과점영업자가 식품제조·가공업 또는 즉석판매제조·가공업의 제과·제빵류 품목 등을 제조·가공하려는 경우
- 제과점영업자가 다음의 구분에 따라 둘 이상의 제과점영업을 하는 경우
  - 기존 제과점의 영업신고관청과 같은 관할 구역에서 제과점영업을 하는 경우
  - 기존 제과점의 영업신고관청과 다른 관할 구역에서 제과점영업을 하는 경우로서 제과점 간 거리가 5km 이내인 경우

㉤ 조리장에는 주방용 식기류를 소독하기 위한 자외선 또는 전기살균소독기를 설치하거나 열탕세척소독시설(식중독을 일으키는 병원성 미생물 등이 살균될 수 있는 시설이어야 함)을 갖추어야 한다. 다만, 주방용 식기류를 기구 등의 살균·소독제로만 소독하는 경우에는 그러하지 아니하다.

㉥ 충분한 환기를 시킬 수 있는 시설을 갖추어야 한다. 다만, 자연적으로 통풍이 가능한 구조의 경우에는 그러하지 아니하다.

㉦ 식품 등의 기준 및 규격 중 식품별 보존 및 유통기준에 적합한 온도가 유지될 수 있는 냉장시설 또는 냉동시설을 갖추어야 한다.

㉧ 조리장 내부에는 쥐, 바퀴 등 설치류 또는 위생해충 등이 들어오지 못하게 해야 한다.

㉨ 화장실은 조리장에 영향을 미치지 아니하는 장소에 설치하여야 한다.

② 조리기기 관리

㉠ 조리기기의 배치 원칙

- 작업의 순서에 따라 배치한다.
- 동선은 최단 거리로 서로 교차되지 않게 한다.
- 작업원의 보행거리나 보행횟수를 절감한다.
- 작업대의 높이는 작업원의 신장, 작업의 종류를 고려한다.

㉡ 조리기기의 선정 조건 : 조리방법과 급식방법, 경제성(내구성), 유지관리와 성능, 전기, 가스, 상하수도 설비 등

㉢ 조리기기의 종류

필러(Peeler)	감자, 무, 당근, 토란 등의 껍질을 벗기는 기계(박피기)를 말한다.
식품절단기(Food Cutter)	썰거나 저며내는 슬라이서(Slicer), 채소를 여러 가지 형태로 썰어주는 베지터블 커터(Vegetable Cutter), 식품을 다져내는 푸드 초퍼(Food Chopper) 등이 있다.
샐러맨더(Salamander)	가스 또는 전기를 열원으로 하는 하향식 구이용 기기로, 생선 및 스테이크 구이용으로 많이 쓰인다.
그릴(Grill)과 브로일러(Broiler)	복사열을 직·간접으로 이용하여 음식을 조리하는 기기로 구이에 적합하며, 석쇠에 구운 모양을 나타내는 시각적 효과로 스테이크 등의 메뉴에 많이 이용된다.
그리들(Griddle)	두꺼운 철판으로 만들어진 번철로 열을 가열하여 달걀요리, 팬케이크(Pancake), 샌드위치(Sandwich) 조리 시 사용한다.
스키머(Skimmer)	음식물을 삶을 때 유지(기름기), 거품(뜨는 찌꺼기) 등을 거두어 내는 데 사용한다.
스쿠퍼(Scooper)	아이스크림이나 채소의 모양을 뜨는 데 사용한다.
와이어 휘퍼(Wire Whipper)	달걀의 거품을 내는 데 사용한다.
믹서(Mixer)	식품의 혼합·교반 등에 사용된다. 액체를 교반하여 동일한 성질로 만드는 블렌더(Blender)와 여러 가지 재료를 혼합, 분쇄하는 믹서(Mixer)가 있다.
믹싱기(Mixing Machine)	식품을 섞어 반죽하거나 분쇄·절단하는 작업이 편리한 조리기기로, 밀가루 반죽, 소시지나 만두소 등을 만들 때 사용한다.

02 재료의 조리 원리

1. 농산물의 조리 및 가공·저장

(1) 곡류의 조리 및 가공·저장

① 쌀

㉠ 현미 : 벼의 껍질(왕겨)을 벗겨낸 쌀알이다.

㉡ 도정 : 현미에서 과피, 종피, 호분층 및 배아를 제거하여 우리가 먹는 부분인 배유만을 얻는 조작(이때 얻은 쌀은 정백미, 제거된 부분은 쌀겨)이다.

㉢ 쌀의 도정도

- 현미에서 쌀겨가 벗겨진 정도를 말한다.

• 10분도미(백미), 7분도미, 5분도미, 현미로 분류한다.

㉣ 쌀의 가공품

• 강화미 : 백미에 결핍된 비타민 B_1, B_2, 니코틴산, 철분 등의 영양소를 강화시킨 제품이다.

• 알파미(건조미) : 쌀을 쪄서 α-전분으로 변화시킨 다음 고온에서 급격히 탈수 또는 건조시켜 만든 것으로 뜨거운 물을 붓고 일정 시간이 지나면 밥이 된다.

– 팽화미 : 쌀을 고압으로 가열해 급히 분출시킨 것으로 소화가 용이하다.

– 인조미 : 고구마전분, 밀가루, 외쇄미를 5 : 4 : 1의 비율로 혼합하고 비타민 B_1을 첨가하여 쌀과 같이 만든 것이다.

㉤ 쌀의 저장

• 벼의 상태가 가장 좋고 그 다음은 현미이다.

• 수분이 많을수록, 저장온도가 높을수록 쌀의 소모가 많다(습기가 없는 통에 저장).

② 쌀의 조리

㉠ 쌀의 수분함량 : 쌀의 수분 함량은 14~15% 정도이며, 밥을 지었을 때의 수분은 65% 정도이다.

㉡ 밥 짓기

• 쌀을 씻을 때 비타민 B의 손실을 막기 위해 가볍게 3회 정도 씻는다.

• 물의 분량은 쌀의 종류와 수침 시간에 따라 다르며, 잘 된 밥의 양은 쌀의 2.5~2.7배 정도가 된다.

㉢ 쌀의 종류에 따른 물의 분량

구 분	쌀의 중량에 대한 물의 분량	부피(체적)에 대한 물의 분량
백 미	1.5배	1.2배
햅 쌀	1.4배	1.1배
찹 쌀	1.1~1.2배	0.91~1배

㉣ 밥맛의 구성요소

• 밥물은 pH 7~8(약알칼리)일 때 밥맛이 좋다.

• 약간의 소금(0.03%)을 첨가하면 밥맛이 좋아진다.

• 수확 후 시일이 오래 지나거나 변질되면 밥맛이 나빠진다.

• 지나치게 건조된 쌀은 밥맛이 좋지 않다.

• 쌀의 품종과 재배지역의 토질에 따라 밥맛이 달라진다.

③ 보 리

㉠ 할맥 : 보리쌀의 홈을 따라 쪼갠 후 도정하여 쌀모양으로 만든 것으로 깊은 고랑이 있어 외관과 식미가 나쁘므로 이를 제거한다.

㉡ 압맥 : 보리쌀을 가열한 후 압편 롤러로 누른 것으로, 압맥 처리하면 조직이 파괴되어 취반이 용이하고 소화율이 향상된다.

㉢ 보리 가공품

• 보리 프레이크 : 물에 불린 후 압착과 동시에 건조시킨 다음 기름에 튀기거나 팽화시켜 제조한 제품이다.

• 맥아(엿기름) : 보리, 밀 등의 곡류를 발아시킨 것이다. 보리가 발아될 때 다량 생성되는 α-아밀레이스, β-아밀레이스를 이용하여 전분을 당화시켜 맥주, 주정, 물엿, 감주 등을 제조한다.

④ 밀

㉠ 글루텐의 형성 : 밀가루에 물을 가하면 점탄성이 있는 반죽이 되는데, 이는 밀의 단백질인 글리아딘(Gliadin)과 글루테닌(Glutenin)이 물과 결합하여 글루텐(Gluten)을 형성하기 때문이다.

㉡ 글루텐 함량에 따른 밀가루의 용도

종 류	글루텐 함량	용 도
강력분	11~13%	식빵, 마카로니, 스파게티 등
중력분	9~11%	국수, 만두피 등
박력분	9% 이하	케이크, 튀김옷, 카스텔라, 약과 등

㉢ 밀의 숙성 : 제분 직후의 밀가루는 색, 향, 맛이 나빠 일정 기간 동안 숙성시키면 흰 빛깔을 띠게 되며, 제빵에도 영향을 미친다.

㉣ 밀가루 반죽 시 다른 물질이 글루텐에 주는 영향

• 팽창제 : CO_2(탄산가스)를 발생시켜 가볍게 부풀게 한다.
  - 이스트(효모) : 밀가루의 1~3%, 최적온도 30℃, 반죽온도는 25~30℃일 때 활동이 촉진된다.
  - 베이킹 파우더(BP) : 밀가루 1컵에 1티스푼이 적당하다.
  - 탄산수소나트륨 : 밀가루의 백색 색소인 플라보노이드 성분이 알칼리 성분과 만나면 황색으로 변한다. 특히 비타민 B_1, B_2의 손실을 가져온다.

• 지방 : 층을 형성하여 음식을 부드럽게 만든다(파이, 식빵).

• 설탕 : 열을 가했을 때 음식의 표면을 착색시켜(갈색화) 보기 좋게 만들지만, 글루텐을 분해하여 반죽을 구우면 부풀지 못하고 꺼진다.

• 소금 : 글루텐의 늘어나는 성질이 강해져 잘 끊어지지 않는다(칼국수, 바게트빵).

• 달걀 : 달걀 단백질의 열 응고성은 구조를 형성하는 글루텐을 도와주고 수분을 공급해 주며 영양가와 맛, 색, 풍미 등도 좋게 해 준다.

㉤ 밀의 가공품

• 제면 : 중력분이 적당하며 글루텐 단백질의 강한 점탄성으로 밀가루에 물과 소금을 넣어 반죽한 다음 국수를 뽑은 것이다.

더 알아보기 소금(물)을 넣고 반죽하는 이유

• 밀가루 내부에 수분이 스며드는 것을 촉진하기 위해
• 밀가루의 점탄성을 높여 건조 시에 면이 끊어지지 않게 하기 위해
• 미생물에 의한 변질을 방지하기 위해
  - 소금의 양이 많으면 면이 부드러워 서로 붙기 쉽다.
  - 소금의 양이 적으면 끈기가 없어 부서지기 쉽다.

• 제빵 : 밀가루는 30~40일의 숙성기간을 가진 글루텐 함량이 많은 강력분을 사용한다[발효빵(효모 사용 : 식빵), 무발효빵(팽창제인 탄산수소나트륨이나 베이킹 파우더 사용 : 도넛, 카스텔라)].

⑤ 곡류의 저장법

㉠ 약품에 의한 저장

- 병충해 : PCP제 등의 방충제와 클로로피크린과 인화수소 등의 훈증제
- 쥐 : 인화아연, 쿠마린계 제제와 인단계 제제

㉡ 저온저장 : 생리적 작용 억제, 15℃ 이하의 저온에서 수분활성도 0.75 이하 유지

㉢ CA 저장 : 통기가 되지 않는 밀폐된 상태로 저장

(2) 두류의 조리 및 가공·저장

① 두 부

㉠ 제조원리 : 콩단백질(글리시닌) + 무기염류(응고제, 간수) → 응고

㉡ 응고제 : 염화마그네슘($MgCl_2$), 염화칼슘($CaCl_2$), 황산마그네슘($MgSO_4$), 황산칼슘($CaSO_4$) 등

㉢ 제조방법 : 콩 불리기(콩 무게의 2.5배) → 물을 첨가하여 마쇄 → 마쇄한 콩 무게의 2~3배 물을 넣고 가열 → 여과(두유와 비지로 구분) → 두유의 온도를 70~80℃로 유지하고 간수(2%, 2~3회) 첨가 → 착즙 → 두부 완성

㉣ 가공품

- 전두부 : 진한 두유를 탈수하지 않고 응고·성형한 두부로 외관이 매끈하며, 두유의 영양소를 그대로 보유하고 있다.
- 건조두부(얼린 두부) : 생두부를 얼린 뒤 탈수·건조시켜 풍미와 저장성을 좋게 한 두부로 단백질의 조직이 치밀해지고 탄성이 있으며 스펀지 모양이다.
- 기름튀김두부(유부) : 두부를 압착·탈수하여 기름에 튀긴 황갈색 두부이다.

② 두 유

㉠ 콩을 수침한 후 마쇄, 여과, 가열의 과정을 거친 경제적인 영양식품이다.

㉡ 우유 알레르기성이 있는 사람에게 우유의 대용식품으로 쓰인다.

③ 된 장

㉠ 찐콩과 코지(Koji)를 넣고, 물과 소금을 넣어 일정 기간 숙성시킨 대표적인 콩 발효식품이다(개량된장 : 쌀된장, 보리된장, 콩된장, 밀된장 등).

㉡ 된장 숙성 후에 신맛이 나는 원인

- 소금의 양이 적을 때(된장의 적정 소금 함량 : 10~12%)
- 콩 또는 코지의 수분의 함량이 많을 때
- 물이 너무 많거나, 원료가 골고루 섞이지 않았을 때
- 콩을 덜 쑤었을 때

④ 간 장

㉠ 콩과 코지를 소금물에 넣어 담근다(코지, 소금, 물의 비율은 1 : 1 : 2).

- 소금물의 양이 많을 때 : 발효나 숙성이 나쁘고 간장의 양이 많아진다.
- 소금물의 농도가 높을 때 : 숙성은 느리지만 향미가 좋다.

㉡ 간장 숙성이 끝나면 여과하여 짜고 60~70℃로 30분 정도 달인다.

㉢ 산막효모 : 간장을 저장할 때 표면에 흰색의 피막이 생기는 현상으로 여름철에 발생한다. 간장의 농도가 희박하고 소금의 함량이 적을 때, 숙성이 안 된 것을 짰을 때나 당분이 너무 많이 들어 있을 때, 간장을 달인 온도가 너무 낮거나 기구 및 용기가 불량할 때 발생한다.

㉣ 간장을 달이는 이유 : 주목적은 살균에 있으며, 장을 맑게 하고 빛깔과 방향이 좋아진다.

⑤ 청국장

㉠ 찐콩에 납두균을 번식시켜 납두를 만들고 여기에 소금, 고춧가루, 마늘 등의 향신료를 넣어 만든 장류로 특수한 풍미를 지니는 조미식품이다.

㉡ 납두균 : 내열성이 강한 호기성균으로 최적 온도는 40~45℃이며, 청국장의 끈끈한 점진물과 특유의 향기를 내는 미생물이다.

(3) 채소 및 과일의 조리 및 가공·저장

① 조리 시 채소의 변화

㉠ 채소는 채소의 5배 정도의 끓는 물에 단시간으로 데쳐 찬물에 재빨리 헹군다.

㉡ 수분이 많은 채소는 소금을 뿌리면 삼투압에 의해 수분이 빠져 나온다. 따라서 샐러드나 초무침을 할 때는 식탁에 내기 직전에 소금을 뿌린다.

㉢ 녹황색 채소는 지용성 비타민 A를 많이 함유하고 있으므로 기름을 이용한 조리법을 사용하면 영양흡수가 더 잘된다.

㉣ 토란, 죽순, 우엉, 연근 등 흰색 채소는 쌀뜨물이나 식초물에 삶으면 흰색을 유지하고 단단한 섬유를 연하게 한다.

㉤ 당근에는 비타민 C를 파괴하는 효소인 아스코르비네이스(Ascorbinase, 아스코르비나제)가 있어 다른 채소와 함께 조리하면 다른 채소의 비타민 C 손실이 많아진다.

㉥ 토란의 점질성 물질은 물에 담갔다가 1%의 소금물에 데치거나 쌀뜨물에 데친다.

② 과일류의 가공

㉠ 과실주스 : 천연과실주스, 스쿼시, 시럽, 분말과즙, 넥타 등

㉡ 젤리(Jelly) : 과즙에 설탕을 첨가하고 가열하여 젤라틴화가 일어나도록 가공한 것이다.

㉢ 잼(Jam) : 과일과 설탕을 넣고 가열·농축한 것으로 젤리와 같은 조직을 갖게 한 것(설탕과 과일의 비율은 1 : 1이 좋음)이다.

㉣ 마멀레이드(Marmalade) : 젤리에 과육과 과피의 절편을 넣은 것이다.

더 알아보기 잼과 젤리의 응고

- 잼과 젤리는 펙틴의 응고성을 이용하여 만든 것이다.
- 펙틴, 산, 당분이 일정한 비율로 들어 있을 때 젤리화가 일어난다.
- 비율 : 펙틴 1.0~1.5%, 산 0.27~0.5%, 당분 60~65%, 수소이온농도(pH) 3.2~3.5
- 젤리점(젤리포인트) 결정법
  - 컵법(Cup Test) : 농축액을 찬물에 떨어뜨려 바닥까지 굳은 채로 떨어지면 완성이다.
  - 숟가락 시험법 : 농축액을 나무주걱으로 떠서 흘러내리게 한 후 끝이 젤리 모양이면 적당하다.
  - 당도계 측정법 : 농축액의 당도는 당도계로 측정 시 65%가 적당하다.
  - 온도계 이용법 : 끓고 있는 농축액의 온도는 104~105℃가 적당하다.

③ 채소류의 가공

㉠ 침채류

- 종류 : 김치, 단무지, 마늘절임, 오이절임, 마늘쫑 등
- 변화 : 효소와 세균 등의 작용에 의해 단백질과 지방 및 전분이 분해되어 향미 성분이 증가된다. 특히 김치는 3~6℃에서 3주 정도면 숙성되는데, 비타민 B군과 비타민 C가 숙성 중에 생성되어 비타민의 급원이 된다.
- 침채에 사용되는 소금 : 마그네슘과 칼슘 성분이 채소의 조직을 단단하게 해주기 때문에 정제염보다는 호염이나 제염이 좋다. 채소를 소금에 절이면 삼투압 작용으로 탈수되고 세포의 파괴가 일어나, 세포 내외의 성분 교류로 인한 발효가 활발히 진행된다.

㉡ 토마토 가공

토마토 퓌레	토마토를 마쇄하여 씨와 껍질을 제거한 후 과육과 과즙을 농축한 것이다.
토마토 페이스트	토마토 퓌레를 더욱 농축하여 고형물 함량이 25% 이상이 되도록 한 것이다.
토마토 케첩	토마토 퓌레에 여러 가지 조미료(향신료, 식염, 설탕, 식초 등)를 넣어 고형물 함량을 25%로 농축한 것이다.

④ 과일 및 채소류 가공 시 주의사항

㉠ 가공기구에 의해 식품의 색과 풍미가 손상되지 않도록 유의한다.

㉡ 비타민, 특히 비타민 C의 손실과 향기 성분의 손실이 적도록 한다.

⑤ 과일 및 채소류의 저장

㉠ 냉장법, ICF 저장, 피막제의 이용, 플라스틱 필름 포장의 이용, CA 저장

㉡ 과일과 채소의 적정 저장온도

종 류	저장온도(℃)	종 류	저장온도(℃)	종 류	저장온도(℃)
호 박	13~15	사 과	-1~1	당 근	0
고구마	10~13	귤	4~7	양배추	0
바나나	10~13	토마토	4~10	양 파	0
파인애플	5~7	복숭아	4	오 이	7~10

(4) 서류(감자류)의 조리 및 가공 · 저장

① 고구마

㉠ 전분과 섬유소가 많고 무기질 중에는 칼륨(K)이 많다.

㉡ 감자보다 다량의 비타민 C를 함유하고 있고, 단맛이 강하며 수분이 적다.

㉢ 저장 중에도 당질이 증가한다.

② 감 자

㉠ 주성분은 전분이고 칼륨, 인, 비타민 C를 함유하고 있다.

㉡ 감자를 썬 후 공기 중에 놓아두면 갈변하는 것은 감자 중의 타이로신(Tyrosin)이 타이로시네이스(Tyrosinase)의 작용으로 산화되어 멜라닌을 생성하기 때문이다.

㉢ 감자의 전분함량에 따른 종류
- 점질감자 : 볶거나 조림용으로 볶음, 샐러드에 적합하다.
- 분질감자
  - 매시드 포테이토(Mashed Potato), 분이 나게 감자를 삶아서 으깨는 데 적당하다.
  - 분질종이라도 햇감자는 점질에 가깝고, 분이 잘 나지 않는다.

㉣ 저온에 저장하면 고농도의 당류가 축적되어 조리 후 질감을 떨어뜨린다.

③ 곤 약

㉠ 토란과 식물인 곤약(구약)이라는 알뿌리를 원료로 한 저칼로리성 식품이다.

㉡ 아린맛이 강해 그대로는 식용할 수 없고, 곤약 가루를 물에 넣고 삶아 젤(Gel)화시켜 식용한다.

㉢ 대부분 당질로 구성되어 있으며 지질은 전혀 없다.

④ 서류의 가공품 : 전분, 생절간, 증절간, 감자, 매시드 포테이토, 곤약

⑤ 서류의 이용 부분

㉠ 고구마 → 덩이 뿌리

㉡ 감자, 토란, 참마, 뚱딴지 → 땅속 줄기

㉢ 곤약 → 둥근 뿌리

2. 축산식품의 조리 및 가공 · 저장

(1) 육류의 조리 및 가공 · 저장

① 육류의 조직

㉠ 근육 조직 : 거의 대부분 식용으로 사용하는 부위

㉡ 결합 조직 : 콜라겐과 엘라스틴(피부, 인체의 주성분)

㉢ 지방 조직 : 내장기관의 주위와 피하, 복강 내에 분포

㉣ 골격 : 뼈

② 육류의 사후경직과 숙성

㉠ 사후경직 : 동물을 도살하여 방치하면 산소 공급이 중단되고 혐기적 해당작용에 의하여 근육 내 젖산이 증가되어 근육이 단단해지는 현상을 말한다.

㉡ 숙성 : 도살 후 일정 시간 숙성시키면 근육 자체의 효소에 의해 자기소화(숙성)가 일어나 연해진다.

③ 육류 가열에 의한 고기 변화

㉠ 고기 단백질의 응고, 고기의 수축, 분해가 일어난다.

㉡ 중량 및 보수성이 감소된다.

㉢ 결합조직이 완전히 젤라틴화(지방의 융해)되어 고기가 연해진다.

㉣ 풍미의 변화, 색의 변화(선홍색 → 회갈색)가 일어난다.

④ 육류의 연화법

㉠ 기계적인 방법 : 고기를 결 방향과 반대로 썰거나, 칼로 다지거나, 칼집을 넣으면 근육과 결합조직 사이가 끊어져서 연해진다.

㉡ 연화제 종류 : 배즙의 프로테이스(Protease), 파인애플의 브로멜린(Bromelin), 무화과의 피신(Ficin), 파파야의 파파인(Papain) 등의 효소가 단백질을 분해시켜 연해진다.

㉢ 동결 : 고기를 얼리면 세포의 수분이 단백질보다 먼저 얼며 용적이 팽창하고 세포가 파괴되므로 고기가 연해진다.

㉣ 숙성 : 숙성시간을 거치면 단백질 분해효소의 작용으로 고기가 연해진다.

㉤ 가열 조리방법 : 결체 조직이 많은 고기는 장시간 물에 끓이면 콜라겐이 젤라틴으로 가수분해되어 연해진다.

㉥ 설탕 첨가 : 육류의 단백질이 연화된다.

⑤ 육류의 조리법

㉠ 습열 조리법 : 물과 함께 조리하는 방법으로 결합조직이 많은 장정육, 업진육, 양지육, 사태육 등으로 편육, 장조림, 탕, 찜 등을 조리하는 방법이다.

㉡ 건열 조리법 : 물 없이 조리하는 방법으로 결합조직이 적은 등심, 안심, 갈비 등의 부위로 구이, 불고기, 튀김 등을 조리하는 방법이다.

⑥ 육류의 가공

㉠ 햄 : 대표적인 육제품으로 돼지고기 넓적다리를 소금에 절인 후 훈연하여 만든 독특한 풍미와 방부성을 가진 가공식품이다.

냉훈법	단백질이 열응고하지 않을 정도의 비교적 저온(보통 25℃ 이하)에서 장기간(1~3주)에 걸쳐 훈연하는 방법이다. 저장성에 중점을 둔 훈제법으로 장기간 보존할 수 있다.
온훈법	훈연실의 온도를 30~80℃, 때로는 90℃ 정도로 올려서 단시간(3~8시간)에 훈연하는 방법으로, 주로 제품에 풍미를 부여할 목적으로 행한다. 이때 훈건하는 온도 조건이 30~50℃ 정도이면 온훈중온법, 50~80℃ 정도이면 온훈고온법이라고 부르기도 한다.
열훈법	80~140℃의 고온으로 훈연하는 방법이다.
전훈법	전기를 이용해 연기를 재료에 흡착시키는 방법이다.
액훈법	액훈제에 재료를 담근 후 건조하는 방법이다. 가공이 간편한 이점은 있으나 신맛이나 떫은맛이 있어 온훈법의 제품보다 풍미가 떨어진다.

㉡ 베이컨 : 돼지의 옆구리살을 소금에 절인 후 훈연시킨 가공품이다.

㉢ 소시지 : 돼지고기나 소고기를 곱게 갈아 소금, 초석, 설탕, 향신료 등을 혼합하여 동물의 창자 또는 인공 케이싱(Casing)에 채운 후 가열이나 훈연 또는 발효시킨 제품으로 햄과 베이컨을 가공하고 남은 고기를 조미하여 만든다.

㉣ 기타 : 육포, 통조림류

⑦ 육류의 저장

㉠ 육류의 저장 : 동물을 도살하기 전에 동물의 피로, 공복, 갈증을 해소해 주면 도살 후 고기의 부패가 지연된다.

- 냉장 : 단기 저장 시 습도 80~90%, 온도 -2~3℃
- 냉동 : 장기 보존 시 -29~-30℃에서 급속 냉동한 후 -20℃ 내외에서 저장
- 절임 : 소금과 질산나트륨을 첨가하여 가열
- 기타 : 냉동건조, 훈연

㉡ 육가공품의 저장
- 냉장 : 습도 70~80%, 온도 -3~3℃
- 햄 · 소시지 : 실온에서 1일, 냉장고(0~2℃)에서 5일
- 베이컨, 살라미 소시지 : 실온에서 1~2일, 냉장고에서 7~10일

(2) 우유의 조리 및 가공 · 저장

① 우유의 성분

㉠ 우유의 주성분은 칼슘과 단백질이다.

㉡ 우유의 주단백질인 카세인(Casein)은 산(Acid)이나 레닌(Rennin)에 의해 응고되는데 이 응고성을 이용하여 치즈를 만든다.

② 우유의 조리성

㉠ 조리식품의 색을 희게 하며, 매끄러운 감촉과 유연한 맛, 방향을 낸다.

㉡ 탈취작용 : 생선이나 간, 닭고기 등을 우유에 담갔다가 조리하면 비린내를 제거할 수 있다.

㉢ 우유를 데울 때는 중탕(이중냄비 사용)하고 저어가면서 끓인다.

③ 우유의 가공

㉠ 시 유
- 원유를 일정한 살균처리방법을 거쳐 소비자가 마실 수 있도록 상품화한 음용유이다.
- 살균 : 주로 저온살균법(62~65℃, 30분)을 사용한다.

㉡ 크 림
- 우유에서 유지방을 분리한 것이다.
- 유지방 함량 : 플라스틱 크림(80~81%) > 포말 크림(30~40%) > 커피 크림(18~22%) > 발효 크림(18~20%)

㉢ 버 터
- 종류 : 식염 첨가 여부에 따라 가염 · 무가염버터, 크림의 발효 여부에 따라 발효 · 무발효 버터로 나뉜다.
- 우유에서 분리된 지방(크림)을 세게 휘저어 엉기게 한 다음 응고시켜 만든 유제품이다.
- 함량 : 우유지방 85%, 수분 15% 이하이다.

㉣ 치즈 : 우유에 레닛(Rennet) 또는 젖산균을 작용시켜, 카세인과 지방을 응고시켜 얻은 커드를 세균이나 곰팡이 등으로 숙성시켜 만든 유제품이다.

㉤ 연유 : 우유 중의 수분을 증발시켜 고형분의 함량이 많게 농축한 유제품이다.
- 가당연유 : 우유를 3분의 1로 농축한 후 설탕 또는 포도당을 40~45% 첨가한 유제품으로 설탕의 방부력을 이용해 따로 살균하지 않고 저장할 수 있다.
- 무당연유 : 전유 중의 수분 60%를 제거하고 농축한 것이다. → 방부력이 없으므로 통조림하여 살균하여야 하고, 뚜껑을 열었을 때는 신속히 사용하거나 냉장을 해야 한다.

㉥ 분 유
- 전지분유 : 우유를 수분 2~3%로 분무 건조한 것이다.
- 탈지분유 : 우유에서 수분과 지방을 제거한 것이다.
- 조제분유 : 모유를 대신할 수 있도록 우유 중에서 부족한 성분을 보강하여 만든 유제품이다.

ⓢ 요구르트

- 우유·탈지유를 젖산균이나 효모로 발효시켜 만든 젖산 발효 우유이다.
- 탈지유를 약 2분의 1로 농축한 후 8~10%의 설탕을 첨가, 살균한 뒤 바로 냉각한다. 여기에 젖산균 종균을 원료량의 2~5% 첨가하여 30℃에서 12~24시간 발효시킨 후 냉각시켜 식용한다.

ⓞ 아이스크림 : 크림을 주원료로 하여 설탕, 향료, 안정제(젤라틴, 달걀 등)를 섞어서 만든 유제품이다.

ⓙ 연질우유 : 어린이 또는 허약한 환자를 위해 만든 특수 식품으로 소화가 용이하다.

④ 유제품의 저장

종 류	저장조건	안전한 저장기간
우유, 크림	4℃	3~5일
치 즈	0~4℃	–
전지분유	10℃ 이하	2~3주일
탈지분유, 무당연유(통조림)	실온	–
연유통조림(개봉한 것)	10℃ 이하	3~5일

(3) 달걀의 조리 및 가공·저장

① 달걀 조리의 특징

㉠ 열의 응고성(조리온도)

- 달걀 조리 시 난백은 60~65℃, 난황은 65~70℃에서 응고된다.
- 설탕을 넣으면 응고 온도가 높아지고 소금, 우유 등의 칼슘, 산은 응고를 촉진한다.
- 끓는 물에서 7분이면 반숙, 10~15분 정도면 완숙, 15분 이상이 되면 녹변현상이 일어난다.
- 소화시간 : 반숙(1시간 30분) → 완숙(2시간 30분) → 생달걀(2시간 45분) → 달걀 프라이(3시간 15분)

㉡ 기포성

- 난백은 실내온도(30℃)에서 거품이 잘 일어난다.
- 신선한 달걀일수록 농후난백이 많고 수양난백이 적다. 수양난백이 많은 오래된 달걀이 거품은 잘 일어나나 안정성은 적다.
  - 농후난백 : 날달걀을 깼을 때 난황 주변에 뭉쳐 있는 난백
  - 수양난백 : 옆으로 넓게 퍼지는 난백
- 첨가물의 영향
  - 기름, 우유 : 기포 형성을 저해한다.
  - 설탕 : 거품을 완전히 낸 후 마지막 단계에서 넣어주면 거품이 안정된다.
  - 산(오렌지 주스, 식초, 레몬즙) : 기포 형성을 도와준다.
- 달걀을 넣고 젓는 그릇의 모양은 밑이 좁고 둥근 바닥을 가진 것이 좋다.
- 달걀의 기포성을 응용한 조리
  - 스펀지케이크
  - 케이크의 장식
  - 머랭(난백 + 설탕 + 크림 + 색소)

㉢ 유화성

- 난황에 있는 인지질인 레시틴(Lecithin)은 유화제로 작용한다.
- 유화성을 이용한 음식으로 마요네즈, 프렌치 드레싱, 크림수프, 케이크 반죽 등이 있다.

㉣ 녹변현상 : 달걀을 오래(12~15분 이상) 삶으면 난백과 난황 사이에 검푸른색이 생기는 것을 볼 수 있다. 이는 난백의 황화수소(H_2S)가 난황의 철분(Fe)과 결합하여 황화제1철(유화철 : FeS)을 만들기 때문이다. 녹변현상을 방지하기 위해서는 너무 오래 삶지 말아야 하고, 삶은 후 바로 찬물에 담가야 한다.

㉤ 달걀의 신선도 판정방법 : 6~10%의 식염수에 달걀을 띄웠을 때 가라앉을수록, 광선에 비춰 봤을 때 투명할수록 신선한 것이다.

② 달걀의 가공

㉠ 건조란(건조 달걀, 달걀 가루) : 달걀의 껍질을 제거하고 탈수·건조시킨 것이다(달걀 가루, 흰자 가루, 노른자 가루로 나눔).

㉡ 마요네즈 : 난황의 유화성을 이용한 대표적인 가공품으로, 난황에 여러 가지 조미료, 향신료, 샐러드유, 식초 등을 혼합하여 유화시킨 조미제품이다.

㉢ 피단 : 소금, 생석회 등 알칼리 염류를 달걀 속에 침투시켜 숙성시킨 조미 달걀로, 강알칼리에 의한 응고성을 이용한 식품이다.

㉣ 기타 가공품 : 훈연란, 달걀 음료 등

③ 달걀의 저장

㉠ 냉장법 : 단기 저장 15℃, 장기 저장 0~5℃(냉장 중 적당한 습도 80~85%)

㉡ 가스저장법 : 밀폐된 용기 속에 용적의 60%인 이산화탄소, 질소 가스를 혼합한 공기 중에서 저온 저장하는 방법으로 수분의 증발 및 미생물의 침입을 방지한다.

㉢ 도포법(Coating) : 달걀 껍질에 기름, 파라핀, 젤라틴 또는 콜로디온을 발라서 냉장하는 방법이다.

㉣ 침지법 : 3%의 포화소금물 또는 석회수에 담가 보관하는 방법이다.

㉤ 냉동법 : -18℃ 이하의 온도에서 급속 동결시킨 후 -15℃에서 저장한다. 2년 이상 저장할 수 있는데, 단체급식용으로 많이 쓰이는 방법이다.

㉥ 간이법 : 소금, 톱밥, 왕겨 등에 묻어 통풍이 잘되는 서늘한 곳에 보관하는 방법이다.

3. 수산물의 조리 및 가공·저장

(1) 어패류의 조리

① 어육의 성분

㉠ 단백질 : 마이오신(Myosin), 액틴(Actin), 액토마이오신(Actomyosin)

㉡ 지방 : 생선 지방의 약 80%가 불포화지방산이다.

㉢ 적색 어류(꽁치, 고등어, 청어 등)는 백색 어류(가자미, 도미, 민어, 광어 등)보다 자기소화가 빨리 오고, 담수어는 해수어보다 낮은 온도에서 자기소화가 일어난다. 물의 온도가 낮고 깊은 곳에 사는 생선은 맛과 질이 우수하다.

㉣ 생선은 산란기 직전의 것이 가장 살이 오르고 지방도 많으며 맛이 좋다.

더 알아보기 사후경직과 자기소화

- 사후경직
  - 어패류는 육류에 비해 근육 조직이 적어서 사후경직의 강도가 크지 않다.
  - 사후경직 기간 중에 어패류를 섭취해야 약간의 조직감을 느낄 수 있다.
- 자기소화
  - 육류는 자기소화기를 거치면서 풍미가 증가되고 조직감이 좋아진다.
  - 생선은 자기소화의 속도가 빠르기 때문에 맛과 풍미가 크게 저하된다.

※ 육류는 도살 후 일정 기간이 지난 후에 식용으로 사용하고, 어패류는 바로 식용으로 이용한다.

② 어패류 조리법

㉠ 생선구이의 경우 생선 중량의 2~5%의 소금을 뿌리면 탈수도 일어나지 않고 간도 적절하다.

㉡ 생선찌개 조리 시에는 양념이 끓을 때 생선을 넣으면 생선의 형태를 유지하고 내부 성분의 유출을 방지할 수 있다.

㉢ 생선단백질 중에는 생강의 탈취작용을 방해하는 물질이 있으므로, 끓고 난 다음 생강을 넣는 것이 탈취에 효과적이다.

㉣ 어묵은 어류의 단백질인 마이오신이 소금에 용해되는 성질을 이용해 만든다.

㉤ 생선조림은 간장을 먼저 살짝 끓이다가 생선을 넣는다.

③ 어취의 제거

㉠ 생선의 비린내는 트라이메틸아민옥사이드(TMAO ; Trimethylamine Oxide)가 환원되어 트라이메틸아민(TMA ; Trimethylamine)으로 된 것이다.

㉡ 생선을 조리할 때 뚜껑을 열어 비린내를 휘발시킨다.

㉢ 트라이메틸아민은 수용성이므로 물로 씻어 제거한다.

㉣ 간장, 된장, 고추장 등의 장류를 첨가한다.

㉤ 생강, 파, 마늘, 겨자, 고추냉이, 술 등의 향신료를 사용한다.

㉥ 식초, 레몬즙 등의 산을 첨가한다.

㉦ 우유에 미리 담가두었다가 조리하면 우유의 카세인(단백질)이 트라이메틸아민을 흡착함으로써 비린내가 저하된다.

㉧ 전유어는 생선의 비린 냄새 제거에 효과적인 조리법이다.

(2) 어패류의 가공 및 저장

① 건제품 : 태양열 또는 인공열을 이용하여 미생물 및 효소의 작용을 억제시켜 저장성을 높인 제품이다.

소건품	수산물을 그대로 건조한 것이다(마른오징어, 마른새우, 미역, 김 등).
자건품	소형 어패류를 삶은 후 건조한 것이다(마른멸치, 마른해삼, 마른전복 등).
배건품	수산물을 불에 직접 쬐어 건조한 것이다.
염건품	소금에 절여 건조한 것이다(굴비, 염건고등어, 간대구포 등).
동건품	어패류를 얼렸다 녹였다 하며 건조한 것이다(명태, 한천, 북어).
훈건품	어패류를 염지한 후 연기에 그을려 건조한 제품이다(저장 목적의 냉훈품과 조미 목적의 온훈품).
조미건제품	수산물에 소금, 설탕 및 조미액을 가미하여 건조한 것이다(조미건품).

② 염장품 : 수산물을 소금을 사용하여 가공하는 방법이다.

㉠ 물간법 : 진한 소금물에 담그는 방법이다(소형어).

㉡ 마른간법 : 직접 소금을 뿌리는 방법이다(대형어).

③ 연제품

㉠ 생선에 소금을 넣고 부순 뒤 설탕, 조미료, 난백, 탄력 증강제, pH 조정제 등의 부재료를 넣고 갈아서 만든 고기풀을 가열하여 젤(Gel)화시킨 제품이다.

㉡ 종류 : 어묵, 어육소시지, 어육햄, 어단 등

㉢ 원료 : 조기류, 녹색치, 갯장어, 보구치 등의 흰살생선과 첨가물(소금 3%, 전분 10%, 설탕 5%, MSG 0.3~0.5, 달걀흰자)

㉣ 장 점

- 맛, 냄새, 외관, 조직감 등을 소비자의 기호에 맞도록 가공할 수 있다.
- 조리 조작이 간편하고 보존성이 좋다.

④ 훈제품 : 어패류를 염지한 후 연기로 건조시켜 독특한 풍미와 보존성을 갖도록 한 제품이다(청어, 연어, 송어, 오징어 등).

⑤ 젓갈류 : 풍미 있는 저장성 발효식품으로 생선의 내장, 알, 조개류 등에 20~30%의 소금을 넣어 숙성시킨 것이다(새우젓, 굴젓, 조개젓, 오징어젓, 명란젓 등).

⑥ 어패류의 저장

㉠ 빙장법 : 수송 중, 단기간 저장 시, 동결 저장을 위한 예랭 시 이용하는 방법이다.

- 쇄빙법 : 어체와 얼음 조각을 섞어서 냉각하는 방법이다.
- 수빙법 : 어체를 0~2℃ 액체(담수・해수 + 얼음)에 넣어 냉각하는 방법이다.

㉡ 냉각저장 : 단기간 저장 시 이용하는 방법으로 0℃ 정도에서 어체를 냉각하는 방법이다.

㉢ 동결저장 : 어체의 원형 또는 절단된 부분육을 -50~-40℃에서 급속동결시킨 다음 -20℃에서 보관하는 방법이다.

4. 유지 및 유지 가공품

(1) 유지의 특성

① 유 지

㉠ 상온에서 액체인 것을 유(油 : 대두유, 면실유, 참기름 등), 고체인 것을 지(指 : 쇠기름, 돼지기름, 버터 등)라고 한다.

㉡ 가수분해하면 글리세롤과 지방산으로 된다.

㉢ 지용성 비타민(비타민 A, D, E, K)의 흡수를 촉진시킨다.

② 융 점

㉠ 고체지방이 열에 의해 액체 상태로 될 때의 온도를 말한다.

㉡ 포화지방산인 고체지방산(버터, 라드 등)은 융점이 높고, 불포화지방산이 많은 액체기름(콩기름, 참기름 등)은 융점이 낮다.

③ 유화성

㉠ 기름과 물은 잘 섞이지 않으나 매개체인 유화제를 넣으면 기름과 물이 혼합된다.

㉡ 대표적인 유화제로 난황의 인지질인 레시틴이 있다.

- 유중수적형(W/O) : 기름에 물이 분산된 형태(버터, 마가린 등)
- 수중유적형(O/W) : 물속에 기름이 분산된 형태(우유, 마요네즈, 아이스크림, 크림수프, 잣죽, 프렌치드레싱 등)

④ 연화 : 밀가루 반죽에 지방을 넣으면 복잡한 글루텐의 연결이 끊어지면서 식품이 연해지는데, 이를 연화(쇼트닝화)라고 한다.

⑤ 유지의 발연점

㉠ 기름을 가열하면 일정 온도에서 열분해를 일으켜 지방산과 글리세롤이 분리되어 연기가 나기 시작하는 때의 온도를 발연점 또는 열분해 온도라고 한다.

㉡ 발연점 이상에서 청백색인 연기와 함께 자극성 취기가 발생하는데 이는 기름이 분해되면서 생성되는 물질인 아크롤레인(Acrolein) 때문이다.

㉢ 발연점이 높은 기름(식물성 기름)은 튀김 음식의 맛을 좋게 하고 기름의 흡수량도 적어 튀김용으로 적당하다.

더 알아보기 유지의 발연점

- 대두유 : 220~240℃
- 아마인기름 : 106℃
- 올리브기름 : 199℃
- 참기름 : 178℃
- 옥수수기름 : 270~280℃
- 피마자기름 : 200℃
- 돼지기름 : 190℃
- 카놀라유, 포도씨유 : 240~250℃

(2) 유지의 가공·저장

① 유지 채유법

㉠ 용출법 : 동물성 기름의 채취에 이용하는 방법이다.

- 건식용출법 : 돼지비계에서 기름을 채취하는 방법이다.

• 습식용출법 : 생선의 간유에서 기름을 채취하는 방법이다.

ⓒ 압착법 : 기계(착유기)적 압력으로 원료를 압착하여 기름을 채취하는 방법이다. → 식물성 기름 채유방법(참기름, 들기름, 유채유)

ⓒ 추출법 : 휘발성 유기용매(n-Hexane)로 유지를 추출한 후 증류하여 용제를 회수하고 유지를 얻는 방법이다. → 식물성 유지의 채유(식용유 등)

② 유지 정제 : 불순물(유리지방산, 단백질, 검질, 점질물, 섬유질, 타닌, 인지질, 색소, 불쾌취, 불쾌맛 등)을 제거한다.

㉠ 물리적 방법 : 정치법, 원심분리법, 가열법

㉡ 화학적 방법 : 흡착법, 황산법, 탈색법, 탈취법, 알칼리법 → 탈검(Lecithin 제거), 탈산(알칼리로 중화), 탈색(카로티노이드와 클로로필 제거), 탈취(가열증기, 이산화탄소, 수소, 질소)

③ 가공유지

㉠ 마가린

• 천연 버터의 대용품으로 만든 지방성 식품이다.

• 제조 : 정제된 고체유(쇠기름, 돼지기름, 야자유, 경화유) 80%와 액체유(콩기름, 목화씨기름, 땅콩기름) 20% 정도를 적당히 배합하고 유화제(레시틴, 소금, 비타민 A, 카로틴)를 첨가하여 융점이 25~35%가 되도록 한다.

㉡ 경화유

• 원료 : 어유, 고래기름, 콩기름, 면실유, 야자유, 올리브유, 땅콩기름

• 제조 : 원료유(불포화지방산)에 니켈을 촉매로 해 수소를 첨가하여 고체화한다.

5. 냉동식품 및 기타 식품의 저장

(1) 냉동식품

미생물은 10℃ 이하면 생육이 억제되고 0℃ 이하에서는 거의 작용을 하지 못한다. 이러한 원리를 응용하여 저장한 식품이 냉장 및 냉동식품이다.

① 냉동법

㉠ 냉동품의 저장은 -15℃ 이하의 저온에서 주로 축산물과 수산물의 장기 저장에 이용된다.

㉡ 급속냉동은 -30~-40℃의 저온으로 급속히 동결하는 것이다. 수분은 작은 결정이 되어 조직을 거의 파괴하지 않으므로 동결은 급속냉동이 좋다(↔ 완만냉동).

② 해동법 : 실온해동(자연해동), 저온 냉장해동, 수중해동, 전자레인지 해동, 가열해동 등이 있다.

㉠ 육류, 어류 : 높은 온도에서 해동하면 조직이 상해서 액즙(드립 ; Drip)이 많이 나와 맛과 영양소의 손실이 크므로 냉장고나 흐르는 냉수에서 필름에 싼 채 해동하는 것이 좋다.

㉡ 채소류 : 끓는 물에 냉동채소를 넣고 2~3분간 끓여 해동과 조리를 동시에 한다. 그 밖에 찌거나 볶을 때에는 동결된 채로 조리한다.

㉢ 과실류 : 먹기 직전에 포장된 채로 냉장고, 실온, 흐르는 물에서 해동한다.

㉣ 튀김류 : 빵가루를 묻힌 것은 동결상태 그대로 다소 높은 온도의 기름에 튀겨도 된다.

㉤ 빵 및 과자류 : 자연 해동시키거나 오븐에 해동시킨다.

> **공기해동**
> 실온에 방치하여 자연적으로 해동하는 방법으로 저온해동보다 해동은 빠르나 육질의 맛을 저하시킨다. 냉동품의 해동은 냉장고에서 천천히 자연해동하는 것이 제품의 복원성이 가장 좋다.

(2) 기호식품

① 정의 : 영양을 얻기 위해서가 아니라 단지 미각·후각 등에 유쾌한 자극과 쾌감을 주기 위해 먹거나 들이마시는 물질이나 물품이다.

② 종류 : 주정음료(증류주, 혼성주, 양조주, 합성주), 기호음료(커피, 차, 청량음료)

(3) 강화식품

① 정의 : 식품이 본래 가지고 있는 풍미나 색을 변화시키지 않고 비타민·무기질 등의 미량영양소나 아미노산 등을 식품에 더함으로써 영양가를 강화시킨 식품이다.

② 종류 : 강화미, 강화밀, 강화된장, 강화간장 등

(4) 즉석식품

① 정의 : 간단히 조리할 수 있고, 저장이나 휴대에 편리한 가공식품이다.

② 종류 : 통조림, 냉동식품, 병조림, 라면, 건조채소, 즉석 수프 등

(5) 통조림

① 통조림의 특성

㉠ 위생적으로 안전하며 영양가가 높다.

㉡ 운반, 포장이 용이하므로 경제적이다.

㉢ 장기저장이 가능하므로 보존성이 우수하다.

㉣ 조리 가공하지 않고 사용하므로 이용가치가 높다.

② 통조림 용기의 조건

㉠ 식품용기로서 충분히 위생적이어야 할 것

㉡ 공기 및 미생물의 투과를 허용하지 않을 것

㉢ 가열 살균 시 내열성을 유지할 것

㉣ 보존, 수송의 취급에 견딜 수 있는 강도를 가질 것

㉤ 밀봉이 용이하며, 대량 생산이 가능할 것

③ 통조림 제조과정 : 원료 → 처리 → 충전(담기) → 탈기 → 밀봉 → 살균 → 냉각 → 제품

④ 통조림의 제조·가공기준(식품공전)

㉠ 멸균은 제품의 중심온도가 120℃ 이상에서 4분 이상 열처리하거나 또는 이와 동등 이상의 효력이 있는 방법으로 열처리하여야 한다.

㉡ pH 4.6을 초과하는 저산성 식품은 제품의 내용물, 가공장소, 제조일자를 확인할 수 있는 기호를 표시하고 멸균공정 작업에 대한 기록을 보관하여야 한다.

㉢ pH가 4.6 이하인 산성식품은 가열 등의 방법으로 살균처리할 수 있다.

㉣ 제품은 저장성을 가질 수 있도록 그 특성에 따라 적절한 방법으로 살균 또는 멸균 처리하여야 하며 내용물의 변색이 방지되고 호열성 세균의 증식이 억제될 수 있도록 적절한 방법으로 냉각하여야 한다.

(6) 레토르트(Retort) 식품

① 정의 : 레토르트 식품은 단층 플라스틱필름이나 금속박 또는 이를 여러 층으로 접착하여 파우치와 기타 모양으로 성형한 용기에 제조·가공 또는 조리한 식품을 충전하고 밀봉하여 가열살균 또는 멸균한 것을 말한다.

② 레토르트 식품의 제조·가공기준(식품공전)

㉠ 멸균은 제품의 중심온도가 120℃ 이상에서 4분 이상 열처리하거나 또는 이와 동등 이상의 효력이 있는 방법으로 열처리하여야 한다.

㉡ pH 4.6을 초과하는 저산성 식품은 제품의 내용물, 가공장소, 제조일자를 확인할 수 있는 기호를 표시하고 멸균공정 작업에 대한 기록을 보관하여야 한다.

㉢ pH가 4.6 이하인 산성식품은 가열 등의 방법으로 살균처리할 수 있다.

㉣ 제품은 저장성을 가질 수 있도록 그 특성에 따라 적절한 방법으로 살균 또는 멸균 처리하여야 하며 내용물의 변색이 방지되고 호열성 세균의 증식이 억제될 수 있도록 적절한 방법으로 냉각시켜야 한다.

㉤ 보존료는 일절 사용하여서는 아니 된다.

6. 조미료와 향신료

(1) 조미료

① 지미료(맛난맛) : 멸치, 다시마, 화학조미료

② 감미료(단맛) : 설탕, 엿, 인공감미료

③ 함미료(짠맛) : 소금, 간장, 된장, 고추장

④ 산미료(신맛) : 양조식초, 빙초산

⑤ 고미료(쓴맛) : 호프(Hop)

⑥ 신미료(매운맛) : 고추, 후추, 겨자

⑦ 아린맛(떫은맛과 쓴맛의 혼합) : 토란, 죽순, 가지

(2) 향신료

① 생강 : 매운맛 성분은 진저론(Zingerone), 쇼가올(Shogaols), 진저롤(Gingerol)이며, 육류의 누린내와 생선의 비린내를 없애는 데 효과적이다.

② 겨자 : 겨자의 매운맛은 시니그린(Sinigrin) 성분이 분해되어 생긴다(냉채·생선요리에 사용).
③ 고추 : 매운맛 성분은 캡사이신(Capsaicin)으로, 소화 촉진의 효과도 있다.
④ 후추 : 매운맛 성분은 차비신(Chavicine)으로, 육류 및 어류의 냄새를 감소시키며 살균작용을 한다.
⑤ 마늘 : 마늘의 매운맛 성분은 알리신(Allicin)으로, 비타민 B_1과 결합하여 알리티아민(Allithiamine)이 되어 비타민 B_1의 흡수를 돕는다.
⑥ 파 : 황화아릴에 의한 강한 향이 있으며, 자극성 방향을 낸다.
⑦ 기타 : 박하, 타임(Thyme : 백리향), 정향, 계피, 월계수잎 등이 사용된다.

03 식생활 문화

1. 한식의 특징

(1) 한국 음식의 종류

① 주식류

㉠ 밥 : 쌀을 비롯한 곡류에 물을 붓고 가열하여 호화시킨 음식으로, 주식 중 가장 기본이 된다.
㉡ 죽 : 곡물의 5~7배 정도의 물을 붓고 오랫동안 끓여 호화시킨 음식이다. 죽은 주식으로 뿐만 아니라 별미식, 환자식 및 보양식 등으로 이용되어 왔다.
㉢ 국수 : 밀가루, 메밀가루 등의 곡식가루를 반죽하여 긴 사리로 뽑아 만든 음식으로 젓가락 문화의 발달을 가져 왔다.
㉣ 만두 : 밀가루 반죽을 얇게 밀어서 소를 넣고 빚어 장국에 삶거나 찐 음식으로, 추운 북쪽 지방에서 즐겨 먹는 음식이다.
㉤ 떡국 : 멥쌀가루를 찐 후 가래떡 모양으로 만든 후 어슷하게 썰어 장국에 끓이는 음식으로 새해 첫 날에 꼭 먹는 음식이다.

② 부식류

구분	내용
국	국은 채소, 어패류, 육류 등을 넣고 물을 많이 부어 끓인 음식으로, 맑은장국, 토장국, 곰국, 냉국 등으로 나눌 수 있다.
찌 개	국보다 국물은 적고 건더기가 많으며, 간이 센 편이다. 찌개에는 맑은 찌개와 토장찌개가 있다.
전 골	반상과 주안상을 차릴 때 육류, 어패류, 버섯류, 채소류 등에 육수를 넣고 즉석에서 끓여 먹는 음식이다.
찜	주재료에 양념을 하여 물을 붓고 푹 익혀, 약간의 국물이 어울리도록 끓이거나 쪄내는 음식이다.
선	좋은 재료를 뜻하는 것으로 호박, 오이, 가지 등 식물성 재료에 소고기, 버섯 등으로 소를 넣고 육수를 부어 잠깐 끓이거나 찌는 음식이다.
숙 채	채소를 끓는 물에 데쳐서 무치거나 기름에 볶는 음식이다.
생 채	신선한 채소류를 익히지 않고 초장, 고추장, 겨자즙 등에 새콤달콤하게 무친 것이다.
조 림	육류, 어패류, 채소류 등에 간장이나 고추장을 넣고, 간이 스며들도록 약한 불에서 오랜 시간 익힌 것이다.
초	해삼, 전복, 홍합 등에 간장 양념을 넣고 약한 불에서 끓이다가 녹말을 물에 풀어 넣어 익힌 음식이다.
볶 음	육류, 어패류, 채소류 등을 손질하여 기름에만 볶는 것과 간장, 설탕 등으로 양념하여 볶는 것 등이 있다.

구 이	육류, 어패류 등을 재료 그대로 또는 양념을 한 다음 불에 구운 음식이다.
전, 적	육류, 어패류, 채소류 등의 재료를 다지거나 얇게 저며 밀가루와 달걀로 옷을 입혀서 기름에 지진 음식이다.
회, 편육, 족편	• 회 : 육류나 어류, 채소 등을 날로 먹거나 또는 끓는 물에 살짝 데쳐서 초간장, 초고추장, 겨자즙 등에 찍어 먹는 음식이다. • 편육 : 소고기나 돼지고기를 삶아 눌러서 물기를 빼고 얇게 저며 썬 음식이다. • 족편 : 쇠족, 머릿고기 등을 장시간 고아서 응고시켜 썬 음식이다.
마른찬	육류, 생선, 해물, 채소 등을 저장하여 먹을 수 있도록 소금에 절이고 양념하여 말리거나 튀긴 음식이다.
장아찌	무, 오이, 마늘 등의 채소를 간장, 된장, 고추장 등에 넣어 오래 두고 먹는 저장음식이다.
젓 갈	어패류의 내장이나 새우, 멸치, 조개 등에 소금을 넣어 발효시킨 음식이다.
김 치	배추나 무 등의 채소를 소금에 절여서 고추, 마늘, 파, 생강, 젓갈 등의 양념을 넣고 버무려 익힌 음식이다

③ 후식류

㉠ 떡 : 쌀 등의 곡식가루에 물을 주어 찌거나 삶아서 익힌 곡물 음식의 하나이다.

㉡ 한과 : 전통과자를 말하는데 만드는 법이나 재료에 따라 유과류, 약과류, 엿강정류, 매작과류, 정과류, 숙실과류, 다식류, 과편류 및 엿류 등으로 나뉜다.

㉢ 음청류 : 술 이외의 기호성 음료를 말한다.

(2) 한국의 전통적인 상차림

① 상차림의 종류

㉠ 일상식 : 상에 오르는 주식의 종류에 따라 밥과 반찬을 주로 한 반상과 죽상, 면상, 만두상, 떡국상 등이 있다.

㉡ 손님을 대접하는 상 : 교자상, 주안상, 다과상 등이 있다.

㉢ 의례적인 상차림 : 돌상, 큰상, 제사상 등이 있는데 혼례, 제례 및 연례에서는 일상식과는 전혀 다른 상차림을 한다.

② **반상** : 반상은 밥을 주식으로 하는 정식 상차림으로 반찬의 수에 따라 반상의 종류, 즉 첩수가 정해진다. 첩수에 따라 3첩, 5첩, 7첩, 9첩, 12첩 반상 등의 이름이 붙여진다.

㉠ 3첩 반상

[기본] 밥, 국, 김치, 장

[반찬] 생채 또는 숙채, 구이 혹은 조림, 마른 찬・장과・젓갈 중 택 1

㉡ 5첩 반상

[기본] 밥, 국, 김치, 장, 찌개(조치)

[반찬] 생채 또는 숙채, 구이, 조림, 전, 마른 찬・장과・젓갈 중 택 1

㉢ 7첩 반상

[기본] 밥, 국, 김치, 장, 찌개, 찜(선) 또는 전골

[반찬] 생채, 숙채, 구이, 조림, 전, 마른 찬・장과・젓갈 중 택 1, 회・편육 중 택 1

㉣ 9첩 반상

[기본] 밥, 국, 김치, 장, 찌개, 찜, 전골

[반찬] 생채, 숙채, 구이, 조림, 전, 마른 찬, 장과, 젓갈, 회・편육 중 택 1

㉤ 12첩 반상

[기본] 밥, 국, 김치, 장, 찌개, 찜, 전골

[반찬] 생채, 숙채, 찬 구이, 더운 구이, 조림, 전, 마른 찬, 장과, 젓갈, 회, 편육, 수란

더 알아보기 첩 수

밥, 국(탕), 김치, 찌개(조치), 종지에 담아내는 조미료를 제외한 반찬의 수를 말한다.

③ 죽상 : 응이, 미음, 죽 등의 유동식으로 이른 아침에 처음 간단히 먹는 음식이기 때문에 맵지 않은 동치미나 나박김치 등의 국물김치와 맑은 조치, 마른찬을 갖추어 낸다.

④ 면상(장국상)

㉠ 더운 국수장국이나 냉면에 다른 반찬을 곁들여 차린 상으로 혼례, 회갑례와 같은 경사 때에 손님 접대용으로 차리며 평상시에는 점심으로, 혹은 간단한 식사를 할 수 있도록 차린다.

㉡ 주식으로 밥 대신 국수, 만두, 떡국을 내는데 부식으로는 찜, 겨자채, 잡채, 편육, 전, 김치류, 생채, 잡채 등이 나온다.

⑤ 교자상

㉠ 집안의 경사스러운 일이 있을 때 많은 사람이 모여 연회할 수 있도록 큰 상에 여러 가지 음식을 차리는 상차림이다.

㉡ 주식은 냉면이나 온면, 떡국 등 계절에 맞게 선택하고 탕, 찜, 전유어, 편육, 적, 회, 겨자채나 잡채, 구절판과 같은 채류, 신선로 등을 낸다.

⑥ 주연상(주안상) : 술을 접대할 때 차리는 상을 말하고 술안주에는 육포, 어포, 견과 등의 건안주를 사용하며 찜, 신선로, 찌개 등의 진안주를 사용한다.

⑦ 다과상

㉠ 평상시 식사 이외의 시간에 다과만을 대접할 때나 혹은 주안상, 장국상의 후식으로 내놓는 다과 중심의 상차림이다.

㉡ 음료로는 식혜, 수정과 등 차가운 음청류와 뜨거운 차를 내놓고 각 계절에 어울리는 떡류, 생과류, 다식, 강정, 정과, 유과, 유밀과, 숙실과 등을 낸다.

2. 양식, 일식, 중식, 복어 조리

(1) 양식 조리

서양식 조리는 육류나 유지류를 주재료로 하여 조리방법이 다양하고 향신료의 사용이 많으며, 소스와 포도주를 비롯한 술을 음식에 많이 이용한다. 일반적으로 프랑스, 이탈리아, 영국 등 유럽 및 미국 요리를 말하며, 조리법은 매우 과학적이고 합리적인 레시피로 이루어져 있다.

(2) 일식 조리

① 일본요리의 특징

㉠ 쌀이 주식이고, 생선과 채소, 콩을 부식으로 하는 기본 유형을 유지해 왔다.

㉡ 쌀로 지은 밥은 부드럽고 기름기와 찰기가 있어 젓가락만을 사용하여 먹을 수 있다.
㉢ 육식이 금지된 기간이 길어 상대적으로 콩 소비 중심의 독특한 문화가 정착되어 미소라고 하는 일본된장, 낫토, 왜간장, 두부 등이 발달했다.
㉣ 싱싱한 어육을 잘라 고추냉이(와사비) 간장에 찍어 먹는 생선회(사시미)와 생선초밥과 같은 요리를 일본 고유의 음식으로 발전시켰다.
㉤ 양식과 중식에 비해 강한 향신료의 사용이 적고, 적은 양의 요리를 제공하여 섬세하다.
㉥ 요리를 담을 때 공간과 색상의 조화를 중요시하고, 계절감이 뚜렷하다.

② 일식 상차림
㉠ 혼젠요리 : 관혼상제 등 의식 때에 대접하기 위하여 차리는 정식 상차림으로 화려하고 예술적인 요리를 중심으로 차린다.
㉡ 차가이세키요리 : 다도의 일부로 초대한 손님에게 차를 달여 대접하면서 나무의 열매, 과일, 단 것을 조린 것, 곤약, 당근 등으로 만든 자유케라는 과자를 곁들여 먹었는데 오늘날에는 아주 단맛이 강한 과자와 함께 먹는다.
㉢ 가이세키요리 : 혼젠요리와 차가이세키요리에서 발달한 것으로 술안주를 위주로 하여 차리는 연회요리이다.
㉣ 쇼징요리 : 불교의 전통에 따라 절을 중심으로 발달한 요리로 채소, 해초, 건조식품 등 식물성 식품을 재료로 만드는 요리이며, 기름과 전분을 많이 사용하는 것이 특징이다.
㉤ 찬합 : 찬합에 여러 가지 음식을 담아내는 요리로 보통 4층으로 된 찬합을 쓰며 찬합에 넣는 요리는 가짓수를 홀수로 한다.

(3) 중식 조리

① 미적 만족에 중요점을 두고 조미의 배합이 잘 발달되어 조화를 이루어 백미향이라 하며, 지역의 특성에 따라 북경요리, 남경요리, 사천요리, 광동요리로 구분된다.
② 중국은 소수민족의 특성 있는 요리가 잘 발달되었으며, 농후한 요리나 담백한 요리 등의 다양하고 미묘한 맛을 가진 것이 특징이다.

(4) 복어 조리

① 복어의 종류
㉠ 범복(도라후구) : 복어 중에서도 가장 비싸고 맛이 좋다.
㉡ 참복(마후구, 검복) : 몸체에는 작은 가시가 없이 매끈하다.
㉢ 줄무늬복(시마후구) : 까치복
㉣ 고등어복(시바후구) : 밀복

② 복어의 손질 및 조리
㉠ 식용 가능한 부위 : 복어살, 복어뼈, 입, 껍질, 지느러미, 고니(이리)
㉡ 식용 불가능한 부위 : 간장, 난소, 알, 안구, 아가미, 쓸개, 비장, 신장, 심장 등

CHAPTER

04 | 한식 면류 조리

01 면류 조리

1. 밀가루와 국수의 종류

(1) 밀가루의 종류

① 밀의 종류는 20여 종이 알려져 있으며 그중 90% 이상이 보통밀, 5~7%가 듀럼밀이다.

② 생육 특성에 따라 겨울밀과 봄밀로 구분하고, 단단한 정도에 따라 연질미와 경질밀로, 밀가루 단백질인 글루텐 함량에 따라 강력분, 중력분, 박력분으로 나눈다.

종 류	강력분	중력분	박력분
글루텐 함량	11~13%	9~11%	9% 이하
특 징	• 색상이 좋고 수분흡수율이 뛰어나다. • 빵이 잘 부풀고 탄력성이 좋다.	• 경질밀과 연질밀의 혼합분 • 강력분과 중력분을 모두 대체하여 사용 가능하다.	• 연질밀 • 점탄성이 약하고 물과의 흡착력이 약하다.
용 도	제빵용	다목적	케이크, 쿠키, 튀김옷

(2) 국수의 종류

① 재료에 따른 분류

㉠ 밀국수 : 밀가루로 만든 국수로 글루텐 함량이 많은 밀가루를 사용한다.

㉡ 메밀국수 : 메밀가루가 주원료이며 끈기를 주기 위하여 녹말가루나 밀가루를 섞어 익반죽한다.

㉢ 녹말국수 : 옥수수, 감자, 고구마, 칡 등의 녹말로 국수를 만드는데 밀가루를 섞어 만들기도 한다.

② 조리법에 따른 분류

㉠ 냉면 : 메밀과 전분을 이용하여 반죽을 익히면서 강한 압력을 가해 작은 구멍 밖으로 밀어내면서 만든다.

- 평양냉면 : 메밀 함량이 많아 뚝뚝 끊어지고 꺼끌꺼끌한 편이다.
- 함흥냉면 : 감자나 고구마 전분을 많이 넣어 면발이 쫄깃하고 잘 끊어지지 않는다.

㉡ 온면 : 국수를 따로 삶아 건져서 뜨거운 장국에 마는 방법과 장국이나 육수에 국수를 바로 넣어서 끓이는 제물국수가 있다.

㉢ 비빔면 : 국수를 삶아 채소, 육류, 생선회 등을 넣어 골고루 비빈 국수이다.

2. 육수의 종류와 조리방법

양지, 사태와 같은 질긴 부위 또는 꼬리나 사골을 끓여 국물의 맛을 내는 것으로, 약한 불에서 장시간 끓여 수용성 단백질, 지질, 무기질, 추출물, 젤라틴 등의 맛 성분이 충분히 우러나도록 한다.

(1) 육수의 종류

① 소고기 육수

㉠ 양지머리와 사태 등을 사용하며, 이 부위는 운동량이 많아 핵산, 아미노산 등의 맛 성분이 많다.

㉡ 양지머리를 찬물에 담가 핏물을 제거한 후 냄비에 양지머리와 물, 청주, 파, 마늘을 넣고 센 불에서 끓여 충분히 우러나오면 체에 걸러낸다.

② 동치미 육수

㉠ 배추와 무를 통째로 넣고, 잣, 깐 밤, 대파를 넣어 소금과 젓국으로 간을 한 국물을 부어 대나무 잎을 덮고 눌러 익힌 김칫국물을 이용한다.

㉡ 동치미 국물은 무가 많을수록 맛이 있으며, 국물을 맑게 하려면 무를 칼로 깎거나 긁지 않고 잔털만 떼고 깨끗이 씻어서 사용한다.

③ 닭고기 육수

㉠ 닭은 내장과 기름기를 제거하고 흐르는 물에 씻는다.

㉡ 냄비에 물과 닭, 마늘, 후추, 파, 소금을 넣고 끓기 시작하면 불을 줄여 중간 불에서 충분히 끓인 후 체에 걸러 국물로 사용한다.

④ 멸치와 다시마 육수

㉠ 다시마는 짠맛, 신맛, 쓴맛을 잡아주고 만니톨(Mannitol) 성분이 깊은 감칠맛을 낸다.

㉡ 내장을 제거한 멸치를 약한 불에서 먼저 볶다가 물과 다시마를 넣고 끓인다. 국물을 고운 체나 면 보자기에 내린 다음 1큰술 정도의 청주를 넣어 멸치의 비린내를 잡아주고 깔끔한 맛을 더한다.

⑤ 가쓰오부시(가다랑어포) 육수

㉠ 가쓰오부시는 가다랑어의 머리와 내장 등을 떼고 찜통에 쪄서 뼈를 발라내고 불에 쬐어 건조한 후 하룻밤 두었다가 다시 불에 쬐어 건조하는 과정을 반복해서 만들며, 붉은빛을 띤 독특한 흑갈색으로 윤택이 있는 것이 좋다.

㉡ 냄비에 물과 다시마를 넣고 끓이다가 불을 끈 뒤 가쓰오부시를 넣고 1시간가량 뚜껑을 덮어두어 가쓰오부시가 가라앉으면 국물을 면 보자기에 내려 식힌다.

⑥ 조개탕 육수

㉠ 바지락, 모시조개, 대합 등을 해감・세척한 후 껍데기째로 삶아서 진한 국물을 만든다.

㉡ 끓이면서 위로 떠오르는 거품을 떠내면 맑은 육수를 만들 수 있다.

⑦ 황태 육수

㉠ 냄비에 물을 붓고 젖은 행주로 닦은 황태 머리, 다시마, 마른 새우를 넣어 끓인다.

㉡ 끓기 시작하면 다시마를 건져내고 10분 정도 더 끓이다가 국물을 고운 체나 면 보자기에 내리고 청주를 넣어 식힌다.

⑧ 채소 육수

㉠ 양파, 대파, 무, 배추를 큼직하게 잘라 냄비에 물을 붓고 채소들이 부드러워질 때까지 푹 끓인다.

㉡ 냄비의 국물을 고운 체 또는 면 보자기에 내려서 식힌다.

(2) 육수 조리방법

① 육수 종류에 따라 육류(양지, 사태), 닭고기, 동치미, 다시마, 멸치, 가쓰오부시, 조개, 양파, 대파, 생강, 배추, 소금, 후춧가루 등을 준비한다.

② 찬물에 양지머리, 마늘, 대파, 생강 등을 넣고 거품을 떠내며 끓이다가 국간장, 소금, 후춧가루로 간을 하여 면보에 거른다.

③ 면보에 거른 육수는 물냉면이나 비빔냉면의 경우에는 냉 육수로, 국수장국에 사용할 때는 온 육수로 보관한다.

3. 반죽의 원리

반죽에 글루텐이 많이 형성되어 끊어지지 않고 쉽게 밀 수 있어야 질이 좋은 국수라고 할 수 있다. 이러한 반죽은 글루텐 사이에 전분 입자들을 흡착시키고 있어서 국수를 삶았을 때 전분 입자가 용출되지 않으며, 밀가루의 전분 입자들이 파괴되지 않은 온전한 것이라야 반죽에 힘이 있고 국수의 표면이 매끄럽다.

(1) 국수 반죽

① 칼국수 반죽

㉠ 칼국수는 기계국수와 같이 밀가루와 소금물을 잘 이겨 만든 반죽을 국수판 위에 놓고 손으로 눌러 어느 정도 널찍하게 한다.

㉡ 그 위에 밀대를 놓고 두 손으로 누르면서 전후좌우로 밀어 얇게 만든다. 이때 얇게 된 면 띠를 한쪽에서 밀대에 감아 누르면서 회전시키면 면 띠가 늘어나 헐겁게 된다.

㉢ 다음에 이것을 풀어서 면 띠의 다른 쪽에서 다시 밀대에 감고 먼저와 같이 되풀이한다.

㉣ 띠의 두께가 1~2mm 정도가 되면, 이것을 너비 8~11cm, 두께 2~4cm 정도로 접어 한쪽에서부터 2mm씩 썰어 생면을 만든다.

② 메밀국수 반죽

㉠ 메밀국수는 메밀가루와 밀가루로 만든 것인데, 혼합 비율은 7 : 3~3 : 7 정도이다.

㉡ 접착제로 달걀이나 호화 녹말을 넣기도 한다.

(2) 반죽의 분류와 형성

① 밀가루 반죽은 밀가루와 액체의 비율에 따라 묽은 정도가 달라지며, 정도에 따라 묽은 반죽(Batter)과 된 반죽(Dough)으로 분류한다.

② 반죽은 밀가루 입자가 물에 닿자마자 일어나는 수화단계와 반죽으로 인한 글루텐 형성과정을 거친다.

③ 글루텐은 그물 모양을 형성하여 전분 입자를 끼워 넣으며 부피, 질감, 모양을 만들어 준다.

(3) 부재료의 역할

① 물

㉠ 밀가루에서 글루텐을 형성하게 하고 반죽을 한 덩어리로 뭉치게 하는 역할을 한다.

㉡ 경수에 함유된 칼슘, 마그네슘, 철 등은 밀가루 단백질과 결합하여 반죽이 늘어나는 것을 방해하고, 전분과 결합하여 호화 팽윤되는 것을 방해하여 반죽의 질을 저하시킨다. 특히 철은 반죽의 색을 검게 변색시킨다.

② 소 금

㉠ 소금은 밀가루의 글리아딘의 점성을 강화시키고 글루텐의 망상구조를 촘촘히 구성하는 작용을 하기 때문에 밀가루 반죽을 질기게 만든다.

㉡ 특히 건면을 만들 때 소금을 많이 넣는데, 반죽을 질기게 하고 소금에 들어 있는 염화마그네슘의 흡습성에 의해 국수가 급격히 건조되는 것을 방지하여 건조과정에서 국수가 부서지지 않게 한다.

(4) 반죽 조리방법

① 국수 종류에 따라 밀가루(중력분, 다목적용), 메밀가루, 달걀, 식용유, 소금, 물을 준비한다.

② 밀가루를 스테인리스 볼에 담고, 적당한 분량의 소금, 달걀, 식용유와 물을 넣어 말랑말랑하게 반죽한 다음 면보 또는 위생 비닐에 싸서 30분 정도 둔다(숙성).

③ 숙성된 반죽을 손으로 밀어서 준비한 후 채 썰어 서로 붙지 않게 밀가루를 뿌려 털어 둔다.

4. 고명의 종류와 조리방법

고명은 웃기 또는 꾸미라고도 하는데, 음식 위에 장식하여 시각적 효과를 가미하고 음식의 맛을 더해 주는 역할을 한다. 고명은 식품 고유의 붉은색, 녹색, 흰색, 검은색을 이용하여 음식의 모양과 빛깔을 돋보이게 한다.

(1) 달걀을 이용한 고명

① 달걀지단

㉠ 흰자와 노른자로 분리하고 알끈을 제거한다.

㉡ 흰자에는 소금을 넣고 노른자에는 소금과 물을 넣은 후 거품이 일지 않게 잘 저은 후 흰자는 체에 거른다.

㉢ 프라이팬을 약한 불에서 달군 후 기름을 두르고 노른자가 얇고 고르게 퍼지도록 붓는다. 거의 다 익었을 때 뒤집어 반대쪽도 익힌다. 흰자도 노른자와 같은 방법으로 만든다.

㉣ 마름모꼴, 골패형, 채썰기 등 용도에 맞게 썬다.

더 알아보기 | 달걀지단 조리 시 유의사항

- 지단을 부칠 때 불이 세고 기름이 많으면 기포가 생겨 지단 표면이 매끄럽지 않다.
- 부친 지단을 겹쳐 놓지 않아야 하며, 식은 후에 썰어야 곱게 썰어진다.

② 알 쌈

㉠ 달걀을 흰자와 노른자로 분리하여 소금으로 간을 하고 거품이 일지 않도록 푼다.

㉡ 소고기를 곱게 다져 양념하고 치대어 지름 0.5cm 크기로 완자를 빚는다.

㉢ 약한 불에서 프라이팬에 기름을 조금 두르고 달걀을 반 숟가락 정도 떠서 지름 2cm 정도의 둥근 타원형을 만든다. 달걀이 반쯤 익으면 고기완자를 넣고 반으로 접어 가장자리를 맞붙인다.

(2) 고기를 이용한 고명

① 고기완자

㉠ 소고기를 곱게 다져 소금, 설탕, 후춧가루, 다진 마늘, 다진 파, 깨소금, 참기름으로 양념한다.

㉡ 지름 1cm 정도 크기로 둥글게 빚은 후 밀가루를 입힌 다음 풀어 놓은 달걀을 묻힌다.

㉢ 프라이팬에 기름을 조금 넣고 완자를 굴리면서 지져낸다.

② 고기 고명 : 소고기를 곱게 다지거나 가늘게 채 썰어 양념하여 볶아서 사용한다.

(3) 버섯을 이용한 고명

① 표고버섯 고명

㉠ 마른 표고버섯은 미지근한 물에 담가 불린다.

㉡ 기둥은 떼어내고 마름모꼴이나 채썰기를 한다. 살이 두껍고 큰 버섯은 칼을 뉘여서 얇게 저며서 사용한다.

㉢ 진간장, 후춧가루, 다진 마늘, 다진 파, 설탕, 깨소금으로 양념한다.

㉣ 프라이팬에 기름을 넣고 표고버섯을 볶는다.

② 석이버섯 고명

㉠ 버섯을 뜨거운 물에 불려 가늘게 채썰기를 한다.

㉡ 소금과 참기름으로 양념한다.

㉢ 프라이팬에 살짝 볶는다.

(4) 견과류를 이용한 고명

① 은행 고명

㉠ 프라이팬을 달군 후 기름을 조금 두르고 은행을 굴리면서 푸른색이 날 때까지 볶은 다음 마른행주나 종이에 싸서 비벼 속껍질을 벗긴다.

㉡ 은행은 주로 신선로, 전골, 찜 등의 고명으로 사용한다.

② 잣 고명

㉠ 흔히 고깔이라고 부르는 잣의 뾰족한 부분에 남아 있는 속껍질을 제거하고 마른행주에 닦아서 사용한다.

㉡ 통잣으로 사용하기도 하고, 길이로 반 갈라 비늘잣으로 사용하기도 하며, 잣가루로 사용할 때는 종이나 키친타월에 잣을 올려놓고 칼날로 다져서 쓴다.

㉢ 잣가루를 보관할 때는 사이사이에 키친타월이나 종이를 껴 넣어 냉동 보관해야 여분의 기름이 배어 나와 기름지지 않은 잣가루를 사용할 수 있다.

(5) 기타 고명

① 미나리초대

㉠ 미나리의 잎과 뿌리를 떼어 내고, 줄기만 씻어 10cm 길이로 자른 후 꼬치에 가지런하게 끼운다.

㉡ 미나리를 끼운 꼬치에 밀가루를 입힌다. 이때 밀가루가 너무 많이 묻지 않도록 한다.

㉢ 달걀에 소금을 넣고 풀어준다. 프라이팬에 기름을 두르고, 준비한 미나리를 풀어 놓은 달걀에 씌워 지진다.

㉣ 식힌 다음 꼬치를 빼고, 골패형이나 마름모꼴로 썬다.

② 청·홍고추

㉠ 고추를 길이로 반 갈라 씨를 빼고 채를 썰어서 올린다.

㉡ 고운 채로 쓸 때는 고추의 안쪽을 저며내어 채를 썬다.

㉢ 골패형, 완자형으로 썰어 사용하기도 하며 용도에 따라 살짝 데쳐서 사용하기도 한다.

[고명의 종류와 모양]

고명의 종류		식 품	모 양
채소와 달걀	붉은색	홍고추, 실고추, 당근, 대추	가는 채, 굵은 채, 골패형(장방형), 완자형(마름모꼴) 등
	초록색	미나리, 실파, 호박, 오이, 풋고추	
	노란색	달걀노른자	
	흰 색	달걀흰자	
	검은색	석이버섯, 표고버섯	
종실류	흰 색	흰깨, 밤	거피하여 통실깨 또는 가루
	초록색	은 행	거피하여 원형
	흰 색	잣	거피하여 원형, 가루, 비늘잣
	검은색	흑임자	거피하여 통깨 또는 가루
고 기	고기완자	소고기	완자형
	고기채	소고기	가는 채

5. 국수 및 만두 조리방법

(1) 국수장국

① 육수를 만들어 3컵 준비한다.

② 육수에 사용한 소고기를 식힌 후 채썰기 한다.

③ 달걀지단과 호박은 소고기와 같은 크기로 채썰기 하고 호박은 소금물에 절인다.

④ 호박을 물로 헹군 후 프라이팬에 볶는다.

⑤ 끓는 물에 면을 삶은 후 찬물에 비벼 씻는다.

⑥ 육수를 면보에 거른 후 간장으로 색을 내고 소금 간을 한다.

(2) 비빔국수

① 오이는 돌려 깎기 하여 채썰기 하고 소금물에 절인 후 흐르는 물에 헹구어 물기를 제거한다.
② 소고기는 핏물을 제거한 후 채썰기 하여 양념장에 재운다.
③ 표고버섯은 뜨거운 물에 불려 밑기둥을 제거한 후 포를 뜨고 채썰기 하여 양념장에 재운다.
④ 달걀은 지단을 만들어 곱게 채썰기 한다.
⑤ 프라이팬에 기름을 두르고 오이, 표고버섯, 소고기 순으로 볶는다.
⑥ 끓는 물에 면을 삶은 후 찬물에 비벼 씻는다.
⑦ 간장, 참기름, 설탕으로 밑간하고 오이, 표고버섯, 소고기를 섞어 살살 버무린다.

(3) 칼국수

① 찬물에 내장과 머리를 제거한 멸치를 넣고 끓인다.
② 호박은 채를 썰어 소금물에 절이고, 표고버섯은 채썰기 하여 양념장에 재운다.
③ 프라이팬에 호박, 표고버섯 순으로 각각 볶는다.
④ 육수에 국간장으로 색을 내고 소금으로 간을 한다.
⑤ 숙성한 반죽을 얇게 민 후 채썰기 한다.
⑥ 육수를 면보에 거른 후 육수가 끓으면 칼국수를 넣고 더 끓인다.

(4) 냉 면

① 소고기는 찬물에 담가 핏물을 완전히 뺀 다음 끓는 물에 넣고 저민 생강, 통마늘, 통후추를 넣어 고기가 2/3 정도 익었을 때 소금과 간장으로 맛을 낸 다음 서서히 끓여 편육으로 준비한다.
② 무는 썰어서 소금에 절였다가 연하게 고춧가루 물을 들여 김치를 담아 익힌다.
③ 오이는 반으로 가르거나 통으로 어슷하게 썰어 소금에 절인 다음 꼭 짜서 설탕을 약간 넣고 버무려 준비한다.
④ 물에 면이 붙지 않게 저으면서 삶아 주고 찬물에 바로 헹구어 면이 탄력을 유지할 수 있도록 한다.
⑤ 고명으로 완숙 달걀과 배를 올린다.

더 알아보기 | 냉면 조리 시 참고사항

- 냉면에 매운 무김치를 넣기도 하고 소고기 대신 돼지고기를 삶아 편육을 쓰기도 한다.
- 겨울철의 냉면은 육수 대신에 맑은 동치미 또는 김치, 나박김치의 국물을 쓴다. 동치미 국물이 가장 시원하고 맑아서 좋은데 육수와 반씩 섞으면 더욱 맛이 좋다.

(5) 만 두

① 개 요

㉠ 만두는 주로 북쪽 지방에서 즐겨 먹는 음식으로 만두피의 재료와 모양, 속에 넣는 소에 따라 종류가 다양하다.

㉡ 만두소는 만두 속에 넣는 재료이다. 주로 고기, 두부, 김치, 숙주나물 등을 다진 뒤 양념을 쳐서 한데 버무려 만든다.

② 종 류

㉠ 찐만두 : 쪄낸 만두는 뜨거울 때 내어도 좋고 식혀서 내어도 좋다.

㉡ 어만두 : 포를 뜬 흰살생선에 소를 넣어 빚어 찐다.

㉢ 장국만두 : 더운 장국에 빚은 만두를 넣어 익힌 것으로 겨울철에 많이 먹는다.

㉣ 준치만두 : 준치를 쪄서 살만 발라낸 것에 고기를 섞고 녹말을 묻혀 쪄낸다.

㉤ 굴림만두 : 만두피 없이 소를 둥글게 빚어 밀가루에 굴린 것을 장국에 넣어 끓인다.

③ 조리방법

㉠ 두부는 면보에 싸서 물기를 꼭 짜낸 뒤 곱게 으깨어 준비하고, 소고기의 살코기 일부는 다져서 속으로 준비한다.

㉡ 숙주는 소금물에 데쳐내어 잘게 다지고, 김치는 면보로 꼭 짜서 잘게 다진다.

㉢ 달걀지단과 미나리초대를 약 1~5cm의 마름모꼴로 잘라 고명으로 준비한다.

㉣ 두부, 소고기, 숙주, 김치 등의 부재료를 다진 파, 다진 마늘, 소금, 후춧가루, 깨소금, 참기름으로 양념하여 고루 섞어서 소를 만든다.

㉤ 준비된 만두피에 소를 넣어 용도에 맞는 모양과 크기로 빚는다.

㉥ 준비된 육수가 끓으면 소금과 간장으로 간을 맞추고 빚은 만두, 마늘, 후춧가루 등을 넣어 떠오를 때까지 끓인다.

더 알아보기 만두 조리 시 유의사항

- 만두피를 밀 때 덧가루를 많이 사용하면 국물이 탁해지므로 주의한다.
- 반죽에 달걀흰자 혹은 식용유를 2큰술 정도 섞어서 반죽하면 질겨져서 얇게 밀기 좋다.

6. 국수(면) 삶기

(1) 면 삶기

국수를 삶는 과정은 국수의 품질, 맛에 영향을 주며, 국수의 탄력, 매끄러운 정도, 씹었을 때의 반응 등이 식미를 평가하는 주요 요소로 작용한다.

(2) 삶기 시 고려사항

① **국수의 양** : 국수 무게의 6~7배의 물에서 국수를 삶는 것이 국수가 서로 붙지 않고 빨리 끓어 좋다. 면은 물이 끓은 상태에서 넣어야 하며, 많은 양을 삶을 때는 서로 붙지 않게 조심스럽게 저어 주어야 한다.

② **불 조절** : 국수를 넣은 후 물이 다시 끓기 시작하여 국수가 떠오르면 불을 줄여준다. 국수가 떠오른 후에도 계속 강하게 가열하면 거품이 많이 일고 국수의 표면이 거칠어진다.

③ **면 식히기** : 국수가 다 익으면 많은 양의 냉수에서 국수를 단시간 내에 냉각시켜 국수의 탄력을 유지해야 한다. 만일 익은 국수를 서서히 식히면 국수의 표면이 거칠어져서 질을 저하시킨다.

④ **삶는 시간** : 국수별 익히는 시간은 가루 배합, 수분 농도, 면의 굵기, 익반죽 상태에 따라 각각 다르다. 마른국수 중 잔치국수(가는 국수)는 5~6분이며, 우동국수(굵은 국수)는 15분이다.

7. 양념장의 종류

양념장은 여러 가지 양념을 혼합한 것으로 음식을 만들 때 사용하거나 완성된 음식과 함께 곁들여 먹는다.

① **초고추장** : 고추장에 식초, 설탕, 마늘, 생강즙을 넣어 만든 것으로, 식초 대신 레몬즙을 넣어도 좋으며, 부드러운 맛을 내기 위해 참기름을 조금 넣기도 한다.

② **약고추장** : 두꺼운 냄비에 다진 소고기를 양념해서 볶다가 고추장, 설탕, 물을 넣어 부드럽게 볶은 것으로 볶음고추장이라고도 한다.

③ **초간장** : 간장과 식초를 주재료로 하여 만든 양념간장으로, 식초에 설탕을 넣어 녹인 다음 간장을 넣는다.

02 면류 담기

1. 식기의 종류와 담기

(1) 식기의 선택

① 어떤 종류의 식기를 사용하느냐에 따라 상차림의 분위기가 결정되며, 그릇의 무늬나 색에 따라 시각적 인상이 크게 달라진다.

② 단순한 것은 쉽게 싫증이 나지 않고 음식을 담아낼 때도 무난하지만, 대담하고 개성이 강한 그릇은 사용하는 이의 센스에 따라 그 매력의 비중이 증감되는 효과가 있다.

③ 그릇은 음식을 담기에 충분할 정도로 크고 깊어야 하며 접시는 손으로 잡기 쉬워야 한다. 형태는 독특하고 각이 진 식기보다는 둥글고 무난한 것이 같은 종류끼리 잘 포개질 수 있어 보관하기도 쉽다.

(2) 식기의 종류

① 질그릇류

㉠ 된장찌개와 같은 음식을 담는 뚝배기 등을 말하는 것으로, 두껍고 기공이 있으며 잘 깨지는 것이 특징이다.

㉡ 짙은 갈색의 투박한 질감이 여름을 제외한 모든 계절에 어울리며, 특히 늦가을이나 초겨울에 따뜻한 느낌을 줄 수 있다.

② 사기류

㉠ 회색이나 밝은 갈색의 고운 점토를 중간 온도에서 구워낸 것으로, 비교적 강하고 방수성이 있으며 견고하다.

㉡ 투박한 느낌의 사기류 식기는 가격이 저렴하고 무난하면서도 관리가 쉬워 특히 아이가 있는 가족들에게 적합하다.

③ 차이나류

㉠ 얇고 희며 반투명으로 광택이 나는 차이나(China)류는 고온에서 구워지는데, 고급 차이나(Fine China)는 질 좋은 점토로 더욱 높은 온도에서 구워내어 품질이 더 좋은 것을 말한다.

㉡ 영국식 차이나 또는 본차이나는 실제로 동물의 뼈가 일정 비율로 함유된 양질의 제품이다.

④ 자기류

㉠ 자기류는 양질의 값비싼 제품으로 아주 높은 온도에서 구워지고 매우 얇게 유리화되어 밝은 빛에 비추어 보면 약간 투명하게 느껴지기도 한다.

㉡ 두께가 매우 얇은 데 비해 파손에 대한 저항력이 강하다.

(3) 면류 담기

① **돌려 담기** : 면발을 가지런히 정리하여 잡고 동그란 그릇 모양을 따라 돌려 담는다.

② **타래지어 담기** : 국수를 조금 잡고 두 번째 손가락에 감아 동그랗게 타래를 지어 그릇에 놓는다.

③ **일자 담기** : 국수를 물에 담근 상태에서 들었다 놨다 하며 면발을 정리하여 그릇에 일렬로 가지런히 담는다.

④ **포크로 돌려 담기** : 파스타처럼 녹말기가 적은 국수는 가운데 포크를 넣고 돌려 동그란 모양을 만든다.

⑤ **젓가락에 감아 담기** : 국수를 물에 담근 상태에서 들었다 놨다 하며 면발을 정리하여 젓가락에 감는다. 젓가락 끝까지 고르게 잘 감아지면 젓가락을 빼면서 그릇에 담는다.

2. 면류를 담아 제공하기

(1) 국수장국

① 끓는 물에 국수를 넣고 끓어오르면 2~3번 찬물을 부어 투명하게 삶은 후 찬 물에 헹구어 물기를 빼고 사리를 지어 그릇에 담는다.

② 준비된 육수는 간장과 소금으로 간을 맞추고 끓인다.

③ 면 그릇을 선택하여 국수를 담고 육수를 국수가 잠길 정도로 붓는다.

④ 고명으로 채를 썬 고기, 황・백 달걀지단, 석이버섯, 호박, 실고추를 보기 좋게 올려 완성한다.

(2) 비빔국수

① 간장, 참기름, 설탕으로 밑간을 하고, 오이, 표고버섯, 소고기를 섞어 살살 버무린 국수를 그릇에 담는다.

② 황・백 달걀지단, 석이버섯, 실고추를 고명으로 올려 보기 좋게 완성한다.

(3) 칼국수

① 면 그릇을 선택하여 칼국수와 국물을 담는다.
② 고명으로 애호박, 표고버섯, 실고추를 보기 좋게 올려 완성한다.

(4) 만둣국

① 완성 그릇에 만두를 담고 육수를 붓는다.
② 고명으로 달걀지단, 미나리초대 등을 보기 좋게 올려 완성한다.

(5) 비빔냉면

① 끓는 물에 냉면을 넣고 끓어오르면 2~3번 찬물을 부어 삶은 후 찬 물에 헹구어 물기를 빼고 사리를 지어 그릇에 담는다.
② 고명으로 오이, 무김치, 삶은 달걀, 배 등을 올린다.
③ 비빔 양념장을 따로 그릇에 내거나 면 한쪽에 얹어 보기 좋게 담아 완성한다.
※ 면을 삶아 찬물에 헹구어 양념장을 넣고 고루 무친 후 고명을 얹어 내기도 한다.

(6) 물냉면

① 끓는 물에 냉면을 넣고 끓어오르면 2~3번 찬물을 부어 삶은 후 찬 물에 헹구어 물기를 빼고 사리를 지어 그릇에 담는다.
② 차게 식힌 육수를 넉넉히 부어 물냉면을 담는다.
③ 고명으로 편육, 오이, 무김치, 삶은 달걀, 배 등을 보기 좋게 올려 완성한다.

CHAPTER

05 | 한식 찜 · 선 조리

01 찜 · 선 조리

1. 찜 · 선 조리 지식

(1) 찜의 정의

① 재료를 큼직하게 썰어 양념하여 물을 붓고 뭉근히 끓이거나 쪄내는 음식으로, 식품의 수용성 성분의 손실이 적고 식품의 고유 풍미를 비교적 잘 유지할 수 있는 조리법이다.

② 육류는 보통의 경우 재료를 양념하여 약한 불로 오랜 시간 조리하여 연하게 하는 것으로 갈비찜, 닭찜, 사태찜, 쇠꼬리찜 등이 대표적이다.

③ 어패류는 조직이 연하기 때문에 물에 넣어 오래 가열하기보다는 주로 증기로 익히는데 도미, 조기, 새우 등을 조리할 때 사용하며 육류에 비해 가열 시간이 짧다.

(2) 선의 정의

① 선(膳)이라는 단어에는 특별한 조리적 의미는 없고 좋은 음식을 뜻하는데, 찜과 같은 방법으로 조리하되 주로 주재료로 식물성 식품을 이용한다.

② 선의 조리법은 증기를 올려 찌는 법과 육수나 물을 자박하게 넣어 끓이는 법이 있는데, 호박, 오이, 가지, 배추 등에 소고기와 표고버섯 등을 곱게 채 썰거나 다져 채워 넣어 끓이거나 쪄서 익혀 낸다.

2. 찜 · 선의 종류

(1) 찜의 종류

① 육류 찜

㉠ 소갈비찜 : 소갈비를 무, 표고버섯 등의 부재료와 함께 연하게 조리한 것으로, 소갈비찜을 만든 후 다시 직화에 구워 찜의 부드러운 맛에 구이의 향미를 더할 수도 있다.

㉡ 돼지갈비찜 : 채소와 함께 고추의 매운맛을 내어 만드는 찜 요리로, 돼지고기 특유의 누린 냄새를 없애기 위해 핏물을 빼고 생강즙에 미리 재워 두었다가 양념한다.

㉢ 궁중닭찜 : 닭을 통째로 연하게 삶아 내어 살만 발라 찢고, 버섯과 함께 닭을 삶은 육수에 넣어 걸쭉하게 끓인 조선시대의 궁중음식이다.

㉣ 닭찜 : 닭을 토막 내 기름기를 빼고 채소와 함께 양념장을 넣어 은근한 불에서 끓이다가 내용물이 익으면 뚜껑을 열고 양념장을 끼얹어 윤기나게 조리한다.

㉤ 사태찜 : 소의 사태를 무, 표고버섯 등의 부재료와 함께 갖은 양념을 하여 연하게 조리한 것이다.

ⓗ 곤자소니찜 : 소의 창자 끝에 달린 기름기가 많은 부위인 곤자소니를 삶아 갖은 양념을 하여 소고기와 채소 등을 넣어 조리한 것이다.

ⓢ 돼지새끼찜 : 아저찜, 애저찜이라고도 하며 6~7개월 된 돼지 새끼의 내장을 빼고 닭고기, 꿩고기, 두부 등의 부재료를 양념해 채워 넣어 조리한다.

ⓞ 우설찜 : 우설을 끓는 물에 삶아 껍질을 벗기고 채소와 함께 연하게 조리한다.

ⓙ 소꼬리찜 : 소꼬리를 토막 내어 삶아 무, 떡, 표고버섯 등의 부재료와 함께 연하게 조리한다.

② 어패류 찜

㉠ 도미찜 : 도미를 통째로 손질하여 쪄서 여러 가지 고명으로 장식한다. 칼집을 낸 도미 살에 양념한 다진 소고기를 넣어 찌기도 한다.

㉡ 대하찜 : 대하의 등 쪽에 칼집을 넣어 넓게 펴서 찐 후 여러 가지 고명을 얹는다.

㉢ 북어찜 : 북어를 물에 담가 부드럽게 불려서 갖은 양념을 하여 연하게 조리한다.

㉣ 게찜 : 꽃게의 살을 발라 소고기와 같이 양념하여 게 껍데기에 다시 담아서 쪄낸 것이다.

㉤ 대합찜 : 대합의 살에 소고기와 버섯을 함께 양념하여 넣어 찐 후 여러 가지 고명을 얹는다.

㉥ 부레찜 : 생선의 부레에 소고기와 버섯 등을 양념하여 채워 넣고 쪄낸 음식이다.

㉦ 숭어찜 : 도미찜처럼 숭어 살에 칼집을 넣어 소고기나 표고버섯 등의 부재료를 양념해 넣어 찌기도 하고, 숭어의 포를 떠서 전을 부치고 소고기나 표고버섯, 미나리 등의 부재료와 함께 육수에 넣어 끓여 내기도 한다.

㉧ 전복찜 : 전복을 손질하여 소고기와 채소 등을 넣고 찐 것이다.

(2) 선의 종류

① 동물성 재료를 이용한 선

㉠ 어선 : 민어, 대구, 동태 등의 흰살생선을 포를 떠서 소고기와 버섯, 지단 등의 소를 만들어 넣어 말아서 쪄낸 것이다.

㉡ 양선 : 소의 양 껍질을 손질해서 녹말을 입혀 익힌 것으로, 찹쌀가루를 입혀 기름에 조리하기도 하고 소금 간을 한 잣 국물에 익혀 내기도 한다.

㉢ 청어선 : 청어를 손질하여 양념한 다진 소고기를 청어의 안팎에 입혀 채소와 함께 찐다.

② 식물성 재료를 이용한 선

㉠ 두부선 : 두부를 곱게 으깨 물기를 제거하고 닭고기나 새우살, 소고기, 표고버섯 등을 섞어 고른 두께로 펴서 찐 것이다.

㉡ 호박선 : 애호박을 반으로 갈라 토막을 내어 어슷하게 칼집을 넣고 사이사이에 소를 채워 장국을 부어서 끓인 채소 찜이다.

㉢ 가지선 : 가지를 토막 내어 오이소박이처럼 칼집을 넣고 소고기와 표고버섯 등을 양념하여 채워 넣어 장국물을 부어 끓여 낸다. 혹은 전분을 입혀 쪄내기도 한다.

㉣ 배추선 : 배추속대를 살짝 데쳐 두부, 소고기, 표고버섯 등을 양념하여 배추와 번갈아 가며 쌓아 장국물을 붓고 익혀 낸 것이다.

㉤ 오이선 : 오이를 토막 내어 칼집을 넣고 소고기, 버섯을 양념하여 채워 넣어 단촛물을 끼얹는다.

㉥ 무선 : 무를 토막 내어 칼집을 넣고 소금에 절여 소고기와 표고버섯 등을 양념하여 채워 넣어 장국물을 부어 끓인 것이다.

3. 찜 · 선 조리방법

(1) 전처리

① 육 류

㉠ 돼지갈비, 소갈비, 사태, 닭 등 육류의 찜 재료는 먹기 좋은 크기로 썰고 기름기를 제거한다.

㉡ 찬물에 담가 핏물을 제거한 후 끓는 물에 튀기거나 팬에 볶아 기름을 제거한다.

㉢ 선에 속 재료로 들어가는 육류는 키친타월에 핏물을 제거한 후 용도에 맞게 다지거나 채를 썬다.

② 생선류

㉠ 비늘과 내장, 지느러미를 제거한 후 흐르는 물에 씻어 물기를 제거한다.

㉡ 생선의 비늘을 제거할 때는 꼬리에서 머리 쪽 방향으로 긁어낸다.

㉢ 용도에 맞게 포를 뜨거나 칼집을 넣는 등의 손질을 한다.

③ 어패류

㉠ 생물은 해감이 필요한 경우 3% 정도의 소금물에 넣어 검은 천이나 검은 비닐로 덮어 선선한 곳에 두어 해감한다.

㉡ 필요에 따라 솔로 문질러 씻는다.

④ 채소류

㉠ 깨끗이 씻고 종류에 맞게 껍질을 벗기거나, 꼭지를 따는 등 비가식 부분을 제거한다.

㉡ 용도에 맞게 썰고 칼집을 넣어 소금물에 절이거나 끓는 물에 데친다.

(2) 찜 조리하기

① 소갈비찜

㉠ 갈비 핏물을 빼고 끓는 물에 살짝 튀기거나 팬에 볶아 기름기를 제거한다.

㉡ 갈비에 양념장의 1/3 정도를 넣어 한 시간 이상 냉장에서 재워 두었다가 불에 올려 중불로 가열한다.

㉢ 배, 사과, 포도, 표고버섯 등의 연육작용과 감칠맛을 내는 재료, 물을 함께 넣어 끓이다 건져 낸다.

㉣ 고기가 반 정도 익었을 때 나머지 양념의 1/2을 넣어 뒤적이며 찜을 한다.

㉤ 찜이 거의 다 되었을 때 남은 양념장과 참기름을 넣어 윤기나게 하며 간을 맞춘다.

㉥ 무, 당근, 밤 등의 부재료는 익는 순서에 따라 넣어 함께 찜한다.

② 사태찜

㉠ 사태의 얇은 막을 제거하고 끓는 물에 살짝 튀겨 낸다.

㉡ 핏물을 뺀 사태는 끓는 물에 연육 및 맛 내기용 재료와 함께 넣어 푹 삶는다.

㉢ 삶은 고기와 무, 당근을 4~5cm 크기로 토막 내고 밤, 표고버섯과 함께 양념장에 버무려 냄비에 담는다.

㉣ 재료가 잠길 정도로 육수를 부어 중불에서 서서히 끓인다.

㉤ 국물이 거의 졸아들고 간이 고루 배면 은행, 잣, 고추를 넣어 잠시 더 익힌 후 불을 끈다.

③ 닭 찜

㉠ 닭을 토막 내고 끓는 물에 살짝 튀겨 낸다.

㉡ 양파는 도톰하게 썰고 당근은 사방 3cm 정도로 썰어 모서리를 다듬는다.

㉢ 닭고기를 냄비에 넣고 양념장의 절반만 넣어 끓이다가 당근, 양파, 표고버섯을 넣고 나머지 양념장을 넣어 끓인다.

㉣ 국물이 거의 졸아들고 간이 고루 배면 은행을 넣어 잠시 더 익힌 후 불을 끈다.

④ 돼지갈비찜

㉠ 돼지갈비를 5cm 정도로 토막 내어 찬물에 담가 핏물을 빼고 기름기를 제거한 후 잔 칼집을 넣어 끓는 물에 데친다.

㉡ 냄비에 데친 돼지갈비와 양념장 1/2, 물 3컵을 붓고 돼지고기를 익힌다.

㉢ 돼지갈비가 2/3쯤 익으면 당근, 감자 순으로 넣으면서 나머지 양념장을 붓고 서서히 익힌다.

㉣ 국물이 어느 정도 줄었을 때 붉은 고추와 양파를 넣고 국물이 자작하게 남을 때까지 조린다.

⑤ 도미찜

㉠ 도미는 비늘을 긁고 내장을 꺼내어 씻은 후 양면에 칼집을 어슷하게 넣어 밑간한다.

㉡ 양념한 소고기와 표고버섯을 도미의 칼집 사이에 고루 채워 넣는다.

㉢ 도미를 머리가 왼쪽, 배가 앞으로 오게 접시에 담아 찜통에 넣어 속이 익을 때까지 찐다.

㉣ 도미를 식힌 후 색색의 고명을 얹어 마무리한다.

⑥ 북어찜

㉠ 물기를 제거한 북어의 머리와 지느러미를 제거한 후 등 쪽에 칼집을 내고 3토막으로 썬다.

㉡ 냄비에 북어를 담고 양념장과 물 1/2컵을 넣어 서서히 중간 불에서 조린다.

㉢ 북어찜의 국물이 자작하게 남을 때까지 국물을 끼얹으며 윤기가 나도록 조린 후 실고추와 고명을 올려 뜸 들인다.

⑦ 대합찜

㉠ 해감한 대합을 깨끗이 씻어 끓는 물에 넣고 입이 벌어지면 건진다.

㉡ 대합을 건져 살을 발라내고 내장을 제거한 후 곱게 다진다.

㉢ 소고기는 곱게 다지고, 두부는 물기를 꼭 짜서 으깬 뒤 대합살과 함께 양념한다.

㉣ 대합 껍데기 안쪽에 밀가루를 바르고, 양념한 속을 평평하게 담은 후 그 위에 밀가루를 얇게 묻혀 찜통에 10~15분간 찐다.

㉤ 쪄낸 대합 위에 고명을 얹는다.

⑧ 대하찜

㉠ 대하 관절 사이에 이쑤시개를 넣어 내장을 빼고, 다리와 대하 입 부분의 뾰족한 부분을 잘라낸다.

㉡ 대하의 머리와 꼬리를 붙인 채로 몸통의 등 쪽에 칼집을 넣어 넓게 펼친 후 살을 발라낸다.

㉢ 양파, 불린 표고버섯, 홍고추는 곱게 다지고 두부는 물기를 제거하고 곱게 으깨 양념한다.

㉣ 양념한 속을 대하의 껍질 속에 다시 채워 넣는다.

㉤ 찹쌀가루를 찬물에 개어서 ㉣ 위에 얇게 얹는다.
㉥ 김이 오른 찜통에 대하를 넣어 10분 정도 쪄낸다.

(3) 선 조리하기

① 어 선

㉠ 전처리한 흰살생선을 넓게 포를 떠서 잔 칼집을 넣거나 칼을 눕혀서 두들겨 두께를 고르게 하여 소금, 흰 후춧가루를 뿌린다.
㉡ 소고기, 건표고, 오이, 당근은 채를 썰고 팬에 볶아 식힌다.
㉢ 도마에 대발을 놓고 생선포에 녹말을 얇게 뿌린 뒤 볶아 놓은 재료를 넣어 돌돌 말아 녹말가루를 다시 얇게 입힌다.
㉣ 찜통에 올려 10분 정도 찐다.

② 호박선

㉠ 호박을 4cm로 어슷 썰어 칼집을 내어 소금물에 절인다.
㉡ 소고기는 곱게 다지고 표고버섯은 따뜻한 물에 불려 곱게 채 썰어 양념한다.
㉢ 호박의 칼집에 양념한 소고기와 버섯을 골고루 채워 넣는다.
㉣ 냄비에 소를 채운 호박을 넣고 호박이 2/3쯤 잠기게 물을 부어 간장이나 소금으로 간하여 중간에 가끔 국물을 끼얹어 가며 중불로 익힌다.

③ 가지선

㉠ 가지를 6cm 정도로 토막 내 양 끝을 1cm 정도 남기고 오이소박이처럼 칼집을 세 번씩 넣어 소금물에 절여 준비한다.
㉡ 소고기는 곱게 다지고 표고버섯은 따뜻한 물에 불려 곱게 채 썰어 고기와 표고를 합쳐 양념한다.
㉢ 물기를 제거한 가지에 양념한 소고기와 버섯을 골고루 채워 넣는다.
㉣ 냄비에 물을 넣고 국간장으로 연하게 간하여 소를 채운 가지를 넣어 중불로 국물을 끼얹어 가며 끓인다.

④ 오이선

㉠ 오이를 4cm로 어슷 썰어 칼집을 내어 소금물에 절인 것을 준비한다.
㉡ 소고기와 불린 표고버섯은 곱게 채 썰어 양념한다.
㉢ 팬에 기름을 두르고 절인 오이를 빠르게 볶아 꺼내 식힌다.
㉣ 호박에 양념한 소고기와 버섯, 황백 지단을 골고루 채워 넣는다.
㉤ 단촛물은 내기 직전에 끼얹는다.

⑤ 두부선

㉠ 두부를 면보에 싸서 물기를 꼭 짠 후 칼 옆면으로 곱게 으깨 체에 내린다.
㉡ 닭고기는 살만 발라서 곱게 다지고, 건표고는 따뜻한 물에 불려 곱게 채를 썬다.
㉢ 두부, 닭고기, 표고를 섞어 양념한다.
㉣ 젖은 면보에 양념한 두부를 얹어 1cm 두께로 고르게 펴서 네모나게 만들어 위에 황백 지단, 석이버섯, 실고추, 비늘잣을 얹어 면보를 덮어 살짝 누른다.
㉤ 김이 오른 찜통에 넣어 5~10분 정도 찐 후 썬다.

4. 찜·선 고명과 조리방법

(1) 달걀지단

① 흰자와 노른자로 분리하고 알끈을 제거한다.
② 흰자에는 소금을 넣고, 노른자에는 소금과 물을 넣은 후 거품이 일지 않게 잘 젓고 흰자는 체에 내린다.
③ 프라이팬을 약한 불에서 달군 후 기름을 두르고 노른자가 얇고 고르게 퍼지도록 붓는다. 거의 다 익었을 때 뒤집어 반대쪽도 익힌다. 흰자도 노른자와 같은 방법으로 만든다.
④ 마름모꼴, 골패형, 채썰기 등 용도에 맞게 썬다.

(2) 잣 고명

① 속 껍질까지 벗긴 잣을 마른 면보로 닦아 먼지를 제거한 후 고깔을 떼어낸다.
② 잣을 세로로 반을 갈라 비늘잣을 만든다.
③ 도마 위에 기름기를 잘 흡수할 수 있는 종이를 깔고 잣을 올린 뒤 잘 드는 칼로 다져 보슬보슬한 잣가루를 만든다.

(3) 은행 고명

① 알맹이가 부서지지 않도록 껍데기를 제거한다.
② 미지근한 소금물에 담가 둔다.
③ 물기를 제거하고 기름을 적게 두른 프라이팬에 은행을 굴려가며 볶는다.
④ 은행이 뜨거워지면 젖은 행주나 종이행주에 싸서 비벼 속껍질을 제거한 후 기름기를 닦아낸다.

(4) 석이버섯 고명

① 미지근한 물에 석이버섯을 불린다.
② 양손으로 비벼 뒷면의 이끼를 벗겨 낸다.
③ 손질한 석이버섯을 돌돌 말아서 곱게 채 썰어 소금과 참기름으로 밑간을 한다.
④ 프라이팬에 살짝 볶는다.

5. 양념장의 종류와 조리방법

(1) 간장 양념장

① 간장 양념장은 소갈비, 돼지갈비, 닭찜 등에 활용할 수 있으며 용도에 따라 물이나 양파, 사과, 배 등을 갈아서 섞거나 그 즙을 가감하기도 한다.
② 고기에 간장 양념할 때는 소고기 100g당 간장 1Ts(15mL)가 적당하며 소갈비, 돼지갈비, 닭 등 뼈가 있는 재료일 경우에는 간장을 절반만 쓴다.

③ 제조방법

㉠ 배합표에 따라 정확히 계량하여 모든 양념을 섞는다.

㉡ 필요에 따라 냉장고에서 양념장을 숙성시킨다.

㉢ 양념장을 미리 만들어 두었다가 사용할 때는 제조일, 소비기한을 표기해 두고 먼저 만든 양념장을 먼저 사용한다.

[간장 양념장 배합표(5인 기준)]

재 료	분 량	재 료	분 량
진간장	1/2cup	다진 마늘	40g
설 탕	3Ts	다진 파	3Ts
물 엿	3Ts	참 깨	1과 1/2Ts
정 종	1Ts	후춧가루	1ts
참기름	2Ts		

(2) 매운 양념장

① 매운 양념장은 매운 소갈비찜, 매운 돼지갈비찜, 매운 닭찜 등에 활용할 수 있으며 용도에 따라 물이나 양파, 사과, 배 등을 가감할 수 있다.

② 제조방법

㉠ 배합표에 따라 정확히 계량하여 모든 양념을 섞는다.

㉡ 필요에 따라 냉장고에서 양념장을 숙성시킨다.

㉢ 양념장을 미리 만들어 두었다가 사용할 때는 제조일, 소비기한을 표기해 두고 먼저 만든 양념장을 먼저 사용한다.

[매운 양념장 배합표(5인 기준)]

재 료	분 량	재 료	분 량
고추장	1/2cup	물엿(조청)	3Ts
진간장	2Ts	다진 마늘	40g
고춧가루	1/2cup	다진 파	3Ts
설 탕	2Ts	참 깨	1과 1/2Ts
참기름	2Ts	후춧가루	1ts

(3) 겨자장

① 찜 완성 후 곁들이는 양념장으로 겨자를 발효시켜 식초, 설탕, 소금 또는 간장을 넣어 만든다.

② 냉채, 구절판, 회 등을 먹을 때 찍어 먹는 것으로 필요에 따라 깨즙이나 잣을 곱게 갈아 넣으면 맛이 부드러워진다.

③ 제조방법

㉠ 볼에 80℃ 정도의 미지근한 물과 겨잣가루를 넣어 골고루 갠 후, 볼 전체에 펴 바른다.

㉡ 따뜻한 곳이나 뜨거운 김이 나는 곳에 두어 발효시킨다.

㉢ 표면이 딱딱하게 굳으면 미지근한 물을 부어 쓴맛을 우려내 물을 따라 버린다.

㉣ 발효시킨 겨자와 양념을 넣어 고루 섞는다.

[겨자장 배합표]

재 료	분 량	재 료	분 량
겨잣가루	1/2cup	식 초	1과 1/4mL
미지근한 물	2Ts	진간장	2와 1/2cup
설 탕	2cup		

※ 겨자의 매운맛을 내는 시니그린을 분해하는 마이로시네이즈(미로시나제)의 최적 활동 온도가 40℃ 정도이므로 따뜻한 물로 개어야 매운맛이 난다.

(4) 초간장

① 찜이나 선 요리 완성 후 곁들이는 양념장으로 고기를 찍어 먹거나 어선 등을 제공할 때 함께 낸다.

② 필요에 따라 초간장에 채 썬 양파를 넣어 냉장고에 숙성시켜 사용하기도 한다.

③ 제조방법

㉠ 배합표에 따라 정확히 계량하여 모든 양념을 섞는다.

㉡ 필요에 따라 양파 등의 부재료를 넣어 냉장고에서 양념장을 숙성시킨다.

㉢ 양념장을 미리 만들어 두었다가 사용할 때는 제조일, 소비기한을 표기해 두고 먼저 만든 양념장을 먼저 사용한다.

[초간장 배합표]

재 료	분 량	재 료	분 량
물	6cup	식 초	6cup
간 장	6cup	설 탕	3cup

02 찜 · 선 담기

1. 식기의 종류

(1) 식기의 종류와 용도

① 식기 재질에는 유기, 은, 스테인리스 스틸 등의 금속으로 만든 식기와 흙으로 빚어 구운 토기, 도기, 자기와 유리그릇이 있다. 그리고 대나무로 만든 죽제품과 나무로 만든 목기가 있다.

② 상에 놓는 식기류에는 밥을 담는 반기류, 미음이나 죽을 담는 조반기, 국이나 숭늉을 담는 대접류, 그리고 국수장국이나 떡국, 비빔밥 등을 담는 반병두리가 있다.

③ 이 밖에 절에서 밥, 국, 김치, 나물 등을 담는 바리때, 김치나 깍두기를 담는 보시기, 동치미를 담는 옹파리, 여러 가지 반찬을 담는 쟁첩과 접시, 조미료를 담는 종지가 있다.

(2) 반상기

① 일상의 반상 차림에 쓰이는 그릇을 반상기라 하며, 여름철과 겨울철 식기로 구별하여 쓴다.

② 반상기는 주발, 조치보, 보시기, 종지, 쟁첩, 대접 등으로 구성되어 있다. 형태는 일반적인 주발이나 바리, 합 모양으로 만들어 한 벌을 모두 같은 형태와 무늬로 맞춘다.

③ 구 성

㉠ 주발 : 유기나 사기, 은기로 된 밥그릇으로 주로 남성용이며 사기 주발을 사발이라고 한다. 아래는 좁고 위로 차츰 넓어지며, 뚜껑이 있다.

㉡ 바리 : 유기로 된 여성용 밥그릇으로, 주발보다 밑이 좁고 배가 부르고 위쪽은 좁아들고 뚜껑에 꼭지가 있다.

㉢ 탕기 : 국을 담는 그릇으로 모양이 주발과 비슷하다.

㉣ 대접 : 위가 넓고 높이가 낮은 그릇으로 면, 국수를 담아내며 요즘은 국 대접으로 사용된다.

㉤ 조치보 : 찌개를 담는 그릇으로 주발과 같은 모양이며, 탕기보다 한 치수 작은 크기이다.

㉥ 보시기: 김치류를 담는 그릇으로 쟁첩보다 약간 크고 조치보보다는 운두가 낮다.

㉦ 쟁첩 : 대부분의 찬을 담는 그릇으로 작고 납작하며 뚜껑이 있다.

㉧ 종지(종자) : 간장, 초장 등 장류를 담는 그릇으로 주발의 모양과 같고, 기명 중에서 가장 작다.

㉨ 합 : 밑이 넓고 평평하며 위로 갈수록 직선으로 차츰 좁혀지고, 뚜껑의 위가 평평한 모양으로 유기나 은기가 많다.

㉩ 접시 : 운두가 낮고 나박한 그릇으로 찬, 과실, 떡 등을 담는다.

㉪ 토구 : 식사 도중 질긴 것이나 가시 등을 담는 그릇이다.

㉫ 쟁반 : 운두가 낮고 둥근 모양으로 다른 그릇이나 주전자, 술병, 찻잔 등을 담아 놓거나 나르는 데 쓰인다.

(3) 찜 · 선의 그릇

① 종류 : 보시기, 질그릇류, 사기류, 차이나류 등

② 그릇의 선택

㉠ 찜과 선의 재료와 특징을 파악하여 그릇을 선택한다.

㉡ 선택한 그릇에서 분량과 인원수를 고려하여 적절한 크기의 그릇을 선택한다.

㉢ 완성된 찜과 선의 색과 형태를 고려하여 그릇을 선택한다.

③ 찜 · 선은 식기의 70% 정도의 양으로 담는다.

[음식의 종류와 담는 양]

음식의 종류	양
국, 찜 · 선, 생채, 나물, 조림 · 초, 전유어, 구이 · 적, 편육 · 족편, 튀각 · 부각, 포, 김치	식기의 70%
탕 · 찌개, 전골 · 볶음	식기의 70~80%
장아찌, 젓갈	식기의 50%

2. 찜·선 제공

(1) 찜 담기

① 국물이 있는 찜

㉠ 갈비찜, 닭찜, 사태찜 등 국물이 있게 조리한 찜은 오목한 그릇에 담고 국물을 자박하게 담는다.

※ 주안상에 제공되는 갈비찜은 국물을 적게 하고, 식사를 위주로 하는 상에 제공될 때는 국물을 많게 한다.

㉡ 주재료와 부재료의 덩어리가 큰 찜 요리에는 달걀지단을 완자형(마름모꼴)으로 썰어 얹는 것이 좋으나 채 썰어 올려도 무방하다.

㉢ 은행, 잣 등의 고명을 곁들여도 좋으나 고명의 양은 너무 많지 않게 주의한다.

㉣ 그릇을 따뜻하게 준비하였다 음식을 담으면 좋다.

② 국물이 없는 찜

㉠ 도미찜, 대합찜, 대하찜 등 국물 없이 조리한 찜은 접시나 약간 오목한 그릇에 담아도 좋다.

㉡ 도미찜에는 황백의 달걀지단, 홍고추, 청고추, 석이버섯 등 오색의 고명을 채 썰어 얹는다.

※ 청·홍고추는 반을 갈라 씨를 빼고 안쪽 부분을 도려내어 채 썰면 고운 채를 만들 수 있다.

㉢ 대합찜은 달걀을 삶아 황백으로 나누어 체에 내려 곱게 한 후 얹는다.

(2) 선 담기

① 국물이 있는 선

㉠ 호박선, 가지선 등과 같이 국물이 있게 조리한 선은 오목한 그릇에 담고 국물을 자박하게 담는다.

㉡ 주재료의 크기와 조화롭게 황백 지단, 석이채, 실고추 등을 얹는다.

② 국물이 없는 선

㉠ 어선, 오이선 등과 같이 국물 없이 조리한 선은 접시나 오목한 그릇에 담는다. 오이선에 단촛물을 끼얹을 경우에는 오목한 그릇이나 턱이 있는 접시를 이용한다.

㉡ 주재료의 크기와 조화롭게 황백 지단, 석이채, 실고추 등을 얹는다.

CHAPTER

06 한식 구이 조리

01 구이 조리

1. 구이 재료 특성에 따른 조리법

(1) 구이의 개요

① 인류가 불을 발견하면서 시작된 조리법으로 가장 오래된 조리법의 하나이다.

② 건열 조리법으로 육류, 가금류, 어패류, 채소류 등의 재료를 그대로 또는 소금이나 양념을 하여 불에 직접 굽거나 철판 및 도구를 이용하여 구워 익힌 음식이다.

(2) 구이 조리법

① 직접구이-브로일링(Broiling)

㉠ 석쇠나 브로일러를 사용하여 직접 불에 올려 굽는 방법이다.

㉡ 석쇠나 철망은 뜨겁게 달구어야 재료가 달라붙지 않는다.

㉢ 열원과 식품과의 거리는 8~10cm가 적당하며, 물기가 많은 식품은 300℃, 모양이 커서 속까지 열이 잘 통하지 않는 식품은 200℃ 정도가 되도록 화력과 식품의 거리를 조절한다.

㉣ 김, 미역 등 수분이 적은 식품과 감자, 고구마 등 전분성 식품은 약한 불에 굽는다.

㉤ 75~80% 정도의 수분을 함유한 어패류, 수조육류 등의 단백질 식품은 센 불에서 단시간에 굽는 방식을 사용하여 표백 단백질을 응고시켜 내부 육즙의 유출을 막아주어야 한다.

② 간접구이-그릴링(Grilling)

㉠ 지방이 많은 육류나 어류처럼 직접구이를 하면 지방의 손실이 많은 것, 또는 곡류처럼 직접 구울 수 없는 것에 사용된다.

㉡ 프라이팬, 철판구이, 전기 프라이팬, 오븐구이 등과 같이 석쇠 아래에 열원이 위치하여 전도열로 구이를 진행하는 조리방법이다.

㉢ 두께가 두꺼운 식품은 중심부가 균일하게 가열되지 않으므로 굽는 도중에 물을 가하고 뚜껑을 덮으면 가열된 증기에 쪄지면서 구워지게 된다.

㉣ 석쇠가 아주 뜨거워야 고기가 잘 달라붙지 않는다.

2. 구이 재료와 양념

(1) 구이의 종류

구 분	종 류
육 류	갈비구이, 너비아니 구이, 방자(소금)구이, 양지머리 편육구이, 장포육·염통구이, 콩팥구이, 제육구이, 양갈비구이 등
가금류	닭구이, 생치(꿩)구이, 메추라기구이, 오리구이 등
어패류	갈치구이, 도미구이, 민어구이, 병어구이, 북어구이, 삼치구이, 청어구이, 장어구이, 잉어구이, 낙지호롱, 오징어구이, 대합구이, 키조개구이 등
채소류·기타	더덕구이, 송이구이, 표고구이, 가지구이, 김구이 등

(2) 양념 재료

① 간장 양념장 재료 준비

㉠ 대파와 마늘, 배는 다져서 준비한다.

㉡ 간장, 설탕, 후춧가루, 청주는 용도에 맞게 정확한 양을 준비한다.

② 고추장 양념장 재료 준비

㉠ 대파와 마늘, 생강은 다져서 준비한다.

㉡ 고추장, 고춧가루, 후춧가루, 설탕, 소금의 양을 적절하게 배합한다.

③ 유장을 만들 양념인 참기름과 간장의 비율은 3 : 1이다.

더 알아보기 **양념장 제조 시 유의사항**

- 고추장 양념장은 미리 만들어 3일 정도 숙성하여야 고춧가루의 거친 맛이 없고 맛이 깊어진다.
- 간장 양념구이는 양념 후 30분 정도 재워 두는 것이 좋으며 오래 두면 육즙이 빠져 육질이 질겨진다.

(3) 양념에 따른 구이

① 소금구이

㉠ 방자구이 : 얇게 썬 소고기를 양념하지 않고 소금과 후추를 뿌리며 구운 음식이다.

㉡ 청어구이 : 청어에 칼집을 내고 소금을 뿌려 구운 음식이다.

㉢ 고등어구이 : 고등어의 내장을 제거한 후 반을 갈라서 칼집을 내고 소금을 뿌려 구운 음식이다.

㉣ 김구이 : 김에 들기름이나 참기름을 바르고 소금을 뿌려서 구운 음식이다.

② 간장 양념구이

㉠ 가리구이 : 쇠갈비 살을 편으로 계속 이어 뜨고 칼집을 내어 양념장에 재어 두었다가 구운 음식이다.

㉡ 너비아니 구이 : 흔히 불고기라고 하는 궁중음식으로 소고기를 저며서 양념장에 재어 두었다가 구운 음식이다.

㉢ 장포육 : 소고기를 도톰하게 저며서 두들겨 부드럽게 한 후 양념하여 굽고 또 반복해서 구운 포육이다.

㉣ 염통구이 : 염통을 저며서 잔 칼질하여 양념장에 재어 두었다가 구운 음식이다.

㉤ 닭구이 : 닭을 토막 내어 양념장에 재어 두었다가 구운 음식이다.

㉥ 생치(꿩)구이 : 꿩을 편으로 뜨거나 칼집을 내어 양념장에 재어 두었다가 구운 음식이다.

㉦ 낙지호롱 : 낙지 머리를 볏짚에 끼워서 양념장을 발라가며 구운 음식이다.

㉧ 도미, 민어, 삼치구이 : 생선을 포를 떠서 양념장에 재어 두었다가 구운 음식이다.

③ 고추장 양념구이

㉠ 제육구이 : 돼지고기를 고추장 양념장에 재어 두었다가 구운 음식이다.

㉡ 병어구이 : 병어를 통째로 칼집을 내고 애벌구이한 후 고추장 양념장을 발라 구운 음식이다.

㉢ 북어구이 : 북어를 불려서 유장에 재어 애벌구이한 후 고추장 양념장을 발라 구운 음식이다.

㉣ 장어구이 : 장어 머리와 뼈를 제거하고 고추장 양념장을 발라 구운 음식이다.

㉤ 오징어구이 : 오징어 껍질을 제거하고 칼집을 넣어 토막 낸 후 고추장 양념장에 재어 두었다가 구운 음식이다.

㉥ 뱅어포구이 : 뱅어포에 양념장을 발라 구운 음식이다.

㉦ 더덕구이 : 더덕을 두드려 펴서 양념장을 발라 구운 음식이다.

3. 구이의 조리방법

(1) 전처리 방법

① 주재료 전처리

㉠ 너비아니 구이 : 소고기는 적당한 크기로 자른 후 앞뒤로 두드려 부드럽게 만든다.

㉡ 생선구이 : 생선은 비늘, 지느러미, 내장 등을 제거한 후 옆면에 칼집을 넣는다.

㉢ 제육구이 : 돼지고기는 적당한 크기로 자른 후 앞뒤로 잔 칼집을 넣는다.

㉣ 오징어구이 : 오징어는 먹물이 터지지 않도록 내장을 제거하고, 몸통과 다리의 껍질을 벗겨 깨끗하게 씻은 후 용도에 맞게 칼집을 넣는다.

㉤ 북어구이 : 북어포는 물에 불려 머리, 꼬리, 지느러미를 제거하고 물기를 짠 다음 뼈를 발라내 자른다.

② 부재료 전처리

㉠ 양념 채소의 껍질을 벗기거나 세척한다.

㉡ 고추는 절개하여 씨를 털어내고, 당근, 생강 등은 표면에 묻어 있는 흙을 완전히 세척한 후 규격에 맞게 자른다.

㉢ 양념용 채소를 전처리할 때는 재료 전체를 곱게 다져야 조리 시 양념이 타는 것을 방지한다.

(2) 굽는 방법

① 수분 함량이 많은 식재료

㉠ 생선처럼 수분량이 많은 것은 화력이 강하면 겉만 타고 속은 제대로 익지 않는다.

㉡ 생선을 통으로 구울 때는 제공하는 면 쪽을 먼저 갈색이 되도록 구운 다음 프라이팬 또는 석쇠에서 약한 불로 천천히 구워서 속까지 익히도록 한다.

㉢ 단백질은 구우면 응고되면서 탈수현상이 일어나는데 생선은 70~80℃에서 구워 잘 응고시키는 편이 맛이 좋다.

② 지방이 많은 식재료

㉠ 직화로 구우면 유지가 녹아 불 위에 떨어져 타기 때문에 재료의 색이 불량해지고, 연기 속에 아크롤레인(Acrolein)과 같은 발암물질이 포함될 수 있다. 이때에는 옆에서 부채질하여 불꽃이나 연기가 식재료에 닿지 않도록 주의해야 한다.

㉡ 지방이 많은 덩어리 고기일 경우에는 저열에서 로스팅(Roasting)하면 지방이 흘러내리면서 색깔과 맛이 향상된다.

㉢ 소고기는 마이오신과 마이오겐의 응고점인 62.5~73℃에서 가장 맛이 좋다.

더 알아보기 **재료를 연화시키는 방법**

- 단백질 가수분해효소 첨가 : 파파야, 파인애플, 무화과, 키위, 배, 생강에 들어 있는 단백질 분해효소가 고기를 연화시킨다.
- 수소이온농도 : 근육 단백질의 등전점인 pH 5~6보다 낮거나 높게 한다.
- 염의 첨가 : 식염 용액(1.2~1.5%), 인산염 용액(0.2M)의 수화작용에 의해 근육 단백질이 연해진다.
- 설탕의 첨가 : 설탕은 단백질의 열 응고를 지연시키므로 단백질의 연화작용을 가진다.
- 기계적 방법 : 만육기 또는 칼등으로 두드려서 결합조직과 근섬유를 끊어주거나 칼로 썰 때 고깃결의 직각 방향으로 썬다.

(3) 양념하는 방법

① 설탕과 향신료는 먼저 쓰고 간은 나중에 하는 것이 좋으며, 소금은 생선 무게의 약 2% 정도가 적당하다.

② 양념 후 30분 정도 재어 두는 것이 좋으며, 간을 하여 오래 두면 육즙이 빠져 육질이 질겨지므로 부드럽지 않은 구이가 된다.

③ 고추장 양념인 경우 간장 등의 양념으로 미리 익힌 후 낮은 온도에서 조금씩 발라가며 굽는다.

④ 팬이 충분히 달궈진 후 식재료를 올려놓아야 육즙이 빠져나가지 않으며, 너무 고온으로 가열하면 겉만 타고 속이 익지 않고, 온도가 너무 낮으면 수분 증발로 식품 표면이 마르고 내부는 익지 않아 육즙이 손실되면서 맛과 영양소가 감소할 수 있다.

(4) 구이 조리과정

① **도구 준비** : 석쇠와 프라이팬은 이물질이 혼입되지 않도록 깨끗하게 유지되도록 하며, 재료의 특성에 따른 구이방법을 선택한다.

② **예열** : 석쇠와 프라이팬은 기름을 발라서 예열하여 구이 재료가 달라붙지 않도록 준비한다.

③ **석쇠에 굽기** : 석쇠가 150~250℃ 달궈지면 제공할 면부터 색깔을 내어 굽는다. 간장 양념이 된 재료는 잘 뒤집어주어 표면이 타지 않도록 유의한다.

④ **초벌구이** : 유장으로 재워둔 재료를 석쇠 또는 프라이팬에 구워낸다.

⑤ **양념 후 굽기** : 초벌구이를 한 식재료는 고추장 양념장을 고루 바르고 타지 않도록 굽는다. 재료가 거의 익으면 양념장을 덧발라 굽는다. 간장이나 고추장 양념은 설탕, 물엿 등 당분이 많아 불판에 쉽게 눌어붙고 금방 타는 경향이 있어 유의하여야 한다.

⑥ **온도 확인** : 구이 조리를 한 재료의 중심 온도는 74℃ 이상으로 1분 이상 가열하여 유지하고, 탐침 온도계를 사용하여 1회 조리 분량마다 3회 이상 측정하여 가장 낮은 온도를 기준 온도로 삼는다.

더 알아보기 구이 조리 시 유의사항

- 중심 온도 74℃ 이상에서 1분 이상 가열해야 식중독균이 사멸된다(HACCP 관리기준).
- 너비아니 구이를 할 때는 고기를 결대로 썰면 질기므로 결 반대 방향으로 썬다.
- 화력이 너무 약하면 고기의 육즙이 흘러나와 맛이 없어지므로 중불 이상에서 굽는다.

02 구이 담기

1. 조리 형태에 따른 그릇 선택

(1) 그릇의 형태

① 그릇으로 다양한 이미지를 연출할 수 있으며, 분위기에 맞는 그릇을 선택할 수도 있다.

② 그릇의 모양

㉠ 원형 : 가장 기본적인 형태로 편안함과 고전적인 느낌을 준다.

㉡ 사각형 : 모던함을 연출할 때 쓰이며 황금분할에 기초를 둔 사각형이 많이 쓰인다.

㉢ 이미지 사각형 : 평행사변형, 마름모형 등의 접시를 사용하여 기존의 사각형이 지닌 정돈된 느낌과 안정감에서 벗어나 평면이면서도 입체적인 느낌을 준다.

㉣ 타원형 : 원을 변화시킨 타원은 우아함, 여성적인 기품, 원만함 등의 느낌을 준다.

㉤ 삼각형 : 이등변 삼각형이나 피라미드형, 삼각형 등은 날카로움과 빠른 움직임을 느낄 수 있어 자유로운 이미지의 요리에 사용한다.

㉥ 역삼각형 : 앞이 좁아 날카로움과 속도감이 증가되고, 마치 먹는 사람을 향해 달려오는 것과 같은 효과를 주어 강한 이미지를 연출할 수 있다.

(2) 그릇의 색감

① 식기의 색감과 음식의 색감이 조화를 이룰 때 나타나는 효과는 담음새에서 가장 큰 영향을 미친다.

※ 담음새 : 그릇에 음식이 담겨져 있는 모양, 상태, 정도

② 고명색, 식재료 고유의 색, 숙성된 색, 양념색 등 한식의 색감을 가장 잘 담을 수 있는 식기는 백색이다.

(3) 담는 방법

① 같은 음식이라도 어디에 어떻게 담아내는지에 따라 분위기는 매우 다르게 연출되며, 한식에 가장 어울리는 방법은 돔형(소복이 쌓는 방법)이다.

② 음식 담음새에 관한 개념이 맛으로만 먹고자 하는 것에서 벗어나 시각적으로도 멋스럽게 보이고자 하는 추세로 옮겨가고 있어 요즘 들어서는 음식을 다양한 방법으로 담아내어 한식의 색다른 느낌을 주고 있다.

㉠ 좌우대칭 : 가장 균형적인 구성으로 중앙을 지나는 선을 중심으로 대칭으로 담는다.

㉡ 대축대칭 : 접시 중심에 좌우 균등한 열십자를 그려서 요리가 똑같이 배분되도록 담는다.

㉢ 회전대칭 : 요리의 배열이 일정한 방향으로 회전하며 균형 잡혀 있어 대축대칭과 구분된다.

㉣ 비대칭 : 중심축에 대해 양쪽 부분의 균형이 잡혀 있지 않은 것으로, 형태상으로는 불균형이지만 시각적으로 정돈되어 균형이 잡혀 있는 배열이다.

2. 구이 제공

(1) 너비아니

① 잣의 뾰족한 쪽 고깔을 떼어 낸 후 마른행주로 닦는다.

② 도마 위에 종이를 깔고 칼로 곱게 다져 잣가루로 만든다.

③ 인원수, 분량 등을 고려하여 그릇을 선택하여 조리된 요리를 담는다.

④ 너비아니 위에 잣가루를 뿌린다.

(2) 생선구이

① 조리의 종류, 형태, 인원수, 분량 등을 고려하여 그릇을 선택한다.

② 생선의 머리가 왼쪽, 배가 아래쪽으로 향하도록 담는다.

③ 구이의 따뜻한 온도는 75℃ 이상을 말한다.

④ 생선의 형태가 흐트러지지 않도록 담아 제공한다.

CHAPTER

07 | 김치 조리

01 김치 조리

1. 김치의 정의와 역사

(1) 정 의

절임 채소에 고춧가루, 마늘, 생강, 파, 무 등의 여러 가지 양념류와 젓갈을 혼합하여 제품의 보존성과 숙성도를 확보하기 위하여 저온에서 젖산 생성을 통해 발효된 제품을 일컫는다.

(2) 역 사

① 삼국시대, 통일신라 : 산채류와 야생채류를 이용한 소금절임 위주의 김치의 근간 등장
② 고려시대 : 순무장아찌와 순무소금절이가 있었으며, 김치는 단순히 겨울용 저장 식품뿐만 아니라 계절에 따라 즐겨 먹는 조리 가공식품으로 변신
③ 조선 전기 : 절이는 채소의 종류와 향신료 사용이 다양해져 가는 시기
④ 조선 후기 : 고추 및 결구배추가 도입되면서 오늘날과 같은 김치로 발전함

2. 김치의 종류와 효능

(1) 종 류

김치를 담그는 주재료는 배추와 무이지만 거의 모든 종류의 채소로 김치를 담글 수 있어 김치 종류만 150여 종에 달한다. 흔히 담그는 김치로 배추통김치, 깍두기, 열무김치, 파김치, 총각김치, 동치미, 갓김치, 섞박지, 오이소박이김치 등이 있다.

(2) 재료의 성분

① 김치에 들어가는 재료는 지역, 계절, 가정에 따라 다르나 주로 배추, 무, 고추, 마늘, 생강, 파, 오이, 부추, 젓갈 등이 들어간다.
② 이 재료들은 주로 당질이나 단백질, 지방 등 에너지를 내는 영양소의 함량은 적은 데 비해서 칼슘과 칼륨 등 무기질과 식이섬유가 많이 함유되어 있다.
③ 고추, 파, 배추에 상당량 함유되어 있는 카로틴은 신체 내에서 비타민 A로 작용하며, 또한 고추, 무, 배추, 파에는 비타민 C가 다량 함유되어 있다.

(3) 김치의 효능

① 항균작용

㉠ 김치는 숙성 발효됨에 따라 항균작용이 증가하는데, 숙성과정 중에 유산균이 성장하여 김치 내의 유해 미생물의 번식을 억제시키고 새콤한 신맛을 내어 김치의 맛을 더해 준다.

㉡ 김치 유산균은 체내에서 창자 속의 다른 균을 억제하여 이상 발효를 막아 주고, 장내 유해 세균의 번식을 억제하여 정장작용을 한다.

② 중화작용 : 김치에 사용되는 주재료들은 알칼리성 식품이므로 육류나 산성식품 과잉 섭취 시 혈액의 산성화를 막아 주고, 산중독증을 예방해 준다.

③ 다이어트 효과

㉠ 김치는 수분이 많아 에너지가 매우 낮고 식이섬유소가 다량 함유되어 다이어트 효과가 있다. 김치를 많이 먹으면 에너지는 적으면서 포만감을 주므로 다른 에너지원의 섭취를 제한시켜 준다.

㉡ 고추에 들어 있는 성분 중 하나인 캡사이신(Capsaicin)은 에너지 대사작용을 활발하게 하여 체지방을 연소시켜 체내의 지방 축적을 막아 준다.

④ 항암작용

㉠ 김치의 주재료로 이용되는 배추 등의 채소는 대장암을 예방해 주고, 마늘은 위암을 예방해 준다.

㉡ 김치에는 베타카로틴의 함량이 비교적 높기 때문에 폐암을 예방할 수 있으며, 고추의 캡사이신이 엔도르핀을 비롯한 호르몬 유사물질의 분비를 촉진시켜 폐 표면에 붙어 있는 니코틴을 제거하고 면역력을 증강해 준다.

⑤ 항산화・항노화 작용

㉠ 김치에는 지방질의 과산화 방지 또는 활성산소종이나 각종 유리 라디칼의 제거 능력을 갖는 항산화 물질(또는 유리 라디칼 소거 물질)이 존재하고 있다.

㉡ 김치에 함유되어 있는 항산화 물질로는 카로틴, 플라보노이드, 안토시아닌을 포함하는 폴리페놀과 비타민 C, 비타민 E 및 클로로필 등의 많은 성분이 있다.

⑥ 동맥경화, 혈전증 예방작용

㉠ 김치는 동맥경화를 일으키는 혈중 중성지질, 혈중 콜레스테롤, 인지질 함량을 감소시켜 지질대사에 좋은 효과를 나타낸다.

㉡ 김치의 양념 중 하나인 마늘은 혈전을 억제하여 심혈관 질환 예방에 효과적이다.

3. 조리과학적 지식

(1) 김치 담그는 조건

① 신선한 재료의 선택

㉠ 채소의 조직이 살아 있는 상태를 유지하려면 채소 중의 펙틴질이 분해되기 전에 담가야 한다.

㉡ 채소의 세포막이 파괴되면 펙티네이스(Pectinase)라고 하는 효소가 세포 밖으로 나와 펙틴질을 분해하여 조직이 물러지게 된다.

② 절임 조건

㉠ 소금절임은 주재료 중의 수분을 감소시켜 저장성을 부여하면서 발효가 잘 일어나게 해준다.

㉡ 주재료의 조직감을 아삭아삭한 상태로 유지하려면 천일염으로 절여야 하는데, 천일염 중의 칼슘이 펙틴질과 펙틴-칼슘 복합체를 만들어 펙티네이스에 의한 분해를 막아 준다.

㉢ 주재료와 온도에 따라 염도, 절이는 시간을 달리해야 하며, 배추에 돌 등을 올려 압력을 가해 채소 중의 수분을 빨리 배출하고, 조미료가 주재료에 쉽게 침투할 수 있게 해야 한다.

㉣ 봄과 여름에는 소금 농도를 7~10%로 8~9시간 정도를, 겨울에는 12~13%로 12~16시간 정도 절이는 것이 좋다.

③ **고춧가루** : 양념 중에서는 좋은 품질의 고춧가루를 사용해야 김치의 맛과 색이 좋다.

④ **저장 온도** : 저온(4℃ 이하)에서 온도 변화 없이 저장해야 유산균이 맛있는 성분을 만들어내고, 생성된 이산화탄소가 날아가지 않아 톡 쏘는 탄산수 같은 맛을 준다.

⑤ **공기** : 유산균은 산소를 싫어하고 김치를 부패시키는 균은 산소를 좋아하므로, 김치 보관 중 뚜껑을 자주 열지 말고 김치에 공기가 들어가지 않도록 잘 밀봉한다.

(2) 김치의 숙성과 미생물

① 김치의 발효 미생물

㉠ 김치의 숙성과정이 진행됨에 따라 미생물 분포가 변화하는데, 초기에는 내염성을 가지는 미생물이 살아남게 되고, 발효가 진행됨에 따라 젖산 및 유기산들이 생성되어 pH가 내려가고 저온 숙성과정 중 혐기적 조건이 유지되어 유산균과 같이 내산성을 지닌 혐기성균이 선택적으로 자라게 된다.

㉡ 유산균 음료에도 풍부한 락토바실러스 플란타룸(*Lactobacillus plantarum*)은 젖산발효를 하는 유산균으로 김치의 pH를 떨어뜨리고 젖산을 풍부하게 생성하여 김치 맛의 숙성에 관여하고 김치 발효 마지막까지 군집을 유지한다.

㉢ 김치를 장기간 보관하며 숙성시키는 경우 pH가 낮아지고 포도당이 감소하며 미생물이 성장하기 어려운 환경으로 바뀌게 된다.

㉣ 내산성이 강하고 포도당 이외의 식물에 존재하는 오탄당을 원활히 소비할 수 있는 락토바실러스 브레비스(*Lactobacillus brevis*), 락토바실러스 사케이(*Lactobacillus sakei*), 페디오코커스(*Pediococcus* sp.) 등이 다수의 군집을 이루며 김치의 산패, 조직의 연화, 맛의 시어짐에 관여하게 된다.

② 김치의 산패 원인

㉠ 재료가 청결하지 않은 경우

- 김치 발효 초기에 과량의 산패균주가 존재하는 경우 유산균이 숙성을 위한 낮은 pH와 혐기성 조건을 이루는데 상대적으로 많은 시간이 걸린다.
- 이 기간에 유산균이 아닌 다른 균들이 성장하면 김치 특유의 맛을 내지 못하고 김치의 풍미를 저하한다.

㉡ 저장온도가 높거나 소금농도가 낮은 경우

- 김치가 유산균에 의한 젖산발효를 하여 숙성하기 위해서는 김치 발효미생물만이 선택적으로 번식할 수 있는 환경이 만들어져야 한다.

- 만일 김치의 초기 발효 온도가 높거나 소금농도가 낮은 경우 유산균이 아닌 상대적으로 성장속도가 빠른 호기성 균주들이 성장하여 김치를 부패시킨다.

㉢ 김치 발효 마지막에 곰팡이나 효모에 의해 오염된 경우

- 김치는 숙성과 동시에 소비가 이루어지기 때문에 외부와의 접촉으로 인해 김치가 외부 균주에 오염될 수 있다.
- 김치의 낮은 pH와 높은 소금농도 때문에 대부분의 호기성 세균은 김치에서 성장하지 못하지만, 내산성과 내염성이 세균보다 뛰어난 효모와 곰팡이류는 김치에서 성장하여 김치의 품질을 떨어뜨린다.
- 효모가 김치의 풍미를 증진하기도 하는데, 효모가 혐기성 조건에서 알코올을 생성하고 비타민 및 기타 향기물질을 생성하여 김치의 맛을 이루는 데 도움을 준다.

③ 김치 발효균에 의한 산패

㉠ 숙성이 오랜 시간 이루어지면서 김치 유산균의 젖산발효로 김치의 pH가 산성이 되고, 김치 유산균의 생육에 사용하는 포도당의 양도 급격하게 감소한다.

㉡ 포도당 이외에 식물세포의 세포벽을 이루는 오탄당 성분들을 이용하여 성장할 수 있는 유산균들의 번식이 두드러지는데, 식물세포벽 성분의 분해는 김치 조직을 연화시키고 오탄당의 발효는 젖산과 함께 초산을 생성하여 김치의 신맛을 강하게 한다.

④ 김치 숙성에 대한 이해

㉠ 김치 발효 중에 발생하는 맛 성분 변화

- 김치가 발효되면서 생성된 유기산은 산도를 증가시키고 pH를 감소시키는데, 일반적으로 pH 4.0 부근이 가장 맛있는 상태이다.
- 김치의 숙성 중 가장 많이 생성되는 물질은 젖산(Lactic Acid), 구연산(Citric Acid), 주석산(Tartaric Acid)과 김치의 맛을 좋게 해주고 pH가 지나치게 떨어지는 것을 방지해 주는 아미노산이 있다.

㉡ 김치 발효 중에 발생하는 그 밖의 변화

- 김치 발효 초기에 비타민 C는 감소하지만, 곧 회복하여 김치가 가장 맛있게 익을 때까지 계속 증가하다가 추후 약간 감소하는 양상을 보인다.
- 김치의 숙성 적기에 가장 많은 양의 비타민 C 함량을 보이는 것은 배춧속에 함유되어 있던 포도당(Glucose)과 갈락투론산(Galacturonic Acid)으로부터 비타민 C가 생합성되기 때문이다.
- 최대로 비타민 C가 포함되었다가 감소하는 이유는 발효와 관계하는 미생물들이 비타민 C를 활용하기 때문이다.

⑤ 양념소 넣기

㉠ 배추김치의 양념을 혼합하기 위하여 배춧잎 사이사이에 일정량의 양념을 혼합하는데, 배추의 전체적인 염도 평형과 맛의 유지를 위하여 잎보다는 줄기 부위에 양념이 많이 발라지도록 넣는다.

㉡ 절임 배추는 줄기보다는 잎 부위의 염도가 높아서 상대적으로 줄기 부위에 양념소를 많이 채워 주어야 전체적으로 염의 평형이 이루어지고 균일한 발효가 이루어진다.

02 김치 양념배합

1. 양념의 종류 및 특성

(1) 고 추

① 가지과 채소에 속하며 크게 생고추와 건고추로, 또는 붉은고추와 풋고추로 구분한다.

② 비타민 A, B_1, B_2, C, E, 칼륨 및 칼슘이 많이 들어 있으며, 고추씨에는 단백질과 불포화지방산이 풍부하다.

③ 캡사이신은 고추 끝보다 씨가 있는 부위와 꼭지 쪽에 많으며 생선의 비린내와 육류의 누린내 제거, 지방 산패억제, 방부효과, 유산균 발육 증진 등 다양한 작용을 한다.

(2) 마 늘

① 마늘의 쪽수에 따라서 6쪽 마늘, 여러 쪽 마늘 및 장손마늘로 나눌 수 있다.

② 매운맛이 강한 6쪽 마늘과 여러 쪽 마늘이 김장용으로 적합하며, 장손마늘은 마늘장아찌용, 잎마늘용으로 좋다.

③ 비타민 B_1, B_2, C, 칼륨, 칼슘, 인이 많고 셀레늄, 아연, 게르마늄, 사포닌, 폴리페놀이 풍부하다.

④ 마늘에 함유된 알리신은 항균력이 뛰어나 천연항생제라고 불리며, 피로회복, 강장, 항암, 항산화, 항동맥경화, 항혈전, 혈액순환 촉진, 항당뇨, 해독, 면역증강 등 다양한 효능이 있다.

(3) 파

① 대파는 주로 양념 재료로, 쪽파는 양념뿐만 아니라 김치 주재료로도 사용한다.

② 파의 녹색 잎 부분에는 베타카로틴, 비타민 B_1, C, K가 많으며, 흰 줄기 부분에는 비타민 C가 많다.

③ 대파의 자극성 성분은 마늘과 같은 알릴설파이드류로서 소화액 분비를 촉진시키고 진정작용과 발한작용을 한다.

(4) 생 강

① 생강의 매운맛 성분은 육류의 누린내와 생선의 비린내 제거, 항균, 항산화, 항염, 혈전 예방작용을 하며, 위액 분비를 증가시키고 소화를 촉진한다. 또한, 발한작용이 있어 감기에 효과적이며 기침, 냉증, 요통, 멀미 완화 등에도 효능이 있다.

② 생강은 발이 6~8개로 굵고 넓으면서 모양과 크기가 고르고, 식이섬유가 적고 육질이 단단한 것이 좋으며 생강의 특유한 향이 나는 것이 좋다.

(5) 갓

① 단백질 3.5%, 당질 7.3%가 들어 있으며, 베타카로틴과 비타민 B_1, B_2, C의 함량이 높다.

② 갓의 매운맛 성분은 이소티오시아네이트(Isothiocyanate)로 항균, 항암, 호흡기 질환, 가래에 효과적이고 적갓은 안토시아닌 색소가 많다.

③ 좋은 갓의 잎은 윤기있는 진한 녹색이고 줄기는 연하고 가늘다. 돌산갓은 연한 녹색으로 잎줄기가 크고 넓으며 식이섬유가 적고 매운향이 적으면서 부드럽다.

(6) 소 금

① 김치 등 절임식품에 소금을 사용한 것은 인류가 창안한 중요한 식품가공 저장법의 하나였다. 이때 소금은 저장성을 향상시키며 적절한 발효조절 작용을 한다.

② 소금농도 10% 이상에서 세균의 생육이 억제되고 여러 가지 종류의 병원균이나 부패균들도 2% 농도 또는 6~12% 농도 범위에서 생육이 억제된다.

③ 소금의 종류와 특징

구 분	천일염	꽃소금	정제염	식탁염	맛소금
제조법	바닷물을 햇볕에 건조시켜 얻음	천일염을 물에 녹여 재결정 시킴	꽃소금을 재결정 시킴	정제염에 방습제인 탄산칼슘 0.6%, 염화마그네슘 0.4%를 첨가함	정제염에 MSG를 첨가함
특 징	굵은 입자, 반투명한 검은색	고운 흰색 입자	백색, 흡습성이 적음	정제염보다 약간 거칠지만 고름	희고 작은 입자
용 도	배추절임, 오이지, 채소절임, 생선절임 등	가정에서 채소 소금절임, 장 담그기 등	음식 간 맞추는 데 사용	식탁 위에서 완성된 요리에 뿌림	김구이, 각종 요리

2. 젓갈의 종류

(1) 젓갈의 성분과 효능

① 멸치젓은 에너지와 지방, 아미노산의 함량이 높고, 새우젓은 칼슘 함량이 높고 지방 함량이 적어 담백한 맛을 내며 숙성하는 동안 비타민의 함량이 증가한다.

② 젓갈은 소금의 농도가 13~18% 정도인 고염도 식품으로 김치에 첨가할 때는 젓갈의 염도를 고려하여 소금의 양을 0.2~0.4% 줄여야 한다.

[젓갈의 일반 성분]

단백질(%)	지방(%)	비타민 B_1(μg/g)	비타민 B_2(μg/g)	나이아신(μg/g)
8~16	6~25	0.5~1.5	0.5~1.5	6~16

(2) 젓갈의 분류

① **젓갈류** : 어패류에 소금만 넣고 2~3개월 발효시킨 것으로, 새우젓, 조개젓, 갈치속젓, 멸치젓 등이 있으며 명란젓, 창난젓, 오징어젓, 꼴뚜기젓, 아가미젓, 어리굴젓은 양념 젓갈이라 하여 고춧가루, 마늘, 생강, 깨, 파 등을 첨가한 것이다.

② **식해류** : 소금과 함께 쌀, 엿기름, 조 등의 곡류, 고춧가루와 무채 같은 부재료를 혼합하여 숙성 발효시킨 것으로 가자미식해, 명태식해 등이 있다.

③ **액젓** : 6~24개월 장기간 소금으로 발효 숙성시켜 육질이 효소에 의해 가수분해되어 형체가 없어진 것을 여과한 것으로 어장유라고도 한다.

(3) 젓갈의 보관 및 선별법

① 새우젓

㉠ 보관 : 새우젓은 재료의 중량과 기후, 관습, 어획 시기, 보관기간 및 지방에 따라 다르지만, 주로 어체의 15~35% 정도의 소금이 사용된다.

㉡ 선별법 : 새우의 꼬리와 머리 부분에서 몸통 쪽으로 선명한 붉은색을 띠며, 새우 모양이 또렷하고 살이 통통하며 단단해야 좋다.

② 멸치젓

㉠ 보관 : 어체에 15~20% 정도의 소금을 사용하며, 발효 시 15~20℃ 환경에서 2~3개월이 걸리고 6개월 발효되면 멸치젓국이 된다.

㉡ 선별법 : 멸치젓은 검붉은 담홍색으로 비린내가 안 나고 단내가 나는 것이 폭 삭아 맛이 좋다. 숙성이 덜 되면 비린내가 나고 젓국 위의 기름을 제거하지 않으면 산패되어 쓴맛과 떫은맛을 낸다.

(4) 젓갈의 규격(식품공전)

항 목	규 격
총질소(%)	액젓 1.0 이상(다만, 곤쟁이 액젓은 0.8 이상), 조미액젓 0.5 이상
대장균군	n = 5, c = 1, m = 0, M = 10(액젓, 조미액젓에 한함)
타르색소	검출되어서는 아니 된다(다만, 명란젓은 제외).
보존료(g/kg)	다음에서 정하는 것 이외의 보존료가 검출되어서는 아니 된다(다만, 식염함량이 8% 이하의 제품에 한함). – 소브산, 소브산칼륨, 소브산칼슘 : 1.0 이하(소브산으로서)
대장균	n = 5, c = 1, m = 0, M = 10(액젓, 조미액젓은 제외)

3. 김치 종류에 따른 조리방법

(1) 배추김치

① 재료 손질

㉠ 배추를 다듬고 배춧잎 사이로 소금물이 잘 스며들도록 2등분하여 절인다.

㉡ 소금에 절인 배추는 염농도가 2~3% 정도가 되도록 맞추고, 이물질이 발생하지 않도록 3~4회 세척한다. 염도가 낮으면 저장성이 나쁘고, 염도 6% 이상에서는 배추가 너무 짜고 배추 조직에서 수분이 과도하게 빠져 질긴 질감을 준다.

㉢ 무는 얄팍썰기 한 후 채를 썬다.

㉣ 쪽파, 갓, 미나리는 다듬어서 씻은 후 썰고 대파는 어슷썰기, 배는 채썰기 한다.

㉤ 생새우는 소금물에 흔들어 씻어 건져 물기를 제거한다.

㉥ 마늘과 생강, 양파는 다듬어서 곱게 다지거나 분마기에 다진다.

㉦ 물 200mL에 찹쌀가루 15g을 넣어 찹쌀풀을 쑨 후 식힌다.

더 알아보기 썰기 방법

- 얄팍썰기 : 재료를 원하는 길이로 토막 낸 다음 고른 두께로 얇게 썰거나 재료를 있는 그대로 얄팍하게 써는 방법으로 무침이나 볶음에 주로 사용한다.
- 채썰기 : 얄팍썰기한 것을 비스듬히 포개어 놓고 손으로 가볍게 누르면서 가늘게 썬 것으로, 생채나 생선회에 곁들이는 채소를 썰 때 사용한다.
- 어슷썰기 : 오이, 당근, 파 등 가늘고 길쭉한 재료를 적당한 두께로 어슷하게 써는 방법으로 썰어진 단면이 넓어 맛이 배기 쉬우므로 조림에 좋다.

② 양념 버무리기

㉠ 양념배합 용기에 무채를 넣고 고춧가루로 고루 버무려서 빨갛게 색을 들인다.

㉡ 미나리, 갓, 쪽파, 파를 넣고 섞는다.

㉢ 다진 마늘, 생강, 양파 등을 넣고 젓갈을 넣어 섞은 후 간을 본다.

㉣ 간이 부족하면 소금, 설탕으로 간을 맞춘다.

㉤ 마지막으로 생새우를 넣고 버무려서 섞는다.

더 알아보기 양념 배합 순서

채소를 넣고 고춧가루와 같은 비용해성 분말을 채소에 골고루 묻혀 섞은 후 다음 단계에서 용해성 물질과 페이스트 형태의 양념류를 넣는다.

③ 담그기

㉠ 절임배추의 바깥쪽 잎부터 차례로 펴서 배춧잎 사이사이에 고르게 양념소 넣기를 한다.

㉡ 양념소를 배추 밑동 안쪽부터 넣어 펴 바른다. 이때 양념의 밑동 쪽에 양념소가 충분히 들어가도록 넣고 잎 부위는 양념이 묻히도록 고루 바른다.

㉢ 맨 겉쪽 부위의 잎을 바른 다음 차례로 다음 겹의 잎을 펼쳐서 같은 방법으로 양념소를 펼쳐 바른다.

㉣ 양념소 넣기가 끝나면 김치 포기 형태가 이루어지도록 모은 다음 보관할 용기에 담는다.

[배추김치 재료 및 분량]

재 료	분 량	재 료	분 량	재 료	분 량
배 추	5kg(2포기)	절임염수	천일염 300g, 물 3L	무	75g
배	1/2개	갓	80g	미나리	80g
대 파	20g	쪽 파	100g	생새우	60g
마 늘	40g	생 강	10g	고춧가루	80g
새우젓	20g	멸치액젓	100g	설 탕	20g
소 금	약간	찹쌀풀	찹쌀가루 15g, 물 200mL	양 파	20g

(2) 깍두기

① 재료 손질

㉠ 무를 다듬고 세척한 후 깍둑썰기 하여 소금에 절인다.

㉡ 쪽파, 미나리는 썰고, 생굴은 소금물에 흔들어 씻어 건진다.

㉢ 마늘, 생강은 곱게 다지고 새우젓 건지도 대강 다진다.

② 양념 버무리기

㉠ 양념배합 용기에 깍둑 썬 무를 담는다.

㉡ 고춧가루를 넣고 고루 버무려서 색을 곱게 들인다.

㉢ 다진 마늘, 생강, 젓갈류, 설탕을 넣고 잘 섞는다.

㉣ 쪽파, 미나리, 생굴을 넣어 고루 버무려서 소금, 설탕으로 간을 맞춘다.

③ 담그기

㉠ 양념을 배합하여 버무리기가 끝난 깍두기는 항아리나 용기에 담근다.

㉡ 버무린 깍두기는 꼭꼭 눌러서 담고 뚜껑을 잘 덮어 익힌다.

㉢ 김장철에는 열흘 정도면 먹기에 알맞게 익는다.

[깍두기 재료 및 분량]

재 료	분 량	재 료	분 량	재 료	분 량
무	1kg	미나리	100g	쪽 파	100g
생 굴	100g	고춧가루	40g	마 늘	20g
생 강	3g	새우젓	60g	멸치젓	60g
설 탕	8g	소 금	24g	–	–

(3) 열무김치

① 재료 손질

㉠ 열무를 다듬고 5cm 정도로 자른 후 소금을 뿌려 절인다.

㉡ 파는 어슷하게 채썰기를 한다.

㉢ 풋고추와 홍고추는 어슷하게 채로 썰고 물에 헹구어서 씨를 없앤다.

㉣ 냄비에 물 800mL에 밀가루 30g을 잘 풀어서 끓여 소금으로 간을 맞춘 후 식힌다.

② 양념 버무리기

㉠ 양념배합 용기에 절인 열무를 준비한다.

㉡ 고춧가루, 파, 마늘, 생강, 풋고추, 홍고추를 넣고 살짝 버무린다.

③ 담그기

㉠ 버무리기가 완성되면 항아리나 용기에 열무김치를 담는다.

㉡ 식힌 밀가루풀물을 김칫국물로 붓고 뚜껑을 덮어 익힌다.

㉢ 더운 여름철에는 하루 만에 익으므로 바로 냉장고나 김치냉장고에 넣는다.

[열무김치 재료 및 분량]

재 료	분 량	재 료	분 량	재 료	분 량
열 무	2kg	고춧가루	30g	홍고추	40g
풋고추	80g	파	50g	마 늘	30g
생 강	15g	밀가루풀	물 800mL, 밀가루 30g, 소금 30g	소 금	100g

(4) 파김치

① 재료 손질

㉠ 쪽파를 다듬고 세척한 후 액젓으로 절인다.

㉡ 마늘과 생강은 곱게 다지거나 분마기에 다진다.

㉢ 물 200mL에 찹쌀가루 15g을 넣고 찹쌀풀을 쑨 후 식힌다.

㉣ 고춧가루와 물을 섞어서 잠시 두어 불린다.

② 양념 버무리기

㉠ 양념배합 용기에 불린 고춧가루와 다진 마늘, 생강, 설탕, 통깨를 넣고 섞는다.

㉡ 파를 절였던 액젓을 넣고 골고루 버무려 양념을 만들며, 모자라는 간은 소금으로 맞추어 걸쭉한 양념을 만든다.

③ 담그기

㉠ 절인 파를 양념에 가지런히 넣고 고루 주무른다.

㉡ 파를 두서너 가닥씩 손에 잡고 한데 감아 묶는다.

㉢ 항아리나 용기에 차곡차곡 담아 꾹꾹 눌러서 익힌다.

㉣ 김장철에는 담가서 한 달 이상 두어야 잘 익어서 맛이 좋다.

[파김치 재료 및 분량]

재 료	분 량	재 료	분 량	재 료	분 량
쪽 파	1kg	고춧가루	100g	멸치액젓	180g
마 늘	15g	생 강	5g	설 탕	12g
통 깨	7g	소 금	약간	찹쌀풀	찹쌀가루 15g, 물 200mL

03 김치 담기

(1) 그릇의 종류와 양

① 보시기는 김치류를 담는 그릇으로 쟁첩보다 약간 크고 조치보보다는 운두가 낮다.
② 김치의 형태, 재료, 분량을 고려하여 적절한 그릇을 선택하고 식기의 70%의 양이 되도록 담는다.

(2) 배추김치

① 배추김치 담을 그릇을 준비한다.
② 양념소를 넣은 배추를 반으로 접어서 겉잎으로 잘 싼 후 그릇에 차곡차곡 담는다.
③ 배추김치를 담은 용기의 제일 위는 배추 겉대 절인 것으로 덮는다.
④ 담은 배추김치를 김치냉장고에 보관하여 숙성시킨다.
⑤ 김장철에 담글 시 약 3주 정도 지나야 맛있게 익는다.
⑥ 김치는 필요한 만큼 꺼내어 바로 썰어야 맛이 있다.
⑦ 김치를 꺼내고 나서는 반드시 꼭꼭 눌러 두어야 김치 맛이 변하지 않는다.

(3) 깍두기

① 깍두기 담을 그릇을 준비한다.
② 담은 깍두기를 김치냉장고에 보관하여 숙성시킨다.
③ 깍두기는 필요한 만큼만 꺼내어 먹고, 꺼내고 나서는 눌러두어 깍두기 맛이 변하지 않도록 한다.

(4) 열무김치

① 열무김치 담을 그릇을 준비한다.
② 담은 열무김치를 김치냉장고에 보관하여 숙성시킨다.
③ 여름철에 시원하게 먹는 김치로, 김칫국에 밀가루나 찹쌀로 풀을 쑤어 넣으면 국물이 더욱 맛이 있다.
④ 배추김치보다 빨리 시어지므로 냉장보관을 잘해야 한다.

(5) 파김치

① 파김치 담을 그릇을 준비한다.
② 두서너 가닥씩 손에 잡고 돌돌 말아 묶은 파김치를 멋스럽게 담는다.
③ 담은 파김치를 김치냉장고에 보관하여 숙성시킨다.
④ 멸치젓으로 절여 고춧가루를 넉넉히 넣고 담은 파김치는 갓을 섞어서 담기도 한다.

CHAPTER

08 | 한식 전골 조리

01 전골 조리

1. 전골 재료의 특징

(1) 전골의 특징과 종류

① 전골은 육류와 채소를 밑간하여 전골틀에 담아 화로 위에 올려 즉석에서 끓여 먹는 음식으로 소고기전골, 버섯전골, 두부전골, 해물전골 등이 있다.

㉠ 소고기전골 : 소고기와 무, 표고 등 여러 가지 채소를 넣고 끓인 전골

㉡ 버섯전골 : 버섯이 많이 나는 가을철에 알맞은 요리로, 여러 가지 버섯을 소고기와 한데 어울려서 만든 전골

㉢ 두부전골 : 두부를 기름에 지져 두 장 사이에 양념한 고기를 채워서 채소와 함께 끓이는 전골

② 벙거지골 냄비는 가운데에 국물이 모이도록 우묵하게 파여 있어 국물을 먹을 수 있고, 가장자리에는 넓은 전이 붙어 있어 여러 가지 재료를 얹어 볶으면서 먹을 수 있다.

③ 근래에는 전골의 의미가 바뀌어 여러 가지 재료에 국물을 넉넉히 부어서 즉석에서 끓이는 찌개를 전골인 것처럼 혼동하여 쓰고 있다.

(2) 전골 재료의 특징

① 소고기

㉠ 육류 부위에 따라 지방함량, 맛, 질감이 다르므로 조리 목적에 따라 부위를 선택하여 사용한다.

㉡ 찌개나 전골처럼 오랫동안 끓이는 조리법은 결합조직이 많은 사태나 양지머리를 선택하여 찬물에 담가 핏물을 충분히 제거하고 사용한다.

② 생 선

㉠ 생선 비린내의 주원인인 트라이메틸아민(TMA)과 민물생선의 비린내 성분인 피페리딘(Piperidine)은 표피 부분에 많으며 수용성이므로 표피, 아가미, 내장 순으로 흐르는 물에 손으로 살살 문지르면서 씻는다.

㉡ 이때 소금물보다는 흐르는 물을 사용하는 것이 좋은데, 소금물은 오히려 호염성 장염비브리오균이 번식하기 쉽기 때문이다.

㉢ 물기를 제거하고 생선을 용도에 맞게 자른 뒤에는 단백질인 마이오겐이나 이노신산과 같은 맛 성분이 유실되지 않도록 물로 씻지 말아야 한다.

[어류의 특징]

구 분	지방함량	종 류	지방산패
붉은살생선	5~20%	고등어, 꽁치, 삼치, 정어리, 가다랑어	빠 름
흰살생선	5% 이하	도미, 명태, 가자미, 대구, 넙치, 민어	느 림

③ 버 섯

㉠ 버섯은 단백질 구성 아미노산 중 필수 아미노산의 함량이 높고, 채소, 과일에 부족한 리신을 함유하고 있으며, 글루탐산, 알라닌 등 조미성분의 함량도 높아 풍부한 맛을 제공한다.

㉡ 미국 FDA(Food and Drug Administration)에서 버섯을 10대 항암식품으로 선정하고, 버섯의 기능과 효과에 대한 많은 연구결과가 발표되면서 그 가치가 더욱 부각되고 있다.

2. 전골 조리하기

(1) 재료 전처리

① 육 류

㉠ 육류는 소고기와 같이 결합조직이 많은 부위를 선택한다.

㉡ 소고기는 청주 등 알코올에 버무려 육취를 제거한다.

㉢ 종이타월로 핏물을 깨끗이 제거한다.

㉣ 간장, 과일즙, 마늘즙 등을 넣어 무쳐 놓는다.

② 어패류

㉠ 생선은 깨끗이 씻고 꼬리에서 머리 쪽으로 긁어 비늘을 제거한 후 아가미와 내장을 제거한다.

㉡ 조개는 살아 있는 것을 구입하여 껍질을 깨끗하게 씻은 후 3~4%의 소금물에 담가 해감한다.

㉢ 낙지는 머리에 칼집을 내 내장과 먹물을 제거하고, 굵은 소금과 밀가루를 뿌려 다리와 몸통을 주물러 둔 후 씻을 때 껍질을 제거한다.

㉣ 게는 수세미나 솔로 깨끗하게 닦은 후 배 부분에 덮여 있는 삼각형의 딱지를 떼어내고 몸통과 등딱지를 분리한 후 몸통에 붙어 있는 모래주머니와 아가미를 제거하고 발끝은 가위로 잘라낸다.

㉤ 새우는 모양을 살리기 위해 머리와 꼬리는 제거하지 않고 몸통의 껍질만 벗기고 꼬리 쪽의 마지막 껍질을 벗기지 않는다. 가열하면 배를 구부리듯 둥글게 수축하는데 이를 방지하기 위해 꼬챙이를 머리부터 꼬리 쪽으로 끼우거나 배 쪽에 잔 칼집을 넣는다.

㉥ 다시마는 빛깔이 검고 두꺼운 것으로 선택하며, 찬물에 담가 두거나 끓여서 감칠맛 성분을 우려낸다.

③ 버섯류

㉠ 말린 표고버섯은 씻은 다음 미지근한 물에 1시간 이상 불린 후 물을 꼭 짠 뒤 기둥을 제거한다.

㉡ 느타리버섯은 끓는 물에 데친 후 손으로 찢는다.

㉢ 석이버섯은 미지근한 물에 불려 양손으로 비벼 뒷면의 이끼를 제거한 후 깨끗하게 씻는다.

㉣ 버섯은 얇게 썰어서 준비하고, 버섯을 불리는 데 사용한 물은 육수에 넣어 함께 끓인다.

④ 야채류

㉠ 야채류 표면에 부착된 흙, 오물, 벌레, 기생충, 전염병균, 방사선 진애, 농약 등을 제거하기 위해서 충분히 씻어야 한다.

㉡ 조직이 손상되면 영양소나 풍미가 유출되기 쉽고 손상 부위가 변형되어 조리 식품에 영향을 줄 수 있기 때문에 씻을 때는 가능한 한 식물조직이 손상되지 않도록 해야 한다.

(2) 육수 조리

① 수조육류

㉠ 육수에는 쇠고기가 가장 많이 사용되며 닭고기, 돼지고기 등도 많이 사용된다.

㉡ 쇠고기의 경우 근육은 양지머리와 사태를 많이 사용하고, 뼈의 경우에는 사골이나 잡뼈 등이 많이 이용된다.

② 어패류

㉠ 전골 육수에 사용되는 어류에는 멸치, 마른새우, 북어 등이 있고, 조개류에는 대합, 모시조개, 홍합, 굴 등이 있으며, 갑각류에는 게가 있다.

㉡ 멸치는 지방분이 많고 생선향이 강하게 나는 농후한 맛의 국물을 낼 수 있으며, 멸치를 건조시키면 수분함량이 적어지면서 감칠맛 성분인 이노신산이 농축된다.

㉢ 북어는 다른 생선에 비하여 지방성분이 적고 개운하며 혹사한 간을 보호해 주는 아미노산이 많아 과음한 후 해장국으로 많이 이용되고 있다.

③ 해조류

㉠ 해조류는 바다에서 나는 조류를 말하는데, 그 종류로는 다시마, 미역, 김 등이 있다.

㉡ 다시마는 칼슘, 인, 철, 마그네슘 등의 무기질과 정미성분이 풍부하여 생식이나 국수, 우동 등의 면류와 각종 국물을 우려내는 조미재료로 이용되고 있다.

④ 버섯류

㉠ 육수의 재료로 가장 많이 사용하는 마른 표고버섯에는 맛 성분 중 하나인 구아닐산을 함유하고 있어 그 자체로도 맛이 있을 뿐 아니라 다른 음식에 넣으면 음식의 감칠맛이 상승된다.

㉡ 마른 표고버섯을 물에 불리면 생표고버섯을 말리는 과정에서 파괴된 세포 안으로 물이 들어가 리보핵산이 밖으로 나오기 쉬운 상태가 되고 효소와 결합하기 쉬운 상태로 변하는데, 이렇게 불리는 과정을 거쳐 조리하면 표고버섯의 감칠맛이 증가한다.

㉢ 표고버섯은 수분량이 많고 각종 아미노산, 비타민, 단백질, 당질, 섬유질, 효소, 무기질 등의 영양적 가치가 높다.

더 알아보기 **재료에 따른 전골 육수의 맛**

- 소고기 육수 : 전골의 기본 맛
- 닭고기 육수 : 깔끔한 맛
- 멸치-다시다 육수 : 감칠맛
- 조개류 육수 : 시원한 맛

(3) 전골 조리에 사용하는 조미료와 향신료

① **조미료** : 영양적 가치는 거의 없으나, 주재료에 첨가되어 음식의 맛을 좋게 할 목적으로 사용한다.

㉠ 소금 : 짠맛을 내는 조미료로 음식의 기본인 간을 맞추는 데 사용될 뿐만 아니라 미생물의 작용을 억제하는 방부작용, 배추절임에서의 탈수작용, 녹색 채소를 데칠 때 색을 보존하는 등의 역할을 한다.

㉡ 간장 : 음식의 간을 맞추기 위해 사용되는 조미료로, 소금은 짠맛을 주지만 간장은 만드는 과정에서 생긴 구수한 맛을 가지고 있다.

종 류	만드는 방법	용 도
전통식 간장	전통적인 방법으로 된장을 만들 때 걸러낸 생 간장을 저장성을 높이고 풍미를 높이기 위해 달임 과정을 거쳐 살균, 농축한 것	국, 구이, 볶음
개량식 간장	찐 탈지 대두에 밀과 황국균을 번식시킨 후 소금물을 붓고 발효시켜 간장을 짜서 살균한 것	조림

㉢ 된장 : 국, 찌개, 무침, 쌈장 등을 만들 때 사용한다. 국이나 찌개를 끓일 때 전통식 된장은 오래 끓일수록 감칠맛이 나고 개량식 된장은 살짝 끓여야 맛이 난다.

㉣ 고추장 : 곡류, 메줏가루, 고춧가루, 엿기름, 소금을 혼합하여 발효시킨 것으로 탄수화물이 가수분해되어 생성된 당류에 의한 단맛, 콩 단백질이 분해되어 생성된 아미노산에 의한 감칠맛, 고춧가루에 의한 매운맛, 소금에 의한 짠맛이 조화를 이룬다.

㉤ 설탕 : 신맛, 쓴맛, 짠맛을 부드럽게 하므로 요리에 많이 사용되며, 단맛을 내는 역할 외에도 육류의 연화 및 식품의 부패방지에도 사용된다.

㉥ 조청 : 곡류나 서류의 녹말을 엿기름으로 당화시켜 그 즙만을 달여 걸쭉하게 만든 묽은 엿이다.

㉦ 식초 : 식욕을 돋우어 주고, 음식에 살균·방부효과를 준다.

② **향신료** : 독특한 향과 맛을 가진 식물의 뿌리, 열매, 꽃, 종자, 잎, 껍질 등을 이용하여 음식의 풍미를 향상시키고 식욕과 소화를 촉진하는 효과가 있다.

㉠ 고추 : 고운 고춧가루는 고추장을 만들 때나 조미료로 사용하고, 굵은 고춧가루는 김치를 담글 때 사용한다.

㉡ 마늘 : 마늘은 나물, 김치, 양념장 등에는 곱게 다져서 쓰고, 동치미나 나박김치에는 채 썰거나 납작하게 썰어 넣는다.

㉢ 생강 : 쓴맛과 매운맛을 가진 특유의 향으로 음식의 풍미를 더해 주며, 생선의 비린내와 육류의 누린내를 없애 주고 육질을 연하게 하는 작용을 한다.

㉣ 파 : 자극적인 매운맛을 내며 육류의 누린내와 생선의 비린내를 없애 주고 음식의 맛을 좋게 한다.

㉤ 후추 : 향과 매운맛이 강하여 육류의 누린내와 생선의 비린내를 없앨 때 주로 사용한다.

㉥ 참기름 : 독특한 향미를 가지고 있어 나물을 무칠 때, 찜, 조림, 구이 등 널리 사용된다.

㉦ 깨소금 : 잘 익은 깨를 물에 깨끗이 씻고 일어서 건져 번철이나 냄비에 조금씩 나누어 고루 볶아 뜨거울 때 빻아 부순 것이다.

㉧ 겨자 : 겨자의 씨를 갈아 가루로 만든 것이다.

(4) 양념장 조리

① 소고기전골 양념장

㉠ 간장 1작은술, 설탕 1/2작은술, 다진 파 1작은술, 다진 마늘 1작은술, 참기름 1작은술, 깨소금 1/3작은술, 후춧가루 약간을 준비한다.

㉡ 간장에 설탕을 넣어 설탕을 녹인 후 다진 파, 다진 마늘. 참기름, 깨소금, 후춧가루를 넣고 잘 섞는다.

② 두부전골 양념장 : 간장 1큰술, 다진 파 1작은술, 다진 마늘 1/2작은술, 참기름 1작은술, 깨소금 1/3작은술, 후춧가루 약간

③ 버섯전골 양념장 : 간장 1큰술, 설탕 1/2작은술, 다진 파 1작은술, 다진 마늘 1작은술, 참기름 1작은술, 깨소금 1/3작은술, 후춧가루 약간

④ 신선로 양념장

㉠ 소고기 양념장 : 소금 1/2작은술, 참기름 1작은술

㉡ 표고버섯 양념장 : 간장 1/4작은술, 설탕 1/4작은술, 참기름 1작은술

㉢ 채 썬 소고기 양념장 : 국간장 1/2작은술, 참기름 1/2작은술, 깨소금 1/2작은술, 다진 파 1작은술, 다진 마늘 1/2작은술

㉣ 저민 소고기 양념장 : 참기름 1/4작은술, 깨소금 1/4작은술, 설탕 1/4작은술, 다진 파 1/2작은술, 다진 마늘 1/4작은술

(5) 전골 끓이기

① 소고기전골

㉠ 육수를 면보에 걸러 간장으로 색을 내고 소금으로 간을 맞춘다.

㉡ 전골냄비에 재료가 마주 보이도록 담으며, 가운데 양념한 소고기를 둥글게 놓는다.

㉢ 육수를 자작하게 넣고 약한 불로 끓이면서 거품을 제거한다.

㉣ 소고기가 익으면 달걀을 넣고 반숙으로 익힌다.

㉤ 잣을 노른자 위에 올린다.

② 두부전골

㉠ 두부에 녹말가루를 입혀 식용유를 두른 프라이팬에서 노릇노릇하게 지진다.

㉡ 기름을 두른 프라이팬에 완자를 굴리면서 익힌 후 기름기를 제거한다.

㉢ 육수를 면보에 걸러 간장으로 색을 내고 소금으로 간을 맞춘다.

㉣ 전골냄비에 재료가 마주 보이도록 담으며, 가운데 두부를 넣고 그 위에 완자를 올린다.

㉤ 육수를 넣고 끓인다.

③ 버섯전골

㉠ 육수 또는 물에 소금과 간장으로 간을 맞추어 한소끔 끓여 장국을 준비한다.

㉡ 전골냄비에 소고기, 버섯, 채소를 돌려 담고 끓인 장국을 부어서 끓인다.

02 전골 담기

1. 그릇의 종류

(1) 전골냄비

① 무쇠로 만들어 숯불에 꽂아 놓고 앉은 자리에서 전골을 끓이면서 먹을 수 있게 만든 것으로 모양이 벙거지를 젖혀 놓은 것 같아 벙거짓골이라고도 한다.

② 국물 요리를 할 때는 벙거짓골을 선택한다.

(2) 신선로

① 상 위에 올려놓고 열구자탕을 끓이는 우리나라 조리기구로 그릇의 가운데에 숯불을 피우고 가열하면서 먹을 수 있는 가열기구이다.

② 화로이면서 그릇으로 여러 가지 재료를 넣어 끓일 때는 신선로를 선택한다.

2. 신선로 담기와 제공하기

(1) 신선로 담기

① 속 내용 중에서 신선로 맨 밑에 무를 담고 소고기 채를 썬 것, 소고기를 구운 것, 미나리초대, 천엽전, 민어전, 석이전을 한 켜씩 담아 그릇의 7부 정도 평평하게 올라오게 한다.

② 신선로 둘레를 5등분하여 당근, 표고버섯, 흰 지단, 노란 지단, 홍고추, 미나리초대를 한 개씩 담고, 윗부분이 약간 겹치도록 방사형으로 담는다.

③ 5등분한 경계 사이에 1cm 정도의 공간을 두고, 이 공간에 호두나 은행을 연통을 향하여 한 줄로 놓는다.

④ 고기완자를 연통의 둘레에 한 줄로 촘촘히 둘러놓는다.

⑤ 신선로 뚜껑을 덮고 밑에 접시를 받쳐 놓는다.

(2) 신선로 제공하기

① 상 위에 그릇과 신선로 틀에 들어갈 수 있는 작은 국자를 준비한다.

② 상에 낼 때는 뚜껑을 열고 육수를 내용물이 겨우 잠길 정도만 붓고 뚜껑을 덮은 후에 연통 속에 숯불을 넣는다. 부채를 사용하여 숯불이 활활 피게 하여 상에 올린다.

③ 상에 올린 후 다시 뚜껑을 열어 완성된 아름다운 모양을 보인 후 육수를 더 부어 다시 끓어오르면 먹기 시작한다.

④ 먹을 때에는 개인 그릇에 국자로 떠서 먹으며, 이때 내용물과 국물을 함께 담는다.

CHAPTER

09 | 한식 볶음 조리

01 볶음 조리

1. 볶음 재료 특성에 따른 조리법

(1) 볶음 조리 개요

① 육류, 채소, 어패류, 해조류 등을 손질하여 소량의 기름을 이용해 뜨거운 팬에서 음식을 익히는 방법이다.

② 볶음은 팬을 달군 후 소량의 기름을 넣어 높은 온도에서 단시간에 볶아 익혀야 원하는 질감, 색과 향을 얻을 수 있다.

[볶음 종류]

주재료	종 류
채 소	호박새우젓볶음, 잡채, 고구마순볶음, 취나물볶음, 탕평채, 감자채볶음, 부추잡채, 건새우마늘쫑볶음, 깻잎순볶음, 콩나물잡채, 느타리버섯볶음, 머위들깨볶음, 고추잡채, 새송이버섯볶음, 오절판, 참치김치볶음, 고사리나물볶음, 마늘쫑볶음, 무시래기나물볶음, 버섯잡채, 베이컨김치볶음, 베이컨야채볶음, 소고기가지볶음, 소고기청경채볶음, 오이갑장과, 콩나물야채불고기, 호박고지볶음, 가지볶음, 감자햄볶음, 가지양파볶음, 감자베이컨볶음, 굴소스잡채, 햄잡채, 김치어묵볶음, 애느타리버섯볶음, 스팸김치볶음, 떡잡채, 브로콜리버섯볶음, 양송이버섯볶음
고 기	닭갈비, 제육볶음, 돈육불고기, 돈육김치볶음, 돈육된장불고기, 돈육자장볶음, 돈육고추장양념볶음, 돈육버섯불고기, 오리불고기, 돈육양배추볶음, 버섯불고기, 돈육브로콜리볶음, 돈육호박볶음, 퓨전삼겹살볶음
수산물	주꾸미볶음, 오징어불고기, 오삼불고기, 미역줄기볶음, 꽈리고추멸치볶음, 쥐어채볶음, 해물볶음, 건파래볶음, 갑오징어굴소스볶음, 낙지떡볶음, 오징어두루치기, 오징어떡볶음, 오징어콩나물볶음, 햄미역줄기볶음, 건새우케첩볶음, 낙지볶음, 멸치볶음, 해물야채칠리볶음, 멸치고추장볶음, 멸치아몬드볶음, 멸치채소볶음, 명엽채볶음, 오징어실채볶음, 오징어채볶음
가공식품	떡볶이, 궁중떡볶음, 순대볶음, 두부두루치기, 두부어묵볶음, 어묵떡볶음, 느타리어묵볶음, 두부버섯볶음, 두부양념볶음, 비엔나소시지떡볶음, 비엔나블로콜리볶음, 소시지고추장볶음, 소시지버섯볶음, 잔멸치소세지볶음, 참치양파볶음, 콩비엔나볶음

(2) 재료에 따른 볶음 조리법

① 육 류

㉠ 낮은 온도에서 조리하면 육즙이 유출되어 퍽퍽해지고 질겨지므로, 일반적으로 200℃ 정도의 고온에서 볶는다.

㉡ 손잡이를 위로 하고 불꽃을 팬 안쪽에서 끌어들여 훈제향을 유도하면 특유의 볶음 요리가 된다.

② 채 소

㉠ 색깔이 있는 재료(당근, 오이)는 기름을 적게 두르고 중간 불에 빠르게 볶으면서 소금을 넣는다. 기름을 많이 넣으면 색이 누렇게 된다.

㉡ 오이, 당근은 볶는 과정에서 채소즙이 침출되는데, 그대로 흡수될 정도로 볶아 준다.

㉢ 마른 표고버섯을 볶을 때는 약간의 물을 넣어 주며, 일반 버섯은 물기가 많이 나오므로 센 불에 재빨리 볶거나 소금에 살짝 절인 후 볶는다.

㉣ 낙지볶음 등 볶음 요리에 부재료로 넣는 야채는 연기가 날 정도로 센 불에 야채를 넣고 먼저 볶은 다음, 주재료를 넣고 다시 볶은 후 마지막에 양념을 한다.

③ 수산물 : 오징어나 낙지는 오래 익히면 질겨지므로 유의한다.

더 알아보기 기름 보관방법

- 참기름은 리그난이 산패를 막는 기능을 하므로 4℃ 이하 온도에서 보관 시 굳거나 부유물이 뜨는 현상이 발생하여 마개를 잘 닫아 직사광선을 피해 상온 보관한다.
- 들기름은 리그난이 함유되어 있지 않고 오메가-3 지방산이 많이 들어 있어 공기에 노출되면 영양소가 파괴되므로 마개를 잘 닫아 냉장 보관한다.

2. 볶음 종류에 따른 재료와 양념

(1) 볶음 재료

① 다시마

㉠ 칼슘, 아이오딘이 풍부하고, 주성분인 글루탐산이 감칠맛을 내 천연 조미료로 많이 이용된다.

㉡ 다시마를 이용한 요리로는 쌈, 튀각, 볶음, 조림, 전 등이 있다.

② 호 박

㉠ 단백질, 지방, 식이섬유, 무기질, 베타카로틴, 잔토필, 비타민 B_1, C, 시트룰린이 함유되어 있으며, 그중 베타카로틴은 항산화, 항암작용을 하며 기름과 함께 조리하면 흡수율이 높아진다.

㉡ 애호박은 나물, 전, 호박고지 등에, 청둥호박은 엿, 떡, 죽, 부침, 볶음, 찜 등에, 단호박은 수프, 찜, 죽, 떡, 케이크 등에 다양하게 쓰인다.

(2) 양념 재료

① 짠맛 : 간장, 소금, 고추장, 된장 등

② 단맛 : 설탕, 조청, 물엿, 올리고당, 꿀 등

③ 신맛 : 식초, 감귤류, 매실, 레몬즙 등

④ 쓴맛 : 생강 등

⑤ 매운맛 : 마늘, 고추, 후추, 겨자, 산초, 생강 등

(3) 볶음 양념장 종류

① **간장 양념장** : 간장, 설탕, 청주, 물을 넣어 잘 섞은 후 마늘과 후춧가루, 참기름, 깨소금, 소금 등을 추가한다.

② **고추장 양념장** : 간장 양념에 고추장, 고춧가루를 추가한다.

[기본 양념장의 종류]

모체 양념군	기본 양념장	응용 양념장
간장군	간장구이장	불고기양념장, 생선구이장, 북어구이장
	간장볶음장	소고기장조림장, 생선조림장, 잡채양념장, 궁중떡볶이양념장
	간장찜장	갈비찜양념장, 닭찜양념장, 아귀찜양념장
	간장무침장	간장나물무침장, 어육장양념장, 초간장
고추장군	고추장볶음장	제육볶음장, 닭볶음장, 오징어볶음장, 떡볶이양념장
	매운탕양념장	해물매운탕양념장, 민물매운탕양념장, 순두부찌개양념장
	고추장비빔장	비빔밥양념장, 비빔국수양념장
	초고추장	생선회초고추장, 고추장나물무침장

③ 볶음 고추장 양념장 만들기

㉠ 냄비에 간장, 설탕, 청주를 넣고 설탕이 잘 녹도록 골고루 섞는다.
㉡ ㉠에 고추장, 고춧가루를 넣고 섞는다.
㉢ 다진 마늘과 참기름을 첨가하여 잘 섞는다.
㉣ 약불로 재료가 골고루 잘 섞이도록 저어 준다.
㉤ 양념장이 완성되면 식은 후 사용한다.

④ 볶음 간장 양념장 만들기

㉠ 냄비에 간장, 설탕, 물을 넣고 설탕이 잘 녹도록 골고루 섞어 준다.
㉡ ㉠에 다진 마늘, 물엿, 참기름, 후춧가루를 넣어준다.
㉢ 모든 재료를 넣어 냄비를 약불에 올려 잘 섞이도록 저어주고 끓기 바로 전 불에서 내려준다.
㉣ 양념장이 식은 후 사용한다.

(4) 볶음 주재료

① **육류** : 볶음용 고기는 얇게 썰어 양념에 무친다.

② **해산물** : 오징어, 낙지 등은 내장, 껍질 등을 제거하여 재료 특성에 따라 자른다.

③ **버섯류** : 말린 버섯류는 물에 불려 사용한다.

④ **건어물** : 먼저 볶아낸 후 양념장을 넣어 다시 볶는다.

(5) 볶음 조리도구 : 도마, 칼, 집게, 체, 계량수저, 계량컵, 프라이팬, 조리용 냄비, 나무주걱 등

> 볶음을 할 때 작은 냄비보다는 큰 냄비를 사용한다. 바닥에 닿는 면이 넓어야 재료가 균일하게 익으며 양념장이 골고루 배어들어 볶음의 맛이 좋아지기 때문이다. 또한 볶음 팬은 얇은 것보다 두꺼운 것이 좋다.

3. 볶음 조리

(1) 재료 전처리

① 전처리 음식 재료의 장단점

장 점	단 점

• 인건비 감소
• 음식물 쓰레기 감소
• 수도비 사용량 감소
• 공간적, 시간적 효율성
• 조리 공정과정의 편리성
• 식재료 재고관리 용이성
• 당일 조리 가능
	• 신선도에 대한 신뢰성 낮음
	• 안정적 공급체계 필요
	• 생산, 가공, 유통과정의 위생적 관리
	  – 물리적 위해요소(유리, 돌, 머리카락 등)
	  – 화학적 위해요소(살충제, 살균제, 세척제)
	  – 생물학적 위해요소(미생물적)

② 호박 전처리

㉠ 말린 호박을 흐르는 물에 3번 정도 씻어서 준비한다.

㉡ 씻은 호박을 미지근한 물에 30분 이상 불린 후 물기를 제거한다.

㉢ 간장 양념장, 들기름을 넣고 밑간한다.

> • 미지근한 물에 호박을 오래 불리면 볶음 조리 후 식감이 나빠지므로 유의한다.
> • 불린 호박은 밑간을 미리 해두면 간이 골고루 배여 맛이 좋다.

(2) 볶음 조리방법

① 다시마 볶음

㉠ 염장된 다시마는 끓는 물에 데쳐 채를 썰고, 조개는 해감하여 껍질을 제거하고 살만 준비한다.

㉡ 팬에 기름을 두르고 다시마를 넣고 볶아 준다.

㉢ 다시마가 볶아지면 간장 양념장을 넣고 다시 한번 볶아 준다.

㉣ 여기에 조갯살을 넣고 함께 살짝 볶아낸 후 마지막으로 참기름을 넣고 섞는다.

② 닭볶음

㉠ 닭을 알맞은 크기로 토막 내고 소금, 후추로 밑간을 한다.

㉡ 팬에 기름을 두르고 고추, 생강을 넣어 센 불에 조리하여 밑간한 닭을 넣고 볶아 준다. 낮은 온도에서 볶으면 많은 기름이 재료에 흡수되어 좋지 않다.

㉢ 닭이 거의 익으면 간장 양념장을 넣고 중불을 이용하여 간이 밸 수 있도록 한다.

(3) 화력 조절

① 센 불 : 구이, 볶음, 찜처럼 처음에 재료를 익히거나 국물을 팔팔 끓일 때 사용한다.

② 중간 불 : 국물 요리에서 한 번 끓어오른 뒤 부글부글 끓는 상태를 유지할 때 사용한다.

③ 약한 불 : 오랫동안 끓이는 조림 요리나 뭉근히 끓이는 국물 요리에 사용한다. 그러나 조림의 경우 처음에는 센 불, 중불, 약불 순으로 사용한다.

02 볶음 담기

(1) 그릇 종류

① 석기(Stoneware)

㉠ 돌 같은 무게와 촉감을 가진 도자기로 회색이나 밝은 갈색의 고운 점토를 약 1,000~1,200℃에서 구운 것이다.

㉡ 비교적 높은 온도에서 구웠기 때문에 물이 통과되지 않고 두드리면 선명한 소리가 난다.

㉢ 굽는 동안 유리화되고, 밀도가 치밀해져 음식의 수분이나 기름기에 의해 변색되지 않는다.

㉣ 유약을 바른 것과 유약을 바르지 않은 종류가 있다.

㉤ 바탕이 불투명하고 다양한 색상을 가질 수 있으며, 구운 것을 만지면 보송보송하다.

② 도기(질그릇, Earthware)

㉠ 찰흙에 자갈이나 모래를 섞어 반죽하여 약 600~900℃에서 구운 용기이다.

㉡ 착색이 쉬워 다양한 색과 무늬를 즐길 수 있으며, 대부분 붉은색 혹은 갈색을 띤다.

㉢ 유약을 칠하지 않은 것은 습기나 공기를 통과시킨다.

㉣ 빛이 통과되지 않고 두드리면 둔탁한 소리가 난다.

③ 크림웨어(Creamware)

㉠ 석기와 비슷한 구조를 가진 도자기로 단단하고 내구성이 있다.

㉡ 구울 때 밝은 크림색을 띠므로 크림웨어라 이름 붙였다.

㉢ 이가 빠져도 눈에 잘 띄지 않으나 음식의 기름기가 스며들어 변색되기 쉬우므로 주의해야 한다.

㉣ 격식 있는 자리에서부터 약식 식사까지 모두 잘 어울리는 재질이다.

④ 본차이나(Bone China)

㉠ 황소나 가축의 뼈를 태운 재와 생석회질로 된 골회를 첨가해 만든 것으로 연한 우유색의 부드러운 광택이 난다.

㉡ 약 1,260℃에서 구워지며, 골회를 많이 첨가할수록 질이 좋다.

(2) 볶음 담기

① 접시에 재료가 골고루 보이게 담는다.

② 조리의 형태에 따라 조화롭게 담아낸다.

③ 접시의 내원을 벗어나지 않게 담는다.

④ 볶음 조리에 따라 고명을 얹어 낸다.

⑤ 통깨는 흩트려 뿌리면 지저분해 보이므로 꼭대기 부분에 모아서 뿌린다.

CHAPTER

10 | 한식 튀김 조리

01 튀김 조리

1. 튀김의 종류와 조리법

(1) 튀김의 개요

① 튀김은 건식열 조리방법에서 기름의 대류(Convection) 원리를 이용하는 대표적인 조리방법으로 기름에 음식물을 튀기는 것이다.

② 단시간에 익히므로 재료 자체가 함유하고 있는 독특하고 맛있는 성분을 밖으로 나오지 않게 하여 영양 손실이 가장 적으며, 기름이 가지고 있는 풍미가 맛을 더해 준다.

[튀김의 특징과 종류]

구 분	특 징	종 류
보 통	주재료에 밀가루를 묻히고 튀김옷을 입혀 기름에 튀기는 것	채소 튀김, 육류 튀김, 해물 튀김 등
튀 각	그대로 기름에 튀긴 것	다시마 튀각, 호두 튀각 등
부 각	재료를 그대로 말리거나 풀칠을 하여 말려 기름에 튀긴 것	김 부각, 고추 부각, 참죽잎 부각, 깻잎 부각 등

(2) 튀김 조리법

① 스위밍 방법(Swimming Method) : 많은 양의 기름에서 내용물이 헤엄치듯 떠다니면서 익는 방법으로 반죽이 입혀진 재료나 크기가 큰 재료를 튀길 때 주로 사용한다.

② 바스켓 방법(Basket Method) : 재료를 바스켓에 넣어 많은 양의 기름에 튀기는 방법으로 반죽을 입히지 않은 것이나 재료가 비교적 작은 것을 튀길 때 사용한다.

2. 튀김의 재료

(1) 튀김 기름

① 튀김 기름은 색이 없거나 엷고 냄새가 없으며, 안정도와 발연점이 높고 발포성이 적은 것이 좋다. 발연점이 낮은 기름은 음식에 자극성이 있는 불쾌한 냄새와 맛을 갖게 하므로 좋지 않다.

② 면실유나 채종유는 발연점이 높을 뿐 아니라 생산량도 많고 가격도 비교적 저렴하므로 튀김용으로 적합하다.

※ 발연점이 높은 기름 : 옥수수유, 대두유, 포도씨유, 카놀라유 등

③ 쇼트닝과 같은 고체 기름을 사용할 경우에는 발연점이 낮아지므로 유화제를 첨가하지 않은 것을 선택하는 것이 좋다.

④ 사용하거나 오래된 기름은 색이 진하고, 점도가 높고, 맛이 나쁘며, 발연점도 낮아지므로 튀김 기름으로 사용하게 되면 기름이 음식에 많이 흡수되어 튀김이 바삭바삭하지 않게 된다.

⑤ 사용한 기름은 찌꺼기를 걸러서 갈색 유리병에 담아 차고 어두운 곳에 저장하며 단시일 내에 사용하도록 한다.

(2) 튀김 반죽

① 감자칩이나 생선처럼 튀기는 재료의 수분을 탈수하고자 할 때는 튀김 반죽을 입히지 않고 그대로 튀기거나 튀김 재료 표면에 전분을 살짝 뿌려서 튀긴다.

② 반대로 튀김 재료의 수분을 증발시키지 말아야 할 경우에는 튀김 반죽을 입혀서 튀긴다.

3. 튀김 조리하기

(1) 재료 전처리

① 육류, 해산물은 익으면 길이가 줄어들기 때문에 다른 재료의 길이보다 길게 자른다.

② 육류나 어패류는 포를 떠서 잔칼질을 하고 소금, 후춧가루를 뿌려 밑간을 한다.

③ 잔칼질을 하면 근섬유가 절단되어 익힐 때 오그라들지 않고 편편하게 익는다.

④ 튀김에 사용하는 재료는 편리하게 사용할 수 있도록 미리 준비한다.

⑤ 단단한 재료는 미리 데치거나 익혀 놓는다.

(2) 튀김 반죽 준비

① 밀가루는 차게 보관한 박력분을 사용하는데, 고운 체에 2~3회 걸러 내린다.

② 튀김 반죽물은 달걀노른자 1개에 얼음물 1컵의 비율로 하고 곱게 풀어 준다.

③ 튀김 반죽물과 밀가루의 비율은 1 : 1 정도가 좋으며, 지나치게 섞지 않는다.

④ 튀김 반죽은 튀김 요리를 조리할 때 즉시 만들어 사용하고 양을 조절하여 남지 않게 한다.

더 알아보기 튀김 반죽 시 유의사항

- 튀김 반죽을 만들 때 지나치게 섞게 되면 글루텐이 형성되어 튀김이 바삭하지 않게 되므로 젓가락으로 저어주다가 밀가루가 약간 덜 풀어졌을 때 중지한다.
- 빵가루를 튀김 반죽 대신 사용할 경우에는 재료에 밀가루를 묻히고 달걀을 곱게 푼 것에 담갔다가 건져서 빵가루를 묻혀 튀긴다.

(3) 튀김 재료와 양에 따른 조리방법

① 신선한 재료를 사용하고 한꺼번에 많은 양을 튀기지 않는다.

② 육류, 생선, 채소 등의 재료에 따라 튀김 온도를 조절하여야 한다.

③ 대체로 재료에 수분이 많고 큰 것은 저온(165~170℃)에서 튀긴다.

④ 튀김을 기름에서 건져서 바로 겹쳐 놓으면 습기가 생겨 좋지 않으므로 기름을 흡수할 수 있는 한지를 깔고 그 위에 펴 놓는다.

(4) 튀김 온도에 따른 조리방법

① 150℃ : 튀김 반죽이 바닥에 가라앉았다 한참 후에 떠오른다.

② 160℃ : 튀김 반죽이 바닥에 가라앉았다 떠오른다.

③ 170℃ : 튀김 반죽이 중간쯤 가라앉았다 한참 후에 떠오른다.

④ 180℃ : 튀김 반죽이 표면에서 부드럽게 퍼진다.

⑤ 190℃ : 기름에 연기가 약간 나고 튀김 반죽은 잘게 부서지듯 표면에서 쫙 퍼진다.

(5) 튀김 조리 시 주의사항

① 한꺼번에 많은 재료를 넣으면 온도 상승이 늦어져 흡유량이 많아진다.

② 수분이 많은 식품은 미리 수분을 어느 정도 제거하여 튀긴다.

③ 튀긴 후에는 기름 흡수 종이를 사용하여 여분의 기름을 제거한다.

(6) 튀김 조리 후 주의사항

① 튀김을 끝낸 기름은 고운 체에 밭쳐서 불순물을 제거한다.

② 기름이 식으면 병에 밀봉하여 찬 곳에 보관한다.

③ 가급적이면 한 번 사용한 기름은 재사용하지 않는 것이 좋다.

④ 조리작업을 시작하기 전 기름의 양을 조절하여 폐유를 최소화하여 버린다.

⑤ 기름은 하수구에 버리지 말고 통에 담아 쓰레기 수거 시 함께 버린다.

⑥ 튀김 기름의 취급 및 보관 시 기름이 완전히 식어버리면 점성이 강해지므로 열기가 조금 있을 때 여과지를 이용해서 거름망으로 걸러서 보관한다.

4. 튀김 조리과정 중의 물리화학적 변화

(1) 수분 감소율

① 기름 속에서 가열하면 식품이 가지고 있는 수분이 감소하면서 기름을 대신 흡착하여 식품이 기름 위로 떠오르게 된다.

② 튀김을 바짝 튀기려면 가늘고 길게 채 썰어서 표면적을 넓게 해야 하며, 튀김의 수분 함량을 많게 하려면 두껍고 두툼하게 썰어 표면적을 작게 해야 한다.

③ 일반적으로 식품을 그냥 튀기면 대개 40%의 수분이 감소하고, 반죽을 입히고 튀기면 20%의 수분이 감소한다.

(2) 기름 흡착률

① 기름 온도와 가열 시간에 따라 식품에 흡수되는 기름의 양이 달라지는데, 튀기는 기름의 온도가 낮을수록, 튀김 시간이 길어질수록 흡유량이 많아진다. 따라서 튀기는 재료에 알맞은 온도로 기름을 가열한 다음 재료를 넣고 튀겨야 한다.

② 일반적으로 기름의 흡착률은 그냥 튀긴 것은 3%, 반죽을 입힌 것은 5~10% 정도이다.

5. 튀김 도구의 사용

(1) 재료 및 도구

① 재료 : 육류, 가금류, 어패류, 채소류, 버섯류, 밀가루, 유지류, 달걀, 양념류 등

② 도구 : 조리용 칼, 도마, 튀김 기기, 프라이팬, 용기, 계량저울, 계량컵, 계량스푼, 조리용 젓가락, 온도계, 체, 조리용 집게, 타이머, 꼬치 등

(2) 튀김 시 유의사항

① 튀김 조리 시 내용물을 튀김 솥 용량 이상으로 넣어서는 안 된다.

② 두꺼운 재질의 솥을 사용하여 내부 온도 변화를 작게 하도록 한다.

③ 튀김 재료의 수분은 반드시 제거한다.

④ 고열에 의한 기름의 산화를 방지하기 위하여 온도를 적정선으로 유지한다.

⑤ 기름을 넣은 튀김 솥은 들고 다니지 않으며, 사용 후에는 기름을 흡수할 수 있는 종이로 내부를 닦아내고 세제를 이용하여 부드러운 스펀지로 세척한 후 말려서 보관한다.

02 튀김 담기

(1) 음식 담기

① 식기와 음식의 색 조화

㉠ 음식의 색감은 이미지 형성에 가장 중요한 요소로 작용하며, 대중이 선호하는 색을 사용하여 담았는지에 따라 음식에 대한 평가나 느낌 또는 만족도가 달라진다.

㉡ 음식의 색을 강조하고 싶을 때는 그릇색이 어두울수록 효과적이며, 같은 계열의 그릇을 섞어 사용하면 조화를 이루어 풍부한 느낌의 담음새를 연출할 수 있다.

② 완성된 음식의 외형을 결정하는 요소

음식의 크기	• 음식 자체의 적정 크기 • 그릇 크기와의 조화 • 1인 섭취량 및 경제성
음식의 형태	• 전체적인 조화 • 식재료의 미적 형태 • 특성을 살린 모양
음식의 색	• 각 식재료의 고유의 색 • 전체적인 색의 조화 • 식욕을 돋우는 색

③ 유의사항

㉠ 접시의 내원을 벗어나지 않게 담는다.

㉡ 고객의 편리성에 초점을 두어 담는다.

㉢ 재료별 특성을 이해하고 일정한 공간을 두어 담는다.

㉣ 획일적이지 않은 일정한 질서와 간격을 두어 담는다.

㉤ 불필요한 고명은 피하고 간단하면서도 깔끔하게 담는다.

㉥ 소스 사용으로 음식의 색상이나 모양이 망가지지 않게 유의해서 담는다.

④ 음식의 온도 유지

㉠ 음식을 입에 넣었을 때 느끼는 온도 자극의 정도는 체온과 밀접한 관계가 있다. 음식의 온도가 체온(36℃)에 가까울수록 자극이 약해지고, 체온에서 멀어질수록 자극이 강해진다.

㉡ 70℃ 이상이 되면 너무 뜨거워서 음식을 먹을 수 없고, 5℃ 이하가 되면 맛을 느낄 수 없으므로 음식이 맛있게 느껴지는 온도는 요리에 따라 다르나, 뜨거울 때 60~70℃, 차가울 때 12~15℃ 정도가 좋다.

(2) 튀김 제공

① 튀김을 조리한 뒤에는 기름에서 꺼내어 기름 제거 망 위에 올려 두거나, 넓은 채반에 종이타월을 바닥에 깔고 서로 겹치지 않게 종이 위에서 기름이 흡수되게 식힌다.

② 튀김을 담아내는 그릇은 재질, 색, 모양 그리고 재료의 크기와 양을 고려하여 선택한다.

③ 재질은 도자기, 스테인리스, 유리, 목기, 대나무 채반 등을 사용할 수 있다.

④ 색은 요리의 색과 배색이 되는 것을 선택하여 요리의 색감을 효과적으로 표현한다.

⑤ 그릇의 모양은 넓고 평평한 접시 형태로 선택한다. 오목한 접시에 담으면 완성된 요리 안의 열기가 증발하며 벽에 부딪혀 물방울이 맺히거나, 증기가 아래로 내려와 음식 안에 침투하지 않게 된다.

⑥ 따뜻한 온도, 색, 풍미를 유지하여 담아낸다.

CHAPTER

11 | 한식 숙채 조리

01 숙채 조리

1. 숙채 재료 특성에 따른 조리법

(1) 숙채의 정의

① 숙채는 채소, 산채, 들나물 등을 물에 데치거나 삶거나 볶는 등 익혀서 조리한 나물을 일컫는다.

㉠ 콩나물, 시금치, 숙주나물 등 : 끓는 물에 파랗게 데쳐서 무친다.

㉡ 호박, 오이, 도라지 등 : 소금에 절였다가 팬에 기름을 두르고 볶아서 익힌다.

㉢ 시금치, 쑥갓 등 : 끓는 물에 소금을 약간 넣어 살짝 데치고 찬물에 헹군다.

② 채소를 데치거나 삶거나 찌거나 볶는 등 익혀서 조리하는 것은 재료의 쓴맛이나 떫은맛을 없애고 부드러운 식감을 줄 수 있다.

더 알아보기 생채 · 숙채 · 회 조리별 분류

분 류	조 리
생채류	무생채, 도라지생채, 오이생채, 더덕생채, 해파리냉채, 파래무침, 실파무침, 상추생채, 배추, 미나리, 산나물
숙채류	고사리나물, 도라지나물, 애호박나물, 시금치나물, 숙주나물, 비름나물, 취나물, 무나물, 냉이나물, 콩나물, 시래기, 탕평채, 죽순채
회 류	• 생것(생회) : 육회, 생선회 • 익힌 것(숙회) : 문어숙회, 오징어숙회, 낙지숙회, 새우숙회, 미나리강회, 파강회, 어채, 두릅회
기타 채류	잡채, 원산잡채, 겨자채, 월과채, 대하잣즙채, 해파리냉채, 콩나물잡채, 구절판

(2) 숙채 조리법

① 끓이기와 삶기(습열 조리)

㉠ 식재료를 물에 넣고 가열하되 펄펄 끓이지는 않고 익을 때까지 가열하는 것이다.

㉡ 삶기는 투입하는 식재료를 익히는 것이 목적이기 때문에 가열에 사용된 물은 식용으로 재이용하지 않는다.

② 데치기(습열 조리)

㉠ 식품 재료를 끓는 물 속에서 단시간 끓이는 것으로, 식품조직을 부드럽게 하고 좋지 않은 맛을 없애 주며 식품의 색깔을 한층 선명하게 한다.

㉡ 녹색 채소 : 충분한 양의 물에 약간의 소금을 넣고 뚜껑을 덮지 않은 채 살짝 데친 다음 찬물에 헹구어 내면 색깔이 선명하고 영양소의 파괴도 줄일 수 있다.

㉢ 우엉, 연근 : 떫은맛을 없애기 위해서는 데칠 때 식초를 몇 방울 떨어뜨리면 효과적이다.

③ 찌기(습열 조리)

㉠ 조리할 때 물을 사용하지 않고 가열된 수증기가 식품 재료 사이로 전해져서 식품이 간접적으로 가열되는 조리법이다.

㉡ 감자, 당근, 호박 등의 조리에는 적당하나, 녹색 채소나 양배추 종류는 색과 향이 변하기 쉽다.

㉢ 식품의 모양이 변형되지 않고 영양의 손실을 최소화할 수 있으나 시간이 오래 걸리고 또 그만큼 연료가 많이 드는 것이 단점이다.

④ 볶기(건열 조리)

㉠ 불에 달군 프라이팬이나 냄비에 기름을 두르고 식품을 넣어서 가열하면 식품이 볶아지면서 익는 조리법으로 굽기와 튀기기의 중간 방법이다.

㉡ 200~220℃ 정도의 높은 온도에서 단시간 조리하므로 비타민의 손실이 적고, 조리과정에서 독특한 향기와 고소한 맛이 생기고 지방과 지용성 비타민의 흡수가 좋아진다.

㉢ 볶을 때 사용하는 기름의 양은 보통 재료의 5~10%가 적당하다.

더 알아보기 숙채 조리 시 유의사항

- 숙채는 익혀서 조리하여 소화흡수율이 높고, 채소 특유의 쓴맛, 떫은맛 등을 제거해 주며, 질감을 부드럽게 해 준다. 또한, 양념에 따라 다양한 맛을 낼 수 있다.
- 숙채의 전처리 과정에서 영양소의 손실이 있을 수 있으므로, 살짝 데치거나 센 불에 짧은 시간 볶는 등 가열시간을 짧게 한다.

2. 숙채 종류에 따른 재료와 양념

(1) 숙채 채소의 종류

① 콩나물

㉠ 머리가 통통하고 노란색을 띠며 검은 반점이 없고 줄기의 길이가 너무 길지 않은 것이 좋다.

㉡ 콩나물에는 비타민 B, C와 단백질, 무기질이 풍부하게 들어 있으며 콩나물 200g이면 비타민 C의 하루 필요량을 충족시킨다.

② 비 름

㉠ 잎이 신선하며 향기가 좋고, 얇고 억세지 않아 부드러워야 한다.

㉡ 줄기에 꽃술이 적고 꽃대가 없으며, 줄기가 길지 않아야 한다.

③ 시금치

㉠ 철분이 풍부한 시금치는 끓는 물에 소금을 넣어 살짝 데쳐 찬물에 헹구어 참깨와 함께 무치면 좋다.

㉡ 시금치는 결석을 만드는 수산칼슘을 형성하는데 참깨가 이러한 수산성분을 없애 주는 역할을 한다.

④ 고사리

㉠ 고사리는 영양학적으로 칼슘과 섬유질, 카로틴과 비타민이 풍부하며 어린 순을 삶아서 말렸다가 식용으로 사용한다.

㉡ 한방에서는 고사리의 뿌리를 궐근이라 하며 두통, 해독, 해열효과가 뛰어나고 관절통 등을 치료하는 약재로 쓰기도 한다.

⑤ 숙 주

㉠ 숙주는 이물질이 섞이지 않고 상한 냄새가 나지 않아야 하며, 뿌리가 무르지 않고 잔뿌리가 없어야 한다.

㉡ 줄기는 가는 것이 좋고 노란 꽃잎이 많이 피거나 푸른 싹이 나거나 웃자라고 살이 찌고 통통한 것은 좋지 않다.

⑥ 쑥 갓

㉠ 쑥갓은 데쳐도 영양소 손실이 적고 칼슘과 철분이 풍부하여 빈혈과 골다공증에 좋다.

㉡ 동초채라고도 하며 위장을 따뜻하게 하고 심장 기능을 활성화하는 것이 특징이다.

㉢ 비타민 C, 비타민 A와 알칼리성이 풍부한 나물로 가래나 변비 예방에 좋다.

⑦ 미나리

㉠ 미나리는 습지에서 잘 자라고 생명력이 강하며 사계절 내내 식용이 가능하다.

㉡ 특유의 향으로 식욕을 돋우며 회, 생채, 숙채, 김치, 전, 국, 전골, 찌개, 탕 등의 부재료로 이용된다.

⑧ 가 지

㉠ 과실류 중에서도 칼로리가 낮고 수분이 많으며 안토시아닌계 색소로 자주색이나 적갈색을 띤다.

㉡ 해열, 혈액순환에 도움이 되며 콜레스테롤 함량을 낮춰주는 효능이 있다.

⑨ 물쑥 : 이른 봄에 나온 물쑥을 데쳐서 양념장에 무친 나물로, 향기가 좋으므로 초를 넣어 만든다.

⑩ 씀바귀 : 이른 봄에 입맛을 돋우는 나물로 예부터 귀한 나물로 여기며, 씀바귀와 함께 뿌리를 초고추장에 무쳐 먹으며 좋다.

⑪ 표고버섯

㉠ 단백질과 가용성 무기질소물 및 섬유소를 함유하고 있는 저칼로리 식품이다.

㉡ 혈액순환을 돕고 피를 맑게 해주며, 고혈압과 심장병에 탁월하다.

⑫ 두릅 : 비타민과 단백질이 많은 나물로, 어리고 연한 두릅을 살짝 데쳐 초고추장에 무쳐 먹으면 좋다.

⑬ 무나물

㉠ 무에 풍부하게 들어 있는 다이아스테이스(Diastase, 디아스타제)는 소화를 촉진하고, 해독작용이 뛰어나 밀가루 음식과 먹으면 좋다.

㉡ 리그닌이라는 식물성 섬유는 변비를 개선하며 장 내의 노폐물을 청소해 주기 때문에 혈액이 깨끗해져 세포에 탄력을 준다.

㉢ 뇌졸중 전조증상이 있을 때 좋으며, 무 껍질에는 비타민이 많이 함유되어 있어 껍질째 요리하는 것이 좋다.

(2) 숙채 재료 준비

① 푸른잎 채소들은 끓는 물에 소금을 약간 넣어 살짝 데치고 찬물에 헹구어 물기를 제거한다.
② 고사리, 고비, 도라지는 충분히 연하게 될 때까지 끓는 물에서 푹 삶아 준비한다.
③ 말린 취, 고춧잎, 시래기 등은 불렸다가 삶는다.
④ 동부가루, 메밀가루, 도토리가루를 이용해서 묵을 쑤어 그릇에 부어 굳힌다.
⑤ 전분가루와 물의 비율은 1 : 6 정도이다(청포묵, 메밀묵, 도토리묵 등).

(3) 숙채 조리과정과 양념

① 시금치나물

㉠ 깨끗이 씻은 시금치는 끓는 물에 약간의 소금을 넣고 뚜껑을 열어 재빨리 삶아 낸다.
㉡ 삶은 시금치는 찬물에 헹궈서 물기를 짜서 준비한다.
㉢ 무침 양념으로 다진 파, 다진 마늘, 소금, 깨소금, 참기름을 준비한다.
㉣ 삶은 시금치와 양념이 잘 배합되도록 무친다.

더 알아보기 **시금치 조리 시 유의사항**

- 시금치는 팔팔 끓는 물에 소금을 넣고 살짝만 데쳐야 색 변색이 없다.
- 시금치에는 수산성분이 있으므로 데칠 때는 뚜껑을 열고 데쳐야 한다.
- 데친 시금치를 찬물에 오래 담가 두면 비타민 C가 용출되어 맛이 없다.

② 고사리나물

㉠ 고사리나물의 재료로 고사리, 다진 파, 다진 마늘, 간장, 깨소금, 참기름을 준비한다.
㉡ 고사리와 양념이 잘 배합되도록 무친다.
㉢ 프라이팬에 식용유를 두르고 양념에 무친 고사리를 볶는다.

더 알아보기 **고사리 조리 시 유의사항**

- 고사리를 미지근한 쌀뜨물에 불리면 고사리가 부드러워지고 특유의 잡내가 제거된다.
- 오래된 건고사리는 뻣뻣하고 질겨질 수 있으므로 탄산수소나트륨을 넣고 데치면 부드러워지며, 채소가 물러지는 것을 방지할 수 있다.
- 삶아도 부드럽지 않으면 물기를 짜서 냉동실에 넣고 냉장실에 녹여 사용하면 수분이 팽창되어 불려져서 부드럽다.
- 고사리의 굵기에 따라 볶는 온도를 조절해 주고 뚜껑을 덮거나 물을 주며 부드럽게 볶아 익힌다.

3. 숙채 조리과정 중의 물리화학적 변화

(1) 채소의 색과 조리

① 천연식품의 색은 밝고 선명한 것에 비해 변질된 식품은 어둡거나 변색되므로 색은 식품의 품질을 우선적으로 평가할 수 있는 기준이 된다.

② 식품 고유의 색은 조리 또는 양념에 의해서 변색되거나 영양소가 파괴되기도 하는데 이러한 식품의 색을 결정하는 식물성 색소에는 클로로필, 카로티노이드, 플라보노이드 등이 있다.

(2) 식물성 식품의 색소

① 클로로필

㉠ 녹색 채소를 천천히 오래 삶으면 갈색으로 변화하므로 변색을 억제하기 위해서는 물이 끓을 때 녹색 채소를 넣고 뚜껑을 열어 휘발성 산을 신속히 증발시키고 고온에서 단시간 동안 가열하는 것이 좋다.

㉡ 녹색 채소는 뚜껑을 열고 물을 많이 넣어 고온에서 단시간 데쳐내고 바로 찬물로 헹궈내면 클로로필과 비타민 C의 파괴를 최소화할 수 있다.

㉢ 녹색 채소의 클로로필은 산에 의해 갈변하므로 조리 시 먹기 직전에 간장, 된장, 식초 등을 마지막에 넣어 변색을 최소화해야 한다.

② 카로티노이드

㉠ 공기가 없으면 열에 대하여도 안정하나, 공기 중에서는 산화되기 쉽고 빛에는 급격하게 파괴된다.

㉡ 카로티노이드는 황색, 주황색, 적색을 띠는 지용성 색소로 토마토, 복숭아, 고추, 감귤류, 당근, 고구마, 옥수수 등의 과실과 뿌리에 분포한다.

③ 플라보노이드

㉠ 플라보노이드는 수용성으로 담황색에서 황색을 띠며 안토시아닌과 안토잔틴, 타닌류를 함유한다.

㉡ 안토시아닌은 과일의 적색, 청색, 자색 등의 수용성 색소를 총칭하며 가공이나 저장 중 색깔이 쉽게 퇴색되어 품질을 저하시킨다.

㉢ 안토시아닌을 함유하는 과일이나 채소는 조리 시 산을 가하면 적색으로 변하며, 안토시아닌은 산소에 의해 산화되어 갈변된다.

㉣ 안토잔틴은 산에 안정하나 알칼리에는 황색이나 갈색을 만들어 낸다. 특히 흰 배추, 흰 양파, 흰 감자, 고구마 등은 가열하면 색이 노란색으로 짙어진다.

㉤ 타닌류는 미숙 과실, 감, 커피, 차 등에서 떫은맛을 낸다.

④ 베타시아닌

㉠ 붉은 사탕무, 근대, 아마란서스의 꽃 등에서 발견되는 수용성의 붉은 색소이다.

㉡ 글루코스의 배당체로 베타닌이라고도 하며 열에 불안정하나 pH 4~6 범위에서는 비교적 안정하다.

02 숙채 담기

1. 숙채 제공

(1) 그릇의 선택

① 전, 구이, 나물, 장아찌 등의 찬을 담는 쟁첩은 작고 납작하다.
② 나물, 생채 등은 식기의 70% 정도의 양으로 담는다.

(2) 숙채 담기

① 시금치나물
㉠ 시금치나물에 맞는 그릇을 선택한다.
㉡ 양념에 무친 시금치나물을 선택한 그릇에 담는다.
㉢ 시금치나물을 그릇에 담은 후에 깨소금을 뿌려 완성한다.
② 고사리나물
㉠ 고사리나물에 맞는 그릇을 선택한다.
㉡ 양념에 무쳐서 볶은 고사리나물을 선택한 그릇에 담는다.
㉢ 고사리나물을 그릇에 담은 후에 깨소금을 뿌려 완성한다.

더 알아보기 담기 시 유의사항

- 담을 때 기름기나 이물질이 그릇에 묻지 않도록 한다.
- 음식의 재료에 따라 그릇의 형태가 달라져야 한다.

(3) 곁들임 장

다진 파, 다진 마늘, 간장, 소금, 깨소금, 참기름, 들기름 등을 혼합하여 만들거나 겨자장을 사용한다.

CHAPTER

12 | 한과 조리

01 한과 재료 배합

1. 한과의 종류

(1) 한과의 정의

① 한과는 예로부터 크고 작은 행사에 고임 음식으로 많이 사용되었기에 굄새, 고임의 뜻인 한자 '飣'(쌓아 둘 정)을 써서 '과정(果飣)'이라 불렀다.

② 과일처럼 만든 과자라는 의미에서 조과(造果), 가과(假果)라 불리기도 한다.

(2) 한과의 역사

① 삼국 및 통일신라 시대

㉠ 한과의 시작은 먹다 남은 과일이 상하지 않고 마른 것을 우연히 먹어보니 단맛이 상승된 것을 알고 과일을 말려 먹기 시작했던 것으로 추측된다.

㉡ 그 후 과일에 인공적으로 단맛을 가미하게 되었고, 농경의 발달로 곡물이 생산되기 시작하면서부터 곡물에도 단맛을 가미해 만들어 과일이 귀한 계절에도 즐기게 된 것으로 보인다.

㉢ 『삼국유사』에 과(果)가 처음 제수(祭需)로 등장하였고, 불교가 융성했던 통일신라 시대부터 차를 마시는 풍습이 성행했음을 통해 한과가 흔히 차에 곁들이는 음식이었다는 사실을 알 수 있다.

② 고려시대

㉠ 고려시대에는 불교가 더욱 성행하여 육식이 절제되고 차를 마시는 풍속과 함께 한과가 더 발달하게 되었다.

㉡ 유밀과는 연등회, 팔관회 등의 불교 행사에 고임 음식으로 올려졌고, 귀족이나 사원에서 매우 성행하였으며 왕에게 올리는 진상품이나 혼례의 납폐 음식의 하나이기도 했다.

㉢ 이로 인해 유밀과를 만들기 위한 곡물, 기름, 꿀 등이 많이 쓰여 물가가 오르고 민생이 어려워지자 유밀과에 대한 금지령이 내려질 정도로 성행하였다.

③ 조선시대

㉠ 조선시대는 한과가 고도로 발달했던 시대로, 임금이나 왕족이 받는 상은 물론 사신 영접이나 한 개인의 통과의례 상차림에도 필수품이었다.

㉡ 유과나 유밀과와 같은 한과는 궁이나 귀족뿐만 아니라 민가에서도 널리 퍼져 설날이나 혼례, 회갑, 제사에 자주 사용되었다.

㉢ 이처럼 유과(강정)가 성행하자 조선시대에도 금지령이 내려졌으며, 조선왕조의 법전인 『대전회통』에서는 헌수, 혼인, 제향 이외에 조과(한과)를 사용하면 곤장을 맞도록 규정되어 있을 정도였다.

(3) 한과의 종류

① 유밀과

㉠ 밀가루를 주재료로 하여 기름과 꿀로 반죽해 모양을 만들어 기름에 튀긴 후 즙청한 것이다.

㉡ 종류로는 약과, 다식과, 만두과, 연약과, 행인과, 매작과, 요화과, 박계, 한과(漢菓) 등이 있다.

② 유 과

㉠ 찹쌀을 불려서 연하게 삭혀 가루를 내어 찐 후 오래 쳐서 밀어 펴서 말린 다음, 기름에 튀겨 내어 조청을 입혀 각종 고물을 묻힌 것이다.

㉡ 종류로는 강정류, 산자류, 빙사과류, 연사과류 등이 있으며, 고물로는 세건반, 깨, 승검초, 잣가루, 파래가루 등이 사용된다.

③ 다 식

㉠ 흰깨, 흑임자, 콩, 쌀 등을 익혀 가루를 내거나 송화, 녹말 등을 꿀로 반죽하여 다식판에 박아낸 것이 일반적이며, 쇠고기, 꿩, 새우 등 동물성 식재료로도 다식을 만들었다.

㉡ 다식을 찍어내는 다식판의 모양은 수복강녕(壽福康寧) 등의 인간의 복을 비는 글자나 수레바퀴, 꽃, 나비 등의 정교한 무늬가 새겨져 있다.

④ 정 과

㉠ 정과(正果)는 식물의 뿌리나 줄기, 열매를 살짝 데쳐 꿀이나 조청에 조린 것이다.

㉡ 생강정과, 산사정과, 모과정과, 연근정과, 동아정과 등 그 종류가 매우 다양하다.

⑤ 엿강정

㉠ 여러 곡식이나 견과류를 볶아 조청에 버무려 밀어 썬 것이다.

㉡ 참깨, 흑임자, 들깨, 콩, 잣 등을 사용하며, 쌀을 익혀 말려 튀긴 후 엿물에 버무린 쌀엿강정도 엿강정류에 속한다.

⑥ 숙실과

㉠ 숙실과(熟實果)는 이름에서 알 수 있듯이 과일이나 식물의 뿌리 등을 익혀 만든 과자이다.

㉡ '초(炒)'는 열매를 통째로 익힌 후 달게 조린 것으로, 본래의 모양을 살려 조리하며 밤초와 대추초가 대표적이다.

㉢ '란(卵)'은 열매를 곱게 다져 달게 조린 후 본래의 모양과 비슷하게 빚은 것으로 율란, 조란, 생란 등이 있다.

⑦ 과 편

㉠ 과편(果片)은 과일즙에 녹말과 설탕, 꿀을 넣고 조려 그릇에 식혀 썰어 먹는 것이다.

㉡ 종류로는 앵두편, 오미자편, 복분자편, 살구편 등이 있다.

⑧ 엿

㉠ 엿은 주로 멥쌀이나 찹쌀에 엿기름을 넣어 당화시켜 걸러 오랜 시간 조려 만드는 것으로 쌀 이외의 곡식도 사용한다.

㉡ 묽게 고아 조청을 만들어 음식이나 한과에 사용되기도 한다.

2. 발색 재료의 특성

(1) 붉은색을 내는 재료

① 지 초

㉠ 지치, 자초(紫草), 자근(紫根)이라고도 하며 우리나라 각처의 산과 들의 풀밭에서 나는 다년생 풀의 뿌리이다.

㉡ 물에서는 녹지 않고 기름이나 알코올에 녹기 때문에 기름에 지초를 넣어 붉은색의 기름이 나오면 쌀엿강정, 유밀과, 화전을 튀기거나 지질 때 이를 이용해 색을 낸다.

② 백년초

㉠ 손바닥 선인장의 열매를 가루로 만든 것으로 항산화, 항균, 콜레스테롤을 낮추는 효과가 있다.

㉡ 백년초의 붉은색은 열에 불안정하여 분말로 많이 사용되는데 열풍 건조로 만들어진 제품보다는 동결 건조시켜 만든 제품이 색이 더 좋다.

③ 오미자

㉠ 오미자(五味子)는 단맛, 짠맛, 쓴맛, 신맛, 매운맛의 다섯 가지의 맛을 지니고 있다는 뜻의 이름으로 물에 담가 붉은색을 추출해 사용한다.

㉡ 오미자는 뜨거운 물에 우리면 쓴맛과 떫은맛이 나기 때문에 사용하기 전날 씻어 찬물에 담가 우린 다음 면보에 걸러 쓴다.

(2) 노란색을 내는 재료

① 치 자

㉠ 카로티노이드계의 크로신(Crocin)이 함유되어 있어 물에 담그면 노란색이 나와 전을 부칠 때, 유밀과, 정과, 유과 등의 한과에 색을 내거나 옷감을 염색할 때 많이 이용한다.

㉡ 말린 치자는 씻어 반을 갈라 따뜻한 물에 담가두면 노란색의 물이 나오는데, 색의 농도는 물의 양으로 조절해 사용할 수 있다.

② 송홧가루

㉠ 봄에 소나무에 핀 노란 송화를 봉우리가 터지기 전에 채취해 수비(水飛)하여 말려 가루를 만든다.

㉡ 주로 다식이나 밀수를 만들 때 이용하며 떡에서도 색을 내는 재료로 사용한다.

③ 단호박가루

㉠ 단호박의 껍질을 벗겨내고 썰어 말렸다가 곱게 가루를 내어 사용한다.

㉡ 껍질 벗긴 단호박을 무르게 쪄서 으깨 냉동시켰다가 사용하기도 한다.

(3) 푸른색을 내는 재료

① 쑥

㉠ 푸른색을 내는 재료 중 가장 많이 사용되는 재료이다.

㉡ 봄철에 쑥을 채취해서 말려 가루로 만들어 사용하거나, 끓는 물에 삶아 물기를 꼭 짜고 냉동 보관해 두었다가 사용한다.

② 승검초가루

㉠ 당귀(승검초)의 잎사귀를 수확하여 말려 고운 가루로 만들어 사용한다.

㉡ 한과에서 푸른색을 내는 재료로 많이 사용되며 다식, 강정 등에 두루 쓰이고 떡에서도 주악, 각색편 등에 이용된다.

③ 파래가루

㉠ 말린 감태를 손질해 조개껍데기나 검불 등의 이물질을 제거해 가루로 만들어 사용한다.

㉡ 고물로 사용할 때는 거친 가루로 만들어 사용하고, 색을 내는 재료로 반죽에 섞어 사용할 때는 고운 가루로 만들어 사용하는 것이 좋다.

㉢ 잘못 사용하면 비린 맛으로 기호도가 떨어질 수 있어 찌거나 삶는 등 물과 함께 조리하는 제품보다는 튀기거나 볶는 등 기름을 사용하는 한과나 지지는 떡에 많이 이용한다.

④ 녹차가루

㉠ 특유의 떫은 맛을 지닌다.

㉡ 떡이나 한과뿐만 아니라 제과, 제빵 등 다양한 요리에 널리 이용된다.

(4) 검은색을 내는 재료

① 석이버섯

㉠ 석이(石耳) 혹은 석의(石衣)버섯이라고 하며 돌에 붙어 서식한다.

㉡ 석이버섯은 뜨거운 물에 담가 불려 손으로 비벼 이끼와 먼지 등 이물질을 깨끗이 제거한 후 돌에 붙어 있던 부분을 제거하여 사용한다.

㉢ 가루로 만들어 사용할 때는 손질한 석이버섯을 다시 말려 분쇄기에 갈아 체에 내려 고운 가루만 이용한다.

② 흑임자

㉠ 흑임자를 씻어 타지 않게 볶아 분쇄기에 갈아 가루로 사용한다.

㉡ 흑임자는 기름이 많이 함유되어 있어 가루를 낼 때 덩어리지지 않게 주의한다.

02 한과 조리

1. 한과 조리과정 중의 물리화학적 변화

(1) 약 과

① 밀가루에 기름 먹이기

㉠ 약과의 경우 바삭한 질감을 위해 중력분이나 박력분을 이용한다.

㉡ 유지는 밀가루의 글루텐 형성을 방해해 연하게 만드는 역할을 하기 때문에 약과를 만들 때 참기름을 넣으면 약과에 켜가 여러 겹 생기게 되고 바삭바삭하게 만들 수 있다.

② 설탕시럽과 술을 이용해 반죽하기

㉠ 기름을 섞어 체에 내린 밀가루에 술과 설탕시럽을 섞어 반죽한다. 이때 술의 첨가로 인해 튀길 때 약과가 위로 부풀어 올라 바삭한 질감과 켜를 더 살릴 수 있다.

㉡ 설탕시럽은 약과의 질과 맛, 기공 상태, 먹음직스러운 색을 내는 역할을 한다.

③ 약과를 튀기는 온도

㉠ 처음부터 높은 온도에서 튀기면 표면이 먼저 딱딱하게 익어 켜를 충분히 살릴 수 없게 되므로 90~110℃ 정도의 낮은 온도의 기름에 반죽을 넣는다.

㉡ 약과 반죽이 처음에는 가라앉았다가 시간이 지나면서 반죽 속의 수분이 튀김 기름 사이로 빠져나오며 가벼워져 서서히 떠오르기 시작한다.

㉢ 약과가 떠오르고 켜가 충분히 생기면 기름의 온도를 서서히 높이거나, 약과를 140℃ 정도의 높은 온도의 기름으로 옮겨 반죽에 흡수된 기름이 빠져나오게 하며 갈색으로 튀겨 낸다.

㉣ 계속 낮은 온도로 튀기게 되면 반죽의 켜가 분리될 수 있어 온도를 높여 주어야 하나, 갑자기 온도를 높이면 겉만 타고 속은 익지 않으므로 온도 관리에 주의해야 한다.

(2) 유 과

① 유과의 주재료와 삭히기

㉠ 유과는 아밀로펙틴 함량이 거의 100%인 점성이 높은 찹쌀을 이용해 만든다.

㉡ 찹쌀을 일주일 이상 물에 담가 골마지가 끼도록 삭히는데, 이 과정에서 건식 찹쌀가루보다 미세한 구조로 변형되며 유과의 식감을 좀 더 부드럽게 해주고, 팽화를 증가시킬 수 있다.

② 콩 물과 술을 이용해 반죽하기

㉠ 삭혀서 곱게 가루 낸 쌀가루에 술과 콩 물을 섞어 반죽하는데, 이때 술은 팽창제로 이용된다.

㉡ 콩 물을 넣어 제조한 유과는 영양가가 높고, 고소하며, 바삭한 질감을 만들어 준다.

③ 반죽을 익혀 펀칭하기

㉠ 콩 물과 술을 넣은 반죽을 가열된 증기에 찐다. 이 호화과정을 통해 전분이 높은 점성을 띠게 된다.

㉡ 익힌 반죽은 절구 등을 이용해 펀칭하여 반죽에 공기를 넣고 공기를 세분화시킬 수 있다.

㉢ 펀칭은 유과의 팽창에 큰 영향을 주며, 꽈리가 일도록 치는 것은 공기의 혼입을 고르게 하고 이를 튀겼을 때 고르게 팽창시키는 역할을 한다.

④ 말리기

㉠ 펀칭한 반죽은 원하는 모양으로 성형하여 수분 함량이 10~15% 정도가 되도록 말린다.

㉡ 수분 함량이 너무 높으면 튀겼을 때 부풀어 올랐다가도 꺼내 놓으면 보유하고 있는 수분으로 인해 다시 꺼지게 되고, 수분 함량이 너무 낮으면 튀길 때 잘 부풀어 오르지 않는다.

(3) 엿

① 전분에 엿기름 물을 섞어 60℃ 정도로 두면 엿기름의 아밀레이스 효소가 전분을 당화시켜 말토스, 글루코스, 덱스트린 등을 생성하게 한다.

② 당화된 전분식품을 면보에 걸러 가열하면 점차 농도와 색이 진해지면서 특유의 향과 단맛을 지닌 조청이 되고, 이를 더 가열하면 엿이 만들어진다.

더 알아보기 정과 조리 시 당류의 역할

정과는 재료에 설탕이나 꿀 등의 당을 넣고 조리하면 본래 물질에 비해 보존기간을 연장할 수 있다.

2. 시럽 조리법과 재료의 배합

(1) 유밀과 설탕시럽 및 조청시럽

① 냄비에 설탕과 물을 동량 넣고 불에 올려 젓지 않고 중불에서 끓인다.

② 물이 반 정도 졸았을 때 불을 끄고 물엿을 넣어 고루 섞는다.

③ 많은 양을 끓일 때는 설탕의 절반 정도의 물을 넣고 한소끔 끓여 물엿을 넣어 식힌다.

[반죽용 설탕시럽 및 조청시럽 배합표]

설탕시럽(약과 반죽, 매작과 즙청 등에 이용)		조청시럽(약과 즙청 등에 이용)	
재 료	분 량	재 료	분 량
설 탕	1C	조 청	2C
물	1C	물	1/3~1/2C
물 엿	1tsp	생 강	20g

(2) 엿강정 시럽

① 조청을 이용하거나 물엿과 설탕, 물, 필요에 따라 소금을 넣어 끓인다.

② 끓인 시럽은 중탕해서 따뜻하게 유지한다.

[엿강정 시럽 배합표]

재 료	분 량	재 료	분 량
설 탕	1C	물	3Tsp
물 엿	1C	–	–

(3) 엿기름물

엿기름에 미지근한 물을 붓고 체에 걸러 앙금을 가라앉혀 윗물만 따라낸다.

3. 한과의 조리법과 재료의 배합

(1) 유밀과

① 약 과

㉠ 칼 옆면으로 곱게 간 소금을 밀가루에 넣고 참기름을 넣어 고루 비벼 중간 체에 내린다.

㉡ 소주와 설탕시럽을 조금씩 넣으며 주걱으로 자르듯이 반죽하고 한 덩어리로 뭉친다.

※ 약과 반죽 시 많이 치대지 않아야 켜가 잘 생긴다.

㉢ 덩어리 반죽을 반으로 갈라 겹치기를 2~3번 반복한다.

㉣ 반죽을 0.7cm 정도의 두께로 밀어 펴 원하는 크기로 자르고, 가운데 칼집을 넣거나 포크 등으로 찔러 속이 잘 익게 한다.

㉤ 90℃ 정도의 기름에 넣어 켜가 일도록 자주 뒤집어 튀긴다. 반죽이 떠오르면 140℃의 기름으로 옮겨 튀기거나, 기름의 온도를 160℃ 정도까지 서서히 올려 튀긴다.

㉥ 튀겨낸 약과의 기름을 충분히 뺀 뒤 상온으로 식힌 즙청시럽에 3시간 이상 담가 건진다.

[약과 배합표(3.5cm×3.5cm 100개 분량)]

재 료	분 량	재 료	분 량
중력분	1kg	설탕시럽	250g
참기름	190g	소 금	1tsp
소 주	200g	–	–

② 매작과

㉠ 칼 옆면으로 곱게 간 소금을 밀가루에 넣고 발색 재료(가루)와 함께 체에 내린다.

㉡ 체에 내린 가루 재료에 물을 조금씩 넣으며 반죽하고, 마르지 않게 비닐봉지에 싸둔다. 이때 발색 재료가 액체류일 경우 물 대신 사용하거나 물과 혼합하여 반죽한다.

㉢ 반죽을 0.2mm 정도의 두께로 밀어 펴 5cm×2cm 크기로 자르고, 가운데 칼집을 세 번 넣어 한쪽 귀퉁이를 가운데 칼집 사이로 넣어 뒤집는다.

※ 매작과는 얇게 밀어야 바삭하다. 기계로 반죽을 밀어 펼 때는 반죽이 질지 않게 주의한다.

㉣ 150~160℃의 기름에 넣어 갈색이 나지 않게 주의하며 모양을 잡아가며 튀겨 낸다. 색을 내지 않고 생강만 넣어 매작과를 만들 때는 160~170℃ 정도에서 노릇하게 튀긴다.

㉤ 튀겨 낸 매작과의 기름을 충분히 뺀 뒤 먹기 직전에 차갑게 식힌 즙청시럽에 담가 건진다.

㉥ 매작과를 미리 만들어 보관할 때는 즙청을 하지 않고 밀봉해 냉동 보관해 둔다.

[매작과 배합표(5cm×2cm 100개 분량)]

흰색 반죽		색깔 반죽	
재 료	분 량	재 료	분 량
중력분	100g	중력분	100g
생강가루	1/2tsp	발색 재료	적 량
소 금	1/2tsp	소 금	1/2tsp
물	3~4Tsp	물	3~4Tsp

(2) 유 과

① 유과 바탕 만들기

㉠ 삭혀서 곱게 빻은 찹쌀가루에 콩 물과 소주를 넣어 반죽한다.

㉡ 찜기에 젖은 면보를 깔고 그 위에 반죽을 올려 30분 정도 찐다.

㉢ 찐 떡을 절구나 펀칭기에 넣어 꽈리가 일도록 친다.

㉣ 넓은 판에 녹말가루를 뿌리고 떡을 올린 후 다시 녹말가루를 덮어 0.3~0.5cm 두께로 밀어 편다.

㉤ 반죽이 꾸덕하게 마르면 산자 5cm×5cm×0.3cm, 손가락 강정 0.5cm×2cm×0.5cm 정도로 썰어 말린다.

② 유과 완성하기

㉠ 말린 반죽은 차가운 기름에 담가 여분의 녹말가루를 털어 낸다.

㉡ 90~100℃의 기름에 넣어 서서히 부풀리다가 180~190℃의 기름에 옮겨 튀긴다.

㉢ 키친타월에 올려 기름을 뺀 후 중탕으로 따뜻하게 유지해 둔 즙청시럽에 담갔다 꺼내 고물을 묻힌다.

㉣ 고물은 세건반, 실깨, 흑임자, 파래가루 등을 이용한다.

[유과 배합표]

재 료	분 량	재 료	분 량
찹 쌀	800g	물	1/2C
녹 말	적 량	소 주	1/2C
불린 콩	1Tsp	튀김 기름	적 량

(3) 다 식

① 다식 반죽하기

㉠ 볶은 밀가루, 콩가루, 송홧가루 등에 꿀이나 끓여 식힌 시럽을 넣어 반죽한다.

㉡ 흑임자가루는 반 정도의 시럽을 넣어 잘 섞은 후 사기그릇에 담아 찜통에 찐다. 20분 후 꺼낸 반죽을 절구에 넣어 나머지 시럽을 조금씩 넣으면서 윤이 날 때까지 찧는다. 이후 키친타월에 눌러 여분의 기름을 짜내고 사용한다.

㉢ 녹말 다식이나 쌀 다식은 색을 내는 재료를 넣어 고운 체에 여러 번 쳐서 색을 곱게 들인 후 꿀이나 설탕시럽으로 반죽한다.

② 다식판에 박아 내기

다식판에 기름을 얇게 바르거나 비닐을 깔고 다식을 박아 낸다. 단, 오래 사용한 다식판은 기름칠하지 않아도 잘 박아진다.

[다식 배합표]

종 류	재 료	분 량	재 료	분 량
진말 다식	볶은 밀가루	1C	꿀 또는 시럽	4~5Tsp
송화 다식	송홧가루	1C	꿀 또는 시럽	4~5Tsp
콩 다식	콩가루	1C	꿀 또는 시럽	4~5Tsp
흑임자 다식	흑임자가루	1C	꿀 또는 시럽	2~3Tsp
녹말 다식	녹말가루	1C	꿀 또는 시럽	3~4Tsp

(4) 정 과

① 단단한 재료 정과 만들기 : 연근, 인삼, 도라지, 생강 등

㉠ 손질한 재료의 무게를 잰 후 끓는 물에 데친다.

㉡ 손질한 재료 무게 절반의 설탕과 약간의 소금을 재료와 함께 냄비에 넣은 다음 물을 재료가 잠길 정도로 담아 약한 불로 조린다.

㉢ 국물이 절반 정도 줄어들었을 때 물엿을 넣어 윤기나게 조린다.

㉣ 완성되면 꿀을 넣어 섞어 준 후 꺼내어 체에 걸러 여분의 시럽을 제거한다.

㉤ 꾸덕꾸덕하게 건조해 겉에 설탕을 묻혀 완성하기도 한다.

② 연한 재료 정과 만들기 : 호박, 감자, 고구마, 과일류 등

㉠ 손질한 재료의 무게를 잰 후 끓는 물에 데친다. 자연스러운 모양을 위해 데치지 않고 사용하기도 하나 이때는 정과가 조금 질겨진다.

㉡ 냄비에 물엿과 설탕을 넣고 끓여 설탕을 녹인다. 시럽의 농도는 계절마다 달리하는데 보통 물엿 3컵에 설탕 1컵의 비율로 사용하고, 여름에는 설탕의 양을 늘리고 겨울에는 설탕의 양을 줄인다.

㉢ 감자, 고구마, 호박, 당근 등은 시럽이 따뜻할 때, 사과 등의 과일은 시럽이 식은 후 2~3시간 정도 담가 둔다.

㉣ 꺼내어 체에 밭쳐 여분의 시럽을 제거한 후 먹거나, 모양을 만들어 장식용으로 사용한다.

(5) 엿강정

① 깨엿강정

㉠ 시럽을 중탕해서 굳지 않게 하여 사용한다.

㉡ 깊은 팬에 깨 또는 흑임자를 넣어 볶다가 설탕시럽을 넣고 불을 약하게 줄여 실이 보일 때까지 버무린다.

㉢ 엿강정 틀에 식용유를 바른 비닐을 깔고 버무린 깨를 넣어 밀대로 두께가 고르게 눌러 펴고 틀에서 꺼내어 굳기 전에 칼로 자른다.

② 쌀엿강정

㉠ 말린 쌀을 체망에 넣고 200℃의 기름에 튀긴 후 키친타월에 여분의 기름을 제거한다.

㉡ 설탕에 절인 유자는 곱게, 대추는 굵게 다진다. 백년초가루와 파래가루는 물에 개어 준비한다.

㉢ 깊은 팬에 시럽을 넣어 한 번 끓으면 불을 약하게 줄이고 색을 내는 재료를 섞은 후 튀긴 쌀과 부재료들을 넣어 실이 보일 때까지 버무린다.

㉣ 엿강정 틀에 식용유를 바른 비닐을 깔고 버무린 쌀을 넣어 밀대로 두께가 고르게 눌러 편 후 틀에서 꺼내어 굳기 전에 칼로 자른다.

(6) 숙실과

① 초

㉠ 밤은 속껍질까지 깨끗이 벗겨 물에 백반가루를 넣어 데치고, 대추는 씨를 빼 찜통에 잠깐 찐다.

㉡ 물에 설탕, 소금, 밤초의 경우 치자 물까지 넣어서 한 번 끓인 후 밤과 대추를 넣어 졸인다.

㉢ 국물이 반쯤 졸았을 때 물엿을 넣고 거의 조려지면 꿀을 넣어 마무리한다.

㉣ 대추초는 마지막에 계핏가루를 넣고 꺼내어 여분의 시럽을 빼고 씨가 있던 자리에 잣을 채워 넣는다.

[초 배합표]

밤 초		대추초	
재 료	분 량	재 료	분 량
껍질 벗긴 밤	200g	대 추	60g
물	2C	물	3/4C
백반가루	1/4tsp	설 탕	2Tsp
설 탕	100g	물 엿	1Tsp
소 금	약간	소 금	약간
치자 물	1Tsp	꿀	1Tsp
물 엿	2Tsp	계핏가루	약간
–	–	잣	2Tsp

② 란

㉠ 율 란

- 냄비에 씻은 밤과 물을 부어 20~25분 삶아 껍질을 벗기고 으깨 체에 내린다.
- 밤 고물에 계핏가루, 꿀, 소금을 넣어 반죽한 뒤 밤 모양으로 빚는다.
- 밤 모양의 앞부분에 잣가루나 계핏가루를 묻혀 완성한다.

※ 잣가루는 기름이 많아 손으로 묻히지 말고 젓가락을 사용해 고물을 묻혀야 덩어리지지 않는다.

㉡ 조 란

- 대추는 씨를 빼고 곱게 다진다.
- 냄비에 물, 설탕, 꿀, 물엿, 소금을 넣어서 한번 끓인 후 다진 대추를 넣어 졸이다가 거의 다 조려지면 계핏가루를 넣는다.
- 식은 후 대추 모양으로 빚어 통잣을 대추 꼭지 부분에 박아 완성한다.

㉢ 생 란

- 생강은 껍질을 벗겨 섬유질 반대 방향으로 얇게 썰어 믹서에 물을 넣고 곱게 간다.
- 생강 간 것을 면보에 걸러 건더기를 흐르는 물에 몇 번 씻어 매운맛을 뺀다.
- 생강 물을 그릇에 받아 두었다가 앙금을 가라앉힌다.
- 냄비에 생강, 물, 설탕, 소금을 넣어 불에 올린다. 끓으면 물엿, 생강 앙금을 넣어 되직하게 조린다.
- 삼각뿔 생강 모양으로 빚어 잣가루에 굴려 완성한다.

[란 배합표]

율 란		조 란		생 란	
재 료	분 량	재 료	분 량	재 료	분 량
밤	200g	대 추	70g	껍질 벗긴 생강	200g
계핏가루	1/2tsp	물	2/3C	물	1과 1/2C
꿀	1~2Tsp	설 탕	2Tsp	설 탕	70g
소 금	약간	꿀	1Tsp	소 금	약간
잣가루	약간	물 엿	1Tsp	물 엿	3Tsp
–	–	계핏가루	1/2tsp	꿀	1Tsp
–	–	소 금	약간	잣가루	1/2C
–	–	잣	약간	–	–

(7) 오미자편

① 오미자는 물에 씻어 찬물에 담가 하루 동안 우려낸 후 면보에 거른다.

② 냄비에 오미자물, 설탕, 소금을 넣어 고루 섞고, 녹두 녹말은 동량의 물에 풀어 끓인다.

③ 주걱으로 저으면서 약한 불에 20분 정도 조리다가 거의 다 되면 꿀을 넣는다.

④ 굳힐 그릇에 찬 물을 바르고 쏟아 부어 상온에서 굳힌다. 굳으면 썰거나 모양 틀로 찍어 밤과 곁들여 낸다.

(8) 엿

① 쌀을 불려서 밥을 짓는다.

② 가라앉힌 엿기름물의 윗물만 쌀에 섞어 보온밥솥에 넣어 6~8시간 정도 당화시킨다.

③ 밥알을 만져봤을 때 미끈거리지 않고 완전히 당화되었으면 꺼내어 면보에 넣고 꼭 짠다.

④ 국물은 냄비에 넣어 처음엔 센 불로 조리다가 반 정도 조리면 약한 불로 줄여 저으면서 계속 조린다.

⑤ 거품이 커지면 조금 덜어 찬물에 넣어 굳혀 엿이 고아진 상태를 보고 불을 끈다.

⑥ 다 된 엿은 적당한 크기로 썰거나 둥글납작하게 만들어 각종 고물에 굴려 갱엿을 만들거나 두 사람이 마주 서서 여러 번 잡아당겨 백당을 만든다.

[엿 배합표]

재 료	분 량	재 료	분 량
멥쌀 또는 찹쌀	8kg	엿기름	800g
물	40C	각종 고물(콩가루, 깨, 땅콩 등)	적량

03 한과 담기

1. 고명의 종류

(1) 대 추

① 말린 대추는 씻어서 물기를 뺀 후 대추 껍질 부분만 얇게 포를 떠서 밀대로 밀어 편 후 곱게 채를 쳐서 사용한다.

② 밀대로 밀어 편 후 돌돌 말아 얇게 썰어 대추꽃을 만들어 사용하기도 한다.

(2) 잣

① 잣은 대추만큼이나 한과에서 고명으로 많이 사용되는데 잣가루를 얹거나, 비늘잣을 만들어서 이용한다.

② 잣은 겉껍질과 속껍질로 이루어져 있는데, 흔히 고깔이라고 부르는 잣의 뾰족한 부분에 남아 있는 속껍질을 제거하고 사용한다.

③ 통잣은 그대로, 비늘잣은 길게 반을 자른 것이며, 마른 도마 위에 종이를 깔고 칼로 다져 잣가루로 만들어 쓰기도 한다.

(3) 석이버섯

석이버섯은 뜨거운 물에 담가 불린 후 이물질을 깨끗이 제거한다. 배꼽이라고 부르는 돌에 붙어 있던 딱딱한 부분을 떼어 내고 물기를 꼭 짜서 여러 장을 겹쳐 돌돌 말아 곱게 채를 썰어 사용한다.

(4) 호박씨

비늘잣처럼 길이로 반을 갈라 고명으로 사용하나 필요에 따라 세로로 잘라 사용하기도 한다.

(5) 해바라기씨

잣이나 호박씨처럼 반으로 갈라 사용하지 않고 그대로 사용한다.

2. 한과 제공

(1) 유밀과

① 완성된 유밀과는 접시에 담고 잣가루를 얹거나 대추채, 대추꽃, 비늘잣, 호박씨 등으로 고명을 올린다.

② 즙청한 약과를 포장하려면 키친타월에 약과를 올려 1~2일 정도 충분히 기름을 뺀 후 3~4시간 즙청해서 다시 2일 정도 말려야 기름과 시럽이 흐르지 않는다.

③ 약과나 매작과를 미리 만들어 보관할 때는 튀기고 기름을 뺀 후 즙청을 하지 않고 밀봉하여 냉동 보관했다가 사용할 때 꺼내서 즙청을 한다.

(2) 유 과

① 완성된 유과는 접시에 담고 대추채, 대추꽃, 비늘잣, 호박씨 등을 물엿이나 꿀로 붙여 고명을 올린다.

② 낱개를 바구니나 한지 상자에 포장하기도 하는데 포장할 때는 고명을 붙인 물엿이 마르도록 3~4시간 상온에서 건조하여야 한다.

(3) 다 식

① 완성된 다식은 접시에 담는다.

② 포장은 낱개로 하거나 칸막이가 있는 케이스에 담아 이동 중 흔들리지 않게 한다.

(4) 정 과

① 완성된 정과는 접시에 담거나 상자에 낱개로 포장한다.

② 정과는 졸인 후 체에 밭쳐 여분의 시럽을 제거하고 바로 담아도 되고, 정과의 종류에 따라 짧으면 1~2일, 길면 1주일 이상 말려서 설탕에 굴려 접시에 담거나 포장한다.

(5) 엿강정

① 완성된 엿강정은 접시에 담아 대추채, 대추꽃, 비늘잣, 호박씨 등을 물엿이나 꿀로 붙여 고명을 올린다.

② 엿강정은 쉽게 눅눅해지므로 바로 먹지 않는 것은 낱개로 포장해 상온에서 보관한다.

(6) 숙실과

① 완성된 숙실과는 접시에 담거나 칸막이가 있는 케이스에 담아 흔들리지 않게 포장한다.

② 숙실과를 오래 보관해야 할 때는 빚기 전 상태로 냉동 보관해 두었다가 꺼내어 빚어 낸다.

(7) 과 편

① 완성된 과편은 썰어 얇게 저민 생률 위에 과편을 얹어 접시에 담는다.

② 과편은 녹두 녹말로 만든 것이어서 노화가 빨리 진행되므로 조리 후 빠른 시간 안에 제공한다.

(8) 엿

완성된 엿은 접시에 담거나, 두고 먹을 거면 낱개로 포장해서 냉동 보관한다.

CHAPTER

13 음청류 조리

01 음청류 조리

1. 음청류의 종류

(1) 차

① 전통차

㉠ 차나무의 어린 순(荀)이나 잎을 채취하여 찌거나 덖거나 혹은 발효시켜 건조한 후, 알맞게 끓이거나 우려내어 마시는 것을 말한다.

㉡ 산화효소를 파괴하여 발효를 억제시킨 녹차(불발효차), 완전히 발효시킨 홍차(발효차), 일부만 발효시킨 우롱차(반발효차)가 이에 속한다.

② 대용차

㉠ 약재를 이용한 차 : 계피차, 둥굴레차, 쌍화차, 오미자차, 인삼차, 대추차 등

㉡ 열매를 이용한 차 : 매실차, 대추차, 유자차, 레몬차, 석류차 등

㉢ 잎을 이용한 차 : 뽕잎차, 솔잎차, 참가시나무잎차, 감잎차, 박하차 등

㉣ 뿌리를 이용한 차 : 우엉차, 돼지감자차, 생강차, 칡차, 백수오차, 도라지차 등

㉤ 곡류를 이용한 차 : 메밀차, 현미차, 보리차, 옥수수차, 의이인(율무쌀)차, 서리태차 등

㉥ 기타 : 화차류, 버섯류, 해조류, 꿀차 등

(2) 탕

① 꽃이나 과일 말린 것을 물에 담그거나 끓여 마시는 것 또는 한약재를 가루 내어 끓여 마시거나 과일과 한약의 재료를 섞어 꿀과 함께 오랫동안 졸여 저장해 두고 마시는 음료를 의미한다.

② 제호탕, 회향탕, 습조탕, 봉수탕 등이 있으며, 그중 한방에서는 더위를 이기는 가장 으뜸의 음료로 제호탕을 꼽았다.

(3) 기타 음료

① 찬 음청류

㉠ 화 채

- 여러 종류의 꽃과 제철 과일을 갖가지 모양으로 썰어 꿀이나 설탕, 과즙에 재워서 물과 얼음을 넣어 여름철에 차게 마시는 음료이다.
- 오미자를 기본으로 한 진달래화채 · 보리수단 · 창면(착면) · 배화채와 꿀물을 기본으로 한 원소병 · 송화밀수 · 떡수단 · 순채화채, 과일즙을 기본으로 한 앵두화채 · 유자화채 · 수박화채 · 딸기화채 등이 있으며, 향약재를 이용한 화채로는 생맥산이 있다.

㉡ 수정과

- 생강, 계피, 후추를 달인 물에 잣이나 곶감을 띄워 차게 마시는 음청류이다.
- 곶감수정과, 배수정과, 가련수정과, 향설고 등이 있다.

㉢ 장

- 밥이나 미음 등 곡물을 발효시켜 만든 신맛이 나는 젖산 발효음료이다.
- 과일을 이용한 모과장, 유자장과 한약재를 이용한 매장, 여지장 등이 있다.

㉣ 갈 수

- 향약재나 농축된 과일을 꿀이나 설탕에 재워두었다가 우러난 것을 물에 타서 마시거나 향약재에 누룩 등을 넣어 꿀과 함께 달여 마신다.
- 과일을 이용한 임금갈수, 포도갈수, 모과갈수와 향약재를 이용한 오미갈수, 어방갈수 등이 있다.

㉤ 식 혜

- 엿기름가루를 우려낸 물에 밥을 넣고 따뜻한 온도를 유지하면서 맥아의 전분 분해효소로 일정 시간을 삭혀서 은은한 단맛과 고유의 향기를 내는 음청류이다.
- 식혜, 감주, 호박식혜, 안동식혜, 연엽식혜 등이 있다.

㉥ 미 수

- 미시라고도 하며 찹쌀이나 멥쌀, 보리, 검정콩, 검은깨 등의 곡물을 쪄서 말리거나 볶아 가루로 만들어 물이나 꿀물, 설탕물에 타 마신다.
- 찹쌀미수, 현미미수, 보리미수 등이 있다.

㉦ 밀 수

- 밀수(蜜水)는 재료를 꿀물에 타거나 띄워서 마신다.
- 소나무의 꽃가루인 송홧가루를 꿀물에 타서 만든 송화밀수가 있다.

㉧ 수 단

- 곡물을 그대로 삶거나 가루 내어 흰 떡 모양으로 빚어서 썬 다음 녹두 녹말가루에 묻혀 삶아내고 꿀물을 타서 먹는 것이다.
- 초여름에는 햇보리에 녹두 녹말가루를 씌워 삶아 만든 보리수단을, 여름철에는 잘게 썬 흰 떡에 녹두 녹말을 묻혀 살짝 익힌 떡수단을, 겨울에는 찹쌀가루를 익혀 반죽하여 색을 들인 원소병을 즐긴다.

② 더운 음청류

㉠ 숙 수

- 향약초만을 사용하여 감미료는 전혀 사용하지 않고 향기 위주로 달여 마시는 음료를 말한다.
- 끓는 물에 꽃이나 잎을 넣고 그 향기를 우려 마시는 것, 한약재 가루에 꿀과 물을 섞어 끓여 마시는 것, 누룽지에 물을 부어 끓여 마시는 숭늉 등이 있다.

2. 차 도구의 종류와 용도

① **찻잔** : 그릇 두께가 지나치게 두껍거나 무거운 것은 피하고, 찻잔 제일 윗부분이 안쪽으로 들어간 모양보다는 약간 바깥쪽으로 펴져 있는 것이 마실 때 편하다.

② **찻잔받침** : 은, 동, 철, 도자기, 나무 등 여러 가지 재료의 찻잔받침이 있으며, 찻잔이 도자기이면 받침은 나무로 된 것이 좋다.

③ **차호** : 차를 담는 용기로 작은 항아리 모양이 많으며, 뚜껑이 잘 맞아야 찻잎에 습기가 차지 않아 오랫동안 향기를 잘 보존할 수 있다.

④ **차수저** : 동이나 철로 만든 차수저는 냄새가 나거나 녹이 슬기 쉽기 때문에 나무로 만들어 옻칠해서 사용한다. 대나무로 만든 것이 좋다.

⑤ **식힘대접** : 잎차용 탕수를 식히는 사발로, 물을 따르기 편리한 귀대접처럼 생겼다.

⑥ **개수그릇** : 차를 우려낼 주전자와 찻잔은 미리 더운물로 덥혀야 적당한 온도의 차를 즐길 수 있다. 주전자와 찻잔을 덥히기 위해 사용한 물은 개수그릇에 쏟아 담는다.

⑦ **찻주전자** : 차를 우리는 그릇(다관)으로, 잎차를 더운물에 우려낼 때는 도자기로 된 주전자를 사용한다. 뚜껑이 잘 맞아야 색, 향기, 맛을 충분히 낼 수 있다.

⑧ **물주전자** : 찻물을 끓이는 솥 또는 주전자(당관)로, 찬물을 끓일 때는 쇠나 동으로 만든 것이 물이 쉽게 식지 않아서 좋다.

⑨ **주전자받침** : 찻주전자와 물주전자를 상이나 목판에 놓을 때 밑에 까는 받침으로, 얇은 나뭇조각이나 헝겊 누빈 것을 이용한다.

⑩ **찻상** : 손님에게 차와 다식을 낼 때 사용하는 상이다. 찻상은 크기가 적당하여 다관과 찻잔, 그리고 숙우와 차수저 등을 올려놓을 수 있을 정도면 족하다.

⑪ **차수건** : 다구들을 깨끗이 닦고 물기를 닦는 마른행주로, 무명이나 부드럽고 먼지가 잘 털어지는 재질의 천을 쓰는 것이 좋다.

⑫ **찻상보** : 다기나 찻상을 덮는 보자기이다. 예로부터 적색과 남색으로 안팎을 삼아서 만들어 사용했다.

3. 재료 특성에 따른 조리법

(1) 약한 불에서 오래 끓인다.

① 오래 끓일수록 재료에서 미네랄 성분이 빠져나오므로 강한 불로 끓이다가 끓기 시작하면 바로 약한 불로 줄여서 은근하게 끓이는 것이 요령이다.

② 건더기는 먹지 않고 끓인 물만 마시기 때문에 30분~1시간 정도 끓이는 것이 좋다.

(2) 묽게 끓여서 따뜻하게 마신다.

① 진하게 끓여 마시는 것보다는 맑고 연하게 자주 마시는 것이 부담이 적다.

② 따뜻하거나 미지근한 상태에서 마시면 건강에 훨씬 좋다.

(3) 약차의 재료를 조금씩 섞어서 사용한다.

① 한 가지 재료로 만들 수도 있지만 약재의 성질과 궁합을 잘 따져서 배합하면 약효도 맛도 배가되고 향도 더해진다.

② 뿌리채소는 약한 불에서 물을 붓고 은근히 우려내면 모든 성분이 빠져나오기 때문에 건강 차로 마시기에 좋다.

(4) 말려서 볶거나 건조해서 사용한다.

① 성질이 찬 재료들은 한 번 말리거나 볶으면 영양 성분이 훨씬 좋아지고 독성이 사라지기도 한다.

② 과일이나 채소는 건조하면 식이섬유 같은 영양소가 많아지고 재료 본연의 맛도 더 풍부해진다.

더 알아보기 차의 약리적 효과

- 고혈압과 동맥경화 등 성인병 예방과 치료에 좋다.
- 눈을 맑게 하고, 각종 눈 질환을 예방한다.
- 면역력을 강화하고, 생활 속의 질병을 예방한다.
- 피를 맑게 하며, 혈관을 깨끗하게 청소한다.
- 기미 예방과 치료에 효과가 있고, 피부에 탄력을 준다.
- 탈모, 흰머리 등을 완화해 두피 건강을 지켜 준다.
- 산성 체질을 알칼리성 체질로 바꿔 준다.
- 환경호르몬 피해를 막아 주고, 콜레스테롤을 저하시키는 작용을 한다.
- 다이어트에 효과적이고, 변비 예방과 치료에 좋다.
- 몸 안의 활성산소를 막아주는 항산화 작용을 한다.

4. 음청류 조리

(1) 녹 차

① 찻주전자와 찻잔에 끓는 물을 부어서 예열한다.

② 예열된 찻주전자에 찻잎을 넣고 식힌 더운 물을 부어서 뚜껑을 덮어 2~3분 가만히 둔다.

(2) 대용차

구분	내용
인삼차	• 냄비에 얇게 썬 인삼 뿌리와 대추를 넣고 물을 부어 약 30~40분 정도 끓인다. • 대추의 맛이 충분히 우러나면 고운 체에 건지를 걸러낸다.
대추차	• 냄비에 대추를 넣고 물을 부어 약 30~40분 정도 끓인다. • 대추의 맛이 충분히 우러나면 고운 체에 건지를 걸러낸다. • 대추는 살만 발라내어 말아서 잘라 대추꽃을 만든다.
생강차	• 생강은 얇게 썰어서 준비한다. • 주전자에 썰어 놓은 생강과 대추, 물을 넣고 25분 정도 끓인다.

(3) 제호탕

① 오매육, 초과, 백단향, 축사는 곱게 가루로 빻는다.

② 가루로 빻은 재료와 꿀을 함께 섞는다.

③ 10시간 정도 중탕으로 되직하게 만든다.

(4) 화 채

오미자화채	• 오미자는 불순물을 골라내고 깨끗이 씻어 물기를 제거한 후, 끓여서 식힌 물 2컵을 부어 하룻밤 정도 우린다. • 오미자 국물이 붉은색으로 곱게 우러나면 고운 체와 면보로 받친다. • 오미자 국물의 색과 맛을 보면서 물 3컵과 나머지 설탕시럽, 꿀을 섞는다. • 배는 껍질을 벗긴 후 꽃 모양으로 만들어 얇게 썰고, 잣을 준비한다.
배 숙	• 배는 길이로 2등분하여 씨 부분은 수평으로 잘라내고, 껍질을 벗긴 후 다시 가로로 2등분하여 모가 난 가장자리는 동그랗게 도려내어 모양을 만든다. • 통후추는 먼지를 제거하고 손질해 놓은 배의 등 쪽에 젓가락으로 구멍을 낸 후 3개씩 깊숙이 박는다. • 끓인 생강 물에 배와 설탕을 넣고 약한 불에서 배가 투명해질 때까지 뭉근히 끓인다.
원소병	• 각각의 찹쌀가루에 쑥가루, 백년초가루, 단호박가루를 넣고, 잘 비빈 다음 끓는 물로 각각 반죽하여 초록, 빨강, 노랑, 흰색의 반죽을 만든다. • 대추는 씨를 발라내어 살을 다지고 계핏가루와 꿀을 넣어 버무린다. 설탕에 절인 유자도 다져서 모두 섞어 소를 만든다. • 준비한 반죽에 소를 넣고 동그랗게 경단을 빚는다. • 경단에 녹말가루를 묻혀 끓는 물에 삶아 떠오르면 찬물에 헹구어 건진다.

(5) 수정과

① 저민 생강과 계피에 각각 물을 부어 은근한 불에서 30분 정도 끓여 면보에 거른다.

② 생강과 계피 끓인 물을 합하여 설탕을 넣고 10분 정도 끓여서 식힌다.

③ 수정과 물을 약간 덜어 내어 곶감을 넣고 부드러워지게 불려놓는다.

④ 곶감을 펴서 씨를 빼고 물엿을 바른 후 호두를 넣고 말아 곶감쌈을 만들어 썰어 놓는다.

5. 음청류 우리는 방법

(1) 녹 차

① 차와 탕수의 양

㉠ 손님의 수에 따라 찻잔의 수를 정하고 찻잔의 수에 따라 차와 물의 양을 정하는데 차가 많아도 안 되고 물이 많아도 안 된다.

㉡ 만약 차가 많고 물이 적으면 차의 빛깔이 진하고 맛도 강하고 비리며 향기도 부족하다.

② 차 우리는 시간

㉠ 차와 탕수를 다관에 넣고 우리는 시간을 알맞게 해야만 맛있는 차를 우려낼 수 있다.

㉡ 우려내는 시간이 너무 빠르면 차의 빛깔이 엷고, 맛과 향이 떨어진다. 반대로 너무 오래 우려내면 맛이 쓰고 떫으며 빛깔과 향이 지나치게 변한다.

③ 차 따르는 방법

㉠ 급주 : 차를 찻잔에 따를 때 급한 마음에 왈칵 부으면 찻잔마다 양이 다르고 농도가 고르지 않다.

㉡ 완주 : 반대로 조심스럽고 손이 떨려 차를 흘리거나 다관에서 나오는지 알 수 없을 정도로 따른다면 차가 고르지 않고 향취나 맛이 떨어지게 된다.

(2) 홍 차

① 엄다법 : 찻잎과 뜨거운 물을 용기에 넣어 추출하고 거름망을 눌러서 컵에 따른다.

② 자출법 : 포트에 물과 찻잎을 함께 넣은 후, 끓으면 찻잎을 걸러낸다.

(3) 일본차

① 일본에서 많이 마시는 차의 총칭이다. 가장 일반적인 것은 센차(煎茶)이며, 이 외에도 반차(番茶), 호지차(焙じ茶) 등이 있다.

② 고급 차일수록 저온에서 우려내는데, 낮은 온도에서 녹아 나오는 감칠맛 성분인 티아닌을 많이 나오게 하고, 높은 온도에서 녹아 나오는 떫은맛 성분인 카테킨을 적게 우려내기 위해서이다.

㉠ 고급 센차 : 50~70℃의 따뜻한 물에서 2분간 우린다.

㉡ 보통 센차 : 80~90℃의 뜨거운 물에서 1분간 우린다.

㉢ 번차, 호지차 등 : 고소한 향을 끌어내기 위해 뜨거운 물에서 30초 정도 우린다.

(4) 중국차

① 공부 다기 사용

㉠ 다호, 다해, 음용배, 문향배 등의 다기를 뜨거운 물로 따듯하게 데운 뒤 비워 놓는다.

㉡ 다호에 찻잎과 뜨거운 물을 붓고 뚜껑을 덮은 후 뚜껑 위에 뜨거운 물을 붓고 뜸을 들인다.

㉢ 차의 농도를 일정하게 하기 위해 다호의 차를 다해로 옮긴다.

㉣ 다해의 차를 문향배에 따르고 그 위에 음용배를 덮으면 완성이다.

㉤ 마실 때는 음용배를 덮은 상태로 뒤집어서 문향배에서 음용배로 차를 따른다.

㉥ 비워낸 문향배를 코 가까이에 가져가 향을 음미하고 다시 양손으로 잡고 돌려 손으로 데우면서 향의 변화를 즐긴 후 음용배로 차를 마신다.

② 개완 사용

㉠ 찻잔에 찻잎을 넣은 후 뜨거운 물을 붓고 뚜껑을 닫는다.

㉡ 뚜껑을 조금 물려 향을 즐기며 찻잎을 피해 가면서 마신다. 개완을 찻주전자 대용으로 삼아 다른 찻잔으로 옮겨 마시는 방법도 있다.

③ 찻잎 추출 시간

㉠ 녹차 : 60~80℃에서 2~3분

㉡ 백차 : 70~80℃에서 5~6분

㉢ 황차 : 70~90℃에서 5~6분

㉣ 청차 : 80℃ 이상의 끓는 물에서 1분 전후

㉤ 홍차 : 90℃ 이상의 끓는 물에서 2~4분
㉥ 흑차 : 90℃ 이상의 끓는 물에서 1~2분

더 알아보기 중국차 다기의 종류

- 다호 : 차를 우려내는 다기
- 다해 : 다호에서 우린 찻물을 농담을 맞추어 고루 섞기 위한 다구
- 음용배 : 차를 마시기 위한 잔
- 문향배 : 차의 향을 음미하기 위한 잔
- 개완 : 뚜껑이 있는 작은 찻잔

6. 차 종류에 따른 효능

① **녹차** : 녹차의 카테킨 성분은 유해 산소를 없애 노화를 억제하고, 암과 고혈압 등 성인병 예방을 돕는다.
② **인삼차** : 인삼의 진세노사이드가 뇌의 에너지원인 포도당의 흡수를 도와 뇌의 혈액순환을 돕고 기억력을 향상시킨다. 이 외에도 면역력 증진, 피로회복, 항산화 등의 효과가 있다.
③ **대추차** : 생대추에는 비타민 C와 P가 매우 풍부하게 들어 있고, 신경을 이완시켜 흥분을 가라앉히고 잠을 잘 오게 한다.
④ **홍차** : 카페인 성분은 중추신경계에 작용하여 정신을 각성시키고 혈액순환을 촉진하며, 폴리페놀 성분이 항암작용을 한다. 또한 체내의 활성산소를 억제해 피부 노화를 방지해 주고, 면역력 향상, 피로와 스트레스 해소 등에도 효과가 있다.
⑤ **생강차** : 비타민 C와 단백질이 풍부해 위장을 보호하고, 장을 튼튼하게 해주는 효능이 있으며, 혈액순환, 식욕 증진, 숙취 해소, 이뇨작용을 하며 발한을 촉진시키고 종기를 제거한다. 또한 신진대사 기능 촉진, 감기, 살균작용 등 약리작용이 뛰어나 약으로 널리 이용된다.
⑥ **현미차** : 고혈압, 뇌졸중 등의 혈관질환 예방에 효과적이며, 몸 안에 쌓인 유해 산소를 없애는 항암·항산화 성분인 폴리페놀, 셀레늄, 비타민 E, 피틴산, 식이섬유 등이 풍부하다.
⑦ **화차** : 체내의 피로물질인 젖산을 태우는 구연산과 비타민 C가 풍부해서 피로 회복과 심신 안정에 절대적 효과를 보인다.
⑧ **오매육** : 가래를 삭이고 구토, 갈증, 이질 등을 치료하며 술독을 풀어 준다.
⑨ **초과** : 한방에서 모든 냉기를 낫게 하고 속을 따뜻하게 하며 복통, 복부 팽만, 메스꺼움, 구토, 설사 치료에 쓰였다.
⑩ **축사** : 장기능 장애로 인한 소화불량·구토 또는 찬 음료나 음식을 먹어서 통증을 일으킬 때 쓰인다. 특히, 여름에 하복부가 한랭하고 이질 설사를 연달아 일으키는 증상에 탁월한 효능을 나타낸다.
⑪ **백단향** : 기운을 조절하고 위장의 기능을 조화시키는 효과가 있어서 소화불량, 구토, 흉통, 복통 등의 증상을 완화하는 데 효과가 있다.

⑫ 오미자화채

㉠ 신맛(간), 쓴맛(심장), 단맛(비장), 매운맛(폐), 짠맛(신장)을 고루 지녀 오장의 기능을 높여주는데, 그중 신맛이 가장 강해 간에 탁월하다.

㉡ 이 외에도 폐 기능을 돕고 땀을 그치게 하며 갈증을 해소하는 데 효과가 있다.

⑬ 수정과

㉠ 수정과에 들어 있는 잣에는 철분이 풍부하게 함유되어 있어 빈혈 예방에 좋다.

㉡ 수정과에 들어 있는 생강은 따뜻한 성질을 지닌 식품으로 폐와 위장 기능을 튼튼하게 해주어 배탈이나 구토증에 좋다.

㉢ 수정과에 들어 있는 곶감에는 베타카로틴과 비타민 C가 풍부하여 감기 예방에 좋다.

㉣ 수정과에 들어 있는 계피는 체내 찬 기운을 몰아내 속을 따뜻하게 하고, 상체에 몰린 열을 아래로 고루 퍼지게 해주며, 몸이 냉하여 오는 설사증을 완화해 준다.

⑭ **유자장** : 쌉쌀한 맛을 내는 헤스페리딘 성분이 비타민 P와 같은 역할을 해서 모세혈관을 튼튼하게 하고 뇌졸중이나 풍과 같은 질병을 예방한다.

⑮ **오미갈수** : 녹두는 원기를 돋우고, 피부병 치료, 해열·해독작용을 한다. 그러나 몸이 찬 사람은 삼가야 한다.

⑯ **식혜** : 음식을 푸짐하게 먹은 뒤에 마시면 소화에 도움을 준다.

⑰ **율무미수** : 율무는 부기를 빼거나 식욕을 억제하는 데 사용하며, 현대인의 비만 치료에 훌륭한 약용 식물이다.

⑱ **송화밀수** : 송홧가루에 함유된 비타민 C, E는 활성산소가 만든 산소 화합물의 독성을 완화하고 산화 반응을 억제하는 작용을 한다.

⑲ **보리수단** : 보리는 식사 후 혈당이 빠르게 오르내리는 것을 막고 혈중 콜레스테롤 수치도 낮춰 준다.

⑳ **율추숙수** : 밤 속껍질은 뇌신경 세포를 보호하고 인지장애 회복, 기억력 향상 등에 효능이 있어 치매 예방에 효과적이다.

02 음청류 담기

1. 차와 어울리는 음식과 고명

(1) 다 식

① 곡물가루, 꽃가루, 한약재가루, 종실, 견과류 등을 가루 내어 꿀을 넣고 반죽하여 박아낸 것으로 차와 어울리는 음식이다.

② 넓은 의미로는 떡을 비롯하여 한과류, 과정류를 포함할 수 있으며, 차의 성품을 크게 해치지 않을 음식이면 다식이 될 수 있다.

③ 전통 다식의 종류

㉠ 곡물로 만든 다식 : 찹쌀다식, 보리다식

㉡ 견과류로 만든 다식 : 밤다식, 잣다식, 호두다식

㉢ 한약재로 만든 다식 : 승검초다식, 계강다식, 산약다식

㉣ 종실로 만든 다식 : 흑임자다식, 콩다식

㉤ 꽃가루로 만든 다식 : 송화다식

㉥ 동물성 재료로 만든 다식 : 건치다식, 육포다식, 광어다식

㉦ 기타 다식 : 삼색다식, 오색다식, 각색다식

④ 현대 다식의 종류

㉠ 유밀과 : 약과류, 만두류, 한과류

㉡ 유과 : 강정류, 산자류, 빙사과류, 연사과류

㉢ 정과 : 당근정과, 연근정과, 무정과, 죽순정과, 사과정과, 인삼정과

㉣ 숙실과 : 조란, 율란, 생란, 인삼

㉤ 과편 : 차편, 앵두편, 모과편, 호박편, 인삼편, 오렌지편, 딸기편

㉥ 말이 : 곶감말이, 대추말이, 수삼말이

㉦ 강정 : 깨, 콩, 땅콩, 흑미, 쌀강정

(2) 음청류의 고명

① 잣 : 고깔을 떼어내고 있는 그대로의 모양을 고명으로 사용한다.

② 꽃 : 손질하여 있는 그대로의 모양을 고명으로 사용한다.

③ 대추채 : 대추를 돌려 깎아 씨를 없애고 가늘게 채를 썬다.

④ 대추꽃 : 대추를 돌려 깎아 씨를 없앤 대추 살을 둥글게 돌돌 말아서 얇게 썰면 단면이 꽃 모양처럼 만들어진다.

⑤ 곶감 : 꼭지 부분을 제거하고 통째로 사용한다.

⑥ 곶감쌈 : 곶감을 펴서 씨를 빼고 물엿을 바른 후 호두를 넣고 말아 썰어 놓는다.

2. 차 제공

(1) 녹 차

① 녹차가 알맞게 우러나면 개인용 다관을 나란히 놓고 2~3번에 나누어서 차를 번갈아 부어 따른다.

② 녹차가 담긴 개인용 다관과 찻잔을 받침에 올려서 낸다.

(2) 대용차

① 인삼차 : 인삼차에 잣을 띄우고, 꿀은 따로 내어 기호에 따라 넣도록 한다.

② 대추차 : 대추차를 잔에 담고 대추꽃을 띄운다.

③ **생강차** : 끓인 생강차를 잔에 담고, 기호에 따라 꿀을 넣어 마신다.
④ **홍차** : 홍차를 예열된 찻잔에 따르고, 포트에 더운물을 부어 티코지로 덮어 놓고, 각자 자유롭게 추가로 마시도록 한다.

(3) 제호탕

① 되직하게 된 제호탕을 식혀서 사기 항아리에 담아 시원한 곳에 보관한다.
② 찬물이나 얼음물에 적당량을 타서 시원하게 마신다.
③ 기호에 따라 꿀이나 설탕을 넣어 마신다.

(4) 오미자화채

① **화채** : 준비한 오미자 국물을 유리나 사기그릇에 담고 배와 잣을 띄워 낸다. 계절에 따라 다른 과일이나 꽃을 띄워도 좋다.
② **배숙** : 배가 충분히 무르게 익으면 차게 식혀 그릇에 담고 잣을 3~4알 띄운다.
③ **원소병** : 물과 꿀을 섞은 그릇에 사색 경단을 넣고 잣을 3~4알 띄운다.

(5) 수정과

① **수정과** : 수정과를 그릇에 담고, 곶감과 잣을 3~4알 정도 띄운다.
② **곶감쌈**
㉠ 곶감 꼭지를 떼어 내고 한쪽에 칼집을 넣어 펼친 뒤 씨를 발라낸다.
㉡ 펼친 곶감 중간에 호두 2개를 맞붙여놓고 곶감의 양 끝이 맞물리도록 원통으로 말아 준 뒤 적당한 크기로 썰어준다.

(6) 유자장

① 유자장을 담아 완성하면 약 3개월 후에 유자 찌꺼기를 걸러낸다.
② 맑은 유자장을 보관해 두었다가 기호에 따라 물에 타서 마신다.

(7) 오미갈수

① 완성된 오미갈수를 소독된 항아리에 담아 서늘한 곳에 보관해 둔다.
② 기호에 맞추어 찬물이나 뜨거운 물에 적당량을 타서 마신다.

(8) 식 혜

① 준비된 식혜 국물에 밥알을 건져 띄운다.
② 손질한 잣을 3~4알 정도 띄운다.
③ 계절에 따라 석류알을 띄우면 색깔도 곱고 보기에도 좋다.

(9) 율무미수

① 볶은 율무가루를 물에 타서 마신다.
② 기호에 따라 꿀을 적당히 넣는다.

(10) 송화밀수

① 완성된 송화밀수를 찻잔에 담는다.
② 손질한 잣을 3~4알 띄운다.

(11) 보리수단

① 준비된 오미자 국물에 삶아 낸 보리를 넣는다.
② 손질한 잣을 3~4알 정도 띄운다.

(12) 율추숙수

① 완성된 율추숙수를 찻잔에 담는다.
② 손질한 잣을 3~4알 정도 띄운다.

CHAPTER

14 | 한식 국·탕 조리

01 국·탕 조리

1. 국·탕 조리 개요

(1) 정 의

① 국은 밥과 함께 먹는 국물 요리로, 반상차림에 더불어 기본이 되는 음식이다. 소고기, 닭고기, 생선, 채소류, 해조류 등의 주재료에 물을 붓고 간장이나 된장으로 간을 하여 끓인다.

② 탕의 사전적 뜻은 일반적인 국에 비해 오래 끓여 진하게 국물을 우려낸 것을 말한다.

(2) 계절별 국의 종류

계절에 따라 국의 종류가 특별히 정해진 것은 아니지만, 대체로 식품의 계절적 특미를 살리는 것이 영양과 경제성 면에서 좋다.

① 봄 : 쑥국, 생선 맑은장국, 생고사리국 등의 맑은장국과 냉이 토장국, 소루쟁이 토장국 등 봄나물로 끓인 국을 먹는다.

② 여름 : 미역냉국, 오이냉국, 깻국 등의 냉국류와 보양을 위한 육개장, 영계백숙, 삼계탕 등의 곰국류를 먹는다.

③ 가을 : 무국, 토란국, 버섯 맑은장국 등의 주로 맑은 장국류를 먹는다.

④ 겨울 : 시금치 토장국, 우거짓국, 선짓국, 꼬리탕 등 곰국류나 토장국을 먹는다.

(3) 탕의 종류

① 맑은 탕 : 곰탕, 갈비탕, 설렁탕, 조개탕

② 얼큰한 탕 : 추어탕, 육개장, 매운탕

③ 닭 육수 탕 : 삼계탕, 초계탕

2. 국·탕 재료 준비

(1) 육 류

① 고깃국을 끓일 때는 운동량이 많은 부위인 소고기 양지머리나 사태로 준비한다.

② 곰탕이나 설렁탕을 끓일 때는 뼈에서 인지질이 우러나 뽀얀 국물이 나오므로 사골을 준비한다.

③ 사골은 뒷다리보다 앞다리가 누린내가 없고 고소하며, 뼈가 단단하고 단면이 연한 분홍색 혹은 흰색을 띤, 속이 꽉 찬 것으로 구입한다.

[골격의 명칭과 조리법]

부위명	특 징	조리법
우 족	소의 발이며 앞쪽의 발을 상품으로 친다.	탕, 족편
꼬리반골	엉덩이 부분의 골반 뼈이다.	탕, 육수, 스톡
꼬 리	지방과 결합조직이 많다.	탕, 찜
우 골	잡뼈라고도 하며 기본 육수로 많이 이용된다.	탕, 육수, 스톡
도가니	소 무릎 부위의 연골조직으로 콜라겐과 인지질이 많다.	탕, 찜
사 골	4개의 다리뼈라고 해서 사골이라 한다.	탕, 육수

(2) 채소류

① 세척 : 채소류 끝부분과 불가식 부분을 자르고 깨끗하게 씻는다.

② 자르기 : 채소류를 정도의 적정한 크기로 자른다.

③ 삶기 : 채소류를 100℃에서 10~15분간 삶아 연한 상태를 유지한다.

④ 냉수 세척 : 데친 절삭물을 냉수에서 3~5분간 씻는다.

⑤ 수분 제거 : 절삭물의 수분을 제거한다.

3. 국·탕 재료 전처리

(1) 육류와 가금류

① 고기를 덩어리째 찬물에 담가 핏물을 제거해야 누린내가 나지 않는다.

② 끓는 물에 향채소를 미리 우려낸 후 고기를 넣으면 누린내가 잘 제거된다.

(2) 멸치와 조개류

① 멸치는 반으로 갈라 내장을 뺀 다음 냄비에 넣어 센 불에서 달달 볶아 비린 맛을 줄인다.

② 조개류는 껍데기를 깨끗하게 씻은 다음 모시조개는 3~4%의 농도, 바지락은 0.5~1% 농도의 소금물에 담가 해감하여 사용한다.

(3) 해조류

다시마는 마른행주로 닦은 후 찬물에 30분~1시간 정도 담가 준비한다.

(4) 채소류

채소류는 다듬어 큼직하게 썰어 넣어야 끓이는 동안 채소가 부스러지지 않고 국물 색과 맛이 깔끔하다.

4. 국·탕 육수 제조

(1) 일반적인 육수 분류

① 일반 육수

㉠ 가정이나 음식점에서 자주 사용하는 방법으로서 끓이면서 계속 물을 붓는다.

㉡ 소뼈, 닭뼈, 오리뼈, 돼지뼈 등의 식재료에 찬물을 부어 끓이면서 거품을 제거하고 파, 술을 넣고 약한 불로 천천히 끓인다.

② 곰 탕

㉠ 닭, 오리, 돼지뼈, 돼지족발, 내장 등과 같이 끓이면 국물이 뽀얗게 우러나는 식재료를 사용한다.

㉡ 식재료를 끓는 물에 데친 후 찬물을 부어 센 불로 끓이다가 거품을 떠내고 파, 술을 넣고 약한 불로 줄여 뭉근히 끓이면 국물이 뽀얗게 우러난다.

③ **맑은 육수** : 닭, 돼지고기, 소고기 등을 끓는 물에 데친 후 찬물을 부어 센 불로 끓이다가 거품을 떠내고 파, 술을 넣고, 수시로 불의 세기를 조절하면서 끓인다.

④ **채소 육수** : 주로 당근, 콩나물, 셀러리, 무, 표고버섯을 같이 넣고 뭉근히 고아서 거른다.

(2) 재료에 따른 육수 분류

① 쌀뜨물

㉠ 쌀을 처음 씻은 물은 버리고 2~3번째 씻은 물을 이용한다.

㉡ 쌀의 수용성 영양소가 녹아 있어서 육수 재료로 사용하면 구수한 맛을 낸다.

② 소고기 육수

㉠ 맑은 육수에는 양지머리, 사태육, 업진육 등 질긴 부위의 소고기가 적당하다.

㉡ 소의 사골, 도가니, 잡뼈 등을 섞어서 끓이면 맛이 더 진해지나 육수가 탁해진다.

㉢ 쇠머리나 쇠꼬리, 갈비 등은 뼈와 고기가 한데 있어 육수를 끓이면 아주 맛이 진하고 좋다.

㉣ 내장류는 특유의 냄새가 나므로 곰국 이외에는 육류와 함께 넣지 않는 것이 좋다.

㉤ 채소를 넣고 오래 끓이면 풋내가 나기 때문에 육수가 3시간 정도 끓었을 때 무, 향 재료(대파, 마늘)를 넣고 30~40분 정도 더 끓여 준다.

㉥ 소고기 육수는 미역국, 갈비탕, 육개장, 냉면 육수 등에 쓰인다.

③ 닭고기 육수

㉠ 껍질을 제거하고, 구석구석에 있는 노란 기름을 제거해야 한다. 비계 부위와 기름을 사전에 제거하지 않으면 육수에 기름이 많이 뜬다.

㉡ 초계탕, 초교탕, 미역국 등에 사용할 수 있다.

④ 다시마 육수

㉠ 다시마는 감칠맛을 내는 물질인 글루탐산나트륨, 알긴산, 만니톨 등을 많이 함유하고 있어 맛을 돋워 준다.

㉡ 생선국, 전골, 해물탕 등에 쓰인다.

[육수의 분류와 파생]

육수 분류	파생 육수	사용 음식
맑은 국물	소고기 육수	장국·떡국 육수
		매운탕 육수
		냉면 육수(함흥식 냉면)
	소고기 + 돼지고기 육수	냉면 육수(평양식 냉면)
	소고기 + 돼지고기 + 닭고기 육수	냉면 육수(평양식 냉면)
	닭고기 육수	삼계탕
		초계탕
	조개탕 육수	조개탕 육수
		해물탕 육수
		기초 토장 육수
	조개탕 육수 + 소고기 육수	매운탕 육수
	멸치, 다시마, 다랑어 육수	샤브샤브 육수
		매운탕 육수
		국수 육수
		로스 편채 육수
	콩나물 육수	해장국 육수
		물김치 국물
	과육(뼈, 사과) 육수	동치미 등의 물김치 국물
탁한 국물	사골 잡뼈 육수	곰탕류(설렁탕, 도가니탕, 꼬리탕) 육수
		떡국 육수
		온면 육수
	돼지뼈(머리뼈 포함) 육수	해장국, 순대국
		감자탕 육수
		우거지탕 육수
	닭뼈 육수	삼계탕
		부분적으로 냉면 육수에 사용
		초계탕
	생선뼈 육수	매운탕
장(된장, 고추장) 국물	된장 + 소고기 육수	된장찌개, 강된장찌개
		된장국, 해장국 일부
	된장 + 조개 육수	된장찌개, 강된장찌개
		된장국, 해물탕 일부
	고추장 + 육수(소고기, 조개)	강된장찌개 일부, 감자탕
		매운탕, 전골 및 고추장찌개
		된장국 일부

⑤ 멸치 육수

㉠ 내장을 떼어 살짝 볶은 멸치에 찬물을 넣고 끓여 10~15분간 우려낸다. 내장을 넣고 끓인 육수는 쓴맛이 우러난다.

㉡ 생선국, 전골, 해물탕 등에 쓰인다.

⑥ 조개탕 육수

㉠ 국물을 내는 조개로는 모시조개나 바지락처럼 크기가 작은 것이 적당하며, 육수를 끓이기 전에 반드시 해감하여 사용한다.

㉡ 조개탕, 조개 국물로 끓이는 토장국(된장, 고추장), 해물탕, 매운탕 등에 쓰인다.

⑦ 콩나물 국물

㉠ 약간의 소금을 넣고 뚜껑을 덮지 않은 상태에서 5분 정도 끓이면 알맞게 익는다.

㉡ 콩나물국, 콩나물 해장국, 콩나물 국밥 등을 만들 때 사용한다.

⑧ 냉국 국물

㉠ 찬물에 건 다시마, 가다랑어, 굵은 멸치를 넣고 끓여 면보에 걸러 차갑게 식힌 후 사용한다.

㉡ 냉국을 만들 때 주재료인 오이, 미역, 콩나물, 가지 등과 함께 사용된다.

⑨ 과육 국물(배 껍질, 사과 껍질)

㉠ 배, 사과 껍질을 모아 놓았다가 2~3배의 물을 넣고 끓인다.

㉡ 과육 국물은 체에 걸러 동치미 등의 물김치를 만들 때 사용한다.

(3) 육수 끓이는 시간과 강도 조절

① 육수가 끓기 시작하면 불의 세기를 조절하여 은근하게 끓여주는데, 뼛속에 포함되어 있는 맛과 향이 물속으로 용해될 수 있도록 충분한 시간을 두고 조리해야 한다.

② 센 불에서 육수를 끓이면, 내용물 움직임이 빨라지면서 불순물과 기름기가 물과 함께 엉기어 혼탁해진다. 따라서 육수는 일단 끓기 시작하면 불을 줄인 다음 조용히 끓여 주고 그 상태를 유지해야 한다.

㉠ 센 불 : 불꽃이 냄비의 양 끝으로 나올 정도로 국물을 팔팔 끓일 때 사용하는 불의 세기이다.

㉡ 중간 불 : 불꽃의 끝과 냄비 바닥 사이에 약간의 틈이 있는 정도까지의 세기를 말한다. 국물 요리를 조리할 때 한 번 끓어오른 다음 부글부글 끓는 상태를 유지할 때 사용하는 불의 세기이다.

㉢ 약한 불 : 중간 불보다 절반 이상 약한 불의 크기로, 오랫동안 뭉근히 끓이는 곰국 등에 사용하는 불의 세기이다.

㉣ 뜸 불 : 국이나 찌개 등이 식지 않도록 할 때 사용하는 불의 세기로서 꺼질 듯 말 듯한 약한 불이다.

(4) 부유물 제거

① 처음의 지저분한 거품은 제거하고 노란 기름이 나오면 제거하지 않는다. 이 기름은 육수 자체의 맛과 향을 보존할 수 있기 때문에 그대로 두어 자연적으로 기름층이 뚜껑 역할을 하게 한다.

② 육류, 뼈, 소, 닭, 오리 등의 식재료로 낸 육수는 걸러서 식힌 후 위에 굳어지는 기름을 떠내고 다시 끓인다.

③ 고기 육수를 끓일 때 떠오르는 불순물을 제거하지 않으면 물속에 섞여 육수가 혼탁하게 되는 원인이 되므로 일정한 시간을 두고 계속하여 불순물을 제거해 준다.

(5) 육수 보관방법

① 육수를 거른 후에는 재빨리 식히는 것이 좋은데, 열전달이 빠른 금속기물을 사용하는 것이 플라스틱이나 다른 재질보다 식는 시간이 절감되고 박테리아의 증식 기회가 줄어든다.
② 얼음을 넣은 냉수통과 육수 용기 바닥 사이에 쇠로 된 망을 깔아 냉수 순환이 용이하도록 한다.
③ 냉각되는 중에도 육수를 한 번씩 저어주어 빨리 냉각되도록 한다.
④ 뜨거운 육수를 보관할 때는 보온효과를 높일 수 있도록 뚜껑 안쪽 부분에 고무패킹처리된 스테인리스 보온통에 담고, 국물이 새지 않도록 잠금장치를 하여 보관한다.
⑤ 육수를 담은 용기 뚜껑에는 날짜와 시간을 기록하여 육수가 생산된 시기를 알 수 있도록 한다.
⑥ 냉장 보관된 육수는 3~4일 이내에 사용하고, 냉동 보관된 육수는 5~6개월까지도 보관할 수 있다.

5. 양념의 종류와 제조

(1) 양념의 종류

① 짠 맛

㉠ 소금 : 짠맛을 내는 가장 기본적인 조미료이며, 국의 간의 맞출 때는 소금 한 가지로 간을 맞추는 경우보다 간장, 된장, 고추장을 한데 섞어 쓰는 경우가 많다.

※ 소금은 삼투압 작용을 하므로 육수를 낼 때 소금을 먼저 넣게 되면 재료 속의 수분이 스며 나오고 단백질이 응고되어 시원한 맛이 덜하게 된다.

㉡ 국간장 : 집간장, 조선간장이라고도 불리며, 국간장을 사용하면 국의 색을 해치지 않고 깔끔하게 간을 맞출 수 있다.

㉢ 된장 : 재래간장을 거르고 남은 건더기를 숙성시킨 재래된장과 콩에 밀이나 보리 등의 전분질을 섞은 후 종국을 넣고 발효시킨 개량된장이 있다. 된장은 단백질의 구수한 맛으로 인하여 10~15%의 염도에 비해 덜 짜게 느껴진다.

㉣ 고추장 : 고추장은 탄수화물 가수분해로 생긴 단맛과 콩 단백에서 오는 아미노산의 감칠맛, 고추의 매운맛, 소금의 짠맛이 조화를 이룬 식품이다.

② 매운맛

㉠ 마른 고추 : 씨를 제거한 마른 고추를 갈아서 물에 불려 사용하며, 지나치게 많이 불리면 갈아지지 않으므로 주의한다.

㉡ 굵은 고춧가루 : 일반적으로 사용하는 고춧가루이다.

㉢ 고운 고춧가루 : 붉은색이 강하고 텁텁한 맛이다.

㉣ 고추장 : 생선 비린내가 나는 국물에 어울리며, 깊은 맛이 나고 텁텁하다.

㉤ 홍고추 : 색이 맑고 개운하지만 풋냄새가 난다.

㉥ 산초 : 산초나무는 천초, 분디라 불리며, 완숙한 열매의 껍질은 가루로 추어탕이나 개장국에 쓰인다.

(2) 국 양념장 제조

① 육수 냉각 : 육수에 간장, 된장, 고추장 등을 넣어 혼합한 후 상온에서 냉각시킨다.
② 부재료 첨가 : 냉각된 혼합액 100에 중량부에 대하여 분쇄된 마늘, 생강, 고춧가루를 혼합한다.
③ 숙성 : 제조된 혼합물을 빛이 차단된 상온에서 2~4일 동안 1차 숙성한 다음, 8~12℃ 정도 더 낮은 온도에서 5~10일 동안 2차 숙성하여 사용한다.

6. 국·탕 조리

(1) 무 맑은 국

① 소고기는 국거리로 준비하여 썰어 국간장, 다진 마늘, 참기름으로 밑간을 한다.
② 무는 껍질을 벗기고 손질하여 적정 크기로 썬다.
③ 대파는 어슷하게 썬다.
④ 냄비를 달구어 양념한 소고기를 넣어 볶다가 무를 넣고 찬물을 부어 끓인다.

(2) 미역국

① 양지머리를 끓여 육수를 준비하고, 고기는 결대로 찢어 양념한다.
② 마른 미역을 물에 담가 불렸다가 주물러 씻어 깨끗이 헹군 뒤, 물기를 짜고 적당한 크기로 자른다.
③ 자른 불린 미역에 국간장과 참기름으로 밑간 양념을 한다.
④ 냄비를 달구어 참기름을 두르고 미역을 볶다가 양지머리 육수를 부어 끓인다.

(3) 배추 된장국

① 양지머리 국물이나 멸치 국물, 사골 국물을 기름기를 떠내고 준비한다.
② 배추는 잎을 씻어 적당한 크기로 썰고, 대파는 어슷하게 썬다.
③ 냄비에 준비한 육수를 붓고 끓으면 된장을 체에 걸러 풀어 준다.
④ 배추를 넣고 끓으면 불을 줄여 은근하게 끓인다. 된장국을 끓일 때 배추를 미리 데치면 황화수소를 휘발시켜 질감, 색, 향이 유지된다.

(4) 곰 탕

① 쇠갈비와 양지머리는 찬물에 담가 핏물을 빼고 건진다.
② 양, 곱창, 곤자소니는 소금을 뿌리고 주물러서 깨끗이 씻는다.
③ 냄비에 물을 부어 끓으면 국거리용 고기를 모두 넣고 센 불에서 끓인다.
④ 국이 끓어오르면 불을 줄이고 3~4시간 정도 고기가 무를 때까지 서서히 끓인다.

(5) 삼계탕

① 영계는 내장을 꺼내고 깨끗하게 씻어 물기가 빠지도록 세워 놓는다.
② 찹쌀을 씻어서 물에 2시간 정도 불린 다음 체에 건져 물기를 뺀다.
③ 마늘은 껍질을 벗기고 대추는 씨를 발라 놓고, 수삼은 씻어 놓는다.
④ 닭의 배 속에 불린 찹쌀과 마늘, 대추와 수삼을 넣어 갈라진 자리를 실로 묶거나 꼬지로 꿰어 고정한다.
⑤ 냄비에 닭을 담고 물을 부어 끓인다.

(6) 완자탕

① 육수용 소고기는 찬물에 넣고 끓여 면보에 거른다.
② 소고기를 곱게 다지고, 두부는 면보에 싸서 물기를 제거하고 칼등으로 으깨어 다진다.
③ 다진 소고기와 다진 두부를 합하여 소금, 후춧가루, 다진 파, 다진 마늘, 참기름을 넣고 끈기가 생기도록 치대어 완자를 만든다.
④ 달걀을 흰자와 노른자로 구분하여 황백 지단을 부쳐 마름모꼴로 썬다.
⑤ 빚어 둔 완자에 밀가루를 묻힌 다음, 달걀 푼 것을 묻혀 기름을 두른 프라이팬에 굴려 가며 지져낸다.
※ 완자는 지진 후 종이 위에서 기름기를 제거해야 국물에 기름이 뜨지 않아 맑다.
⑥ 육수가 끓으면 소금과 간장으로 색과 간을 맞추고 완자를 넣어 살짝 끓인다.
※ 육수에 국간장을 넣을 때는 끓는 과정에 넣어야 간장의 날 냄새가 나지 않는다.

7. 도구와 부재료의 선택

(1) 통의 선택

① 국물이 잘 우려지지 않는 스테인리스 통은 피하고, 두꺼운 알루미늄 통을 선택하여 육수를 끓인다.
② 같은 용량이라면 냄비의 둘레보다 높이가 있는 깊숙한 것이 증발량이 적고 온도를 일정하게 유지하기에 알맞다.

(2) 온 도

① 핏물을 뺀 고깃덩이는 물이 끓을 때 넣어야 국물이 깨끗하다.
② 육수가 목적이라면 처음부터 물에 넣고, 센 불에서 끓기 시작하면 불을 줄여 서서히 끓이기도 한다.

(3) 끓이는 시간

① 고기와 육수를 모두 사용하기 위해서는 끓기 시작한 지 2시간이면 적당하다.
② 고기(편육)를 사용하지 않고 순수하게 국물을 낼 목적이라면 3시간이 적당하며 그 이상 지나면 국물이 탁해지기 시작한다.

(4) 부재료

① 육수의 구수하고 담백한 맛을 감소시키는 파, 생강, 양파, 무, 통후추 등은 조리가 끝나기 30분 전에 넣고 바로 건진다.

② 마늘, 인삼(미삼) 등의 향신료(부재료)는 고기와 오랫동안 함께 끓여도 괜찮다.

③ 진한 육수를 만들기 위해서는 향신료를 약간 갈색으로 구워서 넣을 수도 있다.

02 국 · 탕 담기

1. 국 · 탕 종류에 따른 그릇

(1) 그릇의 종류

① 탕기 : 국이나 탕을 담는 그릇으로 주발과 똑같은 모양이다.

② 대 접

㉠ 대접은 국이나 숭늉을 담는 그릇으로, 밥그릇보다 조금 작은 크기이다.

㉡ 대접의 모양과 크기는 일정하지 않으나, 대체로 입구의 지름이 넓고 바닥은 입구보다 좁으며, 둘레가 곡선으로 되어 있다.

③ 뚝배기

㉠ 뚝배기는 상에 오를 수 있는 유일한 토기로 오지로 구운 것이며, 불에서 끓이다가 상에 올려도 한동안 식지 않아 국, 탕, 찌개를 담는 데 애용한다.

㉡ 아가리가 넓고 속이 조금 깊고, 보통 다홍색의 잿물칠을 하였으며, 겉모양이 투박하다.

④ 질그릇 : 잿물을 입히지 않고 진흙만으로 구워 만든 그릇으로 겉면에 윤기가 없는 것이 특징이다.

⑤ 오지그릇

㉠ 붉은 진흙으로 만들어 볕에 말리거나 약간 구운 다음에 오짓물을 입혀 다시 구운 질그릇이다.

㉡ 독, 항아리, 자배기, 동이, 옹배기, 뚝배기, 화로, 단지, 약탕관 등이 있다.

⑥ 유기그릇 : 놋쇠로 만든 그릇으로 보온과 보랭, 항균효과가 있다.

(2) 그릇의 선택

① 국 · 탕의 특징 파악 : 국과 탕의 재료와 구이 형태를 파악하여 그릇을 선택한다.

② 분량과 인원수 : 선택한 그릇에서 분량과 인원수를 고려하여 적절한 크기의 그릇을 선택한다.

③ 제공 온도 : 국과 탕을 제공하는 온도를 고려하여 그릇을 선택한다.

2. 국 · 탕 종류에 따른 국물 양 조절과 고명

(1) 국물의 양

① 국은 국물이 주로 들어 있는 음식으로서 국물과 건더기의 비율이 6 : 4 또는 7 : 3 정도이며, 탕은 건더기를 국물의 1/2 정도로 담아낸다.

② 찌개는 국보다 건더기가 많고, 국물과 건더기의 비율이 4 : 6 정도이다.

③ 국은 각자의 그릇에 분배되어 나오지만, 찌개는 같은 그릇에서 음식을 요리한 후 식사할 때 자신이 덜어서 먹는 음식이다.

(2) 고명의 종류

① 달걀지단

㉠ 달걀을 흰자와 노른자로 나누어 소금을 조금 넣고 거품이 나지 않게 잘 저은 후 프라이팬에 기름을 조금 바른 후 약한 불에서 익힌다.

㉡ 식은 다음 용도에 따라 마름모꼴, 골패 또는 곱게 채 썰어 사용한다.

② 미나리초대

㉠ 미나리의 잎과 뿌리를 떼어 내고 깨끗하게 씻어서 위아래를 가지런히 꼬챙이에 끼운 후, 밀가루와 달걀을 묻혀 프라이팬에 지져 낸다.

㉡ 식은 후 꼬치를 빼고 마름모꼴로 썰어서 사용한다.

③ 미나리

㉠ 미나리를 씻어 잎을 떼고 다듬어 줄기만 4cm 길이로 자른다.

㉡ 미나리에 소금을 뿌려 살짝 절였다가 프라이팬에 볶아 녹색 고명으로 쓴다.

④ 고기완자

㉠ 소고기를 곱게 다져 소금, 파, 마늘, 후춧가루, 참기름 등으로 양념하고 새알만하게 빚는다.

㉡ 빚은 완자에 밀가루와 달걀을 입혀서 기름을 두른 프라이팬에 굴려가며 익힌다.

⑤ 홍고추 : 고추는 어슷하게 썰어 고추씨를 제거하고 사용한다.

3. 국 · 탕을 담아 제공하기

(1) 무 맑은 국

① 무가 반 정도 익으면 국간장과 소금으로 간을 맞춘다.

② 어슷하게 썬 파를 넣고 무가 무르게 익을 때까지 끓인다.

③ 그릇에 담아 완성한다.

(2) 미역국

① 그릇에 미역국을 담고 양념한 양지머리 고기를 고명으로 올린다.

② 미역국에는 파와 후춧가루를 넣지 않는다.

(3) 배추 된장국

① 어슷하게 썬 대파, 다홍고추를 넣고 소금으로 간을 맞춘다.

② 그릇에 담아 완성한다.

(4) 곰 탕

① 고기와 무가 무르면 그릇에 건져 내고 국물은 식혀서 위에 뜨는 기름을 제거한다.

② 국물을 불에 올려 끓으면 양념한 고기와 무를 넣고 끓인다.

③ 예열한 그릇(뚝배기)에 고기와 무를 담고 국물을 부어 파를 고명으로 올린다.

(5) 삼계탕

① 닭이 익으면 꺼내어 묶은 실이나 꼬지를 뺀다.

② 큰 대접이나 뚝배기에 한 마리씩 담아 국물을 끓여서 붓는다. 곰탕 육수를 섞거나 진한 닭뼈 육수를 혼합하기도 한다.

③ 잘게 썬 파를 고명으로 올린다.

④ 소금, 후춧가루를 곁들여 낸다.

(6) 완자탕

① 육수에 넣어 끓인 완자를 그릇에 담는다.

② 황백 지단을 올려 완성한다.

CHAPTER

15 한식 전 · 적 조리

01 전 · 적 조리

1. 전 · 적 조리 개요

(1) 전(煎)의 정의

① 전은 기름을 두르고 지지는 조리법으로 전유어, 저냐 등으로 부르며, 궁중에서는 전유화(煎油花)라고도 하였다.

② 전은 육류, 어패류, 채소류 등을 지지기 좋은 크기로 하여 얇게 저미거나 채 썰기 또는 다져서 소금과 후추로 조미한 다음, 밀가루와 달걀 물을 입혀서 번철이나 프라이팬에 기름을 두르고 부쳐 낸다.

③ 지짐은 빈대떡이나 파전처럼 재료들을 밀가루 푼 것에 섞어서 직접 기름에 지져 내는 음식을 말한다.

(2) 적(炙)의 정의

① 육류, 채소, 버섯 등을 꼬치에 꿰어서 불에 구워 조리하는 것으로, 석쇠에 굽는 직화구이와 번철에 굽는 간접구이로 구분한다.

② 재료를 꼬치에 꿸 때는 반드시 꼬치에 꿰인 처음 재료와 마지막 재료가 같아야 하는데, 그 꿰는 재료에 따라 산적 음식에 대한 이름을 붙이기 때문이다.

[적의 특징과 종류]

구 분	특 징	종 류
산 적	날 재료를 양념하여 꼬챙이에 꿰어 굽거나, 살코기 편이나 섭산적처럼 다진 고기를 반대기지어 석쇠로 굽는 것	소고기산적, 섭산적, 장산적, 닭산적, 생치산적, 어산적, 해물산적, 두릅산적, 떡산적 등
누름적	재료를 꿰어서 굽지 않고 밀가루, 달걀 물을 입혀 번철에 지져 익히는 것	김치적, 두릅적, 잡누름적, 지짐누름적 등
	재료를 썰어서 번철에서 기름을 누르고 익혀 꿴 것	화양적

2. 전 · 적 재료 선택

(1) 주재료

① 육 류

㉠ 소고기 : 색은 적색이고 윤택이 나고 수분이 충분히 함유된 것

㉡ 돼지고기 : 기름지고 윤기가 있으며 선홍색인 것

② 가금류 : 신선한 광택이 있고, 특유의 향취를 가진 것

③ 어패류

㉠ 어류는 눈이 돌출되어 눈알이 선명하고, 비늘은 광택이 있고 단단히 부착된 것

㉡ 육질이 탄력 있고 뼈에 단단히 밀착해 있는 것

㉢ 물속에 두었을 때 가라앉으며 불쾌한 냄새가 없는 것

㉣ 패류는 봄철에는 산란 시기로 맛이 없기 때문에 겨울철의 것이 더 좋음

④ 채소류

㉠ 병충해, 외상, 부패, 발아 등이 없는 것

㉡ 형태가 바르고 겉껍질이 깨끗하고 신선한 것

⑤ 버섯류 : 봉오리가 활짝 피지 않고 줄기가 단단한 것

(2) 부재료

① 반죽가루 : 밀가루, 멥쌀가루, 찹쌀가루

② 유지류 : 발연점이 높은 기름(옥수수유, 대두유, 포도씨유, 카놀라유 등)

③ 달걀 : 햇빛에 투시해 보았을 때 난황의 모양이 선명하고 농후하며 흔들리지 않는 것

④ 양념류 : 유효기한 이내이고 이취가 없는 것

더 알아보기 전 반죽 시 재료 선택

- 밀가루, 멥쌀가루, 찹쌀가루 : 반죽이 너무 묽어서 전의 모양이 형성되지 않고 뒤집을 때 어려움이 있을 때 달걀을 줄이고 밀가루나 쌀가루를 추가로 사용
- 달걀흰자와 전분 : 전을 도톰하게 만들 때 딱딱하지 않고 부드럽게 하고자 할 경우 또는 흰색을 유지하고자 할 때
- 달걀과 밀가루, 멥쌀가루, 찹쌀가루 혼합 : 전의 모양을 형성하고 점성을 높이고자 할 때
- 속 재료 : 속 재료가 부족하여 전이 넓게 쳐지게 될 경우 밀가루나 달걀을 추가하면 점성은 높여주나 전이 딱딱해지므로, 속 재료를 추가하여 사용

3. 전·적 조리

(1) 전·적 조리

① 밀가루, 달걀 등의 재료를 섞은 반죽물 농도를 맞춘다.

㉠ 곡류나 서류의 경우에는 갈아놓은 상태로 오래 두면 물과 전분으로 분리된다. 또한, 시간이 지날수록 공기가 없어지면서 전분이 숙성되어 조리 후 바삭거림이 덜하며 쉽게 굳는다.

㉡ 반죽물은 사용할 만큼만 준비한다.

② 속 재료 및 혼합재료를 만든다.

㉠ 곡류는 물을 넣고 갈거나 가루로 된 재료에 물을 넣어 부침하는데, 지나치게 곱게 가는 것보다 약간 거칠게 가는 것이 구수하고 맛이 좋다.

㉡ 얇게 포를 뜨기 어려운 간이나 허파와 같은 육류의 내장은 삶아 식힌 후 썰어서 사용한다.

㉢ 생선류나 어패류 등은 포를 뜨거나 갈아서 사용하는데, 관자, 새우, 굴, 홍합 등 전으로 사용하기에 알맞은 크기라면 원형대로 사용한다.

③ 전·적 재료를 특징에 맞게 손질한다.

㉠ 꼬치용 고기 부위는 살코기 부위로 한다.

㉡ 고기와 해물은 익으면 수축하므로 다른 꼬치 재료보다 약간 크게 썰어서 사용한다.

㉢ 재료를 다져서 사용할 때에는 소고기의 힘줄이나 지방, 핏물을 제거하여 곱게 다지고, 두부는 면보로 물기를 짜서 곱게 으깨어야 반죽이 질지 않아 원하는 모양으로 만들 수 있다.

㉣ 어산적에 사용하는 생선의 경우 포를 떠서 껍질을 벗긴 후 지질 때 오그라들지 않도록 잔칼집을 내고, 소금과 후춧가루를 뿌려 5분 정도 두었다가 물기를 제거한 후 사용한다.

㉤ 채소는 끓는 소금물에 데친 후 찬물에 헹구어 물기를 제거하여 밑간하고, 버섯은 꼬치의 크기에 맞추어 썰어서 소금과 밑간으로 양념한다.

④ 주재료에 따라 전의 형태를 만들고 적절하게 지져낸다.

㉠ 고기, 생선, 채소 등의 재료를 다지거나 얇게 저며서 간을 하여, 밀가루, 달걀로 옷을 입히고 적절한 크기로 양면을 뜨겁게 지져 내는 것이 일반적인 전의 조리법이다.

㉡ 꼬치의 경우, 주재료와 부재료를 일정한 크기와 굵기로 잘라 꼬치에 꿴 다음 밀가루, 달걀을 씌워서 지져 낸 후에 꼬치를 빼 상에 내는 방법으로 조리한다.

(2) 전류 조리 시 주의사항

① 전의 크기는 한입에 넣을 수 있는 정도로 빚으며 크게 지져 낸 전은 적당히 썰어 낸다.

② 전의 맛을 돋우기 위해서 소금과 후추로 간을 하는데, 소금간은 2% 정도로 하는 것이 알맞다.

③ 밀가루는 재료의 5% 정도로 준비하여 물기를 가시게 할 정도로 살짝 묻힌다.

④ 달걀 푼 것에 소금으로 간을 하는데 너무 짜면 옷이 벗겨지므로 주의해야 한다.

⑤ 곡류를 갈아서 전을 반죽한 경우 기름을 넉넉하게 사용하여야 바삭한 전을 만들 수 있다.

⑥ 육류, 생선, 채소전은 기름이 많으면 쉽게 색이 누렇게 되고, 밀가루 또는 달걀옷이 쉽게 벗겨지므로 기름을 적게 사용한다.

⑦ 육류와 어류를 이용한 전을 준비할 때는 중간 정도 얼어 있는 상태(약 -5℃)에서 써는 것이 한결 수월하다.

⑧ 전을 조리할 때 처음에는 센 불로 팬을 달구고 재료를 얹을 때부터는 중간보다 약하게 하여 천천히 부친다.

⑨ 전 재료를 냉장고에 보관하여 사용할 때는 채소는 2~3일을 넘기지 않도록 하고, 소고기는 3일, 돼지고기는 2일, 해물은 1일 안에 사용하도록 한다.

4. 전·적 도구 선택과 사용

(1) 프라이팬

① 프라이팬은 가벼워야 하며 코팅이 쉽게 벗겨지지 않는 것으로 선택한다.

② 금속 조리기구나 젓가락, 철수세미 등과 함께 사용하지 않도록 한다.

③ 사용 후에는 바로 세척을 하여야 기름때가 눌러 붙는 것을 방지할 수 있다.

④ 특히 영업장에서는 주물로 된 프라이팬을 많이 사용하는데, 사용하기 전 불에 달구고 기름을 바르는 과정을 반복해서 길을 들여 사용해야 녹이 슬거나 식품이 달라붙지 않는다.

(2) 번 철

① 두께 10mm 정도의 철판으로 만들어진 것으로서 철판 볶음 요리, 달걀 부침, 전 등을 대량으로 조리할 때 주로 사용한다.

② 철판에 식품이 달라붙지 않도록 조리를 시작하기 전에는 반드시 예열해야 한다.

③ 청소할 때는 80℃ 정도에서 닦아야 기름때도 잘 벗겨지고 관리가 용이하다.

(3) 석 쇠

석쇠는 사용하기 전 반드시 예열을 하여 기름을 바른 후에 식품을 올려야 석쇠에 식품이 달라붙지 않는다.

02 전·적 담기

1. 전·적 그릇 선택

① 전·적을 담아내는 그릇은 재질, 색, 모양 그리고 재료의 크기와 양을 고려하여 선택한다.

② 재질은 도자기, 스테인리스, 유리, 목기, 대나무 채반 등을 사용할 수 있다.

③ 색은 요리의 색과 배색이 되는 것을 선택하여 요리의 색감을 효과적으로 표현할 수 있다.

④ 그릇의 모양은 넓고 평평한 접시 형태로 선택한다. 오목한 접시에 담으면 완성된 요리 안의 열기가 증발하면서 벽에 부딪쳐 물방울이 맺힐 수 있다.

2. 전·적 제공

① 전·적을 조리한 뒤 기름에서 꺼내어 넓은 채반에 종이타월을 바닥에 깔고 서로 겹치지 않게 두어 기름이 흡수되게 식힌다.

② 조리를 마치고 따뜻한 온도를 유지하고, 60℃ 이상에서는 색이 갈변되므로 지나치게 높은 온도에서 보관하면 안 된다.

PART

03 | 적중예상문제

CHAPTER 01 | 메뉴관리

01 단체급식의 특징으로 옳은 것은?

① 대중음식점의 급식시설
② 불특정 다수인을 대상으로 급식
③ 영리를 목적으로 하는 상업시설 포함
④ 특정 다수인에게 계속적으로 식사를 제공

해설 단체급식이란 학교, 병원, 기숙사, 사회복지시설, 산업체, 공공기관, 후생기관 등 집단으로 생활하는 특정의 여러 사람들을 대상으로 1회 50인 이상에게 계속적으로 식사를 공급하는 비영리 시설의 급식방법이다.

02 단체급식소의 메뉴로 특정 다수가 지속적으로 한 곳의 급식장소에서 제공하기에 적합하지 않은 것은?

① 고정메뉴
② 순환메뉴
③ 변동메뉴
④ 선택식 메뉴

03 땅콩, 호두, 잣, 아몬드는 식사구성안의 어떤 식품군에 포함되는가?

① 곡류 및 전분류
② 고기・생선・달걀・콩류
③ 채소 및 과일류
④ 유지 및 당류

해설 땅콩, 호두, 잣, 아몬드 등의 견과류는 '유지・당류'군에서 2010년 만성질병과의 관련성을 인정받아 '고기・생선・달걀・콩류'군으로 변경되었다.

1 ④ 2 ① 3 ② 정답

04 식단 작성 시 한국인에게 부족하기 쉬운 영양소와 이를 함유하는 식품을 선택할 때 잘못된 것은?

① 칼슘 – 우유, 뱅어포, 사골
② 동물성 단백질 – 버터, 두부, 미역
③ 비타민 A – 당근, 쇠간, 시금치
④ 철분 – 쇠간, 귤, 포도

해설 ② 두부는 콩을 원료로 하는 식물성 단백질 식품이고, 미역은 해조류이다.

05 표준 레시피의 구성요소가 아닌 것은?

① 평가점수
② 식재료 이름
③ 1인 분량
④ 조리법

해설 **표준 레시피의 구성요소**
- 식재료 이름과 재료량
- 조리법
- 총생산량 및 1인 분량(Portion Size)
- 배식방법 및 기타 사항

06 메뉴계획모형 중 관리자의 관점이 아닌 것은?

① 예 산
② 시설과 장비
③ 음식의 습관과 선호
④ 종사원의 기능

해설 **메뉴계획모형**
- 고객의 관점 : 메뉴, 음식의 습관과 선호, 음식의 특성과 감각적 속성, 영양적 요구
- 관리자의 관점 : 예산, 시설과 장비, 종사원의 기능, 식자재의 공급시장 조건

07 메뉴 엔지니어링에 대한 설명 중 틀린 것은?

① 제공되는 메뉴에 대한 고객의 의견을 종합 평가하여 메뉴 운영에 반영하기 위한 조사이다.
② 단체급식이나 레스토랑에서의 메뉴평가 기법으로 활용되고 있다.
③ 메뉴 품목의 판매비율과 공헌마진에 따라 4가지의 범주로 분류된다.
④ Cash Cow(Plow Horse)로 판정된 품목들은 다소 인기는 있지만 수익이 낮은 메뉴이다.

해설 메뉴 엔지니어링이란 음식점의 경영자가 현재 또는 미래의 메뉴를 평가하는 데 활용될 수 있도록 단계적으로 체계화시킨 평가의 절차로, 협의로는 메뉴가격 결정을 위한 새로운 접근 방법을 말한다.

정답 4 ② 5 ① 6 ③ 7 ①

08 급식의 목적으로 적당하지 않은 것은?

① 급식을 받는 사람에게 올바른 식습관을 길러준다.
② 국가의 식량수급계획 방향을 제시한다.
③ 급식 대상자의 영양 개선을 꾀한다.
④ 지역사회의 식생활 개선을 꾀한다.

해설 **단체급식의 목적**
- 급식 대상자의 영양을 확보함으로써 건강 증진을 꾀한다.
- 도덕성 · 사회성 함양과 인간관계를 원활하게 한다.
- 급식을 통하여 피급식자의 가정, 지역사회에 대한 영양 개선을 꾀하고 영양에 관한 지식을 보급한다.
- 식비 부담을 경감한다.

09 학교급식의 목적과 거리가 먼 것은?

① 올바른 식생활 습관을 기른다.
② 식생활의 예절교육을 배운다.
③ 편식의 교정과 결핍증을 예방할 수 있다.
④ 감염병의 예방과 교통사고율을 줄일 수 있다.

해설 **목적(학교급식법 제1조)**
이 법은 학교급식 등에 관한 사항을 규정함으로써 학교급식의 질을 향상시키고 학생의 건전한 심신의 발달과 국민 식생활 개선에 기여함을 목적으로 한다.

10 단체급식의 식단 작성 순서로 옳은 것은?

㉠ 3식의 영양량 배분 ㉡ 급여영양량의 결정 ㉢ 미량영양소의 보급방법 ㉣ 식품구성의 결정(주식량, 부식량 결정) ㉤ 조리의 배합

① ㉠ → ㉡ → ㉢ → ㉣ → ㉤
② ㉡ → ㉠ → ㉣ → ㉢ → ㉤
③ ㉤ → ㉠ → ㉢ → ㉣ → ㉡
④ ㉠ → ㉢ → ㉤ → ㉣ → ㉡

해설 **식단 작성 순서**
영양 기준량의 산출 → 섭취 식품량의 산출 → 3식의 배분 결정 → 음식수 및 요리명 결정 → 식단 작성주기 결정 → 식량배분 계획 → 식단표 작성

8 ② 9 ④ 10 ② **정답**

11 학교급식의 교육적 측면에 해당하는 사항은?

① 올바른 식습관 형성
② 건강증진 및 체위 향상
③ 합리적인 영양 공급
④ 효율적인 학교급식

해설 학교급식의 목적은 합리적인 영양 공급, 올바른 식습관 형성, 지역사회에서의 식생활 개선에 기여, 예절교육의 체험장, 정부의 식량정책에 참여 등을 들 수 있다.
②, ③ 보건적 측면
④ 사회경제적 측면

12 식단 작성의 목적이 아닌 것은?

① 운영비용 절감
② 잔반율 증가
③ 재고 파악에 대한 타당성
④ 균형있는 영양 공급

해설 ② 잔반율 증가가 아니라 잔반율 감소에 있다.

13 식단 작성의 기본 조건 중 잘못된 것은?

① 균형잡힌 식사가 되도록 영양 면에서 고려해야 한다.
② 매일 1끼씩 분식을 하여 경제적인 면에서 지출을 최대한 줄인다.
③ 여러 종류의 식품을 사용하여 여러 형태의 맛을 즐길 수 있도록 한다.
④ 조리하는 사람의 능력, 식단내용, 조리기구, 주방의 구조 및 설비 등을 고려해야 한다.

해설 ② 경제적인 면에서 신선하고 저렴한 식품이나 제철식품을 이용하고 각 가정의 경제 사정을 고려한다.

14 식단 작성 시 반드시 고려해야 할 점이 아닌 것은?

① 가장 우선적으로 기호성을 고려해 다양한 식단을 작성한다.
② 모든 영양소가 골고루 함유되도록 작성한다.
③ 매일의 식사에 다양한 식품이 고루 포함되고 편식되지 않도록 계획한다.
④ 식품 선택에 있어 가격과 영양가를 비교하면서 식생활비를 조절할 수 있도록 작성한다.

해설 ① 기호성을 고려해야 하지만 가장 우선적인 조건은 아니다.

정답 11 ① 12 ② 13 ② 14 ①

15 **식단 작성 시 고려해야 할 이상적인 열량소 섭취 비율은?**

① 당질 55~65%, 지방 15~30%, 단백질 7~20%
② 당질 50%, 지방 35%, 단백질 15%
③ 당질 80%, 지방 5%, 단백질 15%
④ 당질 85%, 지방 10%, 단백질 5%

해설 총열량 권장량은 성인 남성 2,600kcal, 성인 여성 2,000kcal이고, 탄수화물(당질) 55~65%, 지방 15~30%, 단백질 7~20%를 섭취하도록 한다.

16 **병원식단 작성 시 일반적인 원칙에 대하여 바르게 설명한 것은?**

① 식사형태(일반식, 연식, 유동식, 특별식)를 결정한다.
② 양질의 단백질 공급에 대하여 연구한다.
③ 비타민이 풍부한 식단을 작성한다.
④ 유동식부터 실시하는 것이 원칙으로 되어 있다.

해설 병원급식은 환자의 질병 종류와 정도에 따라 우선 식사형태부터 결정해야 한다.

17 **인플레이션이나 물가상승 시 소득세를 줄이기 위해 재무제표상의 이익을 최소화하기 위하여 사용하는 평가방법은?**

① 최종구매가법
② 총평균법
③ 선입선출(FIFO)법
④ 후입선출(LIFO)법

해설 **후입선출법** : 나중에 구매한 상품을 제일 먼저 사용하는 방법으로, 원재료로 만든 제품부터 매출되었다고 여기고 재고자산을 평가하는 방법이다.

18 **배식에 대한 설명으로 옳지 않은 것은?**

① 색, 형태 등을 고려하여 식기에 담아 식욕을 돋우어야 한다.
② 급식 시 음식은 적온으로 공급한다.
③ 피급식자의 영양과는 관계없이 항상 일정한 배식량을 유지한다.
④ 준비한 음식이 모자라면 새로 조리한 다른 음식을 제공한다.

해설 ③ 피급식자에게 제공되는 배식량은 조리원 또는 피급식자의 요청에 따라서 달라질 수 있다.

15 ① 16 ① 17 ④ 18 ③ 정답

19 다음 중 대체식품끼리 잘못 짝지어진 것은?

① 우유 - 버터 - 치즈
② 생선 - 소고기 - 두부
③ 밥 - 국수 - 빵
④ 시금치 - 쑥갓 - 아욱

해설 기초식품군에서 같은 군끼리만 대체식품이 될 수 있다.

20 다음의 식단구성 중 가장 뚜렷한 결점을 지적한 것으로 맞는 것은?

> 진지, 소고기 무국, 새우튀김, 배추김치, 고등어 조림, 너비아니 구이, 오이소박이, 명란 두부조치, 닭 겨자냉채, 뱅어포구이

① 육류, 어패류, 채소류의 적절한 배합
② 단백질 식품의 편중
③ 반복되는 조리법의 사용
④ 색깔의 부조화

해설 탄수화물 55~65%, 지방 15~30%, 단백질 7~20%를 섭취해야 하는데 문제의 식단은 단백질 식품의 편중이 심하다.

21 다음 설명 중 옳지 않은 것은?

① 식품구성량 계산에서 단백질 성인 환산치는 고기, 생선, 알 및 콩류의 양에 곱한다.
② 단백질 총 공급량의 1/3 이상은 동물성 식품에서 섭취한다.
③ 영양량 산출은 지방 → 단백질 → 탄수화물 → 칼슘, 무기질, 비타민 순으로 한다.
④ 열량공급을 위해 바람직한 곡류 및 감자류의 섭취율은 65%이다.

해설 ③ 영양량 산출은 탄수화물 → 단백질 → 칼슘, 무기질, 비타민 → 지방 순으로 한다.

정답 19 ① 20 ② 21 ③

22 표준 레시피 사용의 목적이 아닌 것은?

① 특정 음식의 식재료 원가를 산정하는 기준이 된다.
② 음식 조리에 일관성을 유지한다.
③ 고객에게 제공되는 음식의 표준 유지로 고객이 지불하는 요금을 높일 수 있다.
④ 음식의 표준화와 식재료의 공급관리에 도움을 준다.

해설 표준 레시피를 도입할 경우, 계획적인 구매가 가능하고 알맞은 양의 조리를 통해 원가 절감에 기여할 수 있기 때문에 고객이 지불하는 요금을 낮출 수 있다.

23 표준 레시피를 이용한 식단관리 시 기대하기 어려운 것은?

① 조리된 음식의 일정한 품질 향상
② 조리원과 관리자의 시간 절약
③ 고객의 기호 충족
④ 조리원들의 훈련 용이

해설 ③ 표준 레시피를 이용하게 되면 특정 급식소에 사전에 설정된 품질기준에 맞추기 위해서 고객의 기호를 충족하지 못할 수 있다.

24 다음 가족에게 하루 동안 필요한 곡류의 양은 얼마인가?(단, 성인의 1일 곡류 필요량은 450g이다)

가족원	연령(체중)	성인환산치(열량)
아버지	40(63kg)	1.00
어머니	37(52kg)	0.80
장 남	9(26kg)	0.72
장 녀	5(19kg)	0.60

① 1,804g ② 1,604g
③ 1,404g ④ 1,204g

해설 1일 곡류 필요량 = (450 × 1.0) + (450 × 0.8) + (450 × 0.72) + (450 × 0.6) = 1,404g

22 ③ 23 ③ 24 ③ 정답

25 피급식자의 기호에 합당한 일정 수의 식단을 뽑아서 각 식단의 조리법을 표준화하여 주별, 월별, 분기별로 사용하는 것은?

① 카드식 식단
② 정식식단
③ 사이클 메뉴
④ 복수식단

해설 **사이클 메뉴**
순환메뉴 또는 주기메뉴라고 하며, 월별 또는 계절별 등으로 주기에 따라 반복되는 메뉴 형태이다. 식자재의 효율적 관리와 조리작업 관리 및 표준화가 용이하며, 계절식품을 적절히 사용하면 메뉴에 변화를 주어 고객만족도를 향상시킬 수 있다.

26 다음 중 제조원가에 해당하는 것은?

① 직접재료비 + 직접노무비
② 직접원가 + 제조간접비
③ 제조원가 + 총원가
④ 직접재료비 + 판매원가

해설 제조원가 = 직접원가(직접재료비 + 직접노무비 + 직접경비) + 제조간접비

27 원가에 대한 설명으로 틀린 것은?

① 원가의 3요소는 재료비, 노무비, 경비이다.
② 간접비는 여러 제품의 생산에 대하여 공통으로 사용되는 원가이다.
③ 직접비에 제조 시 소요된 간접비를 포함한 것은 제조원가이다.
④ 제조원가에 관리비용만 더한 것은 총원가이다.

해설 총원가는 제품의 제조원가에 판매관리비를 추가한 원가이다(제조원가 + 판매관리비).

28 원가계산의 시점과 방법의 차이에서 분류한 것이 아닌 것은?

① 실제원가
② 예정원가
③ 판매원가
④ 표준원가

해설
- 원가계산 시점에 따른 분류 : 실제원가, 예정원가, 표준원가
- 경영활동의 기능에 따른 분류 : 판매원가, 제조원가

정답 25 ③ 26 ② 27 ④ 28 ③

29 여러 가지의 제품 제조에 공통적으로 발생하는 원가는?

① 직접노무비　　② 직접원가
③ 간접비　　④ 직접비

해설 • 제조간접비 : 여러 제품을 생산하는 데 공통적으로 들어가는 것
• 제조직접비 : 특정 제품과 관련하여 인식할 수 있는지 여부를 구분하여 해당 제품에만 들어가는 것

30 제품을 제조하기 위하여 소비되는 물품의 원가는?

① 노무비　　② 재료비
③ 경 비　　④ 전력비

해설 재료비는 제품을 제조하기 위하여 소비되는 물품의 원가를 말한다(예 급식재료비).

31 고정자산으로 인하여 발생하는 원가계산 요소는?

① 재료비　　② 소모품비
③ 감가상각비　　④ 관리비

해설 감가상각비는 영업활동을 위하여 장기간에 걸쳐 사용되는 고정자산 취득가액의 기간별 비용배분액이다.

32 원가계산의 목적을 모두 고른 것은?

㉠ 가격결정의 목적	㉡ 원가관리의 목적
㉢ 예산편성의 목적	㉣ 재무제표 작성의 목적

① ㉠, ㉡　　② ㉠, ㉢, ㉣
③ ㉠, ㉡, ㉣　　④ ㉠, ㉡, ㉢, ㉣

해설 **원가계산의 목적**
• 가격결정의 목적
• 원가관리의 목적
• 예산편성의 목적
• 재무제표 작성의 목적

29 ③　30 ②　31 ③　32 ④ 정답

33 제품을 제조한 후에 실제로 발생한 소비액을 자료로 산출하는 원가계산 방법을 무엇이라고 하는가?

① 실제원가계산 ② 사전원가계산
③ 예정원가계산 ④ 표준원가계산

해설
- 실제원가 : 제품을 제조한 후에 실제로 소비된 재화와 용역의 소비량에 대하여 계산된 원가로 확정원가 또는 현실원가라고도 한다.
- 예정원가 : 제품 제조 이전에 제품 제조에 소비될 것으로 예상되는 원가를 산출한 사전원가로 추정원가라고도 한다.
- 표준원가 : 제품을 제조하기 전에 재화 및 용역의 소비량을 과학적으로 예측하여 계산한 원가이다.

34 사업을 목적으로 하기 위하여 소비된 경제가격인 원가의 3요소가 아닌 것은?

① 재료비 ② 노무비
③ 이 익 ④ 경 비

해설 원가의 3요소는 경비, 재료비, 노무비이다.

35 위생비, 피복비, 세척비 또는 잡비는 어디에 속하는가?

① 노무비 ② 소모품비
③ 경 비 ④ 관리비

해설 경비는 재료비, 노무비 이외의 가치를 말한다.

36 각 요소별 계산, 부문별 계산, 제품별 계산 간에 서로 밀접하게 관련되어야 하는 원가의 원칙은?

① 상호관리의 원칙
② 확실성의 원칙
③ 발생기준의 원칙
④ 계산경제성의 원칙

해설 ② 원가계산에 있어서는 가장 확실성이 높은 방법을 선택한다는 원칙
③ 모든 비용과 수익의 계산은 그 발생시점을 기준으로 한다는 원칙
④ 원가계산에 있어서는 경제성을 고려한다는 원칙

정답 33 ① 34 ③ 35 ③ 36 ①

37 **원가관리의 필요성으로 맞지 않는 것은?**

① 원가절감
② 변동원가 계산의 용이
③ 판매분석 용이
④ 조리작업의 능률화

38 **표준원가계산의 목적이 아닌 것은?**

① 효과적인 원가관리에 공헌할 수 있다.
② 노무비를 합리적으로 절감할 수 있다.
③ 제조기술을 향상시킬 수 있다.
④ 경영기법상 실제원가 통제 및 예산편성을 할 수 있다.

해설 표준원가계산은 효과적인 원가관리에 궁극적인 목적이 있는 것이지 제조기술과는 무관하다.

39 **다음 중 원가계산의 원칙이 아닌 것은?**

① 진실성의 원칙
② 현금기준의 원칙
③ 확실성의 원칙
④ 정상성의 원칙

해설 **원가계산의 원칙**
진실성의 원칙, 발생기준의 원칙, 계산경제성의 원칙, 확실성의 원칙, 정상성의 원칙, 비교성의 원칙, 상호관리의 원칙

40 **보험료는 어디에 해당하는가?**

① 재료비
② 경 비
③ 노무비
④ 감가상각비

해설 경비는 제품 제조에 소비되는 재료비, 노무비 이외의 가치를 말한다(수도비, 전력비, 보험료, 감가상각비, 교통비 등).

37 ④ 38 ③ 39 ② 40 ② **정답**

41 원가계산상 감가상각비는 다음 중 어디에 포함되는가?

① 월할경비 ② 지급경비
③ 측정경비 ④ 발생경비

해설 월할경비는 1개년 또는 수개월분을 일시에 계산하거나 지급하는 경비로서 보험료, 감가상각비, 퇴직급여, 세금과 공과, 특허권 사용료 등이 이에 속한다.

42 식당 운영비목 중 직접비에 해당하지 않는 것은?

① 육류구입비 ② 종업원 임금
③ 임대료 ④ 외주가공비

해설 ③ 임대료는 간접경비이다.

43 단체급식시설에 있어서 직접재료비에 해당하는 것은?

① 급식재료비 ② 급 료
③ 보험료 ④ 수도료

해설 ② 노무비
③, ④ 경비

44 인건비에 의한 원가조절에 필요한 자료가 아닌 것은?

① 작업명세서 ② 작업분석표
③ 작업일정표 ④ 검식일지

해설 검식일지는 식단에 따른 평가, 특기사항을 기재한 양식이다.

정답 41 ① 42 ③ 43 ① 44 ④

45 원가계산 실시의 시간적 단위를 원가계산기간이라 하는데 일반적으로 원칙적인 기간은 얼마 동안인가?

① 1개월 ② 3개월
③ 6개월 ④ 12개월

해설 원가계산기간은 보통 1개월로 하는 것이 원칙이다.

46 원가의 종류 중 총원가는?

① 직접원가에 제조간접비를 추가한 원가
② 제품의 제조원가에 판매관리비, 이익을 추가한 원가
③ 특정 제품에 직접 부담시킬 수 있는 원가
④ 제품의 제조원가에 판매관리비를 추가한 원가

해설 총원가 = 제조원가 + 판매관리비

47 어떤 음식을 만드는 데 직접재료비 1,450원, 직접노무비 450원, 직접경비 90원이 들었다. 이 음식의 직접원가는?

① 1,870원 ② 1,540원
③ 1,900원 ④ 1,990원

해설 직접원가 = 직접재료비(1,450원) + 직접노무비(450원) + 직접경비(90원) = 1,990원

48 어떤 영업장의 월말 영업실적은 소모 식재료비가 700만원, 총매출액이 2,100만원이었다. 이 영업장의 식재료 비율은 약 얼마인가?

① 45% ② 33%
③ 53% ④ 39%

해설

$$\text{식재료 비율} = \frac{\text{식재료비}}{\text{총매출액}} \times 100 = \frac{700}{2,100} \times 100 \fallingdotseq 33\%$$

45 ① 46 ④ 47 ④ 48 ② 정답

49 **비빔밥 50그릇을 만드는 데 필요한 재료량과 각 재료의 100g당 가격이 다음 표와 같을 때 비빔밥 한 그릇에 드는 재료비는?(단, 재료의 폐기율 0%)**

재 료	필요분량(g)	100g당 가격(원)
쌀	8,000	80
소고기	2,000	720
고사리	1,000	400
도라지	500	500
콩나물	1,000	120
달 걀	1,000	180

① 약 609원 ② 약 606원
③ 약 590원 ④ 약 584원

해설 총재료비 = (80 × 80) + (20 × 720) + (10 × 400) + (5 × 500) + (10 × 120) + (10 × 180) = 30,300원
재료의 폐기율은 0%이므로, 1그릇 재료비 = 30,300원/50 = 606원

50 **다음 사항을 고려하여 제조원가를 계산하면 얼마인가?**

- 직접재료비 : 100,000원
- 직접노무비 : 200,000원
- 직접경비 : 50,000원
- 판매관리비 : 90,000원
- 간접재료비 : 40,000원
- 간접노무비 : 30,000원
- 간접경비 : 30,000원

① 440,000원 ② 450,000원
③ 460,000원 ④ 540,000원

해설 제조원가 = 직접원가 + 제조간접비
= 직접재료비 + 직접노무비 + 직접경비 + 간접재료비 + 간접노무비 + 간접경비
= 450,000원

51 **꽁치구이를 정미중량 75g으로 조리하고자 할 때 1인당 구매량은 얼마로 해야 하는가?(단, 꽁치의 폐기물은 39%)**

① 약 113g ② 약 123g
③ 약 133g ④ 약 192g

해설 $\text{식품의 발주량} = \frac{\text{정미중량} \times 100}{100 - \text{폐기율}} \times \text{인원수}$

$= \frac{75 \times 100}{100 - 39} \times 1 = 122.9 \fallingdotseq 123\text{g}$

정답 49 ② 50 ② 51 ②

52 갈비구이의 판매가격을 결정하기 위해 가식 테스트를 하여 다음과 같은 내용을 얻었다. 식재료 원가목표를 33%로 정했을 때 갈비구이 1인분의 판매가격은?

> • 구입한 갈비의 양 : 20kg
> • 손질된 갈비의 양 : 12kg(kg당 갈비단가 : 12,000원, 1인분 갈비의 양 : 손질된 것 200g)

① 7,273원
② 9,504원
③ 12,121원
④ 28,800원

해설 총인분은 손질된 갈비의 양에서 1인분 갈비의 양(손질된 것)으로 나누면 12,000g/200g = 60인분이다.
구입 갈비의 구매단가는 20kg × 12,000원/kg = 240,000원이므로 1인분 원가는 240,000원/60인분 = 4,000원이다.
이때 원가 목표를 33%로 정했으므로 갈비구이 1인분의 판매가격은 $4,000/x \times 100 = 33$
$\therefore\ x = 400,000/33 \fallingdotseq 12,121$원

53 어느 식당의 메뉴별 판매가격, 식재료비와 판매식수가 다음과 같을 때 총매출액은 얼마인가?

메 뉴	판매가격(원)	식재료비(원)	판매식수(식)
김 밥	2,000	950	200
라 면	1,000	450	300
떡볶이	1,500	700	100

① 395,000원
② 685,000원
③ 850,000원
④ 990,000원

해설 총매출액 = (200 × 2,000) + (300 × 1,000) + (100 × 1,500) = 850,000원

54 가격정책의 목표가 아닌 것은?

① 수익성
② 시장점유율 확대
③ 성장률 유지
④ 경쟁업체의 파산

해설 가격정책의 목표는 공익에 목표를 두어야 하며, 기업의 생존이 목표가 될 수 있다.

52 ③ 53 ③ 54 ④ 정답

55 가격결정방법의 분류 중 수요중심가격에 해당하지 않는 것은?

① 인지된 가치설정법
② 명성 가격설정법
③ 관습적 가격설정법
④ 단수 가격설정법

해설 **수요중심가격 결정**
- 인식가치 기준법 : 구매자의 제품에 대한 지각된 가치에 입각 – ①
- 수요차이 기준법 : 수요의 차이에 따른 가격 결정(가격 차등화) – ②, ④

CHAPTER 02 | 구매관리

01 조리를 위한 구매관리가 옳은 것은?

① 장기식단을 작성하여 계획 구입하도록 한다.
② 모든 식품 재료는 매일 구입하도록 한다.
③ 한 장소만 선정하여 구입하도록 한다.
④ 가공식품 중심으로 구입하도록 한다.

해설 급식 및 외식에 맞는 적절한 양과 식품을 선택하기 위해서는 장기식단 계획에 의하여 구입하여야 한다.

02 식재료 관리의 순서가 올바르게 된 것은?

① 예정식단 – 구입계획 – 발주 – 검수 – 조리
② 예정식단 – 구입계획 – 검수 – 발주 – 조리
③ 예정식단 – 구입계획 – 식재료비 통제 – 발주 – 조리
④ 예정식단 – 구입계획 – 식재료비 통제 – 검수 – 조리

정답 55 ③ / 1 ① 2 ①

03 단체급식의 재료 구입 시 고려해야 할 사항 중 틀린 것은?

① 계절식품을 구입하도록 한다.
② 영양이 풍부한 식품을 구입하도록 한다.
③ 값이 저렴한 대치식품을 구입하도록 한다.
④ 가식부율이 적은 식품을 구입하도록 한다.

해설 좋은 식품을 경제적으로 구입하기 위해서는 되도록 버리는 것이 적고 가식부율이 높으며, 연하고 맛있는 식품을 선택하여 구입하도록 한다.

04 일일 식자재 구매요청서(Market List)에 들어가지 않는 식자재는?

① 달 걀
② 소고기
③ 생선류
④ 주스류

해설 신선도가 중요한 고기, 생선, 알류는 일일 식자재로 구매해야 한다.

05 효율적인 구매관리가 이루어지면 얻을 수 있는 효과가 아닌 것은?

① 조리과정의 단순화
② 필요로 하는 물품의 원활한 공급
③ 식품 원가의 최소화
④ 공급되는 음식의 품질 유지

해설 구매관리란 적정한 품질 및 수량의 물품을 적정한 시기에 적정한 가격으로, 적정한 공급원으로부터 구입하여 필요한 장소에 공급하는 과정을 말한다.

효율적 구매관리 시의 효과

- 물품의 원활한 공급 가능
- 식품의 원가를 최소화시킬 수 있음
- 공급하는 음식의 품질 유지 가능

06 구매계약 방법 중 수의계약이란?

① 신문, 관보, 게시 등을 이용하여 계약하는 것
② 자격 있는 특정인과 단독계약을 체결하는 방법
③ 자격 있는 자들을 선정하여 경쟁입찰시켜 계약을 체결하는 방법
④ 몇몇 업자를 지명하여 계약문건을 제시한 후 맞으면 입찰시키는 방법

해설 수의계약이란 계약 주체가 계약의 상대방을 입찰(경쟁의 방법)에 의하지 않고 선택하여 체결하는 계약을 말한다.

3 ④ 4 ④ 5 ① 6 ② 정답

07 **판매 촉진을 위해 PR 활동이 큰 경우에는 판매가격이 높게 결정된다. 가격 결정에 직접적인 영향을 준 것은?**

① 심리적 요인
② 경쟁업체의 가격
③ 마케팅의 전략
④ 유통과정의 마진

해설 판매 촉진을 위한 PR 활동은 소비자 구매를 촉진하기 위한 다양한 마케팅 전략 활동이다.

08 **재료를 구입하는 절차를 옳게 나열한 것은?**

① 구입청구 → 주문 → 인수 → 회계 → 검수 → 기장
② 구입청구 → 주문 → 검수 → 인수 → 회계 → 기장
③ 주문 → 구입청구 → 인수 → 검수 → 회계 → 기장
④ 구입청구 → 주문 → 검수 → 회계 → 기장 → 인수

09 **다음 중 식품 구입방법으로 적합하지 않은 것은?**

① 구입계획서, 식품의 출회표와 가격 상황 등을 고려한다.
② 생선, 과일, 채소 등은 수시로 구입한다.
③ 곡류, 건어물 등은 1개월분을 한꺼번에 구입한다.
④ 과일 구입 시 중량에 유의한다.

해설 과일은 산지에 따라 품질이 다르고 품종에 따라 맛이 다르기 때문에 구입 시 산지, 품종, 상자당 개수를 살펴야 한다. 반면 소고기를 구입할 때는 부위와 중량을 살펴야 한다. 소고기는 부위별로 조리 용도가 다르고 무게로 구입을 하며, 단가가 비싸므로 중량에 신경을 써야 한다.

10 **단체급식에서 재료 구입 시 고려할 사항이 아닌 것은?**

① 영양가
② 계절식품
③ 가 격
④ 장기보존성

해설 식품을 구입할 때는 품질, 신선도, 첨가물 사용 유무, 이물질 혼입 유무, 표시 확인, 제조연월일, 보존법 등에 유의한다. 채소, 어패류 및 식육 등은 사용할 양만 구입하고 48시간 이상 급식시설에 보관하지 않도록 한다.

정답 7 ③ 8 ② 9 ④ 10 ④

11 폐기율이 65%인 생선으로 100인분의 구이를 만들려고 한다. 1인분의 실제 사용량을 80g으로 했을 때 얼마만큼의 생선을 주문해야 하는가?

① 22.9kg ② 12.3kg
③ 5.2kg ④ 2.8kg

해설 주문량 = (80g × 100) ÷ (1 − 0.65) ≒ 22,857g(≒ 22.9kg)

12 감자조림을 하려고 한다. 정미중량 70g을 조리하고자 할 때 5인분의 발주량은?(단, 감자의 폐기율은 6%)

① 약 620g ② 약 183g
③ 약 250g ④ 약 372g

해설
$$\text{발주량} = \frac{\text{정미중량}}{(100 - \text{폐기율})} \times 100 \times \text{급식인원수}$$
$$= \frac{70}{(100-6)} \times 100 \times 5 ≒ 372\text{g}$$

13 식품을 감별하는 방법 중 효소반응, 효소활성도, 수소이온농도 등을 측정하는 것은?

① 검경적 방법
② 미생물학적 방법
③ 물리학적 방법
④ 생화학적 방법

해설 ① 식품의 세포나 조직 모양
② 균수 검사, 유해 병원균의 유무
③ 중량, 부피, 크기, 비중, 경도, 점도, 응고 온도, 융점 등

14 식품의 감별법에 대한 설명으로 잘못된 것은?

① 어류 – 아가미가 붉고 눈이 들어간 것이 좋다.
② 쌀 – 광택이 있고 쌀알이 고르며 투명한 것이 좋다.
③ 연제품 – 표면에 점액물질이 없는 것이 좋다.
④ 소맥분 – 건조가 잘되고 손으로 문질러보아 부드러운 것이 좋다.

해설 어류의 색은 선명하고 광택이 있으며 탄력이 있는 것이 신선하다. 또한, 안구가 돌출되어 있고 아가미가 붉고 악취가 없는 것이 신선하다.

11 ① 12 ④ 13 ④ 14 ① 정답

15 검수원이 대조하여야 할 서류가 아닌 것은?

① 발주서　　② 구매의뢰서
③ 거래명세서　　④ 창고물품불출서

해설 검수 담당자의 업무
- 납품된 물품이 주문서의 내용과 일치하는지 확인한다.
- 납품된 물품의 수량, 중량 및 선도를 확인하고 검사한다.
- 구매명세서의 품질 규격사항과 일치하는 물품이 납품되었는지 확인한다.
- 검수보고서를 작성한다.
- 물품 수령 완료 후 검수인을 찍거나 서명한다.
- 미납품 또는 반품 현황을 해당 부서와 구매부로 전달한다.
- 납품된 업체의 물품청구서를 검수 · 확인하여 대금 지불에 이상이 없도록 한다.

16 식품 구입 시 감별법으로 옳은 것은?

① 두릅은 두릅 순이 연하고 가는 것이 좋다.
② 다시마는 잔주름이 없고 녹갈색을 띤 것이 좋다.
③ 양송이는 줄기가 단단하고 긴 것이 좋다.
④ 소고기는 썰었을 때 육면에서 수분이 많이 나올수록 맛이 있다.

해설 ① 두릅은 잎이 알맞게 벌어지고 몸통이 단단한 것이어야 한다.
③ 양송이는 줄기가 단단하고 짧으면서 갓은 완전히 펴지지 않은 것이어야 한다.
④ 소고기는 썰었을 때 육면에서 수분이 적게 나와야 한다.

17 식품 감별의 목적 중 옳지 않은 것은?

① 올바른 식품지식을 가짐으로써 불량식품을 적발한다.
② 불분명한 식품을 이화학적 방법 등에 의하여 밝힌다.
③ 식품의 일반분석이나 세균검사 등에 의하여 위생상 유해한 성분을 검출하여 식중독을 미연에 방지한다.
④ 현장에서의 감별은 장시간 내에 이루어져야 하므로 이화학적인 검사로는 사무처리가 어렵다.

정답 15 ④ 16 ② 17 ④

18 다음 과실류의 감별법으로 옳은 것은?

① 대추 - 과실이 크고 단단하다.
② 잣 - 색이 노랗고 크기가 일정하지 않다.
③ 참외 - 과피색이 거의 흰색인 것이 좋다.
④ 밤 - 과피의 색이 짙고 윤기가 없다.

해설 ② 잣 : 알 크기가 일정하고 통통한 것이 좋다.
③ 참외 : 골이 선명하고 노란색과 흰색이 뚜렷한 것이 좋다.
④ 밤 : 과피의 색이 짙고 윤기가 있는 것이 좋다.

19 다음 식품의 감별법 중 틀린 것은?

① 감자 - 병충해, 발아, 외상, 부패 등이 없는 것
② 송이버섯 - 봉오리가 크고 줄기가 부드러운 것
③ 생과일 - 성숙하고 신선하며 청결한 것
④ 달걀 - 표면이 거칠고 광택이 없는 것

해설 송이버섯은 봉오리가 자루보다 약간 굵으며 줄기가 단단해야 좋다.

20 식품의 감별법 중 틀린 것은?

① 소고기는 투명한 적색을 띠고 냄새가 없어야 한다.
② 달걀은 동그랗고 광택이 있는 것이 좋다.
③ 양파는 광택이 있고 중심부를 누를 때 단단해야 한다.
④ 양배추는 잘 결구되어 무겁고 광택있는 것이 신선한 것이다.

해설 달걀은 표면이 거칠고, 무게감이 있으며 흔들었을 때 움직임이 없는 것이 신선한 것이다.

18 ① 19 ② 20 ② **정답**

21 신선한 육류의 감별방법으로 적절하지 않은 것은?

① 색이 선명하고 탄력이 있는 것
② 소고기는 선적갈색, 돼지고기는 담홍색인 것
③ 표면에 점액성 물질이 있는 것
④ 고기를 얇게 잘라 비춰 보았을 때 반점이 없는 것

해설 표면에 점액성 물질이 있거나 회색, 암갈색으로 변하며, 2%의 염산용액에서 연기가 나는 것은 오래된 것이다.

22 채소류의 검수 합격기준에서 벗어나는 것은?

① 감자는 눈이 깊지 않고 개당 250g 이상이어야 한다.
② 가지는 잘랐을 때 안이 꽉 차 있고 약간의 단맛이 나야 한다.
③ 토마토는 골이 지지 않고 완전히 익어야 한다.
④ 무는 잔뿌리가 적고 줄기와 흙이 완전히 제거되어야 한다.

해설 **토마토의 검수기준**
- 둥글고 골이 지지 않고 깨지거나 짓물리지 않아야 한다.
- 너무 익지 않고 꼭지 가장자리가 약간 파란색이 감돌아야 한다.

23 검수원의 업무 내용이 아닌 것은?

① 주방물품의 내용과 수량에 관한 검수
② 미납품 또는 반품 현황을 해당 부서와 구매부로 전달
③ 필요에 따라 시식 또는 시험에 의한 검수
④ 발주서를 받고 송장을 구매 담당자에게 우송

해설 검수원은 주문 관련 서류(주문서, 계약서)에 근거하여 검수하고, 납품업체의 거래명세서(송장)를 검수・확인한다. 또한 구매 관련 자료와 정보를 구매자에게 제공한다.

정답 21 ③ 22 ③ 23 ④

01 소고기 부위 중 안심에 대한 설명 중 틀린 것은?

① 소고기 중에서 가장 부드러우며 최고의 부위이다.
② 국, 찜, 조림 등에 이용하며 오래 가열할수록 맛있다.
③ 소 한 마리에 약 2% 정도밖에 얻을 수 없다.
④ 안심 중 가장 붉은 부위는 제비추리이다.

해설 ② 안심은 구이, 볶음 등에 이용하며 가장 연한 부위이다.

02 조리의 목적에 해당하는 예로 적절하지 않은 것은?

① 채소를 물에 담가 아삭한 맛을 증가시킨다.
② 우유에 칼슘을 강화시킨다.
③ 감자의 싹을 제거한다.
④ 사과로 잼을 만들었다.

해설 **조리의 목적** : 기호성(①), 안전성(③), 저장성(④)

03 다음 중 콜로이드 상태가 아닌 것은?

① 소금물 ② 젤 리
③ 우 유 ④ 난백 거품

해설 콜로이드란 초미세한 물질이 기체나 액체 중에 분산된 형태인데, 콜로이드 상태의 예로 젤리, 젤라틴, 우유, 마요네즈, 마시멜로, 크림 등이 있다.

04 다음 조리기기의 용도를 바르게 나타낸 것은?

① Slicer - 채소 다지기
② Grinder - 재료 혼합기
③ Peeler - 껍질 벗기기
④ Chopper - 밀가루 반죽기

해설 ① Slicer : 채소 썰기
② Grinder : 재료 갈기(분쇄기)
④ Chopper : 채소 다지기

1 ② 2 ② 3 ① 4 ③ 정답

05 식품의 계량방법으로 옳은 것은?

① 흑설탕은 계량컵에 살살 퍼 담은 후, 수평으로 깎아서 계량한다.
② 밀가루는 체에 친 후 눌러 담아 수평으로 깎아서 계량한다.
③ 조청, 기름, 꿀과 같이 점성이 높은 식품은 분할된 컵으로 계량한다.
④ 고체지방은 냉장고에서 꺼내어 액체화한 후, 계량컵에 담아 계량한다.

해설 ① 흑설탕은 꾹꾹 눌러 담아 단단히 채워서 계량한다.
② 밀가루를 계량할 때는 눌러 담거나 컵을 흔들지 않는다.
④ 버터, 마가린, 쇼트닝, 라드 등의 고형 지방은 완전히 녹여 액체로 만든 상태가 아니라, 실온에 두어 부드러워졌을 때 계량용구에 꾹꾹 눌러 담은 후 위를 수평으로 깎아 계량한다.

06 조리용 기기 사용이 부적당한 것은?

① 슬라이서(Slicer) – 저미거나 썬다.
② 필러(Peeler) – 감자, 당근의 껍질을 벗긴다.
③ 에그 비터(Egg Beater) – 달걀흰자를 거품낼 때 사용한다.
④ 브로일러(Broiler) – 육류를 연하게 하기 위해 두드릴 때 사용한다.

해설 브로일러(Broiler)란 소고기, 치킨, 생선 등을 직화로 구워서 요리하는 기구를 말한다.

07 육류를 손질하는 데 사용되지 않는 것은?

① 슬라이서(Slicer) ② 필러(Peeler)
③ 초퍼(Chopper) ④ 소(Saw)

해설 필러(Peeler)는 감자나 당근 등의 껍질을 벗기는 도구이다.

08 조리 시 열의 전달 속도가 가장 빠른 방법은?

① 전 도 ② 대 류
③ 복 사 ④ 유 도

해설 복사는 열이 다른 물질의 도움 없이 직접 전달되는 현상으로, 전도나 대류보다 열에너지의 이동 속도가 빠르다.
※ 열의 전달 속도 : 복사 > 대류 > 전도

정답 5 ③ 6 ④ 7 ② 8 ③

09 **열의 전달 방식에 대한 조리가 바르게 연결된 것은?**

① 전도 – 프라이팬에 생선을 굽는 것
② 대류 – 석쇠에 너비아니 구이를 하는 것
③ 복사 – 냄비에 고기국을 끓이는 것
④ 극초단파 – 오븐에 빵을 굽는 것

해설 ② 불 위에서 석쇠를 이용해 너비아니 구이를 하는 것은 불에서 나오는 복사열을 이용한다.
③ 냄비에 고기국을 끓이는 것은 대류열을 이용한다.
④ 오븐에 빵을 굽는 것은 복사열과 대류열을 이용한다.

10 **전분을 가지고 묵을 쑬 때의 기본 조리조작에 포함되지 않는 것은?**

① 교 반
② 썰 기
③ 수 침
④ 계 량

해설 썰기는 묵 완성 후 조작이다.

11 **직화구이를 할 때 재료와 불 사이의 가장 적당한 거리는?**

① 2~4cm
② 7~10cm
③ 15~19cm
④ 20~25cm

해설 직화구이를 할 때 재료와 불 사이의 거리는 7~10cm 정도가 적당하다.

12 **습열 조리의 설명 중 가장 맞는 것은?**

① 마른국수를 삶을 경우에는 적은 양의 물에 면을 같이 넣고 끓여야 전분이 빨리 호화되어 바람직하다.
② 육류를 데칠 때에는 지미성분의 용출을 막기 위해 처음부터 물에 담가 끓인다.
③ 데칠 때는 식품이 잠길 정도의 물을 붓고 실온에서 가열하는 것이 좋다.
④ 녹색 채소는 데치는 시간이 길어지면 녹색의 페오피틴 색소가 갈색의 클로로필이 되어 색깔이 나빠지므로 바람직하지 않다.

해설 ① 마른국수를 삶을 경우에는 국수 양의 6~7배의 물을 넣고 끓여야 전분이 빨리 호화된다.
② 육류를 데칠 때 처음부터 물에 담가 끓이면 지미성분의 용출되므로 물이 끓기 시작하면 넣는다.
④ 녹색 채소는 데치는 시간이 길어지면 녹색의 클로로필 색소가 갈색의 페오피틴이 되어 색깔이 나빠진다.

9 ① 10 ② 11 ② 12 ③ **정답**

13 **습열 조리의 특징으로 가장 옳은 것은?**

① 열효율이 낮고 수용성 성분의 용출이 적다.
② 식품부터 뜨거워져 갈색화가 일어나지 않는다.
③ 식품이 보유하고 있는 수분 외에 별도의 물을 첨가하여 가열하는 조리법으로 비교적 고르게 익을 수 있는 장점이 있다.
④ 식품 표면 단백질의 응고로 식품 본래의 맛을 유지할 수 있다.

해설 습열 조리란 물을 열 매개체로 하여 가열하는 방법으로 끓이기, 삶기, 데치기, 찌기 등이 있으며, 비교적 골고루 익는다는 장점이 있다.
①, ④ 건열 조리의 특징이다.
② 전자레인지 조리의 특징이다.

14 **물의 대류에 의해 열이 식품의 표면에서 내부로 이동되며 수용성 비타민의 손실이 큰 조리법은?**

① 굽 기　　② 삶 기
③ 볶 기　　④ 튀기기

해설 삶기(데치기)는 일반적으로 열탕 속에서 식품을 가열하는 것으로, 그대로 사용하는 것과 조리의 전처리로 행하는 것이 있다. 식품을 삶으면 단백질의 열응고, 식품조직의 연화, 불미 성분의 제거, 효소의 불활성화 등이 일어난다. 다량의 물을 쓰는 경우 수용성 성분, 특히 비타민의 손실이 크다.

15 **조리과정 중에 유출되는 수용성 영양소를 모두 흡수할 수 있는 조리법에 적용되는 것이 아닌 것은?**

① 미역국　　② 버섯전골
③ 대구매운탕　　④ 삶은 감자

해설 ①, ②, ③의 경우 끓이기 조리법으로, 조리과정 중 수용성 영양소가 국물에 우러나온다.

정답 13 ③ 14 ② 15 ④

16 다음과 같은 특징을 갖는 조리법은?

- 고온으로 단시간 가열하기 때문에 식품의 색이 그대로 유지된다.
- 비타민과 수용성 성분의 손실이 적다.
- 조리과정 중 조미할 수는 있지만 조미성분의 침투가 느리게 되어 조미를 약간한 다음 조리하는 것이 좋다.

① 찜　　② 튀 김
③ 직접구이　　④ 볶 음

해설 ① 수증기의 잠열을 이용하여 식품을 가열하는 방법이다.
② 고온의 기름 속에서 식품을 가열하는 방법으로 영양소 손실이 가장 적은 조리법이다.
③ 수분 없이 열을 가하여 굽는 것이다.

17 불 조절에 가장 유의하여야 하는 조리법은?

① 찌 기　　② 튀기기
③ 굽 기　　④ 끓이기

해설 튀기기를 할 때에는 식품에 따라 기름의 온도를 적절하게 조절해야 하는데, 기름의 온도가 알맞은 온도까지 올라간 후 식품을 넣고 튀겨야 맛있게 조리할 수 있다. 기름의 온도가 너무 높으면 겉은 진한 갈색이 되고 속은 익지 않으며, 반대로 온도가 낮으면 튀기는 시간이 오래 걸리고 식품에 기름이 많이 흡수되어 맛과 질감이 좋지 않게 된다.

18 튀김을 할 때 주의할 점으로 바르게 묶은 것은?

㉠ 튀김옷을 반죽할 때에 많이 저어야 좋다.
㉡ 튀김유는 산도가 낮고 점조성이 없는 것이 좋다.
㉢ 튀김은 가열 시간이 짧아 비타민 C의 손실이 적다.
㉣ 튀김옷을 만들 때 달걀을 넣으면 바삭거린다.

① ㉠, ㉡, ㉢　　② ㉡, ㉢, ㉣
③ ㉠, ㉢, ㉣　　④ ㉠, ㉡, ㉣

해설 ㉠ 튀김 반죽을 만들 때 지나치게 섞게 되면 글루텐이 형성되어 튀김이 바삭하지 않게 되므로 젓가락으로 밀가루를 부수는 기분으로 저어 준다.

16 ④　17 ②　18 ② 정답

19 **튀김에 대하여 바르게 설명한 것은?**

① 표면만 가열할 음식은 낮은 온도에서 장시간 가열해야 한다.
② 튀김옷을 얼음물로 반죽하면 점도가 높게 유지되어 바삭하게 된다.
③ 튀김옷을 만들 때 약간의 달걀을 섞어주면 연해진다.
④ 튀김 시 물이 많이 들어간 반죽은 기름을 적게 흡수한다.

해설 ① 표면만 가열할 음식은 고온에서 단시간 가열해야 한다.
② 튀김옷을 얼음물로 반죽하면 점도가 낮게 유지되어 바삭하게 된다.
④ 튀김 시 물이 많이 들어간 반죽은 기름을 많이 흡수한다.

20 **육류를 건열 조리할 때 가장 적당한 부위로만 묶인 것은?**

① 등심, 안심, 콩팥, 갈비
② 등심, 안심, 사태, 채끝살
③ 안심, 양지, 사태, 장정육
④ 등심, 안심, 양지, 사태

해설 건열 조리는 구이, 볶기, 튀기기 등이다. 사태는 주로 탕, 찜, 조림에 사용(습열 조리)하는 부위이다.

21 **국이나 스튜(Stew) 등의 지미성분이 우러나오도록 조리해야 할 때의 적당한 불은?**

① 처음부터 센 불로
② 처음부터 중간 불로
③ 처음에는 센 불에서, 끓기 시작하면 중간 불로
④ 처음에는 약한 불에서, 끓기 시작하면 중간 불로

해설 국이나 스튜 등의 지미성분이 우러나오도록 하기 위해서는 처음에는 센 불에서, 끓기 시작하면 중간 불로 조정한다.

정답 19 ③ 20 ① 21 ③

22 기본 조리법 중 포칭(Poaching)의 설명으로 옳은 것은?

① 철판 위나 냄비, 프라이팬을 올려놓고 요리한다.
② 육류와 가금류의 조리법으로 향신료와 갖가지 채소를 섞어서 오븐에 익힌다.
③ 달걀, 생선, 채소 등을 비등점 이하에서 요리하는 조리법으로 단백질을 보호하고 건조해지는 것을 방지한다.
④ 채소나 과일 또는 소스를 만들 때 믹서를 이용하여 가는 방법이다.

해설 포칭(Poaching)은 기본적으로 뜨겁기는 하지만 실제로 큰 물방울이 생기지 않을 정도의 온도에서 조리하는 것을 의미한다. 재료가 완전히 액체 속에 잠긴 상태에서 최대한 움직임 없이 조리하는 방법으로 포칭 액체의 온도는 71~82℃ 정도이다.

23 오븐에서 음식을 굽는 것과 관련된 설명으로 옳은 것은?

① 광택이 있는 용기는 복사열을 쉽게 통과시킨다.
② 금속제 용기는 전자파를 쉽게 통과시킨다.
③ 복사열에 고루 노출되어야 음식이 고루 익는다.
④ 한 개 이상의 용기를 넣을 때는 용기가 그물선반의 중앙에 모두 위치하게 하여 대류가 발생되지 않게 한다.

해설 오븐은 복사열과 대류열을 이용하여 음식을 굽는 도구로서 오븐 내에 음식물을 여러 개 넣을 경우에는 용기를 서로 엇갈리게 하여 열의 순환을 보다 좋게 해 줘야 한다. 또한 광택이 있거나 금속제 용기는 조리에 이용되는 마이크로파를 반사시키므로 사용해서는 안 된다.

24 극초단파(Microwave) 조리의 설명으로 가장 올바른 것은?

① 식품 내부와 외부가 거의 동시에 가열되어 가열 시간이 짧고 이로 인해 영양소의 손실이 적다.
② 가열 시 수분 증발이 잘 되도록 뚜껑을 열고 조리한다.
③ 갈색화 반응이 일어나기 쉽다.
④ 금속성 용기의 사용이 가능하다.

해설 ② 가열 시 뚜껑을 덮고 조리한다.
③ 갈색화 반응을 억제한다.
④ 금속성 용기는 극초단파를 반사하므로 사용해서는 안 된다.

22 ③ 23 ③ 24 ① 정답

25 **유체의 흐름에 대한 저항을 의미하는 물성 용어는?**

① 점성(Viscosity)　　② 점탄성(Viscoelasticity)
③ 탄성(Elasticity)　　④ 가소성(Plasticity)

해설 ② 점탄성(Viscoelasticity) : 점성+탄성의 상태이다.
③ 탄성(Elasticity) : 외부의 힘에 의한 변형으로부터 본래의 상태로 되돌아가려는 성질이다.
④ 가소성(Plasticity) : 원래의 상태로 돌아가지 않는 성질이다.

26 **열전도율이 가장 큰 냄비는?**

① 스테인리스 냄비　　② 알루미늄 냄비
③ 구리 냄비　　④ 법랑 냄비

해설 금속의 열전도율은 은 > 구리 > 금 > 알루미늄 > 텅스텐 > 철 > 백금 > 청동 > 주철 > 스테인리스 순이다.

27 **조리장을 신축 또는 개조할 경우 가장 먼저 고려해야 할 사항은?**

① 위 생　　② 경 제
③ 외 관　　④ 능 률

해설 조리장을 신축 또는 개조할 경우 위생, 능률, 경제의 3요소 중 가장 먼저 고려해야 할 사항은 위생이다.

28 **식조리 시설의 내장 마감재료에 관한 설명으로 옳은 것은?**

① 청소가 용이하고 습기에 강한 바닥재가 적합하다.
② 내구성이 높지 않아도 가격이 비싸면 좋다.
③ 습기, 오물, 기름기가 스며들어야 미끄럽지 않다.
④ 바닥재는 내구성을 고려하여 단단해야 한다.

해설 바닥에는 이은 자국, 틈, 깨진 곳이 없어야 하며, 바닥재는 흡수성과 미끄러짐이 없어야 한다.

정답 25 ① 26 ③ 27 ① 28 ①

29 **조리작업장의 사고 발생 요인으로 알맞지 않은 것은?**

① 주방시설 및 조리작업장 장비의 일상적 관리 소홀
② 전기 및 가스 사용 부주의
③ 조리작업의 편의를 위한 유니폼과 안전화 착용
④ 작업자들의 정신적, 육체적 피로함

해설 조리작업의 편의를 위한 유니폼과 안전화 착용은 조리작업장의 안전사고를 예방하기 위한 조치이다.

30 **조리 규모가 커지면서 오물이 많을 때 주방 바닥청소를 효과적으로 하려면 무엇을 설치해야 하는가?**

① 급탕기 ② 곡선형 트랩
③ 트렌치 ④ 디스포저

해설 조리장 중앙부와 물을 많이 사용하는 지역에 바닥 배수 트렌치(Trench)를 설치하여 배수효과를 높인다.

31 **주방 바닥에 대한 설명으로 잘못된 것은?**

① 작업 도중 미끄러지지 않도록 한다.
② 항상 약간의 수분이 있는 상태로 유지한다.
③ 바닥은 항상 청결해야 한다.
④ 산이나 알칼리에 강하고 충분한 내구력을 갖춰야 한다.

해설 바닥은 청소가 용이하고 내구성이 있으며, 미끄러지지 않고 쉽게 균열이 가지 않는 재질로 하여야 한다.

32 **다음 냉장·냉동설비 및 관리에 대한 설명 중 옳은 것은?**

① 냉동실 내면에 낀 서리는 칼끝으로 떼어 내거나 뜨거운 물로 녹여낸다.
② 냉장·냉동실과 주방 바닥의 연결은 수평면이어야 한다.
③ 냉동실에 식품을 저장할 때 공간을 효율적으로 사용하기 위해 윗면까지 꽉 채운다.
④ 정확한 내부 온도 측정을 위해 계기는 내부에 부착하는 것이 좋다.

해설 ① 냉동실의 성에를 제거하기 위해서는 칼을 사용해서는 안 되고 구석구석에 분무기로 뜨거운 물을 뿌려 주면 된다.
③ 냉동실에 식품을 저장할 때 2/3 정도만 채운다.
④ 냉장·냉동실은 문을 열지 않아도 온도를 알아볼 수 있는 온도계를 외부에 설치하여야 한다.

29 ③ 30 ③ 31 ② 32 ② 정답

33 급식실 창의 설비조건으로 적당하지 않은 것은?

① 창의 면적은 급식실 바닥 면적의 1/5~1/2 내외가 적당하며 높이는 1m 내외가 좋다.
② 창틀은 알루미늄 섀시보다는 목조를 이용한다.
③ 창의 양식은 슬라이드식, 위아래 열기식 등이 좋다.
④ 먼지나 유해곤충 등이 들어오지 못하도록 금속망 장치가 필요하다.

해설 창틀은 내수성 자재(알루미늄 섀시 등)로 설비하며 창문, 배수구 등에는 쥐, 해충 등을 막을 수 있는 30메시(Mesh) 이상의 금속망을 설치한다.

34 전분의 호정화를 설명한 내용으로 가장 적절한 것은?

① 당류를 고온에서 물을 넣고 계속 가열함으로써 생성되는 물질
② 전분에 물을 첨가시켜 가열하면 20~30℃에서 팽창하고, 계속 가열할수록 팽창하며 길어지는 현상
③ 전분에 물을 가하지 않고 160℃ 이상으로 가열하면 여러 단계의 가용성 전분을 거쳐 변하는 물질
④ 당이 소화효소에 의해 분해되는 현상

해설 **전분의 호정화(덱스트린화)** : 전분을 160~170℃에서 수분 없이 건열로 가열했을 때 여러 차례 단계의 가용성 전분을 거쳐 덱스트린(호정)으로 분해되는 것을 말하며, 호화에 비해 호정화는 물에 잘 녹고 소화가 용이하며, 용해성은 높아지고 점성은 낮아지는 경향을 보인다.

35 호화전분의 노화를 억제하는 방법은?

① 수분율 10% 이하로 조절
② 냉장고에 보관
③ 소량의 소금 첨가
④ 보존료 사용

해설 α-화한 전분을 상온에서 방치하면 β-전분으로 되돌아가는 현상을 노화라고 한다. 노화를 방지하려면 호화된 전분을 80℃ 이상에서 급속히 건조하거나, 0℃ 이하에서 급속히 냉동 탈수시켜 수분을 10~15% 이하로 조절하면 된다.

36 다음 중 노화가 가장 더디게 일어나는 것은?

① 찹 쌀
② 식 빵
③ 보리밥
④ 옥수수

해설 전분의 노화는 아밀로스 함량이 높을수록 빠른데 찹쌀은 아밀로펙틴으로만 구성되어 있어서 노화 진행이 느리게 일어난다.

정답 33 ② 34 ③ 35 ① 36 ①

37 쌀에 대한 설명 중 잘못된 것은?

① 쌀의 성분은 도정 정도에 따라 차이가 많다.
② 쌀의 당질 중 50%가 전분이다.
③ 쌀의 단백질은 오리제닌(Oryzenin)이다.
④ 지방은 주로 배아 중에 함유되어 있다.

해설 ② 쌀의 당질 중 75%가 전분이다.

38 쌀밥을 실온에 방치할 때 일어나는 현상은?

① α-전분이 β-전분으로 되어 소화율이 저하된다.
② α-전분이 β-전분으로 되어 소화율이 증가한다.
③ β-전분이 α-전분으로 되어 소화율이 저하된다.
④ β-전분이 α-전분으로 되어 소화율이 증가한다.

해설 α-전분은 고온에서 안정하지만 실온이나 냉장보관 시 불안정하여 안정한 β-전분으로 변하며 소화율이 떨어지게 된다.

39 쌀을 여러 번 으깨어 씻으면 어떤 비타민의 손실이 가장 큰가?

① 비타민 A ② 비타민 B_1
③ 비타민 E ④ 비타민 D

해설 비타민 B군은 쌀을 씻는 과정에서 상당 부분 유실된다. 그러므로 쌀을 박박 문질러 씻지 말고 쌀겨 냄새가 가실 정도로만 서너 번 헹구어 씻도록 한다.

40 밥을 지을 때 뜸을 들이는 가장 중요한 이유는?

① 쌀의 호화를 완전히 하기 위해서
② 수증기가 밥알 표면에 응축되게 하기 위해서
③ 전분 세포를 파괴하여 밥맛을 좋게 하기 위해서
④ 쌀입자 표면에 부착된 자유수를 증발시키기 위해서

해설 뜸을 들이는 이유는 쌀이 호화과정을 거쳐야 소화하기 쉬운 형태로 완성되기 때문이다.

37 ② 38 ① 39 ② 40 ① 정답

41 일반적으로 다음 연결이 잘못된 것은?

① 강력분 - 식빵
② 강력분 - 피자
③ 박력분 - 쿠키
④ 박력분 - 국수

해설 **밀가루의 종류**
- 강력분 : 빵류, 피자, 마카로니 등
- 중력분 : 면류, 만두피 등
- 박력분 : 쿠키, 케이크, 튀김옷 등

42 국수를 삶을 때 삶는 물의 pH가 높으면 나타나는 현상은?

① 국수가 짜다.
② 전분 젤(Gel)의 강도를 높인다.
③ 국수에서 전분이 용출되어 국수의 표면을 거칠게 한다.
④ 탄력을 증가시켜 질을 높여 준다.

해설 국수를 삶을 때 삶는 물의 pH가 높으면 국수에서 전분이 용출되어 국수의 표면을 거칠게 하고, 반대로 삶는 물의 pH가 낮으면 끈기 있고 쫄깃쫄깃해진다.

43 지방을 많이 넣고 반죽한 크래커(Cracker), 비스킷(Biscuit) 등이 바삭바삭한 주된 이유는?

① 지방의 유화작용 ② 지방의 산화작용
③ 지방의 연화작용 ④ 지방의 강화작용

해설 밀가루를 반죽할 때 지방을 넣으면 글루텐의 결합을 방해하며 제품을 연하고 부드럽게 하는데, 이를 연화작용이라 한다.

44 양질의 단백질이 가장 많은 것은?

① 쌀 ② 콩
③ 소고기 ④ 채 소

해설 소고기에는 식물성 단백질보다 체내 흡수율이 높고, 성장기에 꼭 필요한 필수아미노산 함량이 높은 양질의 단백질이 가장 많이 함유되어 있다.

정답 41 ④ 42 ③ 43 ③ 44 ③

45 족편은 육류의 어떤 성분을 이용하는 조리법인가?

① 마블링(Marbling) ② 케라틴(Keratin)
③ 콜라겐(Collagen) ④ 엘라스틴(Elastin)

해설 족편은 부스러기 고기나 내장 또는 쇠족, 머릿고기, 쇠가죽처럼 콜라겐이 풍부한 질긴 고기를 장시간 동안 끓여 만든다.

46 소고기 편육을 할 때 옳은 것은?

① 양지머리, 안심, 사태 등 결합조직이 적은 부위일수록 좋다.
② 편육 제조 시 졸(Sol) 상태의 젤라틴이 젤(Gel) 상태가 된 후에 무거운 것으로 눌러 모양을 잡아 준다.
③ 편육을 썰 때는 결의 반대 방향으로 써는 것이 좋다.
④ 고기는 찬물에 넣어 센 불에서 계속하여 끓여 준다.

해설 ① 결합조직이 많은 부위일수록 좋다.
② 편육 제조 시 응고되지 않은 졸(Sol) 상태에서 무거운 것으로 눌러 모양을 잡아 준다.
④ 고기는 찬물에 넣어 핏물을 빼 주고 펄펄 끓을 때 넣어 중불에서 계속 끓여 준다.

47 다음 중 잘 숙성된 소고기가 연한 이유는?

① 콜라겐(Collagen)이 분해되었기 때문이다.
② 육색소의 분해작용 때문이다.
③ 근육섬유의 분해작용 때문이다.
④ 지방조직의 분해작용 때문이다.

해설 소고기를 얼리지 않고 저장하면 고기 자체에 있는 단백질 분해효소가 근육을 수축시키는 근원섬유 단백질을 분해해 고기를 부드럽게 만드는데, 이 과정이 숙성이다.

45 ③ 46 ③ 47 ③ 정답

48 가열에 의한 육류의 변화로 올바른 것은?

① 고기가 가열되면 고기 내부의 선명한 붉은색은 온도가 상승할수록 회색빛을 띤 갈색으로 변한다.
② 고기를 가열하는 목적은 오직 맛을 돋우기 위함이다.
③ 고기는 고열에 장시간 가열해야 연하고 부드럽다.
④ 소는 돼지보다 어릴 때 잡기 때문에 돼지고기보다 항상 연하다.

해설 ② 고기를 가열하는 목적에는 음식을 보전하거나 위생상 안전성을 위한 이유도 있다.
③ 고기를 고열에 장시간 가열하면 질기고 단단해진다.
④ 돼지고기는 소고기보다 육질의 정도가 연하다.

49 우족이나 사골을 오래 끓이면 뽀얗게 흰색의 국물이 형성되는데 이러한 현상과 관련 있는 것은?

① 인지질(Phospholipid) – 유화작용
② 콜라겐(Collagen) – 호화작용
③ 젤라틴(Gelatin) – 유화작용
④ 액틴(Actin) – 호화작용

해설 우족이나 사골국물이 흰색인 이유는 뼈 속에 있는 인지질이 열을 받아 유화되는 과정에서 물에 녹아 색이 변하기 때문이다.

50 콜라겐(Collagen)에 대한 설명이 잘못된 것은?

① 육류의 질긴 부위는 결합조직이 많은데 우리가 먹는 부분의 결합조직은 콜라겐이다.
② 젤라틴을 더운물에 넣어 끓이면 콜라겐이 된다.
③ 콜라겐은 아미노산이 결합된 폴리펩타이드 사슬 3개가 서로 꼬여서 만들어진 것이다.
④ 콜라겐은 물속에서 가열하면 첫 단계로 수축한다.

해설 ② 콜라겐을 더운물에 넣어 끓이면 젤라틴이 된다.

정답 48 ① 49 ① 50 ②

51 육류의 사후경직 현상에 대한 설명으로 맞는 것은?

① 근육 내 pH가 증가하여 발생한다.
② 근육 내의 효소에 의해 자가분해되어 발생한다.
③ 근육의 보수성이 최대로 증가한다.
④ 경직 중에 있는 육은 가열 조리하여도 연해지지 않고 질기다.

해설 ① 근육 내 pH가 6.5 이하로 떨어진다.
② 근육 내의 효소에 의해 자가분해되는 과정은 사후경직 후에 자가소화 과정에서 일어나는 일이다.
③ 근육의 보수성은 떨어져 단단한 육질이 된다.

52 비프 스테이크(Beef Steak)의 구운 정도를 나타낸 용어와 거리가 먼 것은?

① Moderate ② Medium
③ Rare ④ Well-done

해설 **비프 스테이크(Beef Steak)의 구운 정도**
- 레어(Rare) : 겉 부분만 살짝 구운 상태
- 미디엄 레어(Medium Rare) : 중심부가 반쯤 구워진 상태
- 미디엄(Medium) : 고기의 표면은 갈색이나 내부의 붉은색이 약간 남아 있는 상태
- 미디엄 웰던(Medium Well-done) : 미디엄과 웰던의 중간 상태(우리나라 사람들이 선호)
- 웰던(Well-done) : 완전히 익은 상태

53 장조림에 가장 적합한 부위는?

① 안 심 ② 목 심
③ 소머리 ④ 우 둔

해설 우둔은 소의 엉덩이 윗부분으로 홍두깨살을 포함한다. 뒷다리 안쪽에 위치해 있는 홍두깨살은 방망이 모양의 살로 장조림에 가장 적합한 부위이며 산적과 육포용으로도 많이 사용되는 부위이다.

54 육류와 생선의 조리에 대한 설명으로 잘못된 것은?

① 생선은 필렛 뜨기가 가장 중요한 작업으로 생선살이 부서지지 않도록 조심하여야 한다.
② 닭 가슴살은 살과 뼈를 구분하여 보기도 좋고 먹기도 좋도록 하는 것이 좋다.
③ 등심이나 안심의 경우 스테이크 모양이 잘 나오지 않는 부분은 스튜 등으로 활용하는 것이 좋다.
④ 로스팅을 위한 육류는 주위의 지방질을 모두 제거하여야 한다.

해설 ④ 로스팅을 할 때 지방질을 위로 하여 오븐에 굽는다.

51 ④ 52 ① 53 ④ 54 ④ **정답**

55 **육류의 사후경직 시 일어나는 현상으로 틀린 것은?**

① 도축 후 근육 내에서 호기적 해당작용이 일어난다.
② 글리코겐이 젖산으로 분해된다.
③ 근육의 pH가 낮아진다.
④ 근육의 보수성이 낮아지고 단단해진다.

해설 ① 사후경직 시 호기적 호흡의 기능을 잃게 되고 글리코겐이 혐기적으로 분해되어 젖산을 생성한다.

56 **생선, 돼지고기 또는 닭고기 등을 조리할 때 탈취효과를 높이기 위해 생강을 넣는다. 이때 생강을 넣는 시기와 원리를 가장 잘 짝지은 것은?**

① 처음부터 – 탄수화물의 열변성
② 끓은 후 – 단백질의 열변성
③ 완성되기 직전 – 지방질의 열변성
④ 완성된 후 – 진저론의 열변성

해설 생강은 단백질이 가열 변성된 후에 넣어야 탈취효과가 크다.

57 **굴을 조린 국물에 소금 등을 넣어 만든 생선 간장으로 볶음요리 등에 쓰는 조미료는?**

① 화자오(花椒)
② 라유(辣油)
③ 하오유(蚝油)
④ 띵샹(丁香)

해설 ① 산초씨, ② 고추기름, ④ 정향나무 꽃

58 **생선구이에 대한 설명으로 적절하지 않은 것은?**

① 구이는 생선 자체의 맛을 살리는 조리법이다.
② 지방함량이 적은 것일수록 굽는 것이 좋다.
③ 생선을 구우면 단백질은 응고하고 수분은 증발한다.
④ 비린내 성분은 수분과 함께 생선 외부로 추출된다.

해설 ② 지방함량이 많을수록 구워서 먹기에 좋다.

정답 55 ① 56 ② 57 ③ 58 ②

59 어패류의 조리 원리로 옳은 것은?

① 생선을 조리면 질감이 연하게 느껴지는 것은 젤라틴이 물을 흡수하여 콜라겐이 되기 때문이다.
② 생선구이 시 생선에 뿌리는 소금의 적당한 양은 재료 무게의 10% 정도가 좋다.
③ 생선찌개의 경우 건더기는 국물의 2/3 정도가 좋다.
④ 어패류는 결합조직이 많아 부스러지기 쉬우므로 자주 뒤집지 않도록 한다.

해설 ① 생선을 조리면 질감이 연하게 느껴지는 것은 결합조직이 물을 흡수하여 젤라틴이 되기 때문이다.
② 생선구이 시 생선에 뿌리는 소금의 적당한 양은 재료 무게의 5% 정도가 좋다.
④ 어패류는 결합조직이 적어 부스러지기 쉬우므로 자주 뒤집지 않도록 한다.

60 어패류 조리에 대한 설명으로 옳지 않은 것은?

① 패류의 근육은 생선보다 더 연하여 쉽게 상하므로 살아 있을 때 조리하는 것이 좋다.
② 어류는 결체조직이 많으므로 습열 조리를 이용하여 오랫동안 익히는 것이 좋다.
③ 패류를 조리할 때는 낮은 온도에서 서서히 익혀 단백질의 급격한 온도 변화를 피하도록 한다.
④ 어류는 덜 익히면 맛도 좋지 않고 기생충의 위험도 있으므로 완전히 익혀야 한다.

해설 ② 어류는 육류에 비해 결체조직이 적으므로 건열법을 많이 이용한다.

61 오징어, 문어 등 연체류의 혈색소에 함유된 무기질과 혈색소의 명칭이 옳은 것은?

① 마그네슘 - 타우린
② 구리 - 헤모시아닌
③ 철 - 헤모글로빈
④ 칼슘 - 아스타잔틴

해설 오징어, 문어 등 연체류의 혈색소에는 헤모글로빈이 아닌 구리가 함유된 헤모시아닌이 존재한다.

62 새우, 게 등의 껍질이 가열될 때 붉은색으로 변하는 이유는?

① 아스타신(Astacin)이 생성되므로
② 껍질 속의 단백질이 산성으로 되므로
③ 색소가 효소에 의해 분해되므로
④ 육색소 단백질이 붉은색으로 변하므로

해설 새우나 게와 같은 갑각류의 색소는 가열에 의해 아스타잔틴(Astaxanthin)이 되고 이 물질은 다시 산화되어 아스타신(Astacin)으로 변한다.

59 ③ 60 ② 61 ② 62 ① 정답

63 생선의 조리법을 설명한 것 중 잘못된 것은?

① 양념구이를 할 때 쇠꼬치에 끼우면 생선의 모양을 유지할 수 있다.
② 가시가 많은 생선 조리 시 식초나 레몬을 가하여 약한 불에 오래 조리하면 뼈가 물러진다.
③ 전유어는 지지는 과정 중 어취가 증발되고, 달걀 단백질의 열응고로 생선의 형태를 유지시켜 준다.
④ 붉은살생선은 흰살생선보다 근육이 연하고 지방함량이 낮으므로 조리 시간을 가능한 한 짧게 한다.

해설 ④ 붉은살생선은 흰살생선보다 지방함량이 많고 결체조직도 많으므로 조리 시간을 길게 한다.

64 생선의 선도판정법으로 적당하지 않은 것은?

① 휘발성 염기성 질소 측정
② 트라이메틸아민 측정
③ 휘발성 유기산 측정
④ 휘발성 유리아미노산 측정

해설 유리아미노산(글루탐산, 글라이신, 알라닌, 프롤린, 타우린, 히스티딘)은 생선의 맛성분이다.

65 복어 조리에 대한 설명으로 올바르지 않은 것은?

① 복어 조리 시 가장 치명률이 높은 위험 부위는 난소와 간장이다.
② 복어에는 테트로도톡신(Tetrodotoxin)이라는 맹독성이 있다.
③ 복어의 독은 일종의 신경독으로 주로 말초신경을 마비시켜 수족과 전신의 운동신경, 지각신경 등을 마비시킨다.
④ 복지리란 복어회와 같은 의미로 두껍게 썰면 먹을 때 어려우므로 얇게 썬다.

해설 복지리는 복어와 무, 미나리, 콩나물 등 다양한 채소를 다져넣고 맑은 국물로 끓인 탕을 말한다. 복지리에서 지리는 냄비 요리의 하나를 지칭하는 일본어이다.

정답 63 ④ 64 ④ 65 ④

66 냉동 생선을 해동할 때 시간 여유가 있을 경우 가장 적당한 방법은?

① 30℃의 물에 담근다.
② 20℃의 실온에 방치한다.
③ 20℃의 수돗물에 담근다.
④ 5℃의 냉장고에 둔다.

해설 상온에서 해동하게 되면 생선 고유의 수분이 빠져나가 조리했을 때 육질이 질기고 영양분도 파괴되므로 저온에서 해동한다.

67 신선한 생선을 판별하는 방법으로 틀린 것은?

① 생선이 사후경직 중이어서 빳빳한 것
② 아가미가 빨간색 또는 자주색인 것
③ 내장을 눌러 보아 물렁물렁한 것
④ 생선 특유의 색과 광택이 있는 것

해설 생선은 사후경직 중에 있는 것이 신선한데, 사후경직기의 생선은 복부가 단단하여 탄력이 있다.

68 균질 우유(Homogenized Milk)를 가장 잘 설명한 것은?

① 분말우유
② 분유에 유지방을 첨가하여 만든 우유
③ 여러 종류의 우유를 혼합하여 단시간에 소독한 우유
④ 우유의 지방구를 기계적으로 세분하여 크림이 분리되지 않게 만든 우유

해설 **균질 우유**
크림의 분리를 방지하기 위하여 고압에서 극히 미세한 간극을 통해서 밀어내어 기계적으로 지방구를 잘게 만들어서 소화되기 쉽게 한 우유이다.

66 ④ 67 ③ 68 ④ 정답

69 조리과정 중 일어나는 어육의 변화로 틀린 것은?

① 생선 껍질과 근육섬유를 둘러싸고 있는 단백질은 글라이신(Glycine)이다.
② 어육에 식염을 2~6% 첨가하면 삼투압에 의하여 어육은 투명도가 증가하고 점성을 나타내며 보수성이 증가한다.
③ 생선을 초에 담그면 단백질이 응고하여 질감이 다르게 된다.
④ 생선은 가열에 의해 껍질이 수축하면 지방층이 용해되어 외부로 지방이 녹아 나온다.

해설 글라이신은 어류의 콜라겐을 구성하는 아미노산이다. 생선의 껍질과 근육섬유 등에는 액틴, 마이오신, 마이오겐 등의 근육 단백질이 약 20~25% 들어 있다.

70 식품 조리에 있어서 젤(Gel) 상태를 이용한 것과 거리가 먼 것은?

① 푸 딩　② 휘핑크림
③ 묵　④ 양 갱

해설 휘핑크림은 생크림에 유지방 함량을 높인 것으로 거품을 이용한 것이다.

71 우유를 가열할 때 피막 형성을 방지하는 방법으로 볼 수 없는 것은?

① 가열 팬의 뚜껑을 덮고 한다.
② 우유를 거품 낸다.
③ 우유를 희석한다.
④ 비효소적 마이야르 반응(Maillard Reaction)에 의한다.

해설 마이야르 반응(Maillard Reaction)은 우유의 갈변과 관계 있다. 즉, 우유를 가열할 때 마이야르 반응이 가속화되어 라이신이 소실되고 멜라노이딘이라는 갈색화 물질이 생성된다.

72 토마토 크림수프를 만들 때 사용되는 우유에 함유된 응고 주성분은?

① 락트알부민(Lactalbumin)
② 락토글로불린(Lactoglobulin)
③ 카세인(Casein)
④ 레닌(Renin)

해설 토마토 크림수프를 만들 때 토마토의 유기산이 우유에 함유된 카세인 성분을 응고시킨다.

정답 69 ① 70 ② 71 ④ 72 ③

73 수프를 만들 때 미리 밀가루를 우유에 잘 섞어 익힌 다음 채소즙을 섞어 익히는 이유는?

① 카세인 입자의 응고를 방지하기 위해
② 전해질 물질의 흡착을 형성시키기 위해
③ 산소이온이 들어 있기 때문
④ 카세인 입자의 응고를 위해

해설 토마토 크림수프나 아스파라거스 크림수프를 만들 때 미리 전분가루나 밀가루를 우유와 잘 섞어 익힌 다음 수소이온이 들어 있는 채소즙이나 토마토즙을 섞어 익히면 카세인(Casein) 입자의 응고를 방지할 수 있다.

74 복어의 손질과 조리방법 중 맞지 않는 것은?

① 복어에는 장기, 아가미, 심장, 안구, 비장, 점막, 난소 등에 테트로도톡신이 분포되어 있으므로 반드시 제거하고 조리해야 한다.
② 식용 가능한 복은 별복, 선인복, 무늬복, 배복 등이 있다.
③ 복요리 코스는 복어진미, 복어전채, 맑은 국, 복어회, 튀김, 복냄비, 초회, 죽, 후식의 순이다.
④ 히레사케는 복 지느러미를 말려서 구운 다음 정종 속에 불을 붙여 취음하는 술이며, 복요리와 잘 어울린다.

해설 복어의 종류 중 식용 가능한 복은 자주복, 참복, 검복, 까치복, 황복, 밀복, 졸복 등이 대표적이다.

75 우유에 대한 설명으로 틀린 것은?

① 우유 단백질의 대부분은 카세인(Casein)으로 콜로이드 입자이므로 냄새 성분의 흡착 제거에 유용하다.
② 우유지방은 다른 지방에 비하여 저급지방산이 많아서 특유의 풍미를 내며 소화흡수가 쉽다.
③ 우유의 백색은 카세인과 지방구가 빛을 난반사하기 때문이다.
④ 우유를 65℃에서 30분간 저온살균하면 영양소의 파괴를 최소화할 수 있으나 병원성균은 살균되지 않는다.

해설 저온살균법은 병원균의 수를 줄이는 것을 목적으로 하는 살균법으로 대부분의 병원균을 살균할 수 있다. 단 내열성 포자균 등은 살균되지 않는다.

73 ① 74 ② 75 ④ 정답

76 우유에 대한 설명으로 틀린 것은?

① 우유의 락트알부민은 황화수소를 가지고 있어서 가열 시 독특한 향취가 난다.
② 우유를 고온에서 가열하면 바닥에 착색되는 것은 마이야르 반응에 의한 것이다.
③ 우유를 뚜껑 없이 가열하면 피막이 형성된다.
④ 우유의 카세인은 알칼리와 함께 열에 응고된다.

해설 카세인(Casein)은 우유를 산으로 처리하면 얻어지는 것으로, 등전점이 pH 4.6일 때 침전하여 응고된다.

77 우유의 가공품에 대한 설명으로 옳지 않은 것은?

① 치즈 - 우유 단백질인 카세인을 산이나 효소로 응고시킨 것
② 요구르트 - 탈지유에 유산균을 배양시켜 발효시킨 것
③ 마가린 - 우유에서 크림을 분리, 교반하여 유지방을 모은 것
④ 플라스틱 크림 - 우유의 지방 성분의 함량이 79~84% 정도인 크림

해설 우유에서 크림을 분리, 교반하여 유지방을 모은 것은 버터이다.

78 난백의 기포 생성량에 도움을 줄 수 있는 식품은?

① 기 름
② 소 금
③ 우 유
④ 레몬주스

해설 흰자로 거품을 낼 때 레몬즙이나 주석산을 가해 주면 난백의 pH가 저하되어 난백 단백질의 등전점에 가까워지면서 난백의 표면 장력과 점도가 떨어져 기포성이 좋아진다.

정답 76 ④ 77 ③ 78 ④

79 **난백의 기포성에 대한 설명으로 옳은 것은?**

① 신선한 달걀이 저장된 달걀보다 수양난백이 많으므로 기포성이 더 좋다.
② 난백의 온도가 낮을수록 기포 형성이 용이하다.
③ 난백을 교반하는 과정에서 처음에는 안정성이 높으나 점점 안정성이 감소된다.
④ 설탕의 첨가량이 많을수록 거품 형성이 현저하게 좋아진다.

해설 ① 신선한 달걀보다는 어느 정도 묵은 달걀이 수양난백이 많아 거품이 쉽게 형성된다.
② 난백은 냉장보다 실내에 저장했을 때 점도가 낮고 표면장력이 작아져 거품이 잘 생긴다.
④ 거품을 낼 때 초기에 설탕을 첨가하면 거품 형성이 지체될 뿐 아니라 거품의 최종적인 부피가 줄어들고 질감이 나빠진다. 그러나 난백의 거품이 형성된 후에 설탕을 서서히 소량씩 첨가하면 안정성 있는 거품이 형성된다.

80 **다음의 조리는 달걀의 어떠한 성질을 이용한 것인가?**

Custard, Pudding, Croquette, Omelet

① 열응고성 ② 기포성
③ 유화성 ④ 팽창성

해설 커스터드(Custard), 푸딩(Pudding), 크로켓(Croquette), 오믈렛(Omelet) 등은 달걀의 열응고성을 이용한 조리이다.

81 **달걀의 조리방법에 대한 설명 중 옳은 것은?**

① 난백을 거품낼 때 소금을 첨가하면 거품의 안정성이 좋아진다.
② 황화철의 생성을 감소시키기 위해서는 끓는 물에서 가열 시간을 길게 하여야 한다.
③ 수란을 뜰 때 식초를 첨가하면 응고가 빨리 된다.
④ 소량의 우유를 첨가하면 기포 형성이 촉진된다.

해설 ① 난백을 거품낼 때 소금을 첨가하면 기포력을 약화시킨다.
② 가열 시간을 길게 할수록 황화철의 생성이 증가한다.
④ 소량의 우유를 첨가하면 기포 형성을 저해한다.

79 ③ 80 ① 81 ③ 정답

82 채소를 조리할 때 변색을 방지하기 위한 조리방법으로 옳은 것은?

① 시금치 - 다량의 끓는 물에 소량의 소금을 넣고 뚜껑을 닫은 채 데친다.
② 비트 - 소량의 물에 레몬즙을 넣고 뚜껑을 연 채 데친다.
③ 양배추 - 소량의 식초를 넣은 물에서 섬유소가 연해질 때까지만 살짝 데친다.
④ 콜리플라워 - 소량의 소다를 넣은 물에서 충분히 데친다.

해설 ① 뚜껑 닫고 데치면 유기산이 엽록소에 작용하여 색이 누렇게 되므로 뚜껑을 열고 데친다.
② 비트의 경우 소량의 물에 레몬즙을 넣고 뚜껑을 닫고 데친다.
④ 소량의 소금을 넣은 물에서 단시간 데친다.

83 다음 중 식품을 물에 담그는 시간이 잘못된 것은?

① 표고버섯 - 20~30분
② 해조류 - 6시간
③ 콩 - 4~12시간
④ 쌀 - 30분~1시간 30분

해설 해조류의 경우 물에 오래 담그면 각종 영양분이 소실되므로 짧은 시간 안에 씻어 요리한다.

84 샐러드를 만들 때 주의할 점이 아닌 것은?

① 신선한 재료를 선택해야 한다.
② 재료나 용기는 항상 차게 한다.
③ 재료를 드레싱에 미리 버무려 간이 들게 두었다 담아야 한다.
④ 재료의 향미, 질감, 색의 조화를 고려하여 먹음직스럽게 담는다.

해설 드레싱은 샐러드의 맛을 조절하며 풍미와 향미를 증진시키는데, 주요 재료는 식용유와 식초이다. 샐러드 재료를 드레싱에 미리 버무려 두면 물이 빠지므로 절대 금물이다.

85 다시국물에 대한 설명이 잘못된 것은?

① 1번 다시국물은 맑은 국 등에 사용되는 것으로 재료는 다시마, 가다랑어포 등이다.
② 2번 다시국물은 1번 다시국물보다 더 고급 다시국물로서 찌개, 조림에 사용된다.
③ 멸치 다시국물은 된장국, 조림 등에 사용되며 그 재료는 다시마, 멸치 등이다.
④ 생선뼈 다시국물은 생선을 사용한 된장국 등에 사용되며 그 재료는 흰살생선의 등뼈와 다시마 등이다.

해설 2번 다시국물(니방다시)은 1번 다시국물(이찌방다시)에 가다랑어포를 추가하여 한번 더 우려낸 국물이다.

정답 82 ③ 83 ② 84 ③ 85 ②

86 과일의 CA(Controlled Atmosphere) 저장 조건에서 기체 조성은 어떻게 변화되는가?

① 산소의 증가
② 이산화탄소의 증가
③ 질소의 증가
④ 에틸렌가스의 감소

해설 CA(Controlled Atmosphere) 냉장은 냉장실의 온도와 공기 조성을 함께 제어하여 냉장하는 방법으로, 주로 청과물(특히, 사과)의 저장에 많이 사용된다. 온도는 적당히 낮추고, 냉장실 내 공기 중의 CO_2 분압을 높이고, O_2 분압을 낮춤으로써 호흡을 억제하는 방법이 사용된다.

87 레토르트(Retort) 식품에 대한 설명으로 옳지 않은 것은?

① 종래의 통조림, 병조림과는 포장 용기만 다를 뿐 같은 제품이라 생각해도 무방하다.
② 통조림, 병조림 식품과 비교해 단시간의 가열로도 목적하는 살균이 가능하다.
③ 용기의 형태, 크기 등의 다양한 개발이 가능하다.
④ 내용물의 영양소 파괴나 품질의 열화가 크다.

해설 레토르트 식품은 단층 플라스틱필름이나 금속박 또는 이를 여러 층으로 접착하여 파우치와 기타 모양으로 성형한 용기에 제조·가공 또는 조리한 식품을 충전하고 밀봉하여 가열살균 또는 멸균한 것을 말한다. 영양성분의 파괴나 풍미의 변화가 작다.

88 훈연법에 대한 설명으로 맞는 것은?

① 냉훈은 풍미는 좋으나 장기간 보존할 수 없다.
② 연기에 함유되어 있는 비휘발성 성분이 식품에 스며들게 하는 방법이다.
③ 냉훈은 25℃의 먼 불에서 1~3주간 충분히 훈연하는 것이다.
④ 온훈은 100℃에서 3시간 정도 훈연하는 방법이다.

해설 ① 냉훈은 비교적 저온(보통 25℃ 이하)에서 장기간(1~3주)에 걸쳐 훈연하는 방법이다. 저장성에 중점을 둔 훈제법으로 장기간 보존할 수 있다.
② 연기에 함유되어 있는 휘발성 성분이 식품에 스며들게 하는 방법이다.
④ 100℃까지 온도를 올리는 것은 열훈법에 가깝다. 온훈은 훈연실의 온도를 30~80℃, 때로는 90℃ 정도로 올려서 단시간(3~8시간)에 훈연하는 방법이다.

86 ② 87 ④ 88 ③ 정답

89 **전분의 산 당화에 사용되지 않는 것은?**

① 수 산 ② 염 산
③ 황 산 ④ 초 산

해설 전분의 산 당화제로 이용되고 있는 것은 수산, 염산, 황산이다.

90 **화이트소스를 만들 때 먼저 버터를 녹이고 가루를 볶은 후 우유를 넣는 이유는?**

① 소스의 맛을 좋게 하기 위해여
② 조리 시간을 단축하기 위해서
③ 보기 좋은 색을 내기 위해서
④ 전분입자를 분리시켜 덩어리가 생기지 않게 하기 위해서

해설 소스나 크림 등을 만들 때 녹말가루나 밀가루 등을 넣을 경우 덩어리가 생기지 않도록 하기 위해 냉수, 설탕, 버터 등을 넣어 전분입자를 분리시킨다.

91 **탄산수소나트륨(중조)만으로 찐빵의 색이 누렇게 되는 이유로 맞는 것은?**

① 밀가루에 있는 글루텐에 알칼리가 작용했기 때문
② 밀가루에 있는 안토시안계 색소에 알칼리가 작용했기 때문
③ 밀가루에 있는 베타카로틴에 알칼리가 작용했기 때문
④ 밀가루에 있는 플라본계 색소에 알칼리가 작용했기 때문

해설 밀가루에 함유되어 있는 플라본 색소가 알칼리인 탄산수소나트륨(중조)과 반응하여 갈색으로 변한다.

92 **육류 가열 시 변화에 대한 설명이 틀린 것은?**

① 색의 변화와 풍미의 변화 등이 일어난다.
② 고기 단백질이 응고되고 고기가 수축되어 있다.
③ 지방조직이 변화된다.
④ 중량과 보수성이 증가한다.

해설 육류를 가열하면 수분이 감소되어 그 결과 중량도 감소하고 보수성도 함께 감소된다.

정답 89 ④ 90 ④ 91 ④ 92 ④

93 난백의 기포성을 높이기 위한 것으로 바른 것은?

① 표면장력이 크고 점도가 높아야 한다.
② 표면장력이 작고 점도가 낮아야 한다.
③ 표면장력이 크고 점도가 낮아야 한다.
④ 표면장력, 점도와 상관관계가 없다.

해설 난백을 저으면 거품을 가진 흰자의 얇은 막이 공기와의 접촉에 의해 굳어져서 기포가 생긴다. 흰자의 기포성을 높이기 위해서는 표면장력이 작고 점도가 낮아야 한다.

94 일반적으로 전통 다과상에 올리는 것과 가장 거리가 먼 것은?

① 차류 또는 화채류 ② 떡 류
③ 생선전류 ④ 과 자

해설 **전통 다과상** : 과자류(약과, 강정), 떡류(경단, 개피떡), 차류(뜨거운 차, 차가운 차)

95 우리나라의 5첩 반상에 포함되지 않는 것은?

① 생 채 ② 구 이
③ 조 림 ④ 회

해설 ④ 회는 7첩 반상부터 나온다.

96 다음은 5첩 반상의 예를 든 것이다. 어느 계절에 적절한 차림인가?

진지, 아욱국, 조기찌개, 돌미나리 무침, 두릅산적, 나박김치, 통마늘 장아찌, 닭고기조림, 대합구이

① 봄 ② 여 름
③ 가 을 ④ 겨 울

해설 아욱과 돌미나리는 3월경, 두릅은 4월경 재배되는 작물이다.

93 ② 94 ③ 95 ④ 96 ① 정답

97 한국 음식의 상차림과 예절에 대한 설명으로 옳지 않은 것은?

① 한식은 본래 독상이 원칙으로, 식사하는 사람 앞까지 상을 운반한다.
② 김치 국물이나 국 국물은 그릇째 들이마시지 않으며 숟가락으로 떠서 마시되 소리를 내지 않는다.
③ 숭늉은 대접에 담아 쟁반에 받쳐서 들고 가 상위의 국그릇을 내려놓은 다음 숭늉그릇을 올린다.
④ 교자상이나 두레상차림의 밥은 처음부터 국과 같이 올리도록 한다.

해설 교자상은 명절, 가정의 큰 잔치 또는 회식 등에 많은 사람이 함께 모여 식사를 하는 경우 차리는 상이다. 음식은 한꺼번에 차리지 말고 처음에는 술과 식욕을 돋울 수 있는 전채 음식을 낸 다음 순차적으로 음식을 대접하는 것이 좋다.

98 중국 요리의 용어에 대한 설명이 바르게 연결된 것은?

① 쥔 – 뼈가 있는 재료로 만든 것이다.
② 완쯔 – 재료를 갈아서 완자처럼 둥글게 만든 것이다.
③ 빠오 – 둥글고 얇게 지져낸 것이다.
④ 훼이 – 기름에 튀긴 것이다.

해설 ① 뼈가 있는 재료로 만든 것은 파이구[排骨]이다.
③ 빠오는 강한 불에 기름을 달구어 단시간에 볶아내는 것이다. 둥글고 얇게 지져낸 것은 핑빙이라고 한다.
④ 훼이는 녹말가루를 연하게 풀어 넣어 만든 것이다. 기름에 튀기는 것은 짜라고 한다.

99 일본 음식에 대한 설명으로 옳지 않은 것은?

① 일본 음식의 식문화는 육식보다는 콩 음식이 더 발달되어 있다.
② 초밥은 스시라고 하며 가장 오랜 전통을 가지는 스시는 마카스시이다.
③ 생선회는 관서지방에서 츠꾸리라고 하고, 관동지방에서는 사시미라고 한다.
④ 회의 부재료로는 겐, 쓰마, 가라미가 있어 곁들이는 부재료의 어울림과 생선, 양념, 간장과의 조화가 중요하다.

해설 일본에서 가장 오랜 전통을 가지고 있는 초밥은 고노에(近江)의 후나스시(붕어초밥)이다. 마카스시는 김초밥의 일종으로 김을 마치 아이스크림콘처럼 만드는 방법이다.

정답 97 ④ 98 ② 99 ②

100 서양식 식사예절에 대한 설명으로 가장 적절하지 않은 것은?

① 웨이터가 의자를 빼주면 왼쪽으로 들어가 자연스럽게 앉는다.
② 오르되브르를 먹은 후에 나이프와 포크는 접시 중앙에 비스듬히 놓아둔다.
③ 휴식 중의 포크와 나이프는 팔자형으로 접시 위에 놓거나 접시의 중앙에 서로 교차시켜 놓는다.
④ 고기요리가 나오면 먼저 후추나 소금 등으로 간을 한 후 오른쪽에서부터 한 점씩 썰어가며 먹는다.

해설 ④ 고기요리는 한 번에 다 잘라 놓고 먹지 않으며 왼쪽에서부터 한 점씩 썰어가며 먹는다.

CHAPTER 04 ~ 15 | 한식 면류 조리 ~ 한식 전 · 적 조리

01 국수나 만두를 반죽할 때 사용하는 밀가루 종류로 가장 적합한 것은?

① 강력분
② 중력분
③ 박력분
④ 연질밀

해설 면류를 조리할 때는 글루텐 함량 9~11%의 중력분을 사용한다.

02 국수를 삶을 때 주의해야 할 사항으로 옳은 것은?

① 국수별 익히는 시간은 가루 배합, 수분 함량, 면의 굵기 등에 따라 다르다.
② 면을 삶을 때 국수와 물의 양은 1 : 1 비율로 한다.
③ 면은 처음부터 찬물에 넣고 끓여야 물이 졸아들거나 면이 서로 붙지 않는다.
④ 면이 익으면 불을 끄고 10분 정도 물속에서 서서히 식힌다.

해설 ② 국수 무게의 6~7배의 물에서 국수를 삶는 것이 국수가 서로 붙지 않고 빨리 끓어 좋다.
③ 면은 물이 끓은 상태에서 넣어야 하며, 많은 양을 삶을 때는 서로 붙지 않게 조심스럽게 저어 주어야 한다.
④ 국수가 다 익으면 냉수에서 단시간 내에 냉각시켜 국수의 탄력을 유지해야 한다. 만일 익은 국수를 서서히 식히면 국수의 표면이 거칠어져서 질을 저하시킨다.

100 ④ / 1 ② 2 ① 정답

03 다음 중 붉은색의 고명이 아닌 것은?

① 실고추　② 당 근
③ 흑임자　④ 대 추

해설 ③ 흑임자는 검은색 고명에 해당한다.

04 반상기 중 면이나 국수 등을 담아내는 그릇을 무엇이라고 하는가?

① 주 발　② 대 접
③ 쟁 첩　④ 종 지

해설 ② 대접 : 위가 넓고 높이가 낮은 그릇으로 면, 국수를 담아내며 요즘은 국 대접으로 사용된다.
① 주발 : 유기나 사기, 은기로 된 밥그릇으로 아래는 좁고 위로 차츰 넓어지며, 뚜껑이 있다.
③ 쟁첩 : 대부분의 찬을 담는 그릇으로 작고 납작하며 뚜껑이 있다.
④ 종지 : 간장, 초고추장 등 장류를 담는 그릇으로 주발의 모양과 같고, 기명 중에서 가장 작다.

05 찜·선 요리에 사용하는 재료의 손질방법으로 적절하지 않은 것은?

① 생선의 비늘과 내장, 지느러미를 제거한 후 흐르는 물에 씻어 물기를 제거한다.
② 생선의 비늘을 제거할 때는 머리에서 꼬리 쪽 방향으로 긁어낸다.
③ 육류는 먹기 좋은 크기로 썰어 찬물에 담가 핏물을 제거한다.
④ 어패류는 3% 정도의 소금물에 넣어 검은 천으로 덮어 선선한 곳에 두어 해감한다.

해설 ② 생선의 비늘을 제거할 때는 꼬리에서 머리 쪽 방향으로 긁어낸다.

06 다음은 어떤 요리에 대한 설명인가?

> 재료를 큼직하게 썰어 양념하여 물을 붓고 뭉근히 끓이거나 쪄내는 음식으로, 식품의 수용성 성분의 손실이 적고 식품의 고유 풍미를 비교적 잘 유지할 수 있는 조리법이다.

① 구 이　② 찜
③ 선　④ 탕

해설 찜은 재료를 큼직하게 썰어 양념하여 물을 붓고 뭉근히 끓이거나 쪄내는 음식으로 갈비찜, 닭찜 등의 육류 찜과 도미찜, 대하찜, 북어찜 등의 어패류 찜이 있다.

정답 3 ③ 4 ② 5 ② 6 ②

07 다음 중 소금구이 요리에 해당되지 않는 것은?

① 방자구이　② 청어구이
③ 가리구이　④ 김구이

해설 ③ 가리구이 : 쇠갈비 살을 편으로 뜨고 칼집을 내어 양념장에 재어 두었다가 구운 음식이다(간장 양념구이).
① 방자구이 : 얇게 썬 소고기를 양념하지 않고 소금과 후추를 뿌리며 구운 음식이다.
② 청어구이 : 청어에 칼집을 내고 소금을 뿌려 구운 음식이다.
④ 김구이 : 김에 들기름이나 참기름을 바르고 소금을 뿌려서 구운 음식이다.

08 요리에 사용되는 주재료와 조미료를 연결시켜 놓은 것으로 잘못된 것은?

요 리	주재료	조미료
① 가리구이	쇠갈비	소 금
② 두부전골	두 부	간장, 소금, 후춧가루
③ 제육구이	돼지고기	고추장 양념장
④ 채소 샐러드	오이, 양상추	드레싱

해설 가리구이는 쇠갈비 살을 편으로 계속 이어 뜨고 칼집을 내어 간장 양념장에 재어 두었다가 구운 음식이다.

09 육류 재료를 연화시키는 방법으로 옳지 않은 것은?

① 단백질의 열 응고를 지연시키는 설탕을 첨가한다.
② 고기를 칼등으로 두드려 결합조직과 근섬유를 끊어준다.
③ 수소이온농도를 근육 단백질의 등전점인 pH 5~6에 맞춘다.
④ 파인애플의 브로멜린(Bromelin)에 들어 있는 단백질 분해효소가 고기를 연화시킨다.

해설 등전점에서 단백질 용해도가 가장 낮으므로 수소이온농도를 근육 단백질의 등전점인 pH 5~6보다 낮거나 높게 조절한다.

10 김치의 효능에 대한 설명으로 옳지 않은 것은?

① 숙성과정 중에 발생하는 유산균이 항균작용을 한다.
② 수분이 많고 식이섬유소가 다량 함유되어 다이어트 효과가 있다.
③ 김치는 베타카로틴의 함량이 비교적 낮기 때문에 뇌졸중을 예방할 수 있다.
④ 김치 양념 중 하나인 마늘은 혈전을 억제하여 심혈관 질환 예방에 효과적이다.

해설 김치는 베타카로틴의 함량이 비교적 높기 때문에 폐암을 예방할 수 있으며, 고추의 캡사이신이 엔도르핀을 비롯한 호르몬 유사물질의 분비를 촉진시켜 폐 표면에 붙어 있는 니코틴을 제거하고 면역을 증강해 준다.

7 ③ 8 ① 9 ③ 10 ③ 정답

11 김치 숙성과정에 따른 미생물 분포에 대한 설명으로 옳지 않은 것은?

① 초기에는 내염성을 가지는 미생물이 살아남는다.
② 발효가 진행됨에 따라 유산균과 같이 내산성을 지닌 호기성균이 선택적으로 자라게 된다.
③ 락토바실러스 플란타륨(*Lactobacillus plantarum*)은 젖산발효를 하는 유산균으로 김치의 pH를 떨어뜨린다.
④ 김치를 장기간 숙성시키는 경우 pH가 낮아지고 포도당이 감소하며 미생물이 성장하기 어려운 환경으로 바뀌게 된다.

해설 김치의 숙성과정이 진행됨에 따라 미생물 분포가 변화하는데, 초기에는 내염성을 가지는 미생물이 살아남게 되고, 발효가 진행됨에 따라 혐기적 조건이 유지되어 유산균과 같이 내산성을 지닌 혐기성균이 선택적으로 자라게 된다.

12 김치의 산패 원인으로 옳지 않은 것은?

① 소금농도가 높은 경우
② 초기 발효 온도가 높은 경우
③ 김치 재료가 청결하지 않은 경우
④ 김치를 소비하면서 외부 균주에 오염된 경우

해설 김치의 초기 발효 온도가 높거나 소금농도가 낮은 경우 유산균이 아닌 상대적으로 성장속도가 빠른 호기성 균주들이 성장하여 김치를 부패시킨다.

13 전골 요리 재료의 전처리 방법으로 옳은 것은?

① 다시마는 수세미나 솔로 여러 번 닦아 준다.
② 조개는 신선한 것을 구입하여 껍질을 벌려 따듯한 물에 3시간 이상 불린다.
③ 말린 표고버섯은 씻은 다음 미지근한 물에 1시간 이상 충분히 불린 후 물을 꼭 짠 뒤 기둥을 제거한다.
④ 야채류는 표면에 부착된 오염물질을 제거하기 위해 손에 힘을 주어 세척하고, 재료를 양손으로 잡아 비틀어 물기를 제거한다.

해설 ① 다시마는 찬물에 담가 두거나 끓여서 감칠맛 성분을 우려낸다.
② 조개는 살아 있는 것을 구입하여 껍질을 깨끗하게 씻은 후 3~4%의 소금물에 담가 해감한다.
④ 조직이 손상되면 영양소나 풍미가 유출되기 쉽고 손상 부위가 변형되어 조리 식품에 영향을 줄 수 있기 때문에 씻을 때는 가능한 한 식물조직이 손상되지 않도록 해야 한다.

정답 11 ② 12 ① 13 ③

14 재료에 따른 전골 육수의 맛을 잘못 짝지은 것은?

재 료	육수의 맛
① 소고기 육수	전골의 기본 맛
② 닭고기 육수	깔끔한 맛
③ 멸치-다시다 육수	매운맛
④ 조개류 육수	시원한 맛

해설 **재료에 따른 전골 육수의 맛**
- 소고기 육수 : 전골의 기본 맛
- 닭고기 육수 : 깔끔한 맛
- 멸치-다시다 육수 : 감칠맛
- 조개류 육수 : 시원한 맛

15 다음은 무엇에 대한 설명인가?

> 상 위에 올려놓고 열구자탕을 끓이는 우리나라 조리기구로 그릇의 가운데에 숯불을 피우고 가열하면서 먹을 수 있는 가열기구이다.

① 보시기　② 조치보
③ 토 구　④ 신선로

해설 ① 보시기 : 김치류를 담는 그릇으로 쟁첩보다 약간 크고 조치보보다는 운두가 낮다.
② 조치보 : 찌개를 담는 그릇으로 주발과 같은 모양이며, 탕기보다 한 치수가 작은 크기이다.
③ 토구 : 식사 도중 질긴 것이나 가시 등을 담는 그릇이다.

16 볶음 조리의 설명으로 옳은 것은?

① 팬이 달궈지기 전에 재료를 넣는다.
② 냄비는 얇고 깊이가 깊은 것이 좋다.
③ 고온에서 단시간 가열하므로 비타민 손실이 적다.
④ 낙지볶음은 주재료와 양념을 센 불에서 볶다가 야채를 넣어 다시 볶는다.

해설 ① 볶음 요리는 팬을 달군 후 소량의 기름을 넣어 높은 온도에서 단시간에 볶아 익혀야 원하는 질감, 색과 향을 얻을 수 있다.
② 볶음을 할 때 작은 냄비보다는 큰 냄비를 사용한다. 바닥에 닿는 면이 넓어야 재료가 균일하게 익으며 양념장이 골고루 배어들어 볶음의 맛이 좋아지기 때문이다. 또한 볶음 팬은 얇은 것보다 두꺼운 것이 좋다.
④ 볶음 요리에 부재료로 넣는 야채는 연기가 날 정도로 센 불에 먼저 볶은 다음, 주재료를 넣고 다시 볶은 후 마지막에 양념을 한다.

14 ③ 15 ④ 16 ③ 정답

17 재료에 따른 볶음 조리법으로 옳지 않은 것은?

① 채소는 기름을 많이 넣고 오래 볶으면 색이 누렇게 된다.
② 버섯은 물기가 많이 나오므로 센 불에 재빨리 볶는다.
③ 수산물은 중간 불에서 오래 익힐수록 식감이 좋아진다.
④ 육류는 낮은 온도에서 조리하면 육즙이 유출되어 퍽퍽하고 질겨진다.

해설 ③ 오징어나 낙지는 오래 익히면 질겨지므로 유의한다.

18 양념의 맛과 재료를 바르게 짝지은 것은?

맛	양념 재료
① 짠 맛	매 실
② 매운맛	간 장
③ 쓴 맛	생 강
④ 신 맛	겨 자

해설 **볶음 양념 재료**
- 짠맛 : 소금, 간장, 고추장, 된장 등
- 단맛 : 꿀, 설탕, 조청, 물엿, 올리고당 등
- 신맛 : 식초, 감귤류, 매실 등
- 쓴맛 : 생강 등
- 매운맛 : 고추, 후추, 겨자, 산초, 생강 등

19 전처리 음식 재료의 특징으로 옳지 않은 것은?

① 음식물 쓰레기 감소
② 공간적, 시간적 효율성
③ 신선도에 대한 높은 신뢰성
④ 당일 조리 가능

해설 **전처리 음식 재료의 장단점**

장 점	단 점
• 인건비 감소 • 음식물 쓰레기 감소 • 수도비 사용량 감소 • 공간적, 시간적 효율성 • 조리 공정과정의 편리성 • 식재료 재고관리 용이성 • 당일 조리 가능	• 신선도에 대한 신뢰성 낮음 • 안정적 공급체계 필요 • 생산, 가공, 유통과정의 위생적 관리 – 물리적 위해요소(유리, 돌, 머리카락 등) – 화학적 위해요소(살충제, 살균제, 세척제) – 생물학적 위해요소(미생물적)

정답 17 ③ 18 ③ 19 ③

20 다음 (   ) 안에 들어가는 요리를 바르게 짝지은 것은?

> (㉠)은/는 다시마, 호두 등을 그대로 기름에 튀긴 것을 말하며, (㉡)은 재료를 그대로 말리거나 풀칠을 하여 바싹 말렸다가 먹을 때 기름에 튀겨 안주나 마른 찬으로 사용하는 음식을 말한다.

① ㉠ 튀각, ㉡ 부각
② ㉠ 튀김, ㉡ 볶음
③ ㉠ 구이, ㉡ 볶음
④ ㉠ 부각, ㉡ 튀각

해설 튀김의 특징과 종류

구 분	특 징	종 류
보 통	주재료에 밀가루를 묻히고 튀김옷을 입혀 기름에 튀기는 것	채소 튀김, 육류 튀김, 해물 튀김 등
튀 각	그대로 기름에 튀긴 것	다시마 튀각, 호두 튀각 등
부 각	재료를 그대로 말리거나 풀칠을 하여 말려 기름에 튀긴 것	김 부각, 고추 부각, 참죽잎 부각, 깻잎 부각 등

21 튀김 요리의 재료와 도구 사용방법으로 옳지 않은 것은?

① 튀김 재료의 수분은 반드시 제거한다.
② 내용물을 튀김 솥 용량 이상으로 넣어서는 안 된다.
③ 두꺼운 재질의 솥을 사용하여 내부 온도 변화를 작게 하도록 한다.
④ 요리 후에는 철수세미로 솥 내부를 닦아 기름을 완벽하게 제거하여 보관한다.

해설 ④ 튀김 요리 후에는 기름을 흡수할 수 있는 종이로 튀김 솥 내부를 닦아낸 후 세제를 이용하여 부드러운 스펀지로 세척한 후 말려서 보관한다.

22 튀김 요리를 할 때 주의해야 할 사항으로 옳지 않은 것은?

① 한꺼번에 많은 재료를 넣으면 흡유량이 많아진다.
② 튀김 기름은 완전히 식은 뒤에 거름망으로 걸러서 보관한다.
③ 튀김 반죽을 만들 때 지나치게 섞으면 글루텐이 형성되어 바삭한 튀김을 만들 수 없다.
④ 사용한 기름은 하수구에 버리지 말고 통에 담아 쓰레기 수거 시 함께 버린다.

해설 ② 튀김 기름의 취급 및 보관 시 기름이 완전히 식어버리면 점성이 강해지므로 열기가 조금 있을 때 여과지를 이용해서 거름망으로 걸러서 보관한다.

20 ① 21 ④ 22 ② 정답

23 한식의 숙채류에 속하지 않는 음식은?

① 두릅적 ② 시금치나물
③ 콩나물 ④ 고사리나물

해설 ① 두릅적은 밀가루, 달걀 물을 입혀 번철에 지져 익히는 적(炙) 요리이다.

24 다음 중 숙채 조리법으로 옳지 않은 것은?

① 데치기 ② 삶 기
③ 볶 기 ④ 튀기기

해설 숙채는 채소, 산채, 들나물 등을 물에 데치거나 삶거나 볶는 등 익혀서 조리한 나물을 일컫는다.

25 숙채 요리에 사용되는 재료의 특징과 효능에 대한 설명으로 옳지 않은 것은?

① 비름은 결석을 만드는 수산칼슘을 형성한다.
② 표고버섯은 혈액순환을 돕고 피를 맑게 해준다.
③ 고사리에는 칼슘과 섬유질, 카로틴과 비타민이 풍부하게 들어 있다.
④ 콩나물 200g 정도를 섭취하면 비타민 C의 하루 필요량을 충족시킬 수 있다.

해설 ① 시금치는 결석을 만드는 수산칼슘을 형성하는데, 참깨가 이러한 수산성분을 없애 주는 역할을 한다.

26 붉은색을 내는 재료로 옳지 않은 것은?

① 지 초 ② 승검초가루
③ 백년초 ④ 오미자

해설 ② 승검초가루는 당귀(승검초)의 잎사귀를 말려 고운 가루로 만든 것으로 푸른색을 내는 재료로 쓰인다.

발색 재료의 종류

색	종 류
붉은색	지초, 백년초, 오미자 등
노란색	치자, 송홧가루, 단호박가루 등
푸른색	쑥가루, 승검초가루, 파래가루, 녹차가루 등
검은색	석이버섯, 흑임자 등

정답 23 ① 24 ④ 25 ① 26 ②

27 한과 조리에 대한 설명으로 옳지 않은 것은?

① 약과를 만들 때 밀가루에 참기름을 넣으면 켜가 여러 겹 생기게 되고 바삭바삭하다.
② 약과는 처음부터 180~200℃ 정도의 높은 온도에서 튀겨야 질감이 바삭하다.
③ 유과에 사용하는 찹쌀은 골마지가 끼도록 삭히면 식감이 더 부드러워진다.
④ 설탕시럽은 약과의 질과 맛, 기공 상태, 먹음직스러운 색을 내는 역할을 한다.

해설 약과를 처음부터 높은 온도에서 튀기면 표면이 먼저 딱딱하게 익어 켜를 충분히 살릴 수 없게 되므로 90~110℃ 정도의 낮은 온도의 기름에 반죽을 넣는다.

28 한과에 대한 설명으로 옳은 것은?

ㄱ 정과는 식물의 뿌리나 줄기, 열매를 살짝 데쳐 꿀이나 조청에 조린 것이다.
ㄴ 숙실과는 과일즙에 녹말과 설탕, 꿀을 넣고 조려 그릇에 식혀 썰어 먹는 것이다.
ㄷ 엿강정은 여러 곡식이나 견과류를 볶아 조청에 버무려 밀어 썬 것이다.
ㄹ 유과의 종류에는 약과, 다식과, 만두과, 연약과 등이 있다.

① ㄱ, ㄴ
② ㄱ, ㄷ
③ ㄴ, ㄷ
④ ㄷ, ㄹ

해설 ㄴ 숙실과(熟實果)는 이름에서 알 수 있듯이 과일이나 식물의 뿌리 등을 익혀 만든 과자이다.
ㄹ 유과의 종류로는 강정류, 산자류, 빙사과류, 연사과류 등이 있으며, 고물로는 세건반, 깨, 승검초, 잣가루, 파래가루 등이 사용된다.

29 열매를 이용하여 만든 차의 종류로 옳지 않은 것은?

① 매실차
② 유자차
③ 석류차
④ 우엉차

해설 우엉차, 생강차, 칡차 등은 뿌리를 이용하여 만든 차 종류이다.

27 ② 28 ② 29 ④ 정답

30 다음 중 음청류 조리에 사용하는 도구를 모두 고른 것은?

㉠ 식힘대접	㉡ 조치보
㉢ 찻상보	㉣ 개수그릇
㉤ 토 구	㉥ 보시기

① ㉠, ㉡, ㉢ ② ㉠, ㉢, ㉣
③ ㉡, ㉣, ㉥ ④ ㉣, ㉤, ㉥

해설 ㉡ 조치보 : 찌개를 담는 그릇으로 탕기보다 한 치수가 작은 크기이다.
㉤ 토구 : 식사 도중 질긴 것이나 가시 등을 담는 그릇이다.
㉥ 보시기 : 김치류를 담는 그릇으로 쟁첩보다 약간 크다.

31 차의 효능으로 옳지 않은 것은?

① 녹차의 카테킨 성분이 유해 산소를 없애 노화를 억제한다.
② 대추차는 신경을 이완시켜 흥분을 가라앉히고 잠을 잘 오게 한다.
③ 오미갈수의 녹두는 원기를 돋우지만 몸에 열이 많은 사람은 삼가야 한다.
④ 수정과에 들어 있는 잣에는 철분이 풍부하게 함유되어 있어 빈혈 예방에 좋다.

해설 ③ 녹두는 원기를 돋우고, 피부병 치료, 해열·해독작용을 한다. 그러나 몸이 찬 사람은 삼가야 한다.

32 주로 봄철에 끓여 먹는 국은?

① 쑥 국 ② 곰 국
③ 오이냉국 ④ 토란국

해설 계절에 따라 국의 종류가 특별히 정해진 것은 아니지만, 대체로 식품의 계절적 특미를 살리는 것이 영양과 경제성 면에서 좋다.

계절별 국의 종류

계 절	국
봄	쑥국, 생선 맑은장국, 생고사리국 등의 맑은장국과 냉이 토장국, 소루쟁이 토장국 등 봄나물로 끓인 국을 먹는다.
여 름	미역냉국, 오이냉국, 깻국 등의 냉국류와 보양을 위한 육개장, 영계백숙, 삼계탕 등의 곰국류를 먹는다.
가 을	무국, 토란국, 버섯 맑은장국 등의 주로 맑은 장국류를 먹는다.
겨 울	시금치 토장국, 우거짓국, 선짓국, 꼬리탕 등 곰국류나 토장국을 먹는다.

정답 30 ② 31 ③ 32 ①

33 국 · 탕의 육수를 끓일 때 고려할 사항으로 적절한 것은?

① 육수를 끓일 때 국물이 잘 우려지는 스테인리스 통을 선택한다.
② 육수 통은 같은 용량이라면 깊이가 있는 것보다 바닥면이 넓은 것이 좋다.
③ 육수를 낼 때 재료보다 소금을 먼저 넣어 간을 해야 진하고 시원한 국물 맛을 낼 수 있다.
④ 생강, 통후추 등은 구수하고 담백한 맛을 감소시키므로 조리가 끝나기 30분 전에 넣고 바로 건진다.

해설 ① 육수를 끓일 때 국물이 잘 우려지지 않는 스테인리스 통은 피하고, 두꺼운 알루미늄 통을 선택한다.
② 같은 용량이라면 깊이가 있는 것이 둘레가 넓은 것보다 좋다.
③ 소금은 삼투압 작용을 하므로 육수를 낼 때 소금을 먼저 넣게 되면 재료 속의 수분이 스며 나오고 단백질이 응고되어 시원한 맛이 덜하게 된다.

34 육수를 냉각시켜 보관하는 방법에 대한 설명으로 옳지 않은 것은?

① 육수를 식힐 때는 열전도율이 낮은 플라스틱 재질의 용기를 사용해야 한다.
② 냉장 보관된 육수는 3~4일 정도, 냉동 육수는 5~6개월까지도 보관이 가능하다.
③ 냉수에서 육수를 식히는 중에도 육수를 한 번씩 저어주어 빨리 냉각되도록 한다.
④ 뜨거운 육수를 보관할 때는 보온효과를 높일 수 있도록 고무패킹이 되어 있는 스테인리스 통을 사용한다.

해설 ① 열전달이 빠른 금속기물을 사용하는 것이 플라스틱이나 다른 재질보다 식는 시간이 절감되고 박테리아의 증식 기회가 줄어든다.

35 다음 중 습열 조리에 속하지 않는 것은?

① 삶 기
② 찌 기
③ 끓이기
④ 튀기기

해설 습열 조리는 삶기, 찌기, 끓이기 등이다.

33 ④ 34 ① 35 ④ 정답

36 다음 ( ) 안에 들어가는 요리를 바르게 짝지은 것은?

> •(㉠) : 육류, 어패류, 채소류 등을 저미거나 다져서 밀가루와 달걀을 씌워 지져낸 음식
> •(㉡) : 육류, 채소, 버섯 등을 꼬치에 꿰어서 석쇠에 굽거나 번철에 지진 음식

① ㉠ 튀각, ㉡ 적
② ㉠ 전, ㉡ 볶음
③ ㉠ 숙채, ㉡ 구이
④ ㉠ 전, ㉡ 적

해설 ㉠ 전은 기름을 두르고 지지는 조리법으로 전유어, 저냐 등으로 부르며, 궁중에서는 전유화(煎油花)라고도 하였다.
㉡ 적은 육류, 채소, 버섯 등을 꼬치에 꿰어서 불에 구워 조리하는 것으로 석쇠에 굽는 직화구이와 번철에 굽는 간접구이로 구분한다.

37 다음 중 전을 부칠 때 사용하는 기름으로 옳지 않은 것은?

① 대두유
② 들기름
③ 포도씨유
④ 옥수수기름

해설 전·적을 조리할 때는 발연점이 높은 옥수수유, 대두유, 포도씨유, 카놀라유 등의 기름을 사용한다.

38 전 반죽 시 달걀흰자와 전분을 사용해야 하는 경우로 가장 적당한 것은?

① 속 재료가 부족하여 전이 넓게 쳐지게 될 경우
② 전의 모양을 형성하고 점성을 높이고자 할 경우
③ 반죽이 너무 묽어서 전 모양을 만들기 어려운 경우
④ 전 모양을 도톰하게 만들 때 딱딱하지 않고 부드럽게 하고자 할 경우

해설 전을 도톰하게 만들 때 딱딱하지 않고 부드럽게 하고자 할 경우 또는 흰색을 유지하고자 할 때 달걀흰자와 전분을 사용한다.

정답 36 ④ 37 ② 38 ④

39 **다음 중 전(煎)과 적(炙)을 담는 그릇으로 적당하지 않은 것은?**

① 유 리
② 도자기
③ 질그릇
④ 대나무 채반

해설 전·적을 담는 그릇의 재질은 도자기, 스테인리스, 유리, 목기, 대나무 채반 등을 사용할 수 있다. 그릇의 모양이 오목하면 완성된 요리 안의 열기가 증발하면서 벽에 부딪쳐 물방울이 맺힐 수 있으므로 넓고 평평한 접시 형태로 선택한다.

40 **약과를 튀기기 위해 반죽을 넣어 떠오르는 모습으로 기름 온도를 측정해 보았다. 다음 중 약과 반죽을 넣기에 가장 적당한 상태는?**

① 반죽이 냄비의 밑바닥에 닿은 뒤 떠올라왔다.
② 튀김 냄비의 1/3 정도까지 내려간 뒤 올라왔다.
③ 반죽이 가라앉지 않고 표면에서 퍼지듯이 튀겨졌다.
④ 반죽이 바닥에 가라앉아 풀어졌다.

해설 1차 튀김 온도는 약과 반죽을 조금 떼어 넣었을 때 반죽이 냄비 바닥에 가라앉은 상태에서 반죽 표면에 방울이 생기면서 천천히 올라오는 온도(약 160℃)가 적당하다.

39 ③ 40 ① 정답

조리기능장

과년도 기출문제

2012년

제52회 과년도 기출문제

01 비감염성 질병의 집단 발생 특징에 관한 설명으로 틀린 것은?

① 직접적인 원인을 찾기가 어렵다.
② 다양한 원인의 상호관계에 의해 발생하는 경우가 많다.
③ 발병하는 데 상당한 시간이 경과한다.
④ 질병 발생시점을 정확히 알 수 있다.

해설 비감염성 질병의 집단 발생은 원인을 정확하게 찾기가 어렵고, 다양한 종류의 위험인자가 상호 복합적으로 작용해 질환을 유발하며, 잠복기가 불명확하기 때문에 질병 발생시점을 정확하게 알 수 없다.

02 환기가 없는 시설에서 다수인이 있을 경우 불쾌감, 두통, 현기증 등의 생리적 이상을 초래하는 현상은?

① 이산화탄소 중독 ② 중금속 중독
③ 열중증 ④ 군집독

해설 **군집독** : 환기시설이 없거나 제대로 갖추어지지 않는 곳에서 다수인이 밀집해 있으면 불쾌감, 두통, 권태, 현기증, 구통, 식욕 저하 등의 증세가 나타난다.

03 경구감염병의 특징과 거리가 먼 것은?

① 2차 감염이 거의 발생하지 않는다.
② 미량의 균량이라도 감염을 일으킨다.
③ 잠복기가 비교적 길다.
④ 집단적으로 발생한다.

해설 다른 감염병에 비해 경구감염병은 2차 감염의 발생이 매우 높은 질병이다.

정답 1 ④ 2 ④ 3 ①

04 공기의 자정작용과 관련이 없는 것은?

① 강우, 강설 등에 의한 분진이나 유해가스의 세정작용
② 대류권 고도 상승에 따른 기온역전작용
③ 산소(O_2), 오존(O_3), 과산화수소(H_2O_2) 등에 의한 산화작용
④ 식물의 광합성에 의한 이산화탄소(CO_2)와 산소(O_2)의 교환작용

해설 하층의 기온이 상층의 기온보다 낮아지는 현상을 기온역전현상이라고 하는데, 상층의 오염된 공기가 하층으로 내려와서 오염도가 심해질 수 있다.

05 성비(Sex Ratio)의 비율로 옳은 것은?

① 생산인구 중 여자의 비
② 생산인구 중 남자의 비
③ 여자 100명에 대한 남자 인구비
④ 남자 100명에 대한 여자 인구비

해설 암컷의 수를 100으로 하고, 수컷의 암컷에 대한 비를 나타내는 수치를 성비라 한다.

06 실내 공기 오염지표인 이산화탄소의 실내 서한량은?

① 5%　　② 1%
③ 0.1%　　④ 0.03%

해설 이산화탄소 실내 서한량은 0.1%이다.

07 결핵의 예방대책에 관한 설명으로 틀린 것은?

① 면접조사로 환자를 조기에 발견한다.
② 투베르쿨린 검사를 실시한다.
③ 흉부 X-선 촬영을 한다.
④ BCG를 접종한다.

해설 결핵의 초기 증상은 감기와 비슷하며, 기침과 재채기로 감염이 된다. 따라서 연구자와 응답자가 1 : 1의 면답조사로는 결핵을 초기에 발견하기 어렵다.

08 병원체가 매개곤충의 다리나 체표에 부착되어 아무런 변화 없이 전파되는 것은?

① 비말전파　　② 기계적 전파
③ 경란형 전파　　④ 증식형 전파

4 ② 5 ③ 6 ③ 7 ① 8 ② 정답

09 환자와 보균자의 큰 차이점은?

① 감수성 여부　② 병원체 종류
③ 감염기간　④ 자각 및 타각 증상 유무

해설 보균자는 인체가 바이러스에 의해 감염이 되었더라도 작용과 증상 없이 바이러스가 증식해 있는 상태이다. 환자와 보균자의 차이점은 자각 및 타각 증상 등의 유무가 된다.

10 해충과 매개하는 감염병이 틀린 것은?

① 모기 - 사상충증
② 파리 - 황열
③ 이 - 발진티푸스
④ 진드기 - 양충병

해설 파리가 전파하는 감염병에는 살모넬라, 장염비브리오, 장티푸스, 이질 등이 있으며, 황열은 모기가 매개한다.

11 위험요인에 비폭로된 집단의 사건 발생률에 대한 폭로집단 발생률의 비는?

① 기여위험도
② 귀속위험도
③ 비교위험도
④ 교차피

해설
- 코호트 연구는 특정 요인 및 특정 질환과의 원인적인 연관성 확정을 마련하는 연구이다.
- 비교위험도(Relative Risk) = $\frac{\text{위험군에서 환자발생률}}{\text{비위험군에서 환자발생률}}$

12 위생해충 구제방법 중 천적을 이용한 방식은?

① 물리적 구제방법
② 화학적 구제방법
③ 환경적 구제방법
④ 생물학적 구제방법

해설 생물학적 구제방법은 기생충 및 해충을 잡아먹는 동물 등 천적을 이용한다.

정답 9 ④ 10 ② 11 ③ 12 ④

13 식품에 대한 생물학적 검사에서 일반적으로 식품 1g당 초기 부패로 볼 수 있는 일반세균수는?

① 10^3~10^4 ② 10^5~10^6
③ 10^7~10^8 ④ 10^8~10^{10}

해설 식품의 초기 부패라고 하면, 1g당 세균의 수가 10^7~10^8, 휘발성 염기질소량이 30~40mg/100g의 경우에 해당된다.

14 다음 중 곰팡이 독의 원인 식품과 주된 증상이 잘못 연결된 것은?

① 아플라톡신(Aflatoxin) - 보리 - 간장독
② 시트레오비리딘(Citreoviridin) - 쌀 - 신경독
③ 루테오스키린(Luteoskyrin) - 콩 - 간장독
④ 시트리닌(Citrinin) - 쌀 - 신장독

15 다음과 같은 직무를 수행하는 자는?

- 식품 등의 위생적인 취급에 관한 기준의 이행 지도
- 출입 · 검사 및 검사에 필요한 식품 등의 수거
- 건강진단 및 위생교육의 이행 여부 확인 · 지도
- 조리사 등의 법령 준수사항 이행 여부 확인 · 지도

① 식품위생심의위원회 ② 영양사
③ 시 · 도지사 ④ 식품위생감시원

해설 식품위생법 시행령 제17조 참고

16 착색료인 베타카로틴(β-carotene)에 대한 설명 중 틀린 것은?

① 치즈, 버터, 마가린 등에 많이 사용된다.
② 비타민 A의 전구물질이다.
③ 산화되지 않는다.
④ 자연계에 널리 존재하고 합성에 의해서도 얻는다.

해설 베타카로틴(β-carotene)은 붉은색 계통의 천연색소인 카로티노이드 중의 하나이며, 주로 녹황색 채소에 많이 함유되어 있으며, 산화된다.

13 ③ 14 ③ 15 ④ 16 ③ 정답

17 **호염 미생물인 장염비브리오균이 잘 번식하는 식염농도는?**

① 3~5% ② 7~8%
③ 10~11% ④ 13~14%

해설 장염비브리오균은 식염농도가 3~5% 정도인 해수에서 잘 번식하며, 수돗물과 같은 담수(민물)에서는 번식이 어렵다.

18 **식품위생법의 목적이 아닌 것은?**

① 식품으로 인한 위생상의 위해 방지
② 식품영양의 질적 향상 도모
③ 감염병의 발생과 유행을 방지
④ 국민보건의 증진에 이바지함

해설 「감염병의 예방 및 관리에 관한 법률」 등에서 감염병의 발생과 유행 방지에 대한 사항을 규정하고 있다.

19 **먹는 물의 분변오염 지표가 되는 세균은?**

① *Pseudomonas* 속 ② *Clostridium* 속
③ *Escherichia* 속 ④ *Salmonella* 속

해설 대장균(*Escherichia*) 속은 식수(먹는 물)의 분변오염 지표가 되는 세균이다.

20 **숯으로 구운 고기 중에서 검출되는 발암성 물질로 알려진 다환방향족 탄화수소는?**

① 벤조[α]피렌(Benzo[α]Pyrene)
② 아황산염류(Sulfite)
③ 클로로피크린(Chloropicrin)
④ 베타나프톨(β-naphthol)

21 **다음 중 식품에 존재할 수 있는 경구감염 기생충과 관련 식품의 연결이 틀린 것은?**

① 유구조충 - 돼지고기
② 광절열두조충 - 송어, 연어
③ 아니사키스 - 해산어류
④ 선모충 - 소고기

해설 선모충은 돼지고기에 의해 주로 감염되는 기생충 질환이다.

정답 17 ① 18 ③ 19 ③ 20 ① 21 ④

22 튀김 시 사용한 면실유에 의해 식중독이 발생하였다면 그 원인 물질은?

① 셀레늄(Selenium)
② 사포닌(Saponin)
③ 마이코톡신(Mycotoxin)
④ 고시폴(Gossypol)

해설 면실유의 정제불순 등으로 인한 식중독 발생 원인 물질은 고시폴이다.

23 복어 조리에 대한 설명으로 틀린 것은?

① 복어 조리 시 치명률이 높은 위험 부위는 난소와 간장이다.
② 복어독은 테트로도톡신(Tetrodotoxin)이다.
③ 복어의 독은 일종의 신경독으로 주로 말초신경을 마비시켜 수족과 전신의 운동신경, 지각신경 등을 마비시킨다.
④ 복지리란 복어회와 같은 의미로 두껍게 썰면 먹을 때 어려우므로 얇게 썬다.

해설 복지리란 맑은 생선국(탕)이다.

24 생선류, 육류 등을 볶거나 구운 후 냄비에 붙어 있는 즙에 포도주나 코냑 등을 넣어 소스를 만드는 과정 또는 다시 녹이는 과정을 뜻하는 용어는?

① 데글라세(Deglacer)
② 데브리데(Debrider)
③ 부케가르니(Bouquet Garni)
④ 시즐러(Ciseler)

해설 ① 데글라세는 채소류, 가금류, 육류 등을 프라이팬에 먼저 구운 다음 그 팬에 남아 있는 육수에 와인, 코냑 등을 함께 넣어 끓인 후, 소스로 만드는 것이다.
② 데브리데는 가금류 등을 쉽게 조리하기 위해서 꿰맸던 실을 조리 후에 제거하는 것이다.
③ 부케가르니는 수프, 스톡, 스튜 등에 향기를 주기 위해 파슬리, 후추, 대파 따위로 만든 작은 다발을 말한다.
④ 시즐러는 어류나 육류에 칼집을 넣는 것이다.

25 전분의 호화가 일어나는 단계를 순서대로 설명한 것은?

㉠ 교질용액	㉡ 팽윤	㉢ 수화	㉣ 입자붕괴	㉤ 현탁액

① ㉤ → ㉢ → ㉣ → ㉡ → ㉠
② ㉤ → ㉢ → ㉡ → ㉣ → ㉠
③ ㉠ → ㉢ → ㉡ → ㉣ → ㉤
④ ㉠ → ㉢ → ㉣ → ㉡ → ㉤

해설 호화의 순서는 현탁액 → 수화 → 팽윤 → 입자붕괴 → 교질용액(콜로이드 상태) 순이다.

22 ④ 23 ④ 24 ① 25 ② 정답

26 연질밀이면서 단백질은 7.5%, 제분율은 40~70%인 밀가루의 용도로 가장 적합한 것은?

① 케이크 ② 스파게티
③ 다목적 ④ 식 빵

해설 연질밀은 글루텐 단백질의 함량이 9% 이하인 밀가루로 주로 제과용으로 사용되는 박력분의 원료가 되며, 케이크, 과자류, 튀김용 등에 사용된다.

27 생선 조리 시 파필로트(Papillote) 형태의 조리방법은?

① 생선을 포일에 싸서 오븐에 굽는 것
② 생선에 밑간을 하여 버터에 굽는 것
③ 생선과 채소를 곁들여 꼬치에 끼워 굽는 것
④ 생선에 버터나 샐러드기름을 바르고 찌는 것

해설 파필로트는 포일 등에 싸서 구운 요리이다.

28 효율적 저장관리의 원칙에 해당되지 않는 것은?

① 단시간의 원칙 ② 공간활용의 원칙
③ 분류저장의 원칙 ④ 저장위치 표시의 원칙

29 붉은살생선과 비교한 흰살생선의 특징은?

① 바다의 표면 가까이에 살면서 운동량이 많다.
② 단시간에 상하기 쉽다.
③ 5~20% 정도의 지방을 함유한다.
④ 사후경직의 시간이 길다.

30 급식 생산과정에 따른 조리시설 및 조리기기의 연결이 옳은 것은?

① 구매 및 검수 – 검수대, 계량기, 싱크대
② 수납과 저장 – 냉장고, 일반저장고, 싱크대
③ 전처리 – 싱크대, 구근탈피기, 절단기
④ 조리 – 계량기, 취반기, 브로일러

해설 전처리란 가공 전의 재료에 화학적・물리적 작용을 가하여 조리하기에 적당한 상태로 만드는 것이다. 구근탈피기는 감자, 당근 등의 껍질을 제거하는 조리기기를 말한다.

정답 26 ① 27 ① 28 ① 29 ④ 30 ③

31 두부에 대한 설명으로 틀린 것은?

① 소화율이 95%로 간편한 콩 가공품이다.
② 단백질이 풍부하고 저렴하며 우리생활에 많이 쓰이는 식품이다.
③ 콩을 갈아 응고제를 첨가하여 두부를 만든다.
④ 대두 단백질의 대부분은 카세인(Casein)이다.

해설 ④ 대두의 주단백질은 글리시닌이다.

32 습열 조리와 건열 조리의 혼합이며 결합조직이 많은 고기에 물을 따로 붓지 않아도 고기 속의 수분으로 충분히 가열되는 일종의 찜과 같은 조리법은?

① 브레이징(Braising)
② 브로일링(Broiling)
③ 그릴링(Griling)
④ 소테(Sauteing)

해설 브레이징은 우리나라의 찜과 비슷한 조리법으로, 건식열과 습식열 두 가지 방식을 이용한 대표적인 조리방법이다.

33 우유 조리 시에 일어나는 변화에 대한 설명으로 틀린 것은?

① 밀가루로 만든 과자에 우유를 넣으면 노릇노릇한 색이 들기 쉽다.
② 우유의 피막 형성은 냄비의 뚜껑을 닫거나, 거품을 내어 데우거나, 마시멜로 같은 물질을 띄움으로써 방지할 수 있다.
③ 우유의 가열취는 우유단백질 중의 β-락토글로불린(β-lactoglobulin)이나 지방구 피막단백질의 열변성에 의한 -RH기에서 생겨난 것이다.
④ 우유를 끓이면 신선할 때에 비해 맛이 달라지는데, 주된 원인은 가열에 의해서 유지방이 산화되기 때문이다.

해설 우유를 가열하면 그 속의 탄산가스와 산소가 휘발되어 맛이 달라지게 된다.

34 양념을 넣는 시기로 가장 적당한 경우는?

① 생선조림을 할 때 비린내를 없애기 위해서는 설탕을 처음에 넣는다.
② 갈비찜을 부드럽게 하려면 양념간장에 장시간 재워 두었다가 끓이도록 한다.
③ 육류에 과일(토마토) 주스나 식초 등을 넣을 때에는 고기가 익은 후에 넣는다.
④ 생선의 탕이나 조림에 된장, 고추장을 넣을 때에는 다른 조미료와 동시에 넣는다.

해설 ① 생선조림을 할 때 비린내를 없애기 위해서는 생강이나 맛술을 양념단계에서 넣는다.
② 갈비찜을 양념간장에 너무 오래 재워 두면 퍽퍽해져서 씹는 맛이 없어진다.
④ 생선의 탕이나 조림에 된장, 고추장을 넣은 후 다른 조미료로 간을 맞춘다.

31 ④ 32 ① 33 ④ 34 ③ 정답

35 **고정자산의 소모, 손상에 의한 가치의 감소를 연도에 따라 할당, 계산하여 자산 가격을 감소시켜 나가는 것은?**

① 감가상각 ② 재고조사
③ 재무제표 ④ 손익분기점

해설 감가상각은 고정자산의 감가를 일정한 내용연수에 따라 일정한 비율로 나눈 것을 말한다.

36 **다음 중 달걀의 기능과 음식의 종류 연결이 틀린 것은?**

① 팽창제 - 엔젤 케이크, 머랭
② 결합제 - 만두속, 전, 커틀릿
③ 간섭제 - 캔디, 셔벗, 소스
④ 청정제 - 맑은 장국, 커피, 콩소메

해설 간섭제는 결정형성을 미세하게 하는 것으로 이는 분자 간 결합을 방해하는 방법으로 난백을 주로 이용하며, 캔디, 셔벗 등을 만들 때 넣는다.

37 **중국 요리의 특징이 아닌 것은?**

① 북경요리는 짧은 시간에 조리하여 재료 고유의 맛을 살린다.
② 광동요리는 식품 재료를 약한 불에서 오래 끓인 요리가 많다.
③ 남경요리는 곡물과 해산물이 풍부하여 요리가 다양하다.
④ 사천요리는 강한 향신료를 사용하여 자극적이고 매운맛이 많다.

해설 광동요리는 해산물과 생선을 재료로 하는 요리가 많고 자연의 맛을 살리기 위해 신선한 재료를 센 불에서 살짝 익힌다. 또한 간을 조금만 해서 맛이 싱거우며 기름도 적게 쓴다.

38 **검수장소에 대한 설명으로 옳은 것은?**

① 액체의 검수를 위해는 안전하게 맨바닥에서 한다.
② 검수장소의 조명은 300lx 정도로 밝아야 한다.
③ 검수장소는 공간의 효율 측면에서 별도로 필요하지 않으므로 주방에서 검수한다.
④ 검수장소에는 저울과 온도계가 있어야 한다.

해설 검수할 때는 검수실이 별도로 있어야 하며 식재료를 검수대에 올려놓고 검수한다. 검수실의 조도는 540lx 이상이 좋으며, 검수가 끝난 식재료는 즉시 전처리가 되어야 한다. 온도에 따라 식품을 구분해야 하는 항목들은 전처리 전에 냉장·냉동 보관한다. 검수대는 항상 청결을 유지해야 하며, 온도계와 저울이 있어야 한다.

정답 35 ① 36 ③ 37 ② 38 ④

39 식품의 감별방법 중 효소의 반응, 효소 활성도, 수소이온농도 등을 측정하는 것은?

① 검경적 방법
② 화학적 방법
③ 물리학적 방법
④ 생물학적 방법

40 급식인원이 1,500명인 급식소에서 닭볶음을 만들려고 한다. 1인분량은 100g이고 폐기율이 40%라고 할 때 발주량은?

① 200kg
② 250kg
③ 300kg
④ 375kg

해설

$$\text{발주량} = \frac{\text{정미중량} \times 100}{100 - \text{폐기율}} \times \text{인원수}$$

$$= \frac{100 \times 100}{100 - 40} \times 1{,}500 = 250\text{kg}$$

41 식품의 저장방법에 관한 설명으로 옳은 것은?

① 냉동실에는 식품을 오래 저장해도 식재료에 변화가 나타나지 않는다.
② 건조 창고의 적합한 상대습도 범위는 50~60%이다.
③ 식품보관 선반은 바닥과 벽에 밀착시켜서 흔들림이 없도록 설치한다.
④ 쌀, 미역, 김, 양념류와 세척제는 식품을 보관하는 건조 창고에 함께 보관한다.

해설 건조나 저장 시의 상대습도 범위는 50~60%이고, 온도는 15~25℃가 적당하다.

42 소스나 크림 등을 만들 때 녹말가루나 밀가루가 덩어리가 생기지 않도록 하기 위해 전분입자를 분리시키는 역할을 하는 재료로 부적당한 것은?

① 냉 수
② 설 탕
③ 소 금
④ 버 터

해설 전분입자를 분리시키는 원인에는 설탕, 버터(지방), 냉수 등이 있다.

43 일식의 조리방법과 해당 요리의 예가 잘못 연결된 것은?

① 사시미 - 활어회, 모듬생선회
② 돈부리모노 - 소금구이, 된장구이
③ 고항 - 송이밥, 죽순밥
④ 멘루이 - 우동, 소바

해설 돈부리모노는 덮밥류이다.

39 ② 40 ② 41 ② 42 ③ 43 ② 정답

44 고기의 연화방법으로 적합하지 않은 것은?

① 고기의 양념에 키위를 갈아 넣는다.
② 고기를 결 반대 방향으로 썰어 조리한다.
③ 고기에 설탕 대신 꿀을 첨가하여 조미한다.
④ 고기에 식소다를 첨가하여 조리한다.

해설 고기를 결의 반대 방향으로 썰어주거나, 육류에 산성의 과즙이나 토마토를 가해 주면 연육에 효과적이다.

45 원가계산을 위한 간접경비 항목에 해당되는 것은?

① 파트타임 직원 임금
② 식품 재료비
③ 교통비
④ 상여금

해설 간접경비는 제품의 제조를 위하여 소비하는 재료비, 노무비 이외의 경비를 말하며, 여기에는 수도비, 광열비, 전력비, 교통비, 통신비 등이 해당된다.

46 튀김(Frying)에 대한 설명 중 옳은 것은?

① 습열 조리방법이다.
② 비타민의 손실이 큰 조리법이다.
③ 튀김옷은 강력분을 사용하는 것이 좋다.
④ 튀김기름은 발연점이 높은 것이 좋다.

해설 튀김기름은 발연점이 높은 것이 좋다.

47 감자의 갈변이 일어나는 것과 같은 현상은?

① 아밀로스, 아밀로펙틴 산화
② 카데킨, 베타카로틴 산화
③ 타이로신, 폴리페놀 산화
④ 덱스트린, 펜토산 산화

해설 효소적 갈변에는 타이로시네이스(고구마, 감자의 갈변)에 의한 산화와 폴리페놀옥시데이스(사과, 배의 갈변)에 의한 산화가 있다.

정답 44 ④ 45 ③ 46 ④ 47 ③

48 순환메뉴(Cycle Menu)에 대한 설명으로 옳은 것은?

① 변화하지 않고 계속 지속되는 메뉴이다.
② 패스트푸드 업체, 스테이크 하우스에서 가장 보편적으로 이용된다.
③ 일정한 기간 동안 반복하여 사용할 수 있다.
④ 새로운 메뉴 품목을 첨가하기가 어렵다.

해설 순환메뉴는 일정 기간의 간격을 두고 순환하는 메뉴로 주로 단체급식에서 많이 이용된다.

49 식품과 가식부율이 다음과 같을 때 무와 고등어의 출고계수를 순서대로 나열한 것은?

식품명	가식부율
무	95%
고등어	55%

① 5, 45　② 0.05, 0.45
③ 1.05, 1.82　④ 10.5, 18.2

해설 출고계수 = $\frac{100}{\text{가식부율}}$

50 기초적인 원가에 대한 관리시스템 단계에 해당되지 않는 것은?

① 계획(Planning)　② 비교(Comparing)
③ 개선(Improving)　④ 판매(Sale)

해설 원가관리란 기업의 안정적 발전을 위한 원가달성 목표를 결정하고, 추진 계획 수립, 비교・점검을 통한 지속적 원가절감 및 개선을 위한 모든 관리활동을 말한다.

51 서양 요리 식단에서 셔벗(Sherbet)의 역할과 순서는?

① 입안을 개운하게 하기 위해 육류요리 사이에 나오는 것이다.
② 입안을 시원하게 하기 위해 디저트 전에 나오는 것이다.
③ 입안을 부드럽게 하기 위해 빵과 같이 나오는 것이다.
④ 입맛을 증가시키기 위해 과일과 같이 나오는 것이다.

해설 셔벗은 입맛을 보다 산뜻하고, 시원하게 하기 위하여 육류요리 등의 복잡한 식사코스 사이에 나오는 것을 말한다.

48 ③　49 ③　50 ④　51 ①　정답

52 다음 중 육류의 사후경직 시 일어나는 현상이 아닌 것은?

① 염기적 해당작용이 일어난다.
② 글리코겐이 젖산으로 분해된다.
③ 근육의 pH가 점차 높아진다.
④ 근육의 보수성이 낮아지고 단단해진다.

해설 도살 전의 근육 산도는 pH 7.0~7.4 정도이지만, 도살 후에는 글리코겐이 혐기적 상태에서 젖산(Lactic Acid)을 생성하기 때문에 pH가 낮아지게 된다.

53 오징어를 건조할 때 완성된 제품의 표면에 생기는 흰 가루의 성분은?

① 키 틴
② 셀레늄
③ 세사민
④ 타우린

해설 오징어의 수분이 빠져 나가면서 타우린이 흰 가루 형태로 분리된다.

54 펙틴질(Pectic Substance)의 설명으로 틀린 것은?

① 식물체의 세포와 세포 사이를 결착시켜 주는 물질이다.
② 불용성인 펙틴은 성숙함에 따라 가용성인 프로토펙틴(Protopection)으로 된다.
③ 물에서는 교질용액을 형성하여 점도는 매우 크다.
④ 분자량이 클수록 형성된 젤(Gel)은 단단하다.

해설 과일은 후숙(성숙)이 되면서 프로토펙틴(불용성)은 프로토펙티네이스(효소)의 작용으로 가수분해되어 펙틴(가용성)으로 변한다.

55 식품의 쓴맛 성분이 잘못 연결된 것은?

① 코코아 – 테오브로민(Theobromine)
② 맥주 – 휴물론(Humulon)
③ 오이꼭지 – 아코니틴(Aconitine)
④ 감귤류 – 나린진(Naringin)

해설 오이꼭지의 쓴맛은 쿠쿠르비타신 C(Cucurbitacin C)과 엘라테린(Elaterin)이다.

정답 52 ③ 53 ④ 54 ② 55 ③

56 카로티노이드계에 대한 설명 중 틀린 것은?

① 동물성 식품에만 존재한다.
② 버터나 치즈의 색에 관여한다.
③ 난황의 황색은 사료의 종류에 따라 차이가 있다.
④ 가열에 의해 새우나 게의 색이 변하는 것은 카로티노이드 때문이다.

해설 카로티노이드는 동·식물성 식품에 있으며 체내에서 비타민 A의 작용을 한다.

57 식품에 점성을 주는 검류 중 해조류에서 얻을 수 없는 것은?

① 한천(Agar)
② 알긴산(Alginic Acid)
③ 카라기난(Carrageenan)
④ 구아검(Guargum)

해설 구아검은 녹말이나 단백질과 잘 섞어서 각종 식품의 점도 증가나 젤리 형성에 이용되며, 콩과 구아 종자에서 얻어진다.

58 식품 유지의 조건으로 적합하지 않은 것은?

① 유리지방산의 함량이 많은 것이 더 좋다.
② 발연점이 높은 것이 좋다.
③ 점도가 낮은 것이 좋다.
④ 과산화물가가 낮은 것이 좋다.

해설 식용 유지는 유리지방산의 함량이 적은 것이 좋다.

59 한국인 영양섭취기준에서 권장하는 성인의 지질 섭취 비율은?

① 5~15%
② 15~30%
③ 25~35%
④ 35~45%

해설 **총열량 권장량 비율** : 탄수화물 55~65%, 지방 15~30%, 단백질 7~20%
※ 2020 한국인 영양소 섭취기준(보건복지부, 한국영양학회) 참고

60 전분의 노화를 억제하는 방법이 아닌 것은?

① 수분함량 조절
② 설탕 첨가
③ 냉동보관
④ 항산화제 첨가

56 ① 57 ④ 58 ① 59 ② 60 ④ 정답

제53회 과년도 기출문제

01 기생충과 감염 원인의 연결이 틀린 것은?

① 간흡충 - 민물고기 생식
② 폐흡충 - 게, 가재 생식
③ 무구조충 - 소고기 생식
④ 선모충 - 어패류 생식

해설 ④ 선모충(유구조충)은 돼지고기를 통하여 사람에게 감염되는 기생충이다.

02 먹는 물의 수질검사에서 과망가니즈산칼륨(과망간산칼륨) 소비량이 많을 때의 의미로 가장 적합한 것은?

① 수중 생물이 많다.
② DO 수치가 높다.
③ 유기물이 많다.
④ 대장균이 많다.

해설 과망가니즈산칼륨(과망간산칼륨)의 소비량이 많아지면 물속에서의 유기물의 양이 많아진다.

03 병원체가 바이러스인 제2군 감염병은?

① 홍 역
② 말라리아
③ 결 핵
④ 콜레라

해설 ※「감염병의 예방 및 관리에 관한 법률」 개정에 따라 감염병 분류 체계는 군별 체계에서 급별 체계로 변경되었다.

04 체감온도(실효온도)를 결정하는 3대 요소는?

① 기온, 기압, 기류
② 기습, 기류, 기온
③ 기압, 기류, 기습
④ 복사열, 기류, 기습

해설 체감온도(실효온도)는 기습, 기류, 기온에 의하여 결정한다.

정답 1 ④ 2 ③ 3 정답없음 4 ②

05 분뇨에 오염된 토양에서 작업을 할 때 손, 발 등의 노출된 피부로 경피적 침입을 하는 것은?

① 회 충
② 구 충
③ 간흡충
④ 광절열두조충

해설 구충(십이지장충)은 주로 음식물, 손, 발 등의 피부를 거쳐 경피감염된다. 인체 내 소장 상부에서 기생한다.

06 현대 환경오염의 특성으로 가장 거리가 먼 것은?

① 누적화
② 다발화
③ 광역화
④ 특수물질화

해설 현대적 환경오염의 특성과 특수물질화와는 상관관계가 가장 멀다.

07 건강수준을 측정하는 공중위생 활동의 가장 대표적인 보건수준 평가지표로 사용되는 것은?

① 보통사망률
② 평균수명
③ 영아사망률
④ 비례사망지수

해설 영아사망률(대표적 보건수준 평가지표)은 환경적으로 얼마만큼이나 발전이 되어 있는지의 통계가 가능하다.

08 질병예방의 3차적 예방단계에 해당하는 것은?

① 건강증진
② 예방접종
③ 질병의 조기발견
④ 질병의 재발방지

해설 질병예방의 단계로 1차적 예방단계(건강증진과 예방접종), 2차적 예방단계(질병의 조기발견), 3차적 예방단계(질병의 재발방지)가 있다.

09 모기가 매개하는 질병이 아닌 것은?

① 황 열
② 유행성 출혈열
③ 뎅기열
④ 말라리아

해설 모기에 의한 발병은 황열, 뎅기열, 말라리아 등이고, 유행성 출혈열은 쥐가 매개한다.

5 ② 6 ④ 7 ③ 8 ④ 9 ② 정답

10 살균력이 있는 것은?

① 우주선
② 엑스선(X-ray)
③ 자외선
④ 적외선

해설 자외선 조사법은 살균력이 높긴 하지만, 투과력이 떨어지는 단점이 있어서 작업대나 도마의 표면을 소독하거나 공기와 맑은 물을 소독하는 데 효과적이다. 그러나 눈, 피부에 접촉되지 않게 해야 한다.

11 인수공통감염병으로 짝지어진 것은?

① 결핵, 홍역
② 폴리오, 파상풍
③ 백일해, 렙토스피라증
④ 광견병, 탄저

해설 인수공통감염병에는 일본뇌염, 장출혈성 대장균 감염증, 브루셀라증, 탄저, SARS(중증급성호흡기증후군), Q열, 결핵, 야콥병, 광견병 등이 해당된다.

12 로스엔젤레스(Los Angeles)형 스모그(Smog)에 해당되지 않는 것은?

① 주 사용연료는 석탄이다.
② 주로 여름철에 발생한다.
③ 주성분은 질소산화물, 오존 등이다.
④ 광화학적 반응에 의한다.

해설 로스엔젤레스형 스모그의 주요 원인은 자동차에 의한 배기가스이다.

13 모시조개에서 유발할 수 있는 식중독 독소 성분은?

① Tetramine
② Venerupin
③ Saxitoxin
④ Tetrodotoxin

해설 베네루핀은 열에 안정한 간독소로 치사율이 50%인 위험한 독소이며, 바지락, 굴, 모시조개, 고등 같은 조개류 등에 있다.

정답 10 ③ 11 ④ 12 ① 13 ②

14 다음 식품첨가물에 대한 설명 중 맞는 것은?

① 식품첨가물은 천연물도 있으나 대부분은 화학적 합성품이다. 화학적 합성품의 경우 위생상 지장이 없다고 인정되어 지정고시된 것만을 사용할 수 있다.
② 식품첨가물 중 화학적 합성품이란 화학적 수단에 의하여 분해하거나 기타의 화학적 반응에 의해 얻어지는 모든 물질을 말한다.
③ 식품은 부패나 변질이 매우 쉬운 제품이므로 어떤 식품이든 미생물의 증식이 효과적으로 억제될 수 있는 보존료를 사용하여야만 제조 허가될 수 있다.
④ 타르(Tar)색소란 천연에서 추출한 색소를 말하며 대부분의 타르색소는 안정성이 인정되어 식품에 사용하는 데 제한이 없다.

해설 화학적 합성품의 경우 위생상 지장이 없다고 지정고시된 것만 사용할 수 있다.

15 식품안전관리인증기준(HACCP)에 대한 설명으로 틀린 것은?

① 식품의 위해방지를 위한 사전 예방적 식품안전 관리체계이다.
② 국제식품규격위원회(Codex)의 기준에 의해 12원칙 7절차에 의한 체계적인 접근 방식을 적용한다.
③ 국내에서는 대상 식품에 대해서 업소 규모에 따라 연차적·단계적으로 적용이 의무화되어 있다.
④ 미국, 캐나다, EU 등 선진국에서는 수산물, 식육제품, 주스류 등에 적용이 의무화되어 있다.

해설 식품안전관리인증기준은 식품의 원재료 생산에서부터 제조·가공·보존·유통관계를 거쳐 최종단계인 소비자의 손에 들어가기까지의 모든 단계에서 위해를 분석, 예방, 사전감시 및 관리하는 방법으로, 7가지 원칙과 Codex의 12단계로 구성된 HACCP(해썹)이 적용된다.

16 식품과 독성분의 연결이 틀린 것은?

① 독버섯 – Muscarine
② 맥각 – Ergotoxin
③ 복어 – Tetrodotoxin
④ 미나리 – Gossypol

해설 미나리에는 시큐톡신이 들어 있고, 고시폴은 면실유의 식물성 독성분이다.

17 생선 및 육류의 초기부패 판정 시 지표가 되는 물질에 해당되지 않는 것은?

① 휘발성 염기질소(VBN)
② 암모니아(Ammonia)
③ 트라이메틸아민(Trimethylamine)
④ 아크롤레인(Acrolein)

해설 아크롤레인은 유지를 높은 온도에서 가열할 때 생성되는 물질이다.

14 ① 15 ② 16 ④ 17 ④ 정답

18 허가된 식품첨가물이 바르게 연결된 것은?

① 피막제 - 규소수지
② 추출제 - 초산비닐수지
③ 용제 - 글리세린
④ 껌 기초제 - 유동파라핀

해설 규소수지는 소포제로, 초산비닐수지는 껌 기초제로, 유동파라핀은 이형제로 주로 쓰인다.

19 두류 및 땅콩제품의 수확 후 저장·유통이 잘못될 경우 곰팡이 오염에 의해 문제가 되는 독성분은?

① 시큐톡신
② 테트로도톡신
③ 아플라톡신
④ 솔라닌

해설 아플라톡신은 곡류에서 주로 발생하는 독소이다. 수분 16% 이상, 습도 80% 이상, 온도 25~30℃인 환경에서 잘 번식한다.

20 수분함량이 낮은 전분질 식품을 주로 부패시키는 미생물은?

① 세 균
② 곰팡이
③ 조 류
④ 바이러스

해설 곰팡이의 수분활성도는 0.7~0.95 정도로 전분질 등의 곡류를 부패시키는 원인이 된다.

21 독소형 식중독을 유발하는 세균이 아닌 것은?

① 클로스트리듐 보툴리눔균(*Clostridium botulinum*)
② 황색포도상구균(*Staphylococcus aureus*)
③ 바실러스 세레우스균(*Bacillus cereus*)
④ 장염비브리오균(*Vibrio parahaemolyticus*)

해설 독소형 식중독을 유발하는 세균에는 황색포도상구균, 바실러스 세레우스균, 클로스트리듐 보툴리눔균 등이 있으며, 장염비브리오균은 감염형 식중독을 발생시키는 세균이다.

정답 18 ③ 19 ③ 20 ② 21 ④

22 플라스틱 제품 중 포르말린이 용출될 위험이 있는 것은?

① 염화비닐수지(PVC)
② 폴리에틸렌(PE)
③ 요소수지(Urea Resin)
④ 폴리스틸렌(PS)

해설 플라스틱 제품 중 멜라닌수지, 페놀수지, 요소수지 등은 포르말린의 용출량이 가장 높은 수지로서 발암물질을 생성하며, 원료는 포르말린이다.

23 커피머신의 구입가격이 5,000,000원, 잔존가격이 500,000원, 내용연수가 10년 되었을 때 커피머신의 감가상각비를 정액법으로 계산한 결과로 옳은 것은?

① 400,000원
② 450,000원
③ 500,000원
④ 550,000원

해설 감가상각비(정액법) $= \frac{5,000,000-500,000}{10} = 450,000$원

24 녹색 채소의 조리에 의한 엽록소 보존에 대한 설명 중 틀린 것은?

① 조리온도가 낮을수록 엽록소의 파괴율은 최소로 된다.
② 조리 시간이 길수록 엽록소의 파괴율이 높다.
③ pH가 낮을수록 엽록소의 파괴율이 높다.
④ 조리하는 물의 양이 적을수록 엽록소의 파괴율이 높다.

해설 녹색 채소는 높은 온도에서 단시간 조리하여야 하는데, 조리온도가 낮을수록 엽록소의 파괴율은 커지기 때문이다.

25 일식 조리 용어가 잘못 연결된 것은?

① 구이요리 - 야기모노(焼物)
② 굳힘요리 - 아게모노(揚げ物)
③ 찜요리 - 무시모노(蒸し物)
④ 냄비요리 - 나베모노(鍋物)

해설 아게모노는 튀김요리이다.

22 ③ 23 ② 24 ① 25 ② 정답

26 **무생채를 만들 때 1인 분량은 50g이며, 무의 폐기율이 5%라고 할 때 무생채 200인분을 조리하기 위한 무의 발주량은 얼마인가?**

① 9.5kg　　② 8.5kg
③ 10.5kg　　④ 11.4kg

해설

$$발주량 = \frac{정미중량 \times 100}{100 - 폐기율} \times 인원수$$

$$= \frac{50 \times 100}{100 - 5} \times 200$$

$$≒ 10.5kg$$

27 **서양 요리에서 루(Roux)의 설명으로 맞는 것은?**

① 밀가루와 우유를 넣고 볶아낸 것
② 쌀가루와 버터를 넣고 볶아낸 것
③ 밀가루와 버터를 넣고 볶아낸 것
④ 쌀가루와 우유를 넣고 볶아낸 것

해설 양식 요리에서 소스나 수프를 걸쭉하게 하기 위해 밀가루와 버터의 비율을 동량으로 볶은 것이 루(Roux)이다.

28 **식품냉동에 관한 설명으로 잘못된 것은?**

① 급속동결을 하면 조직의 파괴가 적다.
② 1회 사용분량으로 포장하여 냉동하는 것이 좋다.
③ 냉동된 식품은 −18℃ 이하에서 저장하는 것이 좋다.
④ 수분이 많은 채소는 신선할 때 바로 냉동하는 것이 좋다.

29 **달걀의 열응고를 촉진하는 물질이 아닌 것은?**

① 소 금　　② 칼 슘
③ 산　　④ 설 탕

해설 설탕은 응고온도를 높여 응고물을 부드럽게 만드는 것이 특징이며, 열응고를 지연시키는 작용을 한다.

정답 26 ③ 27 ③ 28 ④ 29 ④

30 **레스토랑에서 판매가의 식재료비 비율은 40% 수준으로 정하고 있고, 메뉴의 식재료비가 880원일 때 이 메뉴의 판매가는?**

① 2,000원 ② 2,200원
③ 2,400원 ④ 2,600원

해설

$$판매가격 = \frac{식재료의\ 원가}{목표에\ 의한\ 원가비율} \times 100$$

$$= \frac{880}{40} \times 100 = 2{,}200원$$

31 **오징어 조리에 대한 설명으로 틀린 것은?**

① 오징어는 근섬유가 몸의 가로 방향으로 겹겹이 쌓여 있어 옆으로 잘 찢어진다.
② 오징어의 껍질은 4겹으로 섬유가 모두 세로 방향으로 발달되어 있어 세로 방향으로 수축한다.
③ 오징어에 솔방울 무늬를 내려면 몸통 안쪽으로 칼집을 넣어야 한다.
④ 오징어 껍질은 잘 벗기더라도 4겹 중 2~3겹만 벗겨진다.

32 **복어독의 특징에 관한 설명으로 맞는 것은?**

① 테트로도톡신은 알칼리에 강하고 산에 약하다.
② 열에 대한 저항성이 약해 4시간 정도 가열하면 거의 파괴된다.
③ 복어독은 신경독으로 수족 및 전신의 운동마비, 호흡 및 혈관운동마비, 지각신경마비를 일으킨다.
④ 복어독은 무색, 무미, 무취이나 물과 알코올에 녹는다.

해설 복어독은 테트로도톡신이라는 맹독성을 가진 동물성 자연독이다. 신경계통의 마비증상을 일으키고, 진행속도는 매우 빠른 편이다. 호흡과 혈관운동마비, 지각신경마비, 손, 발, 몸 전신의 운동마비 등을 일으킨다.

33 **채소, 불린 쌀, 잣, 깨 등을 곱게 갈기 위해 사용되는 기기는?**

① 블렌더(Blender) ② 슬라이서(Slicer)
③ 커터(Cutter) ④ 초퍼(Chopper)

30 ② 31 ② 32 ③ 33 ① 정답

34 육류 조리방법에 대한 설명으로 틀린 것은?

① 단시간에 국물을 낼 때는 고기의 표면적을 가능한 작게 한다.
② 건열 조리에는 불고기, 스테이크(Steak), 로스팅(Roasting)이 있다.
③ 습열 조리는 결체 조직인 콜라겐이 젤라틴으로 변화하여 연화된다.
④ 뼈를 이용하여 끓일 때 국물이 뽀얗게 되는 것은 뼈에서 우러난 인지질의 유화현상에 의한 것이다.

35 레토르트 식품에 대한 설명으로 틀린 것은?

① 유지 함유량이 높은 식품일수록 알루미늄박을 적층한 불투명 파우치를 사용해야 한다.
② 살균 시 파우치의 내외압차가 크면 파우치가 파손될 수 있다.
③ 파우치는 열접착성, 내수성 및 차단성이 우수하여야 한다.
④ 레토르트 내부의 압력조절은 적정 수증기압의 살균조건보다 낮게 공기를 주입해야 한다.

36 밀가루의 용도별 연결이 잘못된 것은?

① 강력분 – 식빵
② 강력분 – 스파게티
③ 박력분 – 쿠키
④ 박력분 – 국수

해설 면류를 조리할 때는 글루텐 함량 9~11%의 중력분을 사용한다.

37 신선한 채소를 감별하는 방법으로 옳은 것은?

① 무 – 가볍고 잔털이 많은 것
② 시금치 – 뿌리에 붉은빛이 진하고 한 뿌리에 잎이 많이 달려 있는 것
③ 오이 – 껍질이 매끄럽고 잘랐을 때 성숙한 씨가 있는 것
④ 당근 – 마디와 눈이 많고 잘랐을 때 심이 없는 것

해설 ① 무는 중량이 무겁고 모양이 곧으며 윤택한 것이 좋다.
③ 오이는 껍질 표면에 가시가 만져져야 하며, 잘랐을 때 성숙한 씨가 없는 것이 좋다.
④ 당근은 곧으면서 굴곡이 적어야 하고, 표면이 매끈하고 심이 없는 것이 좋다.

정답 34 ① 35 ④ 36 ④ 37 ②

38 **원가구성이 다음과 같을 때 제조원가는?**

• 이익 : 20,000원	• 제조간접비 : 25,000원
• 판매관리비 : 17,000원	• 직접재료비 : 20,000원
• 직접노무비 : 23,000원	• 직접경비 : 15,000원

① 48,000원 ② 73,000원
③ 83,000원 ④ 103,000원

해설 제조원가 = 직접원가(직접재료비 + 직접노무비 + 직접경비) + 제조간접비
= 20,000원 + 23,000원 + 15,000원 + 25,000원 = 83,000원

39 **중식에서 광둥요리는 어느 지역 요리인가?**

① 동방요리 ② 서방요리
③ 남방요리 ④ 북방요리

해설 남방요리는 중국 동남부 지역의 요리로 바다와 인접하고, 온난한 아열대성 기후를 가지고 있어 다양한 해산물, 과일, 채소류를 비롯한 여러 종류의 식재료가 풍부한 것이 특징이다.

40 **습열 조리와 건열 조리의 혼합조리법으로 180~200℃의 온도에서 조리하며, 덩어리가 큰 고기나 단단하고 질긴 채소에 이용하는 조리법은?**

① 보일링(Boiling) ② 로스팅(Roasting)
③ 그릴링(Grilling) ④ 브레이징(Braising)

해설 브레이징은 우리나라 찜과 비슷한 조리법으로, 건식열과 습식열 두 가지 방식을 이용한 대표적인 조리방법이다.

41 **식품을 계량하는 방법으로 잘못된 것은?**

① 밀가루는 체로 친 다음 수북이 담아서 칼이나 주걱으로 위를 깎아 계량한다.
② 흑설탕은 체로 친 다음 계량컵에 담아서 칼로 위를 깎아 계량한다.
③ 조청, 기름, 꿀과 같이 점성이 높은 것은 컵으로 계량한다.
④ 지방은 실온에서 부드러워졌을 때 계량컵에 눌러 유연한 고무주걱이나 칼로 위를 깎아 계량한다.

해설 흑설탕은 백설탕에 비해 입자가 굵고 습기를 잘 흡수하므로 꼭꼭 눌러 담아 계량한다.

38 ③ 39 ③ 40 ④ 41 ② 정답

42 젤라틴(Gelatin)은 조리 시 여러 가지로 이용할 수 있다. 그 용도가 잘못된 것은?

① 안정제　② 결정방해제
③ 응고제　④ 용해제

해설 젤라틴(Gelatin)은 불완전단백질로서 동물의 결체조직인 콜라겐의 가수분해로 얻어진다. 주로 안정제, 결착제, 유화제, 응고제, 아이스크림 등의 얼음 결정을 방지하는 목적으로도 이용된다.

43 배수구의 말단에 설치하여 배수 중에 용해되어 있는 이물질이 유수(기름과 빗물) 배수관 내에서 고형화되는 것을 막는 트랩의 형태는?

① 관 트랩　② 실형 트랩
③ 드럼 트랩　④ 그리스 트랩

해설 유지류 등의 지방이 하수관 내로 유입되는 것을 막기 위해 그리스 트랩을 설치한다. 즉, 유속을 느리게 하여 유지를 위로 떠오르게 하여 맑은 물만 배출시키는 시스템이다.

44 세시음식이 바르게 연결된 것은?

① 3월 삼짇날 – 보리수단, 증편, 복분자화채
② 5월 단오 – 조기면, 탕평채, 진달래화채
③ 6월 유두 – 제호탕, 수리취떡, 앵두화채
④ 9월 중양절 – 감국전, 밤단자, 국화주

해설 ④ 9월 중양절(9월 9일) : 밤단자, 국화주, 국화전, 유자화채, 감국전
① 3월 삼짇날(3월 3일) : 신떡, 쑥떡, 진달래꽃 화전, 수면
② 5월 단오(5월 5일) : 밀가루전, 앵두화채, 수리떡, 쑥떡, 망개떡
③ 6월 유두(6월 15일) : 유두면, 수단, 건단, 연병

45 구매절차의 순서를 바르게 나열한 것은?

1. 공급원의 선정	2. 발주(주문)	3. 기록과 자료의 보존
4. 수령 및 검수	5. 납품서의 확인	6. 구매 필요성 인지
7. 가격의 확인	8. 입고	

① 6-1-7-2-5-3-8-4　② 6-1-7-2-5-3-4-8
③ 6-1-7-2-3-5-4-8　④ 6-1-7-2-3-5-8-4

해설 구매절차는 구매 필요성 인지 → 공급원의 선정 → 가격의 확인 → 발주(주문) → 납품서의 확인 → 기록과 자료의 보존 → 수령 및 검수 → 입고의 절차 순이다.

정답 42 ④ 43 ④ 44 ④ 45 ②

46 떡의 노화를 방지하기 위한 방법으로 적합한 것은?

① 0℃ 이하로 냉동시킨다.
② 식초를 넣는다.
③ 수분 함량을 30%로 유지해 준다.
④ 쌀 전분을 이용한다.

해설 노화를 방지하는 방법에는 냉동법, 건조법, 당 첨가법, 유화제 첨가법 등이 있다.

47 표준 레시피의 구성요소가 아닌 것은?

① 음식명
② 조리법
③ 재료 필요량
④ 관능평가 및 결과

해설 식단작성 시 구성요소로는 음식명, 재료의 분량, 조리방법, 폐기율, 영양가 산출 등이 있다.

48 우유의 조리 특성과 이를 이용한 식품 또는 조리법이 잘못 연결된 것은?

① 단백질의 응고 → 커스터드 푸딩
② 냄새의 흡착 → 우유에 생선 담가 놓기
③ 젖산 발효 → 요구르트
④ 탄수화물 응고 → 버터

해설 우유의 지방을 추출하여 고화시킨 것이 버터이다.

49 어패류의 조리 특성 중 가열에 의한 변화가 아닌 것은?

① 열 응착성
② 인돌, 휘발성 유기산 증대
③ 껍질의 수축과 지방의 용출
④ 근육 섬유 단백질의 변성

46 ① 47 ④ 48 ④ 49 ② 정답

50 **미각의 혼합효과가 아닌 것은?**

① 대비효과 ② 억제효과
③ 조리효과 ④ 상승효과

해설 **미각의 혼합효과** : 맛의 대비, 맛의 상승, 맛의 억제, 맛의 상쇄, 맛의 변조 등

51 **녹색 채소를 데치고 난 물이 파랗게 변하는 것은 지용성인 클로로필이 클로로필레이스에 의해 수용성의 무엇으로 변하여 물에 용출되기 때문인가?**

① 클로로필린 ② 페오피틴
③ 클로로필라이드 ④ 페오포르비드

해설 클로로필레이스(Chlorophyllase, 클로로필라제)라는 효소에 의해 피톨(Phytol)기가 떨어져 나가게 되어 클로로필라이드가 된다.

52 **식품 중의 결합수에 대한 설명으로 옳지 않은 것은?**

① 식품에서 미생물의 번식과 발아에 이용되지 못한다.
② 0℃ 이하에서 잘 얼지 않는다.
③ 수증기압이 보통 물보다 낮다.
④ 용질을 녹이는 용매로서 작용한다.

해설 결합수는 용매, 즉 용질을 녹이는 작용을 하지 못한다.

53 **소고기 100g에 함유된 영양소가 다음과 같을 경우 소고기 200g의 열량은?**

단백질	지 질	탄수화물	비타민 C	철
20g	11g	0.2g	1.0mg	4.6mg

① 179.8kcal ② 202.2kcal
③ 359.6kcal ④ 404.4kcal

해설 (20×4)+(11×9)+(0.2×4)=179.8kcal
100g당 소고기의 열량 : 179.8kcal
200g당 소고기의 열량 : 179.8×2=359.6kcal

정답 50 ③ 51 ③ 52 ④ 53 ③

54 아린맛은 어느 맛의 혼합체인가?

① 쓴맛과 짠맛 ② 쓴맛과 떫은맛
③ 떫은맛과 신맛 ④ 신맛과 쓴맛

해설 아린맛은 쓴맛과 떫은맛의 혼합체이다.

55 두부에 대한 설명으로 옳지 않은 것은?

① $MgCl_2$, $CaCl_2$ 등을 첨가하여 단백질을 응고시킨 것이다.
② 두부를 끓일 때 소금을 첨가하면 조직이 연해진다.
③ 두류에 비해 단백질이 변성되어 소화율이 낮아진다.
④ 헤마글루티닌이나 트립신저해제의 활성이 없어진다.

해설 두부의 소화율은 95% 이상이다.

56 식품의 색소에 대한 설명으로 맞는 것은?

① 카로티노이드(Carotinoides)계 색소는 물에 녹고 기름에는 녹지 않으며 비타민 A의 효과를 나타낸다.
② 클로로필(Chlorophyll) 색소는 알칼리로 처리하면 갈색으로 변색되며 소량의 소금을 넣으면 갈변을 방지한다.
③ 안토시안(Anthocyan)계 색소는 산성에서 적색, 알칼리성에서 청색을 나타낸다.
④ 동물성 식품은 근색소인 헤모글로빈과 혈색소인 마이오글로빈에 의해 색깔을 나타낸다.

해설 안토시안(Anthocyan)은 산성에서 적색, 중성에서는 자색, 알칼리에는 청색을 나타낸다.

57 유지 1g 중에 함유되어 있는 유리지방산을 중화하는 데 필요로 하는 수산화칼륨(KOH)의 mg수를 나타내는 값은?

① 산가(Acid Value) ② 검화가(Saponification Value)
③ 아세틸가(Acetyl Value) ④ 아이오딘(요오드)가(Iodine Value)

해설 유지 1g 중에 함유되어 있는 유리지방산을 중화시키는 데 필요한 KOH의 mg수를 산가라고 하며, 유지의 부패 정도를 알 수 있다.

54 ② 55 ③ 56 ③ 57 ① 정답

58 비효소적 갈변현상은?

① 된장의 갈변 ② 사과의 갈변
③ 녹차 잎의 갈변 ④ 감자의 갈변

해설 사과, 녹차, 감자, 복숭아, 배, 바나나, 버섯 등의 갈변은 효소적 갈변이다.

59 갑각류 껍질로부터 얻을 수 있는 식이섬유는?

① 알긴산 ② 키토산
③ 카라기난 ④ 한 천

해설 게나 새우, 가재 등의 갑각류의 껍질에서 얻어지는 식이섬유를 키토산이라고 한다.

60 어류가 사후에 일으키는 자기소화(Autolysis) 현상의 원인은?

① 효 소 ② 산 소
③ 염 류 ④ 수 분

해설 ① 어육 내에 존재하는 효소에 의해 일어난다.

정답 58 ① 59 ② 60 ①

2014년

제 56 회 | 과년도 기출문제

01 **매개 해충과 감염병의 연결이 틀린 것은?**

① 이 - 발진티푸스, 재귀열
② 바퀴 - 이질, 콜레라
③ 파리 - 파라티푸스, 장티푸스
④ 쥐 - 사상충증, 페스트

해설 쥐가 매개하는 감염병에는 페스트, 유행성 출혈열, 쯔쯔가무시증, 재귀열, 렙토스피라증(바일씨병), 발진열, 파상풍, 구충증 등이 있다. 사상충증은 모기가 매개하는 질병이다.

02 **인수공통감염병이 아닌 것은?**

① 성홍열
② 공수병
③ 탄 저
④ 고병원성 조류인플루엔자

해설 **인수공통감염병의 종류** : 장출혈성대장균감염증, 일본뇌염, 브루셀라증, 탄저, 공수병, 동물인플루엔자 인체감염증, 중증급성호흡기증후군(SARS), 변종크로이츠펠트-야콥병(vCJD), 큐열, 결핵, 중증열성혈소판감소증후군(SFTS) 등

03 **자외선의 가장 대표적인 광선인 도르노선(Dorno-ray)의 파장은?**

① 100~180nm
② 190~280nm
③ 280~320nm
④ 400~450nm

해설 자외선의 가장 대표적인 도르노선(Dorno-ray)의 파장은 2,800~3,200Å이다. 자외선은 비타민 D 형성, 적혈구 생성 촉진, 관절염 치료에 효과적이나 지나칠 경우에는 피부암 등을 유발시킬 수 있다.

04 **감염병 유행의 현상 중 콜레라와 같은 외래 감염병이 국내에 침입하여 돌발적으로 유행하는 것은?**

① 추세변화
② 불규칙변화
③ 주기적변화
④ 순환변화

해설 외래 감염병이 우리나라 전파 시 돌발적으로 갑자기 유행하는 감염병을 불규칙변화라고 한다.

1 ④ 2 ① 3 ③ 4 ② 정답

05 용존산소에 대한 설명으로 틀린 것은?

① 용존산소의 부족은 오염도가 높음을 의미한다.
② 용존산소가 부족하면 호기성 분해가 일어난다.
③ 용존산소는 수질오염을 측정하는 항목으로 이용된다.
④ 용존산소는 수중의 온도가 하강하면 증가한다.

해설
- 용존산소(DO) : 물속에 녹아 있는 산소의 양으로, DO값이 높을수록 좋은 물이며 하수의 오염도를 알 수 있다.
- 생물학적 산소요구량(BOD) : 하수 중의 유기물이 미생물에 의해 분해되는 데 필요한 용존산소의 소비량을 측정하여 하수의 오염도를 구하는 방법이다. BOD값이 높다는 것은 수질이 좋지 않다는 것을 의미한다.
- 화학적 산소요구량(COD) : 물속의 유기물로 산화시키는 데 필요한 산소의 양으로, COD값이 클수록 오염물질이 많으며, 수질이 좋지 않다.

06 채소 매개 기생충은?

① 선모충 ② 요 충
③ 광절열두조충 ④ 간디스토마

해설 ② 요충 : 채소류 등에 의해서 감염되는 기생충으로 항문 주위에 산란하며 집단감염이 쉽고 소아들에게 많이 감염된다.
① 선모충 : 주로 육류에 의해 감염되는 질환으로 돼지, 개, 고양이, 쥐 등이 있다.
③ 광절열두조충 : 제1중간숙주(물벼룩)와 제2중간숙주(연어, 송어, 농어)를 가지고 있다.
④ 간디스토마(간흡충) : 제1중간숙주(쇠우렁이, 왜우렁이)와 제2중간숙주(민물고기, 잉어)를 가진다.

07 하수처리 과정의 순서가 옳은 것은?

① 오니처리 – 본처리 – 예비처리
② 예비처리 – 오니처리 – 본처리
③ 예비처리 – 본처리 – 오니처리
④ 본처리 – 예비처리 – 오니처리

해설 하수처리 과정의 순서는 예비처리 → 본처리 → 오니처리이다.

08 부영양화현상의 원인이 되는 것은?

① 칼륨, 나트륨 ② 질산염, 황산염
③ 황산염, 인산염 ④ 질산염, 인산염

정답 5 ② 6 ② 7 ③ 8 ④

09 쥐벼룩에 의하여 감염되며 패혈증을 나타내는 제4군 법정감염병은?

① 콜레라 ② 장티푸스
③ 페스트 ④ 파상풍

해설 ※「감염병의 예방 및 관리에 관한 법률」 개정에 따라 감염병 분류 체계는 군별 체계에서 급별 체계로 변경되었다.

10 실내 공기오염으로 발생될 수 있는 것은?

① 다운증후군 ② 건성안증후군
③ 중증급성호흡기증후군 ④ 새집증후군

해설 새집증후군은 집과 건물 등을 새로 지을 때 사용한 건축자재나 가구 등에서 나온 유해물질로 인하여 두통, 호흡곤란, 천식, 비염, 피부염 등의 증상이 나타나는 것이다. 단열재, 합판, 섬유, 가구 등의 접착제로 사용되는 포르말린에서 나오는 폼알데하이드가 대표적인 실내 오염물질이다.

11 작업환경 관리 중 독성이 없거나 적은 물질로 변경하는 직업병 관리방법은?

① 격 리 ② 대 치
③ 환 기 ④ 교 육

12 감염병을 일으키는 병원체가 리케차인 것은?

① 발진티푸스 ② 홍 역
③ 백일해 ④ 사상충

해설 발진티푸스(급성 열성질환)는 비위생적인 환경 및 공기에 의해 감염되기도 하며, 발진티푸스 리케차 등에 의해 감염된다.

13 식품위생법상 집단급식소의 조리사 직무로 옳은 것은?

① 집단급식소에서의 검식 및 배식관리
② 종업원에 대한 식품위생교육
③ 급식설비 및 기구의 위생·안전 실무
④ 구매식품의 검수 및 관리

해설 **조리사(식품위생법 제51조제2항)**
집단급식소에 근무하는 조리사는 다음의 직무를 수행한다.
- 집단급식소에서의 식단에 따른 조리업무[식재료의 전(前)처리에서부터 조리, 배식 등의 전 과정을 말함]
- 구매식품의 검수 지원
- 급식설비 및 기구의 위생·안전 실무
- 그 밖에 조리 실무에 관한 사항

9 정답없음 10 ④ 11 ② 12 ① 13 ③ **정답**

14 **중금속에 의한 식품오염에서 원인 물질과 증상 또는 병명이 틀린 것은?**

① 비소 – 신장장해, 흑피증
② 카드뮴 – 이타이이타이병
③ 유기수은 – 미나마타병
④ 주석 – 비중격천공, 피부염

해설 주석은 통조림 식품의 녹에 의해 질산이온이 용출되어 식중독을 유발하는데, 증상으로는 메스꺼움, 구역질, 복통, 설사 등이 발생된다.

15 **소포제로 사용되는 식품첨가물은?**

① 초산비닐수지
② 규소수지
③ 아질산나트륨
④ 유동파라핀

해설 소포제는 거품을 제거하는 용도로 규소수지가 사용된다.

16 **황색포도상구균에 대한 설명 중 틀린 것은?**

① 사람의 피부, 손, 코와 목에서도 발견된다.
② 장독소인 엔테로톡신(Enterotoxin)을 생성하고 중독, 구역질, 구토를 일으킨다.
③ 식중독 증상은 오염식품 섭취 후 1~6시간이면 나타난다.
④ 독소는 섭취 전 충분히 가열하면 파괴된다.

해설 황색포도상구균은 독소형에 의한 식중독이다. 특히 장독소(엔테로톡신, Enterotoxin)는 120℃에서 30분간 가열하여도 파괴되지 않으며, 열에 매우 강하다.

17 **가열 후 교차오염이 발생하지 않았다는 가정하에 100℃로 가열한 식품의 섭취로 인하여 세균성 식중독이 발생되었다면 의심할 수 있는 식중독균은?**

① 바실러스 세레우스(*Bacillus cereus*)
② 장염비브리오(*Vibrio parahaemolyticus*)
③ 살모넬라(*Salmonelia* spp.)
④ 리스테리아 모노사이토제네스(*Listeria monocytogenes*)

해설 바실러스 세레우스균은 보통 63℃에서 30분 또는 100℃에서 사멸되나, 균에 있는 포자는 135℃에서 수 시간 가열해도 파괴되지 않으며, 열에 강하다. 조리 이후, 장시간 동안 음식을 상온에 방치하면 포자가 발아하여 세균 증식 등으로 식중독이 발생될 수도 있다.

정답 14 ④ 15 ② 16 ④ 17 ①

18 우리나라 식품위생법에서 시행하고 있는 식품위생관리제도가 아닌 것은?

① 자가품질검사　　② 식품안전관리인증기준
③ 품목제조의 보고　　④ 위해식품 등의 회수

19 1일 섭취 허용량(ADI ; Acceptable Daily Intake)의 정의로 옳은 것은?

① 인간이 한평생 매일 섭취하더라도 관찰할 수 있는 유해영향이 나타나지 않는 물질의 1일 섭취량으로 체중 kg당 mg수로 표시
② 인간에게 부작용을 일으키지 않는 물질의 1일 섭취 한도량으로 체중 kg당 mg수로 표시
③ 인간이 일 년 동안 섭취하여도 아무런 영향이 나타나지 않을 것으로 예상되는 양으로 체중 kg당 mg수로 표시
④ 중금속과 같이 생물농축 현상이 있는 유해성분을 일주일간 섭취하여도 생리적 장해가 일어나지 않는 한도량으로 체중 kg당 mg수로 표시

20 HACCP의 관리에 있어서 식품의 제조·가공·조리공정 시 예방조치가 취해져야 할 중요관리점이 아닌 것은?

① 미생물 성장을 최소화할 수 있는 냉각공정
② 병원성 미생물을 사멸시키기 위하여 특정 시간 및 온도에서 가열처리 공정
③ 금속검출기에 의한 금속이물 검출공정
④ pH와 수분활성도의 최대화 공정

21 식품의 변패(Deterioration)에 대한 정의로 가장 옳은 것은?

① 냄새, 빛깔, 외관 또는 조직 등이 변하여 품질이 점차적으로 나빠지는 것
② 미생물에 의해 유기화합물이 화학적으로 분해되어 이로운 식품이 되는 것
③ 식품이 산소와 화학반응을 일으켜 알코올을 알데하이드로 변화시키는 것
④ 녹말에 물을 넣어 가열하여 녹말 입자가 비가역적으로 팽윤되는 것

해설 식품이 변패되는 원인은 세균, 효모, 곰팡이 등의 미생물이 성장하고 증식하는 과정, 햇빛, 산화, 물, 온도 변화, 기계적 손상 등에 의해 일어난다.

18 ③ 19 ① 20 ④ 21 ① 정답

22 정체가 불충분한 면실유로 조리한 식품으로 인한 식중독 발생 시 원인 물질은?

① 솔라닌(Solanine)
② 고시폴(Gossypol)
③ 리신(Ricin)
④ 무스카린(Muscarine)

23 곰팡이보다 세균(Bacteria)이 서식할 위험이 큰 식품은?

① 포도잼
② 말린 옥수수
③ 햄 통조림
④ 밀가루

해설 세균성 식중독 중 특히 보툴리늄 식중독(독소형)은 햄 통조림 등에서 자랄 위험이 크다.

24 식품위생법상 식품위생의 대상이 아닌 것은?

① 식 품
② 식품첨가물
③ 포 장
④ 운 반

해설 정의(식품위생법 제2조제11호)
"식품위생"이란 식품, 식품첨가물, 기구 또는 용기·포장을 대상으로 하는 음식에 관한 위생을 말한다.

25 식품위생법상 조리사에 대한 설명 중 틀린 것은?

① 마약이나 그 밖의 약물 중독자는 조리사 면허를 받을 수 없다.
② 집단급식소에 종사하는 조리사는 1년마다 교육을 받아야 한다.
③ 조리사 면허의 취소처분을 받고 그 취소된 날부터 2년이 지나지 않으면 조리사 면허를 받을 수 없다.
④ 집단급식소 운영자 자신이 조리사로서 직접 음식물을 조리하는 경우에는 조리사를 두지 않아도 된다.

해설 결격사유(식품위생법 제54조제4호)
조리사 면허의 취소처분을 받고 그 취소된 날부터 1년이 지나지 않으면 조리사 면허를 받을 수 없다.

26 급식 생산과정에 따른 조리시설 및 기기의 연결이 옳은 것은?

① 구매 및 검수 - 검수대, 계량기, 운반차
② 수납과 저장 - 냉장고, 일반저장고, 싱크대
③ 전처리 - 저울, 구근탈피기, 절단기
④ 조리 - 취반기, 브로일러, 박피기

정답 22 ② 23 ③ 24 ④ 25 ③ 26 ①

27 **다음에서 설명하는 우유의 가공처리는?**

> 우유의 큰 지방구의 크림층 형성을 방지하기 위하여 40~65℃에서 140~175kcal/cm^2의 압력으로 큰 지방구를 미세하게 한다. 미세하게 쪼개어진 지방구는 표면에 알부민이 흡착되어 지방구의 재결합을 방지하게 되어 맛도 좋아질 뿐 아니라, 지방구가 세분되어 있으므로 표면적이 커서 소화되기도 쉽다.

① 강화 처리(Fortification) ② 균질 처리(Homogenization)
③ 저온살균 처리(LTLT Pasteurization) ④ 연질우유(Soft Curd Milk)

28 **다른 만두와 피(껍질)의 재료가 다른 것은?**

① 편 수 ② 난만두
③ 규아상 ④ 병 시

해설 난만두는 밀가루 피를 만들지 않으며, 만두소에 달걀을 함께 섞거나 끼얹어 찐 음식이다.

29 **서양 조리의 식재료를 써는 모양과 명칭이 맞는 것은?**

① 파리지엔(Parisienne) – 둥근 구슬 모양
② 바토네(Batonnet) – 작은 주사위 모양
③ 브뤼누아즈(Brunoise) – 타원형 모양
④ 샤토(Chateau) – 지름 1.5cm 공 모양

해설 바토네(Batonnet)는 작은 막대기 모양으로 자르는 방법이며, 브뤼누아즈(Brunoise)는 큐브 모양으로 자른 것이고, 샤토(Chateau, 감자 모양 썰기)는 6cm 정도 크기로 채소를 둥글고 작게 써는 방법을 말한다.

30 **밀가루 글루텐의 탄력성, 점성, 물 흡착력이 약한 연질밀로 만드는 것은?**

① 케이크 ② 식 빵
③ 피 자 ④ 스파게티

해설 연질밀은 박력분이라고도 하며 제과, 케이크, 튀김 등에 사용된다.

27 ② 28 ② 29 ① 30 ① 정답

31 **구입가격이 5,000,000원, 잔존가격이 400,000원, 내용연수가 8년인 조리기기의 감가상각액을 정액법으로 계산하면 얼마인가?**

① 312,500원
② 575,000원
③ 625,000원
④ 700,000원

해설 (5,000,000 – 400,000) / 8 = 575,000원

32 **냉동채소나 반조리된 냉동식품의 조리방법으로 가장 적합한 것은?**

① 5℃에서 서서히 해동한 후 조리한다.
② 10℃ 정도의 소금물에서 해동한 후 조리한다.
③ 실온의 서늘한 곳에서 자연해동한 후 조리한다.
④ 동결된 상태 그대로 가열하는 급속해동법으로 조리한다.

33 **육류의 조리에 대한 설명 중 옳은 것은?**

① 도살 후 사후경직이 일어나는데, 이는 글리코겐이 증가하여 pH가 높아지기 때문이다.
② 양념 조리 시 무화과를 넣으면 단백질 분해효소인 피신(Ficin)에 의해 식육이 연해진다.
③ 양지와 사태 같은 질긴 고기는 브로일링(Broilling)같은 습열 조리를 하여야 맛과 조직감이 좋아진다.
④ 가열은 근육색소인 마이오글로빈에 작용하여 색을 변화시키는데 돼지고기가 소고기의 색보다 변화가 더 크다.

해설 ① 동물은 도살 후에 사후경직이 발생한다. 글리코겐이 혐기적인 상태에서 젖산(Lactic Acid)을 생성하기 때문에 pH는 저하된다.
③ 브로일링은 건열 조리법에 해당된다.
④ 돼지고기는 소고기의 색보다 변화가 적게 일어난다.

34 **식품의 계량방법이 잘못된 것은?**

① 기름이나 간장과 같은 액체는 눈금이 있는 액체 계량컵으로 계량하는 것이 좋다.
② 밀가루는 체에 친 후 수북하게 담아 윗면을 깎아 계량한다.
③ 흑설탕은 수북이 담아서 윗면을 깎아 계량한다.
④ 버터나 마가린은 부피보다 무게 측정이 정확하다.

해설 흑설탕은 꾹꾹 눌러서 계량한다.

정답 31 ② 32 ④ 33 ② 34 ③

35 **산 함량 1% 이하로 올리브의 향과 색을 간직한 기름으로 열을 가하지 않는 요리에 사용되는 것은?**

① 퓨어 올리브유(Pure Olive Oil)
② 파인 버진 올리브유(Fine Virgin Olive Oil)
③ 엑스트라 버진 올리브유(Extra Virgin Olive Oil)
④ 레귤러 버진 올리브유(Regular Virgin Olive Oil)

36 **조리 시 양념 사용에 대한 설명으로 옳지 않은 것은?**

① 생선조림을 할 때 비린내를 없애기 위해 식초, 레몬즙, 우유 등을 사용한다.
② 갈비찜을 부드럽게 하려면 배, 키위, 파인애플 등을 갈아 2~3시간 재운 후 조리한다.
③ 육류에 과일(토마토) 주스나 식초 등을 넣을 때에는 고기가 익은 후에 넣는다.
④ 생선의 탕이나 조림에 된장, 고추장을 넣을 때에는 다른 조미료와 동시에 넣는다.

37 **급식인원이 1,800명인 급식소에서 생선전을 만들려고 한다. 1인분 양이 100g이고 가식률이 60%라고 할 때 발주량은?**

① 200kg ② 250kg
③ 300kg ④ 450kg

해설 총생산량 = 100g × 1,800 = 180,000g

$\frac{60}{100}$ × 발주량 = 180,000

발주량 = 180,000 × $\frac{100}{60}$ = 300,000g = 300kg

38 **채소의 변색을 방지하기 위한 조리방법으로 가장 좋은 것은?**

① 시금치 – 다량의 끓는 물에 소량의 소금을 넣고 뚜껑을 닫고 데친다.
② 가지 – 다량의 물에 뚜껑을 닫고 충분히 데친다.
③ 연근 – 소량의 식초를 넣은 물에 데친다.
④ 콜리플라워 – 소량의 소다를 넣은 물에서 충분히 데친다.

해설 시금치는 다량의 끓는 물에 소량의 소금을 넣고 뚜껑을 열어서 산을 휘발시키는 것이 좋으며, 가지는 소량의 물에 데치는 것이 좋다. 콜리플라워는 약간의 식초를 첨가한 물에서 데치는 것이 좋다.

35 ③ 36 ④ 37 ③ 38 ③ 정답

39 **달걀의 기포성에 대한 설명으로 틀린 것은?**

① 냉장온도보다 실온에서 기포 형성이 잘된다.
② 농후난백이 수양난백보다 기포 형성이 잘된다.
③ 레몬즙 첨가로 등전점에 가까워지면 기포 형성이 잘된다.
④ 설탕은 난백의 기포 형성을 억제하지만 안정성을 증가시킨다.

해설 난백의 기포(글로불린)는 소량의 산을 첨가할 때 기포력이 상승된다. 농후난백보다 수양난백이 기포 형성에 더 좋다.

40 **효율적인 출고관리 활동과 관계가 먼 것은?**

① 창고에서 물품을 꺼내갈 때 창고책임자가 정해진 절차에 따라서 물건을 내어 준다.
② 식재료의 출납을 명확히 기록하여 재료를 관리하기 위해 식품수불부를 작성한다.
③ 출고청구서는 일련번호, 출고품목명, 출고량, 출고일자, 사용장소 등으로 구성한다.
④ 물품 부족으로 인한 생산에 차질이 없도록 항상 안전량의 물품을 비치해 둔다.

41 **식품검수 시 확인할 사항과 거리가 먼 것은?**

① 구매식품의 품질
② 저장고 재고량
③ 제품의 신선도
④ 구매 수량

해설 식품검수에는 구매식품의 품질, 제품의 신선도, 구매 수량 등을 체크해야 한다.

42 **피급식자의 기호에 합당한 일정 수의 식단을 뽑아서 각 식단의 조리법을 표준화하여 주별, 월별, 분기별로 사용하는 것은?**

① 카드식식단 ② 일반식단
③ 순환식단 ④ 복수식단

정답 39 ② 40 ④ 41 ② 42 ③

43 감자 조리에 대한 설명 중 틀린 것은?

① 감자칩, 감자튀김을 만드는 동안에 볼 수 있는 갈색 변화는 당과 아미노산에 의한 마이야르(Maillard) 반응이다.
② 분질감자는 세포 내에 전분이 충만하고, 세포 사이에 존재하는 펙틴이 수용화하여 분질화된 것으로 볶음, 조림, 샐러드에 적합하다.
③ 감자샐러드를 만들 때는 껍질 채 익힌 후 껍질을 벗겨 사용하면 영양분의 손실이 적고 맛이 있는데 이것은 껍질 안쪽에 비타민 C가 많기 때문이다.
④ 으깬 감자는 고온일 때 세포 분리가 쉬우므로 삶은 감자를 식기 전에 체에 내려야 잘 으깨진다.

해설 분질감자는 전분 함량이 높아서 구이나 으깬 음식에 적당하고, 점질감자는 삶거나 샐러드, 조림, 볶음 등에 효과적이다.

44 한식 상차림 중 첩수에 들어가지 않는 것은?

① 찜(선) ② 숙 채
③ 젓 갈 ④ 회

해설 밥, 국, 김치, 장, 조치, 찜, 전골 등은 첩수에서 제외된다.

45 조미료에 대한 설명으로 옳은 것은?

① 소금과 설탕을 함께 사용할 때는 소금을 먼저 넣어야 한다.
② 대두나 글루텐 단백질에 *Aspergillus oryzae*를 접종하여 만든 간장을 산분해간장이라고 한다.
③ 식초는 감미료로 아세트산에 의하여 신맛을 나타내므로 나물이나 샐러드 드레싱에 사용된다.
④ 천일염은 호염 또는 굵은 소금이라고 하며, 정제하지 않은 소금으로 염화나트륨을 80% 정도 함유하고 있다.

해설 **천일염** : 호염, 굵은 소금이라고 하며, 각종 미네랄이 풍부하고, 염화나트륨이 80% 정도 함유되어 있다.

46 새우, 게 등의 껍질이 가열에 의해 붉은색으로 변하는 이유는?

① 아스타신(Astacin)이 생성되므로
② 껍질 속의 단백질이 산성으로 되므로
③ 색소가 효소에 의해 분해되므로
④ 육색소 단백질이 붉은색으로 변하므로

해설 새우나 게와 같은 갑각류의 색소는 가열에 의해 아스타잔틴(Astaxanthin)이 되고 이 물질은 다시 산화되어 아스타신(Astacin)으로 변한다.

43 ② 44 ① 45 ④ 46 ① 정답

47 **어류의 신선도가 떨어질 때 나타나는 변화로 틀린 것은?**

① 비늘이 쉽게 떨어진다.
② 복부의 탄력성이 저하된다.
③ 안구가 돌출된다.
④ 아민(Amine)류의 함량이 증가한다.

해설 어류의 안구는 광채가 나며 돌출되어 있는 것이 좋다. 또한 살이 단단하고 탄력이 있으며, 살빛이 선명하고 광택이 있어야 한다.

48 **당근, 토마토, 고구마 등에서 황색을 띠는 색소이며 물에 녹지 않고 기름이나 유기용매에 녹는 색소는?**

① 클로로필
② 카로티노이드
③ 안토시안
④ 헤모글로빈

해설 카로티노이드는 유지나 유기용매에 녹는 지용성 색소로 적황색을 갖고 있으며 물에 녹지 않는다.

49 **비타민 B_2의 성질이 아닌 것은?**

① 알칼리성에 비교적 안정하다.
② 열에 비교적 안정하다.
③ 빛에 의해 분해되기 쉽다.
④ 비타민 C에 의하여 광분해가 억제된다.

해설 비타민 B_2는 열과 산에 강하고, 알칼리, 광선, 환원제에 약한 특성을 가진다.

50 **단백질의 등전점에서 일어나는 변화가 아닌 것은?**

① 기포성의 감소 ② 용해성의 감소
③ 삼투압의 감소 ④ 점도의 감소

해설 아미노산은 등전점에서 기포성은 증가한다. 또한 침전이 잘 일어나 용해도, 삼투압, 점도는 감소한다.

정답 47 ③ 48 ② 49 ① 50 ①

51 달걀을 저장할 때 일어나는 변화가 아닌 것은?

① 중량 감소
② 기실의 증가
③ 난백의 pH 저하
④ 농후난백의 수양화

해설 달걀 저장 후 수분 증발에 따른 중량 감소, 난백의 pH 증가, 기실의 증가, 농후난백의 수양화가 일어난다.

52 유화형태와 해당 식품의 연결이 옳은 것은?

① 수중유적형 – 버터
② 수중유적형 – 아이스크림
③ 유중수적형 – 마요네즈
④ 유중수적형 – 난황

해설 수중유적형(O/W)의 종류에는 우유, 아이스크림, 마요네즈, 생크림, 난황 등이 있고, 유중수적형(W/O)의 종류에는 버터, 마가린, 쇼트닝 등이 있다.

53 일반적으로 두부 제조 시 글리시닌(Glycinin)을 응고시키는 것은?

① 표면장력
② 열
③ 무기염류
④ 효 소

해설 두부에 들어 있는 단백질(글리시닌)은 무기염류에 의해 응고되는 성질을 갖고 있다.

54 식품 중의 결합수의 특성으로 틀린 것은?

① 미생물의 생육, 증식에 이용된다.
② 용질에 대하여 용매로 작용하지 않는다.
③ 자유수보다 밀도가 크다.
④ 식품의 구성성분과 수소결합에 의해 결합되어 있다.

51 ③ 52 ② 53 ③ 54 ① 정답

55 1조각이 30g인 식빵을 4조각을 먹었을 때 총 열량은 약 얼마인가?(단, 식빵 100g 중 영양소 함량은 단백질 11.6g, 당질 50.2g, 칼슘 13mg, 지방 5.3g, 철분 1.2g이다)

① 148kcal　② 222kcal
③ 295kcal　④ 354kcal

해설
- 단백질 : 11.6×4=46.4
- 당질 : 50.2×4=200.8
- 지방 : 5.3×9=47.7

100g의 총열량은 294.9kcal이다.
30g 4조각을 먹었으므로 120g이고,
294.9×1.2=353.88, 따라서 총열량은 354kcal이다.

56 효소와 기질이 잘못 연결된 것은?

① 아밀레이스(Amylase) - 전분
② 파파인(Papain) - 펙틴
③ 레닌(Rennin) - 단백질
④ 라이페이스(Lipase) - 지방

해설 파파인(Papain)은 파파야에 들어 있는 식물성 단백질 분해효소이다.

57 곡류에 대한 설명 중 틀린 것은?

① 찹쌀에는 멥쌀보다 Amylopection이 많아서 끈기가 있다.
② 식혜는 맥아의 효소작용을 이용해 만든다.
③ 곡류의 전분을 가열하면 β화된다.
④ 밀의 주된 단백질은 글리아딘과 글루테닌이다.

정답 55 ④ 56 ② 57 ③

58 펙틴질(Pectic Substance)의 설명으로 틀린 것은?

① 식물조직의 세포와 세포 사이를 결착시켜 주는 물질이다.

② 불용성인 펙틴은 성숙함에 따라 가용성인 프로토펙틴(Protopectin)으로 된다.

③ 물에서는 교질용액을 형성하며 점도는 매우 크다.

④ 펙틴 물질은 프로토펙틴(Protopectin), 펙트산(Pectic Acid), 펙틴산(Pectinic Acid), 펙틴(Pectin)으로 구분된다.

해설 과일은 후숙(성숙)이 되면서 프로토펙틴(불용성)은 프로토펙티네이스(효소)의 작용으로 가수분해되어 펙틴(가용성)으로 변한다.

59 껍질을 벗긴 감자의 갈변에 관여하는 효소는?

① 타이로시네이스(Tyrosinase)

② 폴리페놀레이스(Polyphenolase)

③ 아스코르비네이스(Ascorbinase)

④ 퍼옥시데이스(Peroxidase)

해설 타이로시네이스는 버섯, 감자, 사과 등의 갈변반응에 관여한다.

60 유지의 산패과정에 대한 설명으로 옳은 것은?

① 카보닐(Carbonyl)화합물의 생성량이 증가한다.

② 아이오딘(요오드)가가 증가한다.

③ 점도가 감소한다.

④ 산패취가 감소한다.

해설 유지가 산패되면 아이오딘(요오드)가가 감소되고, 유지류의 점도와 산패취가 증가하며, 그밖에 카보닐화합물의 생성량도 증가한다.

58 ② 59 ① 60 ① 정답

과년도 기출문제

01 **급성 감염병이 발생했을 때 가장 우선적으로 실시해야 할 역학조사는?**

① 감염원의 확인
② 전파 예방대책 수립
③ 감염병 치료법
④ 환자의 인적사항 파악

해설 급성 감염병이 발생했을 때 가장 우선적으로 실시해야 할 역학조사는 감염원 및 전파경로를 확인하는 것이다. 이후 전파 예방대책 수립, 치료 순으로 진행된다. 급성 감염병의 역학적 특성은 발생률이 높고 유병률이 낮은 것이므로, 급성 감염병이 발생했을 때는 그 감염병의 전파를 막는 것이 급선무이다.

02 **인간의 체온조절에 주요한 영향을 미치는 외부 환경조건 중 4대 온열인자에 속하지 않는 것은?**

① 대류열 ② 기 온
③ 기 습 ④ 기 류

해설 3대 감각온도는 기온, 기습, 기류이며, 4대 온열인자는 기온, 기습, 기류, 복사열이다.

03 **고도가 높을수록 기온이 상승하는 기온역전의 종류에 속하지 않는 것은?**

① 침강성 역전 ② 원추형 역전
③ 전선성 역전 ④ 방사성 역전

해설 기온역전의 종류에는 침강 역전, 전선 역전, 난류 역전, 방사성 역전 등이 있다.

04 **학교 교사 내의 소음 기준은?**

① 45dB(A) 이하 ② 50dB(A) 이하
③ 55dB(A) 이하 ④ 60dB(A) 이하

해설 **폐기물 및 소음의 예방 및 처리기준(학교보건법 시행규칙 [별표 4])**
교사 내의 소음은 55dB(A) 이하로 할 것

정답 1 ① 2 ① 3 ② 4 ③

05 역학적 의미에서 환자를 분류할 때 감염병관리 측면에서 중요성이 가장 떨어지는 것은?

① 은닉환자 ② 간과환자
③ 현성환자 ④ 잠복기환자

해설
- 현성환자는 병원체에 감염되어 임상적인 증상이 뚜렷하게 나타나는 환자를 말한다.
- 불현성환자는 증상이 나타나지 않는 환자를 말하고, 여기에는 은닉환자, 간과환자, 잠복기환자 등이 속한다.

06 감수성지수(접촉감염지수)가 가장 높은 질환은?

① 홍 역 ② 성홍열
③ 폴리오 ④ 디프테리아

해설 접촉감염지수(감수성지수)가 가장 높은 질환(발병 가능성이 높다는 것)은 홍역(95%)이며, 감수성이란 병원체에 대항하여 감염 또는 발병에 대하여 방어할 수 없는 상태이다. 홍역, 천연두(두창)는 95%, 백일해는 60~80%, 성홍열은 40%, 디프테리아는 10%, 소아마비(폴리오)는 0.1%이다.

07 병원체가 원충류(Protozoa)인 것은?

① 요충증 ② 광절열두조충증
③ 말레이사상충증 ④ 말라리아

해설 원충류는 단세포로 현미경으로만 볼 수 있으며, 생산능력이 빨라서 숙주의 장을 점령하고 거기에서 다른 장기나 조직으로 침투한다. 종류로는 아메바성 이질, 말라리아, 트리코모나스 등이 있다.

08 실내 공기의 전반적인 오탁 정도를 측정할 때 사용되는 것은?

① 일산화탄소 ② 이산화탄소
③ 이산화황 ④ 이산화질소

해설 이산화탄소(CO_2)는 실내 공기 오염도 기준 물질로, 무색, 무취, 무미, 비독성, 약산성의 특징을 가진다.

09 고온 환경에서 지나친 발한으로 인한 수분과 염분 손실이 원인이 되는 열중증은?

① 열쇠약증 ② 울열증
③ 열허탈증 ④ 열경련

해설 **고온 환경에서 발생될 수 있는 질병**
- 열중증 : 높은 기온과 습한 환경에서 장시간 노출될 때 나타나는 여러 가지 신체장애를 말한다.
- 열경련 : 과도한 발한에 의한 탈수와 염분 손실로 인해 두통과 근육 경련 등이 나타나는 것을 말한다. 주로 땀을 많이 흘림으로써 발생되는 질환이다.
- 열허탈 : 장기간 고열 노출 시 심박수 증가가 표준 한도를 넘을 때 발생되는 순환장애이다.

5 ③ 6 ① 7 ④ 8 ② 9 ④ **정답**

10 불쾌지수 산출의 근거가 되는 기후요소는?

① 일광과 토양 ② 기온과 기습
③ 기류와 복사열 ④ 기압과 기후

해설 **불쾌지수** : 습도와 온도의 영향에 의해 인체가 느끼는 불쾌감을 지수화한 것으로, 불쾌지수 70 이상에서 불쾌감을 느끼기 시작하여 불쾌지수 80 이상이면 모든 사람이 불쾌감을 느낀다.

11 연어나 송어를 생식할 때 걸리기 쉬운 기생충 질환은?

① 이질아메바증 ② 말레이사상충증
③ 광절열두조충증 ④ 갈고리촌충증

해설 광절열두조충(긴촌충)의 제1중간숙주는 물벼룩, 제2중간숙주는 송어, 연어이다. 유충은 소장 상부에서 장벽에 부착해 기생하며 6~20년간 생존한다.

12 세균성 호흡기계 감염병은?

① 유행성 이하선염 ② 디프테리아
③ 장티푸스 ④ 폴리오

해설 **세균(Bacteria)성 감염병**
- 호흡기계 감염병 : 디프테리아, 백일해, 결핵, 폐렴, 성홍열 등
- 소화기계 감염병 : 콜레라, 세균성 이질, 장티푸스, 파라티푸스 등

13 집단급식소를 운영하고자 할 때 누구에게 신고를 해야 하는가?

① 보건복지부장관
② 식품의약품안전처장
③ 특별자치시장・특별자치도지사・시장・군수・구청장
④ 신고하지 않아도 됨

해설 집단급식소를 설치・운영하려는 자는 총리령으로 정하는 바에 따라 특별자치시장・특별자치도지사・시장・군수・구청장에게 신고하여야 한다(식품위생법 제88조제1항).

정답 10 ② 11 ③ 12 ② 13 ③

14 BOD의 의미는?

① 화학적 산소요구량 ② 물리적 산소요구량
③ 생물학적 산소요구량 ④ 용존산소요구량

해설 BOD(생물학적 산소요구량)는 물속에 있는 미생물이 유기물질을 분해하는 데 필요한 산소의 소모량을 말한다.

15 경구감염병과 세균성 식중독을 비교했을 때 경구감염병의 일반적인 특성은?

① 잠복기가 짧다.
② 면역성이 없다.
③ 2차 감염이 드물다.
④ 소량의 균으로 발병한다.

해설 ① 경구감염병은 세균성 식중독에 비하여 잠복기가 길다.
② 세균성 식중독은 면역성이 없고, 경구감염병은 있는 경우가 많다.
③ 경구감염병은 2차 감염이 많고, 세균성 식중독은 거의 없다.

16 바지락에 들어 있는 식중독 독소는?

① 뉴린(Neurine) ② 베네루핀(Venerupin)
③ 엔테로톡신(Enterotoxin) ④ 아마니타톡신(Amanitatoxin)

해설 조개류에는 베네루핀이라는 독이 있는데 모시조개, 바지락, 굴, 고둥 등에 함유되어 있으며, 치사율은 50%이다.

17 사용이 금지된 감미료는?

① 사카린나트륨(Sodium Saccarin) ② 둘신(Dulcin)
③ 수크랄로스(Sucralose) ④ 아스파탐(Aspartame)

해설 둘신은 1968년부터 사용이 금지된 감미료로 체내에서 분해되면 혈액독을 일으키는 무색결정의 인공감미료이다.

18 피자마유에 들어 있는 유독성분은?

① 솔라닌(Solanine) ② 리신(Ricin)
③ 아미그달린(Amygdalin) ④ 고시폴(Gossypol)

해설 솔라닌은 감자의 식물성 자연독이고, 아미그달린은 청매, 고시폴은 목화씨에 들어 있는 식중독을 유발하는 독소이다.

14 ③ 15 ④ 16 ② 17 ② 18 ② 정답

19 **세균성 식중독 분류 중 감염형 식중독에 속하는 것은?**

① 클로스트리듐 보툴리눔균 식중독
② 황색포도상구균 식중독
③ 바실러스 세레우스균 식중독
④ 살모넬라 식중독

해설 • 감염형 식중독 : 살모넬라, 장염비브리오, 병원성 대장균에 의한 식중독
• 독소형 식중독 : 포도상구균, 보툴리누스균에 의한 식중독

20 **식품위생법의 목적과 거리가 먼 것은?**

① 식품영양의 질적 향상 도모
② 식품으로 인한 위생상의 위해 방지
③ 식품에 관한 올바른 정보를 제공하여 국민보건 증진
④ 식품 위해요소를 미리 예측하여 안전성 확보

해설 **목적(식품위생법 제1조)**
이 법은 식품으로 인하여 생기는 위생상의 위해(危害)를 방지하고 식품영양의 질적 향상을 도모하며 식품에 관한 올바른 정보를 제공함으로써 국민 건강의 보호 · 증진에 이바지함을 목적으로 한다.

21 **식재료의 보관과 저장방법으로 틀린 것은?**

① 가열한 식품을 식기 전에 즉시 냉장 보관하여 식중독균의 증식을 방지한다.
② 냉장온도는 5℃ 이하, 냉동온도는 -18℃ 이하가 가장 이상적이다.
③ 싱크대 아래에는 식품을 보관하지 않는다.
④ 상온에서 보관 시 소비기한이 짧은 것부터 사용하도록 가장 앞에 진열한다.

해설 가열한 식품은 식힌 후 냉장 보관해야 부패 및 변질을 막을 수 있다.

22 **식품위생법상 소분하여 판매할 수 있는 식품은?**

① 어육제품
② 레토르트 식품
③ 통조림제품
④ 벌 꿀

해설 **식품소분업의 신고대상(식품위생법 시행규칙 제38조제1항)**
식품제조 · 가공업 및 식품첨가물제조업에 따른 영업의 대상이 되는 식품 또는 식품첨가물(수입되는 식품 또는 식품첨가물을 포함)과 벌꿀(영업자가 자가채취하여 직접 소분 · 포장하는 경우를 제외)을 말한다.

정답 19 ④ 20 ④ 21 ① 22 ④

23 **고등어, 꽁치 등 붉은살 어류를 섭취했을 때 프로테우스 모르가니(*Proteus morganii*)에 의해 히스티딘(Histidine)으로부터 생성되는 것은?**

① 히스타민(Histamine)
② 클로로필(Chlorophyll)
③ 나이트로소아민(Nitrosoamine)
④ 트라이할로메탄(Trihalomethane)

해설 *Proteus morganii* : 필수아미노산인 히스티딘을 탈탄산시켜 그 결과 히스타민이 생성되어 알레르기성 식중독의 원인이 된다.

24 **식품위생법상 식품접객업 영업을 하려는 자는 몇 시간의 식품위생교육을 받아야 하는가?**

① 3시간
② 4시간
③ 6시간
④ 8시간

해설 **교육시간(식품위생법 시행규칙 제52조제2항제3호)**
식품접객업(휴게음식점, 일반음식점, 단란주점, 유흥주점, 위탁급식, 제과점)을 하려는 자 : 6시간

25 **숯으로 구운 고기 중에서 검출되는 유해성 물질로 알려진 다환방향족 탄화수소는?**

① 벤조[α] 피렌(Benzo[α] pyrene)
② 아황산염류
③ 클로로피크린(Chloropicrin)
④ 베타나프톨(β-naphthol)

해설 벤조피렌은 고기를 구울 때 숯의 탄화수소와 육류의 지방이 결합되면서 생성되는 물질로, 배기가스, 담배 등에 존재하는 담황색 침상이나 파상 결정의 발암물질이다.

26 **전분의 종류에 따른 젤화 특성으로 틀린 것은?**

① 아밀로펙틴만으로 이루어진 찰전분은 젤화가 거의 일어나지 않는다.
② 젤의 강도는 아밀로스 함량이 적을수록 높아진다.
③ 메밀, 도토리전분 젤은 탄력성이 뛰어나 형태를 잘 유지한다.
④ 옥수수전분은 젤의 강도가 비교적 높은 편이다.

해설 **젤화 특성**
콜로이드(유동성)인 졸이 젤로 변성되는 현상으로 젤의 강도가 강한 것은 전분의 농도가 높은 것이다. 아밀로펙틴에서는 젤 형성이 안 되고, 아밀로스가 많으면 젤 형성이 잘 된다.

23 ① 24 ③ 25 ① 26 ② **정답**

27 밀가루의 글루텐 형성 강화에 영향을 미치는 재료가 아닌 것은?

① 설 탕 ② 소 금
③ 브로민산칼륨 ④ 아스코브산

해설 밀가루의 글루텐 형성에 도움을 주는 것은 소금, 브로민산칼륨, 아스코브산(비타민 C), 무기질 등이고, 글루텐 형성을 방해하는 것에는 설탕, 유지 등이 있다.

28 표준 레시피 작성 시 반드시 적어야 할 사항이 아닌 것은?

① 음식의 생산량 ② 조리온도와 시간
③ 조리 후의 식단평가 ④ 사용되는 재료의 분량

해설 표준 레시피 작성에 필요한 항목은 재료의 분량, 음식의 생산량, 조리온도와 시간, 조리방법 등이다.

29 오븐의 구입가격이 550만원, 잔존가격이 50만원, 내용연수가 10년일 때 감가상각비를 정액법으로 계산하면?

① 50만원 ② 45만원
③ 40만원 ④ 5만원

해설 감가상각비 = (기초가격 – 잔존가격) / 내용연수

30 냉장·냉동설비의 관리에 대한 설명 중 옳은 것은?

① 냉동실 내면에 낀 서리는 칼끝으로 떼어내거나 뜨거운 물로 녹여낸다.
② 냉장·냉동실과 주방 바닥의 연결은 수평면이어야 한다.
③ 냉동실에 식품을 저장할 때 공간을 효율적으로 사용하기 위해 윗면까지 꽉 채운다.
④ 뜨거운 식품을 식힐 때는 뜨거운 상태에서 냉장·냉동설비에 넣는다.

해설 냉장고 및 냉동고를 설치할 때 바닥면은 수평으로 유지되어야 한다.

31 재고회전율에 대한 설명으로 틀린 것은?

① 재고회전율은 총출고액을 평균 재고액으로 나누어 구한다.
② 재고회전율이 표준치보다 높은 것은 재고가 과잉 수준임을 나타낸다.
③ 재고회전율을 표준치와 비교하여 그 차이를 줄이도록 해야 한다.
④ 일정 기간 중에 재고가 몇 차례나 사용되고 판매되었는가를 의미하는 것이다.

해설 재고회전율이 높다는 것은 창고의 물품이 없다는 것을 말하고, 최소의 재고량은 최대의 회전율을 보인다.

정답 27 ① 28 ③ 29 ① 30 ② 31 ②

32 **동태조림 1인 분량은 70g이고, 원재료인 동태의 폐기율은 25%라고 한다. 300인분의 동태조림을 제공하려고 할 때 동태의 발주량은 약 얼마인가?**

① 25kg ② 28kg
③ 31kg ④ 34kg

해설 식품 발주량 = 정미중량 × 100 / (100 − 폐기율) × 인원수 = 70 × 100/(100 − 25) × 300 = 28kg

33 **달걀에 대한 설명으로 맞는 것은?**

① 난황계수는 계산된 수치가 적을수록 신선한 것이다.
② 난백은 산과 반응하면 젤리(Jelly)화된다.
③ 난황보다 난백이 더 높은 온도에서 응고된다.
④ 달걀은 저장 중 탄산가스가 발산되므로 pH가 상승한다.

해설 달걀은 저장 중 pH가 높아지므로 가스저장법을 이용해 pH를 낮춰서 자가소화를 막는 데 사용된다.

34 **Ca과 불용성염을 형성하여 Ca의 흡수를 방해하는 물질을 가진 채소는?**

① 아스파라거스 ② 시금치
③ 브로콜리 ④ 풋고추

해설 시금치에는 수산(옥살산)의 함량이 높은데, 이는 체내에서 칼슘과 결합하여 수산칼슘염(칼슘옥살레이트)을 만든다.

35 **냉동에 가장 적합한 식품은?**

① 두부, 연근, 죽순 ② 육원전, 동태전
③ 우유, 크림 ④ 해동된 냉동피자

해설 전류(육원전, 동태전)는 냉동이 가능하며, 해동한 후 재가열해도 원래의 맛이 살아난다.

36 **양념 첨가방법에 대한 설명으로 틀린 것은?**

① 조리 시 처음부터 소금을 넣으면 잘 무르지 않으므로 음식이 익은 다음에 넣는다.
② 초는 휘발하기 쉬우므로 되도록 조리가 거의 끝날 무렵 넣는다.
③ 여러 가지 양념을 동시에 넣으면 분자량이 큰 물질이 빨리 침투한다.
④ 된장은 생선조림을 할 때 처음부터 넣으면 냄새를 흡착하여 비린내가 줄어든다.

해설 조미료는 설탕 → 소금 → 식초 순으로 넣는다.

32 ② 33 ④ 34 ② 35 ② 36 ③ 정답

37 **과즙에 자당, 과당, 포도당과 구연산을 함유하여 부패균 번식을 억제하며 특히 비타민 C 함량이 높은 것은?**

① 사 과　　② 레 몬
③ 자 두　　④ 포 도

해설 레몬에는 비타민 C가 매우 풍부하고, 구연산, 포도당 등이 함유되어 피로회복에 도움이 된다.

38 **팥의 조리에 관한 내용으로 틀린 것은?**

① 붉은 팥은 거피(去皮)가 잘 안되므로 삶은 후 걸러서 껍질을 제거한다.
② 팥을 가열하면 강한 세포막 내로 전분 입자가 팽윤되면서 각각의 세포가 분리되어 팥소를 만든다.
③ 호화된 팥소를 볶아주면 수분을 빼앗겨 노화하기 어려우므로 식어도 호화 상태를 유지한다.
④ 팥을 삶을 때 나는 거품의 성분은 글라이신으로 쓴맛이 나므로 중간에 물을 다시 갈아 끓인다.

해설 팥을 삶을 때의 거품 성분은 사포닌이다.

39 **일본 요리의 종류 중 사찰요리에 해당되는 것은?**

① 가이세키요리　　② 혼젠요리
③ 쇼진요리　　④ 오세치요리

해설 일본 요리 중 사찰요리는 쇼진요리이며, 육류, 어류, 난류 등을 사용하지 않고 콩류, 채소류, 곡류, 해조류 등을 사용하여 만든 요리이다.

40 **중국 요리의 요리 형태나 조리법의 용어 연결이 바르게 된 것은?**

① 탕차이(湯菜) – 재료에 아무것도 묻히지 않고 볶는 법
② 바오(包) – 고물(소)을 껍질로 싼 것
③ 깐차오(乾炒) – 국처럼 끓이는 법
④ 취안(全) – 둥글고 얇게 지져낸 것

해설 ① 탕차이 : 국(탕)의 조리 형태(끓이는 요리)
③ 깐차오 : 반죽 옷을 입혀 튀긴 후 다른 식재료와 함께 볶아내는 조리 형태
④ 취안 : 식재료를 통째로 다룬 조리 형태

정답 37 ② 38 ④ 39 ③ 40 ②

41 다음 요리 중 복합조리에 해당하는 것은?

① 장조림 ② 편 육
③ 완자탕 ④ 설렁탕

해설 완자탕은 건식(팬에 기름을 두르고 볶는 형태)과 습식(육수에 끓여서 만든 형태)의 복합조리에 해당된다.

42 제조원가에 포함되지 않는 것은?

① 식재료비
② 노무비
③ 판매경비
④ 직접경비

해설 • 제조원가 = 직접원가(직접재료비 + 직접노무비 + 직접경비) + 제조간접비(간접재료비 + 간접노무비 + 간접경비)
• 총원가 = 제조원가 + 판매관리비

43 우유를 균질화시키는 목적이 아닌 것은?

① 지방의 소화를 도와준다.
② 지방의 분리를 막아 준다.
③ 미생물의 발육을 억제한다.
④ 유지방의 크기를 작게 한다.

해설 **우유의 균질화 목적**
지방의 소화를 높여 주고, 지방의 분리를 막아 주며, 유지방의 크기를 작게 한다. 단백질의 연화로 흡수율도 높게 한다.

44 프랑스 요리에 대한 설명으로 맞는 것은?

① 전채요리에는 푸아그라(Foie Gras)테린이 있는데 철갑상어알을 이용하며 세계 3대 진미에 속한다.
② 수프는 주요리의 제1코스로 포타지(Potage)는 맑게 끓인 수프이다.
③ 앙트레 요리인 샤또브리앙(Chateaubriand)은 필렛고기의 가운데 부분의 튼튼한 곳을 두껍게 절단하여 만든 것이다.
④ 채소요리로 치즈를 이용한 세보리는 '한입의 요리'라는 뜻으로 앙트레 다음에 꼭 나온다.

해설 ① 푸아그라테린은 거위의 간을 이용한다.
② 포타지는 진하게 만든 수프 요리이다. 맑게 끓인 수프는 콘소메이다.
④ 채소요리로 치즈를 이용한 세보리는 샐러드 다음에 나온다.

41 ③ 42 ③ 43 ③ 44 ③ 정답

45 생선구이에 대한 설명 중 틀린 것은?

① 구이는 생선 자체의 맛을 살리는 조리법이다.
② 지방함량이 적은 생선에 좋은 조리법이다.
③ 생선을 구우면 단백질은 응고하고 수분은 증발한다.
④ 일반적으로 강한 불로 멀리서 구워야 노릇노릇 잘 구워진다.

해설 생선구이는 보통 지방의 함량이 높은 생선에 효율적이다.

46 호화전분(α-전분)의 X선 회절도는?

① A형
② B형
③ C형
④ V형

해설 호화된 전분은 결정성 영역이 사라진 V형 회절도를 나타낸다.

47 분해되었을 때 포도당(Glucose)이 생성되지 않는 당류는?

① 설탕(Sucrose)
② 맥아당(Maltose)
③ 이눌린(Inulin)
④ 라피노스(Raffinose)

해설 이눌린은 과당의 결합체로 우엉, 돼지감자 등에 다량 함유되어 있고, 분해되었을 때 포도당이 생성되지 않는다.

48 시금치에 들어 있으며 칼슘과 결합하여 불용해성인 수산칼슘을 형성하여 칼슘의 흡수를 억제시키는 물질은?

① 초산(Acetic Acid)
② 구연산(Citric Acid)
③ 옥살산(Oxalic Acid)
④ 사과산(Malic Acid)

해설 시금치에는 수산(옥살산)의 함량이 높은데, 이는 체내에서 칼슘과 결합하여 수산칼슘염(칼슘옥살레이트)을 만든다.

정답 45 ② 46 ④ 47 ③ 48 ③

49 어느 식단의 영양소 성분이 다음과 같을 때 이 식단의 열량은 얼마인가?

섬유질	지 방	탄수화물	칼 슘	단백질
45g	30g	80g	2g	40g

① 750kcal ② 800kcal
③ 850kcal ④ 950kcal

해설 지방(30 × 9) = 270kcal, 당질(80 × 4) = 320kcal, 단백질(40 × 4) = 160kcal이므로, 270 + 320 + 160 = 750kcal

50 수산연제품 가공 시 제품의 탄력 형성에 중요한 역할을 하는 것은?

① 설 탕 ② 소 금
③ 지 방 ④ 식이섬유

해설 마이오신(어육 단백질)은 염분과 결합하여 어묵(수산연제품) 제조 시 탄력성을 높인다.

51 식품의 분류와 해당 식품이 바르게 연결된 것은?

① 곡류 - 쌀, 옥수수, 완두
② 감자류(서류) - 고구마, 토란, 마
③ 두류 - 강낭콩, 율무, 은행
④ 과실류 - 사과, 복숭아, 토마토

해설 ① 완두는 두류, ③ 은행은 견과류, ④ 토마토는 과채류이다.

52 유지의 산패 중 생화학적인 산패에 대한 내용으로 맞는 것은?

① 리폭시데이스(Lipoxidase)와 같은 산화효소에 의한 산패이다.
② 산패 초기에 불순물에 의해 결합상태에서 떨어져 나와 유리라디칼을 형성하는 초기 반응을 일으킨다.
③ 자동산화에 의한 산패이다.
④ 포화지방산의 산패이다.

해설 생화학적인 산패는 리폭시데이스와 같은 산화효소에 의한 산패를 의미한다.

49 ① 50 ② 51 ② 52 ① 정답

53 유지의 아이오딘가(요오드가, Iodine Value)에 대한 설명으로 틀린 것은?

① 지방산의 불포화도를 나타내는 값이다.
② 건성유는 아이오딘가가 100 이하로 올리브유, 호두유가 대표적이다.
③ 반건성유는 아이오딘가가 100~130으로 참기름, 면실유, 옥수수기름 등이 있다.
④ 유지 100g에 흡수되는 아이오딘의 g수를 말한다.

해설 아이오딘가는 유지 100g에 흡수되는 아이오딘의 g수를 말한다.
- 건성유(아이오딘가 130 이상) : 들기름, 호두기름, 아마인유, 대구간유 등
- 반건성유(아이오딘가 100~130) : 참기름, 미강유, 면실유, 채종유, 콩기름 등
- 불건성유(아이오딘가 100 이하) : 땅콩기름, 올리브유, 피마자유, 동백기름 등

54 단백질 젤(Gel) 식품이 아닌 것은?

① 삶은 달걀 ② 족 편
③ 두 부 ④ 마멀레이드

해설 **마멀레이드** : 레몬 껍질, 오렌지, 감귤류 등을 넣어 만든 가공품이다.

55 육가공에 관한 설명으로 틀린 것은?

① 사후경직이 지나면 자체효소에 의해 자가소화가 일어난다.
② 육색을 유지하기 위해 아질산나트륨을 사용한다.
③ 베이컨은 돼지의 복부육(삼겹살)을 가공한 것이다.
④ 족편은 근원섬유 단백질이 젤라틴화된 것이다.

해설 족편은 콜라겐(Collagen) 단백질이 젤라틴화된 것이다.

56 곶감 제조 시 과육 내 타닌 물질이 갈변하는 현상을 막기 위해 하는 공정은?

① 훈 증 ② 건 조
③ 포 장 ④ 박 피

해설 곶감 제조 시 곰팡이 발생을 억제하기 위해 훈증시켜서 타닌이 갈변되는 것을 막는다.

정답 53 ② 54 ④ 55 ④ 56 ①

57 **마른 멸치는 주로 어떤 방식에 의한 가공품인가?**

① 동건품　　② 자건품
③ 배건품　　④ 염건품

해설 **자건법** : 멸치, 굴, 소형 어패류 등을 삶은 후 건조시킨 것이다.

58 **다음 채소나 과일의 색소 중 산, 알칼리, 열에 가장 안정한 것은?**

① Chlorophyll(녹색)
② Anthocyan(적색)
③ Flavone(백색)
④ Carotenoid(등황색)

해설 카로티노이드는 산, 알칼리, 열에 가장 안정하다.

59 **발효 대두가공 식품으로 짝지어진 것은?**

① 간장, 된장, 두부
② 된장, 고추장, 두유
③ 간장, 된장, 청국장
④ 두부, 두유, 대두분말

해설 두부는 콩 속에 들어 있는 단백질을 추출하여 무기염류(황산칼슘, 황산마그네슘 등)로 응고시킨 식품이고, 고추장은 곡류(쌀, 보리, 찹쌀 등)에 맥아와 코지균으로 당화시킨 것을 말한다.

60 **감귤류의 쓴맛 성분은?**

① Naringin
② Cucurbitacin
③ Caffeine
④ Humulone

해설 오이꼭지의 쓴맛은 Cucurbitacin, 차(커피)의 쓴맛은 Caffeine이고, 맥의 쓴맛은 Humulone이다.

57 ② 58 ④ 59 ③ 60 ① **정답**

2015년

제58회 | 과년도 기출문제

01 공중보건의 개념상 가장 중요한 대상은?

① 개인 환자
② 특수 질환자
③ 지역사회 전체 주민
④ 저소득자

해설 공중보건의 대상은 개인이 아닌 지역사회의 전체 주민이고, 더 넓게는 국민 전체를 대상으로 한다.

02 생균백신을 사용하여 예방하는 질병은?

① 백일해
② 일본뇌염
③ 결 핵
④ 디프테리아

해설 홍역, 수두, 결핵 등은 생균 예방접종을 하는 질병이다.

03 공해의 종류와 인체에 대한 피해 연결이 틀린 것은?

① 대기오염 - 만성기관지염, 기관지 천식, 폐기종
② 수질오염 - 이질, 장티푸스, 콜레라, 인, 후두염
③ 소음 - 정신적 장애, 혈압상승, 청력장애, 신진대사증가
④ 진동 - 맥박증가, 위장하수, 레노병, 생리기능장애

해설 수질오염에는 수은중독의 미나마타병과 카드뮴중독에 의한 이타이이타이병 등이 있다.

04 감염병의 예방 및 관리에 관한 법률상 제4군 감염병이란?

① 국내에서 새롭게 발생하였거나 발생할 우려가 있는 감염병 또는 국내 유입이 우려되는 해외 유행 감염병
② 기생충에 감염되어 발생하는 감염병으로서 정기적인 조사를 통한 감시가 필요한 감염병
③ 예방접종을 통하여 예방 및 관리가 가능하여 국가예방접종사업의 대상이 되는 감염병
④ 마시는 물 또는 식품을 매개로 발생하고 집단 발생의 우려가 커서 발생 또는 유행 즉시 방역대책을 수립하여야 하는 감염병

해설 ※「감염병의 예방 및 관리에 관한 법률」 개정에 따라 감염병 분류 체계는 군별 체계에서 급별 체계로 변경되었다.

정답 1 ③ 2 ③ 3 ② 4 정답없음

05 질병 발생의 병인적 인자로서 생물학적 요인이 아닌 것은?

① 세 균 ② 아드레날린
③ 리케차 ④ 기생충

해설 아드레날린은 교감신경 전달물질의 한 종류로, 혈당의 상승작용 등으로 인해 구급 의료에 사용된다. 그러나 생물학적 병인적 인자는 아니다.

06 병원소에 속하지 않는 것은?

① 건강보균자 ② 오염토양
③ 감염가축 ④ 오염음식물

해설 병원소는 동물 집단이나 개체에 감염이 되는 경우로 동·식물, 토양, 유기물 등에서 병원체가 증식하는 것을 말한다. 그러나 오염음식물은 해당되지 않는다.

07 학교 환경위생정화구역 중 절대정화구역은 학교 출입문으로부터 몇 m까지인가?

① 30m ② 50m
③ 70m ④ 100m

해설 절대환경구역(학교 환경위생정화구역)은 학교 출입문으로부터 직선거리로 50m이다(학교보건법 시행령 제3조).
※ 「학교보건법 시행령」 개정으로 해당 조문은 삭제되었다.

08 감염병의 예방 및 관리에 관한 법률상 정기예방접종 감염병이 아닌 것은?

① 백일해 ② 홍 역
③ 장티푸스 ④ 일본뇌염

해설 ※ 「감염병의 예방 및 관리에 관한 법률」 개정에 따라 감염병 분류 체계는 군별 체계에서 급별 체계로 변경되었다. 문제는 제2군 감염병에 관한 내용이다.

09 작업환경에 기인하는 직업병과의 연결이 옳은 것은?

① 저기압 – 잠함병 ② 채석장 – 위장장애
③ 조리장 – 열쇠약증 ④ 고기압 – 고산병

해설 직업병으로 저기압 환경에서 작업하는 인부들은 고산병이나 항공병, 채석장에서 일하는 인부들은 진폐증이나 석면폐증 등이 있고, 고기압에서 일하는 작업 인부들은 잠함병 등이 있다.

5 ② 6 ④ 7 정답없음 8 정답없음 9 ③ 정답

10 위생해충 구제방법 중 발생원과 서식처 제거를 이용한 방식은?

① 물리적 구제 ② 화학적 구제
③ 환경적 구제 ④ 생물학적 구제

해설 **위생해충의 일반적 구제법**
- 환경적 방법 : 발생원 및 서식처 제거
- 물리적 방법 : 유문등 사용, 각종 트랩, 끈끈이 테이프 사용
- 화학적 방법 : 속효성 및 잔효성 살충제 분무
- 생물학적 방법 : 천적 이용, 불임충 방사법

11 순환기 계통 성인병이 아닌 것은?

① 동맥경화증 ② 당뇨병
③ 뇌졸중 ④ 심근경색증

해설 순환기 계통의 성인병에는 심혈관계 질환(심근경색증), 뇌졸중, 동맥경화증 등이 있다. 당뇨병은 당질 섭취로 인해 혈당량이 정상인보다 느리게 떨어지는 병이다.

12 바다 생선회를 먹을 때 감염될 수 있는 기생충 질환은?

① 아니사키스증 ② 선모충증
③ 트리코모나스 ④ 동양모양선충증

해설 아니사키스증은 해산 어류, 특히 바다 생선회를 먹었을 때 감염된다. 동양모양선충증은 채소류 섭취 시 감염되고, 선모충증은 돼지고기 섭취 시 감염된다.

13 허가 또는 신고를 받아야 하는 관청이 다른 것은?

① 식품운반업 ② 단란주점영업
③ 식품조사처리업 ④ 유흥주점영업

해설 **허가를 받아야 하는 영업 및 허가관청(식품위생법 시행령 제23조)**
- 식품조사처리업 : 식품의약품안전처장
- 단란주점영업과 유흥주점영업 : 특별자치시장・특별자치도지사 또는 시장・군수・구청장

※ 식품운반업은 특별자치시장・특별자치도지사 또는 시장・군수・구청장에게 신고를 하여야 하는 영업이다(식품위생법 시행령 제25조제1항제4호).

정답 10 ③ 11 ② 12 ① 13 ③

14 식품위생법상 식품안전관리인증기준(HACCP) 대상 식품에 해당되지 않는 것은?

① 어육가공품 중 어묵류 ② 빙과류

③ 가열음료 ④ 레토르트 식품

해설 식품안전관리인증기준 대상 식품(식품위생법 시행규칙 제62조제1항)

- 수산가공식품류의 어육가공품류 중 어묵 · 어육소시지
- 기타수산물가공품 중 냉동 어류 · 연체류 · 조미가공품
- 냉동식품 중 피자류 · 만두류 · 면류
- 과자류, 빵류 또는 떡류 중 과자 · 캔디류 · 빵류 · 떡류
- 빙과류 중 빙과
- 음료류(다류 및 커피류는 제외)
- 레토르트 식품
- 절임류 또는 조림류의 김치류 중 김치(배추를 주원료로 하여 절임, 양념혼합과정 등을 거쳐 이를 발효시킨 것이거나 발효시키지 아니한 것 또는 이를 가공한 것에 한함)
- 코코아가공품 또는 초콜릿류 중 초콜릿류
- 면류 중 유탕면 또는 곡분, 전분, 전분질원료 등을 주원료로 반죽하여 손이나 기계 따위로 면을 뽑아내거나 자른 국수로서 생면 · 숙면 · 건면
- 특수용도식품
- 즉석섭취 · 편의식품류 중 즉석섭취식품
- 즉석섭취 · 편의식품류의 즉석조리식품 중 순대
- 식품제조 · 가공업의 영업소 중 전년도 총 매출액이 100억원 이상인 영업소에서 제조 · 가공하는 식품

15 통조림에 번식하여 용기 팽창의 원인이 되는 혐기성 포자 형성세균은?

① 바실러스 서브틸리스(*Bacillus subtilis*)

② 클로스트리듐 보툴리눔(*Clostridium botulinum*)

③ 바실러스 세레우스(*Bacillus cereus*)

④ 바실러스 스테아로서모필러스(*Bacillus stearothermophilus*)

해설 클로스트리듐 보툴리눔은 혐기성 포자 형성세균으로 통조림에 번식하여 용기 팽창의 원인이 된다.

16 미생물에 대한 설명으로 옳은 것은?

① 발효에 관여하며 주로 식중독을 일으키는 균은 바이러스이다.

② 누룩, 메주 등에 이용되는 주된 균은 세균이다.

③ 식중독을 일으키는 균은 주로 분열로 증식하는 세균이다.

④ 활발한 운동성이 있으며 식중독을 일으키는 균은 바이러스이다.

14 ③ 15 ② 16 ③ 정답

17 불에 구운 고기에서 잔류가 확인된 다환성 방향족 탄화수소의 일종으로 DNA와 결합하여 발암작용을 일으키는 것은?

① 안식향산(Benzoic Acid)
② 벤조피렌(Benzo(α)pyrene)
③ 아플라톡신(Aflatoxin)
④ 아미그달린(Amygdalin)

해설 벤조피렌은 고기를 구울 때 숯의 탄화수소와 육류의 지방이 결합되면서 생성되는 물질로 배기가스, 담배 등에 존재하는 담황색 침상이나 판상 결정의 발암물질이다. 즉 다환성 방향족 탄화수소의 일종으로 DNA와 결합하여 발암물질을 생성한다.

18 식품위생법에서 정하고 있는 '판매 등이 금지되는 병든 동물 고기 등'에 해당하지 않는 것은?

① 리스테리아병
② 살모넬라병
③ 파스튜렐라병
④ 무구조충증

해설 **판매 등이 금지되는 병든 동물 고기 등(식품위생법 시행규칙 제4조)**
- 도축이 금지되는 가축전염병
- 리스테리아병, 살모넬라병, 파스튜렐라병 및 선모충증

19 통·병조림식품의 규격에 의한 주석의 허용 기준은?(단, 산성통조림은 제외)

① 50mg/kg 이하
② 100mg/kg 이하
③ 150mg/kg 이하
④ 200mg/kg 이하

해설 통·병조림식품의 규격에 의한 주석의 허용 기준은 150mg/kg 이하이다(식품공전).

20 식품위생법상 조리사의 면허를 반드시 취소하여야 하는 경우는?

① 집단급식소에 종사하는 조리사가 1년마다 교육을 받지 않은 경우
② 업무정지기간 중에 조리사의 업무를 하는 경우
③ 식중독이나 그 밖에 위생과 관련한 중대한 사고 발생에 직무상의 책임이 있는 경우
④ 면허를 타인에게 대여하여 사용하게 한 경우

해설 **면허취소 등(식품위생법 제80조제1항)**

식품의약품안전처장 또는 특별자치시장·특별자치도지사·시장·군수·구청장은 조리사가 다음 어느 하나에 해당하면 그 면허를 취소하거나 6개월 이내의 기간을 정하여 업무정지를 명할 수 있다.
- 조리사 결격사유의 어느 하나에 해당하게 되는 경우(반드시 취소)
- 교육을 받지 아니한 경우
- 식중독이나 그 밖에 위생과 관련한 중대한 사고 발생에 직무상의 책임이 있는 경우
- 면허를 타인에게 대여하여 사용하게 한 경우
- 업무정지기간 중에 조리사의 업무를 하는 경우(반드시 취소)

정답 17 ② 18 ④ 19 ③ 20 ②

21 먹기 전에 가열해도 식중독 예방을 기대하기 어려운 것은?

① 장염비브리오 식중독　② 살모넬라 식중독
③ 병원성대장균 식중독　④ 황색포도상구균 식중독

해설 황색포도상구균의 장독소는 열에 매우 강하여 끓여도 파괴되지 않기 때문에 가열처리한 식품을 섭취하여도 식중독에 걸릴 수 있다. 이 독소는 120℃에서 30분간 가열하여도 파괴되지 않는다.

22 식품과 독성분이 맞게 연결된 것은?

① 독미나리 - 베네루핀(Venerupin)　② 섭조개 - 삭시톡신(Saxitoxin)
③ 청매 - 시큐톡신(Cicutoxin)　④ 감자 - 아미그달린(Amygdalin)

해설 식품의 독성분 중 독미나리는 시큐톡신, 청매는 아미그달린, 감자는 솔라닌이다.

23 알레르기 식중독의 원인으로 알려진 물질은?

① 아르기닌(Arginine)　② 히스타민(Histamine)
③ 라이신(Lysine)　④ 카페인(Caffeine)

해설 모르가니균은 필수아미노산인 히스티딘을 탈탄산시켜 그 결과 히스타민이 생성되어 알레르기성 식중독의 원인이 된다.

24 식품 등의 표시기준에 의한 유통기한의 정의는?

① 제품의 최종 유통단계에서 납품이 허용되는 기한
② 제품의 제조일로부터 소비자에게 음식 섭취가 허용되는 기한
③ 제품의 변질이 일어나지 않는 기한
④ 제품의 제조일로부터 소비자에게 판매가 허용되는 기한

해설 유통기한은 식품 등의 표시기준에 의하여 제품의 제조일로부터 소비자에게 판매가 허용되는 기한이다.
※「식품 등의 표시기준」 개정으로 '유통기한'에 관한 용어의 정의는 삭제되고, '소비기한'에 관한 정의로 개정되었다.

25 다음 중 독소형 식중독은?

① 장구균 식중독　② 장염비브리오균 식중독
③ 살모넬라균 식중독　④ 보툴리눔균 식중독

해설 독소형 식중독에는 포도상구균 식중독, 클로스트리듐 보툴리눔균 식중독이 해당된다.

21 ④　22 ②　23 ②　24 정답없음　25 ④　**정답**

26 **순환메뉴(Cycle Menu)에 대한 설명으로 옳은 것은?**

① 변화하지 않고 계속 지속되는 메뉴이다.
② 패스트푸드 업체, 스테이크 하우스에서 가장 보편적으로 이용된다.
③ 일정한 기간 동안 반복하여 사용할 수 있다.
④ 새로운 메뉴 품목을 첨가하기가 어렵다.

해설 순환메뉴의 기간은 주로 7일, 21일인데 종종 4개월마다 계절주기를 바탕으로 만들어진다.

27 **습열 조리법이 아닌 것은?**

① 찜
② 브로일링(Broilling)
③ 시머링(Simmering)
④ 조 림

해설 습열 조리의 종류에는 끓이기, 삶기, 찌기, 조림, 데치기, 시머링 등이 해당된다.

28 **조리에 의한 채소의 변화가 아닌 것은?**

① 비타민 합성
② 휘발성 산의 휘발
③ 비타민과 무기질 등의 손실
④ 엽록소의 파괴

해설 채소류를 데칠 경우 휘발성 산이 휘발되고, 비타민과 무기질 등이 손실되며 엽록소의 파괴도 일어난다.

29 **두부의 조리에 대한 설명으로 옳지 않은 것은?**

① 두부를 끓이는 국물에 소금을 0.1~1% 첨가하여 조리하면 나트륨과 칼슘의 응고작용으로 단단해진다.
② 두부는 다른 재료가 익은 후 마지막 단계에 넣고 오래 끓이지 않도록 한다.
③ 두부는 끓이면 단백질이 더 응고되고 수분이 추출되어 단단해진다.
④ 두부는 콩단백질인 글리시닌이 칼슘염에 응고하는 성질을 이용하여 만든 것이다.

해설 두부는 글리시닌(단백질)이 염화칼슘, 염화마그네슘 등에 의해 응고되는 성질을 이용한 것이다.

정답 26 ③ 27 ② 28 ① 29 ④

30 **다음 중 과일의 일반적인 특성과는 다르게 지방함량이 가장 높은 과일은?**

① 망고스틴
② 바나나
③ 수 박
④ 아보카도

해설 아보카도는 과일 중에서 많은 양의 지방을 가지고 있고, 단일불포화지방산으로 콜레스테롤 수치를 낮춰준다.

31 **기름성분이 하수구로 유입되는 것을 방지하기 위해 사용되는 가장 바람직한 하수관의 형태는?**

① 그리스 트랩
② 후 드
③ S 트랩
④ 드 럼

32 **세시음식이 바르게 연결된 것은?**

① 3월 삼짇날 – 보리수단, 증편, 복분자화채
② 5월 단오 – 제호탕, 수리취떡, 앵두화채
③ 6월 유두 – 감국전, 밤단자, 국화주
④ 9월 중양절 – 조기면, 탕평채, 진달래화채

해설 **세시음식**

- 3월 삼짇날 : 진달래주, 진달래 화전, 오미자국
- 5월 단오 : 제호탕, 앵두화채, 수리취떡, 앵두화전
- 6월 유두 : 수단, 원소병, 편수, 상화병
- 9월 중양절 : 국화주, 국화전, 국화채 등

33 **토마토의 붉은 색소의 주된 성분은?**

① 라이코펜(Lycopene)
② 아연(Zn)
③ 스테롤(Sterol)
④ 헤스페리딘(Hesperidin)

해설 토마토의 붉은 색소는 라이코펜이며, 수박, 감 등에도 존재한다.

30 ④ 31 ① 32 ② 33 ① **정답**

34 **우유를 60℃ 이상 가열할 때 형성되는 피막의 성분은?**

① 카세인(Casein)
② 레시틴(Lecithin)
③ 유청(Whey)단백질
④ 유당(Lactose)

해설 유청단백질은 우유를 60℃ 이상 가열할 때 형성되는 피막의 성분으로 면역글로불린, 혈청알부민, 락토글로불린, 락토알부민 등이 있다.

35 **육류 조리 가열 시 색소 변화로 바르게 연결된 것은?**

① 마이오글로빈 → 옥시마이오글로빈 → 메트마이오글로빈 → 헤마틴
② 마이오글로빈 → 메트마이오글로빈 → 옥시마이오글로빈 → 헤마틴
③ 옥시마이오글로빈 → 메트마이오글로빈 → 마이오글로빈 → 헤마틴
④ 옥시마이오글로빈 → 마이오글로빈 → 메트마이오글로빈 → 헤마틴

해설 육류를 조리할 때 색의 변화는 마이오글로빈 → 옥시마이오글로빈 → 메트마이오글로빈 → 헤마틴 순으로 변한다.

36 **튀김용 기름에 대한 설명으로 옳은 것은?**

① 튀김 기름은 점도가 높을수록 좋다.
② 발연점이 높은 기름이 튀김용으로 좋다.
③ 유화제가 첨가된 쇼트닝은 튀김용으로 좋다.
④ 튀긴 기름을 재사용하면 할수록 발연점이 높아진다.

해설 튀김용 기름은 발연점이 높은 것이 좋으며, 면실유, 콩기름, 채종유, 옥수수유 등이 적합하다.

37 **새우나 게와 같은 갑각류를 익혔을 때 나타나는 붉은 색소는?**

① 아스타신(Astacin)
② 루테인(Lutein)
③ 멜라닌(Melanin)
④ 헤마틴(Hematin)

해설 갑각류(새우, 게 등)를 가열하면 껍질의 청록색인 아스타잔틴이 단백질과 결합하여 변성, 분리 및 유리되어 아스타신으로 변화되기 때문에 붉어진다.

정답 34 ③ 35 ① 36 ② 37 ①

38 식품의 가식부율이 다음과 같을 때 감자와 꽁치의 출고계수를 순서대로 나열한 것은?

식품명	가식부율
감 자	90%
꽁 치	60%

① 0.09, 0.06
② 0.90, 0.60
③ 1.05, 1.82
④ 1.11, 1.67

해설 • 감자의 출고계수 : 1 ÷ 0.9(가식부율 90%) ≒ 1.11
• 꽁치의 출고계수 : 1 ÷ 0.6(가식부율 60%) ≒ 1.67

39 달걀의 특징 설명 중 틀린 것은?

① 달걀을 오래 가열하면 난백의 황화수소가 난황의 철분과 반응하여 녹변현상이 발생한다.
② 달걀의 완전응고 온도는 흰자보다 노른자가 높다.
③ 높은 온도에서 익히는 것보다 다소 낮은 온도에서 가열하면 보다 부드러운 응고물이 된다.
④ 흰자의 기포성을 높이기 위해서는 표면장력이 크고 점도가 높아야 한다.

해설 농후난백보다 수양난백이 기포 형성에 더 좋다.

40 약과를 튀기기 위해 반죽을 넣기에 가장 적당한 튀김기름의 상태는?

① 반죽이 냄비의 밑바닥에 살짝 닿은 뒤 떠올라왔다.
② 튀김냄비의 1/3 정도까지 내려간 뒤 올라왔다.
③ 반죽이 가라앉지 않고 표면에서 퍼지듯이 튀겨졌다.
④ 반죽이 바닥에 가라앉아 풀어졌다.

해설 1차 튀김 온도는 약과 반죽을 조금 떼어 넣었을 때 반죽이 냄비 바닥에 가라앉은 상태에서 반죽 표면에 방울이 생기면서 천천히 올라오는 온도(약 160℃)가 적당하다.

38 ④ 39 ④ 40 ① 정답

41 **조리의 기본 조작 중 재료의 계량방법에 대하여 바르게 설명한 것은?**

① 밀가루는 곱게 체로 쳐서 수북하게 담아 빈틈이 없도록 꾹꾹 눌러 수평으로 깎아서 계량한다.
② 고체지방은 냉장고에서 꺼낸 뒤 딱딱한 상태가 녹지 않도록 주의하여 계량컵에 담아 편편하게 깎아 계량한다.
③ 황설탕은 수북하게 담아 누르지 말고 수평으로 깎아서 계량한다.
④ 부피를 측정할 때는 액체 표면의 아랫부분을 눈과 수평으로 하여 잰다.

해설 **계량법**
- 밀가루 : 체에 친 후 계량컵에 수북이 누르지 않고 가볍게 담아 수평으로 깎아 계량한다.
- 설탕 : 백설탕은 덩어리를 부셔서 계량용기에 수북하게 살짝 퍼 담아 수평으로 깎아서 계량한다. 황설탕이나 흑설탕은 꾹꾹 눌러 담은 후 위를 수평으로 깎아서 계량한다.
- 액상재료 : 액체 표면의 아랫부분을 눈과 수평으로 하여 잰다.

42 **서양 요리의 기본 소스가 아닌 것은?**

① 토마토 소스
② 베샤멜 소스
③ 홀렌다이즈 소스
④ 캐러멜 소스

해설 **양식의 5대 기본 소스** : 베샤멜(Bechamal) 소스, 벨루테(Veloute) 소스, 데미글라스(Demi-glace) 소스, 토마토 소스, 홀렌다이즈(Hollandise) 소스

43 **김치 저장 중 연부현상이 일어나는 이유에 대한 설명으로 가장 알맞은 것은?**

① 조직을 구성하고 있는 펙틴질이 분해되기 때문이다.
② 미생물이 펙틴 분해효소를 생성하기 때문이다.
③ 김치가 국물에 잠겨 수분을 흡수하기 때문이다.
④ 김치가 공기와 접촉하여 호기성 미생물이 성장번식하기 때문이다.

해설 **연부현상(물러짐)** : 채소의 펙틴이 폴리갈락투로네이스(효소)에 의해서 분해되는 현상을 말한다.

44 **식당을 개업할 당시 냉장고를 300만원에 구입하여 10년간 사용할 예정으로 감가상각비를 정액법으로 산출할 때 매년도의 감가상각비는 얼마인가?(단, 잔존가치는 매입가격의 10%로 추정한다)**

① 18만원
② 20만원
③ 25만원
④ 27만원

해설
$$감가상각비 = \frac{취득원가 - 잔존가액}{내용연수} = \frac{300-30}{10} = 27만원$$

정답 41 ④ 42 ④ 43 ① 44 ④

45 식품 구입 감별법으로 틀린 것은?

① 쌀알은 투명하고 앞니로 씹었을 때 강도가 센 것이 좋다.
② 육류는 고유의 선명한 색을 가지며, 탄력성이 있는 것이 좋다.
③ 어육 연제품은 표면에 점액질의 액즙이 없는 것이 좋다.
④ 토란은 겉이 마르지 않고, 잘랐을 때 점액질이 없는 것이 좋다.

46 탄수화물 중 비환원당인 것은?

① 맥아당(Maltose)
② 갈락토스(Galactose)
③ 설탕(Sucrose)
④ 젖당(Lactose)

해설 비환원당인 갈락토스는 유당에 함유되어 결합상태로만 존재하며, 오직 유즙에만 존재한다.

47 달걀의 저장 시 일어나는 변화가 아닌 것은?

① 농후난백이 수양화된다.
② 비중이 감소한다.
③ 난백계수가 증가한다.
④ pH가 증가한다.

해설 오래된 달걀은 난황계수, 난백계수는 낮아지고, pH는 높아지며, 기실은 커져서 달걀을 흔들면 소리가 난다.

48 식물성 식품의 냄새 성분이 아닌 것은?

① 에틸아세테이트(Ethyl Acetate)
② 푸르푸릴 알코올(Furfuryl Alcohol)
③ 리모넨(Limonene)
④ 메틸아민(Methylamine)

해설 ④ 메틸아민은 해수어(바다생선)의 비린내 성분이다.

45 ④ 46 ② 47 ③ 48 ④ 정답

49 우유의 균질화에 대한 설명으로 틀린 것은?

① 소화흡수율을 높인다.
② 크림층의 분리를 쉽게 한다.
③ 안정된 유화상태를 유지하도록 한다.
④ 지방구의 크기를 균일하게 미세화한다.

해설 **우유의 균질화** : 지방의 소화를 높여 주고, 지방의 분리를 막아 주며, 유지방의 크기를 작게 한다. 단백질의 연화로 흡수율도 높게 한다.

50 동물 체내에서 Phenol계의 독성물질을 해독시키는 단당류의 유도체는?

① Inositol
② Glycoside
③ Glucosamine
④ Glucuronic Acid

해설 글루쿠론산(Glucuronic Acid)은 다당류 유도체로 페놀성 유독물질과 글리코사이드 결합으로 독성을 해독하여 오줌으로 배출하는 작용을 한다.

51 유지 1g에 함유되어 있는 유리지방산을 중화하는 데 필요한 수산화칼륨(KOH)의 mg수로 유지의 산패 정도를 나타내는 것은?

① 검화가(Saponification Value)
② 아이오딘가(요오드가, Iodine Value)
③ 산가(Acid Value)
④ 아세틸가(Acetyl Value)

해설 **산가** : 유리지방산을 중화하는 데 소요되는 수산화칼륨의 mg수로 산가가 높으면 유지의 풍미는 저하된다.

52 김치의 숙성 중 가장 많이 생성되는 유기산은?

① 젖산(Lactic Acid)
② 사과산(Malic Acid)
③ 아세트산(Acetic Acid)
④ 구연산(Citric Acid)

해설 김치의 숙성 중 젖산균이 많아져서 젖산 발효가 일어난다.

정답 49 ② 50 ④ 51 ③ 52 ①

53 식이섬유(Dietary Fiber)가 아닌 것은?

① 알긴산(Alginic Acid)
② 섬유소(Cellulose)
③ 덱스트린(Dextrin)
④ 펙틴(Pectin)

해설 덱스트린은 호정화식품으로 물을 가하지 않고 가열한 것이 특징이다.

54 다음 식품의 색소 생성 현상 중 나머지 셋과 성질이 다른 하나는?

① 커피의 갈색 색소 형성
② 홍차의 적색 색소 형성
③ 감자의 갈색 색소 형성
④ 사과의 갈색 색소 형성

해설 효소에 의한 갈변으로 홍차, 감자, 사과 등이 있고, 비효소적 갈변에는 커피, 간장, 소스 등이 해당된다.

55 해조류에 대한 설명으로 옳지 않은 것은?

① 김이 저장 중 붉은색으로 변하는 것은 저장기간 동안 엽록소가 분해되기 때문이다.
② 다시마 표면의 흰 가루는 감미성분인 만니톨(Mannitol)이다.
③ 미역의 점질물인 알긴산(Alginic Acid)은 다당류의 일종으로 점증제나 안정제로 쓰인다.
④ 한천은 홍조류로부터 추출한 다당류로 만노스(Mannose)가 주성분이다.

해설 한천은 홍조류의 우뭇가사리에서 추출한 다당류로 아가로펙틴과 아가로스로 구성된다.

56 어떤 단백질의 질소함량이 15%이면 이 단백질의 질소계수는 약 얼마인가?

① 5.27
② 6.27
③ 6.47
④ 6.67

해설 단백질의 질소계수 = 100 / 질소함량
= 100 / 15 ≒ 6.67

53 ③ 54 ① 55 ④ 56 ④ 정답

57 **유지의 산패에 영향을 미치는 요인에 대한 설명 중 틀린 것은?**

① 지질의 산패는 온도가 높을수록 촉진된다.
② 유지를 장시간 방치하면 공기 중의 산소와 결합하여 산패가 일어난다.
③ 비타민 E는 유지의 산패를 촉진한다.
④ 산패를 촉진하는 금속으로 구리(Cu), 철(Fe), 니켈(Ni) 등이 있다.

해설 **유지의 특성**
- 고온에서는 산패가 촉진된다.
- 산소 중의 효소에 의해 산패된다.
- 금속 및 금속화합물은 산패를 촉진한다.
- 자동산화과정은 유지류의 불포화도와 관련성이 있다.

58 **김, 당근, 시금치, 간, 버터 등에 많이 함유되어 있으며 발육촉진, 눈의 작용에 관여하는 비타민은?**

① 비타민 A ② 비타민 D
③ 비타민 E ④ 비타민 K

해설 비타민 A는 눈의 작용과 관련이 있는데, 결핍 시 안구 건조증, 야맹증 등을 일으킨다.

59 **가공품의 제조원리에 대한 설명으로 틀린 것은?**

① 두부는 글리세린이 황산칼슘 첨가 시 응고되는 원리로 만든다.
② 코지(Koji)는 효모를 곡류에 번식시킨 것으로 장류를 만드는 데 사용된다.
③ 육가공품 제조 시 첨가되는 아질산염이나 질산염은 육색소를 안정시켜 적색을 띠게 한다.
④ 식혜(감주)는 60~65℃ 정도의 온도를 유지하여 당화를 일으켜 제조한다.

해설 두부는 대두 단백질인 글리시닌(Glycinin)이 무기염류(황산칼슘, 황산마그네슘 등)에 의해 응고되는 성질로 제조한다.

60 **라이코펜(Lycopene)에 대한 설명으로 틀린 것은?**

① 토마토와 같은 붉은색 과일에 풍부하게 존재한다.
② 카로티노이드계 색소이다.
③ 비타민 A의 효력이 있다.
④ 노화방지, 항암 등의 효과가 있다.

해설 라이코펜은 붉은색 과일에 존재하는 카로티노이드 색소의 일종이다. 토마토, 수박 등에 많이 함유되어 있으며, 항산화제로 심장과 폐질환, 여러 유형의 암을 예방한다고 알려져 있다.

정답 57 ③ 58 ① 59 ① 60 ③

교육이란 사람이 학교에서 배운 것을 잊어버린 후에 남은 것을 말한다.

– 알버트 아인슈타인 –

한식조리 산업기사

과년도 + 최근 기출복원문제

2014년	과년도 기출문제	2020년	과년도 기출문제
2016년	과년도 기출문제	2021년	과년도 기출복원문제
2017년	과년도 기출문제	2022년	과년도 기출복원문제
2018년	과년도 기출문제	2023년	과년도 기출복원문제
2019년	과년도 기출문제	2024년	최근 기출복원문제

2014년

제 3 회 | 과년도 기출문제

제1과목 | 식품위생 및 관련 법규

01 우유의 저온살균 조건으로 가장 적당한 것은?

① 135℃, 2초
② 121℃, 15분
③ 80℃, 15초
④ 63℃, 30분

해설
- 저온소독법(LTLT ; Long Temperature Long Time Method) : 우유, 주스, 술 같은 액상식품을 62~65℃에서 30분간 가열하는 방법으로 영양소의 파괴를 적게 한다는 이점이 있다.
- 고온단시간소독법(HTST ; High Temperature Short Time Method) : 우유, 과즙과 같은 액상식품을 72~75℃에서 15~20초간 가열하는 방법이다.
- 고온장시간살균법(HTLT ; High Temperature Long Time Method) : 통조림식품 등을 95~120℃에서 30~60분간 가열하는 방법이다.
- 초고온순간살균법(UHT ; Ultra High Temperature Method) : 우유, 과즙과 같은 액상식품의 살균법으로 요즘 가장 많이 쓰이고 있는 방법이다. 130~150℃에서 2초간 살균처리하는 방법이며, 멸균처리 기간의 단축과 영양 손실을 줄이고 거의 완전멸균을 할 수 있다는 장점이 있다.

02 경피감염이 가능한 기생충은?

① 십이지장충
② 회 충
③ 선모충
④ 편 충

해설 ① 구충(십이지장충)은 경피를 통한 감염병이다. 밭에서 맨발로 작업 시 분변을 통해 감염될 수 있다.
②, ④ 회충, 편충은 경구를 통해 감염되는데 분변, 채소를 통해 감염되며, 손의 청결이 중요하다.
③ 선모충은 돼지, 개, 고양이 등을 통해 감염된다.

03 식품위생법상 조리사 면허발급의 결격사유에 해당되지 않는 자는?

① 마약중독자
② 조리사 면허의 취소처분을 받고 1년이 지나지 아니한 자
③ 약물중독자
④ 청각장애자

해설 **결격사유(식품위생법 제54조)**
정신질환자, 감염병환자(B형간염 환자는 제외), 마약이나 그 밖의 약물 중독자, 조리사 면허의 취소처분을 받고 그 취소된 날부터 1년이 지나지 아니한 자는 조리사 면허를 받을 수 없다.

정답 1 ④ 2 ① 3 ④

04 하절기에 어패류를 취급한 도마를 잘 씻지 않고 채소를 썰어 샐러드를 만들었다면 어떤 식중독이 가장 우려되는가?

① 병원성 대장균(Enteropathogenic *Escherich coli*) 식중독
② 장염비브리오(*Vibrio parahaemolyticus*) 식중독
③ 웰치균(*Clostridium Perfringens*) 식중독
④ 캄필로박터(*Campylobactor*) 식중독

해설
- 장염비브리오 식중독 : 어패류, 젓갈류
- 병원성 대장균 식중독 : 우유, 햄버거, 소고기, 샐러드, 가정에서 만든 마요네즈
- 웰치균 식중독 : 육류 및 어패류의 가공품
- 캄필로박터 식중독 : 식육 및 그 가공품

05 복어중독을 설명한 것 중 맞는 것으로만 묶여진 것은?

가. 복어의 독성분은 수르가톡신(Surugatoxin)이다. 나. 복어의 난소, 간에 독성분이 가장 많다. 다. 독성분은 열에 약하므로 100℃에서 30분 이상 가열하면 파괴된다. 라. 식후 30분~5시간 후 호흡곤란, 언어장애가 나타난다.

① 가, 나　　② 나, 다
③ 다, 라　　④ 나, 라

해설 복어의 독소 성분은 테트로도톡신(Tetrodotoxin)이며, 복어독은 가열하여도 쉽게 파괴되지 않는다.

06 조리기구(칼, 도마 등)의 소독에 많이 사용되는 소독제는?

① 과산화수소
② 석탄산
③ 차아염소산나트륨
④ 크레졸

해설 **소독 및 살균제의 종류**
- 석탄산(3%) : 소독력 측정 시 표준이 되고 모든 소독약의 기준이 된다. 화장실, 분뇨, 하수도, 진개 등에 소독한다.
- 과산화수소(3%) : 자극성이 적어서 피부, 상처 소독 등에 사용된다.
- 차아염소산나트륨(염소) : 채소, 식기, 과일, 음료수 소독(50~100ppm) 등에 사용된다.
- 크레졸 비누액(3%) : 크레졸이 불용성이므로 비누액으로 만들어 사용하며, 손, 오물 등에 소독한다.
- 역성비누(양성비누) : 조리사, 의사 등의 손 소독(10%)에 사용되며, 10% 원용액을 200~400배 희석하여 0.01~0.1%로 만들어 사용한다.
- 에틸알코올(70~75%) : 비금속기구, 초자기구, 손 소독 등에 사용된다.

4 ② 5 ④ 6 ③ 정답

07 소독제의 구비조건으로 바람직하지 않은 것은?

① 석탄산계수가 낮아야 한다.
② 표백성이 없어야 한다.
③ 용해성이 높아야 한다.
④ 사용방법이 간편해야 한다.

해설 **소독제의 구비조건**
- 석탄산계수가 높고, 살균력이 강할 것
- 침투력이 강하고 금속 부식성 및 표백성이 없을 것
- 용해성이 높으며, 안정성이 있을 것
- 사용하기 간편하고, 저렴할 것(경제적일 것)
- 사람과 가축에 대한 독성이 없을 것

08 식물성 자연독의 원인 식품과 독소 연결이 옳은 것은?

① 독미나리 – 아미그달린(Amygdalin)
② 독버섯 – 무스카린(Muscarine)
③ 목화씨 – 리신(Ricin)
④ 청매 – 고시폴(Gossypol)

해설 독미나리에는 시큐톡신(Cicutoxin), 목화씨(면화씨)는 고시폴(Gossypol), 청매는 아미그달린(Amygdalin)이라는 식물성 자연독이 있다.

09 행주를 일광소독하여 살균할 수 없는 미생물은?

① 장티푸스균
② 콜레라균
③ 바이러스
④ 이질균

해설 행주는 100℃ 이상의 열탕(자비)에서 삶아 햇빛(일광) 소독하면 바이러스를 살균할 수 있다.

10 식품첨가물과 용도의 연결이 틀린 것은?

① 파라옥시안식향산에틸(Ethyl p-hydroxybenzoate) – 보존료
② 과산화벤조일(희석, Diluted Benzoyl Peroxide) – 밀가루개량제
③ 에리토브산(Erythorbic Acid) – 산화방지제
④ 다이뷰틸하이드록시톨루엔(Dibutyl Hydroxy Toluene) – 착향료

해설 **산화방지제** : 다이뷰틸하이드록시톨루엔(Dibutyl Hydroxy Toluene)

정답 7 ① 8 ② 9 ③ 10 ④

11 **식품위생법상 조리사를 두어야 하는 영업장은?**

① 즉석판매제조·가공업 ② 복어조리·판매
③ 일반대중음식점 ④ 단란주점

해설 식품접객업 중 복어독 제거가 필요한 복어를 조리·판매하는 영업을 하는 자는 국가기술자격법에 따른 복어 조리 자격을 취득한 조리사를 두어야 한다(식품위생법 시행령 제36조).

12 **식품접객업의 공통시설 기준으로 틀린 것은?**

① 공연을 하려는 단란주점의 영업자는 무대시설을 영업장 안 객실 안에 설치하여야 한다.
② 음향 및 반주시설을 설치하는 영업자는 생활소음·진동이 규제기준에 적합한 방음장치 등을 갖추어야 한다.
③ 정화조를 갖춘 수세식 화장실을 설치하여야 한다. 다만 상·하수도가 설치되지 아니한 지역에서는 수세식이 아닌 화장실을 설치할 수 있다.
④ 조리장에는 주방용 식기류를 소독하기 위한 자외선 또는 전기살균소독기를 설치하거나 열탕세척소독 시설을 갖추어야 한다.

해설 공연을 하려는 휴게음식점·일반음식점 및 단란주점의 영업자는 무대시설을 영업장 안에 객석과 구분되게 설치하되, 객실 안에 설치하여서는 아니 된다(식품위생법 시행규칙 [별표 14]).

13 **휘발성 염기질소(VBN)의 양을 측정하여 부패 정도를 판단할 수 있는 식품은?**

① 어 육 ② 채 소
③ 우 유 ④ 곡 류

해설 휘발성 염기질소(VBN)는 화학적 판정법으로 어패류의 선도 판정에 이용된다.

14 **보툴리누스(*Closrtridium botulinum*)균의 증식 억제 조건으로 맞는 것은?**

① pH 4.6 이하 ② 수분활성 0.94 이상
③ 살리실산 등의 보존료 첨가 ④ 80℃에서 5분 이하 가열

해설 **보툴리누스균 증식 억제 조건**
- 110~120℃에서 4~5분 또는 100℃에서 5.5시간 이상 가열살균을 해야 한다.
- 수분활성도는 0.94 이하, 온도는 3.3℃ 이하이어야 한다.

11 ② 12 ① 13 ① 14 ① 정답

15 신장에서 칼슘, 인 등의 재흡수 기능 저해로 뼈, 관절에 이상을 초래하여 뼈 연화증을 일으키는 것은?

① 납 중독 ② 수은 중독
③ 비소 중독 ④ 카드뮴 중독

해설 ④ 카드뮴 중독 시 신장 세뇨관의 기능장애를 유발하고, 신장장애, 폐기종, 골연화증, 단백뇨 등이 발생한다.
① 납 중독은 신경 계열의 마비(장애), 권태감, 두통, 폐기종, 급성폐렴 등이 발생한다.
② 수은 중독 시 신경계 장애로 인하여 언어 및 운동장애, 피로, 설사, 급성 위장염 증상이 발생한다.
③ 비소 중독은 소화기 및 호흡기 계통의 피부암 유발, 구토, 호흡곤란 등이 발생한다.

16 황색포도상구균 식중독에 대한 설명으로 가장 옳은 것은?

① 독소는 열에 비교적 약해 80℃, 30분간 가열로 쉽게 파괴된다.
② 잠복기는 12~36시간으로 비교적 길다.
③ 감염형 세균성 식중독에 비해 사망률이 높은 특징이 있다.
④ 구토, 설사, 심한 복통을 유발하는 급성위장염 증상을 일으킨다.

해설 **황색포도상구균 식중독**
- 엔테로톡신의 독소는 120℃로 30분간 처리해도 완전히 파괴되지 않는다.
- 잠복기는 평균 3시간 정도로 가장 짧다.
- 증상은 급성위장염 형태로 구토, 복통, 설사를 유발한다.

17 다음 중 가장 낮은 수분활성에서도 증식이 가능한 미생물은?

① 바이러스 ② 곰팡이
③ 세 균 ④ 내삼투압효모

해설 **미생물 관련 수분활성도**
세균 0.91 > 보통 효모 0.88 > 보통 곰팡이 0.80 > 내건성 곰팡이 0.65 > 내삼투압성 효모 0.60

18 세균성 식중독 중 감염형이 아닌 것은?

① *Salmonella enteritidis* 에 의한 식중독
② *Vibrio parahaemolyticus* 에 의한 식중독
③ *Campylobacter jejuni* 에 의한 식중독
④ *Staphylococcus aureus* 에 의한 식중독

해설 황색포도상구균(*Staphylococcus aureus*)은 독소형 식중독이다.

정답 15 ④ 16 ④ 17 ④ 18 ④

19 **단백질의 부패과정에서 생성되는 알레르기성 식중독의 원인 물질은?**

① 암모니아(Ammonia) ② 히스티딘(Histidine)
③ 히스타민(Histamine) ④ 황화수소(H_2S)

해설 히스티딘(등푸른 생선의 살코기에 포함된 단백질)이 히스타민으로 전환되면서 알레르기 식중독이 유발된다. 항히스타민제로 치료가 가능하다.

20 **( ) 안에 들어갈 내용이 순서대로 바르게 짝지어진 것은?**

> 식품위생법상 업종별 시설기준 중 식품제조・가공업의 작업장의 내벽은 바닥으로부터 ( )미터까지 밝은색의 ( )으로 설비하거나 세균방지용 페인트로 도색하여야 한다.

① 0.5, 내염성 ② 1.0, 내열성
③ 1.5, 내수성 ④ 2.0, 내향성

해설 식품위생법 시행규칙 [별표 14] 참고

제2과목 | 식품학

21 **쌀밥을 먹을 때 부족한 아미노산을 보충하기 위하여 콩을 섞어서 먹는데 이때 콩에서 얻을 수 있는 아미노산은 무엇인가?**

① 라이신(Lysine)
② 글루텔린(Glutelin)
③ 아르기닌(Arginine)
④ 오리제닌(Orizenin)

해설 콩에는 라이신(필수아미노산)이 풍부하여 쌀에 부족한 라이신을 보충할 수 있다.

22 **숙성 소고기의 색이 선명한 붉은색으로 변하는 이유는?**

① 산소와 결합하여 마이오글로빈이 옥시마이오글로빈으로 변하기 때문에
② 세균에 의하여 마이오글로빈에서 글로빈이 분리되기 때문에
③ 마이오글로빈이 서서히 산화되어 메트마이오글로빈으로 변하기 때문에
④ 마이오글로빈이 환원되어 메트마이오글로빈으로 변하기 때문에

해설 소고기의 색은 환원형의 마이오글로빈(철 함유)에 의해 적자색을 띠지만 산소와 결합 시 선홍색의 옥시마이오글로빈이 된다.

19 ③ 20 ③ 21 ① 22 ① 정답

23 효소와 식품의 용도가 잘못된 것은?

① 글루코아밀레이스(Glucoamylase) - 포도당 제조
② 파파인(Papain) - 육류 연화
③ 나린지네이스(Naringinase) - 귤의 쓴맛 제거
④ 페놀레이스(Phenolase) - 과즙과 포도주의 청징

해설 페놀레이스(Phenolase, 산화환원효소)는 페놀류 등을 산화시켜 퀴논(Quinone) 화합물의 반응을 촉매하여 효소적 갈변을 일으키는 효소이다.

24 우유를 저온살균함으로써 뚜렷하게 나타나는 효과는?

① 우유의 균질화
② 부패균의 멸균효과
③ 라이페이스의 불활성화
④ 우유의 청징화

25 버섯에 함유된 비타민 D의 전구체 물질은?

① 콜레스테롤(Cholesterol)
② 만니톨(Mannitol)
③ 에르고스테롤(Ergoterol)
④ 알칼로이드(Alkaloid)

해설 비타민 D_2의 전구체 물질은 에르고스테롤(Ergoterol)로 비타민 D_2의 공급원이다.

26 식품의 색소에 대한 내용으로 틀린 것은?

① 카로티노이드는 알칼리용액에 의해서 파괴된다.
② 안토시안은 알칼리에 의해 청색으로 변한다.
③ 안토잔틴은 알칼리에 의해 황색으로 변한다.
④ 클로로필은 산과 반응하면 페오피틴이 된다.

해설 카로티노이드는 물에는 녹지 않으나 기름과 유기용매에 녹고 알칼리용액에 파괴가 되지 않아 조리 중 손실이 적다.

정답 23 ④ 24 ③ 25 ③ 26 ①

27 **사과 100g에 수분 86.3%, 단백질 0.2%, 지질 0.1%, 회분 0.3%, 탄수화물 13.1%를 함유하고 있을 경우 사과의 열량은 얼마인가?**

① 54.1kcal
② 55.3kcal
③ 61.5kcal
④ 120.0kcal

해설
- 단백질 : $0.2 \times 4 = 0.8$kcal
- 지질 : $0.1 \times 9 = 0.9$kcal
- 탄수화물 : $13.1 \times 4 = 52.4$kcal

$\therefore 0.8 + 0.9 + 52.4 = 54.1$kcal

28 **시트룰린(Citrulline)이라는 특수성분을 함유하여 이뇨작용을 하므로 신장병에 효과가 있다고 알려져 있는 과일은?**

① 딸 기 ② 수 박
③ 귤 ④ 사 과

해설 수박 껍질에는 강한 이뇨작용을 하는 시트룰린(Citrulline)이 있어 고혈압, 신장병 예방과 부종 제거에 좋다.

29 **CA(Controlled Atmosphere) 저장법이란?**

① 산소와 이산화탄소로 기체조성을 조절하는 저장법
② 수소와 산소로 기체조성을 조절하는 저장법
③ 질소와 수소로 기체조성을 조절하는 저장법
④ 헬륨과 이산화탄소로 기체조성을 조절하는 저장법

해설 식품(농산물) 등을 가스로 조절하여 저장하는 방법으로 탄산가스를 높이고 대신에 산소를 낮추는 저장법이다.

30 **우유를 먹었을 때 주로 섭취할 수 있는 무기질로만 짝지어진 것은?**

① 칼슘, 인, 철분, 아연
② 칼슘, 인, 마그네슘, 칼륨
③ 칼슘, 인, 나트륨, 구리
④ 칼슘, 인, 황, 구리

해설 우유에는 칼슘, 인, 마그네슘, 칼륨이 있는데, 이는 뼈와 치아를 구성하는 무기질이다.

27 ① 28 ② 29 ① 30 ② 정답

31 채소에 중조를 처리할 때 일어나는 변화가 아닌 것은?

① 비타민 B_1의 파괴
② 클로로필 색소의 퇴색
③ 셀룰로스(Cellulose)의 변화
④ 안토잔틴 색소가 황색으로 변화

32 다음 중 비타민 C의 파괴에 가장 적게 영향을 미치는 것은?

① 고 온
② 광 선
③ 알칼리성
④ 산 성

해설 비타민 C는 높은 온도, 햇빛, 알칼리성, 산소 등에 불안정하다.

33 어패류에 대한 설명으로 틀린 것은?

① 생선은 산란 전에 맛이 좋다.
② 생선의 지방은 EPA와 DHA 같은 포화지방산을 많이 함유한다.
③ 연어, 새우, 게에는 카로티노이드계 색소가 많다.
④ 어류는 내장이 포함된 그대로 유통되는 경우가 많아 자가소화에 의한 변질이 일어나기 쉽다.

해설 EPA와 DHA는 불포화지방산으로 콜레스테롤 수치를 낮추고, 뇌기능 및 기억력 등을 촉진한다.

34 유지식품의 산화가 촉진될 수 있는 경우는?

① 참기름에 세사몰(Sesamol)이 함유되어 있을 때
② 콩기름에 구리(Copper)가 함유되어 있을 때
③ 대두유에 토코페롤(Tocopherol)이 함유되어 있을 때
④ 면실유에 고시폴(Gossypol)이 함유되어 있을 때

해설 콩기름은 필수지방산인 리놀레산이 주성분이며 금속과 반응하면 산화되기 쉽다.

정답 31 ② 32 ④ 33 ② 34 ②

35 Soft형 마가린이 Hard형 마가린에 비하여 융점이 낮은 이유는?

① 유화제 첨가량이 많기 때문
② 안정제를 첨가했기 때문
③ 황산화제를 첨가했기 때문
④ 불포화지방산 함량이 많기 때문

해설 Soft형의 마가린은 불포화지방산의 함량이 높은 대신 융점이 낮다.

36 육류 조리 시 첨가하면 연화작용을 하는 과일만 모은 것은?

① 키위, 파인애플, 파파야, 배
② 파인애플, 사과, 포도, 배
③ 파파야, 키위, 딸기, 사과
④ 아보카도, 자두, 유자, 키위

해설 과일에는 단백질 분해효소가 있어 육류 조리 시 연화작용을 한다. 키위는 액티니딘, 파인애플은 브로멜린, 파파야는 파파인, 배는 프로테이스 성분이 있어 연화작용을 한다.

37 전분의 호화에 관여하는 요소가 아닌 것은?

① 전분의 크기와 구조
② pH
③ 금속이온
④ 온 도

해설 전분의 호화에 영향을 주는 요인으로 전분의 크기와 구조, 온도, pH 등이 있다.

38 오징어, 문어의 맛난맛 성분은?

① IMP
② 호박산(Succinic Acid)
③ 베타인(Betaine)
④ 주석산(Tartaric Acid)

해설 연체류에는 풍미를 높이는 글라이신과 베타인이라는 성분이 있어 맛난맛을 얻을 수 있다.

39 아린맛은 어느 맛의 혼합으로 구성되는가?

① 떫은맛과 신맛
② 쓴맛과 짠맛
③ 쓴맛과 떫은맛
④ 신맛과 쓴맛

해설 아린맛은 쓴맛과 떫은맛의 혼합맛으로 죽순, 우엉, 토란, 고사리 등에서 맛보는 불쾌미의 일종이다.

35 ④ 36 ① 37 ③ 38 ③ 39 ③ 정답

40 설탕으로 과일 잼을 만드는 데 관여하는 물질은?

① 프로토펙틴(Protopectin)
② 펙틴산(Pectinic Acid)
③ 펙티네이스(Pectinase)
④ 펙트산(Pectic Acid)

해설 **잼 원리의 3요소** : 펙틴, 산, 당분

제3과목 | 조리이론 및 급식관리

41 식품별 세부 검수기준으로 틀린 것은?

① 가지 - 외부 표면이 매끄럽고 약간의 단맛이 있는 것
② 송이버섯 - 봉오리가 큰 것으로 줄기가 부드러울 것
③ 도라지 - 촉감이 꼬들꼬들한 감이 있는 것
④ 느타리버섯 - 완전히 피지 않고 갓이 이어지지 않은 것

해설 송이버섯은 밑부분이 굵을수록 좋으며, 줄기가 거칠고 길이가 긴 것이 좋다.

42 검수방법 중 발췌 검수를 하는 경우가 아닌 것은?

① 고가의 품목을 검수할 경우
② 검수 항목이 많은 경우
③ 파괴검사인 경우
④ 약간의 불량품이 섞여도 무방할 경우

43 비가열 조리조작 중 썰기에 대한 목적으로 틀린 것은?

① 비가용 부분을 제거하고 가식 부분의 이용효율을 높인다.
② 재료의 표면적을 넓혀 열의 이동과 조미성분이 쉽게 침투할 수 있도록 한다.
③ 모양, 크기, 외관 등을 정리하여 음식을 아름답게 해 준다.
④ 고기, 우엉 등과 같은 식품은 섬유 방향과 평행하게 썰면 질긴 느낌을 제거해 준다.

정답 40 ② 41 ② 42 ① 43 ④

44 **밀가루에 설탕을 첨가하여 반죽하였을 때 미치는 영향이 아닌 것은?**

① 단맛을 부여한다. ② 단백질의 연화작용을 방해한다.
③ 제품의 표면을 갈변시킨다. ④ 이스트의 성장을 촉진시킨다.

해설 설탕은 효모의 영양원이며, 캐러멜화에 필수적이다. 밀가루에 설탕을 첨가하면 단백질이 부드러워진다.

45 **인당 고등어구이 80g을 배식하려 할 때 폐기율이 20%라면 2,000명분의 발주량은 얼마인가?**

① 160kg ② 180kg
③ 190kg ④ 200kg

해설

$$발주량 = \frac{정미중량}{100-폐기율} \times 100 \times 인원수$$

$$= \frac{80}{100-20} \times 100 \times 2,000$$

$$= 200,000g = 200kg$$

46 **작업일정표(Work Schedule)에 대한 설명으로 틀린 것은?**

① 작업시간표라고도 한다.
② 조리종사원의 노동재해를 미연에 방지한다.
③ 관리자와 조리원 간의 의사소통 수단이 된다.
④ 신입사원의 훈련에 유용하다.

해설 작업일정표(작업시간표)는 관리자와 조리원 간의 의사소통 수단이 되며, 특히 신입사원의 훈련 등에 유익하고, 작업 순서 및 시간을 알 수 있으며, 작업에 대한 책임 소재에 효과적이다.

47 **조리 시 채소의 색 변화로 맞는 것은?**

① 당근 - 산 첨가 시 진한 적색 ② 시금치 - 산 첨가 시 선명한 녹색
③ 양파 - 식소다 첨가 시 백색 ④ 비트(Beets) - 산 첨가 시 선명한 적색

해설 안토시안 색소를 가지고 있는 비트는 산 첨가 시 더욱 선명한 적색을 유지한다.

44 ② 45 ④ 46 ② 47 ④ 정답

48 **육류 조리법에 관한 설명 중 맞는 것은?**

① 편육을 할 때 냄새 제거를 위한 생강은 처음부터 넣어야 효과적이다.
② Stew를 할 때 토마토 주스를 첨가하면 고기가 질겨진다.
③ 편육은 냉수에서 시작해야 맛 성분의 용출로 고기의 맛이 좋아진다.
④ 장조림은 먼저 물을 붓고 끓이다가 나중에 간장과 설탕을 넣어야 한다.

해설 장조림 조리 시 물이 끓은 후에 고기를 넣고 삶은 후 간장을 넣어주면 육질이 단단해지지 않고 연해진다.

49 **식재료비 비율을 40% 수준으로 정하고 있는 경우, 어떤 식단의 식재료비가 700원이었다면 식단의 판매가는?**

① 280원
② 1,050원
③ 1,167원
④ 1,750원

해설 식단 판매가 = 재료비 ÷ 식재료비 비율

50 **감자에 관한 설명 중 틀린 것은?**

① 10℃ 이하의 찬 곳에 저장하면 전분의 분해를 막을 수 있다.
② 당분이 증가된 감자는 단맛은 있으나 삶거나 굽거나 하면 질척한 질감을 준다.
③ 감자 껍질을 벗기면 조직 내에 타이로신이 효소 타이로시네이스에 의해 갈색이 된다.
④ 햇빛에 노출되었을 때 녹색이 형성된다.

51 **원가계산의 원칙에 관한 설명 중 틀린 것은?**

① 확실성의 원칙 – 제품의 제조에 소요된 원가를 정확하게 계산하여 진실하게 표현해야 된다는 원칙
② 비교성의 원칙 – 원가계산에 다른 일정 기간의 것 또는 다른 부분의 것과 비교할 수 있도록 실행되어야 한다는 원칙
③ 발생기준의 원칙 – 현금기준과 대립되는 것으로 모든 비용과 수익의 계산은 그 발생시점을 기준으로 하여야 한다는 원칙
④ 계산경제성의 원칙 – 중요성의 원칙이라고도 하며 원가계산을 할 때에는 경제성을 고려해야 한다는 원칙

해설 **확실성의 원칙** : 실행 가능한 여러 방법의 경우 이 중에서 가장 확실성이 높은 방법을 선택한다는 원칙을 말한다.

정답 48 ④ 49 ④ 50 ① 51 ①

52 난백의 기포성을 도와주는 것은?

① 레몬주스 ② 소 금
③ 설 탕 ④ 우 유

해설 산을 첨가하면 난백의 기포현상에 도움을 준다.

53 식자재 저장의 일반 원칙이 아닌 것은?

① 분류 저장의 원칙 ② 공간 활용의 원칙
③ 품질 보존의 원칙 ④ 후입 선출의 원칙

해설 **식자재 저장의 원칙** : 분류 저장의 원칙, 공간 활용의 원칙, 품질 보존의 원칙, 선입 선출의 원칙, 저장 위치표시의 원칙 등이 있다.

54 감가상각의 계산 방법 중에서 고정자산의 감가총액을 내용연수로 균일하게 할당하는 방법은?

① 정률법 ② 비례법
③ 정액법 ④ 연수합계법

해설 정액법은 고정자산의 감가총액을 내용연수로 균등하게 배분하는 과정을 말한다.

55 전분의 호정화(Dextrinization)를 이용한 조리식품은?

① 식빵토스트 ② 식 혜
③ 국 수 ④ 팥시루떡

해설 **전분의 호정화** : 전분에 물을 첨가하지 않고 160℃ 이상으로 가열하면 덱스트린(호정)이 되는 현상을 말한다(미숫가루, 토스트 등).

56 이탈리아의 초경질 치즈로 2~3년간 숙성시켜 매우 단단한 치즈는?

① 에담 치즈 ② 체다 치즈
③ 파마산 치즈 ④ 에멘탈 치즈

52 ① 53 ④ 54 ③ 55 ① 56 ③ 정답

57 3월 초기 재고액이 50만원이었고, 3월 말 마감 재고액이 5만원, 3월 한 달 동안 소요 식품비가 100만원이었다. 3월의 재고회전율은 약 얼마인가?

① 1.82 ② 3.64
③ 5.50 ④ 27.5

해설 그 달의 재고회전율 = 그 달의 식품액 ÷ 그 달의 평균재고액

$$= 100 \div \frac{(50+5)}{2} \fallingdotseq 3.64$$

58 물이나 액체를 끓이거나 식품을 오븐에서 구울 때 이용하는 열의 전달방법은?

① 복 사 ② 대 류
③ 전 도 ④ 초단파

59 고기 조직의 연화작용에 관여하는 효소가 아닌 것은?

① 시니그린(Sinigrin)
② 파파인(Papain)
③ 피신(Ficin)
④ 브로멜린(Bromelin)

60 유화액 중 유중수적형(W/O)인 것은?

① 생크림 ② 마요네즈
③ 버 터 ④ 우 유

해설
- 수중유적형(O/W) : 우유, 아이스크림, 마요네즈, 생크림 등
- 유중수적형(W/O) : 버터, 마가린, 쇼트닝 등

제4과목 | 공중보건학

61 항문 주위에 산란하며 집단감염이 쉽고 소아들에게 많이 감염되는 기생충 질환은?

① 회충증 ② 요충증
③ 편충증 ④ 구충증

정답 57 ② 58 ② 59 ① 60 ③ 61 ②

62 진동에 대한 설명으로 틀린 것은?

① 신체에 주는 영향에 따라 국소진동과 전신진동으로 분류한다.
② 기계, 기구, 시설, 기타 물체의 사용으로 발생되는 강한 흔들림을 말한다.
③ 공장 진동의 배출 허용기준은 평가진동 레벨이 50dB[V] 이하가 되도록 규정하고 있다.
④ 레노병, 관절장애를 일으킨다.

해설 소음·진동관리법 시행규칙 [별표 5] 참고

63 도금작업, 합금제조, 합성수지 등의 제조산업장에서 발생하여 폐기종이나 급성 폐렴을 유발하는 것은?

① 수 은　　② 크로뮴
③ 납　　④ 카드뮴

64 파리, 모기의 가장 근본적인 구제 방법은?

① 성충의 제거　　② 서식처 제거
③ 살충제 분무　　④ 천적 이용

해설 위생해충(파리, 모기 등)의 가장 근본적인 구제 방법은 서식처의 제거이다.

65 바퀴벌레의 습성이 아닌 것은?

① 군거성　　② 잡식성
③ 질주성　　④ 주간활동성

해설 바퀴벌레의 습성은 군거성, 질주성, 잡식성, 야행성 등이 있다.

66 LA형 스모그에 대한 설명으로 옳은 것은?

① 주된 사용연료는 석탄이다.
② 주된 성분은 아황산가스이다.
③ 발생하기 쉬운 계절은 겨울이다.
④ 반응의 형태는 광화학적 반응이다.

해설 LA형 스모그는 주로 여름에 발생하는데, 자동차의 배기가스가 주요 원인이고, 질소산화물과 탄화수소가 대기 중에 잔존해 있다가 자외선과 화학반응을 일으킨다.

62 ③ 63 ④ 64 ② 65 ④ 66 ④ 정답

67 생물학적 산소요구량(BOD)과 용존산소량(DO)과의 관계로 맞는 것은?

① BOD가 높으면 DO는 낮다.
② BOD가 낮으면 DO도 낮다.
③ BOD가 높으면 DO도 높다.
④ BOD와 DO는 관계없다.

해설 DO가 낮으면 오염도가 높다는 뜻이고, BOD의 수치가 높으면 오염도가 높다는 뜻이다.

68 인분을 비료로 사용한 채소를 생식할 경우 감염되는 기생충 질환은?

① 선모충증 ② 회충증
③ 사상충증 ④ 무구조충증

해설 회충, 편충은 경구를 통해 감염되는데 특히 비위생적인 분변처리, 채소류의 생식 등으로 감염되므로, 손의 청결이 중요하다.

69 세계보건기구(WHO)의 주요 기능이 아닌 것은?

① 국제간의 감염병 검역 대책
② 국제적인 보건사업의 지휘 및 조정
③ 회원국에 대한 기술지원 및 자료공급
④ 아동의 보건 및 복지향상을 위한 원조사업

70 진폐증 중 특히 폐암을 일으킬 위험성이 가장 큰 것은?

① 규폐증 ② 석면폐증
③ 탄폐증 ④ 면폐증

71 야간에 지표면의 온도가 낮아져서 생기는 기온역전은?

① 침강성 역전 ② 복사성 역전
③ 대기성 역전 ④ 전선성 역전

해설 복사성 역전은 일몰 후 하부 공기층이 지열복사로 먼저 냉각됨으로써 형성되는 역전현상이다.

정답 67 ① 68 ② 69 ④ 70 ② 71 ②

72 **하수에 대한 설명으로 틀린 것은?**

① 활성오니법은 호기성 분해처리법이다.
② 하수도 시설은 합류식, 분류식이 있다.
③ 하수처리 과정은 예비처리, 본처리, 폐수처리 순서이다.
④ 하수의 오염도는 생물학적 산소요구량, 화학적 산소요구량, 용존산소량 등으로 판단할 수 있다.

해설 하수처리 과정은 예비처리 → 본처리 → 오니처리 순서이다.

73 **기생충과 중간숙주가 바르게 연결된 것은?**

① 유구조충 – 소
② 간흡충 – 고등어
③ 폐흡충 – 참붕어
④ 광절열두조충 – 송어

해설
- 유구조충 : 돼지
- 간흡충(간디스토마) : 제1중간숙주(쇠우렁이), 제2중간숙주(민물고기, 잉어)
- 폐흡충(폐디스토마) : 제1중간숙주(다슬기), 제2중간숙주(가재, 게)
- 광절열두조충 : 제1중간숙주(물벼룩), 제2중간숙주(연어, 송어, 농어 등)

74 **홍역이나 디프테리아와 같은 호흡기계 감염병의 가장 중요한 관리 대책은?**

① 소 독 ② 예방접종
③ 환자격리 ④ 환경위생의 강화

해설 소화기계 감염병의 예방대책은 확실한 위생관리이고, 호흡기계 감염병은 예방접종이 최우선 방법이다.

75 **부적당한 조명에 의한 피해가 아닌 것은?**

① 근 시 ② 레노병
③ 안구진탕증 ④ 백내장

해설 레노병은 진동에 의한 질병이다.

72 ③ 73 ④ 74 ② 75 ② **정답**

76 **바퀴벌레가 매개하는 질병이 아닌 것은?**

① 세균성 이질 ② 콜레라
③ 장티푸스 ④ 사상충증

해설 사상충증은 주로 모기가 매개하는 질병이다.

77 **감염병 유행의 3대 요인으로 바르게 짝지어진 것은?**

① 감염원, 감염경로, 감수성 숙주
② 병원체, 병원소, 전파
③ 병원체, 병원소, 병원체 침입
④ 전파, 병원체 침입, 숙주

해설 감염병 유행의 3대 요소는 병원체(감염원, 병원소), 환경(감염경로), 숙주의 감수성 및 면역성이다.

78 **대기오염 물질에 분류되지 않으며 실내 공기오염의 판정기준으로 사용되는 것은?**

① 산소(O_2) ② 오존(O_3)
③ 이산화황(SO_2) ④ 이산화탄소(CO_2)

해설 CO_2는 실내 공기오염 측정지표로 허용한계는 0.1%(1,000ppm)이다.

79 **물의 자정작용에 해당하지 않는 것은?**

① 침전작용 ② 탄소동화작용
③ 산화작용 ④ 희석작용

해설 녹색식물 등이 탄수화물을 만드는 작용이 탄소동화작용이다.

80 **음의 강도를 나타내는 단위인 dB은 음의 세기에 대한 수량적 단위인 Bel의 크기에 비해 어느 정도인가?**

① 1/10 ② 1/50
③ 1/100 ④ 1/400

해설 deciBel(dB)의 deci는 1/10이라는 개념이다.

정답 76 ④ 77 ① 78 ④ 79 ② 80 ①

2016년

제 3 회 | 과년도 기출문제

제1과목 | 식품위생 및 관련 법규

01 노로바이러스로 인한 식중독을 예방하기 위한 방법으로 적합하지 않은 것은?

① 식중독 환자가 발생한 경우에는 2차 감염 및 확산방지를 위하여 환자 분변·구토물·화장실, 의류·식기 등은 염소 또는 열탕소독을 하여야 한다.
② 지하수는 조리에 절대 사용을 금하며, 식기와 조리기구 세척에만 사용한다.
③ 음식은 85℃에서 1분 이상 가열·조리하고 조리한 음식은 맨손으로 만지지 않는다.
④ 가열하지 않은 조개, 굴 등의 섭취는 자제하여야 한다.

해설 노로바이러스는 영하의 날씨에도 오랫동안 생존이 가능하여, 특히 겨울철에 유행 발생이 가장 흔하게 나타난다. 주로 굴, 조개 등의 수산물을 익히지 않고 먹었을 때 발병하며 주요 증상은 복통, 오심, 구토, 설사, 근육통, 권태, 두통, 고열 등이다.

02 조리에 사용하는 새로운 식물성 원료의 제조·가공·사용·조리·보존 방법에 관한 기준을 정하여 고시하는 기관은?

① 보건소
② 국립수산물품질관리원
③ 식품의약품안전처
④ 관할 시청

해설 **식품 또는 식품첨가물에 관한 기준 및 규격(식품위생법 제7조제1항)**
식품의약품안전처장은 국민 건강을 보호·증진하기 위하여 필요하면 판매를 목적으로 하는 식품 또는 식품첨가물에 관한 다음의 사항을 정하여 고시한다.
- 제조·가공·사용·조리·보존 방법에 관한 기준
- 성분에 관한 규격

03 세균성 식중독 발생의 일반적인 특징에 대한 설명으로 틀린 것은?

① 균량이 다량이어야 한다.
② 일반적으로 2차 감염이 없다.
③ 잠복기간과 경과는 수주에 이를 정도로 길다.
④ 면역성이 잘 형성되지 않는다.

해설 ③ 세균성 식중독은 잠복기가 짧다.

1 ② 2 ③ 3 ③ 정답

04 식중독과 식중독을 일으키는 원인 세균의 연결이 옳지 않은 것은?

① 황색포도상구균 식중독 – *Clostridium perfringens*
② 살모넬라 식중독 – *Salmonella typhimurium*
③ 보툴리누스균 식중독 – *Clostridium botulinum*
④ 장염비브리오 식중독 – *Vibrio parahaemolyticus*

해설 • 황색포도상구균 식중독 : *Staphylococcus aureus*
• 웰치균 : *Clostridium perfringens*

05 산성식품을 유약을 바른 도자기에 담을 시 문제가 될 수 있는 중금속은?

① 셀레늄 ② 비 소
③ 납 ④ 수 은

해설 도자기를 만들 때 소성온도가 저하되면 유약으로부터 납이 용출된다.

06 식품첨가물로 허가된 착색료는?

① 아우라민
② 식용색소적색 제2호
③ 로다민 B
④ 파라나이트로아닐린

해설 ①, ③, ④는 유해성 착색료이다.

07 식품위생법에 의거하여 집단급식소나 식품접객업자 중 복어를 조리 · 판매하는 영업자가 조리사를 두지 아니하여도 되는 경우가 아닌 것은?

① 반조리 상태의 상품을 조리하여 제공하는 경우
② 1회 급식인원 100명 미만의 산업체인 경우
③ 영양사가 조리사의 면허를 받은 경우
④ 식품접객영업자 자신이 조리사로서 직접 음식물을 조리하는 경우

해설 **조리사(식품위생법 제51조)**
집단급식소 운영자와 대통령령으로 정하는 식품접객업자는 조리사를 두어야 한다. 다만, 다음의 어느 하나에 해당하는 경우에는 조리사를 두지 아니하여도 된다.
• 집단급식소 운영자 또는 식품접객영업자 자신이 조리사로서 직접 음식물을 조리하는 경우
• 1회 급식인원 100명 미만의 산업체인 경우
• 영양사가 조리사의 면허를 받은 경우(총리령으로 정하는 규모 이하의 집단급식소에 한정)

정답 4 ① 5 ③ 6 ② 7 ①

08 장마철 식중독 예방 요령으로 잘못된 것은?

① 물은 반드시 끓여 먹을 것
② 2차 감염 방지를 위해 식중독 환자는 발병 즉시 지사제를 복용할 것
③ 실외에 있는 된장, 고추장 독에 비가 새어 들지 않도록 할 것
④ 침수되었거나 의심되는 채소류 및 음식물은 반드시 폐기할 것

해설 식중독 환자는 먼저 의사에게 진찰을 받아야 하며, 의사는 관할 특별자치시장・시장・군수・구청장에게 보고하여야 한다.

09 HACCP 제도와 관련된 용어의 정의가 틀린 것은?

① 감온봉 – 온도계에서 온도를 감지할 수 있는 부위
② 검증 – 위해요소중점관리계획이 적절한지 여부를 정기적으로 평가하는 일련의 활동
③ 교차오염 – 오염구역과 비오염구역 간에 사람 또는 물건의 이동에 따른 오염의 전이가 발생하는 것
④ 로트 – 회사의 의사를 결정하기 위한 구체안을 성문화한 것

해설 회사의 의사를 결정하기 위한 구체안을 성문화한 것은 기안이다. 로트는 검사의 대상이 되는 모집단을 말한다.

10 열경화성 수지인 페놀수지, 멜라민수지, 요소수지 등에서 검출될 수 있는 유해물질은?

① 납
② 메탄올
③ 폼알데하이드
④ 염화비닐단량체

해설 포르말린, 합성수지, 합판, 화학제품 제조 시 발생되는 유해물질인 폼알데하이드는 사람에게 독성이 강하고, 30ppm 이상에서 노출되면 질병이 유발된다.

11 오물 등의 소독에 사용하는 크레졸수의 농도로 가장 적합한 것은?

① 3~5%
② 6~10%
③ 12~18%
④ 20~30%

해설 크레졸은 3% 수용액으로 손, 오물 등의 소독에 사용한다.

8 ② 9 ④ 10 ③ 11 ① 정답

12 **집안의 부엌 주변과 따뜻하고 습기가 많은 곳에서 서식하는 가주성의 바퀴로 가장 작은 바퀴는?**

① 이질바퀴
② 독일바퀴
③ 검정바퀴
④ 일본바퀴

해설 ② 독일바퀴 : 우리나라에서 가장 많이 발견되는 종류이며 황갈색이다.
① 이질바퀴 : 우리나라 남부지방에서 발견되며 몸집이 비교적 크다.
③ 검정바퀴 : 색깔이 흑갈색이며 몸집이 비교적 크다.

13 **장염비브리오 식중독의 일반적인 특징에 대한 설명으로 옳은 것은?**

① 주요 증상은 신경마비, 안면경직이다.
② 원인 식품은 해산어패류 및 가공품이다.
③ 발생 시기는 10월에서부터 그 다음해 3월에 걸쳐 발생한다.
④ 원인균은 내염성 호기성균이다.

해설 ① 주요 증상은 구토, 복통, 설사, 약간의 발열 등이다.
③ 발생 시기는 주로 여름철이다.
④ 원인균은 *Vibrio parahaemolyticus* 이며, 호염성균으로 해수세균의 일종이다.

14 **식품의 기준 및 규격상 "따로 규정이 없는 한 미생물의 영양세포 및 포자를 사멸시키는 것을 말한다"에 해당하는 용어는?**

① 멸 균
② 살 균
③ 소 독
④ 방사선 조사

해설 **용어의 정의(식품의 기준 및 규격)**
- 살균 : 따로 규정이 없는 한 세균, 효모, 곰팡이 등 미생물의 영양세포를 불활성화시켜 감소시키는 것을 말한다.
- 멸균 : 따로 규정이 없는 한 미생물의 영양세포 및 포자를 사멸시키는 것을 말한다.
- 식품조사(Food Irradiation) 처리 : 식품 등의 발아 억제, 살균, 살충 또는 숙도조절을 목적으로 감마선 또는 전자선가속기에서 방출되는 에너지를 복사(Radiation)의 방식으로 식품에 조사하는 것으로, 선종과 사용 목적 또는 처리방식(조사)에 따라 감마선 살균, 전자선 살균, 엑스선 살균, 감마선 살충, 전자선 살충, 엑스선 살충, 감마선 조사, 전자선 조사, 엑스선 조사 등으로 구분하거나, 통칭하여 방사선 살균, 방사선 살충, 방사선 조사 등으로 구분할 수 있다. 다만, 검사를 목적으로 엑스선이 사용되는 경우는 제외한다.

정답 12 ② 13 ② 14 ①

15 소비자식품위생감시원의 직무에 해당되지 않는 것은?

① 식품접객업을 하는 자에 대한 위생관리 상태 점검
② 유통 중인 식품 등이 표시기준에 맞지 않는 경우 관할 행정관청에 자료 제공
③ 과대광고 금지 규정을 위반한 경우 행정관청에 신고
④ 종업원에 대한 식품위생교육

해설 **소비자식품위생감시원의 직무(식품위생법 제33조제2항)**
- 식품접객업을 하는 자에 대한 위생관리 상태 점검
- 유통 중인 식품 등이 표시·광고의 기준에 맞지 아니하거나 부당한 표시 또는 광고행위의 금지 규정을 위반한 경우 관할 행정관청에 신고하거나 그에 관한 자료 제공
- 식품위생감시원이 하는 식품 등에 대한 수거 및 검사 지원
- 그 밖에 식품위생에 관한 사항으로서 대통령령으로 정하는 사항

16 식중독 원인 조사 시 현장조사 단계에 해당하지 않는 것은?

① 식품취급자 설문조사 및 위생상태 확인
② 현장 시설조사를 통한 오염원 추정
③ 관련 식재료 등의 사용금지 또는 폐기조치 실시
④ 검체 채취 및 의뢰

해설 식중독 원인 조사과정은 준비단계, 현장조사 단계, 정리단계, 조치단계로 구분할 수 있으며, 관련 식재료 등의 사용금지 또는 폐기조치 실시는 조치단계에 해당한다.

17 감염경로상 우유 매개성 인수공통감염병은?

① 결 핵
② 야토병
③ 인플루엔자
④ 디프테리아

해설 **결 핵**
- 병원체인 *Mycobacterium tuberculosis*가 사람, 소, 조류에 감염되어 결핵을 일으킨다.
- 예방법
  - 정기적으로 투베르쿨린(Tuberculin) 검사를 실시하여 결핵 감염 여부를 조기에 발견
  - 오염된 식육과 우유의 식용을 금지
  - 결핵 예방을 위해 BCG가 경구적으로 쓰임

15 ④ 16 ③ 17 ① **정답**

18 **식물성 자연독의 연결이 옳은 것은?**

① 면실유 - 아미그달린(Amygdalin)　② 독미나리 - 무스카린(Muscarine)
③ 감자 - 솔라닌(Solanine)　④ 청매 - 시큐톡신(Cicutoxin)

해설 ① 면실유 : 고시폴(Gossypol)
② 독미나리 : 시큐톡신(Cicutoxin)
④ 청매 : 아미그달린(Amygdalin)

19 **가열에 의한 살균법을 적용하지 못하는 배지에 사용하는 방법은?**

① 자비소독법　② 간헐멸균법
③ 여과멸균법　④ 건열살균법

해설 무가열살균법에는 일광소독법, 여과멸균법, 자외선살균법, 방사선살균법 등이 있다.
① 자비소독법 : 약 100℃의 끓는 물에서 15~20분간 소독하는 방법
② 간헐멸균법 : 100℃의 유통증기에서 15~30분씩 가열 멸균하는 것을 하루에 한 번 3일간 반복하는 방법
④ 건열살균법 : 150~160℃ 정도의 높은 온도에서 30~60분간 멸균하는 방법

20 **다음 중 허용된 살균제가 아닌 것은?**

① 고도표백분　② 클로라민
③ 차아염소산나트륨　④ 차아염소산칼슘

해설 **살균제의 종류** : 표백분, 차아염소산나트륨, 차아염소산칼슘, 과산화수소, 이염화이소시아뉼산나트륨, 에틸렌옥사이드 등

제2과목 | 식품학

21 **효소적 갈변방지법과 거리가 먼 것은?**

① 가열처리　② 알칼리 첨가
③ 금속이온 제거　④ 소금물에 담금

해설 **효소적 갈변방지법**
- 열처리 : 데치기와 같이 식품을 고온에서 열처리하여 효소를 불활성화한다.
- 산을 이용 : 수소이온농도(pH)를 3 이하로 낮추어 산의 효소작용을 억제한다.
- 산소의 제거 : 밀폐용기에 식품을 넣은 다음 공기를 제거하거나 공기 대신 이산화탄소나 질소가스를 주입한다.
- 당 또는 염류 첨가 : 껍질을 벗긴 배나 사과를 설탕이나 소금물에 담근다.
- 효소의 작용 억제 : 온도를 -10℃ 이하로 낮춘다.
- 구리 또는 철로 된 용기나 기구의 사용을 피한다.
- 아황산가스, 아황산염, 붕산, 붕산염을 이용 → 독성이 있어 사용하지 않는다.

정답 18 ③ 19 ③ 20 ② 21 ②

22 안토시안(Anthocyan)계 색소에 해당되지 않는 것은?

① 헤스페리딘(Hesperidin) ② 시아니딘(Cyanidin)
③ 델피니딘(Delphinidin) ④ 말비딘(Malvidin)

해설 **헤스페리딘(Hesperidin)**
감귤류 열매 껍질에 많이 함유되어 있는 플라보노이드계 배당체로 무색의 고체형태로 되어 있다.

23 식이섬유의 체내에서의 기능이 아닌 것은?

① 포만감을 준다.
② 무기질의 흡수를 촉진한다.
③ 비만을 예방한다.
④ 대장암을 예방한다.

해설 ② 식이섬유 다량 섭취 시 무기질의 흡수를 방해한다.
식이섬유 : 식물 세포막의 구성성분으로 과일과 채소에 주로 함유되어 있으며, 인체 내에서는 소화효소가 없지만 장의 연동작용을 자극하여 배설작용을 촉진하며 가수분해되지 않는다.

24 유연한 포장 용기에 조리 · 가공한 여러 가지 식품을 밀봉한 후 고압솥에서 가압 · 가열 살균하여 상업적 무균 상태를 부여한 파우치 상품은?

① 레토르트 식품 ② 병조림 식품
③ 통조림 식품 ④ 기능성 식품

해설 **레토르트 식품**
- 조리 · 가공한 여러 가지 식품을 일종의 주머니에 넣어 밀봉한 후 고온에서 가열 살균하여, 장기간 식품을 보존할 수 있도록 만든 가공 · 저장식품이다.
- 통조림에 비해 살균시간이 단축되고 색, 조직, 풍미, 영양가의 손실이 적다. 또 냉장과 냉동 및 방부제가 필요 없고 가열 · 가온 시 시간이 절약된다는 장점이 있다.

25 과채류의 저장 중 발생하는 '품질저하 현상 – 품질변화 요인 – 억제 방법'이 바르게 연결된 것은?

① 호흡작용 – 자체 내 효소작용 – 온도조절
② 발아, 발근 – 증산작용 – 온도조절
③ 수분손실 – 자체 내 효소작용 – 피막형성
④ 후숙작용 – 증산작용 – 방사선조사

22 ① 23 ② 24 ① 25 ① **정답**

26 **유지에 대한 설명으로 틀린 것은?**

① 석유, 에터(에테르) 등 유기용매에 녹는다.
② 일반적으로 유지의 점도는 불포화지방산이 많을수록 증가한다.
③ 유지분자는 글리세롤(Glycerol) 1분자와 지방산 3분자로 구성되어 있다.
④ 식물성 기름을 수소화시키면 고체지방이 된다.

해설 ② 불포화지방산이 증가할수록 유지의 점도는 감소한다.

27 **과일의 후숙기간을 연장하는 저장방법인 CA 저장의 일반적인 기체조성은?**

① 산소 0%, 이산화탄소 2~10%
② 산소 2~3%, 이산화탄소 2~5%
③ 산소 1%, 이산화탄소 10% 이상
④ 산소 1~5%, 이산화탄소 20% 이상

28 **식물성 식품과 주요 냄새 성분의 연결이 틀린 것은?**

① 오이 – Limonene
② 겨자 – Allyl Isothiocyanate
③ 박하 – Menthol
④ 마늘 – Allicin

해설 ① 오이 : 2,6-Nonadienal

29 **골격과 치아의 형성, 신경과 근육의 흥분억제, 당질대사의 조효소 구성성분인 무기질은?**

① 나트륨(Na) ② 칼륨(K)
③ 마그네슘(Mg) ④ 인(P)

해설 ① 나트륨(Na) : 체액의 성분, 삼투압 조절, 신경 흥분의 전달, pH 평정 유지
② 칼륨(K) : 세포 작용에 관여, 삼투압 유지 및 pH의 조절
④ 인(P) : 골신경의 구성성분, 체액의 중성 유지, 에너지 발생 촉진

정답 26 ② 27 ② 28 ① 29 ③

30 유화에 대한 설명 중 맞는 것은?

① 분산매가 물, 분산상이 기름인 것을 유중수적형(W/O)이라 한다.
② 마요네즈는 대표적인 수중유적형(O/W) 식품이다.
③ 대표적 유화제는 전분, 지질, 당지질이다.
④ 유화제는 분산매와 분산질의 계면장력을 높인다.

해설 **유화(Emulsification)**
분자 중에 친수성과 친유성을 가지고 있어 섞이지 않는 두 물질을 잘 섞이게 하는 작용으로 대표적인 유화제로는 난황의 인지질인 레시틴이 있다. 유화제는 전분교질용액의 안정도를 증가시키고 전분입자의 침전이나 부분적인 결정을 억제시켜 노화를 방지한다. 빵, 과자 등의 제조에 이용되는 방법이다.
유화제의 형태
- 수중유적형(O/W) : 물 중에 기름이 분산되어 있는 형태(우유, 마요네즈, 아이스크림 등)
- 유중수적형(W/O) : 기름 중에 물이 분산되어 있는 형태(버터, 마가린, 쇼트닝 등)

31 곡류의 이용에 대한 설명으로 틀린 것은?

① 백미는 일반적으로 전분이 대부분으로 비타민, 무기질 등은 부족하다.
② 맥아는 보리를 싹 틔운 것으로써 프로테이스(Protease)가 풍부하여 식혜나 맥주 제조에 이용된다.
③ 옥수수 단백질에는 트립토판(Tryptophan)이 적어 오래 주식으로 이용하면 피부병에 걸린다.
④ 파스타는 듀럼(Durum) 밀로 만든 이탈리아식 식품으로 국수, 마카로니, 조개 모양 등 다양하다.

해설 ② 맥아(엿기름)는 보리, 밀 등의 곡류를 발아시킨 것이다. 보리가 발아될 때 다량 생성되는 α-아밀레이스, β-아밀레이스를 이용하여 전분을 당화시켜 맥주, 주정, 물엿, 감주 등을 제조한다.

32 단백질의 변성에 영향을 주는 인자와 거리가 먼 것은?

① 표면적에 의한 변성
② 동결건조에 의한 변성
③ 알코올 첨가에 의한 변성
④ 표면장력에 의한 변성

해설 단백질의 변성은 가열, 동결건조, 표면장력, 초음파, 고압 등의 물리적 작용과 염류, 산, 알칼리, 알코올, 계면활성제, 유기용매 등의 화학적 작용 또는 효소적 작용으로 인해 원래의 성질을 잃어버리는 현상을 말한다.

30 ② 31 ② 32 ① 정답

33 콩류에 대한 설명으로 옳은 것은?

① 두류는 메티오닌(Methionine) 함량이 많고 라이신(Lysine) 함량은 적다.
② 생콩에는 트립신(Trypsin)을 활성화시키는 단백질이 있다.
③ 콩나물은 대두에 비하여 비타민 C의 함량이 많다.
④ 콩단백질은 대부분 물에 녹지 않는다.

해설 ① 두류는 필수아미노산인 라이신(Lysine)의 함량이 많다.
② 생콩에는 단백질의 소화효소인 트립신(Trypsin)의 분비를 억제하는 안티트립신(Antitrypsin)이 들어 있다.
④ 콩단백질의 대부분은 수용성인 글리시닌(Glycinin)이다.

34 콩가루를 킬달법으로 정량한 결과 질소량이 6.0%였을 경우 조단백질량은?(단, 일반적인 질소계수를 적용한다)

① 12.5% ② 25.0%
③ 37.5% ④ 45.0%

해설 조단백질량 = 질소 함유량 × 단백질 질소계수 = 6 × 6.25 = 37.5
※ 단백질 질소계수 : 100/질소함량(일반적인 질소함량 16%), 100/16 = 6.25

35 맥주의 쓴맛 성분으로 항균력을 가지는 것은?

① 휴물론(Humulone) ② 니코틴(Nicotine)
③ 카페인(Caffeine) ④ 퀴닌(Quinine)

36 수분활성도(Aw)에 영향을 미치는 요인과 거리가 먼 것은?

① 식품 내의 불용성 물질의 함량
② 대기 중의 상대습도
③ 식품에 녹아 있는 용질의 종류
④ 식품에 녹아 있는 용질의 양

해설 • 수분활성도(Aw)는 어떤 임의의 온도에서 식품이 나타내는 수증기압을 그 온도에서 순수한 물의 최대 수증기압으로 나눈 값이다.
• 식품의 수증기압은 대기 중의 상대습도, 식품에 녹아 있는 용질의 종류와 양에 영향을 받는다.

정답 33 ③ 34 ③ 35 ① 36 ①

37 비타민에 대한 설명으로 틀린 것은?

① 감귤 껍질에 많은 헤스페리딘(Hesperidin)은 비타민 K라고 한다.
② 비타민 A를 레티놀(Retinol)이라고 하며, 동물의 간에 다량 존재한다.
③ 비타민 B_{12}는 분자 중에 코발트(Co)를 함유하고 있어서 코발라민(Cobalamin)이라고 불린다.
④ 비타민 B_2는 산성에서는 열에 대하여 안정하다.

해설 ① 감귤 껍질에 많은 헤스페리딘(Hesperidin)은 비타민 P라고 한다.

38 육류 색소에 대한 설명으로 틀린 것은?

① 송아지 고기가 늙은 소보다 육색이 흐린 것은 마이오글로빈(Myoglobin) 함량이 적기 때문이다.
② 고기를 가열했을 때 나타나는 색은 헤마틴(Hematin)이다.
③ 염절임육의 선명한 적색은 나이트로소마이오글로빈(Nitrosomyoglobin)이다.
④ 마이오글로빈(Myoglobin)이 산화되어 형성된 메트마이오글로빈(Metmyoglobin)은 선홍색이다.

해설 ④ 마이오글로빈(Myoglobin)이 산소와 만나 선홍색의 옥시마이오글로빈이 되며, 이후 산화되어 형성된 메트마이오글로빈(Metmyoglobin)은 암갈색이다.

육류를 조리할 때 색의 변화
마이오글로빈(적색) → 옥시마이오글로빈(선홍색) → 메트마이오글로빈(암갈색) → 헤마틴(회갈색)

39 다당류의 소재와 작용의 연결이 잘못된 것은?

① 펙틴(Pectin) - 과일 - 젤 형성
② 섬유소(Cellulose) - 식물 세포벽 - 정장작용
③ 글리코겐(Glycogen) - 곡류 - 에너지 발생
④ 알긴산(Alginic Acid) - 해조류 - 안정제

해설 ③ 글리코겐(Glycogen) - 간, 근육, 조개류 - 에너지 저장

40 마늘, 파 등에서 매운맛과 냄새를 가진 성분의 주요 원소는?

① Fe(철분) ② N(질소)
③ S(황) ④ Cu(구리)

해설 **황화합물** : 마늘, 양파, 파, 무, 부추, 고추냉이 등 매운맛과 냄새를 가진 성분의 원소이다.

37 ① 38 ④ 39 ③ 40 ③ 정답

41 달걀의 황화철(FeS)에 대한 설명으로 틀린 것은?

① 달걀의 신선도가 저하되면 pH 저하에 의해 황화철 형성이 신속히 일어난다.
② 달걀의 pH를 4.5 이하로 유지하면 황화철 착색현상이 거의 일어나지 않는다.
③ 삶은 달걀을 찬물에 즉시 담그면 생성된 황화수소가 발산되어 황화철 형성을 감소시킬 수 있다.
④ 난황의 철(Fe)과 난백의 황화수소(H_2S)가 결합하여 암록색의 황화철(FeS)을 형성한다.

해설 ① 달걀의 신선도가 저하되면 pH 증가에 의해 황화철 형성이 신속히 일어난다.
녹변현상 : 달걀을 껍질째 삶으면 난백과 난황 사이에 검푸른 색이 생기는 것을 볼 수 있다. 이는 가열에 의해 난백의 황화수소(H_2S)가 난황의 철분(Fe)과 결합하여 황화제1철(유화철 ; FeS)을 만들기 때문이다. 알칼리성에서 녹변현상이 잘 일어나므로, 신선한 달걀보다 오래된 달걀일수록 녹변현상이 잘 일어난다.

42 시금치나물 500명분을 준비할 때 총발주량은 약 얼마인가?(단, 1인분량 시금치 70g, 폐기율 6%이다)

① 30.0kg
② 37.3kg
③ 40.0kg
④ 42.5kg

해설

$$총발주량 = \frac{정미중량}{100 - 폐기율} \times 100 \times 인원수$$

$$= \frac{70}{100-6} \times 100 \times 500$$

$$= 37,234g ≒ 37.3kg$$

43 유화액 중 수중유적형이 아닌 것은?

① 생크림
② 우 유
③ 버 터
④ 아이스크림

해설 **유화제의 형태**
- 수중유적형(O/W) : 물 중에 기름이 분산되어 있는 형태(우유, 마요네즈, 아이스크림 등)
- 유중수적형(W/O) : 기름 중에 물이 분산되어 있는 형태(버터, 마가린, 쇼트닝 등)

44 올바른 식품 감별법을 모두 나열한 것은?

㉠ 곡류는 완전히 건조된 것을 선택한다. ㉡ 토란은 껍질을 벗겼을 때 흰색이고 끈적끈적함이 강한 것을 고른다. ㉢ 감자, 고구마는 형태가 고르고 껍질이 깨끗한 것을 고른다. ㉣ 통조림은 돌출된 곳이 없어야 한다.

① ㉠, ㉡, ㉢
② ㉠, ㉡, ㉢, ㉣
③ ㉠, ㉢, ㉣
④ ㉠, ㉡, ㉣

정답 41 ① 42 ② 43 ③ 44 ②

45 조리 시 나타나는 색의 변화로 틀린 것은?

① 클로로필은 산에 의해 갈색으로 변한다.
② 카로티노이드는 비교적 안정하여 조리 시 변화가 거의 없다.
③ 안토시안은 알칼리에 의해 적색 자체가 더욱 선명하게 유지된다.
④ 클로로필은 알칼리에 의해 진녹색이 된다.

해설 안토시안(Anthocyan)은 산성에서 적색, 중성에서는 자색, 알칼리에는 청색을 나타낸다.

46 한천을 설명한 항목으로만 묶여진 것은?

㉠ 해조류 중 홍조류인 우뭇가사리가 원료이다. ㉡ 응고온도가 28~35℃로 실온에서도 굳힐 수 있다. ㉢ 융해온도가 25℃로 여름철에 잘 녹는다. ㉣ 젤리는 투명하고 부착력이 있다. ㉤ 과일젤리, 전약, 마시멜로를 만든다.

① ㉠, ㉡
② ㉠, ㉡, ㉢
③ ㉠, ㉡, ㉢, ㉣
④ ㉠, ㉡, ㉢, ㉣, ㉤

해설 **한천(Agar)**

- 우뭇가사리 등의 홍조류를 삶아 얻은 액을 냉각시켜 엉키게 한 것으로 주성분은 탄수화물인 아가로스와 아가로펙틴이다.
- 한천은 젤(Gel)화되는 성질이 있어 미생물의 배지, 과자, 아이스크림, 양갱, 양장피의 원료로 사용된다.
- 한천에 설탕을 첨가하면 점성과 탄력이 증가하고 투명감도 증가하며, 설탕농도가 높을수록 젤의 강도가 증가한다.

47 식품 구입 시 감별법으로 옳은 것은?

① 두릅은 두릅순이 연하고 가는 것이 좋다.
② 다시마는 두껍고 지미, 감미, 염미가 혼합되어 있는 것이 좋다.
③ 미나리는 줄기가 굵고 마디 사이가 짧고 잎은 진녹색으로 윤기가 뛰어나며 줄기에 붉은색이 있는 것이 좋다.
④ 소고기는 썰었을 때 표면에서 수분이 많이 나올수록 맛이 있다.

해설 ① 두릅은 두릅순이 연하고 굵은 것이 좋다.
③ 미나리는 줄기가 굵고 마디 사이가 길고 잎은 농녹색으로 윤기가 뛰어나며 줄기에 붉은색이 없는 것이 좋다.
④ 소고기는 썰었을 때 육면에서 수분이 많이 나올수록 맛이 없다.

45 ③ 46 ① 47 ② 정답

48 다음 표 안의 두 메뉴의 공헌이익을 옳게 계산한 것은?

구 분	치 킨	스테이크
직접재료비	2,500원	7,000원
직접노무비	1,600원	1,700원
판매가격	9,700원	15,900원

① 스테이크가 치킨보다 1,600원 더 많다.
② 치킨이 스테이크보다 1,600원 더 많다.
③ 스테이크가 치킨보다 6,200원 더 많다.
④ 치킨이 스테이크보다 4,600원 더 많다.

해설 단위당 공헌이익 = 단위당 판매가격 – 단위당 변동비(직접재료비 + 직접노무비)
- 치킨의 공헌이익 = 9,700 – (2,500 + 1,600) = 5,600원
- 스테이크의 공헌이익 = 15,900 – (7,000 + 1,700) = 7,200원

49 단체급식에서 원가 구성의 3요소가 아닌 것은?

① 급식재료비　② 노무비
③ 생산비　④ 경 비

해설 **원가 구성의 3요소** : 재료비, 노무비, 경비

50 전분의 노화에 대한 설명으로 틀린 것은?

① 0~4℃에서 잘 일어난다.
② 수분함량이 30~60%일 때 잘 일어난다.
③ 아밀로펙틴(Amylopectin)의 함량이 많을수록 잘 일어난다.
④ 산성에서 잘 일어난다.

해설 ③ 전분의 노화는 아밀로스(Amylose)의 함량이 많을수록 잘 일어난다.

정답 48 ① 49 ③ 50 ③

51 육류를 충분히 익히면 나타나는 갈색 또는 회갈색의 색소는?

① 옥시마이오글로빈(Oxymyoglobin)
② 마이오글로빈(Myoglobin)
③ 나이트로소마이오글로빈(Nitrosomyoglobin)
④ 변성글로빈헤미크롬(Denatured Globin Hemichrome)

해설 육류를 오래 가열하면 식육의 색이 적색에서 갈색 또는 회갈색으로 변하게 된다. 이는 철이 산화되어 헤미크롬으로 변화됨과 동시에 단백질의 글로빈도 열변성을 일으켜 분리되기 때문이다. 이때 나타나는 색소를 변성글로빈헤미크롬이라 한다.

52 육류의 연화방법에 관한 설명으로 틀린 것은?

① 파파인, 브로멜린, 액티니딘 등의 단백질 분해효소는 실온에서 활동이 활발하다.
② 1.3~1.5%의 식염 첨가는 단백질의 수화력을 증가시켜 고기가 연하게 된다.
③ 육류의 pH는 산성에서 수화력이 증가되어 고기가 연하고 맛있다.
④ 단백질 분해효소를 과다하게 사용하면 오히려 다즙성이 감소하여 푸석푸석해진다.

53 조리작업장 및 작업의 동선관리 중 시간과 동작연구(Time and Motion Study)에 관한 설명으로 옳은 것은?

① 작업자의 시간과 에너지를 절약할 수 있도록 작업동작을 분석하여 생산성을 높이는 합리화 방안이다.
② 작업대, 용기, 기타 작업용기 등을 기능화하여 시간과 동선을 줄이는 방안이다.
③ 계속적인 동작, 탄력성 이용, 리듬있는 동작으로 작업을 유연하게 하는 방안이다.
④ 기능성 있는 설비를 설치하여 음식의 적정 온도와 품질을 유지하는 방안이다.

해설 **시간과 동작연구(Time and Motion Study)**
시간연구(Time Study)와 동작연구(Motion Study)를 통해 각 작업을 가장 간단한 요소동작으로 분해하고 인체분석을 통해 동작의 낭비를 철저히 배제하는 것이다.

51 ④ 52 ① 53 ① 정답

54 조리법의 특징에 대한 설명으로 옳은 것은?

① 찜은 끓이기에 비해 수용성 성분의 손실이 크다.
② 구이는 높은 온도에서 가열하며, 석쇠를 사용하는 직접구이 방법이 있다.
③ 끓이기는 기름이 열전달 매개체로써 단단하고 질긴 식품이 연하게 된다.
④ 튀김은 저온에서 장시간 가열하므로 비타민의 파괴가 적다.

해설 ① 찜은 수증기의 잠열을 이용하여 식품을 가열하는 방법으로 끓이기에 비해 수용성 성분의 손실이 작다.
③ 기름이 열전달 매개체인 것은 구이, 볶기, 튀김 등의 건열 조리이다.
④ 튀김은 160~180℃의 높은 온도의 기름 속에서 식품을 가열하는 방법으로 단시간에 처리하기 때문에 영양소 손실이 가장 적고, 식품의 유지미가 부가된다.

55 조리기기의 용도가 맞는 것은?

① Slicer – 채소 다지기
② Grinder – 재료 혼합기
③ Peeler – 껍질 벗기기
④ Chopper – 밀가루 반죽기

해설 ① Slicer : 채소 썰기
② Grinder : 재료 갈기
④ Chopper : 채소 다지기

56 재고조사법에 의하여 재료의 소비량을 산출하면 얼마인가?

• 전월 이월량 : 300kg	• 당월 매입량 : 900kg
• 장부 잔량 : 520kg	• 실제 재고량 : 400kg

① 800kg
② 450kg
③ 900kg
④ 320kg

해설 당기 소비량 = (전기 이월량 + 당기 구입량) – 기말 재고량
= (300kg + 900kg) – 400kg = 800kg

57 소고기의 부위별 조리 특성으로 틀린 것은?

① 안심살 – 운동이 활발한 부위로 쫄깃하고 고지방이며 스테이크로 이용된다.
② 목심살 – 식육의 결은 거친 편이나 지방이 적당히 있어 풍미가 좋으며 불고기로 이용된다.
③ 채끝살 – 등심과 비슷하나 지방이 적고 육질이 부드러워 스테이크로 이용된다.
④ 제비추리 – 기름이 많고 변색이 빠른 편이며 구이로 이용된다.

해설 ① 안심살 : 전골, 구이, 볶음 등에 이용하며 가장 연한 부위이다.

정답 54 ② 55 ③ 56 ① 57 ①

58 우유단백질인 카세인(Casein)의 응고를 촉진시키지 않는 것은?

① 타 닌 ② 레 닌
③ 설 탕 ④ 소 금

해설 우유의 주단백질인 카세인(Casein)은 산(Acid)이나 레닌(Rennin) 등에 의해 응고되는데, 이 응고성을 이용하여 치즈를 만든다.

59 설탕이 산이나 효소에 의해서 가수분해되는 것은?

① 당 화 ② 호 화
③ 노 화 ④ 전 화

해설 ① 당화 : 전분을 산이나 당화효소를 이용, 가수분해하여 단당류, 이당류, 올리고당으로 만들어 내는 현상
② 호화 : 전분에 있는 분자가 파괴된 후, 수분이 들어가서 팽윤상태가 되고, 열을 가하면 소화가 잘되면서 맛있는 전분상태로 되는 현상
③ 노화 : α-화한 전분을 상온에서 방치하면 β-전분으로 되돌아가는 현상

60 육류 조리법에 대한 설명으로 틀린 것은?

① 설렁탕을 끓일 때는 뚜껑을 열고 끓이는 것이 좋다.
② 장조림은 고기가 익은 후 간장을 넣는 것이 부드럽다.
③ 편육은 뜨거운 물에서부터 조리해서 맛 성분이 유출되지 않도록 한다.
④ 구이, 스테이크에는 등심 같이 연한 부위를 사용한다.

해설 설렁탕은 센 불에서 뚜껑을 연 채로 끓이다가 뚜껑을 덮고 약한 불에서 끓여야 한다. 국물의 양이 적거나 오래 끓이지 않으면 맛이 충분히 우러나지 않으므로 여러 번 달여 끓이는 것이 좋다.

제4과목 | 공중보건학

61 이화학적 수질오염 지표 항목으로만 이루어진 것은?

① 대장균, BOD, VDT
② BOD, 삼중수소, TLV
③ VDT, 세균, 부유고형물
④ pH, 냄새와 맛, 질소

해설 수질검사 방법에는 생물학적 시험, 세균학적 시험, 이화학적 시험방법이 있는데, 이 중 이화학적 시험은 수중의 부유물이나 용해 성분의 종류 및 양을 측정하는 방법이다.

58 ③ 59 ④ 60 ① 61 ④ 정답

62 다음의 질병 중 감염병이 아닌 것은?

① 후천성 면역결핍증　② 수 두
③ 당뇨병　④ 한센병

해설 당뇨병은 인슐린의 분비량이 부족하거나 정상적인 기능이 이루어지지 않는 등의 대사질환의 일종으로, 비전염성 질환인 만성질환의 하나이다.

63 급속여과와 비교한 완속여과의 특징에 해당하는 것은?

① 역세척 주기가 짧다.
② 요구되는 면적이 작다.
③ 세균제거율이 높다.
④ 예비처리는 약품침전법이다.

해설 급속여과와 완속여과의 특징

구 분	급속여과	완속여과
여과속도	120~150m/day	3~6m/day
유지관리비	고 가	저 렴
건설비	저 렴	고 가
모래층 두께	60~70cm	70~90cm
약품처리	필 수	선택 가능
여과지 작용	여과, 침전, 응결	여과, 흡착, 생물학적 응집
세척방법	자동화시스템	인력과 시간이 소요됨

64 사람이 겨울철보다 여름철의 지적온도(Optimum Temperature)가 높은 이유는?

① 기습조절현상 때문이다.
② 기후순화현상 때문이다.
③ 기류순화현상 때문이다.
④ 기압순화현상 때문이다.

65 모기에 대한 설명으로 틀린 것은?

① 모기의 종류에 따라 활동시간이 다르다.
② 암·수 모두 사람을 흡혈한다.
③ 완전변태 곤충이다.
④ 유충에서 성충까지는 10일 정도 소요된다.

해설 모기는 암컷만 흡혈을 하며, 이는 뱃속에 든 알을 키워내기 위함이다.

정답 62 ③ 63 ③ 64 ② 65 ②

66 **먹는물 수질기준 및 검사 등에 관한 규칙에 의한 먹는물의 수질기준상 잔류염소(유리잔류염소)는 얼마를 넘지 않아야 하는가?(단, 샘물 · 먹는샘물 · 염지하수 · 먹는염지하수 · 먹는해양심층수 및 먹는물공동시설의 물의 경우에는 적용하지 아니한다)**

① 2.0mg/L ② 4.0mg/L
③ 6.0mg/L ④ 8.0mg/L

해설 잔류염소(유리잔류염소를 말함)는 4.0mg/L를 넘지 않아야 한다(먹는물 수질기준 및 검사 등에 관한 규칙 [별표 1]).

67 **소음의 평가단위로만 묶인 항목이 아닌 것은?**

① 회화장애도(SIL), 청력허용도(NC)
② 소음평가지수(NRN), 교통소음지수(TNI)
③ 소음도(NR-chart), 회화장애도(SIL)
④ 감각소음레벨(PNL), 소음평가지수(NRN)

68 **발진티푸스에 대한 설명으로 틀린 것은?**

① 발열, 발진(장미진), 근통을 나타낸다.
② 감염된 이가 전파한다.
③ 병원체는 원충이다.
④ 법정 제3급 감염병이다.

해설 ③ 발진티푸스의 병원체는 리케차(Rickettsia)이다.
※ 「감염병의 예방 및 관리에 관한 법률」 개정에 따라 ④의 보기를 '제3군'에서 '제3급'으로 수정하였다.

69 **질병 발생과 관계되는 현상을 조사하여 질병 발생의 원인에 대한 가설을 얻기 위한 인적 · 시간적 · 지역적 · 특성을 조사하는 것은?**

① 기술역학적 조사
② 분석역학적 조사
③ 실험역학적 조사
④ 이론역학적 조사

해설 기술역학적 조사는 인간집단에서 발생되는 질병의 분포, 인적 자원, 지역적 환경, 시간적 특성에 따라 기술하여 연구하는 조사방법이다.

66 ② 67 ③ 68 ③ 69 ① **정답**

70 **다음 중 나머지 셋과 의미하는 바가 다른 지표는?**

① 평균수명
② 출생 시 기대여명
③ 출생 시 기대수명
④ 건강수명

해설 **건강수명** : 평균수명에서 질병이나 부상으로 인하여 활동하지 못한 기간을 뺀 기간
①, ②, ③은 어느 연령에 도달한 사람이 이후 몇 년 동안 생존할 수 있는가를 계산한 것으로 평균생존연수를 뜻한다.

71 **감각온도를 측정하는 3대 인자는?**

① 기온, 기습, 기류
② 기온, 기습, 기압
③ 기습, 기류, 복사열
④ 기습, 기압, 복사열

해설
- 3대 감각온도(기후의 3대 요소) : 기온, 기습, 기류
- 4대 온열인자 : 기온, 기습, 기류, 복사열

72 **1일 에너지 필요량을 계산하는 데 필요하지 않은 것은?**

① 기초대사량 ② 수면대사량
③ 활동대사량 ④ 식품의 특이동적작용(발열작용)

73 **감염병의 유행 양식에서 중동호흡기증후군(MERS)과 같이 외래감염병이 돌발적으로 유행을 하는 시간적 현상(Time Factors)을 무엇이라 하는가?**

① 추세변화 ② 순환변화
③ 주기변화 ④ 불규칙변화

해설 **역학의 시간적 특성**
- 추세변화 : 장기간을 주기로 반복 유행하는 현상을 가리키며, 장티푸스는 20~30년, 디프테리아는 10~24년, 성홍열은 10년 전후, 유행성 감기(Influenza)는 30년의 주기를 두고 유행을 반복한다.
- 순환변화 : 추세변화 사이의 단기간을 순환적으로 반복 유행하는 주기적 변화로, 백일해・홍역은 2~4년, 유행성 뇌염은 3~4년의 주기로 유행한다.
- 계절변화 : 1년을 주기로 계절적으로 반복 변화하는 현상, 즉 소화기계 감염병은 여름에, 호흡기계 감염병은 겨울에 유행한다.
- 불규칙변화 : 돌발적으로 발생하는 유행으로 수인성 감염병, 환경오염성 질병, 외래감염병 등이 속한다.

정답 70 ④ 71 ① 72 ② 73 ④

74 채소를 통해 충란으로 감염되기 쉬운 기생충으로만 바르게 짝지어진 것은?

① 회충, 사상충
② 무구조충, 요충
③ 폐흡충, 편충
④ 회충, 편충

해설 **매개물에 의한 분류**
- 채소를 매개로 감염되는 기생충 : 회충, 구충, 요충, 편충, 동양모양선충 등
- 육류를 매개로 감염되는 기생충 : 유구조충, 무구조충 등
- 어패류를 매개로 감염되는 기생충 : 폐디스토마(폐흡충), 간디스토마(간흡충)

75 임신부가 임신 초기에 이환되면 난청이나 농아와 같은 기형아 출산의 위험성이 높아지는 질병은?

① 홍 역
② 백일해
③ 풍 진
④ 디프테리아

해설 풍진은 열성 바이러스 감염증으로 피부, 림프절, 신경계 쪽의 통증, 발진, 미열 등이 나타난다. 대부분 자연적으로 회복되지만 임산부가 감염이 되는 경우 태아에게 선천적 풍진 증후군을 일으킬 수 있으므로 주의해야 한다.

76 예방접종으로 예방 또는 관리가 가능하여 국가예방접종사업의 대상이 되는 감염병이 아닌 것은?

① 일본뇌염
② B형간염
③ 홍 역
④ 세균성 이질

해설 **필수예방접종 대상(감염병의 예방 및 관리에 관한 법률 제24조제1항)**
디프테리아, 폴리오, 백일해, 홍역, 파상풍, 결핵, B형간염, 유행성이하선염, 풍진, 수두, 일본뇌염, b형헤모필루스인플루엔자, 폐렴구균, 인플루엔자, A형간염, 사람유두종바이러스 감염증, 그룹 A형 로타바이러스 감염증, 그 밖에 질병관리청장이 감염병의 예방을 위하여 필요하다고 인정하여 지정하는 감염병(장티푸스, 신증후군출혈열)

77 매개곤충에 의한 전파양식 중 발육형에 속하는 질병은?

① 말라리아
② 로키산홍반열
③ 발진티푸스
④ 사상충증

해설 발육형은 곤충이 병원균 감염 시에 수가 증가하는 것이 아니라, 발육만 해서 옮겨주는 것으로 사상충증이 있다.
① 발육증식형, ② 경란형, ③ 배설형

74 ④ 75 ③ 76 ④ 77 ④ 정답

78 **진동의 국소장애 증상이 아닌 것은?**

① 레노 현상
② 관절이상
③ 자율신경계 장애
④ 내분비계 장애

해설 진동의 국소장애 증상으로 레노병, 관절이상, 내분비계 장애 등이 나타난다.
레노병 : 사람의 손가락 말초혈관의 수축작용으로 인해 혈액순환장애가 발병하여 피부가 창백해지는 증상이 있으며, 특히 조선업에 종사하는 근로자, 광부, 착암기 사용자 등 진동이 심한 작업을 장기간 하는 사람에게 많이 나타난다.

79 **소음성 난청의 초기 증상을 보이는 음역은?**

① 1,000Hz
② 2,000Hz
③ 3,000Hz
④ 4,000Hz

해설 소음성 난청의 초기에는 4,000Hz의 청력이 저하한다.

80 **코호트 연구의 장점이 아닌 것은?**

① 원인에 대한 미래 결과를 관찰할 수 있다.
② 사건 전후 관계를 알 수 있다.
③ 질병 분류가 정확하다.
④ 다른 질환과의 관계를 알 수 있다.

해설 **코호트 연구(Cohort Study)**
특정 요인 및 특정 질환과의 원인적인 연관성 확정을 마련하는 연구이다. Cohort 조사는 전향성 Cohort 조사와 후향성 Cohort 조사로 구분되는데, 전향성 조사란 현재의 원인에 의하여 앞으로 어떤 결과를 나타낼지를 조사하는 것이고, 후향성 조사란 현재 나타난 결과가 과거 어떤 요인이 원인으로 작용했는지를 규명하고자 하는 조사이다.

정답 78 ③ 79 ④ 80 ③

2017년

제 1 회 | 과년도 기출문제

제1과목 | 식품위생 및 관련 법규

01 식품위생법에서 영업에 종사하지 못하는 질병의 종류가 아닌 것은?

① 화농성 질환　　② 피부병
③ 비감염성 결핵　　④ 파라티푸스

해설 **영업에 종사하지 못하는 질병의 종류(식품위생법 시행규칙 제50조)**
- 감염병의 예방 및 관리에 관한 법률에 따른 결핵(비감염성인 경우는 제외)
- 콜레라, 장티푸스, 파라티푸스, 세균성 이질, 장출혈성대장균감염증, A형간염
- 피부병 또는 그 밖의 고름형성(화농성) 질환
- 후천성면역결핍증(성매개감염병에 관한 건강진단을 받아야 하는 영업에 종사하는 사람만 해당)

02 오래 사용한 법랑제 식기에서 용출될 수 있는 유해성 금속물질은?

① 바 륨　　② 셀레늄
③ 안티몬　　④ 아질산

해설 ③ 안티몬 : 도자기, 법랑용기의 안료에서 유출되어 체내에 축적되는 발암물질로 독성은 비소보다 다소 약하다.
도자기제 및 법랑피복 제품 : 납, 아연, 카드뮴, 안티몬, 바륨, 크로뮴 등

03 일본에서 미강유 중독을 일으킨 원인 물질은?

① 비 소　　② 폴리염화바이페닐(PCB)
③ 나이트로사민　　④ 다이옥신

해설 **미강유 중독 사건**
일본 기타규슈에서 폴리염화바이페닐(PCB)이 미강유에 혼입되어 발생한 사건으로, PCB에 의한 중독증으로 손톱・피부의 흑갈변, 구토, 간장장애, 고지혈증 등을 유발한다.

1 ③ 2 ③ 3 ② 정답

04 보툴리누스균 식중독 예방대책으로 가장 거리가 먼 것은?

① 진공포장식품은 가열(120℃, 4분)하여 포자를 사멸시킨다.
② 균의 증식 위험이 있는 식품은 저온(3.3℃ 이하)에서 보관한다.
③ 아질산나트륨과 같은 항균제를 첨가하여 보관한다.
④ 식품을 섭취하기 전 60℃에서 10분 동안 가열한다.

해설 **보툴리누스균 증식 억제 조건**

- 110~120℃에서 4~5분 또는 100℃에서 5.5시간 이상 가열해야 한다.
- 수분활성도는 0.94 이하, 온도는 3.3℃ 이하이어야 한다.

05 식품을 부패시키는 미생물 중 중온균의 최적온도는?

① 0~5℃ ② 10~15℃
③ 20~25℃ ④ 30~35℃

해설 **온도에 따른 미생물의 분류**

미생물	최적온도(℃)	발육가능온도(℃)
저온균	15~20	0~25
중온균	25~37	15~55
고온균	50~60	40~70

06 식품위생법의 무상수거 대상이 아닌 것은?

① 유통 중인 부정·불량식품 검사를 위하여 수거할 때
② 수입식품 등을 검사할 목적으로 수거할 때
③ 식품 등의 기준 및 규격 제정·개정을 위한 참고용으로 수거할 때
④ 의심물질이 있다고 판단되어 검사항목을 추가할 때

해설 ③은 유상수거 대상이다(식품안전관리지침 참고).

07 식품위생법의 음식 조리에 사용되는 기구에 관한 기준과 규격을 정하는 기관은?

① 농림축산식품부 ② 식품의약품안전처
③ 보건소 ④ 보건복지부

해설 식품의약품안전처장은 국민보건을 위하여 필요한 경우에는 판매하거나 영업에 사용하는 기구 및 용기·포장에 관하여 제조 방법에 관한 기준 및 기구 및 용기·포장과 그 원재료에 관한 규격을 정하여 고시한다(식품위생법 제9조).

정답 4 ④ 5 ④ 6 ③ 7 ②

08 식품 내에서 증식한 많은 양의 원인균을 섭취하여 일어나는 감염형 식중독을 나열한 것은?

① 살모넬라균 식중독, 황색포도상구균 식중독
② 살모넬라균 식중독, 장염비브리오균 식중독
③ 황색포도상구균 식중독, 보툴리누스균 식중독
④ 장염비브리오균 식중독, 보툴리누스균 식중독

09 식품 등의 표시기준에 의한 용어 설명으로 틀린 것은?

① 제품명 - 개개의 제품을 나타내는 고유의 명칭
② 소비기한 - 식품 등에 표시된 보관방법을 준수할 경우 섭취하여도 안전에 이상이 없는 기한
③ 품질유지기한 - 보존방법조건에 상관없이 고유의 품질이 유지될 수 있는 기한
④ 영양성분표시 - 제품의 일정량에 함유된 영양성분의 함량을 표시하는 것

해설 품질유지기한은 식품의 특성에 맞는 적절한 보존방법이나 기준에 따라 보관할 경우 해당 식품 고유의 품질이 유지될 수 있는 기한을 말한다.
※ 「식품 등의 표시기준」 개정에 따라 ②의 보기를 '유통기한'에서 '소비기한'으로 수정하였다.

10 염기성 황색 색소로 과거 단무지 등에서 사용이 되었으나 현재 금지되어 있는 색소는?

① 테트라진(Tetrazine)
② 아우라민(Auramine)
③ 로다민(Rhodamine)
④ 사이클라메이트(Cyclamate)

해설 아우라민(Auramine)
- 신장장애, 랑게르한스섬(내분비) 장애를 나타내는 대표적인 다이페닐메탄계의 염기성 염료이다.
- 과자 등 식품의 착색료로 사용되다가 유해성 때문에 사용이 금지되었다.

11 HACCP(식품안전관리인증기준)의 7원칙에 속하지 않는 것은?

① 위해요소 설정
② 중요관리점 결정
③ 한계기준 설정
④ 문서화, 기록유지 방법 설정

해설 안전관리인증기준(HACCP) 적용 원칙(식품 및 축산물 안전관리인증기준 제6조제1항)
- 위해요소 분석
- 중요관리점 결정
- 한계기준 설정
- 모니터링 체계 확립
- 개선조치 방법 수립
- 검증 절차 및 방법 수립
- 문서화 및 기록 유지

8 ② 9 ③ 10 ② 11 ① **정답**

12 화학적 소독법의 구비조건이 아닌 것은?

① 석탄산계수가 낮을 것
② 인체에 대하여 독성이 없을 것
③ 침투력이 강할 것
④ 부식성이나 표백성이 없을 것

해설 소독약품의 구비조건
- 석탄산계수가 높을 것
- 살균력이 강할 것
- 사용이 간편하고 가격이 저렴할 것
- 인축에 대한 독성이 적을 것
- 소독 대상물에 부식성과 표백성이 없을 것
- 용해성이 높으며 안전성이 있을 것

13 식품의 기준 및 규격에 따른 식품접객업소 조리식품, 조리기구에 대한 미생물 규격으로 옳은 것은?

① 행주의 대장균은 음성이어야 한다.
② 도마의 대장균은 100/mL 이하여야 한다.
③ 접객용 음용수의 대장균은 음성이어야 한다.
④ 냉면육수의 대장균은 50mL에서 음성이어야 한다.

해설 식품접객업소의 조리기구 등(식품의 기준 및 규격)
- 수족관물 : 세균수 – 1mL당 100,000 이하, 대장균군 – 1,000 이하/100mL
- 행주(사용 중인 것은 제외) : 대장균 – 음성
- 칼 · 도마 및 숟가락, 젓가락, 식기, 찬기 등 음식을 먹을 때 사용하거나 담는 것(사용 중인 것은 제외) : 살모넬라 – 음성, 대장균 – 음성

14 과실류나 채소류 등 식품의 살균 목적 이외에 사용하여서는 아니 되는 살균소독제는?(단, 참깨에는 사용 금지)

① 프로피온산나트륨
② 차아염소산나트륨
③ 소브산
④ 에틸알코올

해설 식품첨가물의 기준 및 규격
차아염소산나트륨 : 과일류, 채소류 등 식품의 살균 목적에 한하여 사용하여야 하며, 최종 식품의 완성 전에 제거하여야 한다. 다만, 차아염소산나트륨은 참깨에 사용하여서는 아니 된다.

정답 12 ① 13 ① 14 ②

15 재래식 메주를 원료로 한 된장과 간장 등에서 문제가 될 수 있는 독소는?

① 마이코톡신(Mycotoxin)
② 엔테로톡신(Enterotoxin)
③ 아미그달린(Amygdalin)
④ 무스카린(Muscarine)

해설 **마이코톡신**
- 곰팡이 독의 총칭, 곰팡이균의 2차 대사산물로 생물에 대하여 독성을 나타내는 물질이다.
- 마이코톡신 섭취 후 사람·가축이 질병 및 이상 생리현상을 일으킨다[진균식중독증(Mycotoxicosis)].
- 식품을 오염시키고, 사람·가축에 식중독 및 발암성을 나타내기도 한다.

16 식품에 넣어 점성이나 안정성을 높이며 식품 형태를 유지하고 미각을 좋게 하는 데 쓰이는 것은?

① 피막제 ② 증점제
③ 품질개량제 ④ 추출제

해설 **증점제 종류** : 카복시메틸셀룰로스, 알긴산나트륨, 알긴산프로필렌글리콜, 폴리아크릴산나트륨, 카세인, 잔탄검

17 바이러스 식중독에 대한 설명으로 틀린 것은?

① 주요 원인 바이러스는 노로바이러스 그룹이다.
② 미량의 개체로도 발병이 가능하다.
③ 2차 감염으로 인해 대형 식중독으로 이어질 수 있다.
④ 백신으로 예방이 된다.

해설
- 바이러스 식중독 : 일반적인 치료법이나 백신이 없고, 대부분 2차 감염이 일어난다.
- 세균성 식중독 : 항생제 등으로 치료가 가능하고 일부는 백신이 개발되었으며 2차 감염이 거의 없다.

18 소독제의 사용 농도로 옳은 것은?

① 에틸알코올 - 100%
② 석탄산 - 3~5%
③ 과산화수소 - 35%
④ 양성비누 - 원액(10%)을 10배 희석

15 ① 16 ② 17 ④ 18 ② **정답**

19 **식품을 제조·가공단계부터 판매단계까지 각 단계별로 정보를 기록·관리하여 그 식품의 안전성 등에 문제가 발생할 경우 그 식품을 추적하여 원인을 규명하고 필요한 조치를 할 수 있도록 관리하는 것은?**

① 식품 등의 표시기준
② 원산지표시
③ 식품안전관리인증기준(HACCP)
④ 식품이력추적관리

20 **내열성을 띤 Enterotoxin을 생성하는 독소형 식중독균은?**

① 클로스트리듐 보툴리늄균(*Clostridium botulinum*)
② 황색포도상구균(*Staphylococcus aureus*)
③ 바실러스 세레우스균(*Bacillus cereus*)
④ 클로스트리듐 퍼프린젠스균(*Clostridium perfringens*)

해설 **황색포도상구균 식중독(독소형 식중독)**
- 엔테로톡신의 독소는 120℃로 20분간 처리해도 완전히 파괴되지 않는다.
- 잠복기는 평균 3시간 정도로 가장 짧다.
- 증상은 급성위장염 형태로 구토, 복통, 설사를 유발한다.

제2과목 | 식품학

21 **파스타 종류에 속하지 않는 것은?**

① 스파게티 ② 라자냐
③ 라비올리 ④ 리소토

해설 ④ 리소토 : 쌀을 볶은 다음 소스에 끓여낸 이탈리아의 전통 요리
파스타 : 밀가루(듀럼밀)를 사용하여 만든 이탈리아의 국수요리

정답 19 ④ 20 ② 21 ④

22 **다음 식품성분표에서 단백질을 대두 50g 대신 소고기로 대치하고자 할 때 소고기의 양으로 적당한 것은?**

(단위 : 식품 100g 중 함유된 양)

식품명	열량(cal)	단백질(g)	지질(g)	당질(g)
대 두	400	36.2	17.8	25.7
소고기	218	21.0	14.1	0.2

① 18.2g ② 42.0g
③ 58.0g ④ 86.2g

해설

$$\text{대치식품량} = \frac{\text{원래 식품의 양} \times \text{원래 식품의 식품분석표상의 해당 성분수치}}{\text{대치하고자 하는 식품의 식품분석표상의 해당 성분수치}}$$

$$= \frac{50 \times 36.2}{21.0} = 86.19$$

23 **원료의 분류가 다른 가공식품은?**

① 두 부 ② 감자전분
③ 곤 약 ④ 당 면

해설 두부는 콩을 원료로 하는 식물성 단백질 식품이고, 감자, 당면, 곤약은 당질이 많은 식품이다.

24 **나박김치 제조 시 당근을 첨가하지 않는 이유는 어떤 효소 때문인가?**

① 라이페이스(Lipase)
② 카탈레이스(Catalase)
③ 폴리페놀레이스(Polyphenolase)
④ 아스코르비네이스(Ascorbinase)

해설 당근, 호박, 오이에 들어 있는 아스코르비네이스 효소는 비타민 C를 파괴하므로 나박김치에 넣지 않는다.

25 **절단면에서 얄라핀(Jalapin)이라는 백색 점액이 나오는 것은?**

① 완두콩 ② 땅 콩
③ 감 자 ④ 고구마

해설 얄라핀은 고구마를 잘랐을 때 나오는 하얀 점액질로 배변 활동을 촉진해 몸속 노폐물을 배출시킨다.

정답 22 ④ 23 ① 24 ④ 25 ④

26 에르고스테롤(Ergosterol)을 많이 함유하고 있는 것은?

① 당 근　　② 효 모
③ 풋고추　　④ 돼지고기

해설 **에르고스테롤**
효모, 곰팡이, 버섯류에 다량 들어 있는 비타민 D_2의 전구물질인 에르고스테롤(Ergosterol)을 햇빛에 노출시키면 자외선의 작용으로 비타민 D로 전환되므로 에르고스테롤을 프로비타민 D(Provitamin D)라고도 한다.

27 필수지방산이 아닌 것은?

① 리놀레산(Linoleic Acid)　　② 아라키돈산(Arachidonic Acid)
③ 올레인산(Oleic Acid)　　④ 리놀렌산(Linolenic Acid)

해설 **필수지방산** : 리놀레산(Linoleic Acid), 리놀렌산(Linolenic Acid), 아라키돈산(Arachidonic Acid)

28 버섯에 함유된 비타민 D의 전구체 물질은?

① 콜레스테롤(Cholesterol)　　② 레티놀(Retinol)
③ 에르고스테롤(Ergosterol)　　④ 토코페롤(Tocopherol)

해설 효모, 곰팡이, 버섯류에 다량 들어 있는 비타민 D_2의 전구물질인 에르고스테롤(Ergosterol)을 햇빛에 노출시키면 자외선의 작용으로 비타민 D로 전환되므로 에르고스테롤을 프로비타민 D(Provitamin D)라고도 한다.

29 냉동식품에서 일어나는 변화와 관련된 설명으로 틀린 것은?

① 얼음 결정이 커지면 식품의 세포막 파괴를 초래한다.
② 냉동 중 탈수에 의해 건조된 부분은 산화로 갈변을 초래한다.
③ 동결된 자유수는 해동 시 모두 단백질과 결합된다.
④ 밀착포장이나 용액 침지 등의 방법으로 냉동화상을 감소시킬 수 있다.

30 육류의 맛난맛 성분은?

① 젖 산　　② 숙신산
③ 이노신산　　④ 구연산

해설 육류의 감칠맛 또는 맛난맛(이노신산)은 여러 맛의 성분이 혼합되어 조화된 맛이다. 종류로 글루탐산나트륨(다시마의 맛), 이노신산나트륨(멸치, 가다랑어포, 육류의 맛), 구아닐산나트륨(표고버섯의 맛), 호박산나트륨(어패류의 맛) 등이 있다.

정답 26 ② 27 ③ 28 ③ 29 ③ 30 ③

31 유지의 물리적 성질에 대한 내용으로 틀린 것은?

① 융점은 포화지방산이 많을수록 높아진다.
② 저급지방산이 많을수록 동일한 용매에 대한 용해도가 증가한다.
③ 발연점은 유리지방산의 함량이 많을수록 높아진다.
④ 점도는 불포화지방산이 많을수록 감소한다.

해설 유리지방산의 함량이 높으면 발연점이 낮아져 식용유지의 맛이 나빠지므로 유리지방산이 적은 것이 좋다.

32 유지의 자동산화에 영향을 미치는 요인이 아닌 것은?

① 유지의 불포화도
② 온 도
③ pH
④ 광 선

33 탄수화물에 대한 설명 중 틀린 것은?

① 자연계에는 D-형의 알도스(Aldose)와 케토스(Ketose)가 많이 존재한다.
② 부제탄소원자를 가지고 있으므로 광학이성체가 존재한다.
③ 분자 내에 하나의 수산기와 두 개 이상의 알데하이드기 또는 케톤기를 가지고 있다.
④ 포도당을 물에 용해시키면 우선성의 선광도를 나타낸다.

해설 분자 내에 2개 이상의 수산기와 1개의 알데하이드기 또는 1개의 케톤기를 갖는다.

34 달걀찜을 조리할 때 달걀이 응고되는 것을 설명한 내용으로 옳은 것은?

① 물을 소량 첨가하면 응고가 잘된다.
② 설탕을 소량 첨가하면 응고가 잘된다.
③ 소금을 소량 첨가하면 응고가 잘된다.
④ 후추를 소량 첨가하면 응고가 잘된다.

31 ③ 32 ③ 33 ③ 34 ③ 정답

35 **단백질에 대한 설명으로 틀린 것은?**

① 염산으로 가수분해하면 아미노산이 생성된다.
② 아미노산은 한 분자 내에 카복실기와 아미노기를 모두 가지고 있다.
③ 아미노산들이 펩타이드결합을 하고 있다.
④ 단백질을 구성하고 있는 아미노산은 대부분 D-형이다.

해설 단백질(Protein)을 구성하는 아미노산의 거의 대부분은 L-아미노산 형태로 존재한다. 아미노산 D형은 인공합성에 의하며 자연계에는 없거나 극히 일부 특이한 바다생물(청자고둥)에서만 발견되었다.

36 **비타민과 주된 급원식품의 연결이 틀린 것은?**

① 비타민 A - 생선간유
② 비타민 B_1 - 쌀배아
③ 비타민 B_{12} - 콩
④ 비타민 C - 과일

해설 **비타민 B_{12} 함유 식품** : 동물의 간, 조개류, 치즈, 육류 등

37 **결합수의 특성이 아닌 것은?**

① 자유수보다 밀도가 크다.
② 대기 중에서 100℃ 이상으로 가열해도 제거하기 어렵다.
③ 용질에 대하여 용매로서 작용한다.
④ 미생물의 번식과 발아에 이용되지 못한다.

해설 ③ 결합수는 용질에 대해 용매로 작용하지 못한다.

38 **육제품의 발색을 위하여 아질산염 등이 첨가된 가공육의 적색은?**

① 나이트로소마이오글로빈(Nitrosomyoglobin)
② 메트마이오글로빈(Metmyoglobin)
③ 옥시마이오글로빈(Oxymyoglobin)
④ 콜레글로빈(Choleglobin)

해설 **아질산염**
가공식품을 보존처리(원료육의 염지)하는 아질산염은 마이오글로빈과 반응하여 분홍색(적색)을 띤 나이트로소마이오글로빈이 되며, 산화마이오글로빈이라고도 한다.

정답 35 ④ 36 ③ 37 ③ 38 ①

39 신선도가 떨어진 단백질 식품의 냄새 성분이 아닌 것은?

① 알데하이드(Aldehyde) ② 피페리딘(Piperidine)
③ 암모니아(Ammonia) ④ 황화수소(H_2S)

해설 ① 알데하이드는 알코올이 산화하는 과정에서 발생하며, 양파나 과일 썩는 냄새를 풍긴다.
알코올(Alcohol) 및 알데하이드(Aldehyde)류 : Ethanol(주류), Propanol(양파), Pentanol(감자), 3-Hexenol(엽채류), 2,6-Nonadienal(오이), Furfuryl Alcohol(커피), Eugenol(계피) 등

40 안토시안 색소의 성질이 아닌 것은?

① 철(Fe) 등의 금속이온이 존재하면 청색이 된다.
② pH에 따라 색이 변하며 산성에서는 적색을 나타낸다.
③ 산화효소에 의해 산화되면 갈색화가 된다.
④ 담황색의 색소이며, 경수로 가열하면 황색을 나타낸다.

해설 안토시안은 용액의 pH에 따라 구조와 색이 변한다. 산성에서는 적색, 중성에서는 보라색, 알칼리에서는 청색을 띤다.

제3과목 | 조리이론 및 급식관리

41 과일의 갈변을 방지하기 위한 방법이 아닌 것은?

① 데치거나 열처리하여 냉동 혹은 통조림 포장한다.
② Cl^-, Cu^{2+}에 의해 갈변효소가 활성화되므로 접촉을 피한다.
③ 산성용액에 담가 폴리페놀옥시데이스(Polyphenol Oxidase)의 효소작용을 억제한다.
④ 과일 건조 시 아황산가스에 노출시켜 갈변효소의 작용을 억제한다.

해설 ② 갈변효소는 구리(Cu)나 철(Fe)에 의해 활성화되고 염소이온(Cl^-)에 의해 활성이 억제된다.

42 채소류 조리에 대한 설명으로 옳지 않은 것은?

① 시금치나물을 무칠 때 식초를 넣으면 클로로필계 색소가 산에 의해 녹황색으로 변한다.
② 녹색 채소를 데친 물이 푸르게 변색되는 것은 지용성인 클로로필(Chlorophyll)이 수용성 클로로필라이드(Chlorophyllide)로 되어 용출되기 때문이다.
③ 볶은 당근이 점차 어둡고 칙칙한 색으로 변하는 것은 안토잔틴계 색소가 산소와 접촉하여 산화·퇴색되기 때문이다.
④ 우엉을 삶을 때 청색으로 변하는 이유는 우엉에 있는 알칼리성 무기질이 녹아 나와 안토시안계 색소를 청색으로 변화시키기 때문이다.

해설 볶은 당근이 점차 어둡고 칙칙한 색으로 변하는 것은 '카로티노이드계 색소'가 산소와 접촉하여 산화·퇴색되기 때문이다.

39 ① 40 ④ 41 ② 42 ③ **정답**

43 생대두에 들어 있는 특수성분이 아닌 것은?

① 글리아딘(Gliadin)
② 트립신 저해제(Trypsin Inhibitor)
③ 사포닌(Saponin)
④ 헤마글루티닌(Hemagglutinin)

해설 글리아딘은 밀알의 배젖에 있는 단백질 복합체이다(글리아딘 + 글루테닌).

44 생선 조리에서 어취 성분을 제거하는 방법으로 틀린 것은?

① 물로 씻어 트라이메틸아민을 제거하여 비린내를 감소시킨다.
② 술의 알코올 성분이 어취와 함께 휘발하여 제거된다.
③ 된장의 콜로이드 흡착을 이용하여 비린내를 감소시킨다.
④ 우유의 콜라겐을 이용하여 트라이메틸아민을 흡착시켜 비린내를 감소시킨다.

해설 우유 단백질인 카세인이 트라이메틸아민을 흡착하여 비린내를 약하게 한다.

45 급식인원 1인당 취사면적을 $10m^2$, 식기 회수공간을 취사면적의 10%로 할 때 1회 300인을 수용하는 식당의 면적은?

① $100m^2$
② $110m^2$
③ $300m^2$
④ $330m^2$

해설 식당의 면적은 취식자 1인당 $1.0m^2$를 필요로 하며, 식기회수 공간 10%를 더하여 구한다.
$1.0 \times 300 = 300m^2$, 식기회수 공간 10%를 더하면
$300m^2 \times 1.1 = 330m^2$

46 쌀의 조리에 대한 설명으로 맞는 것은?

① 밥을 지을 때 밤이나 감자를 섞은 경우 밥물은 쌀로만 지을 때보다 훨씬 많이 붓는다.
② 밥 짓는 물은 중성이나 약알칼리성일 때 밥맛이 좋다.
③ 밥을 지을 때는 재질이 얇고 가벼운 알루미늄이 좋다.
④ 밥을 지을 때 물의 양은 햅쌀의 경우 쌀 부피의 2배로 한다.

해설 밥 물은 pH 7~8의 것이 밥맛이 가장 좋고, 산성일수록 밥맛이 나쁘다.

정답 43 ① 44 ④ 45 ④ 46 ②

47 원가계산의 목적을 모두 고른다면?

㉠ 가격결정	㉡ 원가관리
㉢ 예산편성	㉣ 재무제표 작성

① ㉡, ㉢　　② ㉠, ㉢, ㉣
③ ㉠, ㉡, ㉣　　④ ㉠, ㉡, ㉢, ㉣

해설 **원가계산의 목적**

- 가격결정 : 생산된 제품의 판매가격을 결정하기 위함이다. 일반적으로 제품의 판매가격은 제품을 생산하는 데 실제로 소비된 원가에 일정한 이윤을 가산하여 결정한다.
- 원가관리 : 원가관리의 기초자료를 제공하여 원가를 절감하기 위함이다.
- 예산편성 : 제품의 제조, 판매 및 유통 등에 대한 예산을 편성하는 데 따른 기초자료 제공에 이용한다.
- 재무제표 작성 : 경영활동의 결과를 재무제표로 작성하여 기업의 외부 이해 관계자에게 보고할 때 기초자료로 제공한다.

48 식품 구매 시 폐기율을 고려한 발주량을 구하는 식은?

① 총발주량 = 1인 분량 × 인원수
② 총발주량 = (100－폐기율) × 100 × 인원수
③ 총발주량 = $\left(\frac{\text{1인 분량}}{\text{100 － 가식률}}\right) \times 100 \times \text{인원수}$
④ 총발주량 = $\left(\frac{\text{1인 분량}}{\text{100 － 폐기율}}\right) \times 100 \times \text{인원수}$

49 어류에 대한 설명으로 맞는 것은?

① 사후경직이 끝난 생선이 신선하다.
② 붉은살생선은 살짝 구워야 살이 부드럽고 흰살생선은 바짝 구워야 풍미가 있다.
③ 흰살생선을 조릴 때 양념장이 끓기 시작할 때 생선을 넣고 단시간 가열한다.
④ 담수어의 비린내는 트라이메틸아민 옥사이드(Trimethylamine Oxide) 때문이다.

47 ④　48 ④　49 ③ 정답

50 조리 시 소금의 역할이 아닌 것은?

① 전분의 호화 촉진
② 녹색 채소의 색 향상
③ 펙틴물질의 불용성 강화
④ 수조육류 등의 단백질 응고

해설 **조리 시 소금의 역할**
탈수작용(김치), 단백질 응고 촉진(구이), 글루텐 형성 촉진(빵), 갈변 · 퇴색 방지, 감미 · 신맛 증가, 저장성(살균, 방부), 어육의 탄성력 등

51 재고자산을 평가하는 방법으로 가장 최근 단가를 이용하며, 간단하고 신속하게 산출하기 때문에 급식소에서 가장 많이 사용하는 방법은?

① 총평균법 ② 실제구매가법
③ 최종구매가법 ④ 선입선출법

해설 ① 총평균법 : 특정 기간 매입분을 평균내어 원가를 계산하는 방법
② 실제구매가법 : 마감재고 조사에서 남아 있는 물품들을 실제로 그 물품을 구입했던 단가로 계산하는 방법
④ 선입선출법 : 먼저 구입한 식품부터 출고하는 원가 배분방법

52 식품을 감별하는 방법으로 틀린 것은?

① 소고기 - 선홍색을 띠고 윤기가 나며 탄력이 있어야 한다.
② 달걀 - 표면이 거칠고 광택이 없어야 한다.
③ 오이 - 표피에 주름이 있으며 껍질이 두껍고 절단했을 때 성숙한 씨가 있어야 한다.
④ 감자 - 속살이 희고 모양과 크기가 고르고 껍질이 녹색을 띠지 않아야 한다.

해설 오이는 굵기가 고르고, 오돌도돌한 가시가 많고, 껍질이 얇고 씨가 없는 것으로 고른다.

53 90℃ 전후에서 맛난 성분이 국물에 많이 우러나도록 하기 위해 일반적으로 사용되는 습열 조리법은?

① 보일링(Boiling) ② 블렌칭(Blanching)
③ 로스팅(Roasting) ④ 시머링(Simmering)

해설 ① 보일링 : 식재료를 육수나 물, 액체에 넣고 끓이는 방법
② 블렌칭 : 재료를 끓는 물이나 기름에 잠깐 데쳐내는 방법
③ 로스팅 : 음식을 오븐 등에 넣어 150℃ 이상의 높은 건열을 사용해 수분을 더하지 않고 가열하는 방법

정답 50 ③ 51 ③ 52 ③ 53 ④

54 **바삭하고 맛있는 튀김옷을 만드는 방법이 아닌 것은?**

① 튀김옷의 밀가루는 글루텐 함량이 가장 적은 박력분을 사용한다.
② 15℃ 찬물로 반죽하면 글루텐이 적게 형성되어 바삭거리게 된다.
③ 튀김옷에 소금을 첨가하면 글루텐을 연화시켜 튀김옷이 연해지고 바삭거린다.
④ 튀김옷에 첨가되는 물의 1/4 정도를 달걀로 대체하면 글루텐이 덜 형성되어 바삭하게 된다.

해설 소금은 글루텐의 탄성을 강하게 하는 성질을 갖고 있어 튀김옷이 질겨진다.

55 **기름 성분이 하수관으로 유입되는 것을 방지하기 위해 설치하는 배수관은?**

① S 트랩 ② U 트랩
③ 그리스 트랩 ④ 드럼 트랩

56 **생선의 비린내를 억제하고, 조직을 단단하게 하기 위하여 사용되는 조미료는?**

① 간 장 ② 설 탕
③ 소 금 ④ 식 초

해설 식초나 레몬즙 등의 산을 첨가하면 생선 비린내를 제거하고 생선살을 단단하게 하는 효과가 있다.

57 **소고기의 대분류 중 제비추리, 안창살, 토시살 등이 포함되어 있는 부위는?**

① 우 둔 ② 갈 비
③ 양 지 ④ 등 심

해설 대분류 중 안창살, 토시살, 제비추리는 갈비에 속하며 생산량이 적고 구이용으로 많이 쓰인다.

58 **조리 원리를 바르게 설명한 것은?**

① 인절미가 점성이 강하고 오랫동안 굳지 않도록 하기 위하여 짧은 시간 내에 치대어 주어야 한다.
② 식혜 물에 밥알이 뜰 수 있는 것은 밥에 있던 전분이 호화되었기 때문이다.
③ 찹쌀가루로 만드는 경단, 화전 등을 반죽할 때는 점성이 생기도록 끓는 물로 익반죽한다.
④ 찹쌀로 밥을 지을 때는 멥쌀로 지을 때보다 밥물을 많이 넣어야 한다.

해설 따뜻한 물로 전분의 일부를 호화시켜 점성이 있는 반죽을 만든다.

54 ③ 55 ③ 56 ④ 57 ② 58 ③ 정답

59 식당의 월 식재료비와 재고가액을 나타낸 표이다. 식재료의 재고회전율은 약 얼마인가?

월간 식재료비 총액	70,000원
기초 재고가액	25,000원
기말 재고가액	21,000원
평균 재고가액	23,000원

① 1.01
② 1.51
③ 2.80
④ 3.04

해설 그 달의 평균 재고액 = (초기재고액 + 마감재고액) / 2
= (25,000 + 21,000) / 2 = 23,000
그 달의 재고회전율 = 그 달의 식품액 / 그 달의 평균 재고액
= 70,000 / 23,000 ≒ 3.04

60 과일잼을 만들 때 가장 적당한 조건은?

① 펙틴 함량 0.5%, pH 2.5, 설탕량 50%
② 펙틴 함량 0.5%, pH 3.0, 설탕량 70%
③ 펙틴 함량 1%, pH 3.0, 설탕량 65%
④ 펙틴 함량 1%, pH 4.0, 설탕량 75%

해설 **젤리화 조건** : 펙틴 1~1.5%, pH 3.0~3.3, 당분 60~65%

제4과목 | 공중보건학

61 실내 공기의 오염도 판정기준으로 사용되는 대표적인 기체와 그 서한량이 바르게 짝지어진 것은?

① 이산화탄소(CO_2) - 0.1%
② 이산화탄소(CO_2) - 0.01%
③ 아황산가스(SO_2) - 0.1%
④ 아황산가스(SO_2) - 0.01%

62 수돗물의 일반적인 정수 처리과정이 아닌 것은?

① 침 전
② 여 과
③ 소 독
④ 오니처리

해설 **수돗물의 정수 처리**
취수 → 응집 → 침전 → 여과 → 소독 → 급수

정답 59 ④ 60 ③ 61 ① 62 ④

63 사회보장제도 중 공적 부조에 해당되는 것은?

① 의료급여 ② 건강보험
③ 국민연금 ④ 고용보험

해설 **사회보장의 체계**
- 사회보험 : 소득보장(복지연금, 실업보험), 의료보장(의료보험, 산업재해보상보험)
- 공적 부조 : 생활보호, 의료급여
- 공공서비스 : 사회복지서비스, 보건의료서비스

64 하수의 수질측정 단위 중, 채취한 하수를 20℃에서 5일간 유기물질을 산화시키는 데 소모된 산소량으로 나타내는 것은?

① 부유물량 ② 용존산소량
③ 생물화학적 산소요구량 ④ 화학적 산소요구량

해설 **BOD(생물학적 산소요구량)**
하수 중의 유기물이 미생물에 의해 분해되는 데 필요한 용존산소의 소비량을 측정하여 하수의 오염도를 알아내는 방법이다. 호기성 세균이 20℃에서 5일간 유기물질을 안정화시키는 데 소비한 산소량을 말한다.

65 바퀴벌레가 전파할 수 있는 질병이 아닌 것은?

① 세균성 이질 ② 디프테리아
③ 렙토스피라증 ④ 회 충

해설 **렙토스피라증**
- 렙토스피라(Leptospira)라는 병원체에 의해 생기는 감염병으로 소, 개, 돼지, 쥐 등이 감염된다.
- 사람은 감염된 쥐의 오줌으로 오염된 물, 식품 등에 의해 경구적으로 감염되며, 잠복기는 5~7일이다.
- 예방법으로는 사균백신 접종과 손·발의 소독 및 쥐의 구제가 필요하다.

66 인수공통감염병이 아닌 것은?

① 돼지인플루엔자
② 탄 저
③ 고병원성 조류인플루엔자
④ 말라리아

해설 **인수공통감염병**
- 사람과 동물이 같은 병원체에 의하여 발생하는 질병 또는 감염 상태
- 종류 : 장출혈성대장균감염증, 일본뇌염, 브루셀라증, 탄저, 공수병, 동물인플루엔자 인체감염증, 중증급성호흡기증후군(SARS), 변종크로이츠펠트-야콥병(vCJD), 큐열, 결핵, 중증열성혈소판감소증후군(SFTS) 등

63 ① 64 ③ 65 ③ 66 ④ **정답**

67 **체내의 수분과 염분의 손실 때문에 생기는 질병으로 고온 환경에서 심한 근육운동을 하는 경우 발생하는 질병은?**

① 열경련증
② 열사병
③ 열쇠약증
④ 열허탈증

해설 열경련증은 인체 내의 수분과 염분의 부족으로 생기는 질병이다.

68 **DPT 예방접종과 관계가 있는 감염병은?**

① 디프테리아, 백일해, 파상풍
② 결핵, 폴리오, 콜레라
③ 파상풍, 페스트, 홍역
④ 풍진, 말라리아, 탄저

해설 DPT : 디프테리아(Diphtheria), 백일해(Pertussis), 파상풍(Tetanus)을 예방하기 위한 백신이다.

69 **레벨과 클라크의 질병 예방대책에서 1차적 예방이 아닌 것은?**

① 보건교육
② 예방접종
③ 조기치료
④ 건강증진

해설 **레벨과 클라크의 질병 예방대책**
- 1차적 예방단계 : 건강증진과 예방접종
- 2차적 예방단계 : 질병의 조기발견
- 3차적 예방단계 : 질병의 재발방지

70 **장티푸스에 관한 설명 중 틀린 것은?**

① 열병이라고도 한다.
② 닭, 오리 등의 가축을 매개로 전파된다.
③ 병쾌 후에는 일반적으로 영구면적을 얻는다.
④ 환경위생의 개선으로 예방할 수 있다.

해설 **감염경로** : 환자나 보균자의 배설물, 타액, 유즙이 감염원이 되며, 오염된 물이나 음식물, 파리, 생과일, 채소 등의 매개물로써 환자나 보균자와의 접촉에 의해서 감염된다.

정답 67 ① 68 ① 69 ③ 70 ②

71 예방접종의 효과가 가장 낮다고 볼 수 있는 것은?

① 파상풍　　② 디프테리아
③ 결 핵　　④ 콜레라

해설 콜레라의 경우 예방접종은 면역효과가 불충분하고 비용효과가 낮기 때문에 권고하지 않고 있다.

72 병원체가 리케차성 감염병인 것은?

① 결 핵　　② 홍 역
③ 발진열　　④ 콜레라

해설 리케차성 질환으로 발진열, Q열, 로키산홍반열 등이 있다.

73 수질오염의 지표들 가운데 수치가 높을 때 좋은 수질을 나타내는 것은?

① 용존산소(DO)
② 화학적 산소요구량(COD)
③ 부유물질(SS)
④ 용해성 물질(SM)

해설
- 용존산소(DO) : 물속에 녹아 있는 산소의 양으로, DO값이 높을수록 좋은 물이다. 하수의 오염도를 알 수 있다.
- 생물학적 산소요구량(BOD) : 하수 중의 유기물이 미생물에 의해 분해되는 데 필요한 용존산소의 소비량을 측정하여 하수의 오염도를 구하는 방법이다. BOD값이 높다는 것은 수질이 좋지 않다는 것을 의미한다.
- 화학적 산소요구량(COD) : 물속의 유기물로 산화시키는 데 필요한 산소의 양으로, COD값이 클수록 오염물질이 많으며, 수질이 좋지 않다.

74 실내에서 자연환기가 잘 이루어지는 중성대의 위치는?

① 천장 가까이
② 방바닥 가까이
③ 벽면 가까이
④ 실내 중앙 가까이

해설 **중성대** : 들어오는 공기는 하부로, 나가는 공기는 상부로 이루어지는데, 그 중앙에 압력이 0인 면이 생기는 부분을 중성대라 한다.
- 중성대가 천장 가까이 형성되면 환기량이 많고, 낮게 형성되면 환기량이 적다.
- 중성대가 천장 근처에서 형성되면 자연환기가 가장 잘 이루어진다.

71 ④ 72 ③ 73 ① 74 ① 정답

75 호흡기계 감염병이 아닌 것은?

① 디프테리아
② 백일해
③ 장티푸스
④ 유행성 이하선염

해설 **호흡기계 감염병** : 디프테리아, 유행성 감기, 백일해, 홍역, 천연두(두창), 성홍열, 풍진, 유행성 이하선염 등

76 면역에 대한 설명으로 옳은 것은?

① 능동면역은 다른 개체의 면역체를 받는 것이다.
② 수동면역은 항원으로 병원체를 이용하여 접종한다.
③ 인공수동면역은 인공능동면역보다 효력이 빨리 나타난다.
④ 인공수동면역은 인공능동면역보다 효력기간이 길다.

77 대기오염 물질 중 가스(Gas)상 물질이 아닌 것은?

① 황산화물(SOx) ② 질소산화물(NOx)
③ 매연(Smoke) ④ 일산화탄소(CO)

해설 **대기오염 물질 중 1차 오염물질**
- 입자상 물질(부유입자, Aerosol) : 먼지(Dust), 매연(Smoke), 훈연(Fume), 미스트(Mist), 안개(Fog), 연무(Haze), 분진(Particulate) 등
- 가스상 물질 : 아황산가스(SO_2), 황화수소(H_2S), 질소산화물(NOx), 일산화탄소(CO), 이산화탄소(CO_2), 암모니아(NH_3), 플루오린화수소(HF) 등

78 감각온도에 대한 내용으로 틀린 것은?

① 기온, 기습, 기류의 3인자가 종합하여 인체에 주는 온감이다.
② 체열의 방산열량과 생산열량이 같을 때 가장 적당한 온감과 쾌적감을 갖는다.
③ 체감온도, 실효온도라고도 한다.
④ 여름철 쾌적 감각온도는 17~26℃이고 겨울철은 23~26℃이다.

정답 75 ③ 76 ③ 77 ③ 78 ④

79 **화학적 소독제의 조건이 아닌 것은?**

① 석탄산계수가 높을 것
② 침투력이 강할 것
③ 표백성이 없을 것
④ 용해성이 낮을 것

해설 화학적 소독제는 물에 대한 용해성이 높아야 한다.

80 **규폐증과 관련된 직업으로 바르게 짝지어진 것은?**

① 채석공, 페인트공
② 인쇄공, 페인트공
③ X선기사, 용접공
④ 암석 연마공, 채석공

해설 규폐증은 규산 성분이 있는 돌가루가 폐에 쌓여 생기는 질환으로 광부, 암석 연마공, 채석공 등에게 주로 나타나는 직업병이다.

79 ④ 80 ④ 정답

2017년

제 3 회 | 과년도 기출문제

제1과목 | 식품위생 및 관련 법규

01 HACCP(식품안전관리인증기준)의 집단급식시설 관리기준에 따른 조리한 식품의 보존식 보관조건은?

① −18℃ 이하, 144시간 이상
② −18℃ 이하, 1주일 미만
③ −20℃ 이하, 144시간 이상
④ −20℃ 이하, 1주일 미만

해설 집단급식소에서 조리한 식품은 소독된 보존식 전용 용기 또는 멸균 비닐봉지에 매회 1인분 분량을 −18℃ 이하에서 144시간(6일) 이상 보관하여야 한다(식품 및 축산물 안전관리인증기준 [별표 1]).

02 육류 변패 시 pH 변화는?

① 산성으로 변한다.
② 중성으로 변한다.
③ 알칼리성으로 변한다.
④ 변화 없다.

03 ( ) 안에 들어갈 내용이 순서대로 바르게 짝지어진 것은?

> 식품위생법에서 업종별 시설기준 중 식품제조·가공업의 작업장의 내벽은 바닥으로부터 ( )미터까지 밝은 색의 ( )으로 설비하거나 세균방지용 페인트로 도색하여야 한다.

① 1.0, 내염성
② 1.0, 내열성
③ 1.5, 내수성
④ 1.5, 내유성

해설 **업종별 시설기준(식품위생법 시행규칙 [별표 14])**
내벽은 바닥으로부터 1.5m까지 밝은색의 내수성으로 설비하거나 세균방지용 페인트로 도색하여야 한다. 다만, 물을 사용하지 않고 위생상 위해 발생의 우려가 없는 경우에는 그러하지 아니하다.

정답 1 ① 2 ③ 3 ③

04 황변미 중독을 발생시키는 원인 곰팡이균은?

① 아스페르길루스(*Aspergillus*) 속
② 페니실륨(*Penicillium*) 속
③ 푸사륨(*Fusarium*) 속
④ 황색포도상구균(*Staphylococcus*)

해설 페니실륨(*Penicillium*) 속 푸른곰팡이가 저장 중인 쌀에 번식하여 시트리닌(Citrinin : 신장독), 시트레오비리딘(Citreoviridin : 신경독), 아이슬랜디톡신(Islanditoxin : 간장독) 등의 독소를 생성한다.

05 식품공장이나 집단급식 시설의 실내 공기, 조리대, 실험실의 무균 소독 등에 사용되는 방법은?

① 건열살균법
② 화염살균법
③ 자외선살균법
④ 방사선살균법

해설 자외선살균법은 자외선으로 미생물을 살균하는 것이다. 특히, 급식시설의 조리대, 기구, 실내 공기, 실험실 등의 소독에 사용된다.

06 식품의약품안전처장의 영업허가를 받아야 할 업종은?

① 식품첨가물제조업
② 일반음식점영업
③ 식품조사처리업
④ 단란주점영업

해설 **허가를 받아야 하는 영업 및 허가관청(식품위생법 시행령 제23조)**

- 식품조사처리업 : 식품의약품안전처장
- 단란주점영업과 유흥주점영업 : 특별자치시장 · 특별자치도지사 또는 시장 · 군수 · 구청장

07 식품위생법에서 식품의 영양표시를 해야 하는 대상 식품은?

① 소스류 ② 김치류
③ 초콜릿류 ④ 어묵류

해설 ※ 「식품위생법 시행규칙」 개정으로 영양표시 대상 식품 규정(제6조)은 삭제되었다.

4 ② 5 ③ 6 ③ 7 정답없음 **정답**

08 병든 동물의 고기를 식용으로 사용했을 때 발생할 수 있는 질병이 아닌 것은?

① 결 핵　　② 파라티푸스
③ 탄저병　　④ 야토병

해설 **파라티푸스**
- 병원체 : *Salmonella paratyphi A · B · C*균
- 잠복기 : 5일 정도
- 증상 : 장티푸스와 유사한 급성 감염병이지만 경증이며 경과기간도 짧다.

09 어패류의 부패에 주로 관여하는 저온세균은?

① 칸디다(*Candida*) 속
② 리조퍼스(*Rhizopus*) 속
③ 슈도모나스(*Pseudomonas*) 속
④ 락토바실러스(*Lactobacillus*) 속

해설 **슈도모나스(*Pseudomonas*) 속**
그람 음성의 무포자 간균으로 대표적인 부패 세균이다. 주로 겨울에 우유에서 고미를 내게 하거나, 어패류를 부패시킨다. 특히 호기성으로 형광색 색소를 생산하는 것이 많으며, 당과 유기산, 방향족 화합물 등을 산화시킨다.

10 식품첨가물로 허용되어 있는 유지 추출제는?

① n-헥산(n-Hexane)　　② 글리세린(Glycerin)
③ 프로필렌글리콜(Propylene Glycol)　　④ 규소수지(Silicone Resin)

해설 ① n-헥산(n-Hexane)은 유지 추출제 중 유일하게 허용되는 첨가물이며, 완성 전에 제거해 주어야 한다.
②, ③ 용제는 각종 첨가물을 식품에 균일하게 혼합시키기 위하여 사용하는 첨가물로서, 물과 잘 혼합되거나 유지에 잘 녹는 성질이 있어야 한다. 물, 알코올 등을 사용하고 있으나 현재 허용되고 있는 용제로 글리세린(Glycerin)과 프로필렌글리콜(Propylene Glycol)이 있다.
④ 소포제는 식품의 제조 공정에서 생기는 거품이 품질이나 작업에 지장을 주는 경우에 거품을 소멸 또는 억제시키기 위해 사용되는 첨가물로서, 규소수지(Silicone Resin)만이 허용되어 있다.

11 화학적 살균방법으로 적합하지 않은 것은?

① 0.1% 역성비누 살균
② 3% 과산화수소 살균
③ 70% 에탄올용액 살균
④ 10% 크레졸 용액 살균

정답 8 ② 9 ③ 10 ① 11 ④

12 식품의 부패 판정검사 시 어육의 부패로 판정되는 것은?

① 100% 중 TMA(Trimethylamine)가 10mg이다.
② 1g당의 생균수가 10^5이다.
③ 100g 중 휘발성 염기질소 양이 20mg이다.
④ pH가 5.5 전후이다.

해설 **트라이메틸아민(TMA)** : 생선의 비린내 성분으로 3~4mg%이면 초기 부패로 판정

13 장염비브리오균의 특징이 아닌 것은?

① 해수세균이다.
② 운동성이 있다.
③ 병원성 호염균이다.
④ 그람 양성균이다.

해설 장염비브리오균은 해수세균의 일종이며 그람 음성균이자 호염성균으로 2~5%의 소금 농도에서 잘 증식하며 식염이 없으면 발육하지 못한다.

14 안정한 화합물로 잔류성이 크며, 체내에서 분해가 어렵고 지방조직 등에 축적되어 만성 중독을 일으키는 것은?

① 유기인제 ② 카바메이트제
③ 유기염소제 ④ 유기수은제

해설 **유기염소제(DDT, BHC 등)** : 독성은 강하지 않으나 자연계에서 분해가 잘되지 않아 토양에 잔류하였다가 인체의 지방조직에 축적되어 만성 중독을 일으킨다.

15 식품위생법령에서 영업에 종사하지 못하는 질병은?

① 비감염성 결핵 ② 알코올중독
③ 정신박약 ④ 피부병

해설 **영업에 종사하지 못하는 질병의 종류(식품위생법 시행규칙 제50조)**
- 감염병의 예방 및 관리에 관한 법률에 따른 결핵(비감염성인 경우는 제외)
- 콜레라, 장티푸스, 파라티푸스, 세균성 이질, 장출혈성대장균감염증, A형간염
- 피부병 또는 그 밖의 고름형성(화농성) 질환
- 후천성면역결핍증(성매개감염병에 관한 건강진단을 받아야 하는 영업에 종사하는 사람만 해당)

12 ① 13 ④ 14 ③ 15 ④ **정답**

16 식품 등의 표시기준의 알레르기 유발물질 표시 대상에서 표백제, 보존료 목적으로 사용되는 첨가물로 알레르기를 유발하는 것은?

① 아황산나트륨
② 안식향산
③ 에리토브산
④ 몰식자산프로필

해설 ※ 「식품 등의 표시·광고에 관한 법률」이 제정됨에 따라 「식품 등의 표시기준」 알레르기 유발물질 표시 대상 규정은 「식품 등의 표시·광고에 관한 법률 시행규칙」으로 상향 입법되었다.

소비자 안전을 위한 표시사항(식품 등의 표시·광고에 관한 법률 시행규칙 [별표 2])

식품 등에 알레르기를 유발할 수 있는 원재료가 포함된 경우 그 원재료명을 표시해야 하며, 알레르기 유발물질은 다음과 같다.

알류(가금류만 해당), 우유, 메밀, 땅콩, 대두, 밀, 고등어, 게, 새우, 돼지고기, 복숭아, 토마토, 아황산류(이를 첨가하여 최종 제품에 이산화황이 1kg당 10mg 이상 함유된 경우만 해당), 호두, 닭고기, 쇠고기, 오징어, 조개류(굴, 전복, 홍합을 포함), 잣

17 살균에 대한 설명 중 옳지 않은 것은?

① 살균 소독제는 무미, 무취, 무독하고 용해성이 높아야 한다.
② 석탄산계수란 5% 석탄산의 장티푸스균에 대한 살균력을 기준으로 한다.
③ 중성세제와 양성비누(역성비누)를 병용하면 살균력이 증가한다.
④ 차아염소산나트륨으로 과실류를 살균할 수 있다.

해설 중성세제(합성세제)는 세정력이 강하여 세정에 의해 소독이 되나 자체 살균력은 없다.

18 식품첨가물의 사용 목적이 틀린 것은?

① 소포제 – 거품 제거
② 증점제 – 형상 유지 및 미각 개선
③ 품질개량제 – 식품 고유의 색을 선명하게 유지
④ 피막제 – 과일의 저장성 향상

해설 ③ 품질개량제 : 식품의 결착성을 높여서 씹을 때 식욕 향상, 변색 및 변질 방지, 맛의 조화, 풍미 향상, 조직의 개량 등을 위하여 사용하는 첨가물

19 식품과 독성물질 연결이 옳은 것은?

① 독버섯 – 시큐톡신(Cicutoxin)
② 모시조개 – 베네루핀(Venerupin)
③ 청매 – 고시폴(Gossypol)
④ 독미나리 – 삭시톡신(Saxitoxin)

해설 ① 독버섯 : 무스카린(Muscarine)
③ 청매 : 아미그달린(Amygdalin)
④ 독미나리 : 시큐톡신(Cicutoxin)

정답 16 ① 17 ③ 18 ③ 19 ②

20 방사선 조사처리에 해당되는 식품이 아닌 것은?

① 음료수의 소독
② 감자의 발아 억제
③ 버섯의 숙도조절
④ 쌀의 살충

해설 **식품별 조사처리 기준(식품의 기준 및 규격)**
- 발아 억제 : 감자, 양파, 마늘
- 살충·발아 억제 : 밤
- 살균·살충 : 곡류(분말 포함), 두류(분말 포함)
- 살균 : 난분, 전분, 건조식육, 어류분말, 패류분말, 갑각류분말, 된장분말, 고추장분말, 간장분말, 건조채소류(분말 포함), 효모식품, 효소식품, 조류식품, 알로에분말, 인삼(홍삼 포함) 제품류, 조미건어포류, 건조향신료 및 이들 조제품, 복합조미식품, 소스, 침출차, 분말차, 특수의료용도식품

제2과목 | 식품학

21 토마토에 함유된 적색소는?

① 카로티노이드 – 루테인(Lutein)
② 카로티노이드 – 라이코펜(Lycopene)
③ 안토시안 – 푸코잔틴(Fucoxanthin)
④ 안토시안 – 크립토잔틴(Cryptoxanthin)

해설 라이코펜 색소(천연색소, 카로티노이드의 일종)는 항산화 물질로 토마토, 수박 등의 붉은색 채소 및 과일에 들어 있다.

22 비타민 C의 결핍증은?

① 각기병
② 야맹증
③ 악성빈혈
④ 잇몸 출혈

해설 ① 비타민 B_1 결핍
② 비타민 A 결핍
③ 비타민 B_{12} 결핍

23 식품의 수분활성은 72%이고, 소금함량은 29.25%이며, 나머지는 수분활성과 무관한 성분으로 구성되어 있다. 이 식품의 수분활성도는 얼마인가?(단, 물의 분자량은 18, 소금의 분자량은 58.50으로 하며, 수분활성도는 소수점 셋째자리에서 반올림한다)

① 0.85
② 0.86
③ 0.89
④ 0.96

해설 수분활성도 $= \frac{72}{18} \div \left(\frac{72}{18} + \frac{29.25}{58.50}\right) \fallingdotseq 0.89$

20 ① 21 ② 22 ④ 23 ③ 정답

24 단백질의 등전점에서 나타나는 성질이 아닌 것은?

① 용해성의 증가
② 기포성의 증가
③ 점성의 감소
④ 삼투압 감소

해설 아미노산은 등전점에서 흡착성과 기포성은 최대가 되고 침전이 잘 일어나 용해도, 삼투압, 점도는 최소가 된다.
단백질의 등전점 : 분자 내 양전하와 음전하가 상쇄되어 용액이 가진 전하의 대수합이 0이 된 상태의 수소이온지수이며, pH로 나타낸다.

25 식혜 제조에서 전분의 당화작용을 일으키는 효소는?

① 사카레이스(Saccharase)
② 베타아밀레이스(β-amylase)
③ 글루코아밀레이스(Glucoamylase)
④ 치메이스(Zymase)

26 훈연(Smoking)의 효과로 적합하지 않은 것은?

① 풍미 향상
② 저장성 향상
③ 육색의 고정
④ 산화방지

해설 **훈연법** : 식품에 목재를 연소시켜 발생하는 연기를 쐬어 저장성과 기호성을 향상시키는 방법이다.
- 훈연 재료 : 수지가 적고 단단한 벚나무, 참나무, 떡갈나무 및 왕겨
- 종류 : 냉훈법(저장성이 높음), 온훈법(풍미가 좋음)
- 훈연의 효과 : 방부작용 및 저장성 향상, 지방질 항산화 작용, 발색 및 착색작용, 풍미 향상
- 연기성분 : 개미산, 페놀, 폼알데하이드 → 산화방지제 역할

27 식품 중 무기질의 조리가공 시 변화를 설명한 것으로 틀린 것은?

① 다시마의 아이오딘은 물에 담그기만 하여도 용출된다.
② 조미료가 세포막을 통과하는 순서는 물, 간장, 설탕의 순으로 분자량이 적을수록 빨리 통과한다.
③ 채소 조리 시 세포 내의 삼투압이 높으면 세포는 수축하고 세포외액에는 무기질이 적어지게 된다.
④ 삶거나 찔 때보다 구울 때 무기질의 손실이 적다.

해설 ③ 채소 조리 시 세포 내 삼투압이 높으면 세포 속의 무기질은 세포 밖으로 유출되며, 세포 밖의 수분은 세포 내외의 삼투압과 같아지려고 한다. 그래서 세포는 흡수, 팽윤하게 되며 세포외액의 무기질의 농도는 증가하게 된다.

정답 24 ① 25 ② 26 ③ 27 ③

28 식품 중의 수분의 역할에 관한 설명으로 옳지 않은 것은?

① 계면활성제의 존재하에서 유지와 유탁액을 만든다.
② 친수성 콜로이드 물질과 함께 졸과 젤을 형성한다.
③ 결합수는 식품 중의 단백질이나 탄수화물과 공유결합을 하고 있다.
④ 물에 가용성인 염이나 당 등을 용해하여 운반한다.

해설 **결합수의 성질**
- 용질에 대해 용매의 기능이 없다.
- 압력을 가해도 제거되지 않는다(식품의 구성성분과 수소결합에 의해 결합).
- 미생물의 번식에 이용하지 못한다.
- 0℃ 이하의 낮은 온도(보통 −18℃ 이하)에도 얼지 않는다.
- 대기 중 100℃ 이상 가열해도 증발되지 않는다(수증기압이 보통 물보다 낮음).
- 유리수보다 밀도가 크다.

29 파스타(Pasta)를 만드는 밀의 종류는?

① 연질밀 ② 라이밀
③ 호 밀 ④ 듀럼밀

해설 듀럼밀(마카로니밀, 경질밀)은 글루텐 함량이 높은 강력분으로 건조와 녹병에 강하고, 마카로니, 스파게티 등에 쓰인다.

30 글루탐산나트륨에 구아닐산나트륨을 넣으면 맛난맛이 강해지는 현상은?

① 억제효과 ② 상승효과
③ 상쇄효과 ④ 대비효과

해설 **맛의 대비현상** : 맛의 상승(강화)현상이라고도 한다. 서로 다른 맛 성분이 몇 가지 혼합되었을 경우 주된 맛 성분이 증가하는 현상을 말한다.
예 • 팥죽 + 설탕 + 소금 → 단맛이 증가한다.
• 소금물 + 유기산(구연산, 젖산 등) → 짠맛이 증가한다.

31 생선회를 먹을 경우 체내에서 이용률이 떨어지는 비타민은?

① 비타민 A
② 비타민 B_1
③ 비타민 B_2
④ 나이아신

28 ③ 29 ④ 30 ② 31 ② 정답

32 바삭한 튀김옷을 만들기 위한 방법 중 틀린 것은?

① 밀가루에 약간의 중조를 첨가한다.
② 반죽에 얼음을 띄우거나 찬물을 사용한다.
③ 글루텐 함량이 많은 강력분을 사용한다.
④ 중력분에 10~15%의 전분을 섞는다.

해설 ③ 튀김옷은 글루텐 함량이 적은 박력분이 적당하다.

33 새우, 게의 껍질 성분으로 N-아세틸글루코사민이 결합된 다당류는?

① 이눌린 ② 펙 틴
③ 키 틴 ④ 한 천

해설 ① 이눌린 : 과당의 결합체로 우엉, 돼지감자에 다량 함유되어 있다.
② 펙틴 : 세포벽 또는 세포 사이의 중층에 존재하는 다당류로 과실류와 감귤류의 껍질에 많이 함유되어 있다.
④ 한천 : 우뭇가사리와 같은 홍조류의 세포성분으로 양갱이나 젤리 등에 이용된다.

34 식품의 물성에서 외부의 힘에 의해 모양이 변형되었을 때 힘을 제거한 뒤에도 처음 상태로 되돌아가지 않는 성질은?

① 소 성 ② 탄 성
③ 점 성 ④ 점탄성

해설 ② 탄성 : 외부의 힘에 의한 변형으로부터 본래의 상태로 되돌아가려는 성질
③ 점성 : 액체가 흐르기 쉬운지 어려운지를 나타내는 성질
④ 점탄성 : 점성과 탄성의 양 성질을 나타내 보이는 물성으로 변형도가 일정한 상태에서 시간이 지남에 따라 응력이 감소하는 성질

35 냄새 성분의 연결이 틀린 것은?

① 오렌지 – 리모넨(Limonene) ② 미나리 – 마이르센(Myrcene)
③ 파슬리 – 아피올(Apiol) ④ 레몬 – 유게놀(Eugenol)

해설 레몬의 냄새 성분은 시트랄(Citral)이다.
향신료의 냄새 성분
음식의 맛과 향을 내는 향신료에는 독특한 냄새 성분이 들어 있다. 고추에는 캡사이신, 후추에는 차비신, 생강에는 진저론, 계피에는 유게놀, 박하에는 멘톨, 커피에는 푸르푸릴 알코올이 들어 있다.

정답 32 ③ 33 ③ 34 ① 35 ④

36 카로티노이드(Carotenoid)계 색소의 종류와 함유 식품이 잘못 연결된 것은?

① 루테인(Lutein) - 난황
② 아스타잔틴(Astaxanthin) - 연어
③ 푸코잔틴(Fucoxanthin) - 자두
④ 카로틴(Carotene) - 당근

해설 ③ 푸코잔틴(Fucoxanthin) : 미역 등 해조류

37 단백질의 변성에 의해 일어나는 현상은?

① 단백질의 3차 구조가 유지된다.
② 용해도가 감소한다.
③ 가수분해효소의 작용을 받기가 어려워진다.
④ 생물학적 활성이 증가한다.

해설 **변성단백질의 성질**
- 생물학적 기능 상실
- 용해도 감소
- 반응성 증가
- 분해효소에 의한 분해 용이
- 결정성의 상실
- 이화학적 성질 변화

38 유화식품이 아닌 것은?

① 잣 죽　　② 마요네즈
③ 마가린　　④ 양 갱

해설 ④ 양갱은 한천을 이용하여 만든 식품이다.
유화식품 : 생크림, 아이스크림, 균질우유, 마요네즈, 기름이 많이 들어 있는 케이크반죽 등이 있다.

39 쌀과 혼합하여 음식을 만들었을 때 라이신(Lysine)의 보충효과가 가장 큰 것은?

① 보 리　　② 밀
③ 콩　　④ 옥수수

해설 콩에는 필수아미노산인 라이신이 풍부하므로 라이신이 부족한 쌀과 함께 섭취할 경우 단백가가 보강될 수 있다.

36 ③ 37 ② 38 ④ 39 ③ 정답

40 **식품의 효소적 갈변을 억제하는 방법으로 옳지 않은 것은?**

① 산소 공급 ② 가열처리
③ 동결저장 ④ 환원성 물질 첨가

해설 **효소적 갈변방지법**
- 열처리 : 데치기와 같이 식품을 고온에서 열처리하여 효소를 불활성화한다.
- 산을 이용 : 수소이온농도(pH)를 3 이하로 낮추어 산의 효소작용을 억제한다.
- 산소의 제거 : 밀폐용기에 식품을 넣은 다음 공기를 제거하거나 공기 대신 이산화탄소나 질소가스를 주입한다.
- 당 또는 염류 첨가 : 껍질을 벗긴 배나 사과를 설탕이나 소금물에 담근다.
- 효소의 작용 억제 : 온도를 -10℃ 이하로 낮춘다.
- 구리 또는 철로 된 용기나 기구의 사용을 피한다.
- 아황산가스, 아황산염, 붕산, 붕산염을 이용 → 독성이 있어 사용하지 않는다.

제3과목 | 조리이론 및 급식관리

41 **달걀에 대한 설명으로 옳지 않은 것은?**

① 표면이 거친 달걀은 수양난백이 농후난백보다 많다.
② 난황 색소는 카로티노이드계인 루테인, 제아잔틴 등이 있다.
③ 난백의 주 단백질은 오브알부민(Ovalbumin)이다.
④ 달걀의 신선도를 판정하는 방법으로는 투시검란법, 호우단위(H.U) 등이 있다.

해설 표면이 거친 달걀은 신선한 달걀이며, 신선한 달걀은 수양난백보다 농후난백이 많다.
- 농후난백 : 날달걀을 깼을 때 난황 주변에 뭉쳐 있는 난백
- 수양난백 : 옆으로 넓게 퍼지는 난백

42 **식재료 감별방법으로 옳지 않은 것은?**

① 배추는 모양이 좋고 알이 꽉 차고 눌러 보아 단단한 것을 고른다.
② 감자는 모양과 크기가 고르며 외피에 물기가 없는 것을 고른다.
③ 쌀은 윤기가 나고 광택이 나며 통통한 것을 고른다.
④ 무는 잔뿌리가 있고 껍질이 거칠어 보이는 것을 고른다.

해설 ④ 무는 알이 차고 무거우며, 잔뿌리가 없고 색깔과 모양이 좋아야 한다.

정답 40 ① 41 ① 42 ④

43 육류의 습열 조리에 대한 설명으로 맞는 것은?

① 운동량이 적은 부위가 많이 이용되는 조리법이다.
② 콜라겐 함량이 적은 부위에 좋은 조리법이다.
③ 탕, 조림, 구이 등이 습열 조리에 속한다.
④ 결체조직이 많은 장정육, 사태육, 양지육 등이 사용된다.

해설 **습열 조리법** : 물과 함께 조리하는 방법으로, 콜라겐 함량이 풍부하고 결합조직(결체조직)이 많은 장정육, 업진육, 양지육, 사태육 등으로 편육, 장조림, 탕, 찜, 전골 등을 조리하는 방법이다.

44 햄이나 베이컨의 잔육이나 다른 축육을 섞어 압력을 가하여 제조한 햄은?

① 로인햄 ② 본인햄
③ 숄더햄 ④ 프레스햄

해설 ① 로인햄 : 돼지의 허리 등심 부위를 정형하여 염지, 훈연, 가열한 것이다.
② 본인햄 : 돈육의 넓적다리 부위를 뼈가 있는 그대로 정형하여 조미료, 향신료 등으로 염지시킨 후 훈연하여 가열하거나 또는 가열하지 않은 것이다.
③ 숄더햄 : 돈육의 어깨 부위를 정형하여 조미료, 향신료 등으로 염지시킨 후 케이싱 등에 포장하거나 또는 포장하지 않고, 훈연하거나 또는 훈연하지 않고, 수증기로 찌거나 끓는 물에 삶은 것이다.

45 식품의 매운맛 성분이 잘못 연결된 것은?

① 후추 – 차비신(Chavicine)
② 생강 – 진저론(Zingerone)
③ 겨자 – 커큐민(Curcumin)
④ 산초 – 산쇼올(Sanshool)

해설 겨자의 매운맛 성분은 시니그린(Sinigrin)이다. 커큐민은 겨자, 카레 등의 주된 천연색소 성분이다.

46 조리 시 경수 사용에 대한 설명으로 옳은 것은?

① 콩자반 조리 시 경수 속의 칼슘염이 콩의 펙틴을 분해하여 칼슘펙테이트를 형성하므로 콩이 연해진다.
② 밥을 지을 때 경수를 사용하면 밥맛이 좋아진다.
③ 홍차를 끓일 때 경수의 무기염과 차의 타닌이 상호작용하여 차를 혼탁하게 한다.
④ 장조림 조리 시 경수 사용은 단백질 식품의 연화에 도움을 주므로 조직감을 향상시킨다.

해설 ① 경수를 사용하여 조리하면 경수의 칼슘이온과 마그네슘이온이 콩의 세포벽에 존재하는 펙틴질과 결합하여 불용성의 염을 형성하여 물이 침투되는 것을 방해하므로 콩의 수화 및 팽윤이 지연된다.
② 밥을 지을 때 연수를 사용하면 밥맛이 좋아진다.

43 ④ 44 ④ 45 ③ 46 ③ 정답

47 식육의 연화작용에 관여하는 효소가 아닌 것은?

① 시니그린(Sinigrin)
② 파파인(Papain)
③ 피신(Ficin)
④ 브로멜린(Bromelin)

해설 ① 시니그린은 겨자의 매운맛 성분이다.
과일에는 단백질 분해효소가 있어 육류 조리 시 연화작용을 한다. 키위는 액티니딘, 파인애플은 브로멜린, 파파야는 파파인, 무화과는 피신, 배는 프로테이스 성분이 있어 연화작용을 한다.

48 식혜의 조리 원리와 단맛 성분 연결이 바르게 된 것은?

① 젤화 – 과당
② 액화 – 설탕
③ 당화 – 맥아당
④ 호화 – 포도당

해설 식혜는 엿기름이 엿당으로 변화해 단맛을 내게 되는 것으로, 식혜의 단맛은 곧 엿당의 단맛이다. 엿기름은 '맥아(麥芽)', 즉 보리싹을 틔운 것을 말한다. 보리가 싹을 틔울 때는 씨 속에 들어 있는 녹말을 아밀레이스로 분해시켜 맥아당을 만들어 에너지원으로 사용한다.

49 식품별 보관방법으로 옳지 않은 것은?

① 감자와 고구마는 냉장 보관한다.
② 바나나는 실온에 보관한다.
③ 딸기는 냉장 보관하고 먹기 전에 씻는다.
④ 마늘은 갈아서 소량씩 비닐에 넣어 냉동 보관한다.

해설 감자와 고구마는 냉장 보관 시 고농도의 당류가 축적되어 조리 후 질감을 떨어뜨리기 때문에 통풍이 잘되는 서늘한 곳에 보관하는 것이 좋다.

50 밀가루 반죽 시 첨가되는 유지의 주된 역할은?

① 연화성 ② 유화성
③ 응고성 ④ 용해성

해설 연화작용(Shortening) : 밀가루 반죽에 유지를 첨가하면 반죽 내에서 지방을 형성하여 전분과 글루텐과의 결합을 방해한다.

정답 47 ① 48 ③ 49 ① 50 ①

51 녹색 채소를 데칠 때 선명한 녹색을 유지하는 방법이 아닌 것은?

① 5배 이상의 물을 사용한다.
② 뚜껑을 연 채로 조리한다.
③ 소량의 중조를 사용한다.
④ 식초를 1~2% 사용한다.

해설 녹색 채소는 뚜껑을 열고 물을 많이 넣어 고온에서 단시간 데쳐내고, 바로 찬물로 헹궈내면 클로로필과 비타민 C의 파괴를 최소화할 수 있다. 녹색 채소의 클로로필은 산에 의해 갈변하므로 조리 시 먹기 직전에 간장, 된장, 식초 등을 마지막에 넣어 변색을 최소화해야 한다.

52 복합 조리법을 이용한 음식이 아닌 것은?

① 완자탕 ② 신선로
③ 장조림 ④ 두부전골

해설 장조림은 습열 조리법으로 재료와 재료 사이에 양념장을 넣어 국물의 맛이 식품 자체에 배도록 조리하는 것이다.

53 수프를 만들 때 루(Roux)에 우유를 넣은 다음 토마토를 나중에 넣는 이유는?

① 카세인의 응고 방지
② 전해질 물질의 흡착 형성
③ 활성산소이온의 제거
④ 전분 입자의 호정화 촉진

해설 우유 단백질의 80%인 카세인은 산이나 레닌을 가하면 응고하고, 열에 의해서는 응고되지 않는다.

54 식재료비 비율을 40% 수준으로 정하고 있는 경우, 식단의 식재료비가 1,800원이었다면 이 식단의 판매가는?

① 3,000원 ② 4,500원
③ 6,400원 ④ 7,200원

해설 재료비 ÷ 식재료비 비율 = 식단 판매가
$1,800 \div \frac{40}{100} = 4,500$원

51 ④ 52 ③ 53 ① 54 ② 정답

55 **1주일에 필요한 총노동시간이 240시간이고, 1주일간의 정규직 근로기준시간이 40시간일 때 필요한 정규직 환산인원(FTEs)은 몇 명인가?**

① 6명 ② 10명
③ 24명 ④ 34명

해설 240(1주일간 필요한 총노동시간) ÷ 40(정규직 1인의 1주일 근로시간) = 6명

56 **원가의 종류 중 총원가에 해당하는 것은?**

① 직접원가 + 간접원가
② 제조원가 + 간접원가
③ 제조원가 + 판매경비 + 일반관리비
④ 직접원가 + 판매경비 + 일반관리비

해설 **총원가** : 제품의 제조·판매를 위해 소비된 원가(제조원가, 판매비, 일반관리비)

57 **월초 재고액이 50만원, 월말 마감재고액이 5만원, 한 달 동안 소요 식품비가 100만원이었다면 이 달의 재고회전율은 약 얼마인가?**

① 1.82 ② 2.00
③ 3.64 ④ 10.00

해설 • 그 달의 평균 재고액 = (초기재고액 + 마감재고액) / 2
= (50 + 5) / 2 = 27.5
• 그 달의 재고회전율 = 그 달의 식품액 / 그 달의 평균 재고액
= 100 / 27.5 ≒ 3.64

58 **열전달에 관한 설명이 바른 것은?**

① 조리용 기구의 표면이 검고 거칠수록 복사열에 의하여 조리시간을 단축할 수 있다.
② 복사에 의한 열의 전달은 공기와 같은 기체나 물 등의 액체를 통해서 일어난다.
③ 대류는 물체가 열에 직접적으로 접촉되면 열이 그 물체에 따라 이동하는 것이다.
④ 전도는 열원으로부터 어떠한 중간 매체 없이 열이 바로 전달되는 현상이다.

해설 ② 복사는 열원으로부터 중간 매체 없이 열이 직접 식품에 전달되어 가열되는 방법이다.
③ 대류는 공기와 같은 기체나 물, 기름 등 액체를 통해서 열이 전달되는 것이다.
④ 전도는 물질 이동 없이 열에너지가 높은 온도에서 낮은 온도로 이동하는 것, 즉 열이 물체를 따라 이동한다.

정답 55 ① 56 ③ 57 ③ 58 ①

59 식품 저장실이 갖추어야 할 조건으로 맞는 것은?

① 건조저장실의 습도는 30~40% 정도를 유지하도록 한다.
② 냉동저장실의 온도는 -4℃ 이하를 유지한다.
③ 건조저장실의 선반은 벽면에 밀착하여 설치한다.
④ 건조저장실에는 습도계와 온도계를 비치한다.

해설 건조실의 온도는 10~24℃, 습도는 50~60%가 좋으며, 해충을 막는 망의 간격은 좁을수록 좋다.

60 낟알이 단단하고 광택이 있으며 라이신, 트레오닌, 트립토판 등 필수아미노산과 루틴을 함유하고 있는 것은?

① 조
② 메 밀
③ 보 리
④ 옥수수

해설 **메밀** : 곡류에 비해 필수아미노산인 라이신(Lysine) 함량이 많고, 단백질 함량은 12% 정도이며, 비타민 P, B_1, B_2가 함유되어 동맥경화 예방에 도움이 된다.

제4과목 | 공중보건학

61 자외선에 의한 생물학적 작용에 해당하지 않는 것은?

① 피부 색소침착
② 신진대사 촉진
③ 비타민 D 생성
④ 피부 온도의 상승

해설 **자외선의 작용**
- 살균작용, 비타민 D의 생성으로 구루병의 예방과 치료작용, 신진대사 촉진, 적혈구 생성 촉진, 혈압강하 작용
- 장기간 노출 시 피부화상이나 피부암을 유발하거나 결막염, 설안염, 백내장 발생

62 수질검사에서 과망가니즈산칼륨 소비량을 측정하는 이유는?

① 일반세균수 추정을 위하여
② 대장균군 추정을 위하여
③ 유기물량 추정을 위하여
④ 경도 및 탁도 추정을 위하여

해설 수중의 유기물 함량을 조사하는 지표로서 화학적 산소요구량(COD)을 측정하는데, 이때 산화제로 과망가니즈산칼륨(과망간산칼륨)을 사용한다.

59 ④ 60 ② 61 ④ 62 ③ **정답**

63 **백신 예방접종을 통하여 얻어지는 면역은?**

① 인공수동면역
② 인공능동면역
③ 자연능동면역
④ 자연수동면역

해설 ① 인공수동면역 : 성인 또는 회복기 환자의 혈청, γ-globulin 양친의 혈청, 태반축출물의 주사에 의해서 면역체를 받는 상태
③ 자연능동면역 : 과거에의 현성 또는 불현성 감염에 의하여 획득한 면역
④ 자연수동면역 : 모체의 태반 또는 모유에 의하여 면역항체를 받는 상태

64 **경피감염을 일으키는 기생충은?**

① 회 충
② 구 충
③ 요 충
④ 폐흡충

해설 구충(십이지장충)은 공장(작은 창자)의 벽에 붙어서 기생한다. 경피감염으로 그 부위에는 피부염이 일어나고 심할 경우 악성 빈혈과 신체발달장애가 나타날 수도 있다.

65 **고열에 의한 신체장애 중 열경련을 일으키는 직접적 원인이 되는 것은?**

① 체내 수분 및 염분 손실
② 순환기계 이상
③ 만성 체열 소모
④ 체온조절 부조화

해설 **열경련** : 과도한 발한에 의한 탈수와 염분 손실로 인해 신체의 전해질을 변화시키는 것을 말한다. 주로 땀을 많이 흘림으로써 발생되는 질환이다.

66 **바다 생선회를 먹었을 때 감염될 수 있는 기생충 질환은?**

① 간흡충증
② 아니사키스증
③ 구충증
④ 요충증

해설
- 해산 어류로부터 감염되는 기생충 : 아니사키스
- 담수 어류로부터 감염되는 기생충 : 간흡충
- 수육으로부터 감염되는 기생충 : 유구조충, 선모충

정답 63 ② 64 ② 65 ① 66 ②

67 자외선 가운데 인체에 유익한 작용을 하여 생명선이라 불리는 Dorno의 건강선 파장범위는?

① 120~180nm
② 180~220nm
③ 220~280nm
④ 280~320nm

해설 자외선의 가장 대표적인 도르노선(Dorno-ray)의 파장은 2,800~3,200Å이다. 자외선은 비타민 D 형성, 적혈구 생성 촉진, 관절염 치료에 효과적이나 지나칠 경우에는 피부암 등을 유발시킬 수 있다.

68 학교보건의 기능과 업무가 아닌 것은?

① 학생 예방접종
② 학생 보건교육
③ 학생 질병치료
④ 학교 환경위생

해설 **학교보건** : 학교보건사업, 학교급식, 건강교육, 학교체육 등 학교보건법에 근거하여 제반 문제를 담당

69 하수처리방법 중 혐기성 처리법은?

① 임호프탱크법
② 활성오니법
③ 산화지법(안정지법)
④ 살수여과법

해설
- 혐기성 처리법 : 유기물질의 농도가 많아 산소 공급이 힘들 때 사용되는 처리법으로 부패조, 임호프탱크법, 메탄발효법 등이 있다.
- 호기성 처리법 : 호기성 미생물을 증식, 발육시켜서 처리하는 방법으로 활성오니법, 살수여과법, 회전원판법, 산화지법 등이 있다.

70 구충·구서의 가장 근원적이며 가장 근본적인 구제방법은?

① 물리적 방법
② 화학적 방법
③ 환경적 방법
④ 생물학적 방법

해설 ③ 환경적 방법 : 발생원 및 서식처 제거
① 물리적 방법 : 유문등(모기채집기) 사용, 각종 트랩, 끈끈이 테이프 사용
② 화학적 방법 : 속효성 및 잔효성 살충제 분무
④ 생물학적 방법 : 천적 이용, 불임충 방사법

67 ④ 68 ③ 69 ① 70 ③ 정답

71 평균 수명이 높은 선진국가에서 볼 수 있는 인구 구성형태로 인구가 감퇴하는 형태는?

① 피라미드형(Pyramid Type)
② 항아리형(Pot Type)
③ 종형(Bell Type)
④ 별형(Star Type)

해설 **항아리형(인구감퇴형)**
- 선진국형
- 출생률이 사망률보다 낮은 형
- 14세 이하 인구가 65세 이상 인구의 2배가 되지 않는 형

72 내분비계 장애물질이 아닌 것은?

① 폴리염화바이페닐(PCB)
② 비스페놀 A(Bisphenol A)
③ 트랜스지방(Trans Fat)
④ 다이옥신(Dioxin)

해설 **내분비계 장애물질(환경호르몬)** : 신체의 내분비 계통의 기능을 뒤흔들어 어지럽히는 화학물질로, 호르몬 분비에 영향을 주어 생식장애, 성장 지연, 면역기능 저하 등을 일으킨다. 대표적으로 다이옥신, PCB, DDT, 유기염소농약, 중금속, 플라스틱 가소제, 비스페놀 A 등이 있다.

73 직업병의 원인 물질과 증상의 연결이 잘못된 것은?

① 크로뮴(Cr) - 규폐증, 호흡곤란
② 수은(Hg) - 중추신경장애, 언어장애, 보행장애
③ 카드뮴(Cd) - 기관지염, 폐기종, 골연화증
④ 납(Pb) - 조혈기능장애, 빈혈, 안면창백

해설 크로뮴(Cr) 만성중독증은 비점막에 염증이 생겨 빠르면 2개월 안에 비중격의 연골에 궤양이 발생되는 비중격천공, 피부궤양, 결막염증 등의 임상 증상을 나타낸다.

74 위생해충과 매개질병의 연결이 틀린 것은?

① 벼룩 - 발진열, 페스트
② 바퀴 - 장티푸스, 디프테리아
③ 모기 - 일본뇌염, 말라리아
④ 파리 - 쯔쯔가무시병, 파라티푸스

해설 ④ 파리 : 살모넬라, 장염비브리오, 장티푸스, 이질 등

정답 71 ② 72 ③ 73 ① 74 ④

75 쥐에 의해서 매개되는 질병으로만 묶여진 것은?

① 렙토스피라증, 살모넬라증, 신증후군출혈열
② 홍역, 페스트, 유행성 이하선염
③ 폴리오, 일본뇌염, 황열
④ 살모넬라증, 서교증, 결핵

해설 쥐가 매개하는 감염병에는 페스트, 유행성 출혈열, 쯔쯔가무시증, 재귀열, 렙토스피라증(바일씨병), 발진열, 파상풍, 구충증 등이 있다.

76 호흡기계 감염병인 것은?

① 폴리오 ② 파라티푸스
③ 백일해 ④ 유행성 간염

해설
- 호흡기계 감염병의 종류 : 디프테리아, 백일해, 결핵, 폐렴, 성홍열, 수막구균성 수막염
- 소화기계 감염병의 종류 : 콜레라, 세균성 이질, 장티푸스, 파라티푸스 등
- 바이러스성 감염병의 종류 : 폴리오 등

77 감각온도(체감온도)의 기준 상태는?

① 무풍, 습도 100%
② 무풍, 습도 60%
③ 기류 1m/sec, 습도 100%
④ 기류 0.5m/sec, 습도 50%

해설 감각온도는 기온, 기습, 기류 3인자가 종합하여 인체에 주는 온감을 말한다. 기온 t℃, 습도 100%, 무풍 상태의 기온을 감각온도의 기준으로 하고 있다.

78 질병의 발생과 예방단계(레벨과 클라크)에 대한 설명으로 틀린 것은?

① 1차적 예방은 질병의 발병 이전에 환경을 개선하고 병에 대한 저항력을 높이는 등의 노력으로 건강을 유지・증진시키는 것이다.
② 2차적 예방은 조기에 질병을 발견하고, 병이 중증화되는 것을 예방하는 것이다.
③ 3차적 예방은 질병 발생 원인을 규명하고 질병 치료를 하는 것이다.
④ 질병 발생은 병인, 숙주, 환경의 균형이 파괴되었거나 병인이 우세하게 작용하는 것이다.

해설 질병예방의 단계로 1차적 예방단계(건강증진과 예방접종), 2차적 예방단계(질병의 조기발견), 3차적 예방단계(질병의 재발방지)가 있다.

75 ① 76 ③ 77 ① 78 ③ 정답

79 용존산소에 대한 설명으로 잘못된 것은?

① 수온이 낮을수록 용존산소량은 감소한다.
② 물의 오염도가 높을수록 용존산소량은 감소한다.
③ 기압이 높을수록 용존산소량은 증가한다.
④ 폐수 유입 시 미생물의 영향으로 용존산소량은 감소한다.

해설 용존산소량은 물속에 녹아 있는 산소의 양을 말하며, 수질의 지표로 사용된다. 수온이 낮으면 용존산소량이 증가한다.

80 고압상태로부터 급속히 감압할 때 체액 중에서 다음과 같은 현상을 일으키는 물질은?

- 체액 중 용해되어 있던 것이 기체로 바뀌며 기포를 형성하여 모세혈관에 혈전을 일으킨다.
- 혈전현상으로 전신의 동통과 신경마비, 보행곤란을 일으킨다.
- 잠수작업을 하는 사람에게 잠수병을 일으키는 원인이 된다.

① 이산화탄소(CO_2)
② 일산화탄소(CO)
③ 산소(O_2)
④ 질소(N_2)

정답 79 ① 80 ④

제 1 회 과년도 기출문제

제1과목 | 식품위생 및 관련 법규

01 식품위생법에서 영업을 하려는 자가 받아야 하는 식품위생에 관한 교육시간은?

① 식품운반업 - 8시간
② 식품제조·가공업 - 6시간
③ 집단급식소를 설치·운영하려는 자 - 8시간
④ 식품접객업 - 6시간

해설 ① 식품운반업 : 4시간
② 식품제조·가공업 : 8시간
③ 집단급식소를 설치·운영하려는 자 : 6시간
※ 식품위생법 시행령 제21조, 식품위생법 시행규칙 제52조 참고

02 식품의 부패 정도를 알아보는 방법이 아닌 것은?

① 관능검사
② 휘발성 염기질소 측정
③ 유산균수 측정
④ 트라이메틸아민 측정

해설 **부패의 판정**
- 관능검사 : 냄새, 색깔, 조직, 맛 등
- 생균수 측정 : 식품 1g당 10^7~10^8이면 초기 부패
- 휘발성 염기질소(VBN) : 30~40mg%이면 초기 부패
- 트라이메틸아민(TMA) : 3~4mg%이면 초기 부패
- pH 측정 : 어육의 경우 pH 6.0~6.2이면 초기 부패

03 부패는 주로 어떤 식품성분이 미생물에 의해 분해작용을 받아 유해물질을 생성하는가?

① 지 방
② 단백질
③ 무기질
④ 탄수화물

해설 부패는 단백질을 함유한 식품이 미생물의 작용으로 분해되어 악취나 유해물질을 생성하는 현상을 말한다.

1 ④ 2 ③ 3 ② 정답

04 식품위생법에서 국민의 보건위생을 위하여 필요하다고 판단되는 경우 영업소의 출입 · 검사 · 수거 등은 몇 회 실시하는가?

① 1회/년 ② 4회/년
③ 1회/6개월 ④ 필요할 때마다 수시로

해설 출입 · 검사 · 수거 등은 국민의 보건위생을 위하여 필요하다고 판단되는 경우에는 수시로 실시한다(식품위생법 시행규칙 제19조제1항).

05 유해 인공감미료는?

① 사카린나트륨(Sodium Saccharin) ② 사이클라메이트(Cyclamate)
③ D-소비톨(D-Sorbitol) ④ 아스파탐(Aspartame)

해설 유해 인공감미료의 종류로 둘신, 사이클라메이트, 페릴라틴 등이 있다.

06 과일류, 채소류 등 식품의 살균 목적에 한하여 사용하여야 하며 참깨에 사용하여서는 안 되는 첨가물은?

① 글루콘산나트륨 ② 과산화수소
③ 이산화염소 ④ 차아염소산나트륨

해설 **식품첨가물의 기준 및 규격**
차아염소산나트륨 : 과일류, 채소류 등 식품의 살균 목적에 한하여 사용하여야 하며, 최종 식품의 완성 전에 제거하여야 한다. 다만, 차아염소산나트륨은 참깨에 사용하여서는 아니 된다.

07 노로바이러스에 의한 식중독의 예방대책이 아닌 것은?

① 감염자의 분변, 구토물과 접촉하지 않도록 한다.
② 과일과 채소류는 철저히 잘 씻는다.
③ 어패류는 되도록 완전히 가열하여 먹는다.
④ 항생제와 예방 백신을 접종한다.

해설 **노로바이러스 식중독 예방법**
- 용변을 본 후나 요리 전에는 반드시 손을 씻도록 하며, 비누를 사용해 손가락 사이와 손등까지 골고루 흐르는 물로 20초 이상 씻어야 한다.
- 노로바이러스는 충분히 익혀서 먹는 것이 가장 중요한 예방법이다.
- 수돗물, 특히 지하수를 식수로 사용하는 경우에는 반드시 끓여서 먹어야 한다.
- 채소류 등은 깨끗한 물에 씻어서 먹는 것이 좋다.
- 현재 노로바이러스는 치료제나 예방 백신이 없다.

정답 4 ④ 5 ② 6 ④ 7 ④

08 식품안전관리인증기준(HACCP)의 7원칙 12절차 중 일곱 번째 원칙에 해당하는 것은?

① 위해요소 분석 ② 문서화, 기록유지 설정
③ 검증절차 및 방법 수립 ④ 중요관리점(CCP) 결정

해설 HACCP의 12절차와 7원칙

구분	내용
준비 5단계	• 절차 1 : HACCP팀을 구성한다. • 절차 2 : 제품의 특징을 기술한다. • 절차 3 : 제품의 사용방법을 명확히 한다. • 절차 4 : 공정흐름도를 작성한다. • 절차 5 : 공정흐름도를 현장에서 확인한다.
적용 7단계	• 절차 6(원칙 1) : 위해요소 분석(HA)을 실시한다. • 절차 7(원칙 2) : 중요관리점(CCP)을 결정한다. • 절차 8(원칙 3) : 한계기준(CL)을 결정한다. • 절차 9(원칙 4) : CCP에 대한 모니터링 방법을 설정한다. • 절차 10(원칙 5) : 모니터링 결과 CCP가 관리상태의 위반 시 개선조치(CA)를 설정한다. • 절차 11(원칙 6) : HACCP이 효과적으로 시행되는지를 검증하는 방법을 설정한다. • 절차 12(원칙 7) : 이들 원칙 및 그 적용에 대한 문서화와 기록유지 방법을 설정한다.

09 옹기에 김치 등 산성식품을 장기간 담아두었을 때 용출이 우려되는 중금속은?

① 납 ② 구 리
③ 주 석 ④ 수 은

해설 식품 용기에서 용출될 수 있는 중금속

- 도자기 : 납
- 놋그릇 : 구리
- 법랑 : 카드뮴

10 숯불구이와 훈제육 등의 열분해물에서 생성되며 발암성 물질로 알려진 다환방향족 탄화수소는?

① 벤조피렌(Benzo(α) pyrene)
② 나이트로사민(N-nitrosamine)
③ 폼알데하이드(Formaldehyde)
④ 헤테로사이클릭아민류(Heterocyclic Amine)

해설 벤조피렌은 300~600℃의 온도에서 불완전연소 생성되기 때문에 오염원은 매우 다양하며 주로 콜타르, 자동차 배출가스(특히 디젤엔진), 담배 연기, 숯불구이 식품, 목재 연소 시에 발생한다.

8 ② 9 ① 10 ① 정답

11 식중독을 유발하는 해수세균은?

① 살모넬라균 - *Salmonella typhimurium*
② 웰치균 - *Clostridium perfringens*
③ 장염비브리오균 - *Vibrio parahaemlyticus*
④ 황색포도상구균 - *Staphylococcus saprophyticus*

해설 장염비브리오균은 해수온도 15℃ 이상에서 증식하며, 2~5%의 염도에서 잘 자라고 열에 약하다. 주로 6~10월 사이에 급증하며, 주오염원은 여름철 연안에서 채취한 어패류 및 생선회 등과 오염된 어패류를 취급한 칼, 도마 등 기구류이다.

12 곰팡이 독(Mycotoxin)의 특징으로 옳은 것은?

① 감염성이 있다.
② 저온건조한 환경에서 많이 발생한다.
③ 탄수화물이 풍부한 식품이 주요 원인이 된다.
④ 잠복기 내에는 항생물질로 치료된다.

해설 **곰팡이 독소의 특성**
- 주로 탄수화물이 풍부한 저장곡류, 두류, 땅콩류 등에 서식한다.
- 약물 치료효과가 낮은 편이고, 감염성이 없다.

13 소독제와 소독 농도의 연결이 틀린 것은?

① 승홍 - 0.1% 수용액　　② 과산화수소 - 3% 수용액
③ 석탄산 - 3% 수용액　　④ 크레졸 0.1% 수용액

해설 **소독의 방법(감염병의 예방 및 관리에 관한 법률 시행규칙 [별표 6])**
다음의 약품을 소독대상 물건에 뿌려야 한다.
- 석탄산수(석탄산 3% 수용액)
- 크레졸수(크레졸액 3% 수용액)
- 승홍수(승홍 0.1%, 식염수 0.1%, 물 99.8% 혼합액)
- 생석회(대한약전 규격품)
- 크롤칼키수(크롤칼키 5% 수용액)
- 포르마린(대한약전 규격품)
- 그 밖의 소독약을 사용하려는 경우에는 석탄산 3% 수용액에 해당하는 소독력이 있는 약제를 사용해야 한다.

14 밀봉식품인 통조림이나 병조림에서 발생되기 쉬운 식중독균은?

① 병원성대장균　　② 황색포도상구균
③ 보툴리누스균　　④ 살모넬라균

해설 보툴리누스균 독소에 의한 식중독의 원인 식품으로는 통조림, 병조림, 레토르트 식품, 식육, 소시지, 생선 등이 있으며, 식품을 부적절하게 처리하여 아포가 생존하였을 경우 발생한다.

정답 11 ③　12 ③　13 ④　14 ③

15 과일 통조림주스에서 용출될 수 있는 금속물질은?

① 비 소 ② 아 연

③ 주 석 ④ 바 륨

해설 과일 통조림주스에 들어 있는 주석은 질산이온과 결합하면 인체에 해를 끼친다.

16 조리에 직접 종사하는 사람이 1년에 1회 받아야 하는 건강진단 항목이 아닌 것은?

① 장티푸스 ② B형간염

③ 폐결핵 ④ 파라티푸스

해설 **건강진단 항목 등(식품위생 분야 종사자의 건강진단 규칙 제2조)**

- 건강진단 항목 : 장티푸스, 파라티푸스, 폐결핵
- 식품위생법에 따라 건강진단을 받아야 하는 영업자 및 그 종업원은 매 1년마다 건강진단을 받아야 한다.

※ 「식품위생 분야 종사자의 건강진단 규칙」 개정에 따라 ④의 보기를 '한센병 등 세균성 피부질환'에서 '파라티푸스'로 수정하였다.

17 식품위생법에서 허가를 받아야 하는 영업으로 나열된 것은?

① 식품제조・가공업, 식품첨가물제조업

② 단란주점영업, 식품조사처리업

③ 휴게음식점영업, 일반음식점영업

④ 식품첨가물제조업, 단란주점영업

해설 **허가를 받아야 하는 영업 및 허가관청(식품위생법 시행령 제23조)**

- 식품조사처리업 : 식품의약품안전처장
- 단란주점영업과 유흥주점영업 : 특별자치시장・특별자치도지사 또는 시장・군수・구청장

18 소독의 지표가 되는 소독제는?

① 포르말린 ② 크레졸

③ 석탄산 ④ 역성비누

19 맥각독에 해당하는 것은?

① 무스카린(Muscarine) ② 루블라톡신(Rubratoxin)

③ 파툴린(Patulin) ④ 에르고톡신(Ergotoxin)

해설 **맥각독** : 라이맥 또는 화본과 식물의 꽃(씨방의 주변)에 기생하는 맥각균이 생성하는 에르고타민(Ergotamine), 에르고톡신(Ergotoxin) 등에 의해 일어난다.

15 ③ 16 ② 17 ② 18 ③ 19 ④ 정답

20 식품의 발근, 발아 억제법으로 많이 사용되는 살균법은?

① 방사선 조사법　　② 저온 살균법
③ 초고온 살균법　　④ 훈연법

해설 **방사선 조사법** : 식품의 방사선 조사기술은 에너지를 이용하여 식품의 맛, 외관, 품질에 거의 영향을 주지 않는 비가열 살균처리 기술로, 식품의 특성과 목적에 따라 정해진 방사선량을 식품에 쪼이는 것이다. 식품 중 식중독균이나 기생충 등을 사멸시키기 위하여 사용하고, 농산물의 발아 억제, 숙도조절의 목적으로 사용한다.

제2과목 | 식품학

21 버터의 분산매와 분산질을 순서대로 바르게 짝지은 것은?

① 고체 – 액체　　② 액체 – 고체
③ 고체 – 고체　　④ 액체 – 액체

해설 **젤(Gel)** : 콜로이드 입자 속에 분산매가 기계적으로 끼어 들어가 전체가 고체의 겉모양을 갖는 것이다. 젤은 일반적으로 고체와 액체로 된 상태로, 다량의 액체를 함유하고 있는데도 어떤 형태를 유지할 수 있으며, 높은 탄성과 가소성을 가지고 있다. 실리카겔, 젤리, 비스킷, 한천, 단백질, 버터, 묵 등이 해당된다.

22 황(S)을 함유한 성분은?

① 무스카린　　② 사과산
③ 비타민 D　　④ 알리신

해설 알리신(Allicin)은 마늘에 함유된 황화합물이다.

23 밀가루의 이용에 관한 설명으로 틀린 것은?

① 강력분 제조에는 경질밀이 주로 이용된다.
② 글루텐은 빵의 점탄성을 부여한다.
③ 효모에 의한 빵반죽의 팽창은 산소가 생성되기 때문이다.
④ 밀가루에 물을 첨가한 단단한 상태의 반죽을 도(Dough)라 한다.

해설 **발효의 목적**

- 반죽의 팽창작용 : 탄수화물이 이스트에 의해 발효되어 탄산가스와 알코올로 전환되면서 특유한 향을 내고 탄산가스가 반죽을 팽창시켜 부드럽게 만든다.
- 반죽의 숙성작용 : 발효 과정에서 생기는 산은 전체 반죽의 산도를 낮추어 글루텐을 강하게 하고 생화학적 반응으로 반죽의 신장성을 높여 가스 포집력과 보유력을 증대시켜 준다.
- 빵의 풍미 생성 : 발효에 의해 유기산, 알코올, 아미노산, 에스터 등의 방향성 물질이 생성되어 빵 특유의 맛과 향을 부여한다.

정답 20 ① 21 ① 22 ④ 23 ③

24 **쌀밥에 부족한 아미노산을 보충하기 위하여 콩밥을 먹을 경우 보완할 수 있는 아미노산은?**

① 라이신(Lysine) ② 글루텔린(Glutelin)
③ 아르기닌(Arginine) ④ 오리제닌(Oryzenin)

해설 콩에는 필수아미노산인 라이신이 풍부하므로 라이신이 부족한 쌀과 함께 섭취할 경우 단백질이 보강될 수 있다.

25 **김치, 오이절임 등에서 녹색 채소가 갈색으로 변환되는 이유는 클로로필의 Mg이 무엇으로 치환되었기 때문인가?**

① Cu ② H^+
③ Fe ④ Zn

해설 클로로필에 산이 첨가되면 마그네슘(포르피린 고리에 결합된 것)이 수소이온과 치환하여 페오피틴의 갈색으로 된다.

26 **밀가루를 원료로 만든 것이 아닌 것은?**

① 마카로니 ② 당 면
③ 중화면 ④ 우동면

해설 **당면** : 녹두, 감자, 고구마 등의 녹말을 원료로 하여 만든 마른국수

27 **산성 식품과 알칼리성 식품에 대한 설명 중 틀린 것은?**

① 육류와 난류가 산성 식품인 것은 인(P)과 황(S)이 많기 때문이다.
② 해조류가 알칼리성 식품인 것은 칼륨(K), 칼슘(Ca)의 함량이 많기 때문이다.
③ 채소와 과일류가 알칼리성 식품인 것은 칼륨(K), 나트륨(Na), 칼슘(Ca)이 많기 때문이다.
④ 곡류가 산성 식품인 것은 칼슘(Ca)과 인(P)이 많기 때문이다.

해설 식품이 함유하고 있는 무기질의 종류에 따라 알칼리성 식품과 산성 식품으로 나눈다.
• 알칼리성 식품 : 나트륨, 칼슘, 칼륨, 마그네슘을 함유한 식품(예 채소, 과일, 우유, 기름, 굴 등)
• 산성 식품 : 인, 황, 염소를 함유한 식품(예 곡류, 육류, 어패류, 달걀류 등)

28 **단단한 젤리가 만들어지는 조건이 아닌 것은?**

① 펙틴 분자량이 클 때
② pH가 알칼리성일 때
③ Ca^{2+}을 첨가할 때
④ 설탕의 양을 증가시킬 때

24 ① 25 ② 26 ② 27 ④ 28 ② 정답

29 **과일의 가공 · 저장에 대한 설명으로 틀린 것은?**

① 바나나는 수확 후에도 왕성한 호흡작용과 증산작용으로 신선도가 떨어진다.
② 사과와 복숭아는 과육 내 폴리페놀류가 산화효소의 작용으로 갈변된다.
③ 마멀레이드는 감귤류의 과육과 과즙을 젤화시킨 것이다.
④ 잼은 유기산과 펙틴이 있는 과일에 설탕을 넣어 젤화시킨 것이다.

해설 마멀레이드(Marmalade) : 젤리에 과육과 과피의 절편을 넣은 것이다.

30 **국수 제조 시 소금을 첨가하는 가장 중요한 이유는?**

① 미생물의 번식을 방지하기 위하여
② 프로테이스(Protease)에 의한 글루텐 분해를 막기 위하여
③ 변색을 막기 위하여
④ 면을 부드럽게 하기 위하여

해설 소금은 글루텐의 그물 구조를 더 촘촘하게 당겨줌으로써 탄성을 더욱 강화시켜 준다. 밀가루 반죽을 할 때 적당량의 소금을 첨가하는 이유이다.

31 **식육의 주된 육색소인 마이오글로빈(Myoglobin)이 계속 산화되어 형성되는 갈색의 물질은?**

① 옥시마이오글로빈(Oxymyoglobin)
② 나이트로소마이오글로빈(Nitrosomyoglobin)
③ 메트마이오글로빈(Metmyoglobin)
④ 설프마이오글로빈(Sulfmyoglobin)

해설 육류를 조리할 때 색의 변화는 마이오글로빈(적자색) → 옥시마이오글로빈(선홍색) → 메트마이오글로빈(암갈색) → 헤마틴(회갈색) 순으로 변한다.

32 **치즈의 특성에 영향을 주는 요인으로만 묶여지지 않은 것은?**

① 온도, 압력
② 습도, 숙성기간
③ 곰팡이의 크기, 응고물의 침전방법
④ 생산된 유산균, 수용성 비타민의 양

정답 29 ③ 30 ② 31 ③ 32 ④

33 아침식사로 우유 1컵(200mL)과 콘플레이크(50g)를 먹었다면 섭취한 총열량과 총단백질량은?

구 분	열량(kcal)	단백질(g)
우유 100mL	60	3.2
콘플레이크 100g	380	6.7

① 220kcal, 4.95g
② 310kcal, 9.75g
③ 440kcal, 9.90g
④ 500kcal, 13.10g

해설
• 총열량 : 우유(60 × 2 = 120kcal) + 콘플레이크(380 ÷ 2 = 190kcal) = 310kcal
• 총단백질량 : 우유(3.2 × 2 = 6.4g) + 콘플레이크(6.7 ÷ 2 = 3.35g) = 9.75g

34 단순단백질 중 알코올에 녹는 것은?

① 알부민(Albumin)
② 글루텔린(Glutelin)
③ 글로불린(Globulin)
④ 프롤라민(Prolamin)

해설 단순단백질은 아미노산만으로 구성된 단백질로, 알부민, 글루텔린, 프롤라민, 알부미노이드, 히스톤, 프로타민 등이 있다. 프롤라민은 알코올에만 용해되는 프롤린이나 글루타민 같은 아미노산이 풍부하며 장내에서는 단백질 소화효소에 쉽게 분해되지 않는 특성이 있다.

35 유지가공품에 대한 설명으로 틀린 것은?

① 샐러드유는 탈납(Winterization) 공정을 통해 저온에서 굳는 식물성유의 지방성분을 제거한 것이다.
② 경화유는 식물성 기름이나 어류 등의 액체 기름에 수소를 첨가하여 만든 것이다.
③ 마가린은 경화유로서 식물성 유지에 유화제를 첨가하여 만든 유중수적형이다.
④ 쇼트닝은 버터의 대용으로 생산되어 수분을 10% 정도 함유한다.

해설 마가린과 버터는 수분이 15% 들어 있는 유화물(물과 지방이 섞여 있는 것)인 반면에 쇼트닝은 라드(돼지기름)의 대용으로 100% 지방으로 이루어져 있다.

36 전분을 산 또는 효소로 가수분해하여 제조하며 조리에 많이 이용되는 전분 가공품은?

① 펙 틴
② 물 엿
③ 한 천
④ 젤라틴

해설 물엿 : 전분을 산이나 효소로 가수분해하여 만든 점조성 감미료

33 ② 34 ④ 35 ④ 36 ② 정답

37 지용성 비타민이 아닌 것은?

① 비타민 A
② 비타민 B_1
③ 비타민 D
④ 비타민 E

해설 **지용성 비타민** : 비타민 A · D · E · K

38 미각의 생리현상에 대한 설명 중 틀린 것은?

① 커피에 설탕을 섞었을 때 쓴맛이 단맛에 의하여 약화되는 것은 맛의 억제효과이다.
② 흑설탕이 흰설탕보다 단맛이 강하게 느껴지는 것은 맛의 상승효과이다.
③ 김치의 짠맛과 신맛이 서로 상쇄되어 조화를 이루는 것은 맛의 상쇄효과이다.
④ 오징어를 먹은 직후에 식초나 밀감을 먹었을 때 쓴맛을 느끼는 것은 맛의 변조효과이다.

해설 **맛의 대비현상** : 맛의 상승(강화)현상이라고도 한다. 서로 다른 맛 성분이 몇 가지 혼합되었을 경우 주된 맛 성분이 증가하는 현상을 말한다.
예 • 팥죽 + 설탕 + 소금 → 단맛이 증가한다.
• 소금물 + 유기산(구연산, 젖산 등) → 짠맛이 증가한다.

39 유지의 분류 중 반건성유인 것은?

① 아마인유
② 올리브유
③ 땅콩기름
④ 참기름

해설 반건성유(아이오딘가 100~130)의 종류로 참기름, 미강유, 면실유, 채종유, 콩기름 등이 있다.

40 감자를 잘라 방치하면 타이로시네이스(Tyrosinase)에 의해 갈변되는데 이때 최종 생성되는 갈색 색소는?

① 멜라닌(Melanin)
② 푸르푸랄(Furfural)
③ 퓨란(Furan)
④ 휴민(Humin)

해설 감자의 갈변현상은 트립신(Trypsine)이 타이로시네이스(Tyrosinase)에 의하여 멜라닌(Melanin) 색소로 변한다.

정답 37 ② 38 ② 39 ④ 40 ①

41 **육류의 가공에 관한 설명으로 틀린 것은?**

① 베이컨은 돼지의 복부육을 염지한 후 훈연하거나 열처리한 것이다.
② 염지는 소금과 기타 첨가물을 혼합하여 고기에 첨가한 것으로 보수성과 결착성을 높일 수 있다.
③ 햄은 일반적으로 돼지의 뒷다리 부위를 훈연한 것으로 본인햄, 본레스햄, 로인햄, 숄더햄, 프레스햄 등이 있다.
④ 소시지 중 비엔나 소시지는 드라이 소시지(Dry Sausage), 살라미는 도메스틱 소시지(Domestic Sausage)에 속한다.

해설 드라이 소시지(Dry Sausage) : 원료육을 소금에 절인 후 작게 썰어 조미료, 향신료 및 돼지지방을 가한 후 개어서, 케이싱에 넣고 충진하여 건조한 것으로 수분은 35% 이하이다. 도메스틱 소시지(수분 50~60%)보다 저장성이 높다. 대표적인 것으로 살라미 소시지, 세르베라트 소시지가 있다. 우리가 흔히 먹는 비엔나 소시지, 프랑크푸르트 소시지 등은 모두 수분이 많은 도메스틱 소시지 이다.

42 **한 달의 임금지급액은 1,500,000원이고, 총작업시간은 320시간이다. 제품 200,000개를 제조하는데 34시간을 사용하였다면, 이 제품에 부과할 노무비는?**

① 4,687원 ② 44,117원
③ 150,000원 ④ 159,375원

해설 노무비 = (1,500,000원 ÷ 320시간) × 34시간 = 159,375원

43 **생선을 통으로 구입하여 횟감으로 썰었더니 무게가 5kg이 나왔다면 이 생선의 원래 무게는 약 얼마인가?(단, 이 생선의 폐기율은 65%이다)**

① 7.7kg ② 11.0kg
③ 12.0kg ④ 14.3kg

해설
$$\text{총발주량} = \frac{\text{정미중량} \times 100}{100 - \text{폐기율}} = \frac{5 \times 100}{100 - 65} \fallingdotseq 14.3\text{kg}$$

44 **전분의 노화에 대한 설명으로 옳은 것은?**

① 당류는 노화를 촉진한다.
② 노화를 방지하려면 0~5℃ 정도 냉장보관한다.
③ 모노글리세라이드와 같은 유화제를 첨가하면 노화가 방지된다.
④ 아밀로스보다 아밀로펙틴 함량이 많은 전분이 노화가 더 빠르다.

해설 식품첨가물인 모노글리세라이드(Monoglyceride)를 첨가하면 노화가 지연된다.

41 ④ 42 ④ 43 ④ 44 ③ 정답

45 생선조리에 관한 설명 중 옳은 것은?

① 선어회는 사후경직기를 지나면서 IMP, 유리아미노산 등의 감칠맛이 생긴다.
② 흰살생선은 어취가 많으므로 고춧가루 등의 양념을 하는 것이 좋다.
③ 생선 소금구이의 소금의 양은 생선의 0.5% 정도가 적당하다.
④ 전이나 튀김은 지방함량이 많은 붉은살생선이 적당하다.

해설 ② 붉은살생선은 어취가 많으므로 고춧가루 등의 양념을 하는 것이 좋다.
③ 생선구이 시 생선에 뿌리는 소금의 적당한 양은 재료 무게의 5% 정도가 좋다.
④ 전이나 튀김은 지방함량이 적은 흰살생선이 적당하다.

46 유지류에 대한 설명으로 틀린 것은?

① 빵에 버터나 마가린을 펴 바를 수 있는 것은 가소성 때문이다.
② 크리밍성은 쇼트닝이 가장 높고 마가린, 버터 순으로 낮다.
③ 쇼트닝을 페이스트리에 사용하면 바삭해진다.
④ 라드는 정제유를 수소화시켜 가소성의 고체 상태로 바꾼 순수지방을 말한다.

해설 ④ 라드는 돼지고기 지방을 녹인 것이다.
※ 버터는 쇼트닝보다 크리밍성이 낮은 이유로 쇼트닝과 함께 섞어 사용하는 것이 좋다.

47 습열 조리 시 조리온도가 높은 것부터 낮은 순서로 나열된 것은?

① 보일링(Boiling) > 시머링(Simmering) > 포칭(Poaching)
② 시머링(Simmering) > 포칭(Poaching) > 보일링(Boiling)
③ 보일링(Boiling) > 포칭(Poaching) > 시머링(Simmering)
④ 시머링(Simmering) > 보일링(Boiling) > 포칭(Poaching)

해설
- 보일링(Boiling) : 물에 넣고 끓이는 방법으로 100℃의 액체에서 가열하는 것
- 시머링(Simmering) : 86~96℃ 온도에서 은근하게 끓이는 방법
- 포칭(Poaching) : 액체온도가 재료에 전달되는 전도 형식의 습식열 조리방법으로, 비등점 이하의 온도(65~92℃)에서 끓고 있는 물, 혹은 액체 속에 담가 익히는 방법

48 식품 재료에 직접 불이 닿게 하여 조리하는 기구는?

① 브로일러(Broiler)　② 오븐(Oven)
③ 그리들(Griddle)　④ 레인지(Range)

해설
- 브로일러(Broiler) : 소고기, 치킨, 생선 등을 직화로 구워서 요리하는 기구를 말한다.
- 오븐(Oven) : 복사열과 대류열을 이용하여 음식을 굽는 도구를 말한다.
- 그리들(Griddle) : 두꺼운 철판으로 만들어진 번철로 열을 가열하여 달걀요리, 팬케이크(Pancake), 샌드위치(Sandwich) 조리 시 사용한다.

정답 45 ① 46 ④ 47 ① 48 ①

49 달걀의 기능에 대한 설명으로 옳지 않은 것은?

① 달걀흰자는 거품을 내어 케이크나 오믈렛과 같은 혼합물에 섞으면 팽창제로서의 역할을 하여 부피가 증가하고 부드러워진다.
② 카스테라 제조 시 레시틴의 유화성과 보수성 작용으로 부드러운 조직감을 갖게 하는데 난황은 난백에 비해 4배의 유화력을 가지고 있다.
③ 달걀은 응고되면 음식을 걸쭉하게 만드는 농후제 역할을 하므로 콘소메, 머랭, 푸딩을 만들 때 달걀 푼 것을 넣어 걸쭉하게 한다.
④ 거품을 낸 달걀흰자를 셔벗이나 캔디를 만들 때 섞어주면 결정체 형성을 방해하는 간섭제가 되어 입자를 미세하게 만들어 준다.

해설 ③ 달걀은 응고되면 음식을 걸쭉하게 한다. 알찜, 소스, 커스터드, 푸딩 등을 만드는 데 이용하는 성질이다.

50 배식하기 전 음식을 따뜻하게 보관하는 온장고의 적정 내부 온도는?

① 100℃ ② 80℃
③ 65℃ ④ 40℃

해설 배식하기 전 음식이 식지 않도록 보관하는 온장고 내의 온도는 65~70℃ 정도로 유지되는 것이 좋으며 보온시간은 3~4시간 정도가 좋다.

51 한천 조리에 대한 설명으로 맞는 것은?

① 설탕을 첨가하면 젤의 탄성이 감소한다.
② 우유를 첨가하면 젤 강도가 증가된다.
③ 젤화된 것은 100℃ 이하에서는 녹지 않는다.
④ 한천젤리는 만든 후 시간이 경과하면 이수현상이 발생한다.

52 당의 결정화를 이용한 것이 아닌 것은?

① 퍼지(Fudge)
② 폰당(Fondant)
③ 마시멜로(Marshmallow)
④ 디비너트(Divinity)

해설 젤라틴 : 동물의 가죽이나 뼈에 다량 존재하는 단백질인 콜라겐(Collagen)의 가수분해로 생긴 물질이다. 젤리, 족편, 마시멜로(Marshmallow), 아이스크림 및 기타 얼린 후식 등에 쓰인다.

49 ③ 50 ③ 51 ④ 52 ③ 정답

53 소고기 조리에 대한 설명으로 틀린 것은?

① 국 끓이기에 적당한 부위는 사태와 양지이다.
② 장조림에 사용되는 고기는 섬유가 길고 결체조직이나 마블링 함량이 적어야 한다.
③ 편육은 처음부터 찬물에 끓이면 맛성분이 많이 용출되어 좋다.
④ 스테이크는 먼저 센 불에 구워 단백질을 응고시킨 후 약한 불에서 굽는다.

해설 편육은 찬물에 넣어 핏물을 빼 주고 펄펄 끓을 때 넣어 중불에서 계속 끓여 준다.

54 물가 상승 시 소득세를 줄이기 위해 식품비를 최대화하고 재고가치를 최소화하고 싶을 때 사용하는 재고관리 기법은?

① 선입선출법
② 후입선출법
③ 이동평균법
④ 총평균법

해설 **후입선출법** : 나중에 구매한 상품을 먼저 사용하는 방법으로, 원재료로 만든 제품부터 매출되었다고 여기고 재고자산을 평가하는 방법이다.

55 조리 규모가 커지면서 오물이 많을 때 주방 바닥청소를 효과적으로 하기 위하여 설치하는 것은?

① 급탕기
② 곡선형 트랩
③ 트렌치
④ 디스포저(Disposer)

해설 조리장 중앙부와 물을 많이 사용하는 지역에 바닥 배수 트렌치(Trench)를 설치하여 배수효과를 높인다.

56 김의 향기 성분은?

① 글라이신
② 이노신산
③ 다이메틸설파이드
④ 알긴산

정답 53 ③ 54 ② 55 ③ 56 ③

57 **채소류의 맛 성분이 옳지 않은 것은?**

① 오이꼭지의 쓴맛 – 쿠쿠르비타신(Cucurbitacin)
② 가지의 떫은맛 – 후물론(Humulon)
③ 죽순의 아린맛 – 호모겐티스산(Homogentisic Acid)
④ 고추의 매운맛 – 캡사이신(Capsaicin)

해설 ② 가지의 떫은맛 : 알칼로이드(Alkaloids)

58 **밀가루와 물을 섞은 반죽을 체에 걸러 물로 계속해서 씻어주면 남게 되는 단백질은?**

① 글리시닌(Glycinin)
② 글리아딘(Glyadin)
③ 글루테닌(Glutenin)
④ 글루텐(Gluten)

해설 글루텐(Gluten)은 밀가루에 천연적으로 들어 있는 단백질이다. 물을 넣고 밀가루를 반죽하면 글리아딘과 글루테닌이 물과 결합하여 입체적 망상 구조인 글루텐(Gluten)을 형성한다.

59 **하루 필요 열량이 2,100kcal일 때 20%를 단백질로 얻으려면 섭취해야 하는 단백질 양은?**

① 100g
② 105g
③ 115g
④ 125g

해설 단백질은 1g당 4kcal의 열량을 발생시킨다. 따라서 (2,100kcal × 0.2) ÷ 4kcal = 105g이 필요하다.

60 **육류를 연화하기 위해 사용하는 과일과 연육효소가 바르게 짝지어진 것은?**

① 무화과 – 브로멜린(Bromelin)
② 키위 – 액티니딘(Actinidin)
③ 파인애플 – 피신(Ficin)
④ 파파야 – 진저론(Zingerone)

해설
- 파파야 : 파파인
- 파인애플 : 브로멜린
- 키위 : 액티니딘
- 무화과 : 피신

57 ② 58 ④ 59 ② 60 ② 정답

61 **물의 정수법 중 완속사여과법에 대한 설명이 아닌 것은?**

① 생물막제거법은 사면대치로 한다.
② 약품으로 침전을 시킨다.
③ 광대한 면적이 필요하다.
④ 급속사여과법에 비해 건설비가 많이 든다.

해설 **물의 정수방법**
물을 정수하는 방법은 크게 급속사여과법과 완속사여과법으로 나뉘며, 물을 자갈이나 모래 사이로 통과시켜 여과한다. 급속사여과지는 약품침전지와, 완속사여과지는 보통침전지와 연결된다.
- 급속사여과법 : 약물하여 사용하여 현탁물질을 응집해 분리(탁도 10도 정도)한 후 두께 50~75mm의 모래로 된 여과사 위에 균등하게 분배한다. 여과속도는 1일에 120~150m 정도이며, 여과층이 막히면 역류세척으로 청소한다.
- 완속사여과법 : 모래층에서 증식한 미생물에 의해 불순물질을 포착해 산화분해한다. 처리된 물의 수질에 따라 적정 기간 여과한 다음 모래층이 막히지 않도록 청소하는데, 여과를 멈추고 물을 뺀 후에 모래를 긁어내고 사면대치하여 청소한다.

62 **보건행정의 관리과정 중 다음 내용이 설명하는 조직은?**

- 계층적 조직에 프로젝트 조직의 수평관계가 혼합된 조직이다.
- 조직의 직능 부분을 전문화하면서 동시에 전문화한 부분을 프로젝트로 통합하는 조직이다.
- 전형적인 형태로는 병원조직이 있다.

① 프로젝트 조직
② 공식적 조직
③ 매트릭스 조직
④ 비공식적 조직

63 **공기의 조성 중 가장 많은 비율을 차지하는 것은?**

① 산 소
② 질 소
③ 이산화탄소
④ 아르곤

해설 **공기의 조성** : 질소 78%, 산소 21%, 아르곤 0.94%, 이산화탄소 0.03%, 기타 네온, 헬륨, 메탄, 크립톤 등 미량 원소가 함유되어 있다.

64 **물을 여과할 때 여과막의 역할이라고 볼 수 없는 것은?**

① 세균 여과
② 잔류염소 여과
③ 부유물질 여과
④ 조류 여과

정답 61 ② 62 ③ 63 ② 64 ②

65 **다음 표를 보고 인구증가 의미 중 사회증가에 의한 변동 인원은?**

전입인구	전출인구	자연증가
400명	100명	200명

① 300명
② 500명
③ 600명
④ 700명

해설 사회증가 = 유입인구 – 유출인구

66 **산업보건의 중요성에 대한 설명으로 옳지 않은 것은?**

① 근로자의 인권문제로 대두되었기 때문이다.
② 노동력 유지·증진은 생산성과 품질 향상으로 연결되기 때문이다.
③ 근로자의 질병을 치료하고 관리해야 하기 때문이다.
④ 급격한 산업발달로 산업장의 근로인구가 많아졌기 때문이다.

해설 **산업보건의 중요성** : 노동인구 증가, 기술집약적 노동력 확보, 인력관리의 필요성 인식의 증대, 근로자의 권익 보호

67 **돼지고기를 불완전하게 익혀 먹었을 경우 감염될 수 있는 기생충은?**

① 유구조충
② 구 충
③ 편 충
④ 무구조충

해설 선모충(유구조충)은 돼지고기를 통하여 사람에게 감염되는 기생충이다.

68 **적조현상을 가속화시키는 원인이 되는 것은?**

① 수 온
② 가 스
③ 카드뮴
④ PCB

해설 적조현상은 주로 육상에서부터 유입되는 질소, 인산 등을 포함하는 생활하수, 공장 폐수 등의 유기성 오염물질이 크게 증가하기 때문에 일어난다. 바닷물의 온도가 18~23℃가 되면 적조를 일으키는 플랑크톤이 폭발적으로 번식하게 되고, 적조가 발생하면 해수의 용존산소량이 부족해져 어패류가 폐사한다.

65 ① 66 ③ 67 ① 68 ① **정답**

69 질병 발생의 3대 요소는?

① 숙주, 환경, 병인
② 유전, 소질, 환경
③ 병인, 환경, 소질
④ 병인, 감수성, 유전

해설 질병 발생의 주요 3요인은 병인, 숙주 그리고 이들을 둘러싸고 있는 환경요인이다.

70 파리가 전파할 가능성이 있는 질병들로 바르게 연결된 것은?

① 장티푸스, 세균성 이질, 콜레라
② 장티푸스, 사상충증, 홍역
③ 회충, 디프테리아, 일본뇌염
④ 파상풍, 홍역, 파라티푸스

해설 **파리가 전파하는 감염병**

- 소화기계 감염병 : 이질, 콜레라, 장티푸스, 파라티푸스
- 호흡기계 감염병 : 결핵
- 식중독 : 살모넬라증
- 기생충 질환 : 회충, 십이지장충, 요충, 편충
- 기타 : 한센병, 소아마비, 화농균
- 아프리카 수면병 : 체체파리

71 소음이 인체에 주는 피해가 아닌 것은?

① 작업능률 저하
② 혈압 저하
③ 위장기능 감퇴
④ 청력장애

해설 소음에 노출되면 심혈관 질환의 위험이 증가해 협심증이나 심근경색에 걸릴 확률이 높아지며 혈압도 높아진다.

72 대기를 오염시키는 물질 중 형태에 따른 분류 내용으로 옳은 것은?

① 연무는 승화, 증류, 화학반응에 의해서 생긴 기체가 응축할 때 생기는 고체입자이다.
② 매연은 아주 작은 수많은 물방울이 공기 중에 떠 있는 기체입자이다.
③ 분진은 물질의 연소, 제조, 가공과정에서 발생하는 매연, 회분, 철분 등의 입자이다.
④ 훈연은 작은 크기의 탄소입자로 연료의 불완전연소에 의해 생기는 입자이다.

해설 분진(Dust)은 대기 중에 부유하는 입자상 물질로 콜로이드보다 크며, 보통 입자의 직경은 20m 이상이다.

정답 69 ① 70 ① 71 ② 72 ③

73 도금작업, 합금제조, 합성수지 등의 제조 산업장에서 발생하여 폐기종이나 급성폐렴을 유발하는 것은?

① 수 은 ② 크 롬
③ 납 ④ 카드뮴

해설 카드뮴 중독 시 신장 세뇨관의 기능장애를 유발하고, 신장장애, 폐기종, 골연화증, 단백뇨 등이 발생한다. 카드뮴 중독의 대표적인 사례로 일본에 번진 이타이이타이병이 있다.

74 자외선의 인체에 미치는 영향에 대한 설명 중 틀린 것은?

① 신진대사 촉진 ② 백내장 발생
③ 피부암 발생 ④ 혈압 상승

해설 **자외선의 작용**

- 살균작용, 비타민 D의 생성으로 구루병의 예방과 치료작용, 신진대사 촉진, 적혈구 생성 촉진, 혈압강하 작용
- 장기간 노출 시 피부화상이나 피부암을 유발하거나 결막염, 설안염, 백내장 발생

75 접촉감염지수(감수성지수)가 바르게 표시된 것은?

① 홍역 – 95%
② 디프테리아 – 60%
③ 백일해 – 40%
④ 성홍열 – 10%

해설 **감수성지수(접촉감염지수)** : 미감염자에게 병원체가 침입하였을 때 발병하는 비율

질 병	지수(%)	질 병	지수(%)
천연두(두창)	95	백일해	60~80
성홍열	40	디프테리아	10
폴리오(소아마비)	0.1	홍 역	95

76 수인성 감염병에 해당되지 않는 것은?

① 콜레라 ② 장티푸스
③ 결 핵 ④ 유행성간염

해설 수인성 감염병은 물(식수)에 의해 전파되는데 장티푸스, 파라티푸스, 세균성 이질, 콜레라 등이 있다.

73 ④ 74 ④ 75 ① 76 ③ **정답**

77 공중보건수준 평가에서 다음 설명에 해당하는 보건지표는?

> • 한 국가나 지역사회의 건강수준을 나타내는 대표적 지표이다.
> • 출생 후 12개월까지의 보건 상태를 파악한다.
> • 성인에 비해 환경악화나 비위생적인 생활에 가장 예민하게 영향을 받는 시기이므로 이 지표가 유효하다.
> • 보통사망률에 비해 보건수준을 나타내는 지표로서 한정된 기간 결정으로 통계적 유의성이 높다.

① 질병이환율 ② 모성사망률
③ 영아사망률 ④ 비례사망지수

해설 ① 질병이환율 : 일정 기간 내에서 이환자수의 특정 인구에 대한 비율
② 모성사망률 : 신생아 10만 명당 산모의 사망률을 계산한 비율
④ 비례사망지수 : 연간 전체 사망자수 중에서 50세 이상의 사망자수가 차지하는 백분율

78 요코가와흡충의 제2중간숙주는?

① 참 게 ② 은 어
③ 가 재 ④ 다슬기

해설 요코가와흡충
• 제1중간숙주 : 다슬기 및 담수산 패류 → 장관에서 부화하여 애벌레가 된다.
• 제2중간숙주 : 은어, 잉어 등의 담수어 → 피낭유충으로 존재한다.

79 검역감염병으로만 짝지어진 것은?

① 홍역, 황열, 페스트
② 황열, 페스트, 콜레라
③ 콜레라, 백일해, 장티푸스
④ AIDS, B형간염, 장티푸스

해설 **검역감염병의 종류(검역법 제2조)** : 콜레라, 페스트, 황열, 중증급성호흡기증후군(SARS), 동물인플루엔자 인체감염증, 신종인플루엔자, 중동호흡기증후군(MERS), 에볼라바이러스병, 이 외의 감염병으로서 외국에서 발생하여 국내로 들어올 우려가 있거나 우리나라에서 발생하여 외국으로 번질 우려가 있어 질병관리청장이 긴급 검역조치가 필요하다고 인정하여 고시하는 감염병

80 장기 음용한 물에 다량 함유되어 있을 경우 반상치를 일으키는 것은?

① 염 소 ② 규 소
③ 불 소 ④ 비 소

해설 불소(F ; 플루오린)는 충치 예방효과가 있으나 과다(1.2ppm 이상)한 경우 반상치를 일으킨다.

정답 77 ③ 78 ② 79 ② 80 ③

2018년

제3회 | 과년도 기출문제

제1과목 | 식품위생 및 관련 법규

01 자외선 살균의 단점은?

① 사용방법이 어렵다.
② 내성이 생긴다.
③ 잔류효과가 없다.
④ 피조사물에 변화를 준다.

해설 자외선 살균은 공기, 물, 식품, 기구, 용기 등을 살균하는 데 이용되며, 물체의 투과력이 약하여 주로 표면만 소독한다.

02 식품첨가물의 허용기준이 정해진 이유는?

① 경제적 이점이 있기 때문에
② 안전을 고려한 최소량을 사용하기 위해서
③ 식품첨가물의 종류가 많기 때문에
④ 보존효과를 증가시키기 위해서

03 조리사 면허가 취소되는 경우가 아닌 것은?

① 면허를 타인에게 처음 대여하여 사용하게 한 경우
② 업무정지기간 중에 조리사의 업무를 하는 경우
③ 마약이나 그 밖의 약물중독자
④ 조리사 면허의 취소처분을 받고 그 취소된 날부터 1년이 지나지 아니한 자

해설 **행정처분기준(식품위생법 시행규칙 [별표 23])**
조리사가 면허를 타인에게 대여하여 사용하게 한 경우
• 1차 위반 : 업무정지 2개월
• 2차 위반 : 업무정지 3개월
• 3차 위반 : 면허취소

1 ③ 2 ② 3 ① 정답

04 조리기구(칼, 도마 등)의 소독에 많이 사용되는 소독제는?

① 과산화수소
② 석탄산
③ 차아염소산나트륨
④ 크레졸

해설 **차아염소산나트륨(NaClO)** : 음료수의 소독, 식기구, 식품 소독

05 노로바이러스 식중독에 대한 설명으로 틀린 것은?

① 24~48시간 잠복기 후 오심, 구토, 설사, 복통이 주증상으로 갑작스럽게 나타난다.
② 굴이나 조개류 같은 어패류가 원인 식품이다.
③ 대부분의 경우 1~3일이 지나면 회복된다.
④ 일 년 내내 발생하지만 특히 여름에 가장 많이 발생하는 경향이 있다.

해설 ④ 노로바이러스 식중독은 계절적으로는 겨울철에 발생이 많다.

06 단백질의 부패과정에서 생성되는 알레르기성 식중독의 원인 물질은?

① 암모니아
② 히스티딘
③ 히스타민
④ 황화수소

해설 히스티딘(등푸른 생선의 살코기에 포함된 단백질)이 히스타민으로 전환되면서 알레르기 식중독이 유발된다. 항히스타민제로 치료가 가능하다.

07 식품위생법상 보건위생을 위하여 검사에 필요한 식품 등을 무상수거할 때 통조림식품의 경우 수거해야 하는 개수는?

① 1　　② 2
③ 6　　④ 8

해설 **식품 등의 무상수거 대상 및 수거량(식품위생법 시행규칙 [별표 8])**
세균발육검사항목이 있는 경우 및 통조림식품은 6개(세균발육검사용 5개, 그 밖에 이화학검사용 1개)를 수거하여야 한다.

정답 4 ③ 5 ④ 6 ③ 7 ③

08 마비성 조개류 중독의 독성분 원인 물질은?

① 진균류(Fungi)
② 박테리아(Bacteria)
③ 바이러스(Virus)
④ 플랑크톤(Plankton)

해설 마비성 조개류 중독의 독성분은 자연독의 하나로 조개류가 섭취한 유독 플랑크톤과 밀접한 관계가 있다. 이 유독 플랑크톤은 수온, 영양염류, 일조량 등 여러 원인 요소들에 따라 발생하나 특히 수온의 영향을 가장 많이 받는다. 수온이 9℃ 내외가 되는 초봄에 발생하기 시작하며, 조개류가 섭취하여 독을 체내에 축적한다. 4월 중순경 수온이 15~17℃ 정도 되면 독소가 최고치에 도달한다. 수온이 18℃ 이상으로 오르면 독소의 원인 물질인 플랑크톤이 자연적으로 소멸하기 때문에 사라진다.

09 인체의 화농성 질환의 중요한 원인균은?

① 웰치균
② 황색포도상구균
③ 대장균
④ 장염비브리오

해설 황색포도상구균은 화농성 질환의 대표적인 원인균으로 엔테로톡신이라는 장독소를 생성한다.

10 식품위생법에서 사용하는 용어의 정의에 대한 설명으로 맞는 것은?

① "집단급식소"란 영리를 목적으로 하는 특정 다수인에게 계속하여 음식물을 공급하는 급식시설
② "화학적 합성품"이란 화학적 수단으로 원소 또는 화합물에 분해반응 외의 화학반응을 일으켜서 얻은 물질
③ "용기·포장"이란 음식을 먹을 때 사용하거나 담는 것
④ "기구"란 식품을 넣거나 싸는 것으로서 식품을 주고받을 때 함께 건네는 물품

해설 ① 집단급식소 : 영리를 목적으로 하지 아니하면서 특정 다수인에게 계속하여 음식물을 공급하는 급식시설로서 대통령령으로 정하는 시설을 말한다(식품위생법 제2조제12호).
③ 용기·포장 : 식품 또는 식품첨가물을 넣거나 싸는 것으로서 식품 또는 식품첨가물을 주고받을 때 함께 건네는 물품을 말한다(식품위생법 제2조제5호).
④ 기구 : 식품 또는 식품첨가물에 직접 닿는 기계·기구나 그 밖의 물건(농업과 수산업에서 식품을 채취하는 데에 쓰는 기계·기구나 그 밖의 물건 및 위생용품 관리법에 따른 위생용품은 제외)을 말한다(식품위생법 제2조제4호).
※ 「식품위생법」 개정에 따라 ③의 보기를 수정하였다.

11 메틸알코올(Methyl Alcohol)에 의한 중독 때문에 우리나라에서 메틸알코올 사용기준을 설정하고 있는 식품은?

① 청량음료
② 주 류
③ 단무지
④ 두 부

해설 **메틸알코올(메탄올)** : 과실주나 정제가 불충분한 에탄올·증류주에 미량 함유되어, 심할 경우 시신경에 염증을 일으켜 실명이나 사망에 이른다.

8 ④ 9 ② 10 ② 11 ② **정답**

12 감미료 중 사용이 금지된 것은?

① D-소비톨(D-sorbitol)
② 둘신(Dulcin)
③ 수크랄로스(Sucralose)
④ D-말티톨(D-maltitol)

해설 **유해감미료** : 사이클라메이트, 둘신, 페릴라틴 등

13 수분함량이 적거나 탄수화물이 풍부한 곡류에서 주로 번식하는 미생물은?

① 효 모
② 세 균
③ 바이러스
④ 곰팡이

해설 곰팡이는 세균 또는 효모에 비해 생육에 필요한 수분량이 가장 적어 건조식품 등에서 잘 번식한다.

14 수분활성도(Aw)가 0.90 이상, pH 중성 부근의 식품에서 곰팡이, 효모, 세균이 공존할 때 증식이 가장 활발한 것은?

① 곰팡이
② 효 모
③ 세 균
④ 차이 없다.

해설 수분활성도의 값은 1 미만으로 세균 0.91, 효모 0.88, 곰팡이 0.80 정도이다.

15 통조림관에 사용되는 금속 중 내용물인 과일이나 채소류의 주스로 인하여 금속이 용출하여 구역질, 구토, 복통, 설사 등의 중독을 일으키는 물질은?

① 주석(Sn)
② 비소(As)
③ 카드뮴(Cd)
④ 안티몬(Sb)

해설 통조림은 주석 도금 캔으로 이루어져 있는데 외부 산소와 접촉되면 빨리 부식된다.

정답 12 ② 13 ④ 14 ③ 15 ①

16 도자기제품의 용기에서 용출되어 식품위생상 유해할 가능성이 높은 금속은?

① 납
② 철
③ 비 소
④ 망 간

해설 납(Pb)

- 중독경로
  - 통조림의 땜납, 도자기나 법랑용기의 안료
  - 납 성분이 함유된 수도관, 납 함유 연료의 배기가스 등
- 중독증상
  - 헤모글로빈 합성장애에 의한 빈혈
  - 구토, 구역질, 복통, 사지마비(급성)
  - 피로, 소화기 장애, 지각상실, 시력장애, 체중감소 등

17 장염비브리오 식중독(*Vibrio parahaemolyticus*)의 예방법으로 옳지 않은 것은?

① 해수세균의 일종이므로 3% 식용농도에서 도마를 세척하려고 한다.
② 60℃에서 15분 이상 가열하여 섭취하도록 한다.
③ 어류는 내장을 제거하고 충분히 세척하도록 한다.
④ 조리자의 손에 의한 2차 오염을 방지하도록 한다.

해설 장염비브리오 식중독 예방 수칙

- 신선한 어패류를 구매하여 신속히 냉장보관(5℃ 이하)한다.
- 조리하는 사람은 반드시 비누 등 세정제를 사용하여 흐르는 물에 30초 이상 철저하게 손을 씻는다.
- 칼과 도마는 전처리용과 횟감용을 구분하여 사용하고, 사용한 도구는 세척 후 열탕 처리하여 2차 오염을 방지한다.
- 냉동 어패류는 냉장고 등에서 안전하게 해동한 후 흐르는 수돗물로 잘 씻고, 속까지 충분히 익을 수 있도록 가열·조리한다.

18 식품과 독성분의 연결이 잘못된 것은?

① 독미나리 – 시큐톡신(Cicutoxin)
② 황변미 – 시트리닌(Citrinin)
③ 피마자유 – 고시폴(Gossypol)
④ 독버섯 – 콜린(Choline)

해설 고시폴은 면실유의 식물성 독성분이다.

16 ① 17 ① 18 ③ 정답

19 세균의 포자까지 사멸시킬 수 있는 살균법은?

① 자비소독법
② 저온살균
③ 고압증기멸균법
④ 일광법

해설 **고압증기멸균법**
- 120℃의 고온을 이용한 멸균법으로 병원에서 가장 많이 사용됨
- 가장 이상적인 물리적 멸균법
- 보통 20~30분의 짧은 시간이 소요되며, 독성이 없고 습열이 침투되어 병원균은 물론 아포까지 제거
- 습기에 강한 물품 멸균에 이용되며 가장 안전하고 실질적이며 경제적

20 식품위생법상 집단급식소를 설치·운영하는 자가 받아야 하는 법정 식품위생 교육시간은?

① 2시간 ② 3시간
③ 4시간 ④ 6시간

해설 **교육시간(식품위생법 시행규칙 제52조)**
집단급식소를 설치·운영하는 자 : 6시간

제2과목 | 식품학

21 어육의 자기소화 원인으로 가장 옳은 것은?

① 공기 중의 산소에 의해 일어난다.
② 어육 내에 존재하는 효소에 의해 일어난다.
③ 어육 내에 존재하는 유기산에 의해 일어난다.
④ 어육 내에 존재하는 염류에 의해 일어난다.

해설 어육의 사후 변화 중 경직이나 연화는 근육 내 효소작용(자기소화)에 의해 일어난다.

22 이당류(Disaccharides)가 아닌 것은?

① 유당(Lactose)
② 설탕(Sucrose)
③ 글리코겐(Glycogen)
④ 셀로비오스(Cellobiose)

해설 **이당류** : 자당(설탕), 맥아당, 젖당

정답 19 ③ 20 ④ 21 ② 22 ③

23 식품의 갈변에 관여하는 타이로시네이스(Tyrosinase)에 관한 설명으로 옳은 것은?

① 철(Fe)을 함유하고 있다.
② 염소(Cl)이온에 의해 활성이 억제된다.
③ 지용성이므로 기름에 담가 두면 제거된다.
④ 갈색 물질인 멜라노이딘(Melanoidine)을 생성한다.

해설 타이로시네이스(Tyrosinase)는 구리(Cu)를 함유하고 있으며, 수용성이므로 물이나 소금물에 담가두면 갈변을 방지할 수 있다. 멜라노이딘(Melanoidine) 색소는 비효소적 갈변 반응인 마이야르 반응(Maillard Reaction)으로 생성된다.

24 샐러드기름 제조 시 융점이 높은 고체지방을 제거하는 처리는?

① 경화(Hardening)
② 유화(Emulsion)
③ 동유처리(Winterization)
④ 에스터 교환(Ester Interchange)

해설 **동유처리**
기름 속에 왁스와 같은 물질이 있으면 낮은 온도에서 결정이 생기므로 미리 원료유를 1~6℃에서 18시간 정도 두어 석출된 결정을 여과 또는 원심분리로 제거하는 방법이다.

25 펙틴(Pectin)에 대한 설명으로 틀린 것은?

① 주성분은 갈락투론산(Galacturonic Acid)이다.
② 과일이 익을수록 펙틴 양이 많아진다.
③ 젤리(Jelly)화에 적당한 펙틴(Pectin) 양은 1% 정도이다.
④ 적당량의 산과 당류가 존재하면 젤(Gel)을 형성한다.

해설 펙틴(Pectin)을 함유한 과일에 설탕, 산을 넣고 졸이면 젤(Gel)의 성질로 잼이나 젤리를 만들 수 있다. 펙틴, 산, 당분이 일정한 비율로 들어 있을 때 젤리화가 일어난다.

26 알칼리에 의해 가수분해되는 비누화(검화)가 가능한 것은?

① 인지질
② 스테롤류
③ 탄화수소
④ 고급 알코올

해설 **검화(비누화 ; Saponification)** : 지방이 NaOH(수산화나트륨)에 의하여 가수분해되어 지방산의 Na염(비누)을 생성하는 현상을 말한다. 저급 지방산이 많을수록 비누화가 잘된다.

23 ② 24 ③ 25 ② 26 ① 정답

27 탄수화물 대사와 가장 관계있는 비타민은?

① 비타민 A
② 비타민 B_1
③ 비타민 C
④ 비타민 D

해설 **비타민 B_1(Thiamine, 항각기성)**
- 탄수화물의 대사에 관여(탈탄산 작용)
- 신경 안정과 식욕 향상

28 곡류의 종자에 많이 들어 있으며 60~80%의 알코올에 녹는 단순단백질은?

① 알부민(Albumin)
② 글로불린(Globulin)
③ 글루텔린(Glutelin)
④ 프롤라민(Prolamin)

해설 프롤라민은 점탄성이 낮으며, 주로 곡류에 많다. 옥수수의 제인, 밀의 글리아딘, 보리의 호르데인 등이 있다.

29 과일 주스 제조 시 청징조작에 쓰이는 것은?

① 인버테이스
② 펙틴 분해효소
③ 파파인
④ 나린지네이스

30 양파 가열 조리 시 생성되는 감미 성분은?

① 스테비오사이드(Stevioside)
② 아스파탐(Aspartame)
③ 프로필메르캅탄(Propyl Mercaptan)
④ 글리시리진(Glycyrrhizin)

해설 양파를 볶으면 단맛이 증가하는데, 볶는 과정에서 프로필메르캅탄이라는 물질이 만들어지기 때문이다. 프로필메르캅탄은 설탕 50배 정도의 단맛을 낸다.

정답 27 ② 28 ④ 29 ② 30 ③

31 CA(Controlled Atmosphere) 저장법이란?

① 산소와 이산화탄소로 기체 조성을 조절하는 저장법
② 수소와 산소로 기체 조성을 조절하는 저장법
③ 질소와 수소로 기체 조성을 조절하는 저장법
④ 헬륨과 이산화탄소로 기체 조성을 조절하는 저장법

해설 CA(Controlled Atmosphere) 냉장은 냉장실의 온도와 공기 조성을 함께 제어하여 냉장하는 방법으로, 주로 청과물(특히, 사과)의 저장에 많이 사용된다. 온도는 적당히 낮추고, 냉장실 내 공기 중의 CO_2 분압을 높이고, O_2 분압을 낮춤으로써 호흡을 억제하는 방법이 사용된다.

32 달걀 노른자의 황색소와 관련이 없는 것은?

① 루테인(Lutein)
② 제아잔틴(Zeaxanthin)
③ 리보플라빈(Riboflavin)
④ 잔토필(Xanthophyll)

33 유지의 포화지방산에 대한 설명으로 옳은 것은?

① 탄소수가 증가할수록 비중이 커진다.
② 탄소수가 증가할수록 융점이 낮아진다.
③ 탄소수가 증가할수록 휘발성이 감소한다.
④ 탄소수가 증가할수록 용해도가 증가한다.

34 레닌(Rennin)에 의해 우유 단백질이 응고될 때 관여하는 무기질은?

① Fe^{2+}
② Ca^{2+}
③ Mg^{2+}
④ Na^{+}

해설 레닌(Rennin)은 칼슘과 함께 우유에 들어 있는 카세인(Casein)을 응고성 단백질로 만드는 기능을 한다.

31 ① 32 ③ 33 ③ 34 ② **정답**

35 등전점에서 단백질에 나타나는 변화로 옳은 것은?

① 용해도의 증가
② 삼투압의 감소
③ 기포력의 감소
④ 점도의 증가

해설 단백질의 등전점은 분자 내 양전하와 음전하가 상쇄되어 용액이 가진 전하의 대수합이 0이 된 상태의 수소이온지수이며, pH로 나타낸다.

36 자유수와 결합수에 대한 설명 중 틀린 것은?

① 결합수는 용질에 대하여 용매로 작용하지 않는다.
② 자유수는 0℃ 이하에서도 잘 얼지 않는다.
③ 자유수는 건조로 쉽게 제거 가능하다.
④ 결합수는 식품에서 미생물의 생육·번식에 이용되지 못한다.

해설
- 자유수 : 용매로 작용한다. 0℃에서도 쉽게 동결되고 건조로 쉽게 제거되며, 미생물 생육 및 발아 번식에 이용된다.
- 결합수 : 용매로 작용하지 않는다. 또한 0℃에서 동결이 어렵고, 100℃ 이상 가열해도 제거가 어려우며 미생물 생육 및 발아 번식에 이용이 어렵다.

37 전분의 호화 영향 요인에 대한 설명으로 틀린 것은?

① 수분 – 수분함량이 많을수록 호화가 잘 일어난다.
② pH – 산성에서는 전분의 수화가 촉진되어 팽윤과 호화가 쉽게 일어난다.
③ 염류 – 일부의 염류는 전분입자의 팽윤을 촉진하나 황산염은 호화를 억제시킨다.
④ 전분 종류 – 아밀로펙틴의 함량이 많을수록 호화속도는 느리다.

해설 ② pH : 알칼리성 pH에서는 전분입자의 팽윤과 호화가 촉진된다. 전분현탁액에 적당량의 NaOH를 가하면 가열하지 않아도 녹말이 호화된다.

38 담수어의 선도 저하에 따른 비린내 성분 중 리신(Lysine)으로부터 생성되는 것은?

① 테르펜(Terpene)
② 에탄올(Ethanol)
③ 암모니아(Ammonia)
④ 피페리딘(Piperidin)

해설 담수어는 피페리딘계 화합물이 주된 성분이다.

정답 35 ② 36 ② 37 ② 38 ④

39 유황 화합물을 함유하고 있지 않은 것은?

① 파 ② 부 추
③ 양배추 ④ 미나리

해설 **유황 화합물** : 마늘, 양파, 파, 무, 부추, 양배추, 고추냉이 등

40 아밀로펙틴의 특성으로 옳지 않은 것은?

① 포접화합물을 형성하지 않는다.
② X선 분석에서 무정형을 나타낸다.
③ 아밀로스보다 노화되기 어렵다.
④ 젤을 형성한다.

해설 아밀로펙틴에서는 젤 형성이 안 되고, 아밀로스가 많으면 젤 형성이 잘된다.

제3과목 | 조리이론 및 급식관리

41 떡의 분류가 바르게 짝지어진 것은?

① 발효떡 – 증편
② 찌는 떡 – 화전
③ 지지는 떡 – 대추단자
④ 치는 떡 – 주악

해설 증편은 쌀가루에 술을 넣고 발효시켜 찐 떡으로 술떡, 기증병, 기주떡, 기지떡, 벙거지떡이라고도 한다.

42 대두로 콩자반을 조리할 때 '단단한 정도, 주름, 광택'과 가장 관련이 있는 것은?

① 불 ② 물
③ 간 장 ④ 설 탕

43 건열 조리방법이 아닌 것은?

① 로스팅(Roasting) ② 시머링(Simmering)
③ 베이킹(Baking) ④ 그릴링(Grilling)

해설 ② 시머링(Simmering)은 95~98℃의 물에서 익히는 습열 조리이다.

39 ④ 40 ④ 41 ① 42 ④ 43 ② **정답**

44 제조원가의 3요소에 해당하지 않는 것은?

① 재료비
② 인건비
③ 판매가격
④ 경 비

해설 **제조원가** : 직접원가에 제조간접비를 합한 내용(간접재료비, 간접노무비, 간접경비)

45 간장에 대한 설명으로 옳지 않은 것은?

① 메주에 소금물을 붓고 숙성한 후 메주덩어리를 건져내고 남은 액체를 생간장이라 하며, 저장성 증진과 향미의 향상을 위해 끓이기도 한다.
② 간장 특유의 향은 메티오놀(Methionol)에 의한다.
③ 간장의 색은 마이야르 반응(Maillard Reaction, 메일라드 반응)에 의한 멜라닌(Melanin)과 멜라노이딘(Melanoidine) 색소에 의해 진한 갈색을 띤다.
④ 제조방법 중 발효법을 이용한 양조간장에는 재래식・개량식・아미노산 간장이 있다.

해설 양조간장은 개량식 간장으로, 콩 단백질을 개량된 방식으로 자연분해한 간장이다. 콩이나 탈지대두 또는 쌀, 보리, 밀 등의 전분을 섞어 순수 미생물인 누룩곰팡이균을 넣어 발효하고 숙성시킨 후 가공한 간장으로 6개월에서 1년 이상 서서히 발효시켜 만들어 간장이 가진 고유의 향과 감칠맛이 뛰어나다.

46 튀김을 할 때 유지를 계속 가열하면 연기가 나면서 발생하는 자극적인 냄새 성분은?

① 솔라닌(Solanine)
② 글리세롤(Glycerol)
③ 아크롤레인(Acrolein)
④ 아크릴아마이드(Acrylamide)

해설 아크롤레인은 유지를 높은 온도에서 가열할 때 생성되는 물질이다.

47 튀김옷에 대한 설명으로 틀린 것은?

① 튀김옷의 수분은 고온가열에 의해 급격히 증발되고 대신 유지가 튀김옷에 흡착된다.
② 튀김옷은 글루텐이 적어 흡습성이 약하고 탈수가 잘되며 바싹하게 튀겨지는 박력분이 적합하다.
③ 밀가루에 0.1~0.2% 식소다를 넣으면 탄산가스와 수분이 증발하여 습기가 차지 않아 바삭하게 튀겨진다.
④ 밀가루와 0℃ 정도의 찬물을 같은 양으로 넣으면 튀김옷이 두꺼워지지 않고 바삭하게 튀겨진다.

정답 44 ③ 45 ④ 46 ③ 47 ④

48 감자 조리에 대한 설명으로 잘못된 것은?

① 볶음 요리에는 점질감자가 적당하다.
② 오븐에 굽는 감자는 분질감자가 적당하다.
③ 매시드 포테이토(Mashed Potato)는 삶은 후 식혀서 체에 내린다.
④ 껍질 벗긴 감자를 물에 담그면 수용성 타이로신이 제거되어 갈변이 억제된다.

해설 매시드 포테이토(Mashed Potato)는 삶은 감자를 으깨어 만든 서양의 감자 요리로, 주로 스테이크 요리에 가니시로 큰 접시에 함께 담는다. 과일이나 잼을 곁들여서 디저트로 먹을 수도 있다.

49 400g에 10,000원 하는 불고기를 구입하여 1인당 100g씩 급식할 경우 1인당 식품원가는 얼마이며, 1인당 8,000원에 판매하고 있다면 불고기의 식자재비율은 약 몇 %인가?

① 2,500원, 31.2%
② 1,500원, 32.0%
③ 2,000원, 35.5%
④ 3,000원, 30.5%

50 1인당 고등어구이 80g을 배식하려 할 때 폐기율이 20%라면 2,000명분의 발주량은 얼마인가?

① 160kg ② 180kg
③ 190kg ④ 200kg

해설

$$발주량 = \frac{정미중량}{100 - 폐기율} \times 100 \times 인원수$$

$$= \frac{80}{100 - 20} \times 100 \times 2{,}000$$

$$= 200kg$$

51 김치를 담글 때 절인 배추의 최종 염농도는 몇 % 정도가 적당한가?

① 1% ② 3%
③ 6% ④ 8%

해설 배추를 절이는 방법에는 마른 소금을 배추 사이에 직접 뿌리는 마른 소금법과 염수에 주재료를 담가 놓는 염수법이 있다. 봄과 여름에는 소금 농도를 7~10%로 8~9시간 정도를, 겨울에는 12~13%로 12~16시간 정도 절이는 것이 좋다. 배추 절이기 과정이 끝나면 세척을 하고 물빼기를 하는데, 이때 물빼기 정도는 배추의 최종 염농도가 2~3%가 되도록 맞춘다.

48 ③ 49 ① 50 ④ 51 ② **정답**

52 이탈리아의 초경질 치즈로 2~3년간 숙성시킨 매우 단단한 치즈는?

① 에담 치즈
② 체다 치즈
③ 파마산 치즈
④ 카망베르 치즈

해설 ① 에담 치즈 : 네덜란드 북부 에담이 원산지인 치즈로 표면이 빨간색 왁스나 셀로판으로 덮여 있어서 적옥치즈라고도 한다.
② 체다 치즈 : 영국의 체다 지방에서 생산되는 치즈이다. 갈색의 딱딱한 껍질을 가지고 있으며 속은 매끄러우면서 단단하다.
④ 카망베르 치즈 : 프랑스의 노르망디 지방에서 생산되는 부드러운 연질의 치즈이다. 오래될수록 더욱 물렁물렁해지며 맛이 강해진다.

53 서류 식품 가식부위 100g당 당질 함량이 가장 많은 것은?

① 감 자
② 고구마
③ 토 란
④ 산 마

54 다음은 어떤 식당의 한 달간 쌀 구입 내역이다. 월말에 실사재고를 한 결과 5포의 재고가 남았을 때 후입선출법에 의한 재고금액은 얼마인가?

- 1일 초기 입고량 : 2포(15,000원/포)
- 10일 입고량 : 18포(14,500원/포)
- 29일 입고량 : 10포(15,500원/포)

① 66,750원
② 73,500원
③ 75,000원
④ 77,500원

해설 후입선출법은 나중에 구매한 상품을 제일 먼저 사용하는 방법이므로, 5포의 재고가 남았을 때 재고금액은 (2포 × 15,000원) + (3포 × 14,500원) = 73,500원이다.

55 급식시설의 조리장에 대한 설명으로 옳지 않은 것은?

① 산업체 시설의 경우 식당 넓이의 1/3 정도가 적당하다.
② 산업체 시설의 조리장 종횡의 비율은 1:2 정도가 적당하다.
③ 환기장치는 사방개방형 후드가 효과적이다.
④ 바닥과 바닥에서 50cm까지의 벽면에는 내수성 자재를 쓴다.

해설 ④ 조리장의 바닥과 내벽은 타일 등 내수성 자재를 사용한 구조일 것

정답 52 ③ 53 ② 54 ② 55 ④

56 소·돼지 식육의 부위명칭 연결이 옳은 것은?

① 돼지고기 - 차돌박이, 갈매기살, 안창살
② 쇠고기 - 제비추리, 항정살, 치마살
③ 돼지고기 - 앞다리살, 갈매기살, 안심살
④ 쇠고기 - 갈매기살, 제비추리, 꽃등심살

해설 • 소고기 부위별 명칭 : 안심, 등심, 채끝, 목심, 부채살, 앞다리살, 우둔살, 차돌박이, 제비추리
• 돼지고기 부위별 명칭 : 목심, 갈비, 등심, 안심, 뒷다리, 갈매기살, 사태, 삼겹살, 항정살, 앞다리

57 식품을 감별하는 방법으로 옳지 않은 것은?

① 달걀은 표면이 거칠하고 기실의 크기가 크고 깨뜨려 보았을 때 난황계수가 작은 것이 신선하다.
② 생선은 아가미가 선홍색이고 껍질과 비늘이 밀착되어 있으며 손으로 눌렀을 때 탄력 있는 것이 좋다.
③ 조리된 닭고기 뼈 주위의 근육이 검게 변하는 것은 냉동과 해동과정에서 적혈구 파괴에 의한 것으로 맛과는 상관이 없다.
④ 유지는 변색이나 착색되지 않고, 액체의 경우 투명하고 점도가 낮은 것이 신선하다.

해설 달걀은 표면이 거칠고 광택이 없어야 한다. 오래된 달걀은 난황계수, 난백계수는 낮아지고, pH는 높아지며, 기실은 커져서 달걀을 흔들면 소리가 난다.

58 파인애플에 들어 있는 단백질 분해효소는?

① 타이로시네이스(Tyrosinase)
② 파파인(Papain)
③ 브로멜린(Bromelin)
④ 피신(Ficin)

해설 과일에는 단백질 분해효소가 있어 육류 조리 시 연화작용을 한다. 키위는 액티니딘, 파인애플은 브로멜린, 파파야는 파파인, 배는 프로테이스 성분이 있어 연화작용을 한다.

59 산에 의한 단백질 변성현상이 나타난 것은?

① 사골국 ② 두 부
③ 족 편 ④ 치 즈

56 ③ 57 ① 58 ③ 59 ④ 정답

60 달걀을 삶을 때 녹변 방지를 위한 방법으로 옳은 것은?

① 난백의 pH가 9 이상인 달걀을 사용한다.
② 100℃에서 20분 이상 삶는다.
③ 기실이 큰 달걀을 사용한다.
④ 달걀을 삶은 후 즉시 찬물에 담근다.

해설 **녹변현상** : 달걀을 껍질째 삶으면 난백과 난황 사이에 검푸른 색이 생기는 것을 볼 수 있다. 이는 가열에 의해 난백의 황화수소(H_2S)가 난황의 철분(Fe)과 결합하여 황화제1철(유화철 ; FeS)을 만들기 때문이다.
- 가열온도가 높을수록 반응속도가 빠르다.
- 가열 시간이 길수록 녹변현상이 잘 일어난다.
- 알칼리성에서 녹변현상이 잘 일어나므로, 신선한 달걀보다 오래된 달걀일수록 녹변현상이 잘 일어난다.
- 삶은 후 즉시 찬물에 넣어 식히면 녹변현상을 방지할 수 있다.

제4과목 | 공중보건학

61 일반 생활폐기물 매립 후 최종 복토의 두께는 얼마 이상이어야 하는가?

① 50cm
② 60cm
③ 80cm
④ 100cm

해설 매립하는 진개의 두께는 1~2m가 적당하고(3m 이상이면 통기가 불량) 매립 후 최종 복토는 0.6~1m가 적당하다.

62 모성사망에 대한 설명으로 가장 거리가 먼 것은?

① 임신 중 발생하는 감염병과 만성 질병으로 인한 사망
② 분만직후 산욕열로 인한 사망
③ 출산 및 산욕의 합병증으로 야기되는 사망
④ 임신 중 임신중독증으로 인한 사망

해설 **모성사망**
- 임신, 분만, 산욕에 관계되는 특수한 질병 또는 이상으로 일어나는 사망에 국한되며 임신 중 각종 감염병, 만성 질병 또는 사고 등에 의한 사망은 포함되지 않는다.
- 모성사망의 주요 발생요인 : 임신중독증, 출산 전후의 출혈, 자궁 외 임신 및 유산, 산욕열 등

정답 60 ④ 61 ② 62 ①

63 먹는물의 수질기준에서 1mL 중 일반세균의 기준은?(단, 샘물 및 염지하수, 먹는샘물, 먹는염지하수 및 먹는해양심층수는 제외한다)

① 1mL 중 1CFU를 넘지 아니할 것
② 1mL 중 10CFU를 넘지 아니할 것
③ 1mL 중 50CFU를 넘지 아니할 것
④ 1mL 중 100CFU를 넘지 아니할 것

해설 **먹는물의 수질기준(먹는물 수질기준 및 검사 등에 관한 규칙 [별표 1])**
미생물에 관한 기준 : 일반세균은 1mL 중 100CFU(Colony Forming Unit)를 넘지 아니할 것

64 적외선에 대한 설명이 아닌 것은?

① 온실효과를 일으킨다.
② 살균작용이 있다.
③ 고열물체의 복사열을 운반하므로 열선이라고 한다.
④ 적외선이 과도하면 일사병과 피부홍반이 생길 수 있다.

해설 **적외선(Infrared Ray)** : 열작용을 나타내므로 열선이라고 한다. 피부에 흡수되면 체내 피부의 온도가 높아지면서 홍반, 혈관 확장 등의 증상이 발생된다. 진통작용과 염증치료에 도움이 되나, 오랫동안 노출될 경우에는 두통, 현기증, 열경련, 열사병, 일사병 등이 유발되고, 더 진행되면 백내장의 원인이 되기도 한다.

65 민물고기를 생식하였을 경우 감염될 수 있는 기생충증은?

① 간흡충증
② 폐흡충증
③ 무구조충증
④ 유구조충증

해설 간디스토마(간흡충)는 제1중간숙주(쇠우렁이)와 제2중간숙주(민물고기)를 가진다.

66 부영양화된 호수에 나타나는 수질변화 현상이 아닌 것은?

① 용존산소가 증가한다.
② 수화현상을 초래한다.
③ 질산염이나 인산염이 증가한다.
④ 투명도가 감소한다.

63 ④ 64 ② 65 ① 66 ① 정답

67 다음 중 식물에 가장 큰 피해를 주는 것은?

① 일산화탄소 ② 탄화수소
③ 아황산가스 ④ 이산화질소

해설 **아황산가스(SO_2)**
- 대기오염의 주원인이며 중유 연소과정에서 자극성 가스가 다량으로 생성된다.
- 호흡곤란, 식물의 황사 및 고사현상, 금속의 부식 등에 영향을 준다.

68 침입경로에 따른 질병의 분류 중 호흡기계 감염병에 속하는 것은?

① 폴리오 ② 백일해
③ 유행성 감염 ④ 파라티푸스

해설 **바이러스(Virus)성 감염병**
- 호흡기 계통 : 인플루엔자, 홍역, 유행성 이하선염, 천연두(두창) 등
- 소화기 계통 : 소아마비(폴리오), 유행성 간염 등

세균(Bacteria)성 감염병
- 호흡기 계통 : 한센병, 결핵, 디프테리아, 백일해, 폐렴, 성홍열 등
- 소화기 계통 : 장티푸스, 콜레라, 세균성 이질, 파라티푸스 등

69 제3군 감염병에 해당되지 않는 것은?

① 결 핵 ② A형간염
③ 한센병 ④ 공수병

해설 ※「감염병의 예방 및 관리에 관한 법률」 개정에 따라 감염병 분류 체계는 군별 체계에서 급별 체계로 변경되었다.

70 기생충과 중간숙주가 바르게 연결된 것은?

① 유구조충 – 소
② 간흡충 – 고등어
③ 폐흡충 – 참붕어
④ 광절열두조충 – 송어

해설
- 유구조충 : 돼지
- 간흡충(간디스토마) : 제1중간숙주(쇠우렁이), 제2중간숙주(민물고기, 잉어)
- 폐흡충(폐디스토마) : 제1중간숙주(다슬기), 제2중간숙주(가재, 게)
- 광절열두조충 : 제1중간숙주(물벼룩), 제2중간숙주(연어, 송어, 농어 등)

정답 67 ③ 68 ② 69 정답없음 70 ④

71 공기의 자정작용에 해당하지 않는 것은?

① 희석작용 ② 세정작용
③ 산화작용 ④ 침전작용

해설 공기의 자정작용
- 공기 자체의 희석작용
- 강우, 강설 등에 의한 용해성 가스 및 부유 분진의 세정작용
- 산소(O_2), 오존(O_3), 과산화수소(H_2O_2) 등의 산화작용
- 자외선의 살균작용
- 탄소동화작용에 의한 CO_2와 O_2의 교환작용

72 대기 환경기준 오염물질 중 입자상 물질이 아닌 것은?

① SO_2 ② Pb
③ 황 사 ④ 분 진

해설 대기오염 물질 중 1차 오염물질
- 입자상 물질(부유입자, Aerosol) : 먼지(Dust), 매연(Smoke), 훈연(Fume), 미스트(Mist), 안개(Fog), 연무(Haze), 분진(Particulate) 등
- 가스상 물질 : 아황산가스(SO_2), 황화수소(H_2S), 질소산화물(NOx), 일산화탄소(CO), 이산화탄소(CO_2), 암모니아(NH_3), 플루오린화수소(HF) 등

73 가족감염과 같이 집단감염이 잘되는 기생충은?

① 회 충 ② 구 충
③ 요 충 ④ 간흡충

해설 요충은 채소류 등에 의해서 감염되는 기생충으로 항문 주위에 산란하며 집단감염이 쉽고 소아들에게 많이 감염된다.

74 면역 중 모체의 태반이나 수유를 통해 얻는 면역은?

① 자연능동면역 ② 자연수동면역
③ 인공능동면역 ④ 인공수동면역

해설 ② 자연수동면역 : 모체의 태반 또는 모유에 의하여 면역항체를 받는 상태

71 ④ 72 ① 73 ③ 74 ② 정답

75 해충과 관련 있는 질병과의 연결이 틀린 것은?

① 모기 - 말라리아, 선모충증, 살모넬라
② 파리 - 장티푸스, 파라티푸스, 콜레라
③ 바퀴 - 폴리오, 장티푸스, 세균성 이질
④ 쥐 - 페스트, 발진열, 유행성 출혈열

해설 ① 모기 : 일본뇌염, 말라리아, 사상충, 황열, 뎅기열

76 환경위생 예방관리를 철저히 하여도 예방이 어려운 감염병은?

① 디프테리아
② 장티푸스
③ 세균성 이질
④ 콜레라

해설 환경위생의 개선으로 소화기계 감염병(장티푸스, 세균성 이질, 콜레라 등)을 예방할 수 있다.

77 역학조사에서 환자 - 대조군 연구의 특징인 것은?

① 발생이 적은 질병의 평가에 적합하다.
② 장기간의 관찰이 필요하다.
③ 많은 대상자가 필요하다.
④ 조사 시간 및 경비가 많이 든다.

해설 **환자 - 대조군 연구의 장단점**

장 점	• 대상수가 적어도 가능 • 시간 · 경비 · 노력이 절약 • 희귀질병이나 잠복기간이 긴 질병조사에 적합 • 기존 자료 활용이 가능
단 점	• 수집된 정보가 불확실할 우려 • 대조군 선정의 어려움 • 객관성이 낮음

정답 75 ① 76 ① 77 ①

78 고열에 의한 탈수와 염분 손실이 주원인으로 유발되는 것은?

① 열경련
② 열허탈증
③ 열사병
④ 열쇠약증

해설 **열경련** : 고온 환경에서 지나친 발한으로 인한 수분과 염분 손실이 원인이 되는 열중증이다. 주요 증상으로 이명, 사지경련, 현기증, 맥박 상승 등이 나타난다.

79 질병 발생의 분석을 연구하는 역학조사의 역할이 아닌 것은?

① 질병 발생의 원인 규명
② 임상분야에 활용
③ 보건사업의 기획과 평가
④ 질병의 치료

80 연근로시간수에 따른 재해건수를 나타내는 산업재해 지표는?

① 건수율
② 도수율
③ 강도율
④ 중독률

해설 **도수율** : 산업재해 지표의 하나로, 노동시간에 대한 재해의 발생빈도를 나타낸다.

78 ① 79 ④ 80 ② 정답

2019년

제 1 회 과년도 기출문제

제1과목 | 식품위생 및 관련 법규

01 화학성 식중독을 일으키는 원인 물질과 증상이 바르게 연결된 것은?

① 비소 – 전신경련, 언어장애
② 수은 – 신경염, 흑피증, 각화증
③ 카드뮴 – 신장기능장애, 골연화증
④ 주석 – 배꼽 주변의 통증, 피부발진

해설 **화학적 식중독별 증상**
- 비소 : 위장장애(설사), 피부이상 및 신경장애
- 수은 : 중추신경장애 증상(미나마타병 : 지각이상, 언어장애, 보행 곤란)
- 주석 : 구역질, 복통, 설사 등

02 안식향산(Benzoic Acid)의 용도로 옳은 것은?

① 유지의 산화 방지
② 식품의 부패 방지
③ 식품의 색도 유지
④ 식품의 향기 부여

해설 보존제는 식품의 변질 및 부패를 방지하고 영양가와 신선도를 보존하는 물질로 디하이드로초산(치즈, 버터, 마가린), 소브산(식육제품, 어육연제품), 안식향산(청량음료, 간장), 프로피온산나트륨(빵, 생과자) 등이 있다.

03 *Penicillium citrinum*이 생성하는 독소로 신장에 문제를 일으키는 것은?

① 시트리닌(Citrinin)
② 루테오스키린(Luteoskyrin)
③ 아이슬랜디톡신(Islanditoxin)
④ 시트레오비리딘(Citreoviridin)

해설 페니실륨(*Penicillium*) 속 푸른곰팡이가 저장 중인 쌀에 번식하여 시트리닌(Citrinin : 신장독), 시트레오비리딘(Citreoviridin : 신경독), 아이슬랜디톡신(Islanditoxin : 간장독) 등의 독소를 생성한다.

04 식품 제조 공정에서 거품을 없애는 목적으로 사용되는 식품첨가물은?

① 유화제
② 이형제
③ 소포제
④ 보존제

해설 **소포제** : 식품의 제조 공정에서 생기는 거품이 품질이나 작업에 지장을 주는 경우에 거품을 소멸 또는 억제시키기 위해 사용되는 첨가물이다.

정답 1 ③ 2 ② 3 ① 4 ③

05 식품위생법에서 완제품을 나누어 소분 · 판매할 수 있는 것은?

① 벌 꿀
② 전 분
③ 장 류
④ 레토르트 식품

해설 **식품소분업의 신고대상(식품위생법 시행규칙 제38조제1항)**
식품제조 · 가공업 및 식품첨가물제조업에 따른 영업의 대상이 되는 식품 또는 식품첨가물(수입되는 식품 또는 식품첨가물을 포함)과 벌꿀(영업자가 자가채취하여 직접 소분 · 포장하는 경우를 제외)을 말한다. 다만, 다음의 어느 하나에 해당하는 경우에는 소분 · 판매해서는 안 된다.

- 어육제품
- 특수용도 식품(체중조절용 조제식품은 제외)
- 통 · 병조림 제품
- 레토르트 식품
- 전분
- 장류 및 식초(제품의 내용물이 외부에 노출되지 않도록 개별 포장되어 있어 위해가 발생할 우려가 없는 경우는 제외)

06 살균이 불충분한 통조림을 먹고 식중독이 일어났을 때 추정할 수 있는 원인균은?

① 보툴리누스균(*Clostridium botulinum*)
② 살모넬라균(*Salmonella*)
③ 장염비브리오균(*Vibrio parahaemolyticus*)
④ 황색포도상구균(*Staphylococcus aureus*)

해설 **보툴리누스균(*Botulinus*)의 원인 식품** : 불충분하게 가열살균 후 밀봉 저장한 식품(통조림, 소시지, 병조림, 햄 등)

07 냉동식품에 대한 분변오염 지표가 되는 것은?

① 보툴리누스균
② 황색포도상구균
③ 장염비브리오균
④ 장구균

해설 장구균은 대장에서 서식하는 *Enterococcus*를 말하며, 식품의 동결 시에도 잘 죽지 않는다는 점이 식품위생검사의 지표 미생물로 좋은 점이다.

08 식품의 변질 중 산패와 가장 관계있는 현상은?

① 단백질의 분해
② 탄수화물의 변질
③ 지방의 산화
④ 당질의 미생물 작용

해설 **산패** : 지방이 분해(산화)되어 불결한 냄새가 나고 변색, 풍미 등의 노화를 일으키는 현상이다.

5 ① 6 ① 7 ④ 8 ③ 정답

09 식중독 환자를 진단한 의사 또는 한의사가 지체 없이 보고해야 하는 대상은?

① 관할 특별자치시장·시장·군수·구청장
② 관할 보건소장
③ 식품의약품안전처장
④ 보건복지부장관

해설 식중독 환자나 식중독이 의심되는 자를 진단하였거나 그 사체를 검안한 의사 또는 한의사는 지체 없이 관할 특별자치시장·시장·군수·구청장에게 보고하여야 한다(식품위생법 제86조제1항).

10 그람 양성의 통성혐기성균으로 식중독 증상으로 패혈증, 수막염 및 유산 등을 유발하는 저온균은?

① 리스테리아 모노사이토제네스균(*Listeria monocytogenes*)
② 살모넬라균(*Salmonella*)
③ 스타필로코커스 아우레우스균(*Staphylococcus aureus*)
④ 클로스트리디움 퍼프린젠스균(*Clostridium perfringens*)

11 살균 효과가 가장 강한 알코올 농도는?

① 60~65% ② 70~75%
③ 80~85% ④ 90~95%

해설 **알코올**
- 사용 농도 : 70% 에탄올, 살균력이 강하다.
- 소독 : 손, 피부, 기구

12 알레르기(Allergy)성 식중독에 대한 설명으로 틀린 것은?

① 부패산물의 하나인 헤스페리딘(Hesperidin)이 원인이다.
② 꽁치, 고등어, 참치 등의 어류나 그 가공품이 원인이 된다.
③ 두드러기 같은 발진, 두통, 발열 등의 증상이 나타난다.
④ 항히스타민제의 투여로 치료가 가능하다.

해설 ① 감귤 껍질에 많이 함유되어 있는 헤스페리딘(Hesperidin)은 비타민 P의 플라본 배당체로, 항산·항균작용이 있다.

정답 9 ① 10 ① 11 ② 12 ①

13 식품위생법상 영업허가를 받아야 하는 업종은?

① 식품조사처리업
② 식품소분·판매업
③ 양곡가공업 중 도정업
④ 즉석판매제조·가공업

해설 허가를 받아야 하는 영업 및 허가관청(식품위생법 시행령 제23조)
- 식품조사처리업 : 식품의약품안전처장
- 단란주점영업과 유흥주점영업 : 특별자치시장·특별자치도지사 또는 시장·군수·구청장

14 HACCP(식품안전관리인증기준) 적용업소는 이 기준에 따라 관리되는 사항에 대한 기록은 최소 몇 년 이상 보관하여야 하는가?(단, 관계 법령에 특별히 규정된 것은 제외)

① 1년
② 2년
③ 5년
④ 10년

해설 기록관리(식품 및 축산물 안전관리인증기준 제8조)
「식품위생법」 및 「건강기능식품에 관한 법률」, 「축산물 위생관리법」에 따른 안전관리인증기준(HACCP) 적용업소는 관계 법령에 특별히 규정된 것을 제외하고는 이 기준에 따라 관리되는 사항에 대한 기록을 2년간 보관하여야 한다.

15 식품 등의 표시기준에 의한 "유통기한"에 대한 설명으로 옳은 것은?

① 제조일을 사용하여 유통기한을 표시하는 경우에는 "제조일로부터 ○○일까지"로 표시할 수 없다.
② 도시락의 유통기한은 "○○월 ○○일까지"로 표시하여야 한다.
③ 유통기한을 주표시면 또는 일괄표시면에 표시하기가 곤란한 경우에는 해당 위치에 유통기한의 표시 위치를 명시하여야 한다.
④ 유통기한이 서로 다른 여러 가지 제품을 함께 포장하였을 경우에는 그중 가장 긴 유통기한을 표시하여야 한다.

해설 ※ 「식품 등의 표시기준」 개정으로 '유통기한'이 '소비기한'으로 변경되고, 관련 내용 또한 변경되었다.

16 열경화성 수지인 페놀수지, 멜라민수지, 요소수지 등에서 검출될 수 있는 유해물질은?

① 납
② 메탄올
③ 폼알데하이드
④ 염화비닐단량체

해설 포르말린, 합성수지, 합판, 화학제품 제조 시 발생하는 유해물질인 폼알데하이드는 사람에게 독성이 강하고, 30ppm 이상에서 노출되면 질병이 유발된다.

정답 13 ① 14 ② 15 정답없음 16 ③

17 **식품위생법상 조리사로서 영업에 종사할 수 있는 경우는?**

① 조리사 면허의 취소처분을 받고 그 취소된 날부터 1년이 지나지 아니한 자
② 세균성 이질 환자
③ 화농성 질환자
④ B형간염 환자

해설 **조리사의 결격사유(식품위생법 제54조)**
- 「정신건강증진 및 정신질환자 복지서비스 지원에 관한 법률」에 따른 정신질환자. 다만, 전문의가 조리사로서 적합하다고 인정하는 자는 그러하지 아니하다.
- 「감염병의 예방 및 관리에 관한 법률」에 따른 감염병 환자. 다만, B형간염 환자는 제외한다.
- 「마약류 관리에 관한 법률」에 따른 마약이나 그 밖의 약물 중독자
- 조리사 면허의 취소처분을 받고 그 취소된 날부터 1년이 지나지 아니한 자

18 **살균효과가 큰 순서대로 나열된 것은?**

① 멸균 > 정균 > 살균
② 멸균 > 살균 > 정균
③ 정균 > 멸균 > 살균
④ 살균 > 정균 > 멸균

19 **곰팡이 독소가 아닌 것은?**

① 오크라톡신(Ochratoxin)
② 시큐톡신(Cicutoxin)
③ 시트리닌(Citrinin)
④ 아플라톡신(Aflatoxin)

해설 시큐톡신(Cicutoxin)은 독미나리의 뿌리 부분에서 생산되는 유독물로서 위통, 구토, 현기증, 경련 등을 일으킨다.

20 **식품의 부패판정법 중 세균학적 판정법에 대한 설명으로 틀린 것은?**

① 측정에 시간이 많이 걸린다.
② 식품 1g당 생균수가 10^7~10^8에 도달하면 초기 부패가 진행한 것으로 본다.
③ 세균수를 측정하는 것에 의해 식품의 부패를 검출·판정할 수 있다.
④ 모든 식품의 초기 부패 판정에 적용된다.

해설 식품의 생물학적 검사는 세균수 측정으로 신선도를 판정하는데, 식품의 부패에는 일반세균수도 늘어난다는 것을 전제한다. 일반적으로 어육의 부패를 한정한다.

정답 17 ④ 18 ② 19 ② 20 ④

21 **물이 비슷한 분자량의 다른 화합물에 비해 높은 녹는점, 끓는점, 표면장력을 나타내는 이유는?**

① 물 분자가 극성분자이므로
② 물이 결합수와 자유수로 존재하므로
③ 얼음보다 물의 밀도가 크기 때문에
④ 물 분자 사이의 수소결합 때문에

22 **사과 100g에 수분 86.3%, 단백질 0.2%, 지질 0.1%, 회분 0.3%, 탄수화물 13.1%를 함유하고 있을 경우 사과의 열량은 얼마인가?**

① 54.1kcal
② 55.3kcal
③ 61.5kcal
④ 120.0kcal

해설
- 단백질 : 0.2×4=0.8
- 지질 : 0.1×9=0.9
- 탄수화물 : 13.1×4=52.4

∴ 0.8+0.9+52.4=54.1kcal

23 **지방의 분해에 관여하는 효소는?**

① 레닌(Rennin)
② 아밀레이스(Amylase)
③ 라이페이스(Lipase)
④ 펩티데이스(Peptidase)

해설 ① 레닌 : 단백질 응고효소
② 아밀레이스 : 탄수화물 분해효소
④ 펩티데이스 : 단백질 분해효소

24 **마늘의 주요 냄새 성분은?**

① 디알릴디설파이드(Diallyl Disulfide)
② 멘톨(Menthol)
③ 바닐린(Vanillin)
④ 디아세틸(Diacetyl)

해설 디알릴디설파이드(Diallyl Disulfide)는 매운 맛과 향을 내는 유황 화합물로, 마늘, 파, 양파, 부추 등에 함유되어 있다.

25 **유지의 발연점, 인화점, 연소점에 영향을 미치는 요인이 아닌 것은?**

① 유지의 비중
② 유지의 정제 정도
③ 노출된 유지의 표면적
④ 유리지방산의 함량

21 ④ 22 ① 23 ③ 24 ① 25 ① 정답

26 단당류의 유도체가 아닌 것은?

① 알돈산(Aldonic Acid) ② 우론산(Uronic Acid)
③ 당알코올(Sugar Alcohol) ④ 시니그린(Sinigrin)

해설 시니그린은 겨자의 매운맛 성분이다.

27 과당의 중합체인 프럭탄(Fructan)류에 속하는 다당류는?

① 전분(Starch) ② 한천(Agar)
③ 이눌린(Inulin) ④ 섬유소(Cellulose)

해설 이눌린(Inulin)은 과당의 결합체로 우엉, 돼지감자 등에 다량 함유되어 있다.

28 젤(Gel)화 식품의 특성을 설명한 것 중 틀린 것은?

① 양갱, 우무는 펙틴을 이용한 젤이다.
② 청포묵, 메밀묵은 전분을 이용한 젤 식품이다.
③ 젤화 식품은 가열 시 액체상태인 졸(Sol)로 변하기도 한다.
④ 젤이 수축되면서 액체의 일부가 분리되는 현상을 이장현상(Syneresis)이라 한다.

해설 양갱은 한천을 이용하여 만든 식품이고, 우무는 우뭇가사리의 젤을 만들 수 있는 성분을 이용하여 만든 묵이다.

29 성인의 필수아미노산이 아닌 것은?

① 메티오닌(Methionine) ② 히스티딘(Histidine)
③ 아이소류신(Isoleucine) ④ 트립토판(Tryptophan)

해설 **필수아미노산의 종류**
- 성인(9가지) : 페닐알라닌, 트립토판, 발린, 류신, 아이소류신, 메티오닌, 트레오닌, 라이신, 히스티딘
  ※ 8가지로 보는 경우 히스티딘은 제외된다.
- 영아(10가지) : 성인 9가지 + 아르기닌

30 무를 가열 조리 시 생성되는 단맛의 성분은?

① 메틸메르캅탄(Methyl Mercaptan) ② 알리신(Allicin)
③ 아스파탐(Aspartame) ④ 수크로스(Sucrose)

정답 26 ④ 27 ③ 28 ① 29 ② 30 ①

31 샐러드 제조 시 녹색 채소가 산에 의해 황갈색으로 변색되는 이유는?

① 안토시아닌의 산화 ② 안토잔틴의 고리구조 개열
③ 클로로필의 페오피틴 전환 ④ 카로티노이드의 산화

해설 클로로필 색소는 녹색 채소의 대표적인 색소로, 산을 가하면 갈색으로 변색(페오피틴 생성)된다. 김치 등 녹색 채소류가 갈색으로 변하는 것은 발효로 인하여 생성된 초산 또는 젖산이 엽록소와 작용하기 때문이다.

32 단백질의 1차 구조를 형성하는 결합은?

① 소수성 결합 ② 수소결합
③ 펩타이드 결합 ④ 디설파이드(Disulfide) 결합

해설 단백질은 모든 생물의 몸을 구성하는 고분자 유기물로 수많은 아미노산의 펩타이드 결합(CO–NH)으로 이루어져 있다.

33 전분의 호화에 관여하는 요소가 아닌 것은?

① 전분입자의 크기 ② pH
③ 금속이온 ④ 온 도

해설 전분의 호화에 영향을 미치는 요소 : 전분의 종류, 전분의 농도, 가열온도의 고저, 젓는 속도와 양, 전분액의 pH, 기타 첨가물

34 식품 중 다음과 같은 생리적 특성이 있는 것은?

- 구연산(Citric Acid), 사과산(Malic Acid)을 함유하고 있다.
- 루틴이 들어 있어 혈압을 내리는 역할을 한다.
- 항산화물질인 라이코펜(Lycopene)이 함유되어 있다.

① 사 과 ② 토마토
③ 오렌지 ④ 오 이

35 두부 제조 시 응고제로 많이 쓰이는 것은?

① 황산칼슘($CaSO_4$) ② 염화나트륨(NaCl)
③ 염화암모늄(NH_4Cl) ④ 염화칼륨(KCl)

해설 두부 : 대두로 만든 두유를 70℃ 정도에서 두부 응고제인 황산칼슘($CaSO_4$) 또는 염화마그네슘($MgCl_2$)을 가하여 응고시킨 것이다. 두부가 풀어지는 것을 막기 위해서 0.5% 식염수를 사용하면 두부가 부드러워진다.

31 ③ 32 ③ 33 ③ 34 ② 35 ① 정답

36 **알긴산(Alginic Acid)에 대한 설명으로 틀린 것은?**

① 아이스크림, 잼 등의 증점제로 사용된다.
② 김, 우뭇가사리 등 홍조류에 주로 함유된 성분이다.
③ 구성성분은 만누론산(Manuronic Acid)과 글루쿠론산(Glucuronic Acid)이다.
④ 사람의 소화효소로 분해되지 않기 때문에 영양성분이 되지는 않으나, 식이섬유로 작용한다.

해설 **알긴산** : 갈조류(褐藻類)의 세포막을 구성하는 다당류로 해초산이라고도 한다.

37 **유지의 자동산화를 촉진하는 요인이 아닌 것은?**

① 자외선
② 지방산의 불포화도
③ 구리(Cu)
④ 폴리페놀(Polyphenol)

해설 폴리페놀류는 항산화제로 카테킨류(녹차의 떫은 맛)가 있다.

38 **유지의 아이오딘가에 대한 설명으로 옳은 것은?**

① 동물성 유지는 아이오딘가가 높다.
② 지방산의 불포화 정도를 나타내는 값이다.
③ 유지 100g 중에 흡수되는 아이오딘의 mg수이다.
④ 유지에 수소를 첨가하는 경화유의 제조 시 그 값은 증가한다.

해설 **아이오딘가(불포화도)** : 유지 100g 중의 불포화 결합에 첨가되는 아이오딘의 g수로서, 아이오딘가가 높다는 것은 불포화도가 높다는 것을 의미한다.

39 **섬유소(Cellulose)에 대한 설명으로 틀린 것은?**

① α-D-glucose가 α-1,4 결합으로 연결되어 있다.
② 인체에는 Cellulose를 분해하는 효소가 없다.
③ 장의 연동운동을 촉진하는 기능이 있다.
④ 혈중 콜레스테롤을 감소시킨다.

해설 섬유소(Cellulose)는 β-D-glucose가 β-1,4 결합으로 연결되어 있다.

정답 36 ② 37 ④ 38 ② 39 ①

40 효소적 갈변과 관련이 없는 것은?

① 감 자 ② 홍 차
③ 된 장 ④ 사 과

해설 효소적 갈변은 과실과 채소류 등을 파쇄하거나 껍질을 벗길 때 일어나는 현상이다.

제3과목 | 조리이론 및 급식관리

41 꽁치 구이를 할 때 정미중량 75g을 조리하고자 한다. 1인당 구매량은 얼마로 하여야 하는가?(단, 꽁치의 폐기율 : 35%)

① 약 116g ② 약 123g
③ 약 133g ④ 약 192g

해설

$$\text{식품의 발주량} = \frac{\text{정미중량} \times 100}{100 - \text{폐기율}} \times \text{인원수}$$

$$= \frac{75 \times 100}{65} \times 1 \fallingdotseq 115.4\text{g}$$

42 우유에 대한 설명으로 틀린 것은?

① 우유 중의 카세인은 알칼리와 열에 응고된다.
② 우유를 가열하면 표면에 피막이 형성되는데 뚜껑을 덮거나 저어가면서 가열하면 피막 형성을 방지할 수 있다.
③ 우유를 고온으로 장시간 가열하면 메일라드(Maillard) 반응에 의해 갈변된다.
④ 우유는 가열하면 황화수소와 같은 황화합물이 형성되어 독특한 향취가 난다.

해설 카세인(Casein)은 우유를 산으로 처리하면 얻어지는 것으로, 등전점이 pH 4.6일 때 침전하여 응고된다.

43 닭을 가열 조리할 때 닭뼈 주위의 근육이 짙은 갈색으로 변하는 이유는?

① 닭의 지방이 가열에 의해 변색
② 병에 걸린 닭의 가열에 의한 변색
③ 늙은 닭의 질긴 육질이 가열에 의해 변색
④ 해동한 냉동 닭의 가열에 의한 변색

해설 냉동 닭의 해동 시 닭뼈골수의 적혈구가 파괴되어 가열에 의해 변색된다.

40 ③ 41 ① 42 ① 43 ④ 정답

44 두류를 연하게 하는 조리방법이 아닌 것은?

① 약 1%의 소금물에 담가 두었다가 그대로 조리한다.
② 0.3%의 중조수를 사용하여 가열한다.
③ 경수를 사용하여 조리한다.
④ 물에 담가 충분히 물이 흡수된 다음 조리한다.

45 어느 식당의 한 달간 통조림 구입 내역이 다음과 같을 때, 월말에 재고조사를 한 결과 19개가 남았다면 선입선출법에 의한 재고금액은?

일 자	내 역	수량(개)	개당 가격
1일	초기 입고량	15	1,100원
8일	입고량	20	1,250원
22일	입고량	10	1,500원

① 19,800원　② 20,750원
③ 25,000원　④ 26,250원

해설 (1,500 × 10) + (1,250 × 9) = 26,250원

46 육류의 사후경직기에 일어나는 현상이 아닌 것은?

① 이노신산(Inosinic Acid)이 생성된다.
② 포스파테이스(Phosphatase)가 활성화된다.
③ 젖산(Lactic Acid)이 생성된다.
④ ATP 분해효소의 작용으로 인산이 생성된다.

해설 ① 이노신산(Inosinic Acid)은 사후경직이 끝난 후 생성된다.

47 어류에 대한 설명으로 틀린 것은?

① 등푸른 생선에는 고도불포화지방산인 EPA(Eicosapentaenoic Acid)와 DHA(Docosahexaenoic Acid)가 많다.
② 갈치 껍질의 은색은 구아닌(Guanine)과 요산이 섞인 침전물이 빛을 반사하기 때문이다.
③ 붉은살생선이 흰살생선보다 경직이 빨리 시작되며 시간도 짧아 자기소화도 빨리 일어난다.
④ 생선의 신선도가 저하되어 비린내가 나는 것은 트라이메틸아민(TMA)의 양이 감소하고 황화수소가 생성되기 때문이다.

해설 TMA는 TMAO가 효소에 의해 환원되어 생성되는 물질로, 어패류 특유의 비린 냄새의 원인이다.

정답 44 ③ 45 ④ 46 ① 47 ④

48 식품의 계량 방법 중 틀린 것은?

① 액체는 계량기구를 수평으로 놓고 액체 표면 윗부분을 눈과 수평으로 맞추어 눈금을 읽는다.
② 밀가루는 체에 쳐서 계량컵에 수북이 담고 직선으로 된 칼 등으로 깎아서 계량한다.
③ 흑설탕은 계량컵에 꾹꾹 눌러 담아 수평으로 깎아서 계량한 후 엎었을 때 컵 모형이 나오도록 한다.
④ 버터 같은 고체 지방은 실온에서 부드럽게 한 후 계량기구에 꾹꾹 눌러 수평으로 깎아서 계량한다.

해설 ① 액체로 된 재료는 투명한 계량컵을 이용하여 측정한다. 눈금을 읽을 때에는 눈금과 액체 표면(메니스커스)의 아랫부분을 눈과 같은 높이로 맞추어 읽는다.

49 조리 시 열전달에 대한 설명으로 틀린 것은?

① 열전도율이 낮은 조리기구는 느리게 가열되나 보온성이 높다.
② 점도가 낮은 액체는 높은 액체에 비해 빨리 식는다.
③ 조리기구 표면이 어두운 색은 밝은 색에 비해 빨리 가열된다.
④ 조리기구의 표면이 매끈하고 반짝거릴수록 복사열의 흡수가 빠르다.

해설 조리기구의 표면이 검고 거칠수록 희고 매끄러운 것보다 열을 잘 흡수하여 온도를 빨리 올려 준다.

50 기름을 발라 김을 구울 때 나타나는 효과로 옳은 것은?

① 비타민 A의 흡수 증가
② 비타민 B의 흡수 증가
③ 비타민 C의 흡수 증가
④ 비타민 P의 흡수 증가

51 백색 채소를 조리할 때 담황색으로 변색시키는 성분은?

① 중 조
② 소 금
③ 식 초
④ 설 탕

해설 백색 채소에 많은 안토잔틴계 색소는 산화효소인 폴리페놀레이스에 의해 공기 중의 산소와 작용하여 갈색 물질을 만드는데, 산에는 안정하나 알칼리와 반응하면 노르스름해진다.
※ 갈변방지법 : 냉장, 가열하는 방법, 설탕 · 소금물을 사용하는 방법, pH를 이용하는 방법, 항산화제를 사용하는 방법, 진공 포장하는 방법

48 ① 49 ④ 50 ① 51 ① 정답

52 원가의 3요소와 관계가 없는 것은?

① 재료비 – 주식비, 부식비 등
② 감가상각비 – 이자, 통신비, 퇴직금 등
③ 인건비 – 임금, 각종 수당, 상여금 등
④ 경비 – 수도광열비, 전력비, 보험료 등

해설 **원가의 3요소**
- 재료비 : 제품 제조를 위하여 소요되는 물품의 원가를 말한다.
- 노무비 : 제품 제조를 위하여 소비되는 노동의 가치를 말한다.
- 경비 : 제품 제조를 위하여 소비되는 재료비, 노무비 이외의 가치를 말한다.

53 식품과 고기를 연화시키는 단백질 분해효소가 맞게 연결된 것은?

① 무화과 – 브로멜린(Bromelin)
② 파인애플 – 파파인(Papain)
③ 배 – 피신(Ficin)
④ 키위 – 액티니딘(Actinidin)

해설 과일에는 단백질 분해효소가 있어 육류 조리 시 연화작용을 하는데, 키위에는 액티니딘 성분이 있어 연화작용을 한다.
① 무화과 – 피신(Ficin), ② 파인애플 – 브로멜린(Bromelin), ③ 배 – 프로테이스(Protase)

54 콩조림을 만들 때 처음부터 간장이나 설탕 등의 조미료를 첨가하여 끓이면 콩이 딱딱해지는데 이는 어떤 현상 때문인가?

① 삼투압 현상
② 모세관 현상
③ 용출현상
④ 팽윤현상

해설 **삼투압 현상** : 콩을 간장에 조릴 때 콩 속의 수분이 밖으로 빠져 나와 딱딱해지는 현상을 말한다.

55 조리 시 조미료의 침투가 잘되도록 하기 위한 조미료를 넣는 순서가 옳은 것은?

① 소금 → 설탕 → 식초
② 소금 → 식초 → 설탕
③ 설탕 → 소금 → 식초
④ 설탕 → 식초 → 소금

해설 조미료는 요리에 따라 사용 순서가 정해져 있는 것이 많다. 끓이는 것일 때는 대개 설탕을 먼저 넣고 소금, 식초의 순서로 넣는다.

정답 52 ② 53 ④ 54 ① 55 ③

56 호화된 쌀에 우유를 조금씩 넣으면서 약한 불에서 끓인 음식은?

① 콘소메 ② 미 음
③ 응 이 ④ 타락죽

57 식품 구매 시 대체식품으로 옳은 것은?

① 치즈 - 버터, 마가린 ② 밥 - 국수, 라면
③ 우유 - 당근, 오이 ④ 두부 - 뱅어포, 멸치

해설 대체식품은 5가지 기초식품군에서 같은 군끼리만 대체식품이 될 수 있다. 우유는 칼슘군, 버터는 지방군, 치즈는 단백질군으로 상호 간에 대체식품이 될 수 없다.

58 밀가루 반죽에 대한 설명으로 틀린 것은?

① 강력분 반죽에는 박력분보다 더 많은 양의 물이 필요하며 오래 반죽해야 한다.
② 같은 종류의 밀가루라도 물을 조금씩 나누어 넣는 것이 더 많은 글루텐 형성에 도움이 된다.
③ 밀가루 입자의 크기가 클수록 글루텐 형성이 잘된다.
④ 바삭한 튀김옷을 만들기 위해서는 냉수로 반죽을 만든다.

59 식품을 응고시켜 질감을 향상시킬 때 한천이 주로 사용되는 것은?

① 아이스크림 ② 양 갱
③ 마시멜로 ④ 무스케이크

해설 한천은 우뭇가사리와 같은 홍조류의 세포성분으로 양갱이나 젤리 등에 이용된다.

60 원가분석을 할 때 영업성과를 측정하는 지표로 사용되는 이익률 산출의 계산식은?

① $\frac{\text{판매비 + 일반관리비}}{\text{매출액}} \times 100$

② (총매출액 - 총변동비) × 100

③ $\frac{\text{순이익}}{\text{매출액}} \times 100$

④ $\frac{\text{식재료비 + 기타 경비}}{\text{매출액}} \times 100$

56 ④ 57 ② 58 ③ 59 ② 60 ③ 정답

61 건조 상태에서 정상 공기의 화학적 조성으로 틀린 것은?

① O_2 – 약 21%
② CO_2 – 약 0.3%
③ Ar – 약 0.93%
④ N_2 – 약 78%

해설 **공기의 조성** : 질소 78%, 산소 21%, 아르곤 0.94%, 이산화탄소 0.03%, 기타 네온, 헬륨, 메탄, 크립톤 등 미량 원소가 함유되어 있다.

62 세균성 이질에 대한 설명으로 틀린 것은?

① 급성 세균성 질환이다.
② 계절적으로 11월부터 3월까지 집중된다.
③ 지리적으로 열대, 한대, 온대 전 지역에서 발생한다.
④ 발열, 구토, 경련 등이 일어나며 심할 때는 점액성 혈변을 일으킨다.

63 산업장의 분진으로 발생되는 장애는?

① 고산병
② 잠함병
③ 레이노드병
④ 규폐증

해설 규폐증은 산업장의 분진(먼지)으로 인해 발생되는 병이다.

64 수질검사에서 과망가니즈산칼륨의 소비량이 측정하는 것은?

① 수중 유기물의 양 측정
② 대장균군의 양 측정
③ 분변오염 양 측정
④ 색도 및 탁도 측정

해설 수중의 유기물 함량을 조사하는 지표로서 화학적 산소요구량(COD)을 측정하는데, 이때 산화제로 과망가니즈산칼륨을 사용한다.

65 감염병 유행의 양식에 대한 설명으로 틀린 것은?

① 생물학적 현상으로 연령, 성별, 인종에 의한 차이가 있다.
② 시간적 현상으로 추세변화와 순환변화, 계절적 변화, 불규칙 변화가 있다.
③ 지리적 현상으로 지방적 유행, 전국적 유행, 범발적 유행, 산발적 유행이 있다.
④ 경제적 현상으로 거주, 인구이동, 직업, 문화제도가 있다.

해설 ④ 사회적 현상에 대한 설명이다.

정답 61 ② 62 ② 63 ④ 64 ① 65 ④

66 기생충의 생물형태학적 분류 중 선충류에 속하는 것은?

① 간흡충　　② 사상충
③ 갈고리촌충　　④ 무구조충

해설 ①은 흡충류, ③·④는 조충류이다.

67 병원체가 바이러스에 의한 감염병이 아닌 것은?

① 홍 역　　② 일본뇌염
③ 장티푸스　　④ 유행성 간염

해설 ③은 세균성 감염병에 속한다.

바이러스성 감염병

- 호흡기 계통 : 인플루엔자, 홍역, 유행성 이하선염, 천연두(두창) 등
- 소화기 계통 : 소아마비(폴리오), 유행성 간염 등

68 한 국가의 보건수준을 나타내는 지표로서 해당 연도 0세 아이가 장차 살아남을 수 있는 기대수명을 무엇이라 하는가?

① 제한수명　　② 평균수명
③ 건강수명　　④ 자연수명

69 잠함병의 주요 원인이 되는 공기의 성분은?

① 질 소　　② 산 소
③ 일산화탄소　　④ 이산화탄소

해설 **잠함병(Caisson Disease)**
감압병이라고도 하며 고기압 상태에서 정상기압 상태로 갑자기 복귀할 때 혈액에 녹아 있던 질소가 기체로 변하면서 혈액 내 기포를 형성하여 인체에 손상을 준다.

70 부적당한 조명에 의한 피해가 아닌 것은?

① 근 시　　② 레이노드병
③ 안구진탕증　　④ 백내장

해설 레이노드병은 추운 곳에 노출되면 손발의 색깔이 변하고, 시림이나 저림이 오는 등 혈액순환 장애를 일으키는 질환이다.

66 ② 67 ③ 68 ② 69 ① 70 ② **정답**

71 감염병예방법상 제1, 2, 3군 감염병의 순서가 바르게 된 것은?

① 장티푸스 - 폴리오 - 일본뇌염
② A형간염 - 파상풍 - 말라리아
③ 디프테리아 - 풍진 - 탄저
④ 파라티푸스 - 백일해 - 홍역

해설 ※「감염병의 예방 및 관리에 관한 법률」 개정에 따라 감염병 분류 체계는 군별 체계에서 급별 체계로 변경되었다.

72 후천면역에 대한 설명으로 틀린 것은?

① 자연수동면역은 모체의 태반이나 수유를 통해 얻은 면역이다.
② 인공수동면역은 다른 사람의 혈청 또는 감마글로불린(γ-globulin) 등 접종을 통하여 얻게 되는 면역이다.
③ 자연능동면역은 사균백신, 생균백신 등을 사용하여 얻게 되는 면역이다.
④ 인공능동면역은 예방접종 후 얻게 되는 면역이다.

해설 ③ 자연능동면역은 과거에의 현성 또는 불현성 감염에 의하여 획득한 면역이다.

73 하수 본처리 중 호기성 분해처리에 속하는 것은?

① 침전, 침사법
② 부패조, 임호프탱크법
③ 염소소독, 약품응집법
④ 살수여상법, 활성오니법

해설
- 호기성 분해처리 : 살수여상법, 활성오니법, 회전원판법, 산화지법
- 혐기성 분해처리 : 메탄발효법, 부패조, 임호프조

74 파리가 매개하는 감염병이 아닌 것은?

① 장티푸스
② 사상충증
③ 콜레라
④ 결 핵

해설 파리가 전파하는 감염병에는 살모넬라, 콜레라, 결핵, 장염비브리오, 장티푸스, 이질 등이 있다. 사상충증은 모기가 매개하는 감염병이다.

정답 71 정답없음 72 ③ 73 ④ 74 ②

75 광절열두조충의 제1중간숙주는?

① 다슬기　　② 물벼룩
③ 가 재　　④ 연 어

해설 광절열두조충의 제1중간숙주는 물벼룩이고, 제2중간숙주는 연어, 송어, 농어 등이다.

76 전파체의 종류 중 활성 전파체에 속하는 것은?

① 우 유　　② 토 양
③ 공 기　　④ 모 기

해설 **활성 전파체** : 절족동물(파리, 모기, 이, 빈대, 벼룩)이나 무척추 동물에 의해 병원체를 운반한다.

77 모성사망률에 대한 설명으로 옳은 것은?

① 임신, 분만, 산욕과 관계되는 질병 및 합병증에 의한 사망률
② 임신 중 감염병에 의한 사망률
③ 임신 중에 일어난 모든 사망률
④ 임신 중 교통사고에 의한 사망률

해설 모성사망률은 임신, 분만과 산욕기 질병으로 사망한 것만을 말한다.

78 급성 감염병의 역학적 특성은?

① 발생률이 높고, 유병률이 낮다.
② 발생률이 낮고, 유병률이 높다.
③ 발생률이 높고, 유병률이 높다.
④ 발생률이 낮고, 유병률이 낮다.

해설 급성 감염병은 발생률이 높고 유병률이 낮다. 급성 감염병이 발생했을 때는 감염병의 전파를 막는 것이 급선무이다.

75 ② 76 ④ 77 ① 78 ① **정답**

79 **일광 중 열작용이 강하여 열사병의 원인이 되는 것은?**

① 감마선　　② 자외선
③ 가시광선　　④ 적외선

해설 적외선에 장시간 노출되면 두통, 현기증, 열경련, 열사병과 백내장이 발생되기도 한다.

80 **군집독에 대한 설명으로 틀린 것은?**

① 다수인이 밀집한 실내 공기의 물리적·화학적 조성의 변화이다.
② CO_2와 O_2는 감소하고 악취는 증가한다.
③ 불쾌감, 두통, 현기증, 구토를 유발한다.
④ 군집독의 예방으로 가장 중요한 것은 환기이다.

해설 **군집독**

- 다수인이 밀집해 있는 곳의 실내 공기는 화학적 조성이나 물리적 조성의 변화로 불쾌감, 권태, 두통, 현기증, 식욕저하, 구토 등의 이상현상이 발생하는데 이를 군집독이라 한다.
- 원인 : 고온, 고습, 무기류 상태에서 유해가스 및 취기 등에 의해 복합적으로 발생한다.

정답 79 ④ 80 ②

2020년 제 1·2 회 통합 | 과년도 기출문제

제1과목 | 식품위생 및 관련 법규

01 감염형 식중독에 대한 설명으로 옳은 것은?

① 수인성 발생이 많다.
② 다량의 원인 세균 섭취로 발병한다.
③ 면역성이 있는 경우가 많다.
④ 2차 감염이 많고 파상적으로 전파된다.

해설 감염형 식중독은 식품에 증식한 다량의 원인 세균 섭취에 의해 주로 발병하고, 면역성이 없으며, 잠복기가 짧다. 살모넬라, 장염비브리오 외에는 2차 감염이 안 된다.

02 부패를 판정하는 시험 방법 중 보기에 주어진 한 가지 방법만으로 식품의 신선도를 평가할 수 없는 것은?

① 관능시험
② 생균수 측정
③ 휘발성 염기질소 측정
④ pH 측정

해설 pH 측정은 다른 방법에 비하여 간편하지만 부패 판정을 위해 일정 시간 계속 측정해야 하고 식품의 종류, 가공법, 균종에 따라 pH가 달라 초기 부패의 지표로 이용하기가 어렵다.

03 부패에 대한 설명으로 옳은 것은?

① 단백질 식품의 분해
② 탄수화물 식품의 분해
③ 지방질 식품의 분해
④ 식품의 산화, 갈색화 현상

해설 부패는 단백질 식품이 미생물에 의해 분해 및 변질되는 현상이다.

1 ② 2 ④ 3 ① 정답

04 식품위생법상 정의에서 식품을 제조 · 가공 · 조리 또는 보존하는 과정에서 감미, 착색, 표백 또는 산화방지 등을 목적으로 사용되는 것을 말하는 것은?

① 화학적 합성품
② 이 물
③ 식품 용기
④ 식품첨가물

해설 식품첨가물이란 식품을 제조 · 가공 · 조리 또는 보존하는 과정에서 감미, 착색, 표백 또는 산화방지 등을 목적으로 식품에 사용되는 물질을 말한다. 이 경우 기구 · 용기 · 포장을 살균 · 소독하는 데에 사용되어 간접적으로 식품으로 옮아갈 수 있는 물질을 포함한다(식품위생법 제2조제2호).

05 식품위생법에서 우수업소의 지정조건이 아닌 것은?

① 건물은 작업에 필요한 공간을 확보하여야 하며, 환기가 잘되어야 한다.
② 화장실은 정화조를 갖춘 수세식 화장실로서 내수처리되어야 한다.
③ 1회용 물컵, 위생종이 등이 비치되어 있어야 한다.
④ 작업장의 출입구와 창은 완전히 꼭 닫힐 수 있어야 하며, 방충시설과 쥐막이 시설이 설치되어야 한다.

해설 ※ 「식품위생법」 개정에 따라 식품제조 · 가공업소의 우수업소 지정제도가 폐지되었다.

06 *Salmonella*균 중 식중독을 일으키는 균이 아닌 것은?

① *Salmonella paratyphi*
② *Salmonella typhimurium*
③ *Salmonella enteritidis*
④ *Salmonella thompson*

해설 *Salmonella paratyphi*는 파라티푸스를 발생시키는 병원체이다.

07 ppm 단위에 대한 설명으로 옳은 것은?

① 100분의 1을 나타낸다.
② 10,000분의 1을 나타낸다.
③ 1,000,000분의 1을 나타낸다.
④ 1,000,000,000분의 1을 나타낸다.

해설 ppm(parts per million)은 100만분의 1의 단위를 나타낸다.

정답 4 ④ 5 정답없음 6 ① 7 ③

08 *Aspergillus* 속 곰팡이가 생성하는 곰팡이 독은?

① 시트리닌(Citrinin) ② 아플라톡신(Aflatoxin)
③ 에르고톡신(Ergotoxine) ④ 베네루핀(Venerupin)

해설 아스페르길루스(*Aspergillus*) 속의 곰팡이가 생산하는 독소는 아플라톡신(Aflatoxin)이다. 아플라톡신은 사람이나 가축, 어류 등에 생리기능적 장애를 발생시키는 물질이며, 발암독성의 함량이 높다.

09 식품위생법상 조리사로 종사할 수 있는 질병은?

① 비감염성 결핵
② 콜레라
③ A형간염
④ 피부병 또는 그 밖의 화농성 질환

해설 **영업에 종사하지 못하는 질병의 종류(식품위생법 시행규칙 제50조)**
- 감염병의 예방 및 관리에 관한 법률에 따른 결핵(비감염성인 경우는 제외)
- 콜레라, 장티푸스, 파라티푸스, 세균성 이질, 장출혈성대장균감염증, A형간염
- 피부병 또는 그 밖의 고름형성(화농성) 질환
- 후천성 면역결핍증(성매개감염병에 관한 건강진단을 받아야 하는 영업에 종사하는 사람만 해당)

10 식품과 식중독을 유발시키는 원인 독소와의 연결이 틀린 것은?

① 수수 – 듀린(Dhurrin)
② 청매 – 아미그달린(Amygdalin)
③ 목화씨 – 고시폴(Gossypol)
④ 독미나리 – 테물린(Temuline)

해설 ④ 독미나리 – 시큐톡신(Cicutoxin), 독보리 – 테물린(Temuline)

11 곰팡이 증식을 억제하는 가장 좋은 보관 조건은?

① 저온 다습한 환경에 식품을 보관한다.
② 저온 건조한 환경에 식품을 보관한다.
③ 고온 다습한 환경에 식품을 보관한다.
④ 고온 건조한 환경에 식품을 보관한다.

해설 곰팡이는 온난 다습한 환경에서 잘 증식하므로, 저온 건조한 환경에 식품을 보관한다.

8 ② 9 ① 10 ④ 11 ② 정답

12 초기부패 상태인 어육의 휘발성 염기질소량은?

① 5~10mg%
② 15~25mg%
③ 30~40mg%
④ 50~60mg%

해설 휘발성 염기질소량이 식품 100g당 30~40mg(30~40mg%)일 때 초기부패 단계로 판정한다.

13 식중독의 원인균인 *Clostridium perfringens*의 면역학적 특성상 대표적인 식중독 독소의 형태는?

① A형 ② C형
③ E형 ④ F형

해설 클로스트리듐 퍼프린젠스균(*Clostridium perfringens*)은 웰치균 식중독의 원인균으로, A, B, C, D, E, F의 형 중 A형이 식중독의 원인균으로 작용한다.

14 곰팡이 독(Mycotoxin)에 의한 식중독에 관한 설명으로 옳은 것은?

① 단백질이 풍부한 식품을 섭취하여 일어나는 경우가 많다.
② 열에 안정하여 보통의 조리 및 가공조건에서는 불활성화되지 않는다.
③ 기후조건의 영향을 받지 않는다.
④ 항생물질의 투여나 약제 요법을 실시하면 치료가 가능하다.

해설 **곰팡이 독소의 특성**
- 주로 탄수화물이 풍부한 저장곡류, 두류, 땅콩류 등에 서식한다.
- 열에 안정하여 보통의 조리 및 가공조건에서는 분해되지 않는다.
- 기후조건과 관계가 깊다.
- 항생물질의 투여나 약제 요법으로도 치료가 되지 않는다.

15 식품위생법상 집단급식소에 관한 정의로 옳지 않은 것은?

① 영리를 목적으로 하지 아니한다.
② 1회 50명 이상에게 식사를 제공하는 급식소를 말한다.
③ 기숙사, 학교, 병원, 산업체 등의 급식시설을 말한다.
④ 불특정 다수인에게 계속하여 음식물을 공급하는 시설을 말한다.

해설 집단급식소란 영리를 목적으로 하지 아니하면서 특정 다수인에게 계속하여 음식물을 공급하는 기숙사, 학교, 유치원, 어린이집, 병원, 사회복지시설, 산업체, 국가, 지방자치단체 및 공공기관, 그 밖의 후생기관 등의 어느 하나에 해당하는 곳의 급식시설로서 대통령령으로 정하는 시설을 말한다(식품위생법 제2조제12호).

정답 12 ③ 13 ① 14 ② 15 ④

16 산성식품 통조림과 도자기에서 문제될 수 있는 중금속과 중독증상으로 옳은 것은?

① 비소 – 시야협착, 난청, 사지신경마비
② 납 – 빈혈, 두통, 식욕부진
③ 카드뮴 – 흑피증, 비중격천공, 단백뇨
④ 수은 – 소화기장애, 언어장애, 골연화증

해설 통조림의 땜납, 도자기나 법랑용기의 안료를 통해 납(Pb) 중독이 일어나며, 납(Pb) 중독증상으로 조혈장애, 신경계열의 마비(장애), 권태감, 빈혈, 두통, 폐기종, 급성폐렴 등이 나타난다.

17 식품위생법상 조리사가 업무정지 기간 중 조리사의 업무를 하는 경우 행정처분은?

① 업무정지 1개월 ② 업무정지 2개월
③ 면허취소 ④ 벌금 500만원

해설 **행정처분기준(식품위생법 시행규칙 [별표 23])**
업무정지 기간 중에 조리사의 업무를 한 경우
• 1차 위반 : 면허취소

18 화학적 살균방법이 아닌 것은?

① 간헐살균 ② 차아염소산나트륨살균
③ 오존 사용 ④ 역성비누 사용

해설 간헐살균은 가열살균법에 해당하며, 100℃의 유통증기에서 15~30분씩 가열 멸균하는 것을 하루에 한 번 3일간 반복하는 방법이다.

19 식품위생법의 일부를 발췌한 다음 내용의 (   ) 안에 알맞은 것은?

> 식품의약품안전처장은 국민보건을 위하여 필요하면 판매를 목적으로 하는 식품 또는 식품첨가물의 제조, 가공, 사용, 조리, 보존 방법에 관한 (가)과(와) 성분에 관한 (나)을(를) 정하여 고시……

	가	나
①	공 전	규 격
②	규 격	기 준
③	기 준	규 격
④	기 준	공 전

해설 **식품 또는 식품첨가물에 관한 기준 및 규격(식품위생법 제7조제1항)**
식품의약품안전처장은 국민 건강을 보호・증진하기 위하여 필요하면 판매를 목적으로 하는 식품 또는 식품첨가물에 관한 제조・가공・사용・조리・보존 방법에 관한 기준과 성분에 관한 규격의 사항을 정하여 고시한다.

16 ② 17 ③ 18 ① 19 ③ 정답

20 단무지에 사용되었던 황색의 유해착색제는?

① 테트라진(Tetrazine)
② 아우라민(Auramine)
③ 로다민(Rhodamine)
④ 사이클라메이트(Cyclamate)

해설 **아우라민(Auramine)**
- 신장장애, 랑게르한스섬(내분비) 장애를 나타내는 대표적인 다이페닐메탄계의 염기성 염료이다.
- 과자 등 식품의 착색료로 사용되다가 유해성 때문에 사용이 금지되었다.

제2과목 | 식품학

21 탄수화물의 체내 주요 기능이 아닌 것은?

① 수분 평형 유지
② 혈당 유지
③ 단백질 절약작용
④ 케톤체 생성 방지

해설 탄수화물의 체내 주요 기능에는 혈당 유지, 단백질 절약작용(탄수화물이 부족하면 단백질이 열량원으로 작용), 케톤체 생성 방지 등이 있다. 수분 평형 유지는 단백질의 기능이다.

22 유제품에 관한 설명으로 틀린 것은?

① 치즈는 우유 단백질인 카세인을 레닌 등의 효소로 응고시켜 숙성시킨 것이다.
② 요구르트에는 유당이 들어 있으며 유당불내증이 있는 성인에게 좋지 않다.
③ 버터에는 비타민 A가 풍부하다.
④ 휘핑크림은 우유를 원심분리하여 얻는데 지방함량이 30~40% 정도이다.

해설 요구르트는 유산균에 의한 유당 분해로 생성된 젖산발효식품으로, 유당불내증이 있는 성인에게 좋다.

23 육류가공 시 첨가하는 질산염의 역할은?

① 증점제
② 연육제
③ 발색제
④ 식품강화제

해설 육가공품 제조 시 첨가되는 아질산염이나 질산염은 육색소를 안정시켜 적색을 띠게 하는 발색제 역할을 한다.

정답 20 ② 21 ① 22 ② 23 ③

24 다음 지방산 중 융점이 가장 높은 것은?

① 리놀레산(Linoleic Acid)
② 스테아르산(Stearic Acid)
③ 올레산(Oleic Acid)
④ 아라키돈산(Arachidonic Acid)

해설 스테아르산(Stearic Acid)은 포화지방산에 해당하며, 융점이 높고, 상온에서 고체로 존재한다. 리놀레산(Linoleic Acid), 올레산(Oleic Acid), 아라키돈산(Arachidonic Acid)은 불포화지방산에 해당한다.

25 단백질에 대한 설명 중 틀린 것은?

① 주요 구성원소는 C, H, O, N이다.
② 천연단백질은 α-L-아미노산으로 구성되어 있다.
③ 등전점에서 잘 용해된다.
④ 카복실기와 아미노기를 갖는 양성물질이다.

해설 단백질은 고유한 등전점을 가지고 있으며, 등전점 부근에서 침전 및 응고가 잘 일어나 용해도가 감소한다.

26 효소적 갈변방지법과 거리가 먼 것은?

① 가열 처리
② 알칼리 첨가
③ 금속이온 제거
④ 소금물에 담금

해설 ② 산을 첨가하여 pH를 변화시켜 효소작용을 억제한다.

27 아밀로스와 아밀로펙틴을 비교한 설명 중 틀린 것은?

① 아밀로펙틴과 아밀로스 모두 포도당으로 구성되어 있다.
② 아이오딘 반응에서 아밀로스는 적자색, 아밀로펙틴은 청색을 나타낸다.
③ 아밀로스는 직쇄의 구조이고, 아밀로펙틴은 가지를 친 구조이다.
④ 아밀로스는 아밀로펙틴보다 분자량이 작다.

해설 아이오딘 반응에서 아밀로스는 청색, 아밀로펙틴은 적자색을 나타낸다.

24 ② 25 ③ 26 ② 27 ② 정답

28 지방 산패를 촉진시키는 것은?

① 철
② 토코페롤
③ 고시폴
④ 구연산

해설 철, 구리, 니켈, 주석 등의 금속 성분은 지방의 산화 및 산패를 촉진하는 요인이 된다. 반면 비타민 E(토코페롤), 면실유의 고시폴, 구연산은 지방의 산패를 억제하는 산화방지제 역할을 한다.

29 토마토 가공품 중 고형분량이 25% 정도이며, 조미하지 않은 것은?

① 토마토 주스
② 토마토 케첩
③ 토마토 소스
④ 토마토 페이스트

해설 토마토 페이스트는 토마토 퓨레를 농축한 것으로 고형분량이 25% 정도이다.

30 지질의 산화에 대한 설명으로 맞는 것은?

① 유리지방산의 함량이 많을수록 산화가 촉진된다.
② 자외선은 산화를 억제한다.
③ 저장온도가 10℃ 내려갈 때마다 산화가 촉진된다.
④ 구리는 산화를 억제한다.

해설 유리지방산은 유지 품질저하의 직접적인 원인으로, 유지의 자동산화과정을 촉진시킨다. 또한, 빛, 온도 증가, 금속, 산소 존재 시 지질의 산화 및 산패가 촉진된다.

31 오징어나 문어의 감칠맛 성분은?

① 만니톨(Mannitol)
② 히스타민(Histamine)
③ 메틸메르캅탄(Methyl Mercaptan)
④ 타우린(Taurine)

해설 타우린(Taurine)은 오징어, 문어 등 수산물에 존재하는 아미노산의 일종으로 식품의 감칠맛 성분이다.

정답 28 ① 29 ④ 30 ① 31 ④

32 단백질의 분류와 식품 단백질의 연결이 바르게 된 것은?

① 글로불린계(Globulin) – 쌀의 오리제닌(Oryzenin)
② 알부민계(Albumin) – 대두의 글리시닌(Glycinin)
③ 당단백질 – 보리의 호르데인(Hordein)
④ 인단백질 – 우유의 카세인(Casein)

해설 **단순단백질**

- 글루텔린계(Glutelin) : 쌀의 오리제닌(Oryzenin)
- 글로불린계(Globulin) : 대두의 글리시닌(Glycinin)
- 프롤라민계(Prolamin) : 보리의 호르데인(Hordein)

33 안토시아닌 색소의 성질이 아닌 것은?

① 폴리페놀 산화효소(Polyphenol Oxidase)에 의해 변색된다.
② pH에 따라 색이 변하며 산성에서는 적색을 나타낸다.
③ 물에 잘 녹으며, 식품 중에는 당이 결합된 형태로 존재한다.
④ 담황색의 색소이며, 경수로 가열하면 황색을 나타낸다.

해설 **안토시아닌 색소**

- 과실, 꽃, 뿌리에 있는 빨간색, 보라색, 청색의 색소이다.
- 세포액 속에 용액상태로 존재하며, 용액의 pH에 따라 구조와 색이 변한다.
- 산성에서는 적색, 중성에서는 보라색, 알칼리에서는 청색을 띤다.

34 가열에 따라 생성되는 냄새 성분으로 옳은 것은?

① 양파, 파는 가열하면 아밀 프로피오네이트(Amyl Propionate)가 생긴다.
② 문어를 삶을 때의 냄새 성분은 리모넨(Limonene)이다.
③ 밥을 지을 때 나는 냄새 성분은 아세트알데하이드(Acetaldehyde)이다.
④ 삶은 달걀의 독특한 향기는 피페리딘(Piperidine)이다.

해설 ① 아밀 프로피오네이트(Amyl Propionate)는 사과향이 나는 냄새 성분이다.
② 리모넨(Limonene)은 레몬 및 감귤류의 냄새 성분이다.
④ 피페리딘(Piperidine)은 민물생선의 비린내 성분이다.

32 ④ 33 ④ 34 ③ **정답**

35 산 존재하에 펙틴이 젤리를 형성하는 것은 산의 어떠한 작용에 의한 것인가?

① 메틸에스터 결합을 가수분해시킨다.
② 펙틴과 당을 결합시킨다.
③ 펙틴 분자에 결합한 물분자의 탈수를 촉진시킨다.
④ 카복실기의 해리를 억제한다.

해설 펙틴 분자들 사이에 산이 첨가되면 산의 수소양이온이 펙틴에 존재하는 카복실기의 해리를 억제하여 펙틴 분자 간 전기적 반발성을 줄여 주고, 결합이 용이하도록 도와준다.

36 다음 식품성분표에서 단백질을 대두 50g 대신 소고기로 대치하고자 할 때 소고기의 양으로 적당한 것은?

(단위 : 식품 100g 중 함유된 양)

식품명	열량(cal)	단백질(g)	지질(g)	당질(g)
대 두	400	36.2	17.8	25.7
소고기	218	21.0	14.1	0.2

① 18.2g ② 42.0g
③ 58.0g ④ 86.2g

$$대치식품량 = \frac{원래\ 식품의\ 양 \times 원래\ 식품의\ 식품분석표상의\ 해당\ 성분수치}{대치하고자\ 하는\ 식품의\ 식품분석표상의\ 해당\ 성분수치}$$

$$= \frac{50 \times 36.2}{21} = 86.19$$

37 섭취가 부족하면 구순구각염이 발생하는 비타민은?

① 타이아민(Thiamine)
② 리보플라빈(Riboflavin)
③ 나이아신(Niacin)
④ 아스코브산(Ascorbic Acid)

해설 섭취가 부족하면 구순구각염이 발생하는 비타민은 비타민 B_2, 즉 리보플라빈(Riboflavin)이다.
① 타이아민(Thiamine) : 결핍 시 각기병, 식욕부진, 피로
③ 나이아신(Niacin) : 결핍 시 펠라그라, 체중 감소, 빈혈
④ 아스코브산(Ascorbic Acid) : 결핍 시 괴혈병, 피하출혈, 저항력 감소

정답 35 ④ 36 ④ 37 ②

38 필수아미노산이 아닌 것은?

① 트립토판(Tryptophan)
② 류신(Leucine)
③ 라이신(Lysine)
④ 글루타민(Glutamine)

해설 **필수아미노산의 종류**
- 성인(9가지) : 페닐알라닌, 트립토판, 발린, 류신, 아이소류신, 메티오닌, 트레오닌, 라이신, 히스티딘
  ※ 8가지로 보는 경우 히스티딘은 제외된다.
- 영아(10가지) : 성인 9가지＋아르기닌

39 파스타(Pasta)를 만드는 밀의 종류는?

① 연질밀
② 앉은뱅이밀
③ 호 밀
④ 듀럼밀

해설 듀럼밀(마카로니밀, 경질)은 글루텐 함량이 높은 강력분으로 건조와 녹병에 강하며, 이 밀을 사용하는 식품의 종류로는 마카로니, 스파게티 등이 있다.

40 칼슘의 흡수를 촉진시키는 인자가 아닌 것은?

① 비타민 D(Vitamin D)
② 단백질(Protein)
③ 유당(Lactose)
④ 피틴(Phytin)

해설 피틴(Phytin)은 곡류에 주로 함유되어 있으며, 칼슘과 함께 불용성 칼슘염인 피틴산칼슘을 형성하여 칼슘의 흡수를 저해한다.

제3과목 | 조리이론 및 급식관리

41 과일의 평균 pH가 예외적으로 높은 pH 6.0을 지니고 있는 과일은?

① 딸 기
② 수 박
③ 복숭아
④ 사 과

해설 과일 중 딸기, 복숭아, 사과는 유기산이 다량 함유되어 있어 pH가 낮은 반면, 수박은 다른 과일에 비해 유기산의 함량은 적고 수분, 칼륨(K) 등이 풍부하므로 pH가 높다.

38 ④ 39 ④ 40 ④ 41 ② **정답**

42 생선 조리에서 어취 성분을 제거하는 방법으로 틀린 것은?

① 물로 씻어 트라이메틸아민을 제거하여 비린내를 감소시킨다.
② 술의 알코올 성분이 어취와 함께 휘발하게 하여 제거한다.
③ 된장의 흡착성을 이용하여 비린내를 감소시킨다.
④ 우유의 콜라겐을 이용하여 트라이메틸아민 옥사이드를 흡착시켜 비린내를 감소시킨다.

해설 우유 단백질인 카세인이 트라이메틸아민(TMA)을 흡착하여 비린내를 약하게 한다.

43 냉동한 육개장의 해동법으로 가장 좋은 것은?

① 따뜻한 물에서 해동한다.
② 온장고에서 해동한다.
③ 냉동식품 그대로 가열한다.
④ 얼음물에 넣어 해동한다.

해설 냉동한 찌개, 국류는 냉동식품 그대로 가열하여 해동하는 것이 맛과 영양소의 손실을 줄이고, 세균 등에 대한 오염을 방지할 수 있다.

44 두류의 조리에 대한 설명으로 옳지 않은 것은?

① 검은콩이나 대두 등은 물에 담가 충분히 불린 다음 조리해야 쉽게 물러진다.
② 팥을 삶을 때에는 한 번 끓인 물을 따라 버린 다음 다시 물을 붓고 삶아야 떫은맛을 없앨 수 있다.
③ 빈대떡을 부칠 때 녹두를 씻어 갈아놓은 후 하루 뒤에 지져야 더 바삭해진다.
④ 콩자반을 만들 때 마른 콩을 1%의 식염수에 담가 불린 후 가열하면 부드럽게 익는다.

해설 빈대떡을 부칠 때 하루 전에 녹두를 씻어 물에 불린 후, 지지기 전에 갈아서 부쳐야 더 바삭해진다.

45 할란판정에서 난황의 지름이 40mm, 난황의 높이가 15mm였다면 이 달걀의 난황계수는?

① 0.175
② 0.375
③ 0.600
④ 2.667

해설 '난황계수 = 난황의 최고부의 높이 / 난황의 최대 직경'이므로 15 / 40 = 0.375이다. 일반적으로 신선한 알의 난황계수는 0.361～0.442의 범위이며, 0.3 이하는 신선하지 않은 것으로 본다.

정답 42 ④ 43 ③ 44 ③ 45 ②

46 녹색 채소를 데칠 때 색을 선명하게 하기 위하여 뚜껑을 열고 데치는 원리는?

① 냄새 성분의 증발을 위하여
② 클로로필의 희석을 위하여
③ 수용성 성분의 용출을 위하여
④ 휘발성 유기산의 증발을 위하여

해설 녹색 채소를 데칠 때 냄비의 뚜껑을 덮으면 유기산에 의해 갈색으로 변하므로 뚜껑을 열고 끓는 물에 단시간에 데치는 것이 좋다.

47 갈조류를 사용하여 만든 음식이 아닌 것은?

① 김 밥
② 미역국
③ 톳 무침
④ 다시마 부각

해설 김은 홍조류에 해당한다.
- 녹조류 : 파래, 청각
- 갈조류 : 다시마, 미역, 톳, 모자반
- 홍조류 : 김, 우뭇가사리

48 겉보리를 이용한 음식은?

① 식 혜
② 송 편
③ 오트밀
④ 부꾸미

해설 식혜는 겉보리의 싹을 틔워 말린 엿기름(맥아)을 우린 물에 밥을 삭혀서 만든 발효 음식이다.

49 시금치나물 500명분을 준비할 때 시금치의 총발주량은 약 얼마인가?(단, 시금치의 1인 분량 70g, 폐기율 6%이다)

① 30.3kg
② 35.0kg
③ 37.3kg
④ 40.0kg

해설

$$총발주량 = \frac{정미중량 \times 100}{100 - 폐기율} \times 인원수$$

$$= \frac{70 \times 100}{100 - 6} \times 500 \fallingdotseq 37{,}234g$$ 으로 답은 약 37.3kg이다.

46 ④ 47 ① 48 ① 49 ③ 정답

50 **조리 원리에 대한 설명으로 틀린 것은?**

① 삼투는 반투막 사이로 용매는 통과시키지 않고 용질만을 통과시켜 농도 평형을 이루려는 현상이다.
② 조미료는 분자량이 작을수록 빨리 침투하므로 설탕을 먼저 넣고 소금을 나중에 넣는 것이 좋다.
③ 진용액은 소금이나 설탕 같이 작은 분자나 이온이 물에 녹아 만들어진다.
④ 교질용액은 용해되거나 침전되지 않고 분산 상태로 존재한다.

해설 삼투는 반투막 사이로 용질은 통과시키지 않고 용매만을 통과시켜 농도 평형을 이루려는 현상이다.

51 **육류의 습열 조리에 대한 설명으로 맞는 것은?**

① 운동량이 적은 부위가 많이 이용되는 조리법이다.
② 콜라겐 함량이 적은 부위에 좋은 조리법이다.
③ 탕, 조림, 구이 등이 습열 조리에 속한다.
④ 결체조직이 많은 장정육, 사태육, 양지육 등이 사용된다.

해설 **습열 조리법** : 물과 함께 조리하는 방법으로, 콜라겐 함량이 풍부하고 결합조직(결체조직)이 많은 장정육, 업진육, 양지육, 사태육 등으로 편육, 장조림, 탕, 찜, 전골 등을 조리하는 방법이다.

52 **조리 규모가 커지면서 오물이 많을 때 주방 바닥청소를 효과적으로 하기 위하여 설치하는 것은?**

① 급탕기 ② 곡선형 트랩
③ 트렌치 ④ 디스포저(Disposer)

해설 조리장 중앙부와 물을 많이 사용하는 지역에 바닥 배수 트렌치(Trench)를 설치하여 배수효과를 높인다.

53 **원가의 구성으로 틀린 것은?**

① 직접원가 = 직접재료비 + 직접노무비 + 직접경비
② 제조원가 = 직접재료비 + 직접노무비 + 제조간접비
③ 총원가 = 제조원가 + 판매비 + 일반관리비
④ 판매가격 = 총원가 + 이윤

해설 제조원가 = 직접원가(직접재료비 + 직접노무비 + 직접경비) + 제조간접비

정답 50 ① 51 ④ 52 ③ 53 ②

54 총매출액에서 총변동비를 뺀 값은?

① 손익분기점
② 재고회전율
③ 반변동비
④ 공헌마진

해설 총매출액에서 총변동비를 뺀 값을 공헌마진 또는 공헌이익이라고 하며, 고정원가를 회수하고 이익창출에 공헌하는 정도를 뜻한다.

55 육류를 연화하기 위해 사용하는 과일과 연육효소가 바르게 짝지어진 것은?

① 무화과 - 브로멜린(Bromelin)
② 키위 - 액티니딘(Actinidin)
③ 파인애플 - 피신(Ficin)
④ 파파야 - 진저론(Zingerone)

해설 ① 무화과 : 피신(Ficin)
③ 파인애플 : 브로멜린(Bromelin)
④ 파파야 : 파파인(Papain)

56 조리기구나 기구에 따른 조리방법의 설명 중 틀린 것은?

① 냄비에 물을 넣고 가열하면 전도와 대류에 의해 조리 시간과 에너지가 절약된다.
② 스테인리스 스틸 팬은 낮은 온도의 불에서 서서히 가열해야 음식이 부분적으로 타는 것을 막아 준다.
③ 알루미늄 팬은 열전도율이 커서 빠른 시간에 조리하는 데 적합하다.
④ 오븐에 조리할 때 검은색 용기를 사용하면 흰색 용기를 사용할 때보다 조리시간이 길어진다.

해설 오븐은 복사열과 대류열을 이용하여 음식을 굽는 도구인데, 검은색 용기를 사용하면 흰색 용기를 사용할 때보다 열 흡수가 용이하므로 조리시간이 더 짧아진다.

57 찜을 할 때 발생하는 수증기의 기화열은?

① 80cal/g
② 100cal/g
③ 540cal/g
④ 720cal/g

해설 물이 수증기가 될 때 필요한 기화열은 540cal/g이다.

54 ④ 55 ② 56 ④ 57 ③ 정답

58 다음은 한 달간 설탕을 구입한 내역이다. 월말에 재고조사를 한 결과 설탕 5포의 재고가 남았을 경우 후입선출법에 의한 재고금액은 얼마인가?

구입일자	구매량	단 가
1일	2포	8,000원
15일	10포	9,000원
25일	3포	10,000원

① 40,000원
② 43,000원
③ 48,000원
④ 50,000원

해설 후입선출법은 나중에 구매한 상품을 제일 먼저 사용하는 방법이므로, 설탕 5포의 재고가 남았을 경우 재고금액은 (2포 × 8,000원) + (3포 × 9,000원) = 43,000원이다.

59 썰기의 장점이 아닌 것은?

① 편육을 결대로 썰면 연해진다.
② 중량당 가열시간이 줄어든다.
③ 표면적이 증가한다.
④ 조미액의 침투가 용이해진다.

해설 편육을 썰 때는 결의 반대 방향으로 썰어야 연해진다.

60 약과를 만들 때 밀가루와 참기름을 손바닥으로 비벼주는 과정은 유지의 어떤 특성을 이용한 것인가?

① 쇼트닝성
② 크리밍성
③ 유화성
④ 가소성

해설 쇼트닝성은 유지가 반죽의 표면을 둘러싸서 글루텐 망상구조를 형성하지 못하게 층을 형성함으로써 연화시키는 성질이다.

제4과목 | 공중보건학

61 영아사망률을 나타낸 것으로 맞는 것은?

① 1년간 출생아수 1,000명당 생후 1주일 미만의 사망자수
② 1년간 출생아수 1,000명당 생후 28일 미만의 사망자수
③ 1년간 출생아수 1,000명당 생후 1개월 미만의 사망자수
④ 1년간 출생아수 1,000명당 생후 1년 미만의 사망자수

해설 영아사망률은 한 국가나 지역사회의 건강수준을 나타내는 대표적 지표로서, 1년간 출생아수 1,000명당 생후 1년 미만의 사망자수를 뜻한다.

- 영아사망률 $= \frac{\text{1년간 생후 1년 미만의 사망자수}}{\text{그해의 출생아수}} \times 1,000$

정답 58 ② 59 ① 60 ① 61 ④

62 항문 소양증과 집단감염을 일으키는 기생충은?

① 회 충　　② 요 충
③ 십이지장충　　④ 편 충

해설 요충은 채소류 등에 의해서 감염되는 기생충으로 항문 주위에 산란하며 집단감염이 쉽고 소아들에게 많이 감염된다.

63 다음과 같이 물을 처리하는 방법은?

- 수중 부유물 등 이물질은 모래층의 상부에서 제거된다.
- 물 처리비용으로 건설비가 많이 드는 편이며 운영비는 적게 든다.
- 보통침전법을 이용하여 처리한다.
- 여과 처리하는 속도는 3~6m/day이다.

① 완속사여과법　　② 급속사여과법
③ 살수여상법　　④ 활성오니처리법

해설 **완속사여과법** : 모래층에서 증식한 미생물에 의해 불순물질을 포착해 산화분해한다. 처리된 물의 수질에 따라 적정 기간 여과한 다음 모래층이 막히지 않도록 청소하는데, 여과를 멈추고 물을 뺀 후에 모래를 긁어내고 사면대치하여 청소한다.

64 대기오염의 지표가 되는 것은?

① 이산화황　　② 아르곤
③ 타르색소　　④ 아이오딘화합물

해설 **이산화황(SO_2)**
- 대기오염의 주원인이며, 중유 연소과정에서 자극성 가스가 다량으로 생성된다.
- 호흡곤란, 식물의 황사 및 고사현상, 금속의 부식 등에 영향을 준다.

65 호흡기계 감염병은?

① 홍 역　　② 장티푸스
③ 세균성 이질　　④ 콜레라

해설 **바이러스(Virus)성 감염병**
- 호흡기 계통 : 인플루엔자, 홍역, 유행성 이하선염, 천연두(두창) 등
- 소화기 계통 : 소아마비(폴리오), 유행성 간염 등

세균(Bacteria)성 감염병
- 호흡기 계통 : 한센병, 결핵, 디프테리아, 백일해, 폐렴, 성홍열 등
- 소화기 계통 : 장티푸스, 콜레라, 세균성 이질, 파라티푸스 등

62 ② 63 ① 64 ① 65 ① 정답

66 하천의 수질기준 항목에 해당되지 않는 것은?

① 부유물질량 ② 수소이온농도
③ 생물화학적 산소요구량 ④ 총질소

해설 하천의 수질기준 항목에는 수소이온농도(pH), 생물화학적 산소요구량(BOD), 부유물질량(SS), 용존산소량(DO), 대장균군수 등이 해당한다.

67 산업재해지표인 강도율의 재해지표로 맞는 것은?

① (재해발생건수 / 연근로시간수) × 1,000
② (사상자수 / 평균근로자수) × 1,000
③ (재해발생건수 / 평균근로자수) × 1,000
④ (근로손실일수 / 연근로시간수) × 1,000

해설 강도율은 발생한 재해의 강도를 나타내는 것으로, 근로시간 1,000시간당 재해에 의해 상실된 근로손실일수를 말한다.

68 기온, 기습, 기류의 요소를 종합하여 인체에 주는 온감을 무엇이라 하는가?

① 쾌적온도 ② 지적온도
③ 온습도지수 ④ 감각온도

해설 **감각온도** : 기온(온도), 기습(습도), 기류의 3인자가 종합적으로 인체에 주는 온감을 나타내기 위한 지수이다.

69 인수공통감염병 중 소에 의해 감염되는 것은?

① 광견병 ② 페스트
③ 결 핵 ④ 유행성뇌염

해설 ① 광견병 : 개
② 페스트 : 쥐
④ 유행성뇌염 : 말

70 모기가 전파하는 질병은?

① 장티푸스 ② 이 질
③ 사상충증 ④ 결 핵

해설 모기가 전파하는 질병에는 일본뇌염, 말라리아, 사상충, 황열, 뎅기열 등이 있다.

정답 66 ④ 67 ④ 68 ④ 69 ③ 70 ③

71 환경위생을 철저히 관리하여 예방할 수 있는 감염병이 아닌 것은?

① 수인성 감염병 ② 곤충매개 감염병
③ 호흡기계 감염병 ④ 소화기계 감염병

해설 수인성 감염병 및 곤충매개 감염병, 소화기계 감염병은 위생환경이 나쁜 농어촌과 빈민촌에서 주로 발생하기 쉬우므로 환경위생을 철저히 관리함으로써 예방할 수 있다.

72 살균력이 강하여 수술실, 무균실, 제약실 등의 실내 공기의 소독에 이용되는 방법은?

① 일광소독법 ② 고압증기멸균법
③ 고온멸균법 ④ 자외선살균법

해설 자외선살균법은 자외선으로 미생물을 살균하는 방법으로, 급식시설의 조리대, 기구, 실험실 등의 소독에 사용된다. 자외선살균법은 물체의 투과력은 약하여 주로 표면 소독에 이용한다.

73 다음 표를 보고 인구증가 의미 중 사회증가에 의한 변동 인원은?

전입인구	전출인구	자연증가
500명	100명	200명

① 300명 ② 400명
③ 600명 ④ 700명

해설
- 인구증가 = 자연증가 + 사회증가
- 자연증가 = 출생인구 − 사망인구
- 사회증가 = 유입인구 − 유출인구

74 채소를 통해 충란으로 감염되는 기생충은?

① 회충, 사상충 ② 무구조충, 요충
③ 폐흡충, 편충 ④ 회충, 십이지장충

해설 매개물에 의한 기생충 분류
- 채소를 매개로 감염되는 기생충 : 회충, 구충(십이지장충), 요충, 편충, 동양모양선충 등
- 육류를 매개로 감염되는 기생충 : 유구조충, 무구조충 등
- 어패류를 매개로 감염되는 기생충 : 폐디스토마(폐흡충), 간디스토마(간흡충)

71 ③ 72 ④ 73 ② 74 ④ 정답

75 대기오염 물질 중 가스(Gas)상 물질이 아닌 것은?

① 황산화물(SOx) ② 질소산화물(NOx)
③ 매연(Smoke) ④ 일산화탄소(CO)

해설 **대기오염 물질 중 1차 오염물질**
- 입자상 물질(부유입자, Aerosol) : 먼지(Dust), 매연(Smoke), 훈연(Fume), 미스트(Mist), 안개(Fog), 연무(Haze), 분진(Particulate) 등
- 가스상 물질 : 아황산가스(SO_2), 황화수소(H_2S), 질소산화물(NOx), 일산화탄소(CO), 이산화탄소(CO_2), 암모니아(NH_3), 플루오린화수소(HF) 등

76 쥐의 방제방법으로 옳지 않은 것은?

① 서식처 제거
② 개체군 밀도가 가장 낮은 여름철 집중 방제
③ 고양이 등 천적을 이용한 구제
④ 접착제, 포서망법 등 쥐덫을 이용한 구제

해설 **쥐의 구제법**
- 서식처의 제거 및 방서 장치
- 압살법, 포서망법 등 쥐덫을 이용
- 족제비, 오소리, 고양이 등 천적을 이용
- 살서제 이용

77 수은에 오염된 어패류로 인해 사람에게 나타나는 중독증은?

① 이타이이타이병 ② 미나마타병
③ 쯔쯔가무시병 ④ 레지오넬라병

해설 **미나마타병** : 유기수은(Hg)에 의한 병으로 언어장애, 난청, 보행장애, 운동장애, 지각장애, 정신장애를 일으킨다.

78 상수의 소독에 가장 많이 사용되는 방법은?

① 염소소독법
② 오존소독법
③ 활성탄법
④ 제올라이트법

해설 **염소소독의 장단점**
- 장점 : 강한 살균력과 잔류효과, 조작의 간편성, 경제성
- 단점 : 강한 냄새, 트라이할로메테인(Trihalomethane ; THM) 생성에 의한 독성 있음(잔류염소량은 0.2ppm 유지)

정답 75 ③ 76 ② 77 ② 78 ①

79 유기분진에 의하여 발생하는 진폐증은?

① 면폐증
② 활석폐증
③ 석면폐증
④ 규폐증

해설 면폐증은 이물질에 면섬유가 혼합된 분진(유기분진)을 호흡기로 흡입되어 발생되는 질병인데, 특히 알레르기 반응이 반복된다.

80 Dorno선(파장 280~320nm)은 어느 광선에 속하는가?

① 자외선
② 가시광선
③ 근적외선
④ 원적외선

해설 Dorno선은 자외선 가운데 인체에 유익한 작용을 하는 생명선이라고 불린다.

79 ① 80 ① 정답

2021년

제 1 회 | 과년도 기출복원문제

※ 2021년부터는 CBT(컴퓨터 기반 시험)로 진행되어 수험자의 기억에 의해 문제를 복원하였습니다. 실제 시행문제와 일부 상이할 수 있음을 알려드립니다.

제1과목 | 식품위생 및 관련 법규

01 안식향산(Benzoic Acid)의 용도로 옳은 것은?

① 유지의 산화 방지
② 식품의 부패 방지
③ 식품의 색도 유지
④ 식품의 향기 부여

해설 보존제는 식품의 변질 및 부패를 방지하고 영양가와 신선도를 보존하는 물질로 디하이드로초산(치즈, 버터, 마가린), 소브산(식육제품, 어육연제품), 안식향산(청량음료, 간장), 프로피온산나트륨(빵, 생과자) 등이 있다.

02 *Penicillium citrinum*이 생성하는 독소로 신장에 문제를 일으키는 것은?

① 시트리닌(Citrinin)
② 루테오스키린(Luteoskyrin)
③ 아이슬랜디톡신(Islanditoxin)
④ 시트레오비리딘(Citreoviridin)

해설 페니실륨 속 푸른곰팡이가 저장 중인 쌀에 번식하여 시트리닌(Citrinin : 신장독), 시트레오비리딘(Citreoviridin : 신경독), 아이슬랜디톡신(Islanditoxin : 간장독) 등의 독소를 생성한다.

03 맹독성 버섯인 흰알광대버섯과 독우산광대버섯의 독성 성분은?

① Amanitatoxin ② Amygdalin
③ Gossypol ④ Enterotoxin

해설 아마니타톡신(Amanitatoxin)은 알광대버섯, 흰알광대버섯, 독우산광대버섯의 유독성분으로 섭취 후 6~12시간이 지나면 구토, 설사, 간장장애, 신장장애, 경련, 혼수 등을 일으킨다.

정답 1 ② 2 ① 3 ①

04 다음 중 식물에 가장 큰 피해를 주는 것은?

① 일산화탄소 ② 탄화수소
③ 아황산가스 ④ 이산화질소

해설 **아황산가스(SO_2)**
- 대기오염의 주원인이며, 중유 연소과정에서 자극성 가스가 다량으로 생성된다.
- 호흡곤란, 식물의 황사 및 고사현상, 금속의 부식 등에 영향을 준다.

05 HACCP(식품안전관리인증기준)의 7원칙에 속하지 않는 것은?

① 중요관리점 결정
② 회수명령의 기준 설정
③ 한계기준 설정
④ 문서화, 기록유지 방법 설정

해설 **안전관리인증기준(HACCP) 적용 원칙(식품 및 축산물 안전관리인증기준 제6조제1항)**
- 위해요소 분석
- 중요관리점 결정
- 한계기준 설정
- 모니터링 체계 확립
- 개선조치 방법 수립
- 검증 절차 및 방법 수립
- 문서화 및 기록유지

06 식품위생법상 영업허가를 받아야 하는 업종은?

① 식품조사처리업
② 식품소분・판매업
③ 양곡가공업 중 도정업
④ 즉석판매제조・가공업

해설 **허가를 받아야 하는 영업 및 허가관청(식품위생법 시행령 제23조)**
- 식품조사처리업 : 식품의약품안전처장
- 단란주점영업, 유흥주점영업 : 특별자치시장・특별자치도지사 또는 시장・군수・구청장

4 ③ 5 ② 6 ① 정답

07 미생물에 의한 품질 저하 및 손상을 방지하여 식품의 저장수명을 연장시키는 식품첨가물은?

① 산화방지제 ② 보존료
③ 살균제 ④ 표백제

해설 **보존료** : 미생물의 발육을 억제하여 식품의 변질을 방지하는 첨가물로 소브산, 안식향산 등이 허용되고 있다.

08 식품 등의 검사 결과를 통보받은 영업자가 재검사를 요청하려고 할 때 며칠 이내에 해야 하는가?

① 15일 ② 30일
③ 60일 ④ 90일

해설 **식품 등의 재검사 요청 절차 및 방법 등(식품위생법 시행규칙 제20조의2제1항)**
식품 등의 재검사를 요청하려는 영업자는 검사 결과를 통보받은 날부터 60일 이내에 식품 등 재검사 신청서(전자문서로 된 신청서를 포함)에 관련 서류를 첨부하여 식품의약품안전처장(지방식품의약품안전청장을 포함), 시・도지사 또는 시장・군수・구청장에게 제출해야 한다.

09 가족감염과 같이 집단감염이 잘되는 기생충은?

① 회 충 ② 구 충
③ 요 충 ④ 간흡충

해설 요충은 채소류 등에 의해서 감염되는 기생충으로 항문 주위에 산란하며 집단감염이 쉽고 소아들에게 많이 감염된다.

10 감각온도(체감온도)의 기준 상태는?

① 무풍, 습도 100%
② 무풍, 습도 60%
③ 기류 1m/sec, 습도 100%
④ 기류 0.5m/sec, 습도 50%

해설 감각온도는 기온, 기습, 기류의 3인자가 종합하여 인체에 주는 온감을 말한다. 기온 t℃, 습도 100%, 무풍 상태의 기온을 감각온도의 기준으로 하고 있다.

정답 7 ② 8 ③ 9 ③ 10 ①

11 회충의 예방대책과 거리가 먼 것은?

① 청정채소의 장려
② 민물고기 생식 금지
③ 파리 구제 및 환경 개선
④ 분변관리

해설 회충의 근본적인 예방대책으로 분변의 완전처리와 인분을 사용하지 않은 청정채소의 보급이 중요하다.
② 민물고기 생식 금지는 간디스토마의 예방대책이다.

12 장기 음용한 물에 다량 함유되어 있을 경우 반상치를 일으키는 것은?

① 염 소 ② 규 소
③ 불 소 ④ 비 소

해설 불소(플루오린)는 충치 예방효과가 있으나 과다(1.2ppm 이상)한 경우 반상치를 일으킨다.

13 호흡기계 감염병인 것은?

① 폴리오 ② 파라티푸스
③ 백일해 ④ 장티푸스

해설 **호흡기계 감염병** : 디프테리아, 백일해, 결핵, 성홍열, 수막구균성 수막염 등

14 자유수와 결합수에 대한 설명 중 틀린 것은?

① 결합수는 용매로서 작용하지 않는다.
② 결합수는 0℃ 이하에서도 잘 얼지 않는다.
③ 자유수는 건조로 쉽게 제거 가능하다.
④ 자유수는 미생물의 생육, 증식에 이용되지 못한다.

해설
- 자유수 : 용매로 작용한다. 0℃에서도 쉽게 동결되고 건조로 쉽게 제거되며, 미생물 생육 및 발아 번식에 이용된다.
- 결합수 : 용매로 작용하지 않는다. 또한 0℃에서 동결이 어렵고, 100℃ 이상 가열해도 제거가 어려우며 미생물 생육 및 발아 번식에 이용이 어렵다.

11 ② 12 ③ 13 ③ 14 ④ **정답**

15 조리기구(칼, 도마 등)의 소독에 많이 사용되는 소독제는?

① 과산화수소
② 석탄산
③ 차아염소산나트륨
④ 크레졸

해설 도마, 식칼은 뜨거운 물에 5분간 담근 후 세척하거나 200ppm의 차아염소산나트륨 용액에 5분간 담근 후에 세척한다.

16 자외선살균 효과에 관한 설명으로 틀린 것은?

① 모든 균종에 효과가 있다.
② 대상물에 거의 변화를 주지 않는다.
③ 식품 내부나 그늘진 곳에도 효과가 있다.
④ 잔류효과가 없다.

해설 자외선살균은 모든 균종에 효과가 있으며, 살균효과가 크고 균에 내성이 생기지 않는다. 그러나 살균효과가 표면에 한정된다.

17 조리에 직접 종사하는 사람이 1년에 1회 받아야 하는 건강진단 항목이 아닌 것은?

① 장티푸스
② B형간염
③ 폐결핵
④ 파라티푸스

해설 **건강진단 항목 등(식품위생 분야 종사자의 건강진단 규칙 제2조)**

- 건강진단 항목 : 장티푸스, 파라티푸스, 폐결핵
- 식품위생법에 따라 건강진단을 받아야 하는 영업자 및 그 종업원은 매 1년마다 건강진단을 받아야 한다.

18 식품위생법에서 영업을 하려는 자가 받아야 하는 식품위생에 관한 교육시간은?

① 식품운반업 - 8시간
② 식품제조·가공업 - 6시간
③ 집단급식소를 설치·운영하려는 자 - 8시간
④ 식품보존업 - 4시간

해설 ① 식품운반업 : 4시간
② 식품제조·가공업 : 8시간
③ 집단급식소를 설치·운영하려는 자 : 6시간
※ 식품위생법 시행규칙 제52조 참고

정답 15 ③ 16 ③ 17 ② 18 ④

19 식품첨가물의 사용 목적이 틀린 것은?

① 소포제 - 거품 제거
② 습윤제 - 식품의 건조 방지
③ 품질개량제 - 식품 고유의 색을 선명하게 유지
④ 피막제 - 과일의 저장성 향상

해설 **품질개량제** : 식품의 결착성을 높여서 씹을 때 식욕 향상, 변색 및 변질 방지, 맛의 조화, 풍미 향상, 조직의 개량 등을 위하여 사용하는 첨가물

20 과일 통조림주스에서 용출될 수 있는 금속물질은?

① 비 소 ② 아 연
③ 바 륨 ④ 주 석

해설 과일 통조림주스에 들어 있는 주석은 질산이온과 결합하면 인체에 해를 끼친다.

제2과목 | 식품학

21 숯으로 구운 고기 중에서 검출되는 발암성 물질로 알려진 다환방향족 탄화수소는?

① 벤조[α]피렌(Benzo[α]Pyrene) ② 아황산염류(Sulfite)
③ 클로로피크린(Chloropicrin) ④ 베타나프톨(β-naphthol)

해설 벤조피렌은 고기를 구울 때 숯의 탄화수소와 육류의 지방이 결합되면서 생성되는 물질로, 배기가스, 담배 등에 존재하는 담황색 침상이나 파상 결정의 발암물질이다.

22 단백질에 대한 설명 중 틀린 것은?

① 주요 구성원소는 C, H, O, N이다.
② 천연단백질은 α-L-아미노산으로 구성되어 있다.
③ 등전점에서 잘 용해된다.
④ 카복실기와 아미노기를 갖는 양성물질이다.

해설 단백질은 고유한 등전점을 가지고 있으며, 등전점 부근에서 침전 및 응고가 잘 일어나 용해도가 감소한다.

19 ③ 20 ④ 21 ① 22 ③ 정답

23 전분의 호화에 관여하는 요소가 아닌 것은?

① 전분의 크기　　② pH
③ 금속이온　　④ 온 도

해설 전분의 호화에 영향을 주는 요인으로 전분의 크기와 구조, 온도, pH 등이 있다.

24 재래식 메주를 원료로 한 된장과 간장 등에서 문제가 될 수 있는 독소는?

① 마이코톡신(Mycotoxin)
② 엔테로톡신(Enterotoxin)
③ 아미그달린(Amygdalin)
④ 무스카린(Muscarine)

해설 마이코톡신(Mycotoxin)
- 곰팡이 독의 총칭, 곰팡이균의 2차 대사산물로 생물에 대하여 독성을 나타내는 물질이다.
- 식품을 오염시키고, 사람·가축에 식중독 및 발암성을 나타내기도 한다.

25 유지에 대한 설명으로 틀린 것은?

① 석유, 에터(에테르) 등 유기용매에 녹는다.
② 식물성 기름을 수소화시키면 고체지방이 된다.
③ 유지분자는 글리세롤(Glycerol) 1분자와 지방산 3분자로 구성되어 있다.
④ 일반적으로 유지의 점도는 불포화지방산이 많을수록 증가한다.

해설 ④ 불포화지방산이 증가할수록 유지의 점도는 감소한다.

26 비타민 C의 결핍증은?

① 각기병　　② 야맹증
③ 악성빈혈　　④ 잇몸 출혈

해설 ① 비타민 B_1 결핍
② 비타민 A 결핍
③ 비타민 B_{12} 결핍

정답 23 ③　24 ①　25 ④　26 ④

27 맛에 대한 설명으로 틀린 것은?

① 단팥죽에 소량의 소금을 넣으면 단맛이 더욱 세게 느껴진다.
② 오징어를 먹은 직후 귤을 먹으면 감칠맛을 느낄 수 있다.
③ 커피에 설탕을 넣으면 쓴맛이 억제된다.
④ 신맛이 강한 레몬에 설탕을 뿌려 먹으면 신맛이 줄어든다.

28 찹쌀과 멥쌀의 성분상 큰 차이는?

① 단백질 함량
② 지방 함량
③ 회분 함량
④ 아밀로펙틴 함량

해설 멥쌀은 아밀로스와 아밀로펙틴으로 구성되고, 찹쌀은 아밀로펙틴으로 구성되며, 아이오딘 반응 시 멥쌀은 청색, 찹쌀은 적자색을 띤다.

29 신경에 존재하는 Cholinesterase의 작용을 억제하여 중독을 일으키는 농약은?

① 유기인제
② 유기염소제
③ 유기수은제
④ 유기비소제

해설 **유기인제** : 콜린에스테레이스(Cholinesterase, 콜린에스테라제)의 작용을 억제하여 혈액과 조직 중에 생기는 유해한 아세틸콜린(Acetylcholine)을 축적시켜 중독증상을 나타내는 농약

30 두부는 어떤 성분을 염류에 의해 응고시켜 만든 것인가?

① Albumin
② Oryzenin
③ Glycinin
④ Casein

해설 두부는 콩 단백질인 글리시닌을 70℃ 이상으로 가열하고 염화칼슘, 염화마그네슘, 황산칼슘, 황산마그네슘 등의 응고제를 넣으면 응고된다.

27 ② 28 ④ 29 ① 30 ③ 정답

31 콩나물을 조리할 때 비타민 C의 손실을 막는 방법은?

① 끓는 물에 장시간 동안 데쳐낸다.
② 뚜껑을 꼭 닫고 가열한다.
③ 구리 그릇에 넣고 끓인다.
④ 식염을 가한다.

해설 식염은 음식의 부패나 변패 방지, 영양소(비타민 C)의 손실을 막는 작용을 한다.

32 지방 산패를 촉진시키는 것은?

① 철
② 토코페롤
③ BHA
④ 구연산

해설 항산화제(지방의 산화 및 산패를 억제하는 물질)의 종류에는 비타민 E(토코페롤), 참기름(세사몰), BHA, BHT, 구연산, 비타민 C 등이 있다. 반면, 철, 구리, 니켈, 주석 등의 금속 성분은 지방의 산화 및 산패를 촉진하는 요인이 된다.

33 유지를 고온에서 가열하는 경우에 나타나는 변화로 옳은 것은?

① 점도가 낮아진다.
② 아이오딘가(Iodine Value)가 낮아진다.
③ 산가(Acid Value)가 낮아진다.
④ 과산화물가(Peroxide Value)가 낮아진다.

해설 **가열에 따른 유지의 품질 변화**
- 물리적 변화 : 착색이 되고 점도와 비중 및 굴절률이 증가하며 발연점이 저하된다.
- 화학적 변화 : 산가, 검화가, 과산화물가가 증가하고 아이오딘가가 저하된다.

34 마이야르(Maillard) 반응의 결과가 아닌 것은?

① 향기 생성
② 풍미 향상
③ 항산화 작용
④ 독소 생성

해설 마이야르 반응(Maillard Reaction)은 식품의 가열이나 조리, 저장과정에서 발생하는 갈변현상으로 색과 풍미가 향상된다.

정답 31 ④ 32 ① 33 ② 34 ④

35 한천에 대한 설명 중 맞는 것은?

① 급원은 식물성이며 주성분은 콜라겐(Collagen)이다.
② 융해온도가 낮아 50℃ 이상이면 녹는다.
③ 젤라틴 젤(Gelatin Gel)에 비해 질감이 부드럽다.
④ 설탕이나 과즙을 첨가하는 경우에는 한천의 젤이 잘 형성되지 않는다.

해설 • 한천은 우뭇가사리에 존재하는 물질을 추출한 다당류이다. 우뭇가사리의 융해온도는 약 80℃ 정도이다.
• 젤을 만들 때 많은 양의 설탕이나 과즙을 넣으면 유기산에 의해 가수분해를 일으켜 젤이 잘 굳어지지 않는다.

36 CA(Controlled Atmosphere) 저장법이란?

① 산소와 이산화탄소로 기체 조성을 조절하는 저장법
② 수소와 산소로 기체 조성을 조절하는 저장법
③ 질소와 수소로 기체 조성을 조절하는 저장법
④ 헬륨과 이산화탄소로 기체 조성을 조절하는 저장법

해설 CA(Controlled Atmosphere) 저장
냉장실의 온도와 공기 조성을 함께 제어하여 냉장하는 방법으로, 주로 청과물(특히, 사과)의 저장에 많이 사용된다. 온도는 적당히 낮추고, 냉장실 내 공기 중의 CO_2 분압을 높이고 O_2 분압은 낮춤으로써 호흡을 억제하는 방법이 사용된다.

37 발효를 이용하여 만든 떡은?

① 시루떡 ② 인절미
③ 백설기 ④ 증 편

해설 증편은 여름철 떡으로, 멥쌀가루에 술을 넣고 반죽하여 발효시켜 찐 떡이다.

38 절단면에서 얄라핀이라는 백색 점액이 나오는 것은?

① 완두콩 ② 땅 콩
③ 감 자 ④ 고구마

해설 고구마를 절단하면 백색의 점액 성분인 얄라핀이 생성된다.

35 ④ 36 ① 37 ④ 38 ④ 정답

39 냉장 · 냉동설비의 관리에 대한 설명 중 옳은 것은?

① 냉동실 내면에 낀 서리는 칼끝으로 떼어 내거나 뜨거운 물로 녹여낸다.
② 냉장 · 냉동실과 주방 바닥의 연결은 수평면이어야 한다.
③ 냉동실에 식품을 저장할 때 공간을 효율적으로 사용하기 위해 윗면까지 꽉 채운다.
④ 뜨거운 식품을 식힐 때는 뜨거운 상태에서 냉장 · 냉동설비에 넣는다.

해설 ① 냉동실의 성에를 제거하기 위해서는 칼을 사용해서는 안 되고 구석구석에 분무기로 뜨거운 물을 뿌려 주면 된다.
③ 냉동실에 식품을 저장할 때 2/3 정도만 채운다.
④ 뜨거운 식품을 식히지 않고 바로 넣으면 내부의 온도가 올라가 다른 식품을 부패시킬 우려가 있다.

40 아밀로펙틴과 아밀로스를 비교한 설명 중 틀린 것은?

① 아밀로스와 아밀로펙틴은 모두 포도당으로 구성되어 있다.
② 아밀로스의 아이오딘 반응은 적자색이고, 아밀로펙틴의 아이오딘 반응은 청색이다.
③ 아밀로스는 직쇄의 구조이고, 아밀로펙틴은 가지를 친 구조이다.
④ 아밀로스는 아밀로펙틴보다 분자량이 작다.

해설 • 아밀로스의 아이오딘 반응은 청색이며, 수많은 포도당이 직선상(직쇄)으로 연결되어 있다.
• 아밀로펙틴의 아이오딘 반응은 적자색이며, 분지상(가지)의 구조를 갖는다.

제3과목 | 조리이론 및 급식관리

41 꽁치 구이를 할 때 정미중량 75g을 조리하고자 한다. 1인당 구매량은 얼마로 하여야 하는가?(단, 꽁치의 폐기율 : 35%)

① 약 116g ② 약 123g
③ 약 133g ④ 약 192g

해설

$$총발주량 = \frac{정미중량 \times 100}{100 - 폐기율} \times 인원수$$

$$= \frac{75 \times 100}{100 - 35} \times 1 ≒ 115.4g$$

정답 39 ② 40 ② 41 ①

42 좋은 무를 고르는 방법은?

① 가볍고 잔털이 많은 것
② 껍질이 거칠어 보이는 것
③ 윗부분의 녹색이 거의 없는 것
④ 무겁고 모양이 곧은 것

해설 무는 중량이 무겁고 모양이 곧으며 윤택한 것이 좋다.

43 육류의 조리법 중 건열 조리법은?

① Braising ② Broiling
③ Simmering ④ Stewing

해설 브로일링(Broiling)은 석쇠나 쇠꼬챙이를 활용해서 식재료(식품)를 불에 직접 노출시켜 조리하는 방법이다.

44 어육의 부패를 판정하기 위한 실험 결과 중 부패로 판정하기 힘든 경우는?

① 관능검사 결과 암모니아와 아민의 냄새가 난다.
② 식품 1g당의 생균수가 10^7~10^8이다.
③ 식품 100g당의 휘발성 염기질소의 양이 50mg이다.
④ pH가 5.5 전후다.

해설 어육의 경우 pH가 6.0~6.2일 때 초기 부패로 판정한다.

45 난백 단백질 중 날것으로 먹었을 때 비오틴 결핍증을 일으키게 하는 단백질은?

① 알부민(Albumin) ② 글로불린(Globulin)
③ 뮤코이드(Mucoid) ④ 아비딘(Avidin)

해설 난백 단백질 중 아비딘(Avidin)은 날달걀에 함유된 비오틴과 결합하여 소화관 내 비오틴의 흡수를 저해하기 때문에 비오틴 결핍증을 일으키게 한다.

42 ④ 43 ② 44 ④ 45 ④ 정답

46 **약과를 만들 때 밀가루와 참기름을 손바닥으로 비벼주는 과정은 유지의 어떤 특성을 이용한 것인가?**

① 쇼트닝성 ② 크리밍성
③ 유화성 ④ 가소성

해설 쇼트닝성은 유지가 반죽의 표면을 둘러싸서 글루텐 망상구조를 형성하지 못하게 층을 형성함으로써 연화시키는 성질이다. 즉, 유지는 밀가루의 글루텐 형성을 방해해 연하게 만드는 역할을 하기 때문에 약과를 만들 때 참기름을 넣으면 약과에 켜가 여러 겹 생기게 되고 바삭바삭하게 만들 수 있다.

47 **약한 수렴성 맛을 주며 쾌감을 주는 타닌이 함유된 식품은?**

① 토마토 ② 오 이
③ 사 과 ④ 커 피

해설 타닌 성분은 커피, 녹차 및 홍차, 곶감(감) 등에 함유되어 있다.

48 **청국장의 최적의 발효온도는?**

① 40℃ 전후
② 25℃ 전후
③ 15℃ 전후
④ 50℃ 전후

해설 청국장은 찐 콩에 납두균을 번식시켜 납두를 만들고 여기에 소금, 고춧가루, 마늘 등의 향신료를 넣어 만든 장류로, 특수한 풍미를 지니는 조미식품이다.
※ 납두균 : 내열성이 강한 호기성균으로 최적 온도는 40~45℃이며 청국장의 끈끈한 점진물과 특유의 향기를 내는 미생물이다.

49 **식품의 계량방법 중 틀린 것은?**

① 체에 친 밀가루는 누르거나 컵을 흔들지 말고 수북하게 담아 직선으로 깎아서 계량한다.
② 우유는 계량컵의 눈금까지 천천히 부어 계량한다.
③ 황설탕은 계량기구의 형태를 유지할 수 있을 정도로 가득 채워 계량한다.
④ 마가린은 냉장온도의 것을 계량기구에 담아 계량한다.

해설 마가린 등 지방을 계량할 때는 실온에 두어서 부드럽게 한 후, 계량컵에 꾹 눌러 담고 직선으로 깎은 후 계량한다.

정답 46 ① 47 ④ 48 ① 49 ④

50 우리나라의 5첩 반상에 포함되지 않는 것은?

① 생 채　　② 구 이
③ 젓 갈　　④ 회

해설 ④ 회는 7첩 반상부터 나온다.

51 생선 조리에 대한 설명 중 틀린 것은?

① 생선을 구우면 단백질이 변성되어 단단해지거나 질감이 연하게 느껴지는 이유는 젤라틴이 물을 흡수하여 콜라겐화되기 때문이다.
② 생선으로 찌개나 탕을 끓일 때는 국물을 끓인 다음에 생선을 넣어야 국물이 맑고 생선살도 풀어지지 않는다.
③ 생선을 구울 때는 소금에 절였다가 구우면 생선 단백질이 변성 응고되어 모양이 부서지지 않는다.
④ 생선찌개의 된장이나 고추장 양념은 흡착력과 점성이 강하여 다른 조미료의 침투를 방해하므로 다른 조미료를 먼저 첨가한 후에 사용하도록 한다.

해설 콜라겐(동물의 뼈, 힘줄, 인대, 연골 등)은 끓는 물에서 젤라틴으로 변하여 용해된다.

52 식품의 색, 맛, 원형 등이 거의 변하지 않으면서 복원성이 좋은 동결건조법에 이용되는 식품은?

① 분 유　　② 콘플레이크
③ 당 면　　④ 다시마

해설 동결건조법은 식품을 냉동시킨 후, 저온에서 건조시키는 방법으로 당면, 한천, 건조두부 등의 제품에 이용한다.

53 다음 중 구이의 장점이 아닌 것은?

① 수용성 성분의 용출이 적다.
② 당질의 캐러멜화로 맛있는 향기를 낸다.
③ 식품의 살균효과가 있다.
④ 식품의 속까지 빠르게 고루 익는다.

해설 구이 조리 시 빠르게 익히기 위해 고온으로 가열하면 겉만 타고 속은 익지 않는다.

50 ④　51 ①　52 ③　53 ④ 정답

54 **다음 자료를 바탕으로 재고조사법에 의하여 재료의 소비량을 산출하면 얼마인가?**

- 전월 이월량 : 300kg
- 장부 잔량 : 500kg
- 당월 매입량 : 900kg
- 실제 재고량 : 400kg

① 800kg　② 450kg
③ 900kg　④ 320kg

해설 재료 소비량 = (전월 이월량 + 당월 매입량) − 실제 재고량
= (300 + 900) − 400 = 800kg

55 **단백질의 1차 구조를 형성하는 결합은?**

① 수소결합　② 이온결합
③ 소수성 결합　④ 펩타이드 결합

해설 **단백질의 구조에 관여하는 결합**
- 1차 구조 : 펩타이드(Peptide) 결합
- 2차 구조 : 수소결합
- 3차 구조 : 이온결합, 수소결합, 소수성 결합, 이온의 반발작용

56 **오징어를 솔방울 모양으로 조리할 때 내장이 붙어 있던 안쪽에 칼집을 내는 이유로 가장 적합한 것은?**

① 세로 방향으로 발달된 근섬유를 제거하기 위하여
② 섬유가 세로 방향으로 된 진피를 수축시키기 위하여
③ 가로 방향 4개의 껍질층을 모두 수축시키기 위하여
④ 칼집을 내기 전에 오징어의 껍질층을 완전히 제거하기 위하여

57 **식품을 물이나 조미액에 담그는 효과에 대한 설명으로 가장 거리가 먼 것은?**

① 식품에 수분을 흡수, 팽윤시켜서 연하게 한다.
② 불미성분을 용출시켜 맛을 좋게 한다.
③ 변색을 방지하고 보존성을 높여 준다.
④ 생리식염수 농도인 1% 정도의 소금물에 담가두면 영양분 손실이 전혀 없다.

해설 식품을 물이나 조미액에 담그면 건조식품에 수분을 공급하고 조직을 연화시키며, 떫은맛, 쓴맛 등의 수용성 성분이나 불필요한 성분을 용출시키고 식품의 갈변을 방지하는 효과가 있다.

정답 54 ① 55 ④ 56 ② 57 ④

58 식재료를 씻는 방법으로 옳은 것은?

① 채소류는 고인 물에 한 번만 씻어 영양소 유출을 막는다.
② 생선류는 목적에 맞도록 자른 후 깨끗이 씻는다.
③ 전복은 고운 솔로 깨끗이 문질러 씻는다.
④ 뿌리가 붙어 있는 채소류의 경우에는 뿌리가 붙어 있는 채로 씻는다.

59 당뇨병에 관한 설명 중 틀린 것은?

① 인슐린 비의존성 성인당뇨병 발생의 위험요인으로 과다체중을 들 수 있다.
② 인슐린 비의존성 성인당뇨병은 심하지 않으면 식이요법으로 치료가 가능하다.
③ 인슐린 의존성 유아당뇨병의 경우 식사를 많이 해도 체중이 감소한다.
④ 인슐린 의존성 유아당뇨병은 식이요법만으로도 치료가 가능하다.

해설 ④ 인슐린 의존성 유아당뇨병(제1형 당뇨병)은 인슐린 분비가 적절하지 못하기 때문에 식이요법만으로는 치료가 불가능하고, 반드시 인슐린 주사를 맞아야 한다.

60 코지(Koji)에 대한 설명으로 옳지 않은 것은?

① 코지는 쌀, 보리, 콩 등의 곡류에 누룩곰팡이(*Aspergillus oryzae*)균을 번식시킨 것이다.
② 원료에 따라 쌀코지, 보리코지, 밀코지, 콩코지 등으로 나눌 수 있다.
③ 코지는 전분 당화력, 단백 분해력이 강하다.
④ 코지 제조에 있어 코지실의 최적온도는 15~20℃ 정도이다.

해설 ④ 코지 제조에 있어 코지실의 최적온도는 27~33℃ 정도이다.

제4과목 | 공중보건학

61 집단 보건교육 방법 중 4~6명의 전문가가 청중 앞에서 단상토론하는 것은?

① 패널토의 ② 공개토론
③ 버즈세션 ④ 심포지엄

해설 패널토의(Panel Discussion)는 4~6명의 배심원과 일반 청중으로 구성되어 사회자의 진행에 따라 배심원들이 준비된 단상 위에서 자유 토의를 한다. 토의가 끝난 후에는 일반 청중이 참여하여 질문이나 의견을 제시할 수도 있다.

58 ③ 59 ④ 60 ④ 61 ① 정답

62 먹는물 수질기준 및 검사 등에 관한 규칙에 따른 수은의 허용기준은?

① 0.001mg/L　　② 0.01mg/L
③ 0.0001mg/L　　④ 0.00001mg/L

해설 **먹는물의 수질기준(먹는물 수질기준 및 검사 등에 관한 규칙 [별표 1])**
건강상 유해영향 무기물질에 관한 기준 : 수은은 0.001mg/L를 넘지 아니할 것

63 최저임금 상승으로 인건비가 늘어났다면 SWOT 요인 중 해당되는 상황은?

① 강점(Strength)　　② 약점(Weakness)
③ 위협(Threat)　　④ 기회(Opportunity)

해설 **SWOT 요소**
- 강점(Strength) : 자사와 자사 제품, 서비스에 좋은 영향을 주는 내부 환경 요소
- 약점(Weakness) : 자사와 자사 제품, 서비스에 악영향을 주는 내부 환경 요소
- 기회(Opportunity) : 자사와 자사 제품, 서비스에 좋은 영향을 주는 외부 환경 요소
- 위협(Threat) : 자사와 자사 제품, 서비스에 악영향을 주는 외부 환경 요소

64 방사선 장애에 의한 대표적인 직업병은?

① 위 암　　② 백혈병
③ 진폐증　　④ 골다공증

해설 일정 이상의 방사선에 전신이 노출될 경우에는 백혈구가 적어지면서 백혈병에 걸릴 확률이 높아진다.

65 저압 환경으로 생기는 질환은?

① 잠수병　　② 고산병
③ 잠함병　　④ 감압병

해설 고산병은 저기압 환경에서 발생되는 질병이고, 잠함병(잠수병, 감압병)은 고기압 환경에서 발생되는 질병이다.

정답 62 ① 63 ③ 64 ② 65 ②

66 물의 자정작용에 해당하지 않는 것은?

① 침전작용 ② 희석작용
③ 산화작용 ④ 탄소동화작용

해설 ④ 탄소동화작용은 녹색식물 등이 탄수화물을 만드는 작용이다.

67 고도가 높을수록 기온이 상승하는 기온역전의 종류에 속하지 않는 것은?

① 침강성 역전 ② 원추형 역전
③ 전선성 역전 ④ 방사성 역전

해설 기온역전의 종류에는 침강 역전, 전선 역전, 난류 역전, 방사성 역전 등이 있다.

68 홍역에 관한 설명으로 옳은 것은?

① 세균에 의한 감염병이다.
② 일반적으로 성인이 많이 감염된다.
③ 열과 발진이 생기는 호흡기계 감염병이다.
④ 만성감염병으로 2차 감염은 없다.

해설 홍역은 홍역 바이러스(Measles Virus) 감염에 의한 급성 발열성 발진성 질환이다. 일반적으로 1~2세에 많은 감염이 되는데, 주로 비말을 통해 전파되며 감염력이 매우 높다. 특징적인 증상으로 고열과 기침, 콧물, 결막염, 홍반성 구진상 발진 등이 나타난다.

69 자외선 중 생명선의 파장 범위는?

① 100~150nm
② 200~260nm
③ 280~320nm
④ 360~400nm

해설 도르노선(생명선)의 파장은 2,800~3,200Å이다. 자외선은 비타민 D 형성, 적혈구 생성 촉진, 관절염 치료에 효과적이나 지나칠 경우에는 피부암 등을 유발시킬 수 있다.

66 ④ 67 ② 68 ③ 69 ③ 정답

70 보건사업 수행을 위한 지역사회 접근방법으로서 가장 중요한 것은?

① 보건행정력 강화
② 보건교육 강화
③ 보건봉사의 확대 실시
④ 보건관계법의 강력 집행

해설 지역사회 주민이 스스로 건강문제를 해결할 수 있도록 적극적인 보건교육 활동이 강화되어야 한다.

71 다음 중 노인성 질병이라고 볼 수 없는 것은?

① 화 상
② 뇌졸중
③ 위궤양
④ 퇴행성 관절염

해설 화상은 남녀노소 관계없이 발생하는 사고에 의한 외상이다.

72 고혈압을 예방하기 위한 방법으로 옳지 않은 것은?

① 염분 함유량이 많은 식품을 피한다.
② 충분한 휴식과 수면을 취한다.
③ 정상 체중을 유지하도록 노력한다.
④ 동물성 지방식품을 많이 섭취한다.

해설 고혈압을 예방하기 위해서 동물성 지방식품의 섭취는 가능하면 제한하고, 식물성 지방과 등푸른 생선을 많이 섭취하는 것이 좋다.

73 제1, 2, 3급 감염병의 순서로 바르게 연결된 것은?

① 디프테리아 - 성홍열 - 회충증
② 페스트 - 장티푸스 - 말라리아
③ 결핵 - 홍역 - B형간염
④ 탄저 - 한센병 - 임질

해설 ① 회충증은 제4급 감염병이다.
③ 결핵은 제2급 감염병이다.
④ 임질은 제4급 감염병이다.

정답 70 ② 71 ① 72 ④ 73 ②

74 **먹는 물의 수질 판정기준 중 유해한 유기물질 검사항목에 해당되는 것은?**

① 납　　② 비 소
③ 파라티온　　④ 6가크로뮴

해설 파라티온(인체에 맹독성인 살충제)은 유해한 유기 화합물이며, 비소, 6가크로뮴, 납은 무기질이다.

75 **백신 예방접종을 통하여 얻어지는 면역은?**

① 인공수동면역
② 인공능동면역
③ 자연능동면역
④ 자연수동면역

해설 ② 인공능동면역 : 인위적인 예방접종 후 생성된 면역(생균백신, 사균백신, 순화독소)
① 인공수동면역 : 회복기혈청, 면역혈청, 감마글로불린 등 인공제제 접종 후 얻는 면역
③ 자연능동면역 : 감염병에 감염된 후 형성되는 면역
④ 자연수동면역 : 어머니로부터 얻은 면역(모체면역, 태반면역)

76 **인공적인 정수과정의 순서가 옳게 나열된 것은?**

① 소독 - 침전 - 여과　　② 여과 - 침전 - 소독
③ 침전 - 소독 - 여과　　④ 침전 - 여과 - 소독

해설 상수도의 정수과정은 취수 → 침전 → 여과 → 소독 → 급수 순이다.

77 **다음 중 성인병의 발생 요인과 거리가 먼 것은?**

① 습관적 요인　　② 유전적 요인
③ 상해사고　　④ 심리적 요인

해설 상해는 언제, 어떻게 일어날지 예측할 수 없는 질병이다.

74 ③ 75 ② 76 ④ 77 ③ 정답

78 **실내 채광효과를 얻기 위해 거실 창의 개각은 얼마 이상이면 좋은가?**

① 1~2°
② 4~5°
③ 8~10°
④ 10° 이상

해설 거실 창의 개각은 4~5° 이상이면 좋다.

79 **쥐가 매개하는 질병에 속하지 않는 것은?**

① 페스트
② 살모넬라증
③ 발진열
④ 사상충증

해설 쥐를 통해 매개되는 질병의 종류에는 페스트, 아메바성 이질, 렙토스피라증, 서교증, 유행성 출혈열, 발진열 등이 있다.
④ 사상충증의 매개곤충은 모기이다.

80 **식품의 방사선 조사처리에 대한 설명 중 틀린 것은?**

① 외관상 비조사 식품과 조사 식품의 구별이 어렵다.
② 극히 적은 열이 발생하므로 화학적 변화가 매우 적은 편이다.
③ 저온, 가열, 진공포장 등을 병용하여 방사선 조사량을 최소화할 수 있다.
④ 투과력이 약해 식품 내부의 살균은 불가능하다.

해설 **방사선 조사처리의 특징**

- 방사선 조사 시 식품의 온도 상승은 거의 없다.
- 저온, 가열, 진공포장 등을 병용하여 방사선 조사량을 최소화할 수 있다.
- 방사선 에너지가 조사되면 식품 중의 일부 원자는 이온이 된다.
- 극히 적은 열이 발생하므로 화학적 변화가 매우 적은 편이다.
- 외관상 비조사 식품과 조사 식품의 구별이 어렵다.

정답 78 ② 79 ④ 80 ④

2022년

제 1 회 | 과년도 기출복원문제

※ 2022년부터 필기시험 과목이 개편(4과목 → 3과목)되어 80문항에서 60문항으로 조정되었습니다.

제1과목 | 위생 및 안전관리

01 식품위생법령상 영업자의 지위를 승계할 수 없는 경우는?

① 영업장이 도산한 경우
② 영업자가 영업을 양도한 경우
③ 영업자가 사망한 경우
④ 영업법인이 합병한 경우

해설 **영업 승계(식품위생법 제39조제1항)**
영업자가 영업을 양도하거나 사망한 경우 또는 법인이 합병한 경우에는 그 양수인 · 상속인 또는 합병 후 존속하는 법인이나 합병에 따라 설립되는 법인은 그 영업자의 지위를 승계한다.

02 식품위생법령상 식품위생감시원은 매년 몇 시간 이상 직무교육을 받아야 하는가?(단, 최초의 해는 제외)

① 5시간
② 7시간
③ 10시간
④ 21시간

해설 **식품위생감시원의 교육시간 등(식품위생법 시행규칙 제31조의6제1항)**
식품위생감시원은 매년 7시간 이상 식품위생감시원 직무교육을 받아야 한다. 다만, 식품위생감시원으로 임명된 최초의 해에는 21시간 이상을 받아야 한다.

03 방사선 조사처리에 해당되는 식품이 아닌 것은?

① 감자의 발아 억제
② 쌀의 살충
③ 바나나의 숙도 지연
④ 음료수의 소독

해설 **식품별 조사처리 기준(식품의 기준 및 규격)**
- 발아 억제 : 감자, 양파, 마늘
- 살충 · 발아 억제 : 밤
- 살균 · 살충 : 곡류(분말 포함), 두류(분말 포함)
- 살균 : 난분, 전분, 건조식육, 어류분말, 패류분말, 갑각류분말, 된장분말, 고추장분말, 간장분말, 건조채소류(분말 포함), 효모식품, 효소식품, 조류식품, 알로에분말, 인삼(홍삼 포함) 제품류, 조미건어포류, 건조향신료 및 이들 조제품, 복합조미식품, 소스, 침출차, 분말차, 특수의료용도식품

정답 1 ① 2 ② 3 ④

04 조리사가 면허취소 처분을 받은 경우 언제까지 면허증을 반납하여야 하는가?

① 7일 ② 10일
③ 지체 없이 ④ 30일

해설 **조리사 면허증의 반납(식품위생법 시행규칙 제82조)**
조리사가 그 면허의 취소처분을 받은 경우에는 지체 없이 면허증을 특별자치시장・특별자치도지사・시장・군수・구청장에게 반납하여야 한다.

05 식물성 자연독의 원인 식품과 독소 연결이 옳은 것은?

① 청매 – 고시폴(Gossypol)
② 독버섯 – 무스카린(Muscarine)
③ 목화씨 – 리신(Ricin)
④ 독미나리 – 아미그달린(Amygdalin)

해설 독미나리에는 시큐톡신(Cicutoxin), 목화씨(면화씨)는 고시폴(Gossypol), 청매는 아미그달린(Amygdalin)이라는 식물성 자연독이 있다.

06 열경화성 수지인 페놀수지, 멜라민수지, 요소수지 등에서 검출될 수 있는 유해물질은?

① 납 ② 메탄올
③ 폼알데하이드 ④ 염화비닐단량체

해설 포르말린, 합성수지, 합판, 화학제품 제조 시 발생되는 유해물질인 폼알데하이드는 사람에게 독성이 강하고, 30ppm 이상에서 노출되면 질병이 유발된다.

07 골격과 치아의 형성, 신경과 근육의 흥분억제, 당질대사의 조효소 구성성분인 무기질은?

① 나트륨(Na) ② 칼륨(K)
③ 마그네슘(Mg) ④ 인(P)

해설 ① 나트륨(Na) : 체액의 성분, 삼투압 조절, 신경 흥분의 전달, pH 평정 유지
② 칼륨(K) : 세포 작용에 관여, 삼투압 유지 및 pH의 조절
④ 인(P) : 골신경의 구성성분, 체액의 중성 유지, 에너지 발생 촉진

정답 4 ③ 5 ② 6 ③ 7 ③

08 장염비브리오 식중독(*Vibrio parahaemolyticus*)의 예방법으로 옳지 않은 것은?

① 해수세균의 일종이므로 3% 식용농도에서 도마를 세척하려고 한다.
② 60℃에서 15분 이상 가열하여 섭취하도록 한다.
③ 어류는 내장을 제거하고 충분히 세척하도록 한다.
④ 조리자의 손에 의한 2차 오염을 방지하도록 한다.

해설 **장염비브리오 식중독 예방 수칙**

- 신선한 어패류를 구매하여 신속히 냉장보관(5℃ 이하)한다.
- 조리하는 사람은 반드시 비누 등 세정제를 사용하여 철저하게 손을 씻는다.
- 칼과 도마는 전처리용과 횟감용을 구분하여 사용하고, 사용한 도구는 세척 후 열탕 처리하여 2차 오염을 방지한다.
- 냉동 어패류는 냉장고 등에서 안전하게 해동한 후 흐르는 수돗물로 잘 씻고, 속까지 충분히 익을 수 있도록 가열・조리한다.

09 감염병의 예방 및 관리에 관한 법률에 의거 제1, 2, 3급 감염병을 순서대로 바르게 나열한 것은?

① 신종인플루엔자 – A형간염 – 파상풍
② A형간염 – 신종인플루엔자 – 파상풍
③ 신종인플루엔자 – 파상풍 – A형간염
④ A형간염 – 파상풍 – 신종인플루엔자

해설 신종인플루엔자는 제1급 감염병, A형간염은 제2급 감염병, 파상풍은 제3급 감염병이다.

10 대기오염에서 2차 오염물질에 대한 설명으로 틀린 것은?

① 대기오탁의 발생원으로부터 직접 발생한 것이다.
② 광화학적 오염에 해당한다.
③ 알데하이드, PAN 등의 스모그를 형성한다.
④ 태양광선의 에너지와 대기층의 여러 인자가 관련된다.

해설 ① 1차 오염물질에 대한 설명이다.

- 1차 오염물질 : 대기 중으로 직접 배출되는 대기오염 물질
- 2차 오염물질 : 대기 중의 1차 오염물질이 물리・화학반응에 의해 전혀 다른 물질로 생성된 것

8 ① 9 ① 10 ① 정답

11 수분활성도(Aw)가 0.90 이상, pH 중성 부근의 식품에서 곰팡이, 효모, 세균이 공존할 때 증식이 가장 활발한 것은?

① 곰팡이　② 효 모
③ 세 균　④ 차이 없다.

해설 수분활성도의 값은 1 미만으로 세균 0.91, 효모 0.88, 곰팡이 0.80 정도이다.

12 다음 중 주방화재에 해당하는 것은?

① B급화재　② K급화재
③ D급화재　④ C급화재

해설 **K급화재** : 주로 주방에서 발생하는 화재라 하여 Kitchen(주방)의 앞글자를 따 K급화재, 주방화재라고 한다.

13 육류 절단기 사용 시 안전 예방수칙이 아닌 것은?

① 재료를 절단기에 넣을 때는 면장갑을 낀 손을 이용한다.
② 전원을 차단시킨 후 중성세제와 미온수로 세척한다.
③ 절단기 주변에는 '끼임주의'와 같은 경고표지를 부착하여 위험을 인식할 수 있도록 한다.
④ 작업 전에 칼날의 체결 상태 등의 점검을 실시한다.

해설 ① 재료를 투입할 때에는 직접 손으로 넣지 않고, 투입봉과 같은 보조기구를 활용하여 안전하게 작업하여야 한다.

14 호흡기계 감염병이 아닌 것은?

① 디프테리아　② 백일해
③ 장티푸스　④ 유행성 이하선염

해설 **호흡기계 감염병** : 디프테리아, 유행성 감기, 백일해, 홍역, 천연두(두창), 성홍열, 풍진, 유행성 이하선염 등

정답 11 ③　12 ②　13 ①　14 ③

15 **식품 보존료로서 안식향산(Benzoic Acid)을 사용할 수 없는 식품은?**

① 과일 · 채소류 음료
② 탄산음료
③ 인삼음료
④ 발효음료류

해설 **안식향산의 사용기준(식품첨가물공전)**

- 과일 · 채소류 음료(비가열제품 제외)
- 탄산음료
- 기타 음료(분말제품 제외), 인삼 · 홍삼음료
- 한식간장, 양조간장, 산분해간장, 효소분해간장, 혼합간장
- 알로에 겔 건강기능식품
- 잼류
- 망고처트니
- 마가린
- 절임식품, 마요네즈

16 **수분활성도 0.4인 식품에서 품질 변화가 발생하였을 경우 변화요인과 가장 거리가 먼 것은?**

① 효 소 ② 산 화
③ 갈 변 ④ 미생물

해설 **증식 가능한 수분활성도**

- 세균 : 0.90 이상
- 효모 : 0.88 이상
- 곰팡이 : 0.80 전후

17 **건강수준을 측정하는 공중위생 활동의 가장 대표적인 보건수준 평가지표로 사용되는 것은?**

① 보통사망률 ② 평균수명
③ 영아사망률 ④ 비례사망지수

해설 영아사망률은 출생 후 1년 이내에 사망한 영아수를 해당 연도의 1년 동안의 총출생아수로 나눈 비율로서, 보통 1,000분비로 나타낸다. 건강수준이 향상되면 영아사망률이 줄어들므로 국민보건 상태의 측정지표로 널리 사용된다.

15 ④ 16 ④ 17 ③ **정답**

18 식품 등의 표시기준에 의한 알코올과 유기산의 열량 산출 기준은?

① 알코올은 1g당 4kcal를, 유기산은 1g당 4kcal를 각각 곱한 값의 합으로 한다.
② 알코올은 1g당 9kcal를, 유기산은 1g당 2kcal를 각각 곱한 값의 합으로 한다.
③ 알코올은 1g당 7kcal를, 유기산은 1g당 3kcal를 각각 곱한 값의 합으로 한다.
④ 알코올은 1g당 4kcal를, 유기산은 1g당 2kcal를 각각 곱한 값의 합으로 한다.

해설 **표시사항별 세부 표시기준(식품 등의 표시기준 [별지 1])**
탄수화물은 1g당 4kcal를, 단백질은 1g당 4kcal를, 지방은 1g당 9kcal를 각각 곱한 값의 합으로 산출하고, 알코올 및 유기산의 경우에는 알코올은 1g당 7kcal를, 유기산은 1g당 3kcal를 각각 곱한 값의 합으로 한다.

19 농수산물의 원산지 표시 등에 관한 법률에 따른 원산지 표시대상별 표시방법의 설명으로 적절하지 않은 것은?

① 수입한 소를 국내에서 6개월 이상 사육한 후 국내산(국산)으로 유통하는 경우에는 “국산”이나 “국내산”으로 표시하되 식육의 종류 및 출생국가명을 함께 표시한다.
예 소갈비(쇠고기: 국내산 육우(출생국: 호주))
② 국내에서 국내산 고춧가루를 사용하여 배추김치를 조리하여 판매·제공하는 경우 다음과 같이 표시할 수 있다.
예 배추김치(배추: 국내산)
③ 돼지고기 국내산(국산)의 경우 “국산”이나 “국내산”으로 표시한다.
예 삼겹살(돼지고기: 국내산)
④ 수입한 돼지를 국내에서 2개월 이상 사육한 후 국내산(국산)으로 유통하는 경우에는 “국산”이나 “국내산”으로 표시하되 출생국가명을 함께 표시한다.
예 삼겹살(돼지고기: 국내산(출생국: 덴마크))

해설 **원산지 표시대상별 표시방법(농수산물의 원산지 표시 등에 관한 법률 시행규칙 [별표 4])**
국내에서 배추김치를 조리하여 판매·제공하는 경우에는 “배추김치”로 표시하고, 그 옆에 괄호로 배추김치의 원료인 배추(절인 배추를 포함)의 원산지를 표시한다. 이 경우 고춧가루를 사용한 배추김치의 경우에는 고춧가루의 원산지를 함께 표시한다.
- 배추김치(배추: 국내산, 고춧가루: 중국산), 배추김치(배추: 중국산, 고춧가루: 국내산)
- 고춧가루를 사용하지 않은 배추김치 : 배추김치(배추: 국내산)

20 소독의 지표가 되는 소독제는?

① 포르말린　　② 크레졸
③ 석탄산　　④ 역성비누

해설 석탄산은 기구, 용기, 의류 및 오물을 소독하는 데 3%의 수용액을 사용하며, 각종 소독약의 소독력을 나타내는 기준이 된다.

정답 18 ③ 19 ② 20 ③

21 **생선, 육류, 가쓰오부시(가다랑어포)의 감칠맛 성분은?**

① IMP ② GMP
③ XMP ④ MSG

해설 핵산 계열 조미료로 표고버섯, 송이버섯 등에 들어 있는 5′-GMP, 가다랑어포(가쓰오부시), 소고기, 돼지고기 등에 들어 있는 5′-IMP 등이 있다.

22 **당류 중 비환원당(Nonreducing Sugar)은?**

① 유당(Lactose) ② 맥아당(Maltose)
③ 과당(Fructose) ④ 설탕(Sucrose)

해설 환원당의 종류에는 포도당, 과당, 맥아당, 유당, 갈락토스가 있고, 비환원당에는 설탕과 전분이 있다.

23 **어육의 자기소화 원인으로 가장 옳은 것은?**

① 어육에 존재하는 유기산에 의해 발생한다.
② 공기 중의 산소에 의해 발생한다.
③ 어육에 존재하는 효소에 의해 발생한다.
④ 어육에 존재하는 염류에 의해 발생한다.

해설 어육 내에 있는 각종 효소들의 작용에 의해 어육의 분해가 발생되는 것을 자기소화라고 한다. 이는 온도, pH의 등에 영향을 받는다.

24 **수질검사에서 과망가니즈산칼륨의 소비량이 측정하는 것은?**

① 수중 유기물의 양 측정
② 대장균군의 양 측정
③ 분변오염 양 측정
④ 색도 및 탁도 측정

해설 수중의 유기물 함량을 조사하는 지표로서 화학적 산소요구량(COD)을 측정하는데, 이때 산화제로 과망가니즈산칼륨을 사용한다.

21 ① 22 ④ 23 ③ 24 ① **정답**

25 **시금치나물 500명분을 준비할 때 총발주량은 약 얼마인가?(단, 1인분량 시금치 70g, 폐기율 6%이다)**

① 30.0kg ② 37.3kg
③ 40.0kg ④ 42.5kg

해설

$$총발주량 = \frac{정미중량 \times 100}{100 - 폐기율} \times 인원수$$

$$= \frac{70 \times 100}{100 - 6} \times 500 ≒ 37,234g$$으로 답은 약 37.3kg이다.

26 **병원체가 리케차(Rickettsia)성 감염병인 것은?**

① 결 핵 ② 홍 역
③ 발진열 ④ 콜레라

해설 리케차성 질환으로 발진열, Q열, 로키산홍반열 등이 있다.

27 **물가 상승 시 소득세를 줄이기 위해 식품비를 최대화하고 재고가치를 최소화하고 싶을 때 사용하는 재고관리 기법은?**

① 선입선출법 ② 후입선출법
③ 이동평균법 ④ 총평균법

해설 **후입선출법** : 나중에 구매한 상품을 먼저 사용하는 방법으로, 원재료로 만든 제품부터 매출되었다고 여기고 재고자산을 평가하는 방법이다.

28 **펙틴(Pectin)에 대한 설명으로 틀린 것은?**

① 주성분은 갈락투론산(Galacturonic Acid)이다.
② 과일이 익을수록 펙틴 양이 많아진다.
③ 젤리(Jelly)화에 적당한 펙틴(Pectin) 양은 1% 정도이다.
④ 적당량의 산과 당류가 존재하면 젤(Gel)을 형성한다.

해설 펙틴(Pectin)을 함유한 과일에 설탕, 산을 넣고 졸이면 젤(Gel)의 성질로 잼이나 젤리를 만들 수 있다. 펙틴, 산, 당분이 일정한 비율로 들어 있을 때 젤리화가 일어난다.

정답 25 ② 26 ③ 27 ② 28 ②

29 당근즙에 무즙을 첨가했을 때 비타민 C가 파괴되는 이유는?

① 당근에 산화제 성분이 많이 들어 있기 때문
② 무에 메르캅탄(Mercaptan)이 들어 있기 때문
③ 당근에 아스코르비네이스(Ascorbinase)가 많이 들어 있기 때문
④ 당근에 프로비타민 A(Provitamin A)가 들어 있기 때문

해설 당근, 호박, 오이에 들어 있는 아스코르비네이스(Ascorbinase) 효소는 비타민 C를 파괴한다.

30 신선한 청록색의 바닷가재로 찜을 한 후 형성된 적색 색소는?

① 안토잔틴(Anthoxanthin)
② 아스타신(Astacin)
③ 안토시아닌(Anthocyanin)
④ 아스타잔틴(Astaxanthin)

해설 새우나 게와 같은 갑각류의 색소는 가열에 의해 아스타잔틴(Astaxanthin)이 되고 이 물질은 다시 산화되어 아스타신(Astacin)으로 변한다.

31 아플라톡신(Aflatoxin) 독성을 나타내는 곰팡이는?

① *Aspergillus sojae*
② *Aspergillus flavus*
③ *Aspergillus oryzae*
④ *Aspergillus niger*

해설 **아플라톡신(Aflatoxin)** : *Aspergillus flavus*, *Aspergillus parasiticus*에 의하여 생성되는 형광성 물질로 간장독을 유발하며 특히 사람에게 발암률이 높다.

32 한국표준산업분류상 '커피 전문점'의 세분류는?

① 기타 간이 음식점업
② 외국식 음식점업
③ 주점업
④ 비알코올 음료점업

해설 **음식점 및 주점업(한국표준산업분류)**

- 음식점업 : 한식 음식점업, 외국식 음식점업, 기관 구내식당업, 출장 및 이동 음식점업, 제과점업, 피자・햄버거 및 치킨전문점, 김밥 및 기타 간이 음식점업
- 주점 및 비알코올 음료점업 : 주점업, 비알코올 음료점업(커피 전문점, 기타 비알코올 음료점업)

29 ③ 30 ② 31 ② 32 ④ **정답**

33 **다음 식품 중 적색의 원인이 되는 물질이 다른 하나는?**

① 수 박 ② 토마토
③ 고 추 ④ 사 과

해설 카로티노이드계 색소가 함유된 식품으로는 당근, 토마토, 수박, 고추 등이 있고 안토시아닌 색소가 함유된 식품으로는 사과, 딸기 등이 있다.

34 **손익분기점에 대한 설명으로 알맞은 것은?**

① 이익이 최대화되는 시점
② 총비용과 총수익이 일치하는 시점
③ 총수익이 총비용을 앞서기 시작한 시점
④ 총비용이 총수익을 앞서기 시작한 시점

해설 손익분기점은 총비용과 총수익이 일치하는 지점으로, 이익도 손실도 없는 시점이다.

35 **우유나 과즙의 맛과 비타민 등 영양성분을 보존하기 위하여 72~75℃에서 15~20초간 살균하는 방법은?**

① 저온살균법
② 고온순간살균법
③ 초고온살균법
④ 간헐살균법

해설 **고온순간살균법(HTST ; High Temperature Short Time Method)** : 우유, 과즙과 같은 액상식품을 72~75℃에서 15~20초간 가열하는 방법이다.

36 **냉장고 위 칸에 보관할 수 있는 식품은?**

① 가금류 ② 어 류
③ 육 류 ④ 조리된 식품

해설 식재료 중 채소와 가공식품은 위 칸에 저장하고, 어류와 육류는 아래 칸에 분리 저장한다.

정답 33 ④ 34 ② 35 ② 36 ④

37 **가열 조리되는 식품의 조리 열전달 매체가 아닌 것은?**

① 공 기　　② 증 기
③ 물　　④ 압 력

해설 물, 기름, 공기, 증기 등은 열의 전달매체이다.

38 **수질오염의 지표들 가운데 수치가 높을 때 좋은 수질을 나타내는 것은?**

① 용존산소(DO)　　② 화학적 산소요구량(COD)
③ 부유물질(SS)　　④ 용해성 물질(SM)

해설 수중에서 미생물이 생존하기 위해서는 용존산소가 필요하므로 용존산소의 양으로 하수의 오염도를 알 수 있다. 이 수치가 낮으면 유기물을 많이 함유하고 있는 물이다.

39 **콜라와 같은 탄산음료를 많이 섭취하는 사람들에게 부족하기 쉬운 영양소는?**

① 칼 슘　　② 철 분
③ 마그네슘　　④ 칼 륨

해설 인은 칼슘과 함께 뼈를 이루는 중요한 영양소이면서, 지나치게 섭취하면 칼슘의 흡수를 방해한다. 콜라 등 청량음료에는 인의 함량이 많다.

40 **전분의 노화에 대한 설명으로 틀린 것은?**

① 0~4℃에서 잘 일어난다.
② 수분함량이 30~60%일 때 잘 일어난다.
③ 아밀로펙틴(Amylopectin)의 함량이 많을수록 잘 일어난다.
④ 산성에서 잘 일어난다.

해설 ③ 전분의 노화는 아밀로스(Amylose)의 함량이 많을수록 잘 일어난다.

37 ④　38 ①　39 ①　40 ③ 정답

41 **아침식사와 점심식사의 중간 형태로, 아침식사를 먹지 않는 경우나 아침식사를 먹기 어려울 때 제공되는 형태는?**

① 런천(Luncheon) ② 브런치(Brunch)
③ 디너(Dinner) ④ 서퍼(Supper)

해설 ② 브런치(Brunch)는 아침식사 시간과 점심식사 시간 사이에 먹는 이른 점심을 말한다.
① 런천(Luncheon)은 런치(Lunch)와 거의 같은 의미이지만, 메뉴의 내용이 약간 알차고, 오찬의 의미가 강하다.
③, ④ 저녁 식사

42 **전분의 호화에 관여하는 요소가 아닌 것은?**

① 전분의 크기와 구조 ② pH
③ 금속이온 ④ 온 도

해설 전분의 호화에 영향을 주는 요인으로 전분의 크기와 구조, 온도, pH 등이 있다.

43 **광절열두조충의 제1중간숙주는?**

① 다슬기 ② 물벼룩
③ 가 재 ④ 연 어

해설 광절열두조충의 제1중간숙주는 물벼룩이고, 제2중간숙주는 연어, 송어, 농어 등이다.

44 **콩을 연하게 하는 조리방법이 아닌 것은?**

① 약 1%의 소금물에 담가 두었다가 그대로 조리한다.
② 0.3%의 중조수를 사용하여 가열한다.
③ 경수를 사용하여 조리한다.
④ 물에 담가 충분히 물이 흡수된 다음 조리한다.

해설 경수를 사용하면 경수의 칼슘이온과 마그네슘이온이 콩의 세포벽에 존재하는 펙틴질과 결합하여 불용성의 염을 형성하여 물이 침투되는 것을 방해하므로 콩의 수화 및 팽윤이 지연된다.

정답 41 ② 42 ③ 43 ② 44 ③

45 단백질의 등전점에서 일어나는 변화가 아닌 것은?

① 기포성의 감소 ② 용해성의 감소
③ 삼투압의 감소 ④ 점도의 감소

해설 아미노산은 등전점에서 기포성이 최대가 된다. 또한 침전이 잘 일어나 용해도, 삼투압, 점도는 감소한다.

46 밤초나 대추초를 만들 때 마지막에 넣어 향을 돋우는 재료는?

① 물 엿 ② 대추고
③ 계핏가루 ④ 치 자

해설 대추초는 마지막에 계핏가루를 넣고 꺼내어 여분의 시럽을 빼고 씨가 있던 자리에 잣을 채워 넣는다.

47 재료에 찹쌀풀이나 밥풀을 묻혀서 말렸다가 튀긴 것은?

① 부 각 ② 포
③ 전 ④ 조리개

해설 **튀김의 종류**

- 튀각 : 다시마, 참죽, 나뭇잎, 호두 등을 그대로 기름에 튀긴 것
- 부각 : 재료를 그대로 말리거나 풀칠을 하여 바싹 말렸다가 먹을 때 기름에 튀겨 안주나 마른 찬으로 사용하는 음식

48 고등어무조림을 하려고 350g의 고등어를 다듬고 무게를 쟀더니 240g이었다. 이 고등어의 폐기율은 약 얼마인가?

① 14.6% ② 31.4%
③ 68.6% ④ 45.4%

해설 폐기율 = 폐기량 ÷ 전체 중량 × 100
= (350 − 240) ÷ 350 × 100 ≒ 31.4%

45 ① 46 ③ 47 ① 48 ② 정답

49 곡류를 이용한 식품의 연결이 올바르지 않은 것은?

① 호밀 - 팝콘
② 찹쌀 - 경단
③ 귀리 - 오트밀
④ 보리 - 위스키

해설 팝콘은 옥수수에 버터와 소금으로 간을 하여 튀긴 음식이다.

50 다음 중 한식의 면류 조리에 해당하지 않는 것은?

① 편 수
② 막국수
③ 미도면
④ 국수장국

해설 ③ 미도면은 어묵면이다.
※ 국가직무능력표준(NCS)에 따르면 한식 면류 조리란 밀가루나 쌀가루, 메밀가루, 전분 가루를 사용하여 국수, 만두, 냉면을 조리하는 능력이다.

51 다음에서 설명하는 한식의 조리법은?

> 육류, 어패류, 채소류를 끓는 물에 삶거나 데쳐서 익힌 후 썰어서 초고추장이나 겨자즙 등을 찍어 먹는 조리법이다.

① 숙 채
② 생 채
③ 회
④ 숙 회

해설 숙회는 육류, 어패류, 채소류를 끓는 물에 삶거나 데쳐서 익힌 후 썰어서 초고추장이나 겨자즙 등을 찍어 먹는 조리법이다. 숙회에는 문어숙회, 오징어숙회, 미나리강회, 파강회, 어채, 두릅회 등이 있다.

52 생선을 조릴 때 어취를 제거하기 위하여 생강을 넣는다. 이때 생선을 미리 가열하여 열변성시킨 후에 생강을 넣는 주된 이유는?

① 생선의 비린내 성분이 지용성이기 때문이다.
② 생강이 어육 단백질의 응고를 방해하기 때문이다.
③ 열변성되지 않은 어육 단백질이 생강의 탈취작용을 방해하기 때문이다.
④ 생강을 미리 넣으면 다른 조미료가 침투되는 것을 방해하기 때문이다.

해설 생선 단백질 중에는 생강의 탈취작용을 방해하는 물질이 있으므로, 끓고 난 후 생선 단백질이 변성되면 생강을 넣는 것이 탈취에 효과적이다.

정답 49 ① 50 ③ 51 ④ 52 ③

53 습열 조리 시 조리온도가 높은 것부터 낮은 순서로 나열된 것은?

① 보일링(Boiling) > 시머링(Simmering) > 포칭(Poaching)
② 시머링(Simmering) > 포칭(Poaching) > 보일링(Boiling)
③ 보일링(Boiling) > 포칭(Poaching) > 시머링(Simmering)
④ 시머링(Simmering) > 보일링(Boiling) > 포칭(Poaching)

해설
- 보일링(Boiling) : 물에 넣고 끓이는 방법으로 100℃의 액체에서 가열하는 것
- 시머링(Simmering) : 86~96℃ 온도에서 은근하게 끓이는 방법
- 포칭(Poaching) : 액체온도가 재료에 전달되는 전도 형식의 습식열 조리방법으로, 비등점 이하의 온도(65~92℃)에서 끓고 있는 물, 혹은 액체 속에 담가 익히는 방법

54 장아찌 재료의 내용물이 달임장 밖으로 나와 공기와 접촉하면 하얀 곰팡이가 끼는데, 이와 관련있는 현상은?

① 수화현상 ② 연부현상
③ 피팅현상 ④ 녹변현상

해설 장아찌 재료의 내용물이 달임장 밖으로 나와 공기와 접촉하면 하얀 곰팡이가 끼는데, 이는 호기성균이 번식해서 생기는 연부현상으로 장아찌를 물컹거리게 하고 맛을 저하시키며 달임장이 급격하게 변질된다.

55 음청류에 대한 설명으로 옳지 않은 것은?

① 제호탕의 재료는 오매육, 초과, 백단향, 축사인, 물 등이다.
② 창면은 화채의 한 종류로 오미자를 기본으로 한 음식이다.
③ 보리수단은 향기 위주로 달여 마시며, 더운 음청류에 속한다.
④ 배숙은 끓인 생강 물에 배와 설탕을 넣고 약한 불에서 배가 투명해질 때까지 뭉근히 끓인다.

해설 계절에 따라 초여름에는 햇보리에 녹두 녹말가루를 씌워 삶아 만든 보리수단을 즐긴다. 찬 음청류에 속한다.

53 ① 54 ② 55 ③ 정답

56 **복합 조리법을 이용한 음식이 아닌 것은?**

① 완자탕　　② 신선로
③ 장조림　　④ 두부전골

해설 장조림은 습열 조리법으로 재료와 재료 사이에 양념장을 넣어 국물의 맛이 식품 자체에 배도록 조리하는 것이다.

57 **열구자탕이라고 불리는 음식을 담는 전골 그릇은?**

① 조치보　　② 신선로
③ 보시기　　④ 쟁 첩

해설 신선로는 가운데에 화통이 붙어 있는 냄비를 이르는 말이고, 그 안에 담는 음식은 열구자탕 또는 구자라고 한다.

58 **한식 전류 요리가 아닌 것은?**

① 화 전
② 육원전
③ 풋고추전
④ 표고전

해설 화전은 찹쌀가루를 반죽하여 진달래나 개나리, 국화 등의 꽃잎이나 대추를 붙여서 기름에 지진 떡이다.

정답 56 ③ 57 ② 58 ①

59 만두피에 고기를 넣고 네모낳게 만들어 시원한 육수에 띄워 먹는 여름철 음식은?

① 편 수
② 어만두
③ 석류탕
④ 규아상

해설 만두는 만드는 모양에 따라 둥근 만두피에 소를 넣어 주름을 잡지 않고 반달형으로 만든 병시, 해삼 모양으로 주름을 잡아 만든 규아상, 만두를 석류 모양으로 빚어 맑은 장국에 띄운 석류탕, 시원한 육수에 띄워 먹는 사각형 모양의 편수 등이 있다.

60 숙채류에 대한 설명으로 옳지 않은 것은?

① 죽순채는 생죽순을 삶아 익힌 후에 쇠고기를 넣고 볶는 요리이다.
② 월과채는 다양한 채소를 볶아서 당면과 함께 무쳐 만든다.
③ 탕평채는 청포묵을 쇠고기, 채소, 지단 등과 함께 버무려 만든다.
④ 겨자채는 신선한 채소와 배, 편육 등을 겨자장으로 무쳐 만든다.

해설 월과채는 한국의 궁중요리 중 하나로, 당면 대신 찹쌀부꾸미를 넣어 만든다.

59 ① 60 ② 정답

2023년

제 1 회 | 과년도 기출복원문제

제1과목 | 위생 및 안전관리

01 **아플라톡신(Aflatoxin)이 생성되기 가장 쉬운 것은?**

① 덜 구워진 햄버거 고기
② 건조가 불충분한 곡류
③ 초고온 살균된 유제품
④ 불포화 지방산이 많은 어육

해설 **아플라톡신 중독** : 아스페르길루스 플라버스(*Aspergillus flavus*) 곰팡이가 쌀, 보리 등의 탄수화물이 풍부한 곡류와 땅콩 등의 콩류에 침입하여 아플라톡신 독소를 생성하여 독을 일으킨다.

02 **pH 4 이하 산성식품에서 생육하기 어려운 것은?**

① 대장균　② 효 모
③ 곰팡이　④ 젖산균

해설 곰팡이와 효모는 pH 4~6의 약산성 상태에서 가장 잘 발육하며, 젖산균은 pH 3.5 정도에서도 생육 가능하다.

03 **식품안전관리인증기준(HACCP)의 설명으로 옳지 않은 것은?**

① 위해요소 분석(HA)은 원료와 공정에서 발생이 가능한 생물학적・화학적・물리적 위해요소를 분석하는 것을 말한다.
② 중요관리점(CCP)은 위해요소를 예방・제어 또는 허용 수준으로 감소시킬 수 있는 단계를 중점 관리하는 것을 말한다.
③ 모니터링(Monitoring)은 위해요소의 관리 여부를 점검하기 위하여 실시하는 관찰이나 측정 수단을 말한다.
④ HACCP에 대한 문서의 보존은 최소 3년 이상으로 한다.

해설 HACCP에 대한 기록은 관계 법령에 특별히 규정된 것을 제외하고는 2년간 보관하여야 한다.

정답 1 ② 2 ① 3 ④

04 화학적 식중독을 일으키는 원인 물질과 증상이 바르게 연결된 것은?

① 비소 – 전신경련, 언어장애
② 수은 – 신경염, 흑피증, 각화증
③ 카드뮴 – 신장기능장애, 골연화증
④ 주석 – 배꼽 주변의 통증, 피부발진

해설 **화학적 식중독별 증상**
- 비소 : 위장장애(설사), 피부이상 및 신경장애
- 수은 : 중추신경장애 증상(미나마타병 : 지각이상, 언어장애, 보행 곤란)
- 주석 : 구역질, 복통, 설사 등

05 세균성 이질에 대한 설명으로 틀린 것은?

① 급성 세균성 질환이다.
② 계절적으로 11월부터 3월까지 집중된다.
③ 지리적으로 열대, 한대, 온대 전 지역에서 발생한다.
④ 발열, 구토, 경련 등이 일어나며 심할 때는 점액성 혈변을 일으킨다.

해설 ② 세균성 이질은 주로 여름철에 발병한다.

06 식중독 환자를 진단한 의사 또는 한의사가 지체 없이 보고해야 하는 대상은?

① 관할 특별자치시장・시장・군수・구청장
② 관할 보건소장
③ 식품의약품안전처장
④ 보건복지부장관

해설 식중독 환자나 식중독이 의심되는 자를 진단하였거나 그 사체를 검안한 의사 또는 한의사는 지체 없이 관할 특별자치시장・시장・군수・구청장에게 보고하여야 한다(식품위생법 제86조제1항).

07 색소는 포함되어 있지 않지만, 식품의 색을 안정시키는 기능을 하는 첨가물은?

① 착색제　　② 표백제
③ 발색제　　④ 유화제

해설 발색제 자체에는 색소가 없으나 식품 중의 색소 단백질과 반응하여 식품 자체의 색을 고정(안정화)시키고, 선명하게 한다.

4 ③ 5 ② 6 ① 7 ③ **정답**

08 우리나라에서 가장 많이 발생하는 식중독 유형은?

① 화학적 식중독
② 자연독 식중독
③ 세균성 식중독
④ 곰팡이 독소

해설 우리나라에서 가장 많이 발병하는 식중독은 식중독 세균에 노출된 음식물을 섭취하여 발생하는 세균성 식중독이다.

09 식품위생법규상 무상수거 대상 식품은?

① 도·소매업소에서 판매하는 식품 등을 시험 검사용으로 수거할 때
② 식품 등의 기준 및 규격 제정을 위한 참고용으로 수거할 때
③ 식품 등의 기준 및 규격 개정을 위한 참고용으로 수거할 때
④ 식품 등을 검사할 목적으로 수거할 때

해설 식품의약품안전처장은 검사에 필요한 최소량의 식품 등을 무상으로 수거하게 할 수 있다(식품위생법 제22조제1항).

10 식중독균 사멸 조건으로 옳은 것은?

① 보툴리누스균 – 60℃에서 10분 가열 시 사멸
② 살모넬라균 – 60℃에서 30분 가열 시 사멸
③ 장염비브리오균 – 40℃에서 5분 가열 시 사멸
④ 황색포도상구균 – 60℃에서 20분 가열 시 사멸

해설 ② 살모넬라균은 60℃에서 30분 동안 가열하면 사멸한다.
① 보툴리누스균은 80℃에서 20분 또는 100℃에서 1~2분 가열하면 사멸한다.
③ 장염비브리오균은 60℃에서 5분 또는 55℃에서 10분 가열하면 사멸한다.
④ 황색포도상구균은 78℃에서 1분 혹은 64℃에서 10분의 가열로 균은 거의 사멸되나 식중독 원인 물질인 장독소는 내열성이 강하여 100℃에서 60분간 가열해야 사멸한다.

11 손 위생에 관련한 내용으로 옳지 않은 것은?

① 머리를 만진 후에는 즉시 손을 닦는다.
② 위생모를 만진 후에는 즉시 손을 닦는다.
③ 손 씻기는 정해진 시간에 한 번 손 씻는 방법에 따라 하면 된다.
④ 역성비누를 이용하여 손을 씻는다.

해설 손 위생을 위해 올바른 방법으로 가능한 수시로 손을 씻는 것이 좋다.

정답 8 ③ 9 ④ 10 ② 11 ③

12 **식품위생법에서 국민의 보건위생을 위하여 필요하다고 판단되는 경우 영업소의 출입·검사·수거 등은 몇 회 실시하는가?**

① 1년에 1회
② 1년에 4회
③ 6개월에 1회
④ 필요할 때마다 수시로

해설 출입·검사·수거 등은 국민의 보건위생을 위하여 필요하다고 판단되는 경우에는 수시로 실시한다(식품위생법 시행규칙 제19조제1항).

13 **식품위생법령상 소분·판매의 대상이 되는 식품은?**

① 전 분
② 어육제품
③ 통·병조림 제품
④ 체중조절용 조제식품

해설 **식품소분업의 신고대상(식품위생법 시행규칙 제38조제1항)**
식품제조·가공업 및 식품첨가물제조업에 따른 영업의 대상이 되는 식품 또는 식품첨가물(수입되는 식품 또는 식품첨가물을 포함)과 벌꿀(영업자가 자가채취하여 직접 소분·포장하는 경우를 제외)을 말한다. 다만, 다음의 어느 하나에 해당하는 경우에는 소분·판매해서는 안 된다.
- 어육제품
- 특수용도 식품(체중조절용 조제식품은 제외)
- 통·병조림 제품
- 레토르트 식품
- 전분
- 장류 및 식초(제품의 내용물이 외부에 노출되지 않도록 개별 포장되어 있어 위해가 발생할 우려가 없는 경우는 제외)

14 **독버섯이 아닌 것은?**

① 독우산광대버섯 ② 끈적버섯
③ 알광대버섯 ④ 차가버섯

해설 차가버섯은 북아메리카, 북유럽 등 지방의 자작나무에 기생해 자라는 버섯으로 항암효과와 면역효과가 뛰어난 것으로 알려져 있다.
독버섯의 종류 : 무당버섯, 광대버섯, 알광대버섯, 화경버섯, 미치광이버섯, 외대버섯, 웃음버섯, 땀버섯, 끈적버섯, 마귀버섯, 깔때기버섯 등

12 ④ 13 ④ 14 ④ 정답

15 식품의 부패 판정검사 시 어육의 부패로 판정되는 것은?

① 1g당의 생균수가 10^5이다.
② pH가 5.5 전후이다.
③ 100g 중 휘발성 염기질소 양이 20mg이다.
④ 100% 중 TMA(Trimethylamine)가 10mg이다.

해설 **트라이메틸아민(TMA)** : 생선의 비린내 성분으로 3~4mg%이면 초기 부패로 판정

16 부적당한 조명에 의한 피해가 아닌 것은?

① 백내장 ② 레노병
③ 안구진탕증 ④ 근 시

해설 레노병(레이노드병)은 진동에 의한 질병이다.

17 물의 정수법 중 완속사여과법에 대한 설명이 아닌 것은?

① 생물막제거법은 사면대치로 한다.
② 약품으로 침전을 시킨다.
③ 광대한 면적이 필요하다.
④ 급속사여과법에 비해 건설비가 많이 든다.

해설 **완속사여과법**
모래층에서 증식한 미생물에 의해 불순물질을 포착해 산화분해한다. 처리된 물의 수질에 따라 적정 기간 여과한 다음 모래층이 막히지 않도록 청소하는데, 여과를 멈추고 물을 뺀 후에 모래를 긁어내고 사면대치하여 청소한다.

18 효소와 식품별 기능을 설명한 것으로 옳지 않은 것은?

① 파파인 - 육류의 연화작용
② 카세인 - 어류의 비린내 감소
③ 브로멜린 - 육류의 연화작용
④ 안티트립신 - 날콩의 소화작용

해설 안티트립신은 날콩에 들어 있는 소화를 방해하는 효소로, 콩을 날로 먹으면 소화력이 떨어진다.

정답 15 ④ 16 ② 17 ② 18 ④

19 식품 등의 표시·광고에 관한 법률에 따른 식품의 표시사항이 아닌 것은?

① 식품유형 및 영양성분
② 상표, 로고
③ 용기 및 포장의 재질
④ 소비기한 또는 품질유지기한

해설 ② 상표, 로고는 식품 등의 표시·광고에 관한 법률에 따른 식품의 표시사항이 아니다.
※ 식품 등의 표시·광고에 관한 법률 제4조 참고

20 조리장에 비치된 소화기가 '정상'일 때 가리키는 눈금은?

① 노란색 ② 적 색
③ 녹 색 ④ 흰 색

해설 소화기 눈금이 녹색에 위치해야 정상이다.

제2과목 | 식재료관리 및 외식경영

21 우족을 물과 함께 장시간 가열한 후 냉각시켰더니 응고현상이 나타났다. 어떤 단백질이 유도단백질로 변한 것인가?

① 젤라틴 ② 콜라겐
③ 알부민 ④ 카제인

22 다음 중 외식 창업의 3요소가 아닌 것은?

① 창업 자본 ② 창업자
③ 창업 계획 ④ 창업 마케팅

해설 **외식 창업의 구성요소** : 창업자, 창업 아이디어, 창업 자본

19 ② 20 ③ 21 ② 22 ④ 정답

23 ABC 관리방법 중 A 품목에 관한 설명으로 적절한 것은?

① 대량으로 구매해 놓고 대량 재고를 유지할 수 있도록 한다.
② 전체 재고량의 40~60%를 차지한다.
③ 전체 금액의 70~80%를 차지한다.
④ 밀가루, 설탕, 조미료 등을 예로 들 수 있다.

해설 ABC 관리방법

A 재고품	• 고가치품으로, 단가가 높고 소량이어서 입수하기 어려움 • 전 품목 중 10~20% 차지 • 총 사용금액 중 70~80% 차지
B 재고품	• 중가치품으로, A 재고품과 C 재고품의 중간 • 전 품목 중 20~40% 차지 • 총 사용금액 중 15~20% 차지
C 재고품	• 저가치품으로, 값이 저렴하고 입수하기 쉬움 • 전 품목 중 40~60% 차지 • 총 사용금액 중 5~10% 차지

24 전분의 노화에 대한 설명으로 틀린 것은?

① 0~4℃에서 잘 일어난다.
② 수분함량이 30~60%일 때 잘 일어난다.
③ 아밀로펙틴(Amylopectin)의 함량이 많을수록 잘 일어난다.
④ 산성에서 잘 일어난다.

해설 ③ 전분의 노화는 아밀로스(Amylose)의 함량이 많을수록 잘 일어난다.

25 온장 음료를 따뜻하게 보관하기 위한 온장고의 적정 온도는?

① 80℃ ② 60℃
③ 40℃ ④ 35℃

해설 온장 음료 보관 시 온장고의 적정 온도는 50~60℃이다.

정답 23 ③ 24 ③ 25 ②

26 CA(Controlled Atmosphere) 저장법이란?

① 산소와 이산화탄소로 기체 조성을 조절하는 저장법
② 수소와 산소로 기체 조성을 조절하는 저장법
③ 질소와 수소로 기체 조성을 조절하는 저장법
④ 헬륨과 이산화탄소로 기체 조성을 조절하는 저장법

해설 CA(Controlled Atmosphere) 냉장은 냉장실의 온도와 공기 조성을 함께 제어하여 냉장하는 방법으로, 주로 청과물(특히, 사과)의 저장에 많이 사용된다. 온도는 적당히 낮추고, 냉장실 내 공기 중의 CO_2 분압을 높이고, O_2 분압을 낮춤으로써 호흡을 억제하는 방법이 사용된다.

27 절단면에서 얄라핀(Jalapin)이라는 백색 점액이 나오는 것은?

① 완두콩 ② 땅 콩
③ 감 자 ④ 고구마

해설 얄라핀은 고구마를 잘랐을 때 나오는 하얀 점액질로 배변 활동을 촉진해 몸속 노폐물을 배출시킨다.

28 다음 식품 중 직접 가열하는 급속 해동법이 가장 많이 이용되는 것은?

① 생선류 ② 육 류
③ 반조리 식품 ④ 계 육

해설 반조리 식품은 급속 해동을 해도 맛이나 영양소의 파괴가 적다.

29 유지의 발연점, 인화점, 연소점에 영향을 미치는 요인이 아닌 것은?

① 유지의 비중
② 유지의 정제 정도
③ 노출된 유지의 표면적
④ 유리지방산의 함량

해설 유지의 발연점은 유리지방산의 함량이 높을수록, 담는 용기의 표면적이 넓을수록, 기름에 이물질이 많이 들어 있을수록, 사용 횟수가 많을수록 낮아진다.

26 ① 27 ④ 28 ③ 29 ① **정답**

30 옥수수 단백질인 제인(Zein)에 거의 들어 있지 않은 필수아미노산은?

① 트립토판(Tryptophan)
② 프롤라민(Prolamin)
③ 류신(Leucine)
④ 트레오닌(Threonine)

해설 옥수수 단백질인 제인(Zein)은 리신과 트립토판이 결핍되어 있지만 그중 가장 부족한 필수아미노산은 트립토판이다.

31 숙성 소고기의 색이 선명한 붉은색으로 변하는 이유는?

① 세균에 의하여 마이오글로빈에서 글로빈이 분리되기 때문에
② 마이오글로빈이 환원되어 메트마이오글로빈으로 변하기 때문에
③ 마이오글로빈이 서서히 산화되어 메트마이오글로빈으로 변하기 때문에
④ 산소와 결합하여 마이오글로빈이 옥시마이오글로빈으로 변하기 때문에

해설 소고기의 색은 환원형의 마이오글로빈(철 함유)에 의해 적자색을 띠지만 산소와 결합 시 선홍색의 옥시마이오글로빈이 된다.

32 우유를 먹었을 때 주로 섭취할 수 있는 무기질로만 짝지어진 것은?

① 칼슘, 인, 철분, 아연
② 칼슘, 인, 마그네슘, 칼륨
③ 칼슘, 인, 나트륨, 구리
④ 칼슘, 인, 황, 구리

해설 우유에는 칼슘, 인, 마그네슘, 칼륨이 있는데, 이는 뼈와 치아를 구성하는 무기질이다.

33 조리외식 경영 차원에서 고객과의 서비스 접점에 대한 내용으로 옳지 않은 것은?

① 서비스 제공자들의 예의 바른 서비스
② 고객에 대한 인간적인 관심과 도움
③ 제공될 서비스에 대한 전문지식의 보유
④ 서비스 제공자별 서비스의 다양화

해설 ④ 서비스의 일관성이 유지되어야 한다.

정답 30 ① 31 ④ 32 ② 33 ④

34 무기질의 기능이 아닌 것은?

① 포만감을 준다.
② 근육의 탄력을 유지한다.
③ 효소작용의 촉매작용을 한다.
④ 체내 분비액의 산과 알칼리를 조절한다.

해설 원료 성분 중 단백질이 포만감에 가장 효과적이다.

35 콩나물의 비린내 성분은?

① Lipoxygenase ② Lactase
③ Pentosanase ④ Hemicellulase

해설 콩류의 비린내 성분으로 '리폭시게네이스(Lipoxygenase, 리폭시게나제)' 효소가 있다. 콩나물 비린내를 없애려면 삶을 때 냄비 뚜껑을 자주 열지 말아야 한다.

36 필수아미노산이 아닌 것은?

① 라이신(Lysine)
② 메티오닌(Methionine)
③ 페닐알라닌(Phenylalanine)
④ 아라키돈산(Arachidonic Acid)

해설 **필수아미노산** : 발린, 류신, 아이소류신, 메티오닌, 트레오닌, 라이신, 페닐알라닌, 트립토판, 히스티딘
※ 8가지로 보는 경우 히스티딘은 제외

37 갈변 방지법과 거리가 먼 것은?

① 산소 첨가 ② 금속이온 제거
③ 가열 처리 ④ pH 조절

해설 ① 산소와의 접촉을 방지해야 한다.

34 ① 35 ① 36 ④ 37 ① 정답

38 원가 절감방안이 아닌 것은?

① 재고 보관창고의 규모를 늘린다.
② 불량률을 줄인다.
③ 출고된 재료의 양을 조절·관리한다.
④ 폐기에 의한 재료 손실을 최소화한다.

해설 재고관리 및 저장관리의 목적은 원·부재료의 적정 재고량을 유지하여 최상의 품질을 유지하기 위해 위생적이고 안전하게 관리하고, 미래에 사용하기 위하여 비축하고 있는 자산이며, 도난 및 부패로 인한 손실을 예방하여 유지비용과 발주에 따른 제비용을 최소화하고 자산을 보존하는 데 목적이 있다.

39 재고회전율이 표준치보다 낮은 경우에 대한 설명으로 틀린 것은?

① 부정 유출이 우려된다.
② 긴급 구매로 비용 발생이 우려된다.
③ 종업원들이 심리적으로 부주의하게 식품을 사용하여 낭비가 심해진다.
④ 저장기간이 길어지고 식품 손실이 커지는 등 많은 자본이 들어가 이익이 줄어든다.

해설 **재고회전율**

- 현재 보유하고 있는 재고 품목들이 얼마나 빈번히 주문되고 이 품목들이 어느 정도의 기간 동안 사용되었는지를 계산하는 것이다.
- 재고회전율이 표준치보다 낮은 것은 재고가 과잉수준임을 나타낸다.

40 식품을 구입, 조리, 배식하는 모든 과정에서부터 서빙까지 같은 장소에서 이루어지는 급식제도는?

① 중앙공급식 급식제도
② 예비조리식 급식제도
③ 조합식 급식제도
④ 전통적 급식제도

해설 식품을 구입·조리하고 배식하는 과정에서부터 서빙까지 같은 장소에서 이루어지는 것을 전통적 급식제도라고 한다.

정답 38 ① 39 ② 40 ④

41 **다음 중 메뉴 엔지니어링과 관련한 내용으로 적절한 것은?**

① Star - 인기와 수익성을 모두 갖춘 상품을 말한다.
② Puzzle - 수익성은 낮으나, 인기가 높은 상품을 말한다.
③ Dog - 인기는 낮으나, 수익성이 높은 상품을 말한다.
④ Plow Horse - 인기와 수익성이 모두 낮은 상품을 말한다.

해설 **메뉴 엔지니어링(Menu Engineering)**
- Star : 인기와 수익성 모두 높은 상품 → 유지
- Cash Cow(Plow Horse) : 수익성은 낮으나, 인기가 높은 상품 → 가격 조정
- Puzzle : 인기는 낮으나, 수익성이 높은 상품 → 위치 변경
- Dog : 인기와 수익성이 모두 낮은 상품 → 제거

42 **밤초나 대추초를 만들 때 마지막에 넣어 향을 돋우는 재료는?**

① 물 엿　　② 대추고
③ 계핏가루　　④ 치 자

해설 대추초는 마지막에 계핏가루를 넣고 꺼내어 여분의 시럽을 빼고 씨가 있던 자리에 잣을 채워 넣는다.

43 **한국음식 양념 중 향신료에 해당되는 것은?**

① 된장, 식초　　② 소금, 간장
③ 겨자, 후추　　④ 설탕, 고추장

해설 **향신료** : 독특한 향과 맛을 가진 식물의 뿌리, 열매, 꽃, 종자, 잎, 껍질 등을 이용하여 음식의 풍미를 향상시키고 식욕과 소화를 촉진하는 효과가 있다. 종류로 고추, 마늘, 생강, 후추, 참기름, 겨자 등이 있다.

44 **콩조림을 만들 때 처음부터 간장이나 설탕 등의 조미료를 첨가하여 끓이면 콩이 딱딱해지는데, 이는 어떤 현상 때문인가?**

① 삼투압 현상　　② 모세관 현상
③ 용출현상　　④ 팽윤현상

해설 **삼투압 현상** : 콩을 간장에 조릴 때 콩 속의 수분이 밖으로 빠져 나와 딱딱해지는 현상을 말한다.

41 ① 42 ③ 43 ③ 44 ① 정답

45 400g에 10,000원 하는 불고기를 구입하여 1인당 100g씩 급식할 경우 1인당 식품원가는 얼마이며, 1인당 8,000원에 판매하고 있다면 불고기의 식자재비율은 약 몇 %인가?

① 2,500원, 31.2%　　② 1,500원, 32.0%
③ 2,000원, 35.5%　　④ 3,000원, 30.5%

46 간장에 대한 설명으로 옳지 않은 것은?

① 메주에 소금물을 붓고 숙성한 후 메주덩어리를 건져내고 남은 액체를 생간장이라 하며, 저장성 증진과 향미의 향상을 위해 끓이기도 한다.
② 간장의 색은 마이야르 반응(Maillard Reaction)에 의한 멜라닌(Melanin)과 멜라노이딘(Melano-idine) 색소에 의해 진한 갈색을 띤다.
③ 제조방법 중 발효법을 이용한 양조간장에는 재래식·개량식·아미노산 간장이 있다.
④ 간장 특유의 향은 메티오놀(Methionol)에 의한다.

해설 양조간장은 개량식 간장으로, 콩 단백질을 개량된 방식으로 자연분해한 간장이다. 콩이나 탈지대두 또는 쌀, 보리, 밀 등의 전분을 섞어 순수 미생물인 누룩곰팡이균을 넣어 발효하고 숙성시킨 후 가공한 간장으로 6개월에서 1년 이상 서서히 발효시켜 만들어 간장이 가진 고유의 향과 감칠맛이 뛰어나다.

47 레닌(Rennin)에 의해 우유 단백질이 응고될 때 관여하는 무기질은?

① Fe^{2+}　　② Ca^{2+}
③ Mg^{2+}　　④ Na^{+}

해설 레닌(Rennin)은 칼슘과 함께 우유에 들어 있는 카세인(Casein)을 응고성 단백질로 만드는 기능을 한다.

48 유지의 포화지방산에 대한 설명으로 옳은 것은?

① 탄소수가 증가할수록 비중이 커진다.
② 탄소수가 증가할수록 융점이 낮아진다.
③ 탄소수가 증가할수록 휘발성이 감소한다.
④ 탄소수가 증가할수록 용해도가 증가한다.

정답 45 ① 46 ③ 47 ② 48 ③

49 조리방법에 대한 설명으로 옳은 것은?

① 콩나물국의 색을 맑게 만들기 위해 소금으로 간을 한다.
② 채소를 잘게 썰어 끓이면 빨리 익으므로 수용성 영양소의 손실이 적어진다.
③ 푸른색을 최대한 유지하기 위해 소량의 물에 채소를 넣고 데친다.
④ 전자레인지는 자외선에 의해 음식이 조리된다.

해설 ② 채소를 물에 끓이면 수용성 영양소의 손실이 많아진다.
③ 채소를 데칠 때에는 재료의 5배가 되는 물에 넣고 단시간에 데친다.
④ 전자레인지는 마이크로파를 이용해 식품을 가열하는 조리기구이다.

50 식품의 기준 및 규격상 카카오 씨앗의 껍질을 벗긴 후 압착 또는 용매 추출하여 얻은 지방을 무엇이라 하는가?

① 코코아 버터
② 코코아 매스
③ 코코아 분말
④ 코코아 페이스트

해설 식품의 기준 및 규격에 따르면 코코아 버터는 카카오 씨앗의 껍질을 벗긴 후 압착 또는 용매 추출하여 얻은 지방을 말한다.

51 김치의 숙성에 관여하지 않는 미생물은?

① *Lactobacillus plantarum*
② *Leuconostoc mesenteroides*
③ *Aspergillus oryzae*
④ *Pediococcus pentosaceus*

해설 누룩곰팡이(*Aspergillus oryzae*)는 황국균이라고도 하며, 전분 당화력과 단백질 분해력이 강하여 간장, 된장, 탁주, 약주 제조에 이용한다.

52 입고량, 출고량, 재고량 등을 계속적으로 기록하는 것은?

① 영구재고 시스템
② 선입선출 시스템
③ 실사재고 시스템
④ 후입선출 시스템

해설 물품의 입고 수량과 출고 수량을 계속적으로 기록하여 적정 재고량을 유지하는 방법은 영구재고 시스템이다.

49 ① 50 ① 51 ③ 52 ① 정답

53 미나리나 실파 등을 데친 후 재료를 상투 모양으로 감아서 만든 것은?

① 수정회 ② 강 회
③ 갑 회 ④ 어 채

해설 강회는 미나리나 파 등을 데쳐 돌돌 말아 양념장에 찍어 먹는 숙회류 음식이다.
① 수정회 : 우뭇가사리 등을 짓이겨 끓인 뒤 굳은 것을 썰어 먹는 회
③ 갑회 : 소간, 천엽, 양 등 소의 내장으로 만든 회
④ 어채 : 흰살생선을 포를 떠서 녹말가루를 묻힌 뒤 살짝 데쳐 먹는 숙회류 음식

54 오이를 막대 모양으로 썰어 소금에 절인 후 소고기와 표고버섯을 함께 볶아 익힌 음식은?

① 오이선 ② 오이감정
③ 오이생채 ④ 오이갑장과

해설 ① 오이선 : 오이에 고기소를 넣어서 삶은 후 식은 장국을 부어 만드는 음식
② 오이감정 : 오이를 어슷하게 썰어 쇠고기를 넣고 끓이는 고추장찌개
③ 오이생채 : 오이를 얇게 썰어 식초와 고춧가루를 넣어 만든 생채

55 선(膳) 조리 중 겨자장을 곁들이지 않는 것은?

① 어 선 ② 호박선
③ 오이선 ④ 두부선

해설 오이선은 단촛물을 끼얹은 음식이다.

56 김치의 저장과 관련한 내용으로 맞지 않는 것은?

① 김치의 소금 농도가 높으면 세균이 잘 번식하지 않는다.
② 김치 발효 초기 온도가 높으면 유산균이 생성되어 맛있게 숙성된다.
③ 김치 숙성이 오래 이어지면 김치 pH가 산성이 된다.
④ 김치를 보관할 때에는 잘 밀봉하고 뚜껑을 자주 열지 않는다.

해설 김치 숙성 중에는 수많은 미생물이 번식하는데 초기 발효 온도가 높거나 소금 농도가 낮으면 유산균보다 성장 속도가 빠른 호기성 균주가 성장하여 김치를 부패시킨다.

정답 53 ② 54 ④ 55 ③ 56 ②

57 **한과 조리에 관한 설명으로 적절하지 않은 것은?**

① 매작과는 밀대로 밀 때 두께감이 있게 해야 바삭하다.
② 약과 반죽 시 많이 치대지 않아야 켜가 잘 생긴다.
③ 매작과를 미리 만들어 보관할 때는 집청을 하지 않고 밀봉해 냉동 보관해 둔다.
④ 잣가루는 기름이 많아 손으로 묻히지 않고 젓가락을 사용해 고물을 묻혀야 덩어리지지 않는다.

해설 매작과는 얇게 밀어야 바삭하다. 기계로 반죽을 밀어펼 때는 반죽이 질지 않게 주의한다.

58 **한식의 숙채류에 속하지 않는 음식은?**

① 콩나물 ② 두릅적
③ 탕평채 ④ 애호박나물

해설 ② 두릅적은 밀가루, 달걀 물을 입혀 번철에 지져 익히는 적(炙) 요리이다.

59 **세시풍속별 음식의 연결이 적절하게 이루어지지 않은 것은?**

① 단오 – 증편, 수리취떡, 생실과
② 삼짇날 – 토란탕, 생실과, 송이산적, 잡채, 햅쌀밥
③ 동지 – 팥죽, 동치미, 생실과, 경단
④ 설날 – 떡국, 만두, 편육, 전유어, 육회

해설 ② 삼짇날 : 약주, 생실과, 포, 절편, 조기면, 탕평채, 화면, 진달래화채 등

60 **적 조리에 관한 설명으로 틀린 것은?**

① 적 재료를 꼬치에 뀔 때는 반드시 중앙에 주재료가 있어야 한다.
② 적 조리 시 단단한 재료는 미리 데치거나 익혀 놓는다.
③ 누름적의 종류에는 김치적, 두릅적, 잡누름적 등이 있다.
④ 장산적은 쇠고기를 곱게 다져서 양념을 하여 구운 다음 간장에 조린 것이다.

해설 재료를 꼬치에 뀔 때는 반드시 꼬치에 꿰인 처음 재료와 마지막 재료가 같아야 하는데, 그 꿰는 재료에 따라 산적 음식에 대한 이름을 붙이기 때문이다.

57 ① 58 ② 59 ② 60 ① 정답

2024년

제 1 회 | 최근 기출복원문제

제1과목 | 위생 및 안전관리

01 Cholinesterase 억제 농약은?

① 유기인제
② 유기염소제
③ 유기수은제
④ 유기억제제

해설 **유기인제** : 콜린에스테레이스(Cholinesterase, 콜린에스테라제)의 작용을 억제하여 혈액과 조직 중에 생기는 유해한 아세틸콜린(Acetylcholine)을 축적시켜 중독증상을 나타내는 농약

02 황변미 중독의 원인 물질은?

① DDT
② Islanditoxin
③ Methyl Parathion
④ Saxitoxin

해설 **황변미 중독의 원인 물질** : 루테오스키린(Luteoskyrin), 아이슬랜디톡신(Islanditoxin) 등

03 경구감염병과 세균성 식중독을 비교한 것으로 적절한 것은?

① 경구감염병은 세균성 식중독에 비하여 면역성이 없다.
② 경구감염병은 세균성 식중독에 비하여 2차 감염이 거의 일어나지 않는다.
③ 경구감염병은 세균성 식중독에 비하여 잠복기가 길다.
④ 경구감염병은 세균성 식중독에 비하여 대량의 미생물 균체가 있어야 감염이 가능하다.

해설 ① 세균성 식중독은 면역성이 없고, 경구감염병은 있는 경우가 많다.
② 경구감염병은 2차 감염이 많고, 세균성 식중독은 거의 없다.
④ 경구감염병은 소량의 균으로, 세균성 식중독은 대량의 균으로 발병한다.

정답 1 ① 2 ② 3 ③

04 다음 중 유해 인공감미료는?

① 타르(Tar)색소
② 사이클라메이트(Cyclamate)
③ 황산제1철
④ 아스파탐(Aspartame)

해설 유해 인공감미료의 종류로 둘신, 사이클라메이트, 페릴라틴 등이 있다.

05 다음 빈칸에 들어갈 말로 알맞은 것은?

수분함량이 많은 식품에는 (㉠)이/가 우선 증식하며, 건조식품에는 (㉡)이/가 우선 증식한다.

① ㉠ 세균, ㉡ 곰팡이
② ㉠ 곰팡이, ㉡ 세균
③ ㉠ 효모, ㉡ 곰팡이
④ ㉠ 효모, ㉡ 방선균

해설 수분함량이 높은 식품에서는 세균이 우선적으로 증식하고, 수분함량이 낮은 건조식품이나 과일류에서는 곰팡이가 우선적으로 증식한다.

06 식품위생법령상 영업변경 신고대상에 해당하지 않는 것은?

① 영업자의 성명
② 영업소의 상호
③ 휴식을 위한 시설보수
④ 영업소의 소재지

해설 **신고를 하여야 하는 변경사항(식품위생법 시행령 제26조)**
변경할 때 신고를 하여야 하는 사항은 다음과 같다.
- 영업자의 성명(법인인 경우에는 그 대표자의 성명을 말함)
- 영업소의 명칭 또는 상호
- 영업소의 소재지
- 영업장의 면적

4 ② 5 ① 6 ③ 정답

07 다음 부영양화 현상에 관한 설명 중 틀린 것은?

① 부영양화 현상이 있으면 용존산소량이 풍부해진다.
② 부영양화 현상은 물이 정체되기 쉬운 호수에서 잘 발생한다.
③ 부영양화된 호수는 식물성 플랑크톤이 대량으로 발생되기 쉽다.
④ 부영양화된 호수는 식물성 조류에 의하여 물의 투명도가 저하된다.

해설 부영양화 현상은 하천과 호수에 유기물과 영양소가 들어와 물 속의 영양분이 많아지는 것을 말한다. 수중 유기물의 생물에 의한 산화분해가 진행되고, BOD가 높아지며 용존산소량이 감소하고, 이산화탄소가 증가한다.

08 식품의 점도를 증가시키고 교질상의 미각을 향상시키는 효과가 있는 첨가물은?

① 산화방지제 ② 유화제
③ 품질개량제 ④ 증점제

해설 증점제란 식품의 점도를 증가시키는 식품첨가물을 말한다.
예 잔탄검, 카라기난, 카나우바왁스 등

09 식중독균 중 감염형 원인균인 것은?

① *Salmonella typhimurium* ② *Clostridium botulinum*
③ *Staphylococcus aureus* ④ *Clostridium perfringens*

해설 **감염형 식중독 원인균** : 살모넬라, 장염비브리오균, 병원성대장균, 캄필로박터, 여시니아, 리스테리아 모노사이토제네스

10 축산물의 원산지 표시대상별 표시방법에 대한 설명 중 틀린 것은?

① 쇠고기는 식육의 종류를 한우, 젖소, 육우로 구분하여 표시한다.
② 수입한 소를 국내에서 3개월 이상 사육한 후 국내산으로 유통하는 경우에는 '국내산'으로 표시하되, 괄호 안에 출생국가명을 함께 표시한다.
③ 수입한 돼지 또는 양을 국내에서 2개월 이상 사육한 후 국산으로 유통하는 경우에는 '국산'으로 표시하되, 괄호 안에 출생국가명을 함께 표시한다.
④ 수입한 닭 또는 오리를 국내에서 1개월 이상 사육한 후 국산으로 유통하는 경우에는 '국산'으로 표시하되, 괄호 안에 출생국가명을 함께 표시한다.

해설 **원산지 표시대상별 표시방법(농수산물의 원산지 표시 등에 관한 법률 시행규칙 [별표 4])**
축산물의 원산지 표시방법 : 쇠고기는 국내산(국산)의 경우 '국산'이나 '국내산'으로 표시하고 식육의 종류를 한우, 젖소, 육우로 구분하여 표시한다. 다만, 수입한 소를 국내에서 6개월 이상 사육한 후 국내산(국산)으로 유통하는 경우에는 '국산'이나 '국내산'으로 표시하되, 괄호 안에 식육의 종류 및 출생국가명을 함께 표시한다.

정답 7 ① 8 ④ 9 ① 10 ②

11 조리사의 건강진단 항목, 횟수의 연결로 적절한 것은?

① 파라티푸스 - 1년마다 1회
② 폐결핵 - 2년마다 1회
③ 감염성 피부질환 - 6개월마다 1회
④ 장티푸스 - 18개월마다 1회

해설 **건강진단 항목 등(식품위생 분야 종사자의 건강진단 규칙 제2조)**
- 건강진단 항목 : 장티푸스, 파라티푸스, 폐결핵
- 식품위생법에 따라 건강진단을 받아야 하는 영업자 및 그 종업원은 매 1년마다 건강진단을 받아야 한다.

12 식품제조업소의 안전관리인증기준(HACCP) 내용으로 옳지 않은 것은?

① 작업장은 청결구역과 일반구역으로 분리한다.
② 작업장 이동경로에는 물건을 적재하거나 다른 용도로 사용하지 아니 하여야 한다.
③ 선별 및 검사구역 작업장 등은 육안 확인이 필요한 조도 220lx 이상을 유지한다.
④ 작업장은 배수가 잘 되어야 하고 배수로에 퇴적물이 쌓이지 아니 하여야 한다.

해설 **선행요건(식품 및 축산물 안전관리인증기준 [별표 1])**
작업실 안은 작업이 용이하도록 자연채광 또는 인공조명장치를 이용하여 밝기는 220lx 이상을 유지하여야 하고, 특히 선별 및 검사구역 작업장 등은 육안 확인이 필요한 조도(540lx 이상)를 유지하여야 한다.

13 조리장 안전 · 유의사항으로 적절하지 않은 것은?

① 주방에서는 아무리 바쁜 상황이라도 뛰어다니지 않는다.
② 주방 바닥은 미끄러지지 않게 물기나 기름을 제거한다.
③ 칼을 떨어뜨렸을 경우 위험하니 잡지 말고 한 걸음 물러서서 피한다.
④ 주방에서는 물을 많이 사용하므로 젖은 손으로 사용해도 안전한 이중안전 콘센트를 사용한다.

해설 물 묻은 손으로 전기코드를 만지지 않는다. 감전될 우려가 있다.

14 다음 중 분변오염지표로 볼 수 있는 것은?

① 일반세균수
② 대장균균수
③ 곰팡이수
④ 생균수

해설 대장균의 검출로 다른 미생물이나 분변오염을 추측할 수 있고 검출방법이 간편하고 정확하기 때문에 대장균은 수질오염의 지표로 중요시된다.

11 ① 12 ③ 13 ④ 14 ② **정답**

15 자외선살균의 단점은?

① 사용법이 어렵다.
② 내성이 생긴다.
③ 잔류효과가 없다.
④ 피조사물에 변화를 준다.

해설 자외선살균은 모든 균종에 효과가 있으며, 살균효과가 크고 균에 내성이 생기지 않는다. 그러나 살균효과가 표면에 한정된다.

16 우유단백질이 산이나 효소에 의하여 응고되는 성질을 이용하여 제조된 것은?

① 아이스크림
② 버 터
③ 치 즈
④ 크림수프

해설 우유의 주단백질인 카세인은 산이나 레닌 등에 의해 응고되는데, 이 응고성을 이용하여 치즈를 만든다.

17 다음 중 질병 발생이 수년을 주기로 유행하는 현상은?

① 추세변화
② 순환변화
③ 불규칙 변화
④ 계절적 변화

해설 **순환변화**
추세변화 사이의 단기간을 순환적으로 반복 유행하는 주기적 변화로, 백일해 · 홍역은 2~4년, 유행성 뇌염은 3~4년의 주기로 유행한다.

18 다음 영문명 및 약자의 예시 중 가장 거리가 먼 것은?

① EXP
② Use by date
③ Expiration date
④ Best before date

해설 ④는 품질유지기한이다.
소비기한이라 함은 식품 등에 표시된 보관방법을 준수할 경우 섭취하여도 안전에 이상이 없는 기한을 말한다(소비기한 영문명 및 약자 예시 : Use by date, Expiration date, EXP, E).

정답 15 ③ 16 ③ 17 ② 18 ④

19 HACCP에 대한 설명으로 틀린 것은?

① "식품안전관리인증기준"이라고 한다.
② 제품의 생산과정에서 미리 관리함으로써 위해의 원인을 적극적으로 배제시킨다.
③ 위해를 예측할 수 있으나 제어할 수 없는 항목도 원칙적으로 HACCP의 대상이 된다.
④ 미국 항공우주국(NASA)에서 우주식의 안전성 확보를 위해 개발되기 시작한 위생관리 기법이다.

해설 HACCP의 위해요소 분석단계에서는 위해요소의 유입경로와 이들을 제어할 수 있는 수단(예방수단)을 파악하여 기술하며, 이러한 유입경로와 제어수단을 고려하여 위해요소의 발생 가능성과 발생 시 그 결과의 심각성을 감안하여 평가한다.

20 식품첨가물에 관한 기준 및 규격을 고시하는 자로 옳은 것은?

① 시・도지사
② 식품의약품안전처장
③ 시장・군수・구청장
④ 시・군・구 보건소장

해설 **식품 또는 식품첨가물에 관한 기준 및 규격(식품위생법 제7조제1항)**
식품의약품안전처장은 국민 건강을 보호・증진하기 위하여 필요하면 판매를 목적으로 하는 식품 또는 식품첨가물에 관한 다음의 사항을 정하여 고시한다.
- 제조・가공・사용・조리・보존 방법에 관한 기준
- 성분에 관한 규격

제2과목 | 식재료관리 및 외식경영

21 다음은 외식산업의 특성 중 무엇을 설명하는 것인가?

기계화되고 정형화되기 힘든 인적 자원 중심의 서비스가 주가 되어 서비스의 동질화를 꾀하기 어렵다.

① 무형성
② 이질성
③ 동시성
④ 소멸성

해설 ① 무형성 : 인적 서비스가 중심인 접객의 무형성이 있다.
③ 동시성 : 생산과 판매, 소비가 동시에 이루어진다.
④ 소멸성 : 서비스의 시작과 함께 사라져 버리는 소멸성의 특성이 있다.

19 ③ 20 ② 21 ② 정답

22 조리용 인덕션 레인지에 대한 설명으로 틀린 것은?

① 청소가 쉽고 위생적이다.
② 온도 변화가 빠르다.
③ 가스폭발 위험이 없다.
④ 요금이 경제적이다.

해설 ④ 전력 소모가 많고 같은 음식을 끓일 때 가스요금보다 더 많이 나온다.

23 사업계획서에 포함되지 않는 내용은?

① 재무계획
② 사업자등록증
③ 입지 선정
④ 경쟁점포 경영전략

해설 사업계획서는 미처 착안하지 못했던 사항들을 보완하여 시행착오를 줄여 주고, 창업 초기에 업무 추진 일정표와 같은 사업의 지침서로 활용되거나 유능한 인재를 영입하기 위한 회사의 비전을 제시하는 근거 자료가 된다. 부차적으로는 정책자금 조달, 사업의 승인, 벤처기업 확인, 각종 정부 인·허가용 등 외부 기관에 제출하기 위한 자료로 활용된다.

24 조리작업 시 위생을 위한 일반작업, 청결작업 구역 중 청결작업 구역에 속하는 것은?

① 검수구역
② 전처리 구역
③ 세정구역
④ 식품절단 구역

해설 **일반작업 구역과 청결작업 구역**

일반작업 구역	청결작업 구역
• 검수구역 • 전처리 구역 • 식재료 저장구역 • 세정구역	• 조리구역(비가열 처리작업) • 정량 및 배선구역 • 식기보관 구역 • 식품절단 구역 • 가열처리 구역

정답 22 ④ 23 ② 24 ④

25 **된장 발효 중 일어나는 것으로 적절하지 않은 것은?**

① 비효소적 갈변
② 유기산 감소
③ 단백질 분해
④ 당화작용

해설 ② 유기산이 생성된다.

26 **돼지고기의 티아민 흡수에 도움을 주는 식품과 성분은?**

① 양파 – 프로필 메르켑탄(Propyl Mercaptan)
② 마늘 – 알리신(Allicin)
③ 오이 – 쿠쿠르비타신(Cucurbitacin)
④ 미나리 – 미르센(Myrcene)

해설 돼지고기에 풍부하게 함유된 비타민 B_1(티아민, Thiamine)은 마늘, 양파 등에 함유된 알리신과 결합하여 알리티아민을 형성해 비타민 B_1의 흡수를 10~20배 높여 준다.

27 **육류를 연화시키는 과일과 효소의 연결로 적절한 것은?**

① 배 – Bromelin
② 파인애플 – Ficin
③ 파파야 – Papain
④ 무화과 – Protease

해설 배즙의 프로테이스(Protease), 파인애플의 브로멜린(Bromelin), 무화과의 피신(Ficin), 파파야의 파파인(Papain) 등의 효소가 단백질을 분해시켜 연해진다.

28 **두부, 콩 단백질의 주성분은?**

① 글리시닌
② 아비딘
③ 글루테닌
④ 카세인

해설 글리시닌(Glycinin)은 콩 단백질의 주성분이다.

25 ② 26 ② 27 ③ 28 ① 정답

29 식품 감별법으로 옳지 않은 것은?

① 소고기는 색이 적색이고 탄력이 있으며 이취가 없는 것이 좋다.
② 다시마는 두껍고 검은빛을 띠는 것이 좋다.
③ 미나리는 줄기가 매끄럽고 굵고 질길수록 좋다.
④ 콩나물은 머리가 통통하고 노란색을 띠는 것이 좋다.

해설 미나리는 줄기가 매끄럽고 진한 녹색으로 줄기에 연갈색의 착색이 들지 않으며, 줄기가 너무 굵거나 가늘지 않고 질기지 않아야 한다.

30 모든 작업을 기본 동작으로 분해하고, 각 기본 동작의 미리 정해진 표준시간을 합쳐서 측정하는 작업측정 방법은?

① 시간연구법
② PTS법
③ 워크샘플링법
④ 실적기록법

해설 **기정 시간 표준법(Predetermined Time System, PTS법)**
모든 작업을 기본 동작으로 분해하고, 각 기본 동작에 대하여 성질과 조건에 따라 정해 놓은 시간치를 적용하여 정미시간을 산정하는 방법

31 다음 설명에 해당하는 것은?

- 구매 및 재고 물품의 가치도에 따라 등급을 분류하여 차등적으로 관리하는 방식이다.
- 재고품의 단가는 재고량과 통제에 영향을 주어 용도에 맞게 품목을 분류하는 과정이 중요하다.
- 분류방식은 파레토 분석(Pareto Analysis) 곡선을 이용하며, 재고관리에서 시간과 노력의 우선순위를 결정하는 데 도움을 준다.

① 메뉴 엔지니어링
② SWOT 메뉴분석법
③ 인기지수 분석법
④ ABC메뉴 분석법

해설 ABC 관리방식(ABC Inventory Control Method)은 구매 및 재고 물품의 가치도에 따라 A, B, C의 등급으로 분류하여 차등적으로 관리하는 방식이다. 재고품의 단가는 재고량과 통제에 영향을 주어 용도에 맞게 품목을 분류하는 과정이 중요하다. 이 분류방식은 파레토 분석(Pareto Analysis) 곡선을 이용하며, 재고관리에서 시간과 노력의 우선순위를 결정하는 데 도움을 준다.

정답 29 ③ 30 ② 31 ④

32 단체급식소에서 효율적인 작업을 위한 조리기구 및 기기의 조건으로 잘못된 것은?

① 복잡한 기계는 유지 관리를 위하여 쉽게 분해되지 않아야 한다.
② 가능하면 용도가 다양하여야 한다.
③ 가격과 유지관리비가 경제적이어야 한다.
④ 기기는 디자인이 단순하고 사용하기에 편리하여야 한다.

해설 **급식기구의 선정 시 유의사항**
- 기구는 가능한 한 디자인이 단순하고 사용하기에 편리하여야 한다.
- 복잡한 기계는 유지 관리를 위하여 쉽게 분해할 수 있어야 한다.
- 성능, 크기와 용량을 급식인원을 고려하고, 학교의 설치공간에 적합하여야 한다.
- 가격과 유지관리비가 경제적이고 사후관리가 좋은 것이어야 한다.

33 다음 중 비원가 항목인 것은?

① 법인세
② 기계 수선비
③ 전력비
④ 식품공장 임차료

해설 ②, ③, ④는 간접경비에 해당한다.

34 식단 작성의 목적이 아닌 것은?

① 운영비용 절감
② 잔반율 증가
③ 재고 파악에 대한 타당성
④ 균형 있는 영양 공급

해설 ② 잔반율 감소에 있다.

35 구매활동의 기본 조건으로 적절하지 않은 것은?

① 공급자에게 유리한 구매조건으로 협상
② 적정량의 물품을 적정 시기에 공급
③ 구매계획에 따른 구매량의 결정
④ 구입할 물품의 적정한 조건과 최적의 품질을 선정

해설 **구매관리** : 구입하고자 하는 물품에 대하여 적정 거래처로부터 원하는 수량만큼 적정 시기에 최소의 가격으로 최적의 품질의 것을 구입할 목적으로 구매활동을 계획 · 통제하는 관리활동이다.

32 ① 33 ① 34 ② 35 ① 정답

36 일일 식자재 구매요청서(Market List)에 들어가지 않는 식자재는?

① 달 걀
② 소고기
③ 생선류
④ 주스류

해설 신선도가 중요한 고기, 생선, 알류는 일일 식자재로 구매해야 한다.

37 다음 중 주방의 면적을 산출할 때 필요한 조건과 가장 거리가 먼 것은?

① 조리기기
② 식단 형태
③ 배식 수
④ 식당의 방위

해설 조리공간 면적의 산출 기준으로 식단 형태, 급식인원 수, 조리기기의 수와 형태, 음식의 생산량, 조리원 수와 동선 등이 있다.

38 매출액이 30만원이고 한계이익이 12만원일 때 한계이익률은 얼마인가?

① 40%
② 70%
③ 170%
④ 150%

해설 한계이익률은 한계이익을 매출액으로 나눈 값(%)이다.

39 입고량, 출고량, 재고량 등을 계속적으로 기록하는 것은?

① 영구재고 시스템
② 선입선출 시스템
③ 실사재고 시스템
④ 후입선출 시스템

해설 물품의 입고 수량과 출고 수량을 계속적으로 기록하여 적정 재고량을 유지하는 방법은 영구재고 시스템이다.

40 식품 재료의 적정 발주량에 대한 설명으로 옳지 않은 것은?

① 1회 발주량이 많으면 연간 저장비용은 증가한다.
② 1회 발주량이 적으면 연간 주문비용은 증가한다.
③ 경제적 발주량(EOQ)은 연간 저장비용과 주문비용의 교차점이다.
④ 저장품의 경우 재고량이나 주문비용의 고려 없이 적정 발주량을 결정할 수 있다.

해설 비저장품일 경우에는 산출된 발주량을 그대로 주문하면 되지만, 저장품목일 경우 재고량이나 주문비용 등을 고려하여 적정 최종 발주량을 산출한다.

정답 36 ④ 37 ④ 38 ① 39 ① 40 ④

41 **생선 비린내를 감소시키고 조직을 단단하게 하는 것은?**

① 소 금 ② 설 탕
③ 간 장 ④ 식 초

해설 식초나 레몬즙 등의 산을 첨가하면 생선 비린내를 제거하고 생선살을 단단하게 하는 효과가 있다.

42 **배추김치류로만 나열되지 않은 것은?**

① 보쌈김치, 석류김치, 비늘김치
② 보쌈김치, 얼갈이김치, 통배추김치
③ 백김치, 속대김치, 얼갈이김치
④ 배추김치, 백김치, 속대김치

해설 석류김치는 무가 주재료인 무김치로 가을, 겨울에 담가 먹는 물김치 종류이고, 비늘김치는 무를 재료로 하여 양념소를 버무려 만든 양념형 무김치이다.

43 **절기와 음식의 연결이 적절한 것은?**

① 단오절식 – 수리취절편
② 상원절식 – 진달래화전
③ 중구절식 – 시루떡
④ 유두절식 – 국화전

해설 세시음식
- 3월 삼짇날 : 진달래주, 진달래 화전, 오미자국
- 5월 단오 : 제호탕, 앵두화채, 수리취떡, 앵두화전
- 6월 유두 : 수단, 원소병, 편수, 상화병
- 9월 중양절 : 국화주, 국화전, 국화채 등

44 **자반의 종류를 설명한 것으로 적절하지 않은 것은?**

① 준치자반 – 생선을 소금에 절인 것
② 풋고추자반 – 채소를 이용한 것
③ 암치자반 – 건어물을 기름에 튀긴 것
④ 똑똑이자반 – 소고기를 간장에 조린 것

해설 암치는 민어에 소금을 뿌려 말린 것으로, 이것을 곱게 부풀려 참기름에 무친 것이 암치자반이다.

41 ④ 42 ① 43 ① 44 ③ 정답

45 방자구이를 바르게 설명한 것은?

① 청어의 소금구이
② 소고기의 소금구이
③ 닭의 양념구이
④ 꿩의 양념구이

해설 **방자구이** : 소고기의 소금구이를 말하며, 춘향전에서 방자가 고기를 양념할 겨를도 없이 얼른 구워 먹었다는 데서 유래되었다.

46 일반적으로 젤라틴이 사용되지 않는 것은?

① 양 갱
② 아이스크림
③ 마시멜로
④ 족 편

해설 젤라틴은 젤리, 샐러드, 족편 등의 응고제나 마시멜로, 아이스크림 및 기타 얼린 후식 등에 유화제로 쓰인다.

47 냉동 생선을 해동할 때 시간 여유가 있을 경우 가장 적당한 방법은?

① 30℃의 물에 담근다.
② 20℃의 실온에 방치한다.
③ 20℃의 수돗물에 담근다.
④ 5℃의 냉장고에 둔다.

해설 상온에서 해동하게 되면 생선 고유의 수분이 빠져나가 조리했을 때 육질이 질기고 영양분도 파괴되므로 저온에서 해동한다.

48 우리나라의 5첩 반상에 포함되지 않는 것은?

① 구 이 ② 회
③ 젓 갈 ④ 생 채

해설 **5첩 반상**
- 기본 : 밥, 국, 김치, 장, 찌개(조치)
- 반찬 : 생채 또는 숙채, 구이, 조림, 전, 마른 찬・장과・젓갈 중 택 1

정답 45 ② 46 ① 47 ④ 48 ②

49 죽을 담아내는 과정에 대한 설명으로 가장 적절한 것은?

① 죽상에는 개운하게 매운 반찬을 올린다.
② 죽 그릇을 중앙에 놓고 오른편에는 덜어 먹는 공기를 둔다.
③ 찌개는 함께 올리지 않는다.
④ 잣죽에 올릴 잣은 고깔 채로 올린다.

해설 ① 죽상에 짜고 매운 찬은 어울리지 않는다.
③ 죽상에 젓국이나 소금으로 간을 한 맑은 찌개는 올릴 수 있다.
④ 잣죽에 고명으로 올리는 잣은 고깔을 떼어 내고 올려 장식한다.

50 발효를 이용하여 만든 떡은?

① 시루떡 ② 인절미
③ 백설기 ④ 증 편

해설 증편은 쌀가루에 술을 넣고 발효시켜 찐 떡으로 술떡, 기증병, 기주떡, 기지떡, 벙거지떡이라고도 한다.

51 새우젓 등 젓갈류 생성과정의 주원리는?

① 자가소화 및 미생물과의 분해작용으로 생성된다.
② 미생물의 분해작용으로만 생성된다.
③ 자가소화 작용으로만 생성된다.
④ 식염과 핵산의 상호작용으로 생성된다.

해설 젓갈류는 자가소화 효소에 의한 가수분해 작용(숙성)과 미생물의 작용에 의한 발효가 복합적으로 이루어져 만들어진다.

52 조리 시 에너지 전달방법 중 열의 전달 속도가 가장 빠른 방법은?

① 전 도 ② 대 류
③ 복 사 ④ 유 도

해설 복사는 열이 다른 물질의 도움 없이 직접 전달되는 현상으로, 전도나 대류보다 열에너지의 이동 속도가 빠르다.

49 ② 50 ④ 51 ① 52 ③ 정답

53 튀김에 대하여 바르게 설명한 것은?

① 표면만 가열할 음식은 낮은 온도에서 장시간 가열해야 한다.
② 튀김옷을 얼음물로 반죽하면 점도가 높게 유지되어 바삭하게 된다.
③ 튀김옷을 만들 때 약간의 달걀을 섞어주면 연해진다.
④ 튀김 시 물이 많이 들어간 반죽은 기름을 적게 흡수한다.

해설 ① 표면만 가열할 음식은 고온에서 단시간 가열해야 한다.
② 튀김옷을 얼음물로 반죽하면 점도가 낮게 유지되어 바삭하게 된다.
④ 튀김 시 물이 많이 들어간 반죽은 기름을 많이 흡수한다.

54 다음 중 붉은색의 고명이 아닌 것은?

① 실고추 ② 당 근
③ 석이버섯 ④ 대 추

해설 ③ 석이버섯은 검은색 고명에 해당한다.

55 난백의 기포성을 도와주는 것은?

① 레몬주스 ② 소 금
③ 설 탕 ④ 우 유

해설 산을 첨가하면 난백의 기포현상에 도움을 준다.

56 소의 부위별 조리법으로 가장 적절하지 않은 것은?

① 홍두깨살 – 장조림
② 사태육 – 구이
③ 양지육 – 탕
④ 갈비 – 찜

해설 결합조직이 많은 장정육, 업진육, 양지육, 사태육 등은 편육, 장조림, 탕, 찜 등으로 조리하기에 적합하다.

정답 53 ③ 54 ③ 55 ① 56 ②

57 다음 중 구이의 장점이 아닌 것은?

① 수용성 성분의 용출이 적다.
② 당질의 캐러멜화로 맛있는 향기를 낸다.
③ 식품의 살균효과가 있다.
④ 식품의 속까지 빠르게 고루 익는다.

해설 구이 조리 시 빠르게 익히기 위해 고온으로 가열하면 겉만 타고 속은 익지 않는다.

58 전분을 가지고 묵을 쑬 때의 기본 조리조작에 포함되지 않는 것은?

① 교 반 ② 썰 기
③ 수 침 ④ 계 량

해설 썰기는 묵 완성 후 조작이다.

59 단백질의 등전점에 대한 설명으로 적당한 것은?

① 분자 내 양전하와 음전하가 상쇄되어 실제 전하가 0이 될 때의 용해도
② 분자 내 양전하와 음전하가 상쇄되어 실제 전하가 0이 될 때의 삼투압
③ 분자 내 양전하와 음전하가 상쇄되어 실제 전하가 0이 될 때의 점도
④ 분자 내 양전하와 음전하가 상쇄되어 실제 전하가 0이 될 때의 pH

해설 보통 단백질의 실제 전하(Net Charge)는 pH에 따라 달라지는데, 단백질의 실제 전하가 0이 되는 pH를 그 단백질의 등전점(Isoelectric Point)이라고 한다.

60 호박, 가지 등과 다진 소고기, 부재료 등으로 속을 채워 장국을 부어 잠깐 끓이는 조리법은?

① 감 정 ② 신선로
③ 조 치 ④ 선

해설 선의 조리법은 증기를 올려 찌는 법과 육수나 물을 자박하게 넣어 끓이는 법이 있는데, 호박, 오이, 가지, 배추 등에 소고기와 표고버섯 등을 곱게 채 썰거나 다져 채워 넣어 끓이거나 쪄서 익혀 낸다.

57 ④ 58 ② 59 ④ 60 ④ 정답

참 / 고 / 문 / 헌

- 교육부(2018). NCS 학습모듈(식품가공). 한국직업능력개발원.
- 교육부(2018). NCS 학습모듈(한식조리). 한국직업능력개발원.
- 농림수산식품부, 한식재단(2010). 한식 상차림 가이드. 농림수산식품부.
- 배은자 외(2024). 조리기능사 필기 초단기합격. 시대고시기획.
- 보건복지부, 한국영양학회(2021). 2020 한국인 영양소 섭취기준. 보건복지부.
- 식품의약품안전처(2022). 2022년 식품안전관리지침. 식품의약품안전처.

우리 인생의 가장 큰 영광은 결코 넘어지지 않는 데 있는 것이 아니라

넘어질 때마다 일어서는 데 있다.

– 넬슨 만델라 –

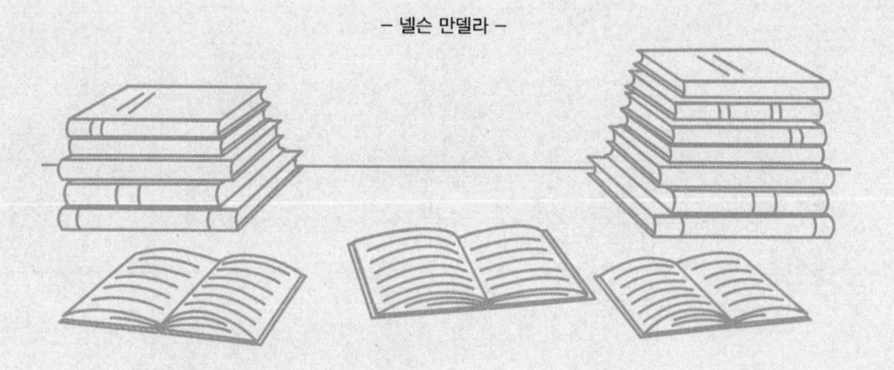

한식조리산업기사 · 조리기능장 필기 한권으로 끝내기

개정2판1쇄 발행	2025년 01월 10일 (인쇄 2024년 07월 17일)
초 판 발 행	2023년 01월 05일 (인쇄 2022년 07월 20일)
발 행 인	박영일
책 임 편 집	이해욱
편 저	정상열 · 김옥선
편 집 진 행	윤진영 · 김미애
표지디자인	권은경 · 길전홍선
편집디자인	정경일
발 행 처	(주)시대고시기획
출 판 등 록	제10-1521호
주 소	서울시 마포구 큰우물로 75[도화동 538 성지 B/D] 9F
전 화	1600-3600
팩 스	02-701-8823
홈 페 이 지	www.sdedu.co.kr
I S B N	979-11-383-7515-3(13590)
정 가	33,000원